AF475012

TRAITÉ

DES

CHEMINS DE FER

4° V 1229
(I, 6, X, 1)

TOURS. — IMPRIMERIE DESLIS FRÈRES, 6, RUE GAMBETTA.

CYCLOPÉDIE THÉORIQUE & PRATIQUE DES CONNAISSANCES CIVILES & MILITAIRES

(Publiée sous le patronage de la Réunion des officiers)

PARTIE CIVILE

COURS DE CONSTRUCTION

Publié sous la direction de

G. OSLET, INGÉNIEUR DES ARTS ET MANUFACTURES

DIXIÈME PARTIE

TRAITÉ

DES

CHEMINS DE FER

PAR

AUGUSTE MOREAU

Ingénieur des Arts et Manufactures. — Membre du Comité de la Société des Ingénieurs civils de France. — Ancien chef de section des travaux neufs au chemin de fer du Nord. — Ancien Ingénieur en chef et chef de l'exploitation de chemins de fer secondaires. — Secrétaire du Congrès international des procédés de construction à l'Exposition Universelle de 1889.

TOME I. — INFRASTRUCTURE

PARIS

FANCHON ET ARTUS, ÉDITEURS

25, RUE DE GRENELLE, 25

Droits de traduction et de reproduction réservés.

COURS DE CONSTRUCTION
DIXIÈME PARTIE

TRAITÉ DES CHEMINS DE FER

PRÉFACE

Au moment de commencer la publication du **Traité des chemins de fer**, *nous croyons utile de dire quelques mots de l'esprit qui nous a guidé et de la façon dont nous avons cru devoir exposer les choses à nos lecteurs.*

Nous serons d'ailleurs très bref, un chapitre préliminaire devant présenter toutes les considérations générales qui se rattachent à cette importante question. En outre, le programme détaillé, publié à part, montre l'ensemble des sujets que nous nous proposons de traiter et la marche générale que nous avons suivie.

Les traités très complets de chemins de fer rédigés par des hommes du métier ne sont pas nombreux. En général, la partie si importante de l'infrastructure, surtout au point de vue, cependant capital, des études préliminaires, a été à peu près complètement sacrifiée.

On laisse trop supposer qu'il y a identité au lieu de simple analogie avec ce qui se ferait pour une route. Il y a là, à notre sens, une erreur assez grave et contre laquelle nous ne saurions trop réagir : les conditions générales de l'établissement d'un chemin de fer font que, pendant la période purement géodésique ou celle de la construction, dans l'exécution des études et projets ou celle des travaux, des procédés à peu près invariables doivent être employés de préférence ; des instruments recherchés et toujours utilisés, d'autres délaissés ; des méthodes d'exécution, bonnes pour les routes et chemins, absolument enfantines et inutiles dans la construction d'un chemin de fer, si peu important qu'il soit, etc.

De là vient le développement que nous nous proposons de donner aux chapitres concernant les études, avant-projets, études définitives, etc., tous sujets qu'on ne rencontre que très rarement traités avec l'ampleur qu'ils méritent.

Pour ce qui concerne la superstructure, le matériel, la traction, les gares, etc., au contraire, les documents abondent de tous côtés, et nous serons plutôt obligé de les condenser le plus possible pour ne pas dépasser le cadre que nous nous sommes imposé. Nous serons cependant suffisamment complet pour que nos lecteurs puissent avoir avec assez de détails les éléments si variés qui composent ces chapitres.

Pour les études particulières et approfondies qu'ils pourraient vouloir faire, nous les renverrons aux nombreuses publications spéciales sur la matière.

Un autre sujet très important n'a jamais été non plus traité à fond jusqu'à ce jour, quoiqu'il ait donné lieu à nombre de traités partiels, brochures, etc., c'est celui des chemins de fer secondaires et en particulier des lignes à voie étroite. La voie étroite qui combattait depuis longtemps contre la routine pour conquérir sa place au soleil a fini, comme le fait toujours la vérité, par sortir complètement victorieuse de la lutte. Il n'est plus personne aujourd'hui qui ne se rende à l'évidence et n'admette qu'un chemin de fer à faible trafic doit employer la voie réduite. Les grandes Compagnies l'ont actuellement adoptée et exécutée pour nombre de lignes de leur dernier réseau, et l'Etat lui-même, dont beaucoup de fonctionnaires lui ont été pendant longtemps si hostiles, ne lui fait plus aucune opposition. Notre conviction exprimée depuis longtemps déjà était qu'il n'y a plus en France, sauf pour des raisons stratégiques, aucun chemin de fer à grande voie à construire. On comprendra que nous donnions un développement important aux chapitres traitant de la voie étroite, la voie dite large ou normale, adoptée sur l'ancien réseau et à tort sur beaucoup de lignes à trafic restreint, étant aujourd'hui passée, pour ainsi dire, à l'état historique.

Aux chemins de fer secondaires succèdera l'étude un peu spéciale des lignes sur routes et des voies ferrées employées plus particulièrement au service des voyageurs dans les villes, ce qu'on est convenu d'appeler les tramways. *On sait que leur développement a été considérable dans ces dernières années ; ce sont peut-être ceux que nos lecteurs auront le plus à établir, les autres étant généralement entre les mains de puissantes Compagnies qui ont leur personnel tout prêt depuis longtemps.*

Dans les deux cas, pour les grandes comme pour les petites lignes, pour la voie large comme pour la voie étroite, nous donnerons les renseignements les plus complets sur l'installation des services si importants de l'exploitation proprement dite. Au double point de vue technique et commercial, un chapitre sera étudié assez à fond et fournira nombre de documents utiles qui ne sont en général pas non plus dans le domaine du public.

L'ensemble du **Traité** *constituera donc une encyclopédie très résumée, mais très complète, de tout ce qu'il est intéressant de connaître pour étudier, construire et exploiter une voie ferrée, quelle que soit son importance. On y rencontrera rapidement exposé ce qui se trouve un peu partout, et plus particulièrement développé ce qu'on ne rencontre que difficilement ou rarement et qu'une expérience ininterrompue de vingt années nous a permis d'observer.*

A. Moreau.

CHAPITRE PREMIER

§ I. — BUT D'UN CHEMIN DE FER. — DÉFINITION

1. Si l'on observe un cheval traînant une voiture chargée sur un chemin horizontal, mais formé de parties successives différant les unes des autres par la nature des matériaux, on constate que l'effort de traction développé par l'animal varie d'une portion à l'autre de ce chemin.

Supposons que l'on ait disposé, sur le véhicule au point où le cheval exerce son effort, un dynamomètre destiné à mesurer ce dernier, on verra que le rapport de cet effort de traction au poids brut traîné (voiture et chargement) est de :

0,250 sur un terrain naturel et sec ;

0,125 sur une chaussée en cailloutis fraîchement déposés ;

0,080 sur une chaussée empierrée, à l'état d'entretien ordinaire ;

0,035 sur une chaussée empierrée, parfaitement entretenue ;

0,030 sur une chaussée pavée ordinaire ;

0,025 sur une chaussée pavée en carreaux de grès ;

0,022 sur une chaussée pavée en madriers de chêne non rabotés ;

0,010 sur un chemin à ornières plates, en fonte ou en dalles unies ;

0,007 sur un chemin à rails saillants en fer, en bon état d'entretien ;

0,005 sur un chemin à rails saillants en fer, parfaitement entretenus.

Cet effort est donc très variable et s'abaisse de 0,035 sur une bonne route ordinaire à 0,005 sur un chemin de fer, c'est-à-dire qu'il est sept fois moindre dans le dernier cas. Dans les mêmes conditions on peut donc, par suite, remorquer, sur une voie ferrée, une charge sept fois plus considérable que sur une route ordinaire empierrée.

Et c'est en effet dans le but de diminuer l'effort de traction tout en augmentant la charge traînée par un cheval que l'on a été conduit d'abord à remplacer les routes ordinaires par des chemins de fer.

Le poids moyen d'un cheval est de 450 kilogrammes ; la charge qu'il peut porter sur son dos est de 150 kilogrammes, soit le tiers de son poids. Attelé à une voiture et allant au pas, il peut développer un effort moyen de 70 kilogrammes, par journée de travail de dix heures et en parcourant 3 200 mètres à l'heure.

Sur une route ordinaire où le rapport de l'effort à la charge est de 0,035, il peut donc mettre en mouvement :

$$\frac{70 \text{ kilogrammes}}{0,035} = 2\ 000 \text{ kilogrammes},$$

soit un peu plus de quatre fois son poids, tandis que sur un chemin de fer où ce rapport est de 0,005, il pourra traîner :

$$\frac{70 \text{ kilogrammes}}{0,005} = 14\ 000 \text{ kilogrammes},$$

c'est-à-dire trente et une fois son poids.

(Remarquons en passant que, sur les canaux, l'effort de traction est encore moindre que sur les chemins de fer : il n'atteint que 0,001 de la charge brute.)

Mais comme le chemin de fer est plus coûteux d'installation que la route, on ne l'établit que sur l'emplacement même où doivent porter les roues du véhicule. En outre de la raison d'économie, cela est encore indispensable pour que le cheval *ait pied* sur le sol sur lequel il circule. Pour développer son effort, il faut en effet que l'animal ait *prise* ou *adhérence* sur la chaussée ; c'est ce qui explique qu'en temps de verglas il peut à peine traîner une faible charge, bien que la résistance à la traction soit presque insignifiante.

Dans les premières années de leur établissement, les chemins de fer étaient donc de simples routes améliorées en vue d'augmenter l'effet utile des chevaux qui étaient conservés comme moyen de traction.

Ce n'est que plus tard quand la machine à vapeur a été connue qu'on a remplacé le cheval, dont la force est limitée, par la *locomotive* qui est susceptible de développer un travail beaucoup plus considérable et d'une plus grande durée et surtout de marcher à beaucoup plus grande vitesse.

C'est dans ces conditions qu'on a réalisé ce que l'on peut appeler réellement un *chemin de fer*.

Aujourd'hui, d'ailleurs, cette dénomination n'est plus rigoureusement exacte, car par suite des progrès de la métallurgie, le fer a été remplacé par l'acier dans la composition essentielle du chemin.

Définition d'un chemin de fer. — Sous la dénomination de *chemin de fer*, on doit donc comprendre un chemin métallique, en fer ou en acier, sur lequel la charge à remorquer (voitures à voyageurs ou wagons à marchandises) est mise en mouvement par une *locomotive*, ou machine à vapeur ayant la propriété de se déplacer elle-même en même temps qu'elle produit son effet utile de traction.

Influence des pentes et des rampes.

2. Si le chemin est incliné au lieu d'être horizontal, l'effort de traction du cheval n'est plus le même que précédement. Lorsque le chemin est en rampe, l'effort augmente, tandis qu'au contraire, s'il est en pente, cet effort diminue au point de devenir nul et même qu'il soit nécessaire d'empêcher les roues de tourner, avec un frein, pour que la voiture ne pousse pas l'animal en avant.

Soient (*fig.* 1) :

a, l'angle que fait le chemin incliné avec l'horizontale ;

P, le poids de la voiture chargée.

Ce poids, qui agit suivant la verticale, se décompose en deux : l'un, normal au chemin, qui a pour valeur $p = P \cos a$; l'autre, dans la direction de ce chemin, qui a pour valeur $p' = P \sin a$.

Si f est le coefficient de résistance au roulement sur un chemin horizontal, l'effort de traction suivant une rampe sera :

$R = fp + p' = fP \cos a + P \sin a$; et sur une pente :

$R' = fp - p' = fP \cos a - P \sin a$.

Pour que dans ce dernier cas R' soit nul, il faut que $fP \cos a = P \sin a$ ou que $f = \text{tg}\ a$.

Ainsi, pour un chemin de fer où $f = 0{,}005$, dès que la pente sera un peu supérieure à 5 millimètres par mètre, les wagons descendront seuls sous l'action de

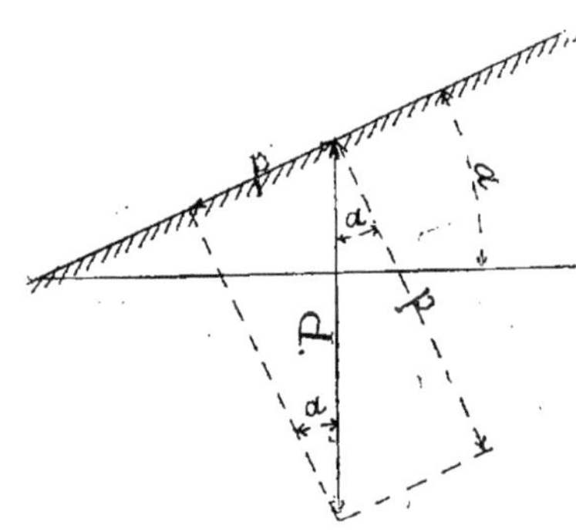

Fig. 1.

la pesanteur et, si la pente est beaucoup plus forte, un train descendant pourra, à l'aide d'un câble et d'une poulie, faire remonter un autre train. C'est ce résultat qui est mis à profit dans les *plans inclinés automoteurs*.

Revenons à la formule en rampe ; on a :

$$R = fP \cos a + P \sin a.$$

Comme généralement l'inclinaison n'est pas considérable, on peut admettre que $\cos a = 1$ et que $\sin a = \text{tg}\ a$, ce qui donne :

$$R = fP + P\ \text{tg}\ a = P\,(f + \text{tg}\ a).$$

Prenons les chiffres sur une route ordinaire, $f = 0{,}035$, et sur un chemin de fer $f = 0{,}005$.

Supposons que l'on donne au chemin une inclinaison de $0^m{,}005$ ou de 5 millimètres par mètre, l'effort de traction sur la route sera :

$$P\ (0{,}035 + 0{,}005)$$

et sur le chemin de fer :

$$P\ (0{,}005 + 0{,}005),$$

c'est-à-dire que, sur la route, l'effort aura augmenté d'un septième seulement, tandis que, pour le chemin de fer, il aura augmenté de sa valeur et deviendra le double de ce qu'il était sur l'horizontale.

Pour une inclinaison de 0,0175, l'effort de traction sur la route sera :

$$P\ (0{,}035 + 0{,}0175)$$

et sur le chemin de fer :

$$P\ (0{,}005 + 0{,}0175),$$

c'est-à-dire que, sur la route, l'effort aura augmenté de moitié, tandis que, sur le chemin de fer, il aura augmenté de trois fois et demie.

Le chemin de fer perd donc rapidement de ses avantages sur la route ordinaire à mesure que l'inclinaison augmente. C'est ce qui explique pourquoi le tracé d'une voie ferrée diffère si profondément de celui d'une route, car il ne peut, aussi facilement que ce dernier, s'accommoder de fortes déclivités.

En outre, l'effort de traction que peut développer une locomotive est limité et il faut que la rampe reste au-dessous d'une certaine valeur pour laquelle tout cet effort serait employé à remorquer la locomotive seule.

Influence des courbes.

3. Lorsque les véhicules remorqués sur un chemin de fer passent dans des courbes, il en résulte des résistances qui sont dues à plusieurs causes :

1° *Les roues sont solidaires des essieux, au lieu de tourner librement sur ceux-ci, comme dans les voitures ordinaires.*

Si les roues étaient indépendantes des essieux et que, pendant le mouvement, l'une des roues fût arrêtée par un obstacle quelconque, l'autre continuerait à tourner, ferait pivoter le véhicule autour de la roue momentanément fixe ; la roue mobile quitterait la direction qu'elle doit suivre et il en résulterait un déraillement. C'est donc par mesure de sécurité qu'on a rendu les roues solidaires des essieux ; cette précaution était d'autant plus indispensable que l'on marche ici avec des vitesses autrement importantes que sur les routes.

De cette fixité des roues sur les essieux, il résulte que, dans les courbes, la roue extérieure fait un plus grand parcours que la roue située à l'intérieur ; elle est donc obligée pour suivre sa jumelle de glisser en partie, tout en roulant ; d'où un surcroît de résistance.

2° *Les essieux d'un même véhicule sont toujours très sensiblement parallèles.*

En courbe, par suite, les roues extérieures plus éloignées du centre tendent à se porter en dehors de la voie et les roues intérieures en dedans. Le véhicule doit donc glisser en tournant autour de son centre de gravité pour changer de direction ; d'où une nouvelle résistance.

3° *Les véhicules en mouvement sur une courbe tendent à sortir de cette courbe, sous l'action de la force centrifuge.*

Il en résulte à l'extérieur de la courbe une pression contre le support des voies ou rail, pression qui croît comme le carré de la vitesse ; d'où encore une troisième résistance.

Toutes ces résistances sont d'autant plus considérables que le rayon de la courbe est plus petit, que la distance des essieux est plus grande et la vitesse plus accélérée.

Or, aujourd'hui, les voyageurs demandent à faire de grands trajets le plus rapidement possible et avec un confortable qui nécessite de longues voitures. On ne peut donc leur donner cette satisfaction que sur des lignes où les courbes ont de grands rayons.

Limites des pentes et des courbes.

3. La résistance au mouvement des véhicules sur un chemin de fer augmentant rapidement avec les rampes et aussi en raison de la diminution des rayons des courbes, on s'est attaché, dans la construction des premiers chemins de fer, à adopter de faibles inclinaisons et des courbes à grand rayon. Ainsi, sur la ligne primitive de Paris à Saint-Germain (plus exactement à la station du Pecq), la pente était insignifiante et le rayon des courbes de 2 000 mètres ; encore celles-ci n'existaient-elles que sur les parties en palier.

Ensuite, on a accepté des pentes de 0,005 à 0,008 et des rayons de 1 000 à 800 mètres pour les courbes, dans le tracé des grandes lignes des Compagnies françaises.

Lorsqu'on a établi les lignes secondaires, le maximum des déclivités a été porté à 0,012 et le minimum des rayons abaissé à 500 mètres ; puis ensuite on a successivement admis des pentes de 0,020 et des rayons de 300 mètres. Aujourd'hui, on va même jusqu'à des pentes de 0,025 à 0,030 avec des courbes de 250 mètres de rayon seulement. Mais, dans ces dernières conditions, la circulation ne peut se faire qu'à des vitesses réduites et avec des trains d'un tonnage relativement faible.

En résumé, les fortes rampes et les courbes de petit rayon sont deux causes fort importantes de résistance au mouvement des trains ; il faudra donc, dans le tracé d'un chemin de fer, avoir soin que ces deux conditions défavorables ne soient pas réunies, réservant les fortes pentes pour les parties en ligne droite et les courbes serrées pour les parties en palier ou de faible inclinaison.

C'est grâce à ce que les grandes lignes françaises ont été établies dans d'excellentes conditions de tracé qu'on peut y faire circuler aujourd'hui des trains assez chargés à des vitesses effectives de 80 kilomètres à l'heure.

§ *II*. — *NOTIONS GÉNÉRALES*

5. Ainsi qu'on l'a dit précédemment, un chemin de fer comprend une *chaussée métallique* sur laquelle la charge à remorquer est mise en mouvement par une *locomotive*.

La chaussée métallique, pas plus qu'une route ordinaire, ne peut s'établir directement sur le sol. Il faut d'abord préparer pour cette chaussée une plate-forme convenable, d'où nécessité de faire :

1° Des *remblais* (*fig.* 2), c'est-à-dire de rapporter des terres sur le sol naturel pour en exhausser le niveau ;

2° Des *déblais* (*fig.* 3), c'est-à-dire de creuser le sol naturel, d'y faire des *tranchées ;*

3° Des *tunnels* ou *souterrains* (*fig.* 4) pour traverser les montagnes quand les tranchées entraîneraient dans une trop grosse dépense ou quand les dispositions locales ne permettent pas d'éviter ces sortes de travaux ;

4° Des *ponts* au-dessus des routes ou des cours d'eau ;

5° Des *viaducs* pour franchir les vallées quand les remblais y prendraient trop d'importance, tant au point de vue du cube des terres à rapporter qu'à celui de la surface du terrain à acquérir pour y asseoir la base du remblai.

Tous ces travaux constituent l'*infrastructure* du chemin de fer.

Lorsque la plate-forme est établie, on n'y fait pas reposer directement les éléments métalliques de la chaussée ; on dispose sur cette plate-forme une couche de *ballast*, en gravier, sable, cailloux ou galets, ayant pour but de permettre un facile écoulement des eaux, de rendre doux le mouvement des trains et de bien répartir sur le sol la pression qu'il reçoit.

Cette couche de ballast a ordinairement une épaisseur de $0^m,50$ depuis le niveau de la voie jusqu'à la plate-forme du chemin.

La chaussée métallique, avec toutes les installations qu'elle comporte, stations, bâtiments, voies de service, réservoirs d'eau, etc..., nécessite ce qu'on appelle les travaux de *superstructure*.

Enfin, pour qu'un chemin de fer atteigne son but, il lui faut encore :

1° Un *matériel roulant* pour composer les *trains* formés de *voitures* destinées spécialement aux voyageurs et de *wagons* pour le transport des marchandises ;

2° Des *locomotives* pour remorquer ces trains.

Le service de l'*exploitation* a pour but de mettre tous ces éléments à profit.

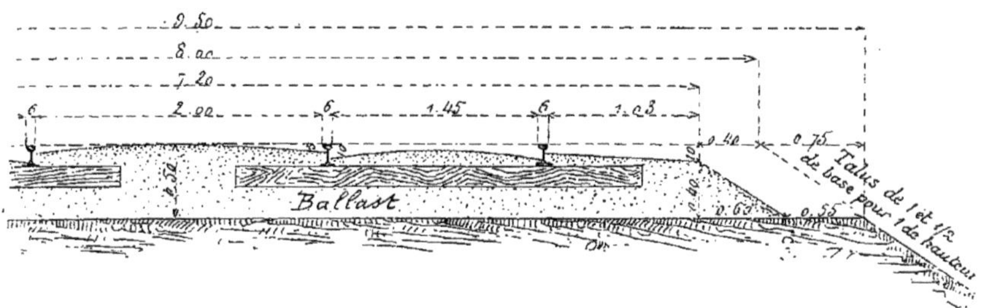

Fig. 2.

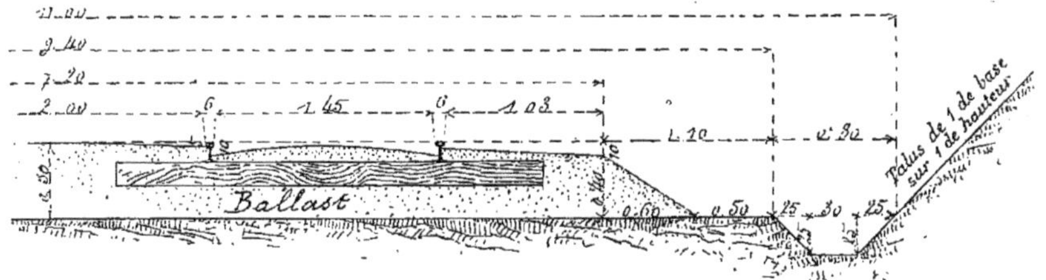

Fig. 3.

Voie.

6. La chaussée métallique ou *voie* est formée de deux bandes parallèles en métal, appelées *rails*, dont l'écartement d'axe en axe est en moyenne de 1m,51, laissant entre elles un espace libre de 1m,45, dans les chemins de fer établis depuis l'origine, c'est-à-dire dans ceux à voie *normale* ou à *voie large*. Aujourd'hui, pour des lignes d'importance secondaire, on se contente presque toujours d'une voie *étroite* de 1 mètre de largeur et même de 0m,60 à 0m,50.

La distance de 1m,45 a été choisie au début simplement parce qu'elle représente à peu près l'écartement des deux roues dans les voitures ordinaires circulant sur les routes. Elle a été généralement adoptée, par tous les États; cependant en Espagne, la largeur de la voie est de 1m,736, et en Russie de 1m,521 et cela pour des raisons stratégiques. En Angleterre, la largeur de la voie a beaucoup varié, mais, aujourd'hui, elle est devenue uniforme et de 1m,44 entre rails. En Irlande, elle est de 1m,68.

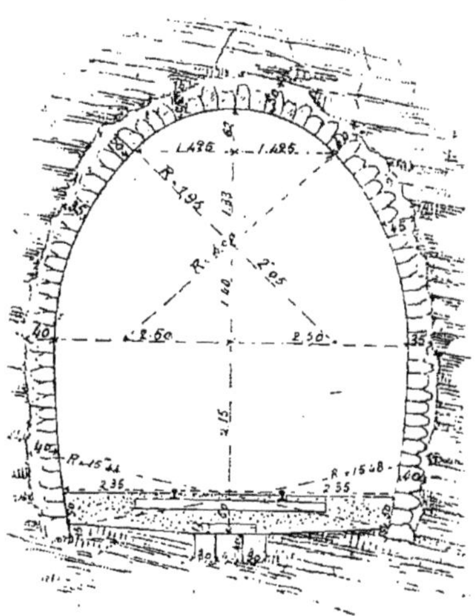

Fig. 4.

Les deux rails d'une même voie sont supportés, tous les mètres au moins, sur des *traverses* en bois (*fig.* 5 et 6) ayant une section rectangulaire de $0^m,200 \times 0^m,150$ et une longueur moyenne de $2^m,650$. Il y a donc dans 1 mètre cube le volume de douze à treize traverses dont le poids moyen est de 75 kilogrammes l'une.

Les rails employés sont de deux types :

1° Le rail à *double champignon* (*fig.* 8) ;

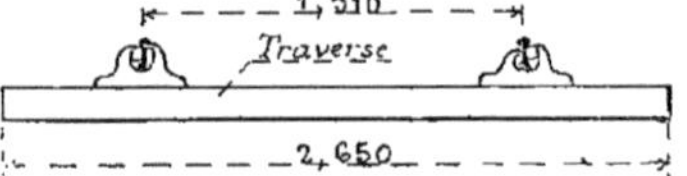

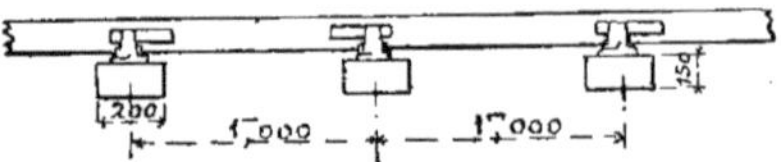

Fig. 5.

2° Le rail à *patin*, appelé encore rail *vignole* ou *américain* (*fig.* 7).

Le rail à double champignon est composé, ainsi que son nom l'indique, de deux chemins de roulement ou champignons, l'un en haut, l'autre en bas, réunis par une partie intermédiaire, appelée *âme*.

Le rail à patin est formé d'un champignon unique à la partie supérieure, en bas d'une partie plate et large appelée *patin ;* le champignon et le patin sont réunis par une partie intermédiaire appelée également *âme*.

Le rail à double champignon (*fig.* 9) est

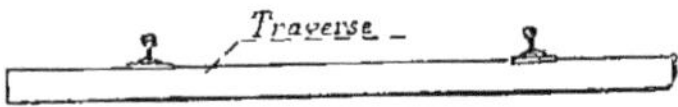

Fig. 6.

fixé par un *coin* en bois dans une pièce intermédiaire ou *coussinet* en fonte assujetti sur la traverse par deux *chevillettes* en fer.

Le rail à patin (*fig.* 10) repose sur la traverse par l'intermédiaire d'une plaque

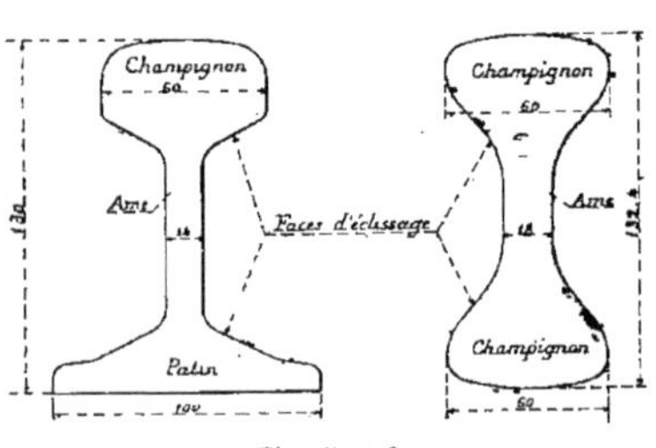

Fig. 7 et 8.

en fer ou en acier, appelée *selle*, et est maintenu par de grosses vis ou *tirefonds* dont la tête presse sur le patin, tandis que le corps traverse la selle et pénètre dans la traverse.

Les rails ne sont pas posés verticalement mais en général à l'inclinaison de de 1/20, pour être dans une direction normale aux bandages des roues des véhicules.

Le rail à double champignon est employé en France :

1° Par la Compagnie d'Orléans ; sa section transversale est telle qu'il pèse $38^k,20$ le mètre linéaire ;

2° Par la Compagnie du Midi ; sa section donne un poids de $37^k,60$ par mètre linéaire ;

3° Par la Compagnie de l'Ouest, pour ses lignes principales ; poids du mètre linéaire, $38^k,75$;

4° Par les chemins de fer de l'État ; section de 38 kilogrammes au mètre courant.

Le rail à patin est employé :

1° Par les Compagnies du Nord et de l'Est, avec une section donnant un poids de 30 kilogrammes le mètre linéaire. Ce poids est un peu faible pour les lignes très chargées ; aussi, aujourd'hui, la Compagnie du Nord, pour ses lignes principales, adopte-t-elle un rail de $43^k,215$ le mètre courant ;

2° Par la Compagnie de Paris à Lyon et à la Méditerranée sous deux modèles : l'un de 38k,40 le mètre linéaire pour les lignes principales, et l'autre de 33 kilogrammes pour les embranchements ;

3° Par la Compagnie de l'Ouest, pour ses embranchements ; avec un poids de 30 kilogrammes le mètre linéaire.

En comprenant les accessoires des rails et les traverses, le poids par mètre courant de voie est, avec le type à double champignon, de :

203 kilogrammes pour la Compagnie d'Orléans ;

204 kilogrammes pour la Compagnie du Midi et celle de l'État ;

214 kilogrammes pour la Compagnie de l'Ouest ;

Et, avec le type à patin, de :

158 kilogrammes pour le Nord et l'Est ;

148 ou 183 kilogrammes pour la Compagnie Paris-Lyon-Méditerranée ;

148 kilogrammes pour la Compagnie de l'Ouest.

Aujourd'hui il existe une tendance marquée à donner à la voie un poids très lourd, afin qu'elle résiste mieux aux fatigues des trains chargés marchant à grande vitesse. C'est ainsi que la Compagnie de Lyon emploie maintenant sur son réseau principal des rails pesant 43k,20 le mètre linéaire, se fabriquant par longueur de 12 mètres, de telle sorte que le poids de chaque rail est de 567 kilogrammes.

Primitivement la longueur des rails était de 6 mètres, mais elle a été portée successivement à 8, 10 et 12 mètres, ce qui présente l'avantage de supprimer un grand nombre de joints.

Les rails sont réunis entre eux (*fig.* 11) à l'aide de deux plaques métalliques appelées *éclisses* fixées à chaque rail par deux boulons en s'appuyant contre les deux *faces d'éclissages* (*fig.* 7 et 8).

Le joint des rails est en *porte-à-faux*, c'est-à-dire entre deux traverses espacées seulement de 0m,600, au lieu de 1 mètre, comme les traverses suivantes.

Sous l'influence des changements de température, les rails s'allongent ou se raccourcissent ; on ne les pose donc pas rigoureusement bout à bout, mais en laissant entre eux un certain jeu variable avec les climats. Pour le même motif les trous des boulons, dans les rails et dans les éclisses sont aussi plus grands que le corps des boulons.

Lorsque le chemin de fer ne comporte qu'une voie tant pour l'aller que pour le retour, on dit qu'il est à *voie unique;* quand au contraire il en comporte deux, l'une pour l'aller, l'autre pour le retour, on dit qu'il est à *deux voies*.

Depuis quelque temps, aux abords des grandes villes, on a établi quatre voies, deux pour l'aller et deux pour le retour, de façon à pouvoir multiplier les trains de banlieue dans un sens sans nuire à la marche des trains express ou rapides dans la même direction.

Matériel roulant.

7. Les caisses des voitures ou des wagons reposent par l'intermédiaire de ressorts et de boîtes à graisse sur les *fusées* ou extrémités des *essieux* (*fig.* 12).

Les roues sont clavetées et entrées à force sur ces essieux, de façon à être rendues bien solidaires de ces derniers ; elles sont garnies à l'extérieur d'un cercle métallique ou *bandage* portant une saillie appelée *boudin*, ayant pour but de les empêcher de sortir de la voie pendant la marche.

La surface extérieure des bandages n'est point parallèle à l'essieu, mais inclinée de 1/20 en général et cela pour la raison suivante.

Si pour une cause quelconque les roues étaient rejetées d'un côté de la voie, le boudin de l'une d'elles frotterait contre le rail en A, tandis que celui de l'autre roue s'en éloignerait en B. Si les bandages avaient le profil de leur surface extérieure parallèle à l'essieu, il n'y aurait pas de raison pour que le boudin qui frotte en A contre le rail cessât de rester en contact avec lui ; d'où, par suite, usure du matériel et résistance au mouvement des trains.

Mais avec les bandages ayant un profil incliné par rapport à la direction de l'essieu, la roue porte sur un plus grand diamètre en A qu'en B. Pour un tour de l'es-

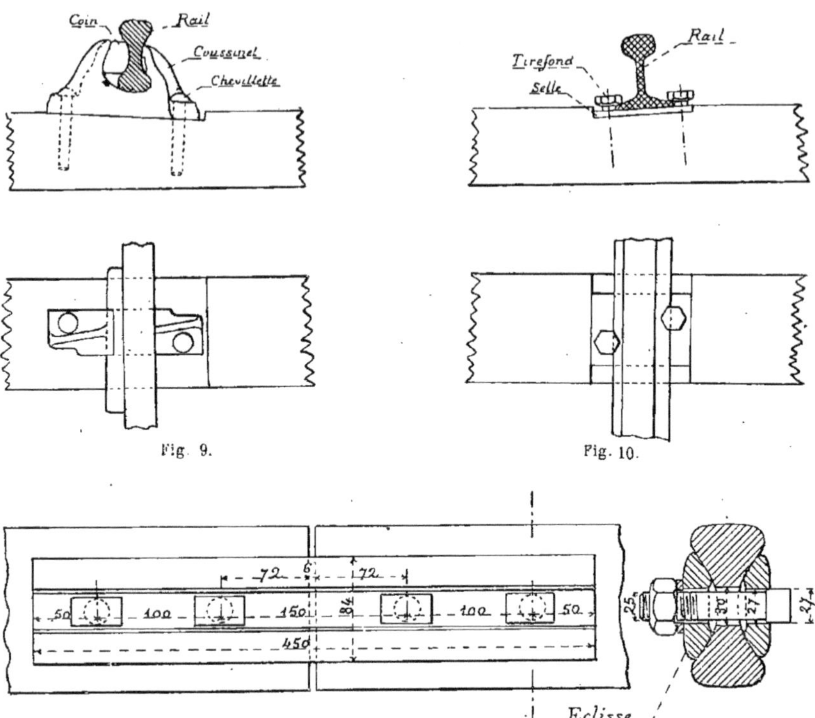

Fig. 9.

Fig. 10.

Fig. 11.

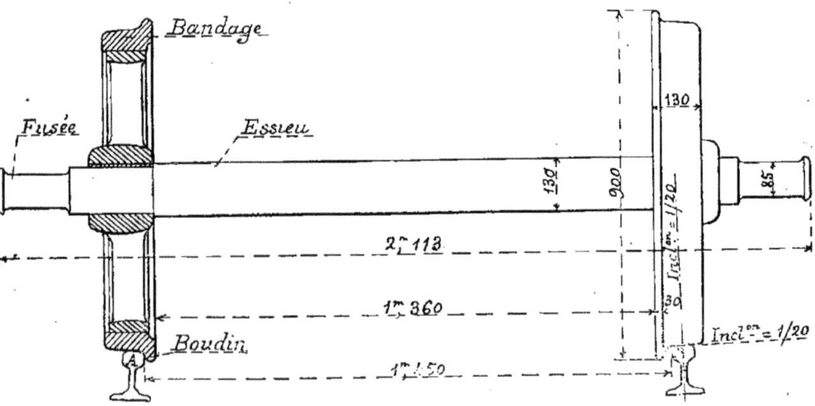

Fig. 12.

sieu, la roue A s'avance donc plus sur le rail que la roue B, c'est-à-dire que cette roue A pivote autour de la roue B ; par suite le boudin quitte le rail en A tandis qu'il tend à s'en rapprocher en B, jusqu'à ce que l'ensemble ait la position moyenne.

Cette inclinaison ou *conicité* du bandage favorise aussi le passage des véhicules dans les courbes. L'une des roues doit parcourir plus de chemin sur le rail extérieur à la courbe que l'autre roue sur le rail intérieur pour que l'essieu soit toujours placé dans le sens du rayon de la courbe. Par suite de la force centrifuge les véhicules étant rejetés vers l'extérieur de la courbe, cette différence de parcours se trouve ainsi assurée par la forme des bandages, d'après ce que nous avons dit plus haut.

Tous les véhicules sont reliés les uns aux autres par des crochets et chaînes d'attelage et, pour prévenir les secousses désagréables et dangereuses, les chocs se font sur des tampons élastiques fixés à chaque bout du véhicule.

Locomotive.

8. La locomotive destinée à remorquer les trains sur la chaussée métallique se compose :

1° D'une *chaudière* destinée à transformer l'eau en vapeur;

2° D'un *mécanisme* utilisant la force élastique de celle-ci.

Le combustible est brûlé dans un foyer entouré d'eau recevant la chaleur rayonnante ; les produits de la combustion passent dans des tubes, traversant le corps cylindrique de la chaudière, afin d'augmenter autant que possible la surface de chauffe, puis sont rejetés à l'extérieur par la cheminée.

Le tirage de la cheminée est activé par un jet de vapeur qui s'échappe à son intérieur.

La vapeur, accumulée dans la partie supérieure de la chaudière, est distribuée par un *régulateur* dans des *cylindres* où elle agit sur des *pistons* qu'elle fait avancer dans un sens ou reculer en sens contraire. Le mouvement de va-et-vient des pistons est communiqué par des *bielles* aux *roues motrices* d'un ou de plusieurs essieux. L'approvisionnement de combustible et d'eau destiné à l'alimentation du foyer et de la chaudière est placé sur un wagon spécial appelé *tender* attelé directement à la suite de la locomotive ; quelquefois celle-ci, pour les petits parcours, trains de banlieue, etc., porte avec elle son approvisionnement de combustible et d'eau ; elle s'appelle dans ce cas *locomotive-tender*.

9. *Adhérence de la locomotive.* — Comment une locomotive peut-elle remorquer avec une certaine vitesse un train beaucoup plus lourd qu'elle ?

La figure 13 indique sommairement comment l'action de la vapeur se transmet aux *roues motrices*. D'un côté, par exemple, la vapeur arrive en A dans le cylindre, pousse le piston de A vers B, et, si

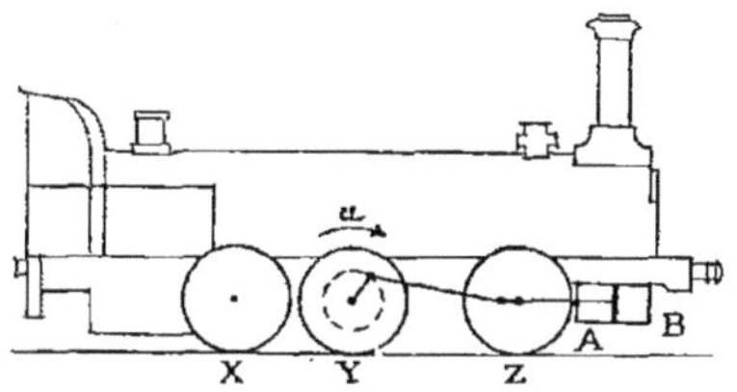

Fig. 13.

la roue Y était suspendue à la locomotive sans toucher le rail, elle tournerait sur elle-même dans le sens de la flèche *a*. Il en serait de même pour la roue placée de l'autre côté et calée sur le même essieu.

Si la roue Y, au lieu d'être suspendue, vient à toucher le rail, il en résulte, aux points en contact, une résistance, un *frottement de glissement* qui ralentit le mouvement de rotation de cette roue autour de son axe. Ce frottement de glissement dépend :

1° De la nature des surfaces en contact;

2° De la pression exercée par la roue sur le rail.

En moyenne ici il est de 1/6 ou de 0,166 de la pression exercée entre les surfaces en question.

Si cette pression est suffisante, le mouvement de rotation de la roue peut être arrêté; la roue a *prise* sur le rail, il y a *adhérence* et alors au lieu de tourner sur elle-même, elle s'avance sur le rail et, si elle tourne, c'est en entraînant la locomotive et le train.

Pour que ce résultat se produise, il faut que la vapeur, par la disposition du mécanisme, puisse agir sur la roue avec une force capable de vaincre la résistance du train et, d'autre part, que l'adhérence soit supérieure à cette force.

La résistance qui s'oppose au mouvement d'un train sur un chemin de fer en rampe, faisant avec l'horizontale un angle a a pour valeur, d'après ce qui a été vu précédemment :

$$(M + P)(0{,}005 + \text{tg } a)$$

M étant le poids de la locomotive,

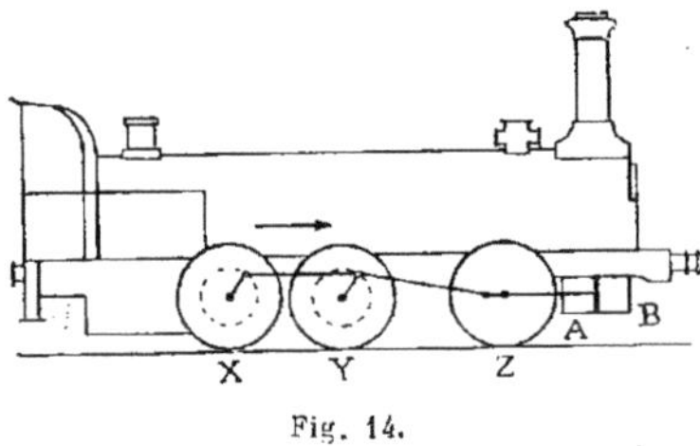

Fig. 14.

P, celui de tous les wagons attelés à sa suite.

L'adhérence de la locomotive est représentée par $\frac{1}{6} \times m$, en appelant m la portion du poids de la machine qui est répartie sur les roues motrices.

Pour que la locomotive puisse entraîner le train, il faut donc que l'on ait la relation :

$$\frac{1}{6} \times m > (M + P)(0{,}005 + \text{tg } a). \quad (1)$$

Supposons, par exemple, une locomotive à six roues pesant 36 tonnes, réparties uniformément à raison de 12 tonnes par essieu, et proposons-nous de déterminer sur quelle pente cette machine, n'ayant que deux roues motrices, pourra remorquer un train de 150 tonnes. D'après la relation (1) on devra avoir :

$$\frac{1}{6} \times 12 > (36 + 150)(0{,}005 + \text{tg } a)$$

$$2 > 186 (0{,}005 + \text{tg } a)$$

$$2 - 186 \times 0{,}005 > 186 \text{ tg } a$$

$$\frac{1{,}07}{186} > \text{tg } a \quad \text{ou} \quad \text{tg } a < \frac{1{,}07}{186} \quad \text{ou } 0^m{,}0057.$$

Dans ces conditions le remorquage du train ne pourrait avoir lieu que sur un chemin à faible rampe.

Mais, au lieu de n'avoir qu'un seul essieu moteur, on peut en avoir deux en reliant leurs roues X et Y par des bielles d'accouplement, dans les conditions de la figure 14, ce qui porte à 24 tonnes le poids utile produisant l'adhérence.

La relation (1) devient alors :

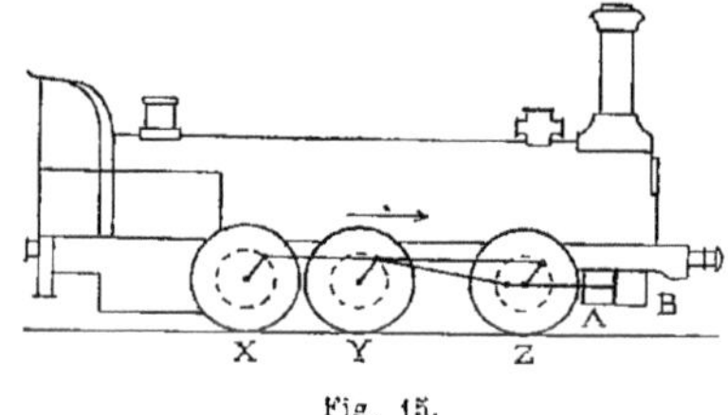

Fig. 15.

$$\frac{1}{6} \times 24 > (36 + 150)(0{,}005 + \text{tg } a)$$

$$4 > 0{,}93 + 186 \text{ tg } a$$

$$\frac{3{,}07}{186} > \text{tg } a \quad \text{ou} \quad \text{tg } a < \frac{3{,}07}{186} \quad \text{ou } 0{,}0165$$

En accouplant deux essieux, la même locomotive pourra donc remorquer le même train sur une rampe presque triple de celle du cas précédent.

Si la machine a ses trois essieux X, Y et Z accouplés, comme dans la figure 15, la relation (1) devient :

$$\frac{1}{6} \times 36 > (36 + 150)(0{,}005 + \text{tg } a)$$

$$6 > 0{,}93 + 186 \text{ tg } a$$

$$\frac{5{,}07}{186} > \text{tg } a \quad \text{ou tg } a < \frac{5{,}07}{186} \quad \text{ou } 0{,}0272.$$

On voit donc quels précieux services peuvent rendre ces accouplements de roues ou, comme on dit couramment, ces essieux *couplés*.

On peut maintenant se demander, et l'idée en a dû déjà venir à nos lecteurs, quelle est la rampe sur laquelle la locomotive ne pourrait que se remorquer elle-même ?

Admettons les trois essieux couplés comme tout à l'heure.

Dans ce cas, la relation (1) deviendrait :

$$\frac{1}{6} \times 36 > 36 \ (0{,}005 + \text{tg}\ a)$$

$$\frac{1}{6} > 0{,}005 + \text{tg}\ a$$

$$0{,}166 - 0{,}005 > \text{tg}\, a \quad \text{ou} \quad \text{tg}\ a < 0{,}161.$$

Sur une rampe de cette importance, la locomotive à adhérence ordinaire ne pourrait donc plus produire de travail utile ; il faudrait augmenter la force de cette adhérence à l'aide de moyens particuliers, en faisant par exemple agir ses roues motrices sur une crémaillère, etc.

En résumé, on voit qu'en faisant usage de locomotives lourdes, et accouplant tous les essieux, on pourrait remorquer des trains d'un certain tonnage sur des rampes très fortes. On satisferait ainsi à la condition essentielle d'avoir beaucoup d'adhérence. Mais, d'abord, le poids à répartir sur chaque roue a une limite imposée par la résistance des rails, lesquels ne peuvent être supportés que de distance en distance par les traverses.

En moyenne, ce poids ne doit pas dépasser 7 500 kilogrammes, soit 15 tonnes par essieu.

Ensuite l'accouplement des essieux ne peut beaucoup s'étendre, en ce sens qu'il établit une solidarité entre toutes les roues et que, par suite, celles-ci ne peuvent plus passer aussi facilement dans des courbes de faibles rayons.

Enfin il ne suffit pas qu'une locomotive ait l'adhérence voulue, il faut encore qu'elle puisse remorquer un train à une certaine vitesse, ce qui ne peut avoir lieu qu'avec une consommation de vapeur, à une pression déterminée, dans un temps donné. Or cette production de vapeur est limitée par les dimensions du foyer, par la surface de chauffe et le tirage de la cheminée.

L'action de la vapeur pourra donc être utilisée soit pour remorquer des trains très lourds à des vitesses relativement faibles, soit pour remorquer des trains moins chargés à de très grandes vitesses.

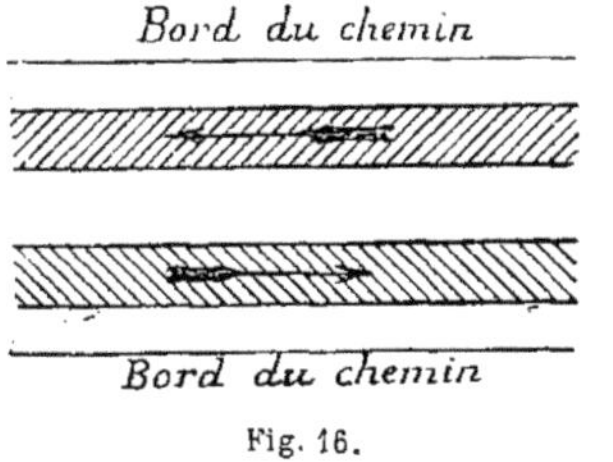

Fig. 16.

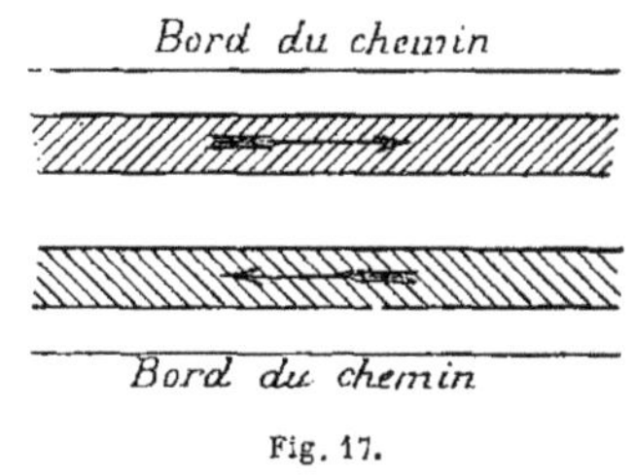

Fig. 17.

D'où deux grandes catégories de locomotives :

1° Très lourdes et avec tous les essieux accouplés pour les trains de marchandise ;

2° Relativement légères avec un ou deux essieux moteurs, pour les trains de voyageurs et les trains express et rapides.

10. *Sens de la marche des trains.* — En France, les règlements de police relatifs à la circulation sur les routes prescrivent qu'en cas de rencontre de deux voitures, celles-ci doivent se croiser de telle sorte que le conducteur de chacune d'elles ait l'axe de la route à sa *gauche* et le bord du chemin à sa *droite ;* c'est-à-dire que les voitures circulent dans le sens indiqué par les flèches de la figure 16.

En Angleterre, les règlements prescrivent des dispositions inverses, de telle sorte que les voitures y circulent sur les routes dans le sens indiqué par les flèches de la figure 17.

Lorsque les chemins de fer ont été créés en Angleterre on a naturellement adopté pour le sens de la marche des trains les mêmes dispositions que pour les voitures sur les routes.

En France, lors de l'établissement des chemins de fer, on a si bien imité ce qui existait en Angleterre, qu'on a adopté la même manière de faire. Les trains circulent donc d'après les indications de la figure 17, tandis que, sur nos routes, les tramways circulent comme les voitures ordinaires, d'après les indications de la figure 16.

Cela présente d'ailleurs un certain avantage, en ce sens que le mécanicien, se tenant à droite de la machine, peut mieux surveiller l'espace qui se déroule devant lui en marchant du côté gauche de la plate-forme.

§ *III. — LES PREMIERS CHEMINS DE FER EN ANGLETERRE*

11. Les premiers chemins de fer établis en Angleterre étaient destinés à transporter des wagons de houille en les faisant traîner par des chevaux.

En 1696, on faisait usage à Newcastle de chemins à rails en bois pour transporter le charbon de l'orifice du puits de mine jusqu'au lieu de chargement sur la Tyne. Un cheval traînait ainsi une charge triple de celle qu'il transportait sur une route ordinaire. Les rails étaient en chêne ou en sapin ; ils formaient deux bandes droites et parallèles fixées sur des traverses. Mais ces rails s'usaient rapidement et leur remplacement, toujours effectué au même endroit, détériorait bien vite les traverses qui elles-mêmes fatiguaient beaucoup sous l'action des pieds des chevaux.

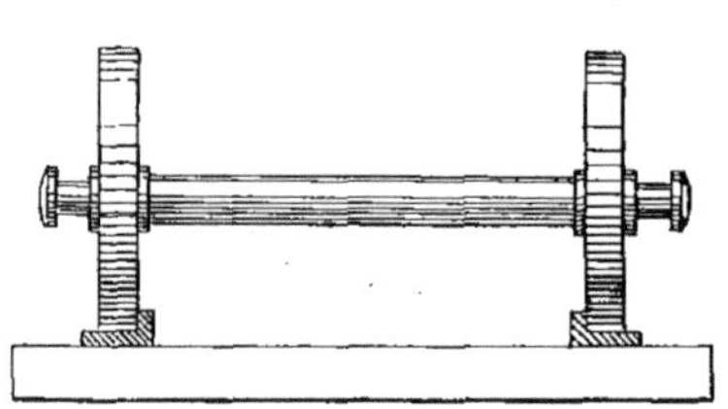

Fig. 18.

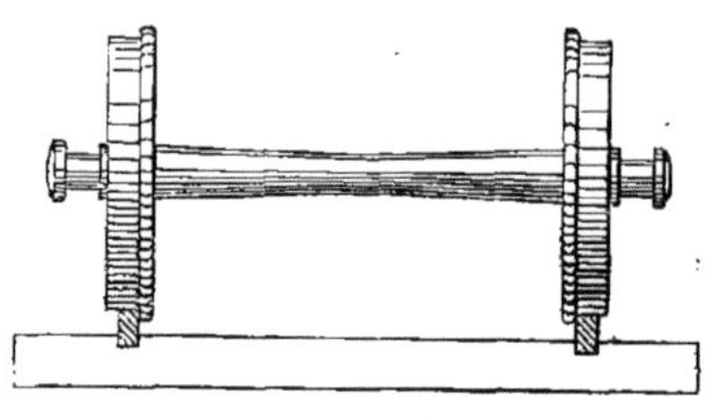

Fig. 19.

Il vint donc tout naturellement à l'idée de revêtir ces rails en bois avec des bandes de fer dans les parties qui s'usaient le plus, dans les courbes et les rampes, et finalement sur toute la longueur du chemin. Puis on remplaça ces rails mixtes en fer et bois par des rails entièrement métalliques, en fonte de fer.

En 1768, on employait des rails en fonte avec un rebord saillant pour maintenir les roues du wagon (*fig.* 18). Mais la boue s'y attachait et le tirage devenait plus difficile.

En 1785 des essais de voitures à vapeur furent faits sans succès par Watt et Mardock.

En 1789, on remplaça les rails à rebords par des rails droits, mais, pour que le wagon se maintînt sur le rail, il fallut armer ses roues d'une saillie (*fig.* 19). On voit déjà la forme plus approchée du chemin de fer actuel.

Tous les chemins de fer ainsi composés et à traction de chevaux se multiplièrent en Angleterre.

En 1804, on adopta la voiture à vapeur de Trévithick et Vivian sur le chemin des mines de Merthyr-Tydvil. Un piston, actionné par la vapeur donnait le mouvement aux roues par une bielle et deux engrenages. Afin de remédier au glissement de la roue sur la surface du rail, on rendait autant que possible inégale et raboteuse la jante des roues de cette locomotive. On ne s'était pas assuré au préalable dans quelle mesure pouvait avoir lieu ce glissement des roues sur le rail.

En 1811 Blenkinsop imagina sa locomotive à crémaillère (*fig.* 20). L'un des rails formait crémaillère avec laquelle engrenait une roue dentée mise en mouvement par le piston pressé par la vapeur.

On comprend que la crémaillère forçait à réduire considérablement la vitesse et augmentait la résistance au roulement par le frottement des engrenages.

En 1812, les machines à vapeur fixes

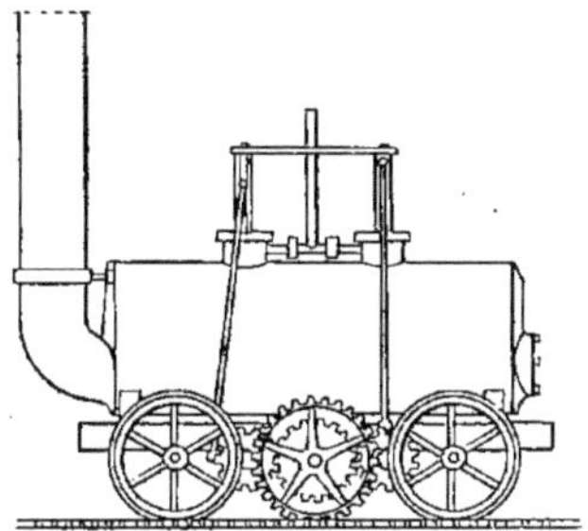

Fig. 20.

étaient déjà assez perfectionnées. On pensa à les utiliser pour la traction des wagons sur les chemins de fer. A cet effet, on établit au milieu de la voie, et de distance en distance, des points fixes sur lesquels le convoi était remorqué à l'aide d'une corde s'enroulant sur un tambour recevant un mouvement de rotation d'une machine fixe. Quand le convoi arrivait à l'un de ces points déterminés, on détachait le câble et on y fixait celui du point suivant et ainsi de suite, en même temps que le câble devenu libre était déroulé pour servir à nouveau.

L'année suivante, en 1813, Brunton construisit sa locomotive à béquille (*fig.* 21). La vapeur agissait sur des béquilles mobiles prenant leur point d'appui sur le sol. La locomotive était poussée en avant comme l'est sur l'eau un bateau, à l'aide d'une perche qu'on appuie au fond de la rivière et sur laquelle on pousse le bateau lui-même.

La même année, Blackett fit des essais pour déterminer le degré d'adhérence des roues de la locomotive sur les rails et il trouva que, malgré la surface unie des roues et celle des rails, le poids de la locomotive suffisait pour déterminer l'adhésion des roues et s'opposer à leur rotation sur place; par suite, la locomotive pouvait entraîner un convoi. Cette remarque était fondamentale. Elle a servi de point de départ à la locomotive actuelle.

Aussi, dès 1814, la première locomotive fonctionnant normalement sur un che-

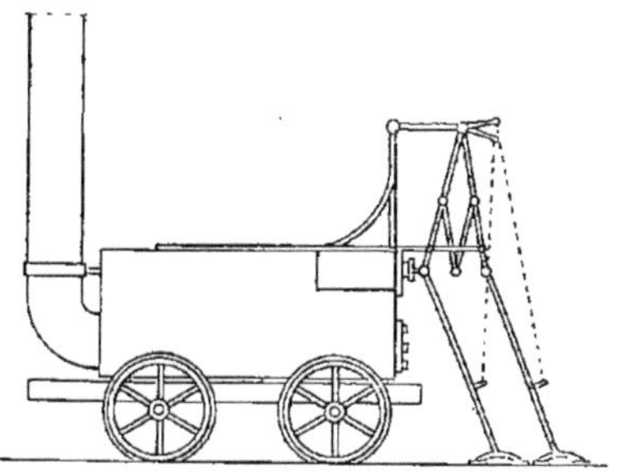

Fig. 21.

min de fer sortait-elle des ateliers de Georges Stephenson, à Newcastle, pour le service des mines de Killingworth. L'adhérence était assurée par le poids suffisamment lourd de la machine et les trois essieux étaient réunis par une chaîne.

Dès 1815, Georges Stephenson remplaça la chaîne par une bielle d'accouplement; l'alimentation de la chaudière fut rendue continue à l'aide d'une pompe actionnée par le mécanisme même de la locomotive et puisant l'eau dans un réservoir placé sur un chariot spécial d'approvisionnement attelé à la machine. Ce modèle de locomotive (*fig.* 22 et 22 *bis*) fut employé jusqu'en 1825 et rendit assez de services sur le chemin de Darlington à Stockton où, en même temps que le transport du charbon, on fit aussi celui des voyageurs.

En 1828, la locomotive reçut une amélioration capitale de la part d'un Français, Marc Séguin, qui remplaça le foyer de la machine de Stephenson par un foyer tubulaire, donnant, sous le même volume, beaucoup plus de surface de chauffe et par suite une plus grande quantité de vapeur; cela permit d'obtenir immédiatement une vitesse de 12 lieues à l'heure.

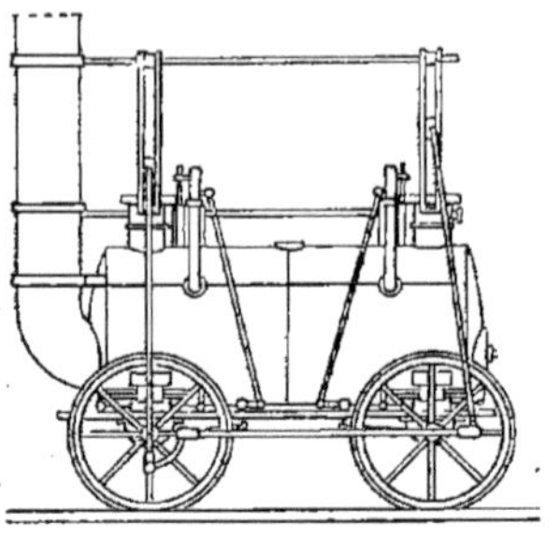

Fig. 22.

En 1829, Georges Stephenson adopta la chaudière tubulaire de Marc Séguin, en y ajoutant le jet de vapeur dans la cheminée pour activer le tirage, et obtint ainsi une machine puissante et pouvant marcher à grande vitesse. La locomotive était alors réellement créée.

Le chemin de fer de Liverpool à Manchester servit de modèle aux autres chemins de fer. Son établissement fut autorisé en 1828. Il devait être utilisé pour le transport des marchandises de Liverpool, port de la mer d'Irlande, où viennent débarquer un grand nombre de bâtiments venant d'Amérique, à Manchester, la grande cité manufacturière.

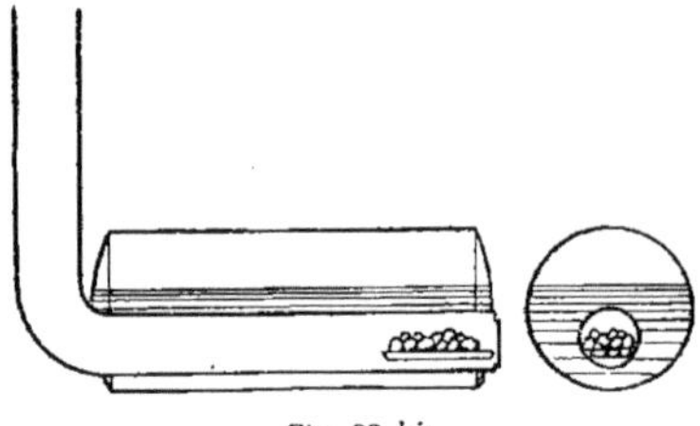

Fig. 22 *bis*.

Le chemin de fer devait être desservi par des chevaux, mais, en 1829, on décida d'employer les locomotives ou des machines fixes comme remorqueurs de wagons.

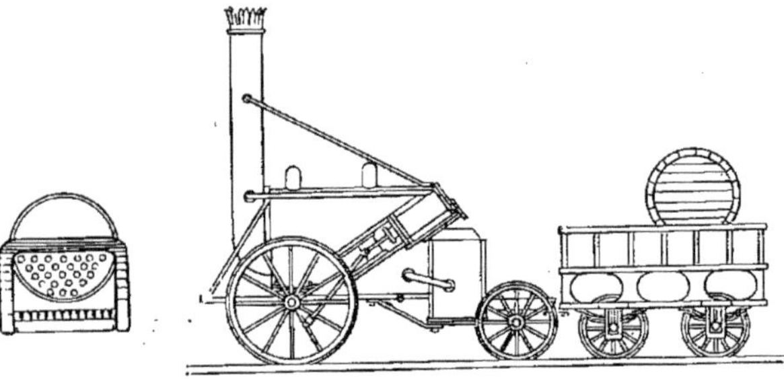

Fig. 23.

Les constructeurs de locomotives furent conviés le 20 avril 1829 à un concours qui devait décider quel était le meilleur type de ces machines. Ce concours eut lieu le 6 octobre 1829. Ce fut la locomotive de Stephenson, de Manchester, qui remporta le prix. Elle s'appelait *La Fusée* (The Rocket) (*fig.* 23).

Elle était montée sur quatre roues, pesait 4 tonnes, sa chaudière était tubulaire et la vapeur sortant du cylindre allait à la cheminée pour en activer le tirage. Sur un plan horizontal, elle entraîna 12 tonnes à une vitesse de 6 lieues à l'heure et marcha seule à raison de 10 lieues à l'heure.

Tout le monde en a pu voir un curieux modèle en bois parfaitement exécuté, exposé en 1889 dans le Palais des Arts Libéraux, exposition des Arts rétrospectifs. Les Anglais n'avaient pas voulu, ce qui se conçoit, se dessaisir de l'original qu'ils possèdent.

On pouvait voir aisément que *La Fusée* comportait déjà à l'état élémentaire les principaux organes de la locomotive actuelle : foyer enveloppé par l'eau de la chaudière, chaudière tubulaire, cylindre avec pistons actionnant directement les roues motrices à l'aide de bielles et de manivelles, échappement dans la cheminée, tiroirs commandés par des excentriques, pompes alimentaires, etc.

Afin qu'on puisse plus aisément faire la comparaison avec les locomotives employées de nos jours, nous pensons intéressant de donner les principales dimensions de ce véritable joujou : le « Rocket ».

Longueur de la chaudière. . .	1^m,830
Diamètre de la chaudière. . .	1 ,010
Longueur du foyer.	0 ,910
Largeur du foyer.	0 ,610
Hauteur du foyer	0 ,910
Surface de la grille.	0^{m2},560
Surface de chauffe directe. . .	1^{m2},860
Surface des vingt-cinq tubes de trois pouces de diamètre . .	10^{m2},940
Surface totale	12^{m2},800
Nombre de cylindres (extérieurs au châssis).	2
Diamètre des cylindres	0^m ,210
Course des pistons.	0 ,410
Nombre de roues.	4
Nombre de roues motrices. .	2
Diamètre des roues motrices.	1^m, 420
Poids total de la machine en pression	4^t ,300

Depuis, le chemin de fer de Liverpool à Manchester fut ouvert au service des voyageurs en 1830. Le nombre des voyageurs entre les deux villes, qui n'était par les voitures publiques que de cinq cents par jour, s'éleva bientôt à mille cinq cents. L'industrie des chemins de fer était réellement fondée, et de 1832 à 1836 leur construction en Angleterre reçut une très grande impulsion, surtout grâce à l'initiative et aux inventions de Stephenson.

Aussi nous saura-t-on gré de donner une courte notice biographique de cet homme de génie.

Georges Stephenson. — Georges Stephenson naquit en 1781, à Wyglam, près de Newcastle, d'une famille de pauvres ouvriers mineurs. A huit ans, il gardait les bestiaux ; à quinze ans, il se fit chauffeur d'une machine à vapeur dans une usine ; observant les mouvements de cette machine et devenant capable de la nettoyer et d'en remonter les organes, il en fut le mécanicien à dix-sept ans. Ce n'est qu'à dix-huit ans qu'il apprit à lire, à écrire et à calculer. A vingt et un ans, il se maria et eut un fils qu'il fit instruire en consacrant une partie de ses nuits à raccommoder les montres et les chaussures pour payer ses leçons. Il créa le chemin de fer de Darlington à Stockton et construisit les locomotives de cette ligne, puis il devint ensuite ingénieur du chemin de fer de Manchester à Liverpool. Il associa à ses travaux son fils Robert, qui devint le plus grand constructeur de locomotives de l'Angleterre, créa plusieurs lignes de chemins de fer en divers pays étrangers, fut nommé membre du Parlement et mourut en 1859. Georges Stephenson vécut lui-même jusqu'à l'âge de soixante-sept ans et mourut en 1848. C'est à lui que l'on doit, en outre, la lampe de mine dite de sûreté et basée sur le principe du refroidissement causé par les toiles métalliques, découvert par Davy.

§ IV. — LES PREMIERS CHEMINS DE FER EN FRANCE

12. Les premières velléités de locomotion à la vapeur se firent jour en France avant même qu'on y songeât en Angleterre.

Cugniot. — Joseph Cugniot, né le 25 septembre 1725, en Lorraine, fut l'inventeur de la première machine à vapeur employée à la locomotion sur les routes, et par suite de la locomotive.

Cugniot, qui était officier du génie, se proposait d'appliquer sa voiture au transport des canons et de l'artillerie. Il en fit un modèle qui existe au Conservatoire des Arts et Métiers à Paris. La voiture reposait sur trois roues dont l'une, la roue motrice, faisait partie d'un avant-train mobile qui portait en même temps la chaudière, son foyer et le mécanisme composé de deux cylindres dans lesquels la vapeur agissait par simple effet. Les tiges des pistons actionnaient un rochet monté sur la roue.

On remarquera que, malgré son allure primitive, cette machine appliquait déjà le principe de l'action directe du piston sur la manivelle pour actionner la roue motrice.

Cugniot ne s'était pas préoccupé de remplacer l'eau de sa chaudière. Au bout d'un quart d'heure de marche, celle-ci était épuisée et il fallait attendre que la vapeur fût de nouveau formée. Par suite de ces intermittences, on ne donna pas suite à l'idée de l'inventeur; il mourut en 1804, au moment où les premières locomotives commençaient à marcher en Angleterre.

Un autre inventeur français eut une influence prépondérante sur le succès de

Mr Séguin (22 Février 1828). N° 3744

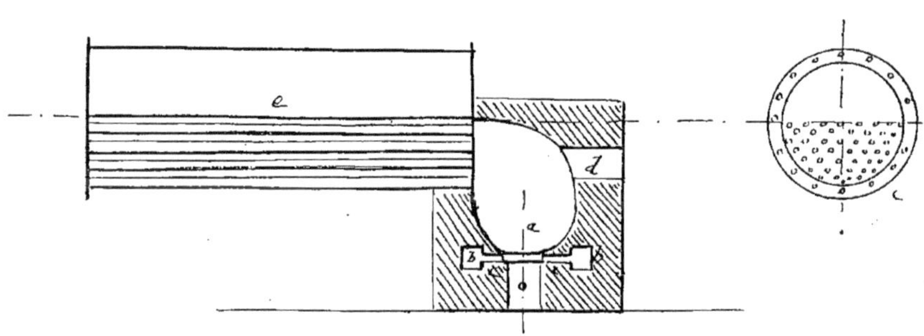

Fig. 24.

la locomotive; nous en avons parlé rapidement dans ce qui précède, c'est Marc Séguin.

Marc Séguin. — Marc Séguin, né à Annonay, dans le département de l'Ardèche, le 20 avril 1786, était le neveu de Montgolfier, l'inventeur des ballons. Son instruction première fut assez négligée; il fut d'abord employé chez un marchand de draps.

En 1820, après quelques essais, il construisit à Tournon un pont suspendu en fils de fer ne coûtant que le tiers de la dépense qu'aurait entraînée un pont en pierre.

En 1825, associé avec ses frères et les fils de Montgolfier, il s'occupa de la navigation sur le Rhône et essaya pour la première fois sa chaudière tubulaire.

En 1828, il prit un brevet pour cette chaudière tubulaire, et c'est grâce à l'emploi qu'en fit Stephenson que ce dernier dut son succès au concours de 1829 avec sa locomotive *La Fusée*.

Séguin avec sa chaudière tubulaire, Stephenson avec l'application qu'il fit à cette chaudière du jet de vapeur dans la cheminée pour en augmenter le tirage, sont les deux véritables créateurs de la locomotive.

On voit aux Arts et Métiers le modèle primitif déposé par Séguin avec le brevet qu'il prit le 22 février 1828 sous le n° 3744 (Voir le fac-simile, *fig.* 24).

La description de son admirable invention n'est pas longue : elle remplit à peine une page et il est probable qu'il ne se doutait pas lui-même de la révolution qu'il allait entraîner dans l'industrie des générateurs et, en particulier, des locomotives. Il présente son idée de lancer la flamme du foyer au travers de la masse liquide au moyen d'un grand nombre de tubes, comme un simple perfectionnement apporté aux moyens de chauffage alors en usage. Et cependant, sans ce perfectionnement, on peut dire que la locomotive, avec ses besoins impérieux de grande production de vapeur sous un volume limité, eût été probablement impossible, ou du moins serait restée fort en arrière des besoins.

Cela posé, en France, les premiers chemins de fer furent établis dans les départements de la Loire et du Rhône (*fig.* 25) et ont été ceux de :

1° Saint-Etienne à Andrézieux ;
2° Lyon à Saint-Étienne ;
3° Andrézieux à Roanne ;
4° Montrond à Montbrison.

Chemin de fer de Saint-Étienne à Andrézieux.

13. Les charbons des houillières de Saint-Étienne trouvaient un écoulement difficile, faute de voies de communication. Pour rejoindre la Loire, au port d'Andrézieux, et supprimer ainsi 20 kilomètres de transports difficiles par terre, on proposa, en 1822, de faire un chemin de fer minier de Saint-Étienne au fleuve. Une ordonnance royale du 26 février 1823 le concéda à M. Beaumier et la voie fut livrée à l'exploitation en 1828.

Sa longueur était de 18 kilomètres, il avait une voie de $1^m,50$ de largeur ; avec des pentes très variables, allant jusqu'à 13 millimètres, afin de racheter les 142 mètres de différence de niveau entre les deux points extrêmes de la ligne.

Les courbes variaient de 50 à 200 mètres de rayon.

Les rails étaient en fonte (*fig.* 26) en forme de solide d'égale résistance, de $1^m,200$ de longueur, pesant $20^k,50$ le mètre, posés dans des coussinets en fonte de 3 kilogrammes. Un boulon à clavette traversait les extrémités de deux rails consécutifs et les reliait au coussinet qui était lui-même fixé à l'aide de deux chevilles en bois sur des dés en pierre de $0^m,40$ de côté, espacés de $1^m,115$ d'axe en axe (*fig.* 27).

On avait prévu une dépense de 300 000 fr., elle s'éleva à 1 800 000 francs, c'est-à-dire à 100 000 francs le kilomètre.

Les vagons, pesant 1 500 kilogrammes portaient 3 000 kilogrammes de houille.

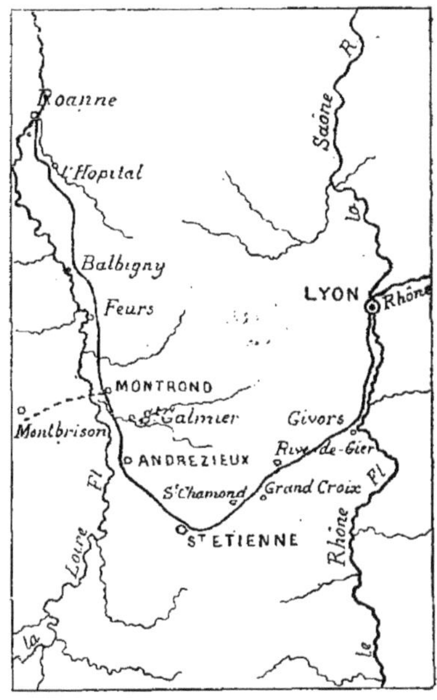

Fig. 25.

La traction se faisait par des chevaux qui traînaient au pas 7 500 kilogrammes et faisaient 40 kilomètres par jour.

En 1832, ce chemin transporta des voyageurs avec une vitesse de 12 kilomètres à l'heure.

Après trente-six ans d'existence, cette ligne fut abandonnée et remplacée par celle actuelle de Saint-Étienne à Montrond.

Élévation
1m200
65
20
70
400
Echelle de 0,1
85
1m050
Plan
190
Coupe par CD
Coupe par AB
50
32
18
12
11,5
25,5
23
37
3
7
20
26
24
85
140
81
Coupe par EF
20
98
400
Plan de pose
Echelle de 0,005
1,115
1m500

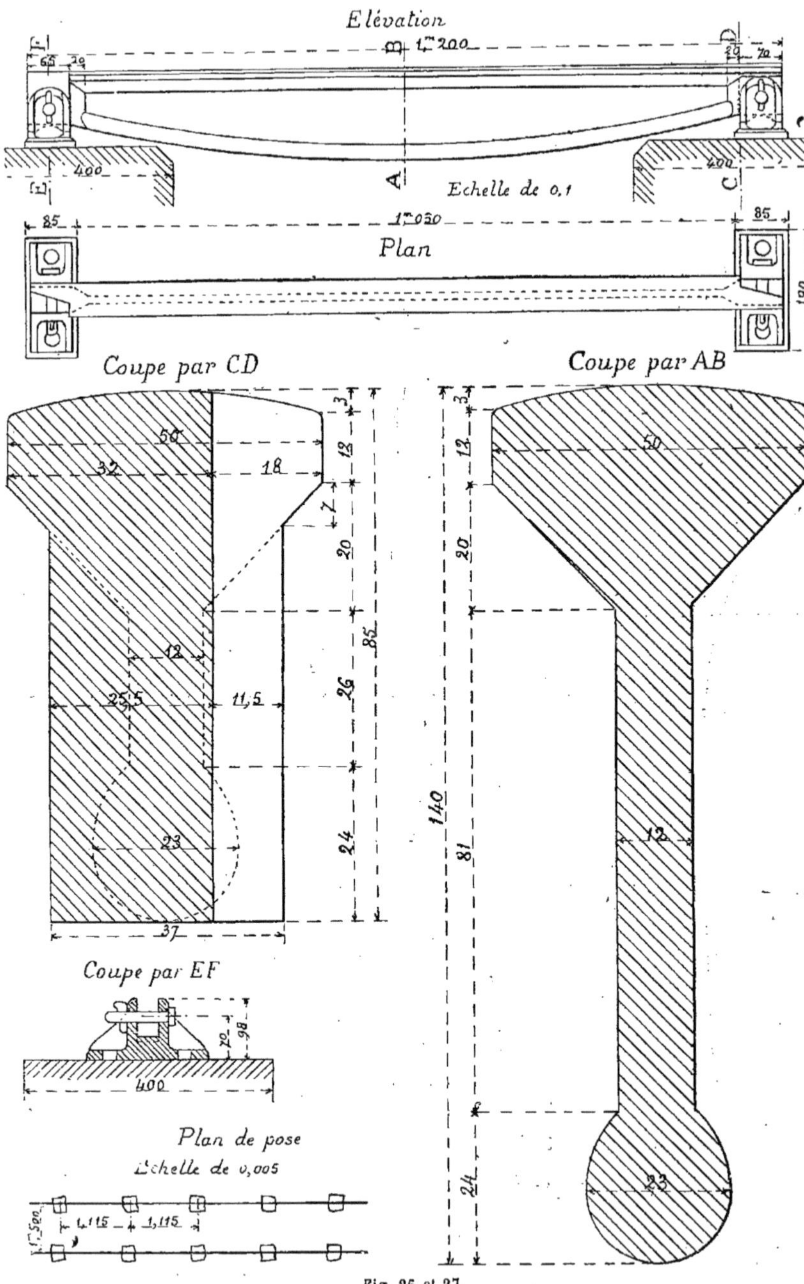

Fig. 26 et 27.

Chemin de fer de Lyon à Saint-Étienne.

14. Pour rejoindre la navigation importante du Rhône et de la Saône, on proposa de relier Saint-Étienne à Lyon. La concession du chemin de fer fut accordée le 27 mars 1826 à la Compagnie Séguin frères et Biot qui se constitua au capital de 11 000 000 francs.

On devait d'abord se contenter de faire la traction par chevaux et, malgré la différence de niveau de 356 mètres à racheter sur un court trajet, le tracé fut fait dans des conditions tellement intelligentes qu'en 1853, lorsque la ligne fut rachetée par la Compagnie du Grand-Central, il y eut peu à faire pour la mettre à la hauteur des progrès réalisés à cette époque sur les chemins de fer.

De Saint-Étienne à Lyon, la longueur de la ligne était de 56 kilomètres environ. Le chemin fut établi pour deux voies, mais les trois principaux tunnels de la Mulatière (480 mètres), de Rive-de-Gier (900 mètres) et de Terrenoire (1 500 mètres) ne furent construits que pour une voie, avec des dimensions de 2^{m},80 en largeur et de 4^{m},75 en hauteur.

Les pentes étaient de 0,015 environ sur 21 kilomètres de Saint-Étienne à Rive-de-Gier, de 0,006 de Rive-de-Gier à Givors et de 0,0005 de Givors à Lyon.

Comme rail, on adopta un type en fer laminé (*fig.* 28) à champignon de 0^{m},047 de largeur et à talon, ayant 0^{m},081 de hauteur. Il pesait 13 kilogrammes le mètre et avait 4^{m},60 de long. Il était maintenu par des coins en bois dans des coussinets en fonte fixés par des chevillettes en bois sur des dés en pierre espacés de 1^{m},050 aux joints et ensuite de 1^{m},250. Ces rails furent fabriqués par l'usine du Creusot, appartenant alors à MM. Mamby et Wilson.

Le 28 juin 1830, on ouvrit la section de Grand'Croix à Givors et, le 3 avril 1832, la section de Saint-Étienne à Grand'Croix; la dernière section, celle de Givors à Lyon ne fut livrée à l'exploitation que le 25 février 1833.

Le prix de revient de cette ligne fut de 270 000 francs par kilomètre.

Les wagons, ordinairement vides, étaient remorqués de Lyon à Saint-Etienne par des chevaux ; de Saint-Étienne à Lyon, les wagons pleins descendaient seuls sur les pentes, leur vitesse était modérée par des freins pour permettre les arrêts dans les gares. Le desserrage des freins suffisait pour que le train reprît sa marche qui était en moyenne de 20 kilomètres à l'heure.

Les wagons à houille, en forme de trémies, s'ouvrant par le bas, pesaient 1 000 kilogrammes et portaient 3 000 kilogrammes. Les autres marchandises étaient transportées dans des wagons rectangulaires.

En 1831, on commença à transporter des voyageurs, cinquante environ par jour; mais, en 1833, quand toute la ligne fut ouverte, il fallut des trains spéciaux

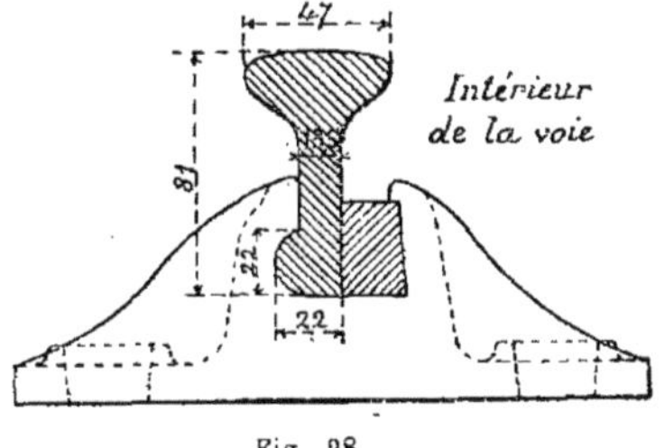

Fig. 28.

de voyageurs, avec des voitures assez confortables, imitées des diligences, comprenant deux compartiments d'intérieur et deux coupés ou cabriolets ouverts aux extrémités.

Ces voitures contenaient trente-deux places ; une galerie supérieure recevait les bagages et les messageries.

Les trains de voyageurs composés de quatre à sept voitures, étaient conduits au trot, à raison de 12 kilomètres à l'heure, par trois ou quatre chevaux attelés à la file avec postillon en tête. En 1828, Séguin avait acheté en Angleterre une locomotive bien inférieure à celle de *La Fusée* de Stephenson. En 1829, il entreprit de l'améliorer en y appliquant ses brevets de 1827 et 1828 pour les *chaudières tubulaires*. Afin d'augmenter la surface de chauffe et par suite la production de vapeur, Séguin fit traverser la chaudière par des tubes d'un petit diamètre dans lesquels passaient les produits de la combustion du foyer. Sa première machine comportait quarante-trois tubes, on en mit ensuite cent vingt-cinq. Mais si la production de vapeur était augmentée, le tirage était moins bon, à cause de la résistance qu'opposaient les tubes au mouvement des gaz chauds. Il aurait donc fallu augmenter la hauteur de la cheminée et les souterrains s'opposaient à ce qu'il en fût ainsi. Aussi, on dut avoir recours à un ventilateur monté sur le tender de la locomotive, mis en mouvement par ses roues et dont l'action était d'autant plus grande que l'on marchait plus vite et que la dépense de vapeur était plus considérable.

En 1833, le trajet de Saint-Étienne à Lyon (56 kilomètres) se faisait en 4 heures 1/2 et celui de Lyon à Saint-Étienne en 5 heures. On ne devait en aucun point dépasser 20 kilomètres à l'heure. Les résultats étaient déjà assez satisfaisants puisqu'il fallait en 1826, de 12 à 15 heures et en 1828, de 4 à 8 heures par la route ordinaire.

Mais sur des rampes prononcées de 0,013 comme celles qu'on rencontrait entre Rive-de-Gier et Saint-Étienne, la traction par locomotive devenait très coûteuse et on dut revenir à celle des chevaux qui était plus avantageuse.

Ce n'est qu'en 1844 que M. Verpilleux arriva à réaliser la traction mécanique, d'une façon courante, à l'aide de ses machines à quatre cylindres, deux agissant sur la locomotive et les deux autres sur le tender.

Chemin de fer d'Andrézieux à Roanne.

15. Le chemin de fer de Saint-Étienne à Andrézieux amenait bien les charbons jusqu'à la Loire, mais ce fleuve était encore difficilement navigable d'Andrézieux à Roanne où l'on pouvait y rejoindre le canal de Briare qui devait bientôt y aboutir.

La ligne d'Andrézieux à Roanne fut concédée le 21 juillet 1828 à MM. Mellet et Henry. Le 14 août 1829, une Société anonyme se constitua au capital de 10 000 000 francs. La ligne fut partiellement ouverte en juillet 1832 et complètement le 5 mars 1833.

En quittant la ligne de Saint-Étienne, à la Quévillière, on remontait en rampe de 0,03 sur 750 mètres et la traction se faisant par des chevaux ou des bœufs. Au delà, par Saint-Galmier, Montrond, Feurs et Balbigny, les rampes étaient de moins de 0,010 et la traction se faisait par locomotives. De Balbigny à Roanne, on gravissait le coteau de Biesse, à l'aide d'un plan incliné à deux voies, en rampe de 0,045, et de machines fixes.

Le tracé de Balbigny à L'Hôpital a été abandonné en 1856 pour un autre passant par Saint-Cyr, Vendranges et Saint-Godard.

La voie était constituée comme celle de Saint-Étienne à Lyon ; mais, plus tard, on fit usage du rail à double champignon de 5 mètres de longueur et pesant 23 kilogrammes le mètre, posé sur six traverses en chêne.

La distance de la Quévillière à Roanne était de 67 kilomètres et la dépense kilométrique fut de 110 000 francs. Aux trains de marchandises on adjoignit bientôt des voitures à voyageurs.

Chemin de fer de Montrond à Montbrizon.

16. C'était un *chemin de fer sur route!*

Le 26 avril 1833, l'embranchement de Montrond à Montbrison, à établir sur l'accotement de la route départementale n° 11, fut mis en adjudication et accordé le 6 juin 1835, à M. Cherblanc ; mais le trafic fut peu important et, en 1841, la Société dut se mettre en liquidation.

Développement du réseau français.

17. En France d'ailleurs, l'établissement des chemins de fer rencontra de grandes difficultés :

1° Parce qu'on ne crut pas d'abord à la possibilité d'établir ces voies de communication avec assez d'économie et d'avantages;

2° Parce qu'on redoutait les dangers qui semblaient inhérents à leur emploi.

En 1831, Perdonnet ouvrait à l'École Centrale le premier cours de chemins de fer fait en France et annonçait fermement que ce mode de locomotion était destiné à un très grand avenir.

Le 29 juin 1833, le chemin de fer d'Alais à Beaucaire et aux mines de la Grand' Combe fut concédé à M. Paulin Talabot.

Le chemin de fer de Paris à St-Germain est dû à l'initiative de M. Emile Péreire qui voulait faire connaître ce nouveau mode de locomotion aux Parisiens auxquels on se proposait de demander un concours financier pour d'autres entreprises analogues.

Quand la concession de ce chemin de fer fut demandée à la Chambre des députés, M. Thiers ne l'admettait que comme devant servir de joujou aux Parisiens. Arago hochait la tête en disant que ce n'était pas pratique.

On pensait que le pays était trop accidenté pour se prêter à l'établissement de chemins de fer et que les souterrains seraient nuisibles à la santé des voyageurs.

Le chemin de fer de Paris à St-Germain, concédé néanmoins en 1835, fut achevé deux ans après ; on l'inaugura le 27 août 1837 ; le trajet de Paris au Pecq, au pied du côteau où est bâti St-Germain se faisait en 18 minutes au lieu de 2 heures et demie que mettaient les voitures. Les ingénieurs de cette ligne, dont les noms méritent d'être retenus, furent Eugène Flachat, Stéphane Mony, Lamé et Clapeyron.

La montée du Pecq à Saint-Germain était faite par un chemin de fer pneumatique très original dont nous dirons quelques mots dans le cours de ce traité.

On était encore loin des types employés de nos jours ; les premières classes n'étaient que des tapissières de l'époque posées sur rails ; les troisièmes classes, simples plates-formes découvertes comme en voit encore quelques-unes au service des voyageurs en Allemagne. Les locomotives, encore dans l'enfance, ne pouvaient remorquer plus de dix de ces légers véhicules, représentant au maximum 50 tonnes avec leurs voyageurs.

Vint ensuite le chemin de fer de Montpellier à Cette, de 27 kilomètres de longueur, commencé en 1836 et ouvert en 1839.

En 1838, on inaugura les deux lignes de Paris à Versailles (rive droite et rive gauche). Les locomotives construites pour ces lignes par le Creusot réalisaient déjà un progrès important sur ce qu'on avait fait jusque-là. Le type *La Gironde* à 6 roues fut plus ou moins imité par les différentes Compagnies qui se constituèrent à cette époque. Nous en donnons ci-dessous les dimensions principales que l'on pourra comparer à celles du « Rocket » de Stephenson.

Diamètre de la chaudière. . .	1^{m},110
Épaisseur de la tôle.	0 ,010
Surface de la grille	1^{m2},020
Surface de chauffe du foyer. .	5^{m2},600
— — des tubes. .	44^{m2},880
— — totale . . .	50^{m2},480
Nombre des tubes.	115
Longueur des tubes.	2^{m} ,690
Diamètre intérieur des tubes.	0 ,048
Nombre de cylindres (intérieurs au châssis).	2
Diamètre des cylindres. . . .	0 ,330
Course des pistons.	0 ,460
Nombre de roues.	6
Nombre de roues motrices (placées au milieu).	2
Diamètre des roues motrices. .	1^{m} ,670
Poids de l'essieu moteur (poids adhérent)	7^{t}
Poids total	15^{T} ,5

A partir de ce moment le courant était établi ; l'opinion publique conquise : le Gouvernement lui-même prêtait son appui au développement de cette nouvelle industrie et, en 1841, la France comptait 833 kilomètres de chemins de fer concédés, sur lesquels 573 étaient en exploitation.

En 1842, les Chambres fixèrent par une loi le mode de concession des nouvelles voies ferrées, ainsi que la participation financière de l'État à la construction des nouvelles lignes d'intérêt général.

Le 3 mai 1845, on ouvrit la ligne de Paris à Orléans de 122 kilomètres de longueur, puis successivement les autres lignes établies d'après cette loi de 1842 qui régla définitivement l'établissement des chemins de fer en France.

Une autre loi du 15 juillet 1845, complétée par une ordonnance du 15 novembre 1846 vint préciser les mesures concernant la conservation et l'exploitation des chemins de fer. Ces documents furent rédigés d'une façon assez parfaite à l'origine pour pouvoir encore aujourd'hui servir de base à la législation en cette matière.

Aujourd'hui, le réseau des chemins de fer français est d'environ 40 000 kilomètres, dont :

4 500 kilomètres sont exploités par la Compagnie de l'Est;

2 650 kilomètres sont exploités par l'État;

3 000 kilomètres sont exploités par la Compagnie du Midi;

3 600 kilomètres sont exploités par la Compagnie du Nord;

6 100 kilomètres sont exploités par la Compagnie d'Orléans;

4 700 kilomètres sont exploités par la Compagnie de l'Ouest;

8 300 kilomètres sont exploités par la Compagnie de Paris à Lyon et à la Méditerranée;

Et le reste par cent sept Compagnies plus ou moins importantes.

§ *V. — LES CHEMINS DE FER A L'ÉTRANGER*

18. En même temps que les chemins de fer se développaient en Angleterre et en France un mouvement analogue se dessinait dans la plupart des autres pays de l'Europe et du nouveau monde.

Dès 1835 la Belgique inaugurait le chemin de fer de Bruxelles à Malines; les premières classes étaient surmontées d'une capote en cuir; les secondes, d'une simple toile; les troisièmes étaient découvertes.

Dès 1841 on comptait en Angleterre 3 800 kilomètres exploités ou en construction.

Les Etats-Unis en avaient déjà 15 000 concédés dont 5 000 en exploitation.

Enfin la Hollande, la Prusse, l'Autriche et même la Russie organisaient leur futur réseau.

CHAPITRE II

INFRASTRUCTURE

§ 1. — *ÉTUDES PRÉLIMINAIRES ET AVANT-PROJET*

A. — ÉTUDES PRÉPARATOIRES

Chemins de fer en pays neufs.

19. Nous supposerons d'abord que nous ayons à établir une voie ferrée dans un pays dont la carte n'est pas faite, comme cela peut se présenter dans certaines contrées en dehors de l'Europe. La première chose à faire est un travail géodésique d'ensemble ayant pour but de dresser le plan général de la région, au moins sur plusieurs kilomètres de largeur, dans la direction présumée du tracé.

Nous renvoyons pour cela à l'excellent *Traité de géodésie* de M. Oslet (2e partie du *Cours de construction*) et nous nous contenterons d'indiquer ici les grandes lignes de ce travail préliminaire, en n'insistant que sur les méthodes plus particulièrement en usage dans la construction des chemins de fer.

Triangulation.

20. Lorsque on a ainsi à faire la carte d'une assez grande étendue de territoire : État, province, ville, etc..., on procède d'abord à ce qu'on appelle la *triangulation* de cet espace, c'est-à-dire que l'on couvre le terrain d'un réseau de triangles dont les sommets sont des points bien fixes, tels que clochers, tours, pics, pylones ou charpentes spéciales, etc., qu'on puisse facilement toujours retrouver.

Ces triangles doivent être choisis autant que possible de manière à ne présenter des angles ni trop aigus ni trop obtus, dont la mesure directe sur place présenterait moins de chance d'exactitude. Il faut se rapprocher autant que possible du triangle équilatéral, c'est-à-dire présentant des angles de 60 degrés.

On établit ainsi trois sortes de triangles :

Ceux de premier ordre, dont les côtés ont jusqu'à 40 et 50 kilomètres de longueur, et même quelquefois plus ;

Ceux de second ordre, dont les côtés n'ont que 15 à 20 kilomètres au maximum ;

Enfin ceux de troisième ordre, servant à relier entre eux les plans topographiques ou de détails de la région.

Choix et mesure d'une base. — La première partie de l'opération consiste à faire le choix d'une bonne base d'opération, qui sert à calculer trigonométriquement les éléments des triangles dont elle constitue un des côtés. Les côtés calculés de ces triangles deviennent alors de nouvelles bases permettant de calculer les suivants et ainsi de suite de proche en proche, de sorte qu'on a finalement les longueurs de toutes les lignes lancées sur le terrain, constituant ce qu'on appelle le *canevas trigonométrique*. On comprend immédiatement l'importance qu'il y a à placer convenablement et à chaîner rigoureusement cette première base qui est la clef de tout le travail ultérieur. Il faut la choisir autant que possible en terrain très uni, à découvert, d'où l'on puisse voir le plus grand nombre possible des sommets de triangles. Sa longueur doit être en rapport avec la dimension des côtés des triangles à installer. Cette base doit pouvoir être retrouvée à toute époque ; ses extrémités doivent donc être repérées d'une manière bien rigoureuse à des points absolument invariables.

Ensuite il faut l'orienter, c'est-à-dire fixer sa position par rapport aux quatre points cardinaux, ou par rapport à la ligne nord-sud appelée méridienne du lieu, ce qui suffit, puisque la ligne ouest-est est perpendiculaire à la première. Cela est très facile, car la méridienne est connue partout ou des plus aisées à tracer par des procédés astronomiques fort simples — ne serait-ce qu'en déterminant au fil à plomb la trace sur le sol, du plan vertical de l'étoile polaire.

On procède ensuite à la formation des triangles. Il est bon de remarquer que dans la réalité ces triangles sont sphériques ; il faut donc les calculer comme tels ; souvent dans la pratique on les suppose plans, vu leur peu d'étendue par rapport à la surface de la terre qui se trouve ainsi remplacée par une surface polyédrique à facettes très petites.

La méthode d'opération est la suivante :

Supposons que AB (*fig.* 29) soit notre base d'opérations installée et mesurée avec grand soin, avec une mesure aussi invariable que possible sous l'effet des changements de température. La chaîne ordinaire à maillons, présentant trop de

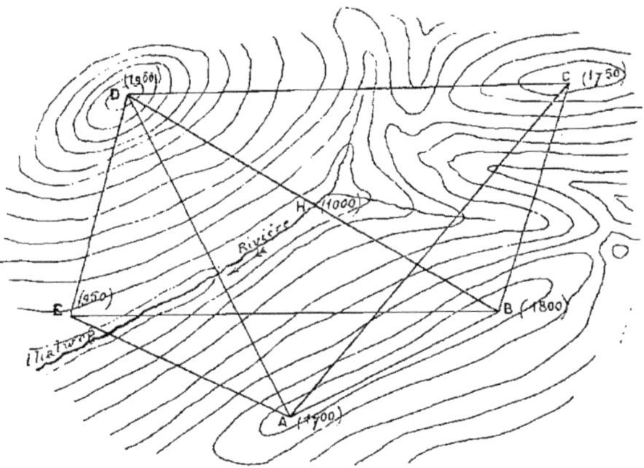

Fig. 29.

chances d'erreur, a été depuis longtemps remplacée par le décamètre et double décamètre en ruban d'acier enroulé autour d'une poulie spéciale. Mais celui-ci, sous l'effet des températures de 40 à 50 degrés au soleil, qu'on peut voir encore dépassées dans les pays tropicaux, peut présenter un allongement dépassant facilement 1 millimètre. On voit à quelles erreurs cela peut entraîner au bout d'un certain nombre de coups de chaîne.

Le mieux est alors de procéder comme on l'a fait pour la mesure de l'arc de méridien quand on a voulu fixer notre unité nationale, le mètre. On emploie des règles en matière peu dilatable, comme le sapin qu'on rend aussi insensible que possible aux influences atmosphériques en le faisant bouillir dans l'huile. On les gradue avec précision et on en garnit les deux extrémités de petites plaques métalliques empêchant l'usure.

Cela posé, on jalonne très exactement la base d'opération AB, c'est-à-dire que l'on fixe solidement en terre, dans sa direction, des piquets sur la tête desquels seront placées les règles de mesures. On opère, en effet, avec deux règles et de manière que l'une d'elles repose toujours sur deux piquets consécutifs ; on ne déplace celle-ci que quand la suivante est en place, en mettant avec soin la tête de métal sur un trait repère tracé sur le piquet; on a de plus le soin de mesurer au vernier le petit intervalle qui sépare sur le piquet, les deux têtes consécutives. En opérant ainsi on obtient le maximum de précision que l'on peut espérer avec nos instruments de mesure courants.

Soient alors C, D, E trois points fixes devant servir de sommets à nos premiers triangles. On place en A, premier point d'opération, un bon instrument à mesurer les angles, un théodolite. Cet appareil se compose de deux limbes ou cercles gradués l'un horizontal, l'autre vertical, munis chacun d'une lunette fixée à son centre. De plus la lunette verticale est fixée au centre du limbe horizontal autour duquel elle peut pivoter, ce qui permet, en plus du graphomètre ordinaire, de mesurer les angles en plongeant pour les points qui ne se trouvent pas sur le même plan horizontal et même d'évaluer par le calcul leurs différences de niveau.

Comme avec le cercle répétiteur, on mesure les angles trois ou quatre fois de suite afin d'éviter des erreurs et on prend la moyenne des lectures.

On mesurera ainsi les angles formés par les droites AE, AD, AC, et BE, BD, BC avec la base AB; puis, comme vérification, les angles que font ces droites entre elles, comme EAD, DAC, EBD, DBC. On ne saurait, en effet, s'entourer de trop de garanties et de moyens de contrôle, surtout pour cette première opération qui sert de point de départ pour tout le reste. C'est d'ailleurs un principe absolu, dans tous les travaux importants ou non, sur le terrain, de se contrôler le plus possible par des moyens différents.

21. *Calcul des triangles.* — On obtient alors par le calcul trigonométrique, tous les éléments des triangles autres que la base AB et les angles visés. C'est ainsi qu'on évaluera par exemple les longueurs AE, AD, AC, BD, BE, BC, et enfin DE, DC, qui pourront servir de nouvelles bases pour continuer plus loin. Les angles calculés doivent tous être vérifiés sur place avec l'instrument.

Ainsi, par exemple, on aura soin, quand on se transportera en D, de vérifier l'angle ADB, etc.

On voit que l'on part du premier cas fort simple de résolutions des triangles où les données sont un coté et les deux angles adjacents. Mais par la suite on peut se trouver en présence de l'un quelconque des trois autres cas.

22. *Vérification.* — L'opération qui précède et qui, nous le répétons, sert de base à toutes les autres, sera encore utilement contrôlée de la manière suivante.

On cherchera vers le centre du polygone ainsi formé ABCDE, un point H tel que l'on puisse de là voir tous les autres sommets. De ce point on lancera alors vers tous les autres, des lignes de visée qui

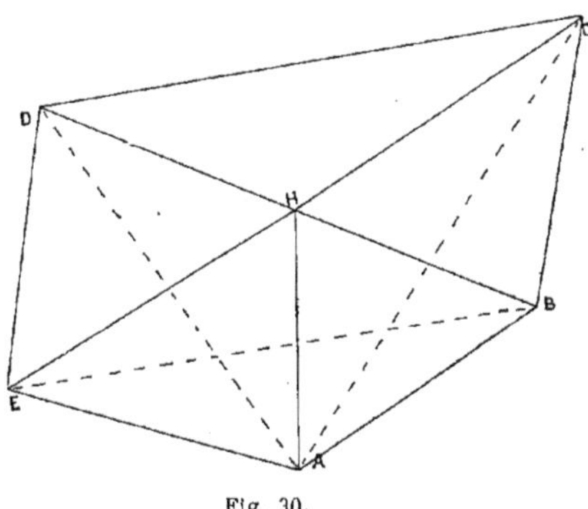

Fig. 30.

détermineront les nouveaux triangles HAB, HAE, HDE, etc. (*fig.* 30), dont on calculera et vérifiera comme précédemment tous les éléments : on verra si l'on retrouve pour les distances AE, DE, DC, CB, les mêmes valeurs que précédemment. On ne doit pas tolérer une différence atteignant un centimètre et lorsqu'on a plusieurs résultats ne différant entre eux que de quelques millimètres, on en prend la moyenne arithmétique.

23. *Registre des observations.* — On tient en même temps un registre complet de toutes les observations et résultats des calculs. Le type suivant représente le minimum d'inscriptions à y insérer.

STATIONS	COTÉS	LONGUEURS	ANGLES compris entre les côtés	OBSERVATIONS
A B	AB BC	705^{m},10 854^{m},20	132° 17′30″	

Le théodolite employé doit donner au moins la demi minute.

24. *Théodolite.* — Nous ne pourrions, sans sortir de notre cadre, donner la description détaillée des divers types de théodolites que l'on peut employer et

Fig. 31.

nous renvoyons pour cela au *Traité de géodésie* de M. Oslet déjà cité. Le plus employé est représenté dans la figure 31 ci-contre. L'instrument se pose sur un trépied et peut être rendu horizontal au moyen de trois vis calantes et d'un niveau à bulle d'air qu'on voit ici tout en haut de l'appareil, niveau fixé rigoureusement parallèle au cercle ou limbe horizontal.

Quant au limbe vertical, qui sert à mesurer les déplacements de la lunette placée dans un plan passant par l'axe du premier limbe, il est ici rejeté sur le côté pour permettre les mouvements de cette dernière ; des verniers permettent les lectures aux 30 et même aux 10 secondes près, lectures facilitées par des loupes.

En dehors des angles ramenés à l'horizon, cet instrument, avons-nous dit, permet d'évaluer les différences d'altitudes de quelque importance, comme celles des sommets de nos triangles. Il suffit en effet de placer l'instrument en un point connu, A par exemple, et de le caler bien horizontalement. On vise alors le point dont on cherche la cote, comme H qui est le plus bas de notre triangulation; et l'on observe sur le limbe vertical en inclinant ici la lunette vers le bas, l'angle de visée avec l'horizontale. Comme on connaît la distance AH calculée précédemment, la différence d'altitude cherchée est le deuxième côté de l'angle droit d'un triangle-rectangle dont on connaît un côté AH et l'angle adjacent a : on en conclut aisément, comme on sait, la valeur de ce côté x :

$$x = AH\ tg\ a.$$

25. *Nivellement général. Courbes de niveau.* — Pour le reste du terrain, il sera l'objet d'un nivellement général c'est-à-dire qu'on le couvrira de cotes d'altitudes assez nombreuses pour en avoir la représentation aussi approchée que possible à l'échelle que l'on s'est fixée. Cette reproduction sur le papier s'effectue d'une façon très ingénieuse et très pratique en reliant entre elles par un trait continu toutes les cotes ayant la même valeur; on obtient ainsi des lignes courbes qui sont la représentation sur le papier des zones du terrain dont tous les points sont à la même hauteur au-dessus d'un plan fixe de comparaison, généralement le niveau de la mer. C'est pourquoi on leur a donné le nom de *courbes de niveau.* Ce sont ces courbes qui sont représentées sur la figure 29.

En France, les deux principaux types présentant ainsi les reliefs du sol par l'indication des courbes de niveau sont la carte d'État-Major à l'échelle de $^1/_{80000}$ et celle du Dépôt de la Guerre, qui n'est pas dans le public, au $^1/_{40000}$. Le relief du sol dans la carte d'État-Major est encore accentué par l'adjonction de hachures placées perpendiculairement aux deux courbes voisines et que l'on trace d'autant plus serrées que la pente est plus raide, c'est-à-dire les courbes plus rapprochées. Mais cela présente aussi l'inconvénient, surtout dans ces derniers endroits, de rendre le dessin un peu confus ; comme en somme ces hachures ne rendent aucun autre service que celui de satisfaire l'œil, elles sont en réalité plus nuisibles qu'utiles pour le travailleur qui se sert des cartes autrement qu'en touriste ou en amateur.

Les courbes de niveau sont tracées tous

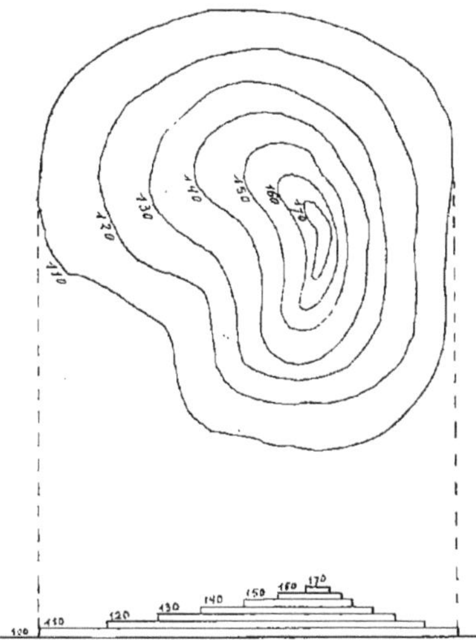

Fig. 32.

les 20 mètres sur la carte d'État-Major, tous les 10 mètres sur la carte de la Guerre. On comprend qu'en pays neuf on les espacera à son gré suivant les besoins, les circonstances, les accidents rencontrés, etc.

26. *Représentation en relief.* — On peut également, et nous le signalons au passage pour ceux de nos lecteurs que cela pourrait intéresser, représenter approximativement d'une manière très suffisante le relief d'une contrée au moyen de ces courbes. Supposons, par exemple, que l'on se serve des cartes au $^1/_{40000}$ qui est l'échelle minimum à prendre pour une pareille opération, la carte d'État-Major étant trop petite et les courbes n'y étant pas toujours très visibles.

D'après cette échelle on voit que 1/4 de millimètre représente 10 mètres : si donc on a des feuilles de carton mince de 1/4 de millimètre d'épaisseur, elles repré-

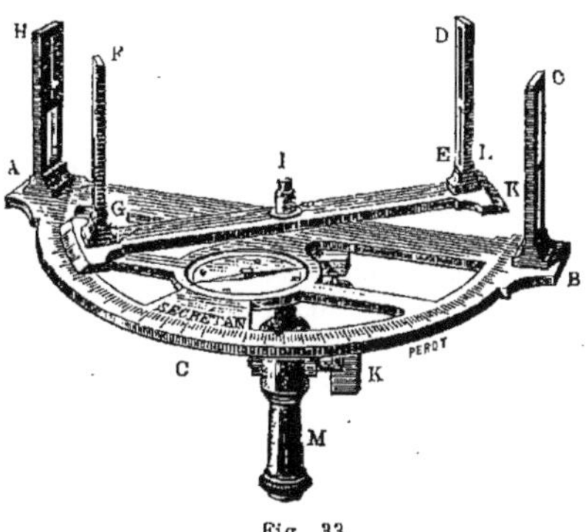

Fig. 33.

senteront des hauteurs de 10 mètres dans la réalité. En découpant alors ces feuilles de carton suivant le contour des courbes de niveau et les superposant en les faisant adhérer par une couche de colle mince et

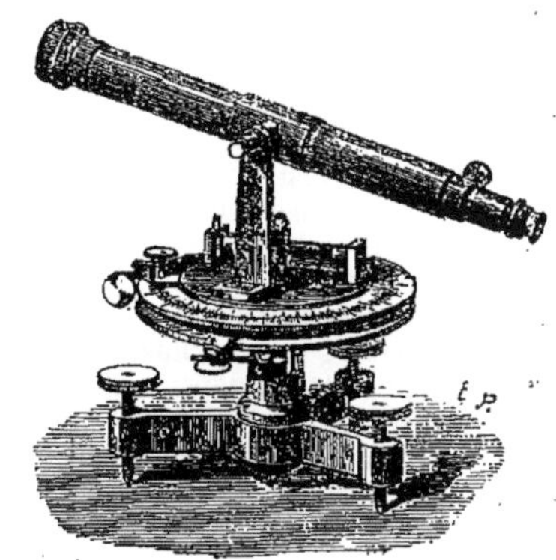

Fig. 34.

négligeable, on obtient finalement une série de petits gradins dont l'ensemble figure très suffisamment le relief du sol (*fig.* 32). Si peu saillants que soient ces gradins, on peut encore les adoucir en y glissant un mastic spécial composé d'un mélange de plâtre fin et de cire. On a ainsi une représentation du terrain aussi exacte que le permettent les courbes de niveau.

27. *Installation des triangles de second et troisième ordre.* — Les opérations de triangulation secondaire et topographique sont exactement les mêmes que celles qui précèdent, si ce n'est qu'elles se font à plus petite échelle. Le théodolite est presque toujours remplacé par le *graphomètre* ou cercle répétiteur pour les triangles de troisième ordre et souvent déjà pour ceux du second lorsqu'ils sont de peu d'étendue. Quant aux derniers triangles, ils sont toujours accompagnés du levé de plan détaillé de tout ce que renferme la surface de chacun d'eux.

28. *Graphomètre.* — Le graphomètre le plus simple (*fig.* 33) se compose d'un demi-limbe ou demi-cercle gradué, en métal, portant aux deux extrémités de son diamètre les pinnules d'une alidade fixe qui sert à viser un des côtés de l'angle à mesurer ; une alidade mobile se meut au centre du cercle et sert à viser le second côté de l'angle cherché, dont on lit la valeur sur la graduation du limbe; l'alidade mobile porte un vernier pouvant permettre d'obtenir les fractions de degrés quelquefois jusqu'à 10 secondes près. Le tout est fixé sur une douille à genouillère dans laquelle entre la tête d'un pied qu'on fixe sur le sol. Souvent cet instrument est accompagné d'une boussole d'orientation et d'un niveau à bulle d'air permettant de le placer horizontal.

29. *Cercle géodésique.* — Quelquefois le graphomètre est un peu plus complet et moins élémentaire quant aux détails. Ainsi le demi-cercle est remplacé par un limbe horizontal entier et l'alidade mobile par une lunette permettant de viser mieux et plus loin que les pinnules.

Si la lunette peut elle-même plonger plus ou moins pour viser des points qui ne sont pas sur le même plan horizontal (ce que permettent d'ailleurs les pinnules, quoique le champ de visée soit alors moins grand), on voit que l'instrument se rapproche de la forme du théodolite; il prend alors le nom de *cercle géodésique* (*fig.* 34).

L'analogie est quelquefois encore plus grande en ce sens que l'instrument est muni d'une portion de cercle gradué sur lequel se meut une alidade qui accompagne la lunette dans son mouvement plongeant; d'autre fois encore il y a deux lunettes. En somme, le graphomètre à lunette est certainement préférable au système élémentaire à alidades. Mais il faut s'arrêter pour cet instrument à un type simple et prendre franchement le théodolite, aussitôt qu'on a besoin d'un appareil plus perfectionné (pour plus de détails, voir le *Traité de géodésie* déjà cité, par M. Oslet).

30. *Levé de plans.* — Ces opérations terminées, on possède le canevas trigométrique complet : il y a lieu alors, comme nous l'avons dit, de remplir les derniers triangles par un levé de plans absolument complet et détaillé de tout ce que présente le terrain.

On sait qu'il y a pour cela différentes méthodes : celle qui donne les résultats les plus exacts et les plus serrés est l'emploi de la chaîne et de l'équerre d'arpenteur en procédant par abscisses et ordonnées.

Dans un levé de plan soigné et tout de détails, il faut autant que possible procéder avec la chaîne et ne jamais mesurer d'angles, si ce n'est des angles droits qui sont faciles à évaluer exactement avec l'équerre. Bien entendu ce ne sera pas toujours possible, comme lorsqu'on a, par exemple, à relever une agglomération d'obstacles, une ville, etc.

31. *Équerre d'arpenteur.* — L'*équerre d'arpenteur*, qui sert à tracer les perpendiculaires sur le terrain est un prisme octogonal de $0^m,10$ environ de hauteur (*fig.* 35-36). Chaque face présente dans son axe une fente très fine, surmontée d'une ouverture plus large ou fenêtre traversée dans le prolongement de la fente précédente par un crin de cheval. La face opposée présente rigoureusement la même disposition avec cette différence qu'à la fenêtre de la première correspond la fente de la seconde, et réciproquement. Une de ces fentes et le crin de cheval qui est en face d'elle de l'autre côté, constituent la ligne de visée. On voit que l'on peut ainsi, en plaçant l'instrument sur un pied bien vertical, au moyen d'une douille fixe inférieure, mesurer des lignes à 90 et même 45 degrés.

L'équerre dite italienne, a la forme ronde au lieu d'être polygonale; mais elle présente le même nombre de fentes distribuées de la même manière.

32. *Pantomètre.* — Un autre instrument souvent employé comme équerre, quoiqu'il permette de mesurer tous les angles, est le *pantomètre* appelé encore plus particulièrement *goniomètre*, quoique cette dernière appellation convienne à tous les appareils destinés à la mesure des angles.

C'est un cylindre métallique, creux, portant comme l'équerre, vue plus haut, huit fenêtres et fentes correspondantes permettant de tracer les perpendiculaires et les angles à 45 degrés. Ce cylindre est

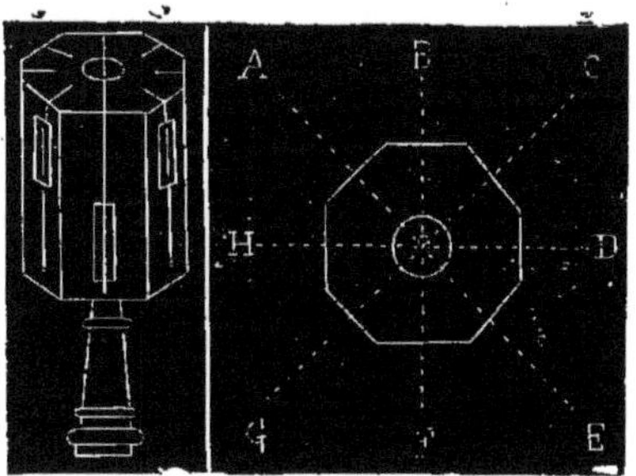

Fig. 35 et 36.

fixe et fait corps avec un pied planté en terre comme celui de l'équerre ordinaire.

Au-dessus de lui est un cylindre environ deux fois plus haut que le premier et muni des mêmes huit fentes courantes; mais il est mobile et peut tourner autour de l'axe vertical commun à tout l'instrument au moyen d'une vis inférieure, dont la tige est munie d'un pignon engrenant une crémaillère qui garnit la surface intérieure du cylindre mobile.

Les deux cercles de contact des deux cylindres portent l'un une graduation en 360 degrés, l'autre un vernier, le zéro correspondant sur chacun à une fente. Dans le pantomètre les fentes, comme les fenêtres, règnent généralement sur toute la hauteur de l'appareil et ne sont pas mixtes comme dans l'équerre (*fig.* 37).

On comprend alors qu'en outre des propriétés de celle-ci, le pantomètre permet de lancer un alignement faisant avec une direction donnée, un angle quelconque. On n'a pour cela qu'à mettre les deux fenêtres correspondant aux zéros dans la direction d'un des côtés de l'angle; puis on fait tourner le cylindre mobile seul autour de son axe, jusqu'à ce qu'il soit possible par la même fente zéro, de viser le second côté de l'angle : le zéro du cercle mobile se pose alors sur une division du cercle fixe qui permet la lecture de l'angle. On peut même, avec le le vernier, évaluer les fractions de degrés.

On construit encore maintenant des pantomètres surmontés d'une lunette astronomique pouvant se mouvoir elle-même autour d'un axe horizontal. Nous ne recommanderons pas cet instrument, et

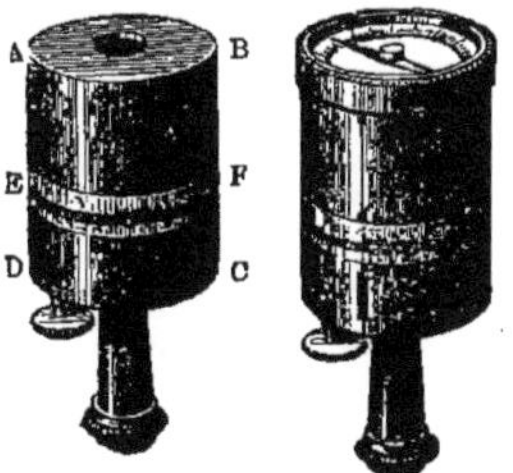

Fig. 37 et 38.

tous ceux qui ont fait pendant des années, des opérations sur le terrain seront, pensons-nous, de cet avis. Le pantomètre simple est un excellent appareil présentant cet avantage considérable de pouvoir servir d'équerre, et au besoin de mesurer des angles dans les cas d'urgence. Il faut avant tout qu'il reste simple et robuste, puisse être confié à peu près à n'importe quel agent sur le terrain, et être transporté sans même être dans sa boite, simplement sur l'épaule, emmanché au bout de son pied. L'adjonction d'une lunette, d'un cercle ou arc de cercle gradué, d'une alidade accompagnant le mouvement de la lunette, en font un appareil délicat, sujet à se dérégler, moins maniable et auquel il y aurait toujours lieu d'ailleurs de préférer le cercle géodésique ou le théodolite lorsqu'on aura réellement besoin de mesurer un certain nombre d'angles avec précision. Ainsi, lorsque nous parlerons du pantomètre, il s'agira de l'appareil simple décrit plus haut et tout au plus surmonté d'une boussole pour permettre de s'orienter (*fig.* 38).

33. *Opération du levé de plan.* — Quant à l'opération en elle-même du levé de plan par abscisses et ordonnées, elle consiste à choisir au mieux, le plus souvent, dans

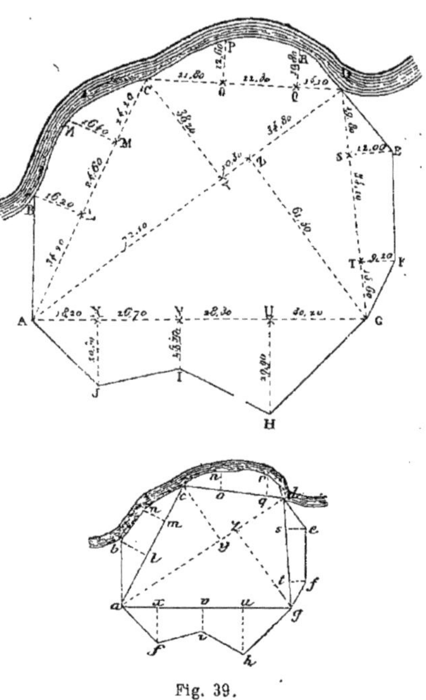

Fig. 39.

la région centrale de l'espace à relever, une ligne d'opération convenablement choisie pour qu'on puisse, en la parcourant, viser les sommets et points intéressants à rapporter sur le plan. Ces points constituent les sommets d'une ou de plusieurs brisées irrégulières et on les rattache à la ligne de base, au moyen de perpendiculaires à cette base menées à l'équerre ou au pantomètre.

En chaînant les longueurs de ces perpendiculaires ou *ordonnées*, on repère les objets par rapport à la ligne de base ; en chaînant sur cette dernière les *abscisses* ou distances qui séparent les pieds de ces ordonnées d'un point fixe initial appelé origine, A par exemple (*fig.* 39), on repère les ordonnées par rapport à cette origine : les points sont donc tous déterminés et faciles à indiquer sur le plan à l'échelle convenue. Il faut toujours, pour éviter des erreurs, opérer le chaînage par cotes cumulées et non par mesures successives.

Le plus souvent, une seule base d'opération ne suffira pas, car il ne faut pas que les ordonnées à chaîner soient trop longues pour être exactement visées ; on en lance alors d'autres telles que AC, DC, que l'on repère par rapport à la première. On choisit les côtés des triangles primitifs, quand cela est possible.

34. *Jalons.* — Les points que l'on veut viser à l'équerre sont représentés par des objets existant sur le terrain et dont on vise un point déterminé, ou bien ce sont des angles de parcelles, des croisements de limites que l'on ne voit pas à distance. Quelquefois même il n'existe rien qui signale à l'observateur le point que l'on veut relever ; c'est la cote d'altitude seule qui le désigne à l'attention et rend indispensable son report sur le plan : tel est le cas par exemple d'un faîte ou point à cote plus forte que tous les voisins. On précise alors ce point au moyen de fortes baguettes octogonales de 2 mètres de hauteur, peintes par 0m,50 alternativement en rouge et en blanc et qu'on appelle des *jalons*. Le pied de ces jalons est muni d'une pointe en fer permettant de les fixer au sol.

De bons jalons, devant servir pour les opérations à grande échelle, doivent avoir de 0m,03 à 0m,04 d'épaisseur, quoiqu'ils ne doivent par leur ensemble représenter qu'une ligne sur le terrain ; c'est qu'à distance, ils ne paraissent plus qu'une ligne assez faible ; lorsqu'ils sont plus minces on ne les voit plus nettement quand on est éloigné et on ne fait plus rien de précis. En revanche, lorsqu'ils sont trop près de l'opérateur, ils paraissent avec toute leur épaisseur : on a soin alors de viser leur axe en le faisant coïncider avec le crin de la pinnule ou le fil vertical du réticule de la lunette.

On fait également de petits jalons en fer rond de $0^m,01$ de diamètre : il faut les réserver pour les opérations à très petite échelle, l'implantation d'un ouvrage d'art par exemple ; sinon il est impossible de les distinguer nettement à une certaine distance, surtout par un temps gris ; et l'erreur que l'on commet de ce fait est toujours bien plus importante que celle qui résulte de l'épaisseur du jalon, épaisseur qui, nous le répétons, est sans importance à 50 mètres.

Pratique du nivellement.

35. Toutes les opérations précédentes étant soigneusement effectuées et le terrain bien rapporté en plan sur le papier, il reste à représenter par des cotes d'altitudes et des courbes de niveau les reliefs du sol.

Nous avons vu précédemment comment le théodolite peut permettre de calculer, la triangulation faite, les différences d'altitudes d'un certain nombre de points remarquables. Mais on comprend que cette méthode ne pourrait se généraliser et s'employer au relevé de toutes les cotes de détails en nombre infini qu'exige un nivellement complet.

36. *Nivellement sommaire au baromètre.* — Une première tournée générale sur le terrain, même avant la triangulation, pouvait permettre de connaître avec assez d'approximation les cotes d'altitude des points principaux ; nous voulons parler de l'emploi du baromètre qu'il ne faut jamais négliger dans une opération préliminaire en terrain neuf, et qui peut même rendre des services dans beaucoup d'autres cas.

C'est Descartes qui eut le premier l'idée d'employer le baromètre à cet usage ; Pascal la reprit après les célèbres expériences du Puy-de-Dôme. Nous rappellerons très sommairement sur quels principes est basée cette méthode.

On sait que la couche d'air qui enveloppe notre globe pèse à sa surface d'un certain poids qu'on appelle la *pression atmosphérique* et qu'on évalue d'ordinaire par une hauteur de mercure : c'est le principe même du baromètre. C'est ainsi qu'on a découvert que le poids de l'atmosphère équivalait en moyenne à celui d'une colonne de mercure de $0^m,760$, ou à une colonne d'eau de $10^m,33$ de hauteur.

Or, à mesure que l'on s'élève, la hauteur de la colonne d'air diminue, son épaisseur totale étant de 50 à 60 kilomètres au maximum ; son poids doit donc diminuer en même temps et, par suite, il doit en être de même de la colonne de mercure qui lui fait équilibre dans le baromètre. C'est en effet ce que l'on constate dans la pratique et l'on voit le parti que l'on en peut tirer pour mesurer les différences d'altitudes.

Si l'air avait, en effet, à toute hauteur

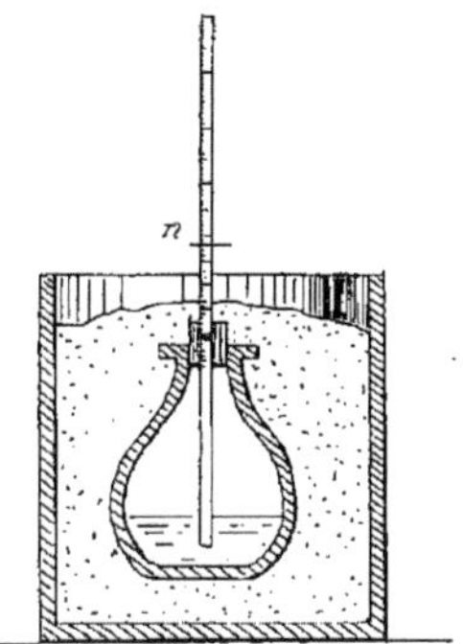

Fig. 40.

la même densité, les différences des hauteurs barométriques et les différences de niveau des stations auxquelles on aurait transporté l'instrument, seraient en raison inverse des densités du mercure et de l'air. Or, la densité du mercure étant 16 464 fois celle de l'air à 0 degré pression 760, un abaissement de 1 millimètre dans la colonne mercurielle indiquerait qu'on s'est élevé de $10^m,464$ au-dessus du point de départ.

Mais, l'air étant un gaz éminemment compressible, sa densité est loin d'être la même aux deux stations ; de sorte que la remarque précédente ne peut servir qu'à l'évaluation des hauteurs qui ne dépassent pas sensiblement 100 mètres. On pourra donc l'appliquer avantageusement à la mesure approximative de la hauteur des édifices, des collines, etc.

37. *Baromètre suisse.* — On peut même se servir dans ce cas, au lieu du baromètre à mercure, d'une simple bouteille contenant un peu d'eau et dans laquelle plonge un tube vertical divisé en millimètres et adapté au col au moyen d'un bouchon posé à frottement dur.

On verse de l'eau de manière que son niveau dans le tube dépasse un peu le bouchon et l'on marque ce niveau n à la station inférieure (*fig.* 40). On monte ensuite l'appareil à la station supérieure : le liquide, poussé par l'air renfermé dans le flacon, qui était à la pression plus forte du bas, monte à mesure que la pression extérieure diminue, et si la colonne d'eau ramenée à 4 degrés a augmenté de

$$m \times 13^{m}/^{m},6$$

c'est qu'on s'est élevé de

$$m \times 10^{m},464$$

car $13^{m}/^{m},6$ d'eau équivalent à 1 millimètre de mercure, la densité de celui-ci étant comme on sait, de 13,6.

Cette opération suppose qu'on ne tient pas compte des changements de volume de l'air intérieur et que sa température reste constante. Pour remplir cette dernière condition, on plonge ordinairement la bouteille dans un vase rempli de sciure de bois ou de tout autre produit peu conducteur de la chaleur.

Ce petit instrument, des plus simples peut rendre, comme on le voit, de très grands services ; chacun peut le fabriquer aisément sans difficulté et c'est pourquoi nous avons cru devoir en donner la description détaillée : il porte le nom de *baromètre suisse*.

Formules barométriques.

38. *Formule de Halley et Newton.* — Mais, comme nous le disions plus haut, l'air étant très compressible, sa densité diminue assez rapidement quand la hauteur augmente. Halley le premier a cherché, en tenant compte de cette circonstance, une relation entre le changement de de la hauteur barométrique et la différence de niveaux des deux lieux d'observations ; Newton a ensuite traité la question d'une manière plus générale. Ces savants sont arrivés à la formule suivante, établie en supposant l'atmosphère divisée en tranches horizontales très minces de densité constante dans chaque tranche :

$$x = \frac{1}{c} (\log. \mathrm{H} - \log. h) \text{ ou } \frac{1}{c} \log. \frac{\mathrm{H}}{h}$$

dans laquelle c désigne une constante que l'on détermine en observant les pressions barométriques H et h en deux points dont la différence d'altitude est connue d'avance.

H désigne la pression atmosphérique ou hauteur du baromètre au point le plus bas.

h désigne la même hauteur au point le plus élevé.

En somme, on voit que la formule de Halley se traduit ainsi : *la distance cherchée est proportionnelle à la différence des logarithmes des hauteurs barométriques.*

Cette formule peut être employée, à cause de sa simplicité, à des latitudes voisines de 45 degrés et pour des hauteurs qui ne sont pas très grandes.

En dehors de ces cas spéciaux elle ne donne que des résultats insuffisamment rigoureux, car elle suppose que la pesanteur est la même dans toutes les couches comprises entre les deux stations, et que la densité de ces couches ne varie que par l'effet de la compression. Or l'expérience montre que la température diminue à mesure qu'on s'élève dans l'atmosphère, circonstance qui affecte la densité et à laquelle personne n'avait songé avant Bernouilli. Il y a de plus de l'humidité en quantité variable et, la pesanteur changeant avec la latitude, la constante c doit changer également.

39. *Formule de Laplace.* — Aussi a-t-on fait beaucoup de tentatives pour perfectionner cette formule en comparant les résultats qu'elle donne avec ceux qui sont fournis par les mesures trigonométriques.

Les savants qui se sont le plus occupés de cette question sont Pictet, Ramond, Bouguer et surtout Deluc qui proposa, vers 1760, la règle longtemps célèbre qui porte son nom, et dans laquelle il a cherché le premier à tenir compte des différences de température.

Depuis, cette règle a été abandonnée et l'on se sert aujourd'hui de la formule de Laplace dans laquelle il a été tenu compte de toutes les causes qui peuvent modifier la densité des couches de l'atmosphère.

Cette formule est la suivante :

$$X = 18\,393^{m}\,(1 + 0{,}002837.\ \cos 2\lambda)\left(1 + \frac{2\,(T + t)}{1\,000}\right)\log.\frac{H}{h}$$

dans laquelle :

X représente la différence de niveau des deux stations ;

λ la latitude du lieu ;

H la hauteur barométrique à la station inférieure ;

T la température barométrique à la station inférieure ;

h la hauteur barométrique à la station supérieure ;

t la température barométrique à la station supérieure.

Pour la latitude de 45 degrés on a $2\lambda = 90$ et $\cos 2\lambda = 0$; la formule devient alors :

$$X = 18\,393\left(1 + \frac{2\,(T + t)}{1000}\right)\log.\frac{H}{h}$$

Le coefficient 18 393 a été déterminé par Ramond. Cette formule pourra être d'une grande utilité dans les pays vierges où l'on ne rencontre aucun nivellement, même sommaire. Ajoutons que dans l'*Annuaire du bureau des longitudes*, on trouve des tables calculées par M. Oltmanns, permettant d'obtenir la hauteur cherchée par de simples additions et soustractions, en supprimant l'emploi des logarithmes.

On trouve en outre aujourd'hui des baromètres anéroïdes de poches ayant la forme d'une montre et que l'on met dans son gousset. Une double graduation permet de lire la pression en même temps que la hauteur correspondante. Mais lorsqu'on veut de la précision il vaut mieux employer un instrument plus exact et tenir compte de toutes les corrections de la formule.

Quoi qu'il en soit, ces évaluations de hauteur ne peuvent être que provisoires : elles permettent de se rendre compte des reliefs d'une manière générale et approchée. L'installation d'une voie ferrée exigera toujours des opérations ultérieures plus précises que nous verrons plus loin avec détail. On s'en rendra compte en songeant que la meilleure formule, celle de Laplace, quand on se sert de très bons instruments et qu'on prend toutes les précautions nécessaires, ne peut arriver à donner les hauteurs à plus de 1 mètre près. Ce n'est rien pour une montagne de plusieurs milliers de mètres : ce serait énorme et inadmissible pour un plan coté topographique.

Dans certaines circonstances néanmoins, cette méthode peut être des plus précieuses ; ainsi elle a permis à de Humboldt de faire le nivellement et de donner la coupe du sol du Mexique d'une mer à l'autre. L'application à ce cas spécial des méthodes trigonométriques eût été si difficile et si dispendieuse qu'on n'avait même pas osé l'entreprendre.

Nivellement de détail.

40. Cela posé, l'opération détaillée du nivellement se pratique au moyen d'instruments spéciaux qu'on appelle des *niveaux*.

Elle a pour but, étant donné un plan de comparaison que l'on choisit naturellement au-dessous du point le plus bas considéré, le niveau moyen de la mer en général, de voir de combien tous les points intéressants du terrain sont au-dessus de ce plan. En admettant que la cote du plan de comparaison soit zéro, le travail de nivellement revient donc à chercher les cotes d'altitudes d'un certain nombre de points assez rapprochés pour pouvoir relier ensuite par un trait continu tous ceux qui ont la même cote : nous savons qu'on obtient ainsi ce qu'on appelle les courbes de niveau.

Mais il n'est nullement indispensable de partir du niveau de la mer, quoique ce soit plus simple ; on n'a même pas besoin, pour effectuer un nivellement, de partir d'un point dont la cote soit connue par rapport à ce niveau. Comme ce ne sont en somme que des différences que l'on a à observer, il suffit de partir d'un point quelconque bien fixe, facile à retrouver, et situé le plus bas possible. On le considère comme ayant la cote zéro, on prend son plan horizontal comme plan de comparaison et on part de là pour effectuer le nivellement, comme nous le verrons tout à l'heure.

Commençons par donner une description rapide des instruments employés en pareil cas.

Niveaux.

41. En principe, les niveaux sont des instruments destinés à avoir rapidement et rigoureusement en un point donné la direction de l'horizontale. En faisant pivoter cette horizontale autour d'un de ses points, qui est ici l'axe de l'appareil, elle engendre un plan horizontal. Si on connaît alors la hauteur à laquelle ce plan se trouve au-dessus d'un point à cote connue ou *repère*, on a la cote d'altitude de ce plan lui-même en ajoutant cette hauteur à la cote du repère. Pour obtenir alors les cotes ignorées d'un ou plusieurs autres points, il suffit au contraire de retrancher les distances verticales de ces points au plan général du niveau : les différences donnent les cotes cherchées. Ces hauteurs verticales, bases de tout le nivellement, se

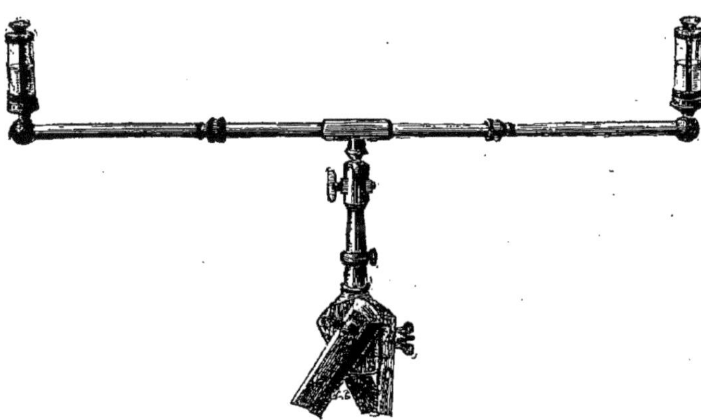

Fig. 41.

mesurent sur de grandes règles graduées tenues bien verticalement, appuyées sur le point en question et qu'on appelle des *mires*.

Toute la théorie du nivellement est concentrée dans les quelques mots qui précèdent : on part toujours d'un repère auquel on ajoute la hauteur du plan de visée du niveau et on en déduit les cotes inconnues des autres points par différences.

Mais le problème revient toujours à celui-ci : établir rapidement en un point donné un plan parfaitement horizontal.

42. *Niveau d'eau.* — Le plus simple des appareils qui donne ce résultat est le niveau d'eau, basé sur le principe physique très connu des vases communiquants. On sait que, si le liquide est le même, le niveau s'établit dans deux vases communiquant entre eux, sur un même plan horizontal. Le niveau d'eau en est une application immédiate : aussi remonte-t-il à la plus haute antiquité comme la connaissance du principe en question. Pline en attribue l'invention à Théodore de Samos, un des architectes du temple d'Ephèse.

Ce niveau se compose d'un tube métallique, aussi inoxydable que possible, en fer blanc ou mieux en laiton, portant à chacune de ses extrémités un coude à angle droit dans lequel est enchâssée une fiole cylindrique en verre. Une douille centrale (*fig.* 41) permet de fixer le tout sur un trépied que l'on place aussi horizontal que possible. Le tube, qui a avantage à être d'une certaine longueur tout en restant maniable et transportable, doit avoir plus de 1 mètre ; le plus souvent on lui donne $1^m,30$. Il peut tourner facilement sur lui-même et s'incliner dans toutes les positions au moyen d'une articulation à genou surmontant la douille.

On verse alors de l'eau dans l'une des fioles jusqu'à ce que le tube soit rempli ainsi qu'environ la moitié des fioles ; les niveaux supérieurs du liquide dans les deux bouteilles s'établissent, quelle que soit l'inclinaison du tube intermédiaire, sur un même plan horizontal, et cela d'une façon absolument automatique. On a donc ainsi aisément le plan horizontal cherché en mettant son œil dans le prolongement de ces deux niveaux.

Fig. 42. Fig. 43.

La manière de mener ce rayon visuel avec un instrument aussi primitif n'est pas indifférente si l'on veut avoir des résultats à peu près exacts. Il faut se placer un peu en arrière de l'appareil, environ à 1 mètre ou $1^m,50$ selon la vue de l'opérateur. Puis on vise les deux niveaux, non pas à droite ni à gauche des deux fioles, mais suivant leur tangente intérieure, c'est-à-dire en les laissant l'une à droite, l'autre à gauche. En opérant ainsi (*fig.* 42 et 43), on aperçoit les niveaux dans les deux flacons en prolongement l'un de l'autre et on est à l'abri de l'effet de capillarité produit par le verre sur l'eau ; on sait qu'il en résulte un petit ménisque ascendant, puisque l'eau mouille le verre, qui pourrait entraîner de l'indécision dans l'appréciation des niveaux et amener des erreurs de lecture sur la mire.

D'après le principe des vases communiquants, la largeur des vases est absolument indifférente ; il n'en est pas tout à fait de même ici où les bouteilles ont besoin d'avoir rigoureusement le même diamètre, toujours à cause des actions capillaires précitées. Il faut en outre leur donner individuellement un diamètre assez grand pour que ces actions ne se

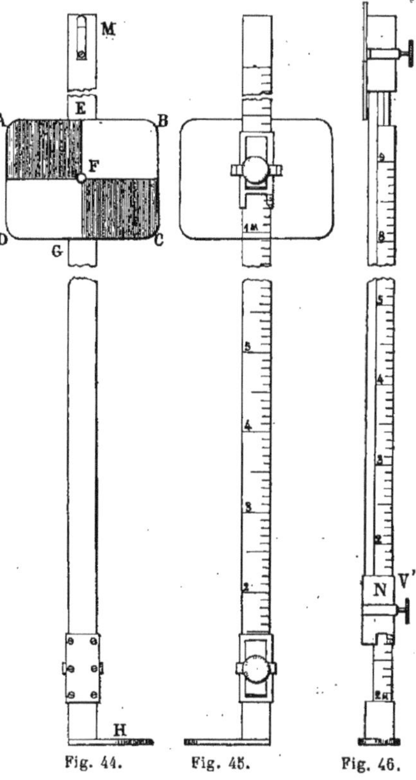

Fig. 44. Fig. 45. Fig. 46.

fassent pas sentir loin de la paroi et que le niveau se présente bien horizontal dans chacune d'elles. Mais, en outre, comme l'onglet annulaire formé est d'autant plus sensible que le diamètre est plus petit, on voit l'intérêt qu'il y a à avoir deux bouteilles présentant bien rigoureusement le même diamètre pour avoir les mêmes onglets. De la sorte, même en ne visant pas avec les niveaux réels, mais avec les onglets, on a encore chance d'obtenir une visée horizontale; dans le cas contraire, l'opération est absolument déréglée. Il en serait de même si, comme on y est souvent exposé, on changeait d'oculaire en tournant le tube bout pour bout, par exemple.

Quoi qu'il en soit, et malgré toutes les précautions prises, la ligne de visée, menée avec le niveau d'eau, présente toujours de l'incertitude à cause de ces onglets. Aussi le niveau d'eau est-il un appareil à proscrire absolument de tout travail de précision. Si l'on ajoute à cela que sa portée est faible, car on ne peut plus rien faire, même d'approché, quand on vise au-delà de 50 mètres, on en conclut que cet instrument doit être à peu près rejeté des opérations géodésiques à

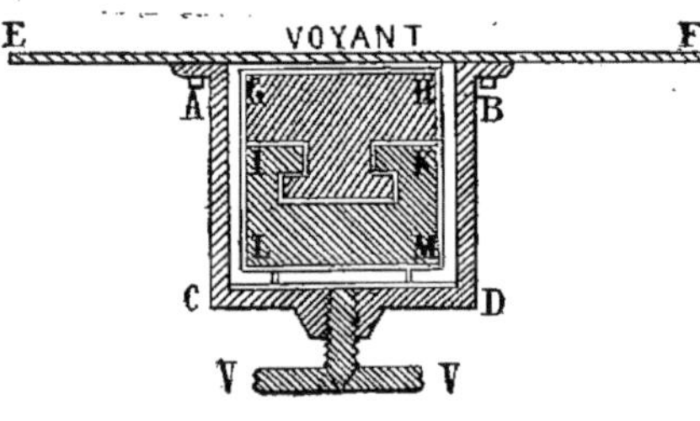

Fig. 47.

grande échelle ou demandant une certaine exactitude.

43. *Mire à voyant.* — La règle graduée correspondante ou *mire* est toujours ici la *mire à coulisse* et *à voyant*, la seule qui donne des résultats suffisamment sûrs avec un instrument aussi imparfait que le niveau d'eau. Nous verrons plus loin qu'il existe d'autres mires dites *mires parlantes :* elles ne doivent jamais accompagner que les niveaux à lunettes.

La mire qui nous occupe est composée de deux règles de 2 mètres, en sapin, s'emboîtant l'une dans l'autre sur toute leur longueur au moyen d'un assemblage à queue d'hironde. Cet assemblage forme coulisse et la règle postérieure peut glisser et monter le long de la première, ce qui permet de porter la longueur totale à 4 mètres (*fig.* 44, 45, 46, 47).

Ces deux règles sont divisées en décimètres et centimètres à partir de l'extrémité inférieure H. Une plaque de tôle rectangulaire ABCD ou *voyant* est fixée au moyen de deux petits boulons sur un étrier ou *curseur* dans l'intérieur duquel glissent les deux règles précédentes. On peut donc ainsi faire circuler le voyant tout le long de la mire et le fixer au point voulu au moyen d'une vis V située à l'arrière.

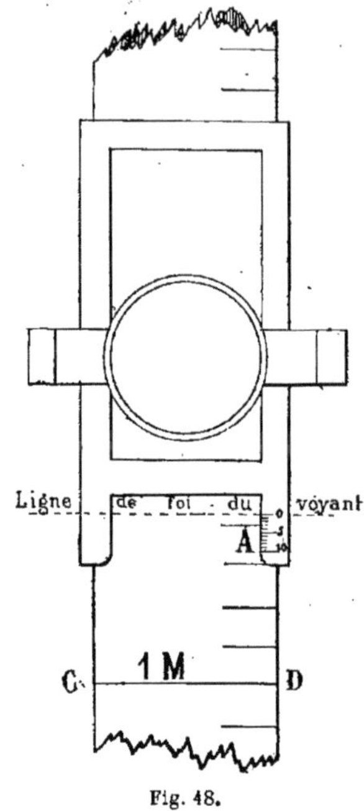

Fig. 48.

Le voyant est divisé en quatre parties égales par deux axes rectangulaires, l'un horizontal, l'autre vertical ; deux de ces carrés, sur une diagonale, sont peints en rouge foncé au minium ; les deux autres sont passés à la céruse et sont complètement blancs. Ces nuances différentes sont disposées à dessein, afin que l'on distingue bien nettement de loin la ligne de séparation horizontale qui porte le nom de *ligne de foi* ou *de visée.*

Le centre du voyant, c'est-à-dire le

point de rencontre de la ligne de foi avec la verticale centrale, est un petit cercle blanc F qui a une certaine utilité. Il arrive assez souvent, en effet, que la ligne de foi est masquée par le réticule grossi d'une lunette et qu'il est impossible de la distinguer d'une façon assez précise pour arrêter le voyant à la hauteur exacte voulue. Or ce petit cercle blanc se voit toujours, et il est facile de juger si les petits segments qui dépassent en haut et en bas sont sensiblement égaux.

A l'extrémité inférieure H se trouve un talon en fer qui sert d'appui à l'appareil; ce talon dépasse un peu sur le côté et permet de recevoir le pied du porte-mire qui peut mieux ainsi s'opposer au renversement de la mire et tenir celle-ci bien verticale; cette dernière précaution, on le comprend par définition même, est tout à fait indispensable pour opérer exactement. D'ailleurs le mieux est d'attacher un fil à plomb à la vis V et de l'observer constamment pour voir si la règle lui est bien parallèle.

C'est la ligne de foi que l'on vise soit au niveau d'eau, soit au niveau à lunette que nous verrons plus loin. L'opérateur fait signe de la main au porte-mire de monter ou de descendre selon les cas et l'arrête d'un mouvement de bras horizontal lorsque cette ligne est dans le plan de visée. Le porte-mire serre alors la vis V et lit la cote indiquée par le zéro d'une petite échelle postérieure fixée à la chape mobile et correspondant exactement à la ligne de foi antérieure. La petite échelle qui figure ce repère permet d'évaluer les cotes en millimètres (*fig.* 48).

Le porte-mire crie à haute voix la cote à l'opérateur; ce qui est assez facile quand on opère avec le niveau d'eau, car c'est toujours à petite distance; encore le niveleur est-il obligé de s'en rapporter à son aide pour la lecture des cotes, ce qui est un grave inconvénient, ou bien il se fait apporter la mire et contrôle la lecture, ce qui est peu pratique et entraîne une grosse perte de temps. De toutes façons, pour les cotes inférieures à 2 mètres pour lesquelles on n'a pas besoin de se servir de la coulisse, on voit que la cote est représentée par un nombre de centimètres A, augmenté d'un nombre de millimètres partant du zéro du curseur et lu vers le bas.

Lorsque les cotes à lire dépassent 2 mètres, on fixe invariablement le voyant au sommet de la mire et l'on n'a pas à s'inquiéter de l'ajuster, car un ressort muni d'un cran M (*fig.* 44) l'arrête au point voulu. Ce point est tel que la ligne de foi et le zéro du curseur coïncident exactement avec la longueur exacte de 2 mètres de la règle antérieure. On maintient ensuite le tout comme précédemment en serrant la vis V, et alors le curseur fait complètement corps avec la règle antérieure et mobile de la mire. C'est celle-ci que l'on développe ou que l'on rentre à volonté suivant les indications de l'opérateur; la lecture est faite cette fois non pas à l'arrière de la règle fixée comme précédemment, mais sur le côté où se trouve

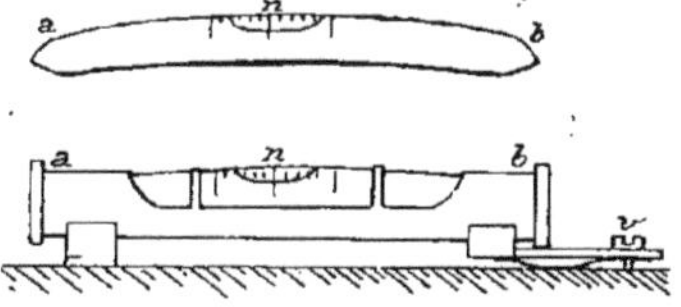

Fig. 49 et 50.

disposée une seconde graduation en décimètres et centimètres analogue à la première partant de 2 mètres et allant jusqu'à 3^{m},90. Cette lecture se fait au moyen d'un second curseur N fixé à la partie inférieure de la règle qui s'élève et que l'on peut arrêter en même temps que celle-ci ou moyen d'une vis de pression V' (*fig.* 46). Pour cela le curseur est muni, comme le premier, d'une petite échelle donnant les millimètres et que l'on pratique exactement comme la première.

Nous répétons qu'il existe d'autres mires d'un maniment beaucoup plus simple que celle-ci; mais avec le niveau d'eau il est absolument indispensable de n'en pas employer d'autre.

44. *Niveau à bulle d'air.* — L'invention du niveau à bulle d'air est attribuée à Thévenot; d'autres prétendent qu'il était déjà connu des astronomes de l'Inde antique.

Cet instrument (*fig.* 49 et 50) consiste en un gros tube de verre *ab* un peu bombé à sa partie supérieure et fixé sur une plaque de métal qui doit être exactement parallèle à son axe. Ce tube contient un liquide très mobile, comme l'alcool ou l'éther, et une grosse bulle d'air *n* qui tend toujours à se porter au point le plus haut, c'est-à-dire au point où le plan tangent à la surface convexe du tube est horizontal. Si l'on incline l'instrument, la bulle d'air mobile se déplacera pour venir se placer au nouveau point de contact de ce plan tangent, et s'écartera d'autant plus du milieu que la courbure sera moins prononcée.

Des divisions tracées de part et d'autre

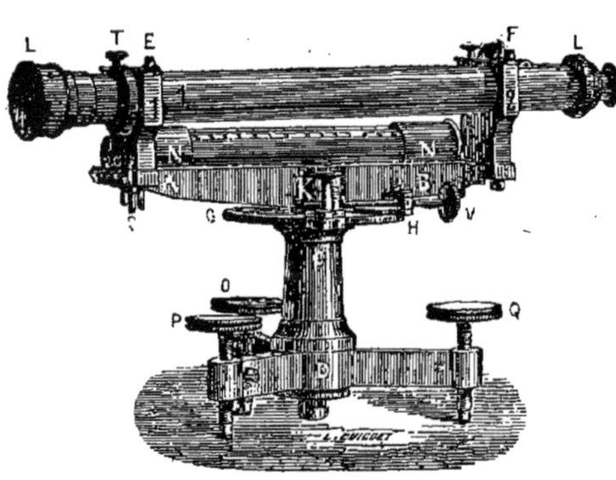

Fig. 51.

du point milieu donnent l'inclinaison du niveau quand on connaît le rayon de courbure de la surface bombée dont l'intersection avec le plan vertical passant par l'axe du tube est supposée être un arc de cercle.

Pour reconnaître si un niveau à bulle d'air est juste, on le place sur un plan de manière que la bulle soit au milieu, puis on le retourne bout pour bout. Il faut que la bulle se trouve exactement à la même place. Si cela n'a pas lieu, on agit sur une vis *V* disposée dans ce but et qui, au moyen d'un ressort, soulève ou abaisse l'extrémité correspondante du niveau. On procède ainsi doucement et par tâtonnement jusqu'à ce qu'on ait obtenu l'exactitude cherchée.

Pour appliquer ce niveau à l'opération du nivellement on y adjoint une lunette à réticule dont l'axe lui est exactement parallèle et des positions relatives du niveau et de sa lunette, ainsi que de quelques accessoires, résultent les différents types connus, qui portent les noms de leurs inventeurs, Lenoir, Egault, etc.

Nous ne décrirons que le niveau d'Egault le plus pratique et le plus employé dans les grands travaux et principalement dans les chemins de fer.

45. *Niveau d'Egault.* — Il se compose (*fig.* 51) d'un niveau à bulle d'air ordinaire N que l'on peut rectifier au moyen d'une vis *S* comme il a été dit plus haut. Ce niveau est monté à poste fixe sur une traverse AB portant à ses deux extrémités des montants verticaux surmontés d'étriers 1 et 2, dans lesquels vient se placer la lunette munie d'un réticule formé de deux fils d'araignée en croix ou mieux de deux traits gravés sur le verre même de l'oculaire. La lunette repose dans les étriers par l'intermédiaire de deux anneaux cylindriques ou collets ayant rigoureusement le même diamètre et qui, une fois placés dans leur support, sont absolument dans le prolongement l'un de l'autre comme s'ils faisaient partie du même cylindre horizontal ayant pour axe celui de la lunette elle-même. Cela est fort important, car on a souvent, comme nous le verrons plus loin, à retourner la lunette bout pour bout ou à la faire tourner sur elle-même, et il est indispensable que dans ces changements son axe reste absolument invariable. Une fois la lunette sur ses collets d'ailleurs, elle est complètement enfermée par deux petites pièces métalliques pivotantes qui viennent compléter la dernière face de l'étrier. Cette disposition permet de transporter l'appareil d'une station à une autre sans avoir à craindre que la lunette quitte ses supports ; elle pourrait en effet se briser ou se détériorer et les réparations de ces appareils sont généralement impossibles à faire sur place : il faut donc éviter la perte de temps et le dérangement que nécessite l'expédition du tout chez un opticien de la ville voisine ou mieux chez le fabricant. Ces précautions sont encore plus indispensables dans les pays neufs où fabricant et opticien peuvent être fort loin. Dans ce cas on fera bien d'avoir toujours plusieurs instruments analogues ou au moins des pièces de rechange de manière à ne jamais être pris au dépourvu.

Lorsque la lunette tourne sur elle-même dans les étriers, elle est limitée dans sa rotation par deux petits arrêts qui se meuvent avec elle et viennent se heurter contre les extrémités de deux vis de butée fixées aux montants. Ces vis sont disposées de manière que dans les quatre positions que peut prendre la lunette, soit qu'on la tourne sur elle-même, soit qu'on la tourne bout pour bout, un des fils du réticule soit toujours parallèle à l'axe de l'instrument, c'est-à-dire vertical, lorsque le niveau est en station.

Enfin on peut fixer invariablement la traverse, et par suite la lunette, pendant une opération, au moyen d'une pince qui prend le petit plateau du trépied calant serré plus ou moins par une vis de pression verticale. Une vis de rappel *V* horizontale permet, la précédente étant serrée, de donner également à la lunette des mouvements angulaires presque insensibles qu'on ne pourrait pas obtenir avec l'allure toujours moins délicate de la main.

Le support du niveau d'Egault a besoin d'être à la fois solide et cependant léger car l'instrument pèse déjà suffisamment lourd par lui-même. Il se compose d'un plateau AB (*fig.* 52) porté par un trépied en chêne formé de six branches réunies deux à deux par des tasseaux intermédiaires et se terminant par des pointes ferrées. Ces trois pointes se trouvent alors normalement, quel que soit leur écartement du centre par suite de leur rotation autour des vis qui les fixent au plateau, aux trois sommets de directions, formant entre elles des angles de 120 degrés.

Le plateau porte en outre, incrustées, trois petites plaques de laiton destinées à recevoir les trois vis calantes du niveau. Il reste à voir comment l'on fixe le niveau solidement sur son pied.

Cette liaison a encore une grande importance au point de vue du transport de l'instrument que les aides mettent sur leur épaule, le trépied replié, pour se rendre d'une station à l'autre. Il est donc nécessaire de rendre l'instrument tout entier bien solidaire de son support.

Pour cela on a pratiqué dans l'axe du niveau, à l'extrémité inférieure du trépied

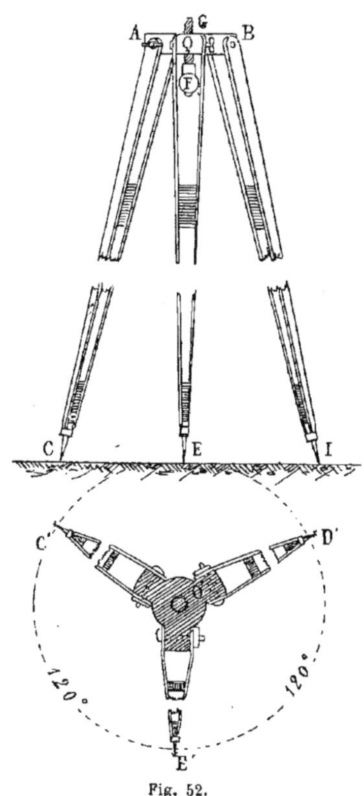

Fig. 52.

métallique qui lui sert de base, une ouverture filetée que l'on peut visser sur une vis G traversant le plateau du support et que l'on place par dessous de manière à l'enfoncer en tournant, dans le niveau.

Cette vis est accompagnée d'un ressort à boudin et présente une disposition particulière représentée dans la figure 53. Elle est fixée à sa partie inférieure dans un cylindre métallique M renfermant le ressort qui appuie sur la face inférieure du plateau par l'intermédiaire d'une encoche ménagée à cet effet sur la face supérieure de celui-ci; et, en face de celle-ci, une autre encoche reçoit un écrou N, à base courbe, dans lequel pénètre la vis après avoir traversé par un large trou le plateau et avant d'avoir pénétré dans la base de l'instrument. Tout cela dans le but de permettre à la vis un mouvement conique et non pas seulement perpendiculaire au plateau du trépied. Sans cela cette vis ne s'introduirait dans l'ouverture filetée du niveau qu'autant que le plan du trépied métallique du niveau serait parallèle au plateau, ce qui ne peut presque jamais arriver, puisque les trois vis sont précisément faites pour fonctionner inégalement : c'est même grâce à cette inégalité que l'on rend

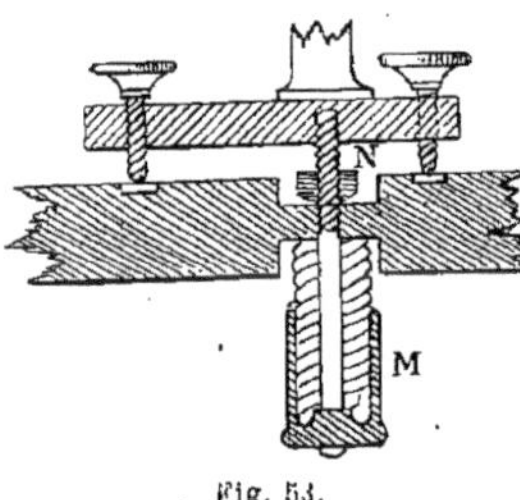

Fig. 53.

le niveau horizontal, alors que le support ne l'est jamais rigoureusement.

46. *Mise en station.* — Pour se servir de cet instrument, il faut rendre la lunette horizontale dans toutes ses positions, c'est-à-dire caler l'instrument de manière qu'elle se déplace dans un plan horizontal.

Admettons d'abord que l'axe du niveau soit bien perpendiculaire à la traverse, et celle-ci bien parallèle au niveau et à l'axe de la lunette. Il suffit de rendre cette traverse horizontale, ce qui est facile au moyen de la bulle et des vis calantes du pied de l'appareil.

Pour cela on place la traverse parallèlement à la ligne représentée par deux des vis calantes ; puis faisant tourner celles-ci toutes deux à la fois et en sens inverse l'une de l'autre, ce qui double l'effet produit, on amène la bulle entre les repères ; on est certain que l'appareil est horizontal suivant cette droite. Il suffit d'opérer de même pour une seconde droite, puisque deux droites suffisent pour déterminer un plan.

On place alors la lunette sur la troisième vis dans une direction perpendiculaire à la première et on tourne cette vis jusqu'à ce que la bulle soit encore repérée. Généralement on défait ainsi un peu ce qu'on avait fait la première fois ; on recommence donc une seconde fois de la même manière ces deux opérations fort simples et cela suffit généralement si l'instrument est bien réglé : le niveau est *bullé*. La durée totale de tous ces tâtonnements n'excède pas deux minutes avec un agent expérimenté.

Mais avant de se servir de cet instrument il faut toujours avoir soin d'en bien régler toutes les parties.

47. 1° *Réglage du niveau à bulle.* — Pour s'assurer que le niveau est horizontal, la bulle étant entre ses repères, on le place parallèlement à la ligne formée par deux des vis du trépied et on agit à la fois sur ces deux vis en les tournant à l'opposé l'une de l'autre pour aller plus vite. On amène ainsi rapidement la bulle dans la partie la plus haute du tube de verre, comme nous l'avons expliqué précédemment ; puis on retourne le niveau bout pour bout en faisant pivoter tout l'instrument autour de son axe : la bulle ne doit pas bouger de place et se présenter entre les mêmes repères. Si cela n'a pas lieu, c'est que le niveau est un peu incliné sur l'horizontale, le plan tangent à la bulle n'étant pas parallèle au plan du plateau. On ramène alors la bulle en agissant pour moitié sur la vis de réglage S et pour l'autre moitié sur une des vis calantes. On répète cette épreuve jusqu'à ce que toute déviation n'existe plus.

48. 2° *Réglage du réticule.* — Il s'agit de rendre bien vertical l'un des deux fils puisque l'autre est alors horizontal. On se sert des vis de butée signalées précédemment ; pour cela le niveau étant bien horizontal, bien *bullé*, comme on dit en terme de travaux, on vise un fil à plomb et l'on constate la déviation ; on la corrige moitié au moyen de vis de butée, moitié en faisant tourner le porte-oculaire sur lui-même, en desserrant les vis qui le fixent dans le corps de la lunette.

On voit que, pour que tout cela soit bien fait par l'opérateur, il faut qu'il connaisse à fond son instrument, et par conséquent, qu'il l'ait démonté et remonté au moins une fois, ce qu'il faut toujours faire.

49. 3° *Centrage de la lunette.* — On fait poser une mire à la plus grande distance possible tout en restant dans les limites où l'on peut lire très distinctement les divisions. Il s'agit bien entendu ici de la mire parlante que nous verrons tout à l'heure. Une bonne distance est 150 mètres : c'est celle indiquée par Bourdaloue auquel on doit le nivellement général de la France.

On bulle alors le niveau et on lit la cote visée, puis on fait tourner la lunette sur elle-même : si la ligne de visée était tout à l'heure au-dessus de la réalité elle est actuellement au dessous, et de la même quantité ; on aura donc l'horizontalité exacte en prenant la moyenne des cotes lues et y amenant au moyen de vis de rappel spéciales, le fil horizontal du réticule. Bien entendu on opérera de même avec le deuxième fil, car tous deux jouent indistinctement le rôle de fils horizontaux.

On est alors certain que l'axe optique coïncide bien rigoureusement avec l'axe de rotation.

Enfin ces deux axes coïncidant, il faut encore s'assurer que cet axe commun est bien perpendiculaire à l'axe vertical de l'instrument.

Pour cela on vise comme précédemment la mire placée à 150 mètres, on lit la cote et on retourne la lunette bout pour bout. Si l'axe était au-dessus de l'horizontale, il est actuellement au dessous, et de la même quantité ; la moyenne des cotes lues donne donc la vérité. On corrige alors en amenant la ligne de visée sur cette cote au moyen d'une vis carrée placée dans un des collets de la lunette ; cela revient donc encore à diviser l'erreur totale en deux parties égales comme plus haut.

50. *Remarque.* — On pourrait obtenir un résultat exact même avec un niveau non absolument réglé : il suffirait pour cela

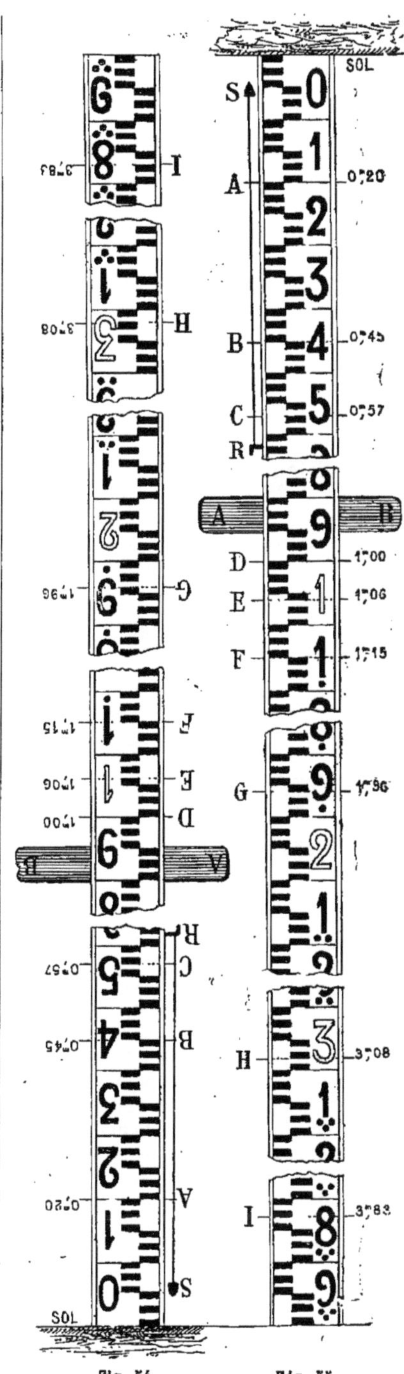

Fig. 54. Fig. 55.

de retourner la lunette bout pour bout et chaque fois autour de son axe. Avec quatre coups de niveau on arrive ainsi à corriger par une moyenne les diverses erreurs précédentes.

51. *Mire parlante.* — La mire qui accompagne le niveau à bulle d'air est la *mire parlante*, ainsi nommée parce que l'opérateur peut y lire lui-même la cote visée.

Elle a été surtout répandue et perfectionnée par Bourdaloue, conducteur des ponts et chaussées cité plus haut, qui a en outre créé certains types que nous allons voir plus loin et sur lesquels la graduation est faite par 2 et même par 4 centimètres.

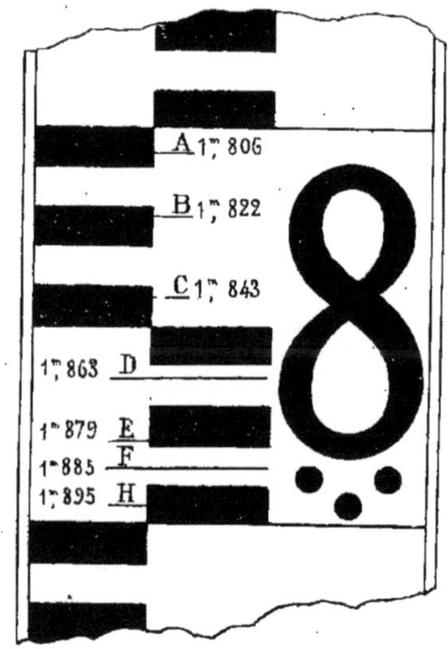

Fig. 56.

52. 1° *Mires au centimètre.* — Ce sont des panneaux de sapin de $0^m,10$ à $0^m,12$ de largeur et de 2 mètres de hauteur ; comme la longueur totale doit avoir 4 mètres, elles se composent de deux panneaux semblables glissant l'un sur l'autre dans des étriers en fer fixé à l'une d'elles ; la partie mobile lorsqu'elle est déployée, est rendue fixe au moyen d'une grosse vis de pression, ou mieux, les deux parties de la mire se déploient au moyen d'une charnière (*fig.* 54).

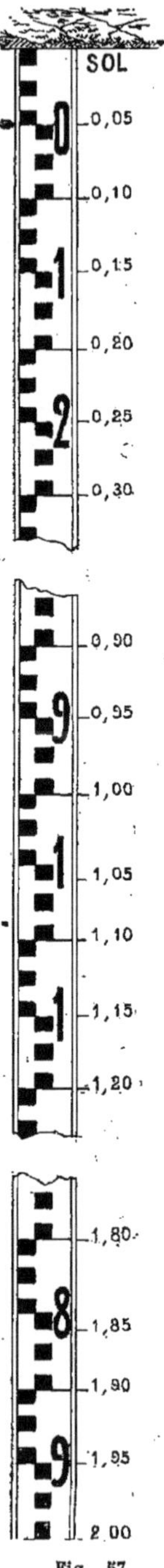

Fig. 57.

Le côté qui fait face à l'opérateur est muni d'une graduation en mètres, décimètres et centimètres peints en rouge ou noir sur fond blanc; le rouge est préférable, car c'est la couleur qui se distingue le mieux à distance, surtout à côté du blanc. Le noir a l'inconvénient de se confondre trop facilement avec les teintes sombres du ciel ou de la campagne environnante. La graduation est en outre représentée de manière à être aussi visible que possible. Ainsi, dans chaque décimètre, les centimètres sont groupés par cinq, alternativement rouge et blanc, et deux séries voisines de cinq centimètres ne sont pas sur la même verticale. En outre, un gros chiffre placé à gauche indique le décimètre visé et on distingue les différents mètres, à partir du sol, au moyen de gros points ronds placés au-dessus de ces chiffres, un pour le premier mètre après celui qui commence au sol, deux pour le second, trois pour le troisième qui est en même temps le quatrième mètre de la mire.

Comme la lunette astronomique du niveau donne des images renversées des objets, tous ces chiffres sont inscrits la tête en bas de manière à être relevés pour la lecture. Si bien que dans la lunette, la mire prend l'aspect de la figure 57, le sol étant à la partie supérieure, le porte-mire paraissant les pieds en l'air et la mire tout entière renversée. Malgré cela, grâce à la précaution précédente, tous les chiffres paraissent droits, ce qui évite bien des erreurs que l'on pourrait faire autrement ; il faut avoir soin seulement de compter les centimètres de haut en bas et non de bas en haut, comme le font invariablement tous les débutants.

L'appendice AB (*fig.* 54-55) est une poignée que le porte-mire saisit pour maintenir la mire verticale; cette pièce, peu élégante et incommode, est généralement remplacée aujourd'hui par une poignée de volet placée derrière la mire. Un fil à plomb fixé sur le côté ou à la rigueur à la poignée précédente complète l'ensemble.

Les graduations s'arrêtant au centimètre, on devra évaluer les millimètres au moyen du fil horizontal du réticule, et on arrivera très rapidement ainsi à constater de combien ce fil dépasse sur le centimètre voisin et à apprécier la cote exacte à moins d'un millimètre d'erreur (*fig.* 56). Et, comme dans les nivellements de précision, on donne toujours deux coups de niveau, en prenant la moyenne, l'approximation est toujours suffisante.

Il peut se présenter une légère difficulté pratique quand le fil du réticule n'est pas parfaitement horizontal ou que le porte-mire penche un peu de côté son instrument qui se présente par suite oblique par rapport au fil. On vise alors avec le point de croisement des fils qu'on amène sur le trait vertical séparant les deux groupes de division en centimètres. Si d'ailleurs ce défaut prend des proportions trop importantes, il y a lieu, bien entendu, de rectifier le niveau ou de prévenir le porte-mire de se redresser.

Cette mire est assez employée : nous lui préférons cependant le type suivant qui est beaucoup plus pratique.

53. 2° *Mire au double centimètre ou mire Bourdaloue.* — Elle est basée sur le même principe que la précédente, seulement les graduations sont posées sur des divisions doubles. Ainsi une division élémentaire représente $0^m,02$ au lieu de $0^m,01$; il en résulte que la mire de 2 mètres, divisée en 10 parties égales comme un mètre ordinaire, présente des divisions correspondant au double décimètre $0^m,20$ et à l'extrémité de la partie glissante où on lit 2 mètres, il y a en réalité 4 mètres (*fig.* 57). Les chiffres sont inscrits de la même façon et toujours renversés pour être lus droits dans la lunette. Ceux qui donnent les indications de mètre en mètre sont *évidés* pour être rapidement distingués des autres, cela se présente d'ailleurs également dans la mire divisée en centimètres. Les chiffres de détails donnant les décimètres dans le second mètre sont surmontés d'un point.

La lecture des cotes se fait exactement d'après la même méthode que plus haut, du haut en bas, avec cette différence que le vrai chiffre est le double de celui qu'on lit.

Les avantages de ce système sont les suivants :

D'abord les lectures y sont plus faciles et partant plus exactes, car les divisions sont plus larges et l'on voit beaucoup plus nettement, surtout à grande distance, où tombe le fil du réticule.

Tous les opérateurs habitués au terrain savent qu'en pareil cas les divisions poussées à l'extrême sont plutôt une cause de confusion et par suite d'erreurs : elles ne rendent donc aucun service.

En outre, cette mire présente une supériorité incontestable sur la première au point de vue de la rapidité dans les nivellements de précision. Dans ce cas, on sait en effet qu'il faut toujours donner au moins deux coups de niveau après avoir retourné la lunette : la moyenne des deux lectures donne la cote définitive.

Ici il n'y a plus de moyenne à prendre à cause du besoin de doubler les cotes : il suffit, sans les doubler individuellement, d'additionner les deux lectures. On voit très facilement qu'on a immédiatement ainsi la moyenne cherchée.

Supposons par exemple qu'une première lecture nous ait donné l'altitude 0,832 ; qu'une seconde ait fourni 0,839. La cote réelle sera, dans le premier cas $0,832 \times 2 = 1,664$; dans le second $0,839 \times 2 = 1,678$ et la moyenne :

$$\frac{1,664 + 1,678}{2} = 1,671$$

or en additionnant les lectures on a :

$$0,832 + 0,839 = 1,671.$$

qui représente bien sans aucun calcul la moyenne cherchée.

Et pour ceux qui douteraient de la supériorité de cette mire, nous rappellerons que Bourdaloue a pu, en l'employant, niveler des longueurs de 100 kilomètres avec une erreur n'atteignant pas 10 millimètres !

On pourrait de même employer, comme l'a fait Bourdaloue, une mire divisée par $0^m,04$: lorsqu'on est forcé de donner quatre coups de niveau, la moyenne est encore immédiatement obtenue en totalisant les quatre lectures, mais il ne faut s'en servir que dans ce cas spécial ; sans cela on tomberait dans l'excès opposé et la trop grande largeur des divisions exposerait à des lectures fort inexactes si elles n'étaient corrigées par des moyennes.

Niveaux d'eau de précision.

54. *Niveau de M. Lallemand.* — On conçoit que malgré sa supériorité, le niveau à lunette ne soit pas encore un instrument irréprochable puisqu'en somme il est basé sur une visée qui, quoique très supérieure à celle du niveau d'eau, n'est jamais absolument parfaite.

Si l'on pouvait supprimer cette visée et la remplacer par un instrument précis, donnant en chaque point le niveau réel, ou, au moins, l'altitude d'un point par rapport à un autre, on comprend qu'on réaliserait un très grand progrès.

Le niveau d'eau avec son principe basé sur les vases communiquants se présente alors immédiatement à l'esprit à la condition d'allonger suffisamment le tuyau séparant les deux fioles pour que celles-ci puissent se placer respectivement aux deux points dont on cherche la différence de niveau. Et en effet, la première idée qui vint pour remplacer l'incertitude de la visée fut l'emploi du niveau d'eau en reliant les deux bouteilles par un tube long et flexible.

Dès 1840, les *Annales des ponts et chaussées* signalent un niveau perfectionné par M. Blondat et basé sur ce principe ; les deux fioles, de vrais tubes de 2 mètres de hauteur encastrés dans des règles de bois divisées, étaient réunies par un tuyau flexible de 50 mètres de longueur et de $0^m,01$ de diamètre intérieur. Ce tuyau était en toile, intérieurement doublé de caoutchouc, maintenu toujours circulaire par un long ressort à boudin en fer étamé pour être inoxydable. On voit que, au nombre de ses avantages, cet instrument permet, en particulier, de niveler des points séparés par des obstacles et d'opérer dans l'obscurité, chose impossible quand on doit se servir du rayon visuel.

Aujourd'hui cependant on est arrivé à niveler assez bien dans l'obscurité, dans les galeries de mines, par exemple, au moyen d'une mire à voyant transparent et éclairé par derrière.

M. Blondat avait aussi imaginé un niveau à mercure remplaçant l'eau : le diamètre du tuyau était réduit à $0^m,005$ et le tout devenait plus portatif. Cet instrument très coûteux ne fut pas apprécié comme le premier.

Il eut alors la pensée d'en faire un mixte, à eau et à mercure, et plus tard M. Galland le modifia en employant, pour la mesure de la pression hydrostatique de l'eau, un ressort, comme on l'a fait dans les baromètres anéroïdes : une aiguille, se mouvant sur un cadran, donnait les indications nécessaires ; la graduation se faisait par comparaison.

Ces appareils étaient en général peu maniables, peu pratiques et peu exacts : aussi ne furent-ils employés que dans des cas tout à fait particuliers.

M. Bouquet de la Grye, ingénieur en chef hydrographe de la marine, reprit la question en 1879 et établit un niveau beaucoup plus précis que les anciens dont le tube avait 300 mètres de longueur et $0^{m},03$ de diamètre. La mesure des hauteurs d'eau dans les tubes externes s'effectuait par différence, au moyen d'une règle mobile graduée montée sur un trépied installé d'avance. On amenait l'extrémité de cette règle successivement au contact de l'eau et de la tête du repère à niveler et on lisait le déplacement en face d'un index. La sensibilité de l'instrument était extrême, à ce point qu'il se comportait comme un véritable baromètre différentiel accusant les variations de la pression atmosphérique à ses deux extrémités ; on constatait ainsi aisément le passage d'un nuage au-dessus d'un des tubes.

Ces résultats étaient très remarquables et amenèrent le Comité du nivellement général de la France à construire un niveau de précision que l'on pouvait voir exposé en 1889 dans le Pavillon des Travaux publics, jardin du Trocadéro. Nous croyons intéressant de donner la description de cet intéressant appareil (*fig.* 58) dont les données principales sont dues à M. Lallemand, ingénieur des mines et secrétaire de la Commission du nivellement général de la France.

Il se compose de deux tubes verticaux en verre de $1^{m},80$ de hauteur et de $0^{m},02$ de diamètre, entourés d'une enveloppe calorifuge en liège et renfermés dans une gaine protectrice en cuivre nickelé (n°s 1 et 2). Deux fenêtres opposées l'une à l'autre sont ménagées sur toute la hauteur et permettent de voir le liquide à l'intérieur. Ces deux longues fioles sont réunies par un tube flexible de 50 mètres de longueur et de 8 millimètres de diamètre intérieur.

La visée s'effectue au moyen d'un manchon mobile divisé en deux parties C, D ; on fixe le manchon inférieur sur le tube métallique au moyen d'une vis de serrage W. Le plan de visée est déterminé par les

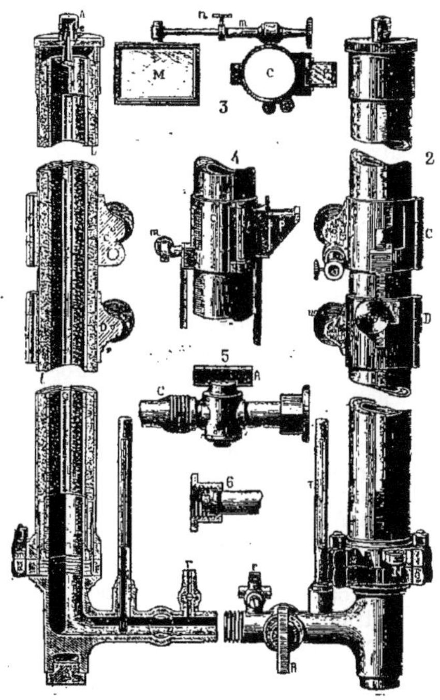

Fig. 58.

bords inférieurs de deux fenêtres ménagées dans le manchon supérieur C qu'on élève tout doucement au moyen d'un pignon fixé dans le premier, D et engrenant une crémaillère de C. La fenêtre postérieure est fermée par un verre dépoli sur lequel un prisme à réflexion totale p (n°s 3 et 4) renvoie la lumière du ciel. Sur le fond blanc de cet écran, le ménisque liquide apparaît comme un croissant noir ; on amène son bord inférieur à être en contact avec le bas des fenêtres, avec la crémaillère vue plus haut. Pendant ce temps, l'autre fenêtre et par suite le ménisque liquide, est vivement éclairée au moyen d'un réflecteur M (n° 3) à axe articulé dans une tige *m* qui peut elle-même se mouvoir dans un fourreau *m'*. Une vis *n* l'arrête dans la position finale voulue. Le tout se meut avec le curseur C. Cette disposition permet d'atteindre une grande précision dans le pointé.

On lit la hauteur de l'eau au-dessus du repère sur une échelle graduée en millimètres tracée sur le tube métallique. La verticalité du tube au moment de la lecture est contrôlée au moyen d'un petit niveau sphérique à la bulle d'air N.

Enfin deux thermomètres sont fixés, l'un T à la base du tube à l'origine du tuyau de communication, et l'autre *t* sur le manchon mobile; on a ainsi à chaque instant les températures respectives de l'eau et du tube métallique et l'on en tient compte pour faire les corrections correspondantes.

Pour se servir de cet appareil on commence par le remplir d'eau dont on a bien chassé l'air par une ébullition prolongée : l'absence de bulles d'air se reconnaît en rapprochant les deux tubes, les bases sur le même plan horizontal, et vérifiant si les niveaux sont bien les mêmes. On n'a plus alors qu'à poser les talons *s* des deux fioles sur les têtes de piquet ou repères qu'il s'agit de niveler, le robinet de communication *r* étant fermé d'abord pendant le transport, puis ouvert au moment de l'opération proprement dite. Aussitôt que les niveaux sont en repos on fait, simultanément et à un signal donné, les lectures sur les deux échelles. On recommence d'ailleurs plusieurs fois de suite à titre de contrôle et l'on prend la moyenne. La différence de ces deux moyennes, corrigées elles-mêmes par rapport aux températures, donne la différence de niveau cherchée. On a nivelé ainsi, en 1884, 250 kilomètres de chemin de fer dans la région du Nord.

En résumé, avec cet appareil on est affranchi des erreurs dues à la visée et à la réfraction de l'air atmosphérique dont nous parlerons plus loin. Mais, d'un autre côté, des erreurs doivent certainement résulter de l'impossibilité de maintenir la température bien homogène dans toute l'étendue de la colonne liquide, surtout quand celle-ci est très longue. En dehors de cela, le transport du tuyau flexible est peu pratique et nécessite de la main-d'œuvre supplémentaire. Ce tuyau doit en outre s'user et se crever rapidement, etc.

Nous estimons donc qu'il ne peut rendre de services que dans certains cas particuliers et que, dans toutes les opérations à grande échelle, exigeant, à la fois, de la précision et de la rapidité, il y a lieu de s'en tenir à l'emploi du niveau à bulle d'air et à lunette.

55. *Niveau de M. le capitaine Leneveu.* — Le niveau de M. le capitaine Leneveu a été plus spécialement conçu dans l'intention de dresser correctement et rapidement les transmissions d'atelier alors que l'encombrement des machines, des courroies, des organes de toutes sortes, etc., rend le plus souvent impossible l'emploi du niveau à lunette. Nous le décrirons en détail, car il peut être très utile dans certains cas.

Le principe de cet instrument consiste essentiellement à ajouter au niveau ordinaire à tube flexible deux pointes venant affleurer le niveau du liquide et remplacer la vision toujours imparfaite (*fig.* 59).

Les deux bouteilles sont remplacées par des récipients cylindriques en métal GG' présentant, suivant deux génératrices diamétralement opposées, deux fenêtres graduées en millimètres avec zéro à la partie supérieure et permettant de voir le liquide renfermé dans un tube de verre intérieur HH'. Le tuyau de communication reliant ces deux récipients est en caoutchouc et de longueur variable suivant les besoins. Deux robinets JJ' permettent d'établir ou de supprimer à volonté la relation entre le tuyau et les bouteilles.

Chaque récipient est terminé à la partie inférieure par une plaque métallique carrée qui lui sert de base; cette plaque est creuse en dessous, de manière à ne reposer que par ses quatre arêtes, ce qui la rend plus facile à asseoir sur les surfaces imparfaitement dressées.

Le tuyau de communication débouche

à la partie inférieure du récipient, dans un évidement circulaire, présentant un trou fileté et qui descend un peu plus bas que l'entrée du tube ; il en résulte, excellente précaution, une sorte de réservoir dans lequel viennent se déposer les matières en suspension que l'eau pourrait avoir entraînées.

A la partie supérieure, la tige mobile à pointe, K ou L, entre à frottement doux dans un fourreau qui se visse dans une partie filetée disposée à cet effet.

Le tube de cristal intérieur repose sur un joint en caoutchouc logé dans une rainure du récipient et serré à sa partie supérieure par une rondelle annulaire à vis. Celle-ci presse sur lui par l'intermédiaire d'une seconde rondelle mince, en papier, pour éviter de le faire éclater.

La tige qui vient buter le niveau du liquide, comme dans certains appareils de physique, notamment le baromètre de Fortin, est une pièce cylindrique en métal inoxydable terminée à sa partie inférieure par une pointe non mouillée par l'eau. En haut, un bouton à main sert à la manœuvrer dans son fourreau.

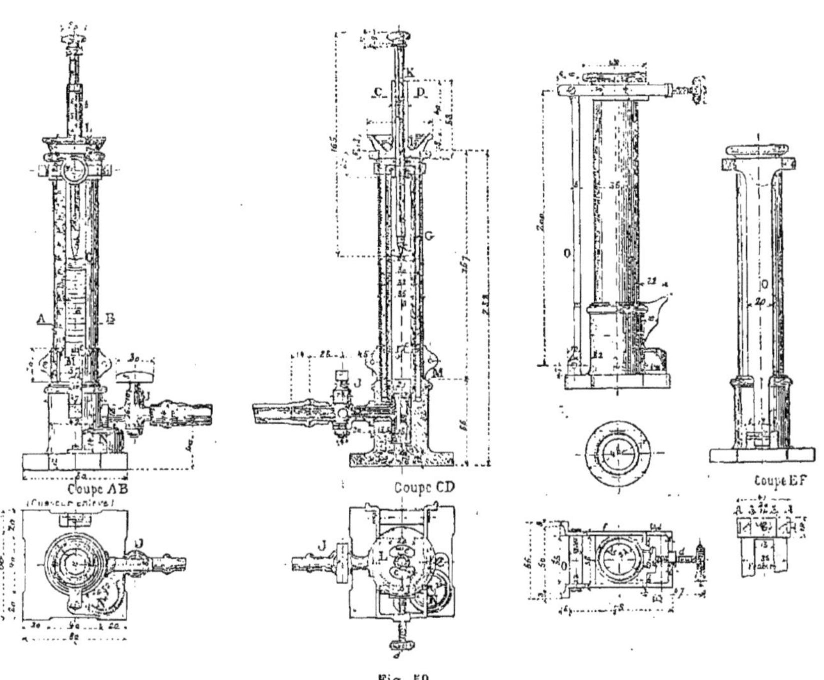

Fig. 59.

La tige est graduée en millimètres comme la fenêtre du récipient, et le fourreau-guide porte un vernier. Lorsque la pointe se trouve dans le plan horizontal du zéro des fenêtres, le zéro de la tige coïncide avec celui du vernier. On obtient ainsi à la lecture, le vingtième de millimètre. Une nervure verticale que porte la tige et qui pénètre dans une rainure du fourreau l'empêche de prendre un mouvement de rotation, quand on la fait monter ou descendre.

Le fourreau lui-même présente à la partie inférieure la forme d'une cuvette percée de deux grands trous permettant l'introduction du liquide dans l'appareil.

Les récipients sont munis chacun d'un curseur M portant devant chaque fenêtre, un index *c* et pouvant se mouvoir verticalement de manière à fixer rapidement le niveau de l'eau dans les tubes.

Enfin, sur les pieds des récipients sont adaptés deux petits niveaux sphériques à bulle d'air, permettant de disposer les tubes dans une position parfaitement verticale. Il suffit pour cela que leurs pieds soient bien horizontaux, c'est-à-dire que la bulle d'air soit bien au centre de la calotte sphérique.

Pour obtenir cette horizontalité, lorsque l'appareil doit être appliqué contre un objet vertical, comme un mur, on a recours à deux appuis *O* et *e* articulés sur la base des récipients et que l'on peut régler à volonté, au moyen des vis *dd'*.

L'appui O se compose, d'abord, d'une partie plate articulée à charnière sur la base du récipient, puis d'un étrier *f* embrassant une pièce carrée ménagée à cet effet à la partie supérieure du même, et enfin d'une vis de réglage *d* dont l'extrémité non filetée est maintenue immobile dans le sens de la longueur au moyen de la pièce *g* et d'une rondelle goupillée. On voit aisément comment on pourra ainsi rendre l'appareil vertical en le plaçant contre une surface qui ne l'est pas.

56. *Maniement de l'appareil.* — Il faut deux opérations : les récipients étant réunis par un tube flexible de longueur appropriée aux besoins, on verse de l'eau dans l'une des fioles jusqu'à ce que le niveau s'établisse à peu près vers le milieu des fenêtres et en prenant bien garde d'emprisonner de l'air qui pourrait se comprimer et fausser les résultats. On ferme ensuite les robinets et l'appareil est prêt à fonctionner.

Les opérateurs se placent alors chacun avec sa bouteille aux deux points dont il s'agit de trouver la différence de niveau, différence qui, on le conçoit, doit être assez faible, puisque les tubes de verre n'ont pas $0^{m},200$ de hauteur ; chacun d'eux ouvre un robinet et, lorsque le niveau s'est bien établi, il enfonce sa pointe mobile jusqu'au contact du liquide. Il lit alors au moyen du curseur et du vernier, la quantité dont la tige a été enfoncée à partir du zéro : la différence entre les deux nombres obtenus donne la différence de niveau aux deux points considérés. Il sera bon de répéter l'opération plusieurs fois et, comme toujours, de prendre la moyenne.

On voit en somme que ce niveau, dont on ne peut contester l'ingéniosité, présente un assez grand nombre de pièces assez délicates qui rendraient son maniement fort difficile sur le terrain ; c'est un véritable instrument de cabinet de physique. Il n'est pas d'ailleurs constitué pour les nivellements où les dénivellations sont importantes. Mais il peut être très précieux dans certains cas où l'on se servait du niveau d'eau à tube flexible, et particulièrement, nous le répétons, dans un atelier de mécanique où sont installées de nombreuses transmissions qui doivent être rigoureusement horizontales.

C'est avec cet appareil qu'ont été installés tous les arbres de transmission du Palais des Machines à l'Exposition universelle de 1889.

Choix du niveau.

57. Cela fait, dans les opérations géodésiques qui nous occupent et qui se font à grande échelle, il ne peut être question de l'emploi du niveau d'eau ordinaire, instrument trop imparfait, de trop petite portée et peu pratique à cause de l'emploi obligatoire de la mire à voyant.

Il faut en effet, pour la lecture, se fier au porte-mire ou sinon lui faire apporter sa mire à chaque coup de niveau.

Le niveau d'eau commun est un instrument que nous avons décrit et rappelé, parce qu'il faut le connaître, mais dont nous ne ferons jamais emploi que dans un seul cas : celui du relevé des *profils en travers* que nous verrons plus loin. A la vérité, ses partisans prétendent que se trouvant instantanément en station lorsqu'on le pose à terre, puisque le liquide s'établit de niveau de lui-même, dans les deux fioles, il est plus expéditif que le niveau à bulle d'air qui a besoin d'être réglé et bullé.

Il est vrai que le niveau d'Egault par

exemple, a besoin d'être réglé d'après les procédés exposés précédemment ; mais c'est une opération à faire une fois pour toutes au commencement des travaux et qui se répète rarement. Le temps perdu se reporte donc d'une quantité insignifiante sur chaque coup de niveau. Quant à l'avantage du niveau d'eau d'être immédiatement bullé, il est complètement illusoire, attendu que la faible portée de cet instrument exige qu'on le change de station à chaque instant. On perd dans ces courses continuelles incomparablement plus de temps qu'à buller un niveau qui peut relever beaucoup plus de cotes une fois en place ; sans compter la fatigue, l'augmentation forcée des chances d'erreur, etc.

Le niveau d'Egault permet de relever un nombre considérable de points à grande distance et de regagner largement les deux minutes nécessaires pour le buller.

Nous avons vu de plus que les niveaux à tubes flexibles ne sont applicables que dans certains cas bien déterminés, et en général doivent céder la place au niveau à bulle d'air et à lunette.

Il est donc entendu, dans tout ce qui va suivre, que le niveau employé sera le niveau d'Egault, accompagné de la mire parlante, de préférence, à notre avis, le type divisé en doubles centimètres.

Origine des cotes d'altitude.

58. Nous avons dit déjà que le problème du nivellement consiste à chercher de combien toutes les inégalités du sol se trouvent au-dessus d'une surface horizontale commune prise pour origine, et choisie naturellement plus bas que tous les points à niveler. C'est pourquoi l'on prend généralement le niveau moyen de la mer en précisant bien le point de la côte où ce niveau est choisi.

Aussi les mers à peu près exemptes de marée, comme la Méditerranée, devront être préférées lorsqu'on aura le choix entre plusieurs côtes. C'est par exemple le cas pour la France qui, en outre de la Méditerranée, est baignée par l'Océan et la mer du Nord où les dénivellations dues aux phénomènes lunaires sont des plus importantes.

Dans la Méditerranée, le phénomène du flux et du reflux n'est pas nul. Mais il est restreint à quelques centimètres entre lesquels on peut aisément préciser ce qu'on est convenu d'appeler le niveau moyen, servant de point de départ aux opérations de nivellement. Ce niveau a donc été choisi d'après ces idées, pour la France à Marseille, pour l'Italie à Gènes. L'Autriche, a pris le niveau de l'Adriatique à Trieste ; la Belgique, celui de la mer du Nord à Ostende.

Par exception, la Hollande et l'Allemagne ont pris deux zéros situés à $0^{m},14$ et à $0^{m},20$ environ au-dessus du niveau moyen de la mer du Nord.

Lorsqu'on a à apprécier des profondeurs sous l'eau, comme lorsqu'on fait les sondages nécessaires à l'établissement d'un port, d'un quai, etc., les cotes sont aussi rapportées au niveau moyen de la mer, mais elles sont dites *négatives*, alors que les cotes du terrain ordinaire émergeant sont appelées *positives*.

Il est évident que, pour un chemin de fer, on ne rencontre généralement que des cotes positives. Dans quelques rares cas cependant, le terrain présente des ondulations dont les bas-fonds peuvent se trouver un peu au-dessous du niveau moyen de la mer dont il est séparé par des parties plus élevées. Telles sont par exemple certaines sections du chemin de fer de Miramas à Port-de-Bouc, dans les Bouches-du-Rhône ; on aura donc là quelques cotes négatives, mais ce n'est qu'une exception.

Il est à remarquer d'ailleurs que, dans ce cas, et pour faciliter les travaux ultérieurs et éviter des erreurs, il est bon de transformer ces cotes, moitié positives, moitié négatives, en cotes toutes positives par l'abaissement du plan de comparaison d'une quantité constante convenablement choisie. Supposons par exemple que la cote négative la plus forte soit de 5 mètres, c'est-à-dire que le point le plus bas soit à 5 mètres au-dessous du plan de comparaison ; on abaissera ce plan par exemple de 10 mètres ; ce qui augmentera toutes les cotes, quelles qu'elles soient, des 10 mètres correspondants. Les cotes négatives seront donc transformées en cotes positives représentées par la différence entre 10 mètres et leur valeur individuelle. Ainsi le bas-fond précité à la cote — 5 mètres devient, par rapport au nouveau plan de comparaison, à la cote + 5 mètres et ainsi des autres.

Inversement il peut être quelquefois utile de monter le plan de comparaison afin d'éviter l'inscription pénible et sujette à erreur ou à oublis, de cotes présentant un grand nombre de chiffres. Supposons par exemple que notre voie ferrée soit installée dans une région montagneuse à une hauteur dépassant 1 000 mètres. Toutes les cotes de niveau présenteront donc des chiffres comme 1 024, 1 031, 1 077, etc. Dans ce cas, il sera absolument pratique, dans toutes les opérations de calcul de cabinet, de remonter le plan de comparaison à la cote 1 000. Les cotes précédentes seront donc diminuées d'autant et deviendront 24, 31, 77, etc., beaucoup plus maniables. On reportera la constante 1 000 sur les plans officiels, si, comme cela arrive le plus souvent, ils exigent les chiffres réels par rapport au niveau de la mer pris comme base.

Opération du nivellement.

59. Cela posé, l'opération du nivellement est des plus simples. On commence par faire poser la mire sur un point dont la cote soit déjà connue ou bien que l'on choisit comme comparaison et on lit la hauteur visée par la lunette, le niveau étant bien calé et bullé; en ajoutant cette hauteur à la cote connue du point considéré on a la cote du plan horizontal dans lequel se meut la lunette de l'instrument ou *plan de visée*; c'est ce qu'on appelle donner un coup *arrière*, expression assez impropre en somme, car les autres points à viser peuvent se trouver à côté de celui-là et dans la même direction par rapport à la lunette; néanmoins on appelle coups *avant* ceux que l'on donne sur ces derniers, dont on cherche les cotes, la dénomination arrière étant réservée aux coups donnés sur les repères, dont les cotes sont connues. Les cotes inconnues s'obtiennent alors en posant la mire bien verticale sur chacun des points considérés et retranchant les hauteurs lues du plan horizontal constant de la visée. Évidemment, on obtient ainsi par différence toutes les altitudes des points en question aussi loin que le niveau peut permettre de lire avec exactitude sur la mire. Pendant que le porte-mire se transporte d'un point à un autre, on a largement le temps, sur le terrain même, de calculer cette différence, c'est-à-dire la cote cherchée et de l'inscrire au crayon sur un calque du plan topographique, à sa place. Nous ne saurions trop conseiller aux opérateurs d'adopter cette manière de faire qui leur évitera bien du travail et de la fatigue dans le cabinet, alors que sur le terrain ils perdraient un temps infini à attendre la fin des mouvements du porte-mire. En outre une erreur commise se voit mieux instantanément pendant qu'on est sur le terrain. Un niveleur un peu expérimenté peut non seulement calculer et inscrire toutes ses cotes sur le terrain, mais il lui reste généralement encore du temps avant que la mire ne soit en place sur un autre point, du moins en terrain ordinaire. Il est donc préférable qu'il fasse usage de deux mires, visant l'une pendant que l'autre est en marche. On arrive ainsi à une très grande célérité dans le travail : et ce n'est pas à dédaigner dans les climats comme celui de la plus grande partie de la France où les travaux sur le terrain sont à chaque instant rendus impossibles par le mauvais temps.

Type de carnet de nivellement.

60. L'opérateur consigne, sur un carnet qu'il tient à la main, les résultats de toutes ses visées, ainsi que de ses additions ou soustractions suivant qu'il s'agit d'un coup avant ou arrière ; de temps en temps un coup de chaîne ou un croquis explicatif seront nécessaires pour repérer un point qui exige une cote de niveau, alors que le relevé topographique n'y signalait rien de particulier. S'il s'agit d'un nivellement de précision, nous savons que, le niveau étant aussi bien réglé que possible, il faut donner au moins deux coups sur chaque point et prendre la moyenne ou faire la somme des deux lectures, si l'on emploie la mire au double centimètre.

En résumé, le carnet le plus simple devra présenter sur ses deux feuillets les dispositions suivantes :

PAGE GAUCHE — PAGE DROITE

CHAINAGE	CROQUIS OU OBSERVATIONS POUR L'INTELLIGENCE DE L'OPÉRATION	COTES LUES	COTES MOYENNES		CALCUL des ORDONNÉES	ORDONNÉES rapportées A LA MER
			ARRIÈRE	AVANT		
	Report..........					

Causes d'erreurs. — Corrections à effectuer.

61. Mais les choses ne sont pas en réalité aussi simples que cela quand on opère en grand, et il y a lieu pour différents motifs de faire subir aux résultats obtenus un certain nombre de corrections dont nous allons signaler les principales, avec quelques explications très sommaires sur les causes qui les nécessitent.

D'abord, la théorie admise jusqu'à ce jour pour le nivellement est fondée sur l'hypothèse que les *surfaces terrestres de niveau* sont des *sphères concentriques*, ou au moins des *surfaces parallèles* entre elles.

Les *surfaces de niveau*, définies par Clément et étudiées par Laplace, sont des surfaces normales en chacun de leurs points à la direction du fil à plomb, et sur lesquelles, par suite, un déplacement quelconque s'effectue sans travail de la pesanteur. Par chaque point du globe il passe une surface de niveau et une seule. La surface des mers, si leurs eaux restaient en repos et présentaient partout la même température et la même proportion de sel dissout, serait une de ces surfaces.

Or, en fait, cette hypothèse n'est point rigoureusement exacte et, grâce aux progrès de la science et au perfectionnement actuel des instruments dont on dispose, on peut se rapprocher beaucoup plus de la vérité, surtout lorsqu'il s'agit de nivellement de haute précision.

Deux méthodes existent aujourd'hui pour faire disparaître ces anomalies : l'une appelée *théorie orthométrique*, conserve au nivellement son caractère ordinaire d'opération géométrique ; l'autre substitue à la définition ordinairement adoptée de *l'altitude*, une définition *mécanique* basée sur le travail de la pesanteur : on l'appelle pour cette raison *théorie dynamique*.

Notre cadre ne nous permet pas, bien entendu, de nous étendre sur ces méthodes savantes que les intéressés trouveront exposées en détail dans les *Comptes rendus* de l'*Académie des Sciences*. Et cela d'autant plus que les travaux ordinaires des chemins de fer, n'exigent pas une rigueur absolument scientifique et se contentent d'une bonne précision pratique. Nous nous bornerons donc à indiquer quelques corrections simples qu'on peut apporter aux résultats pour se rapprocher de l'exactitude absolue.

Voici comment on peut se rendre compte simplement de ce fait que les surfaces de niveau ne sont pas parallèles entre elles.

On sait qu'on appelle *altitude* au-dessus du niveau de la mer, ou simplement altitude, dans le nivellement géométrique ordinaire, la hauteur d'un point compté sur la verticale au-dessus de la surface du niveau moyen des mers, prolongée par la pensée au-dessous des continents.

La *différence de niveaux* de deux points est la distance de l'un de ces points à la surface de niveau qui passe par l'autre.

On admet, comme nous l'avons dit plus haut, que toutes les surfaces de niveau sont parallèles entre elles et, par suite, équidistantes en tous leurs points.

Mais tout cela n'est pas rigoureusement

exact parce qu'en réalité, les surfaces de niveau ne sont ni absolument sphériques ni même parallèles.

Cela tient à ce que l'action de la pesanteur elle-même n'est pas constante, et, sans parler des irrégularités connues sous le nom d'actions *locales*, comme lorsque le fil à plomb est dévié ou les eaux attirées par le voisinage d'une grande montagne, la pesanteur varie normalement de l'équateur aux pôles ; on sait que cela tient à la forme *ellipsoïdale* du globe et à l'action de cette force qui se développe dans tout mouvement curviligne et qu'on appelle la force *centrifuge*.

Ce qui est constant, c'est l'équidistance *dynamique* et non pas l'équidistance *géométrique*.

En un mot, si g et g' sont les accélérations dues à la pesanteur dans deux surfaces de niveau, et h et h' les distances de ces surfaces aux points correspondants ; si, de plus, on se rappelle le principe que, entre deux points donnés le travail de la pesanteur est indépendant du chemin suivi pour aller de l'un à l'autre de ces points ; on démontre assez facilement que :

$$gh = g'h' ;$$

pour que h fut égal à h', il faudrait donc que la pesanteur n'eût pas varié ou que $g = g'$. Sinon, on doit se borner à l'égalité précédente qui représente dans chaque membre, le travail dû à la pesanteur sur un corps de masse $m = 1$. Il y a donc simplement, comme nous le disions, équilibre *dynamique* et comme, en général, g est différent de g' le parallélisme des surfaces de niveau n'existe pas.

La même formule qui peut s'écrire

$$\frac{g}{g'} = \frac{h'}{h}$$

prouve que l'écartement de ces surfaces est inversement proportionnel aux actions de la pesanteur.

Il résulte même du défaut de parallélisme des surfaces de niveau qu'à l'exception de l'axe de la terre et des rayons de l'équateur, les trajectoires de points matériels pesants abandonnés à eux-mêmes et descendant sans vitesse appréciable, trajectoires qui convergent toutes vers le centre de la terre en coupant à angles droits les surfaces de niveau, sont des lignes courbes tournant leur concavité vers le pôle (*fig.* 60). Les *verticales* sont des tangentes à ces courbes en chacun de leurs points.

Il suit enfin de là que la *latitude* d'un lieu ou l'angle formé par la verticale de ce lieu avec la ligne des pôles, varie légèrement avec la hauteur au-dessus du sol.

Cela posé, la théorie *orthométrique* conserve le parallélisme des surfaces en sacrifiant la considération du niveau.

Au contraire, la théorie *dynamique* se résigne à perdre l'avantage de l'équidistance géométrique, en conservant les surfaces de niveau.

Ces deux méthodes entraînent à des corrections qui sont aujourd'hui parfaitement établies et dont les résultats diffèrent d'ailleurs assez peu entre eux,

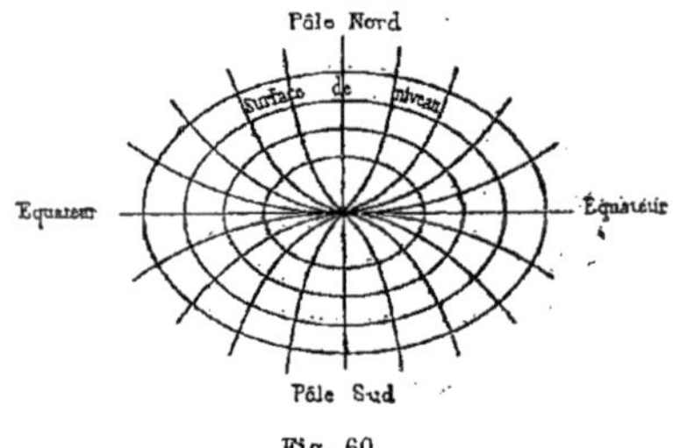

Fig. 60.

du moins pour la France. Cette faible différence provient de ce que, sur notre globe, la pesanteur varie faiblement de l'équateur au pôle. S'il en était autrement, comme sur certaines planètes, la différence serait importante et il y aurait lieu de faire un choix entre les deux méthodes. Le mieux eût été de choisir le système dynamique qui répond le mieux aux besoins de la pratique puisque le travail de la gravité constitue en fait la véritable donnée utile à connaître, qu'il s'agisse de construire un chemin de fer, une route, un canal, etc.

Erreurs dues à la sphéricité, à la réfraction.

62. En dehors des considérations générales qui précèdent, en admettant même le parallélisme et la sphéricité des surfaces de niveau, il y a toujours deux erreurs pratiques que l'on commet dans toute opération de nivellement et dont il faut absolument tenir compte si l'on veut avoir de la précision.

Tous les opérateurs, même les moins instruits, savent par routine qu'il est bon, autant que possible, de placer l'instrument à peu près à égale distance de tous les points à viser. C'est qu'en effet on détruit ainsi l'effet dû à la sphéricité de la terre et surtout à la réfraction de l'air atmosphérique. Sans cela les résultats obtenus ne présenteraient pas la précision qu'on pourrait en attendre après une opération bien faite. On peut s'en rendre compte aisément comme suit.

Il résulte en effet de la manière dont nous obtenons les cotes que nous remplaçons, en un point donné A, la surface ronde du globe par une surface plane, celle de son plan tangent au point considéré (*fig.* 61). En réalité, la ligne de niveau entre deux points, c'est-à-dire la ligne continuellement perpendiculaire au fil à plomb est un arc de cercle, puisque les verticales ne sont pas parallèles, mais concourantes sensiblement en un point unique, le centre de la terre. Le *niveau vrai* est donc l'arc AB, par exemple, entre les points A et B.

Au moyen du niveau installé horizontalement en A, au contraire, nous obtenons en D, rencontre du rayon OB avec le plan tangent en A, le *niveau apparent* du point B. On voit que ce niveau apparent est toujours plus élevé que le niveau vrai et que l'erreur DB est d'autant plus grande que nous visons plus loin.

Cette différence est d'ailleurs facile à évaluer car elle est égale à

$$DB = DO - OB$$

et en appelant R le rayon terrestre :

$$DB = DO - R.$$

Mais dans le triangle rectangle OAD, on a :

$$\overline{OD}^2 = \overline{OA}^2 + \overline{AD}^2$$

$$OD = \sqrt{\overline{OA}^2 + \overline{AD}^2}.$$

Donc, remplaçant dans la valeur de DB et appelant D la distance du niveau à la mire :

$$DB = \sqrt{\overline{OA}^2 + \overline{AD}^2} - R$$

$$DB = \sqrt{R^2 + D^2} - R.$$

Mais cette erreur n'est pas la seule ; nous avons encore cité plus haut la réfraction due au passage du rayon lumineux à travers des couches d'air de densités différentes et qui font que le point D paraît encore à l'observateur plus élevé qu'il n'est réellement ; de même que nous apercevons le soleil au-dessus de l'horizon alors qu'il est réellement encore un peu au dessous.

En réalité la véritable position du point

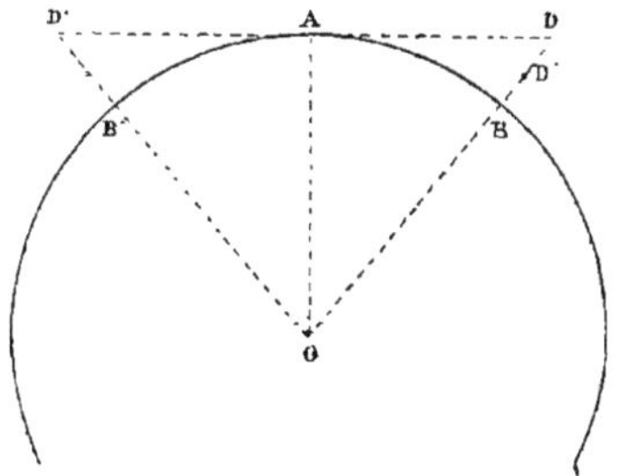

Fig. 61.

vu en D dans la lunette est en D', un peu au-dessous de D, et la vraie différence à retrancher du niveau apparent pour avoir le niveau vrai est D'B. Il résulte des calculs des physiciens et des observations pratiques que l'excès DD' est environ 0,16 de DB, ou $DD' = 0{,}84 \times DB$.

On aura donc :

$$DD' = 0{,}84\,(\sqrt{R^2 + D^2} - R.)$$

Dans la pratique on a des tables toutes prêtes qui fournissent immédiatement ces résultats ; nous les donnons ci-dessous il sera bon de les appliquer et lorsque les coups de niveau dépasseront 100 mètres.

Pour	de distance	il faut ôter	
0m,00	de distance	il faut ôter	0,0000
20	—	—	0,0000
40	—	—	0,0001
60	—	—	0,0002
80	—	—	0,0004
100	—	—	0,0007
120	—	—	0,0009

Pour 140^m,00	de distance	il faut ôter	0.0013
160	—	—	0,0017
180	—	—	0,0021
200	—	—	0,0026
260	—	—	0,0050
300	—	—	0,0059
314	—	—	0,0070
337	—	—	0,0080
359	—	—	0,0090
379	—	—	0,0100
399	—	—	0,0110
417	—	—	0,0120
435	—	—	0,0130
452	—	—	0,0140
469	—	—	0,0150
485	—	—	0,0160
500	—	—	0,0165
600	—	—	0,0240
700	—	—	0,0320

Les dernières distances sont évidemment trop grandes pour se rapporter au niveau ordinaire ; mais il est bon de connaître les chiffres correspondants pour les opérations faites au théodolite.

On sait que les hauteurs des sommets élevés, montagnes, etc., sont souvent estimées au moyen de cet instrument.

Or ces sommets surtout, comportent des erreurs importantes dues à la réfraction et paraissent naturellement plus élevés qu'ils ne le sont en réalité ; cela surtout pour l'observateur placé dans la plaine, car les rayons qui lui parviennent sont sensiblement infléchis en arrivant dans les couches inférieures toujours plus denses de l'atmosphère. Il se passe là exactement ce qu'on voit en plongeant un bâton dans l'eau : on sait qu'il paraît brisé à la surface, l'image dans le liquide allant en se rapprochant de la verticale.

Il y aura donc lieu dans ces circonstances de ne pas manquer de faire les corrections en question ; en outre, il sera bon de contrôler les résultats obtenus en mesurant la hauteur au baromètre, comme nous l'avons vu précédemment, quand le sommet sera accessible.

Nivellement fermé.

63. En visant donc, comme nous l'avons dit plus haut, les différents points que l'on peut voir bien nettement avec la lunette on obtient les cotes correspondantes. Il reste à voir maintenant comment l'on procède pour les points situés plus loin, dans la zône où la lunette ne porte plus.

Il faut alors se résoudre à déplacer son instrument et à le transporter au milieu de la nouvelle série de points à relever où on le cale et le bulle avec soin comme précédemment.

On prend ensuite comme repère un des points que l'on vient de niveler dans la précédente opération et on part de là, pour continuer d'après les mêmes principes. Ainsi, ayant choisi pour ce repère un point bien fixe, bien invariable, comme une borne, un soubassement de maison, etc. on ajoute à sa cote déjà connue, la visée sur la mire et, par ce nouveau coup arrière, on obtient un plan de visée ; celui-ci permettra, par une nouvelle série de différences ou coups avant, de trouver de la même façon que précédemment les cotes de tous les points de ce second groupe.

On procèdera de même pour un troisième groupe et ainsi de suite jusqu'à la fin du nivellement considéré.

Mais, avant de s'éloigner trop, à la fin de chaque journée de travail par exemple, quand on a ainsi déplacé son instrument un certain nombre de fois, il est bon de ne pas s'aventurer plus loin, sans s'assurer que l'on n'a pas commis d'erreur. Les repères successifs ne sont en effet, d'après ce que nous venons de dire, que des points choisis parmi ceux dont les cotes viennent d'être déjà déterminées par une opération antérieure ; une cote fausse sur un repère pourrait donc se reporter et entraîner un résultat erroné sur toutes les autres cotes jusqu'à la fin du travail.

Il faut alors faire un retour rapide en arrière ; on se dirige en trois ou quatre grands coups de niveau, donnés en ligne aussi directe que possible, sur le repère primitif d'où l'on est parti le matin. On cherche la cote de ce repère comme si on ne la connaissait pas et, naturellement, si les opérations intermédiaires ont été bien faites, on doit retrouver rigoureusement cette cote connue. Sinon une erreur a évidemment été commise et il y a lieu de la rechercher avant d'aller plus loin. C'est ce qu'on appelle *fermer* le nivellement ; on a parcouru en effet ainsi un cercle complet en partant d'un repère pour y revenir. Il est absolument indispensable nous le répétons, de ne jamais poursuivre un nivellement sans s'être fermé et vérifié ainsi rigoureusement.

Il faut bien remarquer cependant que la vérification du nivellement par fermeture ne donne pas une garantie complète. En effet, comme à la suite d'une lecture arrière on donne généralement plusieurs coups avant, un grand nombre de cotes de ces derniers points peuvent être entachées d'une lourde faute sans que la fermeture les signale le moins du monde. Il suffit que les points à la fois avant et arrière soient exacts ; les autres erreurs passent absolument à travers la vérification.

Il en est de cela comme de la preuve par 9 dans la multiplication qui n'indique pas les erreurs représentées par des multiples de 9 et peut faire admettre comme bonne une opération parfaitement erronée.

Recherche des erreurs.

64. Le plus souvent, les erreurs commises, s'il y en a, se retrouvent dans le carnet ; ce sont des additions ou soustractions fausses. Quand on calcule ses cotes immédiatement sur le terrain on est plus sujet à se tromper dans ces opérations, aussi faut-il avoir soin de les vérifier bien complètement à tête reposée dans le cabinet ; d'ailleurs, de toutes façons, ces calculs doivent toujours être faits deux fois pour donner toute sécurité. Si cette première recherche ne donne rien, c'est qu'on a fait une erreur de lecture sur la mire ; dans ce cas encore, on découvre le plus souvent assez rapidement le point litigieux. Les erreurs de lecture sont en effet presque toutes des erreurs de 1 mètre ou de 2 mètres, provenant de ce qu'on a oublié de tenir compte sur la mire, des points situés au-dessus des chiffres et distinguant les différents mètres les uns des autres. Il en résulte qu'une promenade sur le terrain, le plan coté à la main, amène à reconnaître assez aisément quel est le point qui présente subitement sur le plan, 1 ou 2 mètres de plus ou de moins que ses voisins, alors que leurs cotes diffèrent assez peu en réalité.

Le tracé des courbes de niveau est encore un excellent moyen pour retrouver une cote fausse dans le nivellement. Lorsque ces courbes ne sont pas trop espacées, elles ont des formes assez analogues qui se ressemblent pendant un assez long parcours. Une cote erronée donne immédiatement dans la courbe correspondante un ressaut brusque n'ayant pas de parallèles dans les courbes voisines, ce qui attire forcément l'attention. Une tournée faite ensuite sur le terrain, si la mémoire fait défaut, permet de contrôler le fait et il n'y a plus qu'à relever à nouveau cette cote seule, à moins que le point considéré ne soit un repère ayant servi de base au nivellement de toute une série de points. Et dans ce cas encore on n'aura pas à recommencer tout ce qu'on a fait, mais simplement à vérifier le repère suivant ; quant aux points intermédiaires, ils doivent avoir leurs cotes toutes augmentées ou diminuées d'une quantité constante égale à l'erreur commise. On voit d'après tout cela combien un carnet bien tenu est une chose précieuse.

Les erreurs les plus difficiles à retrouver sont celles qui résultent des confusions de décimètres entre eux, de lectures faites de bas en haut en oubliant que la mire est renversée, etc. L'habitude seule peut mettre en garde contre ce genre de difficultés.

Usage de cartes sommaires.

65. Nous ne nous étendrons pas plus longtemps sur ces considérations purement géodésiques, ce qui précède devant suffire pour donner les notions générales indispensables, et les traités spéciaux pouvant donner tous les détails désirés. Généralement d'ailleurs, dans la plupart des pays explorés, on n'a pas à effectuer toutes ces opérations préliminaires ; on y trouve des cartes toutes faites plus ou moins sommaires et sur lesquelles on peut toujours au moins dresser un avant-projet.

On n'a plus, par la suite, qu'à procéder aux opérations spéciales, toujours indispensables, exigées par l'étude du projet définitif. C'est par exemple le cas qui se présente en France où l'on possède la carte dite d'État-major.

Jusqu'en 1857 nous ne possédions en effet en France, d'autres documents sur le relief du sol, que ceux fournis par les beaux travaux de l'État-major, et l'on peut dire qu'il n'existe pas dans notre pays une voie de communication dont les premières études au moins n'aient été basées sur ces travaux.

De 1857 à 1866 fut exécuté, sous la direction du ministère des travaux publics, le nivellement Bourdaloue, le premier nivellement géométrique d'ensemble réalisé en Europe. Dans cette opération on avait admis une erreur de 3 millimètres par kilomètre.

Le 5 octobre 1878, M. de Freycinet, alors ministre des travaux publics, institua une Commission chargée de préparer les bases d'un nouveau nivellement général de la France, à faire avec toute la précision que comporte l'état actuel de la science géodésique et à moins de 1 millimètre de tolérance par kilomètre.

Ce travail devait comporter trois ordres de nivellement :

1° Un réseau fondamental formé par des polygones de 100 à 800 kilomètres de développement, et de lignes communiquant d'une part avec les pays limitrophes, d'autre part avec des marégraphes et des médimarémètres de l'invention de M. Lallemant, ingénieur des mines, et échelonnés sur nos côtes de l'Océan et de la Méditerranée.

Les côtés de ces polygones sont en général formés par nos voies ferrées ;

2° Un réseau plus petit, ayant pour côtés nos autres voies de communication et les principaux cours d'eau ;

3° Dans l'intérieur des mailles de ce réseau, insertion des courbes de niveau.

Aujourd'hui la moitié environ du travail relatif au réseau fondamental est terminée: elle comprend à peu près 1 200 kilomètres et la Commission a déjà publié le répertoire graphique des repères nivelés.

Grâce aux appareils de précision de M. Lallemant on a découvert une erreur de $0^{m},07$ dans le repère choisi par Bourdaloue à Marseille, et rectification en sera faite dans les nouveaux résultats.

Nivellements indispensables. — Mouvements du sol.

66. Ces nivellements repris de loin en loin sont indispensables non seulement pour permettre l'usage des instruments plus parfaits que l'on possède, des méthodes plus perfectionnées que l'on a à sa disposition, mais encore parce que le sol est loin d'être aussi immobile qu'on le suppose généralement. On peut donc se servir de vieux plans, mais il faut toujours faire un nivellement, même pour les études préparatoires.

La comparaison en effet, pour les repères communs, des nouvelles altitudes avec les anciennes a mis en relief des discordances importantes et nombreuses qu'il est absolument impossible d'attribuer à des erreurs d'opération. D'après M. le colonel Goulier, ces écarts sont dus, au moins en partie, à une sorte de mouvement de bascule du sol de la France autour du parallèle de Marseille comme charnière.

L'affaissement dans la région de Lille aurait atteint $0^{m},80$ en vingt-cinq ans, soit environ le triple de l'enfoncement méthodique et bien connu des côtes de Bretagne qui est de 1 mètre par siècle. Si ce mouvement était continu comme celui de soulèvement qu'on observe également depuis un siècle sur les côtes de Suède, l'avenir de nos ports de la Manche pourrait être gravement compromis. Mais peut-être s'agit-il seulement d'un mouvement périodique comme on en a constaté sur le littoral de l'Adriatique.

Les figures 62 et 63 représentent en cotes inscrites sur les courbes, l'affaissement ou l'exhaussement depuis les opérations de Bourdaloue (1857-63) jusqu'à la période 1886-87. La figure 62 donne le résultat total ; l'autre, la figure 63, montre la marche annuelle du phénomène. Les courbes représentées sont les lignes d'égal mouvement du sol. Les cotes annuelles ont été obtenues en divisant les mouvements totaux par l'intervalle de temps variable de vingt et un à vingt-neuf ans qui s'est écoulé entre les deux nivellements, pour chacun des repères de croisement du réseau actuel et du réseau Bourdaloue.

Tachéométrie.

67. *Considérations générales.* — Dans les études préliminaires et pour les opérations rapides d'un avant-projet on peut se servir d'une méthode spéciale qui a pris depuis quelques années et à juste titre un très grand développement ; nous voulons parler de la *tachéométrie.*

Le principe de la méthode consiste, au moyen d'un seul et même instrument, le *tachéomètre*, à fixer dans un levé de plan les points à leur place avec leurs distances et leurs cotes de niveau.

Nous avons déjà vu précédemment qu'au

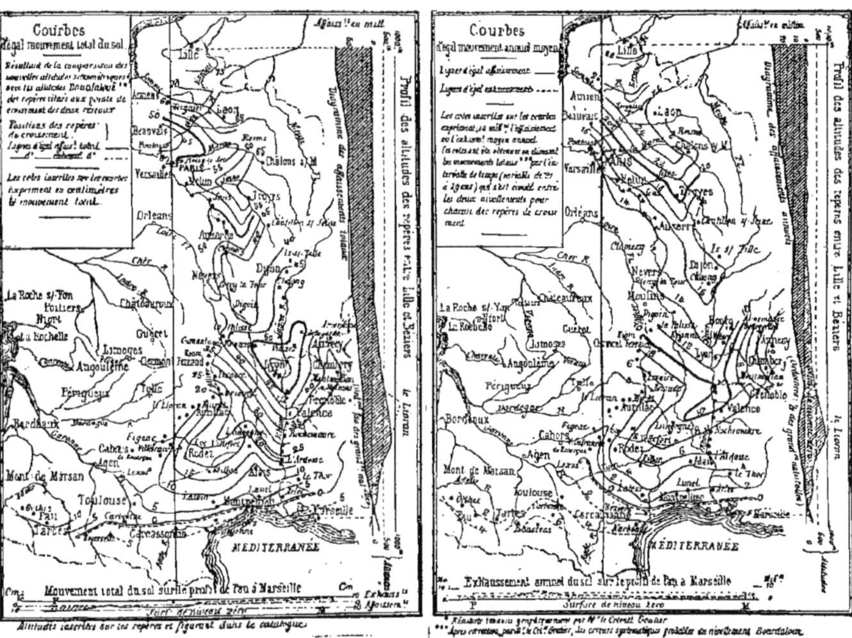

Fig. 62 et 63

moyen du théodolite on peut, quand on connaît la distance longitudinale de deux points, trouver leur différence de niveaux.

Au moyen du tachéomètre, on obtient, en même temps, cette distance elle-même par l'adjonction au théodolite ordinaire de cet appareil spécial permettant d'évaluer les distances et qu'on appelle la *stadia*.

La méthode tachéométrique est en usage en Italie depuis 1823 ; elle a surtout été employée et développée par M. Porro, ancien officier du génie piémontais, qui s'en servit en 1837 pour les levés des cartes destinées à la défense de la place de *Gênes.* Le rapport des officiers chargés d'examiner ce travail, et à la tête desquels se trouvait le général Ménabrea, s'exprime très élogieusement sur cette méthode.

Celle-ci fut exposée, pour la première fois dans un ouvrage de M. Porro, publié à Turin en 1849-1850 et qui resta inconnu en France ; sa seconde édition seule qui date de 1858, s'est répandue dans notre pays.

Cependant, dès 1852, la méthode tachéométrique de M. Porro fut connue à la suite de deux rapports présentés l'un à l'Académie des Sciences par MM. Binet, Faye et Longeteau, et l'autre au ministre des Travaux Publics par MM. de Sénarmont, Marey, Grenet et Lalanne. M. Porro, peu de temps après, d'ailleurs, s'établit à Paris et y fonda un atelier où l'on fabriquait les instruments destinés aux levés tachéométriques.

Le tachéomètre a surtout été employé et préconisé en France et même à l'Étranger, par M. Moinot, ingénieur des études du chemin de fer de Paris-Lyon-Méditerranée et du chemin de fer d'Orléans, réseau central.

Un ouvrage publié par cet ingénieur sur la matière et datant de 1865 a eu trois éditions dont la dernière date de 1877.

Enfin, en 1883, M. Bonnami, conducteur des Ponts et Chaussées, a écrit un excellent petit traité ayant pour titre : *Manuel de l'opérateur au tachéomètre*, dans lequel il décrit le tachéomètre Porro, construit par les opticiens bien connus, MM. Secrétan et Cie.

L'emploi du tachéomètre a pris, dans ces dernières années, une très grande importance et l'on peut dire qu'il ne s'est pas effectué depuis quinze ans une grande étude d'avant-projet, surtout de chemin de fer, sans l'emploi de cet instrument. Il est donc indispensable d'en bien connaître le principe et le maniement et nous les exposerons avec tous les détails que nous permet notre cadre forcément un peu restreint. Pour plus amples renseignements on pourra consulter avec fruit les ouvrages spéciaux que nous signalons plus haut.

Stadias.

68. *Stadia à angle constant.* — La stadia étant l'âme du tachéomètre nous commencerons par donner une rapide description de celle-ci :

Supposons un observateur placé en un point O et visant un objet quelconque, un arbre par exemple AB. Soit OG la distance de l'observateur à l'objet. Soit de même un certain nombre d'objets plus rapprochés ou plus éloignés de O que AB, mais toujours enfermés dans les deux lignes de visée OA et OB, c'est-à-dire dans l'angle AOB. On voit que les triangles successifs ainsi formés, tous semblables, donnent la proportion constante (*fig.* 64) :

$$\frac{AB}{OG} = \frac{CD}{OH} = \frac{EF}{OI} = K \text{ constante.}$$

Si donc on possède un instrument dans lequel le rapport constant K soit connu à l'avance, en visant sur une mire placée en un point donné, la longueur sous la visée AB, on en conclura la distance cherchée correspondante OG, d'où un premier système de stadia dans lequel l'angle

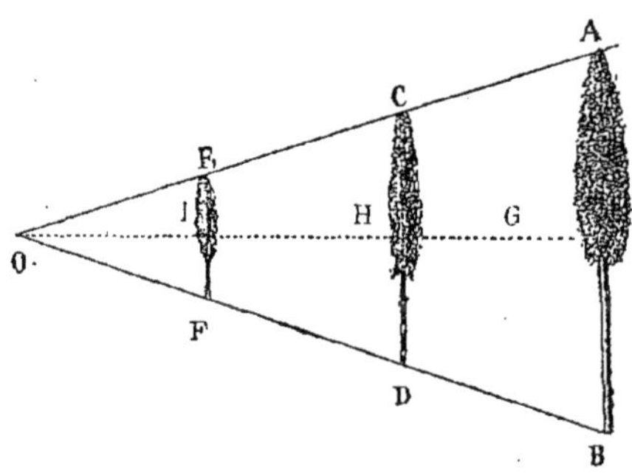

Fig. 64.

de visée est constant et la lecture AB variable sur la mire.

C'est le type qui est employé dans le tachéomètre.

La stadia peut être, comme on le voit, un instrument rudimentaire ; inutile de dire que l'on a tout intérêt à l'employer plus perfectionné. On se sert généralement d'une lunette astronomique ordinaire avec oculaire et objectif ; seulement, au foyer de l'objectif et dans un plan perpendiculaire à l'axe optique *o*, sont disposés deux fils horizontaux *aa*, *a'a'* également éloignés de *o*. Un troisième fil perpendiculaire aux deux premiers AB (*fig.* 65) est utile pour s'orienter sur la mire, qui se pose verticalement sur le sol.

On forme donc ainsi, par la visée de l'oculaire sur ces deux fils, un angle constant dont on mesurera l'amplitude rectiligne NN′ sur une mire graduée convenablement CB (*fig.* 66). Si en effet la mire BC a été divisée de manière que ses divisions soient en concordance parfaite avec l'ouverture angulaire constante aoa', on voit que le nombre de divisions sera d'autant plus grand que la mire sera plus éloignée du point de visée O.

Et dans chaque position de la mire sa distance au point o sera donnée par la proportion constante ci-dessous :

$$\frac{Or'}{Or} = \frac{NN'}{aa'}$$

d'où la distance cherchée :

$$Or' = \frac{Or}{aa'} \times NN'$$

Or $\frac{Or}{oa'} = K$ est un rapport constant connu d'après la construction même de

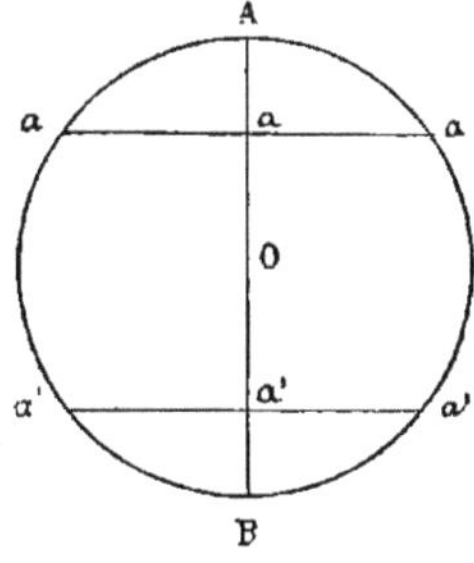

Fig. 65.

l'instrument ; NN′ est un nombre de divisions qu'on n'a qu'à lire sur la mire : c'est le nombre intercepté par les deux rayons visuels : on possède donc tous les éléments pour déterminer la distance cherchée Or' par un calcul très simple qu'on fait une fois rentré au bureau.

Si la mire était placée en B′, le nombre des divisions interceptées serait N″N‴, évidemment inférieur à NN′, et la nouvelle distance :

$$Or'' = K \times N''N'''$$

et ainsi de suite.

69. *Graduation de la mire.* — Tout revient donc en somme à graduer convenablement la mire sur laquelle se feront les lectures. Cette graduation se fait simplement par comparaison, c'est-à-dire que l'on chaîne très exactement sur le terrain une certaine distance connue et assez grande, 100 mètres, par exemple, au minimum (*fig.* 67) ; puis on place l'oculaire de la stadia à une extrémité A, et la règle à graduer à l'autre B. On observe la visée correspondante QR, en marquant bien

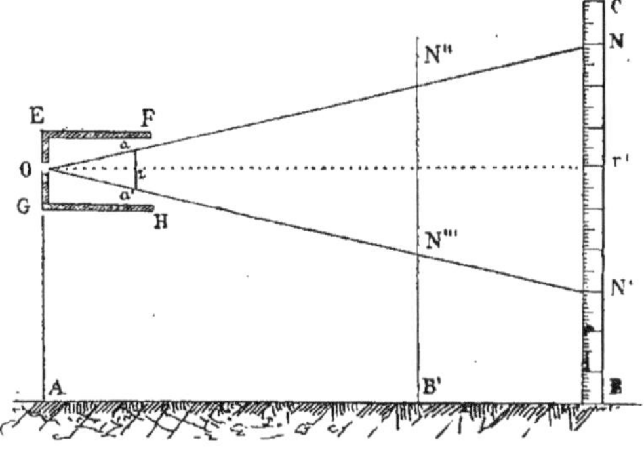

Fig. 66.

les points extrêmes Q et R et l'on divise la distance QR en 100 parties égales en prolongeant la division au-dessus et au-dessous des points limites sur toute la hauteur de la mire qui a généralement 4 mètres. On voit, d'après la proportionnalité des triangles précédents, que l'on

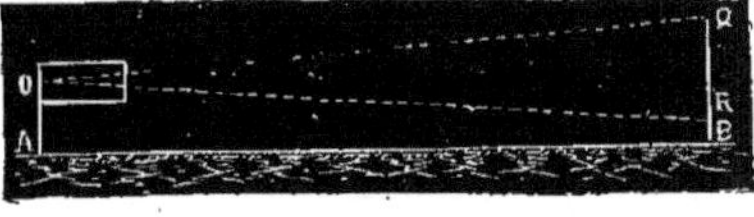

Fig. 67.

a ainsi des divisions, correspondant à des distances horizontales de 1 mètre sur la droite AB. On subdivise en dix parties égales chacune de ces divisions et on a le décimètre ; de même le centimètre.

70. *Autres systèmes de stadia.* — D'après le rapport :

$$Or' = \frac{Or \times NN'}{aa'}$$

On voit que, des trois quantités du second membre, il suffit qu'il y en ait deux de constantes pour que la mesure directe de la troisième, au moyen de l'instrument, permette le calcul de Or'. Tout à l'heure nous avions Or et aa' invariables; on peut supposer au contraire que Or et NN' sont fixes, c'est-à-dire que les fils du réticule sont toujours dans le même plan perpendiculaire à l'axe optique à la même distance de O, mais que la visée sur la mire est obligatoirement toujours la même fixée à l'avance, NN'. Dans ce cas, pour pouvoir lire cette longueur invariable à des distances différentes de O il faut écarter ou rapprocher plus ou moins les fils horizontaux de l'axe: la variable sera donc aa' que l'on constatera sur l'instrument au moyen d'un micromètre. On aura la *stadia à fils variables.*

Enfin on peut encore supposer constants l'écartement des fils et la longueur visée sur la mire; il faut alors pouvoir faire varier la distance Or : c'est le cas de la *stadia à réticule mobile* dans laquelle il n'y a de variable que la distance du plan des fils à l'oculaire, ce qui s'obtient au moyen d'une rainure latérale (*fig.* 68).

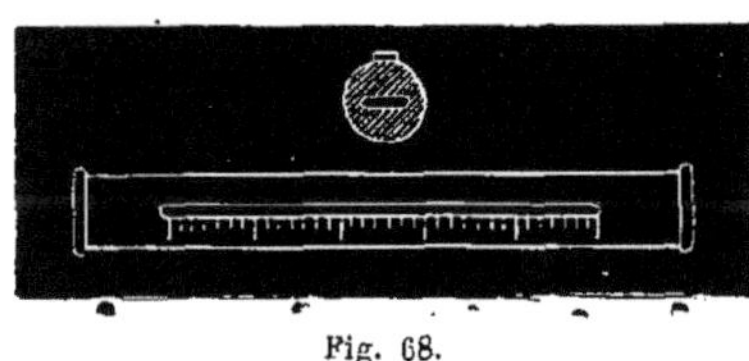

Fig. 68.

On comprend que le premier type est de beaucoup le plus simple et celui qui comporte le plus d'exactitude. Aussi est-il le plus employé, spécialement, avons-nous dit, avec le tachéomètre.

71. *Lunette anallatique.* — On conçoit que tout ce qui précède n'est exact que si la distance Or est bien constante : or en pratique chaque opérateur est obligé de faire avancer ou reculer un peu l'oculaire afin de mettre l'instrument à sa vue ; d'un autre côté, il peut être utile dans certains cas de pouvoir faire soi-même varier Or à sa volonté.

Voici comment M. Porro modifia la lunette astronomique ordinaire afin de permettre, malgré ces opérations, de ramener le sommet commun des triangles au centre de l'instrument et de conserver la proportionnalité constante de leurs côtés indépendamment du tirage de l'oculaire.

Il introduisit entre l'oculaire et l'objectif une troisième lentille dont le foyer coïncide avec celui de ce dernier. Il en résulte que les rayons lumineux, après avoir traversé cette troisième lentille, deviennent parallèles pendant que les dimensions des objets sous-tendant le même angle au centre d'*anallatisme* (ou invariabilité), sont proportionnelles à leur distance à ce point. Ce point étant placé sur l'axe vertical de la lunette, celle-ci est rendue *anallatique.*

En d'autres termes, par suite de l'interposition de la troisième lentille, les rayons allant des fils à la mire forment un angle zénital a au point fixe O appelé le *centre de la lunette* (*fig.* 69).

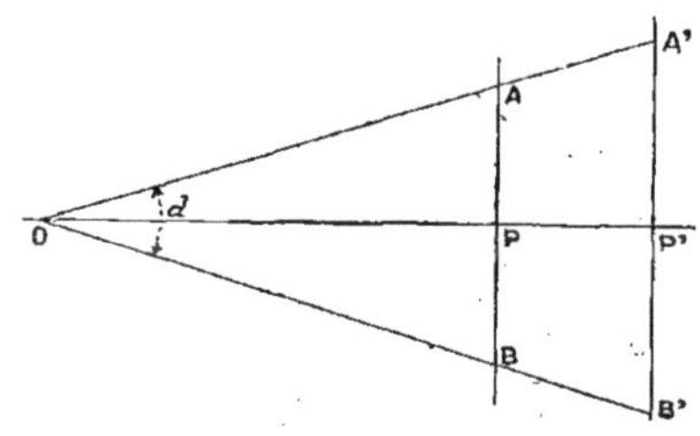

Fig. 69.

On appelle quelquefois l'angle d l'*angle diastimométrique*, et le point O, le *point anallatique.* L'angle d varie avec la distance de la lentille anallatique à l'objectif. Si cette distance augmente, d augmente et réciproquement, tandis que, si cette distance reste constante, il en est de même de l'angle d. On voit aisément alors que la distance de O, centre de la lunette, au point visé, peut être déduite de la longueur AB interceptée sur la mire par les fils. En effet, les côtés de l'angle d forment avec la mire les triangles virtuels OAB, OA'B qui, étant semblables, donnent:

$$\frac{OP}{AB} = \frac{OP'}{A'B} = K$$

Il reste alors simplement à fixer le

rapport constant K et à déplacer la lentille anallatique jusqu'à ce que l'angle d corresponde à ce chiffre. En règle générale K est fixé à 200, ce qui donne un angle de 32 degrés de la graduation centésimale adoptée et reconnue plus pratique pour le tachéomètre. Il s'ensuit qu'à 200 mètres par exemple, la longueur interceptée sur la mire est de 1 mètre : le rapport diastimométrique est représenté par l'expression :

$$\frac{AB}{OP} = \frac{2AP}{OP} = 2\operatorname{tg}\frac{d}{2}$$

La distance est alors déduite de la lecture AB sur la mire :

$$OP = \frac{AB}{2\operatorname{tg}\frac{d}{2}}$$

Une règle logarithmique à calcul spéciale à cet usage, permet d'effectuer rapidement les opérations correspondantes. Nous l'étudierons plus loin.

Tachéomètre.

72. L'instrument imaginé par Porro se bornait à une stadia à lunette plongeante, telle que nous venons de la décrire et avec ce perfectionnement très important de l'anallatisme. L'appareil était sujet, par suite de vices de construction, à des dérangements fréquents ; il ne présentait pas toute la stabilité voulue pour des opérations à grande échelle, c'est-à-dire celles qui nécessitent le plus l'emploi du tachéomètre. Ce sont là probablement les causes qui empêchèrent à l'origine cet appareil de se répandre comme aujourd'hui.

Afin de remédier à ces défauts, M. Moinot plaça la lunette sur un théodolite ordinaire auquel on fit quelques modifications et additions. En même temps il créa une méthode nouvelle appropriée aux études de tracés, s'appliquant à réaliser le degré de précision requis en pareil cas.

Dans l'ensemble, la stadia avec tube anallatique est appliquée à la lunette d'une sorte de théodolite, muni comme d'ordinaire d'un limbe horizontal, d'un limbe vertical et d'une boussole d'orientation. Tous les résultats observés sont notés sur des carnets spéciaux et rapportés ensuite au bureau à une échelle quelconque au moyen du rapporteur. On y applique les points avec leurs distances et leurs cotes calculées et l'on possède tous les éléments pour établir un bon plan coté d'avant-projet avec courbes de niveau.

Le cercle horizontal (*fig.* 70) sert à mesurer les angles azimutaux, le cercle vertical, les angles zénitaux au moyen desquels on apprécie les distances et les hauteurs. Il porte un niveau à bulle d'air permettant de s'assurer de sa parfaite

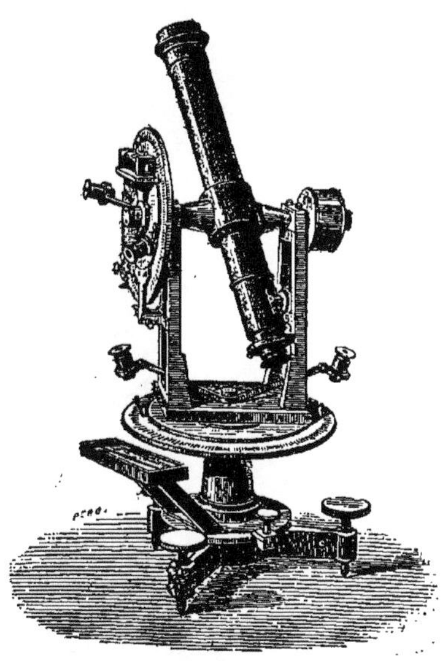

Fig. 70.

verticalité ; une boussole est placée dans une position excentrique fixe par rapport au limbe horizontal. Les graduations des cercles sont ici, avons-nous dit, centésimales, ce qui présente certains avantages au point de vue de l'exécution des calculs par la règle logarithmique.

Pour éviter des erreurs de lectures, la numération des angles sur chaque cercle n'est faite que dans un seul sens, de gauche à droite ; le point zéro sert d'origine à la mesure des angles sur le cercle horizontal ; il est toujours amené au nord à l'aide de la boussole. Le point 100, qui représente l'horizontale, sert d'origine aux lectures sur le cercle zénital ; cette origine ici n'est donc pas au zéro ; la simple lecture indique alors si les angles supérieurs ou inférieurs à 100 degrés sont au-dessus ou au-dessous de l'horizontale, sans qu'on soit obligé de faire usage des signes positifs ou négatifs.

73. *Lunette.* — En réalité la stadia de la lunette est à quatre fils et non à trois, comme dans les descriptions précédentes,

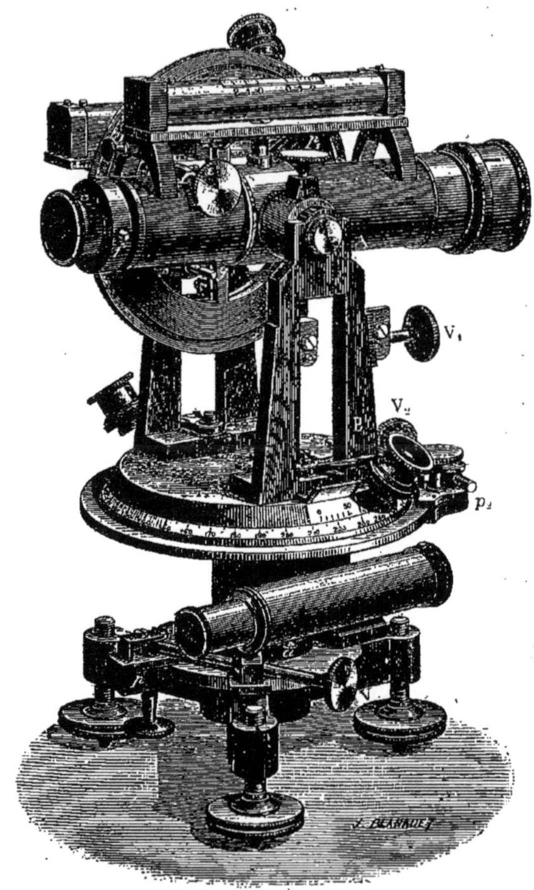

Fig. 71.

car il faut compter en plus un fil horizontal passant par l'axe optique de la lunette. Le micromètre est donc formé en réalité de trois fils horizontaux et un vertical les coupant en leur milieu. Le point d'intersection du fil vertical avec le fil horizontal du milieu sert au pointage de la lunette ; mais, en outre, le fil intermédiaire est souvent utile pour mesurer les distances lorsque la partie de mire visible de l'instrument n'est pas assez grande pour recevoir l'image des fils extrêmes, ou quand la visée provenant de l'un d'eux est interrompue par un obstacle.

La lunette est rendue anallatique au moyen d'un tube spécial introduit à frottement dans son intérieur et portant la troisième lentille. L'arbre de rotation de la lunette, laquelle est concentrique aux deux limbes, est supporté par deux chevalets fixés au cercle horizontal au moyen d'une cheville ouvrière centrale autour de laquelle ils peuvent tourner solidairement. Ces supports doivent être assez hauts pour permettre à la lunette d'effectuer une révolution complète tout en restant dans ses collets et sans venir toucher le cercle horizontal.

Le cercle vertical est placé à gauche de la lunette, aujourd'hui tout contre celle-ci. Il est traversé en son centre par l'axe de rotation de cette lunette auquel il est fixé. Autrefois un second cercle vertical non divisé était placé à droite de l'axe, symétriquement par rapport au premier; sa seule utilité était d'équilibrer l'instrument et de recevoir l'arrêt de la vis de rappel. Dans les types nouveaux, comme celui que construit M. Secrétan, ce second cercle, qui ne servait guère qu'à augmenter le poids et le prix de l'appareil, a été supprimé (*fig.* 71).

La graduation centésimale est inscrite sur la partie dormante du limbe horizontal et c'est le vernier que la lunette entraîne avec elle. La disposition contraire a lieu pour le cercle vertical; et cela afin de permettre à l'opérateur de faire, sans se déplacer, toutes ses lectures sur les limbes et sur la mire.

74. *Niveau à bulle d'air.* — La partie dormante du cercle vertical, c'est-à-dire celle qui porte le vernier, est munie d'un niveau à bulle d'air qui a une grande importance, car il constitue le repère des angles verticaux. C'est lui qui permet en effet d'assurer l'horizontalité de la lunette quand le vernier marque 100 degrés. Il sert en outre au calage de l'appareil qui se fait sur un trépied analogue à ceux que nous avons vus précédemment.

Un second niveau, porté par la lunette elle-même, permet à l'instrument de servir au besoin comme un niveau d'Egault, ce qui peut être utile quand on veut prendre accidentellement certaines hauteurs avec précision. Mais il ne faudrait pas se servir de cet instrument pour les nivellements de longue haleine, car il est trop pesant et ne peut se manier avec toute la mobilité voulue; placé en station il doit y rester aussi longtemps que possible sans être dérangé et permettre de relever une assez grande étendue de territoire.

75. *Boussole.* — La boussole se fixe toujours aujourd'hui au-dessous des cercles et sur l'arbre de l'instrument. L'aiguille est suspendue dans un tuyau horizontal muni d'un oculaire à tirage et d'un objectif sur lequel est gravée une échelle qui s'étend de part et d'autre du zéro des divisions. Une vis de rappel à tête carrée permet de donner à l'angle formé par l'aiguille et la lunette la valeur connue de la déclinaison magnétique. Pour cela, on n'a qu'à amener le zéro de l'échelle sur l'aiguille au repos lorsque, le vernier du cercle horizontal étant à zéro, la lunette est dirigée sur le nord.

Dans toutes les stations que fera l'instrument on amènera le zéro de son échelle sur l'aiguille au repos. Celle-ci sert donc à l'orientation permanente de l'appareil, en même temps qu'à constater s'il ne s'est pas dérangé.

On voit qu'en somme la boussole n'est pas indispensable; mais elle est néanmoins fort utile, surtout pour les opérations d'une certaine importance. Il faudrait d'abord une plus grande attention dans l'indication des angles formés par les lignes de bases entre elles. Puis le calcul des coordonnées serait beaucoup plus pénible et plus exposé à erreur; enfin, il faudrait nécessairement deux opérations pour vérifier les angles.

Enfin l'instrument comporte tous les perfectionnements de détail: vis de réglage, de rappel, loupes pour la lecture des verniers, etc., que nécessitent les appareils les plus perfectionnés de la géodésie moderne.

76. *Mire du tachéomètre* — D'après ce que nous avons vu plus haut, les fils de la lunette sont réglés de telle sorte que la longueur de mire interceptée par les fils extrêmes est à la distance du centre de l'instrument à la mire, comme

1 est à 200. Donc, quand l'image des fils intercepte sur la mire une distance de $0^{m},50$ pour une observation de niveau, la distance de la mire au centre anallatique de la lunette est de 100 mètres. Il en résulte que les centaines de divisions horizontales répondent à $0^{m},50$ de lecture sur la mire, les dizaines à $0^{m},05$, et les doubles unités à 1 centimètre. Cela posé, la mire présente 4 mètres de développement en deux parties égales réunies par une charnière (*fig.* 72). On sait que c'est le dispositif le plus commode avec toutes les mires; on les replie en effet en deux pour le transport et on ne développe la seconde partie qu'en cas de besoin. La rigidité de la mire, lorsqu'elle est ouverte, est obtenue au moyen d'une pièce de bois qui se fixe avec une vis à la partie supérieure et glisse à la partie inférieure dans un fourreau formé de deux coulisseaux adapté derrière la mire (*fig.* 73).

Sur la face antérieure sont indiquées par des divisions en couleurs les centaines, les demi-centaines, les dizaines et les doubles unités. Les centaines et demi-centaines sont tracées sur la demi-largeur de droite qui est peinte en blanc; elles sont représentées par un trait noir de un centimètre de hauteur ; les chiffres des centaines seuls sont inscrits (*fig.* 74).

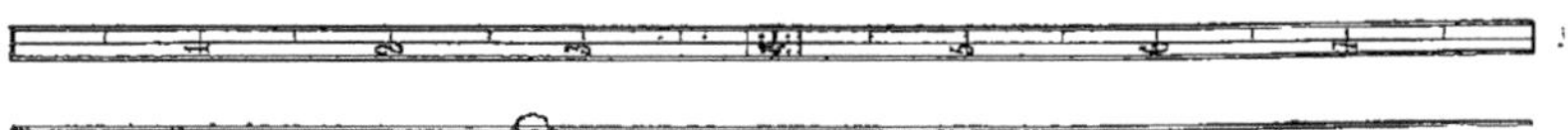

Fig. 72.

Les dizaines sont peintes, une sur deux, en rouge orange, la suivante restant blanche sur la moitié de la largeur de la mire. Les doubles unités ne vont que jusqu'à moitié de la largeur des dizaines, c'est-à-dire au quart de la largeur totale. Celles qui tombent sur une dizaine blanche sont peintes en bleu; les autres, dont le fond est orange, se détachent en blanc. Il suffit de deux doubles unités ainsi indiquées par dizaines pour faire ressortir les trois autres alternées, qui restent de la couleur du fond.

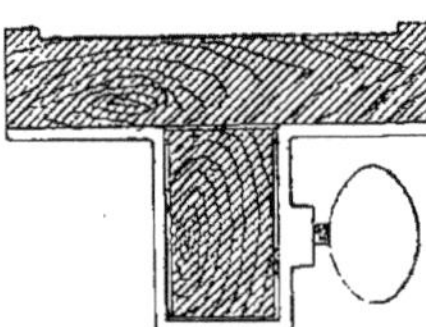

Fig. 73.

77. *Lecture sur la mire.* — La mire doit, comme toujours, être placée au point à relever, aussi verticale que possible au moyen d'un fil à plomb. On peut, bien entendu, faire la lecture sur une partie quelconque de la mire, pourvu que les deux fils extrêmes soient bien visibles sur celle-ci; mais il est bien évident qu'on aura toujours avantage à rapprocher la lunette de la position horizontale.

De toutes façons, on amène le fil inférieur sur un chiffre exact de centaines afin de n'avoir à faire l'appréciation des fractions que sur l'autre fil; cela permet de faire immédiatement la soustraction. Lorsqu'il n'est pas possible d'amener le chiffre inférieur sur une centaine on l'amène sur une dizaine.

Fig. 74.

Exemple. — Supposons que, le fil inférieur étant amené sur la division 200, le fil supérieur ait donné 327,5; on inscrit, ou on fait inscrire par son porte-carnet, ces deux chiffres l'un au-dessous de l'autre en les énonçant: 327,5 sur 200; l'aide inscrit alors :

327,5
200

et répète ces chiffres à haute voix. Il fait

en même temps la différence : 127,5, qui s'appelle le *nombre générateur*.

Le tachéomètre et sa mire pourraient suffire pour le levé de plan qui nous occupe. Les positions en plan et en hauteur des points levés seraient alors calculées avec la table de logarithmes et ceux-ci rapportés sur le plan d'après leurs coordonnées. Mais tout cela exigerait un temps fort long, surtout dans les opérations de grande étendue.

M. Moinot a donc adjoint deux instruments : une *règle logarithmique*, permettant d'effectuer rapidement et simplement tous les calculs, et un *rapporteur* spécial pour appliquer les points de détails sur le plan. Cette manière de faire donne une exactitude suffisante tout à fait en rapport avec le levé lui-même.

78. *Règle à calcul.* — *A priori*, il serait indispensable de faire usage d'une règle à calcul, car la règle logarithmique simplifie les fastidieuses et longues multiplications par les tangentes et sinus. Mais les règles de ce genre que l'on trouve dans le commerce ne sont pas suffisamment disposées en vue des opérations au tachéomètre : les logarithmes des sinus et des tangentes, d'ailleurs, inscrits suivant la division sexagésimale, n'y figurent qu'accessoirement. Une nouvelle règle a dû être appropriée à la méthode nouvelle : M. Moinot l'a modifiée en disposant les anciennes échelles des nombres, sinus et tangentes et y ajoutant une échelle de sinus carrés. Ces derniers servent à la recherche des distances d, car on a sensiblement $d = h \sin^2 V$, h étant la lecture sur la mire et V l'angle vertical.

L'origine de cette échelle est placée de telle sorte qu'un seul mouvement de la coulisse mobile donne à la fois la distance horizontale d et la différence de niveau.

Les échelles des sinus et des tangentes servent plus spécialement aux calculs des coordonnées rectangulaires et des hauteurs.

Tous les calculs avec la règle logarithmique se réduisent à des additions et des soustractions des diverses parties de la graduation, s'effectuant au moyen de la partie fixe et de la coulisse.

Avec cet instrument on est donc parfaitement outillé pour faire tous les calculs que comporte un levé de plan tachéométrique, car ces calculs se bornent à trois catégories :

1° Le calcul des distances horizontales ;

2° Le calcul des hauteurs verticales ;

3° Le calcul des coordonnées rectangulaires des points de base.

L'intervention du sinus carré provient de la correction qu'on est obligé de faire quand la lunette se projette obliquement sur un point : la distance lue est alors plus grande que l'horizontale ; d'abord parce que l'axe de la visée est lui-même

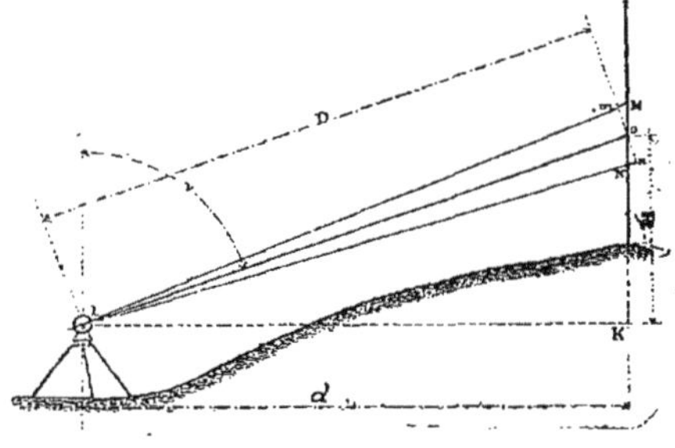

Fig. 75.

oblique et, de plus, par suite de la lecture qui se fait obliquement sur la mire supposée toujours verticale. On peut admettre comme suffisamment rigoureux que la distance lue dans ce cas est ramenée à l'horizon en la multipliant par le sinus carré de l'angle formé par le rayon de projection et la verticale.

La ligne centrale de visée, en effet, OI (*fig.* 75) rencontre la mire en O, formant un angle V avec la verticale, tandis que le réticule délimite sur cette mire la distance MN. Traçons en O une droite faisant avec OI un angle de 90 degrés et rencontrant les côtés de l'angle de vision en m et n. La distance mn sera le véritable nombre générateur de la distance OI, soit g, tandis que nous appellerons $MN = G$.

Or considérant les deux petits triangles

MmO et NnO, on peut admettre que les angles $\widehat{mMO} = \widehat{nNO} = \widehat{V}$ et $\widehat{MmO} = \widehat{NnO} = \widehat{90^\circ}$, car l'angle de visée est assez petit pour que cette approximation puisse être admise sans erreur sensible, donc :

$$mO = MO \sin V$$
$$nO = NO \sin V,$$

ajoutant :

$$mo + no = (MO + NO) \sin V,$$

ou :

$$mn = MN \sin V$$
$$g = G \sin V.$$

Mais de plus, le triangle rectangle OIK présente en I un angle égal au complément de V : on a donc :

$$IK = IO \cos \widehat{KIO}$$
$$IK = IO \sin V \text{ ou } d = D \sin V.$$

Mais la distance D = IO n'est que le

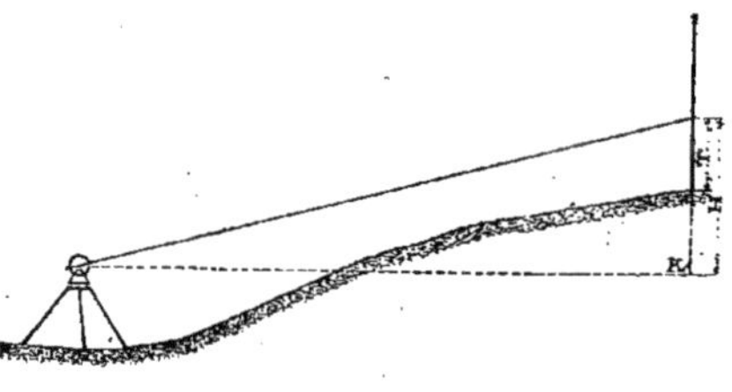

Fig. 76.

nombre générateur $g = G \sin V$. donc IK, ou la distance horizontale réelle d, est donnée par la formule

$$d = G \sin^2 V_{c.q.f.d.}$$

La hauteur H se déduit de la distance horizontale comme d'ordinaire :

$$H = d \cotg V.$$

Remarque. — Quand l'angle V est plus grand qu'un droit, ce qui arrive lorsque la lunette vise des points bas au-dessous de l'horizontale, un raisonnement analogue montrerait que l'on a, en appelant V' la différence entre V et un droit :

$$d = G \cos^2 V'$$
$$H = d \tang V'.$$

En tenant compte de la hauteur m (*fig.* 76, 77 et 78) entre le sol et le point central de visée sur la mire, on obtient la différence de niveau entre le point où se trouve l'instrument et celui sur lequel repose la mire. Si a et b représentent le nombre de divisions entre le pied de celle-ci et les deux points où elle est rencontrée par les visées venant des fils, le point central de visée moyenne entre ces deux fils sera toujours $\frac{a+b}{2}$, et ce nombre multiplié par la dimension d'une division donnera la hauteur m en unités. Ainsi quand une division représente 0m,02 on a :

$$T = \frac{a+b}{2} \times 0^m,02$$

ou

$$T = \frac{a+b}{100}.$$

L'opération matérielle est donc très

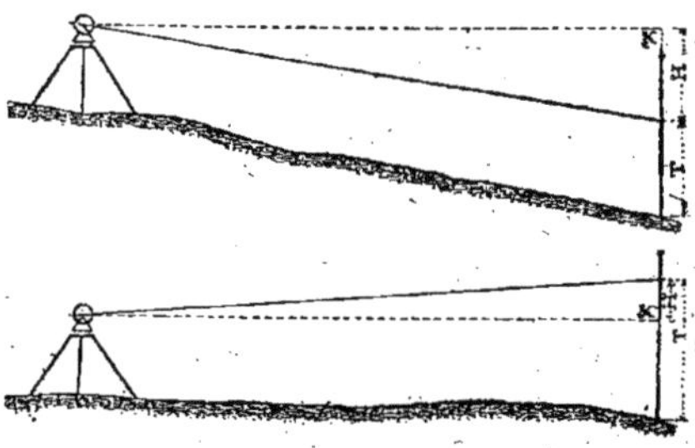

Fig. 77 et 78.

simple, car elle consiste à totaliser les deux lectures données par les fils et à séparer sur la droite de la somme deux chiffres décimaux au moyen d'une simple virgule.

Les figures 76, 77 et 78 représentent en même temps les diverses positions que peut occuper le tachéomètre par rapport au point à observer.

Dans la figure 76 l'horizontale de l'instrument passe au-dessous du pied de la mire et la différence de niveau est H — T; sur la figure 78 c'est l'inverse et cette même différence est prise en descendant en T — H. On peut même avoir T + H comme sur la figure 77. Ces indications doivent être précieusement consignées sur le carnet de terrain. On comprend en outre que, pour compléter ce qui précède, il faut avoir soin, à chaque station, de mesurer à la chaîne, ou mieux à la règle, la hauteur de l'axe de la lunette au-dessus du sol.

En somme $d = g \sin^2 V$ n'est pas rigoureusement exact, mais l'erreur qui en résulte n'est que de quelques millimètres sur les plus grandes distances relevées au tachéomètre. On peut donc considérer l'approximation comme suffisante.

Les hauteurs sont données par la distance horizontale calculée précédemment, multipliée par la tangente de l'angle d'inclinaison avec l'horizontale $\frac{a}{2}$, car la hauteur totale $2h$ résulte de :

$$d = \frac{h}{2\text{tg}\frac{a}{2}}, \text{ d'où } 2h = d\text{tg}\frac{a}{2};$$

or la différence de niveau est $n = \frac{h}{2}$, donc

$$n = d\,\text{tg}\,\frac{a}{2}.$$

Enfin les coordonnées rectangulaires de la triangulation sont obtenues au moyen

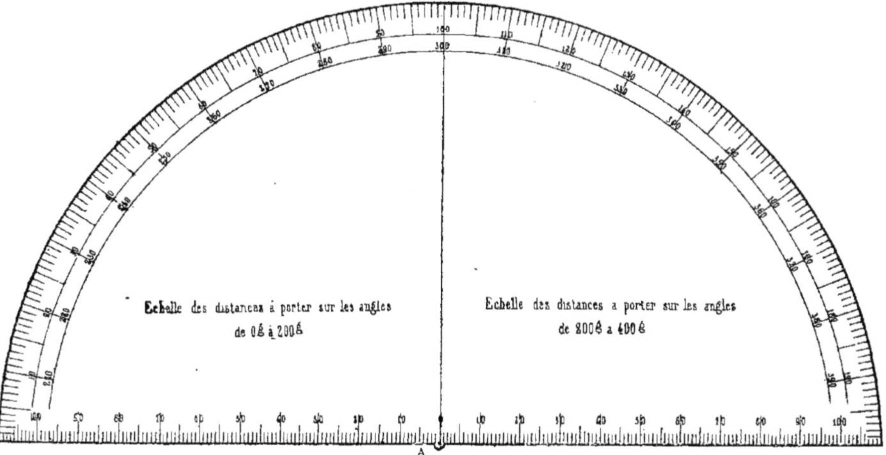

Fig. 79.

de triangles rectangles dont on connaît les hypothénuses et les angles. Dans le levé au tachéomètre les axes des coordonnées sont fixés par l'orientation de l'instrument au point de départ. Ils sont établis de manière que les projections de tous les points soient positives, c'est-à-dire se trouvent dans le même angle droit.

79. *Rapporteur spécial.* — Le travail de rapport des points de détails relevés sur le papier ne doit évidemment pas se faire par abscisses et ordonnées. Ce serait long, fastidieux sans être plus exact, quand il s'agit d'un levé de plan tachéométrique. On les met en place au moyen d'une échelle convenue et d'un rapporteur spécial qui fixe à la fois la direction et la distance du point à mettre en position.

Cet objet a la forme ordinaire d'un demi-cercle gradué : seulement il présente deux séries de graduations centésimales de gauche à droite ; la première indique les angles de 0 à 200 degrés et la seconde ceux de 200 à 400 degrés, de sorte qu'on a ainsi tous les angles de la circonférence entière supposée divisée en 400 degrés, que M. Moinot appelle plus exactement des *grades* pour les distinguer des degrés ordinaires, résultant de la division du cercle en trois cent soixante parties égales (*fig.* 79).

Le diamètre horizontal porte deux échelles dont les chiffres partent symétriquement du centre pour aboutir à la circonférence : celle de gauche sert à évaluer les distances sur les côtés des angles compris entre 0 et 200 grades, et celle de droite sur ceux de 200 à 400 grades.

Ce rapporteur se fait en corne, comme d'habitude, ou mieux en carton léger, moins sujet à se gondoler et qui a l'avantage de présenter des divisions et des chiffres plus lisibles.

On s'en sert comme d'une alidade en le faisant pivoter autour d'une aiguille à coudre fixée en son centre. On amène l'angle azimutal du point à déterminer sur l'orientation du tachéomètre représentée par un trait sur le papier. C'est le diamètre gradué qui donne alors le second côté de l'angle se dirigeant vers le point considéré. On n'a plus qu'à limiter par un point au crayon accompagné d'un numéro la distance calculée et prise à l'échelle sur ce diamètre.

Opération sur le terrain.

80. Le maniement du tachéomètre exige en général trois personnes : l'ingénieur ou le chef de brigade qui dirige le travail, l'opérateur qui manie l'instrument et fait les lectures et, enfin, un dernier qui inscrit les résultats sur le carnet. Il faut en outre des porte-mires, deux au minimum dans les terrains faciles, trois ou quatre en terrain accidenté.

Avant toute opération, l'ingénieur doit faire une reconnaissance du terrain et planter des piquets de base sur une ligne s'écartant aussi peu que possible de l'axe présumé du chemin de fer à établir :

INDICATION des Stations.	Hr de l'Inst en Sta	Nos des POINTS	ANGLE		Lecture des FILS	NOMBRES Générat.	Hr du Pointage du Fil axial sur la Mire		DISTANCE Hle	Hr Vle	DIFFÉRENCE		ALTITUDE		OBSERVATIONS
			Hal	Val			suivt les Dons	en Mètres	$g \sin^2 V$	$d \tang V$	en Mont $H-T$	en descte $H+T$ ou $T-H$	de L'INSt	du POINT	
				V		g		T	d	H	+	-			

Fig. 80.

on comprend que son expérience personnelle peut ici jouer un grand rôle. Ces piquets de base doivent être choisis de manière que, l'instrument étant placé sur chacun d'eux, on puisse découvrir la plus grande étendue possible de territoire. Il faut en outre que chacun d'eux puisse aisément s'apercevoir du piquet voisin, et il est très utile de les placer de telle sorte qu'ils soient facilement retrouvés à toute époque. Il y a donc lieu de les répérer à des points fixes, s'ils ne sont pas fixes eux-mêmes. Ces piquets sont ordinairement espacés de 200 à 300 mètres ; on les numérote au moyen de chiffres en couleur.

De la même manière on sera quelquefois obligé de former des lignes de bases secondaires ou variantes : les deux extrémités en seront soigneusement rattachées à la ligne de base principale.

La largeur de la zone à relever est, on le comprend, assez variable ; elle dépend du plus ou moins de certitude que comporte le tracé arrêté approximativement dans la première tournée de l'ingénieur sur le terrain. Mais on peut dire qu'en prenant une largeur de 200 à 250 mètres de chaque côté de la ligne de base on est, sauf exception rare, à l'abri de toute surprise. Cela fait une zone totale de 500 mètres de largeur au maximum et, généralement, on relève beaucoup moins que cela sans aucun inconvénient.

L'instrument est mis en station, bien réglé sur les piquets de base successifs que l'on rattache d'ailleurs soigneusement l'un à l'autre ; ce rattachement se fait au moyen d'opérations analogues à celles que l'on effectue pour les points de détail, mais dirigées avec plus de soin et bien contrôlées. Quant aux points de détails, on les numérote dans l'ordre où ils sont visés et choisis par l'ingénieur qui accompagne le porte-mire et place à l'avance des jalonnettes (petites baguettes munies d'un papier blanc de tête) sur chacun d'eux. Pour chacun de ces points on fait trois lectures, un angle horizontal, un angle vertical et une longueur sur la mire permettant d'évaluer la distance : tout cela d'après les principes exposés précédemment. Les chiffres obtenus sont inscrits sur un carnet dont est indiqué le type courant dans la figure 80.

La plus grande précision est nécessaire dans l'observation des piquets de base d'où dépendent tant d'autres points : on les observe tous deux fois, des deux points voisins, et l'on ne devra pas tolérer, entre les deux observations, plus de 1/2 grade sur l'angle horizontal, 0m,10 à 0m,15 sur la hauteur et 0m,50 sur la distance. Quant aux points de détails, on peut employer une méthode plus expéditive, se dispenser de lire les divisions avec les loupes, parce que chaque observation est indépendante des autres et que les erreurs commises sur un point ne sont jamais cumulées ; on n'apportera un soin particulier qu'à certains points, présentant un intérêt spécial, comme les carrefours, les angles d'édifices, etc.

81. *Influence de la mire.* — La seule précaution fondamentale à prendre dans tous les cas est de faire tenir la mire bien verticale, ce qui est facile au moyen d'un fil à plomb ou d'un petit niveau à bulle d'air. On peut commettre sans cela des erreurs assez graves. On s'en rendra compte en songeant que, pour avoir une erreur de $^1/_{500}$ sur la lecture ou 0m,002 par mètre, il suffit, quand la mire est horizontale, de faire avec la verticale un angle de 3°40′.

Si l'angle de visée avec la mire est de 60 degrés, il suffit de 12′. Si enfin cet angle est de 45 degrés, ce qui peut très bien arriver dans une opération tachéométrique, il suffit d'une déviation de la mire de 6′.

Pour fixer les idées, admettons que la mire dévie de 1 degré de la verticale ; les erreurs commises par la lecture sont les suivantes, selon les positions de la visée :

Angles de la visée avec la mire.	Erreur pour 100.
90 degrés	0,015
80 —	0,29
70 —	0,62
60 —	1,00
50 —	1,44
45 —	1,73

On voit de plus qu'il est préférable, autant que possible, de se servir de la partie basse de la mire moins sujette aux vibrations. Enfin on a intérêt à opérer à une certaine distance de la mire au lieu de s'en rapprocher ; cela diminue en effet l'influence de l'angle de visée avec celle-ci.

Vu les distances auxquelles on opère et l'impossibilité, alors, d'entendre la voix des aides ni de bien comprendre les signaux, la correspondance entre l'opérateur et le porte-mire a lieu au moyen d'une corne.

Rapport du plan dans le cabinet.

82. Le rapport du plan se fait aux échelles du 1/5000 ou du 1/2000 suivant le travail ultérieur plus ou moins précis auquel ce plan est destiné. La ligne de base est installée au moyen de coordonnées rectangulaires calculées par rapport à des lignes de points cardinaux choisies de manière que ces coordonnées soient toujours dans le premier angle, c'est-à-dire positives. On applique ensuite tous les points de détails, au moyen du rapporteur spécial, comme nous l'avons dit précédemment, et l'on achève le croquis général du terrain avec tous les objets qu'il renferme. Ce croquis doit être terminé avant qu'on inscrive les cotes d'altitude, car celles-ci pourraient gêner pour son exécution et se confondre avec les numéros des points ; ces numéros d'ailleurs sont appelés à disparaître quand le plan est terminé. Le passage à l'encre du plan se fait après la pose des cotes en ayant soin de respecter celles-ci autant que possible ; on fait en même temps les hachures des talus, la représentation des accidents, édifices, courbes de niveau, etc. On trace à l'encre bleue les ruisseaux et rivières, et en bistre les courbes de niveau : tout le reste est à l'encre de chine.

La figure 81 donne un ensemble de plan tachéométrique relevé d'après la méthode précédente. La ligne noire pleine représente l'axe réel du chemin de fer, et la ligne pointillée la base d'opération tachéométrique.

Résumé et conclusion. — Approximation des résultats.

83. En somme, dans la méthode tachéométrique, les différents points d'un plan coté sont relevés par trois données : leur distance, leur azimut ou angle horizontal et leur hauteur. On voit que l'on supprime du coup ainsi tous les autres instruments d'arpentage et de nivellement qu'il faudrait employer sans cela en détail. Le nombre des opérateurs sur le terrain est en même temps considérablement diminué et remplacé par des calculs à faire dans le cabinet ; il en résulte encore que l'ingénieur a personnellement en mains une beaucoup plus grande partie de son travail et que de lui, bien plus que du personnel inférieur, dépend le succès de l'opération ; c'est une condition toujours favorable et toujours à rechercher.

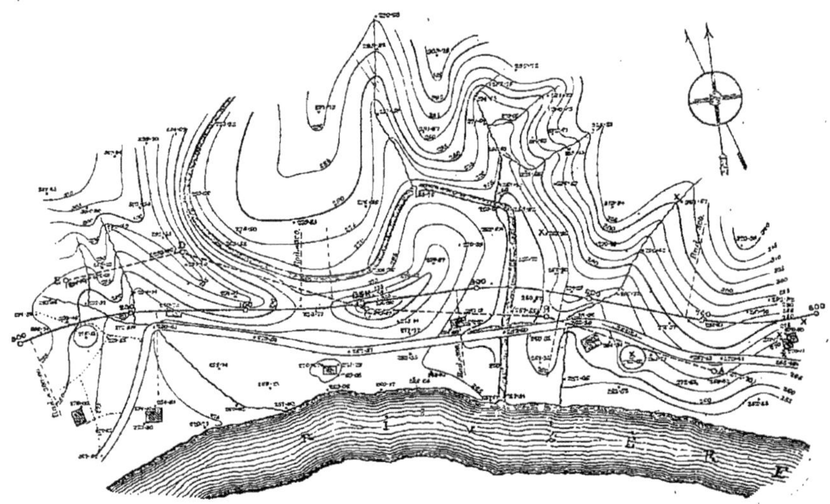

Fig. 81.

On peut aisément conclure qu'avec l'emploi du tachéomètre les opérations sur le terrain vont au moins cinq fois plus vite qu'à l'ordinaire ; l'instrument coûte assez cher, il est vrai, un bon tachéomètre se vendant rarement moins de 900 à 1 000 francs. Mais on a bientôt largement rattrapé la différence, par les économies qu'il permet de réaliser dans les opérations elles-mêmes. M. Bonnami estime dans sa préface que le prix du tachéomètre est généralement gagné dans la première semaine.

Il ne faut pas, comme bien l'on pense, s'attendre ici à la rigueur mathématique dans les résultats obtenus, et c'est pourquoi le tachéomètre ne peut servir qu'aux travaux d'avant-projets. Le maximum de précision sur lequel on peut compter est d'environ 50 centimètres pour 100 mètres. On n'a pas besoin de plus d'exactitude pour les études préliminaires.

En outre, nous devons dire que des tables ont été construites qui donnent tout faits la plupart des calculs réellement un peu pénibles accompagnant tout levé tachéométrique. Nous devons citer celles de M. Kennedy, ingénieur anglais, qui les a publiées dans le *Bulletin de la Société des Ingénieurs civils de Londres* (1890).

A notre avis, le procédé de levé de plan au tachéomètre ne doit pas s'étendre au-delà de la rédaction du plan coté préparatoire sur lequel on étudiera son tracé dans le cabinet. L'application de ce dernier sur le terrain doit être faite avec les instruments simples et précis que nous avons à notre disposition : la chaîne, le pantomètre, le graphomètre et le niveau à bulle d'air. Le nivellement au tachéomètre suffisant pour l'avant-projet, serait trop inexact pour l'exécution des travaux : le mesurage de l'axe, présentant de nombreuses courbes, serait beaucoup plus long et moins sûr qu'avec la chaîne ; il ne permettrait pas d'ailleurs de placer les piquets du profil en long et des profils en travers à des distances sans fractions de mètres, ce qui est absolument indispensable dans la pratique.

Tachéomètre Wagner et Fennel.

84. Nous avons vu précédemment que les distances horizontales des divers points et les coordonnées rectangulaires des points de base, devant servir de stations à l'instrument, devaient être calculées. M. Fennel, de Cassel, a construit un nouveau tachéomètre au moyen duquel ces calculs sont évités, les coordonnées en question résultant d'une simple lecture sur l'instrument. La stadia donne la distance oblique du point observé à l'appareil, et l'altitude, comme la distance horizontale, est obtenue directement sans calcul.

Les angles horizontaux sont mesurés comme avec le théodolite ordinaire, la boussole ou la planchette. L'invention nouvelle due à M. Wagner consiste essentiellement dans l'appareil de projection supprimant les calculs et que nous allons décrire sommairement.

La lunette porte, au moyen de deux équerres, une règle A munie d'une graduation en parties égales (*fig.* 82). L'une de ces équerres est fixée près de l'objectif, tandis que l'autre est placée sur l'axe de rotation de la lunette, en dehors des supports. La face supérieure de cette règle est parallèle à l'axe optique de la lunette et, par suite, quelle que soit l'inclinaison de celle-ci, on a toujours la direction exacte de la ligne de visée. Une glissière S munie de deux verniers et un ressort à boudin sont fixés à la règle.

Un des deux verniers *b* est parallèle à l'échelle de la règle et permet de fixer exactement les distances obliques des points considérés. L'autre *a* est mobile et peut pivoter autour d'un axe fixé à peu près sur la face supérieure de la règle, de sorte que, quelle que soit la position de

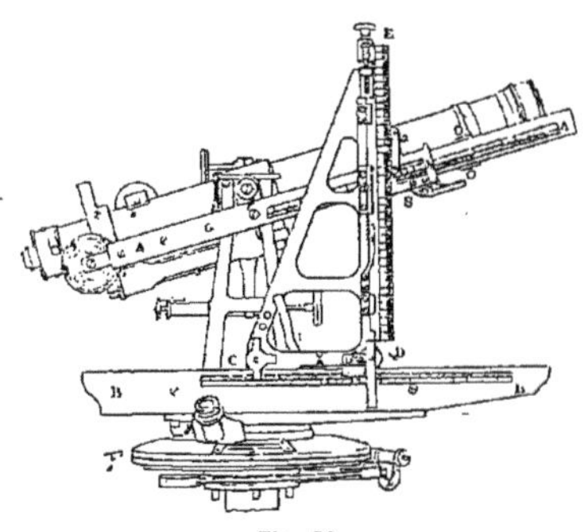

Fig. 82.

la lunette, ce second vernier peut toujours être placé verticalement.

Au-dessous de cette première règle et horizontalement au-dessus du plateau inférieur F, on en dispose une seconde B également divisée en parties égales et située dans le même plan vertical que A ; sa face supérieure cependant reste toujours horizontale. Le long de cette dernière peut glisser un triangle rectangle métallique CDE dont un côté de l'angle droit est vertical et muni d'une échelle permettant de lire les hauteurs. Quelle que soit la position de ce triangle, position que l'on fixe d'après la distance oblique lue à la stadia sur la mire, cette échelle des hauteurs est toujours dans le même plan vertical que le vernier supérieur, de sorte qu'au moyen de ce vernier on peut lire la hauteur du point considéré au-dessus d'une ligne choisie quelconque. Enfin, au moyen du vernier *c* qui glisse sur la règle B, on peut obtenir immédiatement les distances réduites à l'horizontale.

Le tachéomètre est complété par un limbe horizontal divisé soit suivant une graduation ordinaire sexagésimale permettant d'évaluer le 1/3 de degré au moyen d'un vernier donnant les 20 se-

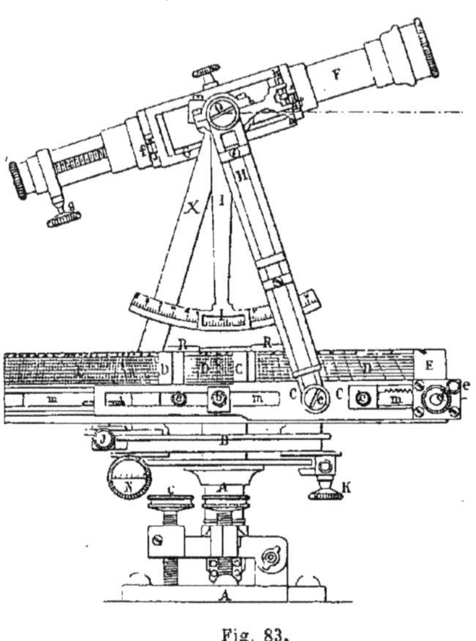

Fig. 83.

condes, soit suivant le système centésimal de M. Moinot en demi-grades.

Cet instrument fut employé dans ces dernières années par MM. Muller et Stiehl, ingénieurs de l'État à Cassel, pour relever des points qui l'avaient été préalablement avec la chaîne ; les différences sur les longueurs furent de $0^m,50$ sur des distances variant de 10 à 300 mètres et, sur les hauteurs, de $0^m,05$ à $0^m,06$. Pendant sept jours de travail sur le terrain, par un mauvais temps d'hiver, on releva les positions et les cotes d'altitude de trois cent vingt points par jour, tous les calculs nécessités par l'ancien tachéomètre étant ici évités.

Tachéomètre de M. Charnot.

85. 1° *Description.* — On a beaucoup remarqué à l'Exposition universelle de 1889 un nouveau tachéomètre, dû à M. Charnot, agent-voyer d'arrondissement, à Blidah (Alger), et supprimant, comme le précédent, tous les calculs nécessités par l'emploi du tachéomètre ordinaire.

Mais, en outre, la caractéristique de cet instrument est la suppression totale de la stadia qui était l'âme du tachéomètre Porro-Moinot et de ses analogues. De simples lectures permettent de déterminer l'angle horizontal, la distance et l'altitude d'un point donné avec une précision beaucoup plus grande qu'avec les tachéomètres ordinaires (*fig.* 83).

Le tachéomètre de M. Charnot consiste en un théodolite perfectionné.

La lunette F repose librement à la partie supérieure d'un bâtis, composé de deux jambes de force en V renversé X, par l'intermédiaire d'un cadre ou affût spécial G. Elle peut être retournée aisément sens dessus dessous et bout pour bout. De plus on peut l'amener dans une position horizontale et l'y fixer au moyen de deux vis de calage *h* et de quatre vis de butée *f*, qui permettent d'obtenir avec précision l'horizontalité et la verticalité des fils ou traits du réticule. Dans cette position elle peut servir aux nivellements de précision comme un niveau d'Egault.

Un arc de cercle ou limbe gradué dont le centre théorique est le tourillon de l'affût O est fixé sur un des V du support. Une tige alidade mobile I se meut également autour du même tourillon, le long des divisions de ce limbe ; elle marque zéro sur le limbe vertical quand la lunette est horizontale.

Une pièce H portant le nom de *bielle*, fixée invariablement par une vis au tourillon O, a une direction constante et perpendiculaire à l'axe optique de la lunette : la partie supérieure est une coulisse dans laquelle peut se mouvoir la partie inférieure ou coulisseau, fixée à frottement doux par une vis *c* à un curseur mobile C assujetti à se mouvoir toujours horizontalement. La bielle peut donc s'allonger ou se raccourcir à volonté, suivant que le curseur *c* se rapproche ou s'éloigne de l'axe vertical de l'instrument, c'est-à-dire pendant que la lunette tourne autour de son pivot pour viser les points à observer.

L'allongement de la bielle a lieu, en outre, toujours d'une façon rigoureusement rectiligne. Des graduations sur la coulisse et un vernier sur le coulisseau indiquent, à moins de un dix-millième, les variations de longueur de la coulisse.

Le curseur C se meut horizontalement dans une autre coulisse pratiquée dans la règle E, nommée *règle altimétrique*, fixée sur un des côtés du bâtis. Elle est placée au bas de celui-ci, parallèle à la fois au limbe horizontal B et au plan vertical de rotation de la lunette. Elle est graduée

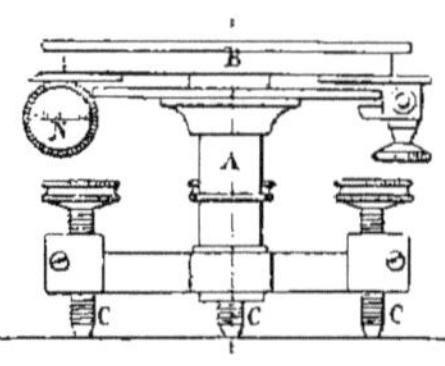

Fig. 84.

pour la lecture des déclivités d'un côté jusqu'à un pour un et, de l'autre, jusqu'à un demi pour un. Un vernier porté par le curseur C permet d'apprécier cette pente encore à un dix-millième près.

Une autre règle D, appelée *diastimométrique*, guidée par un coulisseau, glisse également dans la coulisse *m* et peut être arrêtée en un point donné de la règle E au moyen d'une vis latérale *a* ou rester fixée au curseur par l'intermédiaire d'une seconde vis *b*. Ces deux vis constituent deux pinces *appelées stadimétriques*.

On serre l'une ou l'autre de ces pinces aussitôt après avoir fait le pointé sur la mire pour limiter la course à imprimer au curseur sur la règle altimétrique et avoir entre les deux directions de la lunette sur la mire une longueur verticale qui soit à la direction horizontale comme la longueur parcourue par le curseur est à la longueur de la bielle dans la position verticale. L'opérateur règle à son gré et à l'avance la course du curseur qui embrasse à la fois les deux règles et glisse sur la coulisse *m* en entraînant la bielle avec lui, seul ou avec la règle diastimométrique. Il est arrêté verticalement d'un côté par un chanfrein qui détermine le point où doit se faire la lecture de la distance horizontale sur la règle D. Tous les mouvements lents nécessaires sont obtenus au moyen d'une pince *d* et d'une vis de rappel *e*.

La règle diastimométrique est également terminée à angle droit par un chanfrein ayant toute la largeur des

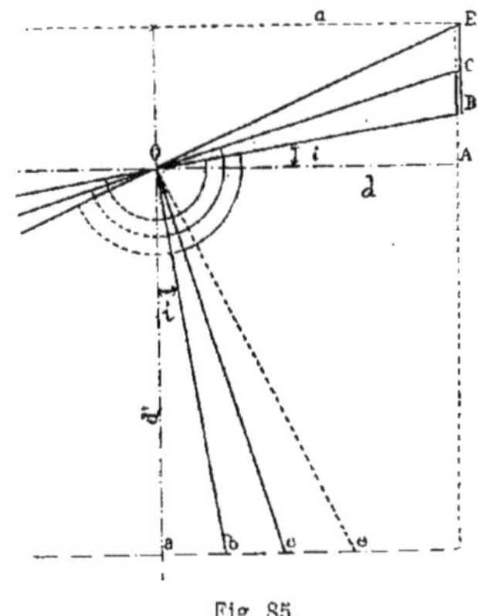

Fig. 85.

graduations de la règle altimétrique pour marquer sur cette dernière le point où doit se faire la lecture des déclivités.

La course du curseur réglée, comme nous l'avons dit, par l'observateur et à son gré, est généralement choisie, pour une des pinces, au dixième et, pour l'autre, au cinquantième de la longueur verticale de la bielle, de sorte que 1 mètre de distance horizontale est représenté sur la mire par 10 centimètres dans le premier cas et 2 dans le dernier.

L'appareil est complété par un trépied articulé à deux vis callantes à angle droit ou par le trépied à trois vis callantes ordinaires (*fig.* 84). Celui-ci posé lui-même sur un trépied en chêne, comme le niveau d'Egault ou le tachéomètre ordinaire.

86. *Fonctionnement de l'appareil. 1° Déclivités. Altitudes.* — Les différences de niveau sont observées au moyen de la règle altimétrique E.

Pour cela on fixe le curseur à la règle D au moyen de la vis *b*, puis on fait mouvoir les deux à partir de la perpendiculaire O*a* jusqu'au point *b* où l'on s'arrête quand la lunette vise B. On a évidemment ainsi la tangente de l'angle de visée ou la fente de OB car (*fig.* 85):

$$\frac{ab}{Oa} = \frac{AB}{OA} = \text{tg}\, i.$$

Or, si la graduation de la règle *ab* est dans le rapport de O*a* ou *d'* à 1 mètre, la déclivité ou tg *i* est lue immédiatement en *ab* et connue :

$$AB = OA\ \text{tg}\, i.$$

On n'a plus qu'à multiplier la distance horizontale OA par cette pente pour avoir 'altitude cherchée AB au-dessus du tourillon de l'instrument.

2° *Mesure de la distance horizontale.* — La distance horizontale qui sépare le point visé du point où l'instrument est en station peut s'obtenir de plusieurs manières; d'abord au moyen de la règle diastimométrique.

Pour cela, après avoir amené ensemble dans la visée B le curseur et la règle D, comme nous venons de le voir, on serre la vis *a* et l'on pousse le curseur jusqu'à ce qu'on puisse viser un second point de la mire C. La distance *bc* est toujours proportionnelle à B*c*; les deux triangles COB et *c*O*b* sont en effet toujours semblables, puisqu'ils ont leurs trois angles respectivement égaux comme ayant leurs côtés perpendiculaires.

On connaît alors BC lu sur la mire; on connaît O*a* = *d'* sur l'instrument; on aura :

$$\frac{BC}{bc} = \frac{OB}{Ob} = \frac{OA}{Oa}$$

d'où

$$OA = \frac{Oa}{bc}\, BC.$$

Cette relation permettra d'abord de graduer la règle diastimométrique; on prend pour cela la longueur totale de la mire ou 4 mètres pour BC; la distance O*a* = *d'* est généralement égale à $0^m,20$, donc une longueur quelconque correspondant à une distance *d* sera :

$$bc = \frac{4^m,00 \times 0^m,20}{d}.$$

La longueur de la course du curseur, quelle que soit la hauteur du point observé, sera donc proportionnelle à la distance BC ou *emprise diastimométrique* et en raison inverse de la distance à mesurer; enfin elle est constante pour une même longueur avec une même emprise sur la mire. On a ainsi gradué la règle pour une emprise de 4 mètres, jusqu'à 40 mètres à un centimètre près et jusqu'à 100 mètres pour les évaluations en décimètres.

Pour plus de commodité et pour les petites distances on peut employer une emprise BC inférieure à 4 mètres ; il faudra avoir soin seulement de réduire les lectures faites sur la règle dans le même rapport. Ainsi, pour des distances de 4 mètres, 10 mètres, 20 mètres, etc., on peut prendre des emprises très suffisantes de $0^m,40$, 1 mètre et 2 mètres ; les distances horizontales correspondantes ne seront plus alors que les 1/2, 1/4 ou 1/10 de celles qui auraient été lues sur la règle D.

87. *Cas où la distance dépasse la limite de la graduation.* — Il peut évidemment arriver que la distance à mesurer soit supérieure à celle que peut indiquer la règle graduée, comme nous avons vu plus haut. L'emprise de 4 mètres est alors insuffisante; il faudrait l'augmenter, et l'on sait que les mires de plus de 4 mètres de longueur sont peu pratiques.

On emploie alors l'artifice suivant:

Supposons qu'il s'agisse d'évaluer une longueur supérieure à 40 mètres mais inférieure à 80 mètres. Soit BC une première emprise de 4 mètres et CE une seconde emprise analogue sur la mire, les positions correspondantes du curseur étant *b*, *c*, *e*.

On opère, comme il a été dit tout à l'heure, en visant les points B et C pour une emprise de 4 mètres; puis, le curseur étant en *c*, on serre la vis *b* qui le fixe à la règle de manière à conserver bien invariable la longueur *bc* obtenue précédemment; on desserre ensuite la vis *a* pour détacher le curseur de la règle D. On opère alors, comme plus haut, pour les 4 mètres de l'emprise nouvelle de C en E.

En pointant en C de la mire, la lecture *bc* faite précédemment est passée entièrement en arrière de *b* ; dans la seconde visée, on a une nouvelle longueur *bc* s'ajoutant à la suite *c* de la première et formant avec elle une longueur égale à celle qu'aurait donnée une seule emprise BE de 8 mètres.

On voit qu'on peut obtenir ainsi la mesure d'une distance quelconque; il suffit de procéder par emprises successives de 4 mètres et de multiplier le résultat obtenu dans une opération par le nombre d'emprises de 4 mètres ou, plus simplement, par le 1/4 de la longueur totale des emprises.

En pratique il est superflu de procéder

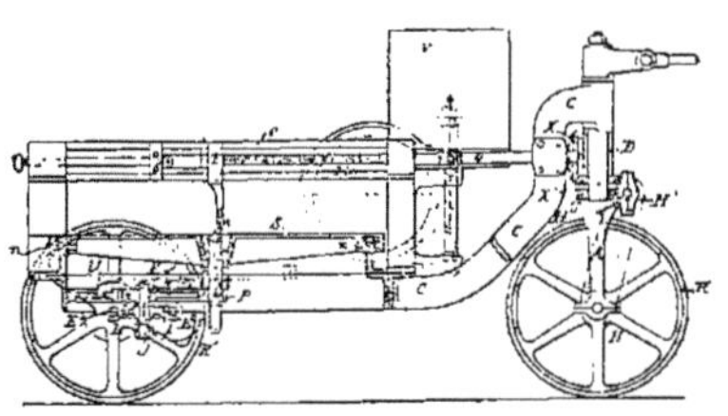

Fig. 86.

ainsi, ce serait trop long. Il suffit de recommencer simplement la course du curseur dont on compte la longueur cumulée autant de fois qu'il le faut. Cela se fait aisément et vite en serrant la vis *e'*, puis faisant agir la vis *d* sur la pince *e*.

En résumé, on voit que cet appareil simplifie beaucoup le travail du tachéomètre ordinaire, surtout dans le cabinet. En particulier, comme il donne immédiatement la déclivité par une simple lecture, il peut faciliter les opérations sur le terrain en permettant de choisir immédiatement des points qui ne soient ni trop haut ni trop bas par rapport au maximum que l'on s'est fixé.

Par contre le maniement du curseur et des deux règles exige une attention toute particulière pour ne point commettre d'erreur ; mais ce léger inconvénient est largement compensé par les avantages précités.

Autographomètre de Villepigue.

88. *Principes généraux.* — Nous terminerons la liste des appareils destinés à faire les levés rapides et approchés par la description d'un instrument très curieux appelé l'*autographomètre* de M. de Villepigue et qui permet, par une simple promenade sur le terrain, d'en obtenir à la fois le plan topographique et le nivellement.

L'ensemble est renfermé dans une caisse (supposée ouverte dans les figures 86 et 87, afin de montrer le mécanisme intérieur), qui se pose sur trois roues de même diamètre, deux d'arrière et une de

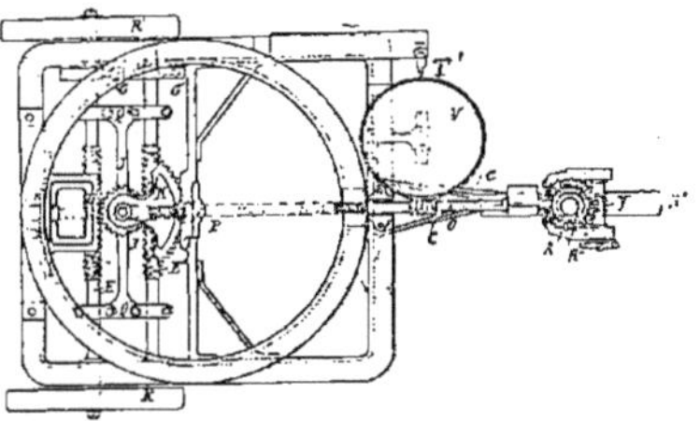

Fig. 87.

direction, à l'avant ; le tout peut être aisément traîné par un homme ; dans les longs parcours, on aura évidemment avantage à employer un cheval. Le petit véhicule ainsi complet représente un carré qui n'a pas plus de $0^m,80$ de côté et dont la partie la plus élevée est à environ $0^m,50$ du sol. Le poids total ne dépasse pas 100 kilogrammes.

Les roues sont la base de tout le travail ; elles servent à donner le mouvement à un double mécanisme dont une partie enregistre le plan du chemin parcouru en dessinant, à une échelle donnée, un premier diagramme représentant les alignements du chemin et les angles que ces alignements font entre eux ; quant à la seconde partie, elle relève les accidents de terrain en traçant un second diagramme à l'échelle, qui donne la longueur du même chemin avec ses cotes de nivellement. De temps en temps, à chaque kilomètre par exemple, le papier venant à s'user, une sonnerie électrique automatique avertit l'opérateur qu'il doit le remplacer par du neuf.

89. *Description et fonctionnement de l'appareil.* — La roue d'avant permet de diriger l'instrument dans un sens quelconque au moyen d'une chape A analogue à celle des poulies ordinaires, mais dont l'axe V tourne librement dans une douille creuse D ménagée dans le châssis général C qui présente à l'avant une crosse spéciale à laquelle est attelé le levier de traction W (*fig.* 87).

La roue d'arrière R est clavetée sur l'essieu E, comme une roue ordinaire de wagon. La symétrique R′ est clavetée sur une douille folle sur l'essieu et munie d'une roue dentée G engrenant avec une roue d'égal diamètre G′ portée par un faux essieu E′. Les deux essieux, le vrai et le faux, sont munis en leur milieu d'une partie filetée constituant deux vis sans fin avec lesquelles peut engrener un même pignon héliçoïdal I. Sur le même axe vertical que ce dernier est monté un secteur K à double denture cycloïdale, lui permettant d'engrener d'un côté avec une crémaillère U, et de l'autre avec un petit pignon à axe vertical P (*fig.* 86). Ce dernier porte encore un plateau circulaire S horizontal pouvant rouler sur des galets *n*.

D'un autre côté, l'axe de la chape de la roue d'avant R″ porte un pignon conique X′ engrenant avec un autre semblable X à angle droit avec le premier ; ce dernier est monté sur un petit arbre horizontal fileté O pouvant s'embrayer à volonté sur un coulisseau T portant un crayon vertical.

L'arrière de la roue d'avant R″ porte encore une roue H entourée par une chaîne de Gall commandant une roue identique H′ sur l'axe de laquelle est fixée une vis sans fin *y*. Celle-ci engrène à son tour avec une roue héliçoïdale H″, solidaire du pignon X′.

Le crayon est un simple fil de cuivre terminé en pointe mousse, qui n'a pas besoin, comme le crayon en plombagine, d'être retaillé. Le papier employé pour tracer les diagrammes est du papier couché au blanc de zinc ; le fil de cuivre y trace un trait fin très régulier. La surface supérieure du plateau S est entièrement tendue de ce papier, et c'est sur lui que le crayon T imprimera son tracé.

Pour faciliter les explications, nous bornerons là pour le moment la description de cet appareil, toutes les pièces que nous venons d'énumérer servant à la première partie, le levé de plan. Nous allons donc voir immédiatement comment l'on procède, à l'aide de l'instrument, à cette première opération.

90. *Application au levé du plan.* — Supposons que l'appareil se meuve sur un chemin en ligne droite ; les trois roues, qui ont le même rayon, décriront des chemins égaux dans des plans parallèles et entraîneront le mouvement de leurs

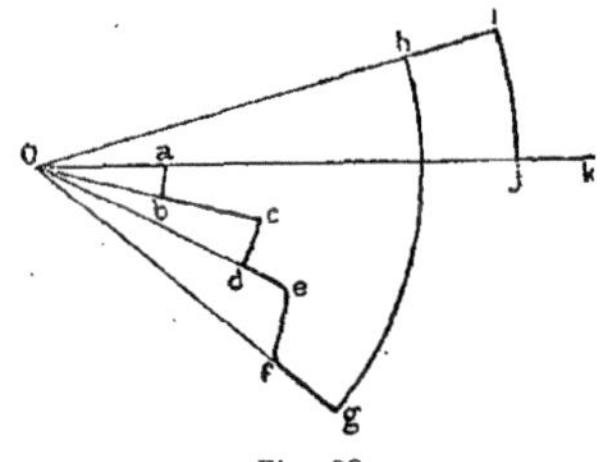

Fig. 88.

essieux. La roue d'avant R″ fera tourner l'arbre central à vis O par l'intermédiaire des roues R′R′, de la vis *y*, de la roue R″ et de l'engrenage conique X′X. Le plateau S ne bougera pas et le crayon tracera sur le papier une ligne droite partant du centre et suivant la direction d'un rayon (*fig.* 88).

Mais si la voiture vient à tourner du côté droit par exemple, la roue correspondante R′ ralentit son mouvement, tandis que sa symétrique R l'accélère ; or la première entraîne le faux essieu E′ par l'intermédiaire des engrenages G et G′, la seconde entraîne l'essieu E ; ce dernier tournera alors plus vite que l'autre en entraînant la roue I, le secteur cycloïdal K, le pignon P et, par suite, le plateau S vers la gauche, d'un angle égal à celui qui a décrit la voiture : le crayon tracera donc en sens opposé, c'est-à-dire de gauche à droite, vrai sens du mouvement du véhicule, un arc de cercle *ab* dont le développement sera proportionnel à la durée de la rotation. Puis il continuera, en même temps que l'instrument, son mouvement en ligne droite suivant un autre rayon *bc* et ainsi de suite.

La succession de mouvements semblables fournira un premier diagramme qui donnera très approximativement tous les éléments du chemin parcouru.

91. *Nivellement. Profil en long.* — Voyons maintenant comment on obtiendra le nivellement, c'est-à-dire la série des cotes d'altitude constituant ce qu'on appelle le profil en long de la ligne ainsi tracée.

Un tambour vertical creux V (*fig.* 86 et 87) sur lequel est enroulée une feuille de papier à la manière des indicateurs de pression est fixé sur la voiture. Ce cylindre reçoit un mouvement de rotation aussi uniforme que celui du véhicule en marche au moyen d'une roue hélicoïdale qu'il porte à sa base et qui engrène avec la vis sans fin faisant corps avec l'arbre O. Il en résulte qu'un crayon T′ placé sur le côté de ce tambour, tracera sur le papier une ligne droite de longueur proportionnelle au chemin parcouru ; tout le problème revient à faire monter ou descendre ce crayon le long du cylindre V en même temps que l'appareil, c'est-à-dire suivant que le terrain lui-même s'élève ou s'abaisse.

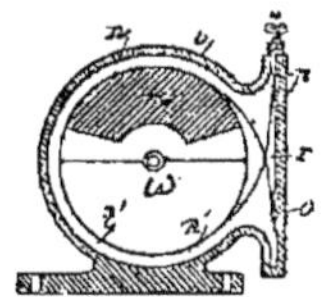

Fig. 89.

Ce résultat est obtenu au moyen d'une boîte en fonte placée latéralement sur le châssis de la voiture (*fig.* 89) ; cette boîte est alésée intérieurement et un plateau boulonné permet de la fermer d'une manière hermétique. A l'intérieur elle contient un cylindre horizontal en tôle mince *t′* qui peut tourner autour de son axe ω et porte à sa partie supérieure une masse de bois *m*. Une tige cylindrique *r* portant le crayon T′ glisse dans une rainure latérale perpendiculaire à l'axe du cylindre. Ce glissement se fait entre plusieurs petits galets de roulement destinés à diminuer le frottement et à supprimer tout jeu possible. Cette tige et le tambour sont rendus solidaires au moyen de deux petits rubans d'acier enroulés en sens contraire et fixés respectivement sur la règle et le cylindre en *no* et *n′p*. Il en résulte que tout mouvement circulaire de *t′* se transforme en un mouvement rectiligne et vertical de la règle *r*. Ces lames d'acier bien tendues donnent ainsi une liaison élastique et sans jeu entre le crayon et le tambour *b′*.

Cela posé, la capacité intérieure étant complètement remplie de mercure, le tambour *t′* et sa masse *m* constituent un corps flottant au sein d'un liquide, corps

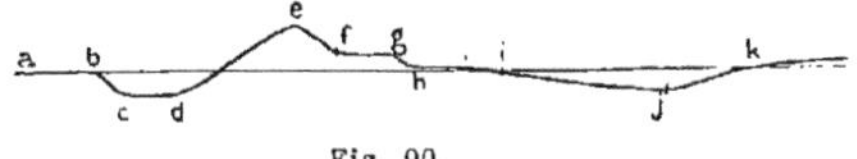

Fig. 90.

assujetti de plus à tourner autour d'un axe qui passe par le point ω. Le centre de gravité du flotteur sera donc toujours sur la verticale qui passe par le même point ω. Il en résulte que, si l'appareil vient à s'incliner dans un sens ou dans l'autre, en quittant l'horizontale pour cheminer sur un plan incliné, le tambour intérieur *t′* tournera du même angle en sens inverse. Ce mouvement entraînera celui de la règle *r* et, par suite, du crayon T′ qui s'abaissera quand le véhicule montera une rampe et inversement (*fig.* 90).

On voit qu'en faisant varier le rapport des roues dentées XX′ on obtient le profil en long à une échelle donnée.

On pourrait d'ailleurs remplacer le papier par une mince lame de cellulose et employer l'appareil entièrement plongé dans l'eau, pour relever la direction et le fond d'une rivière par exemple.

Dans la pratique courante, l'appareil est complètement enfermé dans une caisse qui protège le mécanisme contre la pluie, le soleil trop ardent, etc.

Enfin on remarquera qu'avec cet instrument rien n'est plus facile que d'opérer la nuit ou dans l'obscurité : il suffit d'y voir juste assez pour se conduire.

On voit en résumé qu'une méthode nouvelle et des plus ingénieuses peut être employée aux opérations sommaires sur le terrain et c'est pourquoi nous avons tenu à la signaler.

Le seul reproche que l'on peut faire à l'autographomètre actuel est d'être un peu compliqué et un peu délicat. Quand la pratique aura montré les perfectionnements et les simplifications à y apporter, nul doute qu'il ne soit appelé à rendre de réels services.

§ *II.* — *AVANT-PROJET*

Considérations générales.

92. Supposons maintenant que l'on possède la carte du pays traversé, comme cela a lieu en France.

Un chemin de fer en France est, quelle que soit son importance, une entreprise d'utilité publique assujettie à certaines lois et formalités que nous verrons plus loin. La concession peut en être donnée par l'Etat, le département ou la commune suivant l'importance de la ligne ; mais elle doit toujours, pour devenir définitive et officielle, être sanctionnée par une loi, l'entreprise restant d'ailleurs soumise au contrôle de l'Etat.

Or cette concession se donne généralement sur la présentation d'une étude rapide et sommaire, faite aussi économiquement que possible, car on n'est jamais absolument sûr de réussir, qu'on appelle l'*avant-projet*. La période des études d'un chemin de fer se divise donc en réalité en deux parties :

1° Celle qui a pour but de dresser l'avant-projet ou les pièces élémentaires qui doivent servir à obtenir, après enquête, l'utilité publique suivant les exigences du titre Ier de la loi du 3 mai 1841 ;

2° L'utilité publique déclarée, il y a lieu de faire les études définitives et de dresser tous les projets d'exécution et de détail de la ligne considérée. En particulier, il faut préparer les matériaux nécessaires à deux nouvelles enquêtes : une enquête spéciale pour les gares et stations et une autre appelée *enquête parcellaire* en conformité du titre II de la loi du 3 mai 1841 précitée.

Nous commencerons naturellement par l'étude des pièces constituant le dossier d'avant-projet et précédant l'enquête d'utilité publique.

Dossier d'avant-projet.

93. Les pièces officielles exigées pour présenter à l'administration une demande de concession, et qui constituent l'avant-projet, sont les suivantes :

1° Un extrait de la carte d'État-Major au $^1/_{80000}$ sur lequel l'axe de la ligne avec son kilométrage et les emplacements des gares sont indiqués en rouge. On y ajoute souvent des cercles dont les diamètres sont proportionnels aux populations intéressées à la construction de la voie ferrée ;

2° Un extrait de la carte au $^1/_{10000}$ avec le tracé ;

3° Un profil en long à l'échelle de $^1/_{10000}$ pour les longueurs et de $^1/_{2000}$ pour les hauteurs ;

4° Les profils en travers types à l'échelle de 0^m^,01 par mètre ;

5° Un mémoire descriptif expliquant les conditions générales suivant lesquelles la ligne est établie et donnant les tableaux des courbes, des déclivités et des stations ;

6° Un devis estimatif sommaire des dépenses ;

7° Un procès-verbal de conférence avec les services intéressés, comme le génie militaire par exemple, si le chemin de fer traverse la zone d'une place forte ;

8° Le rapport des ingénieurs des départements traversés.

Le plus souvent, et spontanément, les Compagnies intéressées présentent le plan général à l'échelle plus grande et plus lisible du $^1/_{10000}$; le profil en long aux échelles du $^1/_{10000}$ pour les longueurs et de $^1/_{1000}$ pour les hauteurs et quelquefois même $^1/_{5000}$ et $^1/_{500}$ afin de mieux accuser les reliefs du sol. Enfin un certain nombre de profils en travers, parmi les plus intéressants, à l'échelle de 0m,005 par mètre.

L'enquête se fait dans les formes prescrites par l'ordonnance du 18 février 1834 et conformément au titre Ier de la loi du 3 mai 1841.

Axe du tracé.

94. Cela posé, un tracé de voie ferrée est généralement commandé par le besoin d'aboutir aux deux extrémités à des points parfaitement déterminés, en desservant sur le parcours des centres de population dont il est indispensable de se rapprocher le plus possible. De là une orientation générale qui permet le plus souvent de tracer une première ligne approximative sur la carte d'État-Major au $^1/_{80000}$. Cette carte présente, comme nous savons, au moyen de courbes de niveau assez peu visibles d'ailleurs et de hachures plus ou moins serrées, les reliefs du sol d'une manière suffisante pour que l'on ne commette pas de trop graves erreurs dans l'indication de cette première ligne élémentaire. Cependant il ne faut jamais se fier complètement à ce document qui est loin d'être d'une exactitude absolument rigoureuse, surtout au point de vue des cotes d'altitude; de plus, on peut éprouver quelque embarras à certains passages vu la petitesse de l'échelle. Il est donc indispensable de compléter ce commencement d'études par une tournée sur le terrain qui précisera les points présentant encore quelque indécision et montrera souvent aussi des impossibilités dans ce qu'on aurait pu croire définitif; si toutefois l'on peut appeler définitif un travail préparatoire aussi rudimentaire.

Le tracé sur la carte d'État-Major et la reconnaissance du terrain doivent toujours marcher de front, le tracé précédant la tournée sur les lieux, dans les terrains ordinaires, la reconnaissance du

Fig. 91. — Extrait de la carte d'État-Major au 80 000e.

sol se faisant le plus souvent la première dans les terrains difficiles et accidentés.

Les principes fondamentaux qui doivent guider en pareil cas sont, dans les généralités, analogues à ceux qui régissent l'installation des routes ordinaires. Le tracé doit être placé dans la situation à la fois la plus logique et la plus économique, c'est-à-dire celle qui exigera le moins de travaux, le minimum de dépenses de toutes sortes, permettant d'équilibrer les déblais par les remblais, etc.

On comprend que l'expérience personnelle de l'ingénieur chargé de ce premier travail a une importance capitale ; l'incompétence ou la négligence en pareil cas peut se chiffrer dans la suite par des différences atteignant aisément des centaines de mille francs et quelquefois des millions. Aussi est-ce au praticien le plus habile et le plus expérimenté que l'on confie toujours cette première partie du travail; quand il connaît bien son métier il est rare que le tracé qu'il marque sur la carte après sa tournée soit sérieusement changé par la suite, et cela d'autant plus qu'il a généralement soin d'indiquer lui-même les modifications ou *variantes* que l'on pourrait étudier pour les comparer, surtout au point de vue de la dépense, avec le tracé principal.

La figure 91 indique un tracé placé ainsi à première vue sur une carte d'État-Major. On voit bien que le plus grand défaut de cette carte est sa petite échelle puisque 1 kilomètre y est représenté par $12^{mm},5$. En dehors de cela, elle est aussi commode que possible, car elle est très complète sous tous les rapports; on y voit représentés tous les reliefs du sol, les villes, villages, hameaux, routes, chemins, sentiers, bois, rivières, marais, ruisseaux, etc. jusqu'aux maisons isolées, calvaires, etc. Le tracé peut y être assez serré pour qu'on puisse indiquer approximativement jusqu'aux emplacements des gares et stations, celles-ci devant toujours être autant que possible en palier, en alignement droit et le plus près possible d'un large chemin d'accès aboutissant à la localité à desservir.

95. *Stations, tracés de plateaux et de vallées.* — L'espacement des stations varie avec l'importance de la ligne et des localités rencontrées.

Il ne faut cependant jamais les mettre à plus de 10 kilomètres de distance dans nos contrées, lorsque la région est peu peuplée ou montagneuse. Dans les pays peuplés ce chiffre devra tomber à 5 kilomètres comme maximum ; il descend même à deux sur les lignes de banlieue.

La question a été assez vivement discutée, à l'origine, des tracés de *vallées* et des tracés de *plateaux*. Les premiers étant généralement plus faciles et les derniers faisant moins concurrence à la navigation. Aujourd'hui que les chemins de fer ont pris une énorme importance et sont devenus un des principaux leviers de l'industrie et du commerce, on ne s'inquiète pas de cette distinction. La navigation est complètement reléguée au second plan, avec une clientèle spéciale, représentant surtout les marchandises de peu de valeur et n'exigeant aucune vitesse dans l'expédition. En revanche, les prix de transport par eau sont environ le tiers de ceux par voie ferrée.

On préfère donc en général les tracés dans les vallées, car c'est là que l'on trouve le plus grand nombre de centres de populations intéressantes et utiles à desservir ; c'est là encore qu'on récolte le plus de trafic et que l'on rencontre le moins d'accidents naturels, ce qui simplifie la construction et l'exploitation.

Carte de la Guerre au $^1/_{40000}$.

96. Le principal inconvénient de la carte d'État-Major consiste dans le peu de visibilité des courbes de niveau et le trop petit nombre des cotes d'altitude indiquées. Mais il ne faut pas oublier que des études plus complètes et plus détaillées doivent être faites ultérieurement. On peut néanmoins, si on le désire, se procurer au ministère de la guerre la carte à échelle double $^1/_{40000}$, que l'on obtient assez facilement en justifiant des travaux que l'on a à exécuter ; les dessinateurs qui en ont le dépôt et le monopole en font payer les extraits un peu cher et c'est probablement ce qui empêche son usage de se généraliser ; mais la carte au $^1/_{40000}$ elle-même n'empêche pas qu'un travail ultérieur sur le terrain ne soit toujours indispensable, même pour l'avant-projet.

La carte au $^1/_{40000}$ ne comporte pas de hachures : le relief pour l'œil est d'ailleurs complètement inutile pour l'ingénieur chargé de faire un projet. Les courbes de niveau qu'on y rencontre tous les 10 mètres lui suffisent. Cependant, si l'on désire figurer ce relief sur la carte on y arrivera aisément au moyen de teintes brunes (terre de sienne dans les clairs, terre de sienne et sépia, sépia pure dans les parties foncées) que l'on superpose les unes aux autres, en les limitant à des courbes équidistantes d'une quantité donnée, 20 mètres ou 50 mètres par exemple.

Profil en long.

97. La carte d'État-Major au $^1/_{80000}$ est accompagnée le plus souvent d'un profil en long dressé sur la carte elle-même, avec l'échelle amplifiée de $^1/_{1000}$ pour les hauteurs. Ce profil est généralement fort difficile à établir, vu le peu de cotes inscrites sur la carte et le peu de visibilité des courbes de niveau.

Presque toujours il faut compléter le travail par un nivellement rapide sur le terrain, donnant les principales cotes pouvant manquer et surtout celles des points spéciaux, faîtes, thalwegs, etc., que peut rencontrer la ligne. On n'obtient dans tous les cas que des résultats peu rigoureux, quoique suffisants pour l'enquête d'utilité publique.

Le profil en long est une coupe du terrain dans le plan vertical de l'axe de la ligne, le terrain naturel y est représenté en noir, la ligne du projet en rouge ; comme celle-ci, à cause de ses déclivités imposées, ne peut épouser le sol naturel dans toutes ses irrégularités, il en résulte qu'elle passe de temps en temps au-dessous et d'autres fois au-dessus du terrain : de là les déblais et les remblais à exécuter et, sur une ligne bien étudiée, la terre nécessaire aux remblais doit se trouver dans les déblais eux-mêmes.

Quand le déblai ou le remblai vient à prendre des proportions trop grandes, de 15 à 20 mètres de hauteur, par exemple, il est préférable de s'enfoncer franchement dans les faîtes en souterrain ; on a alors un *tunnel;* ou bien de franchir la vallée sur un ouvrage appelé *viaduc.* En outre, à tous les points bas, il faut ménager, pour l'écoulement des eaux, des ouvrages, dont l'importance, c'est-à-dire le débouché (voir l'excellent *Traité des Ponts* de M. Chaix, *Cours de Construction*, 8e partie), dépend de la quantité d'eau qui peut s'écouler en ce point et ravager la base du remblai. Aux traversées des routes et chemins importants, il faudra également des ponts, soit au dessus, soit par dessous, selon les cas, d'où les noms de *passage supérieur* et de *passage inférieur*, le chemin de fer étant pris pour base. Aux chemins de peu d'importance, la traversée pourra se faire à niveau ; il y aura alors lieu d'y installer toujours un *passage à niveau* et généralement une *barrière* (voir le type de profil en long, pages 88 et 89).

Le profil en long donné pour l'avant-projet doit avoir, de préférence horizontalement, l'échelle de $^1/_{40000}$; celle de $^1/_{80000}$ souvent employée est beaucoup trop petite pour permettre d'y ajouter toutes les indications indispensables qui sont les suivantes : les cotes maxima et minima des déblais et remblais avec les cotes principales du terrain et du projet ; les alignements droits et courbes, les déclivités, les principaux ouvrages d'art, les routes, chemins, cours d'eau traversés, l'emplacement des gares et stations, enfin le kilométrage à partir de l'origine.

L'échelle des hauteurs est généralement au moins dix fois plus grande que celle des longueurs, afin de mieux accuser les saillies.

Dans les terrains faciles, ce travail préparatoire suffit pour mettre en branle les brigades d'études et procéder aux opérations définitives que nous verrons plus loin.

En terrain montagneux ou accidenté, il est bon d'y ajouter une étude faite avec un peu plus de détail et sur un plan à plus grande échelle. Ce travail consiste en un profil en long, rapidement et largement nivelé sur le terrain lui-même, c'est-à-dire en un relevé sommaire des principales cotes d'altitude que l'on rencontre sur l'axe présumé du tracé. Un chaînage rapide permet de repérer ces cotes sur le plan dans le cabinet de temps en temps; et dans les endroits où il peut y avoir hésitation ou difficulté spéciale, on relève un profil en travers, c'est-à-dire des cotes d'altitude sur une ligne perpendiculaire à la première et étendue aussi loin qu'il est nécessaire. Le tout constitue finalement un canevas coté suffisant pour constituer le dossier d'utilité publique et décider de la direction à donner aux recherches définitives.

Plans cadastraux.

98. Dans les pays, comme la France, où se trouve relevé partout le plan du cadastre, il existe, déposé à la mairie, un plan complet du territoire de chaque commune avec toutes ses parcelles, généralement à l'échelle de $^1/_{2500}$ et quelquefois $^1/_{1250}$ lorsque les parcelles sont trop nombreuses ou trop petites. Nous verrons plus tard de quelle utilité peuvent être ces plans et quels services ils peuvent rendre pour la confection des études définitives, à condition d'être revus, complétés et couverts de cotes.

Mais, en outre de ces plans de détails, on trouve également un plan d'ensemble à échelle de $^1/_{10000}$, ne comportant pas les parcelles, mais indiquant les villages, hameaux, rivières, cours d'eau, routes, chemins, bois, rideaux, principaux accidents, etc. Ce plan, quoique ne présentant aucune cote d'altitude, est des plus précieux pour compléter la reconnaissance sommaire du terrain et remplacer avantageusement la carte d'État-Major, surtout en pays un peu accidenté. Il permet en outre, par les indications qu'il renferme, de simplifier le travail de chaînage sur place vu plus haut et destiné à repérer les cotes de nivellement. On peut même arriver quelquefois, quand ce plan présente un nombre suffisant de repères que l'on peut retrouver, tels que fermes, croisements de chemins, boucles de rivière, etc., à se passer complètement de toute mesure relevée sur le terrain; l'échelle connue du plan suffit pour mettre en place aux distances voulues les quelques cotes de niveau qu'on est obligé de relever: on peut alors se dispenser de tout chaînage.

Quel que soit le mode adopté, c'est à travers ces cotes inscrites au plan que l'on arrête approximativement une ligne devant représenter, jusqu'à nouvel ordre, l'axe provisoire du tracé. On se guide, pour cela, en outre des déclivités à ne pas dépasser suivant les besoins de l'exploitation, sur les difficultés que présente le terrain et qu'il faut naturellement éviter le plus possible. C'est ainsi qu'on se rend compte du nombre et de l'importance des ouvrages d'art nécessaires pour traverser les rivières, routes, chemins; de la nature des terrains rencontrés plus ou moins propices à l'établissement de la voie ferrée, des marécages, terrains mouvants, régions dangereuses, mines, carrières à éviter, etc. En somme, on peut dire que, si après cette étude préliminaire bien faite, on n'est pas fixé d'une manière absolue sur l'emplacement final de l'axe du chemin de fer, on doit connaître en revanche bien nettement les régions où on ne doit s'aventurer à aucun prix. La question est donc ainsi déjà très avancée.

Déclivités et courbes.

99. Les chemins de fer à grand trafic et à voie normale sont dans l'obligation de ne pas avoir de pentes de plus de 8 à 10 millimètres par mètre, pentes qu'il est préférable de réduire à 5 quand la ligne devra être parcourue par de grands express ou servir à la concentration des troupes en cas de mobilisation.

Il faut également ne pas tomber au-dessous de 300 mètres pour le rayon des courbes et 500 pour les express. Dans les voies de garage seulement où la vitesse est ralentie, on peut descendre au dessous, mais il est toujours préférable, pour le bon entretien du matériel, de rester au-dessus de 200 mètres.

Dans la construction des premières

lignes, on était plus timoré et l'on se croyait obligé de se rapprocher beaucoup plus de la ligne droite. Les rayons descendaient rarement au-dessous de 800 et même de 1000 mètres, et les rampes ne montaient pas au-dessus de 5 millimètres par mètre.

En somme, et quoi qu'on dise, nos anciens n'avaient pas tout à fait tort, car une augmentation des déclivités et une diminution du rayon des courbes entraînent toujours une exploitation plus onéreuse; or il ne faut pas oublier qu'une voie ferrée est faite *avant tout* pour être *exploitée* et qu'une construction rationnelle et intelligente doit préparer cette exploitation dans les meilleures conditions possibles. Nous insistons un peu sur ce point, car on peut citer bon nombre de lignes où les conditions de premier établissement sont tout autres et où l'on a sacrifié l'exploitation future à l'économie première de la construction; on peut affirmer hardiment que ce sont là des lignes négligées ou mal construites, à moins que *l'on n'ait pas pu faire autrement* à cause du terrain. Sans cela, il faut que le trafic soit peu important, comme sur la plupart des lignes secondaires; on peut alors sortir des limites précitées.

Comme exemple, nous citerons les lignes d'accès du Gothard qui sont toutes établies avec des rampes de 27 millimètres par mètre; le dernier kilomètre du chemin de fer de Saint-Germain, à partir du Pecq, en a une de 35; le chemin de fer d'intérêt local d'Enghien à Montmorency en présente une de 45 sur 1 030 mètres. Le chemin de Richemond à l'Ohio, en Amérique, a des parties où les déclivités atteignent 56 millimètres.

Enfin le rapprochement d'une courbe et d'une déclivité donne lieu à deux suppléments d'efforts de traction qu'il y a lieu de totaliser. Nous reviendrons d'ailleurs plus tard en détail sur ce sujet. Mais, pour bien montrer dès aujourd'hui l'influence toujours néfaste des déclivités et des courbes, et surtout de la réunion de ces deux éléments, nous donnerons les tableaux suivants qui représentent les efforts supplémentaires de traction dus à ces multiples inconvénients.

Pour ce qui est des courbes, d'abord, dans l'état actuel du matériel roulant, on considère la résistance due à une courbe d'un rayon supérieur à 600 mètres comme insignifiante, quoiqu'elle ne devienne à peu près nulle que pour 1 500 mètres; quant aux rayons de 300, 400, 500 et 600 mètres, on admet qu'ils donnent lieu à des résistances supplémentaires dans l'effort de traction de 4, 3, 2 et 1 kilogrammes. Ces chiffres sont inférieurs à ceux qui avaient été donnés par Camille Polonceau, ingénieur, chef de la traction au chemin de fer d'Orléans et qui étaient justifiés à son époque; savoir:

Pour une courbe de :			Supplément d'effort par tonne.
300 mètres	de rayon	. . . .	3k,90
400	»	»	3 ,30
500	»	»	2 ,75
1 000	»	»	0 ,75

On voit qu'en somme ces chiffres ne sont pas considérables, sauf pour les courbes de très petits rayons.

Il n'en est pas de même pour les déclivités, comme nous l'avons vu dans le premier chapitre de ce *Traité*.

Le tableau suivant, résultant d'expériences faites par le même ingénieur, fixe les idées à ce sujet. Le train étant supposé marcher à 25 kilomètres à l'heure, l'effort pour remorquer *une tonne* sera de :

En palier			3k,20
Sur une rampe de	2mm	par mètre.	5 ,00
»	5	»	7 ,70
»	8	»	10 ,40
»	10	»	12 ,20
»	12	»	14 ,00
»	15	»	17 ,70
»	16	»	18 ,60
»	20	»	23 ,00

Pour se rendre compte de l'effet simultané des déclivités et des courbes, on peut consulter le tableau suivant qui présente les choses d'une manière plus sensible aux yeux par des *réductions pour cent* des charges remorquables.

RAMPE en millimètres	ALIGNEMENT droit	RAYON de 600 mètres	RAYON de 500 mètres	RAYON de 400 mètres	RAYON de 300 mètres
	pour 100				
5 à 6	9 à 10	11 à 12	13 à 14	14 à 15	16 à 17
6 à 8	10 à 25	12 à 28	15 à 31	15 à 33	17 à 38
8 à 10	25 à 35	28 à 39	31 à 42	33 à 46	38 à 49
10 à 13	35 à 45	39 à 49	42 à 52	46 à 56	49 à 59
13 à 15	45 à 50	49 à 53	52 à 57	56 à 60	59 à 63
15 à 20	50 à 60	53 à 63	57 à 66	60 à 69	63 à 72
20 à 25	60 à 70	63 à 73	66 à 76	69 à 78	72 à 81
25 à 30	70 à 80	73 à 83	76 à 85	78 à 88	81 à 91
30 à 40	80 à 90	83 à 92	85 à 94	88 à 97	91 à 99
50	100	»	»	»	»

Nous avons enfin rapproché ci-dessous les pentes maxima et les rayons minima des courbes de quelques lignes remarquables.

DÉNOMINATION	DÉCLIVITÉS maxima	RAYON MINIMUM des courbes
	mm.	mètres
Traversée du Brenner	25	285
— du Semmering	25	190
Lignes d'accès du Gothard	27	280
Limoges à Brives	30	250
Plan incliné de Liège	30	»
Ligne du Lioran (Lot)	30	250
Montréjeau à Tarbes	32	400
Rampe de Saint-Germain	35	»
Turin à Gênes	35	300
Enghien à Montmorency	45	200

Dans la pratique courante et pour tenir compte du principe fondamental des besoins de l'exploitation, on fixe le plus souvent les déclivités d'une ligne d'après le chiffre probable de ses recettes.

Les pentes de 5 à 10 millimètres doivent toujours être employées sur les lignes de transit, les lignes stratégiques, et celles dont le trafic probable est estimé au-dessus de 15 000 francs par kilomètre.

On peut monter jusqu'à 15 millimètres quand le trafic descend de 8 000 à 15 000 fr.

Enfin un trafic inférieur à 8 000 francs autorise des pentes et rampes de 20 à 25 millimètres.

Position de l'axe de la ligne. Principes de Brisson.

100. Lorsque, dans la direction donnée, on rencontrera un cours d'eau, nous répétons qu'il sera généralement avantageux de le suivre car c'est dans la partie la plus basse des vallées ou thalwegs, que l'on trouve les pentes les plus faibles et les plus régulières et en même temps la population la plus dense à desservir.

A un moment donné on arrivera forcément à un faîte que l'on aura soin de traverser dans sa partie la plus basse. Pour y accéder, on quittera d'aussi loin qu'il sera nécessaire le voisinage immédiat du cours d'eau pour commencer à monter à flanc de coteau et arriver au faîte en question sans dépasser les déclivités maxima imposées.

Principes de Brisson. — On pourra reconnaître les meilleurs points de passage, le plus souvent sur la carte même, et se guider sûrement pour la tournée sur le terrain ; on appliquera pour cela une série d'observations faites depuis longtemps et condensées en lois ou principes portant le nom de leur auteur, Brisson.

On a remarqué en effet que les lignes de faîte suivent sensiblement en direction les fonds les plus bas des vallées voisines ou *thalwegs*, et les points les plus hauts des faîtes correspondent aux points les plus creux du thalweg; réciproquement, ils se rapprochent aussi l'un de l'autre en même temps.

Lorsqu'un faîte principal présente un point où viennent aboutir un ou plusieurs faîtes secondaires, il y a là un point culminant, comme cela se voit au mont Blanc ou au mont Rose. Et, inversement, si deux vallées viennent se rencontrer sur un faîte, il y a sur ce dernier, un point bas ou *col*, ce qui peut être très précieux pour la traversée de ce faîte et l'installation d'une route ou d'un chemin de fer.

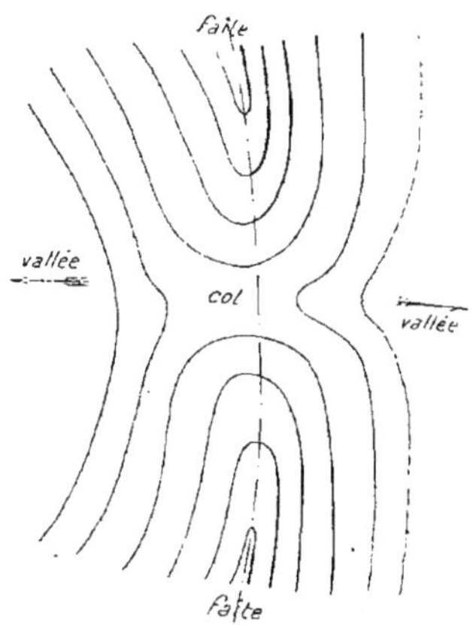

Fig. 92.

En résumé ces observations générales sont exposées dans les principes suivants :

1° Lorsqu'un faîte principal est rencontré par un ou plusieurs faîtes secondaires, le point de rencontre est un maximun absolu de hauteur ;

2° Si deux thalwegs partent sur les deux versants opposés d'un même faîte, leur point de rencontre ou col est un minimun relatif de hauteur (*fig.* 92);

3° Si un faîte principal est rencontré à la fois par un faîte et un thalweg secondaires, le point de rencontre n'est qu'une surface à double inflexion ne présentant rien de remarquable et dont on ne peut rien conclure ;

4° Si deux thalwegs, après avoir été parallèles et de même sens, viennent à diverger en sens contraire (*fig.* 93), il y a nécessairement un minimun d'altitude au point où la ligne prolongée des deux nouveaux thalwegs rencontre le faîte;

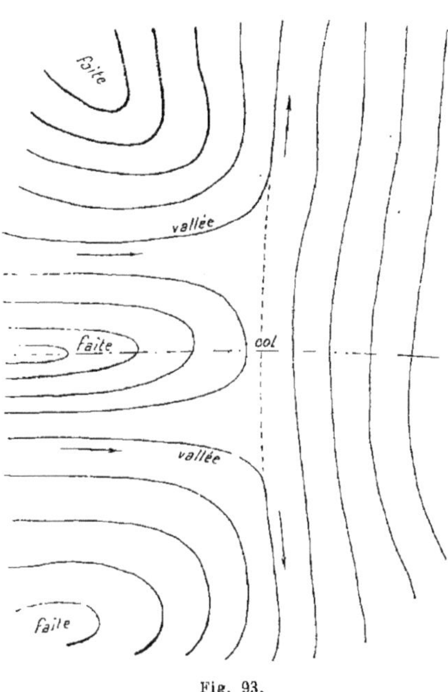

Fig. 93.

5° Si deux thalwegs ont leurs cours parallèles mais dirigés en sens contraire sur une certaine étendue, il y a un minimun sur le faîte qui sépare leurs sommets, c'est-à-dire encore à la rencontre de la ligne de faîte avec le prolongement des nouvelles directions des thalwegs (*fig.* 94).

Ces principes, extrêmement précieux dans tous les cas, ont rendu en particulier de grands services dans la construction des canaux où les pentes dont on dispose

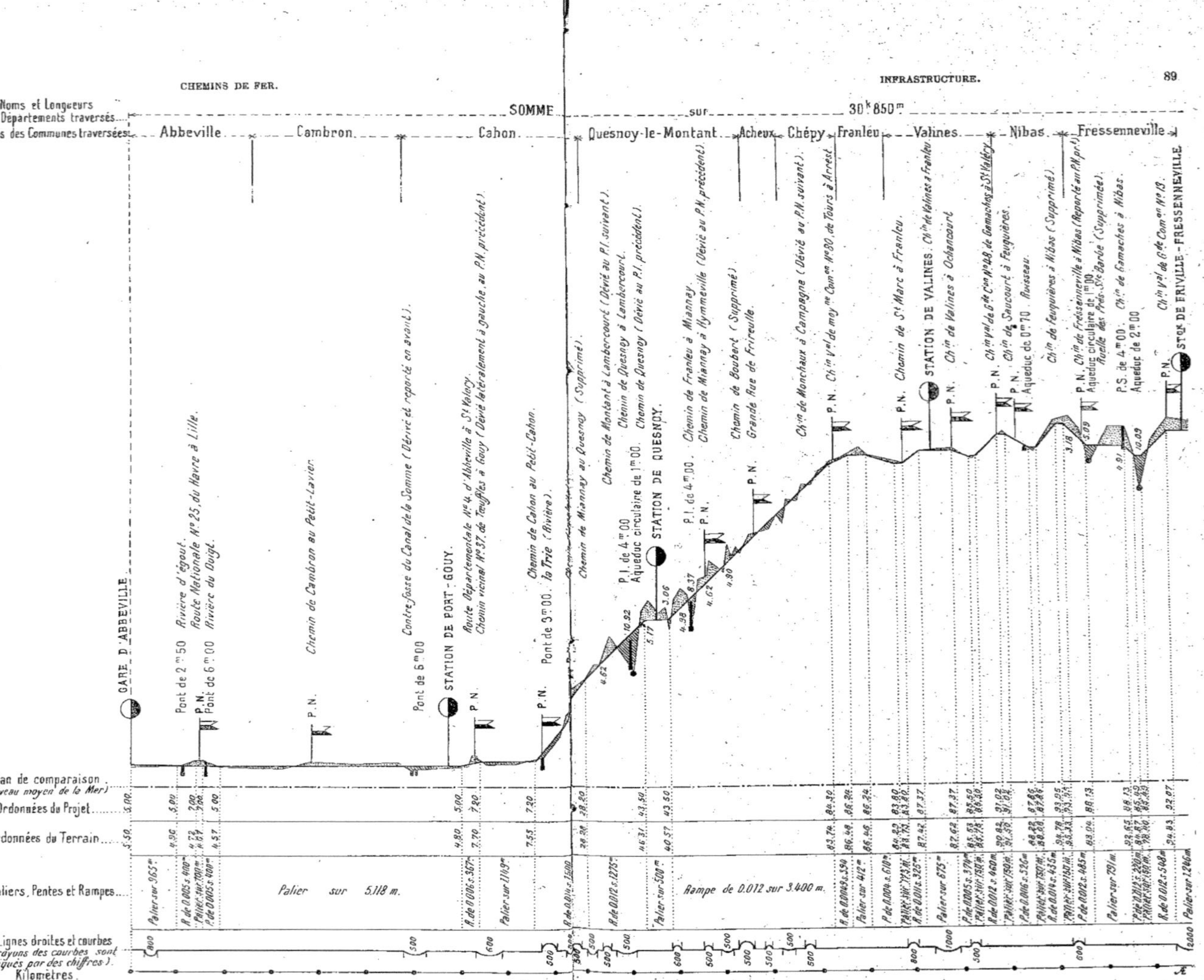

Noms et Longueurs des Départements traversés
SOMME sur 30k 850m
Noms des Communes traversées
Abbeville
Cambron
Cahon
Quesnoy-le-Montant
Acheux
Chépy
Franleu
Valines
Nibas
Fressenneville
GARE D'ABBEVILLE
Pont de 2m50 Rivière d'égout.
P.N. Route Nationale No 25, du Havre à Lille.
Pont de 6m00 Rivière du Doigt.
P.N. Chemin de Cambron au Petit-Lavier.
Pont de 6m00 Contre-fossé du Canal de la Somme (Dérivé et reporté en avant).
STATION DE PORT-GOUY.
P.N. Route Départementale No 4, d'Abbeville à St Valery.
Chemin vicinal No 37, de Teuffles à Gouy (Dévié latéralement à gauche, au P.N. précédent).
P.N. Chemin de Cahon au Petit-Cahon.
Pont de 3m00. la Trie (Rivière).
Chemin de Miannay au Quesnoy (Supprimé).
Chemin de Montant à Lambercourt (Dévié au P.I. suivant).
Chemin de Quesnoy à Lambercourt.
P.I. de 4m00
Aqueduc circulaire de 1m00.
Chemin de Quesnoy (Dévié au P.I. précédent).
STATION DE QUESNOY.
P.I. de 4m00
Chemin de Franleu à Miannay.
P.N. Chemin de Miannay à Hymmeville (Dévié au P.N. précédent).
Chemin de Boubert (Supprimé).
P.N. Grande Rue de Frireulle.
Chin de Monchaux à Campagne (Dévié au P.N. suivant).
P.N. Chin Val de moyen Comon No 80, de Tours à Arrest.
P.N. Chemin de St Marc à Franleu.
STATION DE VALINES. Chin de Valines à Franleu.
P.N. Chin de Valines à Ochancourt.
P.N. Chin Val de Gde Con No 48, de Gamaches à St Valery.
P.N. Chin de Saucourt à Feuquières.
Aqueduc de 0m70 Ruisseau.
Chin de Feuquières à Nibas (Supprimé).
P.N. Chin de Fressenneville à Nibas (Reporté au P.N. pt).
Aqueduc circulaire de 1m00
Ruelle des Prés-Ste Barbe (Supprimée).
P.S. de 4m00. Chin de Gamaches à Nibas.
Aqueduc de 2m00
P.N. Chin Val de Gde Comon No 13.
STON DE FRIVILLE-FRESSENNEVILLE
Plan de comparaison (Niveau moyen de la Mer)
Ordonnées du Projet
Ordonnées du Terrain
Paliers, Pentes et Rampes
Palier sur 5.118 m.
Rampe de 0.012 sur 3.400 m.
Lignes droites et courbes (Les rayons des courbes sont indiqués par des chiffres).
Kilomètres

sont insignifiantes. On voit constamment leur application dans les canaux de Saint-Quentin, de Bourgogne, du Centre.

Il sera bon d'éviter de se poser sur le flanc d'une vallée trop coupée de vallons secondaires ou flanquée de nombreux contreforts. En effet, même en se plaçant tout au pied de cette ligne de faîte, ce qui ne sera d'ailleurs pas toujours possible, on ne pourra éviter un très grand nombre d'ouvrages d'art, aqueducs, ponceaux, etc., souvent assez importants et qui augmenteront considérablement le prix de revient de la ligne. Si la vallée principale est trop contournée, on aura

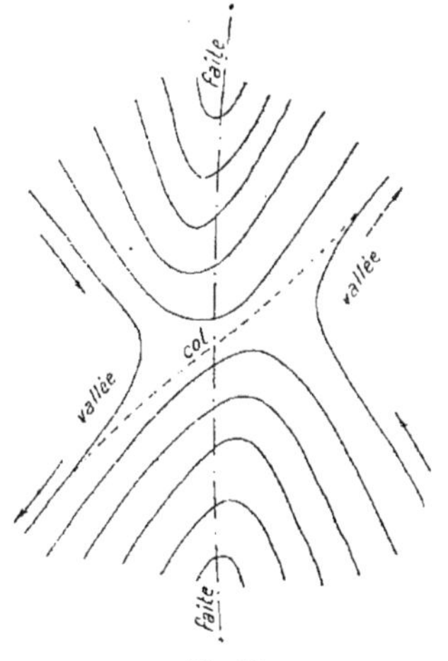

Fig. 94.

quelquefois avantage à traverser la rivière principale du thalweg.

Il faut éviter autant que possible de couper les grandes propriétés, parcs, jardins potagers, etc., qui exigeraient des indemnités très fortes pour se laisser exproprier. Il en est de même des cimetières ; et il y a un axiome qui règne parmi les agents des travaux de chemins de fer, c'est que les morts sont beaucoup plus à redouter que les vivants.

Résumé.

101. Le plan au $^1/_{10000}$ permettra évidemment de faire une étude beaucoup plus serrée que la carte d'État-Major. Cependant il est rare que l'on puisse se passer complètement d'un nivellement direct, quoique sommaire, sur le terrain. Le plan au $^1/_{10000}$ sera choisi lorsque ce sera nécessaire.

Quoi qu'il en soit, après ces études préliminaires sur la carte complétées par un nivellement sur place, on doit être fixé d'une manière générale sur la direction du tracé, les côtés les plus avantageux à suivre dans les vallées, les points extrêmes des montées sur les faîtes et des descentes dans les thalwegs, les rampes maxima que présentera la ligne. Remarquons en passant que ce *maximum* de déclivités seul est intéressant et non pas la *pente moyenne ;* la déclivité la plus forte, en effet, est celle qui commandera plus tard la puissance de la locomotive à employer, tandis que la moyenne n'a ici qu'une bien moindre utilité.

Enquête d'utilité publique.

102. On aura donc ainsi tous les éléments dont on a besoin pour constituer le dossier de demande en concession et d'utilité publique.

Pour cette dernière, les pièces à déposer sont les suivantes :

1° Un extrait de carte au $^1/_{80000}$;

2° Un profil en long au $^1/_{10000}$ pour les longueurs et $^1/_{2000}$ pour les hauteurs ;

3° Les profils en travers types au $^1/_{100}$ et quelques profils en travers courants au $^1/_{200}$;

4° Un mémoire descriptif ;

5° Un devis estimatif ;

6° Un projet de cahier des charges comportant en particulier les tarifs à percevoir pendant l'exploitation.

Cette enquête procède d'ailleurs de la manière suivante :

Dans chaque préfecture des départements traversés par le chemin de fer, le Préfet choisit une Commission de neuf (minimum) à treize (maximum) membres, parmi les grands propriétaires, les grands industriels, les principaux négociants, commerçants, armateurs, etc., enfin toutes personnes ayant, plus que d'autres, grand intérêt à l'établissement de la voie ferrée puisqu'elles doivent en constituer plus tard les principaux clients.

Le Président de cette Commission est nommé lui-même par le Préfet.

Cela posé, le dossier d'enquête doit être déposé au chef-lieu de tous les départements ou arrondissements traversés par la ligne, c'est-à-dire en somme en autant d'exemplaires qu'il y a de préfectures et de sous-préfectures. On y adjoint chaque fois un registre sur lequel chacun peut consigner ses observations. La durée de l'enquête est de un mois à quatre mois ; elle est fixée, dans chaque cas, par l'administration supérieure, suivant l'importance de la ligne. Cette durée est annoncée, en même temps que le dépôt des dossiers, par des affiches.

En outre, les Chambres de commerce et, au besoin, les Chambres consultatives des Arts et Manufactures des villes intéressées à l'exécution du chemin de fer, sont appelées à délibérer sur la question ; ces Chambres prennent des conclusions dont les procès-verbaux sont envoyés au Préfet, au plus tard dans un délai d'un mois après la clôture de l'enquête.

A l'expiration de ce délai, la Commission se réunit sur-le-champ ; elle examine les déclarations consignées aux registres ; elle entend les ingénieurs des Ponts et Chaussées et des Mines du département, et, après avoir recueilli, auprès de toutes les personnes qu'elle juge bon de consulter, les renseignements dont elle croit avoir besoin, elle donne son avis motivé, tant sur l'utilité de l'entreprise que sur les diverses questions qui auraient pu être posées par l'Administration.

Ces diverses opérations dont elle dressera procès-verbal devront être terminées dans le nouveau délai d'un mois.

Le procès-verbal de la Commission d'enquête est arrêté immédiatement et le Président le transmet sans délai avec tout le dossier, y compris le registre d'observations, au Préfet qui l'adresse avec son avis personnel, au ministre des Travaux publics, dans les quinze jours qui suivent la clôture du procès-verbal.

Si les conclusions sont favorables, la demande de déclaration d'utilité publique est soumise aux Chambres et fait l'objet d'une loi spéciale, même pour les lignes d'intérêt local, comme nous le verrons plus loin.

Différents modes de concessions. Pièces officielles.

103. Pour ce qui est du mode de concession, il peut présenter deux formes : l'*adjudication* et la *soumission directe*. Les deux systèmes ont été tour à tour appliqués en France et l'on a beaucoup discuté sur leur valeur respective. En théorie, l'adjudication paraît, de prime abord, préférable ; en pratique, elle présente nombre d'inconvénients qui lui font souvent préférer l'autre mode. Bref, l'adjudication, employée concurremment avec la soumission directe, depuis l'origine des chemins de fer jusqu'en 1870, paraît être en complète défaveur aujourd'hui. Depuis cette date, on ne compte qu'une seule ligne qui ait été mise en adjudication, celle de Besançon à Morteau. Nous nous arrêterons donc seulement à la concession directe. Dans ce cas, les actes officiels sont au nombre de trois, savoir :

1° L'*acte de concession* proprement dit, qui est toujours sanctionné par une loi, sauf cependant pour les lignes d'intérêt général dont la longueur ne dépasse pas 20 kilomètres ;

2° La *convention* renfermant surtout des stipulations financières ;

3° Le *cahier des charges* fixant les conditions de construction, d'exploitation, de rachats, les tarifs, etc.

Cette division en trois parties ne date que de 1844, où l'on voit apparaître la première convention. En 1831 est appliqué le premier cahier des charges à la ligne de Toulouse à Montauban ; jusque là, les premières concessions directes comportaient exclusivement une ordonnance royale visant la demande des concessionnaires, autorisant l'établissement du chemin de fer et déterminant, d'une manière très rudimentaire, les tarifs et les principales conditions de l'établissement de la ligne.

Le plus souvent on fait un mélange des éléments contenus dans ces trois pièces, et il est bon d'apporter assez de soin dans leur rédaction pour éviter de mettre, comme on le fait trop souvent, dans l'une ce qui appartient à l'autre ; cela n'est, en somme, pas difficile avec un peu d'attention.

Le cahier des charges officiel, même des grandes Compagnies, tel qu'il a été modifié jusqu'en 1857, n'est pas absolument exempt de ce défaut ; il renferme, sous un libellé un peu différent, des dispositions déjà contenues dans la loi du 11 juin 1842 et le règlement d'administration publique du 15 novembre 1846 ; il contient en outre un certain nombre de règles de police qui s'imposent d'elles-mêmes sans qu'on ait à demander leur application. La loi du 11 juin 1880 sur les chemins de fer d'intérêt local a réalisé de réels progrès sous ce rapport, quoiqu'elle ne soit pas encore complètement exempte de ces incorrections.

Les conventions de 1883 ont inauguré un régime nouveau. Aujourd'hui, les grandes Compagnies ne concourent plus que pour une somme ferme à la construction des nouvelles lignes qu'elles exécutent pour le compte de l'Etat, dans la limite d'un maximum déterminé après approbation des projets d'exécution.

Enquêtes ultérieures.

104. Les dossiers relatifs aux enquêtes des gares et stations et aux enquêtes parcellaires sont préparés par la Compagnie ; l'enquête est ordonnée par le préfet sur la proposition de l'ingénieur en chef du contrôle ; lorsqu'elle est close, le préfet en communique les résultats à ce fonctionnaire qui lui fait parvenir un rapport et, le cas échéant, les observations de la Compagnie, puis il transmet les dossiers avec son avis personnel au ministre qui statue. Une décision ministérielle est nécessaire sur les résultats des enquêtes parcellaires, lorsque la Commission d'enquête demande des changements de quelque importance au projet.

Remarque. — Nous devons signaler le cas spécial suivant qui échappe presque toujours aux débutants.

Lorsque les voies d'un chemin de fer, fût-il d'*intérêt général*, se prolongent sur les quais d'un port de mer ou d'un fleuve, c'est-à-dire sur des chaussées dépendant du domaine public, elles sont considérées comme *voies de tramways*. Comme conséquence, elles sont assujetties aux exigences du chapitre II de la loi du 11 juin 1880 sur les chemins de fer d'intérêt local et tramways (art. 29). L'instruction préparatoire et les enquêtes se font conformément au règlement d'administration publique annexe du 18 mai 1881.

Durée des concessions en France.

105. Quant à la durée de la concession, elle est généralement de quatre-vingt-dix-neuf ans, au bout desquels l'infrastructure revient entièrement à l'État, le matériel roulant et le mobilier restant à la Compagnie et devant faire l'objet d'une rétrocession à l'amiable.

Quelques lignes au début, de 1823 à 1832, furent concédées *à perpétuité*, sans aucune réserve de reprise éventuelle par l'État. La première ligne concédée pour quatre-vingt-dix-neuf ans fut celle de Montrond à Montbrison, dont nous avons parlé dans notre premier chapitre. La discussion s'ouvrit cependant plus tard (29 juin 1833) à propos de la ligne d'Alais à Beaucaire qui demandait aussi la perpétuité et finit par l'obtenir ; mais ce fut la dernière. En 1839, la Commission extra-parlementaire constituée par M. Dufaure, alors ministre des Travaux publics, pour l'étude du régime des chemins de fer, s'arrêta à l'énergique conclusion suivante : « Considérant que toute concession d'une voie publique était une délégation faite par l'État au profit des particuliers, et que les chemins de fer étaient des voies publiques formant des dépendances nécessaires du domaine public inaliénable, » condamne catégoriquement la perpétuité.

Cela ne prouve pas d'ailleurs qu'elle ait eu absolument raison. Les fonctionnaires, comme toujours, dominaient dans cette Commission, et naturellement leur tendance est de tout ramener à l'omnipotence de l'État, dont ils sont les représentants directs. Nous voyons parfaitement qu'une route construite par l'État lui appartient; mais il ne peut en être de même d'un chemin de fer, voie privée où l'on ne circule qu'en payant, dont la Compagnie a généralement acheté elle-même tous les terrains et avancé les sommes nécessaires à la construction et à l'exploitation. L'État nous semble faire payer ainsi fort cher l'appui qu'il a donné aux Compagnies quand elles se sont trouvées en détresse. Pour nous, il ne possède aucun droit sur les concessions quand il n'a pas lui-même établi la voie complète, c'est-à-dire la route sur laquelle doivent circuler les véhicules, comme le prévoyait d'ailleurs la grande loi organique du 11 juin 1862, au moins pour l'infrastructure.

Délais d'exécution des travaux.

106. La déclaration d'utilité publique implique évidemment que les travaux seront exécutés dans un délai qui ne doit pas être trop éloigné; généralement le décret déclaratif contient lui-même une clause qui fixe ce délai et déclare le concessionnaire déchu « si les expropriations nécessaires pour l'exécution du chemin de fer ne sont pas accomplies dans un délai donné à partir de la date du décret ». Mais il résulte d'avis du Conseil d'État que la dernière formalité à remplir dans le délai est celle du jugement d'expropriation. On comprend en effet qu'il est impossible de laisser les propriétaires riverains sous la menace perpétuelle d'une expropriation pour des travaux qui ne seraient jamais exécutés. Cette impossibilité est d'autant plus caractérisée que l'article 52 de la loi du 3 mai 1841 expose les propriétaires à se voir contester toutes indemnités pour leurs travaux d'améliorations et stérilise ainsi complètement la propriété privée.

Ajoutons toutefois que l'autorité qui prononce l'utilité publique peut également proroger le délai en question, sans qu'il y ait lieu d'ailleurs de recommencer les enquêtes, à moins de modifications profondes dans les choses primitives.

Mais, quand bien même le décret d'utilité publique ne fixe pas de délai pour les expropriations, il résulte d'arrêts de la Cour de cassation de 1873 à 1877, qu'il doit être considéré comme périmé lorsqu'il remonte à une époque trop éloignée, ou encore lorsqu'il s'agit de travaux qui n'étaient pas nettement indiqués dans l'avant-projet.

Annulation de l'utilité publique.

107. Enfin on peut toujours avoir recours au Conseil d'Etat pour faire annuler un décret d'utilité publique entaché d'une incorretion quelconque : défaut de forme, oubli d'une formalité, délai prescrit écourté, nomination par erreur de l'ingénieur de la Compagnie dans la Commission d'enquête, etc.

Cependant le recours n'est plus recevable quand le jugement d'expropriation est intervenu et n'a pas été cassé. Le tribunal doit vérifier, avant de rendre le jugement d'expropriation, si la déclaration d'utilité publique a été faite par l'autorité compétente, si elle s'applique bien aux travaux pour lesquels l'expropriation est requise, si elle n'est pas périmée; mais l'article 14 de la loi du 3 mai 1841 ne lui donne compétence que pour constater l'accomplissement des formalités prescrites par l'article 2 du titre Ier et par le titre II; il n'a donc pas à voir si l'enquête a eu lieu, à plus forte raison, si elle a été régulière.

Jusqu'en 1875, le délai d'exécution des travaux courait de la date de la loi de concession. Le 3 juillet 1875, la Compagnie de Paris-Lyon-Méditerranée fit modifier cette clause et fixer l'origine du délai à la date de l'approbation des projets définitifs par le ministre. La Compagnie, de son côté, avait deux ans devant elle pour rédiger tous ces projets. Cette clause fort judicieuse a été imitée depuis un peu partout, le délai variant suivant l'importance de la construction, aussi bien pour la rédaction des projets que pour l'exécution des travaux. Ces délais sont soigneusement fixés dans le cahier des charges.

Cette manière de faire est certainement plus rationnelle que l'ancienne; aucun travail principal ou complémentaire ne peut en effet être entrepris pour l'établissement d'un chemin de fer quelconque et de ses dépendances sans une autorisation de l'administration supérieure qui doit approuver préalablement tous les projets ; il peut donc se faire que ce travail de contrôle entraîne certains retards dont il serait injuste de faire souffrir la Compagnie concessionnaire.

§ III. — *PROJET DÉFINITIF*

Considérations générales.

108. L'enquête d'utilité publique une fois close et la concession obtenue, il faut procéder à des études plus complètes, plus détaillées, et qui se divisent elles-mêmes en deux phases.

Dans une première période on procède aux travaux géodésiques et topographiques nécessaires pour fixer définitivement, sur le papier et sur le sol, l'axe du chemin de fer et l'emprise des terrains à exproprier.

Dans la seconde on dresse les projets de tous les travaux à exécuter, terrassements, maçonneries, ouvrages d'art, passages à niveau, gares et stations, etc., de manière à fournir aux entrepreneurs devant construire la ligne les données complètes qui leur sont nécessaires.

Les travaux de toutes sortes concernant ces deux périodes sont toujours soumis constamment à l'approbation de l'autorité supérieure, c'est-à-dire du ministère des Travaux publics. L'article 3 du cahier des charges type des lignes d'intérêt général est en effet formel à cet égard : il est ainsi conçu :

« Art. 3. — Aucun travail ne pourra être entrepris pour l'établissement des chemins de fer et de leurs dépendances qu'avec l'autorisation de l'administration supérieure ; à cet effet, les projets de tous les travaux à exécuter seront dressés en double expédition et soumis à l'approbation du ministre qui prescrira s'il y a lieu d'y introduire telles modifications que de droit ; l'une de ces expéditions sera remise à la Compagnie avec le *visa* du ministre, l'autre demeurera entre les mains de l'administration.

Avant comme pendant l'exécution la Compagnie aura le droit de proposer aux projets approuvés les modifications qu'elle jugerait utiles ; mais ces modifications ne pouront être exécutées que moyennant l'approbation de l'autorité supérieure. »

Citons encore l'article suivant qui peut permettre de supprimer certains travaux préparatoires :

« Art. 4. — La Compagnie pourra prendre copie de tous les plans, nivellements et devis qui pourraient avoir été antérieurement dressés aux frais de l'Etat. »

La première période se subdivise elle-même en deux phases distinctes :

1° Un levé de plan général de la région intéressée couvert des cotes d'altitude suffisantes pour accuser les moindres accidents du sol. Ce plan coté se prend sur une zone variable suivant les difficultés du terrain en suivant l'axe d'orientation donné précédemment par l'ingénieur. Au fur et à mesure de l'envoi des plans cotés, une étude dans le cabinet précise le tracé définitif à appliquer sur le terrain ;

2° Un piquetage sur place accompagné de chaînage et de nivellement du tracé ainsi arrêté, puis un bornage limitatif des terrains à acquérir.

Première période ou études provisoires.

109. Comme nous l'avons vu plus haut, le tracé donné comme base aux opérations sur le terrain n'est pas la ligne définitive qu'il y aura lieu d'adopter ; ce n'est qu'une simple indication approchée, embrassant une zone de largeur variable dans laquelle il y a lieu de faire des recherches plus approfondies pour amener à se fixer définitivement. Ce n'est, en un mot, qu'une simple ligne d'orientation et non l'axe réel du tracé à fixer sur le terrain ; c'est précisément à la recherche de cet axe que concourent les opérations ou études connues sous le nom d'*études provisoires*.

110. *Organisation d'une brigade d'études.* — L'ingénieur chargé du travail divise la longueur de la ligne en un certain nombre de parties ou *sections*, à la tête desquelles se trouve un *chef de section*. Celui-ci a sous ses ordres un *conducteur* pouvant le remplacer au besoin et un certain nombre de *piqueurs* ou *chefs de districts* chargés plus spécialement de toutes les opérations matérielles, nivellements, etc. Chacun de ces agents doit avoir à sa disposition deux manœuvres autant que possible exercés aux opérations sur le terrain, pour tenir la mire, porter les instruments, etc.

L'outillage d'une brigade est le suivant :

1° Pour le chef de section :

1 théodolite et son pied ;
1 niveau à bulle d'air et son pied ;
2 mires parlantes ;
1 décamètre à ruban en acier ;
1 jeu de fiches ;
1 fiche plombée ;
1 graphomètre ;
1 goniomètre servant aussi d'équerre d'arpenteur ;
12 jalons en bois peints rouge et blanc de 2 mètres de hauteur ;
1 barre de fer à pointe aciérée ;
1 masse ou gros marteau en fer ;
1 jeu de lettres et des chiffres en fer et en relief ;
1 marteau à main ;
1 fil à plomb ;
1 hache ;
1 scie ;
1 serpe.

2° Pour chacun des autres opérateurs, conducteurs ou piqueurs :

1 niveau à bulle d'air et son pied ou, comme pis-aller, un niveau d'eau ;
2 mires parlantes ou une à voyant avec le niveau d'eau ;
1 décamètre à ruban en acier ;
1 jeu de fiches ;
1 fiche plombée ;
1 équerre d'arpenteur ;
6 jalons en bois ;
1 hache ;
1 serpe ;
1 fil à plomb.

111. Les opérations doivent se faire autant que possible dans la belle saison alors que les journées sont longues et que le temps est propice. Excepté pendant les trop fortes chaleurs, cette vie en plein air, absolument hygiénique, permet au personnel de rester sur le terrain de cinq heures du matin à sept heures du soir avec deux heures de repos au moment du repas. Dans la mauvaise saison, c'est-à-dire du 1er novembre au 1er mai, la journée ne peut aller que de six heures du matin à six heures du soir ou même du lever au coucher du soleil pendant les jours les plus courts de l'hiver. En outre le séjour, du matin au soir, au dehors par la pluie, le froid, la neige, sont des plus dangereux pour la santé du personnel. Enfin, et plus particulièrement aujourd'hui, les chemins de fer restant à construire n'étant que des lignes secondaires se trouvent le plus souvent dans des pays pauvres et dépourvus de ressources. Il en résulte que le personnel harassé de fatigue et mouillé jusqu'aux os ne rencontre pas toujours, le soir en rentrant, le repas et le gîte nécessaires dans la localité où il est forcé de séjourner quelques jours, pour suivre le travail sur le terrain. En été, on rit de tout cela, on fait comme le soldat en campagne et il n'en résulte, en général, aucune conséquence fâcheuse. Il n'en est pas de même au cœur de l'hiver, comme le prouve l'exemple suivant emprunté à une campagne d'études faite par les agents d'une des plus riches et des plus puissantes Compagnies françaises. En plein mois de janvier par un hiver des plus rigoureux, la brigade, forcée de séjourner dans un village dépourvu d'auberge pouvant loger qui que ce soit, dut camper dans une vieille ferme inhabitée que le maire avait bien voulu mettre à sa disposition. Les matelas étaient constitués par des sacs pleins de paille et chacun, avec sa couverture de voyage, se fit un lit dans lequel il devait coucher à peu près tout habillé. Ajoutons à cela qu'aucune chambre, excepté la cuisine où l'on s'entassait le soir, ne pouvait être chauffée.

Au bout de peu de jours de ce régime la maladie s'abattit sur tous ces pauvres diables : rhumatismes, bronchites, dysenterie, etc., et il fallait marcher quand même poussés par des chefs impitoyables, sans pouvoir se soigner convenablement, le chef de service refusant de payer les frais de médecins des agents, la plupart non commissionnés, et leurs appointements étant dérisoires.

Tous souffrirent cruellement, depuis leur chef de section jusqu'au dernier des manœuvres. L'un d'eux en conserva une dysenterie chronique dont il mourut quelques mois après, et tous les autres s'en ressentent encore aujourd'hui.

En somme, la campagne d'hiver est toujours à éviter ; par la force même des choses le travail produit est de beaucoup inférieur en quantité et en qualité et on ne rencontre pas non plus tous les jours des agents poussant le respect de la discipline et des ordres reçus jusqu'au degré de naïveté cité plus haut.

112. *Pose d'une ligne de repères.* — La première chose à faire pour le chef de section qui arrive ainsi dans un pays neuf est d'envoyer un conducteur en avant avec un excellent niveau à bulle d'air et d'installer tout le long de la ligne, le plus près possible de l'axe présumé, une série de repères de nivellement sur lesquels on viendra se placer pour exécuter les nivellements généraux ultérieurs et se fermer le soir après le travail terminé. C'est dire qu'il ne faut pas trop espacer ces repères, qu'on doit rencontrer tous les 100 mètres environ et qu'il faut placer sur des objets bien solides, tout à fait invariables et permettant de considérer la cote inscrite comme exacte pendant toute la campagne; tels sont, par exemple, les soubassements de maisons, les grosses bornes limitant les propriétés, etc. Lorsque ces éléments viennent à manquer on plante à la même place de forts piquets qui les remplacent, mais ne les valent jamais car ils peuvent être déplacés ou arrachés.

Tous ces repères sont soigneusement catalogués sur un carnet et un tableau en est dressé au bureau en plusieurs exemplaires, de manière que chaque opérateur en possède toujours un sur lui.

Le nivellement de ces repères doit être une opération de grande précision ; les cotes d'altitude doivent être évaluées rigoureusement au millimètre en donnant chaque fois deux coups de niveau et prenant la moyenne, ou en totalisant les deux lectures lorsqu'on emploie la mire Bourdaloue à double centimètre ; de plus, ce travail achevé par le conducteur doit être repris par le chef de section en personne qui compare ses résultats à ceux de son agent ; on doit recommencer et se mettre d'accord toutes les fois que la différence entre le deux chiffres trouvés dépasse un millimètre.

113. *Copie des plans cadastraux.* — Pendant ce temps, les piqueurs se répartissent dans les mairies des communes ou aux directions des contributions directes situées dans la zone d'opération et y font le calque sur toile :

1° Du plan d'ensemble à l'échelle du $^1/_{10000}$;

2° Du plan cadastral avec parcelles à l'échelle où on le trouve, qui est très généralement le $^1/_{2500}$.

La pose des repères est le plus souvent terminée avant le relevé des plans cadastraux de la ligne entière ; on n'en commence pas moins immédiatement le travail de nivellement et de levé du plan général, pendant qu'un piqueur spécial, consacré exclusivement aux travaux de dessin, marche en avant, précédant la brigade et relève au fur et à mesure les plans qui manquent encore. On a toujours ainsi ces plans prêts quand on en a besoin, c'est-à-dire quand on vient opérer sur le territoire de la commune correspondante.

Le point de départ de cette ligne de repères est généralement une de ces plaques appelées *repères Bourdaloues* que l'on rencontre un peu partout et qui font partie du nivellement général de la France. Comme la plupart du temps un chemin de fer à établir doit se raccorder avec une ligne déjà en exploitation, on a toujours un repère certain à la station de départ, quand ce ne serait que la cote du rail dans l'axe du bâtiment des voyageurs.

Un repère Bourdaloue se compose d'une pièce de fonte à scellement A (*fig.* 95) portant, maintenue par deux vis, une plaque B, sur laquelle est indiqué le chiffre de la cote; ce chiffre correspond à l'altitude d'une petite partie plane O sur laquelle on peut poser le pied de la mire. La plupart de ces repères ont été posés en 1858; une circulaire du 16 mars 1877 adressée à tout le personnel des Compagnies de chemins de fer expose les formalités à suivre et les précautions à prendre pour rétablir ces repères, lorsqu'on est obligé, pour les travaux, d'en supprimer ou déplacer quelques-uns.

114. *Revision des plans cadastraux.* — Les plans du cadastre copiés sont toujours inexacts ou incomplets; ils doivent être complétés et rectifiés par une tournée et des opérations sur place qui sont généralement peu importantes, mais qu'il faut toujours faire. Le plus souvent d'ailleurs, ces corrections se font en même temps que le nivellement parcellaire dont nous parlerons plus loin.

Ainsi un chemin indiqué sur le plan d'une commune peut ne pas exister sur le plan de la commune voisine et, lorsqu'on assemble les deux calques pour avoir le plan général, ce chemin vient à s'arrêter brusquement à la limite. Il y aura lieu évidemment de le relever et de

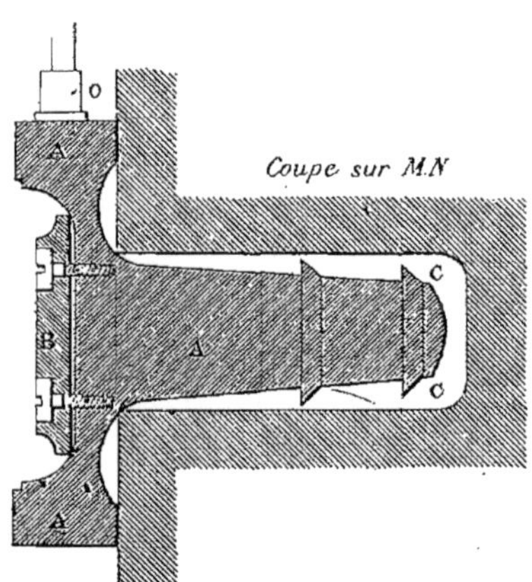

Fig. 95.

le porter où il manque; même remarque pour un cours d'eau, etc.

Le plus souvent ce sont les limites de communes qui ne concordent pas sur deux plans voisins assemblés et qu'il faudra rectifier de manière à n'en avoir plus qu'une bonne au lieu de deux mauvaises.

Nombre de maisons, fermes, constructions, parcelles nouvelles, etc., n'existent pas sur les anciens plans qui n'ont pas été tenus au courant au jour le jour, et il faut avoir bien soin d'indiquer tout cela de crainte de faire passer le tracé de la ligne dans un endroit impossible.

En particulier, les routes, chemins, cours d'eau, etc., y doivent figurer tous et avec leurs vrais noms, tels qu'ils résultent des classements officiels ; ces noms peuvent différer du tout au tout de ceux que l'on voit inscrits sur les plaques ou des appellations courantes employées par les habitants du pays. Il est donc indispensable pour être sûr de les avoir exacts de se rendre dans les bureaux des ponts et chaussées chargés des routes nationales et quelquefois des routes départementales, ou chez les agents-voyers qui ont dans leur ressort le service des chemins vicinaux. Le service des ponts et chaussées cumule quelquefois les deux dans quelques départements.

Là seulement, on aura les dernières dénominations officielles et rigoureuses des chemins ; il y a bien dans chaque mairie un tableau de classement des chemins du territoire, mais il est souvent ancien, fort peu au courant, et, comme pour le plan, il serait absolument imprudent de s'y fier.

Chaque voie de communication est caractérisée par un numéro, le nom de la localité qui lui sert de point de départ et celui du lieu où elle aboutit. On aura par exemple la *Route Nationale n° 1 de Paris à Calais*.

Les différents noms que peuvent prendre ces voies de communications sont les suivants :

Route nationale ;
Route départementale ;
Chemin vicinal de grande communication ;
Chemin vicinal d'intérêt commun ;
Chemin vicinal ordinaire ;
Chemin rural ;
Chemin d'exploitation ;
Sentiers pour les piétons.

Les chemins classés seuls portent le titre de chemins vicinaux ; néanmoins il ne faudra pas non plus se fier aux apparences sur le terrain car cela pourrait réserver des surprises. Aussi nous avons vu souvent de simples sentiers pour les piétons que nous aurions été tenté de supprimer ou de négliger en attendant réclamation, et qui étaient parfaitement classés comme chemins vicinaux avec un nom et un numéro.

Dans tous les cas, il sera indispensable de bien relever et d'indiquer sur le plan le moindre de ces chemins, fût-il non classé, car on est le plus souvent obligé de le maintenir et d'y installer un passage à niveau ou un portillon, lorsqu'on vient à construire le chemin de fer.

Pour les cours d'eau, il faudra se renseigner d'une manière bien rigoureuse dans le pays pour connaître les limites atteintes par les plus hautes eaux en cas de crue ; ce renseignement sera des plus précieux à consigner sur le plan. On aura soin, en effet, d'éloigner autant que possible la voie ferrée de cette zone dangereuse et lorsqu'on devra quand même la traverser, on devra se placer en remblai, à 1 mètre au moins au-dessus des plus hautes eaux connues.

115. *Nivellement sur le cadastre.* — Le calque du cadastre à l'échelle de $^1/_{2500}$ doit se faire sur une bande de 15 centimètres de chaque côté de l'axe, ce qui représente à l'échelle de $0^m,04$ pour 100 mètres, 800 mètres de largeur totale sur lesquels on en couvre $0^m,20$ ou 500 mètres, de cotes. C'est un maximum en terrain ordinaire et qui pourra être considérablement réduit en pays accidenté. Il est bon d'y indiquer chaque parcelle avec son numéro, les noms des sections et des lieux dits ; toutes les écritures correspondantes se font d'ordinaire à l'encre bleue. Puis on procède au nivellement du terrain ; le chef de section distribue la besogne à ses agents de manière à les mettre autant que possible tous à leur place et à proportionner les difficultés à l'habileté de chacun. Chaque opérateur part muni d'un petit calque sur toile de la région qui lui est confiée et qu'il commence par compléter au point de vue topographique. Il relève donc avec soin, comme nous l'avons dit, les maisons et constructions diverses, routes et chemins, rivières, etc., que le cadastre n'indique pas ou indique d'une manière fausse comme position, direction, largeur et dénomination. Ces relevés rectificatifs et supplémentaires sont indiqués à l'encre rouge.

L'opérateur est suivi de son aide qui porte sur son épaule un gros paquet de jalonnettes ou petites baguettes de bois au bout desquelles est emmanché un carré de papier blanc qui se voit de loin. En même temps qu'il fait son relevé topographique, l'opérateur pique en terre ou couche simplement à la place voulue, quand le sol est trop dur, une jalonnette sur chacun des points où il juge utile plus tard de prendre une cote d'altitude ; il a pour cela toute liberté et il doit être à même de reconnaître les points où le sol présente un mouvement ou une ondulation dont la cote est utile à relever, pour permettre de tracer aisément plus tard les courbes de niveau. Quant à la largeur totale à niveler, c'est le chef de section qui doit la fixer à chacun, le matin avant le départ.

Comme le porte-mire a suivi l'opérateur du piquetage des jalonnettes, il sait où elles se trouvent toutes et il retrouvera aisément tous les points à niveler sur lesquels il doit poser la mire.

En même temps qu'il place les jalonnettes aux points voulus, l'opérateur marque sur son plan la position du point correspondant avec un numéro qu'il reproduit quelquefois sur le papier de la jalonnette: c'est ici que les parcelles jouent un rôle fort utile, car on choisit autant que possible comme points à niveler les angles de celles-ci que l'on trouve immédiatement sur le plan. Le numéro de chaque point est reproduit au carnet de nivellement et on ne l'efface au plan que lorsqu'on remplace par des chiffres à l'encre les cotes au crayon inscrites immédiatement sur le calque pendant l'opération.

La figure 96 donne l'aspect de ce genre de travail ; on y voit les cotes relevées le plus souvent aux sommets des parcelles, quelquefois en des points différents facilement repérables par rapport à ces sommets ou à des limites indiquées au plan.

Quelquefois, les parcelles manquent complètement sur une assez grande surface, comme on le voit précisément dans l'exemple choisi; on repère alors au mieux les points nivelés par rapport aux choses existantes. Ici par exemple, on a repéré les points utiles par des coups de chaîne donnés dans le prolongement des limites de parcelles situées de l'autre côté du chemin. Dans un autre cas on emploiera peut-être une autre méthode plus appropriée; mais on voit qu'on arrivera toujours aisément, avec un plan cadastral, à relever les cotes utiles sur le terrain et à les mettre en place sur le plan. Toutes les cotes ainsi relevées sont inscrites en noir, généralement sans parenthèses.

Il est très important que des cotes soient relevées sur tous les chemins de manière à donner leur profil en long et que d'autres cotes relevées sur les deux bords du terrain naturel indiquent si ces chemins sont en déblais ou en remblais. Pour les distinguer de celles du sol naturel, les cotes des chemins, inscrites également en noir, sont mises entre parenthèses.

116. *Arrêté préfectoral.* — Il est de toute évidence que, pour exécuter tous ces travaux, il faut pouvoir pénétrer dans les propriétés privées, entrer et circuler partout. Pour cela chaque agent, même de dernière catégorie, doit être muni d'un exemplaire de l'arrêté préfectoral qui est délivré dans ce but à la Compagnie aussitôt la déclaration d'utilité publique. Avec cet arrêté, qui suffit généralement quand on le montre et qui d'ailleurs est affiché à la mairie de chaque commune intéressée, on peut aller partout où l'exigent les opérations et au besoin requérir la force publique.

Inutile de dire que, si l'on a ainsi le droit de pénétrer en tous lieux, il faut néanmoins ne le faire qu'avec modération et tact et, dans certaines circonstances seulement, s'il y a nécessité absolue. Dans tous les cas, il est indispensable de rendre d'abord visite au propriétaire, de le prévenir que les besoins du tracé exigeront quelques opérations dans son enclos ou dans son parc, et qu'on le prie de vouloir bien autoriser les agents à y circuler un temps assez court. En tout cela il faut marcher avec la plus grande circonspection, les bonnes relations que l'on crée dès cette époque avec les habitants du pays devant avoir une importance considérable par la suite pour aplanir des difficultés de toutes sortes. Il est bon que le chef de section sache se présenter convenablement, qu'il soit sympathique et se fasse des amis partout; la Compagnie ne peut qu'y gagner. Malheureusement ces conditions ne sont pas toujours suffisamment remplies, les Compagnies ne sachant en général ni encourager ni conserver les sujets qu'elles possèdent.

117. *Dégâts causés par les opérations.* — Ce que nous venons de dire pour les ménagements à prendre avec les propriétaires s'applique surtout aux dégâts que l'on est quelquefois forcé de faire au cours des opérations. On y est particulièrement exposé l'été lorsque les récoltes

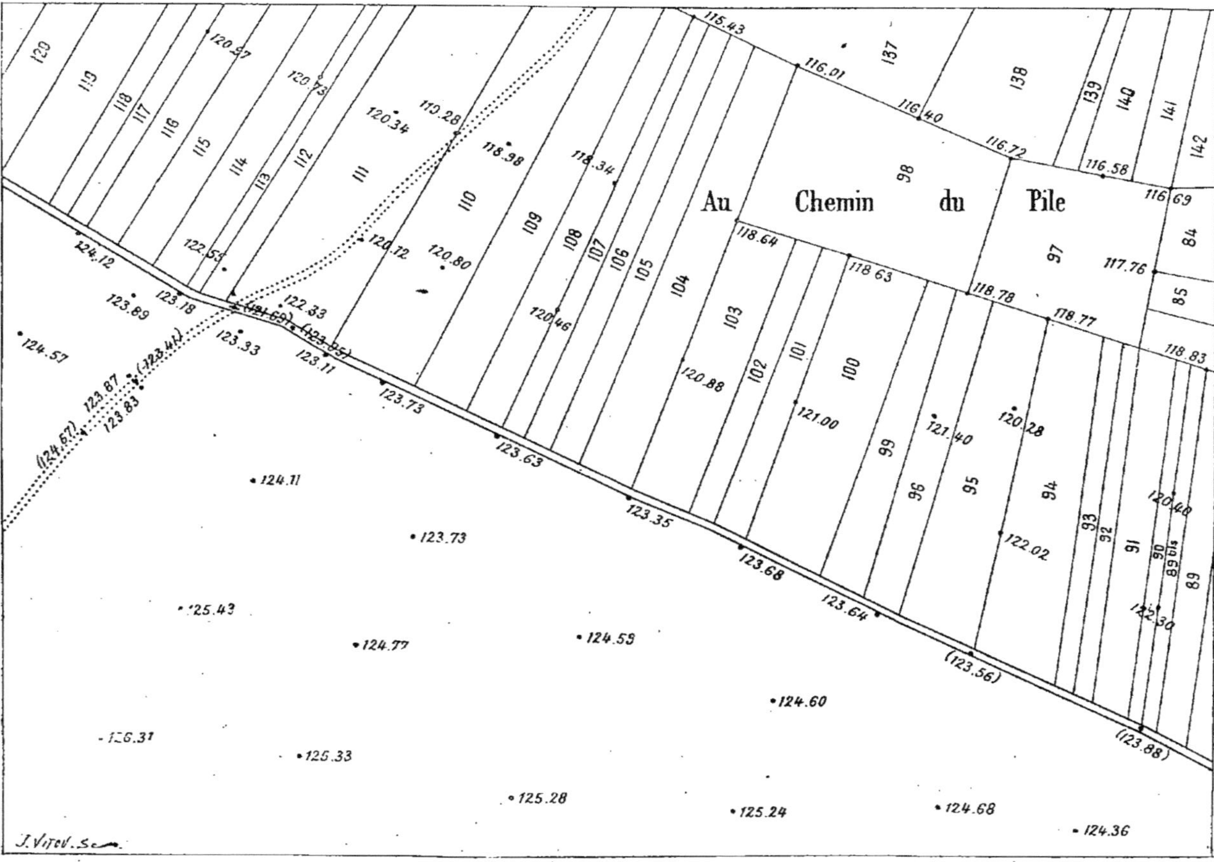

Fig. 96. — Nivellement sur le cadastre.

sont sur pied. Avec quelques précautions cependant, et en suivant les limites des parcelles, on peut les réduire à fort peu de chose et même à néant. Il est fort important d'ailleurs de faire le moins de dégâts possibles, non seulement parce qu'il faut toujours les payer, mais parce que, malgré l'indemnité qui vient d'ailleurs souvent fort tard, tout dégât commis sans absolue nécessité indispose le propriétaire, donne mauvaise opinion des agents qui l'ont commis et entraine généralement dans des discussions désagréables.

Lorsqu'on ne peut les éviter, il faut s'empresser d'en dresser un état contradictoire avec le garde-champêtre ; on prendra les parcelles atteintes en indiquant leur numéro cadastral, le nom du propriétaire ou fermier, la nature de la récolte détériorée et la surface compromise. Un état spécial doit être ainsi tenu au courant de manière à ce qu'on soit toujours en mesure d'apprécier le bien fondé des réclamations pouvant se produire. Il faut y consigner les dégâts les plus insignifiants qui, dans la suite et faute de preuves, pourraient donner lieu à des demandes d'indemnités aussi exagérées qu'inattendues.

Cet état relatif aux études préliminaires doit être, nous le répétons, fort peu de chose : le plus souvent il se réduit à rien, puisqu'on n'est généralement obligé à aucun chaînage ni cheminement sur un tracé obligatoire. Il se peut qu'il n'en soit pas de même pendant la seconde période dite des études définitives, pour laquelle il y a lieu d'ouvrir un second état de dégâts différent du premier. A ce moment, excepté pendant l'hiver où il n'y a presque rien dans les champs, des dégâts d'une certaine importance sont le plus souvent inévitables. Il y a, en effet, à chaîner et à niveler en long et en travers d'une façon régulière, sur des points et dans des directions obligatoires ; puis à fixer, sur des places bien déterminées, les piquets et balises ; à creuser des puits de sondage, pour se rendre compte des matériaux rencontrés dans les tranchées, etc.

Mais même dans cette seconde phase des études, on peut, avec certaines précautions, éviter les grosses indemnités ; ainsi il ne faut se résoudre à abattre des arbres et, à plus forte raison, à crever des murs, qu'à la dernière extrémité et quand il est bien démontré qu'il est réellement impossible de faire autrement. Tel est le cas, par exemple où l'on est forcé d'opérer dans un bois; il faut alors faire à la hache et à la serpe des saignées en long et en travers pour permettre le passage du niveau et de la chaîne.

On aura bien soin de relever le nombre et l'essence des arbres abattus. Pour chacun d'eux on déterminera encore exactement le diamètre à hauteur d'homme et la hauteur du tronc, c'est-à-dire jusqu'à la naissance des premières branches. Une grande attention est nécessaire, car les limites de parcelles ne sont pas toujours très visibles dans les bois.

Dans les études provisoires, on pourra même éviter d'abattre les arbres un peu gros, puisqu'il ne s'agit en somme que de se frayer un passage pour relever des cotes de niveau.

118. *Dressage du plan par communes.* — Les opérations précédentes étant terminées, le plan cadastral remanié, complété, est couvert de cotes sur tous les points où cela a paru nécessaire ; on ajuste dans le cabinet tous les petits calques rapportés par les agents et l'on en fait un calque d'ensemble correspondant au territoire d'une commune ou, sauf exception, de deux communes au plus.

On indique à l'encre rouge sur ce plan, les bâtiments, murs, bois, chemins, etc., en un mot tout ce qui manquait sur l'ancien plan cadastral. On a soin de ne plus dessiner les bois et chemins disparus, les maisons démolies, et surtout nous insistons d'y indiquer bien exactement les dénominations officielles des routes et chemins, telles qu'elles résultent des classements ; tout cela, bien entendu, seulement dans la zone utile de 5 à 700 mètres indiquée plus haut. Si, pour un besoin quelconque et satisfaire l'œil, on est conduit à ajouter un morceau de plan qui sorte de cette zone, il est parfaitement inutile de se préoccuper de tous ces détails et l'on y laissera le plan primitif du cadastre tel qu'il a été relevé dans les mairies ou à la direction des contributions directes.

Pour plus de commodité dans la lecture, on entoure les limites des communes d'un large liseré, teinté généralement en violet; les sections sont accompagnées d'un liseré un peu moins large en gomme-gutte, et enfin les lieux dits, d'une petite bande carmin.

119. *Tracé des courbes de niveau.* — Ensuite on procède au tracé des courbes de niveau qu'il suffit d'indiquer de 2 en 2 mètres, en cheminant à travers les cotes relevées sur le terrain qui sont quelconques et telles que les a données le nivellement.

Pour tracer les courbes il faut relier entre elles les cotes entières intermédiaires. Il y a donc constamment entre deux cotes données à faire la recherche de la cote entière en question.

Il est facile d'arriver par le calcul à connaître la distance à chacune d'elles d'une cote intermédiaire; mais ce procédé est long et les moyens graphiques sont souvent préférables.

120. Supposons qu'aux points A et B nous ayons les cotes quelconques a et b fournies par le nivellement et admettons que le terrain est en pente régulière de A à B. Cela est d'ailleurs logique, autrement l'opérateur aurait certainement relevé entre les deux une cote supplémentaire (*fig.* 97). Soit C le point actuellement inconnu où l'on aura la cote entière cherchée c, nécessaire pour tracer la courbe de niveau reliant toutes les cotes c. On voit que l'inconnue AC ou ac_1 est donnée par la similitude des triangles acc_1 et abb_1 de sorte que:

$$\frac{ac_1}{cc_1} = \frac{ab_1}{bb_1},$$

ac_1 n'est donc que la quatrième proportionnelle aux trois autres longueurs cc_1, ab_1, bb_1 toutes connues. En effet ab_1 est la distance horizontale AB des deux point considérés ; bb_1 et cc_1 ne sont que les différences entre les cotes b et c et la plus petite des trois cotes considérées a.

Or le plus simple ici pour trouver le point C lui-même au plan est de se dispenser de construire le trapèze AaBb et de faire descendre la ligne ab de la distance constante c parallèlement à elle-même en a_2b_2, ce qui donne immédiatement la construction suivante précisant la position cherchée du point C.

Au point A et d'un côté de la ligne AB on élève à celle-ci une perpendiculaire sur laquelle on porte la différence des cotes $c - a$ en Aa_2. A l'autre extrémité B on mène une seconde perpendiculaire à AB, Bb sur laquelle, dans le sens opposé à Aa_2, on porte de même la différence des cotes $b - c$ en Bb_2. On joint a_2b_2 et le point où cette ligne coupe AB est le point cherché C à cote entière c.

On déterminera de la même manière tous les points analogues qui seront nécessaires.

121. Ce travail peut se simplifier au moyen d'un petit instrument inventé par M. Perron, ancien chef de section à Rouen, et qui est décrit dans les *Instructions*, de M. Partiot, *sur la préparation des projets de chemins de fer* (Baudry, éditeur).

Une réglette ABN est fixée à une échelle verticale AF (*fig.* 98); une seconde échelle verticale DBNM glisse à frottement sur la règle, de telle sorte que si l'on place celle-ci sur la ligne AB de la figure précédente (*fig.* 97), en faisant coïncider les points A, il soit facile de faire glisser l'échelle BMN jusqu'au point B. Chaque échelle est munie d'un petit indice PP' qui peut se mouvoir dans une rainure verticale et que l'on fixe au moyen d'une vis de pression RR'. On fait coïncider les indices avec les points a_2b_2 en prenant aux échelles:

$$AF = Aa_2$$
$$BG = Bb_2.$$

Une petite règle ordinaire s'appuie sur les indices en F et en G et donne immédiatement le point C de la figure précédente. En déplaçant les indices on a de suite tous autres points analogues sur les échelles et, au moyen de la règle ordinaire, le point correspondant de la ligne AB.

122. *Plan d'ensemble au* $^1/_{10000}$. — En même temps que les agents relèvent dans les communes le plan cadastral au $^1/_{2500}$ qui doit servir de base aux opérations préliminaires, ils font la copie du plan d'ensemble de chaque commune au $^1/_{10000}$; le recueil des formules officielles exige en effet ce plan que l'on présente d'ordinaire sur une largeur totale d'environ 0^m,50, soit 0^m,25 de chaque côté de l'axe ; ce n'est que l'assemblage des plans complétés de toutes les communes.

Ce document constituant le plan général de la ligne doit être fait avec le plus grand soin et l'on se base pour le dresser sur le tracé fait au $^1/_{80000}$ où l'axe est indiqué d'une façon aussi précise que le permet l'avant-projet ; la zone extrême à relever est arrêtée par un encadrement général (*fig.* 99).

On voit qu'on peut être ainsi exposé à relever des communes, comme ici celles de Nœux, Houchain, Labuissière, etc., que l'on aurait au premier abord laissées complètement de côté, le tracé ne les traversant pas.

Comme sur les plans cadastraux de détail, on y indiquera en rouge tout ce qui est nouveau et non représenté sur l'ancien plan ; on supprimera ce qui n'existe plus et on inscrira bien exactement les chemins classés. Ces corrections et additions ne doivent évidemment être faites que dans la zone utile correspondante au plan mis à jour au $^1/_{2500}$: il est clair que, si pour avoir un plan d'ensemble d'allure satisfaisante, on est obligé de relever les territoires entiers des communes utiles et

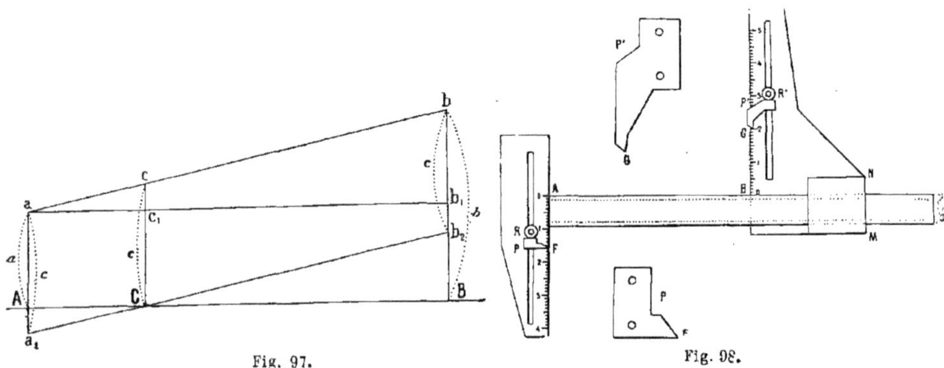

Fig. 97.

Fig. 98.

même, comme nous venons de le voir, ceux de certaines communes non directement intéressées, il est inutile, en revanche, de se préoccuper, dans ces parages éloignés de l'axe, de l'exactitude des détails en question.

Vu la petitesse de l'échelle de cette pièce et son but purement général, il est complètement inutile d'indiquer les sections et les lieux dits, ni d'en teinter les limites d'un liseré quelconque. Les limites de communes seules sont à indiquer par une bande de carmin.

Les chemins de fer existants rencontrés sont indiqués en noir par un ou deux traits en dehors des stations, suivant qu'ils sont à double ou à simple voie. Les talus des déblais et remblais sont figurés pour les chemins de fer ou pour les routes ordinaires quand leur largeur en plan dépasse 5 mètres, c'est-à-dire un demi-millimètre à l'échelle du $^1/_{10000}$.

C'est surtout ici, où il y a souvent un grand nombre de communes à assembler, qu'il faut apporter beaucoup de soin à leur juxtaposition. Nous avons dit que, vu le peu d'exactitude des plans cadastraux, ce raccordement ne se fait jamais bien : il y a donc lieu, toujours rien que dans la zone utile précitée, de bien préciser, par un relevé direct, la limite exacte des séparations.

123. *Ouvrages d'art rencontrés.*— Pendant toutes les opérations précédentes on

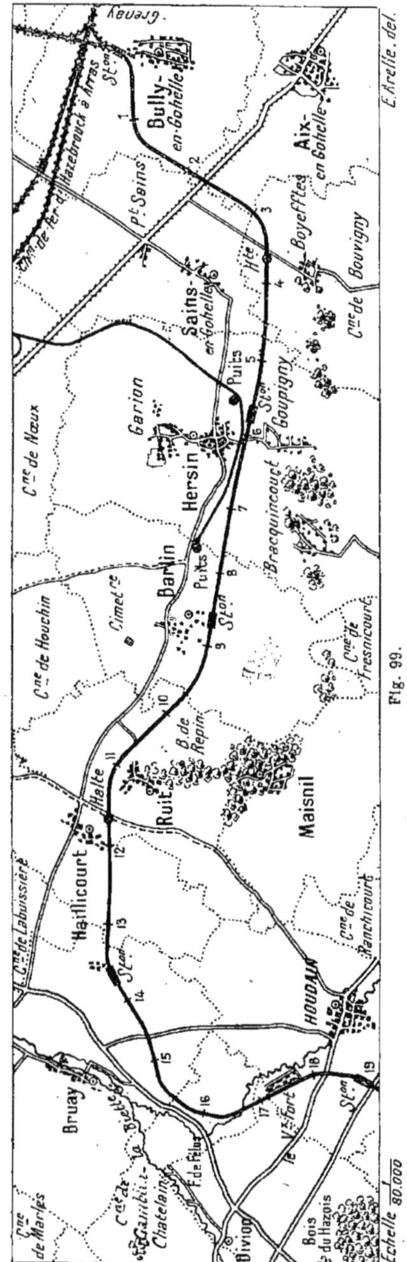

Fig. 99.

a soin de relever un croquis de tous les ouvrages d'art petits ou grands, existant dans la zone de travail ou qu'on rencontre à sa portée. Cela peut rendre des services pour connaître les débouchés à ménager aux aqueducs, aux ponceaux, etc. C'est surtout utile plus tard au moment de l'étude des projets définitifs de tous les ouvrages d'art.

Étude du tracé sur les courbes de niveau.

124. L'étude sommaire exposée précédemment étant terminée, la direction générale du chemin de fer arrêtée, on est fixé sur les flancs de thalwegs à suivre et sur les points les plus hauts et les plus bas où l'on doit aboutir ; cela permet de fixer la déclivité maximum de la ligne en

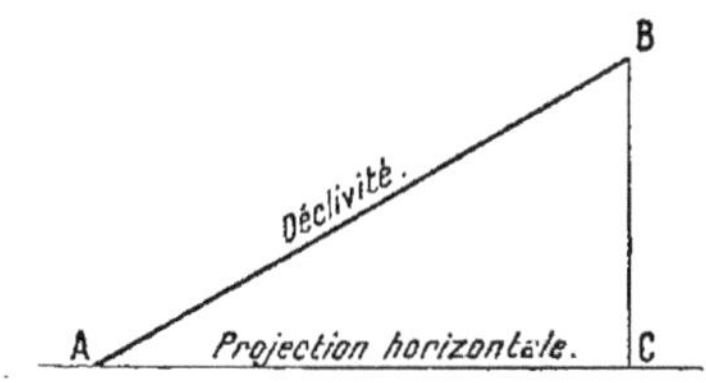

Fig. 100.

ayant soin pour cela de réserver des paliers d'au moins de 500 à 600 mètres pour les gares, selon leur importance, et de 100 mètres aux changements de déclivités, comme l'exige le cahier des charges type.

Quant aux différentes sinuosités intermédiaires du tracé on les obtiendra aisément en prenant une fois pour toutes, à l'échelle du plan, une ouverture de compas (*fig.* 100) AC représentant la projection horizontale correspondant à la déclivité adoptée AB entre deux courbes de niveau consécutives. En partant alors d'un point quelconque M d'une courbe φ et décrivant un arc de cercle de M comme centre avec AC pour rayon on rencontrera la courbe suivante, généralement en deux points N et N' et les deux tracés dirigés suivant MN ou MN' (*fig.* 101) présenteront la déclivité voulue. Bien entendu on choisira entre les deux celui qui se rapprochera le plus de la ligne adoptée à l'avant-projet, à moins qu'on ne pense utile d'étudier plusieurs directions appelées *variantes*.

On procédera ainsi de proche en proche et de courbe à courbe, ce qui donnera une ligne brisée dont on n'aura plus qu'à arrondir les angles au moyen de courbes présentant le rayon minimum qu'on a cru devoir se fixer en rapport avec le trafic futur de la ligne, la constitution du matériel employé et le mode d'exploitation adopté. On comprend d'ailleurs que la suppression de tous ces sommets de polygones aura pour but d'atténuer les pentes ou rampes primitives et de les rendre plus douces, ce qui sera toujours un avantage. L'inscription de ces courbes se fait au moyen de gabarits en bois ou de patrons en carton découpés d'avance dans le bureau. Aujourd'hui on rencontre dans le commerce des jeux de courbes, c'est-à-dire une réunion de gabarits tout préparés, présentant les rayons les plus employés dans les projets.

On fait également de ces règles courbes donnant deux rayons, un sur chaque arête ; elles sont à éviter car elles occasionnent des confusions et des erreurs.

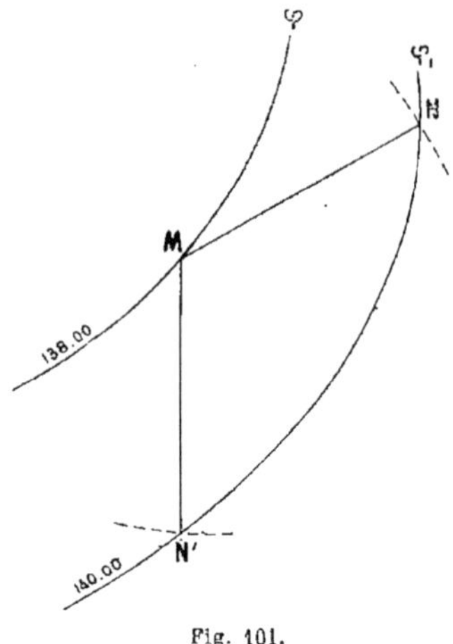

Fig. 101.

Le moyen de se servir de ces courbes est des plus simples : étant donnés les deux alignements (*fig.* 102) EF, FG, aboutissant au point F comme sommet, on approche le gabarit dans l'angle intérieur EFG de manière à arriver tangentiellement sur ses deux côtés quelque part en K et L ; on n'a plus alors qu'à remplacer la ligne brisée KFL par la courbe KPL ; de même pour l'angle suivant RGS remplacé par RTS, et ainsi de suite. On voit que l'on peut ainsi construire aisément des courbes dont les centres O et O_1 seraient en général fort éloignés du tracé et, le plus généralement, sortiraient des limites du papier. Bien entendu il faut dans tous les cas employer des courbes dont les rayons soient le plus

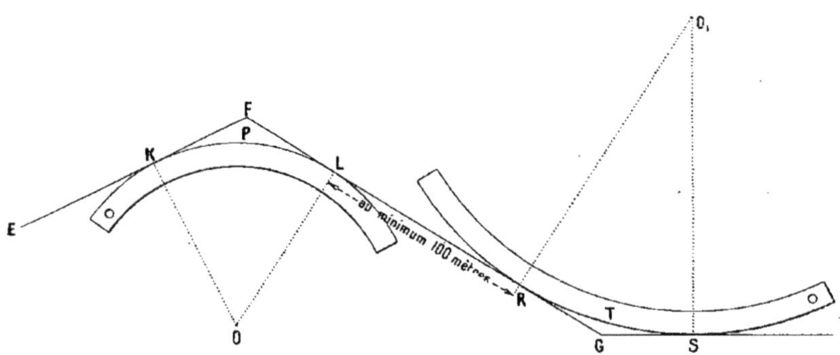

Fig. 102.

grands possible et ne se servir des petits ou des rayons limites que lorsqu'on ne peut absolument s'en dispenser.

125. Les courbes consécutives et de même sens peuvent se placer bout à bout sur la même tangente commune; ainsi, par exemple, une courbe de 500 mètres de rayon peut succéder à une courbe de 300 mètres sans aucun inconvénient avec la même tangente au point A (*fig.* 103). Si, au contraire, les courbes sont de sens inverse, il faut laisser entre elles une longueur de tangente commune ayant au moins 100 mètres et, en général, aussi longue que le permet une construction rationnelle et économique; l'idéal dans les voies ferrées étant, comme nous le savons, d'avoir des alignements droits le plus longs possible et les courbes les plus restreintes comme développement et petitesse de rayons (*fig.* 102).

Ce chiffre de 100 mètres minimum a été exigé dès l'origine des chemins de fer, mais a subi quelquefois des adoucissements. Voici, en effet, ce que disait à cette époque l'article 8 du cahier des charges.

« Art. 8. — Les alignements seront raccordés entre eux par des courbes dont le rayon ne pourra être inférieur à 350 mètres. *Une partie droite de* 100 *mètres de longueur* devra être ménagée entre deux courbes consécutives, lorsqu'elles seront dirigées en sens contraire. »

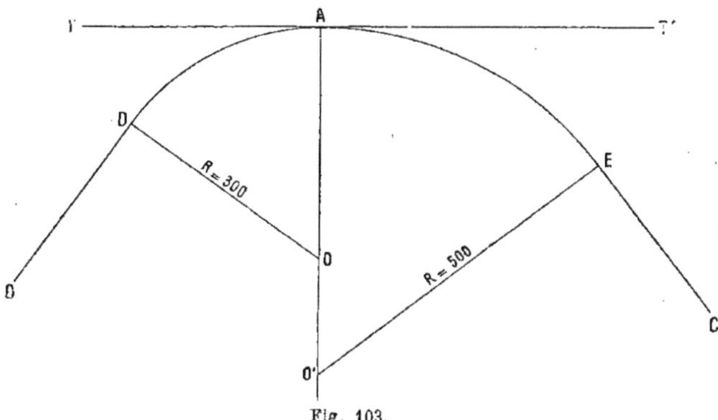

Fig. 103.

Le chiffre concernant le rayon des courbes n'est plus lui-même exact aujourd'hui : pour les lignes nouvelles auxquelles sont applicables les lois et décrets des 11 et 25 août 1863, le rayon peut être abaissé à 300 mètres.

Dernières remarques sur l'étude du tracé.

126. L'étude du tracé en plan tel que nous venons de l'indiquer sur le cadastre au $^1/_{2\,500}$, complétée seulement par l'étude sur le profil en long que nous verrons tout à l'heure, est le dernier travail avant le piquetage sur le terrain. Il faut donc y apporter tous ses soins et tenir bien compte de toutes les conditions devant donner un bon tracé technique tout en se conformant aux lois et règlements en vigueur.

Nous rappelons encore quelques principes et précautions à prendre pour compléter ce que nous avons dit à ce sujet jusqu'à présent.

Il faut réduire à l'indispensable le nombre des voies de communication ou rivières à traverser. Pour ces dernières, lorsqu'on les franchit près d'un pont on doit toujours passer en amont, de manière à ne pas gêner la navigation. Il faut d'ailleurs, dans tous les cas, choisir avec grand soin le point de passage de tous les cours d'eau ou des vallées tourbeuses, de manière à abréger le parcours de la ligne dans ces régions où les travaux sont fort coûteux d'installation et d'entretien. Dans de pareils terrains, comme en tous terrains mous ou glissants, lorsqu'on est forcé de s'y asseoir, il faut toujours se tenir en remblai, car les déblais y seraient difficiles, dispendieux et submersibles. Le remblai doit d'ailleurs être assez élevé pour mettre la voie à l'abri des crues sans cependant l'être trop pour ne pas avoir tendance à s'enfoncer sous l'effet de son propre poids. La plate-forme, nous le répétons, doit toujours être à 1 mètre au moins au-dessus des plus hautes eaux connues par les statistiques.

Le mieux dans ce cas est de procéder par emprunts, tout le long de la ligne, comme on l'a fait de Creil à Beauvais, par exemple ; les eaux viennent se loger dans les deux fossés longitudinaux résultant des fouilles exécutées et qui constituent une réserve protégeant la voie, car les eaux stagnantes ne présentent aucun danger ; ce sont les eaux courantes dont il faut éviter les effets toujours redoutables.

D'autre part, il faut également éviter les terrains rocheux dont le déblai coûte naturellement fort cher, exige l'emploi des explosifs, etc. Il est préférable encore, dans ce cas, de se tenir en remblai, lorsqu'on peut trouver des terres à une distance acceptable.

127. *Gares et stations.* — Les gares, avons-nous dit, doivent être autant que possible *en palier et en ligne droite ;* les plus petites exigent un alignement de 500 mètres et les plus grandes 600 à 800 mètres. Dans les cas exceptionnels et où il est impossible de l'éviter on acceptera pour les stations une pente de 1 à 2 millimètres qui est gênante et dangereuse pour les manœuvres de matériel, mais par contre facilite l'écoulement des eaux.

La meilleure position pour une station est au sommet de deux déclivités ; il faut éviter de les placer aux points bas, entre deux déclivités de sens contraire ou bien entre une pente et une rampe. Mais cela n'est pas toujours réalisable dans la pratique.

128. *Tunnels.* — Lorsqu'on est obligé d'avoir des tunnels il faut autant que possible les tracer en ligne droite parce que sans cela le mécanicien ne peut voir devant lui; en outre, il faut réduire au minimum les déclivités, parce que, vu l'humidité toujours régnante en souterrain la traction y est plus difficile qu'en plein air.

129. *Mines et carrières.* — On fera bien d'éviter également les terrains dont le sous-sol est occupé par une exploitation de mine ou de carrière. Cela présente toujours de nombreux et dangereux aléas, des chances de travaux supplémentaires et des sujétions de toutes sortes aussi bien pour les chemins de fer que pour l'exploitation minière.

Le minimum prévu par le cahier des charges est indiqué dans les articles 24 et 25 ci-dessous :

« Art. 24. — Si la ligne du chemin de fer traverse un sol déjà concédé pour l'exploitation d'une mine, l'administration déterminera les mesures à prendre pour que l'établissement du chemin de fer ne nuise pas à l'établissement de la mine et, réciproquement, pour que, le cas échéant, l'exploitation de la mine ne compromette pas l'existence du chemin de fer.

Les travaux de consolidation à faire dans l'intérieur de la mine à raison de la traversée du chemin de fer et tous les dommages résultant de cette traversée pour les concessionnaires de la mine seront à la charge de la Compagnie. »

« Art. 25. — Si le chemin de fer doit s'étendre sur des terrains renfermant des carrières ou les traverser souterrainement il ne pourra être livré à la circulation avant que les excavations qui pourraient en compromettre la solidité aient été remblayées ou consolidées. L'administration déterminera la nature et l'étendue des travaux qu'il conviendra d'entreprendre à cet effet et qui seront d'ailleurs, exécutés par les soins et aux frais de la Compagnie. »

Mais il peut arriver aussi bien souvent que les exploitations soient abandonnées et ne laissent nulle trace sur le sol ; cela se présente fréquemment pour les carrières anciennes dont les puits ont été rebouchés, mais dont toutes les galeries souterraines sont encore vides, interrompues de loin en loin par des piliers. C'est en causant avec les habitants du pays que l'on connaîtra le mieux la limite du territoire à éviter. On pourra également consulter avec fruit les archives des mairies.

Diminution de l'espace entre deux courbes de sens contraires. — Abaissement du minimum des rayons.

130. L'obligation de laisser entre deux courbes de rayons opposés un certain espace en ligne droite s'explique aisément. Sans cela le train pourrait entrer sur l'une des courbes sans être sorti de l'autre et présenter la forme d'un S, de là une traction oblique augmentant les chances de déraillement.

De plus, comme nous le verrons plus loin, le rail extérieur en courbe est plus élevé que le rail intérieur, dans le but de lutter contre les effets de la force centrifuge qui tend à précipiter le train hors du rail et vers l'extérieur de la courbe.

Ce *surhaussement* ou *devers* est donc théoriquement proportionnel au carré de la vitesse et à l'inverse du rayon. Il sera par suite d'autant plus grand que le rayon de la courbe sera plus petit; il en sera de même des chances de déraillement et des résistances à la traction.

Mais, pour ce qui concerne les courbes, il en résulte encore que, sur deux courbes en sens contraire, les véhicules penchent de côtés différents. On comprend donc encore de ce fait la nécessité d'une partie intermédiaire de longueur suffisante pour donner, au train sortant de la première courbe, le temps de se redresser et de prendre l'inclinaison exigée par la seconde.

Le passage brusque de l'une à l'autre pourrait encore entraîner des chances de déraillements ou, pour le moins, des chocs fort préjudiciables à la bonne conservation du matériel.

Dans tous les cas cet intervalle est donné par la formule suivante indiquée par M. Partiot:

$$D = (R + R')\left(-1 + \sqrt{1 + \frac{t}{(R + R')^2}}\right)$$

dans laquelle R et R' représentent les rayons des courbes et t la longueur de la tangente.

Ainsi pour une tangente commune de 100 mètres et deux rayons de 500 mètres on trouve :

$$D = 4^{m},90.$$

Pour la même tangente et deux rayons de 300 mètres il vient :

$$D = 8^{m},17.$$

Nous avons vu précédemment que la longueur réglementaire est de 100 mètres.

Cependant, dans ces dernières années, grâce surtout aux perfectionnements apportés dans la construction du matériel roulant, on a cherché à atténuer les exigences de l'article 8 du cahier des charges en ce qui concerne les alignements à réserver et les rayons minimum de ces courbes portés précédemment à 300 mètres. A la suite de nombreuses réclamations, le ministère des Travaux Publics institua à cet effet en 1885 une Commission spéciale qui prit ses renseignements auprès des principales Compagnies françaises et étrangères et conclut ce qui suit :

Pour les passages difficiles des lignes à faible trafic, sur lesquelles la vitesse des trains sera de 25 à 40 kilomètres et ne dépassera en aucun cas 60 kilomètres à l'heure, on pourra adopter les rayons de courbes suivantes :

VITESSE OU MARCHE moyenne on kilomètres à l'heure	VITESSE MAXIMUM augmentation de 33 °/ₒ sur la colonne précédente	RAYONS MINIMUM des courbes
19	25	150
34	45	200
45	60	250

Il est entendu que l'on n'adoptera ces rayons que lorsqu'ils permettront de réaliser des économies importantes dans la construction; on aura soin de réduire en même temps les déclivités maxima de la ligne de 4 à 5 millimètres selon les cas.

Quant à l'alignement droit à réserver entre deux courbes de sens contraire, on peut le réduire jusqu'à 30 mètres avec des courbes de 150 mètres de rayon et des vitesses maxima de 25 à 30 kilomètres à l'heure. Avec des vitesses de 45 à 60 kilomètres et des courbes de 200 à 250 mètres de rayon, on ne descend qu'à 50 mètres.

Telles sont les tolérances admises aujourd'hui.

Plan coté sur une ligne de base et profils en travers.

131. Nous avons vu, dans un exemple antérieur choisi à dessein, que les parcelles peuvent manquer au cadastre dans toute une région importante du plan. Les cotes d'altitude sont alors relevées au moyen de chaînages repérés au mieux par rapport aux parcelles voisines.

Mais il peut arriver que ce plan ne présente aucune parcelle sur une vaste étendue de territoire, comme dans certaines contrées où les terrains sont mauvais et impropres à toute culture, ou bien dans les grandes propriétés dépendant de châtelains ou gros propriétaires fonciers, etc. Il y a lieu alors de modifier la méthode précédente pour dresser le plan coté de la région.

On se sert pour cela de la ligne provisoire tracée sur la carte au $^1/_{80000}$ et mieux au $^1/_{40000}$; on trace sur le terrain à relever, au moyen de jalons, une ligne brisée polygonale représentant à peu près l'axe des voies et l'on y plante des piquets pour la rendre plus fixe. Ces piquets sont absolument quelconques et portent une simple entaille latérale avec un numéro reproduit sur le plan et sur le carnet. Ils diffèrent donc essentiellement des piquets d'études définitives, tous de type uniforme, beaucoup plus gros et plus soignés, que nous verrons plus loin. Nous insistons sur ce point parce que certaines personnes font parfois cette première opération avec un fini et une dépense absolument inutiles, plantant des balises aux sommets d'angles, etc. Tout cela, à notre sens, est superflu pour les études nous occupant ici, qui doivent rester essentiellement provisoires. Nous ne cherchons toujours en ce moment qu'à repérer convenablement sur notre plan les cotes et les objets relevés sur le terrain et, pour cela, à remplacer les parcelles qui nous manquent.

132. *Alignements.* — Il y a lieu seulement, pour plus d'exactitude, d'employer les alignements les plus longs possibles et d'éviter que leurs sommets tombent dans des bas-fonds, car il est utile de voir toujours distinctement deux sommets consécutifs.

La simple visée à l'œil suffit, en marchant à reculons, pour lancer ces alignements avec les jalons (*fig.* 104). Quand ils sont de plusieurs kilomètres, on peut les tracer au théodolite; mais le tracé à simple visée donne d'aussi bons résultats pour une ligne provisoire comme celle-ci, et il peut arriver que certains de ces alignements atteignent une longueur telle, une dizaine de kilomètres par exemple, que le théodolite lui-même ne rende aucun service à moins de nombreux déplacements. Les lunettes des instruments couramment employés n'ont pas toujours cette portée, ni même la moitié en supposant qu'on se déplace en se portant au milieu. La mise en station de l'appareil exige une perte de temps pour un service rendu à peu près inutile. En même temps le théodolite exige toujours l'implantation de balises. Enfin, à longue distance, les signaux sont difficiles ou impossibles à faire au personnel ou bien l'on perd un temps infini à faire courir des agents de poste en poste. En résumé, il faut réserver le théodolite pour le tracé définitif.

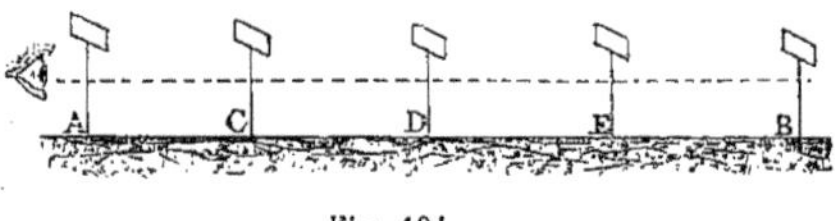

Fig. 104.

On repère cette ligne de base à son point de départ en la rattachant par un chaînage à la dernière limite de parcelle du plan, en y ajoutant, si c'est nécessaire, l'angle que font ces deux droites mesuré au plan et reporté sur le terrain au moyen du goniomètre ou du graphomètre. Une fois les premiers jalons ainsi en position, on peut marcher à reculons en plantant les autres, bien plombés tous les 70 mètres au maximum en terrain plat. On peut alors aller aussi loin qu'on veut et, lorsqu'on a l'habitude de tracer les alignements, on ne commet que des erreurs insignifiantes. On a seulement soin de se repérer de temps en temps au moyen de son plan au $^1/_{40000}$ ou mieux au $^1/_{10000}$ au moyen des villages, croisements de routes, etc., rencontrés. Et, si l'on s'aperçoit que l'on s'écarte trop de la ligne indicatrice de ces plans, on en est quitte pour rectifier un peu les jalons ou obliquer du côté nécessaire et pour remplacer l'alignement primitif par deux plus petits faisant entre eux un certain angle.

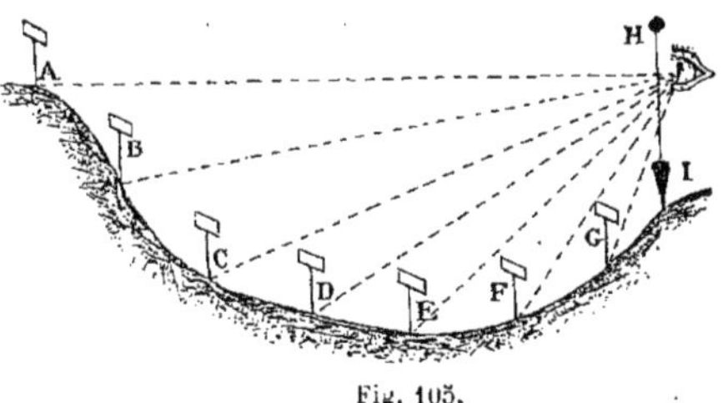

Fig. 105.

Lorsque le terrain est accidenté seulement, la pose des jalons d'un alignement demande certaines précautions (*fig.* 105). On plante dans la direction voulue deux jalons A et B, puis on s'aligne en arrière en T sur la droite ainsi formée, au moyen d'un fil à plomb tenu bien vertical et plongeant dans un verre d'eau, s'il y a lieu, pour éviter ses oscillations. On constitue ainsi avec le fil à plomb et le jalon le plus éloigné A un plan de visée qui permet de poser des jalons intermédiaires B, C, D, E, etc.

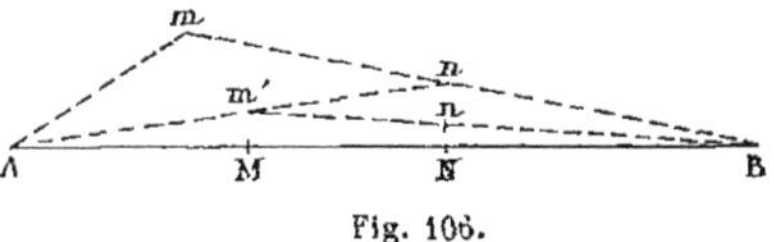

Fig. 106.

133. *Cas particuliers.* — Il peut arriver quelquefois que les deux extrémités obligatoires d'un alignement ne soient pas visibles l'une de l'autre (*fig.* 106). On part alors de l'un des points B par exemple et l'on trace, au moyen de jalons, un alignement B*nm*, se dirigeant autant que possible vers A sur B*nm*; puis du premier point *n* où l'on aperçoit A, on lance sur celui-ci un nouvel alignement *nm'*A. De même d'un point *m'* d'où l'on voit B, on fait placer un jalon *n'* et ainsi de suite. On arrive ainsi assez rapidement par tâtonnements, et en resserrant de proche en proche la question, à mettre les quatre jalons AMNB en ligne droite.

On a souvent aussi à trouver le point de croisement de deux alignements AB, CD (*fig.* 107). Un seul opérateur peut y arriver par tâtonnement en visant successivement les deux directions; mais il est préférable d'être deux. Un opérateur placé à l'extrémité d'un des alignements vise celui-ci; l'autre tenant en main un jalon marche dans la direction du second et plante son jalon en terre quand le premier lui fait signe qu'il est au point voulu.

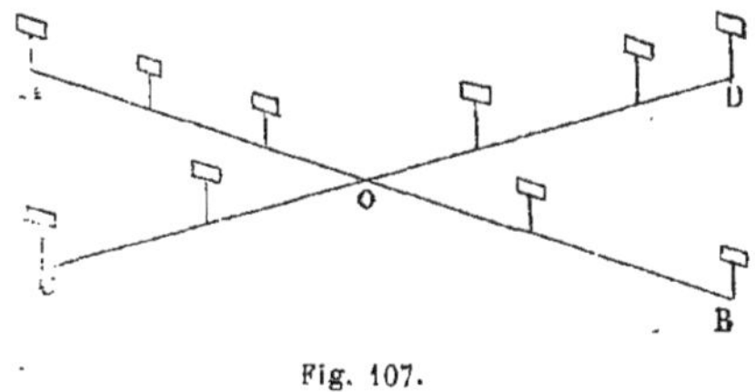

Fig. 107.

134. *Emploi du théodolite.* — Si l'on tient à employer le théodolite qui, à notre avis, doit être réservé au tracé des alignements définitifs ou aux grandes opérations géodésiques, la méthode revient toujours en somme à ceci (*fig.* 108) : d'un point A où se trouve l'instrument on vise la balise plantée au point B, extrémité de l'alignement; on a soin de prendre pour celle-ci une longue perche en pin de 8 mètres peinte en rouge et blanc par bandes de 1 mètre, comme les jalons le sont sur $0^m,50$, et terminée à la partie supérieure par un drapeau mi-partie rouge et blanc qui flotte au vent et attire l'attention de loin pour établir la visée. Puis on fait placer les jalons intermédiaires en inclinant plus ou moins la lunette du limbe vertical, de manière que le fil vertical du réticule couvre l'axe des jalons, et en se rapprochant de l'instrument. On voit les difficultés qu'il y a lorsque l'alignement est un peu long : au bout de 2 à 3 kilomètres, suivant la saison, il est impossible de voir distinctement les signaux, même avec une longue-vue. Il faut toujours déplacer le théodolite et faire un certain nombre de stations intermédiaires. Encore faut-il ne pas avoir le soleil en face de soi, car alors il faut attendre des heures qu'il ait suffisamment tourné. Enfin, à de grandes distances, le fil du réticule, si fin soit-il, est toujours

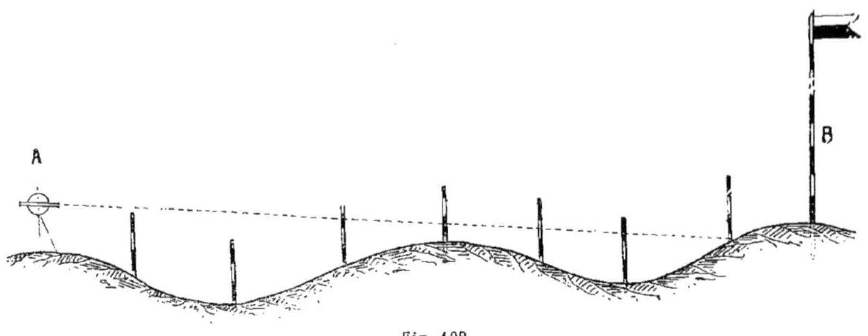

Fig. 108.

plus gros que le jalon dont l'implantation présente alors de l'incertitude.

On peut d'ailleurs opérer en sens inverse en s'éloignant du point de départ au lieu de s'en rapprocher : cela permet de transporter plus aisément l'instrument dans les alignements trop longs et de supprimer un certain nombre des inconvénients qui précèdent. On pose avec autant de précision que possible le dernier jalon que l'on peut bien nettement viser et on y place l'instrument en station, comme au point de départ A, pour continuer de là plus loin. On a soin de vérifier de temps en temps ces visées

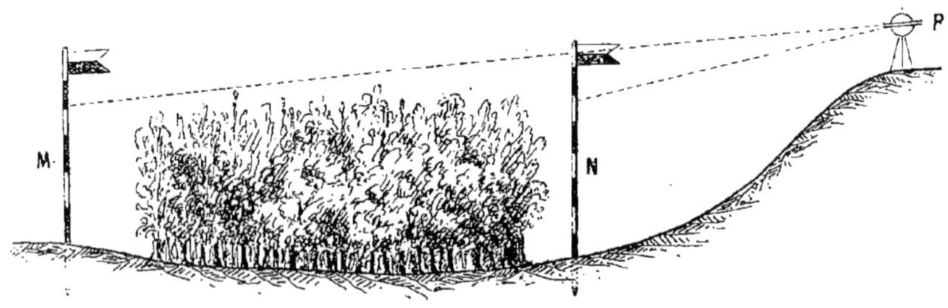

Fig. 109.

sur la balise qui, lorsqu'elle est trop loin, donne encore la plus grande incertitude.

Il peut arriver que les deux sommets ne soient pas visibles l'un de l'autre ou bien encore séparés par un obstacle opaque, comme un bois, un mur, etc. On fixe alors, d'après le plan et à l'avance, le point d'arrivée de l'alignement N. Puis on cherche dans les environs un point élevé d'où l'on puisse voir les deux balises MN, et l'on fait faire dans le bois ou la muraille une trouée dans l'alignement MN (*fig.* 109).

Si un point culminant est impossible à

trouver, on fixe toujours à l'avance le point N et on trace l'alignement à travers le bois d'après l'angle connu QMN. On rectifie ensuite en arrivant au bout la saignée, selon qu'elle tombe à droite ou à gauche de N. Généralement une saignée de 1 mètre de large ne donne lieu à aucune rectification; l'alignement n'en suit pas

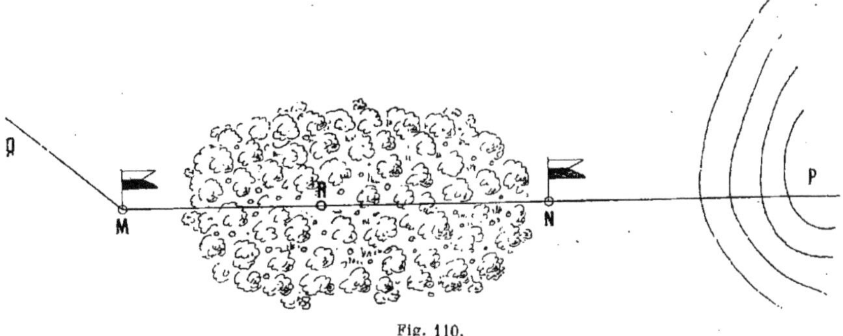

Fig. 110.

rigoureusement l'axe, voilà tout; et, pour planter les jalons intermédiaires, on place

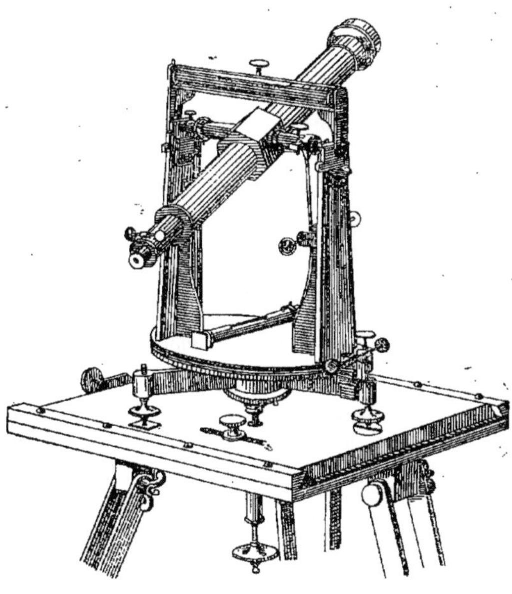
Fig. 111.

le théodolite sur le milieu de l'alignement en R en un point tel que la lunette retournée bout pour bout de 180 degrés permette de viser successivement les deux points M et N. On est sûr alors de se trouver dans l'alignement MN et on peut fixer tous les jalons restants (*fig.* 110).

135. *Instruments pour le tracé des alignements.* — Remarquons que, lorsque le terrain n'est pas très accidenté, on peut se servir du niveau d'Egault toujours plus maniable que le théodolite et dont la lunette permet toutes ces visées si elles ne sont pas de trop longue portée.

Dans tous les cas on peut faire usage d'un instrument beaucoup plus simple que le théodolite et qui permet ici d'obtenir les mêmes résultats. C'est une simple lunette à longue portée et jouissant des deux mouvements horizontal et zénithal nécessaires (*fig.* 111). Un axe horizontal permet à la lunette de se mouvoir dans un plan parfaitement vertical; cet axe est supporté par deux tourillons reposant dans un cadre qui peut lui-même se mouvoir autour d'un axe vertical passant par le centre de l'appareil. On peut ainsi l'orienter dans la direction voulue. Il ne reste plus qu'à mettre la lunette dans le plan vertical à jalonner, ce qui se fait au moyen d'un petit niveau à bulle d'air et de trois vis de calage qui rendent les tourillons bien horizontaux. On continue ensuite comme précédemment.

136. *Marche du travail.* — Une première brigade d'opérateurs trace ainsi les alignements en abattant les obstacles, coupant les arbres, haies, etc., puis place à l'œil entre les jalons posés précédemment et à tous les plis de terrain un piquet à côté duquel est plantée une jalonnette. Ces points seront nivelés et serviront de base à d'autres alignements perpendiculaires au premier, tracés à l'équerre ou au graphomètre selon leur longueur, et où l'on mettra des jalonnettes de la même façon, aux points où l'on jugera utile de relever des cotes de niveau. Finalement on voit que, par ces deux opérations, en long comme en large, on finira par couvrir le terrain de cotes partout où elles sont nécessaires ; on sera donc arrivé, par une autre méthode moins simple et moins expéditive que celle des parcelles, à constituer le plan coté de la région.

137. *Mesure des angles.* — Mais, avant de procéder au chaînage et au nivellement qui est effectué par une seconde brigade marchant derrière la première, celle-ci achève son travail par le relevé des angles que font entre eux les alignements jetés sur le terrain d'après les repères du plan.

Cette mesure se fait au graphomètre qu'il est bon de vérifier avec soin avant de s'en servir.

Pour cela on commence par amener le zéro du vernier vis-à-vis de celui du limbe horizontal; les quatre pinnules des alidades doivent être alors rigoureusement dans un même plan.

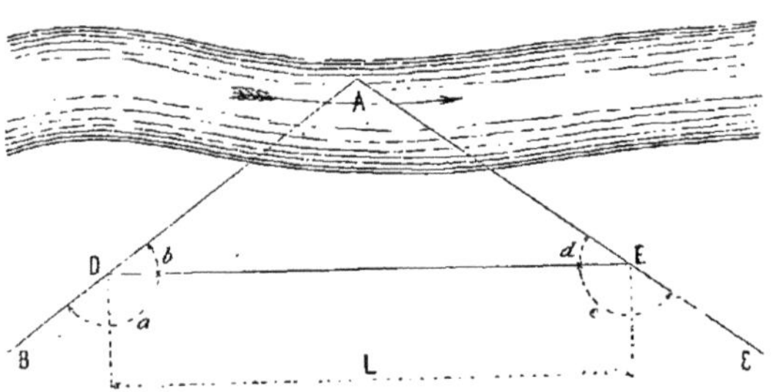

Fig. 112.

Il faut de plus que l'instrument soit bien centré, c'est-à-dire que son centre coïncide bien avec l'axe de rotation du limbe. Il suffit pour cela de mesurer individuellement deux angles supplémentaires et de voir si leur somme est bien égale à 180 degrés.

Il n'est même pas inutile pour un instrument d'un usage aussi fréquent de vérifier la graduation du limbe et l'égalité de ses divisions. On prend pour cela un certain nombre de divisions entre les extrémités du compas à pointes sèches et on les reporte sur la graduation un certain nombre de fois en observant si le nombre de divisions embrassées est bien toujours le même. On répètera plusieurs fois cette vérification en changeant le nombre des divisions adopté.

Cette vérification bien soigneusement faite, on procède au relevé exact des angles que forment les alignements entre eux afin de pouvoir les reporter rigoureusement sur le plan d'études.

On place pour cela le graphomètre au sommet de l'angle et l'on vise les balises des sommets voisins ou des jalons placés aussi loin que la visée le permet, pour avoir plus de chance d'exactitude; on répète la lecture deux fois, ce qui suffit ici et l'on prend la moyenne.

Il peut arriver que, le sommet étant accessible, l'un des côtés de l'angle soit trop court pour donner une visée présentant toute sécurité ; on vise alors l'angle supplémentaire.

D'autres fois on ne peut se placer au sommet lui-même qui tombe par exemple au milieu d'une rivière (*fig.* 112); on lance alors dans la partie accessible une corde

DE dont on mesure exactement la longueur L, puis on cherche les angles a et c ou b et d. Le mieux est de les mesurer tous les quatre pour se contrôler : on a ainsi tous les éléments pour évaluer l'angle A, le tracer sur le plan et poursuivre l'alignement AC sur le terrain.

138. *Chaînage entre piquets.* — Ces préliminaires terminés, et pendant que la première brigade continue à marcher en avant, la seconde opère le chaînage de toutes les distances qui séparent les piquets, chaînage qui doit être fait en cumulant à partir de l'origine pour éviter les erreurs se reportant aussi bien sur le terrain que dans le cabinet. Nous donnons ici rapidement et pour n'y plus revenir quelques notions fondamentales sur cette opération.

Chaîne à maillons. — Le chaînage a pour but de mesurer les distances, *toujours ramenées à l'horizontale* qui existent entre deux points donnés, entre deux piquets du profil en long par exemple.

L'instrument employé dans les travaux courants de peu d'importance demandant peu de précision est la *chaîne à maillons* (*fig.* 113). Elle se compose d'un certain nombre de tiges de fer bien rigides de

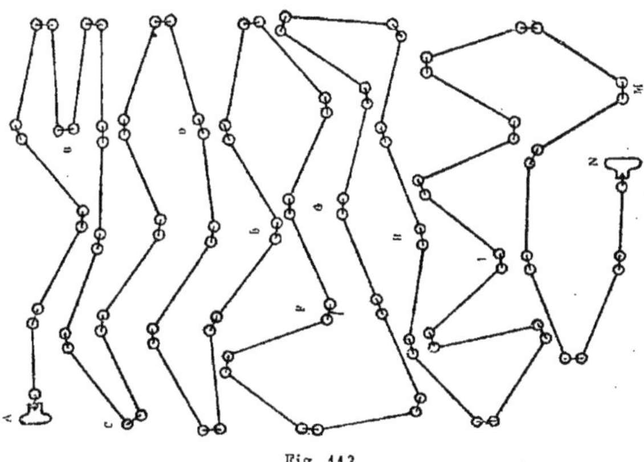

Fig. 113.

5 millimètres de diamètre terminées à leurs deux extrémités par des parties recourbées qui servent à les réunir bout à bout au moyen d'anneaux intermédiaires espacés de $0^m,20$; les deux dernières tiges

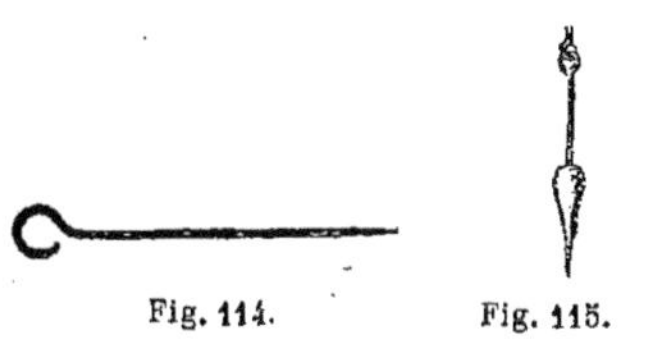

Fig. 114. Fig. 115.

de la chaîne, qui a de 10 à 50 mètres de longueur totale, sont terminées par des poignées, A et N, et la longueur de ces poignées est évidemment prise sur celle de $0^m,20$ des tiges qui les portent.

Il en résulte que cinq tiges font un mètre et, en ce point, l'anneau est en cuivre; celui du milieu, correspondant à 5 mètres, porte en outre un petit appendice en cuivre qui le fait reconnaître immédiatement.

Cette chaîne est accompagnée d'un jeu de fiches (*fig.* 114) ou tiges de fer d'un diamètre de 5 millimètres, épointées d'un bout pour pouvoir être plantées en terre ; à l'autre extrémité elles sont recourbées en forme d'anneau, ce qui est commode pour faire passer les fiches dans le doigt ou dans un cordon qui les relie toutes ensemble au repos. Il faut dix fiches et en plus une fiche plombée (*fig.* 115) pour les terrains un peu accidentés. En terrain très accidenté, le chaînage, qui doit toujours représenter des projections horizontales, se fait encore mieux au moyen du fil à plomb.

Le plomb doit être assez lourd pour ne pas flotter trop longtemps avant de se fixer; il ne faut pas cependant qu'il devienne une charge incommode: un bon poids est 300 à 400 grammes. Le plomb fixé au bout du fil doit avoir une pointe très effilée pouvant remplacer celle de la fiche. Généralement cette pointe, qui s'use naturellement assez vite et perd sa justesse, est en acier et rapportée dans un cône de fonte au moyen d'un pas de vis. Ce système présente un inconvénient, c'est que le grain d'acier se dévisse toujours à la longue et se perd mettant ainsi l'objet hors de service. Un bon plomb en fonte ou en fer forgé d'une seule pièce en forme de toupie et bien pointue est donc ce qu'il y a de mieux, d'autant plus que l'usure de la pointe est loin d'être rapide et qu'elle peut être aisément repassée d'un coup de lime.

Quelquefois le fil à plomb est en outre muni d'une petite plaque carrée percée d'un trou et glissant dans le même fil; on peut ainsi tenir le plomb à une distance constante de l'objet à plomber, un jalon par exemple, et on a toujours le fil mieux en main. Mais cet instrument n'est réellement utile que dans la confection des maçonneries (*fig.* 116).

139. *Opération du chaînage.* — La chaîne à maillons est un instrument très imparfait et nous allons voir par l'étude de son maniement à combien d'erreurs elle peut entraîner.

Deux personnes tiennent la chaîne par ses deux poignées et partent, l'aide en avant, l'opérateur en arrière, dans la direction à chaîner. L'opérateur appuie sa poignée contre le point de départ du chaînage et fait aligner son aide dans la direction de l'alignement, car, s'il s'en écartait, cela infirmerait encore les résultats. L'aide, qui tient en mains les dix fiches, tend la chaîne et plante une première fiche en terre contre sa poignée. Pour cela, il peut hésiter, ainsi d'ailleurs que l'opérateur qui le suit, entre deux méthodes : ou bien ils posent tous deux leurs fiches en dehors de la poignée ou bien ils la fixent tous deux en dedans.

Dans le premier cas, on voit que la longueur comptée est fausse, à chaque coup de chaîne, de l'épaisseur de la fiche qui n'est pas comptée, soit 5 millimètres environ (*fig.* 117).

Dans le second, l'erreur est représentée par l'épaisseur de la fiche augmentée de deux fois l'épaisseur de la poignée (*fig.* 118).

L'idée peut venir alors de planter une fiche en dedans et l'autre en dehors; on détruit ainsi l'inconvénient de l'épaisseur de la fiche, mais on commet toujours une erreur représentée par l'épaisseur d'une poignée.

Ainsi, même avec tout le soin voulu, il

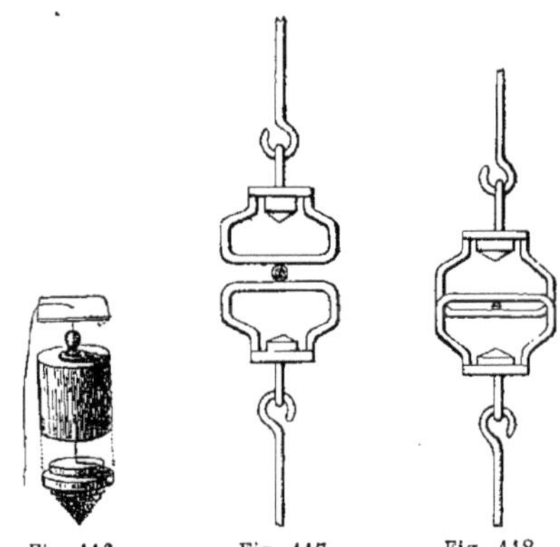

Fig. 116. Fig. 117. Fig. 118.

est *impossible* avec la chaîne à maillons de faire un chaînage exact. Et l'on voit où peuvent mener, sur une grande longueur, ces erreurs successives qui sont au minimum de 5 millimètres à chaque coup de chaîne !

Mais ce ne sont pas là les seules causes d'erreur.

En effet, la fiche une fois en terre, les deux opérateurs se relèvent et recommencent de nouveau à chaîner 10 mètres et ainsi de suite. Au bout de 100 mètres les dix fiches sont épuisées et l'aide doit les reprendre, sans oublier celle qui reste plantée jusqu'au dernier moment pour servir de point de départ au nouvel hectomètre. C'est un oubli que l'on peut faire aisément avec toutes les chaînes et que ne manquent jamais les débutants; ils comptent alors 100 mètres avec neuf fiches!

Or admettons que la chaîne soit parfaitement construite, bien ajustée et que les éléments n'en présentent aucun jeu; comme le terrain n'est jamais parfaitement horizontal, il est indispensable qu'elle soit constamment bien tendue, sans quoi elle présente une flèche qui entraîne un raccourcissement toujours difficile à éviter de 0m,01 à 0m,025. Ces tensions déforment toujours la chaîne, dont les anneaux s'allongent surtout s'ils sont circulaires; il est donc préférable de les construire d'avance allongés. Malgré cela, le raccourcissement dû à la flèche est difficile à éviter et quelquefois cherche-

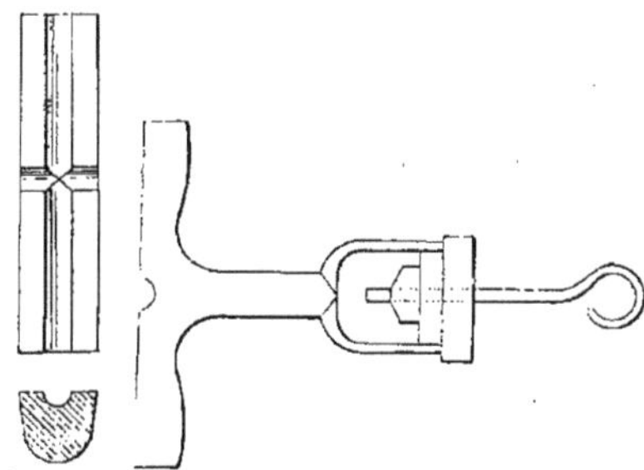

Fig. 119.

t-on à le corriger en posant les fiches *toutes en dehors* des poignées, ce qui donne une erreur de 5 millimètres, en sens contraire, à chaque développement de 10 mètres.

Mais le défaut le plus grave de ces instruments réside dans les *nœuds* que les anneaux forment souvent et dont il faut constamment se méfier en jetant toujours sur la chaîne un dernier coup d'œil avant de s'en servir.

En somme, mauvais instrument dont nous devions rappeler les imperfections et qui doit être absolument proscrit de toutes les opérations de chemin de fer.

140. *Chaîne-ruban en acier.* — Le premier perfectionnement que l'on ait apporté à la chaîne à maillons consiste à remplacer les poignées ordinaires par des tiges en forme de T (*fig.* 119), présentant en leur milieu une échancrure demi-ronde dans laquelle vient se loger la demi-épaisseur d'une fiche. C'est cette poignée qui accompagne toujours les décamètres à ruban et c'est ce dernier instrument qui doit seul être employé.

Celui-ci est un ruban d'acier recuit, de 14 à 16 millimètres de largeur, très

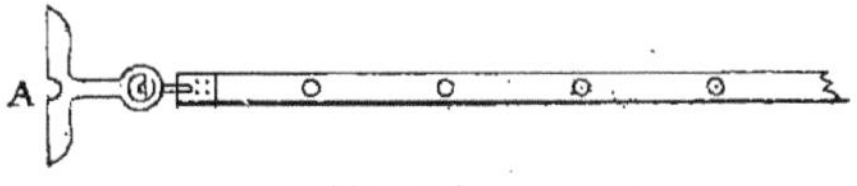

Fig. 120.

léger, et par conséquent présentant moins de danger de donner des flèches et pouvant supporter de fortes tensions sans se déformer (*fig.* 120). En outre, on est ainsi complètement à l'abri des nœuds que présente toujours la chaîne à maillons. Les doubles décimètres sont représentés alternativement par de petits clous de cuivre et des trous; les mètres, par de petites rondelles de cuivre; le milieu de la chaîne ou 5 mètres, par un losange de même métal.

La seule précaution à prendre avec cette chaîne est de l'enrouler avec précaution quand elle n'est pas tendue; sans

Fig. 121.

cela, le ruban forme immédiatement de nombreux méandres dont les spires constituent de véritables ressorts. Le moindre effort de côté suffit alors pour en amener la rupture.

Aussi ce ruban est-il toujours accompagné d'un support en forme de croix (*fig.* 121) dont on le déroule en marchant à reculons avec précaution et sur lequel on l'enroule de la même manière. On arrête la dernière poignée avec un lien quelconque quand elle ne tombe pas exactement dans une des quatre fentes que présentent les branches du support. Aujourd'hui la tendance est de remplacer ce support par une poulie en bois dans la gorge de laquelle on enroule le ruban d'acier.

Ces rubans ont généralement 10 mètres; mais on en fait aussi fréquemment de 20 et de 50 mètres. On en a fabriqué qui atteignent même jusqu'à 100 mètres pour chaîner en pays plat; on comprend en effet que plus on supprime le nombre des stations, moins on a de chance d'erreur.

On en fait aussi de moins de 10 mètres, par exemple de 5 mètres ou même de 2 mètres, pour chaîner en terrain accidenté.

En terrain incliné on emploie la fiche portant une masse de plomb vers la

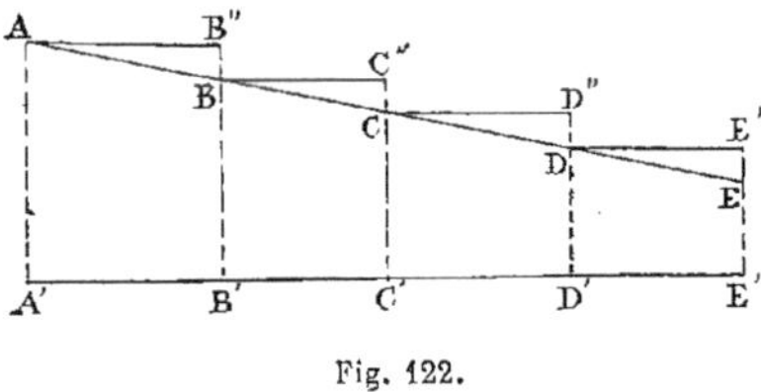

Fig. 122.

pointe et qu'on laisse tomber avec précaution en tenant la chaîne bien horizontale. L'emploi du fil à plomb est toujours préférable et plus sûr. Il est d'ailleurs obligatoire dans les terrains très inclinés; de toutes façons, les terrains accidentés étant le plus souvent rocheux, la fiche y pénètre difficilement; le plomb indique mieux le point cherché avec sa pointe et on peut alors y tracer une marque quelconque avec la fiche.

On parcourt ainsi en réalité la projection horizontale AB'C'D'E' du terrain incliné (*fig.* 122), mais par petites portions successives en gradins AB'', BC'', CD'', etc., chacun de ces échelons représentant un coup de chaîne. On voit bien que, pour la commodité et l'exactitude de l'opération, la longueur de la chaîne employée devra être d'autant plus petite que le terrain sera plus incliné.

141. *Remarques générales.* — Le chaînage doit toujours être fait deux fois par deux escouades marchant l'une derrière l'autre et se communiquant leurs résultats tous les 100 mètres. On comprend qu'il serait imprudent d'aller plus loin, car la recherche d'une erreur pourrait devenir des plus pénibles.

Dans les terrains très accidentés, il sera prudent de se vérifier par un chaînage à reculons pour corriger les effets d'inclinaison des fiches cédant toujours un peu sous la traction que l'on fait subir à la chaîne pour la maintenir horizontale.

Tous les 100 mètres on peut placer un

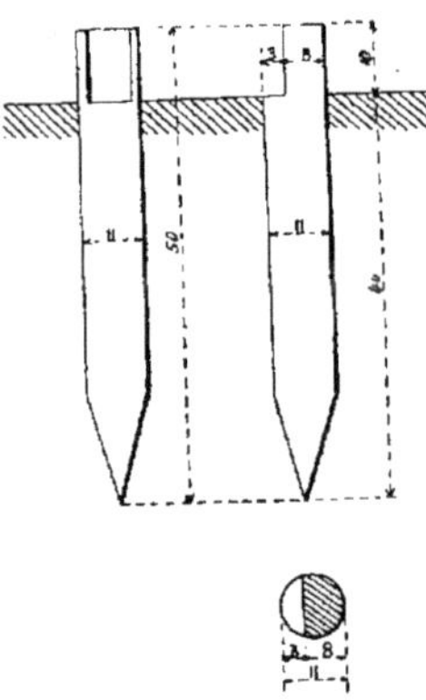
Fig. 123.

piquet hectométrique (*fig.* 123) un peu plus fort que les autres et présentant un numéro en rouge permettant rapidement de le distinguer et indiquant l'hectomètre correspondant. De même aux sommets d'angles, quand on a enlevé les balises, et aux kilomètres; les piquets ont environ $0^m,50$ de hauteur et $0^m,10$ de diamètre. Ils doivent faire saillie de $0^m,10$ du sol. On les nivellera avec assez de soin pour qu'ils puissent servir de repères pour tous les autres points à relever.

142. *Chaînage en travers.* — Le chaînage de la ligne de base étant effectué sur une certaine longueur, généralement jusqu'à ce que la seconde brigade ait rattrapé la première qui marche un peu moins vite, on procède de même au chaînage des profils en travers. Ce dernier se fait au moment même de niveler, car on n'y plante, aux points intéressants, que des jalonnettes qui sont facilement enlevées par le vent ou même par les passants. Pendant ces divers chaînages on a soin de relever tout ce qui se présente d'utile dans la zone du chemin de fer : routes, chemins, cours d'eaux, maisons, bois, etc. Le plan topographique se trouve ainsi terminé et le nivellement le transforme en plan coté. On se trouve donc arrivé au même point que par l'emploi du plan cadastral avec parcelles, mais d'une façon beaucoup plus longue et plus pénible.

Cas particuliers.

143. Il peut arriver que cette opération du chaînage ne soit pas possible par suite de la présence subite d'un marécage dans lequel on ne peut pénétrer, d'un obstacle, comme un bois, une rivière, etc. On opèrera dans ce cas par lignes parallèles placées à une certaine distance et, si ces parallèles ne suppriment pas la difficulté, comme dans le cas de la traversée d'un cours d'eau, par exemple, on aura recours aux procédés trigonométriques dont nous avons déjà dit quelques mots à propos de la triangulation.

Le cas le plus simple qui se présente est celui où l'on rencontre un obstacle infranchissable et où on le tourne au moyen d'une parallèle à la direction première.

144. *Parallèles.* — Ces parallèles se mènent avec l'équerre qu'il sera bon de vérifier, comme tous les instruments dont on fait usage.

On s'y prendra pour cela de la manière suivante :

On installe l'équerre bien verticalement

Fig. 124.

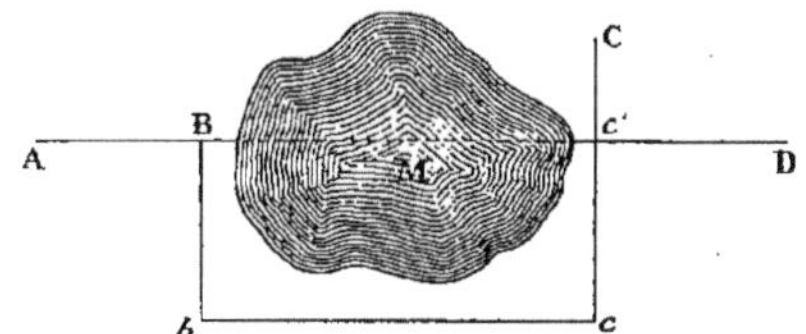

Fig. 125.

sur son pied en un point donné ; en visant par deux fenêtres consécutives deux jalons situés à une certaine distance, on forme avec l'instrument un angle de 45 degrés. On fait alors tourner l'équerre autour de son pied de manière à amener toutes les autres fentes dans la direction de l'un des jalons ; la fente suivante doit permettre de viser l'autre.

Ajoutons que l'équerre complètement circulaire doit être préférée à celle qui est octogonale dont la construction se fait moins facilement exacte. Enfin dans les terrains accidentés on peut employer une équerre sphérique, dont l'usage n'est peut-être pas assez répandu et qui permet beaucoup mieux que les systèmes ordinairement en usage de lancer des visées inclinées en plongeant ou en montant (*fig.* 124).

Cela fait, supposons que l'alignement AB vienne à tomber au milieu d'une mare M et que nous désirions le prolonger de l'autre côté en même temps que connaître la longueur de l'alignement comme si toutes les parties en étaient accessibles.

La méthode classique bien connue est la suivante (*fig.* 125) :

En un point B auquel on arrête le chaînage antérieur, on élève à l'équerre une perpendiculaire B*b* à AB. On chaîne sur B*b* une longueur suffisante pour dépasser le périmètre de la zone à éviter et au point *b* ainsi déterminé on donne un nouveau coup d'équerre qui trace la perpendiculaire *bc* à B*b*, c'est-à-dire une parallèle à AB. Sur *bc* on chaîne également une longueur permettant de se porter au-delà de l'extrémité de la mare, en *c* et au point c on plante l'équerre et on trace la perpendiculaire cc' sur laquelle on chaîne à partir de c une longueur cc' égale à Bb. On est certain alors que le point c' appartient au prolongement de l'alignement AB. On n'a plus alors qu'à mener au point c' une perpendiculaire c'D à cc' et on a cet alignement lui-même.

Bien entendu, au lieu de perpendiculaires Bb, cc', on pourrait tracer des parallèles quelconques de longueurs égales et le problème serait résolu de la même façon ; c'est ce qu'on pourra faire quand on y sera forcé par les circonstances locales ; mais, d'une manière générale, les perpendiculaires sont préférables car les angles droits sont les plus faciles à tracer exactement.

Cette méthode est défectueuse en ce sens que ces perpendiculaires menées successivement aux extrémités de droites qui viennent d'être lancées comportent toutes les erreurs cumulées que l'on n'a pu éviter en donnant les différents coups d'équerre, il est donc préférable d'opérer comme suit :

D'abord si l'obstacle, comme dans l'exemple précédent, ne s'oppose qu'au chaînage et non au tracé de l'alignement, on pourra d'abord lancer celui-ci de l'autre côté de la mare en c'D. Il restera à trouver la longueur de la distance Bc'. Pour cela, aux points B et c' choisis arbitrairement près du bord de l'eau, on mènera des perpendiculaires à l'alignement principal. On n'aura plus qu'à chaîner sur celles-ci des longueurs égales Bb, $c'c$ assez grandes pour éviter l'étang et bc représentera la longueur cherchée.

Mais le plus souvent l'obstacle, un bois par exemple, est opaque et il s'agit non seulement de mesurer la longueur d'alignement qu'il intercepte, mais de trouver de l'autre côté le prolongement de cet alignement lui-même. On opère alors comme suit (*fig.* 126) :

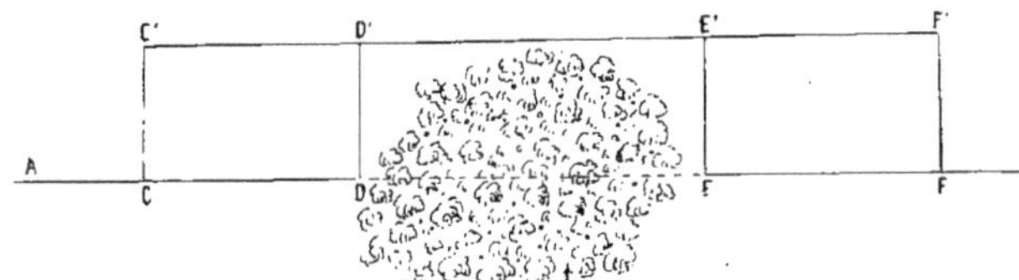

Fig. 126.

On choisit près du bois un point D et par ce point on mène une perpendiculaire à l'alignement primitif, connu AD, assez longue pour éviter le bois. A une certaine distance en arrière que nous engageons à prendre assez grande (30 mètres au moins) pour avoir des résultats plus exacts, on choisit un autre point C. En ce point on mène une perpendiculaire à AD et l'on y mesure une longueur CC' égale à DD'. On lance alors l'alignement C'D' qui est rigoureusement parallèle à AB.

On prolonge cet alignement assez loin en E'F' et l'on choisit comme précédemment sur cette parallèle deux points E'F' assez éloignés dont l'un E' est près du bord de l'obstacle. Si de ces points on mène des perpendiculaires à C'F' et que l'on prenne sur celles-ci des longueurs égales à CC' ou DD', on a en E, F des points qui appartiendront au prolongement cherché. De plus D'E' représentera exactement la distance inconnue DE.

Le même problème peut d'ailleurs se résoudre par différentes autres méthodes purement géométriques sur lesquelles nous ne pouvons nous arrêter, mais que l'on trouvera dans le *Traité de Géodésie* (M. Oslet, 2e partie du *Cours de Construction*).

Problèmes divers.

145. Nous résoudrons cependant le problème suivant qui se présente bien souvent : il s'agit de mesurer la largeur d'une rivière et la longueur de l'alignement AB interceptée par celle-ci (*fig.* 127).

On choisit sur l'alignement primitif un point B placé près du bord et sur lequel on s'appuie pour lancer un alignement auxiliaire CD parallèle à la rivière.

On chaîne alors sur CD une longueur BD telle que la rencontre de la perpendiculaire DE et de l'alignement AB se fasse en dehors du lit du fleuve; on élève avec beaucoup de soin cette perpendiculaire et l'on place le jalon E bien exactement à l'intersection des alignements AB et DE.

On revient alors au point B et l'on chaîne en arrière en BC une longueur égale à BD, puis on élève une perpendiculaire jusqu'à la rencontre de AB. Les deux triangles ABC et BDE sont égaux et, en chaînant AB, on a la longueur BE à partir de laquelle on peut poursuivre l'alignement et le chaînage de l'autre côté; en déduisant les portions BK, EL, on obtient la portion oblique traversée en rivière. Enfin, en chaînant AC, on a la longueur égale DE qui donne la vraie largeur du cours d'eau par la déduction des éléments DG et EH.

Un grand nombre d'opérations fort utiles pourront être effectuées le plus souvent par des moyens simples et le plus souvent avec la chaîne seule qui donne toujours les résultats les meilleurs quand on peut l'employer. Nous renvoyons pour cela à plusieurs études fort intéressantes de M. E. Dumont, ingénieur des Arts et Manufactures, publiées dans le *Génie civil* des 16, 23 et 30 août 1886.

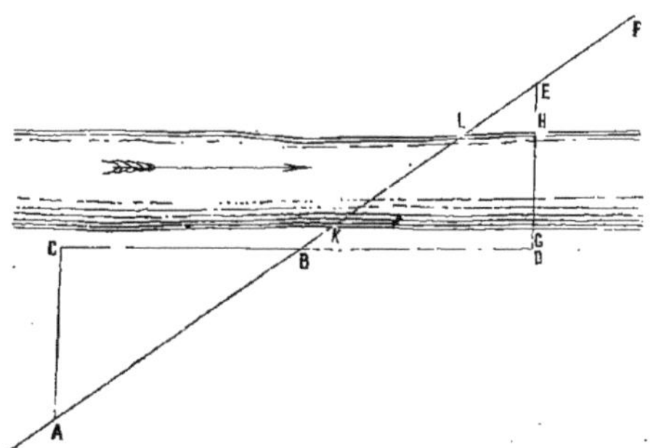

Fig. 127.

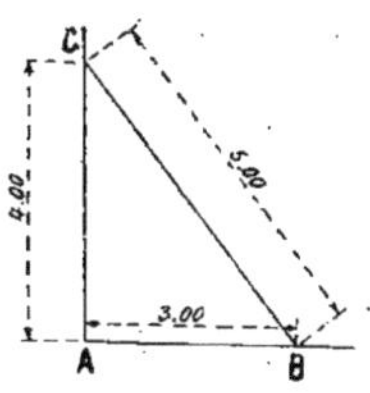

Fig. 128.

146. Comme type des services que peut rendre la chaîne, nous rappellerons l'exemple suivant qui peut être très précieux et qu'il faut absolument connaître. Il s'agit, avec la chaîne seule, de tracer deux droites rigoureusement perpendiculaires entre elles.

Si l'on considère un triangle rectangle ABC (*fig.* 128), on sait que l'hypothénuse BC est telle que :

$$\overline{BC}^2 = \overline{AB}^2 + \overline{AC}^2.$$

Si donc on veut mener en A une perpendiculaire à AB, il suffit de chaîner sur AB une longueur de 3 mètres, sur la perpendiculaire supposée AC une longueur de 4 mètres, ce qui donne le point C ou un point voisin, et de vérifier si la distance BC a bien 5 mètres; le point C sera alors bien à sa place, ainsi que la droite AC, car on aura :

$$5^2 = 3^2 + 4^2$$
$$25 = 9 + 16.$$

Si le chaînage de BC ne se fait pas exactement, c'est qu'on aura placé le point C, et par suite la perpendiculaire AC, trop à droite ou trop à gauche, et une seule rectification suffira généralement pour le mettre en place.

Un certain nombre de problèmes analogues pourront souvent être résolus par les procédés de la géométrie élémentaire et sans qu'on ait besoin de recourir à la trigonométrie.

147. Avec la chaîne seule et sans mesurer d'angle on pourra, si l'on veut, faire le relevé complet d'une route sinueuse, d'un ruisseau, etc. On n'aura pour cela qu'à constituer un canevas formé par des alignements suivant, autant que possible, les sinuosités du chemin en question; ces alignements feront entre eux des angles que l'on reliera par des transversales convenablement chaînées (*fig.* 129) et qui permettront de tracer ces angles au moyen de triangles dont on connaîtra les trois côtés. Quant aux détails, ils seront relevés au moyen de triangles dont les bases seront sur les alignements précédents ou sur des figures déjà relevées.

Résumé et Conclusions.

148. En résumé, nous ne saurions trop recommander l'emploi de la chaîne toutes les fois qu'il est possible. Les instruments servant à mesurer les angles sont fragiles, d'un prix élevé, exigent une certaine habitude pour être mis en station et une grande expérience pour être maniés avec précision. Malgré cela, il est impossible, même avec la répétition, de ne pas commettre une erreur de lecture, si petite qu'elle soit, et cette erreur peut avoir une influence très importante sur les longs alignements ; il résulte de ce fait que le plan tout entier peut être erroné.

La chaîne, au contraire, est un instrument simple, peu coûteux et que l'on peut apprendre à manier très rapidement dans n'importe quel terrain ; pour mesurer les angles, en particulier, elle présente une supériorité incontestable sur le graphomètre, en permettant de chaîner rigoureusement une transversale lancée entre leurs côtés. Nous en verrons des applications plus loin dans le tracé des courbes sur le terrain.

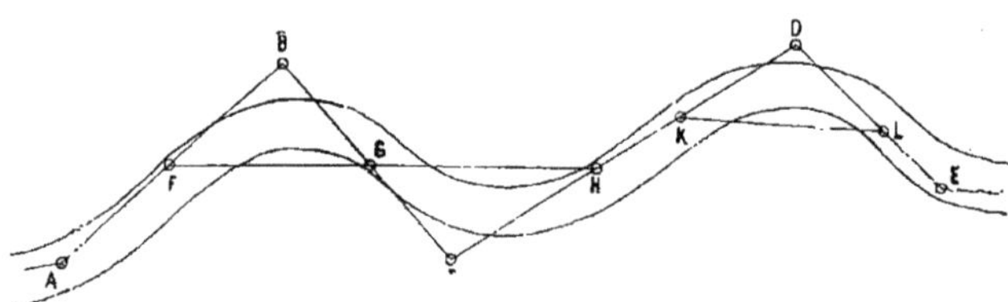

Fig. 129.

Il n'y a qu'une exception à cette règle : c'est le cas d'un terrain très accidenté. Le chaînage devient alors très pénible et n'est pas plus exact que les instruments angulaires.

Dans les terrains par trop montagneux il est même préférable de faire usage d'une règle de longueur proportionnée à l'escarpement du terrain, de 4 à 6 mètres; on la maintient horizontale, au moyen d'un petit niveau à bulle d'air.

Enfin il ne faudra pas hésiter dans certains cas à faire usage de quelques instruments rarement employés et ne faisant pas partie du matériel courant d'études. Ainsi on peut encore se servir, pour tracer un alignement prolongé, de la boussole; cet instrument, dans les opérations préliminaires surtout, peut parfois rendre des services, de même que le baromètre anéroïde de poche. Il suffit pour cela (*fig.* 125), le point c' sur le prolongement étant déterminé par une des méthodes précédentes, d'y placer la boussole dont l'aiguille prend une orientation constante, la même qu'elle aurait en A et qu'on a eu soin de constater à l'avance. Si donc on fait en c' avec l'aiguille le même angle constant, on obtient la direction c'D cherchée.

Des moyens plus rudimentaires encore peuvent être fort utiles. Ainsi, pour traverser un bois dans lequel on ne veut pas faire de saignée, on peut se servir simplement de signaux acoustiques. En installant par exemple un opérateur avec une corne au point où l'on veut arriver, après avoir traversé le fourré, on peut se diriger vers lui en le faisant constamment sonner de son instrument. Si les distances sont trop grandes, on peut employer les armes à feu dont les détonations s'entendent mieux et de plus loin. Il faut connaître tous ces procédés pour les employer au besoin, la plupart d'entre eux étant d'une approximation bien suffisante pour le travail qui nous occupe en ce moment, c'est-à-dire la confection du plan coté.

Variante.

149. Il est clair que ces études détaillées peuvent faire apercevoir ou au moins soupçonner des directions meilleures à donner à l'axe de la ligne. Le chef de section devra en prévenir immédiatement son ingénieur, qui viendra faire une tournée sur place et donner son appréciation. Si celle-ci est favorable, on étudiera immédiatement la variante d'après les méthodes générales indiquées précédemment et l'on en comparera les résultats, surtout au point de vue des travaux à exécuter, avec le tracé primitif. On tiendra compte en outre de toutes les autres considérations qui peuvent avoir de l'influence sur le choix d'une direction et l'on conclura en connaissance de cause.

Il est de toute évidence que les études définitives ne seront poussées à fond, ainsi que le tracé et le piquetage, que pour la direction finalement adoptée ; quelquefois cependant il peut y avoir intérêt à présenter à l'approbation de l'administration supérieure le tracé principal avec ses variantes.

Tableau des résistances des courbes.

150. Nous croyons utile pour terminer ce chapitre de donner encore le tableau suivant qui résume les résistances offertes à la traction par les différentes courbes.

Les chiffres de la deuxième colonne représentent indifféremment soit des millimètres de rampes, soit des kilogrammes de résistance par tonne à la traction des locomotives.

RAYON DES COURBES EN MÈTRES	RAMPES EN MILLIMÈTRES ou kilogrammes de résistance
250	3.44
300	3.01
350	2.67
400	2.34
450	2.08
500	1.85
550	1.69
600	1.53
650	1.37
700	1.26
750	1.14
800	1.04
850	0.955
900	0.87
950	0.778
1 000	0.687
1 200	0.45
1 500	0.246
2 000	0.183

Lignes à double et à simple voie.

151. La question du nombre des voies à établir n'est pas sans importance, car la surface des terrains à acquérir est naturellement fort différente. Mais, dans tous les cas, l'achat de ces terrains est à la charge de la Compagnie, comme le prescrit formellement l'article 21 du cahier des charges ainsi conçu :

Art. 21. « Tous les terrains nécessaires pour l'établissement du chemin de fer et de ses dépendances, pour la déviation des voies de communications et des cours d'eau déplacés, et en général pour l'exécution des travaux, quels qu'ils soient, auxquels cet établissement pourra donner lieu, seront achetés et payés par la Compagnie concessionnaire.

Les indemnités pour occupations temporaires ou pour détériorations du terrain, pour chômage, modification ou destruction d'usine, et pour tous dommages quelconques résultant des travaux, seront supportées et payées par la Compagnie. »

Or, à une certaine époque, on se rendait peu compte du trafic probable des nouvelles lignes à établir et l'on avait trop de tendance à comparer les nouveaux chemins à établir aux grandes lignes.

Tous les chemins de fer étaient exigés à double voie.

Insensiblement et l'expérience aidant, on s'aperçut que la seconde voie était le plus souvent inutile et que l'on avait exécuté pour la poser des travaux qui ne servaient à rien.

L'administration radoucit un peu ses exigences, sans cependant faire grâce de la seconde voie. Voici comment s'exprime à ce sujet l'article 6 du même cahier des charges :

« Art. 6. — Les terrains seront acquis « et les ouvrages d'art seront exécutés « immédiatement pour deux voies; les « terrassements pourront être exécutés « et les rails pourront être posés pour « une voie seulement, sauf l'établissement « d'un certain nombre de gares d'évite- « ment ».

Ce premier paragraphe fut bientôt modifié pour les lignes nouvelles auxquelles sont applicables les lois et décrets des 11 juin et 25 août 1863 ; on admit alors les terrains acquis pour deux voies, mais les terrassements et les ouvrages d'art pouvaient n'être exécutés que pour une voie. Dans tous les cas on prévoyait comme suit l'établissement de la seconde voie :

« La Compagnie sera tenue d'ailleurs « d'établir la deuxième voie, soit sur la « totalité du chemin, soit sur les parties « qui lui seront désignées, lorsque l'insuf- « fisance d'une seule voie, par suite du « développement de la circulation, aura « été constaté par l'administration.

« Les terrains acquis par la Compagnie « pour l'établissement de la seconde voie « ne pourront avoir une autre destina- « tion. »

Il est bon de remarquer que, dans quelques anciens cahiers des charges, on avait prévu que la deuxième voie serait posée aussitôt que l'exploitation atteindrait un chiffre de recette déterminé, chiffre fixé successivement à 18 000, 25 000 et même 35 000 francs par kilomètre. Cette méthode est aujourd'hui abandonnée avec juste raison, l'administration se réservant de statuer dans chaque cas particulier.

La recette n'est pas en effet un élément suffisant pour exiger la pose d'une voie supplémentaire : une ligne peut parfaitement être fort encombrée par des marchandises de peu de valeur et donnant un faible revenu, alors qu'une autre effectuant des transports de tarifs plus élevés peut très bien être moins embarrassée; d'ailleurs, nous le répétons, l'expérience a démontré que cette seconde voie n'était presque jamais utile sauf pour les lignes stratégiques.

Supposons cependant qu'on se trouve dans ce cas, c'est-à-dire que le chemin de fer soit établi à une voie, mais que l'on soit obligé d'acheter les terrains pour deux voies, afin de prévoir l'éventualité de la pose d'une seconde voie dans l'avenir. Comme cela ne se présentera probablement jamais, on peut dire hardiment que dans ce cas on doit établir le chemin de fer comme s'il devait toujours être à voie unique : c'est donc avec cette arrière-pensée qu'il faut faire les études de la ligne.

La seule remarque utile à faire en pareil cas se rapporte aux lignes établies à flanc de colline. Il faut alors poser la voie exploitée du côté du fond de la vallée, réservant les terrains laissés en attente de la seconde voie, adossés au coteau. Cela présente nombre d'avantages. D'abord et surtout, si le terrain est très incliné, il se produit toujours des éboulements qui se font alors sur le terrain de la Compagnie et non sur les propriétés privées : on évite ainsi des indemnités à payer aux riverains; en outre, les terres ainsi recueillies peuvent servir aux remblais de la future ligne. Ensuite tous les travaux de consolidation, de défense, murs de soutènement, etc., doivent être également établis du côté de la vallée, de manière à être définitifs et à ne pas être refaits, si par hasard on venait à élargir la plate-forme.

Étude de la ligne au point de vue des déclivités.

152. Ce qui précède termine l'étude en plan que nous avions à faire de la ligne : il reste à faire le même travail en profil en examinant si ce plan permet l'emploi des déclivités adoptées sans présenter des travaux exceptionnels.

C'est ici surtout et au moment de l'étude définitive de la ligne qu'il faut serrer la question au point de vue des déclivités en faisant bien entrer en jeu toutes les considérations nécessaires.

Nous avons déjà donné, dans l'étude de l'avant-projet, les notions indispensables à ce sujet; nous les préciserons et les compléterons ici pour n'y plus revenir.

Nous donnerons d'abord ci-dessous quelques tableaux qui sont d'un usage constant dans la pratique et qu'il faut chercher souvent très loin si l'on n'a pas sous la main un aide-mémoire.

153. Le premier de ces tableaux donne les traductions des pentes ordinairement employées dans la pratique en degrés d'inclinaison.

DÉCLIVITÉ en millimètres par mètre	ANGLE avec L'HORIZONTALE en degrés
5	0° 17′ 10″
10	0 35 0
15	0 51 30
20	1 8 40
25	1 26 0
30	1 43 1
35	2 0 20
40	2 17 30
45	2 34 40
50	2 51 40
55	3 8 50
60	3 26 0
65	3 43 10
70	4 0 20
75	4 17 20
80	4 34 30
85	4 51 30
90	5 8 30
95	5 25 30
100	5 42 30
105	5 50 30
110	6 16 30
115	6 33 40
120	6 50 20
125	7 7 30
130	7 24 20
135	7 41 20
140	7 58 10
145	8 15 5
150	8 31 50

Nous ne pousserons pas plus loin cette énumération de chiffres : les derniers dépassent déjà de beaucoup les limites qu'on a coutume d'observer dans les chemins de fer ordinaires.

154. Voici le tableau inverse qui donne la transformation des angles exprimés en degrés, minutes et secondes, en déclivités métriques : les derniers chiffres représentent des centièmes de millimètres.

ANGLES avec l'horizontale en degrés	DÉCLIVITÉS MÉTRIQUES
15′	0m,00436
30	873
45	1309
60	1746
1° 30	2618
2	3492
2 30	4366
3	5241
3 30	6116
4	6993
4 30	7870
5	8749
6	10510
7	12278
8	14054
9	15838
10	17633
12	21256
14	24933
16	28675
18	32492
20	36397
22	40403
24	44523
26	48773
28	53171
30	57735
32	62487
34	67451
36	72654
38	78120
40	83910

155. *Adoption de la déclivité maximum.* — Cela fait, le cahier des charges (art. 8) portait primitivement que le maximum de l'inclinaison des pentes et rampes serait fixé à 10 millimètres par mètre.

Or il y a ici la même remarque à faire que pour les rayons des courbes s'appliquant aux lignes à établir; en vertu des décrets des 11 juin et 25 août 1863, le maximum des déclivités permises a été porté à 15 millimètres par mètre et même à 20 pour quelques sections *désignées*. En outre, comme nous l'avons déjà dit, depuis cette époque les Compagnies ont toujours la faculté de proposer les modifications qu'elles croiraient utiles.

On conçoit en effet que les rayons des courbes et les déclivités ayant une influence immédiate et considérable sur l'exploitation et l'entretien, la Compagnie est la première intéressée à proportionner ces difficultés aux besoins qu'elle a à satisfaire ; quelques Compagnies secondaires l'ont quelquefois oublié ; grâce aux facilités qu'elles se donnaient ainsi, elles ont pu faire des économies sur les frais de premier établissement de la ligne. Mais une amère déception devait s'ensuivre naturellement plus tard pendant la période active, et les suppléments de dépense dus à la traction plus pénible, à l'usure prématurée du matériel et à l'entretien exagéré de la voie dépassèrent de beaucoup l'intérêt du capital non employé tout d'abord. Nous ne saurions trop mettre en garde les personnes qui construisent pour la première fois un chemin de fer contre cette tendance des plus dangereuses et qui a fait commettre, volontairement ou non, bien des hérésies.

Bien entendu, il ne faut pas non plus tomber dans l'excès contraire, et les modifications apportées successivement au cahier des charges type en sont un exemple typique, d'autant plus que nous possédons aujourd'hui des facilités que n'avaient pas nos aînés pour la construction du matériel roulant. Celui-ci, comme nous le verrons plus loin, est susceptible de franchir beaucoup plus aisément que l'ancien des courbes de faible rayon ; on construit également, d'une manière beaucoup plus rationnelle, la locomotive à adhérence, la seule usitée, sauf certains cas tout à fait exceptionnels.

En résumé, il y a là une étude approfondie à faire à l'avance eu égard surtout aux besoins du trafic : c'est lui qui doit fixer les chiffres à adopter. Et, si l'on pouvait, il y a quelques années, commettre quelques erreurs ou avoir quelques illusions à ce sujet, le doute aujourd'hui n'est plus permis car on possède un trop grand nombre de termes de comparaison et de moyens d'études, pour ne pas se rendre un compte assez exact à l'avance du trafic à espérer d'une ligne à établir.

En pratique pour les lignes exceptionnelles et à faible trafic, les déclivités peuvent atteindre 25 millimètres par mètre.

Nota. — On pourra consulter fructueusement à ce sujet une étude très soignée que M. Gerhard, ingénieur au chemin de fer de l'Est, a publiée dans la *Revue générale des Chemins de fer* (janvier et février 1881).

Conditions d'un bon profil en long.

156. Nous avons vu précédemment les conditions imposées aux courbes et aux déclivités ; ajoutons que, lorsque le chemin de fer projeté est classé comme stratégique, le rayon minimum de 300 mètres est absolument obligatoire. Il doit même être porté à 500 mètres lorsque les déclivités dépassent 8 millimètres par mètre. En aucun cas celles-ci ne doivent être supérieures à 15 millimètres.

Comme les lignes actuelles à construire se rattachent toutes à d'anciennes lignes déjà établies dont elles ne sont que des embranchements, il faut, au point de raccordement, ménager une longueur de 32 mètres au moins présentant la même déclivité que l'ancien profil. Cette longueur est commandée par les dimensions des appareils de changement de voie jusqu'où la pointe de l'aiguille communique. Si le nouveau chemin de fer présente ensuite une pente différente, nous verrons plus loin que le raccordement entre les deux déclivités devra se faire par une courbe verticale remplaçant le profil théorique brisé ; il faudra, pour tenir compte de celle-ci, augmenter le chiffre précédent de 5 mètres au moins par millimètre de différence entre les pentes des deux lignes.

D'après l'article 8 du cahier des charges il y a lieu de ménager un palier de 100 mètres entre deux déclivités de sens contraire, spécialement aux points bas. Ajoutons qu'une certaine tolérance est accordée pour les sommets des rampes ; ainsi, dans ce cas, les règlements relatifs aux chemins de fer stratégiques n'exigent ces 100 mètres aux sommets que lorsque l'une des déclivités a plus de 5 millimètres par mètre. Aux points bas au contraire la condition est indispensable et son exigence absolue. Il est même bon, quand c'est possible, d'adoucir le plus possible les pentes ou rampes dans le voisinage de ce palier inférieur, comme aux extrémités des stations (*fig.* 130).

Il faut enfin s'efforcer d'éviter les pentes succédant aux rampes tant qu'on n'a pas atteint un faîte; ces *contre-pentes* obligent, on le comprend, à augmenter les rampes suivantes pour atteindre le même point d'arrivée obligatoire. De même, il est bon de ne pas intercaler au milieu du système de déclivités adopté une rampe de peu de longueur et notablement plus forte que les voisines. La charge des trains devra être en effet calculée pour ce seul cas particulier qui compromet, on le voit, l'exploitation de la ligne entière.

Il sera encore utile d'intercaler entre deux déclivités consécutives, de même qu'entre une déclivité et un palier, une courbe verticale de raccordement de 10 000 mètres de rayon.

Celle-ci a pour effet de supprimer l'angle vif du profil et de le remplacer par une surface courbe; de la sorte, on évite la transition brusque due au sommet et les secousses, mouvements de bascule et de soulèvement qui en résulteraient pour les véhicules, surtout lorsque, comme aux chemins de fer de Lyon par exemple, ils ont plus de deux essieux.

Pour les gares et stations on réservera un palier de 500 à 700 mètres suivant leur importance.

Pour les haltes (gares dépourvues de remise de marchandises), un palier de 300 mètres est largement suffisant; on peut même dans certains cas descendre au dessous.

Il faut recouper les rampes ou pentes trop prolongées par des paliers intermédiaires pour modérer la vitesse à la descente, lancer le train à la montée et éviter une fatigue exceptionnelle des machines.

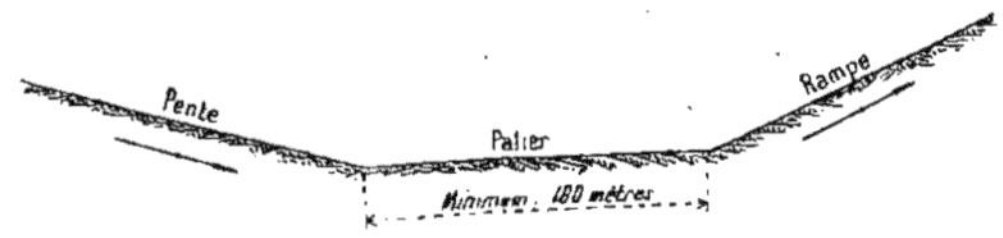

Fig. 130.

Enfin, tout en cherchant à compenser les déblais par les remblais, il est bon d'avoir le minimum possible de terrassements.

Lorsqu'il est impossible d'éviter en un point une déclivité exceptionnelle, celle-ci exigera pendant l'exploitation une machine de renfort si l'on ne veut pas modifier dès l'origine la composition des trains exigés par le reste du profil. C'est toujours en somme une dépense et une sujétion qu'il est préférable d'éviter si on le peut.

157. *Profil en long provisoire.* — Arrivé à ce point, il faut se rendre compte, en dressant rapidement un profil en long sommaire, de l'allure que prendront les déblais et les remblais et de la manière dont ils se compenseront, en un mot il faut voir si l'on aura un *mouvement de terres* satisfaisant. Sinon il y a lieu de modifier le tracé en plan au moins dans les régions les plus défectueuses.

Pour dresser ce profil, le mieux est d'employer une bande de papier à laquelle on fait suivre le tracé en marquant au passage par un trait de crayon les points extrêmes de toutes les courbes, ainsi que tous les points principalement intéressants à signaler sur le profil, comme emplacements d'ouvrages d'art, de routes et chemins, rivières, etc.

Le développement de cette bande donne la partie horizontale du profil en long que l'on peut reporter d'un coup sur une feuille de papier quadrillé, en y ajoutant alors à l'échelle les hauteurs inscrites; le profil se trouve de la sorte dressé pour ainsi dire de lui-même sans travail et sans effort spécial.

On obtient ainsi, comme nous l'avons déjà expliqué, la coupe du terrain suivant l'axe du tracé et sur toute la longueur de la ligne; on représente cette coupe en traits noirs, on y ajoute ensuite la ligne projetée en rouge avec ses différentes déclivités; cette ligne est tantôt au-dessus, tantôt au-dessous du terrain naturel, d'où l'indication des remblais ou déblais à exécuter pour établir la plate-forme; les cotes d'altitude du terrain s'inscrivent au bas en noir sur une ligne horizontale ménagée à cet effet; celles du projet, calculées suivant les pentes et rampes adoptées, s'inscrivent en rouge au-dessus des précédentes, et les différences entre ces deux séries de cotes, représentant la hauteur des déblais ou remolais à exécuter, sont indiquées en rouge sur le profil lui-même. En outre on les place au-dessus de la ligne du chemin de fer quand elles représentent des remblais et au-dessous de celle-ci lorsqu'elles correspondent à des déblais. Une ligne horizontale spéciale, généralement en bleu, représentera le plan de comparaison au-dessus duquel seront comptées à l'échelle choisie toutes les cotes d'altitude. Enfin le profil sera complété par une ligne indiquant les déclivités successives du projet; une autre, les alignements et courbes; une troisième, le kilométrage ou hectométrage, selon les cas et les échelles employées; une dernière donnera les distances entre les profils en travers, c'est-à-dire les points remarquables qu'on a cru utile de signaler sur le profil en long. Les stations sont plus particulièrement représentées par de petits disques mi-partie rouge et blanc; tous les passages à niveau sont signalés par de petits drapeaux échancrés présentant les deux mêmes nuances.

Le tout est complété par des écritures spéciales placées verticalement au-dessus du profil lui-même, et donnant l'indication de tous les ouvrages d'art avec leurs ouvertures. Enfin, trois dernières lignes placées à la partie supérieure indiquent les arrondissements, cantons et communes traversés, avec leurs limites.

En somme le profil en long ainsi établi présente à peu près l'allure qu'il aura plus tard lorsqu'il aura été réellement relevé sur le terrain. Les cotes y sont moins nombreuses; c'est surtout là la grande différence car, au profil définitif, on donne un coup de niveau et on inscrit une cote au moindre mouvement de terrain rencontré sur l'axe et partout encore où, l'axe ne présentant rien de particulier, il y a cependant lieu de faire un nivellement transversal ou profil en travers.

Estimation des déblais. Mouvement des terres.

158. Le profil en long ainsi établi, on ne doit pas se contenter de regarder à l'œil s'il se présente dans des conditions satisfaisantes. Avant de se décider il est bon, par un calcul sommaire des déblais et remblais, de voir s'il y a bien équilibre entre eux et si le cube total des terres à fouiller n'est pas trop exagéré. Pour cela, si le sol n'est pas trop incliné, on le suppose partout horizontal dans la largeur du profil en travers et présentant la cote de l'axe de la ligne; la plate-forme du chemin reste à la même place indiquée également par la cote sur l'axe du projet au profil en long. On remplace donc en somme ce profil réel (*fig.* 131 et 133) par un profil approché (*fig.* 132 et 134), ce qui est suffisamment exact pour le moment, car ce qu'on a enlevé d'un côté est sensiblement équivalent à ce qu'on ajoute de l'autre. Les erreurs ne deviennent appréciables que pour les remblais très importants et pour les terrains très inclinés, ceux dont la pente dépasse $0^m,10$, par exemple; la table servant à les calculer les estime un peu trop faibles, mais les différences sont toujours importantes pour les déblais, qui seuls, en somme, sont comptés dans l'estimation des dépenses.

On a pour ces calculs des tables toutes prêtes et dressées d'après le profil type adopté en conformité des règlements et suivant que le chemin est à une ou deux voies, en terrain ordinaire ou en rocher, ce qui change l'inclinaison des talus. Cette inclinaison est en effet en général de 45 degrés ou $^1/_1$ pour tous déblais ordinaires, de $^1/_4$ à $^1/_{10}$ pour le rocher et de 1 pour 1 $^1/_2$ dans les remblais. On fera également un mouvement de terre rapide, c'est-à-dire que l'on verra si les déblais compensent bien les remblais et cela sans que les transports atteignent des distances exagérées, dans lequel cas il vaudrait mieux faire un emprunt ou un dépôt, selon qu'on se trouve en remblais ou en déblais.

Nous ne nous étendrons pas pour le moment sur ces tables ni sur les méthodes

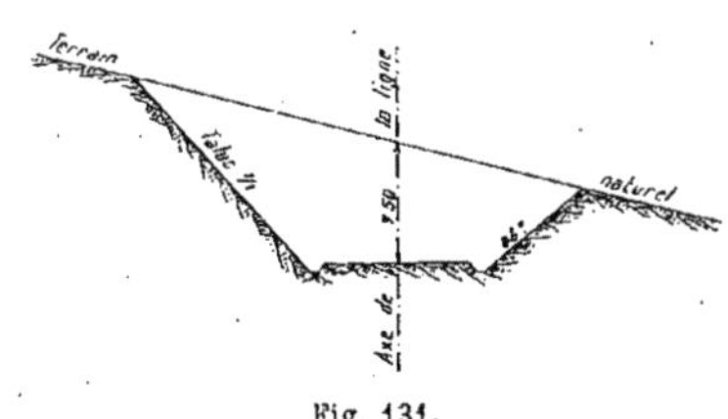

Fig. 131.

employées pour calculer les terrassements, car nous serons obligés d'y revenir plus loin au moment de la confection des

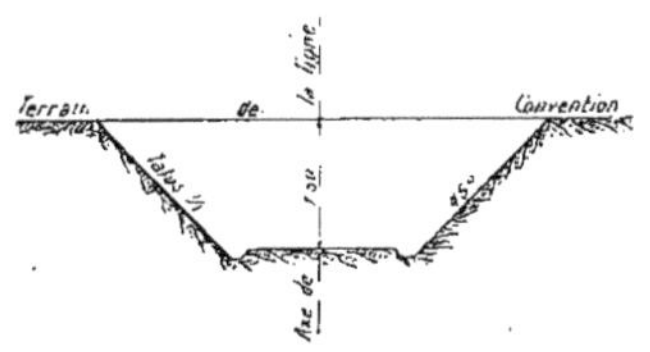

Fig. 132.

projets définitifs. Nous traiterons alors le sujet complètement, ainsi que l'emploi de quelques instruments pouvant rendre des

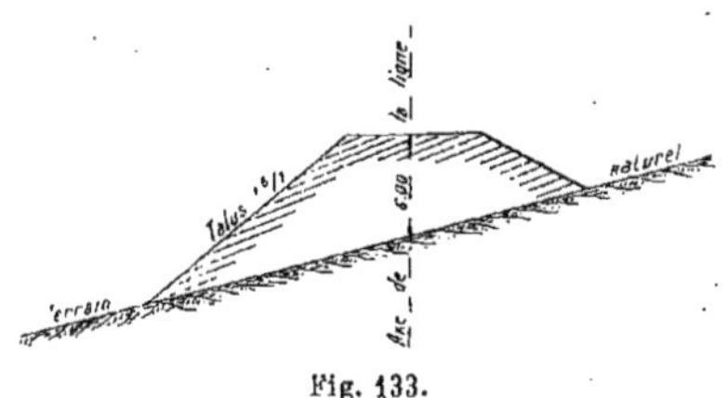

Fig. 133.

services dans ces évaluations, comme le profilomètre de Siégler.

La compensation des cubes de terres paraissant suffisante, on jette un dernier coup d'œil sur les autres conditions d'un bon tracé énumérées précédemment et on arrête définitivement le profil qu'on veut adopter. On trace en rouge sur le plan cadastral la ligne arrêtée avec son kilométrage, on dresse le profil en long d'études et l'on s'occupe en hâte d'établir les autres pièces demandées par le contrôle pour permettre le tracé de la ligne.

159. *Cas particulier d'un terrain très incliné dans le sens transversal.*— On comprend que, dans les terrains très inclinés,

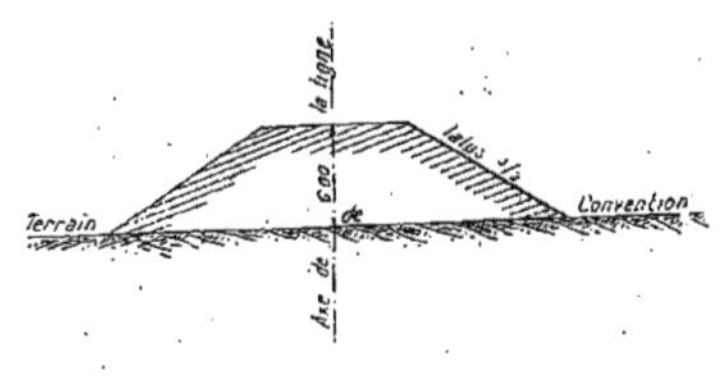

Fig. 134.

la plus légère déviation de l'axe peut entraîner à des différences souvent importantes dans les travaux; aussi est-il bon de préciser celui-ci d'une manière un peu plus rigoureuse que ne le permet la méthode précédente.

On relèvera pour cela un certain nombre de profils en travers ou petits profils perpendiculaires à l'axe présumé établi sur le terrain, au moyen d'un certain nombre de piquets et d'après la méthode que nous verrons plus loin pour le piquetage général.

Fig. 135.

Puis l'on suppose ces profils en travers rabattus sur le plan du papier : le terrain étant très incliné, la ligne est très généralement moitié en déblai, moitié en remblai dans le même profil dont le type est alors représenté par la figure 135.

L'échelle des longueurs doit être assez grande, 1/1000 au moins, pour que cette nouvelle estimation puisse être faite fructueusement.

L'échelle des hauteurs sera comme d'ordinaire dix fois ou, au minimum, cinq fois celle des longueurs, afin de mieux accuser le relief du sol. En terrain plat, les profils en travers sont nivelés à 50 mètres au maximum de chaque côté de l'axe ; il suffit généralement de beaucoup moins ici (*fig.* 135).

On établit ainsi sur un plan à grande échelle l'axe du tracé dont on a nivelé le profil en long et, sur chaque point où l'on a relevé une cote dans celui-ci, on installe, comme nous venons de le dire, un profil en travers ; la succession de ces derniers, ainsi couchés sur le plan d'ensemble, montre les déblais et remblais correspondant aux variations que l'on peut faire subir à l'axe ; on peut donc fixer celui-ci d'une manière beaucoup plus sûre que lorsqu'on procède au jugé et simplement à l'inspection des courbes de niveau.

Puis les tables permettent, comme précédemment, d'évaluer le cube des terres, ce qui est ici encore plus important que d'ordinaire à faire exactement.

Gares et Stations.

160. Avant d'aller plus loin, nous donnerons les indications nécessaires pour l'étude complète des gares et stations.

Il est en effet indispensable d'entreprendre cette étude en même temps que celle de l'axe lui-même de la ligne, car les stations ont une influence directe et très importante sur le tracé de celui-ci, aussi bien en plan qu'en profil.

On emploie souvent l'une pour l'autre les dénominations de *gares* et *stations*. Il n'y a cependant aucune comparaison à faire entre ces deux choses fort différentes. La *station* n'est en effet qu'une petite partie de la gare, c'est-à-dire le bâtiment renfermant les salles des voyageurs et les bureaux du personnel ; la *gare* représente toute l'étendue de terrain recouverte de voies et de bâtiments quels qu'ils soient, nécessités par le service des voyageurs et celui des marchandises.

Leur établissement est régi par l'article 9 du cahier de charges ainsi conçu :

« Art. 9. — Le nombre, l'étendue et l'emplacement des gares d'évitement seront déterminés par l'Administration, la Compagnie entendue.

Le nombre de voies sera augmenté, s'il y a lieu, dans les gares et aux abords de ces gares, conformément aux décisions qui seront prises par l'Administration, la Compagnie entendue.

Le nombre et l'emplacement des stations de voyageurs et des gares de marchandises seront également déterminés par l'Administration, sur les propositions de la Compagnie, après une enquête spéciale.

La Compagnie sera tenue, préalablement à tout commencement d'exécution, de soumettre à l'Administration le projet desdites gares, lequel se composera :

1° D'un plan à l'échelle de $^1/_{500}$ indiquant les voies, les quais, les bâtiments et leur distribution intérieure, ainsi que les dispositions de leurs abords ;

2° D'une élévation des bâtiments à l'échelle de ($0^m,01$) 1 centimètre par mètre ;

3° D'un mémoire descriptif dans lequel les dispositions essentielles du projet seront justifiées ».

Les pièces ci-dessus énumérées sont les projets *définitifs* des stations et non ceux qui sont exigés pour l'enquête spéciale prescrite par le paragraphe 3 de cet article 9 et que nous verrons plus loin.

Les Compagnies d'ailleurs ont coutume de présenter leurs projets définitifs de gares aussitôt que l'Administration a approuvé le nombre et l'emplacement de celles-ci à la suite de l'enquête spéciale précitée. »

En principe, on pourrait être tenté de mettre le plus de stations possibles ; car il paraît évident que cela ne peut qu'aider au drainage du trafic en voyageurs et en marchandises. En pratique, il y a lieu d'y regarder de près, car une station, si petite soit-elle, revient toujours à un prix assez élevé et, en outre, amène souvent un allongement de parcours quand le tracé direct est obligé de faire un détour pour aller retrouver la localité à désservir.

Il y a là un certain nombre d'éléments à faire entrer en ligne et à bien peser afin d'en tirer une conclusion à la fois rationnelle et équitable. On a même établi à ce sujet des calculs assez simples et incontestablement très ingénieux, mais dont le moindre inconvénient est de reposer sur des éléments qu'on ne connaît jamais bien exactement à l'avance (1); nous ne nous y arrêterons donc pas, l'expérience personnelle de l'ingénieur étant le meilleur des guides en la matière.

Les stations doivent être établies d'abord autant que possible dans les régions où il y a le minimum de travaux à exécuter; vu la longueur qui leur est nécessaire à cause des voies supplémentaires qu'elles comportent toujours, les déblais ou remblais y prennent tout de suite des proportions très importantes; il en est donc de même de la dépense. Cette exigence, cependant, on le comprend, ne peut pas toujours être satisfaite et l'on est quelquefois obligé de la sacrifier; elle est moins importante que celles d'être en palier et en alignement droit qui intéressent au plus haut degré l'exploitation.

La longueur des stations dépend naturellement de celle des trains qui doivent s'y arrêter, c'est-à-dire, en somme, du maximum de déclivité de la ligne.

Ainsi, sur les grandes lignes à fortes pentes, on prendra de 750 à 800 mètres pour longueur des grandes gares, et 500 à 600 mètres pour les autres. Lorsque les déclivités dépasseront 10 millimètres par mètre, les grandes gares devront avoir de 550 à 600 mètres et les petites au moins 400 mètres.

Sur les lignes stratégiques à voie unique les plus petites gares doivent présenter, au moins tous les 25 kilomètres, des voies de garage de 400 mètres de développement minimum; de plus, des voies de croisement de pareille longueur doivent être réservées au moins tous les 15 kilomètres.

On voit que, avec l'espacement habituel des stations, ces distances sont toujours facilement observées.

Pour une gare ordinaire de ligne secondaire, la longueur entre les aiguilles extrêmes, ce qu'on appelle la longueur de la gare, peut être facilement réduite à 500 mètres sur une largeur maximum de 50 mètres.

Pour une simple halte, c'est-à-dire une station uniquement destinée au service des voyageurs, il suffit de 200 à 300 mètres avec la largeur d'une voie supplémentaire.

Il y a loin de là aux gares principales ou d'embranchements des grandes lignes qui occupent en moyenne de 15 à 16 hectares de superficie.

Les stations, avons-nous dit, doivent toujours être en alignement droit; dans tous les cas, il faudra toujours ménager au droit du bâtiment des voyageurs un alignement minimum de 250 mètres de longueur. La cour des voyageurs doit être placée du côté de la localité à desservir ou de la plus importante de ces localités si elles sont plusieurs. Les chemins d'accès seront construits aux frais de la Compagnie jusqu'à la rencontre du chemin public le plus rapproché qu'il faut choisir le plus large et le plus fréquenté possible.

La halle aux marchandises doit être disposée, comme le bâtiment des voyageurs, du côté de la cour d'accès, c'est-à-dire du côté de la localité à desservir. Cela est moins de rigueur cependant pour le service des marchandises que pour celui des voyageurs. Mais cela est toujours préférable afin d'éviter aux marchandises la traversée d'un passage à niveau souvent fermé ou le parcours d'un long chemin d'accès.

En outre, il faut de longs paliers dans les gares ou, à la rigueur, des pentes excessivement faibles à cause de l'obligation des arrêts, des garages des trains et des manœuvres des wagons.

Le palier devra être raccordé aux déclivités voisines par des déclivités plus faibles, surtout quand les premières sont un peu accentuées. Et cela de manière à mettre tout le raccordement vertical correspondant, que nous verrons plus loin, en dehors des aiguilles extrêmes; cette exigence est surtout impérieuse dans les petites gares où la longueur des voies n'est que de 400 à 500 mètres.

Si les besoins amènent à augmenter la longueur de ces voies, le palier de la gare

(1) Humbert, *Traité des Chemins de fer.*

pourra être remplacé par une pente de 1 et même 2 millimètres par mètre ; mais le palier est toujours préférable s'il est possible sans augmenter trop les déclivités voisines.

Enquête des stations.

161. Cela fait, le dossier d'enquête des stations se compose des pièces suivantes que l'on dresse par arrondissement :

1° La carte au $^1/_{80000}$ avec l'indication du tracé et des stations ;

2° Un plan au $^1/_{10000}$ limité à l'arrondissement ;

3° Un profil en long au $^1/_{10000}$ pour les longueurs et au $^1/_{1000}$ pour les hauteurs, également limité à l'arrondissement ;

4° Un plan au $^1/_{1000}$ de chaque station avec indication précise des voies d'accès ;

5° Un mémoire descriptif concernant toutes les stations de l'arrondissement, justifiant de l'utilité de chacune d'elles et rappelant leurs distances.

Le plus souvent la ligne traversera plusieurs arrondissements, et le plan au $^1/_{10000}$, le profil en long et le mémoire justificatif seront dressés, comme nous venons de le dire, seulement par arrondissement. Mais un exemplaire devra en être envoyé à la préfecture pour chaque commune intéressée. Le plan au $^1/_{1000}$ de la station seule ne sera envoyé que dans la commune sur le territoire de laquelle se trouve la gare. (Circulaire ministérielle du 25 janvier 1854.)

Le dépôt des pièces devra durer au moins huit jours à la mairie de chaque commune.

Enfin, quand la gare est à établir dans une grande ville, les pièces à fournir seront les suivantes, prescrites par la Circulaire du 18 février 1834, qui régit alors l'enquête sauf pour la durée du dépôt qui est encore de huit jours seulement :

1° Un plan au $^1/_{5000}$ ($0^m,0002$ par mètre) comportant le tracé avec la station dans son ensemble ;

2° Un plan de la station et de ses abords au $^1/_{1000}$;

3° Un profil en long de la ligne au $^1/_{5000}$ pour les longueurs et au $^1/_{500}$ pour les hauteurs ;

4° Un certain nombre de profils en travers intéressants, au $^1/_{200}$;

5° Un mémoire descriptif donnant les principales dispositions du projet ;

6° Un devis estimatif des dépenses.

Des communes environnantes peuvent être intéressées à l'établissement de cette station ; on devra préparer, pour chacune d'elles, les deux plans, le profil en long et le devis estimatif.

D'après la même Circulaire du 25 janvier 1854, les délibérations des conseils municipaux et les registres d'observations sont adressés au sous-préfet, de manière qu'à l'expiration du délai de huitaine, tout le dossier puisse être placé sous les yeux d'une Commission spéciale instituée par l'arrêté prescrivant l'ouverture de l'enquête. Cette Commission, présidée par le sous-préfet, devra être composée de personnes dont l'avis impartial puisse inspirer toute confiance à l'Administration. Elle aura huit jours pour délibérer. Ce délai expiré, le dossier de l'affaire doit être transmis sans retard au préfet qui le communiquera à l'ingénieur en chef du département avant de le transmettre à l'Administration supérieure.

Contrairement à ce qui avait lieu pour l'enquête d'utilité publique, la présence de l'ingénieur de la Compagnie dans la Commission spéciale est non-seulement autorisée, mais obligatoire. La Circulaire aux préfets du 9 août 1859 dit très judicieusement en effet : « Pour que l'instruction relative aux enquêtes ouvertes sur les emplacements des stations soit complète, et surtout pour que les Commissions puissent discuter en pleine connaissance de cause, il importe qu'il se trouve, dans le sein de ces Commissions, un représentant de la Compagnie concessionnaire qui puisse donner immédiatement tous les renseignements nécessaires ; c'est ce qui a lieu d'ailleurs en matière d'expropriation. L'ingénieur chargé des travaux fait de droit partie de la Commission d'enquête. En conséquence, les arrêtés à prendre au sujet de l'enquête des stations, contiendront une disposition portant que l'ingénieur de la Compagnie, auteur des projets mis à l'enquête, sera convoqué par le président de la Commission et assistera,

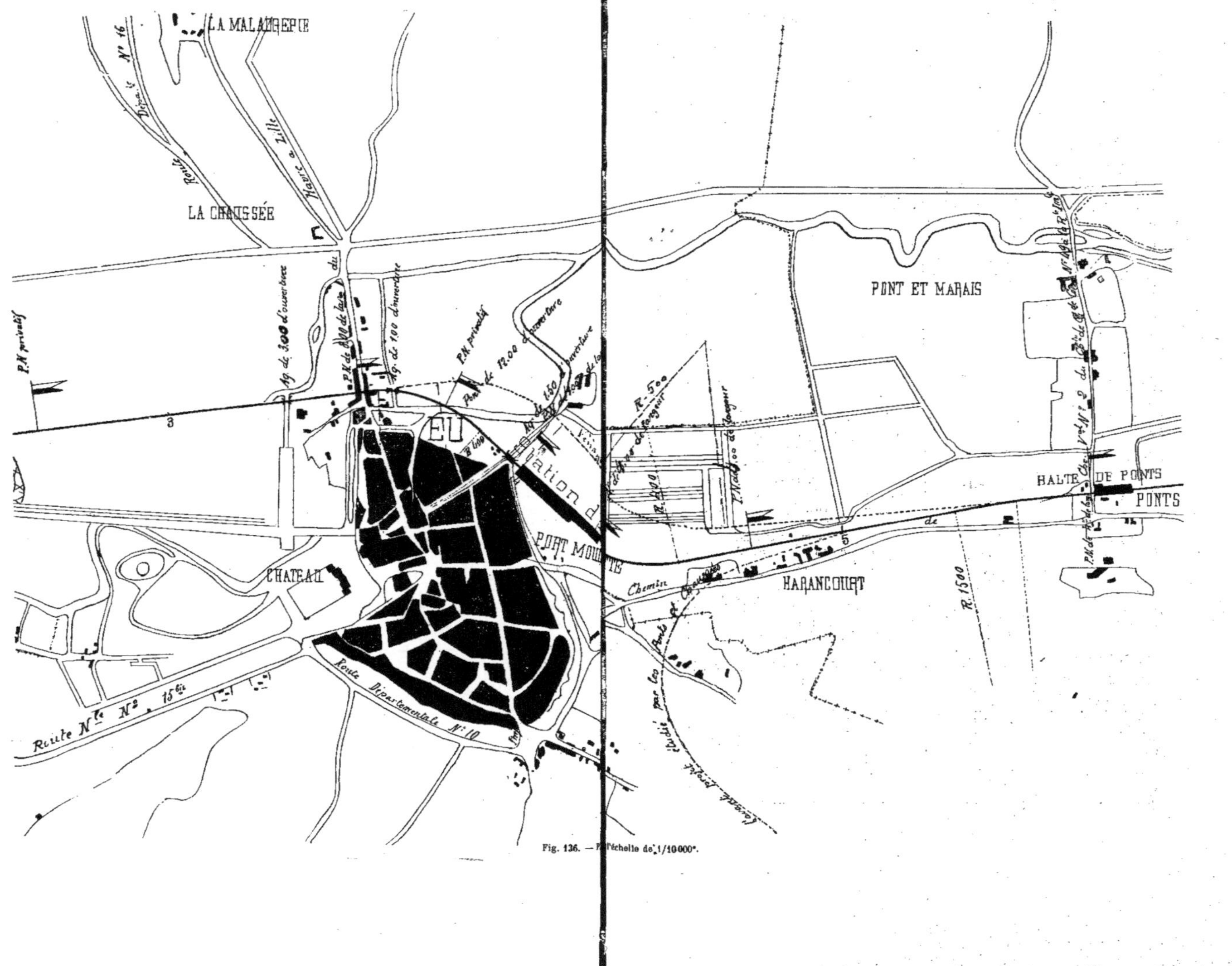

Fig. 136. — [illegible]échelle de 1/10000e.

avec voix consultative, à toutes les séances de cette Commission. »

Sondages.

162. Il peut arriver que, pour dresser le devis estimatif, on soit obligé de faire quelques reconnaissances géologiques destinées à préciser la nature des terrains rencontrés dans les déblais.

Généralement les renseignements généraux que l'on possède au moyen des cartes géologiques de la région et par l'inspection des lieux mêmes, des routes et chemins déjà construits, etc., suffisent. Et cela d'autant plus que pour cette estimation avant l'exécution, on majore toujours un peu les dépenses pour prévoir tous les aléas possibles et qu'en cas d'hésitation on adopte toujours le prix le plus élevé. On possède en somme suffisamment de termes de comparaison pour rester au-dessous de la réalité et c'est le but qu'il faut toujours poursuivre,

Cependant il peut arriver dans certains cas douteux ou importants que l'on soit obligé de se rendre compte de la nature des terrains traversés; on pratique alors dans l'endroit le plus élevé de la future tranchée un puits de 1,50 à 2 mètres de diamètre qu'on appelle un *sondage;* on peut aisément y descendre au moyen d'un treuil et voir de près tous les terrains qu'on aura à déblayer plus tard, avec leurs épaisseurs relatives.

Comme ces sondages sont indispensables au moment de l'exécution des travaux nous ne y arrêterons pas pour le moment, devant y revenir en détail dans un chapitre spécial.

Dossier définitif.

163. On possède alors tous les éléments pour dresser le dossier définitif qui doit être envoyé à l'approbation du Contrôle en double expédition.

Ce dossier déposé d'après l'article 5 du cahier des charges type doit se composer des pièces suivantes, toutes présentées pliées au format de $0^m,21$ pour les largeurs et $0^m,31$ pour les hauteurs, le tout renfermé dans une chemise cartonnée du même format. Voici cet article :

« Art. 5.— Le tracé et le profil des chemins de fer seront arrêtés sur la production du projet d'ensemble comprenant pour chaque ligne ou pour chaque section de ligne ;

1° Un plan général à l'échelle de $^1/_{10000}$ (*fig.* 136);

2° Un profil en long à l'échelle de $^1/_{5000}$ pour les longueurs et de $^1/_{1000}$ pour les hauteurs dont les cotes seront rapportées au niveau moyen de la mer pris pour plan de comparaison; au-dessous de ce profil on indiquera, au moyen de trois lignes horizontales disposées à cet effet, savoir:

a) Les distances kilométriques du chemin de fer comptées à partir de son origine;

b) La longueur et l'inclinaison de chaque pente ou rampe;

c) La longueur des parties droites et le développement des parties courbes du tracé en faisant connaître le rayon correspondant à chacune de ces dernières;

3° Un certain nombre de profils en travers, y compris le profil type de la voie;

4° Un mémoire dans lequel seront justifiées toutes les dispositions essentielles du projet et un devis descriptif dans lequel seront reproduites, sous forme de tableaux, les indications relatives aux déclivités et aux courbes déjà données sur le profil en long.

La position des gares et stations projetées, des cours d'eau et des voies de communication traversés par les chemins de fer, des passages à niveau, soit en-dessus, soit en-dessous de la voie ferrée, devront être indiquées tant sur le plan que sur le profil en long; le tout sans préjudice des projets à fournir pour chacun de ces ouvrages.

On a généralement coutume d'y adjoindre aujourd'hui :

1° La carte au $^1/_{80000}$;

2° Le plan au $^1/_{10000}$;

3° Le plan au $^1/_{2000}$ ou le plan cadastral au $^1/_{2500}$ avec courbes de niveau ;

4° Les profils en travers types se font généralement à l'échelle de $0^m,01$ pour les longueurs comme pour les hauteurs.

Les autres s'établissent à l'échelle de

0m,005 par mètre, aussi bien pour les longueurs que pour les hauteurs.

Le profil en long se livre le plus souvent aux échelles de $^1/_{5000}$ sur $^1/_{500}$ (*fig.* 137);

5° Les p ans des stations au $^1/_{1000}$ avec indication des voies d'accès;

6° L'avant-métré des terrassements;

7° Un devis estimatif sommaire accompagné des prix de base d'estimation des ouvrages;

8° Un procès-verbal des conférences avec les services intéressés, tels que le génie militaire, etc.;

9° Un bordereau des pièces;

10° Un rapport d'ensemble ou une lettre d'envoi résumant l'économie générale des projets.

Enfin il va de soi que l'on peut ajouter à ces données fondamentales, toutes celles que l'on pourrait juger utile d'y adjoindre pour en rendre les différentes parties plus claires et plus compréhensibles.

Toutes ces pièces sont généralement signées de l'ingénieur qui les a établies et contre-signées par le directeur de la Compagnie qui seul a autorité pour présenter ces projets à l'Administration. La Circulaire ministérielle du 20 mai 1856 précise bien ce point en disant: « Tous les projets et propositions intéressant l'établissement, la conservation ou l'exploitation d'un chemin de fer, doivent, d'après les dispositions même des statuts des Compagnies, être signés par une personne ayant qualité pour engager la Compagnie concessionnaire, c'est-à-dire soit le directeur du chemin, soit, lorsqu'il n'y a pas de directeur, par un ou plusieurs membres du Comité de direction chargé de la gestion ordinaire des affaires et de l'exécution des décisions du Conseil d'administration. »

Rappelons, en outre, que, d'après l'article 3 du cahier des charges, tous les dossiers de projets doivent être envoyés à l'Administration en *double expédition*, sans compter ceux des conférences spéciales. Le Ministre, après avoir prescrit les modifications à faire, s'il y en a, conserve l'un des dossiers et renvoie l'autre, muni de son visa, à la Compagnie intéressée.

Avant comme pendant l'exécution d'ailleurs, celle-ci a toujours la faculté de proposer aux projets, même approuvés, les modifications qu'elle juge utiles; seulement elle ne peut les exécuter qu'après nouvelle approbation spéciale de l'Administration supérieure.

Vérification de l'Administration.

164. Le contrôle qui est fait au ministère repose sur les bases suivantes (Palaa, *Dictionnaire législatif des chemins de fer*):

1° Au point de vue des conditions imposées par le cahier des charges type et des résultats des conférences avec les services intéressés;

2° En ayant égard aux décisions antérieures prises par l'Administration supérieure;

3° En tenant compte, lorsqu'il y a lieu, des réclamations légitimes du public et des intérêts locaux révélés dans les enquêtes;

4° Enfin au point de vue de certains détails d'établissement et de construction.

Ainsi par exemple il convient d'examiner si le tracé dessert les populations et les établissements industriels, aussi bien que le permettent les difficultés locales; s'il peut être amélioré dans ses alignements, courbes, pentes, paliers et rampes, sans augmentation déraisonnable des dépenses, et enfin, si la hauteur du rail audessus des cours d'eau et des vallées est suffisante, en raison des eaux, pour prévenir des inondations, qui, lorsqu'elles se produisent, interrompent d'une manière si fâcheuse le service de l'exploitation des chemins de fer.

Lorsque les opérations sont bien conduites, l'approbation des projets coïncide généralement avec la fin des études sur le terrain; on a pour habitude d'ailleurs, de procéder au tracé et au piquetage définitif sans attendre cette approbation qui fait rarement modifier quelque chose.

C'est cette dernière partie des études que nous allons maintenant examiner.

Tracé de l'axe.

165. Le tracé une fois bien arrêté sur les plans au $^1/_{2500}$ il s'agit d'abord de le piqueter sur le sol, puis d'en faire le nivellement exact en long et en travers.

Il faut donc ici opérer avec la plus grande précision, tout ce qu'on fait devant être définitif. On devra se servir des meilleurs instruments à sa disposition et des méthodes les plus rigoureuses. L'emploi, de préférence, de la chaîne est toujours à recommander, sauf, comme nous savons, en pays par trop accidenté.

166. *Alignements droits.* — On commencera, le plan au $^1/_{2500}$ en mains, par déterminer les alignements droits en repérant leurs directions par rapport à des points aisés à reconnaître sur le sol; des limites de parcelles suffisent le plus souvent; il y a lieu seulement de tracer ces alignements avec grand soin et, lorsqu'ils sont de grande longueur, de les vérifier aux flambeaux. L'alignement éclairé se détache alors mieux que pendant le jour sur le fond noir environnant, et des erreurs peuvent ainsi être rectifiées.

L'alignement est *déterminé* quand on en connaît au moins deux points sur le terrain; il est *tracé* quand un certain nombre de ses points sont indiqués par des jalons, et enfin *piqueté* quand on a remplacé et complété le tracé en jalons provisoires, par des piquets définitifs enfoncés à tous les mouvements du sol.

Pour les opérations plus précises, comme plus tard pour la pose d'une voie définitive, le tracé d'une courbe sur un remblai, etc., on peut employer des jalons plus petits que les jalons ordinaires, et n'ayant que $1^m,40$ à $1^m,50$ de long sur $0^m,015$ de diamètre. Ils sont plus visibles et présentent presque les mêmes avantages que les jalons en fer sans en avoir le poids; ils s'alignent avec plus de précision que les gros et l'on peut en transporter un nombre beaucoup plus grand avec le même personnel. Ils demandent cependant quelques précautions dans le maniement et le transport, car ils sont assez fragiles.

Ces jalons doivent être plantés avec un soin extrême et bien verticalement.

Lorsque le terrain ne résiste pas à la ferrure du jalon on plante celui-ci correctement en le tenant de la main droite, un peu au-dessus de son centre de gravité pour qu'il tombe verticalement de lui-même et exactement au milieu du corps. On se tient soi-même bien droit et le point où le jalon doit être planté doit être sur la bissectrice de l'angle formé par les deux pieds. Nous recommandons surtout cette précaution aux débutants qui s'enfoncent régulièrement les pointes des jalons dans les bottes. On fixe alors le jalon dans le sol par un coup vigoureusement frappé; il est rare qu'un seul coup suffise et, avec un peu d'habitude, on arrive rapidement à donner les deux ou trois coups suivants de manière que le jalon pénètre exactement dans le premier trou.

Quand le sol est trop dur, comme lorsqu'on opère en rocher, par exemple, ou sur de la terre gelée, on se contente de bien préciser la place de la pointe et l'on cale le jalon avec des pierres entourant sa base: ce procédé s'emploie souvent aussi pour caler l'équerre ou le pantomètre, en un mot les instruments qui ne sont pas posés sur trépied. Mais le mieux en pareil cas est d'avoir un petit sac de plâtre et quelques bouteilles d'eau; le plâtre gâché fait prise immédiate et donne à la pointe une base présentant toute commodité et toute sécurité.

Si le terrain est plat et dur, on peut piquer à l'avance les jalons dans des fragments de grosses planches qu'on pose à terre sur leur plat: tel est le cas des trottoirs dallés ou bitumés des villes par exemple.

De toutes façons, et ici plus qu'en toute autre circonstance, les jalons doivent être rendus rigoureusement verticaux au moyen du fil à plomb auquel on les rend parallèles au moyen de visées dans deux plans perpendiculaires l'un sur l'autre.

Le tracé des alignements devant être fait avec une exactitude absolue et sur une direction obligatoire, il n'y a pas à hésiter ici à enlever tous les obstacles qui s'y opposent, tels que hautes récoltes, arbres, haies, clôtures, fossés à combler, etc. On taillera des gradins dans les talus trop raides, on mettra des pierres pour pouvoir passer à sec les ruisseaux, etc. On aura soin seulement de bien observer les préceptes que nous avons donnés pour les dégâts produits et le règlement des indemnités à l'amiable.

Il est bon cependant de ménager jusqu'à la dernière extrémité les murs d'enceinte, et à plus forte raison, les bâtiments si l'on est forcé d'en rencontrer sous le tracé.

On se contentera autant que possible de les franchir avec de hautes balises très droites, plantées bien verticalement et munies de leurs drapeaux. La direction de l'alignement sera tracée sur le mur avec de la peinture rouge.

Lorsque les extrémités d'un alignement sont invisibles l'une de l'autre et que l'on manque absolument de points intermédiaires pour se repérer, on opère de la manière suivante :

On fait partir au point extrême d'arrivée plusieurs fusées-signaux sur lesquelles on oriente une ligne de jalons plantés comme à l'ordinaire et l'on poursuit ainsi l'alignement jusque dans le voisinage du point considéré. Nous disons dans le voisinage, car la fusée-signal constitue un repère trop peu rigoureux pour qu'on puisse prétendre tomber exactement sur le point voulu.

On constate alors à l'arrivée que l'on s'est éloigné de la vérité d'une quantité facile à chaîner BB′ qui représente l'écart maximum entre les deux alignements, à la distance totale AB (*fig.* 138); BB′ est généralement insignifiante par rapport à cette dernière.

On construit alors des triangles semblables ACC′, ADD′, etc.; en chaînant exactement des longueurs AC=AC′, AD=AD′, etc., de telle sorte que l'écartement correspondant CC′, DD′, etc., soit à la longueur correspondante AC, AD..., dans le même rapport que l'écart final BB′ est à AB. Ces différents points bien déterminés, on trace avec soin le nouvel alignement ACD et, en le prolongeant on doit tomber sur le point cherché B.

167. En dehors des lunettes des instruments, le chef de section et même son conducteur, feront bien de porter sur eux une petite lunette de poche qui leur permettra de mieux voir les aides et les signaux lorsque la distance est un peu grande. Un opérateur doué d'une excellente vue, en effet, ne peut guère distinguer un homme à 1 kilomètre; on le soupçonne à 900; on commence à 800 à voir les bras et les jambes quand on les agite; on aperçoit la tête à 700; les parties claires des vêtements, chemises, gilets blancs, etc., à 600; enfin, pour que toutes les parties du corps soient très visibles, ainsi que tous les mouvements, il ne faut pas dépasser 400 à 450 mètres ; pour distinguer les détails de costumes, il faut rester au-dessous de 200 mètres.

Il sera bon de donner aux aides l'instruction de se munir de vêtements sombres, sur lesquels se détacheront mieux à distance les damiers rouge et blanc des jalons. A grande distance on pourra faire des signaux à la corne ou en groupant plusieurs personnes se mouvant à la fois à droite ou à gauche et finissant par constituer une masse qui s'aperçoit où un homme seul serait invisible.

On ne s'inquiètera pas de la recherche immédiate du point de rencontre de deux alignements consécutifs, quoiqu'il soit indiqué sur le plan. Ce point résultera des tracés de ces deux alignements séparés et effectués indépendamment l'un de l'autre sur le terrain. Seulement, une fois les alignements en place il faut préciser avec beaucoup d'exactitude la position de ce sommet où devra être plantée plus tard une balise.

168. *Angles des alignements.* — A moins d'impossibilité, les angles que font les alignements entre eux ne devront jamais être mesurés directement avec les instruments mais calculés trigonométriquement sur des chaînages directs exécutés sur leurs côtés. Ce n'est qu'après l'évaluation de l'angle par le calcul que l'on pourra se servir du graphomètre ou du cercle répétiteur pour le contrôler; dans les cas exclusifs où des obstacles insurmontables s'opposeraient au chaînage, on pourra se contenter de l'emploi de ce cercle en faisant un certain nombre d'opérations suffisamment multipliées.

Mais on comprend que, si l'on recule à mesurer directement un angle et que l'on préfère le chaînage, il faut que celui-ci soit fait avec toute la précision désirable. Il faudra bien prendre toutes les précautions indiquées dans les chapitres précédents lorsque nous avons exposé cette opération. En outre, il sera bon de vérifier de temps en temps la chaîne dont on se sert afin de constater qu'elle a bien réellement 10 mètres. Le procédé le plus simple à employer pour cela est le suivant :

Au moyen d'un mètre-étalon, on s'assure de la longueur d'une mire développée de 4 mètres ; si celle-ci est très exacte, on la reporte sur une aire bien plane : dallage, parapet de pont, etc., à deux reprises en longueur, en marquant les traits correspondants avec la pointe d'une fiche bien aiguisée.

On obtient ainsi un développement de 8 mètres auxquels on ajoute 2 mètres, soit avec avec la mire, ou mieux avec le mètre-étalon : on a au total une longueur type de 10 mètres sur laquelle on vient vérifier la chaîne toutes les fois qu'on le juge nécessaire.

Signalons, en passant, une méthode de chaînage préconisée par quelques théoriciens pour les terrains inclinés : elle consiste à laisser reposer la chaîne sur le sol et à calculer ensuite la réduction à l'horizontale au moyen de l'angle de la pente du terrian.

Or il est rare d'abord que l'on rencontre un terrain assez uni pour pouvoir poser la chaîne à terre : cela n'arrive que sur une route ou dans un pré ; partout ailleurs, on a des terres labourées, des rocailles ou des broussailles ; ensuite la mesure de l'angle de pente avec les instruments spéciaux, est une chose qui ne se fait pas sans erreur et prend beaucoup de temps surtout quand, comme cela arrive en pratique, cette pente varie fréquemment. D'un autre côté, l'estimation de cette déclivité à l'œil entraînerait pour les résultats à de la haute fantaisie. Cela n'est donc pas sérieux : il est préférable d'employer le ruban d'acier très tendu et le fil à plomb, comme nous l'avons indiqué précédemment. On peut même se servir de deux fils à plomb si cela est nécessaire : cela nous est arrivé fréquemment et se fait sans la moindre difficulté.

Cela posé, le mesurage d'un angle ne dépassant pas 120 degrés au moyen du décamètre s'opère en chaînant sur chacun de ses côtés une longueur de 200 mètres, minimum pour obtenir un bon résultat, puis en mesurant en troisième lieu la base du triangle isocèle ainsi formé (*fig.* 139). Soient par exemple AB et AC les deux alignements se rencontrant au sommet A. On mesure à la chaîne $AB = AC = 200$ mètres avec grand soin ; deux brigades de chaîneurs marchent l'une derrière l'autre et leurs résultats doivent concorder à moins de 1 centimètre près. Les points B et C obtenus, on jalonne la ligne de base BC ou b et on la chaîne à son tour ; on possède alors tous les éléments pour calculer l'angle au sommet $\widehat{BAC}$ ou $2a$.

En effet, si nous abaissons du sommet A du triangle isocèle ainsi formé une perpendiculaire, elle tombe au milieu D de la base déterminant deux triangles rectangles dans lesquels on a :

$$BD = AB \sin a$$
$$CD = AC \sin a$$

Dans tous les cas :

$$\frac{b}{2} = AB \sin a$$

d'où :

$$\sin a = \frac{b}{2.AB}$$

Et, dans le cas actuel, où $AB = 200$:

$$\sin \frac{a}{2} = \frac{b}{400}.$$

Ce calcul se fera par logarithmes et les tables donneront immédiatement l'angle correspondant a, par suite l'angle cherché $2\ a$.

169. Si l'angle des deux alignements est plus ouvert que 120 degrés, la méthode reste la même, mais les chaînages se font sur un des côtés de l'angle et le prolongement de l'autre. On obtiendra, par suite, l'angle supplémentaire de l'angle demandé comme résultat du calcul, en chaînant la base BC du nouveau triangle isocèle ainsi obtenu (*fig.* 140).

Il est indispensable dans ce cas d'opérer de cette manière ; lorsque l'angle en question O est trop obtus, la base AB du triangle formé rencontre les deux côtés

OA, OB sous des angles trop aigus et l'on voit que la détermination du point de rencontre est difficile à obtenir exactement. De cette incertitude peuvent résulter des erreurs qu'on évite en calculant le triangle voisin, comme nous venons de le dire.

Exemple : Supposons que nous nous trouvions dans ce dernier cas et que le chaînage des 200 mètres sur OB et OC nous ait amenés à une base BC mesurant 197m,38. Appelons toujours a le demi-angle BOD. Le calcul se dispose de la manière suivante :

$$\sin a = \frac{BD}{OB} = \frac{197.38}{2 \times 200}$$

Nous ne simplifierons pas le dénominateur afin de donner un exemple plus général de l'emploi des logarithmes :

$$\log \sin a = \log 197.38 - \log 2 - \log 200$$

$$\log 197.38 = 2.2953031$$

$$\log 2 = 0.3010300$$

$$- \log 2 = \bar{1}.6989700$$

$$\log 200 = 2.3010300$$

$$- \log 200 = \bar{3}.6989700$$

Il faudra donc faire la somme des trois logarithmes suivants :

$$\log 197.38 = 2.2953031$$

$$- \log 2 = \bar{1}.6989700$$

$$- \log 200 = \bar{3}.6989700$$

ce qui donne :

$$\log \sin a = - 0.3067569$$

$$= \bar{1}.6932431$$

Or dans les tables, on trouve que l'angle de 29° 34′ a un sinus dont le logarithme est $\bar{1}.6932308$, inférieur au précédent de 0.000 012 3, avec une différence tabulaire de 371 dans les logarithmes, pour 10″ dans les angles. La table employée peut ne pas donner immédiatement la quantité à ajouter ; tel est le cas des tables de Callet par exemple, où ces calculs ne sont faits que pour les logarithmes des nombres. Nous rappellerons rapidement qu'une simple règle de trois permettra de la trouver aisément, car 10″ étant la quantité à ajouter à l'angle ci-dessus pour une différence de 371, pour une différence de 123 on ajoutera x, telle que :

$$\frac{371}{123} = \frac{10}{x}$$

d'où :

$$x = \frac{123 \times 60}{71} = 3'',3$$

L'angle a est donc égal à 29° 34′ 3″, 3 ;

L'angle BOD qui en est le double aura pour valeur 58° 78′ 6″, c'est-à-dire 59° 8′ 6″ ;

Enfin son supplément, c'est-à-dire l'angle cherché AOB, sera égal à 180 — BOC.

AOB = 180 — 59° 8′ 6″.

Pour faire commodément cette soustraction et ne point commettre d'erreur, il sera bon d'écrire l'angle 180 degrés, en décomposant un degré en 60′ et une de celles-ci elle-même en 60″ c'est-à-dire :

180° = 179° 59′ 60″.

La soustraction se fera aisément alors de la manière suivante, en écrivant les angles ainsi décomposés au-dessous l'un de l'autre :

$$\begin{array}{r} 179^\circ\ 59'\ 60'' \\ \underline{59^\circ\ \ 8'\ \ 6''} \\ \widehat{AOB} = 120^\circ\ 51'\ 54'' \end{array}$$

170. Remarque. — On voit qu'il pourrait arriver, non pas ici avec 180 degrés, mais dans un calcul analogue, que l'un des deux derniers chiffres représentant les minutes ou les secondes, fût plus faible que celui qui se trouve au-dessous de lui dans la soustraction. Pour pouvoir faire l'opération, on emprunte alors une unité de l'ordre immédiatement supérieur que l'on transforme en 60 des unités considérées, puis on en fait la retenue quand on opère sur la colonne suivante. Les agents exercés font cela sans difficulté. Cependant, comme une erreur est facile à faire dans ce cas, nous recommandons de préparer à l'avance cette décomposition d'une manière analogue à celle que nous avons vue plus haut.

Ainsi supposons que nous ayons à retrancher l'angle :

37° 51′ 43″

de l'angle :

175° 8′ 17″

Comme il sera impossible de soustraire

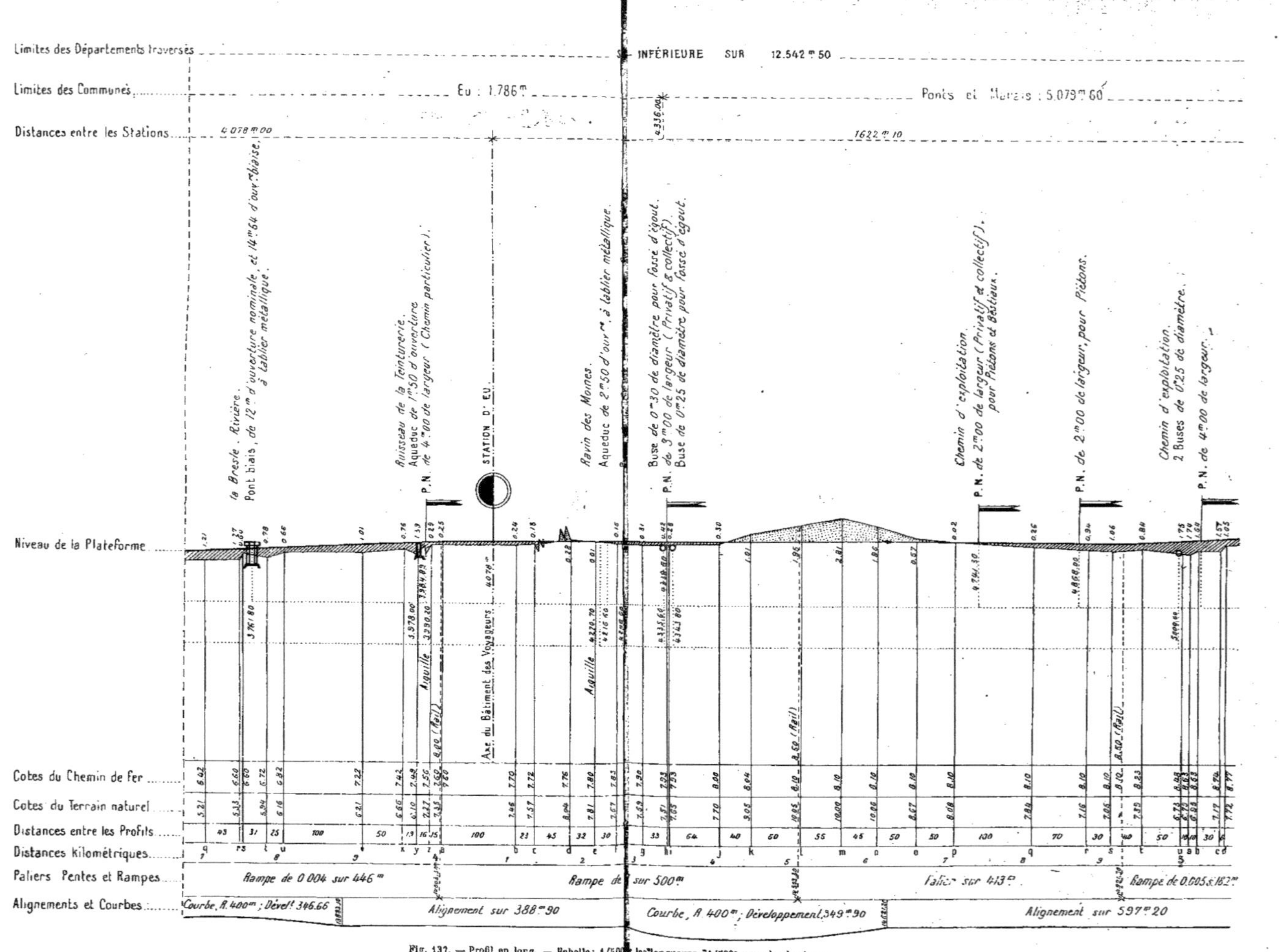

Fig. 137. — Profil en long. — Echelle: 1/500 les longueurs; 1/500e pour les hauteurs.

43″ de 17″ pas plus que 51′ de 8′, nous inspirant de ce que nous venons de dire, nous écrirons la soustraction de la manière suivante :

	174° 67′ 77″
	37° 51′ 43″
Différence.	137° 16′ 34″

Nous pensons que ces conseils pratiques, qui au premier abord peuvent paraître puérils, rendront au contraire de réels services à nos lecteurs.

Lorsque le terrain n'est pas trop accidenté et que le chaînage est bien fait, cette méthode donne une exactitude absolue.

Il est d'ailleurs très important de connaître rigoureusement cet angle au sommet, car il est la clef du calcul des courbes que nous étudierons plus loin.

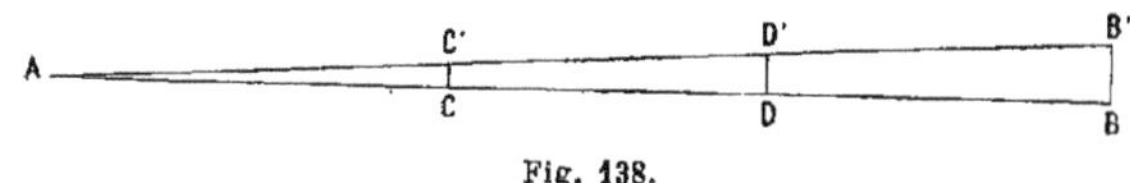

Fig. 138.

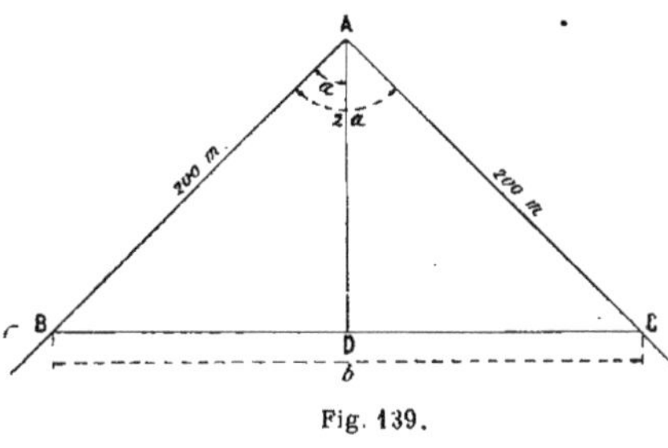

Fig. 139.

171. *Cas où le sommet est inaccessible.* — Mais il peut arriver que le sommet d'angle tombe au milieu d'une rivière ou dans une région où il est impossible d'accéder. On ne peut donc plus alors procéder aux chaînages fondamentaux indispensables. Nous avons précédemment indiqué un certain nombre de procédés en dehors de ceux que fournit la trigonométrie courante, pour résoudre des questions analogues. Dans le cas actuel on pourrait employer la méthode suivante qui a encore l'avantage de n'employer que la chaîne seule.

Supposons que les deux alignements considérés se rencontrent en P au-delà d'une rivière, voici comment l'on procédera pour évaluer leur angle $2a$ (*fig.* 141).

Comme il est certain que la zone antérieure du terrain est accessible, sans quoi l'on n'y aurait pas projeté la ligne

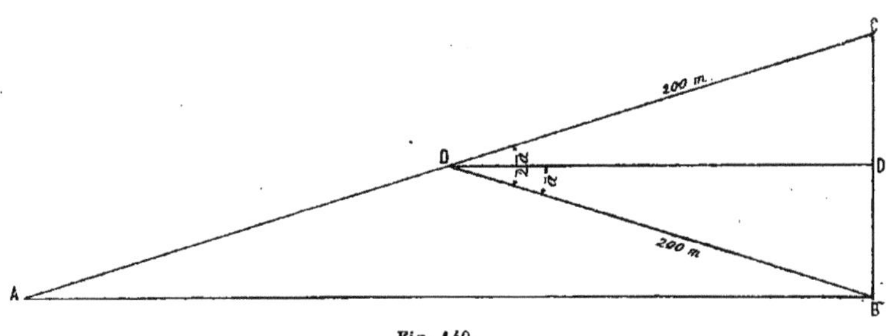

Fig. 140.

on prend sur l'un des alignements un point quelconque C d'où l'on mène une perpendiculaire à cet alignement. La chaîne, comme nous l'avons vu, permet de tirer cette droite au moyen d'un triangle dont les côtés sont 3, 4 et 5. Du point de rencontre D de cette perpendiculaire avec le second alignement, on mène à son tour une perpendiculaire à ce dernier DE. Les angles CDE et DPC sont alors égaux comme ayant leurs côtés respectivement perpendiculaires et l'on n'a plus qu'à appliquer aux deux alignements CD et DE la méthode générale pour avoir leur angle $\widehat{CDE}$ ou $2a$.

172. L'angle au sommet P peut être très obtus et la rencontre de la perpendiculaire CD en D ne peut plus se faire avec l'alignement PB qui lui est presque parallèle. Il faut alors avoir recours à la mesure de certains angles. On lancera une base d'opération CD rencontrant les deux alignements donnés sous des

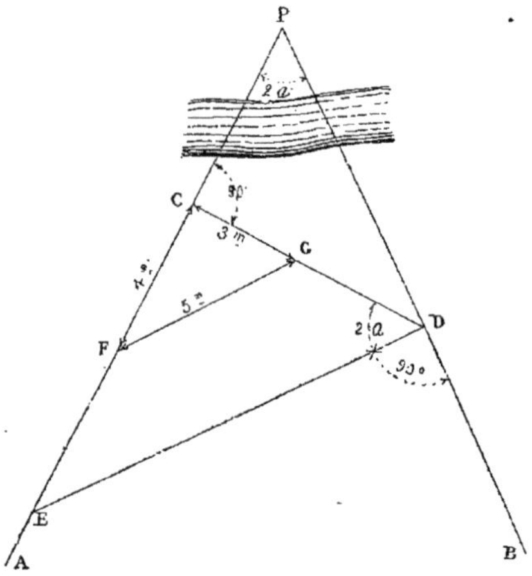

Fig. 141.

angles aussi droits que possible. On mesurera ces angles $\widehat{PCD}$ et $\widehat{CDP}$ avec grand soin (*fig.* 142) et en retranchant leur somme de 180 degrés, on aura l'angle au sommet $2a$,

Il peut encore arriver que les points tels que C et D des deux alignements ne soient pas visibles l'un de l'autre.

Alors en C on mènera une perpendiculaire à AP, soit CE ; en D une perpendiculaire à BP, soit DE. Ces deux droites se rencontreront en un point E et l'angle $\widehat{CED}$ sera le supplément de l'angle cherché (*fig.* 143).

Si, pour une raison quelconque, on ne peut mener les perpendiculaires CD et DE on les remplace par des droites quelconques. On est donc obligé de mesurer les trois angles en C, E et D. Comme la somme des angles intérieurs du quadrilatère PCED est égale à quatre droits, l'angle cherché P sera égal à la différence

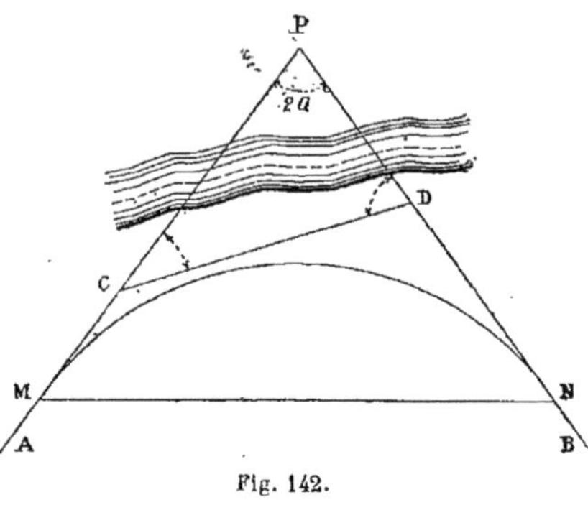

Fig. 142.

entre 360 degrés et la somme des trois autres.

Si enfin on est forcé de tracer une ligne brisée plus compliquée que CED, on

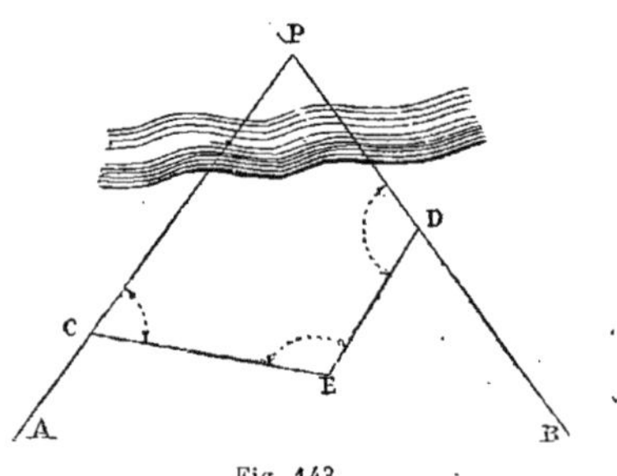

Fig. 143.

mesurera tous les angles au sommet du polygone ainsi obtenu. La somme des angles intérieurs de ce polygone est égale à autant de fois deux droits qu'il a de côtés moins deux, c'est-à-dire à autant de fois 180 degrés qu'il y a de côtés dans la ligne brisée auxiliaire jetée de C en D. On retranchera donc de ce chiffre la somme de tous les angles au sommet de la brisée polygonale et l'on obtiendra encore par différence l'angle cherché P.

Mais tout cela, on le conçoit, est à éviter quand on peut faire autrement, car ces résultats sont beaucoup moins exacts que ceux de la méthode élémentaire.

Calcul des courbes.

173. Comme nous le savons, dans le tracé définitif les alignements droits ne sont jamais prolongés ainsi jusqu'à leur rencontre à angle vif et leur raccordement se fait toujours au moyen de courbes dont on connaît le rayon, puisqu'il a été adopté à l'avance et indiqué sur le plan d'étude au moyen du gabarit correspondant.

Mais ce qu'on ne connaît pas, autrement que par approximation, ce sont les points exacts où commence et finit chaque courbe, en un mot les deux points de contact avec les alignements qu'elle est appelée à remplacer. La recherche de ces points ainsi que celle du développement et de quelques autres éléments de cette courbe constitue un calcul d'ensemble indispensable à effectuer et que nous allons exposer ci-dessous.

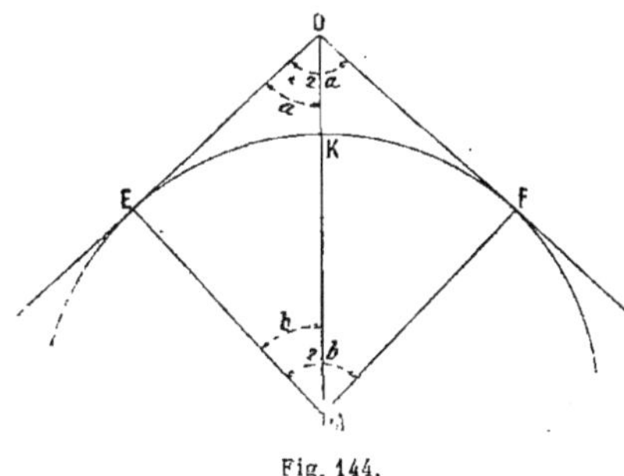

Fig. 144.

Supposons comme précédemment les deux alignements AO, OB dans l'angle AOB desquels nous voulons inscrire une courbe de 500 mètres de rayon, par exemple :

174. 1° *Angle au sommet.* — On commencera comme plus haut par calculer l'angle AOB soit directement, soit par l'intermédiaire de son supplément BOC (*fig.* 140).

175. 2° *Angle au centre.* — Puis on évaluera l'angle au centre (*fig.* 144) EMF qui est le supplément de l'angle au sommet. On aura donc :

$$EMF = 180 - EOF.$$

Et, si les circonstances ont amené à calculer d'abord le supplément de EOF par le triangle isocèle extérieur, ce dernier représentera lui-même l'angle cherché, car tous deux seront les suppléments du même angle EOF.

176. 3° *Tangente.* — On appelle ainsi la longueur OE = OF = T comprise entre le sommet de l'angle et le point de contact de l'alignement avec la courbe. On voit que, cette longueur étant connue, on en déduit l'origine E et la fin F de cette courbe.

Or le triangle rectangle OEM donne immédiatement :

$$OE = ME \text{ tg } \widehat{EMO}.$$

Si nous appelons $2b$ l'angle au centre et R le rayon : $T = R \text{ tg } b$

ou : $T = R \text{ Co tg } a.$

177. *Exemple.* — Prenons les mêmes chiffres que dans l'exemple précédent avec le rayon de 500 mètres ; le calcul se développera de la manière suivante sur laquelle nous ne croyons plus utile de fournir de nouvelles explications.

$$T = 500 \text{ tg } \frac{59° 8' 6''}{2},$$

$$T = 500 \text{ tg } \frac{58° 68' 6''}{2},$$

$$T = 500 \text{ tg } 29° 34' 3''$$

$$\log T = \log 500 + \log \text{ tg } 29° 34' 3'',$$

$$\log 500 = 2.6989700,$$

$$\log \text{ tg } 29° 34' = \bar{1}.7538203,$$

pour 10″ différence 490,

pour 3″ différence x,

$$x = \frac{3 \times 490}{10} = 147,$$

donc : $\log \text{ tg } 29° 34' 3'' = \bar{1}.7538350.$

Par suite :

$$\log T = 2.6989700 + \bar{1}.7538350,$$

$$\log T = 2.4528050.$$

Nombre correspondant :

$$T = 283^m,664.$$

donc la tangente cherchée est égale à 283^m,664.

178. 4° *Bissectrice.* — On appelle bissectrice la portion de droite allant du sommet d'angle O au centre M et comprise entre le sommet et la courbe, c'est-à-dire OK.

Elle est souvent utile à connaître, ne serait-ce qu'au point de vue du contrôle, et se détermine d'une manière analogue aux lignes précédentes.

On calcule d'abord la grande longueur OM au moyen du triangle OEM en partant toujours du rayon et non de l'élément OE résultant lui-même d'un calcul. On a ainsi :

$$ME = OM \sin EOM,$$

d'où :

$$OM = \frac{ME}{\sin EOM}$$

ou :

$$OM = \frac{R}{\sin a}$$

On aurait pu prendre de même le cos de l'angle EMO, mais il est préférable de choisir l'autre angle dont le sinus est le plus souvent déjà donné par le calcul de l'angle au sommet.

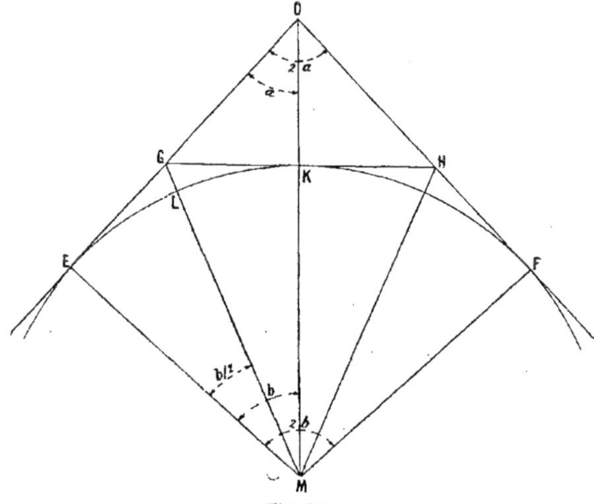

Fig. 145.

OM une fois connu on en retranche MK :

$$OK = OM - MK,$$
$$B = OM - R.$$

On a ainsi la bissectrice cherchée B.

179. 5° *Sous-tangente.* — Comme nous le verrons plus loin, le tracé de la courbe sur le terrain se fait le plus généralement par abscisses comptées sur la tangente et ordonnées perpendiculaires à celles-ci. Or les ordonnées visées à l'équerre sont d'autant moins exactes qu'elles sont plus longues, ce qui arrive lorsque le sommet O est trop éloigné de la courbe, c'est-à-dire quand l'angle au sommet est trop aigu. Il est alors de toute nécessité de remplacer cet angle par deux autres obtenus au moyen d'une tangente supplémentaire GH perpendiculaire à la bissectrice et qu'on appelle, assez improprement d'ailleurs, une *sous-tangente.* (*fig.* 145).

Pour calculer la sous-tangente, on remarque d'abord que les tangentes issues du même point extérieur au cercle sont égales : $EG = GK. \quad HF = HK.$

Mais le triangle isocèle GMH donne :

$$GK = KH$$

donc : $EG = GK = HF = HK$

d'où : $GH = 2EG.$

Tout revient donc à calculer EG.

Or, dans le triangle rectangle GEM, on a :

$$EG = \text{MEtg GME}$$

$$EG = R \operatorname{tg} \frac{b}{2}$$

Ici, par exemple :

$$EG = 500 \operatorname{tg} 14^\circ\, 47'\, 1'',5$$
$$EG = 131^m,99$$
$$ST = 2EG = 263.98$$

180. 6° *Développement.* — Le développement de la courbe s'obtiendra par la comparaison de son angle au centre avec quatre droits, angle au centre correspondant à la circonférence entière. Comme cet angle est généralement inférieur à 180 degrés, on le compare seulement à ce chiffre, de même que le développement de la courbe au demi-cercle :

$$\frac{\pi R}{180} = \frac{x}{2b}.$$

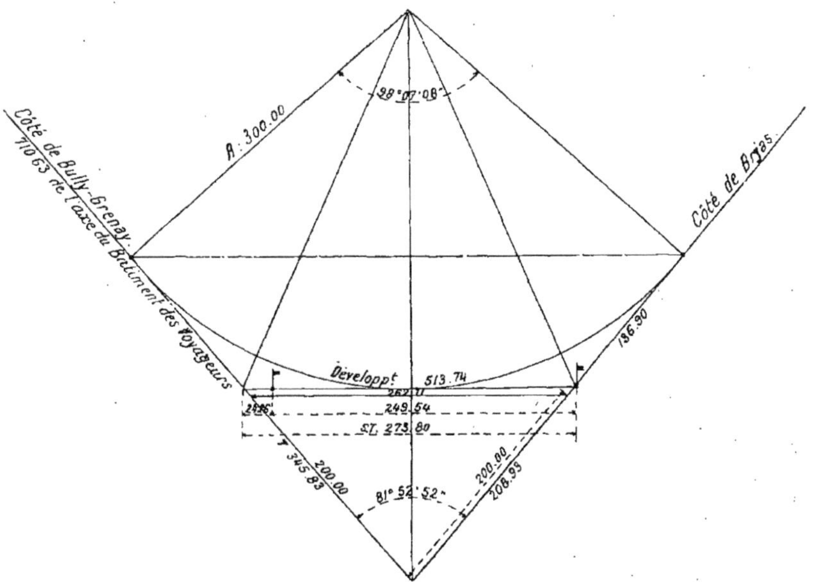

Fig. 146. — Rayon 300 mètres ; Angle des tangentes 81° 52' 52" ; Angle au centre 98° 07' 08" ; Tangente 345m,83 ; Sous-tangente 273m,80 ; Développement 513m,74.

on a soin de transformer 180 degrés et $2b$ en secondes :

$$180 = 648000''$$
$$2b = 59^\circ\, 8'\, 6'' = 212886''$$
$$\pi = 3.14159$$
$$R = 500$$

donc :

$$\frac{3.14159 \times 500}{648000} = \frac{x}{212886''}$$
$$x = D = 516^m,05$$

La moitié $\frac{D}{2}$ devra donner le point K d'intersection avec la bissectrice.

Le plus souvent, en pratique, on possède des tableaux tout prêts qui donnent ces développements dès qu'on connaît l'angle au centre correspondant. Tel est par exemple le tableau suivant, p. 147, dressé pour un cercle de 1 mètre de rayon, mais qui, à cause de la proportionnalité de l'arc au rayon, peut servir à tous les cas.

Sur le terrain, on a bien soin de chaîner les longueurs exactes trouvées pour les tangentes ou sous-tangentes, car on obtient ainsi les deux points de contact où commence et finit la courbe.

181. 7° *Bissectrice secondaire.* — Lors-

DEGRÉS						MINUTES		SECONDES	
0°	0.0000 000	60°	1.0471 976	120°	2.0943 951	0′	0.0000 000	0″	0.000 0000
1	0.0174 533	1	1.0646 508	1	2.1118 484	1	0.0002 909	1	0.000 0048
2	0.0349 066	2	1.0821 041	2	2.1293 017	2	0.0005 818	2	0.000 0097
3	0.0523 599	3	1.0995 574	3	2.1467 550	3	0.0008 727	3	0.000 0145
4	0.0698 132	4	1.1170 107	4	2.1642 083	4	0.0011 636	4	0.000 0194
5	0.0872 665	5	1.1344 640	5	2.1816 616	5	0.0014 544	5	0.000 0242
6	0.1047 198	6	1.1519 173	6	2.1991 149	6	0.0017 453	6	0.000 0291
7	0.1221 730	7	1.1693 706	7	2.2165 682	7	0.0020 362	7	0.000 0339
8	0.1396 263	8	1.1868 239	8	2.2340 214	8	0.0023 271	8	0.000 0388
9	0.1570 796	9	1.2042 772	9	2.2514 747	9	0.0026 180	9	0.000 0436
10	0.1745 329	70	1.2217 305	130	2.2689 280	10	0.0029 089	10	0.000 0485
1	0.1919 862	1	1.2391 838	1	2.2863 813	1	0.0031 998	1	0.000 0533
2	0.2094 395	2	1.2566 371	2	2.3038 346	2	0.0034 907	2	0.000 0582
3	0.2268 928	3	1.2740 904	3	2.3212 879	3	0.0037 815	3	0.000 0630
4	0.2443 461	4	1.2915 436	4	2.3387 412	4	0.0040 724	4	0.000 0679
5	0.2617 994	5	1.3089 969	5	2.3561 945	5	0.0043 633	5	0.000 0727
6	0.2792 527	6	1.3264 502	6	2.3736 478	6	0.0046 542	6	0.000 0776
7	0.2967 060	7	1.3439 035	7	2.3911 011	7	0.0049 451	7	0.000 0824
8	0.3141 593	8	1.3613 568	8	2.4085 544	8	0.0052 360	8	0.000 0873
9	0.3316 126	9	1.3788 101	9	2.4260 077	9	0.0055 269	9	0.000 0921
20	0.3490 659	80	1.3962 634	140	2.4434 610	20	0.0058 178	20	0.000 0970
1	0.3665 191	1	1.4137 167	1	2.4609 142	1	0.0061 087	1	0.000 1018
2	0.3839 724	2	1.4311 700	2	2.4783 675	2	0.0063 995	2	0.000 1067
3	0.4014 257	3	1.4486 233	3	2.4958 208	3	0.0066 904	3	0.000 1115
4	0.4188 790	4	1.4660 766	4	2.5132 741	4	0.0069 813	4	0.000 1164
5	0.4363 323	5	1.4835 299	5	2.5307 274	5	0.0072 722	5	0.000 1212
6	0.4537 856	6	1.5009 832	6	2.5481 807	6	0.0075 631	6	0.000 1261
7	0.4712 389	7	1.5184 364	7	2.5656 340	7	0.0078 540	7	0.000 1309
8	0.4886 922	8	1.5358 897	8	2.5830 873	8	0.0081 449	8	0.000 1357
9	0.5061 455	9	1.5533 430	9	2.6005 406	9	0.0084 358	9	0.000 1406
30	0.5235 988	90	1.5707 963	150	2.6179 939	30	0.0087 266	30	0.000 1454
1	0.5410 521	1	1.5882 496	1	2.6354 472	1	0.0090 175	1	0.000 1503
2	0.5585 054	2	1.6 57 029	2	2.6529 005	2	0.0093 084	2	0.000 1551
3	0.5759 587	3	1.6231 562	3	2.6703 538	3	0.0095 993	3	0.000 1600
4	0.5934 119	4	1.6406 095	4	2.6878 070	4	0.0098 902	4	0.000 1648
5	0.6108 652	5	1.6580 628	5	2.7052 603	5	0.0101 811	5	0.000 1697
6	0.6283 185	6	1.6755 161	6	2.7227 136	6	0.0104 720	6	0.000 1745
7	0.6457 718	7	1.6929 694	7	2.7401 669	7	0.0107 629	7	0.000 1794
8	0.6632 251	8	1.7104 227	8	2.7576 202	8	0.0110 538	8	0.000 1842
9	0.6806 784	9	1.7278 760	9	2.7750 735	9	0.0113 446	6	0.000 1891
40	0.6981 317	100	1.7453 293	160	2.7925 268	40	0.0116 355	40	0.000 1939
1	0.7155 850	1	1.7627 825	1	2.8099 801	1	0.0119 264	1	0.000 1988
2	0.7330 383	2	1.7802 358	2	2.8274 334	2	0.0122 173	2	0.000 2036
3	0.7504 916	3	1.7976 891	3	2.8448 867	3	0.0125 082	3	0.000 2085
4	0.7679 449	4	1.8151 424	4	2.8623 400	4	0.0127 991	4	0.000 2133
5	0.7853 982	5	1.8325 957	5	2.8797 933	5	0.0130 900	5	0.000 2182
6	0.8028 515	6	1.8500 490	6	2.8972 466	6	0.0133 809	6	0.000 2230
7	0.8203 047	7	1.8675 023	7	2.9146 999	7	0.0136 717	7	0.000 2279
8	0.8377 580	8	1.8849 556	8	2.9321 531	8	0.0139 626	8	0.000 2327
9	0.8552 113	9	1.9024 089	9	2.9496 064	9	0.0142 535	9	0.000 2376
50	0.8726 646	110	1.9198 622	170	2.9670 597	50	0.0145 444	50	0.000 2424
1	0.8901 179	1	1.9373 155	1	2.9845 130	1	0.0148 353	1	0.000 2473
2	0.9075 712	2	1.9547 688	2	3.0019 663	2	0.0151 262	2	0.000 2521
3	0.9250 245	3	1.9722 221	3	3.0194 196	3	0.0154 171	3	0.000 2570
4	0.9424 778	4	1.9896 753	4	3.0368 729	4	0.0157 080	4	0.000 2618
5	0.9599 311	5	2.0071 286	5	3.0543 262	5	0.0159 989	5	0.000 2666
6	0.9773 844	6	2.0245 819	6	3.0717 795	6	0.0162 897	6	0.000 2715
7	0.9948 377	7	2.0420 352	7	3.0892 328	7	0.0165 806	7	0.000 2763
8	1.0122 910	8	2.0594 885	8	3.1066 861	8	0.0168 715	8	0.000 2812
9	1.0297 443	9	2.0769 418	9	3.1241 394	9	0.0171 624	9	0.000 2860

qu'on emploie une sous-tangente on peut calculer la bissectrice secondaire GL. On procédera de la même manière que pour la bissectrice principale au moyen du triangle GME renfermant le rayon :

$$EM = GM \cos EMG$$

$$GM = \frac{R}{\cos \frac{b}{2}}$$

Et, GM connu, on en déduira GL ou B′

$$B' = GM - R.$$

Le point L se trouvera sur la courbe

au quart de son développement, mais ce calcul n'est généralement pas indispensable. On le supprime presque toujours quand on emploie les sous-tangentes.

Croquis des courbes.

182. Les calculs précédents sont résumés sous forme de croquis datés que l'on envoie au bureau de l'ingénieur pour vérification; ils sont ensuite retournés à la brigade pour être chaînés et piquetés sur le terrain. Chaque courbe porte le nom du lieu dit le plus voisin de l'axe de la ligne et est accompagné d'une légende qui en donne les principaux éléments.

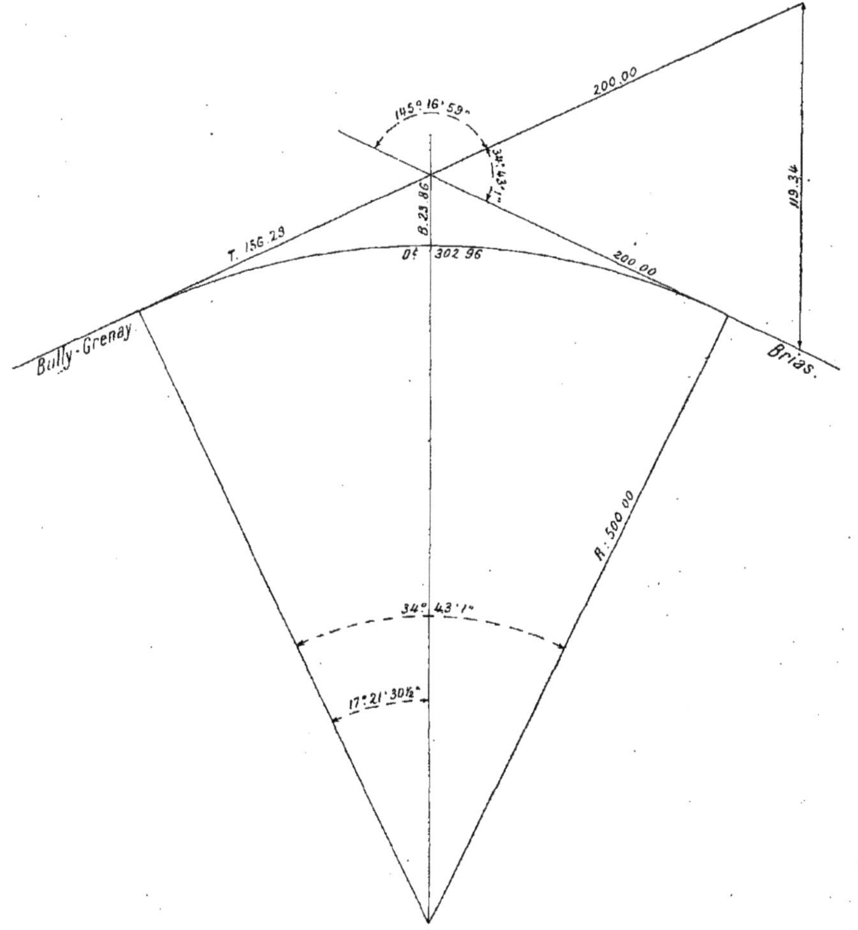

Fig. 147. — Rayon 500 mètres; Angle au centre 34° 43' 01"; Angle des tangentes 145° 16' 59"; Tangente 156m,29; Développement 302m,96; Bissectrice 23m,86.

Ces croquis affectent généralement les deux formes suivantes :

1° L'angle du sommet est inférieur à

120 degrés; le chainage du triangle primitif se fait sur les côtés mêmes de l'angle où il y a le plus souvent lieu de calculer une sous-tangente.

Des balises sont placées alors, non pas au sommet lui-même, mais aux deux sommets auxiliaires déterminés par la sous-tangente (*fig.* 146).

Il peut arriver que l'une des balises ne puisse pas être plantée à sa place, comme c'est le cas ici où l'alignement de gauche était représenté par une ligne en exploitation. On la pose alors aussi près que possible de sa vraie placeen repérant exactement à la chaîne la distancequi l'en sépare ici, 24^m,26.

2° L'angle au sommet dépasse 120 degrés. Le chaînage exigé pour le calcul de cet angle se fait alors sur un alignement et le prolongement de l'autre. La sous-tangenteestgénéralementinutile(*fig.* 147).

On dressera en même temps un tableau de toutes les courbes: ce tableau sera précieux à conserver et à consulter dans la section; mais en outre il est exigé par les règlements pour la rédaction du mémoire descriptif. On donnera à ce tableau les colonnes suivantes :

DÉSIGNATION DE LA COURBE	ORIENTATION	RAYON	ANGLE DES ALIGNEMENTS	LONGUEUR DES TANGENTES	DÉVELOPPEMENT	ORIGINE DE LA COURBE	FIN DE LA COURBE	OBSERVATIONS

Pour le piquetage des courbes sur le terrain, il peut quelquefois être utile de calculer plusieurs autres éléments, tels que la corde et la flèche,

183. *Corde.* — On appelle ainsi la droite AB qui sous-tend l'arc de courbe AB entre ses points de contact avec les deux alignements droits (*fig.* 148).

Cette droite est perpendiculaire en son milieu F au rayon OC qui passe par le sommet de l'angle P.

Or, abaissons de C une perpendiculaire sur OA soit CD. On voit aisément que CD, parallèle à la tangente AP est égale à AF; si de plus on abaisse la perpendiculaire CE sur la tangente, on a également AE = CD = AF. Nous verrons plus loin l'utilité de ces remarques. Enfin on voit encore que cette *demi-corde*, divisée par le rayon, n'est que le *sinus* du demi-angle au centre b.

$$\frac{AE}{R} = \frac{CD}{R} = \frac{AF}{R} = \sin b.$$

donc, $C = R \sin b$

ou mieux, $C = R \cos a$

car l'angle b a été déduit de l'angle a; il a donc toujours des chances d'être moins rigoureusement évalué.

En pratique, la demi-corde AF seule

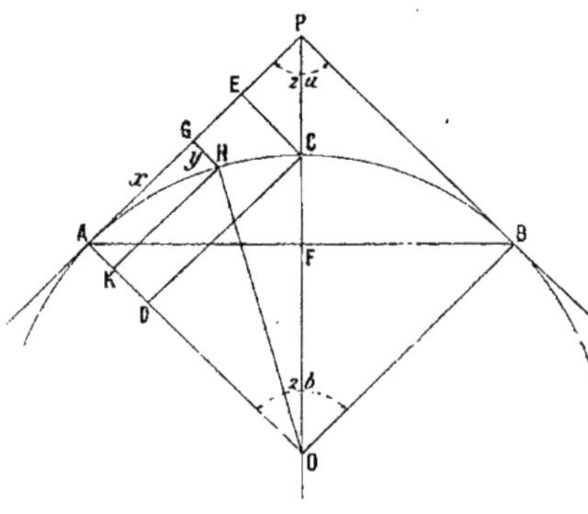

Fig. 148.

prend souvent le nom de *sinus* de l'angle au centre b.

184. *Flèche.* — La flèche est la portion du rayon OP comprise entre l'arc et la corde, c'est-à-dire FC.

D'après les mêmes constructions que précédemment on voit que :

$$FC = AD' = CE.$$

En outre, $CF = OC - OF$

Mais, $OC = R$

Et dans le triangle rectangle AFO on a : $OF = AO \cos b$

$$OF = R \cos b$$

ou mieux comme nous l'avons signalé plus haut :

$$OF = R \sin a$$

donc la flèche :

$$F = R - R \sin a$$
$$= R (1 - \sin a).$$

Cette flèche porte encore le nom de *sinus Verse* de l'angle au centre b. On voit que, la tangente AE étant prise pour abscisse, elle représente l'ordonnée CE correspondant au milieu de l'arc.

185. Remarque. — On pourrait obtenir la corde et la flèche par d'autres méthodes purement géométriques, mais qui auraient l'inconvénient de se servir de lignes comme la tangente, résultant elles-mêmes déjà d'un calcul antérieur ; elles comportent donc des erreurs qui ne peuvent que se cumuler et donner des résultats moins exacts.

Ainsi, on pourrait avoir immédiatement la corde en fonction de la flèche par la formule bien connue :

$$C = \sqrt{F (2R - F)}$$

Mais il faut s'appuyer sur F qui n'est pas dans les données primitives du problème. On remplace F par sa valeur, ce qui donne une formule inutilement compliquée.

Le mieux est donc toujours de partir des lignes trigonométriques de l'angle a qui doit rester la donnée première et fondamentale de toutes les évaluations ultérieures.

Tracé sur le terrain.

186. Ces préliminaires établis, on procède au tracé de l'axe sur le terrain.

Pour les alignements droits cela ne présente aucune difficulté, il n'y a qu'à suivre la ligne de jalons plantés et à y mettre des piquets aux points utiles, comme nous le verrons plus loin en parlant du piquetage.

Pour les courbes, on conçoit que les éléments précédemment calculés ne peuvent suffire ; en dehors des points de contact et du sommet, il faut nécessairement piqueter un certain nombre de points intermédiaires assez rapprochés pour que par leur ensemble, ils indiquent suffisamment la courbe à parcourir,

Il existe pour cela plusieurs méthodes qui ont été exposées avec beaucoup de clarté et de talent par M. l'ingénieur Gressier, dans le *Traité de géodésie*. Nous signalerons et développerons plus particulièrement celles qui sont les plus usitées dans les tracés de chemin de fer.

Tracé des courbes.

187. 1° *Par abscisses et ordonnées sur les tangentes.* — La méthode de beaucoup la plus employée et qui est en effet la plus indiquée lorqu'elle est possible, est celle par abscisses et ordonnées sur les tangentes.

Ces tangentes sont toujours tracées à l'avance, puisque ce sont les alignements droits primitifs. Il ne reste donc qu'à calculer en un certain nombre de points de celles-ci les longueurs de perpendiculaires allant rejoindre la courbe : c'est ce qu'on appelle les *ordonnées*. Les longueurs chaînées sur la tangente portent le nom d'*abscisses* et les deux réunies constituent un système de *coordonnées rectangulaires*.

Cela posé deux procédés peuvent être employés pour construire la courbe :

1° Prendre sur la tangente des abscisses équidistantes qui correspondent à des arcs inégaux sur la courbe ;

2° Choisir des abscisses inégales mais telles que les arcs de courbes qui leur correspondent soient égaux entre eux.

Cherchons d'abord la relation qui existe entre les coordonnées d'un même point H de la courbe (*fig.* 148). Ces lignes s'obtiennent en abaissant la perpendiculaire GH sur la tangente AP. L'abscisse est AG ou x et l'ordonnée GH ou y.

Or menons HK parallèle à la tangente et joignons HO ; on a dans le triangle rectangle HKO.

$$HO^2 = KH^2 + KO^2$$

Mais $KH = x$ et $AK = y$

donc $KO = R - y$,

par suite : $R^2 = x^2 + (R - y)^2$

$$R^2 - x^2 = (R - y)^2$$

$$\sqrt{R^2 - x^2} = R - y$$

d'où l'ordonnée y

$$y = R - \sqrt{R^2 - x^2}$$

Par conséquent, en donnant à x une série de valeurs quelconques, la formule précédente donnera les valeurs correspondantes de y. On opèrera ainsi pour la moitié seulement AC de la courbe. La plus grande ordonnée étant la flèche EC = CF et la plus grande abscisse la demi-corde AE = AF ; on en fera autant de l'autre côté sur la tangente BP pour l'autre moitié de la courbe qui sera donc ainsi construite en entier.

En pratique on ne calcule jamais ces ordonnées qui se trouvent toutes prêtes dans maintes tables préparées à l'avance par un grand nombre d'auteurs parmi lesquels nous citerons MM. Gaunin, Deglin, Partiot, etc. Ces tables donnent des indications très complètes sur les éléments d'une courbe quand on connaît l'angle des tangentes, mais, en particulier, les abscisses et ordonnées précédentes, pour les courbes de rayons usuels.

Une seule de ces tables peut suffire à la rigueur en se rappelant que toutes les lignes homologues de différentes courbes ont des longueurs proportionnelles aux rayons. Prenons donc les abscisses et ordonnées indiquées par la table suivante établie pour un rayon de 1 mètre et des accroissements successifs de 0,01 dans les abscisses ; en multipliant abscisses et ordonnées par le rayon d'une courbe quelconque, on aura les deux mêmes quantités correspondantes pour des accroissements d'abscisses de 1/100 du rayon ; les tables de

ABSCISSES.	ORDONNÉES	ABSCISSES.	ORDONNÉES
m.	m.	m.	m.
0.01	0.000050	0.51	0.1398200
0.02	0.000190	0.52	0.1458100
0.03	0.000450	0.53	0.15200834
0.04	0.000800	0.54	0 15834000
0.05	0.0012625	0.55	0.16184000
0.06	0.0018009	0.56	0.17151000
0.07	0.0024600	0.57	0.17885000
0.08	0.0032100	0.58	0.18537500
0.09	0.0040625	0.59	0.19260000
0.10	0.0050125	0.60	0.20000000
0.11	0.0060700	0.61	0.20759167
0.12	0.0072250	0.62	0.21540000
0.13	0.0084800	0.63	0.22340837
0.14	0.0098500	0.64	0.23163336
0.15	0.0113000	0.65	0.24007000
0.16	0.0128800	0.66	0.24873008
0.17	0.0145500	0.67	0.25764169
0.18	0.0163375	0.68	0.26678334
0.19	0.0182000	0.69	0.27619167
0.20	0.0202100	0.70	0.28585835
0.21	0.0223600	0.71	0.29580000
0.22	0.0245100	0.72	0.30602503
0.23	0.0268000	0.73	0.31655000
0.24	0.0292375	0.74	0.32740000
0.25	0.0317625	0.75	0.33703336
0.26	0.0344000	0.76	0.35008334
0.27	0.0371500	0.77	0.36195714
0.28	0.0400000	0.78	0.37422857
0.29	0.0429700	0.79	0.38689286
0.30	0.0460600	0.80	0.40000000
0.31	0.0492600	0.81	0.41356875
0.32	0.0525800	0.82	0.42763750
0.33	0.0560250	0.83	0.44223750
0.34	0.0595800	0.84	0.45741250
0.35	0.0632600	0.85	0.47322223
0.36	0.0670500	0.86	0.48971112
0.37	0.0709750	0.87	0.50695556
0.38	0.0750100	0.88	0.52502223
0.39	0.0792000	0.89	0.54403889
0.40	0.0834800	0.90	0.56411500
0.41	0.0879100	0.91	0.58539500
0.42	0.0924750	0.92	0.60808636
0.43	0.0971700	0.93	0.63244167
0.44	0.1020100	0.94	0.65882693
0.45	0.1069700	0.95	0.68775006
0.46	0.1120800	0.96	0.72000000
0.47	0.1173200	0.97	0.75689167
0.48	0.1227400	0.98	0.80100000
0.49	0.1282800	0.99	0.85893548
0.50	0.1339800		

détail citées plus haut évitaient simplement cette multiplication.

188. Lorsqu'on opère par équidistance sur la courbe et que ce sont les abscisses qui diffèrent, on pourra employer de même la table suivante en remarquant que les abscisses ne sont que les sinus des arcs correspondants et les ordonnées les sinus verses.

Cette table a été dressée en supposant toujours le rayon égal à l'unité et les arcs variant de degré en degré jusqu'à 45 degrés.

Une dernière colonne donne les longueurs

des tangentes et nous sera utile plus loin quand nous ferons usage de sous-tangentes pour le tracé. On obtiendra les quantités correspondantes pour une courbe de rayon quelconque en multipliant les valeurs de ce tableau par le rayon de la courbe.

NOMBRE de degrés.	ABSCISSES x ou sinus.	ORDONNÉES y ou sinus-verse.	LONGUEUR de la tangente.
1	0.01745241	0.00015250	0.01745506
2	0.03489950	0.00060909	0.03492093
3	0.05233596	0.00137008	0.05240778
4	0.06975647	0.00243586	0.06992681
5	0.08715574	0.00380545	0.08748866
6	0.10452847	0.00547818	0.10510423
7	0.12186935	0.00745386	0.12278458
8	0.13917311	0.00973182	0.14054084
9	0.15643446	0.01231182	0.15838444
10	0.17365816	0.01519205	0.17632699
11	0.19080899	0.0183728	0.19438031
12	0.20791675	0.0218526	0.21255666
13	0.23495104	0.0256300	0.23086819
14	0.24192190	0.0297046	0.24932805
15	0.25881904	0.0340643	0.26794920
16	0.2756374	0.0387386	0.2867453
17	0.2923717	0.0436953	0.3057306
18	0.3090170	0.0489436	0.3249197
19	0.3255682	0.0544808	0.3443276
20	0.3420202	0.0603074	0.3690703
21	0.3583680	0.0664196	0.3838640
22	0.3746065	0.0728162	0.4040263
23	0.3907311	0.0794952	0.4244748
24	0.4067367	0.0864546	0.4452286
25	0.4226183	0.0936924	0.4663076
26	0.4383712	0.1012058	0.4877326
27	0.4539905	0.1089934	0.5095255
28	0.4691716	0.1170526	0.5317094
29	0.4848096	0.1253800	0.5543090
30	0.5000000	0.1339746	0.5773503
31	0.5150380	0.1428328	0.6008606
32	0.5299192	0.1519520	0.6248693
33	0.5446390	0.1613294	0.6494076
34	0.5591930	0.1709624	0.6745081
35	0.5735764	0.1808485	0.7002077
36	0.5875853	0.1909831	0.7265425
37	0.6018149	0.2013646	0.7535540
38	0.6156616	0.2119893	0.7812855
39	0.6293204	0.2228541	0.8097820
40	0.6427874	0.2336555	0.8390996
41	0.6560390	0.2452903	0.8692868
42	0.6691306	0.2568551	0.9004038
43	0.6820140	0.2686463	0.9325150
44	0.6946585	0.2806603	0.9655889
45	0.7071068	0.2928932	1.0000000

Enfin si l'on voulait avoir les coordonnées de points de la courbe situés à distance donnée, il suffirait de chercher les sinus des arcs correspondants à partir des points de contact; on aurait ainsi les abscisses que l'on substituerait dans la formule courante :

$$y = R - \sqrt{R^2 - x^2}$$

On pourrait encore remarquer que $\sqrt{R^2 - x^2}$ n'est que OK c'est-à-dire le cosinus de l'angle correspondant; on peut donc se contenter de chercher ces cosinus et de les retrancher du rayon : on a immédiatement les ordonnées.

Cela ne peut se présenter que dans des cas particuliers et pour certains points spéciaux, car en pratique ce serait peu commode et beaucoup trop long.

189. *Choix des deux méthodes au point de vue de l'équidistance.* — On peut se demander laquelle des deux méthodes précédentes est la meilleure en pratique ; en un mot s'il est préférable de prendre des abscisses dont les extrémités soient équidistantes ou bien s'il vaut mieux prendre des abscisses quelconques mais choisies de sorte que les arcs correspondants de la courbe soient égaux entre eux.

Dans le premier cas on prend des nombres entiers faciles à chaîner et à introduire dans les calculs, 10 mètres, 20 mètres, et les arcs de courbe doivent être alors calculés au millimètre pour le chaînage sur place.

Dans la seconde méthode, ce sont les arcs successifs que l'on prend égaux à des nombres entiers de mètres et les abscisses calculées qui sont quelconques.

Nous n'hésitons pas à préférer cette seconde méthode qui permet, au moyen de quelques jalons, de se rendre compte d'un coup d'œil sur le terrain si le tracé a été bien fait. Il est même complètement inutile à notre avis de partager la courbe entière en un certain nombre exact de parties égales. Il suffit de porter, à partir du point de contact, des arcs égaux de 20 en 20 mètres dans les courbes à grands rayons et de 10 mètres dans les autres ; on accepte ensuite au sommet le reliquat inférieur à cette cote et tel qu'il se présente. On aura généralement encore bien assez de marge pour faire la vérification en prenant une corde sur un nombre impair de divisions et en vérifiant si cette corde et la flèche correspondante sont bien conformes aux résultats donnés par le calcul, ou encore en vérifiant si un certain nombre de flèches ainsi tracées sont bien égales entre elles.

190. 2° *Emploi de la sous-tangente.* — Pour que la méthode précédente soit suffisamment exacte, il est bon que les ordonnées soient le plus petites possible ; quand elles deviennent trop grandes, 30 à 40 mètres par exemple, on n'est plus sûr du point qu'elles donnent.

C'est alors qu'il y a lieu de faire usage des sous-tangentes que nous avons appris à calculer précédemment et qui servent à leur tour de lignes auxiliaires d'abscisses, raccourcissant considérablement les ordonnées (*fig.* 149).

Si une première sous-tangente ne suffit pas, on en peut mener et calculer une seconde dans l'angle formé par la première et la tangente primitive. Mais cela se présente rarement.

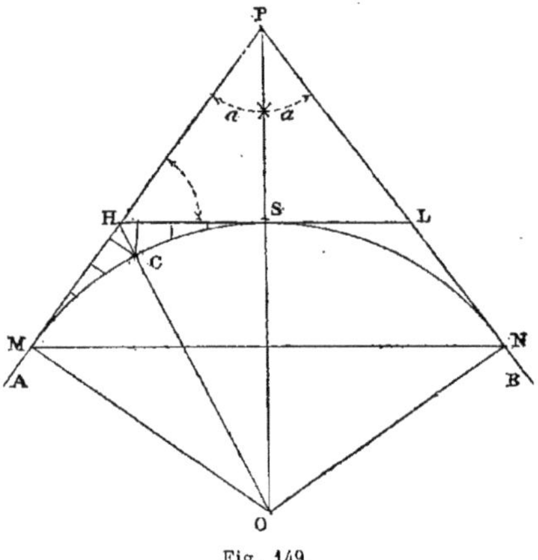

Fig. 149.

191. 3° *Tracé par sous-tangentes successives.* — Si l'on ne peut commodément tracer ou chaîner de grandes sous-tangentes, comme dans le cas précédent, on peut procéder par cheminement et sous-tangentes partielles et successives.

On commence par diviser la courbe en un certain nombre d'arcs égaux ne dépassant pas 20 mètres de développement ; on connaît alors les angles au centre correspondant à chacun de ces arcs MC ; on peut donc employer la table vue précédemment qui donnera l'abscisse MD, l'ordonnée DC et la tangente du demi-arc ME (*fig.* 150).

L'abscisse et l'ordonnée fixeront la position du point C de la courbe, la tangente celle du point E de MD, de sorte qu'en joignant EC et prolongeant, on a en ECF la tangente en C à la courbe sur laquelle on pourra opérer comme on vient de le faire pour MC. On obtient ainsi le point G de la courbe et sur la nouvelle tangente le point H qui permet de continuer plus loin, et ainsi de suite.

Il sera préférable de diviser l'angle $2b$ en un nombre pair n de parties égales de manière à partir de M et de N en sens contraire, et d'avoir un point de la courbe sur la bissectrice. Comme vérification du travail final, on devra converger sur ce point dans les deux mouvements. Si l'on ne faisait qu'une seule opération de cheminement de M en N on devrait naturellement trouver comme dernier point le point N.

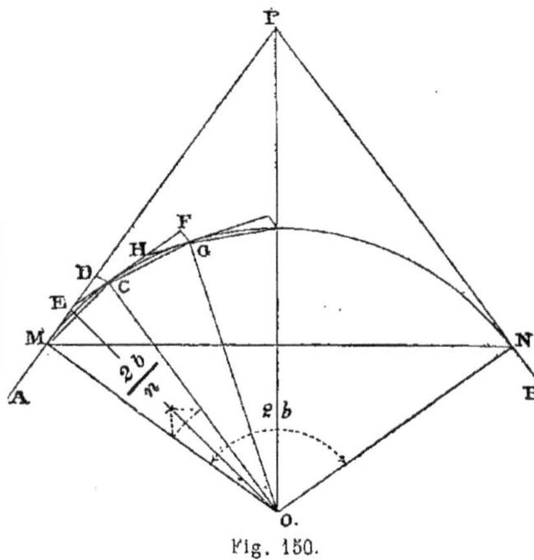

Fig. 150.

192. 4° *Tracé par cordes et leurs flèches.* — Tout ce qui précède suppose que le terrain est complètement libre et accessible dans la région extérieure à la courbe, au moins sur une bonne portion des tangentes.

Il n'en est pas toujours ainsi et l'on peut être amené à être obligé de construire cette courbe par l'intérieur, du côté de son centre. On peut alors faire usage de la corde et de la flèche correspondante, telles que nous avons appris à les calculer précédemment (*fig.* 151).

Si la corde n'est pas trop éloignée de la courbe et ne donne pas lieu à des ordonnées trop grandes, on peut s'en servir pour le tracé en remarquant que la demi-longueur de cette corde est égale à la tangente AB et que les ordonnées correspondantes sont les différences entre la flèche constante AC et les ordonnées successives que l'on aurait à porter si l'on effectuait le tracé par la méthode ordinaire de la tangente.

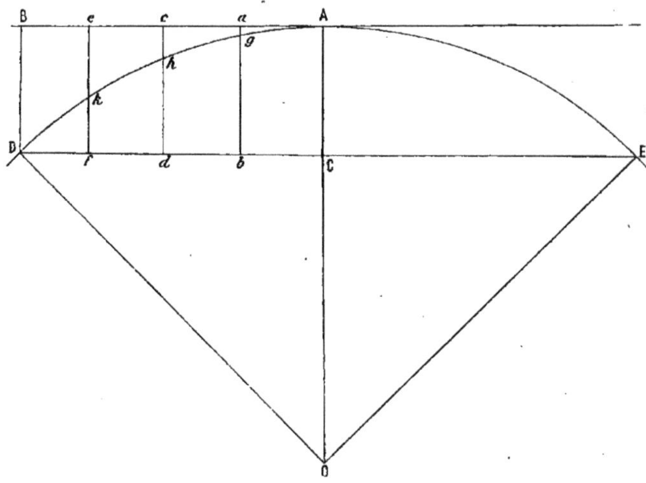

Fig. 151.

Mais, le plus souvent, en pratique, il sera préférable de réduire les ordonnées ou flèches donnant la position des points de la courbe. On opèrera dès lors comme suit (*fig.* 152).

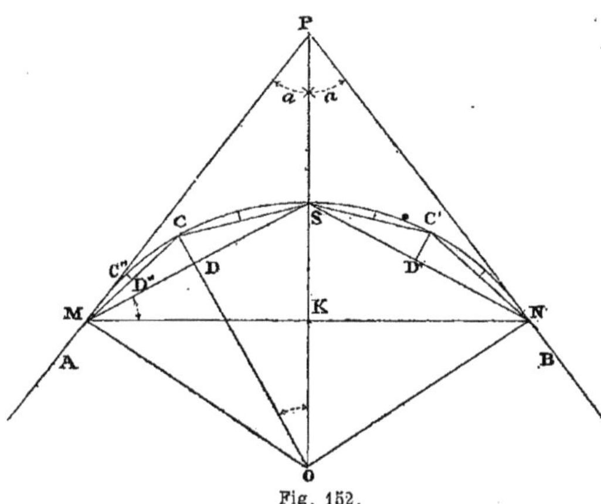

Fig. 152.

On commencera par déterminer le point S, sommet de la courbe, en chaînant la flèche KS au milieu de la corde MN. Puis on lancera les deux cordes MS et NS que l'on calculera comme la première toujours en partant de l'angle au centre moitié du précédent, et non, comme on pourrait y être tenté, de la droite KS et de la demi-corde déjà elles-mêmes résultats d'un calcul. On cherchera la flèche correspondante CD, C'D' et on obtiendra les nouveaux points C et C'. On continuera ainsi de proche en proche sur des cordes et flèches de plus en plus petites et de plus en plus resserrées jusqu'à ce que les points obtenus sur la courbe se trouvent à des distances maximum de 20 mètres quel que soit son rayon.

On remarquera que par cette méthode on a immédiatement des points donnant des arcs équidistants.

Bien entendu, il faut des calculs préparés à l'avance pour exécuter ces opérations et les meilleures tables à employer sont toujours celles de Gaunin qui conviennent à tous les cas.

193. 5° *Tracé par cordes inscrites successives.* — On voit que la méthode précédente peut présenter de très grandes difficultés en pratique, car si les dernières cordes et flèches sont petites et resserrées, le développement et l'éloignement de la courbe des premières, les rend le plus souvent impossibles à tracer et à plus forte raison à chaîner.

On peut opérer alors de la manière suivante :

On divise encore la courbe en un nombre autant que possible pair de parties égales inférieures à 20 mètres. On a immédiatement la corde MC, par exemple, qui correspond à un des angles au centre ainsi formé (*fig.* 153), puisque elle est le double de son sinus.

Si donc nous faisons en M avec la tangente AP un angle PMH égal à la moitié de MOC ou MOE, nous aurons en chaînant sur MH une longueur MC égale à la corde trouvée, un point de la courbe C.

Or cette corde MCH ferait en C avec la tangente à la courbe le même angle que la tangente MP en M, c'est-à-dire 1/2 MOC. La tangente en C ferait d'un autre côté avec la corde inscrite suivante CD également le même angle 1/2 de COD ou MOC. Donc les deux cordes consécutives MH, CG font entre elles l'angle primitif MOC lui-même. Cela était d'ailleurs évident à l'avance à cause de la perpendicularité des côtés de ces angles. En menant de C une droite CG faisant l'angle en question avec MH et chainant la longueur constante de la corde à partir du point C, on obtient donc un second point de la courbe et ainsi de suite.

On voit que le grand inconvénient de cette méthode est l'emploi d'un instrument à mesurer les angles ; ces angles

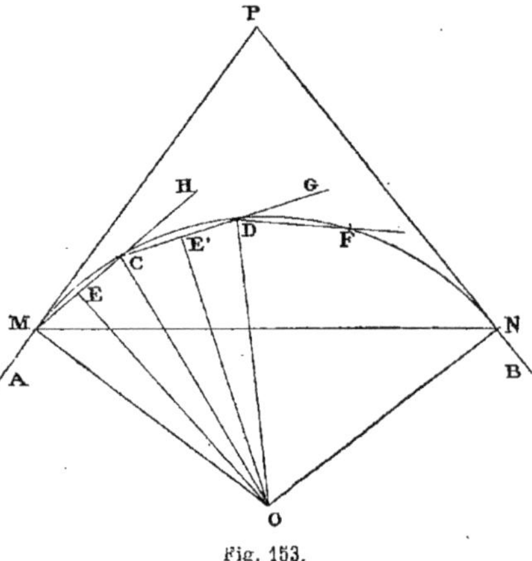

Fig. 153.

sont d'ailleurs eux-mêmes assez peu ouverts et leur mesure exacte n'en est que plus délicate. Il y a donc lieu de se défier du procédé.

Cependant il peut être indispensable de cheminer le plus près possible le long de la courbe dans certains cas ; par exemple lorsqu'il s'agit de tracer l'axe d'une voie que l'on pose sur un remblai ou au milieu d'un bois, dans un tunnel, etc., alors qu'il est impossible ou dangereux de sortir du voisinage du tracé si l'on veut faire quelque chose d'exact.

Le procédé suivant permettra de se passer de graphomètre et cependant de ne pas quitter le remblai sur lequel le tracé doit être installé.

194. 6° *Tracé par écartements et triangles rectangles successifs.* — On commence par tracer comme précédemment un premier point de la courbe au moyen de l'abscisse MK et de l'ordonnée CK (*fig.* 154), correspondant à l'angle partiel MOC.

Ou bien l'on se fixe simplement à l'avance une longueur de corde arbitraire $2l$ ou MC et l'on calcule MK et CK correspondants.

Pour MK on a d'abord, à cause de la similitude des deux triangles rectangles

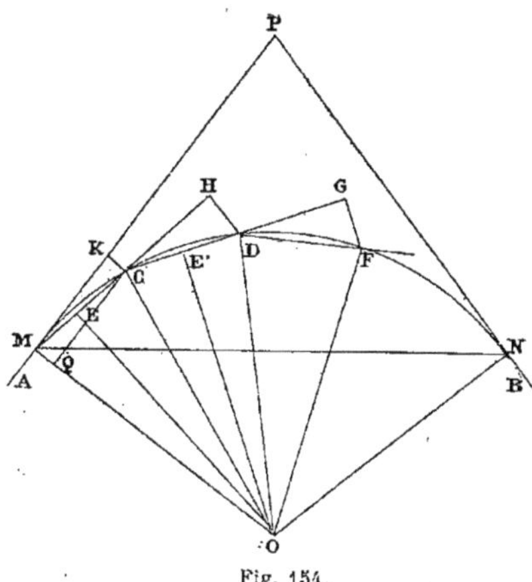

Fig. 154.

MKC et OCE qui ont leur trois angles égaux :

$$\frac{MK}{MC} = \frac{EO}{CO}$$

ou

$$\frac{MK}{2l} = \frac{\sqrt{R^2 - l^2}}{R}$$

d'ou :

$$MK = \frac{2l\sqrt{R^2 - l^2}}{R}$$

Quand à CK on aurait pour les mêmes raisons :

$$\frac{CK}{MC} = \frac{CE}{CO}$$

$$\frac{CK}{2l} = \frac{l}{R}$$

d'où :

$$CK = \frac{2l^2}{R}.$$

De toutes façons, on détermine le point C, on trace la corde MC et on la prolonge en H.

Supposons alors une seconde corde inscrite CD égale à la précédente et de son extrémité D abaissons une perpendiculaire sur CH, qui tombe au point H. On voit que, si l'on connaissait HC et HD, on pourrait préciser la position du point D.

Or abaissons la perpendiculaire CQ sur MO ; les deux triangles rectangles DHC et CQO sont encore semblables comme ayant leurs trois angles respectivement égaux puisque les angles :

$$\widehat{HCD} = \widehat{COD} = \widehat{QOC}$$

Donc on a la proportion :

$$\frac{HC}{CD} = \frac{QO}{CO} = \frac{MO - MQ}{CO} = \frac{MO - CK}{CO}$$

ou :

$$\frac{HC}{2l} = \frac{R - \frac{2l^2}{R}}{R} = \frac{R^2 - 2l^2}{R^2}$$

d'ou :

$$HC = \frac{2l\,(R^2 - 2l^2)}{R^2}$$

D'un autre côté on a de même :

$$\frac{HD}{CD} = \frac{CQ}{CO} = \frac{MK}{CO}$$

ou :

$$\frac{HD}{2l} = \frac{2l\sqrt{R^2 - l^2}}{R^2}$$

d'où :

$$HD = \frac{4l^2\sqrt{R^2 - l^2}}{R^2}$$

Ces éléments calculés serviront de proche en proche pour toutes les cordes successives égales à la précédente et permettront de tracer la courbe par points.

En pratique, il faudra comme toujours diviser l'arc et l'angle au centre en un nombre pair de parties égales et calculer soit directement, soit par les nombreuses tables que l'on a à sa disposition, la corde correspondante.

Le mesurage de l'ordonnée HD peut se faire une fois pour toutes sur un gabarit en bois fabriqué à l'avance et que l'on transporte à l'extrémité H de la corde prolongée avec soin, au moyen d'un cordeau par exemple. La branche d'équerre du gabarit donne immédiatement le point cherché marqué à l'avance en D'. La règle M' H' devra être assez longue pour bien prendre la direction de MH, mais il n'est pas nécessaire de lui donner plus de 2 à 3 mètres pour que l'ensemble reste léger et portatif (*fig.* 155).

La méthode par triangles rectangles successifs est très expéditive mais beaucoup moins exacte que celle des tangentes, à cause de la solidarité des erreurs. Aussi ne faut-il l'employer que lorsqu'on ne peut absolument pas faire autrement, comme à la traversée d'un village, et profiter de tous les moyens de vérification que l'on pourra avoir à sa disposition pour en contrôler les résultats.

Son utilité est surtout incontestable

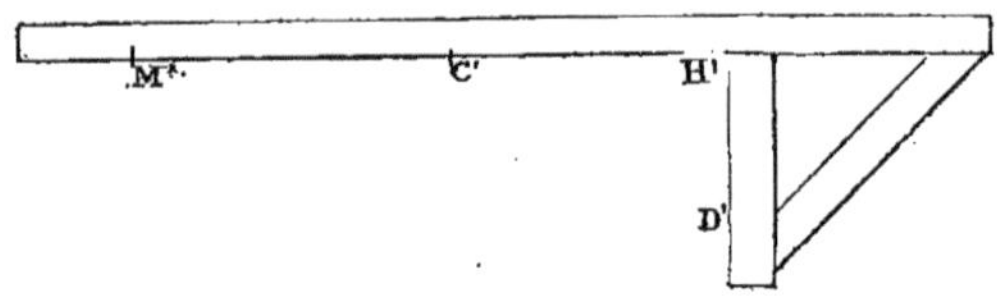

Fig. 155.

lorsque les terrassements sont terminés car on peut disposer des longueurs à chaîner de manière à ne pas sortir de la plateforme, ce que le procédé par abscisses et ordonnées ne permettait généralement pas. On serait obligé de procéder à des chaînages sur les talus, ce qui serait plus long et plus pénible sans être plus exact.

195. Remarque. — Lorsqu'on trace ainsi une courbe à partir des deux points de contact de départ et d'arrivée, d'après une méthode quelconque, il peut être utile de dépasser un peu le milieu de la courbe afin de voir si les points obtenus appartiennent bien au même tracé.

Construction des courbes par la chaîne seule.

196. *Lemme.* — Supposons que, les deux alignements AP,BP (*fig.* 156) devant

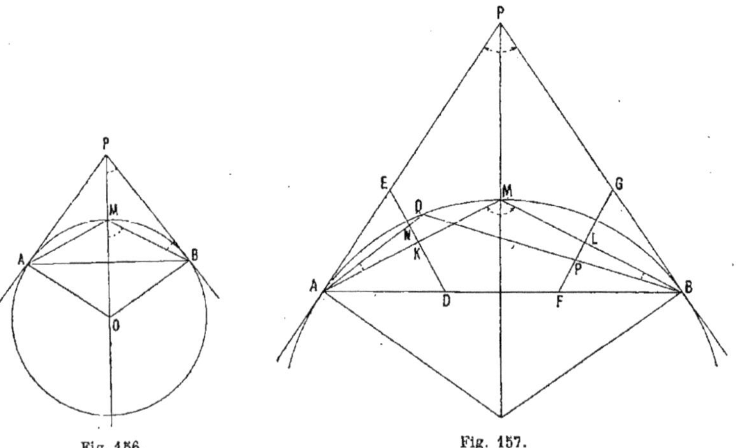

Fig. 156.

Fig. 157.

être raccordés par une courbe de rayon R, on ait trouvé pour longueur des tangentes les droites PA,PB, donnant les points de contact A et B. On peut arriver à tracer la courbe, sans le secours d'aucun instrument et rien qu'avec la chaîne, de la manière suivante :

D'abord, pour les courbes de petit rayon,

comme celles que présentent les déviations des chemins, on peut, en pratique, prendre sans erreur sensible pour milieu de la courbe la moitié de la distance du sommet d'angle à la corde, comptée sur la bissectrice.

Puis l'on trace les cordes des deux arcs ainsi obtenus sur lesquels on opère de la même façon ; on continue par les 1/4, les 1/8 de la courbe dont on a ainsi un nombre de points aussi grand qu'on le désire et avec une précision bien suffisante pour le cas qui nous occupe.

Pour les grandes courbes, cela ne serait pas suffisamment exact et l'on peut employer un autre procédé.

Considérons un cercle O, l'angle circonscrit APB, la corde AB et les deux cordes partielles AM MB (*fig.* 156).

On voit immédiatement que l'angle OMB extérieur au triangle PMB est égal à la somme des deux intérieurs opposés; la comparaison des mesures de ces angles conduirait d'ailleurs au même résultat.

$$\widehat{OMB} = \widehat{MPB} + \widehat{PBM},$$

et l'angle total qui est le double AMB :

$$2OMB = \widehat{AMB} = 2MPB + 2PBM.$$

Mais $2\widehat{MBP} = \widehat{APB}$. De plus l'angle formé par une tangente et une corde MBP et l'angle inscrit ABM ont même mesure, la moitié de l'arc MB = AM,

donc : $$2\widehat{PBM} = \widehat{ABP},$$

donc enfin : $\widehat{AMB} = \widehat{APB} + \widehat{ABP}$.

Cela posé, chaînons les longueurs égales AD = AE = BF = BG (*fig.* 157), sur la corde et la tangente.

On obtient ainsi deux triangles isocèles ADE et BFG absolument arbitraires et dont les hauteurs AK et AL sont, comme on sait, à la fois médianes et bissectrices des angles au sommet :

$$\widehat{DAE} \text{ et } \widehat{FBG}.$$

Mais ces derniers angles sont égaux, donc il en est de même de leurs moitiés

$$\widehat{DAK} = \widehat{FBL},$$

Or on a : $$\widehat{APB} = 180 - 2\widehat{BAE} \qquad (1)$$

et : $$\widehat{AMB} = 180 - 2\widehat{BAK}$$

$$\widehat{AMB} = 180 - \frac{2\widehat{BAE}}{2},$$

$$\widehat{AMB} = 180 - \text{BAE}. \qquad (2)$$

Retranchons (1) de (2), il vient :

$$\widehat{AMB} - \widehat{APB} = \widehat{BAE},$$

$$AMB = \widehat{APB} + \widehat{BAE}.$$

Donc, d'après le lemme précédent, le point M est sur le cercle cherché, et à cause de la symétrie il se trouve au milieu, sur la bissectrice.

Pour en obtenir un autre point quelconque, portons à partir des milieux K et L et en sens contraire, des longueurs

$$KN = LP$$

et joignons KN, BP : ces deux droites se rencontrent en un point Q, qui est encore un point de la courbe.

Car les angles :

$$\widehat{NAK} = \widehat{LBP}.$$

Le triangle AQB présente donc en A et B des angles à la base qui ne sont que ceux des triangles AMB, l'un augmenté et l'autre diminué respectivement du même angle; la somme de ces angles à la base est donc constante et il en est de même par suite de l'angle au sommet AQB qui est égal à AMB, donc le point Q appartient également à la courbe.

En un mot, en portant ainsi une série de longueurs égales entre elles de part et d'autre des points K et L, on obtient une série de triangles dont le lieu des sommets est le segment capable de l'angle AMB décrit sur AB. Ce lieu est précisément la courbe cherchée, qu'on décrira en pratique en divisant les bases DE, FG dans le même nombre de parties égales.

La même méthode s'appliquerait au tracé d'une courbe entre tangentes inégales. Seulement les divisions en nombre égal sur DE et FG ne seraient plus égales entre elles d'une base à l'autre, mais proportionnelles à ces bases.

On voit de plus que, les points A et B une fois déterminés, on *peut même se passer de la chaîne* : il suffit d'avoir un simple cordeau qui permette de porter des longueurs égales sur la corde et la tangente, de manière à placer les deux premiers triangles isocèles et à pouvoir mesurer la longueur totale de leurs bases dont on prend ensuite une portion constante, comme il a été dit plus haut. Cela peut évidemment, dans certains cas, rendre des services.

L'inconvénient de cette méthode est de présenter des droites qui se rencontrent sous un angle trop obtus, dans le voisinage du milieu de la courbe, c'est-à-dire précisément là où il serait particulièrement intéressant d'avoir la plus grande exactitude.

Tracé par segment capable et un graphomètre.

197. Mais tout cela suppose, bien entendu, qu'on soit complètement à l'aise pour faire les chaînages.

Or, il peut en être autrement, et l'on est obligé alors d'avoir recours aux instruments servant à mesurer les angles. On connaît notre opinion à ce sujet, et il ne faut employer ce moyen que lorsqu'il est absolument impossible de s'en dispenser.

On pourrait donc encore tracer la courbe en prenant sur le graphomètre, une fois pour toutes, l'ouverture de l'angle inscrit dans le segment capable précédent et en procédant par tâtonnement de manière à viser à la fois les deux points de contact sur les tangentes. Lorsque cela a lieu, le sommet de l'angle est un point de l'arc de cercle; on les espace ainsi de 20 mètres en 20 mètres et l'on peut tracer la courbe sans le secours d'aucun calcul ni d'aucune table. Avec un peu d'habitude, les tâtonnements sont très réduits; néanmoins, ce procédé ne sera jamais bien expéditif ni bien rigoureux.

Tracé par segment capable et deux graphomètres.

198. Soit comme toujours l'angle APB (*fig.* 158) dont les deux côtés sont à raccorder par un cercle tangent en M et N. Prenons un point quelconque D sur la courbe et joignons DM, DN : l'angle MDN ou b est constant, quelle que soit la position du point D, car tous les angles inscrits de la sorte dans le segment MSN ont la même mesure, la moitié du reste de la circonférence.

Les angles suivants sont encore égaux comme ayant même mesure, savoir :

$$\widehat{DNM} = \widehat{DMP} = c,$$

$$\widehat{DMN} = \widehat{DNP} = c'.$$

Mais le triangle MDN donne :

$$b = 180 - (c + c');$$

le triangle MKP :

$$\widehat{PMK} = c + c' = 90 - a\ ;$$

donc : $b = 180 - (90 - a)$,

$$b = 90 + a.$$

On place alors en chacun des points

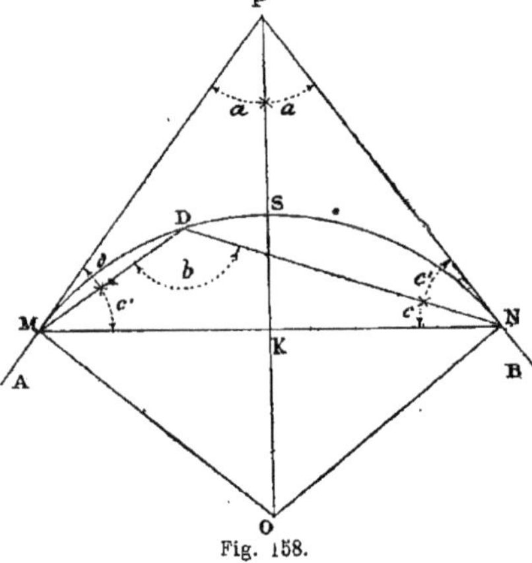

Fig. 158.

M et N un opérateur avec un graphomètre et, tandis que l'un d'eux mesure un angle C quelconque, mais plus petit que KNP ou $90 - a$, l'autre mesure la différence entre $90 - a$ et cet angle. On obtient au point de croisement D un point de la courbe; on continuera ainsi l'opération en faisant avec la corde MN une série d'angles dont la somme soit toujours égale à $90 - a$ et on obtiendra autant de points de la courbe qu'on le jugera nécessaire.

On voit que la corde MN, base de toutes ces visées, doit être entièrement visible des deux stations M et N. D'autre part, les points ainsi trouvés sont d'autant moins exacts que les visées qui les déterminent se rencontrent sous des angles plus obtus, c'est-à-dire encore vers le milieu de l'axe à tracer.

Tracé par angles inscrits et arcs égaux.

199. Soient, comme précédemment, les deux alignements PA, PB à raccorder par un arc de cercle tangent aux points M et M, et de centre O. Divisons cet arc en un certain nombre de parties égales l, au moyen des rayons OC, OD, OG séparés

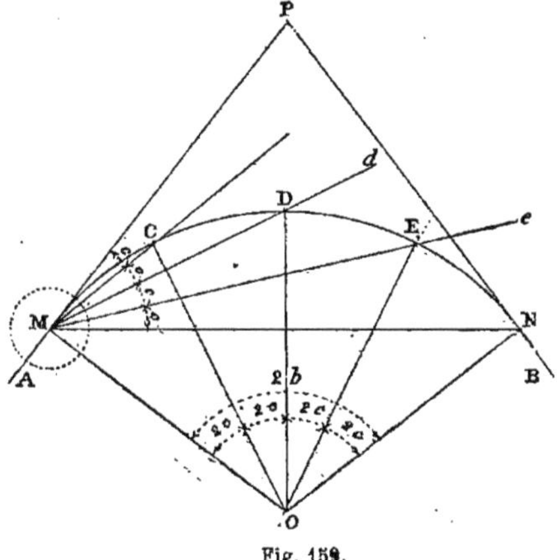

Fig. 159.

entre eux par l'angle constant $2c$ (*fig.* 159).

D'un autre côté joignons MC, MD, ME. Ces droites déterminent des angles inscrits c égaux aussi entre eux comme ayant même mesure, et de plus égaux à la moitié de l'angle au centre $2c$.

On obtiendra aisément la valeur de cet angle, connaissant celle de l'arc, et le rayon R du cercle par la simple proportion:

$$\frac{2c}{360} = \frac{l}{2\pi R},$$

d'où : $$c = 90\,\frac{l}{\pi R}. \qquad (1).$$

La longueur x de la corde sous-tendant chacun de ces arcs sera, comme d'ordinaire, le double du sinus de l'arc moitié du premier.

On aura donc : $x = 2R \sin c$,

d'où : $$\sin c = \frac{x}{2R}.$$

On emploie généralement le décamètre pour chaîner les cordes successives NE, DE, CD, etc., dans ce cas :

$$\sin c = \frac{x}{2R} = \frac{10}{2R}.$$

Supposons que la courbe soit très accentuée, c'est-à-dire ait un très faible rayon, 200 mètres par exemple, il vient alors :

$$\sin c = \frac{10}{400} = 0{,}025,$$
$$c = 1^\circ\ 25'\ 57'',$$
$$2c = 2^\circ\ 51'\ 54''$$

et la longueur l de l'arc développé [voy. formule (1)]:

$$l = \frac{\pi R.c}{90},$$

donnera ici : $l = 10^m{,}001$.

La différence entre cet arc et sa corde n'est donc que de $0^m{,}001$, c'est-à-dire négligeable, surtout si l'on emploie une courbe d'un rayon supérieur à 200 mètres, ce qui est le cas le plus général. On pourra par suite considérer le décamètre comme le développement net de l'arc correspondant à l'angle au centre $2c$.

Cela posé, connaissant l'angle c le tracé de la courbe se fera aisément de la manière suivante.

En M on place un opérateur avec un bon instrument destiné à mesurer les angles, théodolite ou graphomètre ; on mesure l'angle $\widehat{NME}$, par exemple avec MN, et la visée ME correspond, d'après ce qui a été dit plus haut, à l'arc NE. D'un autre côté, du point N comme centre, avec le décamètre comme rayon, on décrit dans la direction NE un arc de cercle jusqu'à ce que l'extrémité opposée de la chaîne rencontre la visée M*e* en un point E, qui est un point de la courbe.

On refait une seconde visée *e*M*d* avec l'angle c, et l'on part du point E obtenu précédemment, comme primitivement du point N, avec le décamètre; la rencontre avec Md donne le point D, et ainsi de suite.

Inutile de dire que l'on pourrait installer le graphomètre en N et procéder par chainages successifs venant de M.

En pratique, en prenant ainsi à l'avance des arcs de 10 mètres, il reste entre le dernier point déterminé de la courbe et le point de contact M (*fig.* 160) un intervalle MF plus petit que 10 mètres et qu'on a pu calculer à l'avance. On aura soin de vérifier sur place s'il présente bien la longueur donnée par le calcul, et, comme on est sûr des autres longueurs qui ont toutes

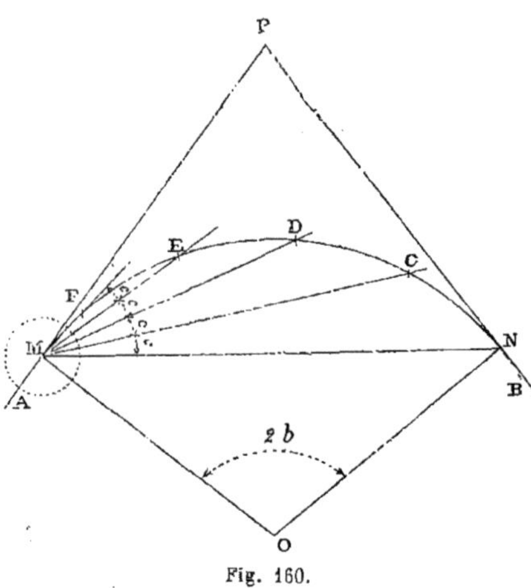

Fig. 160.

10 mètres, on aura ainsi un moyen de vérifier le développement de la courbe.

200. Remarque. — On voit que les points M et N ont besoin d'être visibles l'un de l'autre. En général, si cela n'a pas lieu, on détermine par une autre méthode, celle des abscisses et ordonnées sur la tangente, par exemple, un point C visible des deux extrémités M et N.

On opère alors pour chacun des arcs CM et CN comme il a été dit plus haut pour la courbe entière (*fig.* 161).

De même, en transportant l'instrument de point en point sur la courbe, on peut aisément tracer celle-ci par tangentes successives, ce qui peut être précieux dans un souterrain ou une tranchée profonde.

Le graphomètre étant placé en M on détermine un premier point C en s'appuyant sur la tangente MP et chaînant

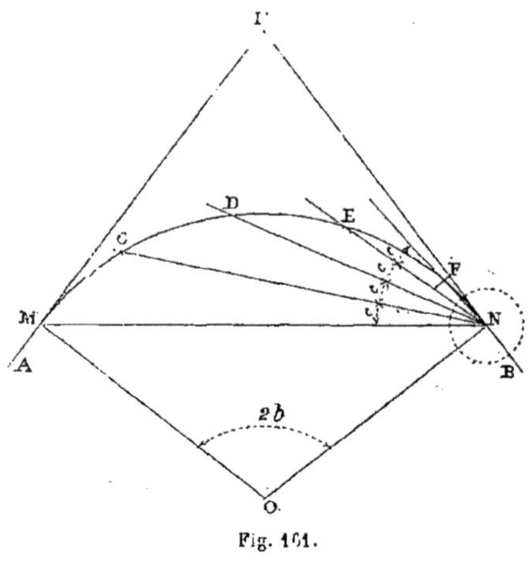

Fig. 161.

l'arc MC correspondant à l'angle au centre $2c'$ (*fig.* 162) et à l'angle PMC $= c'$. On se transporte alors en C où l'on voit

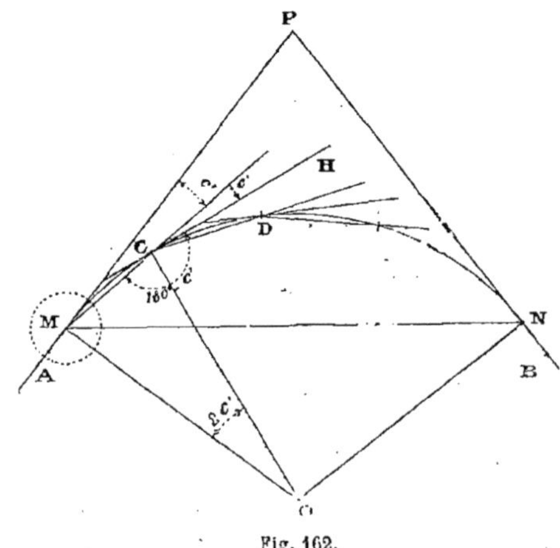

Fig. 162.

l'angle MCH égal au supplément de c', soit $180 - c'$.

La droite CH est alors une nouvelle

tangente d'où l'on peut partir à nouveau pour obtenir le point D et ainsi de suite.

201. *Avantages de cette méthode.* — En dehors de sa simplicité, on voit que cette méthode est applicable partout, dans n'importe quel terrain et même en tunnel. Elle dispense de lignes de bases et de chaînages auxiliaires, ces derniers se faisant toujours sur la courbe elle-même. Il n'y a aucune ligne à calculer à l'avance, aucune table à dresser ; le seul calcul à effectuer est celui d'un angle qu'on obtient au moyen d'une simple règle de trois, ce qui peut se faire aisément sur le terrain même et sur le carnet. Un opérateur et deux chaîneurs suffisent ; la courbe est en même temps tracée et chaînée.

Son seul inconvénient, évidemment sérieux, est l'emploi de l'instrument à mesurer les angles. Il faudra donc faire usage d'un excellent appareil de ce genre, et en outre avoir soin de le mettre entre des mains très expérimentées.

Résumé.

202. En résumé, la méthode la plus répandue, parce qu'elle est la plus commode et la plus exacte, est celle par abscisses et ordonnées rectangulaires sur la tangente, calculées directement d'après l'équation de la courbe qui pourrait être une ellipse, une parabole, etc., et non toujours un cercle.

C'est en effet le seul procédé permettant à la fois l'emploi de la tangente et de la corde, le recours à des cordes auxiliaires et la substitution de différences des ordonnées aux ordonnées elles-mêmes de la courbe.

Les autres procédés ne s'emploieront que dans les cas spéciaux ou dans le cabinet pour les épures, car s'ils comportent des longueurs, des incertitudes ou des chances d'erreurs sur le terrain, ils sont généralement très suffisants sur le papier où le cadre est plus restreint, les dimensions plus réduites et, par suite, les erreurs moins sensibles.

Applications.

203. En dehors des lignes nouvelles qui exigent les tracés de courbes étudiés précédemment, on a souvent aujourd'hui à se préoccuper de réfections, de pose d'une seconde voie, de déplacements de voie, etc. Ces différents travaux entraînent à des problèmes de raccordements que nous ne pouvons pas traiter ici, car il faudrait un volume spécial pour examiner les différents cas qui peuvent se présenter. Mais, en se pénétrant bien des principes et des calculs exposés précédemment, en appliquant les méthodes élémentaires de la géométrie plane et de la trigonométrie rectiligne, on doit arriver généralement à les résoudre sans effort.

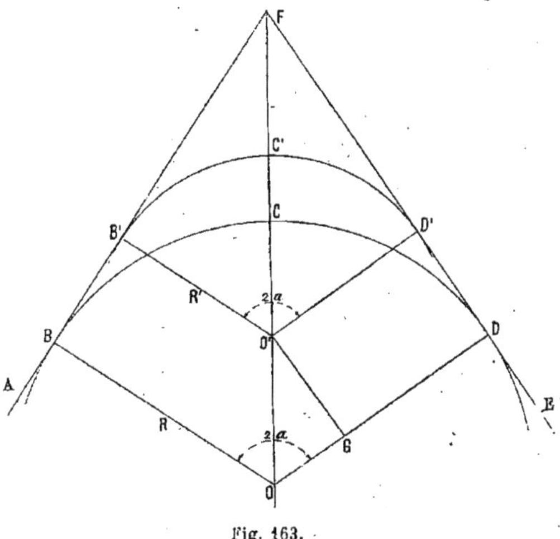

Fig. 163.

Néanmoins, pour donner quelques exemples, nous traiterons spécialement les quelques cas suivants qu'on est le plus exposé à rencontrer dans la pratique.

204. 1er Problème. — On donne une voie existante ABCDE de rayon R = BO = OC = OD, se raccordant en B et D aux deux alignements AB et DE. On veut dévier cette voie de manière que son sommet C vienne à passer au point C′, tout en se raccordant encore tangentiellement aux deux mêmes alignements FA, FE. Calculer le nouveau rayon O′B′ = R′ et les distances BB′ = DD′ des nouveaux points de raccordement aux anciens (*fig.* 163).

Ce cas se présente dans la pratique par exemple dans les lignes à une voie, lorsqu'on a au sommet de la courbe un ouvrage d'art que l'on ne veut pas démolir et qui peut permettre la pose d'une seconde voie à la condition de déplacer la première. Ce déplacement latéral s'appelle un *ripage*.

Or la nouvelle courbe devant rester tangente aux deux alignements primitifs, l'angle au sommet F et l'angle au centre ne changent pas :

$$\widehat{B'O'D'} = \widehat{BOD} = 2a.$$

De plus C′ étant, comme C, le milieu de la courbe, le centre reste sur OF à cause de la symétrie, on a donc :

$$FC = OF - OC.$$

Or le triangle rectangle BOF donne :

$$R = OB = OF \cos a$$

d'où :
$$OF = \frac{R}{\cos a}.$$

Et, comme OC = R, il s'ensuit que :

$$FC = \frac{R}{\cos a} - R$$

$$FC = \frac{R(1 - \cos a)}{\cos a},$$

De même dans le triangle rectangle O′B′F, on a :

$$O'B' = O'F \cos a$$

d'où :
$$O'F = \frac{R'}{\cos a}.$$

Mais on a de même :

$$FC' = O'F - O'C'$$

$$FC' = O'F - R'$$

donc :
$$FC' = \frac{R'}{\cos a} - R'$$

$$FC' = \frac{R'(1 - \cos a)}{\cos a}.$$

Mais la distance CC′ est connue et donnée, or :

$$CC' = FC - FC'$$

$$CC' = \frac{R(1 - \cos a)}{\cos a} - \frac{R'(1 - \cos a)}{\cos a}$$

$$CC' = (R - R')\frac{1 - \cos a}{\cos a},$$

d'où l'on tirera : R — R′ et par suite l'inconnue R′.

Quant à la distance BB′ = DD′ elle sera donnée par le triangle rectangle OGO′ dans lequel OG = R — R′ :

$$O'G = DD' = (R - R')\sin a.$$

205. *Exemple.* — Soit :

$$CC' = 0^m,535, \quad R = 500$$

$$2a = 12^\circ\ 56'\ 38'', 14.$$

On a :

$$\cos a = 0,99362 \quad \sin a = 0,11272$$

$$1 - \cos a = 0,00638$$

$$\frac{1 - \cos a}{\cos a} = \frac{0,00638}{0,99362} = 0,006422$$

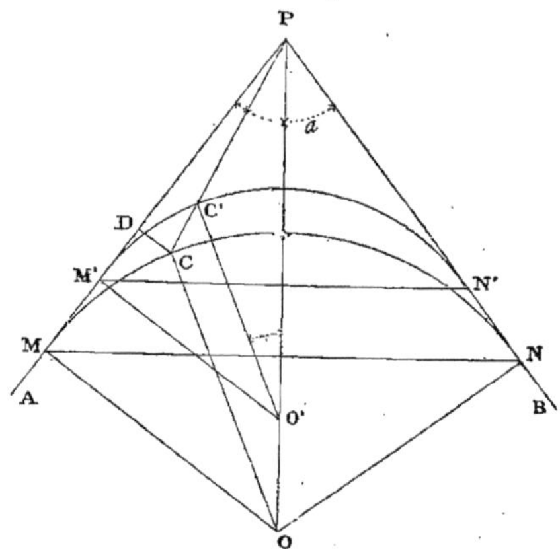

Fig. 164.

donc
$$R - R' = \frac{CC'}{\frac{1 - \cos a}{\cos a}} = \frac{0,535}{0,006422}$$

$$R - R' = 83^m,33$$

et par suite :

$$R' = R - 83^m,33$$

$$R' = 500 - 83^m,33$$

$$R' = 416^m,67$$

Quant à BB′ on a :

$$BB' = (R - R')\sin a$$

$$BB' = 83^m,33 \times 0,11272$$

$$BB' = 9^m,392.$$

206. 2e Problème. — Le problème est le même que le précédent, seulement, la déviation, au lieu de se faire au sommet de la courbe, se trouve en un point quelconque de celle-ci.

Soit, par exemple, les deux alignements PA, PB, actuellement réunis par la courbe M'C'N' de centre O et tangente aux points M' et N'. Il s'agit de les réunir à nouveau par un autre arc de cercle tangent en deux points actuellement inconnus M et N et passant obligatoirement par un point C dont les coordonnées sont données, par exemple PD $= mn$, DC $= n$ (*fig.* 164).

Comme précédemment, l'angle au sommet $2a$ et l'angle au centre $2b$ resteront invariables. Cela posé, la solution s'obtient de la manière suivante :

Joignons le point donné C au sommet P par la droite PC et le point C' où cette droite coupe l'arc donné M'N' au centre O'. Si du point C nous menons une parallèle CO à C'O' coupant la bissectrice en O, ce dernier point est le centre du cercle cherché, et OC son rayon.

En effet, menons OM parallèle à O'M', c'est-à-dire perpendiculaire à PA, cela donne :

$$\frac{M'O'}{MO} = \frac{PO'}{PO}$$

De plus le parallélisme des droites CO, C'O' donne : $\frac{C'O'}{CO} = \frac{PO'}{PO}$

donc : $\frac{C'O'}{CO} = \frac{M'O'}{MO}$

Mais : $C'O' = M'O'$

donc : $CO = MO$.

Donc l'arc de cercle de rayon OM et tangent en M à PA, c'est-à-dire ayant pour corde M'N', passe bien par le point C.

Cherchons le rayon MO.

Les coordonnées du point donné C permettent d'évaluer l'angle $\widehat{DPC}$:

$$\text{tg}\ \widehat{DPC} = \frac{CD}{PD}.$$

On connait donc, par suite, l'angle CPO $= a - \widehat{DPC}$.

Or le triangle rectangle O'M'P donne :

$$O'P = \frac{O'M'}{\sin a} = \frac{R'}{\sin a}$$

Dans le triangle quelconque PC'O' on a :

$$\frac{O'P}{C'O'} = \frac{\sin \widehat{PC'O'}}{\sin C'P'O'}$$

formule dans laquelle tout est connu, sauf *sin* PC'O' que l'on en déduira; on connaîtra donc l'angle PC'O', et par conséquent le troisième angle du triangle PO'C'.

Le triangle OCP est alors déterminé, on y connaît un côté PC et les deux angles adjacents. On en déduira donc les éléments encore inconnus, entre autres le rayon CO cherché par la formule simple :

$$\frac{CO}{CP} = \frac{\sin CPO}{\sin COP}$$

d'où :

$$CO = CP\frac{\sin CPO}{\sin COP} = MO = R.$$

Quant aux points de contact M et N on les obtiendra aisément, le rayon une fois déterminé, au moyen de la formule simple:

$$MP = \frac{R}{\text{tg}\ a}, \quad M'P = \frac{R'}{\text{tg}\ a}$$

et $$MM' = MP - M'P.$$

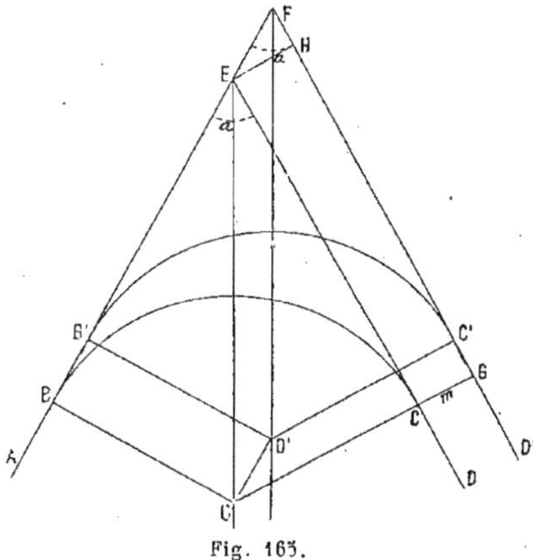

Fig. 165.

207. 3e Problème.—Une voie en courbe BC raccorde les alignements AE, DE en B et C. On veut raccorder l'alignement AE avec une seconde voie D'F' placée à distance m = CG (généralement la distance réglementaire entre axes de $3^m,57$), de la précédente DE, au moyen d'une courbe B'C' de même rayon que BC. Trouver les positions des nouveaux points de contact B' et C' (*fig.* 165).

Menons la perpendiculaire EH parallèle à CG $= m$.

Le triangle EFH rectangle en H donne :

$$EH = EF \sin EFH$$

$$EH = EF \sin a$$

d'où :

$$EF = \frac{m}{\sin a}$$

Mais le parallélogramme EFOO′ et le rectangle BB′OO′ ont le côté OO′ commun, de sorte que :

$$BB' = OO' = EF = \frac{m}{\sin a},$$

ce qui détermine le premier point de contact cherché.

En outre : $EH = FH \operatorname{tg} a$

d'où :

$$FH = \frac{m}{\operatorname{tg} a}$$

On voit aisément de même que :

$$C'G = FH = \frac{m}{\operatorname{tg} a}.$$

Le second point de contact est donc ainsi précisé par rapport à la projection de l'ancien C sur le nouvel alignement FD′.

208. *Exemple.* — Soit l'angle BOC = B′O′C′ = 14° 39′ 29″ supplémentaire de l'angle a. Ce dernier aura donc même sinus que BOC :

$$\sin BOC = \sin a = 0{,}25305$$

Avec $m = 3{,}57$ on aura :

$$EF = \frac{m}{\sin a} = \frac{3{,}57}{0{,}25305}$$

$$EF = 14{,}108 = BB'.$$

En valeur absolue on aura également :

$$\operatorname{tg} a = \operatorname{tg} BOC = 0{,}26765$$

et par suite :

$$FH = \frac{m}{\operatorname{tg} a} = \frac{3{,}57}{0{,}26765}$$

$$FH = 13^{m},338 = C'G$$

On remarquera que le rayon de la courbe est sans influence, BB′ et C′G ne variant qu'en raison de la valeur de m pour un même angle a des alignements.

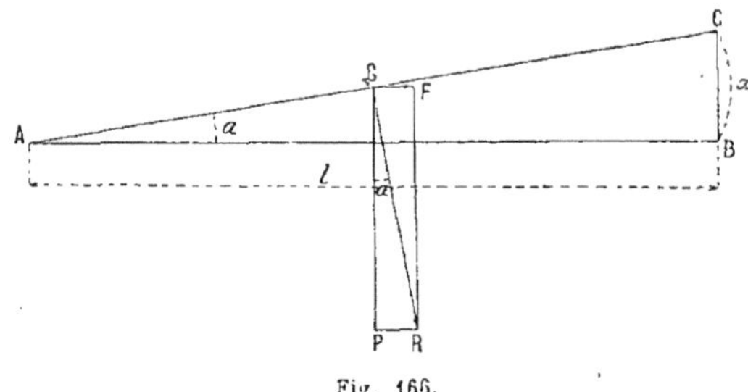

Fig. 166.

Raccordements paraboliques

209. Nous avons déjà dit que l'Administration recommande, sans l'imposer, de raccorder les arcs de cercle aux alignements droits voisins par des arcs de parabole du troisième degré, comme cela se pratiquait depuis longtemps pour les routes ordinaires au moyen de paraboles coniques. .

C'est une conséquence de l'obligation signalée précédemment de mettre un rail plus haut que l'autre lorsqu'on est en courbe. Voyons d'abord sur quelles données est établie, dans la pratique, ce surhaussement ou *devers*.

Nous supposerons, comme d'ordinaire, qu'on ne tient compte ni de la conicité du bandage des roues, ni du jeu transversal de la voie que nous verrons plus loin. Si le plan de la voie restait horizontal quand un train passe dans une courbe, ce serait la seule action des boudins des bandages qui retiendrait le véhicule sur les rails ; il y aurait donc, sous l'effet de la force centrifuge, une tendance au déraillement et au renversement vers l'extérieur que l'on évite en inclinant le plan de la voie vers le centre de la courbe. On ramène ainsi, en grande partie, le roulement à se faire sur un plan à peu près perpendiculaire à la résultante de la force centrifuge et de la pesanteur.

Soit (*fig.* 166) ABC la section transversale de la voie. AB $= l$ représentant sa largeur horizontale, et BC le devers en question qu'il s'agit de trouver pour une vitesse donnée v et une courbe de rayon R. Le centre de la courbe est supposé à gauche de A.

Les forces auxquelles est soumis le véhicule en marche sont : d'abord son poids P dirigé suivant la verticale, puis la force centrifuge dirigée suivant le rayon, ces deux forces étant appliquées au centre de gravité du véhicule dont on suppose constamment la projection au centre de gravité de la voie G.

La résultante de ces deux forces sera donc GR et l'utilité du devers BC est précisément de ramener la plate-forme de roulement à être perpendiculaire à cette résultante pour annuler l'effet de la force centrifuge qui tend à chasser le wagon en dehors de la voie.

Ces conditions établies, le devers se calcule aisément.

Les deux angles CAB et PGR étant égaux comme ayant leurs côtés respectivement perpendiculaires, on a dans le premier :

$$\frac{\mathrm{CB}}{\mathrm{AB}} = \frac{x}{l} = \operatorname{tg} a \cdot$$

et dans le second :

$$\frac{\mathrm{PR}}{\mathrm{GP}} = \frac{\mathrm{GF}}{\mathrm{GP}} = \operatorname{tg} a$$

Mais GF, expression de la force centrifuge a pour valeur :

$$\mathrm{GF} = \frac{mv^2}{\mathrm{R}}$$

m étant égale en outre à $\frac{\mathrm{P}}{g}$; P, poids du véhicule ; g, accélération constante due à la pesanteur.

On a donc :

$$\frac{\frac{mv^2}{\mathrm{R}}}{\mathrm{P}} = \operatorname{tg} a,$$

par suite :

$$\frac{x}{l} = \frac{mv^2}{\mathrm{PR}} = \frac{v^2}{g\mathrm{R}}$$

d'où :

$$x \text{ ou } e = \frac{lv^2}{g\mathrm{R}}.$$

On voit que, pour une même largeur de voie, ce devers est proportionnel au carré de la vitesse et en raison inverse du rayon de la courbe.

Outre ce surhaussement et par suite du parallélisme des essieux, il faut encore, en courbe, un surécartement des rails appelé *jeu* de la voie. Nous reviendrons sur ce sujet dans le chapitre spécial de la voie.

210. La Compagnie de Paris-Lyon-Méditerranée a trouvé que le devers calculé par la formule précédente était pratiquement un peu faible et lui substitue la formule plus simple :

$$d = \frac{\mathrm{V}}{\mathrm{R}}$$

dans laquelle V représente la vitesse maximum en kilomètres à l'heure, que les trains peuvent prendre sur la ligne considérée.

Cette seconde formule donne des résultats plus élevés que la première pour toutes les vitesses inférieures à 84 kilomètres à l'heure ; à ce chiffre, elles se rencontrent et donnent le même devers.

Pour donner une idée de leur divergence, nous dirons que le surhaussement est le même pour une vitesse de 50 kilomètres à l'heure avec la première formule et de 30 seulement avec la seconde.

En pratique et pour une courbe de 1 000 mètres de rayon, on adopte généralement les chiffres suivants pour le devers :

0m,075 si la ligne est parcourue par des trains express (60 à 80 kilomètres à l'heure) ;

0m,050 pour des trains directs à vitesse ordinaire (40 à 50 kilomètres à l'heure) ;

0m,040 pour les trains omnibus (30 kilomètres à l'heure).

Pour les courbes d'un rayon quelconque on obtient le devers en prenant celui de la courbe de 1 000 mètres et le multipliant par le rapport $\frac{1\,000}{\mathrm{R}}$.

Il va de soi que ce surhaussement est inutile et peut même amener des déraillements sur les voies parcourues sans vitesse. Telles sont par exemple les voies de garage et de triage, où les véhicules ne circulent jamais qu'assez lentement.

Cela bien compris, on voit qu'une courbe peut présenter aisément un devers de 7 à 8 centimètres qui va quelquefois jusqu'à $0^m,15$, alors que l'alignement droit voisin en est naturellement exempt ; or, ce surhaussement ne peut être obtenu brusquement, en passant de zéro au maximun ; c'est dans l'intention de le faire naître d'une manière progressive et suivant une pente uniforme que l'on a été amené à appliquer le raccordement parabolique.

211. Tant que l'on s'est servi pour les chemins de fer de courbes à très grand rayon, le devers toujours faible pouvait être atténué à ses deux origines et le cercle présentait pour tout le monde une solution suffisante ayant par dessus tout un grand caractère de simplicité. Mais, lorsque l'on se vit obligé d'employer des courbes de rayon de plus en plus faibles, on crut devoir s'occuper de quelle façon il fallait répartir le surhaussement du rail extérieur, pour assurer la facilité du passage en même temps que la sécurité des trains dans les courbes.

La question fut pour la première fois posée et résolue théoriquement par M. Chavès, ancien élève de l'Ecole Centrale et inspecteur au chemin de fer du Nord. Dans le *Bulletin* de mai-juin 1863 *de la Société des Ingénieurs civils de France*, il dit nettement qu'il s'agit de « trouver une « courbe telle qu'à chaque point, son « rayon de courbure convienne au sur- « haussement, tandis que celui-ci croît « d'une manière régulière, continue et « déterminée à l'avance ». Il traite ensuite complètement le problème par le calcul et arrive à la solution aujourd'hui généralement adoptée avec quelques modifications de détails, et qui consiste à intercaler entre l'alignement et le cercle un arc de parabole du troisième degré osculateur à la fois à l'alignement et au cercle.

La question ne fut réellement introduite dans la pratique qu'en 1867, au chemin de fer d'Orléans. Pour les nouvelles lignes à construire on intercalait, à cet effet, un arc de parabole cubique, à la fois osculateur à l'alignement et à la courbe et on répartissait uniformément le devers correspondant au rayon de la courbe circulaire en le faisant croître proportionnellement à la distance parcourue depuis l'origine de la parabole.

Mais on rencontrait de très sérieuses difficultés lorsque l'on voulait rectifier des voies en exploitation et l'on fut obligé de renoncer au contact du second ordre entre la parabole et le cercle, pour le remplacer par un contact simple. Au point de raccordement, le rayon de courbure de la parabole n'est que les trois quarts de celui du cercle, ce qui donne dans le devers un ressaut que l'on était obligé d'atténuer au jugé par un tour de main. La solution théorique n'était donc plus rigoureuse et en pratique on retombait au moins en partie, dans les inconvénients que l'on voulait éviter.

M. Combier, ingénieur des ponts et chaussées, proposa alors en 1869 (1), de substituer à la courbe donnée et sur une partie de sa longueur, un autre arc de cercle d'un rayon plus petit. C'est entre l'alignement et ce nouvel arc qu'il intercale la parabole cubique de M. Chavès. Tous ses efforts tendent naturellement à réduire le plus possible la différence entre les rayons des deux cercles, en choisissant convenablement les quantités arbitraires dont on dispose.

Nous en noterons en particulier la conclusion ainsi conçue :

« L'arc de parabole du troisième degré, intercalé entre l'alignement et l'arc de cercle et sur lequel on répartit uniformément le devers, est divisé en deux parties égales par l'ordonnée de l'ancien point de contact. »

L'administration des chemins de fer de l'État a adopté complètement cette manière de faire qui ne s'est cependant pas répandue universellement parmi les Compagnies, nous verrons plus loin pourquoi.

212. Nous commencerons par exposer ci-dessous la méthode pratique employée à l'État, telle qu'elle est décrite dans l'ouvrage de M. Partiot, dont les *Instructions* constituent le type suivi par cette administration. Elle diffère encore de celle de M. Combier, en ce que l'arc de cercle substitué au premier, quoique rentrant également vers l'intérieur de celui-ci,

(1) *Annales des Ponts et Chaussées*, neuvième cahier, 1869.

présente cependant le même rayon, ce qui est un avantage.

Les chiffres donnés dépendent des devers et de l'élargissement de la voie, éléments qui diffèrent suivant les Compagnies ; cette étude a été faite en choisissant le devers adopté par la Compagnie du Midi et l'élargissement de la voie de l'Orléans. Les chiffres seraient faciles à modifier s'il s'agissait d'autres Compagnies.

Supposons comme précédemment que FC, F'C' soient les deux alignements fondamentaux se rencontrant comme précédemment en C″ et soient H et H' les points de contact du cercle de rayon R qui aurait normalement raccordé ces deux droites (*fig.* 167).

On mènera vers l'intérieur de la courbe les droites ED, E'D' respectivement parallèles à FC, F'C' et à une distance b donnée par le tableau ci-dessous. Puis on raccordera ces deux nouveaux alignements par un arc de cercle de même rayon que le précédent dont le centre sera reculé en O' et les points de contact en A et A'. Il s'agit alors de raccorder par des axes de paraboles cubiques le nouveau cercle AKA' à l'ancien alignement droit.

Pour cela, du point H comme centre on prend les longueurs :

$$HF = HC = a.$$

a étant pris dans le tableau ci-dessous. Puis sur la perpendiculaire à l'alignement en C on prend encore dans le tableau :

$$BC = y.$$

que l'on porte en CB. Le point B sera sur l'arc de cercle AKA' et sera le point d'arrivée de la parabole dont l'origine est en F. Si on suppose cette parabole rapportée à la tangente FCx et à la droite FEy son équation est :

$$y = mx^3.$$

La valeur de m sera prise au tableau.

R RAYON	$y \begin{cases} = BC \\ = \frac{0,002}{6eR} \times (2a)^3 \end{cases}$	$m = \frac{0,002}{6eR}$ multiplié par 1 000 000	$a \begin{cases} = FH = HH \\ = \frac{e}{2i} \end{cases}$	$b \begin{cases} = EF = CD \\ = \frac{\left(\frac{e}{i}\right)^2}{24R} \\ = \frac{10^6 \times e^2}{96R} \end{cases}$	V VITESSE MAXIMA CORRESPONDANTE à l'heure	par seconde	e DEVERS CORRESPONDANT AU RAYON R
m.	m.			m.	kil.	m.	
300	1.417	11.001	25ᵐ25	0.354	50.500	14.028	0ᵐ101
350	1.214	9.430	25.25	0.304	54.550	15.153	0.101
400	1.063	8.251	25.25	0.266	58.320	16.200	0.101
450	0.944	7.333	25.25	0.236	66.860	17.183	0.101
500	0.850	6.601	25.25	0.213	65.200	18.111	0.101
600	0.708	5.500	25.25	0.177	71.430	19.842	0.101
700	0.431	5.411	22.00	0.115	72.000	20.000	0.038
800	0.309	5.411	19.25	0.077	72.000	20.000	0.077
900	0.214	5 446	17.00	0.054	72.000	20.000	0.068
1 000	0.160	5.376	15.50	0.040	72.000	20.000	0.062
1 200	0.090	5.447	12.75	0.023	72.000	20.000	0.051
1 500	0.047	5.447	10.25	0.012	72.000	20.000	0.041
1 600	0.038	5.482	9.50	0.009	72.000	20.000	0.038
2 000	0.020	5.376	7.75	0.005	72.000	20.000	0.031
2 500	0.010	5.333	6.25	0.0026	72.000	20.000	0.025
3 000	0.006	5.291	5.25	0.0015	72.000	20.000	0.021

On construira donc la courbe au moyen d'un certain nombre d'abscisses en calculant les ordonnées correspondantes, ou mieux en se servant de tables préparées pour les rayons les plus usuels et tels que les présente l'ouvrage de M. Partiot.

Bien entendu, le raccordement F'C' est symétrique du premier et s'obtient d'une manière identique.

Il résulte des propriétés de la parabole considérée que la distance :

$$a = HF = \frac{FC}{2}$$

c'est-à-dire la moitié de l'abscisse au point de raccordement de la parabole avec le cercle.

De plus : HF = HC.

La sous-tangente GC est le tiers de l'abscisse FC pour le point B et pour tout autre point de la parabole. Au point H, l'ordonnée HI de la courbe est la moitié de l'écartement EF $= b$. La longueur de la courbe de raccordement est la même de chaque côté de l'abscisse au point de contact du cercle avec l'alignement droit primitif et FI $=$ IB ; le rayon de courbure de la parabole est en raison inverse de l'abscisse, tant que la longueur de l'arc ne diffère pas sensiblement de celle de l'abscisse.

On obtient m par la formule :

$$m = \frac{i}{6e\text{R}}$$

i étant l'inclinaison uniforme des rails qui produit le devers, prise par rapport à la pente générale du chemin de fer. On admet en général que :

$$i = 0{,}002$$

la déclivité du rail extérieur sur l'axe du chemin de fer est ainsi uniforme dans l'étendue de la parabole et égale à 0,002 par mètre.

En outre, on a :

$$\text{AP} = \text{C''N} = \frac{b}{\text{tg}\,\frac{1}{2}\cdot\text{ED''E'}}$$

Le devers e est calculé par la formule :

$$e = \frac{l\text{V}^2}{\text{R}g}$$

dans laquelle l représente la largeur de la voie d'axe en axe des rails ($1^{\text{m}},51$), R le rayon de la courbe, g l'accélération due à la pesanteur $9^{\text{m}},8088$ et V la vitesse du train. En supposant cette vitesse de 60 kilomètres à l'heure ou de 17 mètres par seconde, e devient :

$$e = \frac{45}{\text{R}}$$

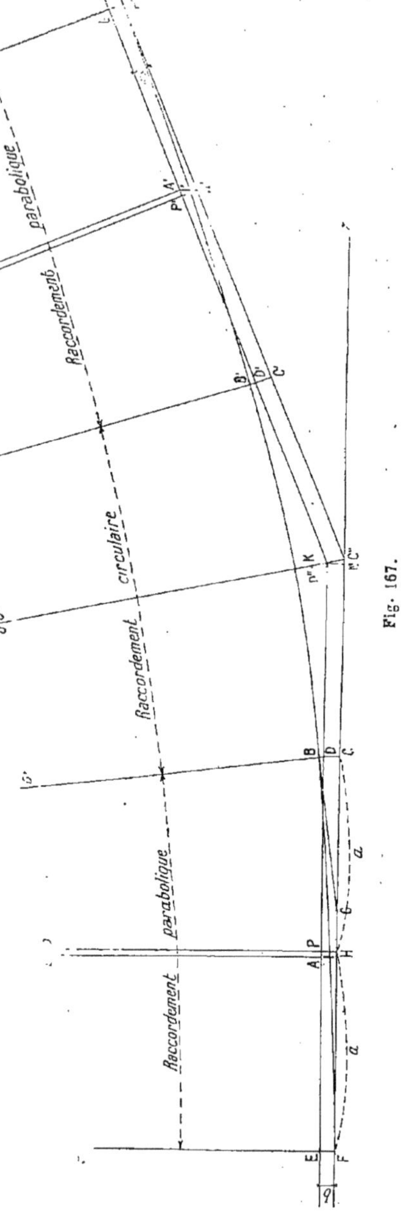

La longueur a = FH = HC se calcule par la formule :

$$a = \frac{e}{2i}$$

et la longueur b = EF = CD, par la formule :

$$b = \frac{\left(\frac{e}{i}\right)^2}{24R} = \frac{10^6 \times e^2}{96R}$$

Lorsqu'on aura tracé l'arc de parabole par abscisses et ordonnées sur FC″ et FE, on construira l'arc de cercle de la même manière sur sa tangente AD″ comme abscisses et des ordonnées perpendiculaires. On remarquera d'ailleurs que AD″ = HC″ et que tout est symétrique par rapport à la bissectrice de l'angle primitif C″D″.

La longueur FH étant au plus de 25,25 (voir le tableau) pour les courbes de 500 mètres de rayon et au-dessous, si la longueur de l'alignement droit ménagé entre deux courbes de sens contraire est de 100 mètres, on n'éprouvera aucune difficulté pour tracer le raccordement parabolique.

Dans les rares cas où les arcs de cercle auraient leurs centres du même côté de l'axe et où l'alignement droit intermédiaire serait trop court, dans le cas aussi où l'arc de cercle aurait trop peu de développement et où le point B tomberait au-delà du point K de rencontre de la bissectrice DK, on ne pourrait plus tracer de raccordement parabolique : mais alors, on se rend aisément compte ainsi qu'il n'est plus indispensable.

Le raccordement parabolique dans la pratique.

213. Une question préjudicielle consiste à se demander si ces raccordements savants sont bien utiles à observer dans la confection des terrassements et si, par conséquent, on doit s'en préoccuper dès maintenant dans la période des études et le tracé sur le terrain. Ses partisans répondent que les modifications qu'il peut apporter au tracé sont assez sensibles pour qu'on en tienne compte bien avant la pose de la voie qui pourrait se trouver autrement assez désiquilibrée sur sa plateforme en terre.

On sait en outre que ces raccordements sont également appliqués pour relier les paliers avec les déclivités voisines ou les déclivités entre elles, une parabole remplaçant l'angle vif correspondant. Là, surtout, on pourrait être tenté de n'en tenir compte qu'au moment de la pose de la voie, en prenant les différences, toujours faibles, sur le ballast.

Mais les défenseurs de la rigueur absolue objectent que le ballast a besoin d'avoir une épaisseur minimum de 0^m,50, qu'il est imprudent de diminuer pour une bonne assise de la voie ; quant à lui donner une surépaisseur, cela revient en somme à remplacer de la terre ordinaire de déblai par des matériaux généralement beaucoup plus coûteux. Enfin il y a grand intérêt à projeter en conséquence, les ouvrages d'art, s'il s'en trouve à cet endroit.

Tout cela est profondément vrai en principe, mais le plus souvent bien à côté de la vérité pratique et conduirait à se donner beaucoup de mal et à perdre bien du temps pour obtenir un mince résultat.

Au point de vue même de la rigueur absolue, la théorie est contestable, car elle ne tient pas compte de toutes les données du problème : ses conclusions sont donc forcément incomplètes ou erronées. Ainsi, comme l'a remarqué M. l'ingénieur en chef Jules Michel, on n'a pas tenu compte dans tous ces calculs de la variation de position du centre de gravité des véhicules dans le passage en courbe (1).

Aussi beaucoup d'ingénieurs sont-ils peu disposés à se conformer aux règles toujours gênantes de cette théorie, et une expérience déjà longue des autres méthodes paraît démontrer qu'il n'ont pas tout à fait tort.

Dans la pratique l'arc de cercle s'écarte très peu de la courbe parabolique théorique et l'expérience prouve que la solution si simple du raccordement par arc de

(1) Note sur les courbes de raccordements. *Revue générale des chemins de fer*, novembre 1879.

cercle suffit complètement à assurer la sécurité de l'exploitation sur les lignes de chemins de fer présentant les conditions d'établissement les plus diverses.

La Compagnie de Paris-Lyon-Méditerranée, entre autres, n'a jamais cru devoir se plier à ces sujétions. Le nombre et la vitesse de ses trains, l'étendue de son réseau où l'on rencontre les courbes les plus variées donnent évidemment à ses conclusions une très grande autorité. Or, elle s'est toujours tenue jusqu'à ce jour au simple contact de l'arc de cercle avec l'alignement droit avec accroissement graduel du devers. Cette solution lui a toujours paru aussi bonne que celle du raccordement avec courbure progressive.

Mais, au point de vue théorique même, nous le répétons, M. Michel a démontré que la solution parabolique n'apporte aucune amélioration sensible quand on observe que le centre de gravité des véhicules ne décrit pas en plan l'axe de la voie, comme s'il était constamment au niveau du rail. En réalité, le plan de la voie étant incliné par suite du devers, le centre de gravité décrit un arc de cercle autour de l'arête supérieure du rail intérieur, et cet arc est d'autant plus grand que le devers est plus accentué. Ce centre de gravité est généralement en effet à $1^m,25$ ou $1^m,50$ au-dessus du rail et par suite du mouvement précédent, la projection horizontale ne tombe plus dans l'axe de la voie.

En tenant compte de ce fait l'équation de la véritable courbe théorique de raccordement est non pas de la forme :

$$y = mx^3,$$

mais bien :

$$y = mx^3 - nx$$

et le maximum de différence entre l'arc de cercle qui raccorde simplement les alignements droits et cette courbe rationnelle permettant de passer théoriquement et sans changement brusque de courbure, de la ligne droite à l'arc de cercle, atteint au plus $0^m,03$. De plus, la déviation de la tangente à l'origine est toujours inférieure à $0^m,004$.

Or, il faut considérer que ces faibles écarts sont relatifs à des opérations sur le terrain qui, de toutes façons ne peuvent atteindre le degré de précision des épures sur le papier ; on peut donc affirmer hautement que, même en employant un procédé encore plus parfait au point de vue théorique, on n'obtiendrait pas en pratique de meilleurs résultats, les opérations sur le terrain ne permettant jamais de compter sur une exactitude absolue et ne dépassant pas d'aussi faibles différences. Mais, même en admettant que ces opérations soient absolument rigoureuses, le moindre défaut d'entretien, les oscillations dues au passage des trains, au jeu latéral de la voie, aux flexions transversales des rails, etc., viennent détruire d'un seul coup tout cet échafaudage de précautions exagérées.

En résumé, en traçant avec le plus grand soin la courbe parabolique de raccordement on n'est pas sûr le moins du monde d'en retirer en pratique les avantages que l'on en attend, et ces avantages sont obtenus d'une manière presque aussi complète en pratiquant le raccordement en arc de cercle.

Le mieux en pratique est donc de se contenter de ce dernier et de répartir le surhaussement de chaque côté du point de contact, moitié sur l'alignement, moitié sur le cercle, sur une longueur totale de 30 à 36 mètres, soit 15 à 18 mètres de chaque côté, comme on ferait dans la courbe parabolique. Il est tout à fait inutile en outre de s'imposer, comme cela a lieu souvent, l'obligation d'atteindre ce maximum de devers, au point de contact à l'origine de l'arc de cercle, en reportant le surhaussement graduel entièrement sur l'alignement droit.

C'est d'ailleurs ce que font d'instinct tous les poseurs de voie et l'on n'a jamais songé à s'en plaindre. Cela prouve encore surabondamment que l'ancien chiffre de 100 mètres exigé par le cahier des charges comme l'alignement indispensable à réserver entre deux courbes de sens contraire est fort exagéré. Un espace de 40 à 50 mètres est largement suffisant.

Proportions des courbes dans les tracés.

214. Les parties en courbes dans les

tracés de voies ferrées sont devenues dans ces dernières années de plus en plus importantes. Les perfectionnements successifs apportés dans la construction du matériel roulant ont amené ces facilités qui procurent des économies dans la construction en permettant de plus de suivre de près les sinuosités du terrain. Dans les chemins de fer secondaires surtout, on est arrivé à avoir quelquefois plus de courbes que d'alignements droits dans un tracé, et cela sans aucun inconvénient sérieux.

Sur les lignes primitivement construites, où devaient circuler les express à grande vitesse, cette proportion était beaucoup plus faible. Ainsi, sur les 11 099 kilomètres livrés à l'exploitation au 31 décembre 1862 on rencontrait les courbes suivantes :

Pour les courbes de 500 mètres et audessus de rayon, le chemin de fer de l'Ouest présentait le chiffre maximum; les courbes y atteignaient 42,4 0/0 de la longueur du tracé.

On rencontrait le minimum à la Compagnie du Midi qui n'en avait que 25,6 0/0.

Pour l'ensemble de tous les chemins, la moyenne était de 33,3 0/0, c'est-à-dire juste le tiers du réseau.

Mais ce sont surtout les courbes de rayon inférieur à 500 mètres qui ont pris dans ces dernières années un grand développement. A l'époque précitée, elles n'existaient qu'en proportion véritablement insignifiante. Elle était de 0,1 0/0 pour le Nord, l'Est, le Midi, de 2,7 0/0 pour le réseau Lyon-Méditerranée, de 0,3 0/0 pour l'Ouest, de 3, 5 0/0 pour l'Orléans, de 4,6 0/0 maximum pour la ligne de Lyon à Genève.

La moyenne générale était de 1 8 0/0 Quelques années plus tard, au 31 décembre 1866, l'ensemble des chemins de fer français s'élevait à 14 514 kilomètres exploités, et la proportion des courbes avait déjà dépassé les 33 0/0 ci-dessus; elle était en effet de 5 205 kilomètres, dont 4 854ᵏ,2 avec un rayon supérieur à 500 mètres et 351 seulement avec un rayon inférieur.

Il y avait cependant déjà à cette époque des lignes présentant des courbes de rayons exceptionnels. Celle du chemin d'Orsay, par exemple, avec des rayons minimum de 25 mètres; celle d'Andrezieux avec 75 mètres, de Montranbert avec 100 mètres. Mais c'étaient de rares exceptions. Le minimum des rayons des courbes ne descendait que rarement à 200 mètres sur la rive droite du Rhône (ligne de Lyon-Méditerranée), à 215 mètres sur la ligne du Nord, à 250 mètres sur l'Ouest et le Midi. On le voit remonter à 300 mètres sur les réseaux du Dauphiné et de l'Orléans, à 345 mètres sur l'Est, à 350 mètres sur le chemin de fer de Lyon à Genève, et enfin au chiffre de 500 mètres sur les lignes des Ardennes.

Piquetage de l'axe

215. Les méthodes précédentes nous fournissent le moyen de tracer l'axe du chemin de fer aussi bien en alignement droit qu'en courbe. Il s'agit maintenant de remplacer les jalons donnant les directions par des piquets fixes et invariables permettant de retrouver cet axe à une époque quelconque de la période préparatoire aboutissant à la construction.

Les piquets employés doivent être ronds, en bois dur de chêne si possible; leur diamètre ordinaire est de $0^m,8$ à $0^m,10$, leur longueur $0^m,50$ à $0^m,60$; leur extrémité supérieure doit être terminée par une surface bien plane sur laquelle on puisse imprimer aisément des lettres et des chiffres à la matrice et au marteau; l'autre est terminée par une pointe que l'on fixe en terre dans un trou perforé à l'avance, au moyen d'une lourde tige de fer à pointe aciérée et qu'on nomme une *pince*. On les enfonce ensuite à coups de masse, lourd marteau carré avec lequel on frappe sur la tête du piquet, en ayant soin d'interposer un faux piquet très court ou une grosse planche entre ce marteau et la tête du piquet; sans cette précaution, on risquerait de détériorer la face supérieure, qui, mâchée et déformée, ne pourrait plus recevoir aucune inscription.

Quand le bois est assez dur, on peut se dispenser de cette précaution.

Le piquet une fois planté doit dépasser le niveau du sol de $0^m,05$ afin de ne pas se trouver enterré au bout de peu de temps. Il est inutile, d'un autre côté, que cette saillie soit plus forte, car alors le piquet attire trop l'attention des passants plus ou moins malveillants et, de toute façon, se trouve trop exposé aux chocs et aux chances d'avaries.

Cela posé, dans les alignements droits, on place ces piquets à tous les points du tracé présentant la moindre sinuosité ou le moindre mouvement de terrain. On en plante en outre à tous les points où l'on juge que le terrain transversal est lui-même assez mouvementé pour exiger la levée ultérieure d'un profil en travers. En outre, il est indispensable de ne pas les écarter de plus de 50 mètres au maximum, même dans la plaine la plus plate.

Dans les courbes, on en mettra à tous les points déterminés par les méthodes de tracé exposées précédemment et en plus à tous les points intermédiaires et supplémentaires où le terrain pourrait présenter des accidents intéressants à relever plus tard au niveau. On en placera, en particulier, au point de départ et d'arrivée des courbes, c'est-à-dire aux points de contact avec les alignements, et on les distinguera des autres en y inscrivant la lettre T.

Dans les courbes à grand rayon, quel qu'il soit, les piquets ne devront jamais être espacés de plus de 20 mètres. Ce chiffre sera réduit à 10 mètres dans les courbes de faibles rayons ; sans cela, les cordes nécessaires ainsi obtenues s'écarteraient par trop du véritable parcours de la courbe.

Tous ces piquets recevront, comme nous l'avons dit plus haut, un numéro d'ordre, compté à partir de l'origine et frappé en creux avec des matrices en acier, donnant des chiffres de $0^m,015$ de hauteur et d'un bon relief.

Le chef de section parcourt d'abord le tracé et indique au moyen de jalonnettes plantées en terre tous les points où il juge convenable de planter un piquet. Ces points sont alors placés bien rigoureusement dans l'axe du tracé au moyen de jalons, et c'est dans le trou du jalon ainsi fixé que l'on viendra planter le piquet par l'intermédiaire de la pince.

Le chaînage de l'axe se fait en même temps avec le plus grand soin, car il s'agit ici d'une opération devant présenter la plus grande précision. On devra employer des décamètres à ruban en acier bien étalonnés et deux brigades d'agents très exercés à ce genre d'opération. Ce chaînage devra être fait deux fois par deux brigades marchant l'une derrière l'autre et se communiquant leurs résultats tous les 100 mètres.

L'origine de ce mesurage doit être fixée à des points de repère bien déterminés et invariables; le plus souvent, la ligne à construire servant d'embranchement à une ligne déjà en exploitation, on pourra se rattacher, de préférence, aux poteaux kilométriques de cette dernière.

Le chaînage est inscrit sur un carnet par chacun des agents qui le conduit et doit toujours se faire en cumulant les cotes; on obtient les distances entre piquets par différence. Il faut autant que possible choisir comme distance entre piquets des nombres entiers de mètres, et même, en terrain plat, des multiples de 10 mètres. Quant aux points d'un relief particulier, aux points de contact, etc., ils devront naturellement porter la cote obligatoire qu'ils présentent sur le terrain et évaluée au centimètre.

Quelquefois on place, au fur et à mesure du chaînage, des piquets de distance tous les 100 mètres, que l'on plante à la cote entière correspondante aussi bien en alignement droit qu'en courbe. Ces piquets sont généralement un peu plus gros que les autres, mais ils sont plantés de la même manière et font la même saillie au-dessus du sol. On leur donne un double numérotage; les deux nombres placés l'un au-dessus de l'autre représentent le premier le kilomètre et le second l'hectomètre auquel on se trouve.

Implantation et repérage des piquets.

216. Il est élémentaire que ces piquets doivent être plantés avec le plus grand soin, de manière que leur axe tombe rigoureusement au point théorique exigé par le tracé et indiqué par la pointe du jalon qui l'a précédé.

Or, il arrive fréquemment que les coups de masse successifs qu'on lui applique, devient sensiblement le piquet de la verticale, et qu'une fois enfoncé, il est notablement à côté de sa place. C'est même ce qui peut arriver de mieux, car alors on s'en aperçoit et l'on fait la vérification nécessaire ; le plus souvent, la déviation n'est pas très importante, échappe à l'œil à cause du grand diamètre du piquet, et l'implantation est inexacte.

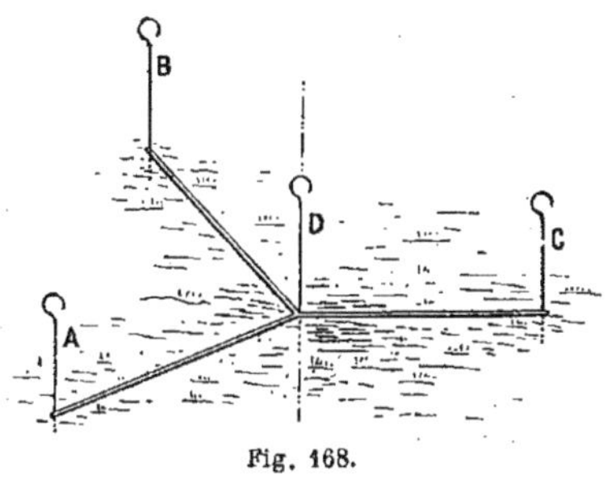

Fig. 168.

Pour éviter cet inconvénient on plantera sur la face supérieure du piquet, et au point *terminus* exact du coup de chaîne qui en fixe la position, un gros clou de maréchal-ferrant. C'est sur la tête de ce clou que devront se faire toutes les vérifications ultérieures, et il importe de le fixer bien exactement à la place où se trouvait la pointe du jalon primitif.

On s'y prend pour cela de la manière suivante : le jalon indiquant le point à piqueter étant enlevé, on le remplace par une tige de fer aussi fine qu'on voudra, une fiche de la chaîne par exemple, plantée bien exactement dans l'axe du trou (*fig.* 168). Puis on prend trois petites baguettes de bois d'une longueur égale, de $0^m,30$, que l'on pose à terre en les appuyant par une extrémité contre cette fiche centrale; les autres extrémités sont portées dans trois directions rayonnantes suivant les sommets d'un triangle équilatéral ABC où on les repère bien exactement chacune par une fiche qu'on laisse plantée en terre ; puis on enlève les baguettes, ainsi que la fiche centrale et l'on remplace cette dernière par le piquet à planter. On frappe alors sur celui-ci à coups de masse en l'enfonçant aussi verticalement que possible ; on frappe les coups plus ou moins obliquement suivant la tendance qu'il a lui-même à s'incliner d'un côté ou de l'autre.

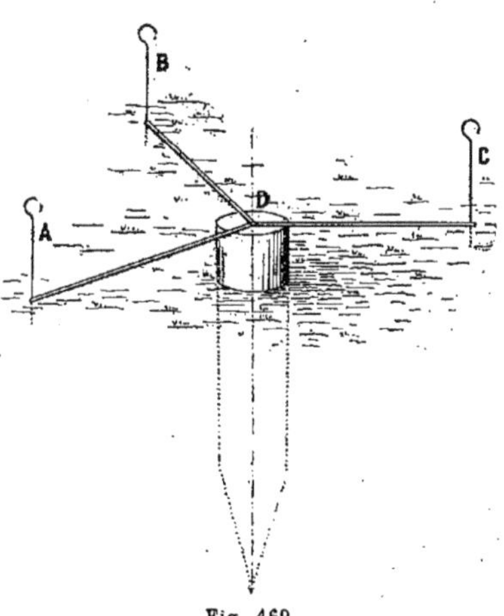

Fig. 169.

De temps en temps, d'ailleurs, on remet en place les trois tiges repères contre les fiches restées plantées, et on s'assure que le piquet s'enfonce bien verticalement; sinon, on le redresse toujours par des coups obliques frappés dans la direction nécessaire. On fait cette vérification à plusieurs reprises et, une dernière fois, lorsque le piquet a atteint les $0^m,05$ dont il doit dépasser le sol. On remet en place, une dernière fois, les trois baguettes qui se rencontrent alors sur la tête du piquet et, dans le petit espace que leurs trois extrémités laissent libre entre elles, on plante le gros clou qui sert à préciser l'axe. Ce point est donc ainsi toujours rigoureusement à sa place, même avec des piquets mal plantés (*fig.* 169).

Cette précaution ne demande ni beaucoup de soin ni beaucoup de temps, et elle peut avoir une influence considérable sur les résultats.

Nous ferons remarquer que cette méthode est fort différente de celle qui consiste à fixer un clou dans l'axe du piquet planté au mieux ; ce dernier peut parfaitement, en effet, s'écarter, ainsi que son axe et son clou, de la position voulue.

Cela fait, on termine en imprimant avec les matrices vues plus haut et un petit marteau à main (la masse serait trop lourde et peu maniable pour cet usage) le numéro d'ordre correspondant sur la tête du piquet ; on continue alors le chaînage, et ainsi de suite.

Quelquefois, le numéro s'imprime sur une petite plaque en zinc clouée sur la tête du piquet ; mais ces plaques métalliques, assez coûteuses, sont bientôt arrachées par les maraudeurs.

Quant au chaînage, il sera fait avec le ruban le plus long possible : en général, le double-décamètre et même la chaîne de 50 mètres, en pays plat, selon qu'on opère en alignement droit ou en courbe. En terrain accidenté, on prendra le décamètre comme maximum et quelquefois les sous-multiples.

Dans les terrains rocheux, la pince en fer ne suffit pas toujours, il faut l'accompagner d'un pic à main ou pointerolle. Sur les chaussées empierrées, on remplace les piquets d'axe par des chevillettes en fer enfoncées jusqu'au niveau de la plateforme.

Quelquefois, tous les piquets sont d'abord plantés dans un alignement par exemple, et l'on fixe sur la tête, une fois l'opération terminée, tous les clous au théodolite.

Il nous paraît peu possible de garantir sûrement la place d'une pointe de jalon à la lunette à réticules à cause de l'épaisseur des fils ; on s'expose en outre à déplanter trop tard certains piquets présentant des différences trop grandes ou même se refusant complètement à recevoir le clou qui tombe en dehors. Ensuite, chaque piquet a intérêt à être bien placé immédiatement et l'axe bien précisé, car le terrain environnant perd de sa résistance sous l'effet de ces manipulations successives ; puis le nombre de jalons dont on dispose est toujours limité, et le tracé une fois fait et bien fait, on peut arracher un grand nombre de ceux-ci et les reporter en avant, où ils sont nécessaires.

217. Au lieu de trois petites tiges rustiques vues plus haut, on peut employer un gabarit préparé à l'avance et présentant deux branches à angle droit (*fig.* 170) ; e sommet se place au point considéré et les deux extrémités de l'angle droit, munies d'ailleurs de petites encoches *ad hoc*, sont repérées par des fiches ; ce gabarit, ou *sauterelle*, enlevé, on continue comme plus haut. On voit qu'en somme cela n'est pas très utile et pas plus exact que le procédé simple des trois baguettes que chacun peut aisément tailler dans un buisson.

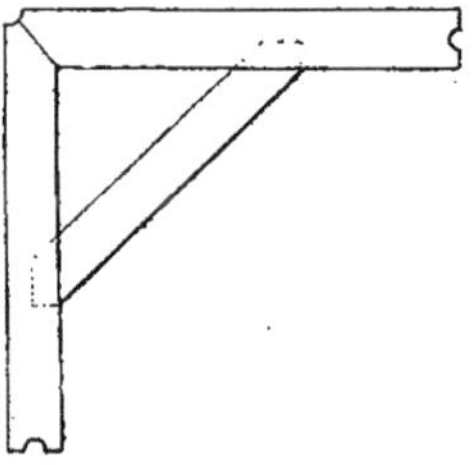

Fig. 170.

218. Enfin on peut encore employer un jalon incliné au sommet duquel est fixé un fil à plomb (*fig.* 171). La pointe du plomb étant bien amenée dans l'axe du trou primitif, on l'enlève en laissant le jalon ; on enfonce le piquet et on plante le trou final à l'endroit indiqué à nouveau par la pointe du plomb que l'on remet en place sur son jalon incliné.

Ce procédé simple et précis en apparence n'est pas toujours d'une rigueur absolue et peut entraîner à des erreurs d'autant plus redoutables qu'il inspire plus de confiance.

Le jalon en effet, pour ne pas gêner les mouvements de l'aide qui frappe sur le piquet, doit être placé à une distance suffisante du trou. Il en résulte qu'il lui faut une inclinaison assez sensible pour qu'il présente sa tête dans la verticale du point repéré. Dans cette position, il ne présente plus aucune chance de stabilité ; son propre poids peut le faire baisser, surtout si le terrain est mou ou friable. Les mouvements du terrain dus au piétinement des agents sont dans le même cas, et n'oublions pas que nous cherchons ici la plus grande précision possible. On n'a donc pas encore là un moyen irréprochable.

Ajoutons que les piquets employés doivent tous être écorcés avec le plus grand soin ; si on les fabrique soi-même, on fera bien de surveiller, sous ce rapport les agents qui sont chargés de ce travail ; il faudra dans tous les cas faire une inspection soignée des produits fabriqués. Cette écorce, en effet, pourrit rapidement dans le sol ; le piquet présente alors du jeu dans son trou, perd de sa précision et peut être arraché avec la plus grande facilité.

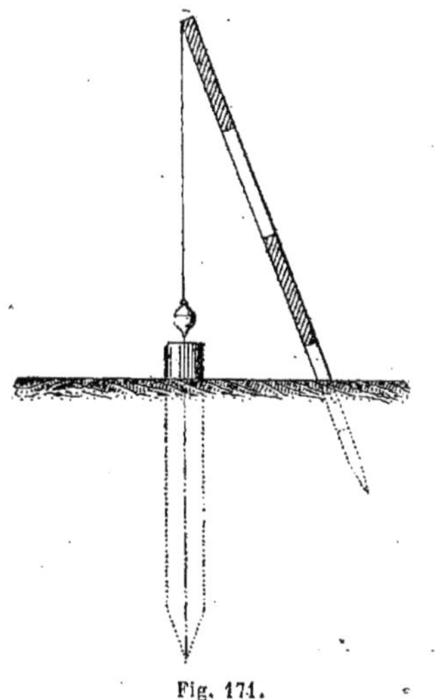

Fig. 171.

Il est complètement puéril de vouloir les peindre sur des encoches ; cela est bon pour des piquets plantés dans l'enceinte du chemin de fer sous la surveillance des agents au moment de la pose de la voie et du ballastage par exemple. Mais, pour des piquets d'études posés en plein champ et devant le plus souvent passer une saison entière aux intempéries, dans les terres labourées, etc., on ne peut compter sur aucune espèce de peinture ; au bout de très peu de temps, celle-ci est toujours recouverte d'une épaisse couche de boue ou délavée par les pluies.

Avec des matrices en fer imprimant des caractères ou des chiffres en creux, on retrouve toujours les indications tracées. Si, au premier abord, elles paraissent invisibles, on n'a qu'à laver légèrement la tête du piquet, et elles viennent bientôt à apparaître aussi nettes qu'au premier jour si le piquet n'a pas reçu de chocs sur la tête ; mais, dans ce dernier cas, il est généralement hors de service et on s'en aperçoit du premier coup : il n'y a alors qu'à le remplacer en se basant sur le carnet du chaînage, préparé pendant cette opération.

Le piquet en place, on plante, à côté de lui et dans l'axe de la ligne, une jalonnette ordinaire. L'alignement de toutes ces jalonnettes montre à l'œil le tracé dans son ensemble et laisse voir du premier coup si l'on n'a pas commis de grosse erreur. En outre, ces jalonnettes permettent de retrouver immédiatement l'emplacement des piquets. Malheureusement, elles ne restent jamais bien longtemps en place : elles sont au bout de très peu de temps déplantées et emportées par le vent.

Dans le cas où l'on viendrait à étudier une variante, le chaînage est toujours compté à partir de l'origine, et les piquets portant le même numéro que sur l'axe principal seront accompagnés de la mention *bis*, *ter*, etc., selon le nombre de ces variantes.

219. Au chemin de fer de l'Etat on recommande l'emploi de piquets sans pointe et posant directement sur une pierre placée à l'avance au fond du trou pratiqué à la pince ; la tête des piquets est en outre carrée et entaillée à la scie de manière à présenter une encoche latérale DEF et un petit plan incliné supérieur CD (*fig.* 172). L'entaille DE doit être posée perpendiculairement à l'axe du chemin de fer et la partie CDE du côté de la fin de la ligne. Cela permet d'enfoncer le piquet jusqu'à ce que la partie plane EF soit au niveau du terrain environnant. C'est sur cette partie plane que l'on vient poser la mire dans le nivellement du profil en long. On n'a donc pas ici à retrancher $0^m,05$ comme précédemment.

Toutes ces précautions sont peu pratiques ; elles constituent un luxe inutile, font perdre beaucoup de temps et ne procurent pas des résultats meilleurs. Nous ne nous y arrêterons donc pas davantage.

En particulier, nous avons dit ce que nous pensions des chiffres qu'on est obligé de mettre à la peinture sur la face DE et qui s'effacent au bout de peu de temps. Or il est impossible avec un semblable piquet de marquer les chiffres au fer, à moins d'avoir à côté de soi un réchaud pour faire rougir les matrices. On voit comme cela est commode en pleine campagne. Quant à frapper sur le piquet latéralement, on n'y peut songer, puisque du premier coup on l'arracherait. Le premier système, employé généralement par les grandes Compagnies, nous paraît donc préférable à tous égards.

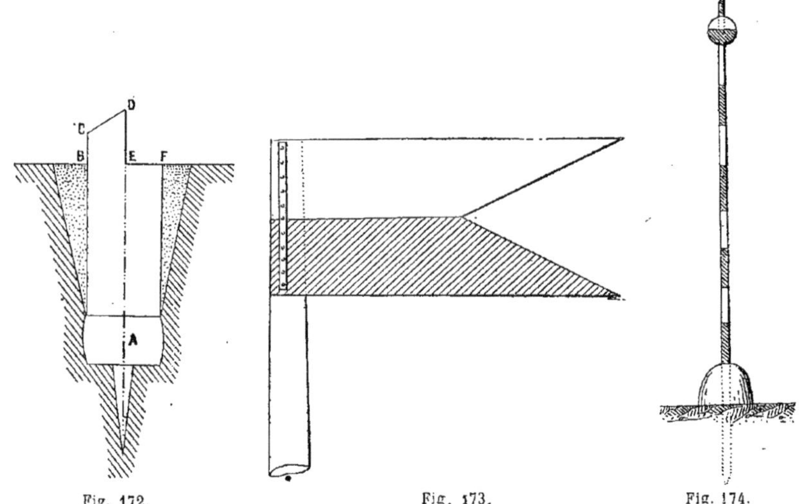

Fig. 172. Fig. 173. Fig. 174.

Balisage.

220. Cela fait, à tous les sommets d'angle, ou aux extrémités des sous-tangentes quand ces sommets sont trop éloignés, on plante de longues perches en bois de pin de $0^m,12$ de diamètre moyen, de 8 à 9 mètres de hauteur, parfaitement droites, à surface planée et enfoncées dans le sol de $1^m,50$ à 2 mètres pour bien résister au vent : c'est ce qu'on appelle des *balises*.

Pour être vues de loin, elles sont peintes, comme les jalons, alternativement de mètre en mètre en rouge (minium) et en blanc (céruse) la base sur $1^m,50$ au moins est goudronnée ou carbonisée pour ne pas pourrir en terre ; en outre, le sommet est muni d'un drapeau mi-parti rouge et blanc, échancré (*fig.* 173), cloué sur le côté de la perche au moyen d'un tasseau vertical. Ces drapeaux, qui flottent constamment, seraient très utiles pour distinguer de loin les balises, s'ils ne disparaissaient pas au bout d'un temps très court déchirés par le vent malgré le double ourlet dont on les borde. D'un autre côté, on ne peut les mettre qu'en étoffe, car sans cela ils ne flotteraient plus, seraient réduits au rôle de simples girouettes et perdraient tout leur avantage.

221. On remplace aussi quelquefois ce drapeau par un ballon en étoffe mi-partie rouge et blanc, rempli de paille et fixé au sommet de la perche (*fig.* 174). Cette manière de faire parait d'abord préférable, car le ballon se trouve ainsi bien dans l'axe de la balise, tandis que le drapeau s'en écarte toujours un peu. En outre, la durée de ce sac bourré de paille ou de foin, mais immobile, est toujours plus grande que celui de la pièce d'étoffe. Mais ces ballons n'attirent l'attention que par leur grosseur, car ils ont l'inconvénient d'être immobiles ; de plus, ils sont peu gracieux. Enfin leur durée n'est pas non plus indéfinie.

222. L'espacement des balises ne doit jamais excéder 1 500 mètres ; dans les alignements plus longs, on place des balises intermédiaires en choisissant les points les plus élevés et de manière que d'un

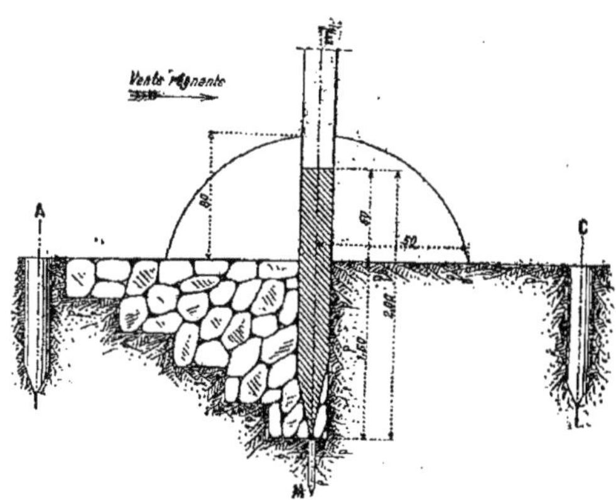

Fig. 175.

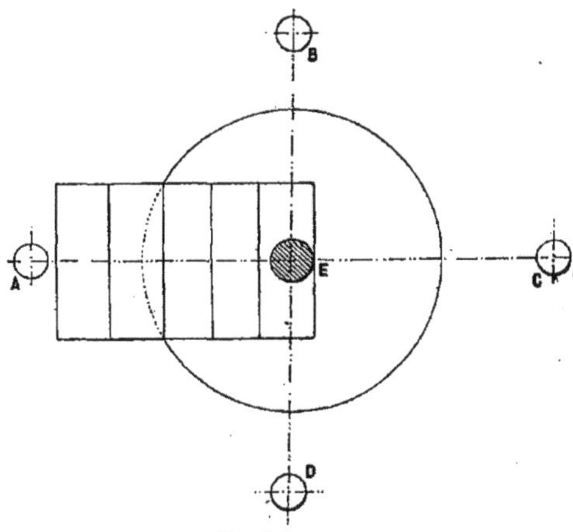

Fig. 176.

point quelconque du tracé on puisse toujours en voir deux consécutives ; quelquefois, on supprime le drapeau à ces dernières.

Ces balises doivent être plantées très solidement en terre, car elles doivent servir de repères de direction jusqu'à la fin des travaux ; même quand on exécute les terrassements, on les respecte autant que possible. Pour cela, on creuse un trou rectangulaire de $1^m,50$ de profondeur présentant une paroi verticale et en opposition avec les vents régnants de la contrée (*fig.* 175). C'est contre cette paroi que l'on appuie la balise en même temps que sur le fond du trou. Si le terrain n'est pas assez ferme, cette paroi verticale sera remplacée par un talus ; puis sur la face opposée on dresse un plan incliné, ou mieux quelques gradins qui permettent au personnel l'accès facile du fond de la fouille ; il faut en effet que plusieurs agents puissent y descendre et s'y tenir à l'aise pour maintenir et poser la perche bien verticale. Pour cela, le conducteur muni d'un fil à plomb opère des visées dans deux directions à 90 degrés l'une de l'autre ; en même temps les agents suivent ces signaux et placent la balise aussi verticale que possible au point de croisement de deux cordeaux tendus sur des clous fixés dans quatre piquets A, B, C, D (*fig.* 176). Ces piquets ont été repérés et plantés à l'avance, de manière à se trouver sûrement en dehors de la fouille à exécuter, et de telle sorte que le point de rencontre E des alignements AC, BD de ces piquets deux à deux, se fasse à la place même où doit être plantée la balise.

Ces piquets doivent sortir très peu de terre, 0^{m},02 au plus, de façon à toujours servir de repère en cas d'accident et d'arrachement de la balise ; c'est dire, en même temps, qu'ils ne doivent pas être arrachés une fois celle-ci plantée.

On comble ensuite toute l'excavation avec des pierres coincées et mélangées de

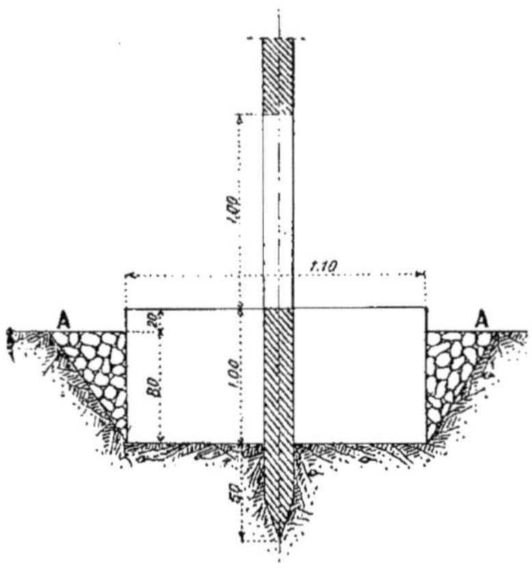

Fig. 177.

terre pour éviter la désagrégation et le tassement ultérieurs. On s'assure de temps en temps que la balise est restée verticale au moyen du fil à plomb toujours placé dans deux directions d'équerre, et on termine en plaçant au-dessus du trou en forme de cône, et bien tassée, la terre extraite de la fouille qui consolide encore le pied de la perche. On pourra même compléter cet ensemble de précautions en gazonnant ce cône extérieur pour en retenir les terres et les empêcher de s'ébouler.

On peut placer au fond du trou de la balise et bien repérée au moyen d'un fil à plomb tombant du point de croisement des deux cordeaux, une fiche en fer M indiquant la place exacte du sommet d'angle. C'est sur cette fiche que l'on vient ensuite poser le pied de la balise percée d'avance avec une tarrière; on n'a plus qu'à enfoncer la cheville de fer dans le trou ainsi préparé.

La seule préoccupation qui reste ensuite est de maintenir la balise verticale en la remblayant ou la maçonnant.

223. Cela suffit généralement; cependant il peut se faire que le terrain trop mou ou trop friable par lui-même, n'offre pas assez de résistance pour que l'on puisse y planter ainsi directement la balise, même avec un blocage. D'autres fois, le terrain est trop dur, sur du rocher par exemple, et l'on ne peut y pratiquer

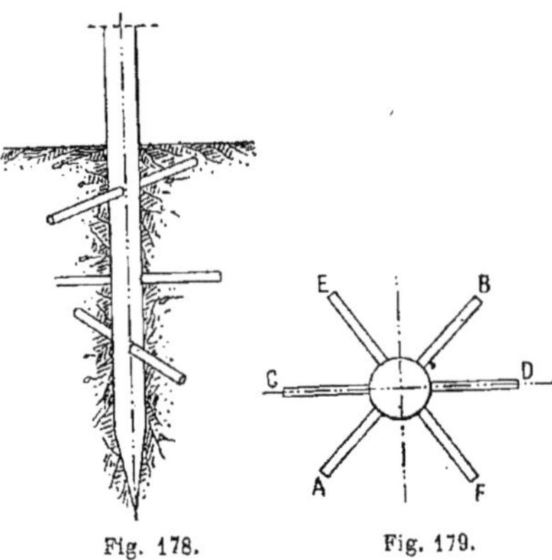

Fig. 178. Fig. 179.

aucune fouille par des moyens simples et économiques ; dans ces divers cas, on fixe la balise dans un massif en maçonnerie.

Ce massif, dont les dimensions varieront suivant les cas, sera circulaire et présentera au minimum 1 mètre de hauteur et 0^{m},55 de rayon de manière à avoir environ 1 mètre de diamètre net, déduction faite du vide occupé par la perche (*fig.* 177). Il présentera au moins 0^{m},80 enfoncés dans le sol et 0^{m},20 en saillie à l'extérieur.

La balise qui est enfoncée de 1^{m},50 descendra donc de 0^{m},40 à 0^{m},50 au-dessous de la maçonnerie (*fig.* 177). Le vide A tout autour du bloc et produit par le terrain environnant qu'on n'a généralement pas pu tailler à pic, est rempli par des pierrailles et de la terre pilonnée et damée.

Lorsque la balise devra se trouver sur du rocher, on installera le même massif, mais il ne pénétrera que de 0m,10 à 0m,15 dans le sol selon la dureté du roc à entamer.

224. Quelques personnes préconisent le percement dans le pied goudronné de la balise de trois trous à 0,m10, 0m,50 et 1 mètre à partir du sol, et permettant la fixation, à la base de la perche, de trois bâtons de 0m,80 à 0m,90 de long, et de 0m,05 de diamètre formant échelle de perroquet (*fig.* 178 et 179). Cette disposition, prise évidemment dans la pensée de s'opposer à l'arrachement, n'est pas, à notre avis, aussi heureuse qu'on pourrait le croire. Il est rare que les balises soient arrachées, c'est-à-dire sorties de terre de bas en haut, ce qui ne pourrait avoir lieu que par malveillance, et, même dans ce cas, il y a bien d'autres moyens plus commodes de la mettre hors de service. Leur plus grand ennemi ou, pour mieux dire, leur seul ennemi quand elles sont bien plantées, c'est le vent ou les bestiaux qui les frappent latéralement. Or, ces bâtons transversaux, pour jouer un rôle efficace et opposer une résistance utile au renversement, doivent avoir un diamètre assez important fixé plus haut à 0m,05. Ils exigent, pour les recevoir, des trous de 0m,06 qui diminuent, aux endroits où ils se trouvent, le diamètre de la perche de près de moitié. Celle-ci présente donc là des points faibles, alors qu'il lui faudrait au contraire dans cette région un supplément de solidité. Si donc les chevilles ne sont pas bien enfoncées à refus dans leurs trous, ou si l'humidité, l'usure ont amené un certain jeu, la balise a une tendance à casser beaucoup plus aisément au premier vent un peu fort, à la hauteur d'un de ces trous.

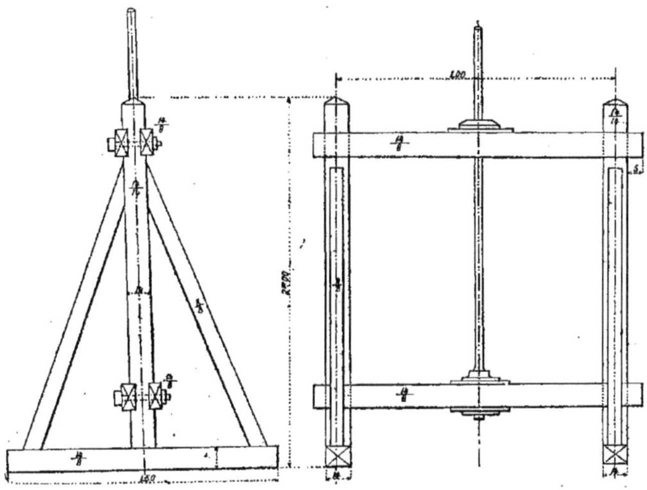

Fig. 180 et 181.

La maçonnerie est incontestablement préférable au cône de terre, pour fixer les balises qui, dans ce dernier cas, ont tendance à se pourrir plus vite. C'est pour cela qu'il faut toujours avoir soin de les goudronner jusqu'à hauteur de la terre, c'est-à-dire à 0m,70 ou 0m,80 en dehors du sol.

Les balises les plus longues doivent être naturellement plantées dans les bas-fonds, tandis qu'on pourra mettre les plus courtes dans les endroits élevés, où on les verra toujours facilement.

225. Quand on n'est pas bien sûr d'un

sommet et qu'il peut être sujet à variations, au lieu de planter ou de maçonner la balise nécessaire seulement à titre provisoire, on la cloue sur quatre jambes de force obliques allant reposer aux extrémités de deux bastaings en croix (bois de $0^m,14 \times 0^m,08$), de $1^m,50$ de longueur, posés et calés à leurs extrémités sur le sol au moyen de piquets ; ceux-ci sortent de terre de quantités suffisantes pour que la balise soit bien verticale.

Lorsqu'il s'agit de la recherche sur le sol naturel du tracé d'un souterrain, on emploie fréquemment une balise en fer, plus légère et plus portative que les balises en bois, et supportée par une petite charpente spéciale représentée dans les figures 180 et 181.

Pour éloigner les mal intentionnés ou les animaux, on arme quelquefois le bas des balises, jusqu'à hauteur suffisante, de rappointis en fer aiguisés à la lime. Ce moyen barbare n'est pas à recommander, car il peut blesser grièvement des êtres inoffensifs comme des enfants et surtout les animaux inconscients, et cela n'empêche nullement la balise d'être renversée par malveillance. La meilleure précaution à prendre pour conserver une balise est de la planter solidement ; quant à éviter absolument de la voir renverser, on comprend que c'est impossible, et ce ne sont pas les pointes dont elle se trouvera hérissée qui l'empêcheront de recevoir, par exemple, un coup de hache. Tout au plus, s'opposeront-elles à ce que quelque mauvais plaisant ne vienne les ébranler en passant, en les secouant comme un prunier.

On les défend de l'approche des bestiaux en entourant leur pied d'un fagot d'épines bien ficelé. Quand la balise est plantée dans un pâturage où paissent de nombreux animaux à cornes, il y a lieu le plus souvent de les entourer d'une véritable enceinte ou barrière clayonnée de 1 mètre à $1^m,50$ de diamètre.

Canevas géométrique.

226. Les deux chefs de brigades qui font les opérations précédentes, en se contrôlant, comme nous l'avons dit, tiendront chacun un carnet sur lequel ils dresseront le croquis coté de l'axe de la ligne piquetée et des principaux accessoires, parmi lesquels il faut comprendre tous les points remarquables qui se trouvent à droite et à gauche à une distance de 200 mètres.

C'est ainsi qu'on inscrira tous les piquets avec leurs numéros, leurs distances cumulées à l'origine et leurs distances respectives, les piquets de distances, les balises de sommets et de sous-tangentes intermédiaires, les dimensions des triangles chaînés pour calculer les angles des alignements et tracer les courbes, les points d'origine et d'arrivée des courbes, l'indication de leurs principaux éléments, et spécialement l'angle au sommet et la longueur des tangentes.

On y adjoindra, disons-nous, les points remarquables, voisins de la ligne, donnant un itinéraire sûr et pouvant servir ou ayant déjà servi de repères pour le tracé ou le nivellement ; on rattachera tous ces points à l'axe par des ordonnées qui en fixent bien exactement la position.

On terminera par les routes, chemins, cours d'eau, limites de communes, rencontrés ; enfin, par toutes les indications nécessaires pour que, dans la zone totale de 400 mètres ainsi arrêtée, le plan au $^1/_{10000}$ et le plan cadastral, qui ont servi aux opérations, soient définitivement et bien exactement complétés.

On aura soin de comparer souvent, ce qu'on appelle *collationner*, les deux relevés et de les mettre soigneusement d'accord pendant qu'on est sur place afin d'éviter des retours en arrière en cas d'erreur. Souvent aussi les chaînages seuls sont faits en double ; mais le canevas géométrique n'est levé qu'une fois avec grand soin par la meilleure brigade conduite généralement par le chef de section. Dans tous les cas, ce dernier doit en faire la vérification lui-même pour contrôler l'exactitude des choses rapportées et voir si on n'a rien oublié.

Ce canevas est reporté ensuite à l'échelle de $^1/_{1000}$, comparé aux plans que l'on possède déjà, complété, rectifié, s'il y a lieu, et envoyé à l'Ingénieur quand on est sûr qu'il est bien exact. L'axe du chemin de fer est placé au milieu du plan ;

les feuilles nécessaires qui le composent ne doivent pas avoir plus de $0^m,37$ de hauteur et un développement maximum en longueur de 3 mètres ; les différentes feuilles doivent présenter à leurs deux extrémités des repères bien précis qui permettent de les rattacher exactement les unes aux autres. On devra éviter le plus possible les interruptions dues aux courbes appelées *soufflets* et les suppléments rabattus ou *goussets*. Enfin ces plans devant être d'un usage très fréquent, il sera bon de les coller sur toile si l'on ne veut les voir bientôt déchirés et hors de service.

Nivellement des profils en long et en travers.

227. L'axe du chemin de fer étant ainsi tracé sur le terrain et noté bien exactement sur le canevas géométrique, on procède au nivellement définitif de cet axe de manière à constituer le profil en long d'exécution. Puis, sur chacun des points de l'axe où se trouve un piquet, on donne un coup d'équerre et l'on nivelle un profil en travers ; dans les courbes, ces profils sont tracés suivant les rayons, c'est-à-dire perpendiculaires au milieu d'une corde.

Fig. 182.

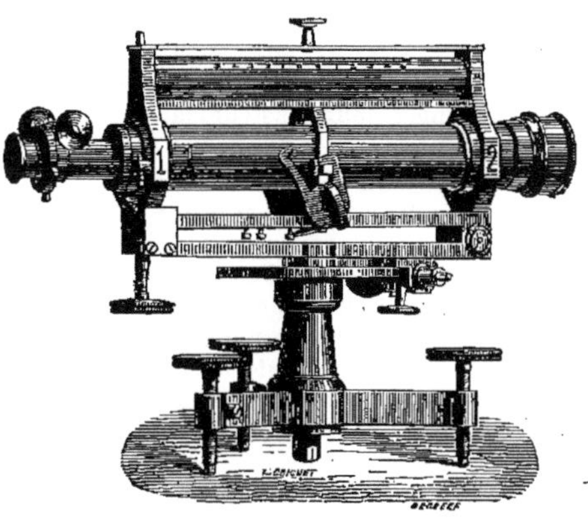

Fig. 183.

Examinons d'abord les nivellements du profil en long. Cette opération, comme toutes celles qui s'exécutent dans cette période des études, doit être faite avec la plus grande précision possible. D'après ce que nous avons dit dans les premiers chapitres, on devra faire usage du niveau d'Egault et de la mire parlante au double centimètre, en donnant deux coups de niveau sur chaque point, c'est-à-dire ici sur la tête de chaque piquet,

On a beaucoup perfectionné le niveau d'Egault dans ces dernières années et on en a fait un instrument aussi parfait que possible. Le type primitif que nous avons décrit a subi plusieurs modifications utiles qui peuvent avantageusement s'appliquer ici, alors qu'elles auraient été moins indiquées dans la confection d'un plan coté.

228. *Niveau Bourdaloue* (*fig.* 182). — En premier lieu, nous signalerons le niveau Bourdaloue spécialement construit pour les nivellements à grande distance. La lunette à coulant en bronze a une longueur de $0^m,50$ et permet de donner aisément des coups de niveau à une portée de 500 mètres ; on voit l'économie de temps et la suppression des stations intermédiaires qui peuvent en résulter. Les contacts et le centre sont en acier, les rappels à ressort, la bulle sensible à 5 secondes ; enfin, le tube de la lunette est entouré à l'extérieur d'une chemise en maroquin, corps peu conducteur de la chaleur et qui diminue les dilatations ou contractions du métal.

229. *Niveau des ponts et chaussées.* — La caractéristique de ce niveau (*fig.* 183), c'est que les parties principales, au lieu d'être réunies par des vis, sont fondues en une seule pièce; le coulant de la lunette, qui est une partie essentielle, est également en bronze et d'une seule pièce. Le tout présente donc dans son ensemble une homogénéité et une solidité exceptionnelles.

Mais, en outre, il est disposé de manière à éviter le retournement bout pour bout de la lunette, opération pendant laquelle il peut lui arriver un accident. Les débutants, par exemple, ne manquent jamais, dans ce cas, de la laisser tomber par terre. Ici le retournement de l'appareil optique est remplacé par le retournement de la bulle, ce qui revient au même avec moins de danger pour l'instrument.

Pour cela, la bulle est indépendante et placée au-dessus de la lunette, à l'aplomb de celle-ci, sur les anneaux de laquelle elle repose au moyen de deux fourches métalliques. On peut fixer complètement ce niveau à bulle pour le transport de l'instrument, ou bien le soulever seulement pour son retournement, ou enfin l'enlever complètement; le tout au moyen d'un système spécial de levier et d'excentrique disposé à cet effet.

La lunette est posée sur des étriers invariablement fixés à une première traverse et non sur une simple traverse dont un des étriers peut s'élever ou s'abaisser à volonté au moyen d'une vis comme dans le niveau d'Egault ordinaire. Cette première traverse repose sur une seconde, à laquelle elle est réunie d'un bout par une vis, de l'autre par une charnière. Le grand avantage est d'avoir ainsi une ligne d'étriers invariables et de permettre à la lunette d'établir son contact sur toute la longueur des anneaux; ce qui diminue l'usure. Cela n'était pas possible avec un des étriers mobiles.

On centre et on règle ce niveau, comme le premier, en faisant également application de la méthode des compensations.

Pour éviter les erreurs de retournement, les diverses pièces portent toutes à une même extrémité, près de l'oculaire, le chiffre 1 et à l'autre, près de l'objectif, le chiffre 2 (voir *fig.* 183).

Profil en long.

230. Cela posé, on emploiera celui de ces intruments qui paraîtra le mieux approprié aux besoins locaux et on procèdera au nivellement sur l'axe ou *profil en long*.

Ce nivellement se fait en partant des repères placés un peu partout précédemment dans la région et sur lesquels on vient se fermer à la fin de la journée. L'opération s'effectue en tenant compte de toutes les recommandations faites précédemment dans le chapitre spécial et en plaçant le pied de la mire sur la tête des piquets à côté du clou d'axe. Il suffit de donner deux coups de niveau sur chaque point en retournant la lunette sur elle-même, et celle-ci, ou la bulle bout pour bout, suivant le niveau employé; on emploiera la mire graduée au double-centimètre et la cote résultera, comme nous savons, de la totalisation des deux lectures.

Le niveau devra être très bien réglé, et il sera bon d'en faire la vérification au moins une fois au milieu de la journée, surtout s'il a dû subir de nombreux déplacements et transports, ou si la température a subi de fortes variations.

Comme tous les piquets sont fixés à $0^m,05$ au-dessus du terrain naturel, on ne devra pas oublier, en rapportant le profil sur le papier, de diminuer toutes les cotes obtenues de $0^m,05$ pour avoir le véritable nivellement du sol.

Les cotes doivent être obtenues au millimètre et relevées par deux brigades distinctes opérant l'une derrière l'autre; on se mettra fréquemment d'accord et on recommencera l'opération toutes les fois que les différences dépasseront 2 millimètres. Quand elles ne feront qu'atteindre ce chiffre, on prendra le chiffre du meilleur opérateur comme résultat final.

Bien entendu c'est ici plus que jamais que tous les nivellements exécutés devront être soigneusement *fermés*.

Pour le profil en long, on partira d'un

repère, pour se fermer sur le repère le plus à portée à la fin de l'opération. Cette fermeture doit se faire au millimètre. Pour les profils en travers, qui demandent moins de précision et ne sont nivelés qu'une fois, le nivellement et la fermeture auront pour base les piquets correspondants du profil en long. Il suffit que la fermeture se fasse au centimètre.

En dehors du nivellement de tous les piquets d'axe, on relèvera les repères posés précédemment tout le long de la ligne. On leur donnera une cote bien définitive au millimètre de manière qu'ils puissent servir plus tard aux opérations qui accompagneront les travaux.

On dressera en conséquence un état définitif de ces repères, qui sera précieusement conservé dans les archives de la section.

Voici le libellé le plus employé pour cet état:

Ligne de
Section de

ÉTAT DES REPÈRES DÉFINITIFS.

N° du repère	INDICATIONS CROQUIS Position relative à l'axe	POINT KILOMÉTRIQUE	COTE au-dessus du niveau DE LA MER	OBSERVATIONS

Si le tracé présentait quelque lacune pour une raison quelconque, cela ne doit pas arrêter le nivellement; grâce à ces repères, on peut passer outre, pour revenir plus tard en arrière relever les sections en retard.

231. Toutes les lectures faites sur le terrain sont inscrites sur un carnet spécial à côté du numéro du piquet et le calcul de la cote doit se faire séance tenante. On a toujours le temps de faire ce calcul simple pendant le déplacement du porte-mire; la possession immédiate de la cote du terrain permet de suivre à l'œil un profil et d'éviter bien des erreurs; cela ne dispense pas, bien entendu du travail de vérification soigné que l'on doit faire le soir dans le cabinet.

Puis le profil en long est rapporté sur le papier à l'échelle de $^1/_{1000}$ pour les longueurs et de $^1/_{200}$ ou mieux $^1/_{100}$ pour les hauteurs, et d'après les principes exposés à l'avant-projet. Une ligne horizontale de convention représentera le plan de comparaison choisi, relevé d'un certain nombre de mètres, de manière que la coupe du terrain se développe dans la partie moyenne du papier qui a 0,37 de largeur. Cette ligne pourra naturellement être relevée ou abaissée en passant d'une partie à une autre, lorsque le terrain s'éloignera ou se rapprochera trop du bord.

Comme à l'avant-projet, on y ajoutera la distance entre les piquets, les ordonnées du terrain à chaque piquet, le kilométrage et l'hectométrage, les limites des départements, arrondissements, communes, les voies de communication et cours d'eau traversés avec leurs dénominations officielles, les sondages exécutés, s'il y en a, etc.

On a ainsi le profil du terrain seul que l'on indique par un trait noir. Le chef de section devra toujours le prendre en main et, par une tournée sur place, vérifier s'il est conforme à la réalité. Ensuite il l'envoie, par parties d'environ 1 500 mètres, à l'Ingénieur divisionnaire, qui en prend un calque et le lui retourne. Puis l'Ingénieur vient lui-même faire la même tournée et après ces deux vérifications, succédant à toutes celles des opérateurs, on peut considérer le profil comme exact. Il est en effet bien indispensable qu'il le soit, car c'est la pièce fondamentale de tout ce qui va suivre et la base de l'exécution des travaux de tout genre.

C'est sur ce profil que se fait l'étude définitive du tracé en tenant compte une dernière fois des conditions de pentes et rampes adoptées, des paliers nécessités par les stations, des séparations de déclivités, etc., le tout en équilibrant toujours les déblais par les remblais, réduisant les distances exagérées de transport, etc. La ligne ainsi arrêtée est tracée en carmin et toutes les ordonnées correspondantes calculées et inscrites également au carmin sur une ligne horizontale et immédiatement au-dessus des cotes noires du terrain; on les appelles les *cotes rouges*. Toutes les cotes de niveau doivent être rapportées au niveau de la mer.

La différence entre les cotes rouges et les ordonnées du terrain donne les hauteurs des déblais et remblais, comme nous l'avons déjà vu à l'avant-projet. Les déblais sont teintés en jaune, ainsi que tout ce qui doit disparaître. Les remblais sont au contraire, munis d'une couche de carmin pâle. Les cotes de déblais ou de remblais sont inscrites verticalement en chaque point, à côté de la ligne rouge.

Nous terminerons ce qui est relatif au profil en long par quelques mots sur la méthode employée aux chemins de fer de l'État pour adoucir l'angle vif présenté par la rencontre de deux déclivités consécutives.

Raccordement parabolique des déclivités.

232. Un palier généralement de 100 mètres devant être réservé entre deux déclivités de sens contraire, nous ne nous occuperons que du cas du raccordement d'un palier avec une pente ou une rampe ; ce problème est d'ailleurs le même dans les deux cas, en supposant la figure retournée.

Soit OAX la direction du palier, suivi par exemple, de la rampe AB, dont l'inclinaison est p. On désire remplacer l'angle vif OAB par un arc de parabole, qu'il suffit ici de prendre du second degré OCB (*fig.* 184).

Cette parabole aura naturellement pour tangentes les droites AO, AB aux points O et B, et, d'après les propriétés de la conique, on sait que la sous-tangente AP est moitié de l'abscisse OP. Si donc on prend AP = OA, on aura en AP la projection horizontale de la rampe AB, c'est-à-dire Kp. L'équation de la droite AB sera donc :

$$y = p\,(x - \mathrm{K}p),$$

et celle de la parabole tangente OB.

$$y = \frac{x^2}{4\mathrm{K}} \qquad (1)$$

On déterminera le cœfficient K en se basant sur ce que

$$\mathrm{OA} = \mathrm{K}p$$

et en remarquant que OA peut être la moitié d'un palier dont le minimum est fixé à 100 mètres, on se fixe alors OA = 50 mètres, d'où :

$$\mathrm{K} = \frac{\mathrm{OA}}{p} = \frac{p}{50}. \qquad (2)$$

La différence des ordonnées de la droite

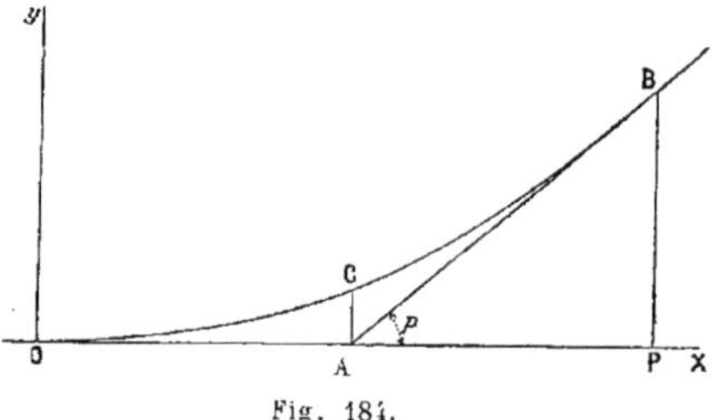

Fig. 184.

et de la parabole est maximum au point A correspondant à l'abscisse :

$$x = \mathrm{OA} = \mathrm{AP} = \mathrm{K}p.$$

Elle sera donc d'après (1)

$$\mathrm{AC} = \mathrm{K}\,\frac{p^2}{4} = 12\ 50 \times p. \qquad (3)$$

On calcule la parabole en prenant pour p la déclivité maximum, que l'on peut avoir sur la ligne; on en déduit K (2) et AC (3). La formule (1) donne les différentes ordonnées y de la courbe pour les abscisses choisies :

Pour p = 0m,010
— = 0m,020
— = 0m,030

on trouve :

AC = 0m,125
AC = 0m,250
AC = 0m,325

Les remarques faites précédemment au sujet du raccordement parabolique des courbes avec les alignements droits s'appliquent ici encore avec plus d'à propos. Ces raccordements, peu justifiés dans le tracé en plan, sont ici complètement inutiles entre deux déclivités du profil en long.

C'est en vain que l'on calculera, au millimètre près, les ordonnées d'une parabole devant remplacer les déclivités en question ; les poseurs de la voie ne s'astreindront jamais à cela, et se contenteront d'adoucir complètement à l'œil l'angle vif correspondant. Leur habitude de ces travaux permet de laisser toute tranquillité à cet égard.

Profils en travers.

233. Les profils en travers seront lancés dans des directions perpendiculaires à l'axe, en suivant le rayon des courbes, pris normalement au milieu d'une corde. Il y en aura un à chaque piquet du profil en long, mais ils ne comporteront aucun piquetage spécial ; de simples jalonnettes, posées d'avance aux reliefs du sol, indiqueront les points à niveler et seront seulement soigneusement chainées et repérées sur un carnet avec des numéros d'ordre et le croquis du profil.

Pour établir ce croquis, on supposera que l'on a derrière soi l'origine de la ligne, devant soi son point d'arrivée ; on voit ainsi ce qu'on appellera la gauche et la droite d'un profil, l'axe du chemin de fer représenté par le piquet correspondant du profil en long étant dans la partie centrale.

Le nivellement des profils en travers devra s'étendre à 50 mètres au maximum de chaque côté de l'axe ; en terrain très accidenté, on peut d'ailleurs réduire notablement cette largeur. Dans les emplacements présumés des stations, les dimensions courantes seront doublées, c'est-à-dire que le profil sera poursuivi en plaine jusqu'à 100 mètres de chaque côté de l'axe.

Les points relevés devront, comme nous l'avons dit, accuser les moindres sinuosités du terrain, mais en aucun cas se trouver éloignés les uns des autres de plus de 20 mètres. Le chainage se fera à partir de l'axe en cumulant les distances et prenant les intervalles entre les points par différence. On choisira autant que possible des nombres entiers de mètres.

Le nivellement, qui a besoin de beaucoup moins de précision que celui du profil en long, pourra se faire à la rigueur au niveau d'eau. Mais le niveau à bulle est encore préférable, excepté en terrain très accidenté, à cause de la portée de la lunette qui permet de relever un grand nombre de profils, ou portions de profils d'une seule station ; et cela sans parler des inconvénients de la mire à coulisse. Bien entendu, on ne donnera qu'un seul coup de niveau sur chaque point et le nivellement ne sera fait qu'une fois.

Comme toujours, on calculera immédiatement ses cotes sur le terrain et on les inscrira sur le croquis dressé sur le carnet à côté des points auxquels elles se rapportent ; la vérification de tout cela se faisant immédiatement pour l'œil sur le terrain même, et pour les calculs, le soir, au bureau.

Bien entendu, en même temps qu'on nivellera les profils en travers, on aura soin de relever les chemins, fossés, cours d'eau, marais, bois, ruisseaux, etc., qu'ils pourraient rencontrer. Ces relevés aideront dans la confection du canevas géométrique et serviront en même temps à le contrôler.

Toutes les cotes de nivellement doivent être rapportées au niveau de la mer, comme dans le profil en long, et en général dans tous les documents concernant les études définitives qui doivent être envoyées à l'Administration.

Quoique les profils en travers se nivellent sans piquetage, il sera utile de planter quelques piquets à des points spéciaux utiles à préciser et à conserver. Tels sont, par exemple, les points de rencontre des profils avec les bords des chemins, fossés cours d'eau, etc., traversés.

Ces profils seront relevés au net sur des rouleaux de papier de $0^m,37$ de largeur, à l'échelle de $0^m,005$ par mètre. Chacun d'eux portera le numéro d'ordre du piquet auquel il est rattaché sur le terrain, et les cotes de nivellement relevées sur place, inscrites sur une ligne horizontale inférieure d'après la méthode déjà adoptée pour le profil en long. Les rouleaux successifs en sont également envoyés, par série de cinquante environ à l'Ingénieur au fur et à mesure de l'avancement du travail.

Ces profils devant servir à la confection ultérieure des profils de terrassement, il n'est pas sans intérêt de les présenter avec les précautions nécessaires. Ainsi ils devront être espacés de manière que le papier puisse être plié sur $0^m,245$ de largeur sans que le dessin des profils soit coupé par les plis. On disposera le plan de comparaison de telle sorte que, dans le cas le plus général d'un déblai ou d'un remblai ne dépassant pas 4 à 5 mètres, on puisse faire tenir deux profils par pli de $0^m,245$. Quand les hauteurs seront plus grandes, on n'en mettra qu'un par pli.

Comme la dimension de $0^m,365$ à 0,37 des rouleaux ne permet pas de placer à l'échelle les cotes à 50 mètres de l'axe, on se contente d'y mettre exactement celles du centre qui se trouveront en partie dans l'emprise de la voie ferrée; quant aux cotes extrêmes au-delà de 30 mètres de chaque côté de l'axe, elles ne seront portées que pour mémoire et inscrites avec leurs distances, mais non à l'échelle.

Pour les profils des stations qu'il est indispensable d'avoir à l'échelle sur toute leur largeur, on les dispose en longueur dans le papier.

Il peut se présenter quelques profils compliqués ou dont les accidents de terrain soient impossibles à reproduire à l'échelle de $0^m,005$. On les dessinera spécialement à $0^m,01$ par mètre, à côté ou à la suite de leurs ensembles conservés à la même échelle que les autres.

234. Ces profils établis, on y fixera la cote rouge du profil en long avec la largeur horizontale de la plate-forme adoptée en remblai et avec cette plate forme augmentée des fossés en déblais. Puis, des extrémités de cette plate-forme, on tracera le talus avec une inclinaison dépendant de la nature du profil du terrain fouillé.

Nous avons déjà vu précédemment que les inclinaisons les plus généralement adoptées sont les suivantes :

1 pour 1 en déblai ordinaire ;

1,5 pour 1 en remblai ;

1/4 à 1/10 en déblai de rocher.

Ces inclinaisons permettent de tracer des lignes qui fixent les limites complètes du profil en travers, et serviront plus loin au calcul des terrassements. En outre, les points où elles rencontrent le sol naturel fixent la zone de terrain à occuper dans l'emplacement de chaque profil. Cette zone sera en effet réglée par l'ouverture des tranchées ou la base des remblais au niveau du sol, en ajoutant une bande régulière, généralement fixée à 2 mètres, pour permettre de laisser un chemin continu de $1^m,50$ et l'épaisseur d'une haie

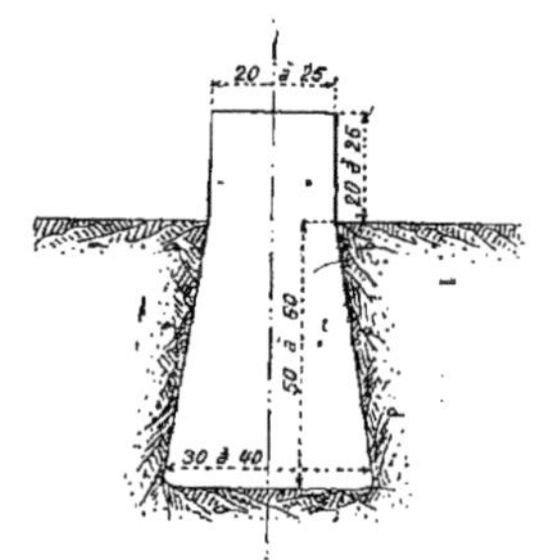

Fig. 185.

d'épines de $0^m,50$ provisoirement remplacée par un treillage.

Les talus de 1 pour 1, généralement adoptés en tranchée, pourront être avantageusement modifiés dans quelques cas particuliers, d'ailleurs assez rares. Tel est le cas, par exemple, en déblai, dans des terrains argileux ou glaiseux susceptibles de glisser une fois la tranchée ouverte ; on adoptera dans ce cas les inclinaisons plus douces de 1,1/4 et même 1,1/2 de base pour 1 de hauteur.

Lorsqu'on aura à prévoir des dépôts, soit pour les besoins du mouvement de terre, soit pour éviter des remblais en terre de trop mauvaise nature, les profils en travers devront naturellement être levés de manière à en tenir compte. En faisant ce relevé sur la largeur de 50 mètres

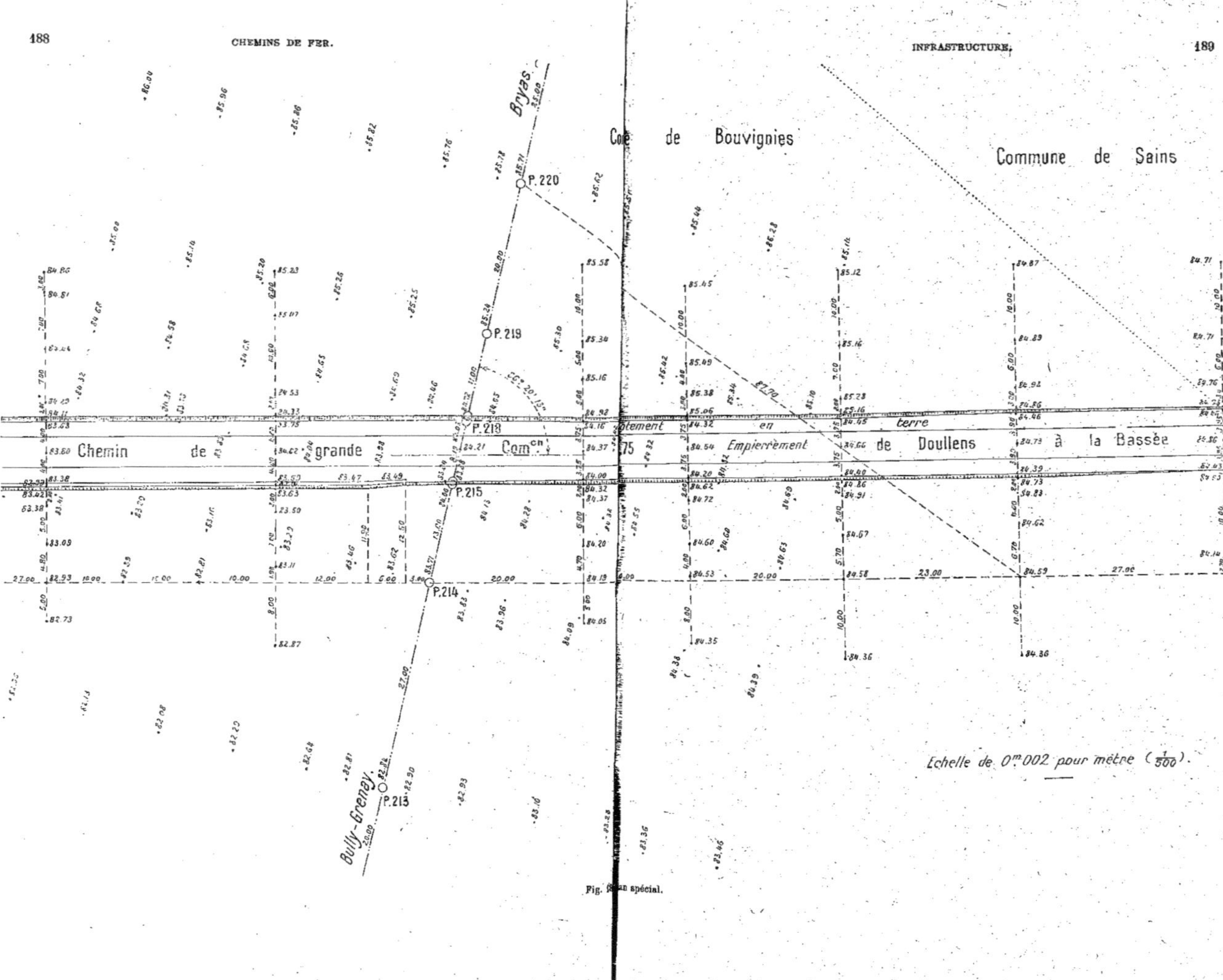

Fig. [illegible]an spécial.

de chaque côté de l'axe fixé précédemment, on est généralement à l'abri de tout oubli au point de vue du nivellement sur le terrain. Il reste à compléter le profil par l'adjonction du dépôt quand on indiquera les talus et l'emprise.

Généralement, les Compagnies s'en tiennent à ces généralités. Les chemins de fer de l'État, toujours plus minutieux, modifient leurs profils en travers dès la période des études définitives, pour tenir compte de l'élargissement de la plate-forme dans les courbes.

235. Dans les courbes d'un rayon inférieur a 800 mètres on élargit en effet la voie de manière à permettre le passage plus facile des roues des véhicules. Cet élargissement est donné par le tableau suivant (on juge inutile cet élargissement dans les courbes d'un rayon supérieur à 800 mètres).

RAYON de la courbe EN MÈTRES	ÉLARGISSEMENT d'axe en axe des rails EN MILLIMÈTRES	LARGEUR de la voie ENTRE AXES DES RAILS
m.	mm.	m.
300	20	1.530
350	18	1.528
400	15	1.525
450	13	1.523
500	10	1.520
600	8	1.518
700	5	1.515

De plus, le rail extérieur étant, comme nous savons, plus haut que le rail intérieur, et le ballast étant toujours au niveau de ce rail en dehors de la voie, il en résulte (si l'on veut conserver à la banquette latérale sa largeur normale de $0^m,50$) un nouvel élargissement dû à la projection du talus du ballast, qui tombe plus loin sur la plate-forme, puisqu'il part, avec la même inclinaison, d'une crête plus élevée. Le devers étant connu, le surélargissement correspondant, tout entier situé du côté extérieur de la courbe, sera donc les 3/2 du devers.

En adoptant les devers inscrits précédemment au tableau dressé pour les raccordements paraboliques, on aura immédiatement les surélargissements découlant de ce fait et renfermés dans le tableau suivant.

RAYON de la courbe EN MÈTRES	DEVERS EN MILLIMÈTRES	ÉLARGISSEMENT de la plate-forme EN MILLIMÈTRES
m.	m.	m.
300	0.101	0.172
350	0.101	0.169
400	0.101	0.167
450	0.101	0.164
500	0.101	0.162
600	0.101	0.160
700	0.088	0.137
800	0.077	0.116
900	0.068	0.102
1 000	0.062	0.093
1 200	0.051	0.077
1 500	0.041	0.062
1 600	0.038	0.057
2 000	0.031	0.047
2 500	0.025	0.038
3 000	0.021	0.032

Quant à la partie parabolique du raccordement, lorsqu'on l'emploie, on sait que le devers y croît à partir de zéro jusqu'au maximum atteint dans la partie circulaire. A chaque instant, le surélargissement sera toujours les 3/2 de ce surhaussement, de sorte qu'il partira de zéro pour atteindre progressivement son maximum donné par le dernier tableau et correspondant au rayon de l'arc de cercle, se raccordant avec la parabole.

Le plus souvent, nous le répétons, cela ne se fait pas dans la pratique : on laisse en courbe les deux crêtes extrêmes du ballast à la même hauteur, malgré le devers. Et la différence est regagnée par la partie du ballast, située entre le rail surélevé et la crête voisine, que l'on établit un peu inclinée dans la courbe, au lieu d'être horizontale.

Contre-fossés, garages, etc.

236. Dans les terrains faciles à désagréger par l'eau, il sera utile de dresser en crête du déblai un fossé spécial, indépendant de celui de la plate-forme, afin de ménager l'écoulement des eaux et d'éviter le ravinement des talus. Ce fossé supplémentaire ou *contre-fossé*, dont l'importance dépendra de la quantité d'eau à recevoir et que les renseignements locaux permettront d'évaluer, s'établira évidemment du côté du coteau et pourra être au besoin maçonné, lorsque les terrains seront argileux ou perméables. Il en résulterait sans cela des infiltrations entraînant l'éboulement des talus, qui seraient alors plus compromis que protégés.

En terrain très incliné ou très mobile, en tranchées très profondes entraînant des crêtes de talus trop éloignées, les talus seront soutenus, du haut en bas, par un mur presque vertical en maçonnerie, appelé *mur de soutènement*. Dans ce cas, et pour préserver des accidents le personnel circulant sur la voie, qui n'a que la largeur souvent exiguë du fossé pour se garer des trains, il est bon de ménager des niches de garage dans le mur. Un refuge de ce genre devra être ainsi établi au moins tous les 50 mètres sur les chemins à deux voies. Sur les lignes à une voie, où les dangers sont beaucoup plus grands, on devra les distribuer tous les 25 mètres. Dans les deux cas, on les disposera alternativement de chaque côté de l'axe.

On aura soin, en face de chaque refuge, de recouvrir le fossé d'un dallage établissant une plate-forme suffisante pour la circulation, afin d'éviter des chutes et des accidents.

Profils en travers spéciaux.

237. Lorsqu'on jugera utile ou qu'il sera nécessaire de dresser des profils en travers pour un chemin spécial, un cours d'eau, etc., on les établira d'après les mêmes règles que précédemment. Ils seront seulement dessinés sur des feuilles distinctes de mêmes dimensions que les autres (0,245 sur 0,365), une seule feuille renfermant tous les profils relatifs à une même voie de communication. Pour éviter des confusions et des erreurs, il est absolument indispensable de ne jamais disposer sur la même feuille, des profils se rapportant à plusieurs chemins.

Repères définitifs.

238. Pour le tracé définitif, il est indispensable d'avoir une ligne de repères bien immuables, qui devront servir jusqu'à la fin de l'exécution des travaux et même quelquefois pendant la période d'entretien.

Le plus souvent, comme nous l'avons vu, les repères primitifs posés pour les études provisoires fourniront un fort contingent des nouveaux, mais beaucoup d'entre eux, placés simplement sur la tête des piquets plantés spécialement à cet effet, ont pu disparaître ou ne présentent pas le degré de fixité exigible dans le cas présent. On devra donc compléter la série, en plantant soi-même un certain nombre de bornes.

Les repères naturels posés sur les objets les plus fixes que l'on rencontre : rochers, seuils, parapets de ponts, etc., peuvent être choisis à une certaine distance de la ligne, distance qui ne doit cependant pas dépasser 200 mètres de l'axe, pour que l'utilisation en reste possible.

Mais, pour les bornes que l'on posera soi-même, on comprend que l'on a tout avantage à les placer beaucoup plus près de la ligne. On les pose en effet dans l'emprise même du chemin de fer et, afin d'éviter, autant que possible, de les voir déplacer par les travaux exécutés, à une distance de 1 mètre à $1^m,25$ de l'emplacement futur de la clôture. On sait, en effet, qu'un espace de 2 mètres est toujours réservé en dedans du treillage, pour permettre la croissance de la haie d'épines que l'on plante en bordure de la voie ferrée et qui a $0^m,50$ en plein développement.

Lorsque, l'emprise étant prévue pour deux voies, on ne construit tout d'abord qu'une voie, cas qui devient de plus en plus rare, on met ces repères supplémentaires toujours à la même distance de la clôture, mais du côté de la voie qui n'est pas immédiatement construite. De toutes façons, les points où ces bornes seront le moins sujettes à être enlevées ou dérangées sont les points de passage des déblais aux remblais, où les terrassements sont insignifiants sur une certaine longueur, et les abords des ouvrages d'art.

Ces bornes doivent être naturellement en pierres dures ; elles doivent avoir une queue verticale en forme de pyramide quadrangulaire plus ou moins grossière, de $0^m,50$ à $0^m,60$ de longueur, qui sera tout entière enfoncée dans le sol, et se terminer à la partie supérieure, par un cube de $0^m,20$ à $0^m,25$ de côté, dont on dispose l'une des faces verticales parallèle à l'axe du chemin de fer (*fig.* 185).

La fouille correspondante doit être faite au niveau, de manière à ne pas dépasser la profondeur exigée par la hauteur de la borne ; sans cela, il faudrait y rapporter de la terre qui tasserait infailliblement à la longue et détruirait la fixité des repères. Dans ce cas, il vaut mieux faire un autre trou à une certaine distance du premier. En outre, on consolidera le fond avec des pierres plates bien encastrées avec le manche de la pioche et dressées ensuite avec soin. Tout cela de manière à avoir une fondation bien invariable, sur laquelle on viendra poser la borne, toujours avec le niveau, en plaçant bien horizontalement la surface supérieure du cube. On remplit ensuite la fouille avec de menus blocages et des terres bien pilonnées.

La cote du repère est inscrite sur le carnet, relevée avec soin sur un tableau, avec un numéro spécial, et cette cote ainsi que le numéro sont inscrits à la peinture rouge sur la face tournée vers l'origine de la ligne. Après les nivellements définitifs, ces chiffres seront gravés sur la pierre, sur la face opposée à la première, c'est-à-dire tournée du côté qui regarde l'arrivée du chemin de fer. La cote indiquée représente, dans tous les cas, la plate-forme supérieure de la borne.

Dans les terrains rocheux et lorsqu'on aura des motifs pour ne pas se fier au rocher lui-même, comme repère, il sera évidemment inutile de donner $0^m,50$ à $0^m,60$ de hauteur de queue à la borne ; d'un autre côté, la poser dans une entaille peu profonde ne lui donnerait pas toute la stabilité désirable. On l'encastre alors dans un petit massif de maçonnerie de $0^m,60$ à $0^m,80$ de côté, assis lui-même dans une entaille de $0^m,10$ à $0^m,25$ faite dans le rocher. Il sera bon d'employer le même procédé dans les marécages ou dans les terres trop légères, en donnant un peu plus de fondation au massif et augmentant son empâtement inférieur, s'il y a lieu, d'une couche de 1 mètre de côté et de $0^m,10$ de hauteur en béton (mélange de mortier de chaux hydraulique et de cailloux).

Enfin la pierre peut manquer absolument dans le pays, surtout la pierre dure, et être trop coûteuse pour qu'on la fasse venir de loin dans la simple intention de s'en servir pour des repères. On remplacera alors les bornes précédentes par un petit massif de briques de $0^m,50$ à $0^m,60$ de côté. Mais, comme la brique s'use assez rapidement sous l'effet du frottement, il faut, en construisant ce massif, loger dans son axe, une tige de fer terminée, à sa partie supérieure et au niveau de la face horizontale de la brique, par une petite plaque métallique carrée de $0^m,05$ de côté; c'est sur celle-ci qu'on viendra poser la mire, dans les opérations ultérieures de nivellements. Les chiffres sont inscrits sur des bandes de ciment logées dans des vides ménagés, à cet effet, dans le massif, sur les mêmes faces que précédemment.

Plans spéciaux.

239. Nous avons dit plus haut qu'il était nécessaire de relever exactement les routes, chemins, cours d'eau, fossés, bâtiments, haies, murs, etc., rencontrés par le tracé et qui feront plus tard l'objet d'un ouvrage d'art, passage à niveau, pont, aqueduc, etc. Ces plans partiels ou *spéciaux* devront être relevés avec la plus rigoureuse exactitude, généralement par abscisses comptées sur une ligne d'opération parallèle autant que possible à la direction générale de la voie de communication, et ordonnées lancées à coups d'équerre.

La ligne de base sera elle-même soigneusement repérée et rattachée à l'axe du chemin de fer par des coups de chaîne.

Ces plans bien établis, on les complète par un nivellement déterminant bien exactement les profils en long et en travers des chemins ou cours d'eau rencontrés. On donnera aux profils une étendue suffisante pour permettre de faire les études des déviations, dérivations, ouvrages d'art et leurs abords, etc. (*fig.* 186).

On dressera en même temps, si ce n'est déjà fait, les croquis cotés donnant les dimensions et le débouché des ouvrages établis pour amener l'écoulement des eaux à l'amont et à l'aval du tracé, ainsi que le niveau du fond, des berges, de l'étiage (niveaux des plus basses eaux), des crues ordinaires et des plus hautes eaux.

Un seul plan spécial sera dressé pour représenter un groupe de chemins, fossés, etc., réunis dans un court espace.

En général, il n'est pas commode de prendre le profil en long lui-même et les profils en travers de ces communications, et en particulier des cours d'eau, par exemple. Le plus simple est de couvrir ce plan spécial d'un nombre assez abondant de cotes intelligemment choisies, comme dans les nivellements du chemin de fer et un peu plus serrées. On les espacera de 10 mètres au plus, par exemple. Le but à poursuivre est de fournir un plan coté muni d'assez de cotes pour que l'on puisse en tirer dans le cabinet un nombre suffisant de profils en long et en travers, ceux-ci devant servir à une étude complète de l'ouvrage d'art ou de la déviation correspondante.

Ces plans spéciaux, ou extraits du canevas géométrique, seront rapportés à l'échelle de 2 millimètres pour mètre (1/500). On y indiquera bien clairement les lignes d'opérations employées et les chiffres des cotes. Ils seront levés au fur et à mesure de l'avancement du profil en long et des profils en travers et leur envoi à l'ingénieur devra suivre celui des profils correspondants. On fera toujours tenir le dessin dans le papier de 0,365 à 0,37 de large, à moins de cas exceptionnels et d'impossibilité.

On indiquera avec soin sur ces plans les largeurs officielles portées sur les tableaux de classement des communes pour les routes et chemins de toutes espèces rencontrés par le tracé, ainsi que les largeurs des empierrements, du pavage, des accotements en terre, fossés, etc. Tout cela est indispensable, nous le répétons, pour l'étude qu'on doit faire des déviations.

Ces nivellements spéciaux se rencontreront toujours avec un certain nombre de profils en travers du chemin de fer. On aura donc bien soin de comparer les cotes obtenues qui doivent être les mêmes aux mêmes points. Cela peut permettre de découvrir certaines erreurs.

Enfin on a coutume d'ajouter l'angle en degrés que fait l'axe de la communication traversée avec l'axe du chemin de fer ; quand le chemin n'est pas en partie droite à sa rencontre avec l'axe, on indique l'angle de la tangente à la courbe avec le même axe qui peut être lui-même courbe et remplacé par sa tangente au point considéré.

Le mieux est, comme pour les courbes, de calculer cet angle par un chainage triangulaire.

240. *Cas particuliers.* — Dans le levé des plans spéciaux ou simplement même des profils en travers, on peut rencontrer des points subitement en contre-haut ou

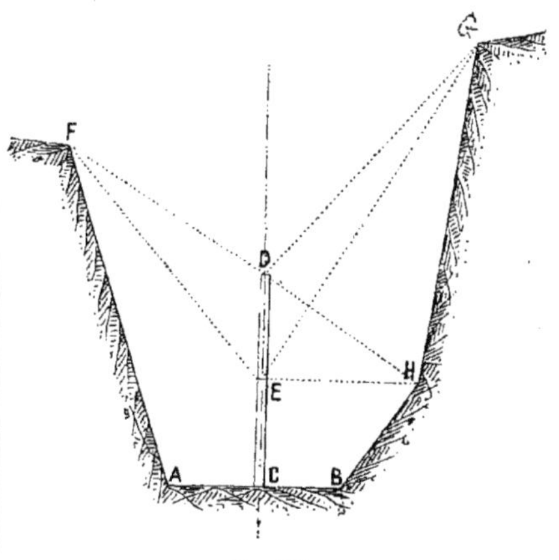

Fig. 187.

en contre-bas, comme un ancien chemin très encaissé, par exemple ; ces chemins ne sont pas des plus aisés à relever et surtout à niveler exactement.

Le chainage horizontal et le nivellement sur des talus escarpés seraient très pénibles et quelquefois impossibles. On procède alors de la manière suivante pour arriver à en faire le levé exact et coté.

Supposons par exemple que l'on se trouve avoir à relever, comme chainage et nivellement, le profil d'un chemin en déblai profond, tel que l'indique la figure 187.

On fixe à l'avance sur la mire, au moyen d'un crochet et à une hauteur connue, 4 mètres par exemple, l'extrémité du décamètre ou du double décamètre, selon les cas. Puis on pose cette mire, rendue bien verticale au moyen du fil à plomb, en un point C de la plate-forme du chemin, point que l'on a soin de bien repérer par rapport aux extrémités de celle-ci, AB. Le plus simple en pratique sera de placer la mire au milieu de AB.

Cela fait, on tend le décamètre dans la direction de tous les points intéressants à relever le long des talus, tels sont par exemple les deux crêtes F et G et le point H où se présente une dépression à noter. On connaît ainsi les longueurs FD, GD, HD.

On décroche alors le décamètre et on le fixe à un autre point de la mire aussi éloigné du premier que le permet la longueur du ruban. Soit E le nouveau point choisi, qu'il est bon de prendre à l'avance pour y fixer, comme précédemment, un centre d'attache et qui correspond généralement à l'extrémité de la mire non développée, 2 mètres. On opère ensuite de la même manière que plus haut et l'on relève les longueurs FE, GE, HE.

On termine en chaînant exactement la

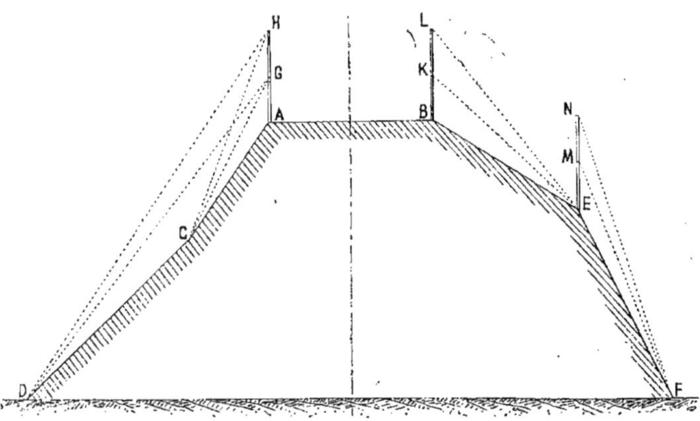

Fig. 188.

largeur AB, ce qui ne présente aucune difficulté, et l'on possède tous les éléments pour établir dans le cabinet une épure qui permettra de donner en entier le profil en travers FAB HG.

On commence en effet par tracer AB et CED. Puis chacun des points F, G ou H est déterminé par la rencontre des deux arcs de cercle ayant pour centres les points D et E et pour rayons les chaînages correspondants.

Ainsi le point F, par exemple, sera déterminé par des arcs de cercle décrits de D, E comme centres avec DF, EF comme rayons.

Si le chemin est par trop encaissé, on peut remplacer la mire par une perche plus longue et on opère de la même façon.

Si le chemin à relever se trouvait au contraire en remblai très surélevé et irrégulier, comme l'indique la figure 188 en DCABEF, on viserait de la même manière les pieds de talus D, F, les points spéciaux C, E, etc., d'un point de la plate-forme qu'il est évidemment ici préférable de prendre à l'extrémité A ou B, suivant le talus à relever. On y placerait la mire, comme plus haut, et l'on chaînerait, de deux points différents de celle-ci, les longueurs correspondant au même point du remblai.

L'épure relevée au bureau fournirait, comme dans le cas des déblais, tous les éléments du profil.

Il pourrait se faire qu'un point, tel que F, ne fût pas visible de la plate-forme à cause de la forme renflée du remblai. On transporterait alors simplement la mire au point du talus repéré lui-même E, par exemple, et d'où l'on pût voir F. Le reste s'obtient comme plus haut.

Comme vérification, on mesurera le développement des talus suivant leur ligne de plus grande pente; on verra sur le profil dessiné si la largeur trouvée correspond bien à celle du chaînage.

Cette méthode de levé des profils en travers sans niveau ne donne pas les longueurs ramenées à l'horizontale, ni les cotes verticales au-dessus du plan de comparaison et il faut mesurer tout cela sur une épure que l'on fait au bureau. Mais les erreurs qui en résultent sont incontestablement moindres que celles des opérations ordinaires, et des stations multiples des chaîneurs ou du niveau dans un pareil terrain.

Recherches diverses à faire sur le terrain.

241. Les opérations précédentes terminées, on procède à la recherche d'un certain nombre de renseignements indispensables à la confection du projet définitif et qui sont les suivants :

1° Connaissance exacte de la nature des terrains devant être déblayés, remblayés ou se trouvant à l'emplacement des ouvrages d'art;

2° Recherche des matériaux de construction pouvant servir à l'établissement des travaux d'art et des chaussées;

3° Recherche des matériaux propres à l'établissement de la voie, c'est-à-dire des traverses et du ballast.

Sondages et forages.

242. Les premiers renseignements sur la nature des terrains traversés seront donnés par les agriculteurs de la contrée, au moins en ce qui concerne les couches voisines de la surface.

Ils ont pour la plupart, en effet, été à même de rencontrer ces couches dans leurs travaux et sont même quelquefois descendus à d'assez grandes profondeurs.

Ces renseignements seront complétés par l'examen des routes et chemins voisins dont les tranchées montreront la nature et la succession des couches géologiques. On consultera également avec fruit les puisatiers et les puits dans le roc dans lesquels l'absence de maçonnerie permet de voir le terrain à nu. Cela sera surtout précieux pour les études en profondeur.

En somme, on restera toujours ainsi assez loin de la vérité complète et on ne l'atteindra qu'au moyen de sondages exécutés directement dans les endroits intéressants. Et encore, comme on ne peut multiplier à l'infini les puits d'examen, restera-t-il toujours un certain aléa; aussi, dans l'évaluation des dépenses, aura-t-on soin de supposer les choses au pire et de prendre toujours, en cas de doute, la dépense maximum. C'est par cette méthode seulement que l'on sera à l'abri des surprises et des augmentations exagérées dans l'avenir.

L'étude de la nature des terrains rencontrés par la ligne est indispensable pour nombre de raisons. Pour les déblais, par exemple, il faut connaître la nature et le degré de dureté des terrains à fouiller, afin de pouvoir établir le prix des terrassements à exécuter. La même étude est à faire pour les remblais, surtout lorsqu'ils sont importants, pour savoir si les terrains comprimés ne s'enfonceront pas sous le poids qu'ils auront à supporter. Dans l'emplacement des ouvrages d'art, cette étude faite avec grand soin est utile pour les deux raisons précédentes à la fois : c'est-à-dire qu'il faut pouvoir dresser exactement les prix d'établissement de ces ouvrages et, en même temps, s'entourer de toutes les précautions indispensables pour assurer leur solidité ou surmonter les difficultés qui pourraient se présenter.

Cet examen se fait, aussitôt que le profil en long définitif, est arrêté, en creusant des puits que l'on nomme des *sondages*, ou exécutant avec les instruments spéciaux des *forages* de reconnaissance.

Les sondages sont de vrais puits circulaires ou carrés que l'on creuse plus particulièrement aux sommets des tranchées, c'est-à-dire dans les terrains assez fermes pour que l'on puisse descendre à la profondeur voulue, 0,50 au-dessous de la cote de la plate-forme, sans être obligé de recourir aux étais pour soutenir les parois, ou de faire des épuisements.

On les rattache aux piquets les plus voisins du tracé. Les résultats qu'ils fournissent sont consignés sur le carnet de nivellement en long et accompagnés d'un croquis représentant la coupe géologique du sol avec la nature précise et l'épaisseur des différentes couches rencontrées.

Les forages sont plus spécialement pratiqués dans les points bas des futurs remblais ou dans les terrains ébouleux, c'est-à-dire partout où il est impossible de creuser un puits sans prendre des précautions exceptionnelles.

Il peut parfaitement arriver que cet examen fasse modifier le tracé adopté; la découverte de certains terrains non soupçonnés ou plus importants qu'on ne le supposait, peut entraîner à des déplacements de l'axe de la ligne qui valent encore mieux que les suppléments de travaux et de dépenses auxquels on serait entraîné sans cela. Il arrive assez souvent, par exemple, que l'on rencontre ainsi des couches de terre glaise qui constituent les plus mauvais terrains qu'on puisse rêver sous tous les rapports. La glaise amène toujours des suintements, des nappes d'eau, des glissements, boursouflements, épuisements, etc., qu'il est le plus souvent fort sage d'éviter par un détour, dût-il allonger le tracé.

On précisera également ainsi les terrains marécageux, tourbeux et qui s'enfoncent sous le remblai et peuvent par suite compromettre la stabilité de la plate-forme. On se rendra compte des terrains aquifères, des nappes d'eau souterraines, qui peuvent rendre si pénibles et si coûteuses les fondations des ouvrages d'art, presque toujours dans les points bas.

On verra encore si les terrains d'un déblai peuvent convenir au remblai voisin, quels sont les talus que prendront les terres et par suite la largeur exacte des emprises à réserver.

Certains terrains rocheux pourront être ainsi parfois évités à cause du prix léevé de leur extraction.

En somme, si les études préliminaires ont été bien faites, la plupart de ces choses sont connues sommairement, les sondages ne font que les préciser en détail.

243. *Exécution des sondages.* — Les sondages les plus simples sont des puits de 2 mètres de diamètre, ou $1^m,50$ au minimum, que l'on creuse à la pioche et à la pelle jusqu'à une profondeur de $2^m,30$. A partir de là le jet de pelle sur berge est impossible et il faut élever les terres extraites au moyen d'une petite benne, ou panier, montée par un treuil à corde et à bras.

Si le terrain est le moins du monde friable ou ébouleux, on ne continue jamais à s'enfoncer sans étayer avec soin au moyen de madriers (grosses planches de $0,22 \times 0,08$) appliqués le long des parois au moyen de poteaux horizontaux placés suivant le diamètre.

On creuse ainsi jusqu'à $0^m,50$ au-dessous de la plate-forme du chemin de fer. On ne descend jamais plus bas dans les déblais, car cela est inutile, sauf certains cas spéciaux. Dans les bas-fonds ou dans les emplacements des ouvrages d'art la profondeur de forage doit être généralement plus grande et variable suivant les cas, la difficulté des fondations, etc. A la vérité, cette profondeur importe moins que dans le cas précédent, car on se contente généralement alors de faire un trou de sonde et non un puits complet. Or, en emmanchant des tiges les unes au bout des autres, on peut descendre assez bas sans aucun autre inconvénient que le poids à remonter.

Dans une très faible tranchée, le sondage sera le plus souvent inutile; si on croit devoir le faire quand même, on se gardera bien de creuser un puits; on se contentera de faire dans l'axe du tracé une saignée verticale jusqu'à $0^m,50$ au-dessous de la plate-forme, en même temps qu'on déblaie tout le terrain entre cette saignée et le bord de l'emprise du côté de la pente du terrain, pour diminuer le cube à extraire (*fig.* 189).

Tous ces sondages se font dans l'axe du tracé. Cependant, lorsque le terrain est assez incliné transversalement, il est préférable de les exécuter en dehors de l'axe du côté le plus élevé du terrain. On risquerait sans cela de négliger quelques couches qui se présenteraient plus tard dans le déblai à exécuter (*fig.* 190).

Toutes les terres provenant de la fouille doivent être déposées au bord du puits en forme de cavalier circulaire de manière à constituer une véritable digue qui empêche les eaux du terrain voisin de couler dans le fond du puits. De cette façon, ce dernier ne reçoit que la pluie directe et encore en faible quantité, car, une fois terminé, on le recouvre toujours de planches, pour éviter les accidents; le plus souvent, la quantité d'eau qui tombe au fond est donc insignifiante et rapidement évaporée; d'autres fois, c'est le

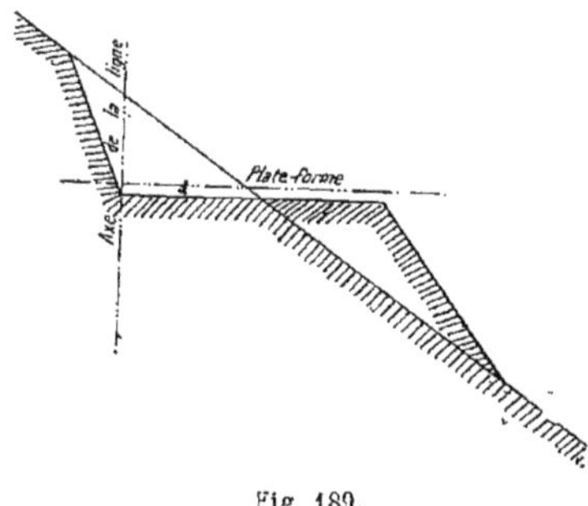

Fig. 189.

terrain lui-même qui est perméable et l'absorbe plus ou moins rapidement. Mais, la quantité amassée par les pluies fût-elle intégrale, n'est jamais bien importante et l'accès du puits est ainsi, en tout temps, toujours facile. On achève de garantir le sondage terminé, au moyen d'un garde-fou rustique composé de quelques poteaux reliés par des branches d'arbres ou des lattes de treillage; cela est surtout important pour empêcher l'approche des bestiaux, dont le poids pourrait faire céder les planches dont le trou est recouvert. Il est d'ailleurs prudent de ne pas compter outre mesure sur ces dernières, qui, malgré la surveillance, sont bien souvent enlevées par des maraudeurs.

Les barrières autour des sondages auront au moins 1 mètre de hauteur; les piquets les composant devront donc avoir au moins 1m,50 de manière à pénétrer en terre de 0m,50. Les branches d'arbre contournées qui les relieront ne devront

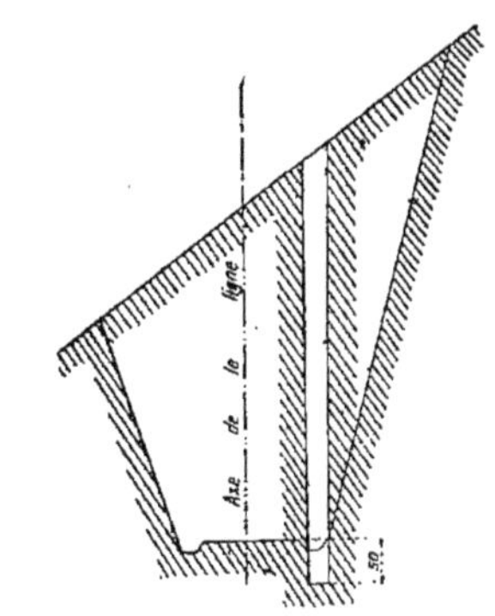

Fig. 190.

pas être espacées de plus de 25 à 30 centimètres; il y en aura donc au moins trois rangs, que l'on clouera sur les piquets en dehors des lianes ou ficelles qui les consolideront.

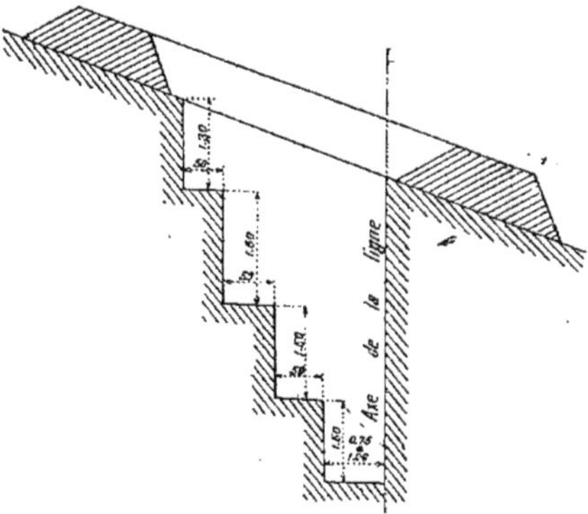

Fig. 191.

Il est de toute nécessité de faire les sondages avec soin pour éviter les réclamations ultérieures des entrepreneurs. Ceux-ci en effet ne manquent pas de demander des sommes supplémentaires, alléguant des difficultés plus ou moins réelles pour tous les terrains rencontrés, et non prévus à la série de prix. On aura d'ailleurs toujours avantage à prévoir cet aléa par un forfait.

Il serait évidemment préférable de pratiquer les sondages sur toute la largeur du profil à déblayer dans une tranchée; mais cela serait généralement trop coûteux, surtout en rocher ; néanmoins, si le sondage présente deux dimensions, au lieu d'être circulaire, il faut de préférence en mettre la grande dimension dans le sens perpendiculaire à l'axe.

Souvent, pour pouvoir descendre plus facilement au fond des sondages, on les dispose verticalement suivant l'axe du tracé seulement ; sur la face opposée on exécute un certain nombre de gradins, comme l'indiquent les figures 191, 192 et 193.

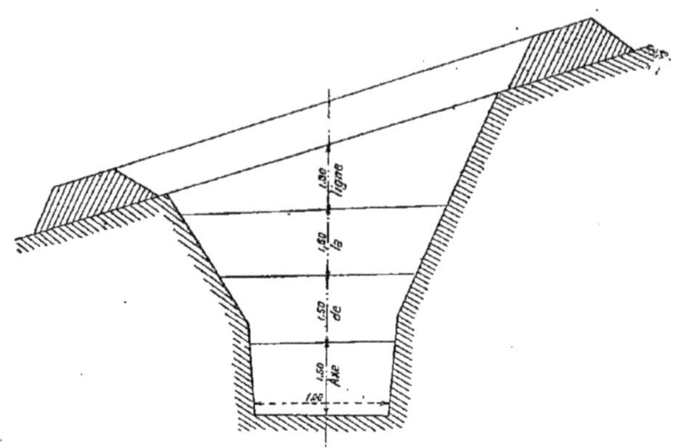

Fig. 192.

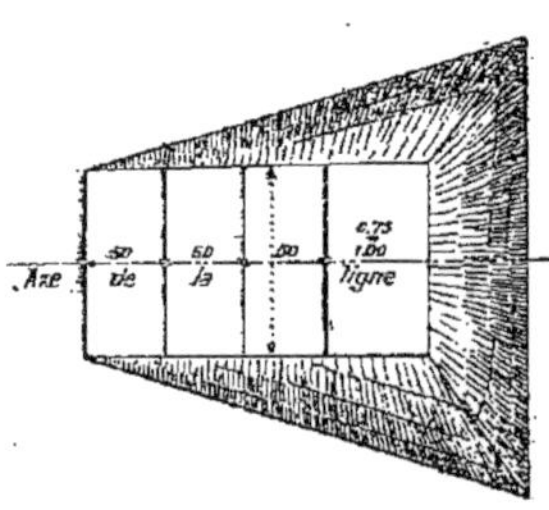

Fig. 193.

Si l'on rencontre dans le même sondage des terrains non assez fermes pour se passer de talus, comme on ne peut étayer sur les gradins, on donne aux talus l'inclinaison courante de 45 degrés dans le premier et l'on revient à la paroi verticale dans le roc ou dans le terrain solide.

En dehors de la nature et de la direction des couches, on notera bien exactement le temps que les ouvriers mettent à exécuter les déblais ; ce renseignement sera très précieux pour l'établissement des prix de base de l'adjudication. D'ailleurs, pour que cette dernière soit équitable, il ne faut pas faire exécuter ces travaux préparatoires par un des entrepreneurs appelés plus tard à soumissionner; il posséderait en effet des éléments d'appréciation que n'auraient pas ses confrères. Le mieux est de faire faire ces sondages directement, par de petits tâcherons locaux travaillant soit à l'heure, soit, ce qui est généralement préférable, à forfait.

Ces sondages sont d'ailleurs quelquefois assez importants pour qu'on en tienne compte comme cube de terre déjà fouillée dans l'estimation des dépenses. Il y a lieu alors de ne les compter que comme reprise de terre et transport.

La hauteur des gradins ne doit pas dépasser $0^{m},50$ si l'on veut pouvoir y descendre sans échelle ; sinon on peut aller jusqu'à $1^{m},50$ à $1^{m},60$, maximum de hauteur à laquelle on peut espérer atteindre pratiquement avec un jet de pelle.

Dans les petites tranchées, un seul sondage au point culminant suffit. Dans celles qui sont importantes et par suite assez longues, il en faut quelquefois plusieurs. On en disposera toujours un au sommet et les autres à 100 mètres au plus les uns des autres.

L'implantation de ces sondages se fera simplement quand on aura arrêté la dimension des gradins adoptés, $0^{m},50$ ou $1^{m},50$ selon les cas, et les talus que l'on suppose d'abord à inclinaison maximun, dût-on ne pas les suivre, et par conséquent rétrécir la fouille.

Le cube du sondage sera estimé, comme les terrassements futurs, au vide de la fouille ; on aura ainsi un élément précis non seulement pour rétribuer le tâcheron, mais pour se rendre compte de l'augmentation de volume, ou *foisonnement* des terres extraites. Cette cubature devra d'ailleurs se faire aussitôt l'excavation terminée, alors que le foisonnement est maximum et que les terres enlevées n'ont pas encore eu le temps de se tasser, surtout sous l'action des pluies. C'est dire en même temps qu'il faudra donner aux terres disposées sur le bord de la fouille une forme géométrique simple, facile à cuber et à comparer au volume du vide correspondant.

On aura soin d'ailleurs de ne pas déposer ces terres trop près du bord du puits, car leur poids, surtout quand les pluies viennent à détremper le sol, pourrait en faire ébouler les parois. Une bonne précaution consiste à laisser un espace vide d'au moins 1 mètre, à moins que le terrain ne soit manifestement assez résistant pour qu'on n'ait rien à craindre de ce fait.

Le sondage terminé, on en dresse un croquis en coupe donnant les dimensions et la nature des couches rencontrées, le niveau de la nappe d'eau, s'il y en a, etc. (*fig.* 194). On devra employer comme dénominations géologiques, les expressions les plus courantes, les plus connues de tous, et des entrepreneurs en particulier ; des mots trop techniques ou trop savants ne seraient compris que de l'ingénieur seul. C'est d'ailleurs surtout au point de vue de la dureté relative des

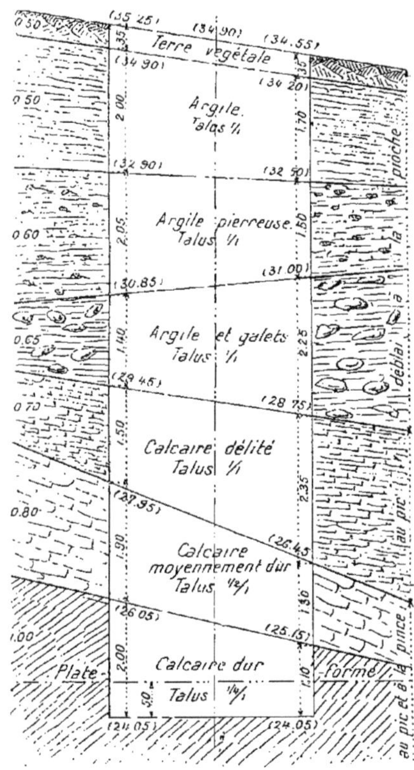

Fig. 194.

terrains rencontrés que ces expressions devront être choisies, car c'est là surtout le point important pour l'exécution future, l'établissement des séries de prix et la soumission des travaux.

La nature des déblais rencontrés peut se diviser *a priori* en quatre grandes classes :

1° La terre franche;

2° Les terres fortes, argiles, rocailles, tuf;

3° Le rocher à la pince;

4° Le rocher à la mine.

Un échantillon de chaque couche est prélevé de manière à donner une idée exacte de la moyenne de sa dureté. On le renferme dans un sac avec une étiquette donnant le numéro du puits, la nature du terrain et la profondeur de la couche à laquelle il appartient, et on l'expédie à l'ingénieur qui, pour se rendre bien compte des choses, doit venir lui-même examiner tous les sondages. C'est le seul moyen de s'éviter bien des mécomptes dans l'avenir.

Au croquis du sondage, on ajoutera naturellement toutes les indications pouvant renseigner sur les terrains rencontrés, leur compacité, leur stabilité, les précautions exceptionnelles, consolidations, assèchements, etc., qu'ils peuvent exiger dans l'avenir, et enfin l'utilisation que certains d'entre eux peuvent recevoir comme ballast ou comme matériaux de construction.

Le plus souvent, les croquis des sondages sont reportés sur les profils en long à la place qu'ils occupent. Tous les agents en ont ainsi un exemplaire complété qui leur fournit les renseignements indispensables à l'exécution des travaux de toutes sortes.

Recherche des matériaux de construction.

244. La seconde recherche à faire est celle des matériaux de construction en usage dans le pays, avec les prix auxquels on peut se les procurer.

Nous venons de voir que cette recherche se fait d'abord dans les sondages en examinant quels sont les genres de terrains qui peuvent fructueusement être ainsi utilisés.

Mais une étude d'ensemble et beaucoup plus générale devra être faite dans toute la contrée traversée par le chemin de fer, au point de vue de la nature, de la provenance et du prix des divers matériaux en usage dans les constructions publiques ou privées. En un mot, on cherchera à se rendre un compte aussi exact que possible de toutes les ressources dont on peut disposer dans le pays traversé.

Les agents officiels tels que les ingénieurs des ponts et chaussées, les agents-voyers, les officiers du génie militaire pourront fournir à ce sujet des documents précieux par la communication des séries de prix dont ils font usage.

Pour ce qui est des travaux privés et constructions particulières, les mêmes personnes pourront encore donner quelques bons renseignements, mais qu'il est indispensable de contrôler et de compléter; pour cela, on se livrera à une étude attentive des ressources et des usages de chaque localité; on examinera avec soin les matériaux employés, on interrogera les architectes, entrepreneurs et ouvriers locaux. Bref, ce travail, qui demande beaucoup d'aptitudes et de soins, devra être conduit par le chef de section lui-même, qui devra fournir à l'ingénieur, pour tous les matériaux en usage dans toute l'étendue de la ligne, qu'ils lui paraissent bons ou mauvais, les renseignements suivants :

1° Un tableau des prix courants du pays pour les journées d'ouvriers des différents corps d'état et des attelages à un ou plusieurs chevaux;

2° Une description sommaire, mais complète, de tous les matériaux, en spécifiant bien leur nature, leurs dimensions et leurs qualités ou défauts (gélivité, etc.). Autant que possible, on accompagnera chaque description d'échantillons;

3° L'indication exacte des lieux de production et d'extraction, avec leurs distances à la ligne et les voies de communication avec elle, ainsi que leur état de viabilité, de déclivité, de courbes, etc;

4° Les prix détaillés de tous ces matériaux en les considérant dans différentes conditions de choix, suivant les usages auxquels ils sont propres;

5° L'importance des ressources de chaque centre de fabrication ou d'exploitation;

6° L'emploi ordinaire de ces matériaux dans le pays et les principales constructions où l'on en a fait usage;

7° La brique jouera, en général, un rôle

prépondérant dans la construction des ouvrages d'art, il sera donc bon de rechercher et d'indiquer, dans le voisinage de l'emplacement probable de chaque ouvrage de quelque importance, les terrains argileux qui paraîtraient propres à sa fabrication par la méthode Wallone ou à la volée. On citera en outre les fours ou ateliers des briquetiers les plus voisins.

Il va de soi que dans l'indication des provenances de matériaux, on pourra faire entrer les lieux où l'on aura découvert, dans quelques tournées, qu'une exploitation quelconque, carrière de pierres de sable, etc., pourrait être ouverte avec profit et reconnue au moyen de quelques sondages.

On pourra utilement à ce sujet donner une carte, généralement la carte d'état-major, en y indiquant par des annotations spéciales les carrières de différents matériaux, et spécialement les nouvelles carrières que l'on pourrait ainsi ouvrir au besoin, afin de les bien distinguer des anciennes.

On a d'autant moins à hésiter pour procéder ainsi en matière de construction de chemin de fer, que l'on marche au nom de l'utilité publique et que l'on obtient toujours aisément un décret d'expropriation temporaire permettant de prendre possession de la carrière et de l'exploiter pendant toute la durée des travaux. C'est le jury qui décide ensuite de l'indemnité à allouer au propriétaire si l'on n'a pas réussi à s'entendre à l'amiable. Ce dernier cas se présente fréquemment d'ailleurs, parce que les terrains qui se trouvent dans ce cas n'étant pas dans l'emprise du chemin de fer, ne sont pas compris dans l'expropriation générale des terrains de la ligne et nécessitent des formalités spéciales.

En outre, comme il s'agit d'extraire là des matériaux destinés à être employés souvent sur une section importante du chemin, le propriétaire a naturellement trop de tendance à croire qu'on ne peut se passer de son terrain et fait des conditions inacceptables. Le mieux est d'avoir, comme c'est le cas dans les grandes compagnies, des agents spéciaux rompus à ce genre d'affaires, et qui discutent pied à pied avec l'intéressé, puis finissent par traiter avec lui. Recourir au jury est toujours aléatoire, car celui-ci, composé de gens du pays, tous solidaires les uns des autres, et partant en outre de ce principe que la Compagnie est fort riche et peut largement payer, taxe souvent les choses un prix partialement exorbitant.

Recherche des matériaux pour la pose de la voie.

245. La voie est, comme nous le savons, composée de rails posés sur des traverses généralement en bois et noyées dans un mélange de sable et de cailloux qu'on appelle le *ballast*.

Pour les rails qui se font exclusivement aujourd'hui en acier, les agents n'ont pas à s'en occuper, chaque compagnie ayant dans sa région des fournisseurs attitrés qui lui expédient au moment voulu le stock nécessaire.

246. *Traverses.* — Il en est d'ailleurs souvent de même des traverses que l'on a aujourd'hui facilement et à bon compte dans certains centres forestiers. Néanmoins, il peut être intéressant de chercher à se les procurer sur place.

Les bois pour traverses sont généralement des essences de chêne ou de hêtre. Très généralement, les renseignements recueillis pour la construction fourniront pour le chêne des données suffisantes. On les complètera en prenant toutes les données nécessaires pour le bois de hêtre et les autres essences qui, par suite de certaines préparations, peuvent devenir propres à fournir des traverses.

On désignera ainsi les principales forêts à proximité de la ligne où l'on pourrait faire de grands approvisionnements.

Enfin on fournira des données précises sur la valeur des bois en grumes, c'est-à-dire munis de leur écorce, et des éléments propres à déterminer les prix de revient des traverses demi-rondes ou équarries, sur les points du tracé les plus riches en bois et sur les points qui en sont le plus dépourvus.

247. *Ballast.*— Les sondages exécutés pour la reconnaissance du terrain fourniront les premières indications pour l'installation de ballastières.

On notera en même temps les carrières de sable ou de gravier en exploitation dans les localités traversées par le tracé; on remarquera spécialement celles qui, par leur position et leur importance, paraîtraient pouvoir rendre des services pour atteindre le but qu'on se propose.

On aura grand intérêt ici à se guider d'après les cartes et considérations géologiques, qui peuvent parfaitement faire découvrir des gisements que les habitants du pays peuvent n'avoir jamais soupçonnés.

Les sondages, qu'on ne peut multiplier à l'infini, n'indiquent généralement pas complètement à l'avance tous les genres de terrains que l'on est appelé à rencontrer pendant l'exécution des travaux. Les recherches pour le ballast se feront donc le plus souvent d'une manière beaucoup plus fructueuse pendant l'exécution des terrassements. On aura de fortes chances, en effet, à ce moment, de découvrir d'importantes ressources jusque-là ignorées.

Pour que ces recherches soient fécondes il faut bien connaitre le rôle et les qualités d'un bon ballast.

248. *Utilité et propriétés du ballast.* — La principale utilité du ballast est de donner de l'élasticité à la voie. Si le roulement se faisait sur une table non élastique et incompressible, comme du marbre par exemple, la traction serait incontestablement plus facile, mais le roulement serait beaucoup plus dur, plus désagréable, plus dangereux pour le matériel et les ouvrages d'art, à cause des chocs non atténués auxquels les véhicules seraient exposés.

En outre, il sert à transmettre en la répartissant, la pression du train sur la plate-forme en terre inférieure. Si les traverses reposaient directement sur celles-ci, elles s'y enfonceraient bientôt, tandis que la terre se boursoufflerait latéralement; la voie ne présenterait aucune stabilité ni aucune fixité.

Enfin cette couche de matériaux perméables a encore une grande utilité au point de vue de l'écoulement des eaux qui ne peuvent ainsi jamais séjourner au contact des traverses en formant des mares; celles-ci en effet, s'évaporent ensuite et mettent le bois constamment dans des alternances de sécheresse et d'humidité, qui sont très nuisibles à leur conservation.

D'après ces exigences, le meilleur ballast est le gros sable siliceux ou le gravier, mélangé de cailloux moyens. Il doit être absolument exempt d'argile, ce dont on s'aperçoit aisément en le délayant dans un verre d'eau et le laissant reposer: tout doit retomber au fond sans que l'eau devienne trouble. Sous l'effet de la pluie, en effet, cette argile se transformerait en boue. Il faut enfin que ses éléments aient des dimensions suffisantes car rien ne serait funeste comme l'emploi de sable fin, impalpable. Cette poussière soulevée par le courant d'air résultant du passage du train, voltige dans les caisses des voitures, incommode les voyageurs, pénètre dans les organes les plus délicats du mécanisme des locomotives et des wagons, et en amène rapidement la détérioration. Puis le ballast trop fin manque de mobilité il se tasse rapidement et ne présente plus l'élasticité désirable.

En somme, le ballast a une grande importance au point de vue de l'exploitation et de l'entretien de la voie et du matériel. Le sable quaternaire mélangé de cailloux siliceux que l'on rencontre dans les larges vallées dont le thalweg est occupé par les fleuves vaut le sable de rivière pour le ballast. C'est là qu'on va généralement le chercher en s'attaquant aux gisements importants que l'on raccorde au chemin fer par une voie ferrée provisoire. On installe ainsi ce qu'on appelle une *ballastière*, et l'on va chercher le ballast aisément à plusieurs kilomètres du lieu d'emploi, ce qui ne présente aucun inconvénient puisqu'on le transporte ainsi en wagon depuis la carrière et qu'on l'amène sur rails jusqu'à pied d'œuvre.

Avant d'exploiter une ballastière, on se rend encore compte par des sondages en nombre suffisant, de l'importance en surface et en profondeur du gisement exploitable. Puis on opère un nivellement général, sur canevas chaîné, de toute la surface avant l'attaque. Après l'extraction, et au moment de l'abandon, on procède à un second nivellement et les différences des deux séries de cotes donnent les hauteurs du ballast enlevé. Au moyen de chaînages horizontaux, on dresse ainsi un certain nombre de profils qui permettent de calculer le cube extrait suivant les méthodes employées dans la cubature des terrassements, et que nous verrons plus loin.

Lorsqu'il est impossible de rencontrer dans la région le ballast type cité plus haut, on est obligé de se contenter d'à peu près; on fait alors du ballast avec tout ce qu'on peut de manière à se rapprocher de la solution du problème. On emploie ainsi les pierres carrées, les laitiers et scories des hauts-fourneaux, les galets etc.

Nous ne nous étendrons pas pour le moment sur ces variétés dont l'étude trouvera beaucoup mieux sa place au chapitre de la voie.

Renseignements commerciaux.

249. Pendant qu'on sera sur les lieux, il n'en coûtera pas beaucoup plus, et il peut être fort utile de se renseigner sur l'industrie et le commerce des localités desservies ou avoisinant la ligne et des produits qu'elles peuvent fournir plus tard à l'exploitation.

Le plus souvent, ces renseignements seront obtenus aux moments perdus, en causant avec les fonctionnaires ou les notables du pays.

Rédaction des projets définitifs.

250. Nous avons déjà présenté trois dossiers différents à l'administration supérieure, savoir :

1° L'avant-projet sur lequel est ouverte l'enquête d'utilité publique ;

2° Les projets d'ensemble indiquant le tracé définitif, ainsi que toutes les autres dispositions mentionnées à l'article 5 du Cahier des charges ;

3° Les projets d'ensemble des gares et stations.

Il nous reste encore, avant l'exécution des travaux, à présenter les pièces suivantes :

1° Les projets-types d'ouvrages d'art ;

2° Les projets de détails pour la traversée des voies de communication et des cours d'eau et pour l'établissement de tous autres ouvrages dépendant des chemins de fer ;

3° Les plans parcellaires pour l'expropriation des terrains, expropriation qui doit faire l'objet d'une troisième et dernière enquête appelée généralement *enquête parcellaire*.

Exigences de la grande voirie.

251. Les chemins de fer construits ou concédés par l'Etat font partie de la grande voirie, et sont régis spécialement, sous ce rapport, par les articles 2 et 3 de la loi du 25 juillet 1845, savoir :

« ART. 2. — Sont applicables aux chemins de fer les lois et règlements sur la grande voirie qui ont pour objet d'assurer la conservation des fossés, talus, levées et ouvrages d'art dépendant des routes, et d'interdir sur toute leur étendue le passage des bestiaux et les dépôts de terre et autres objets quelconques. »

« ART. 3. — Sont applicables aux propriétés riveraines des chemins de fer les servitudes imposées par les lois et règlements sur la grande voirie et qui concernent :

L'alignement;

L'écoulement des eaux ;

L'occupation temporaire des terrains en cas de réparation ;

La distance à observer pour les plantations et l'élagage des arbres plantés ;

Le mode d'exploitation des mines, minières et tourbières, carrières et sablières, dans la zone déterminée à cet effet.

Sont également applicables à la confection et à l'entretien du chemin de fer les lois et règlements sur l'extraction des matériaux nécessaires aux travaux publics. »

On appliquera donc pour toutes les questions annexes de la grande voirie le règlement modèle du 20 septembre 1858 concernant les routes et qui peut s'étendre dans la plupart des cas aux chemins de fer et à leurs dépendances.

Les Compagnies ne sont, en somme, qu'usufruitières du sol, soit qu'elles aient acquis elles-mêmes les terrains, soit qu'elles les aient reçus des mains de l'Etat qui exécute quelquefois l'infrastructure (art. 1er et 3 de la loi du 15 juillet 1845). Les terrains employés pour l'établissement du chemin de fer et de ses dépendances faisant partie de la grande voirie, il appartient à l'administration, et en particulier à l'autorité préfectorale, de régler toutes les questions contentieuses se rattachant au service de la voie. C'est ainsi par exemple qu'un buffet non incorporé au chemin de fer est considéré comme construction *étrangère* au service de l'exploitation et ne peut être autorisé sur les terrains dépendant de la Compagnie (Décret ministériel du 19 juillet 1860).

252. *Alignement.* — Il en résulte encore que les règlements en vigueur pour les routes et grands chemins sont applicables aux chemins de fer en ce qui concerne les alignements, et l'on aura bien soin de s'y conformer pendant la période qui va s'ouvrir, c'est-à-dire la rédaction des projets. Les chemins de fer sont obligés, le cas échéant, de demander l'alignement comme de simples particuliers, et ceux-ci doivent l'observer par rapport au chemin de fer, conformément à la plus vieille loi sur la matière qui date du 27 février 1765. Les affaires d'alignement en matière de grande voirie rentrent exclusivement dans les attributions des préfets ; quant aux demandes d'alignement aux abords des avenues de gares ou chemins latéraux remis aux communes, elles sont délivrées par le maire.

Ces demandes doivent être dressées sur papier timbré et envoyées au préfet ; celui-ci consulte les ingénieurs du contrôle qui font l'instruction de l'affaire, la Compagnie entendue, et vérifient plus tard l'alignement conformément aux règles formulées par l'Instruction ministérielle générale du 20 septembre 1858.

Nous rappellerons ici les principales clauses de cette réglementation en ce qui s'applique aux voies ferrées; ces conditions risquant souvent d'être négligés aussi bien par les riverains que par les Compagnies.

D'après la loi du 15 juillet 1845, aucune construction autre qu'un mur de clôture ne peut être installée à moins de 2 mètres du chemin de fer. Cette distance est mesurée suivant l'installation de la plateforme, soit de la crête du déblai, soit du pied du talus du remblai; si la voie est au niveau du sol, cette distance sera prise du bord extérieur des fossés du chemin ou d'une ligne tracée à 1m,50 à partir du rail extérieur de la voie ferrée. De ces données on conclut facilement au besoin la distance à l'axe du chemin de fer. On voit, en outre, que cette *limite légale* est inférieure à la *limite réelle* ou celle des terrains acquis par la Compagnie.

On ne dresse, d'ailleurs, pas de plans spéciaux d'alignements pour les chemins de fer ; les plans parcellaires en tiennent lieu jusqu'au moment du bornage.

Les propriétaires riverains doivent donc, quand ils construisent, demander l'alignement afin de ne mettre dans la zone de servitude de 2 mètres aucun bâtiment proprement dit, mais simplement un mur, une haie prise en deça sur leurs terrains, ou une grille. Si le riverain construit manifestement au-delà de ces 2 mètres, il n'a plus besoin de demander l'alignement ni aucune autre autorisation comme il le faudrait faire pour une route ordinaire. Dans ce cas, en effet, l'administration, pour des raisons de salubrité, peut forcer le propriétaire à se clore sur l'alignement, même si sa construction est en retraite. Il est évident que ces motifs de salubrité n'existent pas pour les chemins de fer et que les sujétions correspondantes doivent être supprimées.

253. *Mitoyenneté.* — Toutes les autres exigences de la mitoyenneté doivent naturellement être observées. Ainsi les riverains ne peuvent pas planter d'arbres, quel que soit leur espacement, à moins de 2 mètres de la clôture du chemin de fer. Les toits des constructions doivent être disposés de manière que l'écoulement des eaux ait lieu en dehors de la voie ferrée par application de l'article 681 du Code civil. On voit que, dans ce cas, le chemin de fer n'est plus considéré comme voie publique, mais comme propriété privée quoiqu'il soit soumis aux règlements de grande voirie. Enfin, pendant toute la durée de ces travaux, le riverain doit établir à ses frais une barrière solide pour empêcher l'accès de la ligne aux ouvriers et le dépôt de pierres, de bois ou de matériaux de constructions dans l'enceinte du chemin de fer,

Il peut être encore intéressant de savoir dans quel cas un riverain peut *prendre jour* sur le chemin de fer. Cela a lieu lorsque la *limite réelle* des terrains du chemin de fer est en même temps la *limite légale*, à partir de laquelle le riverain est obligé de réserver 2 mètres libres pour construire. Toutefois, les portes ou fenêtres qu'il ouvre ainsi entraînent certains risques d'incendie qu'il sera seul à supporter, la Compagnie étant complètement déchargée de toute demande d'indemnité de ce fait.

Lorsque la limite réelle des terrains acquis par le chemin de fer se trouve déjà à 2 mètres de la limite légale, ce qui est le cas le plus général, on voit que les propriétés riveraines peuvent atteindre cette limite réelle, qui devient l'alignement officiel lorsque la zone restée libre n'est destinée à recevoir ni voies de service ni aucune autre installation pour le chemin de fer. On peut donc placer là le parement extérieur du bâtiment à construire, mais il ne doit être percé d'*aucune baie ou jour droit.*

254. *Matières inflammables.* — Il y a cependant lieu de faire exception pour les dépôts de matières inflammables qui, d'après l'article 7 de la loi du 15 juillet 1845, ne doivent être établis qu'à 20 mètres au moins, mesurés comme précédemment, d'un chemin de fer desservi par des machines à feu.

On ne considère pas comme faisant partie de cette catégorie, les récoltes pendant la durée de la moisson. La pensée du législateur a été évidemment de l'appliquer spécialement aux couvertures en chaumes et aux dépôts permanents de meules de paille ou de fourrage.

La preuve en est encore dans la tolérance accordée aux briqueteries antérieures à l'établissement du chemin de fer et qui peuvent conserver l'approvisionnement de leur combustible à une distance de moins de 20 mètres de la ligne, pourvu que l'emplacement de ce dépôt ne soit pas changé. A la vérité, la Compagnie peut en exiger le déplacement si elle en redoute le voisinage, mais elle est alors redevable d'une indemnité, tandis qu'elle ne doit rien pour les autres servitudes précitées.

Les matières inflammables, même emmagasinées dans un bâtiment, mais à découvert, doivent être proscrites de la zone de 20 mètres citée plus haut. En cas d'infraction et d'incendie, la Compagnie est indemne de toutes poursuites (Tribunal de la Seine, 24 juillet 1857).

Quant aux couvertures de chaumes ou autres matières analogues inflammables existant dans la zone de 20 mètres antérieurement à l'établissement du chemin de fer, l'administration pourra toujours, cette fois moyennant indemnité, les faire supprimer si la sécurité publique ou la conservation du chemin de fer l'exige. L'indemnité est réglée pour les constructions, par les titres IV et suivants de la loi du 3 mai 1841 ; pour tous les autres cas, conformément à la loi du 16 septembre 1807. Elle est, bien entendu, payée par la Compagnie concessionnaire, mise aux lieu et place de l'État, comme pour les expropriations des terrains occupés par la voie ferrée et ses dépendances. Toutes les indemnités d'ailleurs, quelles qu'elles soient, même pour les dommages causés aux récoltes, sont payées sans intérêts. Car, en décidant le contraire, dit un arrêté de Préfecture de l'Ain (11 février 1864), « ce serait admettre les intérêts des intérêts, ce qui est inadmissible ».

255. *Dépôts de matières quelconques.* — Le dépôt des matériaux non inflammables n'est pas lui-même exempt de toute réglementation. Il est soumis à l'article 8 de la loi du 15 juillet 1845, en ces termes :

« Dans une distance de moins de 5 mètres d'un chemin de fer, aucun dépôt de pierres ou objets non inflammables ne peut être établi sans l'autorisation préalable du préfet.

« Cette autorisation sera toujours révocable.

« L'autorisation n'est pas nécessaire :

1° Pour former dans les localités où le chemin de fer est en remblai des dépôts de matières non inflammables dont la hauteur n'excède pas celle du remblai du chemin de fer ;

« 2° Pour former des dépôts temporaires

d'engrais et autres objets nécessaires à la culture des terres. »

Le tout est complété par les articles 9 et 11 ainsi conçus.

« Art. 9. — Lorsque la sûreté publique, la conservation du chemin et la disposition des lieux le permettront, les distances déterminées par les articles précédents pourront être diminuées en vertu d'ordonnances royales rendues après enquêtes. »

« Art. 11. — Les contraventions aux dispositions qui précèdent seront constatées, poursuivies et réprimées comme en matière de grande voirie. »

256. *Dépôts de matériaux appartenant à la Compagnie.* — Ces prescriptions ne concernent évidemment pas les matériaux déposés pour ses besoins par la Compagnie elle-même. Les seules précautions à prendre dans ce cas sont celles que comporte la sécurité de l'exploitation et qui sont exigées d'une manière rigoureuse des ouvriers sur toutes les lignes pour prévenir les avaries aux machines ou les accidents. Ainsi on devra s'abstenir, par exemple, de déposer dans l'entrevoie ou trop près des rails, les pierres ou autres matériaux nécessaires aux travaux.

Ces matériaux, d'après une instruction ministérielle spéciale, doivent toujours être déposés, bien rangés et limités à $1^m,50$ au moins en dehors des rails avec un talus d'au moins 2 mètres de base pour 1 mètre de hauteur du côté du rail. On ne fera d'exception que pour le ballast qui pourra être déposé dans l'entrevoie et sur les accotements à une plus faible distance, mais toujours de manière à ne jamais être atteint par les locomotives ou les wagons.

A plus forte raison faut-il éviter d'oublier sur la voie des outils ou pièces de rechange ou d'entretien comme coussinets, pièces de bois, trains de roues montées, etc.; outre les accidents directs qu'ils peuvent entraîner, la malveillance trouve là un élément tout prêt et certains malheurs ne seraient certainement pas arrivés si les coupables qui en étaient la première cause n'avaient pas eu sous la main, à leur disposition, des obstacles à poser sur les rails.

Une circulaire ministérielle du 17 octobre 1863 prescrit que tous les outils nécessaires, soit à la construction, soit à la réfection des voies, doivent être soigneusement enlevés lorsque les ouvriers quittent les chantiers.

Par dépêche spéciale du 30 mars 1864, le ministre des Travaux publics prescrit encore aux Compagnies :

1° De réunir les rails destinés à l'entretien dans un nombre déterminé de dépôts où ils seront placés entre des poteaux à coulisses et maintenus par des boulons cadenassés ;

2° D'enchaîner les traverses qui ne pourraient être enterrées.

Ces dépôts doivent être faits conformément aux règles citées plus haut. En outre une décision ministérielle du 29 mai 1869 envoyée à la Compagnie d'Orléans prescrit encore au chef d'équipe et aux poseurs (art. 5) de veiller à ce que les matériaux et les outils déposés sur les voies ne puissent être atteints ni par le cendrier des locomotives, ni par leurs bielles, ni par les marchepieds des voitures. Ces derniers dépassent le rail de $0^m,90$, et pour certaines machines les cendriers et les bielles descendent à peu près au niveau du rail.

257. *Obstacles fixes, ouvrages d'art, bâtiments, etc.* — Pour les obstacles fixes, culées d'ouvrages d'art, candélabres, disques, signaux, parapets, grues, etc., une décision ministérielle transmise le 10 juin 1868 au réseau de l'Est a prescrit de ne les placer qu'à $1^m,35$ du bord extérieur du rail des voies principales, à moins qu'ils n'atteignent pas la hauteur des marchepieds du matériel roulant. Cette mesure est surtout prise au point de vue de la sécurité du personnel de la Compagnie et particulièrement des agents des trains.

Des exceptions sont tolérées à cette règle sur la demande motivée de la Compagnie.

Quant aux constructions ou installations de bâtiments des Compagnies pouvant nuire aux voisins, il va de soi que celles-ci sont soumises au droit commun, indépendamment de l'approbation officielle des projets pour l'administration.

En principe la zone réservée de 2 mètres devrait être exigée aux abords des avenues ou chemin d'accès des gares, qui, à moins d'être *classés* comme chemins publics, font partie de l'assiette du chemin de fer.

En pratique, cette jurisprudence est assez compliquée et accompagnée de nombreuses tolérances et exceptions pour lesquelles on fera bien dans chaque cas particulier de faire une étude spéciale de la question.

Si l'avenue est classée, le service spécial des ponts et chaussées, ou des agents-voyers, est compétent pour tout ce qui concerne les questions d'alignement comme pour les autres voies de communication.

258. *Bâtiments en ruine.* — De même la Compagnie aura parfaitement le droit d'exproprier d'office un bâtiment menaçant ruine et qui peut constituer, dans la zone dangereuse, un péril permanent pour l'exploitation. Bien entendu, dans ce cas, il y a lieu d'indemniser le propriétaire.

Une construction en péril ou menaçant ruine se reconnait aux indices suivants édictés depuis fort longtemps dans le Code de la voirie:

1° Lorsque c'est pour vétusté, que l'une ou plusieurs jambes étrières, trumeaux ou pieds-droits sont en mauvais état ;

2° Lorsque le mur de face sur rue est en surplomb de la moitié de son épaisseur, dans quelque état que se trouvent les jambes étrières, les trumeaux et pieds-droits;

3° Si le mur sur rue est à fruit, et s'il a occasionné, sur sa face opposée, un surplomb égal au fruit de la face sur la rue ;

4° Chaque fois que les fondations sont mauvaises, quand il ne se serait manifesté dans la hauteur du bâtiment aucun point en surplomb ;

5° S'il y a bombement égal au surplomb dans les parties inférieures du mur de face.

L'administration (préfet ou maire) a tout pouvoir pour faire étayer ou même démolir d'office et d'urgence les édifices menaçant ruine aux abords des routes et, par extension, des voies ferrées (lois des 6, 7 et 11 septembre 1770 et 28 pluviôse an VIII).

259. Carrières, Mines, etc. — *Carrières traversées par le chemin de fer.* — Si le chemin de fer doit s'étendre sur des terrains renfermant des carrières ou les traverser souterrainement, il ne pourra être livré à la circulation avant que des excavations qui pourraient en compromettre la solidité aient été remblayées ou consolidées. L'administration déterminera la nature et l'étendue des travaux qu'il conviendra d'entreprendre à cet effet, et qui seront d'ailleurs exécutés par les soins et aux frais de la Compagnie (art. 25 du Cahier des charges).

Si la sûreté publique et la sécurité du chemin de fer l'exigent, l'administration pourra faire supprimer, moyennant une juste indemnité, réglée conformément à la loi du 25 septembre 1887, les excavations existant dans les zones prohibées par les règlements (loi du 15 juillet 1845, art. 10).

L'indemnité due pour la traversée du chemin de fer d'un terrain en nature de carrière, ne peut porter que sur la dépréciation résultant actuellement de l'établissement du chemin pour le terrain du propriétaire, et non sur le dommage éventuel que pourra encourir ce dernier si l'administration vient à user du droit d'empêcher, dans la distance légale, l'ouverture d'une carrière sur le terrain restant (Cour de cassation, 6 février 1854).

L'appréciation des indemnités dues à un exploitant, par suite de l'incorporation d'une partie du massif d'une carrière pour l'établissement du chemin de fer, comme pour la construction d'un tunnel, est du ressort de l'autorité judiciaire (Conseil d'État, 15 août 1857).

260. *Carrières creusées dans le voisinage de la ligne.* — D'après une vieille ordonnance du 5 avril 1772, non modifiée depuis, aucune carrière ne peut être ouverte qu'à 30 toises (58^m,47) de distance du pied des arbres plantés au long des grandes routes et l'on ne peut pousser aucune fouille ou galerie souterraine à moins de la même distance desdites plantations ou des bords extérieurs desdites routes.

Des arrêts plus récents, notamment dans le département du Doubs, ont réduit la distance précédente à 10 mètres, augmentée de 1 mètre par chaque mètre d'épaisseur des terres de recouvrement.

D'une manière générale aujourd'hui, la facilité de creuser des excavations dans le voisinage du chemin de fer est réglée par l'article 6 de la loi du 15 juillet 1845, ainsi conçu :

« Art. 6. — Dans les localités où le chemin de fer se trouve en remblai de plus de 3 mètres au-dessus du terrain naturel, il est interdit aux riverains de pratiquer, sans autorisation préalable, des excavations dans une zone de largeur égale à la hauteur verticale du remblai mesurée à partir du pied du talus. »

« Cette autorisation ne pourra être accordée sans que les concessionnaires ou fermiers de l'exploitation du chemin de fer aient été entendus ou dûment appelés.

On voit par suite que les moindres fossés creusés par les riverains aux abords des terrassements du chemin de fer tombent sous l'application de l'article précédent. En outre, ils peuvent être interdits dans la zone de protection de 2 mètres déjà vue plus haut (art. 5 de la loi du 15 juillet 1845 et 674 du Code civil, prescrivant d'observer les règlements d'usage pour éviter de nuire aux voisins).

Cependant, lorsque le chemin de fer est bordé d'un chemin latéral d'exploitation, un riverain, pour se clore, peut creuser un fossé en arrière de ce dernier, sans être considéré comme ayant commis un délit de grande voirie. Il n'y a là, en effet, ni empiètement sur le terrain acheté par l'Etat, ni trouble à l'économie des travaux du chemin de fer, le chemin latéral dont il s'agit ne pouvant être considéré comme dépendant de la voie ferrée. (Arrêt du Conseil d'État du 15 avril 1864.)

261. *Régions minières. Traversée des mines.* — D'après les lois fondamentales du 28 juillet 1791 et 21 avril 1810, le concessionnaire d'une mine n'est nullement propriétaire du sol qui se trouve au-dessus de lui. Il doit, au contraire, le plus souvent une indemnité à ce dernier, qui, de son côté, ne doit pas porter atteinte à l'exploitation de la mine, suivant les principes du droit commun (art. 544 du Code civil).

Le chemin de fer n'a donc pas à se préoccuper autrement de l'existence d'une mine souterraine ; il ne doit s'inquiéter que des accidents, éboulements, etc., pouvant en résulter au fond et amener une interruption dans son service, et des frais de réparations fort délicats à attribuer ; les propriétaires de la mine, en effet, prétendant toujours que les accidents sont la conséquence des éboulements produits par le passage des trains. En somme, on fera mieux, comme nous l'avons déjà dit à l'avant-projet, d'éviter si on le peut, de traverser ces régions.

Dans tous les cas, voici ce que dit à ce sujet le Cahier des charges type des voies ferrées :

« Art. 24. — Si la ligne du chemin de fer traverse un sol déjà concédé pour l'exploitation d'une mine, l'administration déterminera les mesures à prendre pour que l'établissement du chemin de fer ne nuise pas à l'exploitation de la mine et, réciproquement, pour que, dans le cas échéant, l'exploitation de la mine ne compromette pas l'existence du chemin de fer. »

Les travaux de consolidation à faire dans l'intérieur de la mine à raison de la traversée du chemin de fer et tous les dommages résultant de cette traversée pour les concessionnaires de la mine seront à la charge de la Compagnie.

D'un autre côté, les cahiers des charges des concessionnaires de mines comportent les obligations suivantes :

« Dans le cas où les travaux projetés par le concessionnaire devraient s'étendre sous un chemin de fer ou à une distance de ses bords de moins de *n* mètres, ces travaux ne pourront être exécutés qu'en vertu d'une autorisation du préfet, donnée sur le rapport des ingénieurs des mines après que les propriétaires et les ingénieurs du chemin de fer auront été entendus, et après que le concessionnaire aura donné caution de payer l'indemnité exigée par l'article 15 de la loi du 21 avril 1810. Les constatations relatives soit à la caution, soit à l'indemnité, seront portées devant les tribunaux et cours, conformément au dit article.

S'il est reconnu que l'autorisation peut être accordée, l'arrêté du préfet prescrira toutes les mesures de conservation et de sûreté qui seront jugées nécessaires.

En résumé, on voit que c'est l'administration qui a plein pouvoir pour ordonner et faire exécuter toutes les mesures indispensables pour empêcher les deux exploitations de se nuire réciproquement. Il en résulte évidemment que le chemin de fer sortira le plus souvent victorieux de la lutte, car il marche au nom de l'utilité publique et d'après les exigences de la grande voirie. L'exploitation de la mine peut même être interdite complètement ou jusqu'à une certaine distance, s'il est reconnu quelle présente le moindre danger pour le service de la voie ferrée.

Mais il est bien entendu que cela ne peut se faire que moyennant indemnité fixée alors par les *tribunaux civils* lorsqu'on n'a pu s'entendre à l'amiable. Et, dans ce cas, l'indemnité est due non seulement aux concessionnaires de la mine, mais aux propriétaires de la surface à raison de la redevance dont ils se trouvent ainsi subitement privés.

L'autorité *administrative* n'est compétente pour le réglement de l'indemnité que dans le cas d'interdiction provisoire de l'exploitation de la mine sous le chemin de fer, en attendant qu'on ait exécuté les travaux de consolidation nécessaires.

Déviations de routes et chemins.

262. On comprend qu'il serait trop coûteux de créer un ouvrage d'art, fût-ce un simple passage à niveau, à chaque voie de communication rencontrée; lorsque plusieurs de celles-ci sont peu éloignées l'une de l'autre, on installe un ouvrage à la plus importante et on y ramène les autres au moyen de déviations et de chemins latéraux à la voie. Ces chemins latéraux, d'ailleurs, devront de toute façon être réunis le long du chemin de fer toutes les fois qu'un certain nombre de parcelles seront coupées par leur milieu et se verront privées de leur desserte ordinaire. On consultera avec fruit à ce sujet les agents des expropriations qui ont généralement une très grande expérience de ces questions.

Les considérations qui doivent guider pour fixer l'ouvrage sont, d'abord, la circulation relative des différentes voies qui doivent y aboutir, et ensuite la difficulté plus ou moins grande que présentera la déviation à exécuter. On aura, d'ailleurs, en général, toutes facilités pour modifier les profils des chemins ordinaires que l'on pourra hausser ou baisser de manière à obtenir la distance réglementaire à la voie ($4^m,80$ pour les passages supérieurs et $4^m,30$ pour les passages inférieurs). Pour les routes ou voies un peu plus importantes, leurs profils permettant en général moins de remaniements, il sera bon de prévoir le tracé du chemin de fer en conséquence.

Les déclivités des déviations sont indiquées dans le Cahier des charges, savoir :

« Art. 14. — Lorsqu'il y aura lieu de modifier l'emplacement ou le profil des routes existantes, l'inclinaison des pentes et rampes sur les routes modifiées ne pourra excéder $0^m,03$ par mètre pour les routes nationales ou départementales, et $0^m,05$ pour les chemins vicinaux. L'administration restera libre toutefois d'apprécier les circonstances qui pourraient motiver une dérogation à cette clause, comme à celle relative à l'angle de croisement des passages à niveau. »

D'après les instructions données aux chemins de fer de l'État, les largeurs à donner aux routes et chemins sont les suivantes :

DÉNOMINATION	PLATE-FORME	FOSSÉS au niveau de la plate-forme	LARGEUR TOTALE	CHAUSSÉES	
				LARGEUR	ÉPAISSEUR
Routes nationales	10.00	1.50	13.00	6.00	0.20
Routes départementales	8.00	1.50	11.00	5.00	0.20
Chemin de grande communication	6.00	1.50	9.00	4.00	0.15
Chemin d'intérêt commun	5.00	1.50	8.00	2.50	0.15
Chemin vicinal ordinaire	4.00	1.00	6.00	2.00	0.15
Chemin rural ou d'exploitation	4.08	0.75	5.50	2.00	0.15

Les rayons des courbes de déviation doivent être autant que possible au minimum :

Pour les routes nationales de.	50 mètres.
— départementales	30 »
Pour les routes et chemins de grande communication et d'intérêt commun	20 »
Pour les routes et chemins vicinaux ordinaires de.	15 »
Pour les routes et chemins ruraux	10 »

On ne réduira ces rayons que dans les cas de difficultés exceptionnelles.

Dans certains départements cependant, les profils en travers types des routes et chemins diffèrent de ceux que renferme le tableau précédent ; on devra dans ce cas se conformer aux largeurs que l'on rencontrera sur les lieux.

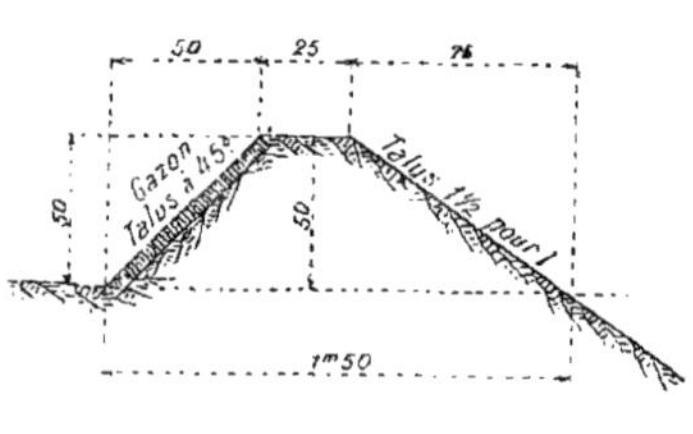

Fig. 195.

Enfin on ne devra mettre d'empierrement dans la déviation, sauf dans la zone réservée citée plus haut, que pour les chemins qui en comportaient déjà avant la construction de la ligne.

263. *Banquettes de sûreté.* — Partout où la route ou le chemin dévié sera en remblai de plus d'un mètre au-dessus du sol environnant, on devra disposer des banquettes de protection en élargissant la plate-forme de $1^m,50$ dans la partie correspondante. On pourra cependant réduire cette largeur à $0^m,90$ pour les remblais de grande hauteur en soutenant les banquettes au moyen de fossés maçonnés ou de gazons d'assises (*fig.* 195 et 196).

De toutes façons, la paroi intérieure de la banquette sera maintenue par du gazon à plat posé sur le talus à 45 degrés.

Dérivations des cours d'eau.

264. *Législations.* — D'après l'article 15 du Cahier des charges, la Compagnie sera tenue de rétablir et d'assurer à ses frais l'écoulement de tous les cours d'eau rencontrés. Voici, en effet, ce que dit cet article :

« Art. 15. — La Compagnie sera tenue de rétablir et d'assurer à ses frais l'écoulement de toutes les eaux dont le cours serait arrêté, suspendu ou modifié par ses travaux.

Les viaducs à construire à la rencontre des rivières, des canaux ou des cours d'eau quelconques auront au moins 8 mètres de largeur entre les parapets sur les chemins à deux voies et $4^m,50$ sur

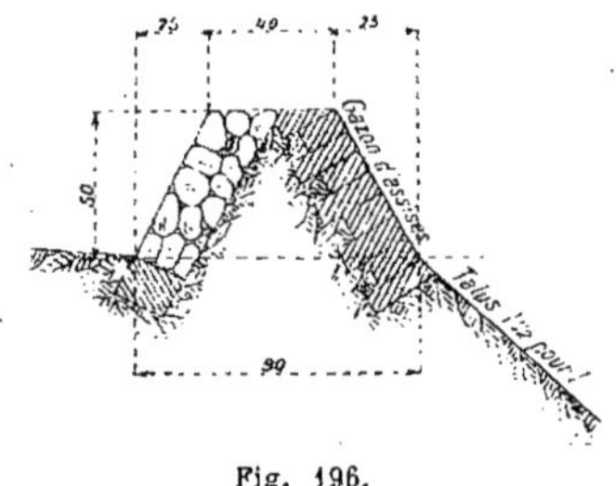

Fig. 196.

les chemins à une voie. La hauteur de ces parapets sera fixée par l'Administration et ne pourra être inférieure à $0^m,80$.

La hauteur et la déclivité du viaduc seront déterminées, dans chaque cas particulier, par l'Administration, suivant les circonstances locales. »

Notons que cette obligation est perpétuelle ou, du moins, s'étend à toute la durée de la concession. Par exemple, le débouché d'un pont établi depuis longtemps peut être reconnu insuffisant, et la Compagnie est obligée de le modifier suivant les indications des ingénieurs du contrôle.

Les principales règles que doivent observer les chemins de fer lorsqu'ils rencontrent les cours d'eau sont les suivantes :

Les cours d'eau non navigables ni flottables, sont considérés comme des choses communes appartenant à tous et n'étant la propriété de personne ; les droits des riverains sont fixés, dans ce cas, par l'article 644 du Code civil pour toutes les eaux courantes non considérées comme dépendances du domaine public. Il les autorise à s'en servir au passage pour l'irrigation de leurs propriétés. Le même article ajoute : « Celui dont cette eau traverse l'héritage peut même *en user* dans l'intervalle qu'elle y parcourt, *mais à la charge de la rendre*, à la sortie de ses fonds, *à son cours ordinaire*. »

La Cour de cassation en a conclu (10 juin 1846) que le droit de propriété d'un riverain sur un cours d'eau non flottable ni navigable était complètement nul. La confirmation en a été faite par un autre arrêt de la même Cour en date du 6 mai 1861 à propos de l'établissement du chemin de fer des Ardennes : les besoins du tracé exigèrent l'expropriation d'une prairie et le propriétaire fut débouté de toute demande d'indemnité pour la disparition du lit du cours d'eau contigu qui vint à être comblé. En un mot, un riverain n'a pas le droit de demander l'enlèvement des terres et des déblais qu'une Compagnie de chemins de fer a déposés dans le lit de la rivière, ni de dommages-intérêts à raison de ce dépôt.

Enfin, un arrêt de la Cour de cassation du 5 janvier 1864 a arrêté la jurisprudence dans le cas où une Compagnie de chemins de fer a établi ses travaux sur une parcelle dépendant du lit d'un fleuve. La Compagnie ne peut être condamnée à une indemnité d'expropriation envers l'État. « Les chemins de fer, est-il dit, font partie du domaine public ; la parcelle qu'un chemin de fer emprunte au domaine public fluvial change d'affectation sans qu'il y ait mutation de propriété et sans qu'il y ait lieu dès lors à aucune indemnité d'expropriation. »

265. *Étude technique.* — La question de l'écoulement des eaux est celle qui demande à être le mieux étudiée à l'époque des études où nous nous trouvons. Celle de la viabilité, qui, d'ailleurs, est beaucoup plus facile en elle-même, a déjà été fort avancée dans l'établissement de l'avant-projet présenté pour l'approbation du tracé ; tandis que celle des eaux a été examinée jusqu'à présent d'une manière beaucoup plus sommaire.

Une première étude générale devra être faite par le chef de section indiquant, pour toutes les tranchées et bas-fonds, comment il comprend l'écoulement des eaux ; comment l'on maintiendra l'alimentation des sources, abreuvoirs, lavoirs, irrigations ; en quels points il paraît utile de faire des perrés ou des drainages d'assainissement en terrain marécageux. Il ne doit rien négliger et, en dehors des eaux sauvages ou superficielles, il doit même prévoir les eaux de suintement, d'après l'examen des couches imperméables que lui indiquent les sondages.

C'est de cette étude envoyée à l'ingénieur, approfondie et approuvée par lui, après une tournée sur le terrain, que résultera l'adoption de tous les aqueducs, ponceaux, ponts, fossés, drains perrés, etc., qui devront être installés sur la ligne.

Les aqueducs seront disposés autant que possible perpendiculaires à l'axe du chemin de fer pour diminuer leur largeur et leur prix d'établissement. Comme il faut toujours qu'ils prolongent la direction du cours d'eau sans brusque inflexion, il y aura lieu de dériver celui-ci quand l'aqueduc ne sera pas placé dans son prolongement. Il faut, de toute façon, que ces aqueducs soient disposés et construits de manière à donner un actif écoulement aux eaux, surtout à leur entrée, à l'amont.

Dans les cas d'irrigation, il faut se préoccuper en outre de la manière dont les eaux sont rendues à l'aval. Pour cela, on placera l'aqueduc le plus haut possible, de manière que l'aval soit assuré d'une irrigation aussi générale et aussi permanente que possible.

Il est fort important de bien étudier ces dérivations, cela peut fournir bien des facilités dans la construction quand on sait les manier avec habileté. Dans la plupart des cas, en effet, la dérivation des cours d'eau ordinaires, et même des petites rivières, sera moins pénible et moins coûteuse que l'établissement de l'ouvrage biais qu'il faudrait établir sans cela, surtout lorsqu'on fait usage de la pierre. Avec les ponts métalliques, qui se généralisent de plus en plus de nos jours, l'inconvénient du biais est presque nul et l'avantage moins sensible. Il réside surtout en une diminution de longueur de l'ouvrage.

Il sera donc utile d'étudier les dérivations de ces cours d'eau en ramenant leur axe à être normal au chemin de fer.

Pour les grandes rivières, ou au moins celles qui sont navigables et flottables, cette facilité n'existera généralement pas; il sera impossible de dériver quoi que ce soit du cours d'eau, et c'est dans l'étude du projet qu'il faudra apporter tous ses soins à faire la traversée aussi perpendiculairement que possible à l'axe du chemin de fer. Car, même avec les ponts métalliques, qui simplifient la difficulté du biais, les traversées très obliques présentent l'inconvénient d'allonger, souvent d'une manière exagérée, les ouvrages toujours coûteux qu'il faut établir au point de rencontre de deux voies.

De toutes façons, pour ces derniers cours d'eau, il y aura lieu de réserver le passage du chemin de halage, les sentiers pour piétons, les conditions locales et toutes les exigences de la navigation. On apportera une attention toute spéciale aux rivières dont le régime peut devenir torrentiel, qui forment avec leur berge des remblais dans les plaines qu'elles traversent. L'exhaussement rapide de leur lit constitue une des grandes inquiétudes et des mille difficultés de la construction des chemins de fer, car elles encombrent rapidement les aqueducs et ouvrages ordinaires ménagés pour l'écoulement des eaux. Généralement, en France, ces rivières sont classées et connues ; on pourra donc avoir aisément tous les renseignements indispensables sur leur régime.

Il est très important dans ce cas de placer la plate-forme du chemin de fer à la plus grande hauteur possible au-dessus du cours d'eau de manière à ménager aux ouvrages le maximum de débouché. On ne devra pas augmenter leur ancienne déclivité aux abords de la voie, mais plutôt les adoucir si l'on peut. Bref il y a là une étude soignée et toute spéciale à faire, si l'on ne veut se réserver des surprises et des désagréments pour l'avenir.

Quant aux dérivations voisines des ouvrages, elles devront avoir une section égale à la moyenne des sections présentées par le cours d'eau à 1 kilomètre en amont et 1 kilomètre en aval. On indiquera sur les profils du projet les niveaux des plus grandes eaux. Les courbes de raccordement de l'axe de la dérivation n'auront jamais moins de 2m,50 de rayon pour les petits ruisseaux. Ce chiffre sera porté à 5 mètres quand la largeur au plafond sera de 1 à 3 mètres. Les simples fossés d'écoulement ordinaire pourront être déviés à angle droit et se passer de tout raccordement courbe ; ce dernier vaut cependant toujours mieux.

266. *Eaux pour la force motrice des usines.* — En pratique, les travaux exécutés sur les cours d'eau non navigables ni flottables ne donnent lieu, comme nous l'avons vu, à aucune indemnité pour les riverains. Tout au plus, certaines revendications peuvent-elles être admises à titre de dommages résultant de l'exécution des travaux ; le Conseil de préfecture est alors compétent d'après la loi de pluviôse an VIII.

Cependant une exception a été faite, qui paraît très rationnelle, en faveur des prises d'eau qui compromettent la force motrice des usines. La Cour de cassation, dans un arrêt du 10 août 1864, à propos du chemin de fer du Nord, a décidé ce qui suit :

« Lorsqu'une Compagnie de chemin de fer a, pour l'alimentation des trains, obtenu du préfet l'autorisation d'établir une prise d'eau sur une rivière non navigable ni flottable, la demande en indemnité formée par l'usinier inférieur, dont la prise d'eau diminue la force motrice, doit être portée devant l'autorité judiciaire et non devant les tribunaux administratifs. En pareil cas, le préfet a exercé le droit qui lui appartient de réglementer les entreprises sur les cours d'eau, réserve faite des droits des tiers, toujours admissibles à se faire valoir devant les tribunaux ordinaires. »

« Un autre arrêt du Conseil d'État du 19 mars 1858 disait déjà : « Quand des eaux courantes ou pluviales servant aux travaux d'une usine ont été interceptées par les travaux d'un chemin de fer et que la Compagnie conteste le droit que l'usinier prétend avoir à l'usage de ces eaux, il appartient à l'autorité judiciaire de statuer sur le droit d'usage dont il s'agit préalablement à la décision de l'autorité administrative sur la question d'indemnité. »

Il y a donc lieu d'apporter dans le projet une attention toute spéciale à ce cas.

267. *Eaux de source.* — Une source peut être tarie par les travaux du chemin de fer ; dans ce cas, le propriétaire peut être fondé à réclamer une indemnité lorsqu'il justifie de ses droits. Si cette justification ne peut se faire ni par titre ni par prescription, le dommage n'est plus direct ni matériel et ne donne lieu à aucune indemnité (Conseil d'État, 16 août 1860 et 16 mars 1870). En principe, en effet, les dommages indirectement causés par les travaux effectués pour un service public ne donnent lieu à aucune indemnité (Conseil d'État, 19 janvier et 10 août 1850). Tel est, par exemple encore, le cas où le remblai du chemin de fer vient masquer la vue d'une construction et en déprécier fortement la valeur (Conseil d'État, 12 décembre 1850).

Ouvrages d'art.

268. *Règlements.* — Aux points de rencontre des déviations ou des dérivations il y a nécessairement des ouvrages d'art permettant la traversée du chemin de fer. Voici ce que dit à ce sujet le Cahier des charges type :

« Art. 10. — A moins d'obstacles locaux, dont l'appréciation appartient à l'administration, le chemin de fer, à la rencontre des routes nationales ou départementales, devra passer soit au-dessus, soit au-dessous de ces routes.

Les croisements à niveau seront tolérés pour les chemins vicinaux, ruraux ou particuliers. »

Ainsi il est bien entendu que les grandes voies de communication doivent être traversées en dessus ou en dessous par des ouvrages spéciaux dont s'occupent les articles 11 et 12. L'article 11 concernant les passages au-dessus, et l'article 12 les passages au-dessous de celles-ci.

« Art. 11. — Lorsque le chemin de fer devra passer au-dessus d'une route nationale ou départementale, ou d'un chemin vicinal, l'ouverture du viaduc sera fixée par l'administration en tenant compte des circonstances locales ; mais cette ouverture ne pourra, dans aucun cas, être inférieure à 8 mètres ($8^m,00$) pour la route nationale, à 7 mètres ($7^m,00$) pour la route départementale, à 5 mètres ($5^m,00$) pour un chemin vicinal de grande communication et à 4 mètres ($4^m,00$) pour un simple chemin vicinal.

Pour les viaducs de forme cintrée, la hauteur sous clef à partir du sol de la route sera de 5 mètres ($5^m,00$) au moins. Pour ceux qui seront formés de poutres horizontales, en bois ou en fer, la hauteur des poutres sera de $4^m,30$ ($4^m,30$) au moins.

La longueur entre les parapets sera au moins de 8 mètres ($8^m,00$). La hauteur de ces parapets sera fixée par l'Administration, et ne pourra dans aucun cas être inférieure à 80 centimètres ($0^m,80$). »

Ces cotes sont, en effet, celles qu'ont adoptées toutes les Compagnies. Pour les parapets qu'on appelle plus communément garde-corps, la hauteur de $0^m,80$ a été maintenue pour les passages au-dessus des routes et chemins, qui ne sont naturellement parcourus que par les trains et le personnel peu nombreux de la Compagnie. Pour les passages en-dessous des voies de communication ordinaires et où peut circuler le public, la tradition est de donner à ces garde-corps une hauteur de 1 mètre. Une circulaire ministérielle exige même $1^m,50$ aux abords des stations.

L'article suivant vise particulièrement les passages en dessous des routes.

« Art. 12. — Lorsque le chemin de fer devra passer au-dessous d'une route nationale ou départementale, ou d'un chemin vicinal, la largeur entre les parapets du pont qui supportera la route ou le chemin, sera fixée par l'Administration, en tenant compte des circonstances locales; mais cette largeur ne pourra dans aucun cas être inférieure à 8 mètres pour la route nationale, à 7 mètres pour la route départementale, à 5 mètres pour un chemin vicinal de grande communication, et à 4 mètres pour un simple chemin vicinal. »

On remarquera que l'on trouve comme dimensions au-dessus de l'ouvrage, précisément celles que l'on avait à l'article précédent au-dessous; et c'est logique puisque la chemin, qui toujours fixe ces dimensions, a en même temps changé de place.

« L'ouverture du pont entre les culées sera au moins de 8 mètres, et la distance verticale ménagée au-dessus des rails extérieurs de chaque voie pour le passage des trains ne sera pas inférieure à 4m,80 au moins. »

Naturellement, pendant l'exécution de tous ces travaux, les communications terrestres ou fluviales ne doivent pas être interrompues, et la Compagnie doit prendre les mesures nécessaires pour cela comme l'indique l'article suivant :

« Art. 17. — A la rencontre des cours d'eau flottables ou navigables, la Compagnie sera tenue de prendre toutes les mesures et de payer tous les frais nécessaires pour que le service de la navigation ou le flottage n'éprouve ni interruption ni entrave pendant l'exécution des travaux.

A la rencontre des routes nationales ou départementales et des autres chemins publics, il sera construit des chemins et ponts provisoires, par les soins et aux frais de la Compagnie, partout où cela sera jugé nécessaire pour que la circulation n'éprouve ni interruption ni gêne.

Avant que les communications existantes puissent être interceptées, une reconnaissance sera faite par les ingénieurs de la localité à l'effet de constater si les ouvrages provisoires présentent une solidité suffisante et s'ils peuvent assurer le service de la circulation.

Un délai sera fixé par l'Administration pour l'exécution des travaux définitifs destinés à rétablir les communication interceptées ».

269. *Etude technique.* — Pour tous les ouvrages d'art courants on possède en général des types qu'on n'a qu'à appliquer suivant l'ouverture ; il ne reste plus alors qu'à faire le projet des abords et accès. Ces ouvrages sont le plus souvent en maçonnerie de briques ou de pierres selon les matériaux dont on dispose dans la région. Lorsqu'on est gêné par la hauteur, on emploie de préférence les tabliers métalliques qui permettent de supprimer les voûtes, excepté dans le remplissage de l'ossature en fer. Quelquefois même on est obligé de supprimer celles-ci et de les remplacer par un platelage en bois. Celui-ci a l'inconvénient de pourrir à la longue et on le remplace souvent par de la tôle striée rivée à la charpente métallique ; mais, malgré toutes les précautions possibles, cette tôle s'oxyde, et se perfore au bout de quelque temps, surtout sous l'influence des vapeurs sulfureuses produites par la combustion de la houille.

270. *Passage supérieur.* — D'après ce qui précède, la hauteur minimum réglementaire à conserver entre le rail extérieur et la saillie la plus basse du tablier ou de l'arc de la voûte, doit être de 4m,80. On aura soin en courbe de tenir compte du dévers de la voie et d'augmenter, comme dans un tunnel, l'ouverture de la voûte en conséquence.

L'ouverture entre les culées est de 8 mètres francs pour les passages à deux voies et 4m,50 pour ceux à une seule voie. Quand la ligne, posée d'abord à une seule voie, comporte une seconde voie éventuelle, il est évident que l'ouvrage doit être prévu, pour deux voies.

Quant à la largeur de la chaussée qui passe sur le pont, elle dépend de l'importance de celle-ci. Comme on l'a vu plus haut, elle est entre parapets de :

8 mètres pour une route nationale;

7 mètres pour les routes départementales;

5 mètres pour un chemin de grande communication;

4 mètres pour un chemin vicinal ordinaire.

La hauteur des garde-corps exigée par le Cahier des charges à 0m,80 est généralement portée à 1 mètre.

Notons que ces largeurs sont des maximums que les classements officiels des routes et chemins rencontrés permettent quelquefois de réduire.

271. *Passages inférieurs.* — La hauteur sous tablier métallique sera de 4m,30 et sous voûte de 5 mètres à la clef.

La largeur à réserver entre les culées dépend, comme précédemment, de l'importance de la voie de communication qui passe sous le chemin de fer. Par analogie avec ce qui précède, cette largeur sera toujours, entre saillies extérieures de la maçonnerie, de :

8 mètres pour les routes nationales ;

7 mètres pour les routes départementales ;

5 mètres pour les chemins de grande communication ;

4 mètres pour les chemins vicinaux ordinaires.

Bien entendu, au dessus où passe le chemin de fer, la largeur entre parapets sera, comme précédemment, de 8 mètres ou de 4m,50 selon que la ligne est à une ou deux voies. Ces largeurs seront augmentées de 5 à 20 millimètres dans les courbes de 300 à 700 mètres de rayon, de telle sorte qu'il reste toujours 1m,50 entre le bord extérieur du rail et toute saillie du parapet voisin.

La hauteur des parapets pourra être limitée à 0m,80, car sur ces ouvrages ne circule que le personnel de la Compagnie plus exercé et plus prudent que le public.

Dans les ouvrages un peu longs on pourra, en outre, établir des refuges en nombre suffisant et aux endroits nécessaires.

272. *Ponts, ponceaux, aqueducs.* — Quant aux ouvrages destinés à assurer l'écoulement des eaux, on en déterminera le débouché d'après les circonstances locales et suivant les principes déjà indiqués précédemment.

Il faut mettre aussi de nombreux aqueducs à tous les points bas du profil, car, s'il n'y a pas là de cours d'eau apparent, il se forme toujours un ruisseau plus ou moins important en cas de pluie et surtout d'orage. Le débouché de l'aqueduc dépend de l'importance de la vallée traversée. Il y en a souvent de très petits (buses et dallots de 0m,30) qui ont l'inconvénient d'être nettoyés et visités assez difficilement puisqu'on ne peut pas y pénétrer. Cela ne devrait pas être en principe; mais, comme ces ouvrages sont placés en des points où il s'écoule très peu d'eau, cet inconvénient est faible en pratique, car ces aqueducs sont rarement bouchés.

Les croquis qu'on a eu soin de relever pendant les études fourniront à ce sujet de précieux renseignements. On pourra d'ailleurs observer sur place, en temps de pluie ou de crue, et demander des renseignements, qui permettront de conclure si les débouchés ne devront pas être augmentés. Il est, dans tous les cas, prudent de ne jamais les réduire.

On fera cependant mieux d'augmenter un peu ces ouvertures, car une voie ferrée dont les déclivités sont faibles et dont la circulation doit toujours être assurée même en temps de crue, présente dans une vallée un obstacle plus important qu'en chemin ordinaire.

Quelquefois il faut totaliser les débouchés relevés pour les différentes branches d'un même cours d'eau divisé pour les besoins de l'industrie, par exemple, et qui vient franchir en un point unique l'axe du chemin de fer.

Si l'inverse a lieu, et que l'ouvrage se subdivise après la traversée de la ligne, il faut prendre la somme des sections des ouvrages d'aval.

Les petits caniveaux destinés à laisser passer les eaux d'irrigation, n'auront jamais moins de 0m,30 de largeur et seront circulaires (*buses*), ou prismatiques (*dallots*). Les plis de terrains assez faibles et comportant de légers remblais pourront être avantageusement munis de buses de 0m,30.

Mais, en général, les aqueducs les plus petits à établir sous les terrassements devront avoir 0m,60 entre pieds-droits et 0m,70 de hauteur sous clef ou sous poutres. On les fait presque toujours en maçonnerie voûtée, car la hauteur ne manque pas sous un remblai.

Les ponceaux et ponts dont les plinthes atteindront le niveau du rail devront naturellement présenter entre garde-corps la largeur réglementaire du chemin de fer, c'est-à-dire 8 mètres pour les lignes à deux voies et 4m,50 pour celles à voie unique; puis le supplément vu plus haut de 5 à 20 millimètres d'élargissement dans les courbes de 300 à 700 mètres de rayon.

La hauteur minimum des garde-corps sera de 0m,80 comme d'ordinaire.

On aura bien soin, en dressant les projets de ces ouvrages, de ne pas diminuer la pente du cours d'eau, car il en résulterait des dépôts d'alluvions, un embourbement rapide, tendant à réduire et même à supprimer le débouché.

Le plus souvent, les ouvrages sont disposés perpendiculairement à l'axe du chemin de fer et l'implantation en sera facile aussi bien en alignement droit qu'en courbe en arc de cercle.

Dans les raccordements paraboliques, on obtiendra aisément la normale à la courbe en remarquant que la sous-tangente BC est le tiers de l'abscisse OC (*fig.* 197). En joignant donc le point A, centre de

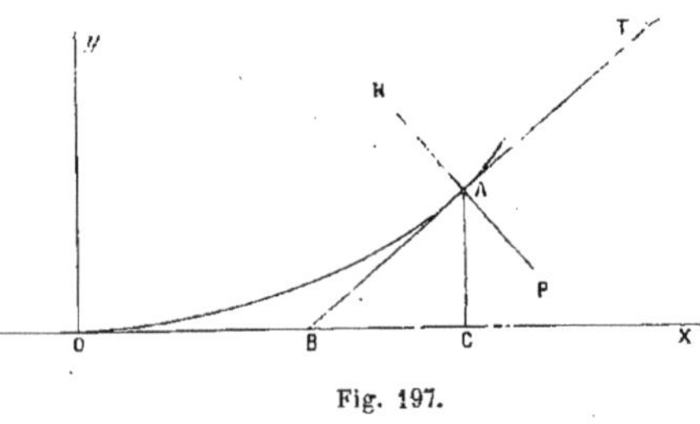

Fig. 197.

l'ouvrage, au point B, on obtiendra la tangente AB et par suite la normale NP, axe du pont à établir.

Pour les ponts métalliques, la hauteur des poutres est prise généralement au dixième de la portée. Toutes les pièces de ces ponts: poutres, poutrelles, pièces de pont, entretoises, etc., sont établies conformes aux types en usage dans la Compagnie. Mais leurs dimensions en sont rigoureusement et individuellement calculées d'après les règles de la résistance des matériaux et conformément à la circulaire ministérielle du 29 août 1891.

273. *Grands ponts sur rivières.* — Le passage des rivières est toujours un projet délicat et utile à étudier à fond. On se règle d'abord sur les ouvrages construits en amont ou en aval, dont on se procure les dessins, car on les rencontre rarement dans la zone relevée pour les études du chemin de fer.

Mais, pour un ouvrage important, une étude hydrographique du bassin correspondant sera indispensable à faire, au moins sommairement. La carte d'état-major fournit généralement, à échelle suffisante, tous les faîtes qui entourent le cours d'eau considéré, et dont les eaux vont s'écouler dans le thalweg.

On établit ainsi un polygone dont le cours d'eau occupe la partie centrale; on s'enquiert alors auprès des services compétents de la quantité d'eau qui tombe et de celle qui est absorbée par le sol, puis de la quantité supplémentaire apportée par les inondations, le renseignement le plus important étant celui du niveau atteint par les plus hautes eaux connues.

On déterminera la pente de la vallée, la pente de la rivière normale, la pente en temps de crue. On décrira la vitesse moyenne en comparant la pente de la vallée à la pente de la crue, et avec ces données, en s'appuyant sur les formules du débit de Prony, on établira la section à donner à l'ouvrage, de manière que le pont et le remblai formant barrage dans la vallée ne soient pas emportés par les eaux.

Dans les vallées larges et profondes, où les crues peuvent être très importantes et très dangereuses, on établit souvent des ponts supplémentaires destinés à livrer passage aux eaux de la crue et à décharger d'autant l'ouvrage principal.

274. *Ouvrage en dehors du chemin de fer.* — Les déviations, dérivations, etc., peuvent entraîner à établir un certain nombre d'ouvrages placés en dehors de la voie ferrée. Ceux-là, on le comprend, ne sont pas assujettis aux mêmes règles de largeur et de hauteur que les précédents, et l'on devra s'inspirer, pour les construire, surtout des traditions locales indiquées par les ouvrages voisins. Les aqueducs ne devront pas avoir moins de 0m,60, comme précédemment, d'ouverture, et 0m,70 à 0m,75 de hauteur.

275. *Travaux au compte des particuliers.* — Il arrive quelquefois que des propriétaires riverains ou des communes demandent à établir à leurs frais des passerelles ou des passages traversant la voie, pour satisfaire des besoins locaux ne présentant pas, comme les autres, le caractère indéniable de l'utilité publique.

La demande doit alors en être adressée au préfet, qui statue sur la question des abords et de raccordement avec la voie ferrée. Mais le projet définitif et complet de l'ouvrage doit être approuvé par le ministre avant l'exécution, aussi bien pour une ligne nouvelle que pour un chemin de fer déjà en exploitation. Le plus souvent, c'est le préfet lui-même qui transmet le projet pour approbation à l'Administration supérieure.

276. *Forme à donner aux projets des travaux d'art.* — Voici, d'après les traditions de l'administration, dans quelle forme doivent être présentés les projets de travaux d'art d'un chemin de fer :

1° Tous les dessins doivent être exactement cotés ;

2° Des lignes et des cotes bleues indiqueront le niveau des plus basses et des plus hautes eaux, ceux des hautes et basses mers, de morte eau, de vive eau ordinaire et de vive eau d'équinoxe : tout cela est exigible dès l'avant-projet.

La coupe des fondations fera, en outre, connaître pour les projets définitifs, la nature et l'épaisseur de chaque couche distincte des terrains dans lesquels les fondations seront engagées ; cette indication se fera au moyen de traits et de teintes conventionnelles, en même temps que par des légendes ou inscriptions directes.

Les plans, coupes et élévations seront munis d'autant de cotes qu'il sera nécessaire pour qu'on ne soit pas obligé de recourir au devis estimatif. On écrira en chiffres plus prononcés les dimensions principales, par exemple, pour les ponts et ponceaux, l'ouverture et la montée des voûtes, la hauteur des pieds-droits, l'épaisseur des piles et culées, l'épaisseur à la clef, la largeur entre les têtes, la hauteur et l'épaisseur des parapets, la largeur des trottoirs, la distance entre ces trottoirs, etc.

L'appareil de la voûte sera toujours figuré à part en élévation et en coupe.

Souterrains.

277. *Dimensions réglementaires.* — Les souterrains qui ne sont que des sortes de passages supérieurs continus doivent être naturellement établis d'après les règles de ces derniers, c'est-à-dire que leur largeur entre pieds-droits ne peut être inférieure à 8 mètres ou à 4^{m},50, selon que la ligne est à une ou deux voies ; la hauteur verticale entre l'intrados de la voûte et le dessus du rail extérieur doit être de 4^{m},80, en y ajoutant, comme précédemment, les suppléments nécessaires dans les parties en courbe. Quant à la hauteur totale sous clef, elle est un peu plus grande que dans

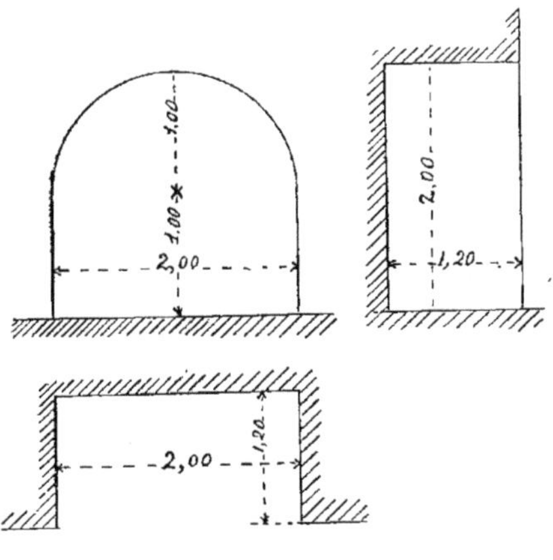

Fig. 198.

les ouvrages ordinaires à cause de la question de ventilation qui vient ici jouer un rôle d'autant plus important que le tunnel est plus long. Elle est fixée à 6 mètres au-dessus du rail (art. 16 du Cahier des charges).

Pour éviter les accidents lors du passage des trains, qu'on ne voit pas venir de loin comme en plein air, on dispose alternativement, de chaque côté de la voie, des niches de 2 mètres de large sur 2 mètres de hauteur et 1^{m},20 de profondeur où plusieurs hommes peuvent se loger aisément. Ces niches sont espacées de 25 mètres dans les chemins à une voie et de 50 mètres dans les lignes à deux voies (*fig.* 198).

De loin en loin, ces souterrains sont aérés par des puits verticaux rejoignant la surface et ne devant jamais déboucher sur une voie publique ; on évitera même de placer ces puits près de l'une d'elles. Si cela est impossible, on les revêtira d'une margelle de 4 mètres de hauteur ; dans le cas contraire 2 mètres suffiront. De toute façon la bouche du puits sera fermée au moyen d'une grille en fer dont les mailles n'auront pas plus de $0^m,15$ d'écartement.

C'est surtout dans ces souterrains qu'il faut tenir compte du supplément de hauteur sous la voûte à adopter en courbe. Avec des véhicules dont la toiture ou le chargement atteint le voisinage de 4 mètres au-dessus du rail, une courbe de faible rayon avec dévers exagéré, le passage en souterrain courbe se fera difficilement sans que la paroi soit atteinte ; le danger devient alors très grand pour les agents qui peuvent être pris dans l'intervalle.

278. *Ecoulement des eaux.* — L'écoulement des eaux est généralement obtenu au moyen d'un petit aqueduc ou dallot longitudinal ordinairement placé sous l'axe de la voie.

On n'établit en général aucun radier en maçonnerie, béton ou ciment sous le ballast ; on pose simplement celui-ci sur la plate-forme réglée comme à l'extérieur en voie courante, à moins que le sol ne soit pas suffisamment résistant ou que sa nature glaiseuse fasse redouter des boursoufflements sous l'effet de la pression des piédroits.

Au début des chemins de fer, la plupart des tunnels se faisaient en plein cintre. On a de plus en plus tendance aujourd'hui à leur donner la forme elliptique ; celle-ci se prête mieux aux deux dimensions obligatoires à partir de l'axe, savoir : 6 mètres sous clef et 4 mètres latéralement $\left(\frac{8^m,00}{2}\right)$.

Cette considération a encore plus de poids dans les tunnels à une seule voie, où la hauteur reste la même, tandis que la distance transversale des piédroits à l'axe du chemin de fer n'est que de $2^m,25$ $\left(\frac{4^m,50}{2}\right)$.

279. *Dommages aux propriétaires du sol.* — L'expropriation, ayant pour objet l'établissement d'un tunnel de chemin de fer, peut être restreinte par le jugement qui l'a prononcée au sous-sol seulement des propriétés que le tunnel doit traverser, sans que les propriétaires aient le droit de requérir l'acquisition des maisons situées à la surface.

Ces propriétaires sont d'ailleurs non recevables à réclamer pour la première fois devant le jury, l'expropriation de la surface, lorsque le jugement qui restreint l'expropriation au sous-sol, n'ayant pas été attaqué en temps utile, a acquis l'autorité de la chose jugée.

La demande d'expropriation totale de la surface ne peut pas non plus être reprise après l'expiration du délai de quinze jours fixé par l'article 50 de la loi du 3 mai 1841 (Cour de cassation du 1er août 1866).

Nous ne nous étendrons pas davantage sur les considérations techniques et de détails qui trouveront leurs développements beaucoup mieux à leur place au chapitre spécial des travaux.

Passages à niveau.

280. *Règles pour l'établissement des croisements à niveau.* — On sait que l'administration interdit presque toujours les passages à niveau sur les routes nationales. Les mêmes inconvénients et les mêmes dangers se présenteront le plus souvent pour les routes départementales, surtout lorsque, comme dans certaines régions industrielles, elles sont très fréquentées. On peut donc dire en principe que les passages à niveau doivent être réservés à la traversée des chemins vicinaux de toutes classes, depuis le chemin de grande communication jusqu'au chemin particulier de dernière catégorie.

Cela posé, les passages à niveau font l'objet de l'article 13 du Cahier des charges ainsi conçu :

« ART. 13. — Dans le cas où des routes nationales ou départementales, ou des chemins vicinaux, ruraux ou particuliers seraient traversés à leur niveau par le chemin de fer, les rails devront être posés sans aucune saillie ni dépression sur la surface de ces routes, et de telle sorte qu'il n'en résulte aucune gêne pour la circulation des voitures.

Le croisement à niveau du chemin de fer et des routes ne pourra s'effectuer sous un angle de moins de 45 degrés.

Chaque passage à niveau sera muni de barrières; il y sera en outre établi une maison de garde toutes les fois que l'utilité en sera reconnue par l'administration.

La Compagnie devra soumettre à l'approbation de l'administration les projets-types de ces barrières. »

Voici comment l'on satisfait d'ordinaire à ces exigences (*fig.* 199).

Le passage à niveau, dans son ensemble, comprend le pavage de la voie sur toute la largeur du chemin traversé et la pose d'un second rail ou *contre-rail* à l'intérieur du premier. On ménage simplement entre les deux une ornière suffisante pour permettre le passage des boudins des roues, soit généralement $0^m,08$ de largeur pour $0^m,05$ de profondeur. On ne gêne ainsi en rien le service du chemin de fer, tout en obtenant des rails sans saillie donnant une surface de roulement bien unie pour les véhicules ordinaires circulant sur le chemin traversé.

Le tout est complété par la construction d'une maison destinée à servir d'habitation à un gardien, et par une barrière mobile que celui-ci ferme au passage des trains. La barrière est généralement accompagnée d'un portillon permettant le passage des piétons alors que les barrières sont fermées et que le train est encore assez éloigné pour qu'on puisse traverser la voie sans danger.

Enfin, la maison de garde est forcément accompagnée d'un puits et d'un petit jardin potager.

Dans quelques cas, le gardiennage peut être supprimé et les intéressés ouvrent eux-mêmes la barrière maintenue toujours fermée. Cela ne peut avoir lieu évidemment que quand la circulation est faible à la fois sur le chemin de fer et sur la voie de terre.

Mais les barrières sont toujours obligatoires sur les lignes d'intérêt général. Cela résulte non seulement du Cahier des charges, mais de l'article 4 de la loi du 15 juillet 1845 (§ 3) et de l'article 4 de l'Ordonnance du 15 novembre 1846 ainsi conçu :

« Art. 4. — Partout où un chemin sera

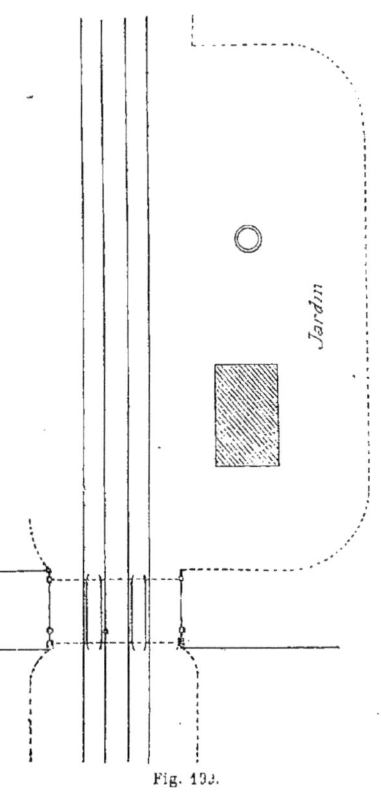

Fig. 199.

traversé à niveau soit par une route à voiture, soit par un chemin destiné au passage des piétons, il sera établi des barrières.

Le mode, la garde et les conditions de service des barrières seront réglés par le ministre des Travaux publics, sur la proposition de la Compagnie. »

Sur les chemins de fer d'intérêt local

on en est le plus souvent dispensé ainsi que des clôtures.

On comprend que, lorsqu'une route ou un chemin sera traversé à niveau, l'angle de cette voie avec le chemin de fer ne devra pas être inférieur à 45 degrés. Au-delà de cette inclinaison en effet, les roues des véhicules ordinaires peuvent être prises dans les ornières formées par les contre-rails, et il en résulte souvent des accidents.

On conservera pour le même motif, le chemin en palier ou en pente maximum de $0^m,02$ sur 10 mètres au moins avant et après les barrières du passage à niveau; sans cela, une voiture arrivant avec une certaine vitesse pourrait éprouver de la difficulté à s'arrêter devant une barrière fermée. Dans de rares exceptions, cette obligation est supprimée mais seulement du côté où le chemin descend à partir du passage à niveau. Enfin les chemins devront être empierrés ou pavés sur 15 mètres de chaque côté des barrières.

Les chemins de moins de 6 mètres de largeur seront utilement portés à cette dimension sur les 15 mètres précédents, afin de permettre le stationnement des voitures en attendant le passage des trains.

281. *Distance des barrières au rail voisin. Position des maisons de garde.* — La distance des barrières au rail le plus voisin n'étant fixée par aucun règlement est très variable, suivant les Compagnies; elle dépend même souvent de l'angle plus ou moins aigu du croisement.

Néanmoins, il y a lieu d'observer la distance minimum prévue par l'article 7 de la loi du 15 juillet 1845 pour les alignements. La distance de la barrière au rail extérieur ne saurait donc être inférieure à $1^m,50$, de manière à conserver la zone libre prévue par l'article en question. On laisse généralement beaucoup plus; souvent on place ces barrières à $3^m,50$ du rail extérieur pour les passages de 4 mètres et à $4^m,50$ pour les passages de 6 mètres. D'autres fois, on les aligne purement et simplement sur l'arête de la plate-forme franche, non compris les fossés.

Aux chemins de fer de l'Etat, les barrières sont placées en général à $3^m,76$ de l'axe de la voie unique et à $7^m,37$ du côté de la double voie, quand celle-ci ne se pose pas immédiatement. Lorsque le passage à niveau est voisin d'une gare, il y a lieu d'examiner si ces distances ne doivent pas être augmentées d'une voie, plus une entre-voie de $3^m,61$, afin qu'on puisse au besoin poser une voie supplémentaire traversant le passage à niveau.

Les maisons de garde sont généralement comprises dans l'enceinte du chemin de fer en ayant soin de placer une barrière entre les rails et la porte de sortie afin d'empêcher les enfants de se jeter sous les trains.

Un autre système recommandé à l'Etat consiste à mettre la maison tout à fait en dehors des barrières de la ligne et à faire ouvrir la porte d'entrée sur le chemin pour lequel est établi le passage à niveau.

Quant à l'emplacement de ces maisons il faut rechercher celui d'où le garde pourra voir se dérouler la plus grande longueur possible de voie ferrée: ainsi dans les courbes, on choisit le côté du plus grand rayon. Dans les tranchées, on fera bien, s'il n'en résulte pas de frais trop importants, de dégager la vue au moyen de quelques déblais.

Lorsque, comme à l'Etat, les maisons sont en dehors des clôtures, il est bon de laisser une certaine largeur de passage entre celles-ci et la maison. Pour les lignes à une voie, la distance de la maison à l'axe du chemin de fer est de $7^m,20$ au moins. Si les terrains sont achetés pour deux voies, cette largeur devra être portée du côté de la seconde voie, au moins à $10^m,81$ de l'axe de la voie unique. Dans les passages à niveau voisins des stations et qui peuvent être traversés par une voie de garage, cette distance devra être de $14^m,42$. Ces différents chiffres résultent des totalisations suivantes (Partiot):

1° Pour la voie unique:	
Haies	1,00
Talus du niveau de la plate-forme au sol de la maison	0,50
Fossé en contre-bas de la plate-forme	1,00
Banquette	0,50
Report	3,00

A reporter.	3.00	
Talus du ballast.	0,735	
Accotement depuis l'axe des rails	1,01	
Demie-voie.	0,735	
Ensemble. . . .	5,500	7,20
Passage devant la maison	1,700	
Total	7,20	

2° Du côté de la double voie à ajouter :

Demi-voie	0,735	3,61
Entre-voie d'axe en axe des rails	2,10	
Demie-voie.	0,735	
Total.		10,81

3° Près des stations pour une voie de plus à ajouter :

Une voie.	1,51	3,61
Une entre-voie.	2,10	
Total.		14,42

Les fossés en contre-bas de la plate-forme pourront varier et faire varier d'autant la distance totale.

La largeur de passage laissé devant la maison et estimée à 1m,70 pourra également varier, mais ne jamais être inférieure à 1m,50.

D'après la Circulaire ministérielle du 15 janvier 1881, la largeur entre les poteaux des barrières de la voie traversée par le chemin de fer sera, sauf des cas exceptionnels, de 6 mètres pour les routes quelles qu'elles soient et les chemins de grande communication ; de 4 mètres, pour tous les autres chemins.

Le pavage ou l'empierrement, selon les cas, adopté pour la chaussée du passage à niveau, devra être posé sur toute l'étendue de ce passage, y compris les portillons latéraux. Dans l'enceinte du chemin de fer, on met presque toujours du pavage avec contre-rails, comme nous le verrons plus loin.

Les portillons destinés au passage des piétons jusqu'à la dernière minute, alors que les barrières sont déjà fermées, doivent être placés du côté des barrières le plus voisin de la maison de garde.

En résumé les barrières doivent être placées de telle sorte, qu'au point le plus rapproché du rail le plus voisin, la distance soit au minimum de 1m,50 ; en général, la distance des barrières à l'axe de la voie la plus voisine ne doit pas être inférieure à 3m,76 au point du portillon le plus rapproché des rails.

Dans le cas où les terrains sont achetés pour deux voies, on met les barrières du passage à niveau comme pour une ligne à voie unique pour la facilité et la sécurité du service ; seulement, on dispose les fossés, terrassements, empierrements et dallots comme pour une ligne à deux voies, de manière à éviter des frais de déplacement et réfection dans l'avenir.

Au chemin de fer de Lyon, les conditions sont les suivantes :

Aucune maison de garde n'est établie à moins de 8 mètres de l'axe du tracé dans le cas d'une ligne à double voie.

Dans le cas d'un chemin de fer à une voie, mais avec seconde voie éventuelle la maison peut être placée du côté de la voie actuelle et la distance précédente est diminuée de 1m,785 représentant les éléments supprimés, savoir :

Une demi-entre-voie. . . .	1,000
Un rail	0,060
Une demi-voie.	0,725
Total. . . .	1,785

La distance réglementaire n'est donc plus que de 6m,215. Si la maison est placée du côté de la voie, non immédiatement posée, les 1m,785 précédents sont, au contraire, à ajouter, et la distance devient 9m,785, de manière que, si on vient à poser plus tard la deuxième voie, il reste toujours les 8 mètres obligatoires entre l'axe du chemin de fer et la maison de garde. Cette cote un peu large a été reconnue utile sur ce réseau pour permettre une vue plus dégagée.

Dans les chemins à voie unique, on se place à 3m,50 du bord du rail ou à 4m,285 de l'axe de la voie. Cette cote provient de 2 mètres, minimum de plate-forme autour des maisons de garde et de 1m,35 au moins à 1m,50 de distance réglementaire minimum d'un rail à l'objet le plus voisin.

Afin de mieux dégager la vue, on a encore porté la cote de 4m,285 à 6m,215, chiffre vu plus haut.

Lorsqu'une seconde voie doit être posée

plus tard, on doit placer de préférence la maison du côté de celle-ci ; de cette façon, elle masque moins la voie et le garde-barrière a plus de terrain à la sortie de sa maison, ce qui lui permet mieux d'éviter les accidents.

En courbe, il peut être utile de mettre la maison du côté de la convexité.

Comparaisons entre les passages par ouvrages d'art et les passages à niveau.

282. C'est au moment surtout où se dressent les projets définitifs, qu'il est important d'être fixé sur cette importante question, souvent embarrassante, de savoir si une traversée doit se faire à niveau ou au moyen d'un pont.

Au premier abord le passage à niveau paraît préférable, sa dépense de premier établissement étant manifestement inférieure à celle d'un ouvrage d'art conforme aux exigences du Cahier des charges. Mais le passage à niveau se complique toujours de la question de gardiennage, et, pour que la comparaison soit entière, il faut tenir compte du capital dont l'intérêt représente les appointements du gardien, quoique ceux-ci ne soient jamais démesurément élevés. On comprend alors qu'il peut y avoir doute sur la solution à adopter, et c'est ce doute que nous allons essayer de lever.

Il est bien clair qu'il n'y aura jamais hésitation entre un passage supérieur et un passage inférieur au même point de croisement d'une voie de communication rencontrée. Mais entre un de ceux-là et un passage à niveau, cette hésitation peut parfaitement être permise, si serrée que soit l'étude du profil en long.

Supposons, par exemple, qu'une route vienne à rencontrer la ligne à 3 mètres au-dessus de la plate-forme ; d'après la hauteur obligatoire au-dessus du rail ($4^m,80$) augmentée de l'épaisseur de la voûte ou du tablier métallique, du remplissage, etc., on peut compter approximativement sur 6 mètres de nivellation pour le passage supérieur correspondant, c'est-à-dire que la route considérée tombe juste à moitié de cette distance ; on peut donc se demander s'il faut abaisser cette route de 3 mètres pour avoir la hauteur réglementaire, et un passage supérieur, ou bien au contraire, l'exhausser d'autant pour l'amener à hauteur du rail et avoir un passage à niveau.

On sera le plus souvent influencé en pratique par des considérations secondaires comme celles des déclivités de la route ou de l'excès évident de dépenses d'une solution sur l'autre.

Admettons donc que ces éléments soient tels, que les dépenses correspondantes soient identiques dans les deux cas et revenons à la comparaison entre les deux passages.

Pour cela, donnons d'abord les prix d'installation d'un passage à niveau dans les deux cas extrêmes d'une route nationale, par exemple, exigeant un passage de 8 mètres et d'un chemin vicinal ordinaire, où il est réduit à 4 mètres.

Dans les deux cas il y a dans la dépense, une partie constante et généralement indépendante de l'importance du passage. Certaines Compagnies cependant ont deux types de maisons de garde. Mais, pour plus de simplicité, supposons qu'il n'y en ait qu'un ; la dépense sera la même dans les deux cas pour les maisons et leurs dépendances, savoir :

Maison 40^{m2} à 100 fr. . .	4 000 fr.
Puits en moyenne.	500
Jardins et aménagements.	500
Total. . . .	5 000 fr.

Au contraire, les contre-rails, le pavage, les barrières, les traverses et accessoires de la voie, varieront avec l'ouverture du passage.

On aura ainsi :

	Passage de 4 m.	Passage de 8 m.
Contre-rails pour une voie avec traverses et pose	300 fr.	500 fr.
Pavage	350	600
Barrières	600	1 200
Totaux. .	1 250	2 300
Maison et accessoires..	5 000	5 000
Ensemble . .	6 250	7 300
Imprévu	250	300
Total définitif..	6 500	7 600
Moyenne approchée .	7 000	

A cela il faut ajouter les prix de gardiennage et d'entretien du pavage.

Supposons d'abord le premier cas d'un passage de 4 mètres sur un chemin vicinal ou rural de peu d'importance.

Le plus souvent, dans ce cas, il n'y a pas de gardien ; la manœuvre des barrières est faite par la femme d'un homme d'équipe ou d'un cantonnier de la voie. Le service de jour est en effet peu chargé sur ces chemins et le service de nuit est à peu près nul. Lorsqu'une voiture se présente la nuit, elle agite une sonnette qui réveille la garde-barrière, et celle-ci se lève pour ouvrir.

Le salaire de cette femme, dont le mari est déjà appointé par la Compagnie, varie de 100 à 150 francs par an, représentant un capital de 2 500 francs.

L'entretien du pavage, des barrières et l'éclairage pendant la nuit représentent 50 francs par an, intérêt d'un capital de 1 000 francs.

Par conséquent, le prix de revient total du passage à niveau sera de :

Etablissement du passage. .	6 500
Entretien	1 000
Gardiennage.	2 500
Total. . . .	10 000

Dépense à très peu de chose près équivalente à celle d'un pont qui est, pour un chemin de 4 mètres :

Passage supérieur.	10 000
Passage inférieur	12 000

Seulement le pont, quel qu'il soit, est toujours de beaucoup préférable au point de vue de l'exploitation. Car, une fois construit et bien entretenu, il ne donne lieu à aucune sujétion particulière, tandis que le passage à niveau présente de nombreux inconvénients et quelques dangers. C'est toujours un point délicat de la ligne ; les voitures pourront être exposées à attendre quelquefois longtemps pour passer et les trains spéciaux qui ne circulent pas aux heures réglementaires peuvent être la cause de bien des accidents. Un faux mouvement du cheval peut faire prendre les roues des voitures dans les ornières des contre-rails et il peut arriver un train à grande vitesse avant qu'elles n'aient eu le temps de se dégager. En somme, dans le cas d'un petit chemin à faible circulation, il n'y a pas à hésiter à donner la préférence au pont sur le passage à niveau.

Prenons maintenant le cas extrême où le passage est installé sur une route de premier ordre à grande circulation. Le prix de premier établissement n'est guère plus élevé, 7 600 au lieu de 6 500 ; mais les prix de gardiennage deviennent alors beaucoup plus importants ; ils se compliquent, en outre, d'un service de nuit suffisant pour exiger un agent spécial, car il deviendrait impossible de l'imposer à celui qui a déjà peiné tout le jour.

Pendant le jour même, la femme ne peut plus suffire seule et son mari passe bien la moitié de son temps à l'aider ou à la remplacer pendant qu'elle vaque aux soins indispensables de son ménage. Il ne peut donc guère employer que l'autre moitié à son service de pose ou d'entretien.

En résumé, les frais deviennent :

Un veilleur de nuit	900
La moitié du garde de jour .	500
Salaire de la femme	150
Eclairage et entretien	100
Total.	1 750
Le capital correspondant sera donc de	35 000
Plus les frais d'établissement .	7 500
Capital total. . .	42 000

On arrive donc ainsi à un chiffre notablement supérieur à celui d'un ouvrage d'art de 8 mètres entre garde-corps répondant aux mêmes besoins. Ces prix sont en effet les suivants :

Passage supérieur	18 000 fr.
Passage inferieur	25 000

L'infériorité de la traversée à niveau est donc encore ici plus accentuée.

Si l'on ajoute à ce premier chef les nombreux inconvénients de toute traversée à niveau, chances d'accidents, d'indemnités à payer, toutes choses qui croissent en proportion beaucoup plus rapide que la circulation sur la route, on en conclut que, dans tous les cas, *le passage supérieur ou inférieur est préférable au passage à niveau.*

Et c'est, en effet, ce qu'ont bien compris

les Compagnies dans ces dernières années; il y en a même dont toutes les routes traversées sont très fréquentées et qui ont remplacé les passages à niveau primitivement construits, par des ponts. Nous citerons, entre autres, l'exemple récent du chemin de fer de ceinture de Paris.

On ne doit donc, en résumé, employer la traversée à niveau que si l'on ne peut pas faire autrement et si le terrain ou les circonstances locales mettent dans l'impossibilité d'obtenir la dénivellation voulue pour avoir des passages par dessus ou par dessous. Tel serait le cas, par exemple, d'un terrain uniformément plat sur de nombreux kilomètres, qui oblige à tenir le chemin de fer constamment au niveau du sol. Les passages inférieurs exigeraient l'encaissement des routes dans des creux d'où l'on ne pourrait d'aucun côté faire écouler les eaux, et les passages supérieurs entraineraient à donner aux voies de communication des pentes et rampes assez fortes et des remblais inutilement exagérés dont les terres devraient provenir d'emprunts.

Le seul avantage que présente l'installation d'un certain nombre de passages à niveau, c'est de permettre de loger et d'espacer tout le long de la ligne un certain nombre d'agents, ce qui est une bonne condition pour la surveillance et l'entretien de la voie. Au point de vue de l'exploitation pure, c'est toujours un inconvénient.

Aux abords des villes, et cela paraît surprenant d'après ce que nous venons de dire, la traversée de grandes routes auprès desquelles se trouve placée la gare se fait souvent à niveau. C'est que la gare elle-même ne peut être ni en remblai ni en déblai à cause des terrassements très importants qui en résulteraient. Quant à la chaussée traversée, on ne peut en modifier le profil à cause des seuils des maisons qui la bordent et qu'il faut absolument respecter.

Traversées des chemins de fer entre eux.

283. En dehors des traversées de chemins de fer et de routes ou chemins ordinaires, on peut avoir le cas d'une traversée de deux voies ferrées.

Les lois et règlements, le Cahier des charges en particulier, n'ont rien prévu pour ce cas. Mais on le traite dans la pratique par analogie. Un ouvrage d'art établi à la rencontre de deux lignes participe en effet du passage supérieur et du passage inférieur. Il devra donc présenter une hauteur de $4^m,80$ au-dessus du rail avec une largeur entre culées de 8 mètres pour les lignes à deux voies et de $4^m,50$ pour celles à une voie. Quant à la partie inférieure de cet ouvrage, qui doit recevoir elle-même une voie ferrée, elle devra présenter de même une largeur de 8 mètres ou de $4^m,50$ entre saillies intérieures des garde-corps. Le tout conformément aux articles 11 et 12 du Cahier des charges pour les traversées de routes et chemins.

Pour les traversées à niveau, on ne peut même pas procéder par analogie, car on ne voit nulle part dans les règlements quoi que ce soit qui indique une solution même éloignée. Nous verrons la manière dont les Compagnies ont résolu ce problème au chapitre spécial de la voie.

Conférences avec les services intéressés.

284. Nous avons vu que dès l'avant-projet la Compagnie doit s'entendre avec les différents services civils et militaires sans en excepter le service vicinal. C'est surtout dans la rédaction des projets définitifs qu'il y a lieu de se conformer à cette règle édictée d'ailleurs par la Circulaire ministérielle du 12 janvier 1850, dont nous extrayons le passage suivant :

« Tout projet intéressant plusieurs services doit faire l'objet d'une conférence préalable entre les ingénieurs ordinaires des services intéressés ; l'administration supérieure statuera sur le vu du procès-verbal de cette conférence, lequel doit lui parvenir visé par les ingénieurs en chef et revêtu de leurs avis respectifs. La stricte exécution de cette disposition satisfait à ce qu'exige l'intérêt public, quant aux points de contact existant entre des services dépendant du ministère des Travaux publics. Ce sera donner à la mesure un utile complément que d'appeler un service étranger à ce département, celui des chemins vicinaux, à fournir, dans ses rapports avec les travaux publics, des garanties tendant au même but. Sans doute, ce service trouve dès aujourd'hui dans les enquêtes qui précèdent l'adoption des projets, comme dans le contrôle des préfets, une sauvegarde habituellement suffisante; dans quelques circonstances, néanmoins, on a pu regretter que des prescriptions spéciales n'eussent pas assuré l'examen préalable et contradictoire de dispositions projetées, dont l'exécution devait entraîner, pour des chemins vicinaux, des modifications d'une certaine importance. Afin qu'il n'en soit plus ainsi, le ministre a décidé, sur l'avis du conseil général des ponts et chaussées, que, lorsque l'exécution d'un travail dépendant de l'administration des Travaux publics exigera qu'un chemin vicinal soit déplacé ou subisse une modification quelconque, le préfet consultera l'agent-voyer dont il transmettra l'avis à l'administration supérieure avec ses propres observations. Telles sont les dispositions, qui semblent de nature à prévenir le retour d'inconvénients dus à l'action isolée d'une branche du service public dans des travaux pouvant intéresser plusieurs branches de ce service. Il convient d'ailleurs que ce service chargé de l'exécution soit à même de dégager sa responsabilité en temps utile, et le ministre a décidé, à cet effet, que dans tous les cas où se rapporte la présente circulaire, il sera dressé, avant l'achèvement des travaux, un procès-verbal de remise entre les services intéressés. »

Il est clair que l'ensemble de ces formalités ainsi que celles qui vont suivre feraient perdre beaucoup de temps pendant la période des études préparatoires; aussi les conférences précitées ne sont-elles obligatoires que pour les projets d'ensemble des lignes et les travaux spéciaux d'ouvrages d'art, de gares, etc. Mais elles ne le sont nullement pour les avant-projets soumis aux enquêtes d'utilité publique; on fera bien cependant de s'entourer, dès cette époque, des principaux renseignements qui éviteront dans la suite des bouleversements trop profonds ; d'ailleurs, les commissions d'enquête sont toujours tenues d'entendre les ingénieurs des ponts et chaussées et des mines attachés au département, d'après l'article 6 de l'Ordonnance du 18 février 1834.

Pour les ponts à établir sur les cours d'eau qui ne sont ni navigables ni flottables, les auteurs du projet ou, à défaut, les ingénieurs du contrôle, feront bien de consulter les ingénieurs du service hydraulique.

Notons d'ailleurs que, pour tous les travaux des chemins de fer, les ingénieurs des Compagnies sont toujours entendus lorsqu'il y a lieu.

En ce qui concerne ces travaux, ce sont les ingénieurs de la ligne qui doivent provoquer les conférences, et la préparation des dossiers correspondants leur incombe en entier.

Le procès-verbal de chaque conférence débute par l'exposé de la question proposée par l'ingénieur de la Compagnie et sur lequel on doit délibérer. On joindra au dossier tous les dessins et projets nécessaires à la discussion, avant de communiquer ce dossier aux fonctionnaires des services intéressés.

Conférences mixtes.

285. Parmi ces conférences, les plus importantes sont, en général, celles que l'on doit avoir avec les services de l'armée.

D'après l'article 23 du Cahier des charges, dans les limites de la zone frontière ou dans le rayon des servitudes des enceintes fortifiées, la Compagnie sera tenue, pour l'étude et l'exécution de ses projets, de se soumettre à l'accomplissement de toutes les formalités et de toutes les conditions exigées par les lois, décrets et règlements concernant les travaux mixtes.

Les formalités concernant les délimitations de la zone frontière, ainsi que l'organisation et les attributions de la Commission mixte des travaux publics, etc., sont réglées par les décrets des 10 et 16 août 1853.

Ces affaires font généralement l'objet d'une instruction à deux degrés.

Les chefs des divers services publics

chargés exclusivement de l'instruction au premier degré sont, dans leurs arrondissements respectifs :

Pour le ministère de la Guerre : le chef du génie, les commandants et les sous-directeurs de l'artillerie de terre, suivant les cas ;

Pour le ministère des Travaux publics : les ingénieurs ordinaires des ponts et chaussées, chacun dans les limites du service dont il est chargé en ce qui concerne les voies de communication par terre et par eau.

Sont entendus dans les conférences sur les travaux mixtes, tant pour fournir les explications nécessaires que pour présenter et formuler les observations ou les adhésions qu'ils jugent convenables, les ingénieurs ou les représentants des Compagnies.

L'instruction au premier degré d'une affaire mixte a lieu dès l'époque de la rédaction primitive des projets. Toutefois, l'officier ou l'ingénieur que l'affaire concerne spécialement ne peut provoquer de conférences qu'autant qu'il en aura reçu l'ordre ou obtenu l'autorisation de son chef.

Les chefs de services chargés d'instruire une affaire au premier degré dressent de concert un procès-verbal destiné à constater les résultats de leurs conférences.

Le chef de service, qui a pris l'initiative de la conférence, fait l'exposé de l'affaire et la description des ouvrages proposés. Chacun des chefs des autres services intervenants donne, en ce qui le concerne, son avis sur les diverses dispositions projetées, et stipule les conditions, les obligations ou les réserves à réclamer dans l'intérêt de son service. Les délégués et les autres agents qui ont le droit d'être entendus dans les conférences, font consigner au procès-verbal les explications et les observations qui leur paraissent utiles.

Le procès-verbal est divisé, s'il y a lieu, en paragraphes concernant :

1° Les dispositions d'ensemble ;

2° Les dispositions de détail, lesquelles peuvent donner lieu à autant d'articles distincts qu'il y a d'ouvrages proposés, susceptibles d'être discutés ou examinés séparément ;

3° Le mode d'exécution des travaux, quand plusieurs services doivent en être chargés, ou lorsqu'il y a désaccord sur la question de savoir à quel service cette exécution sera confiée ;

4° L'imputation de la dépense, surtout s'il y a doute à cet égard, ou si elle doit porter sur plusieurs administrations.

Dans tous les cas, le procès-verbal ne doit renfermer que les propositions, adhésions ou réserves auxquelles chaque chef de service s'arrête définitivement, et ne présenter que le résumé des avis communs ou des opinions respectives avec leurs motifs. Il est daté du jour de sa clôture et soumis à la signature de tous ceux qui ont été entendus dans ces conférences : mais les signatures des officiers et des ingénieurs chargés de l'instruction de l'affaire sont les seules indispensables.

Toutes les pièces à joindre au procès-verbal, dessins, etc., sont visées à la date de ce procès-verbal.

L'instruction au deuxième degré est réglementée par le même décret du 16 août 1853 (art. 16).

« Art. 16. — Cette instruction est faite suivant les cas par :

Le directeur des fortifications ;

Les directeurs d'artillerie de terre ;

Les ingénieurs en chef des ponts et chaussées.

Aussitôt que ces fonctionnaires ont reçu des officiers, ingénieurs ou agents sous leurs ordres les pièces relatives à l'instruction d'une affaire au premier degré, ils les visent et échangent mutuellement leurs observations et leurs apostilles.

Si l'un d'eux réclame exceptionnellement une conférence, elle a lieu sans aucun retard, et il est procédé d'une manière analogue à celle prescrite pour l'instruction au premier degré.

Les dossiers de l'affaire contenant chacun les avis des directeurs et des ingénieurs en chef, sont transmis respectivement aux divers ministres que l'affaire concerne ; les préfets des départements et les préfets maritimes auxquels sont adressés les dossiers des ponts et chaussées et de la marine y consignent leurs opinions et propositions. »

« Art. 18. — Chaque directeur et chaque ingénieur en chef peuvent adhérer immédiatement, au nom du service qu'ils représentent, à l'exécution des travaux mixtes proposés par une autre administration, quand ces travaux leur paraissent sans inconvénients pour leur service et que les inconvénients peuvent disparaître moyennant certaines dispositions qu'ils inposent comme condition de leur adhésion.

Les travaux, objets d'une adhésion conditionnelle, ne peuvent être entrepris qu'autant que l'acceptation des obligations stipulées a été notifiée au service qui les a imposées.

Chaque directeur et chaque ingénieur en chef font connaître les adhésions et les acceptations qu'ils ont données ou qui leur ont été notifiées, au ministre sous les ordres duquel ils sont placés. »

286. Dès la période de l'avant-projet, mais plus spécialement à l'époque des projets définitifs, on aura soin de se conformer aux règles suivantes pour tout ce qui est rédaction et présentation de ces projets.

Afin de faciliter la recherche sur les cartes du lieu où les travaux doivent être exécutés, on placera, à l'origine du profil en long, une note indiquant approximativement la distance de ce point aux principaux centres de populations, qui précèdent; et, à l'extrémité même du profil, une note semblable indiquant la distance de ce second point aux principaux centres de populations qui sont situés au-delà.

On aura soin d'indiquer sur tous les plans les centres de populations, domaines, chemins, cours d'eau, ouvrages d'art, tracés, etc., dont il est fait mention dans les rapports, mémoires, délibérations et autres pièces quelconques faisant partie du dossier. Afin de faciliter l'intelligence de ces pièces, autant que possible, on y inscrira les chiffres des populations.

On évitera d'employer des expressions locales, ou, si on les emploie, on en donnera la traduction.

Les écritures et les chiffres devront être très lisibles.

Les échelles seront représentées graphiquement sur les plans et profils.

Les plans, profils et dessins en général seront, autant que possible, collés sur calicot blanc, ou, sinon, dressés sur bon papier souple et peu cassant ; mais, dans tous les cas, ce dernier devra pouvoir recevoir des teintes de lavis.

Les titres, signatures et autres écritures d'usage, ainsi que l'échelle, seront placés sur le verso du premier feuillet des plans, profils ou dessins.

Indépendamment des formules consacrées à chacun des fonctionnaires qui a contribué à l'étude du projet, on écrira lisiblement, au-dessous des titres généraux, les noms et les grades des signataires du projet.

Les procès-verbaux de conférences entre les ingénieurs des services civils et militaires seront toujours accompagnés d'une expédition des plans, nivellements, dessins et cartes, pièces mentionnées dans le procès-verbal, et portant les mêmes dates et les mêmes signatures que ce procès-verbal. »

Enfin rappelons que, si la Compagnie pour ses besoins personnels dresse quelquefois des plans de divers formats, tous ceux qui sont présentés à l'administration doivent être invariablement du format dit *Tellière* de $0^m,21$ de large sur $0^m,31$ de hauteur et pliés suivant ces dimensions.

Expropriation. Plan et enquête parcellaires.

287. L'expropriation est faite, comme nous le savons déjà, au nom de l'utilité publique, d'après les règles établies par la loi du 3 mai 1841.

Les actes administratifs exigés par cette loi pour que l'utilité publique soit constatée et que l'expropriation en résulte, sont les suivantes :

1° La loi qui autorise l'exécution des travaux pour lesquels l'expropriation est requise;

2° L'arrêté du préfet qui désigne les localités ou territoires sur lesquels les travaux doivent avoir lieu, lorsque cette désignation ne résulte pas de la loi ;

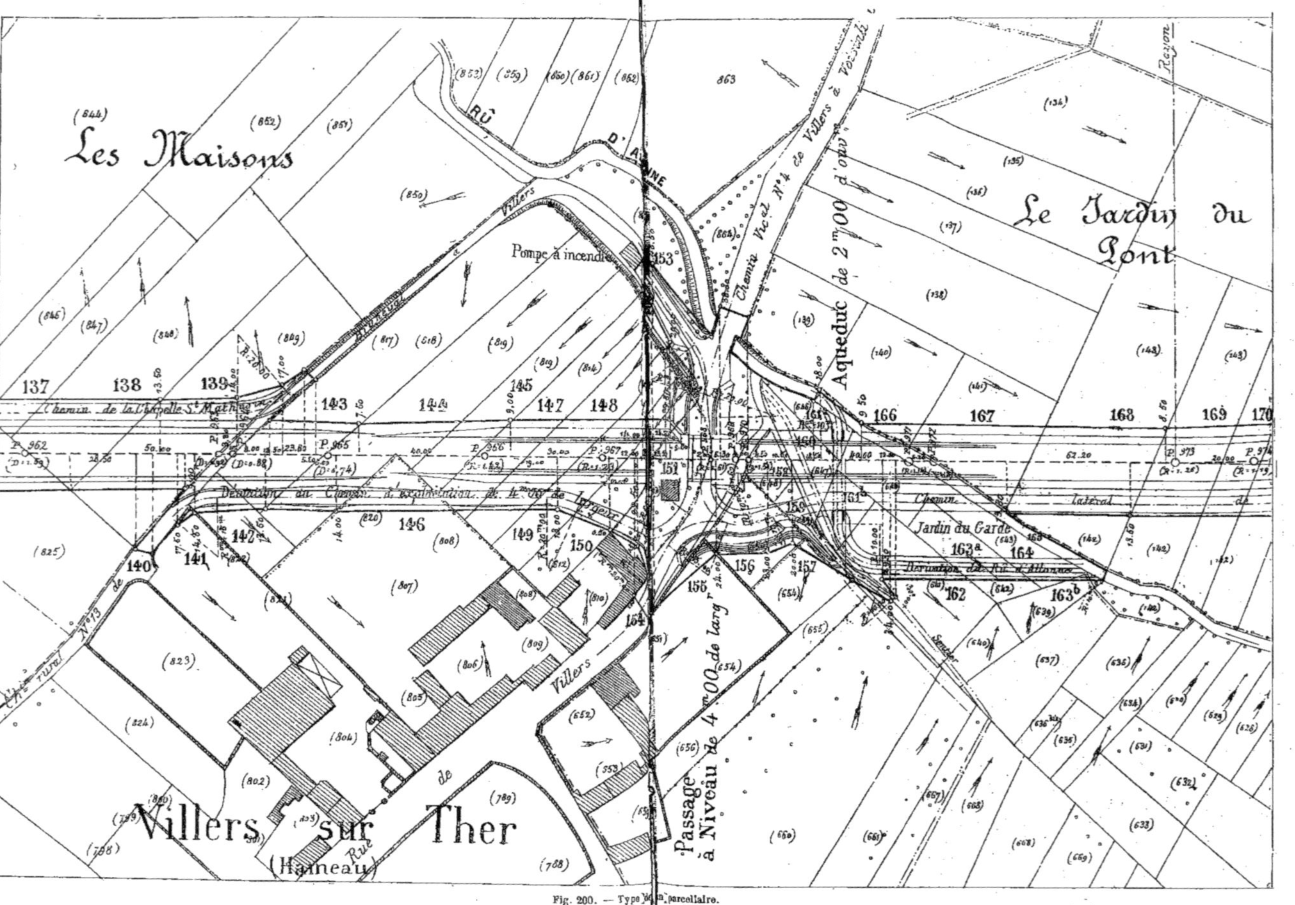

Fig. 200. — Type de plan parcellaire.

3° L'arrêté ultérieur par lequel le préfet détermine les propriétés particulières auxquelles l'expropriation est applicable.

Cette application ne peut être faite à aucune propriété particulière qu'après que les parties intéressées ont été mises en état de discuter.

Nous avons vu, en effet, que la question des expropriations est toujours précédée d'une enquête spéciale qu'on appelle *enquête parcellaire*, qui a elle-même pour base ce qu'on appelle le *plan parcellaire*.

288. *Plan parcellaire.* — Les mesures relatives au levé de ce plan font l'objet du titre II de la loi citée plus haut, elles sont ainsi conçues :

« Art. 4. — Les ingénieurs ou autres gens de l'art, chargés de l'exécution des travaux, lèvent, pour la partie qui s'étend sur chaque commune, le plan parcellaire des terrains ou des édifices dont la cession leur paraît nécessaire. »

Ces plans parcellaires par commune doivent être produits en même temps que les projets définitifs ou après l'approbation de ces projets.

C'est le plan cadastral du chemin de fer qui sert ordinairement de base pour la fixation des alignements demandés par les propriétaires riverains. A défaut du plan définitif de bornage, les alignements sont déterminés d'après les indications des plans parcellaires.

Les circulaires ministérielles du 31 décembre 1853 et du 14 janvier 1856 indiquent la forme dans laquelle devra être exécuté le plan parcellaire.

Ce plan devra être établi à l'échelle de $0^m,001$ par mètre ; on y indiquera :

Les limites de toutes natures, les bornes, haies, clôtures, bâtiments, poteaux kilométriques, chemins latéraux et déviés, ouvrages d'art et autres exécutés à l'occasion de la création du chemin de fer ;

Les lieux dits, cantons et sections.

Sur chaque feuille, on inscrit les noms des propriétaires et les numéros de la matrice cadastrale.

Les limites sont marquées par un trait noir.

L'axe du chemin, les lignes d'opération et leurs cotes sont en encre rouge.

Les bâtiments sont tracés en encre de Chine pâle.

On couvrira d'une légère teinte rose tous les terrains compris dans le bornage, et d'une teinte bleue ceux qui, ayant été consacrés à rétablir des communications, des voies d'écoulement ou des servitudes, publiques ne sont susceptibles d'aucune rétrocession, quoique non compris dans le bornage.

Les plans seront collés sur toile et ils auront $0^m,31$ de hauteur sur $0^m,21$ de longueur et seront pliés suivant ces dimensions par plis égaux et alternatifs. La feuille de papier doit être continue et formée de feuilles ajustées en ligne droite sans goussets.

En conséquence, à chaque changement notable de direction de l'axe, on établira un onglet en blanc.

La figure 200 représente un type de plan parcellaire emprunté à la ligne de Méru à Beauvais.

La ligne est en déblai à gauche et en remblai à droite, avec un point de passage entre les parcelles 144 et 146.

On y voit un chemin rural dévié à la grande déviation suivante des piquets 967 à 972. Cette dernière est une des plus complexes qui puissent se présenter et nous l'avons choisie à dessein comme exemple. Elle est compliquée d'une déviation de rivière avec ponceau de 2 mètres d'ouverture.

Les gros traits noirs extérieurs indiquent les limites d'emprise, et les petits cercles, les positions des bornes limitatives que nous verrons plus loin. Les flèches qui accompagnent les parcelles représentent les directions suivies par la culture pour la desserte des terres.

289. *Enquête parcellaire. Dossier complet.* — Dans la pratique de la construction des chemins de fer, on ne se borne pas à lever ce plan ; il est accompagné de tout un dossier spécialement destiné à l'enquête parcellaire et qui se compose des pièces suivantes :

1° Un plan général au $^1/_{10000}$ limité à la commune ;

2° Un profil en long au $^1/_{10000}$ pour les longueurs et au $^1/_{1000}$ pour les hauteurs (limité à la commune) ;

3° Un plan parcellaire au $^1/_{1000}$ des propriétés à acquérir (limité à la commune);

4° Un tableau indicatif des propriétés à acquérir;

5° Un tableau des ouvrages à exécuter pour le maintien des communications et l'écoulement des eaux;

6° Une notice explicative;

7° On y ajoute souvent, comme pièce annexe, l'arrêté ordonnant le dépôt des pièces du projet, prescrivant l'ouverture de l'enquête et nommant la commission appelée à donner son avis.

Ce dossier doit être dressé pour chaque commune et l'ensemble de tous les dossiers de ligne est adressée au préfet avec une lettre de demande d'ouverture des enquêtes.

L'état descriptif des ouvrages en fera connaître l'emplacement, la destination, les formes et les dimensions, ainsi que la nature des matériaux employés dans leurs diverses parties.

A ce document on joindra:

Un tableau des surfaces à acquérir;

Un état détaillé des indemnités à payer;

Un bordereau des pièces du dossier.

On reproduira sur ces états les noms, les numéros et les autres désignations inscrites sur le plan. Pour les noms, il y aura deux colonnes, dans l'une desquelles on inscrira les noms qui figurent à la matrice cadastrale, et dans l'autre ceux des propriétaires actuels et de leurs fermiers ou locataires.

Le bornage se fait par:

Les enquêtes parcellaires, qui précèdent les formalités relatives à la prise de possession des terrains, sont dirigées par les maires des communes, sous la surveillance des préfets; elles concernent spécialement les questions de détails relatives au maintien des communications et à l'écoulement des eaux. Les riverains ne sont pas admis à y faire valoir leurs griefs personnels qui sont exclusivement de la compétence du jury d'expropriation.

La commission d'enquête, pour le même motif, ne peut s'occuper d'aucune question d'intérêt privé ou du tracé déclaré d'utilité publique. Le mieux pour elle est de recourir, pour la vérification des ouvrages proposés, aux ingénieurs appelés à intervenir dans ces enquêtes.

Si des changements ont été apportés au tracé, il y a lieu d'ouvrir une nouvelle enquête, exactement comme cela se présente pour l'enquête d'utilité publique, lorsqu'on a apporté des modifications importantes au tracé indiqué dans la loi de concession.

290. *Formalités de l'enquête.* — Cela posé l'enquête parcellaire est soumise, aux formalités suivantes (Titre II de la loi du 3 mai 1841):

« Art. 5. — Le plan desdites propriétés particulières, indicatif des noms de chaque propriétaires, tels qu'ils sont inscrits sur la matrice des rôles, reste déposé, pendant huit jours, à la mairie de la commune où les propriétés sont situées, afin que chacun puisse en prendre connaissance.

Art. 6. — Le délai fixé à l'article précédent ne court qu'à dater de l'avertissement, qui est donné collectivement aux parties intéressées, de prendre communication du plan déposé à la mairie.

Cet avertissement est publié à son de trompe ou de caisse dans la commune et affiché tant à la principale porte de l'église qu'à celle de la maison commune.

Il est en outre inséré dans l'un des journaux publiés dans l'arrondissement ou, s'il n'en existe aucun, dans l'un des journaux du département.

Art. 7. — Le maire certifie des publications et affiches; il mentionne sur un procès-verbal qu'il ouvre à cet effet et que les parties qui comparaissent sont requises de signer, les déclarations et réclamations qui lui ont été faites verbalement, et y annexe celles qui lui sont transmises par écrit.

291. *Commission d'enquête.* — La composition et le fonctionnement de la Commission d'enquête sont régis par l'article 8 et suivants:

Art. 8. — A l'expiration du délai de huitaine prescrit par l'article 5, une Commission se réunit au chef-lieu de la sous-préfecture.

Cette Commission, présidée par le sous-préfet de l'arrondissement, sera composée de quatre membres du Conseil général du département ou du Conseil d'arrondissement désignés par le préfet, du maire de la commune où les propriétés sont situées et de l'un des ingénieurs chargés de l'exécution des travaux.

La Commission ne peut délibérer valablement qu'autant que cinq de ses membres au moins sont présents.

Dans le cas où le nombre des membres présents serait de six et où il y aurait partage d'opinions, la voix du président sera prépondérante. Les propriétaires qu'il s'agit d'exproprier ne peuvent être appelés à faire partie de la commission.

Art. 9. — La Commission reçoit pendant huit jours les observations des propriétaires. Elle les appelle toutes les fois qu'elle juge convenable, elle donne son avis.

Les opérations doivent être terminées dans le délai de dix jours, après quoi le procès-verbal est adressé immédiatement par le sous-préfet au préfet.

Dans le cas où lesdites opérations n'auraient pas été menées à fin dans le délai ci-dessus, le sous-préfet, devra dans les trois jours, transmettre au préfet son procès-verbal et les documents recueillis.

Art. 10. — Si la Commission propose quelque changement au tracé indiqué par les ingénieurs, le sous-préfet devra (par des publications ou affiches) en donner immédiatement avis aux propriétaires que les changements pourront intéresser. Pendant la huitaine, à dater de cet avertissement, le procès-verbal et les pièces resteront déposés à la sous-préfecture; les parties intéressées pourront en prendre communication sans déplacement et sans frais, et fournir leurs observations écrites.

Dans les trois jours suivants, le sous-préfet transmettra toutes ces pièces à la préfecture.

292. *Prise de possession des terrains.*

« Art. 11. — Sur le vu du procès-verbal d'enquête et des documents y annexés, le préfet détermine par un arrêt motivé. les propriétés qui doivent être cédées et indique l'époque à laquelle il sera nécessaire d'en prendre possession. Toutefois, dans le cas où il résulterait de l'avis de la Commission qu'il y aurait lieu de modifier le tracé des travaux ordonnés, le préfet surseoira jusqu'à ce qu'il ait été prononcé par l'administration supérieure. »

« TITRE III. Art. 13. — A défaut de convention amiable soit avec les propriétaires des terrains ou bâtiments dont la cession est reconnue nécessaire, soit avec ceux qui les représentent, le préfet transmet au procureur du roi, dans le ressort duquel les biens sont situés, la loi ou l'ordonnance qui autorise l'exécution des travaux et l'arrêté mentionné par l'article 11.

Art. 14. — Dans les trois jours, et sur la production des pièces constatant que les formalités prescrites par l'article 2 du titre Ier et par le titre II de la présente loi ont été remplies, le procureur du roi requiert et le tribunal prononce l'expropriation, pour cause d'utilité publique, des terrains ou bâtiments indiqués dans l'arrêté du préfet.

Si, dans l'année de l'arrêté du préfet, l'administration n'a pas poursuivi l'expropriation, tout propriétaire dont les terrains sont compris audit arrêté peut présenter requête au tribunal. Cette requête sera communiquée par le procureur du roi au préfet qui devra dans le plus bref délai envoyer les pièces, et le tribunal statuera dans les trois jours.

. . . .

Dans le cas où les propriétaires à exproprier consentiraient à la cession, mais où il n'y aurait point accord pour le prix, le tribunal donnera acte du consentement et désignera le magistrat directeur du jury, sans qu'il soit besoin de rendre le jugement d'expropriation, ni de s'assurer que les formalités prescrites par le titre II ont été remplies. »

293. *Publication du jugement d'expropriation. — Revendications. — Pourvois.*

« Art. 15. — Le jugement d'expropriation est publié et affiché par extraits, dans la commune de la situation des biens. Il est en outre inséré dans l'un des journaux publiés dans l'arrondissement ou, s'il n'en existe aucun, dans l'un de ceux du département. Cet extrait, contenant le nom des propriétaires, les motifs et les dispositifs du jugement, leur est notifié, au domicile qu'ils auront élu dans l'arrondissement de la situation des biens, par une déclaration faite à la mairie de la commune ou les biens sont situés; et, dans le cas où cette élection de domicile n'aurait pas eu lieu, la notification de l'extrait sera faite en double copie au maire et au fermier locataire, gardien ou régisseur de la propriété.

Art. 18. — Les actions en résolution, en revendication, et toutes autres actions réelles *ne pourront arrêter l'expropriation ni en empêcher* l'effet. Le droit des réclamants sera transporté sur le prix et l'immeuble en demeurera affranchi, même dans le cas de convention amiable, avec le propriétaire.

Art. 19. — Cependant l'administration (ou la compagnie) peut, sauf les droits des tiers et sans accomplir les formalités ci-dessus tracées, payer les prix d'acquisitions dont la valeur nes 'élèverait pas au-dessus de 500 francs.

Art. 20. — Le jugement ne pourra être attaqué que par la voie du recours en Cassation et seulement pour incompétence, excès de pouvoir ou vice de forme du jugement. Le pourvoi aura lieu au plus tard dans les trois jours, à dater de la notification du jugement par déclaration au greffe du tribunal. Il sera notifié, dans la huitaine, soit à la partie, au domicile indiqué par l'article 15, soit au préfet ou au maire suivant la nature des travaux, le tout à peine de déchéance.

Dans la quinzaine de la notification du pourvoi, les pièces seront adressées à la Chambre civile de la Cour de cassation, qui statuera dans le mois suivant. L'arrêt, s'il est rendu par défaut à l'expiration de ce délai, ne sera pas susceptible d'opposition. »

Il résulte d'un arrêt de la Cour de cassation du 12 janvier 1857, que, lorsque des concessionnaires de travaux publics ont été substitués à l'administration dans des poursuites d'expropriation nécessaire à l'exécution des travaux, c'est aux concessionnaires et non aux préfets que doit être notifié le pourvoi dirigé par un exproprié contre la décision du jury qui détermine l'indemnité.

Un arrêt antérieur, du 8 juin 1853, avait déjà décidé que, quand il y a eu cassation d'une première décision du jury, le nouveau jury devant lequel l'affaire est renvoyée ne peut à peine de nullité, être composé d'aucun des jurés qui ont participé à la décision annulée.

294. *Prix de revient du parcellaire.* — Ce plan est souvent confié à forfait à un géomètre spécial qui se charge de toutes les opérations y relatives, savoir : extraits du cadastre et de la matrice cadastrale, calcul des contenances, tableaux indicatifs, bornage, estimation et acquisition amiables, règlements d'expropriation.

D'autres fois, ce sont les agents de la Compagnie qui sont chargés de toute cette besogne; le personnel des études préparant toutes ces pièces et un service spécial, dit des expropriations, se réservant les estimations, cessions amiables et expropriations proprement dites.

On peut décomposer les dépenses nécessaires comme suit par kilomètre :

Levé du parcellaire.	85 fr.
Extrait du cadastre. . . .	8 »
Extrait de la matrice cadastrale.	15 »
Total :	108 fr.

En somme de 100 à 110 francs par kilomètre.

295. *Classification des terrains.* — On obtiendra facilement dans le pays la valeur des terrains à acquérir.

Ils se divisent généralement en quatre catégories :

1° Jardins, potagers, vergers;
2° Pâturages, prairies, herbages ;
3° Terres labourables ;
4° Landes, terres incultes.

En dehors de ces généralités, il peut y avoir des cas exceptionnels, comme la traversée d'un parc de plaisance, par exemple, ce qui donne lieu à des indemnités spéciales. Dans tous les cas, lorsqu'on fera l'estimation des sommes à allouer pour acquisitions de terrains, on fera bien de tenir compte, chaque fois, d'un supplément particulier, pour dépréciations, expropriations forcées, etc.

Règlement des indemnités.

296. *Mesures préparatoires.* — Dans la huitaine qui suit la notification et la publication du jugement, ainsi qu'il est dit à l'article 15 de la loi du 3 mai 1841, le propriétaire est tenu d'appeler et de faire connaître à l'Administration, les fermiers, locataires, ceux qui ont des droits d'usufruit, d'habitation ou d'usage, tels qu'ils sont réglés par le Code civil, et ceux qui peuvent réclamer des servitudes résultant des titres mêmes du propriétaire, ou d'autres actes dans lesquels ils seraient intervenus; sinon, il restera seul chargé envers eux des indemnités que ces derniers pourraient réclamer.

Les autres intéressés seront mis en demeure de faire valoir leurs droits par l'avertissement énoncé à l'article 6. (Titre II), et tenus de se faire connaître à l'Administration dans le même délai de huitaine, à défaut de quoi ils seront déchus de tous droits d'indemnité.

Les dispositions de la présente loi, relatives aux propriétaires et à leurs créanciers, sont applicables à l'usufruitier et à ses créanciers (art. 21 et 22).

L'Administration notifie alors aux propriétaires et à tous autres intéressés qui auront été désignés, ou qui seront intervenus dans le délai fixé plus haut (art. 21) les sommes qu'elle offre pour indemnité. Ces offres sont en outre affichées et publiées conformément à l'article 6.

Dans la quinzaine suivante, les propriétaires et autres intéressés sont tenus de déclarer leur acceptation, ou, s'ils n'acceptent pas les offres qui leur sont faites, d'indiquer le montant de leurs prétentions (art. 26).

Quand le propriétaire est l'État, ou une femme mariée sous le régime dotal, ce qui peut exiger des formalités supplémentaires, le délai de quinze jours est prolongé à un mois (art. 27).

Si les offres de l'Administration ne sont pas acceptées dans ces délais, l'Administration citera devant le jury, qui sera convoqué à cet effet, les propriétaires et tous autres intéressés qui auront été désignés ou qui seront intervenus, pour qu'il soit procédé au règlement des indemnités de la manière indiquée plus loin. La citation contiendra l'énonciation des offres qui ont été refusées (art. 28).

297. *Jury d'expropriation.* — Le Jury d'expropriation est choisi en première ligne par le Conseil général du département dans l'une de ses sessions annuelles. On sait, en effet, que les conseils généraux, depuis la loi du 10 août 1871, se réunissent au moins deux fois par an : les sessions commencent les lundis succédant au 15 août et au lundi de Pâques. Il peut y avoir, en dehors de ces dates fixes, des sessions extraordinaires pour les cas urgents et le règlement de questions exceptionnelles.

Le Conseil général désigne donc pour chaque arrondissement, tant sur la liste des électeurs que sur la seconde partie de la liste du Jury, trente-six personnes au moins et soixante-douze au plus qui ont leur domicile réel dans l'arrondissement. Parmi celles-ci, sont choisis les membres du Jury spécial appelé, le cas échéant, dans l'intervalle des deux sessions du Conseil, à régler les indemnités dues par suite d'expropriation pour cause d'utilité publique.

Dans le département de la Seine, le nombre des jurés est naturellement beaucoup plus élevé à cause de l'importance des travaux qui s'exécutent journellement ; il est porté par la loi à six cents (art. 29).

C'est sur cette première liste ainsi préparée que la Cour, en cas de besoin, arrête définitivement seize noms, plus quatre jurés supplémentaires, en tout vingt personnes qui formeront ce Jury spécial.

Notons que ne peuvent jamais être choisis :

1° Les propriétaires, fermiers, locataires des terrains et bâtiments désignés en l'arrêté du préfet pris en vertu de l'article 11 et qui restent à acquérir ;

2° Les créanciers ayant inscription sur lesdits immeubles ;

3° Tous autres intéressés désignés ou intervenant en vertu des articles 21 et 22.

Les septuagénaires sont dispensés, s'ils le requièrent, des fonctions de jurés (art. 31).

Ajoutons un renseignement qui peut avoir son utilité pour les intéressés : c'est que tout juré qui, sans motif légitime, manque à l'une des séances, ou refuse de prendre part à la délibération, encourt une amende de 100 à 300 francs (art. 32).

298. *Fonctionnement du Jury.* — Lors de l'appel, l'Administration et la partie adverse ont le droit d'exercer chacune deux récusations. De toute façon, le président de la Cour réduit le nombre des noms à douze, en retranchant, s'il y a lieu, les derniers inscrits sur la liste (art. 34).

Le Jury n'est constitué que lorsque les douze jurés sont présents, et il ne peut valablement délibérer que s'il compte au moins neuf membres (art. 35).

Les séances du Jury sont publiques.

Lorsque le Jury est constitué, chaque juré prête serment de remplir ses fonctions avec impartialité.

Puis le président de la Cour met sous les yeux du Jury :

1° Le tableau des offres et demandes notifiées en exécution des articles 23 et 24 ;

2° Les plans parcellaires et les titres ou autres documents produits par les parties à l'appui de leurs offres et demandes. Les parties, ou leur fondé de pouvoir, peuvent présenter sommairement leurs observations. En outre, le Jury peut entendre toutes personnes qu'il croit pouvoir l'éclairer : ingénieurs, avocats, etc.

Il pourra également se transporter sur les lieux ou déléguer à cet effet un ou plusieurs de ses membres. La discussion peut d'ailleurs durer plusieurs séances ; sa clôture est prononcée par la Cour, et les jurés se retirent immédiatement dans leur chambre pour délibérer, sans désemparer, sous la présidence de l'un d'eux, qu'ils nomment eux-mêmes séance tenante. La Commission d'enquête sur les chemins de fer a exprimé, dès 1863, l'avis qu'il serait utile que le magistrat, directeur du Jury, prît part à ses délibérations et les présidât.

A la majorité des voix, le Jury fixe le montant de l'indemnité et, comme d'ordinaire, en cas de partage des voix, celle du président est prépondérante.

Il prononce des indemnités distinctes en faveur des parties qui le demandent, à des titres différents, comme propriétaires, fermiers, locataires, usagers et autres intéressés spécifiés à l'article 21.

Dans le cas d'usufruit, une seule indemnité est fixée par le Jury, eu égard à la valeur totale de l'immeuble ; le sous-propriétaire et l'usufruitier exercent leurs droits sur le montant de l'indemnité au lieu de l'exercer sur la chose.

D'ailleurs, toutes les fois qu'il y a litige sur le fond du droit, ou sur la qualité des réclamants, et qu'il s'élève des difficultés étrangères à la fixation du montant de l'indemnité, le Jury règle celle-ci indépendamment de ces litiges et difficultés, sur lesquels les parties sont renvoyées à se pourvoir devant qui de droit.

L'indemnité allouée par le Jury ne peut, en aucun cas, être inférieure à l'offre faite par la Compagnie, ou supérieure à la demande du propriétaire. D'après un arrêt de la Cour de cassation du 27 août 1851, le Jury n'est pas tenu de spécifier les éléments divers de l'indemnité qu'il règle il suffit qu'il fixe une indemnité totale pour le terrain exproprié.

La décision du Jury, signée de tous les membres qui y ont concouru, est remise par le président au magistrat, qui la déclare exécutoire, statue les dépens, et met la Compagnie en possession de la propriété, à la charge pour elle de régler l'indemnité conformément aux articles 53 et 55 de la loi (art. 36 à 41).

Le Jury ne connaît que les affaires dont il aura été saisi au moment de sa convocation et statue successivement et sans interruption sur chacune de ces affaires. Il ne peut se séparer qu'après avoir réglé toutes les indemnités dont la fixation lui a été ainsi déférée.

Les opérations commencées par un Jury, et qui ne sont pas encore terminées au moment du renouvellement de la liste générale, sont continuées jusqu'à conclusions définitives par le même Jury.

Les noms des jurés qui auront fait le service d'une session ne pourront être portés sur le tableau dressé par le Conseil général pour l'année suivante (art. 42 à 47).

299. *Acquisition des excédents, améliorations*, etc. — Les bâtiments dont il est nécessaire d'acquérir une portion pour cause d'utilité publique, seront achetés en entier si les propriétaires le requièrent par une déclaration formelle adressée au magistrat directeur du jury dans les délais prévus par les articles 24 et 27. Il en sera de même de toute parcelle de terrain, qui, par suite du morcellement, se trouvera réduit au *quart* de la contenance totale, si toutefois le propriétaire ne possède aucun terrain immédiat contigu, et si la parcelle ainsi réduite est *inférieure à 10 ares.*

Si l'exécution des travaux doit procurer une augmentation de valeur immédiate et spéciale du restant de la propriété, cette augmentation sera prise en considération dans l'évaluation du montant de l'indemnité.

Les constructions, plantations et améliorations ne donneront lieu à aucune indemnité, lorsque, à raison de l'époque où elles auront été faites, ou de toutes autres circonstances dont l'appréciation lui est abandonnée, le Jury acquiert la conviction qu'elles ont été executées avec l'intention d'obtenir une indemnité plus élevée (art. 50 et 52).

300. *Rétrocessions.* — Après bornage et rigolage de l'emprise du chemin de fer, un certain nombre de débris de parcelles ou excédents vus plus haut restent inutilisés, et le mieux est de les rétrocéder aux riverains; le prix de vente fait alors retour à l'État ou à la Compagnie suivant que l'un ou l'autre a supporté les frais d'acquisition des terrains.

D'après la loi du 3 mai 1841 (art. 60), si les terrains acquis pour des travaux d'utilité publique ne reçoivent pas cette destination, les anciens propriétaires ou leurs ayants droit peuvent en demander la remise. Le prix des terrains rétrocédés est fixé à l'amiable, et, s'il n'y a pas accord, par le Jury. La fixation par le Jury ne peut, en aucun cas, excéder la somme moyennant laquelle les terrains ont été acquis.

Mais les dispositions de cet article ne sont pas applicables aux terrains qui auront été acquis sur la réquisition du propriétaire, en vertu de l'article 50 de la même loi, et qui resteraient disponibles après l'exécution des travaux (art. 62).

301. *Paiement des indemnités.* — Les indemnités réglées par le Jury sont, préalablement à la prise de possession, acquittées entre les mains des ayants droit.

S'ils refusent de les recevoir, la prise de possession a lieu après offres réelles et consignations.

Si, dans les six mois du jugement d'expropriation, la Compagnie ne poursuit pas la fixation de l'indemnité, les parties pourront exiger qu'il soit procédé à ladite fixation. Quand l'indemnité aura été réglée, si elle n'est ni acquittée ni consignée dans les six mois de la décision du Jury, les intérêts courront de plein droit à l'expiration de ce délai (art. 53 à 55).

302. *Enregistrement.* — Les plans, procès-verbaux, certificats, significations, jugements, contrats, quittances et autres actes faits en vertu de la présente loi, seront visés pour timbres et enregistrés *gratis*, lorsqu'il y aura lieu à la formalité de l'enregistrement.

Les droits perçus sur les acquisitions amiables faites antérieurement aux arrêtés du préfet seront restitués lorsque dans le délai de deux ans, à partir de la perception, il sera justifié que les immeubles acquis sont compris dans ces arrêtés. La restitution des droits ne pourra s'appliquer qu'à la portion des immeubles qui aura été reconnue nécessaire à l'exécution des travaux (art. 18).

« Art. 63. — Les concessionnaires des travaux publics exerceront tous les droits confiés à l'Administration et seront soumis à toutes les obligations qui lui sont imposées par la présente loi. »

303. *Prise de possession d'urgence.* — Lorsqu'il y aura urgence de prendre possession des terrains non bâtis qui seront soumis à l'expropriation, cette urgence sera spécialement déclarée par ordonnance gouvernementale.

En ce cas, après le jugement d'expropriation, l'ordonnance qui déclare l'urgence et le jugement seront notifiés aux propriétaires et aux détenteurs avec assignation devant le Tribunal civil.

L'assignation sera donnée à trois jours au moins ; elle énoncera la somme offerte par l'Administration.

Au jour fixé, le propriétaire et les détenteurs seront tenus de déclarer la somme dont ils demandent la consignation avant l'envoi en possession. Faute par eux de comparaître, il sera procédé en leur absence.

Le tribunal fixe le montant de la somme à consigner. Il peut se transporter sur les lieux, ou commettre un juge pour visiter les terrains, recueillir tous les renseignements propres à en déterminer la valeur, et en dresser, s'il y a lieu, un procès-verbal descriptif. Cette opération devra être terminée dans les cinq jours à dater du jugement qui l'aura ordonnée.

Dans les trois jours de la remise de ce procès-verbal au greffe, le tribunal déterminera la somme à consigner.

La consignation doit comprendre, outre le principal, la somme nécessaire pour assurer pendant deux ans le paiement des intérêts à 5 0/0.

Sur le vu du procès-verbal de consignation et sur une nouvelle assignation à deux jours de délai au moins, le président ordonne la prise de possession.

Le jugement du Tribunal et l'ordonnance du président sont exécutoires sur minute et ne peuvent être attaqués par opposition ni par appel.

Le président taxera les dépenses qui seront supportées par l'Administration.

Après la prise de possession, il sera, à la poursuite de la partie la plus diligente procédé à la fixation définitive de l'indemnité par le Jury, comme à l'ordinaire.

Si cette fixation est supérieure à la somme qui a été déterminée par le Tribunal, le supplément doit être consigné dans la quinzaine de la notification de la décision du Jury, et, à défaut, le propriétaire peut s'opposer à la continuation des travaux (art. 64 et 74).

Il peut arriver qu'un propriétaire réclame une indemnité à raison des dommages causés à des bâtiments par l'expropriation des terrains voisins. La Cour de cassation, par un arrêt du 14 août 1854, a décidé que c'est au conseil de préfecture seul et non au Jury d'expropriation à statuer sur ces prétentions.

Emprise du chemin de fer.

304. *Largeur d'emprise.* — Les formalités précédentes permettent d'arriver à délimiter sur le sol, au moyen de bornes, et de rigoles les rejoignant, le terrain appartenant en propre au chemin de fer.

Les projets complètement étudiés donnent en effet les limites d'emprise indispensables à acquérir, et la plate-forme courante, accompagnée de ses fossés, quand il y en a, complète cet ensemble de données (v. *plan parcellaire*, *fig.* 200).

Cette plate-forme présente des éléments constants fixés par l'article 7 du Cahier des charges, et des éléments variables qui changent avec les Compagnies.

Voici d'abord la partie fixe pour tous les chemins de fer :

« ART. 7. — La largeur de la voie entre les bords intérieurs des rails devra être de $1^m,44$ à $1^m,45$. Dans les parties à deux voies, la largeur de l'entrevoie, mesurée entre les bords extérieurs des rails, sera de 2 mètres au moins.

La largeur des accotements, c'est-à-dire des parties comprises de chaque côté entre le bord extérieur du rail et l'arête supérieure du ballast sera de 1 mètre au moins.

On ménagera au pied de chaque talus du ballast une banquette de 50 centimètres de largeur. »

Puis des éléments qui peuvent varier, ainsi qu'il suit :

« La Compagnie établira le long du chemin de fer les fossés ou rigoles qui seront jugés nécessaires pour l'assèchement de la voie et pour l'écoulement des eaux.

Les dimensions de ces fossés et rigoles seront déterminées par l'Administration suivant les exigences locales, sur les propositions de la Compagnie. »

305. *Fossés.* — La partie variable est donc constituée par l'établissement des fossés annexes du chemin de fer et placés généralement au fond des tranchées.

Le plus souvent, les fossés adoptés ont les dimensions suivantes lorsqu'ils sont simplement creusés dans la terre et ne présentent aucune partie perreyée ni maçonnée (*fig.* 201).

Largeur au plafond .	$0^m,30$ à $0^m,33$
Largeur en gueule	$1^m,00$
Profondeur.	$0^m,33$ à $0^m,35$
Inclinaison des talus. . .	45 degrés.

Dans les remblais, la plate-forme est

naturellement exempté de fossés ; on dispose quelquefois de simples rigoles aux pieds des talus.

Ces fossés sont soumis aux règlements de grande voirie et à la loi du 15 juillet 1845 qui défend aux riverains de les combler ni détériorer ; mais, en réalité, ils sont peu exposés à ce genre d'inconvénients étant toujours placés dans l'enceinte, close du chemin de fer, dans laquelle nul ne peut pénétrer sans autorisation, à peine de poursuites correctionnelles.

Leur entretien doit toujours être parfait, cela se comprend du reste ; les terres provenant de leur curage peuvent être déposées sur les propriétés voisines, conformément à la loi du 12 mai 1825 sur le curage des fossés des routes ordinaires, qui a déchargé les riverains de faire eux-mêmes ce travail, comme cela était obligatoire auparavant. Les Compagnies n'usent pas toujours de cette faculté, car il est rare qu'elles n'aient pas besoin de terres quelque part ; mais nous signalons cette servitude, car elle est absolument légale, et le propriétaire voisin ne peut s'y opposer.

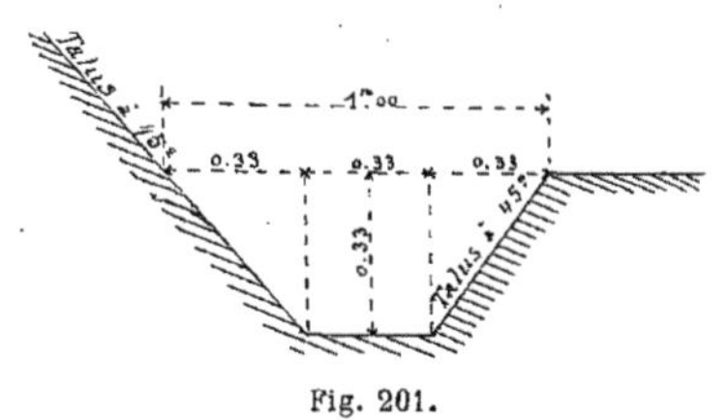

Fig. 201.

306. *Différents types de profils en travers.* — Nous étudierons plus loin avec détails les profils en travers adoptés dans les différentes Compagnies pour les lignes à une et deux voies et dans différents terrains. Nous nous bornerons aujourd'hui à donner dans leur ensemble les profils-types des lignes à double voie pour les six grandes Compagnies, en remblai, en déblai et en rocher. Les emprises résulteront des talus auxquels on ajoutera une zone libre de 2 mètres, souvent portée aujourd'hui à 4 mètres, pour permettre au besoin l'installation de fossés d'assainissement en crête des déblais ou au pied des remblais (*fig.* 202).

Surface de terrain occupée par le chemin de fer.

307. *Surface et prix des terrains.* — La zone *moyenne* occupée par mètre courant par une ligne à deux voies ne peut être inférieure à 30 mètres, se décomposant comme suit, d'après de nombreuses statistiques :

2 voies à 1m,57 en dehors des rails	3m,14
1 entre-voie (net entre-rails).	2 00
2 accotements extérieurs à 1 mètre	2 00
2 talus du ballast (à 1m,50 pour 1m,00) à 0m,75.	1 50
2 banquettes au pied des tallus du ballast à 0m,50.	1 00
Fossés, rigoles, talus du terrain, moyenne	12 50
Stations, bâtiments, cours, ateliers, voies d'évitement, moyenne	3 00
Déviations, chemins latéraux, chemins d'accès.	4 00
Résidus pouvant être revendus	1 00
Total	30 14

Chaque gare exige en moyenne une superficie de 16 hectares, y compris les voies, bâtiments et annexes.

Les 85 centièmes des terrains sont compris entre clôtures, et 35 centièmes de ces derniers seulement sont effectivement occupés par la voie et les gares.

D'après la loi du 11 juin 1842, les départements et les communes devaient contribuer pour les deux tiers des indemnités de terrains dans les frais d'établissements des voies ferrées. Une loi du 19 juillet 1845 a abrogé cette disposition, et tous les terrains nécessaires sont aujourd'hui achetés par le concessionnaire. La loi du 15 juillet 1865 seule a remis en question la contribution des départements, des communes, et même des particuliers, mais seulement pour les chemins de fer d'intérêt local.

La statistique, opérée sur treize lignes

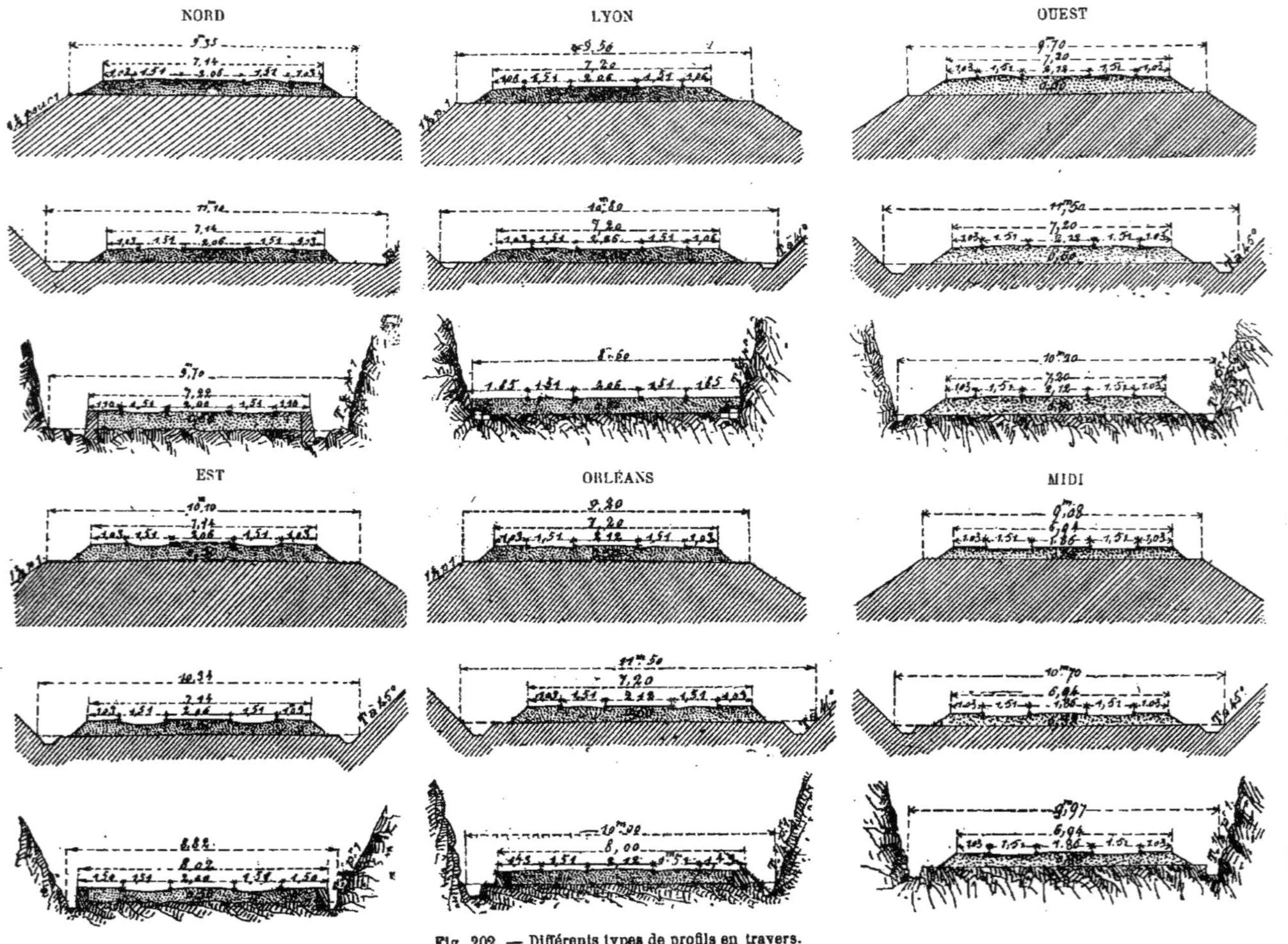

Fig. 202. — Différents types de profils en travers.

de premier ordre comprenant 1 830 kilomètres, a fait ressortir le prix d'acquisition des terrains à 30 718 francs le kilomètre, ou 9 102 francs l'hectare ; chaque kilomètre de ligne occupant environ 3 hectares 375 de terrain.

308. *Contributions foncières. Impositions.* — Une chose qui est généralement peu connue, c'est que le chemin de fer, quoique considéré dans certains cas comme appartenant au domaine public, est soumis aux impôts comme un simple particulier, et cela aussi bien pour les terrains qu'il occupe que pour les constructions élevées sur son sol.

Voici, en effet, comment s'exprime l'article 63 du Cahier des charges.

« La contribution foncière sera établie en raison de la surface des terrains occupés par le chemin de fer et ses dépendances; la cote en sera calculée, comme pour les canaux, conformément à la loi du 25 avril 1803.

Les bâtiments et magasins dépendant de l'exploitation du chemin de fer seront assimilés aux propriétés bâties de la localité. Toutes les contributions auxquelles ces édifices pourront être soumis seront, aussi bien que la contribution foncière, à la charge de la Compagnie. »

L'article premier de la loi du 25 avril 1803 établit la contribution foncière des canaux de navigation en raison du terrain qu'ils occupent comme terre de première qualité. Les maisons d'habitation et usines, autres que magasins et maisons d'éclusiers, sont imposées comme les autres propriétés de même nature.

En outre, le chemin de fer est soumis aux droits de patentes comme un industriel quelconque.

Nous reviendrons avec un peu plus de détails sur les contributions de diverses sortes, auxquelles se trouve soumise une voie ferrée, dans le chapitre concernant l'exploitation.

Tracé des emprises. — Bornage. Rigolage.

309. *Bornage.* — Le bornage de tous les terrains occupés par le chemin de fer et ses dépendances doit se faire aux frais de la Compagnie, comme il est prescrit par l'article 29 du Cahier des charges :

« Après l'achèvement total des travaux, et dans le délai qui sera fixé par l'Administration, la Compagnie fera faire à ses frais un bornage contradictoire et un plan cadastral du chemin de fer et de ses dépendances. Elle fera dresser également à ses frais et contradictoirement avec l'Administration, un état descriptif de tous les ouvrages d'art qui auront été exécutés : ledit accompagné d'un acte contenant les dessins cotés de tous lesdits ouvrages.

Les terrains acquis par la Compagnie postérieurement au bornage général, en vue de satisfaire aux besoins de l'exploitation et qui, par cela même, deviendront partie intégrante du chemin de fer, donneront lieu, au fur et à mesure de leur acquisition, à des bornages supplémentaires, et seront ajoutés sur le plan cadastral; addition sera également faite sur l'atlas de tous les travaux d'art exécutés postérieurement à sa rédaction.

En pratique, le plan parcellaire et le bornage se font avant l'exécution des travaux et d'après les indications des projets définitifs; après la construction, les bornes sont beaucoup moins indispensables, puisque le chemin de fer est entouré partout d'une clôture. Le bornage s'exécute généralement aussitôt que les emprises sont définitivement tracées sur le plan parcellaire; on relie ensuite les bornes plantées à tous les angles du polygone d'emprise, par des rigoles qui séparent complètement la zone occupée par le chemin de fer des terrains environnants. Cette opération sera même utilement faite avant la réunion du Jury d'expropriation.

Ces bornes seront également très précieuses pendant l'exécution des travaux pour permettre de repérer les piquets d'axe qui sont enlevés par la percée des tranchées ou l'arrivée des remblais. La conservation de ces piquets est en effet très utile pour bien des motifs, comme nous le verrons plus loin.

En dehors de la voie proprement dite; un certain nombre de dépendances doivent être comprises dans le bornage cadastral. En principe, dit à ce sujet la circulaire ministérielle du 31 décembre 1853, le bornage doit s'appliquer à tous les terrains qui, ayant été acquis pour l'établissement du chemin de fer, et étant ou pouvant être utiles à son exploitation, doivent être conservés par la Compagnie et remis à l'État lors de l'expiration de la concession. Ainsi les gares, stations, emplacement de dépôts de matériel, atelier de réparation et de construction, cours intérieures et extérieures, chemins spéciaux d'accès aux stations, maisons de gardes et leurs jardins, etc., sont bornés comme l'assiette des voies elles-mêmes.

Il en sera de même des quais attenant aux gares de marchandises (Conseil d'Etat des 6 et 26 décembre 1860), des places spéciales faites au-devant des gares sur les fonds d'établissement du chemin de fer (Conseil d'État, 22 juillet 1848), du local affecté au buffet d'une station, qui fait partie intégrante de cette station (Conseil d'État, 22 août 1853 et 1860). Le périmètre d'emplacement de ce buffet doit donc être compris dans le bornage.

Un pont construit pour faire passer une route au-dessus ou au-dessous des rails doit également être regardé comme une dépendance du chemin de fer. Toutefois, d'après une décision ministérielle du 3 avril 1861, les chaussées des passages inférieurs sont en dehors de cette dépendance.

D'un autre côté, doivent être sûrement compris en dehors du bornage: les chemins latéraux ou déviés, les chambres d'emprunt, les cavaliers de dépôt, les parcelles inutiles et celles qui ont été acquises en vertu de l'article 50 de la loi du 3 mai 1841 (circulaire ministérielle du 31 décembre 1853).

Il en est de même des terrains disposés en pente pour faire suite aux talus de déblai du chemin de fer (Conseil d'État, 1er décembre 1859); des estacades de chargement et de déchargement établies pour un usage privé en dehors du périmètre de la voie (Cour de cassation, 1er août 1860).

310. *Opération du bornage.* — Cette opération doit se faire conformément aux instructions de la circulaire ministérielle du 31 décembre 1853 adressée aux chefs de services chargés de la direction du contrôle, et dont nous avons déjà cité précédemment des extraits.

Avant que les opérations sur le terrain soient commencées, les ingénieurs de la Compagnie fixent contradictoirement avec les ingénieurs du Contrôle, sur les plans parcellaires qui ont servi aux acquisitions de terrains, les lignes de délimitation satisfaisant aux conditions vues plus haut, et les points sur lesquels les bornes devront être placées.

Ces bornes doivent être en pierre de bonne qualité; leur fût offrant un carré de $0^m,20$ de côté et de $0^m,20$ de hauteur au-dessus du sol; leur culasse de $0^m,30$ à $0^m,40$ d'enfoncement.

Il est dressé, par commune, un procès-verbal de bornage constatant la position des bornes et revêtu de l'acceptation des riverains, rendue authentique par leurs signatures dûment légalisées.

Une expédition des procès-verbaux de bornage, des plans cadastraux et de l'état descriptif des ouvrages d'art, revêtus des signatures des ingénieurs de l'État et de celles d'un ou plusieurs administrateurs de la Compagnie, ayant qualité pour valider l'opération, devra être déposée aux archives du ministère.

En pratique, le mieux pour se livrer à l'opération du bornage, contradictoirement avec les riverains, est de procéder, comme il a été fait sur la ligne de Lyon à Genève par extension de la méthode appliquée ordinairement pour les chemins vicinaux.

Un arrêté préfectoral a permis à la Compagnie de donner la publicité nécessaire à l'opération du bornage au moyen :

1° D'un affichage spécial;

2° D'une publication dans les journaux;

3° D'un avertissement distinct donné à chaque propriétaire.

Le préfet a institué, en outre, dans chaque commune une commission spéciale composée du maire et de deux conseillers municipaux, pour recevoir les dires et observations des propriétaires intéressés, recueillir les signatures en cas d'adhésion, ou constater leur silence en cas d'abstention. Il a agréé enfin un géomètre proposé par la Compagnie pour procéder au bornage et aux opérations accessoires conformément au Cahier des charges et aux instructions rappelées plus haut, ainsi que pour fournir aux intéressés les explications nécessaires.

311. *Conservation des bornes.* — Aucune loi spéciale n'a prévu la conservation des bornes du chemin de fer. Il y a donc simplement lieu de leur appliquer l'article 456 du Code pénal, savoir : « Quiconque aura déplacé ou supprimé des bornes ou pieds corniers sera puni d'un emprisonnement d'un mois à un an et d'une amende qui ne pourra être au-dessous de 50 francs. »

Ou bien encore l'article 387 : « Tout individu qui, pour commettre un vol, aura enlevé ou tenté d'enlever des bornes servant de séparation aux propriétés, sera puni d'un emprisonnement de deux à cinq ans et d'une amende de 16 à 500 francs. »

Il y a peu d'exemples de réclamations présentées en vertu du droit commun (art. 666 du Code civ.), dans le but d'obliger les Compagnies au bornage respectif des propriétés, et cela se conçoit aisément, puisque le bornage prévu par l'article précité devrait se faire à frais communs, tandis qu'en laissant agir seule la Compagnie, celle-ci en supporte la dépense entière.

Les propriétaires riverains manifestent simplement quelquefois le désir de se clore au moyen de murs ou de tout autre moyen ; nous donnons les règles à suivre dans ce cas, en traitant de l'alignement.

Ici se terminent toutes les opérations préliminaires qui précèdent l'exécution des travaux. Il ne reste plus qu'à dresser le dossier d'adjudication.

Dossier pour la mise en adjudication des travaux.

312. *Dossier d'adjudication.* — Les dossier soumis à l'adjudication des entrepreneurs contiendront, en général, les pièces suivantes :

1° La carte d'état-major au $^1/_{80000}$;
2° Le plan au $^1/_{10000}$;
3° Le profil en long au $^1/_{5000}$ sur $^1/_{500}$;
4° Les profils en travers types au $^1/_{100}$;
5° Un certain nombre de profils particuliers au $^1/_{200}$;
6° Un état des sondages ;
7° Les projets de déviations, dérivations, passages à niveau, ouvrages d'art et stations ;
8° Un avant-métré des travaux ;
9° Un bordereau des prix avec ou sans sous-détails ;
10° Le mémoire descriptif ;
11° Un devis estimatif ;
12° Un cahier de clauses et conditions générales imposées à l'entreprise ;
13° Le Cahier des charges spécial à la ligne ;
14° Le procès-verbal des conférences ;
15° Le rapport des ingénieurs du Contrôle.

313. *Remarques générales.* — Le tracé sur la carte d'état-major sera représenté comme toujours par une ligne rouge pleine, les lignes déjà existantes par un trait noir, enfin les lignes projetées ou en construction par un trait rouge pointillé.

Le tracé sur le plan au $^1/_{10000}$ sera représenté par deux lignes rouges parallèles distantes d'un millimètre ; les parties en déblais seront indiquées par une teinte jaune et les parties en remblai par une teinte rouge entre ces deux lignes. On indiquera, en outre, les angles des alignements, les longueurs des alignements et des tangentes, les dérivations et déviations, les ouvrages d'art, passages à niveau, développements et rayons de courbes, emprises des gares, chemins latéraux, chemins d'accès, etc. C'est enfin un plan beaucoup plus complet que ceux de cette échelle que nous avons rencontrés jusqu'à présent.

Le profil en long donnera en plus des renseignements qu'il comporte d'ordinaire, les cubes des tranchées et remblais, ainsi que des déviations et dérivations.

Il en sera de même pour les profils en travers, dont le dossier complet doit être tout prêt au bureau de l'ingénieur afin de compléter, à la demande, celui du dossier d'adjudication. Les surfaces des profils de déblais et de remblais seront inscrites en rouge à côté de chaque profil.

Quant aux projets d'ouvrages d'art et leurs accessoires, déviations, dérivations, etc, ils doivent tous être étudiés dans leurs plus complets détails à l'avance. On fera même bien d'en dresser les calques nécessaires à l'entreprise afin d'être exempt de tout travail de ce fait pendant l'exécution. On n'a jamais trop de temps, en effet, à ce moment pour surveiller celle-ci, et il serait fort gênant de conserver pour cette période des calques ou dessins à faire, que l'on peut aisément préparer plus tôt.

L'avant-métré des travaux sera dressé sans tenir compte du foisonnement des terres, puisqu'au bout d'un certain temps celles-ci reprennent leur volume primitif. Pour le rocher cependant, cela n'a pas lieu et le foisonnement atteint quelquefois 25 0/0.

Cet avant-métré est naturellement accompagné d'un mouvement de terres indiquant les différents modes de transports employés avec leurs distances moyennes. On fera d'abord, à part, l'avant-métré des déviations et des dérivations. Les excès des remblais nécessaires pour ces travaux se comptent comme dépôts pour le corps du chemin de fer et les excès de déblais comme emprunts.

On aura soin, d'ailleurs, de faire diverses vérifications ; ainsi le cube total des transports doit être égal au cube total des déblais, du foisonnement des reprises et des emprunts. Le total des déblais, emprunts et foisonnement doit être égal à celui des remblais et dépôts.

Le mémoire descriptif comprendra, comme les précédents, la description générale du chemin de fer; mais il donnera, en plus, l'indication des lieux d'extraction des matériaux, les distances de leur transport, leurs qualités spéciales, leur préparation.

Le devis estimatif comportera le détail et le résumé des dépenses prévues. On augmentera le total donné par les calculs, d'un imprévu de 10 0/0 pour les terrassements et de 20 0/0 pour les ouvrages d'art. Dans les mauvais terrains, où il y aura des travaux complémentaires à effectuer pour le drainage, la défense des talus, etc., la majoration des terrassements pourra être portée également au chiffre de 20 0/0.

314. *Mode de concession des travaux.* — Les règles prescrites pour les travaux de l'État et concernant la mise en adjudication, l'affichage, la publicité, etc., conformément à l'ordonnance du 10 mai 1829 et aux circulaires ministérielles du 11 août 1850 et du 8 mars 1862, ne sont en aucune façon obligatoires pour les Compagnies. Aucune loi ni aucun règlement ne peuvent les forcer à les adopter, et elles sont libres soit de traiter de gré à gré pour l'exécution de leurs travaux neufs ou d'entretien, soit de procéder par adjudication. C'est ce dernier procédé qui d'ailleurs est le plus souvent employé en pratique; un certain nombre d'entrepreneurs sont appelés à prendre connaissance du dossier spécial comportant les projets et devis vus précédemment, et à présenter concurremment des soumissions cachetées. La Compagnie n'accepte d'ailleurs pas le premier venu, et ne procède à cette opération que parmi un certain nombre d'entrepreneurs de choix qu'elle appelle elle-même et qui lui offrent toute garantie. Les soumissions ouvertes, c'est celui qui a offert le plus grand rabais sur le prix de base présenté au devis, qui est déclaré adjudicataire.

Mais cela n'exclut pas, nous le répétons, la facilité pour la Compagnie de traiter à forfait si bon lui semble. Seulement elle ne s'affranchit en rien par là de la responsabilité qui lui incombe envers l'État ou envers les tiers, pour mal-façon, dommages, accidents, etc.

Cela posé nous allons entrer maintenant dans la période d'exécution.

§ *IV.—EXÉCUTION DES TRAVAUX*

A. — Fabrication des briques

Utilité de fabriquer ses briques.

315. La plupart des matériaux de construction employés dans les travaux de chemin de fer arrivent tout préparés sur le terrain ; nous ne nous en occuperons donc pas dans ce traité, d'autant plus que la question a été très complètement exposée dans l'ouvrage de M. Oslet : *Les Matériaux de construction et leur emploi.*

Mais il n'en est pas de même des briques ; il y a en effet grand intérêt à les fabriquer soi-même sur place, à proximité des ouvrages où elles doivent être employées ; nous donnerons donc sur ce sujet les détails indispensables pour que nos lecteurs puissent installer une briqueterie élémentaire suffisante pour alimenter leurs chantiers.

Matière première : argile.

316. Les briques sont, comme on sait, fabriquées avec de l'argile, qui n'est qu'un silicate d'alumine hydraté, résultant de la desagrégation des feldspaths granitiques. Cette argile est d'ailleurs rarement pure, et le plus souvent on la rencontre mélangée de silice, d'alumine libre, d'oxydes métalliques, surtout de fer à l'état de peroxyde, auquel elle doit sa couleur ocreuse et rouge quand elle est cuite. L'argile pure, ou kaolin, en effet, est blanche, aussi bien avant qu'après la cuisson ; elle est beaucoup moins fusible au feu, et porte à cause de cela le nom d'argile *réfractaire.*

L'argile a une texture savonneuse, est très avide d'eau lorsqu'elle est sèche, et forme alors une pâte ductile, tenace, qui durcit à la cuisson : de là, l'origine de l'industrie des briques, tuiles, carreaux, poteries, etc.

On peut facilement extraire de l'argile les corps mélangés en la délayant dans l'eau : toutes les impuretés telles que sable, quartz, etc., se précipitent au fond du vase, tandis que l'argile proprement dite trouble l'eau et y reste longtemps en suspension, ce qui prouve la grande ténuité de ses éléments.

Il est essentiel, quand l'argile doit être cuite, qu'elle ne contienne que peu ou point de carbonate de chaux libre ; à la cuisson, en effet, l'acide carbonique se dégage et il reste de la chaux qui se délite à l'air.

L'argile présente plusieurs variétés : la *glaise*, la *figuline*, l'*argile des potiers*, l'*argile plastique.* La plasticité est proportionnelle à la richesse en alumine.

En général, les argiles, sous l'effet du frottement, dégagent une odeur particulière que l'on constate simplement en les soumettant au souffle de l'haleine. Chauffées à 100 degrés, les argiles conservent leur plasticité sans perdre en entier leur eau de combinaison. De 200 à 300 degrés, toute l'eau qu'elles renferment s'évapore et elles perdent complètement leur plasticité, qu'elles ne reprennent plus quand on les humecte de nouveau. A une température élevée, elles prennent une grande dureté, une grande cohésion et un retrait, qui fait quelquefois diminuer leurs dimensions de $^1/_5$; certains pyromètres ont été basés sur cette propriété. Leur dureté peut alors devenir très grande, à ce point, qu'elles ne sont plus entamées par l'acier, dont le choc en tire des étincelles.

Le carbonate de chaux et l'oxyde de fer ne diminuent la plasticité que quand ils se rencontrent en quantités notables, mais il en faut peu pour diminuer la propriété de l'argile d'être réfractaire.

Les argiles mélangées de carbonate de chaux portent le nom de *marnes.* Quand la proportion de ce calcaire ne dépasse pas 10 à 12 0/0, la marne est dite *argileuse ;* elle est plastique, se travaille assez bien, prend une grande dureté à la cuisson, et sert à faire des poteries communes.

Quand le carbonate de chaux dépasse la proportion précédente, les marnes sont dites *calcaires*. Seules, elles ne donnent pas alors de pâte réellement plastique, et se délitent à l'air à cause du calcaire qu'elles renferment.

Les argiles contiennent généralement 2 à 3 0/0 de potasse et de soude, sauf aux environs de Paris où elles n'en présentent que 4 à 5 $^1/_{000}$. Cela suffit pour les rendre ramollissables à haute température. Enfin elles contiennent de nombreuses matières organiques qui les colorent souvent en gris noirâtre, même après la cuisson.

Les argiles sont très abondantes dans la nature ; on les trouve en couches assez régulières dans presque tous les terrains stratifiés. Les argiles plastiques et réfractaires sont rares ; celles qui sont mêlées de calcaires se rencontrent plus fréquemment ; enfin les argiles rouges sont les plus abondantes.

La principale application de l'argile est la fabrication des *briques*.

Briques diverses.

317. Les briques sont des pierres artificielles en argile pure ou mélangée et solidifiée soit par l'exposition à l'air et au soleil, soit par la cuisson.

Les premières sont appelées *briques crues* et ne peuvent être employées que dans les constructions sans valeur. Il ne sera question, dans tout ce qui va suivre, que des *briques cuites*.

Les briques cuites s'obtiennent en soumettant à la cuisson, à un feu violent, les briques crues fabriquées, comme d'ordinaire, avec de l'argile pure ou plus ou moins mélangée de sable ou de marne.

Lorsque les argiles sont trop plastiques ou, autrement dit, trop *grasses*, les briques sont sujettes à se déformer et à se fendiller : on dégraisse alors la pâte avec du sable fin ou un peu de marne calcaire. Quand, au contraire, les pâtes n'ont pas assez de liant, on y ajoute non de l'argile plastique qui coûterait trop cher pour des matériaux de construction, mais des marnes ou des calcaires argileux.

Quand le charbon nécessaire pour la cuisson est bon marché, comme dans les régions minières, on ajoute à la pâte assez de marne calcaire ou de craie pour augmenter la fusibilité à haute température, et l'on pousse la cuisson jusqu'à un commencement de vitrification.

Fabrication proprement dite.

318. *Choix des terres.* — Lorsqu'on veut faire des briques dans la contrée où est établi le chemin de fer, on commence par rechercher les gisements d'argile qui paraissent les plus convenables; on essaie la matière en la soumettant à la cuisson et examinant comment se comportent les échantillons. A priori, il faut rejeter les argiles qui contiennent des éclats de craie ou de calcaire, du silex, ou de ce minerai sulfureux de fer appelé pyrite.

Le calcaire, en effet, comme nous l'avons dit precédemment, se transformerait en chaux à la cuisson ; cette chaux, en s'éteignant et se dilatant à l'air, amènerait la destruction du produit ; le silex en cuisant au feu éclaterait et ferait briser la brique. Les pyrites ont l'inconvénient de donner de la fusibilité : on peut donc en admettre à la rigueur une petite proportion.

Cela posé, il y a deux méthodes bien distinctes pour procéder à la fabrication des briques, selon qu'on les produit sur le chantier même où elles devront être utilisées, ou bien dans une usine spéciale avec des fours appropriés.

Nous ne nous occuperons que de la première manière, parce que le personnel des travaux est appelé souvent à l'appliquer sur place. Cette méthode, qui s'effectue en plein air, s'appelle méthode *flamande* ou *wallone*, ou aussi à la *volée*. Elle ne peut naturellement s'opérer que pendant la belle saison, de mars à septembre, et son succès est encore subordonné à l'état de l'atmosphère pendant cette période.

319. *Extraction des terres.* — On s'établit sur le banc même d'argile, on découvre la terre végétale, et on enlève à la bêche ou à la houe, la quantité de terre suffisante pour faire le nombre voulu de briques, soit $1^{m3},25$ de fouille pour mille briques. Cette terre est simplement rejetée sur le côté de la fouille et mise en couches; cette extraction doit se faire, autant que possible, au commencement de l'hiver, afin que les gelées puissent bien désorganiser l'argile et la rendre plus facile à pétrir. En même temps, certaines substances sont divisées, ameublies et entraînées par les pluies; tout cela représente donc de l'avance pour l'avenir.

Les ouvriers préparent ensuite l'emplacement général de la briqueterie sur lequel ils doivent faciliter, par tous les moyens possibles, l'écoulement de l'eau : la première chose à faire sera donc de mettre le terrain en pente en dirigeant l'inclinaison du côté de la fouille où l'on a toujours besoin d'eau.

Si cette eau manque, les briquetiers devront tout d'abord creuser un puits et disposer des rigoles pour amener l'eau partout où ils en auront besoin. Ils devront avoir également une provision de sable fin séché au soleil.

Le terrain est rigolé et nivelé avec soin. Les ouvriers en laissent la moitié libre pour former une aire bien plane, et divisent le reste au cordeau en plusieurs espaces. Les uns, d'environ 3 mètres de large, sont destinés à recevoir les *haies* ou piles à claire-voie de briques à sécher, et les autres, de 6 mètres de largeur, servent à travailler à l'aise les briques entre les haies. Chaque emplacement de haie est entouré d'une rigole de $0^m,25$ de large sur $0^m,10$ de profondeur pour permettre l'écoulement des eaux de pluie et empêcher le mouillage des briques du pied de la haie. On dame fortement le sol après avoir ôté l'herbe; on le sable ensuite en régularisant au râteau; l'aire d'une briqueterie doit en effet être partout et constamment munie d'une légère couche de sable.

320. *Corroyage.* — Deux hommes préparent alors la terre : ils creusent le tas de terre extraite et en coupent le pied à la bêche de manière à produire un éboulement. Les terres éboulées sont rejetées à la pelle à environ 2 mètres de distance, de façon à en faire un petit tas de 2 à 3 mètres de diamètre et de $0^m,25$ d'épaisseur. On arrose et l'on rejette dessus une nouvelle quantité de terre égale à la première, ce qui donne au tas une épaisseur totale de $0^m,50$.

Avec une houe à long manche, à deux reprises différentes et en arrosant de temps en temps, les batteurs refont le tas à côté, de façon à déplacer toute la masse et à la bien mêler. On coupe alors le bloc à la pelle, et, pendant que l'un des batteurs forme de nouveau le tas sur une hauteur de $0^m,25$ à $0^m,30$, le second bat la terre avec le talon de la houe. On répète une deuxième fois cette opération, qu'on peut compléter par un piétinage, et, à ce moment, la terre doit avoir la consistance d'un mortier un peu dur. On la met sous forme d'un tas de 1 mètre à $1^m,50$ de hauteur avec des pelles en bois, et on lisse toute la surface qu'on recouvre ensuite avec des paillassons, de manière à la préserver aussi bien de la pluie que des rayons du soleil.

Il faut avoir bien soin d'enlever en même temps de l'argile toutes les matières pierreuses, crayeuses ou pyriteuses : si celles-ci sont en assez grande quantité, on passe la terre à la claie; le lavage, qui permettrait d'atteindre le même but d'une façon beaucoup plus parfaite, est trop coûteux et ne s'emploie que dans la confection des briques réfractaires.

Puis, on ajoute, selon la qualité de l'argile, la quantité de sable ou de marne nécessaire et l'on remue le mélange de manière, à le rendre bien homogène. On y verse ensuite une quantité d'eau suffisante pour le transformer en une pâte ductile et ferme. Les éléments de ces différentes matières à ajouter se déterminent dans chaque cas particulier par l'analyse et l'expérience. On a reconnu qu'en général la quantité d'eau à employer doit atteindre au maximum la moitié du volume de terre à pétrir.

Souvent la terre, au lieu d'être *battue*, est *marchée*, et cela surtout quand l'argile est trop grasse et qu'on a besoin d'y ajouter un peu de sable fin. On creuse dans le sol une fosse dans laquelle on jette la terre à préparer, on ajoute la quantité d'eau voulue, et un *marcheur* la piétine en la retournant à la pelle. Si l'on doit ajouter du sable, on dispose la terre par couches, sur chacune desquelles on répand la quantité de sable nécessaire. En marchant la terre et en la retournant constamment avec une bêche ou une pelle, on parvient à faire un mélange homogène et complet.

Le marchage est encore le meilleur procédé de corroyage que l'on connaisse : il est bien préférable aux procédés mécaniques eux-mêmes, car, outre qu'il donne un excellent mélange, il permet de retirer beaucoup plus complètement les pierres et autres corps étrangers qui se rencontrent à chaque instant dans l'argile.

321. *Corroyage mécanique.* — Mais, d'un autre côté, il constitue une opération longue, pénible et souvent malfaisante à cause des miasmes qui se dégagent toujours de ces terres vierges fraîchement remuées. Aussi est-on souvent appelé à le remplacer par un pétrissage mécanique, qui consiste, soit à faire passer la terre entre les cylindres d'une ou plusieurs paires de laminoirs, soit à la rouler directement avec de gros cylindres, soit enfin à la travailler dans un *mélangeur* ou *malaxeur*. Ces engins ne s'emploient presque jamais dans la méthode wallone ; le mélangeur seul, qui a conquis généralement les chantiers, même pour la fabrication des mortiers, sert quelquefois au corroyage de la terre à briques. Aussi est-ce le seul que nous décrirons. Notons seulement que le mélange ou l'amendement des terres peut se faire pendant le marchage ; mais lorsqu'on emploie le malaxeur, les terres doivent être préparées à l'avance.

Quel que soit le procédé employé, le corroyage doit toujours se faire avec le plus grand soin, car il a une très grande influence sur la qualité et surtout la solidité des briques. Ainsi, avec les mêmes conditions de préparation et de cuisson, un bon ou un mauvais corroyage peut donner des briques dont les densités sont dans le rapport de 82 à 86, et les charges à la rupture de 70 à 130, c'est-à-dire près du double.

Taillage de l'argile.

322. *Tailleuses mécaniques.* — Il n'est pas toujours facile de préparer une pâte avec l'eau et l'argile dont on a l'intention de faire de la brique ; tel est, par exemple, le cas pour l'argile bleue du bassin de Paris.

On est alors obligé de tremper les terres avant le mélange: c'est l'opération du *taillage*.

Pendant longtemps on employa des coupeurs qui taillaient l'argile à la main ; mais les progrès de la mécanique industrielle ont permis de remplacer cette main-d'œuvre lente et coûteuse par des machines dites tailleuses, qui sont simples, légères, faciles à installer partout et pouvant être actionnées par la plus vulgaire des locomobiles agricoles.

Il y a des tailleuses *horizontales* et des tailleuses *verticales* ; le principe est toujours le même, la disposition seule de l'appareil diffère.

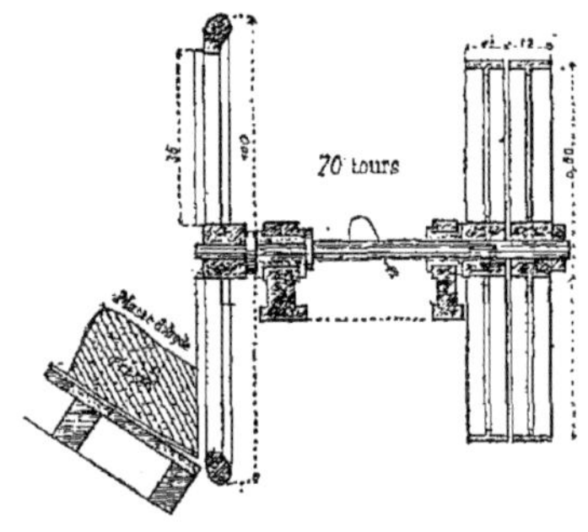

Fig. 203.

323. *Tailleuse verticale.* — La tailleuse verticale se compose (*fig.* 203) d'un plateau vertical A, en fonte, muni de quatre fentes dirigées suivant deux diamètres rectangulaires (*fig.* 204) et garnies de couteaux de forme spéciale (*fig.* 205).

La terre est amenée devant ce plateau, qui tourne avec une vitesse de soixante-dix tours à la minute, par une sorte d'entonnoir en bois ou *trémie*. Cette terre est découpée en petites lanières, qui traversent les fenêtres du plateau et tombent dans un vase rempli d'eau, où elles se détrempent. Il est d'ailleurs bon de les laisser tremper le plus longtemps possible et bien reposer, le produit résultant n'en est que meilleur. C'est ce que savaient depuis longtemps les Chinois, et cette précaution est une des causes qui ont contribué à la célébrité universelle de leur poterie.

Le mouvement est donné au plateau par un arbre horizontal tournant dans deux paliers munis de leurs coussinets; cet arbre lui-même est en relation avec la locomobile ou une transmission intermédiaire au moyen de deux poulies, de

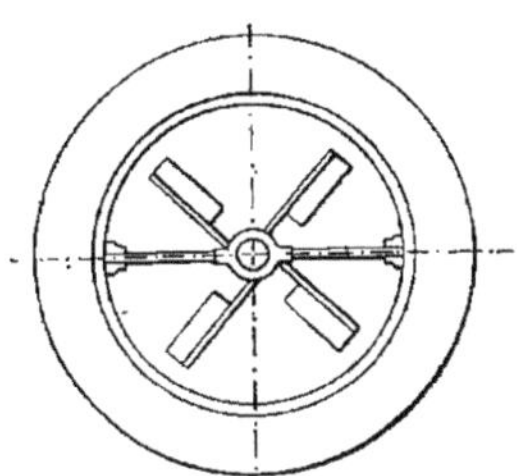

Fig. 204.

même diamètre : l'une fixe, clavetée sur l'arbre, et entraînant par suite la rotation de celui-ci; l'autre folle et pouvant se mouvoir seule sans faire tourner l'arbre avec elle.

La locomobile fonctionnant d'une ma-

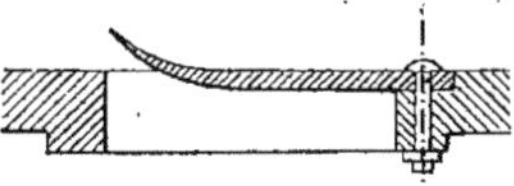

Fig. 205.

nière permanente, la tailleuse tourne ou s'arrête selon que la courroie de commande est adaptée à l'une ou l'autre de ces poulies. Une fourchette à manche articulé ou *embrayage*, permet d'obtenir à volonté ce résultat.

324. *Tailleuse horizontale.* — La tailleuse horizontale ne diffère de la précédente que par la disposition du plateau qui est horizontal au lieu d'être vertical; la terre tombe verticalement de haut en bas sur ce plateau, est découpée par les couteaux, traverse les fenêtres et se détrempe dans l'eau comme précédemment (*fig.* 206).

La trémie inclinée de l'appareil précédent est ici remplacée par un cylindre

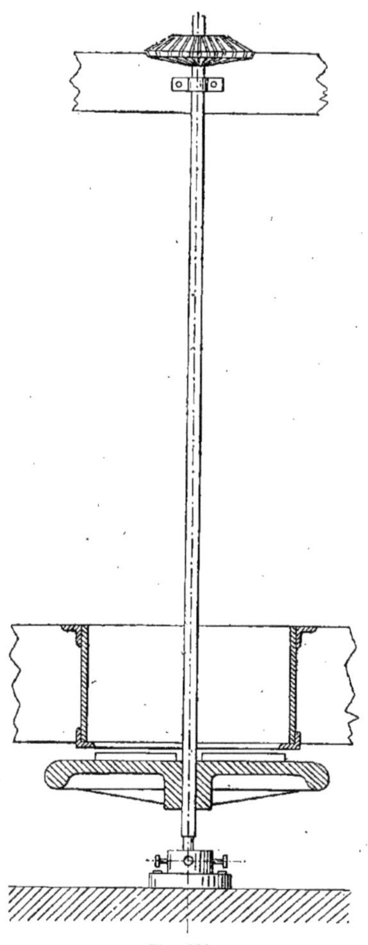

Fig. 206.

en tôle maintenu fixe au-dessus du disque à couteau, au moyen d'un cadre en bois ; l'arbre repose à sa partie inférieure dans une petite boîte ou *crapaudine* en fonte, dont le fond est muni d'un petit bloc ou *grain* d'acier, de manière à ne pas s'user trop rapidement; cette crapaudine doit être installée bien fixe. Un autre cadre supérieur maintient l'arbre bien vertical, et lui permet de recevoir le mouvement par deux engrenages coniques.

La machine fait comme la précédente soixante-dix tours à la minute.

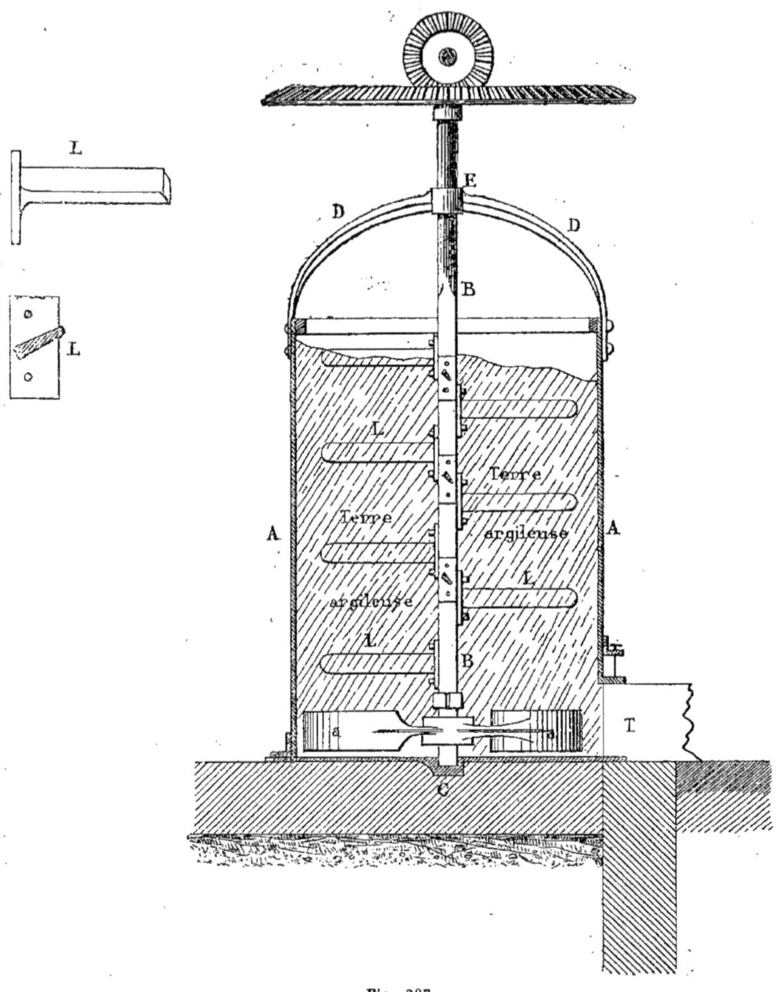

Fig. 207.

En somme, la tailleuse horizontale est moins simple, plus encombrante, partant plus coûteuse et moins facile à installer que la tailleuse verticale à laquelle nous donnons la préférence surtout pour la fabrication volante dont nous nous occupons en ce moment.

325. *Malaxage.* — Quel que soit le

genre de machine employé, une fois les argiles suffisamment détrempés, il faut toujours procéder au corroyage. Nous avons vu précédemment comment se fait cette opération en marchant les terres; nous allons aujourd'hui exposer comment on procède lorsqu'on emploie le *malaxeur mécanique*.

Le malaxeur le meilleur et le plus employé aujourd'hui, se compose d'une caisse cylindrique en tôle de 0m,50 à 0m,80 de diamètre, dans l'axe de laquelle se meut un arbre en fer forgé portant un certain nombre de palettes inclinées, c'est-à-dire que ces palettes, toutes fixées perpendiculairement à l'arbre central, ne sont ni horizontales ni verticales sur leurs tranches, mais placées à 45 degrés (*fig.* 207, détail 4).

Le cylindre, ou tonneau, est ouvert à sa partie supérieure, de sorte que l'arbre doit être maintenu vertical au moyen d'une arcade D et d'un collet E ; en bas, il repose sur une crapaudine élémentaire placée dans le fond du cylindre, lequel est fermé à la partie inférieure. De plus, les palettes sont placées à la suite et un peu au-dessous les unes des autres, de manière à former dans leur ensemble une sorte de surface hélicoïdale continue, qui force les terres à descendre en les mélangeant. Le mouvement est donné à l'arbre central au moyen de deux engrenages coniques; le moteur peut être l'homme, le cheval avec un manège, ou un moteur mécanique suivant l'importance du travail à effectuer et les dimensions de l'appareil. Celui que nous décrivons exige de la *force motrice*.

Les deux dernières palettes du bas diffèrent des autres; elles ne sont pas inclinées, mais placées verticalement sur champ, et ont des dimensions un peu plus fortes. Elles sont en outre un peu courbes, formant à elles deux une S, et servent à chasser au dehors, par une ouverture latérale T ménagée à cet effet, les terres mélangées par le travail des lames supérieures; elles jouent le rôle de ramasseur et d'expulseur.

L'ouverture T finale est largement calculée et généralement garnie d'un tuyau en tôle de 0m,10 à 0m,15 de longueur, qui conduit la terre mélangée au dehors sans qu'elle s'arrache le long des parois de l'orifice. D'autres fois, la terre s'échappe par le fond du cylindre ; on donne alors aux dernières lames la même inclinaison qu'aux lames courantes, de manière qu'elles continuent l'hélice intérieure, ce qui présente l'avantage de ne pas changer la direction des filets de terre, et d'exiger moins de force motrice.

Un tonneau de ce genre, avec les dimensions précédentes, exige en général une force de quatre à cinq chevaux, et permet de malaxer 12 mètres cubes d'argile par jour, soit environ 1 mètre cube à l'heure Mais cela peut varier naturellement avec la dureté de la terre à travailler et, par suite, la vitesse que l'on peut donner à l'arbre.

La terre, ayant subi un bon trempage, est apportée à l'appareil au moyen de brouettes ou de wagonnets, puis introduite dans le cylindre par portions. Un robinet d'eau situé au-dessus de la caisse permet de régler la dureté de la pâte à volonté. La rotation de l'arbre dans le sens convenable et l'inclinaison des lames forcent la terre à descendre en même temps qu'elle est mélangée; arrivée au fond, elle est chassée au dehors par les lames courbes vues plus haut.

C'est là la disposition des malaxeurs courants aujourd'hui ; le fond est presque toujours plein, et les produits corroyés ne peuvent sortir que par la porte latérale placée près du fond. Cela n'est pas d'ailleurs sans inconvénient : les terres, en effet, s'accumulent au bas du tonneau, dans la partie opposée à la porte, et, faute de trouver une issue, elles y sont bientôt comprimées, de sorte qu'elles occasionnent une grande déperdition de force, et finissent quelquefois par s'opposer au mouvement de l'arbre et de ses râteaux.

Il est donc préférable de mettre au fond du tonneau deux ouvertures analogues placées symétriquement, et munies de portes à coulisses permettant d'élargir ou de diminuer à volonté l'orifice de sortie; on règle alors facilement le travail avec moins de fatigue et, on obtient un écoulement facile des produits corroyés.

326. *Forme et dimensions des ma-*

laxeurs. — On s'est demandé si la forme cylindrique était bien celle qui convenait le mieux au genre de travail à effectuer, et s'il ne serait pas préférable de donner à l'appareil une forme tronconique. Certains malaxeurs ont été en effet établis d'après ces données, mais la forme cylindrique paraît être encore la meilleure.

Ainsi, la plus mauvaise forme que l'on puisse adopter, à notre avis, est celle du tronc de cône posé sur sa grande base. Le volume des matières tend, en effet, à diminuer à mesure que la trituration et le mélange deviennent plus parfaits; si la capacité qui leur est offerte va en augmentant, il se forme des vides dans la masse, et les matières formant voûte à la partie supérieure du tonneau ont beaucoup de peine à descendre.

Si l'on adopte la forme inverse, c'est-à-dire le tronc de cône posé sur sa petite base, les matières descendent bien; mais un autre inconvénient se présente : la terre, de plus en plus comprimée à mesure qu'elle descend, s'oppose davantage au mouvement des râteaux. Ceux-ci peuvent alors être exposés à exercer en pure perte des efforts bien plus considérables que ne l'exigerait le travail normal du malaxage.

En résumé, la forme cylindrique est celle qui convient le mieux dans la plupart des cas; elle se tient à égale distance des deux défauts précédents, et se trouve être en général la plus avantageuse. C'est donc elle qu'il faudra adopter lorsque des considérations impérieuses et particulières n'en exigeront pas d'autre; et, de fait, c'est ce qui a lieu dans la pratique.

Cela posé, il reste encore à préciser un élément important de la forme des mélangeurs: c'est le rapport du diamètre de la base à la hauteur, de manière que les terres ne descendent ni trop vite ni trop lentement au fond; dans le premier cas, en effet, elles ne sont pas assez malaxées; dans le second, elles le sont inutilement trop.

Aucune règle générale ne paraît avoir guidé les constructeurs, et l'on rencontre sur les chantiers des appareils dont la hauteur varie depuis une fois jusqu'à deux fois le diamètre de la base.

En principe, et toutes choses égales d'ailleurs, le rapport de la hauteur à la base doit être d'autant plus petit, que l'appareil est plus puissant; et, pour des malaxeurs de même puissance, la hauteur doit être d'autant plus grande, que les matières sont plus difficiles à mélanger.

Mais, nous pensons qu'il vaut mieux pécher par excès que par défaut de hauteur; on peut toujours remédier au premier inconvénient en ouvrant davantage les portes d'évacuation; dans le second cas, on ne peut apporter de remède qu'en fermant ces portes, et, par suite, en comprimant les matières intérieures, et augmentant le travail moteur. Les malaxeurs qui donnent les meilleurs résultats ont, en général, une hauteur égale à trois fois le rayon du cylindre.

327. *Moulage; forme des moules.* — La terre une fois bien pétrie, on façonne les briques à l'aide de moules en bois ou en fer, quelquefois en bois doublé de tôle ou de cuivre. Souvent le moule est double en longueur, et présente deux compartiments séparés par une cloison, de sorte qu'il permet de fabriquer deux briques à la fois (*fig.* 208). Cependant les avantages de ce double moule sont contestés: les manipulations et manœuvres nécessitées sont plus longues, le démoulage bien réussi, plus difficile; quand il est muni d'un fond (*fig.* 209), ce qui le rend plus commode pour le transport, le démoulage ne peut s'opérer qu'en le retournant sens dessus dessous sur l'aire de la briquerie; on a ainsi beaucoup plus de chance de déformer la brique qu'avec le moule sans fond, qu'on n'a qu'à soulever, laissant glisser la brique intérieure sous l'effet de son propre poids.

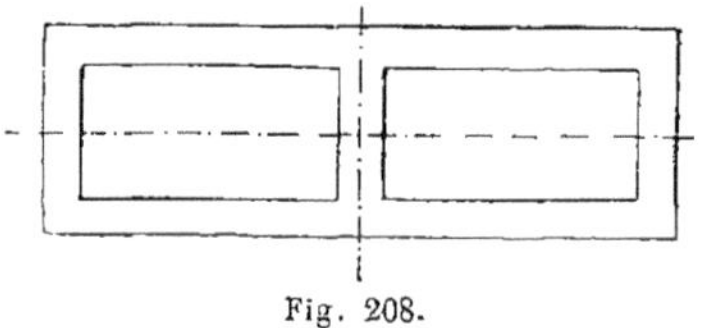

Fig. 208.

Bref, le moule généralement préféré est

à une seule brique et sans fond (*fig.* 210). Il se compose simplement de quatre planchettes de chêne et de hêtre assemblées de manière à former un cadre dont on munit généralement l'intérieur d'un fer

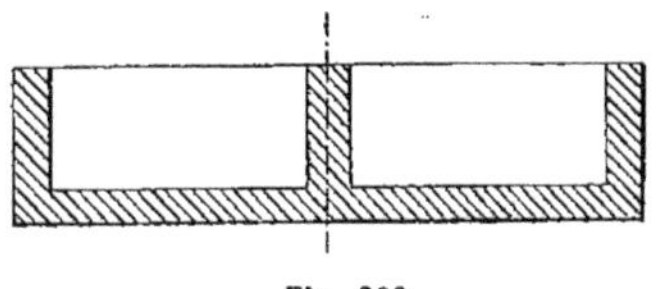

Fig. 209.

feuillard qui prévient l'usure. Les deux longs côtés du rectangle ainsi formé dépassent un peu les deux autres et forment des ailettes qu'on peut saisir à la main, et qui servent à toutes les manipulations auxquelles le moule est soumis.

Les dimensions du moule varient évidemment avec la brique qu'il s'agit de fabriquer.

On a soin, cependant, de prendre ces di-

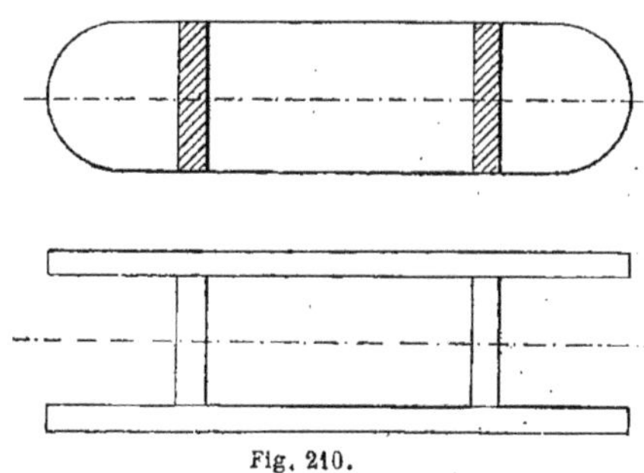

Fig. 210.

mensions un peu plus grandes que celles de la brique cuite pour tenir compte du retrait de l'argile à la cuisson ; ce retrait

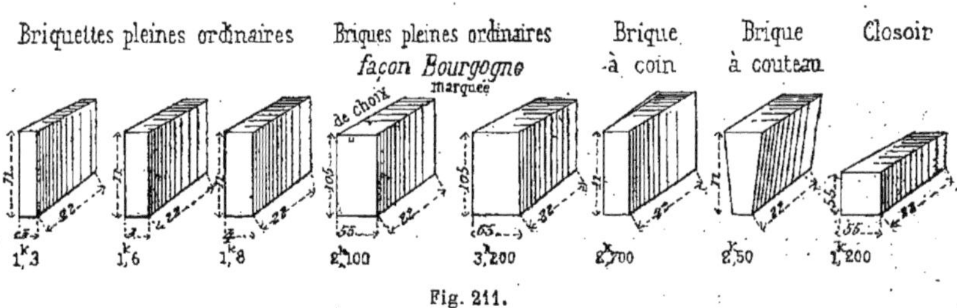

Fig. 211.

est variable et doit être évalué dans chaque cas particulier par des expériences directes. Il dépend aussi du degré de fluidité de la pâte employée : nous avons dit d'ailleurs qu'il était toujours préférable de fabriquer à pâte ferme. Il est évident, en outre, que l'on peut varier la forme de ces moules, et fabriquer suivant les besoins des briques en forme de voussoirs, de coins, de clefs, de couteaux, etc. C'est une chose qui ne demande pas de sujétions bien spéciales et qui peut quelquefois rendre de grands services lorsqu'on fabrique soi-même ses matériaux, comme nous le supposons ici (*fig.* 211).

328. *Opération du moulage.* — Une brigade de mouleurs en Belgique et dans le nord de la France où la méthode flamande est le plus employée, exige six à sept briquetiers : au minimum deux *mouleurs*, deux *marcheurs*, un *rouleur* pour amener la terre préposée aux mouleurs, et un *porteur*, généralement un apprenti, qui démoule les briques sur le sol. Le chef de l'équipe est toujours un mouleur.

A Paris et dans les environs où le tempérament des hommes est plus vif, l'équipe ne se compose que de quatre hommes qui n'en fabriquent pas moins aisément leurs sept mille briques dans une journée de travail de douze heures : les flamands dépassent rarement malgré leur nombre, cinq cents briques à l'heure.

Un ouvrier mélange et marche la terre ; deux autres la moulent, et l'un d'eux se détachant de temps en temps va chercher la terre malaxée ; enfin un gamin démoule et place les briques sur l'aire.

Cela posé, la terre préparée est amenée par le *brouetteur* ou *rouleur* à la *table à briques* où se tient le *mouleur*. C'est une table en bois ayant généralement 1 mètre de hauteur, $1^m,30$ de largeur et $1^m,00$ de long. On la place dans l'espace libre de la briqueterie, de manière qu'elle soit le plus près possible de l'endroit où l'on porte les briques à démouler et à sécher. Le mouleur a encore à sa portée la *minette* ou baquet contenant du sable fin pour soupoudrer chaque fois les moules et l'auge pleine d'eau pour les laver. C'est le brouetteur qui alimente ces deux baquets, en même temps qu'il râtisse l'aire sur laquelle devront être déposées les briques, et les saupoudre de sable. Il apporte entre temps, la terre près du mouleur et la recouvre de paillassons afin de la garantir aussi bien de la pluie que des rayons du soleil; ces deux causes modifiant considérablement la texture de la pâte.

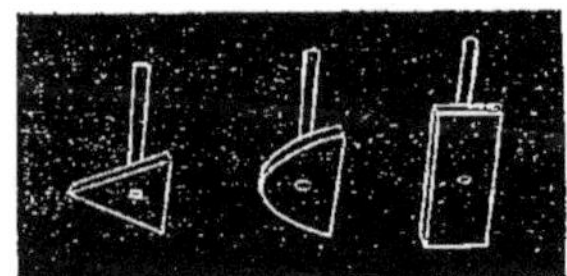

Fig. 212.

La table étant bien garnie de sable, afin que la terre n'y adhère pas, le mouleur y pose le moule également bien saupoudré de sable et le remplit d'argile qu'il prend à pleines mains en la comprimant et la jetant fortement dans le moule ; puis il enlève l'excédent à la main, et unit la surface avec un petit racloir en bois appélé *plane*, qui trempe constamment dans le baquet d'eau.

La plane la plus simple est une planchette de bois qu'on tient à deux mains, ou bien une petite raclette de différentes formes : triangulaire, demi-ronde, rectangulaire, et manœuvrée avec un manche. La forme triangulaire est la meilleure, car elle présente trois faces utiles sans être plus lourde ; le rectangle n'en présente que deux, la demi-ronde une seule. Ces deux dernières s'usent donc beaucoup plus vite (*fig.* 212).

L'excès de terre ramené par la plane est jeté sur la table, et repris aux moulages suivants.

Le *porteur* prend le moule plein, et le porte horizontalement s'il a un fond, lui fait faire un quart de tour, et le porte sur le côté s'il n'en a pas, et se dirige vers l'aire à sécher, qui, comme nous l'avons vu, a été préalablement bien dressée, bien battue et saupoudrée de sable fin. Il démoule la brique aussi adroitement que possible, et c'est surtout de lui que dépend la perfection du produit au point de vue de la forme; puis il rapporte le moule, le lave, le sable et le rend au mouleur qui, pendant les huit à dix secondes écoulées, a rempli un nouveau moule que le porteur trouve tout prêt et emporte de nouveau. Le travail est donc, comme on le voit, continu et des plus rapides. Le minimum de briques moulées par ce procédé et au moule unique, est de six mille par jour ou cinq cents à l'heure. Certains mouleurs, avec de bons aides, peuvent mouler, avec une pâte de consistance convenable jusqu'à neuf et dix mille briques en une journée de douze heures.

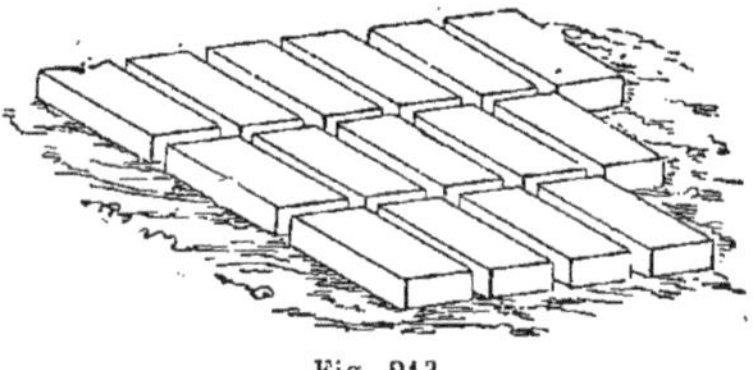

Fig. 213.

Quand les ouvriers sont à leurs pièces, ce qui est le système le meilleur et le plus employé, il est bon de les surveiller pour qu'ils n'emploient pas une pâte trop liquide ; le moulage, en effet, se fait alors plus facilement et plus vite, mais la brique perd beaucoup en résistance; ce dernier doit toujours être fait à pâte ferme et fortement comprimée dans le moule : c'est à ces conditions que l'on obtiendra des briques bien homogènes et solides.

Séchage, parage, battage.

329. Les briques démoulées sont alignées les unes à côté des autres, posées à plat sur le sol de la briqueterie et sans se toucher ; on les aligne soigneusement au cordeau, on les saupoudre de sable pour les prémunir contre l'action trop énergique du soleil, et elles éprouvent un premier séchage (*fig.* 213).

Quand elles ont pris une certaine consistance et qu'on peut les manier sans craindre de les déformer, on les relève sur champ sans les changer de place, afin de faire sécher la partie inférieure qui reposait d'abord sur le sol. On reconnaît que l'on peut procéder à cette opération lorsqu'une légère pression du doigt ne laisse aucune trace sur la brique (*fig.* 214).

Puis, au bout de dix à douze heures si

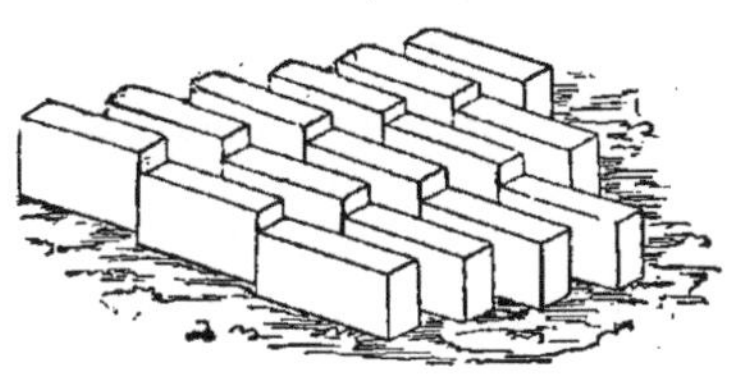

Fig. 214.

le temps est beau sans être trop chaud, elles deviennent assez fermes pour pouvoir subir des remaniements et le transport. Alors on les *pare*, c'est-à-dire qu'au moyen d'un couteau de bois on enlève les bavures et les corps étrangers qui ont pu être ramassés sur le sol. Si le soleil est trop ardent, il est prudent de couvrir les briques à plat de paillassons ; sans cela, la dessiccation trop prompte et trop active pourrait amener leur fendillement, et entraîner un grand nombre de briques hors de service. Il en est de même pendant les temps orageux : il faut les couvrir d'abord, pour ne pas les laisser mouiller, puis pour prévenir les coups de soleil trop brusques succédant aux giboulées de pluie. Le contraste amènerait une évaporation trop rapide, des craquelures, et la destruction de la plupart des briques.

Enfin on soumet souvent les briques à une dernière opération, celle du *battage* ou *rebattage*, qui est indispensable quand on veut obtenir des produits homogènes, denses et de forme très régulière. Le battage favorise, en outre, une dessiccation complète, et accélère la cuisson. Il consiste à frapper toutes les faces de la

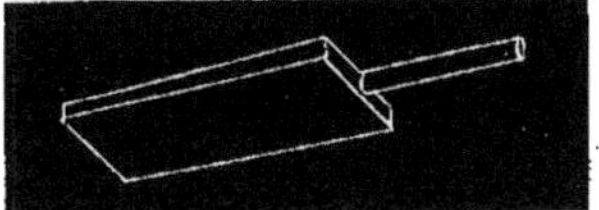

Fig. 215.

brique au moyen d'une *batte* ou planchette de hêtre toujours bien propre, munie d'un manche en queue, et non en flanc comme les planes (*fig.* 215). L'opération demande évidemment du soin et un ouvrier exercé, car il faut que chaque coup tombe bien d'aplomb sur la paroi de la brique, qui pourrait sans cela être endommagée. L'inconvénient du battage est surtout d'être fort coûteux, aussi n'est-il pas toujours employé dans la méthode flamande où l'on n'exige pas des briques que l'on fait pour soi, et dont on peut approprier l'emploi aux besoins, la

Fig. 216.

perfection généralement exigée par l'architecture civile. Dans ce dernier cas, d'ailleurs, la fabrication a lieu le plus souvent mécaniquement, et le battage est inutile, la brique étant suffisamment tassée par le moulage lui-même.

330. *Mise en haies.* — Enfin, environ douze heures après le moulage, on relève toutes les briques parées ou rebattues, et, pour achever leur séchage, on les empile les unes sur les autres de manière à en former des murailles à claire-voie dans lesquelles l'air peut aisément circuler en tous sens.

Pour cela, les briques ramassées sont posées avec grand soin sur une brouette spéciale (*fig.* 216), et transportées à l'emplacement de la haie. Puis toutes sont reprises à la main, et posées de champ, c'est-à-dire debout sur leur longue face, à côté les unes des autres, et de manière à laisser entre elles un vide égal au plein

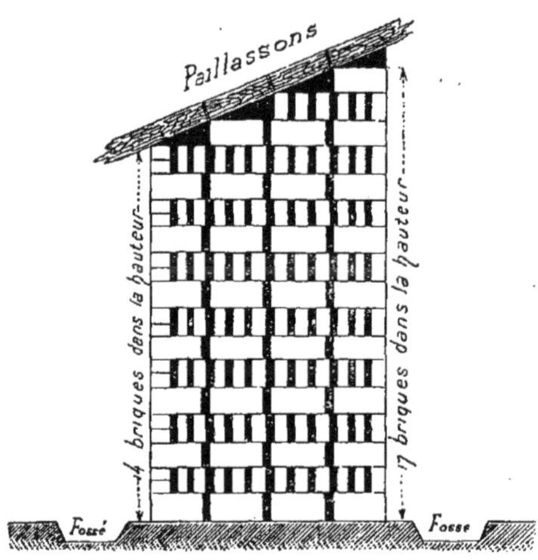

Fig. 217.

pour permettre le libre accès de l'air. Il n'y a d'ailleurs pas d'autre règle absolue pour la construction de la haie : les assises successixes sont toujours posées de champ avec l'écartement minimum signalé plus haut ; ces assises sont le plus souvent perpendiculaires, quelquefois obliques les unes par rapport aux autres, mais de manière à laisser le plus possible de vide permettant une bonne circulation de l'air, et un séchage actif du produit (*fig.* 217).

La largeur des haies ne doit pas être de plus de quatre briques, chaque brique ayant, en général, pour dimensions $0^m,22 \times 0^m,11 \times 0^m,055$, et la hauteur atteindra au minimum seize à dix-sept assises. Ces dimensions sont très importantes à observer ; ainsi, en mettant plus de 4 briques en longueur, on s'exposerait à voir celles du centre demander trop de temps pour abandonner leur humidité, et être encore fraîches alors que celles des parois seraient tout à fait sèches. Quant à la hauteur, c'est une question de proportions et d'équilibre. Avec dix-sept assises la haie présente une hauteur de $1^m,87$ qu'il serait imprudent de dépasser avec des briques simplement posées sur champ, et non reliées entre elles par aucun mortier. Un simple coup de vent un peu fort pourrait tout démolir et entraîner la perte de plusieurs journées de travail ; enfin il serait peu com-

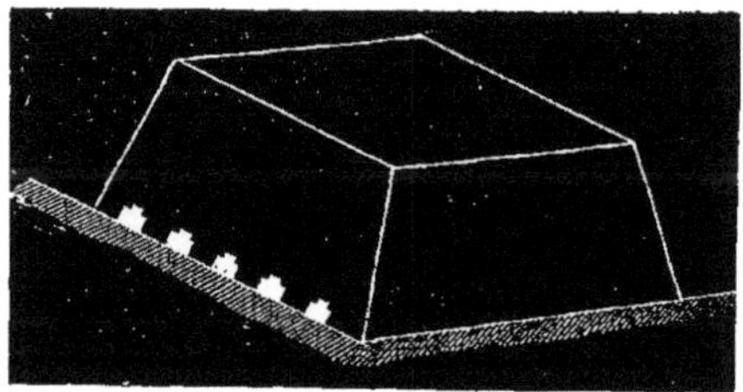

Fig. 218.

mode de dépasser notablement la hauteur à laquelle un homme peut facilement atteindre avec la main, pour la commodité du démontage de la haie, qui doit naturellement commencer par le faîte.

La haie, dont la partie supérieure est disposée en forme de toiture inclinée, est recouverte d'un paillasson qui reçoit les eaux de pluie et les entraîne rapidement sur le sol environnant : pour cela, on donne à l'une des faces de la haie une hauteur de quatorze briques seulement alors que l'autre en a dix-sept. On choisit de préférence pour cette façade moins élevée et commandant l'inclinaison du toit celle qui, dans la contrée, est le plus exposée aux vents régnants et à l'action directe de la pluie (*fig.* 217). Dans les régions où les vents changent souvent d'orientation, on met dix-sept briques au centre et quatorze seulement sur les deux faces; il en résulte une toiture à double inclinaison avec paillasson dépassant la haie en forme d'auvent, et garantissant une partie de la paroi verticale. Dans tous les cas, on fera bien de compléter ce système de protection par des paillassons placés verticalement le long des faces toutes les fois qu'il vient à pleuvoir, ou, d'une manière permanente, si la briqueterie est provisoirement abandonnée. Les paillassons supérieurs ne sont en effet jamais assez longs pour protéger le pied de la haie qui peut se détremper sous l'action d'une pluie prolongée. Les briques inférieures ainsi ramollies perdent la résistance voulue pour soutenir le poids de tout ce qui est au-dessus d'elles et la chute de la haie tout entière peut en résulter; nous avons vu un jour perdre ainsi, d'un seul coup, par la négligence d'un agent, une provision de trois mille briques. Pour le même motif il faut toujours entourer les haies de petits fossés d'écoulement.

Nous insisterons encore sur ce point, que les paillassons servent non moins utilement à préserver les briques de l'action *directe des rayons du soleil*, qui est fort nuisible. Sous son influence, en effet, les briques sèchent d'une façon accélérée, inégale, irrégulière, la surface se trouvant sèche bien avant l'intérieur. Il en résulte des craquelures, fentes, déformations, etc. qui sont encore exagérées quand l'intérieur de la brique, venant à sécher à son tour, se contracte indépendamment de la périphérie, perfore cette dernière par suite de ses mouvements, et pour laisser échapper l'humidité qu'elle a conservée jusque-là.

Le *metteur en haie* peut, jusqu'à un certain point, éviter cet inconvénient en saupoudrant les briques de sable.

Quand la briqueterie est abritée, ce qui n'arrive presque jamais dans la méthode flamande, on porte les briques suffisamment fermes dans des séchoirs spéciaux formés de rayons à claire-voie, étagés les uns au-dessus des autres, dans un bon courant d'air. Il va de soi que l'on obtient ainsi un séchage bien préférable à celui des haies. Mais la construction de hangars couverts implique forcément l'idée d'une installation définitive et non pas celle du provisoire forcé d'une campagne de travaux.

Le séchage peut s'éviter par l'emploi de petites machines à moule en fonte, et à balancier, ce dernier venant frapper sur la brique, et enlever instantanément presque toute l'eau qu'elle contient. On obtient ainsi de très bons produits, et d'une façon beaucoup plus expéditive que précédemment; mais le séchage ordinaire revient beaucoup moins cher et doit donc être préféré dans la méthode wallone.

Cuisson des briques.

331. Les briques bien sèches, il faut les cuire, opération qui se fait soit à l'air libre, soit dans des fours spéciaux, dont la forme varie avec le combustible employé: bois, houille ou tourbe. Dans la méthode flamande, il ne peut être question que de la première manière dite *à la volée.*

La cuisson à la volée s'opère en disposant régulièrement par assises, les briques posées de champ en un grand tas qui prend lui-même le nom de *four*, et a finalement la forme d'un tronc de pyramide quadrangulaire (*fig.* 218).

Les briques des deux premières assises, dont les directions sont perpendiculaires l'une sur l'autre, sont posées de manière à être à peu près en contact par leurs extrémités, mais à laisser latéralement un vide, ou *clair-champ*, égal au plein; dans ce vide, on met du charbon en morceaux de 3 à 4 centimètres de grosseur; on emploie toujours ici, bien entendu, de la houille de dernière qualité.

Les briques du troisième rang se posent, comme celles du premier, encore écartées, et celles du quatrième comme celles du second, mais jointives (*fig.* 219). A partir de là, on pose les briques en rangs serrés, toujours croisés à angle droit, en séparant chaque lit, à partir du sixième, par une couche de menu combustible. Il y a lieu seulement de prendre les précautions suivantes:

D'abord, toutes ces assises doivent être composées de briques jointives pour empêcher le charbon de tomber plus bas.

Puis, dans les cinquième et septième assises, les briques du pourtour sont placées obliquement de manière à faire un angle horizontal avec les faces du four, et l'on remplit encore de charbon les intervalles restant entre elles et les briques voisines. On a pour but, en opérant ainsi, de donner à la surface du tas, qui se refroidit naturellement plus vite, à peu près la même température que celle de l'intérieur; le plus souvent, on dispose encore de place en place, et de la même façon, le pourtour de quelques autres assises convenablement espacées, on obtient ainsi une température générale plus uniforme et plus régulière dans toute la masse.

On laisse à la partie inférieure du tas des vides C ayant cinq épaisseurs de briques, mais que l'on rétrécit d'assise en assise, de manière à pouvoir fermer complètement le vide, et à avoir un rang de briques continu après la cinquième assise. Ces vides, répartis régulièrement à la base du four et sur toute sa largeur, servent de foyer; ils sont séparés entre eux par quinze épaisseurs de briques environ. De la partie supérieure de chacun d'eux partent deux ou trois vides verticaux jouant le rôle de cheminées K, et facilitant la mise en feu.

On dispose ces grands caniveaux horizontaux formant foyer dans le sens des

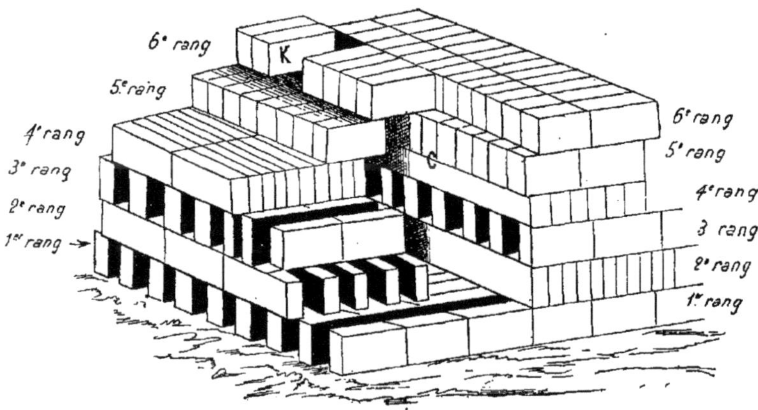

Fig. 219.

vents régnants, afin d'activer la combustion et le tirage. Quelquefois ils sont disposés dans le sens de la longueur du four, et d'autres caniveaux analogues, de dimensions plus petites, sont placés en travers.

Pour mettre en feu, on remplit tous les foyers de bois sec recouvert de morceaux de charbons appelés gailletteries, avant de poser la cinquième assise. Sur toute la sixième, excepté à l'endroit du foyer, on place une couche de houille menue de 2 à 3 centimètres d'épaisseur, puis une nouvelle assise de briques, une nouvelle couche de houille, une assise de briques, et ainsi de suite. Il faut avoir bien soin d'ailleurs, pour ne pas étouffer le feu, de ne poser les assises successives à partir de la sixième, qu'au fur et à mesure de la propagation du feu en hauteur; on risquerait sans cela de tout éteindre. L'allumage se fait en projetant de la houille enflammée par toutes les cheminées K à la fois, de manière à embraser la surface entière en même temps.

L'allumage se fait généralement le soir, car on peut mieux, pendant la nuit, se rendre compte de l'inflammation produite; on ajoute de la houille aux endroits où l'on veut ranimer la combustion; on jette du sable, au contraire, aux places où elle est trop active. Il faut bien se garder, dans ce dernier cas, d'y jeter de l'eau, qui se transformerait subitement en vapeur en aveuglant et brûlant le personnel. Nous ne signalons que pour mémoire, l'inconvénient de mouiller les briques sèches, mais non encore cuites.

La masse entière est incandescente au bout de dix-huit à vingt heures ; on modère alors l'action du feu qui vitrifierait la terre, en bouchant avec quelques briques et de l'argile les orifices des canaux ainsi que les cheminées. A mesure que les assises se superposent, on enduit les parois d'une *chemise*, sorte de torchis en argile maigre mélangée de sable et de paille. On étend le même enduit sur le dernier rang de briques et le four est terminé. Il peut contenir ainsi de cinquante mille à trois cent mille briques. Il est bon de ne pas dépasser deux cent mille ; ce dernier exige environ huit jours de montée, et douze à treize jours après la mise en feu pour arriver à une cuisson complète.

La chemise extérieure est indispensable pour éviter les déperditions de chaleur, et rendre la température aussi uniforme que possible dans l'intérieur.

Il faut, bien entendu, entourer le four de fossés sur ses quatre faces, fossés un peu plus profonds que ceux des haies, car ils auront généralement à recevoir les eaux d'une plus grande surface de terrain de la briqueterie.

Le milieu du four a tendance à s'affaisser plus que les bords parce que la combustion de la houille et surtout de la tourbe, y est beaucoup plus complète ; la face supérieure tend donc souvent à prendre la forme d'une vaste cuvette rectangulaire, cela peut présenter de sérieux inconvénients ; les briques de bordure ne conservant pas leur parallélisme ni leur position horizontale, les parements peuvent parfaitement se détacher du corps central, et même s'écrouler avec la chemise.

Mais le remède est assez simple, et voici ce qu'il faut faire pour éviter cet accident. Dès que l'affaissement commence à se manifester, l'enfourneur doit former un des tas de la bordure un peu moins élevé qu'à l'ordinaire, c'est ce qu'on appelle faire un faux tas. Pour cela, au lieu de placer la brique franchement debout sur son champ, on l'incline un peu de côté sur une arête, de sorte qu'on abaisse ainsi la bordure de plusieurs centimètres à volonté selon la hauteur qu'il s'agit de regagner. Si l'affaissement atteignait 6 centimètres, ce qui arrive rarement, l'excédent serait regagné en mettant sur la bordure des briques à plat et non de champ. On incline dans tous les cas proportionnellement les rangées voisines, et successivement ; on arrive ainsi à regagner le niveau de la surface intérieure du fourneau.

La quantité de houille nécessaire pour cuire mille briques est de 250 à 300 kilogrammes, dont un tiers de morceaux, et deux tiers de menus. Dans le Nord de la France, où la houille est bon marché, le prix de revient, tous frais compris, est de 12 francs par millier de briques.

Il est bon lorsqu'on le peut, de substituer la tourbe à la houille ; cette dernière, en effet donne souvent un feu inégal et assez violent par places pour gauchir et déformer les produits ; avec la tourbe, la chaleur est plus douce, partant plus régulière, et les briques sont plus uniformément cuites. Le lit de tourbe doit être plus épais que celui de houille, et atteindre 6 à 8 centimètres.

Lorsque le feu est éteint, on attend plusieurs jours avant de défourner, c'est-à-dire de démolir le tas ; sans cela, il pourrait se produire des changements brusques de température, qui rendraient les briques cassantes.

Les briques des assises inférieures, ou *pied de four*, qui ont été en contact avec un feu violent, sont toujours sacrifiées.

Souvent un certain nombre de briques du centre du four sont vitrifiées pour le même motif tandis que celles qui avoisinent la chemise ont à peine reçu le contact du feu, et ne sont pas suffisamment cuites ; le fait est surtout caractéristique pour les briques des angles qui ont subi l'effet du refroidissement extérieur sur deux faces. On retire ces mauvaises briques, et l'on s'en sert pour faire le pied de four de la cuisson suivante.

Les briques les plus estimées se rencontrent généralement vers le tiers de la hauteur du four.

Comme on le voit en somme, tout cela est fort simple, et il semble que le travail de cuisson par ce procédé doit être des plus commodes.

Il est cependant indispensable que le chef de l'équipe des briquetiers qui conduit le travail, ou *cuiseur*, ait une grande habitude de la conduite du feu, qu'il soit un excellent chauffeur. Les moindres fautes d'attention ou défauts d'expérience de sa part peuvent faire manquer l'opération en totalité ou en partie et occasionner des pertes considérables. Pour le chauffeur en plein air, la responsabilité et le travail sont bien autrement importants que pour celui qui dirige à l'abri un fourneau convenablement disposé.

Mais le plus désagréable en pareil cas c'est la pluie. Si elle survient au commencement de l'érection d'un four et paraisse devoir durer, on dispose sur le tas plusieurs pièces de bois qu'on recouvre de paillasson et qui garantissent une heure ou deux de la pluie. Celle-ci d'ailleurs dure généralement peu quand elle est forte et dans le cas contraire les paillassons peuvent suffire plus longtemps. Ces précautions assez pénibles ne sont en somme pas toujours efficaces, aussi n'emploie-t-on guère ce mode de cuisson que pendant les mois de juillet, août, septembre et rarement octobre.

En résumé, cette méthode de cuisson des briques en plein air exige une dépense de combustible beaucoup plus grande que celle des fours fixes : elle est en même temps plus délicate, demande un personnel très habile et très soigneux et donne enfin malgré tout des produits de qualité moins uniforme. En dehors du pied et de la chemise, où la chose est évidente et attendue, la même difficulté se présente plus ou moins en chaque point du four : certaines briques sont cuites jusqu'à vitrification, ce qui les rend impossibles à tailler et par conséquent difficiles à employer dans la construction ; d'autres au contraire le sont insuffisamment, restent friables, cassantes sous le moindre effort et s'égrènent quelquefois au doigt. Il faut compter largement en fin de compte sur un dizième de déchet.

Mais, comme ce procédé ne demande aucune construction permanente, aucune machine même parmi les plus simples, si on le désire, économise souvent des frais de transport, le bénéfice prélevé par l'industriel qui vous fournirait les briques, etc., on a toujours avantage à l'employer dans les grands travaux, comme la construction des ouvrages d'art d'une ligne de chemin de fer.

En particulier, quand la houille est peu coûteuse, comme dans le Nord de la France, la Belgique, l'Angleterre, l'Allemagne, il n'y a pas à hésiter et il faut toujours employer la méthode wallone.

Contrôle de la fabrication.

332. Cette fabrication est généralement confiée à un entrepreneur spécialiste, que l'on paie au mille de briques fabriquées et reçues. Un surveillant connaissant bien cette fabrication doit donc être attaché d'une manière permanente à la briqueterie et suivre tous les détails du travail de manière à faire apporter partout le soin voulu.

En outre, il tiendra un compte exact de toutes les briques fabriquées, de toutes celles qui viendraient à être détruites par accident, mauvais temps, etc., et surtout du nombre exact employé dans chaque four à la volée.

Après cuisson, le conducteur contrôle ce dernier chiffre en mesurant le volume total du four et pratiquant de place en place à la partie supérieure des saignées où on enlève ces briques en les comptant. En mesurant ensuite le volume du vide on en conclut approximativement combien le four présente de briques par mètre cube et par conséquent la quantité totale qu'il doit renfermer. Ce chiffre doit concorder, au déchet près, avec le nombre des briques sorties des haies.

Une de ces saignées devra toujours être faite au milieu d'un des longs côtés du four et une autre à un angle ; dans ces deux régions, en effet, les tassements après cuisson peuvent être fort inégaux ; elles devront descendre presque dans le voisinage du pied de four et présenter une profondeur minimum de 1 mètre à $1^{m},50$ à la partie supérieure pour venir en mourant à la partie inférieure.

On reconnaît par la même occasion, et en faisant des saignées assez importantes, la valeur du déchet à déduire du nombre des briques cuites. On établit ainsi une proportion pour l'ensemble et l'on procède à la réception du four entier; Celui-ci en effet reste souvent entâmé jusqu'à la fin des travaux, ne fournissant des matériaux qu'au fur et à mesure des besoins et il est indispensable que l'on ait, avant cette époque, une base pour régler le décompte de l'entrepreneur.

Quant au volume du four, considéré comme un tronc de pyramide à bases parallèles il sera obtenu par la formule classique :

$$V = \frac{H}{3}(B + b + \sqrt{Bb})$$

dans laquelle :

B représente la surface de base inférieure;

b la surface du rectangle supérieur;

H la hauteur ou distance normale aux deux bases.

Pour les différentes saignées, elles sont composées de lits de briques horizontaux auxquels on donne les formes les plus régulières possibles pour les évaluer facilement; elles seront en général la totalisation d'un certain nombre de parallélipipèdes rectangles ou, dans tous les cas, de solides simples, faciles à cuber d'après les règles de la géométrie élémentaire.

Qualités et défauts des briques.

333. Les bonnes briques présentent un son clair et net sous le choc, indice de leur homogénéité et de l'absence de défauts intérieurs et extérieurs : fêlures, cassures, corps étrangers, etc. Leur couleur est généralement d'un rouge brun foncé accompagné quelquefois de parties présentant un commencement de vitrification : ce caractère d'ailleurs n'est pas un indice absolu de bonne qualité, car il ne dépend que de la cuisson et non de la pureté de la préparation et du corroyage des terres. Le sable dont on saupoudre toujours les séchoirs, surtout si on l'accompagne d'un peu de mâchefer pilé, s'attache toujours aux parements de la brique fraîche et se vitrifie sous l'action du feu : les briques cuites peuvent donc avoir une allure aussi belle que trompeuse et ne pas être pour cela de bonne qualité.

En outre la dureté doit être suffisante pour que le produit puisse supporter de fortes charges, et les dimensions aussi uniformes et aussi régulières que possible, afin que les joints présentent partout la même épaisseur : on risquerait sans cela d'avoir des tassements inégaux dans les maçonneries.

Dans les revêtements, parements et travaux d'ornementation, il y a lieu de se préoccuper en outre de l'uniformité des couleurs. Enfin la dureté ne doit pas exclure la possibilité de la taille à la truelle, taille qui est souvent indispensable, par exemple dans toutes les moulures, filets, etc.

La masse ne doit présenter dans sa substance aucune matière pouvant se décomposer à l'air ou à la pluie à la longue : c'est pourquoi nous avons proscrit autant que possible le calcaire des pâtes préparatoires ; de plus, il faut que le froid n'ait aucun effet sur elles ; la gelée n'agit d'ailleurs que sur les briques tendres et poreuses qui absorbent l'eau et éclatent ensuite par suite de la congélation de celle-ci : les bonnes briques, dures et bien cuites, ne sont ordinairement pas *gélives*.

La quantité d'eau absorbée par une brique plongée dans un seau pendant douze heures ne doit pas dépasser $^1/_8$ de son poids ; d'un autre côté, l'eau doit toujours être un peu absorbée, sans cela la cuisson a été trop énergique et l'adhérence se fait mal avec le mortier. Enfin les briques contenant des impuretés, comme de la chaux, des résidus de pyrites, etc., se boursouflent généralement dans l'eau : ce sont des produits à rejeter.

Les mauvaises briques rendent un son sourd quand on les frappe ; leur couleur, généralement jaune rougeâtre, est l'indice d'une cuisson insuffisante ou incomplète ; elles s'égrènent le plus souvent au doigt et se rompent facilement. Elles absorbent toujours l'eau et sont gélives.

334. *Moyen de reconnaître la gélivité.* — On fera bien dans ce cas de s'assurer à l'avance de la faculté de résistance de ces briques à la gelée, sans quoi on serait exposé à les voir se fendiller et tomber en morceaux une fois en œuvre.

Le mieux est de les saturer d'eau et de les plonger dans de la glace additionnée de sel marin ou d'un tout autre mélange réfrigérant dont on se procure actuellement partout les éléments avec une grande facilité. On place ainsi la brique dans les conditions où elle se trouvera dans la pratique.

Les mélanges réfrigérants les plus simples à employer sont les suivants:

MÉLANGE	PROPORTIONS	FROID PRODUIT
Glace pilée Sel marin	2 parties 1 »	— 10°
Glace pilée Sel marin	24 » 10 »	— 18°
Glace pilée Chlorure de calcium	2 » 3 »	— 8°
Glace pilée Potasse	3 » 4 »	— 8°
Glace pilée Sel marin Azotate d'ammoniaque	12 » 5 » 1 »	— 21°

En hiver, on se procure facilement de la glace sur les chantiers et on pourra se contenter des mélanges précédents, qui atteignent des températures suffisantes, pour les essais de ce genre dans nos climats.

Au printemps, et surtout lorsqu'on est éloigné des grandes villes, la glace peut être fort difficile à se procurer, et il sera alors préférable de composer un mélange réfrigérant, avec des produits chimiques seuls.

On peut diviser en deux catégories les mélanges ainsi obtenus: ceux qui ont pour base l'eau additionnée de sels, et ceux qui emploient les acides étendus. Ces derniers permettent de descendre jusqu'à 30 degrés, ce qui ne nous est pas ici nécessaire.

On se contentera donc d'un des mélanges suivants, dont le plus énergique descend à près de 20 degrés audessous de zéro.

MÉLANGE	PROPORTIONS	FROID PRODUIT
Eau Azotate d'ammoniaque	1 partie 1 »	— 16°
Eau Azotate d'ammoniaque Sous-carbonate de soude	1 » 1 » 1 »	— 19°
Eau Azotate de potasse Chlorydrate d'ammoniaque	16 » 5 » 5 »	— 12°
Eau Chlorydrate d'ammoniaque Azotate de potasse Sulfate de soude	16 » 5 » 5 » 8 »	— 16°
Eau Chlorure de potassium Chlorydrate d'ammoniaque Azotate de potasse	4 » 17 » 32 » 10 »	— 5°

On peut encore vérifier si une brique, ou d'ailleurs une pièce quelconque, peut résister à l'action de la gelée, en employant un vieux procédé dû à M. Brard, et qui consiste à la soumettre à l'action d'une dissolution de sulfate de soude, connue dans le commerce sous le nom de *sel de Glauber*.

Pour cela, on prépare une dissolution saturée de ce sel ; on sait que son maximum de solubilité a lieu à la température de 33 degrés centigrades, ce qui est une anomalie connue de tous les chimistes, la solubilité d'un sel croissant en général avec la température.

On fait ensuite bouillir pendant une demi-heure la brique dans cette dissolution, puis on la suspend par un fil, audessus du vase dans lequel s'est produite l'ébullition ; au bout de vingt-quatre heures, on voit la surface se recouvrir d'une efflorescence de petits cristaux de sulfate de soude ; on trempe la brique dans la dissolution, ces cristaux disparaissent en se dissolvant, et on suspend à nouveau la brique comme précédemment ; le lendemain, on constate encore la présence de cristaux ; on la replonge dans le liquide, et l'on continue ainsi pendant quatre ou cinq jours. A la suite de ces diverses cristallisations, la brique n'a dû abandonner aucune parcelle de sa substance, les arêtes ne doivent pas même être émoussées. Si, au contraire, elle est gélive, la cristallisation en fait éclater de nombreux petits fragments, comme le ferait la gelée plus tard, et on les retrouve en couche au fond du vase. De la quantité de dépôt fourni, on conclut encore le dégré de gélivité de la brique essayée.

335. En général, un four à la volée donne les proportions suivantes de briques de différentes qualités :

Briques de premier choix parfaitement cuites, non déformées, résistant à la truelle spécialement utiles pour les parements des ouvrages hydrauliques.	40
Briques de deuxième choix analogues aux précédentes, mais déformées ou en morceaux, utilisées dans les massifs intérieurs des mêmes travaux.	15
Briques de troisième choix, d'une dureté permettant la taille à la truelle, employées en parement dans les travaux de bâtiments.	25
Briques de quatrième choix, très tendres, friables, dont beaucoup en morceaux, employées pour les massifs, remplissages, cloisons à enduits, etc.	10
Déchets inutilisables sauf une partie pouvant donner du béton lorsqu'on manque de cailloux. .	10
Total. . . .	100

Les plus estimées, avons-nous dit, sont celles qui occupent le tiers de la hauteur du four, parce que ce sont celles qui présentent le meilleur degré de cuisson, et qui sont le moins déformées.

Résistance des briques.

336. La résistance à l'écrasement des briques est la suivante, suivant leur qualité:

	kil. par centimètre carré
Brique très dure bien cuite (Bourgogne).	150
Brique dure bien cuite (Sarcelles)	125
Brique dure de cuisson ordinaire (Montereau).	110
Brique rouge de Paris	90
Brique rouge ordinaire.	55
Brique rouge pâle.	35
Brique mal cuite. . .	20 et au-dessous

La densité des briques ordinaires courantes est de 1 560 kilogrammes par mètre cube ; celle des briques très dures de Bourgogne varie de 2 000 à 2 200 kilogrammes.

La charge que l'on fait supporter généralement aux matériaux des maçonneries est de 1/10 de la charge de rupture pour les murs et massifs et 1/20 pour les piliers isolés. On conclut donc aisément des chiffres précédents les dimensions à donner à ces parties des ouvrages d'art, connaissant les efforts auxquels elles sont soumises.

Pour le métal, la charpente en fer d'un pont métallique, par exemple, on peut aller plus loin, cependant on a coutume de ne pas dépasser 6 kilogrammes de résistance par millimètre carré de section, ou $^1/_6$ de la résitance à la rupture.

En somme, la résistance de la brique moyenne, 80 à 90 kilogrammes par centimètre carré, est analogue à celle de beaucoup de matériaux naturels employés dans les constructions.

Bon nombre de calcaires tendres n'atteignent même pas ce chiffre. Tels sont, par exemple, le *banc-royal* commun qui se rompt sous 62 kilogrammes, le *Vergelet* sous 42 kilogrammes, la *lambourde* sous 36 kilogrammes, etc.

Machines à mouler les briques des environs de Paris.

337. Quoique nous n'ayons pas ici à nous occuper de la fabrication mécanique des briques, nous décrirons la machine élémentaire suivante, qui peut rendre des services, et s'employer dans la fabrication élémentaire des briques sur le chantier.

Cette machine est des plus simples, formée de pièces de charpente rudimentaire, comme l'indique la figure 220; elle se compose d'un moule intérieurement garni d'un revêtement métallique, le plus souvent en cuivre, moins oxydable que le fer; le couvercle est formé d'une pièce A à surface supérieure arrondie et une pièce inférieure B, ou semelle, constitue le fond.

La terre déposée dans le moule est comprimée au moyen d'un levier de moulage C que l'on abaisse avec force au moyen d'un second levier de manœuvre D, auquel il est relié par une chaîne E et un collier I. Quand les leviers sont abandonnés à eux-mêmes, ils sont toujours maintenus relevés au moyen d'un contrepoids F. Enfin H est la table de moulage munie de pieds solidement charpentés supportant tout l'appareil; cette table est, comme toujours, constamment saupoudrée de sable.

Cela posé, voici comment s'opère le moulage des briques au moyen de cet engin fort simple et, comme on le voit, véritable machine de chantier. Il suffit de quatre hommes constituant, comme nous l'avons dit, toutes les brigades parisiennes.

Le chapeau A étant enlevé par un aide le mouleur remplit de terre les deux cavités du moule; l'aide régularise cette terre à la râclette, de manière que rien ne dé-

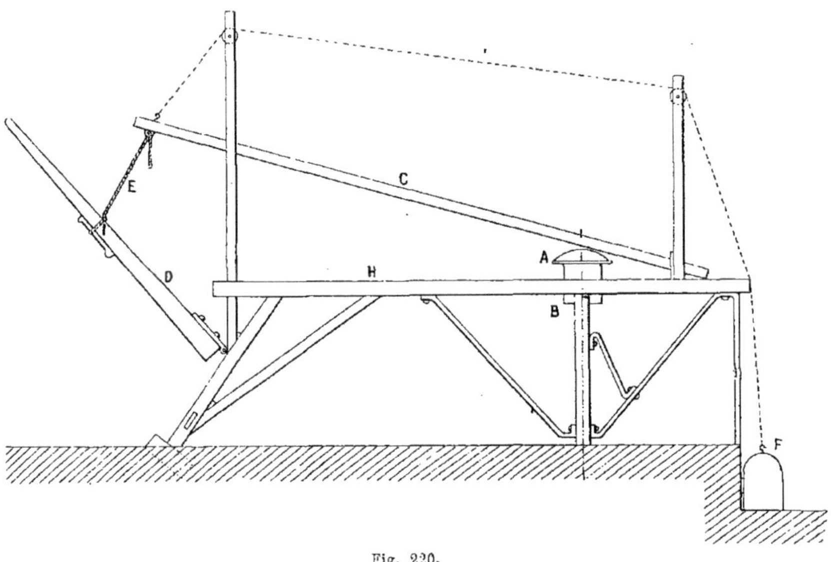

Fig. 220.

passe l'orifice des moules, puis il remet le chapeau en place. Le mouleur abaisse alors le levier D jusqu'à ce que son extrémité vienne toucher le sol; dans ce mouvement, il agit par repercussion, sur le levier C, qui vient s'appuyer sur le chapeau A ; puis il abandonne les choses à elles-mêmes. et le contrepoids F ramène les leviers dans leur position première. L'aide enlève alors de nouveau le couvercle A, et fait sortir la brique A en soulevant le fond du moule au moyen d'un petit levier spécial.

En somme, cette machine fonctionne très bien et peut donner d'excellents résultats à deux conditions : il faut d'abord régler avec soin la longueur de la chaîne E, de manière que, lorsque le levier D est arrivé à la limite de sa course possible, c'est-à-dire à toucher le sol, la pression sur la terre contenue dans les moules soit suffisante.

En second lieu, et malgré la rapidité des manœuvres, il est indispensable de placer le chapeau A bien parallèle à la table; on s'exposerait sans cela à obtetenir des briques dont l'épaisseur ne serait la même partout.

Briques diverses, creuses, etc.

338. En dehors des briques pleines vues précédemment, on se sert utilement des briques creuses pour cloisons, remplissages, voûtes. Leur avantage principal est la légereté. On emploie également pour quelques ouvrages spéciaux les briques réfractaires enfin les briques de formes diverses, boisseaux, carreaux, etc.

On se rendra compte de la multiplicité des briques à employer par l'énumération des travaux auxquels elles s'appliquent, et qui est la suivante : buses, dallots, aqueducs, ponceaux, ponts, bâtiments des stations, remises, magasins, cabinets d'aisances, réservoirs, etc. Les conduites d'eau des gares sont souvent en poteries.

Les briques de fabrication spéciale exigent une installation définitive, une véritable usine, et ne peuvent jamais être demandées au personnel ordinaire de la construction. La fourniture en est toujours faite par l'industrie.

Prix des briques.

339. Les briques communes employées à Paris reviennent de 50 à 60 francs le mille; les briques ordinaires de Bourgogne, dont la qualité est renommée, de 60 à 65 francs. Sur les lignes de chemin de fer, ce prix n'atteint souvent que 35 à 40 francs, et descend même quelquefois au dessous dans certaines régions quand on les fabrique soi-même.

Lorsqu'on les achète à l'industrie, celle-ci prélève non seulement son bénéfice, mais le prix de transport à la gare la plus voisine; le tarif appliqué dans ce cas est celui des marchandises de troisième catégorie, conformément à l'article 42 du Cahier des charges, soit 0 fr. 10 par tonne et par kilomètre; la Compagnie a donc intérêt à faire elle-même ce transport si elle a déjà des lignes en exploitation.

On admet que le mètre cube de maçonnerie de briques revient au même prix que le mètre des briques employées. On n'emploie généralement que six cents briques, il est vrai, mais le reste est compensé par le mortier qu'il faut mettre dans les lits et joints. Avec la brique de Bourgogne de 22 centimètres de long, 11 de largé, 5 1/2 d'épaisseur, et des joints serrés on peut aller jusqu'à six cent trente-cinq briques, au mètre cube. Dans la pratique des travaux, les entrepreneurs, qui ont avantage à remplacer la brique par du mortier, dont le prix est beaucoup moins élevé, élargissent toujours les joints, et mettent rarement plus de cinq cent cinquante briques au mètre cube, malgré la surveillance la plus active dont ils puissent être l'objet.

Le poids d'un mètre cube de maçonnerie de briques hourdées en mortier ordinaire de chaux ou ciment est de 1 700 à 1 800 kilogrammes.

Réglementation de l'établissement des fours.

340. L'établissement des fours à briques demande certaines précautions. Ils sont assimilés, au point de vue des inconvénients qu'ils peuvent présenter pour le voisinage particulier aux voies ferrée, aux fours à chaux, quoiqu'ils soient certainement moins nuisibles et moins inquiétants.

D'abord, en ce qui concerne la proximité des lieux habités, ils sont ordinairement l'objet d'une enquête locale conformément aux décrets réglementant les établissements incommodes et insalubres; et cela, en dehors de toute prescription de droit commun par application de l'article 674 du Code civil. Il arrive ainsi fréquemment que, pour des motifs d'hygiène et de salubrité, ces fours sont éloignés de 200 mètres des habitations.

Un particulier, gêné par le fonctionnement et la fumée d'un four à briques, peut parfaitement porter sa réclamation et une demande d'indemnité devant le tribunal civil, et non devant les tribunaux administratifs, comme on pourrait le croire quand il s'agit d'une entreprise de chemin de fer, et cela malgré l'autorisation préfectorale donnée pour l'établissement de ces fours (Conseil d'État, 11 juin 1868). Il y donc lieu de se préoccuper à l'avance de toutes ces sujétions, si l'on veut s'éviter des désagréments dans la suite.

Signalons en même temps les obligations des particuliers qui voudraient installer des fours à chaux et à briques dans le voisinage d'une voie ferrée en exploitation. Ces fours, qui contiennent des matières en feu, sont toujours considérés comme des établissements dangereux. Ils ne peuvent donc être construits, même hors des zones de servitude établies par la loi spéciale sur les chemins de fer, qu'avec l'autorisation de l'administration, et sous les conditions exigées par la sécurité.

Dans le cas spécial d'un four à chaux, qui peut toujours présenter un danger pour le service du chemin de fer, les Compagnies prient généralement l'administration d'exiger que la bouche du four soit placée du côté opposé à la voie, et à une distance de 20 mètres au moins des clôtures, par application de l'article 7 de la loi du 15 juillet 1845 (dépôts inflammables, vus précédemment).

341. Remarque. — Il est bon de ne pas faire reproduire à une pièce les instructions et conditions qui figurent dans une autre: ainsi il arrive fréquemment que le cahier des charges spécial à l'entreprise, reproduit des articles des clauses et conditions générales. Nous citerons en particulier les paragraphes relatifs à la suspension des travaux les jours fériés, au cautionnement, à la retenue de secours pour les ouvriers, à la retenue de garantie, etc.

Ces doubles emplois ont un double inconvénient. Ils augmentent d'abord inutilement le volume des pièces constituant le dossier, et, en outre, ils atténuent l'importance des conditions qui ne sont pas répétées dans les différents documents. Pour ces deux raisons, il y a lieu de se borner pour chaque pièce à une rédaction nette et précise, absolument indépendante de celle des pièces voisines; elle portera ainsi de tout son poids et ne risquera pas de voir négliger une grande partie de son texte pour les motifs que nous venons d'exposer.

B. — Formalités et préparatifs de la dernière heure. — Mesures générales.

Adjudication des travaux.

342. Les travaux sont généralement, avons-nous dit, l'objet d'une adjudication; mais, même s'ils sont traités de gré à gré, tout entrepreneur appelé doit justifier de sa compétence et de ses aptitudes, au moyen d'un certificat de capacité; sa solvabilité financière doit en outre être représentée par l'engagement en bonne et due forme, de verser un cautionnement proportionné à l'importance des travaux à exécuter.

D'après les clauses et conditions générales des travaux de l'État, le certificat de capacité doit être délivré par les ingénieurs, sous la direction desquels l'entrepreneur a exécuté ses travaux des dix dernières années; le certificat en lui-même ne doit pas avoir plus de trois ans de date au moment de l'adjudication.

Il est fait mention de la manière dont les soumissionnaires ont rempli leurs engagements soit envers l'administration, soit envers les tiers, soit envers les ouvriers, dans les travaux qu'ils ont exécutés, surveillés ou suivis.

Les compagnies ont pour la plupart adopté des clauses et conditions générales calquées sur celles de l'État, quoique elles soient libres de procéder selon leur fantaisie et sous leur responsabilité pour l'exécution de leurs travaux.

On n'exige généralement pas de certificat de capacité pour la fourniture des matériaux destinés à l'empierrement des routes ou pour les travaux de terrassements dont l'estimation ne dépasse pas 20 000 francs.

Quant au cautionnement, il est spécifié dans chaque cas particulier par le cahier des charges de l'entreprise.

Si ce document ne stipule rien à cet égard, le cautionnement est déposé soit en numéraire, soit en rentes sur l'État en un mot en valeurs de tout repos. Il peut d'ailleurs être mobilier ou immobilier, à la volonté des soumissionnaires.

Le montant du cautionnement est généralement fixé au trentième de l'estimation des travaux, non compris les sommes à valoir pour dépenses imprévues ou ouvrages en régie (c'est-à-dire exécutés directement par la Compagnie). Il peut toujours d'ailleurs, au cours de l'entreprise, être restitué tout ou partie du cautionnement.

L'adjudication est annoncée par voie d'affiches, tant dans les départements où les travaux doivent être exécutés que dans les départements circonvoisins, après un avis inséré dans un ou plusieurs journaux du lieu désigné pour l'ouverture du concours.

Un grand nombre de gros entrepreneurs habitant Paris, il sera bon, quelque soit le centre des travaux, de faire toujours une publication dans le département de la Seine. Une insertion devra toujours être faite à l'*Officiel* et d'autres dans plusieurs journaux spéciaux de la capitale.

343. Cela fait, l'adjudication a lieu le plus souvent sur un seul concours : le délai accordé est généralement d'un mois.

Les soumissions sont reçues cachetées par le directeur ou l'ingénieur de la Compagnie et ouvertes en séance plénière par le Conseil d'administration. Leur ouverture a lieu devant les concurrents assemblés et le soumissionnaire qui a fait les propositions les plus avantageuses est déclaré adjudicataire.

Un procès-verbal est dressé de toutes ces opérations par le secrétaire du Conseil ; lorsqu'un certificat de capacité n'a pas été admis, la soumission qui l'accompagne n'est pas ouverte.

Souvent aussi l'ouverture des paquets a lieu par les ingénieurs et un administrateur désigné ou même les ingénieurs seuls. Une copie du procès-verbal est alors transmise au directeur de la Compagnie ou au président du Conseil dont l'approbation est nécessaire pour rendre l'adjudication valable et définitive; aucune réclamation ne pourra être faite par les entrepreneurs dans le cas où cette approbation ne serait pas accordée.

En outre du cautionnement, et pour garantir la bonne exécution des travaux, l'entrepreneur est soumis, dans tous les cas, à une retenue de $^1/_{10}$ sur les sommes qui lui sont dues en raison des travaux effectués. Cette retenue est faite sur chaque paiement (généralement sur chaque situation mensuelle), et peut être réduite, même pendant la durée des travaux, dans la proportion qui pourra convenir à la Compagnie.

La somme représentant les retenues, à quelque chiffre qu'elle puisse s'élever, ne pourra jamais être escomptée même moralement par l'entrepreneur, comme devant lui faire retour. Elle doit rester entièrement libre entre les mains de la Compagnie jusqu'à l'expiration du délai de garantie qui est en général de huit mois pour les terrassements et de dix-huit mois pour les ouvrages d'art; cela de manière à être appliquée par voie de prélèvements, soit à la réparation d'avaries ou de mal façons ; soit au recouvrement des sommes qui pourraient avoir été portées en trop dans les situations provisoires et comprises à tort dans les à-compte payés à l'entrepreneur; soit au recouvrement des excédants de dépenses qui pourraient résulter des travaux que la Compagnie se verrait forcée de faire elle-même directement, c'est-à-dire en *régie*, pour le compte de l'entrepreneur : soit aux amendes encourues par application du marché; soit enfin aux sommes ou indemnités que la Compagnie pourrait être appelée à payer pour accidents de personnes arrivés aux ouvriers, et cela indépendamment d'un fonds spécial de secours.

344. *Sous-traitants de l'entreprise.* — Il est généralement interdit à l'entrepreneur de sous-traiter tout ou partie de ses travaux par la bonne raison que ce procédé annulerait l'effet du certificat de garantie exigé pour l'adjudication. La Compagnie, en effet, qui a appelé un entrepreneur à concourir à cause de la confiance qu'il lui inspire, ne peut admettre qu'il se désintéresse ensuite de ses travaux pour les rétrocéder, se bornant à faire une simple spéculation.

Dans quelques cas particuliers seulement, l'entrepreneur sera admis à sous-traiter une partie de son entreprise à des tâcherons, mais cela ne pourra avoir lieu sans le consentement préalable et écrit de la Compagnie; et, malgré cela, il demeure pleinement responsable, tant envers la Compagnie qu'envers les ouvriers et les tiers.

La Compagnie peut d'ailleurs révoquer, quand il lui plait, ces sous-traitants, même après acceptation. Dans tous les cas, il n'en résulte aucun changement dans les relations avec l'entrepreneur que la Compagnie est seule à connaître pour la transmission des ordres, pièces de toutes sortes et règlements de comptes.

Dans le cas où l'entrepreneur aurait sous-traité sans en prévenir la Compagnie, le marché serait nul de plein droit pour toutes les portions faisant l'objet du sous-traité, à moins que la Compagnie ne préfère procéder directement par voie de régie au compte de l'entrepreneur, pour tous les travaux qui auront fait l'objet de ce sous-traité.

345. *Communication des projets.* — Les dessins de tous les ouvrages sont généralement remis à l'entrepreneur au début des travaux. Cependant ils peuvent ne lui être remis que par portions par les ingénieurs, et dans les délais qui leur paraîtront répondre aux besoins du service.

Les calques et copies de toutes les pièces constituant le dossier d'adjudication doivent être faits en double expédition : l'une d'elles sera remise officiellement à l'entrepreneur, et l'autre restera entre les mains du chef de section chargé de la surveillance des travaux. Chacune de ces personnes en fera faire autant de reproductions qu'elle en aura besoin pour son personnel.

Ces calques seront toujours faits sur toile, le papier n'étant pas assez résistant pour les nombreuses manipulations auxquelles ils sont soumis pendant la campagne. Ils devront être faits avec le plus grand soin et rigoureusement collationnés, car les erreurs qu'ils pourraient comporter se reproduiraient sur les ouvrages à exécuter.

L'approbation des projets n'apportant généralement que peu ou point de modifications aux types envoyés à l'administration, on ne risque rien à dresser ces calques immédiatement après l'achèvement des projets et avant leur envoi au Ministère. Cela fait gagner du temps et il n'y a que fort peu de chose à y changer ; s'il survient ensuite quelque observation du contrôle, les changements se font généralement sur les copies elles-mêmes en même temps que sur les originaux ; on emploie pour cela une encre nettement différente de celle du dessin, de l'encre bleue par exemple.

Marchés avec l'entrepreneur.

346. Les marchés conclus avec l'entrepreneur ne sont valables que s'ils sont signés par le directeur de la Compagnie ou un certain nombre de membres du Comité de direction, dûment autorisés. Les pièces qui constituent le marché sont d'ailleurs toujours en double et signées par les deux parties ; chacune d'elles en conserve un exemplaire.

Ces pièces sont généralement : le marché proprement dit, les clauses et conditions générales des entreprises, les devis et cahiers des charges de la construction et la série des prix. Ces documents et les métrés faits d'après les travaux exécutés peuvent seuls servir aux règlements de compte ; toute autre pièce remise ou communiquée à l'entrepreneur ne pourra être invoquée qu'à titre de renseignement.

Quand les travaux ne dépasseront pas 20 000 francs, le marché peut être conclu des deux manières suivantes :

1° Au moyen d'une lettre de commande écrite par l'agent accrédité de la Compagnie, directeur ou ingénieur en chef, ou d'une lettre d'acceptation signée par l'entrepreneur et reproduisant littéralement les termes de la demande ;

2° Au moyen d'une soumission écrite par l'entrepreneur et d'une lettre d'acceptation signée par l'agent de la Compagnie.

Les lettres ou soumissions ainsi échangées et acceptées remplaceront alors le marché en double expédition. Ces pièces seront soumises immédiatement à l'approbation et à la ratification du Conseil d'administration.

347. *Résidence de l'entrepreneur. Personnel de l'entreprise.* — L'entrepreneur doit habiter le centre de ses travaux en un lieu fixé d'accord avec la Compagnie. Il ne doit jamais s'éloigner de ses chantiers que pour un temps très court et convenu d'avance. Pendant ce temps il doit se faire remplacer auprès des agents de la Compagnie par une personne agréée ayant ses pleins pouvoirs et capable de le suppléer.

D'ailleurs, comme l'entrepreneur ne peut être partout à la fois, il devra toujours avoir auprès de chaque ingénieur ou chef de section un agent ainsi accepté par l'ingénieur en chef, auquel les chefs de sections ou leurs agents pourront adresser toutes communications ou notifications concernant le service.

Ces agents seront d'ailleurs révocables à la moindre plainte du personnel de la Compagnie, sauf recours à l'ingénieur en chef. La décision prise, l'entrepreneur devra satisfaire immédiatement à la demande de remplacement. L'ingénieur en chef peut même étendre cette mesure, qui s'applique aux plus simples ouvriers, au représentant général de l'entreprise. En cas d'insubordination flagrante de la part d'un ouvrier, le chef de section peut demander son expulsion immédiate.

Les personnes ainsi choisies par l'entrepreneur devront d'ailleurs justifier des connaissances techniques suffisantes pour l'aider et, au besoin, le remplacer dans la conduite et le métrage des travaux.

L'entrepreneur est, bien entendu, toujours responsable des fraudes ou malfaçons que ses agents, tâcherons, ouvriers peuvent commettre dans le travail comme fournitures, qualité et mise en œuvre des matériaux.

Une liste nominative du personnel de l'entreprise, y compris le dernier des ouvriers, sera remise périodiquement et à époques fixes avec le nombre de journées de chacun et l'emploi de ce temps. L'ingénieur se rendra compte ainsi aisément de la façon dont sont menés les travaux ; il verra surtout si les ouvriers de chaque corps d'état sont bien en nombre proportionné à la besogne à faire dans les délais voulus, et pourra prescrire toutes mesures que de raison pour modifier les choses si elles lui paraissaient défectueuses. Il verra enfin si les renseignements ainsi fournis correspondent bien à ceux que lui adressent ses propres agents.

Mesures générales d'ordre et de police.

348. La Compagnie se décharge par répercussion sur son entrepreneur de toute responsabilité vis-à-vis des tiers : particuliers, communes, Etat, pour tous dommages pouvant résulter du fait des travaux ; au fond, elle conserve la responsabilité théorique, l'entrepreneur étant tenu de se soumettre à tous les règlements dressés par l'ingénieur en chef pour le bon ordre des travaux et la police des chantiers.

L'entrepreneur devra en outre se conformer à toutes les mesures de police prescrites soit par l'administration supérieure, soit par l'autorité locale.

C'est ainsi que, dans le cas de déviation de chemins ou dérivation de cours d'eau, il devra prendre toutes les précautions voulues, et faire toutes les installations nécessaires pour assurer le maintien de la circulation et la sécurité publique.

Les frais de défense, de clôture, d'éclairage la nuit, seront donc entièrement à sa charge, y compris les indemnités à payer pour les occupations temporaires des terrains nécessaires aux déviations provisoires.

Les agents de la Compagnie, du moins le personnel d'un certain grade, comme les ingénieurs et les chefs de section, doivent avoir qualité pour dresser, le cas échéant, des procès-verbaux pour toutes infractions rendant cette formalité nécessaire. L'entrepreneur ou son représentant sera appelé à moins d'urgence, et opérera contradictoirement ; il consignera ses observations au procès-verbal ou, en cas d'absence, ce dernier lui sera signifié et il aura quarante-huit heures, à peine de déchéance, pour y répondre. La signification peut être faite au carnet d'attachements que l'entrepreneur doit signer à chaque feuillet.

Enfin, dans le cas où la marche des travaux laisserait craindre qu'ils ne soient pas achevés dans les délais voulus, ou si l'entrepreneur avait enfreint quelques-unes des conditions fondamentales de son marché, la Compagnie a le droit de reprendre directement les travaux à son compte et de travailler *en régie*.

Pour cela, la Compagnie avertira l'entrepreneur dix jours à l'avance en le sommant une dernière fois de prendre les dispositions prescrites et de se conformer aux notifications écrites qui lui ont été faites.

349. *Cantine*. — Il est indispensable que les ouvriers trouvent sur place tous les éléments de leur existence; les cabarets du pays sont généralement insuffisants ou trop chers; il faut donc installer, à proximité des chantiers, des cantines spéciales et ce soin incombe au premier chef à l'entrepreneur, qui a tout intérêt à se procurer aisément et à retenir des ouvriers en nombre suffisant; aussi le plus souvent la cantine est-elle subventionnée par lui.

D'autres fois ce sont des industriels particuliers qui louent eux-mêmes un terrain et y font édifier les baraquements nécessaires. C'est là dans tous les cas une opération exclusivement commerciale et les difficultés, qui peuvent surgir entre le propriétaire de la cantine et le constructeur qui l'installe, doivent être soumises au Tribunal de commerce d'où dépend la localité.

350. *Accidents*. — Les ouvriers atteints de blessures ou de maladies occasionnées par les travaux, après avoir reçu sur place les premiers secours, seront soignés gratuitement à l'hôpital ou à domicile. Il est indispensable que le personnel surveillant les travaux sache porter les premiers secours en attendant le médecin; il y a là une lacune qui est rarement comblée et nous ne connaissons guère que les élèves de l'École Centrale qui suivent un cours d'hygiène et de médecine pratique précisément pour atteindre ce but.

L'entrepreneur doit être très nettement déclaré responsable des conséquences, quelles qu'elles soient, résultant de ses travaux; cela doit être stipulé d'une manière précise dans le cahier des clauses et conditions générales. La Compagnie devra être bien garantie par lui de toute action dirigée contre elle pour tous faits de cette nature, à moins, bien entendu, qu'ils ne soient la conséquence évidente de l'imprudence d'un de ses agents.

L'État, conformément aux prescriptions de la circulaire ministérielle du 18 octobre 1851, prélève comme retenue pour secours, une somme de 1 0/0 sur la valeur de l'ensemble des travaux adjugés. Les Compagnies ont adopté le même chiffre en se réservant de l'augmenter en cas d'insuffisance reconnue.

Quant aux secours attribués ils sont généralement les suivants:

Pendant tout le temps de l'interruption du travail, constatée par un certificat du médecin, les ouvriers reçoivent la moitié du salaire qu'ils auraient pu gagner s'ils avaient continué à travailler. Cela s'applique surtout aux ouvriers mariés ou ayant des charges de famille.

Lorsque, par suite de blessures, ils sont devenus impropres au travail de leur profession, on leur alloue la moitié de leur salaire pendant une année, à partir du jour de l'accident.

Lorsqu'un ouvrier marié ou père de famille a été tué sur les chantiers, ou succombe à la suite soit de ses blessures, soit de maladie occasionnée par les travaux, sa veuve ou sa famille a droit à une indemnité de 300 francs.

Ces secours peuvent d'ailleurs être augmentés par décision spéciale de l'ingénieur en chef, selon la position et les besoins des victimes et de leurs familles.

Enfin les ouvriers qui se sont fait blesser en état d'ivresse ne reçoivent que les secours médicaux, mais aucune indemnité pécuniaire (Travaux de l'État; Circulaire ministérielle du 22 octobre 1851).

C'est généralement après l'exécution complète des travaux que l'on règle avec l'entrepreneur le compte relatif à la retenue. Le montant total des secours ne peut être inférieur aux besoins, puisque l'ingénieur en chef a toujours le droit d'augmenter la retenue proportionnellement à ces besoins. Mais il y a au contraire en général un excédent, dont on a fait naturellement abandon à l'entrepreneur.

La Compagnie qui se réserve le droit de

fixer le montant des secours à allouer donne cependant un certain délai, cinq jours au moins, à l'entrepreneur pour soumettre ses observations.

351. *Blessures.* — La gravité des blessures est établie par l'article 309 du Code pénal et les circulaires ministérielles concernant les accidents survenus pendant l'exploitation.

1° *Contusions.* — On considère comme de simples contusions les blessures qui n'ont causé ni maladie ni interruption de travail ;

2° *Blessures légères.* — Sont considérées comme telles, les blessures ayant entraîné de un à vingt jours d'incapacité de travail ou de maladie ;

3° *Blessures graves.* — Les blessures graves sont celles qui ont entraîné une maladie ou incapacité de travail de plus de vingt jours, ou la perte d'un organe quelconque.

352. *Constatation des accidents.* — Les lois et règlements qui sont assez formels en ce qui concerne les accidents dus à l'exploitation des chemins de fer sont généralement muets en ce qui concerne la dénonciation aux autorités des accidents survenus pendant la période des travaux.

A défaut de règlement officiel, le règlement intérieur de certaines Compagnies prescrit les démarches à faire : « Toutes les fois qu'un accident se produira sur une ligne en construction, le chef de section, ou chef de service faisant fonction, devra se transporter sur les lieux, constater les faits par procès-verbal, s'il est assermenté, ou, dans le cas contraire, par rapport spécial, adresser toutes les pièces, croquis, plans, dépositions, etc., à l'ingénieur, qui transmettra les avis à l'ingénieur en chef de la construction, chargé spécialement d'informer le service du contrôle et le ministre, s'il y a lieu. »

Indépendamment de cela, l'entrepreneur doit immédiatement aviser pour tout accident de personnes, soit le maire, soit le commissaire de police, soit la gendarmerie, enfin la force constituée par l'article 29 du Code d'instruction criminelle, comme chargée d'informer la justice de tous les faits qui peuvent mettre sur la trace d'un crime ou d'un délit.

En résumé, et sans aucun besoin d'instruction spéciale, l'autorité administrative doit être informée par les services compétents, comme elle l'est naturellement, de tous les faits importants qui se passent sur les travaux ou dans les ateliers de la Compagnie. Pour les constatations *légales* des accidents de personnes, elles sont faites par les officiers de police de la localité, dans la limite de leurs attributions ;

Quant aux procès-verbaux de constatation des accidents ayant occasionné morts ou blessures, ils doivent, comme ceux de la période d'exploitation, être adressés au procureur du Tribunal du ressort. On y résume avec soin les circonstances et faits matériels relatifs à l'accident ; on y consigne les noms, âges et dépositions des témoins, et des victimes si possible, le degré de gravité des blessures, etc.

Un élément indispensable de l'instruction est d'ailleurs toujours le rapport motivé de l'ingénieur en chef du contrôle.

Quant aux ouvriers ou entrepreneurs qui sont la cause, même involontaire, d'accidents de personnes, on ne saurait trop leur rappeler qu'ils restent responsables, quoique le préjudice ait été causé involontairement. Les articles 319 et 320 du Code pénal sont formels à cet égard et peuvent toujours être appliqués dans toute leur rigueur.

« Art. 319. — Quiconque, par maladresse, imprudence, inattention, négligence ou inobservation des règlements, aura commis *involontairement* un homicide, ou en aura *involontairemeet* été la cause, sera puni d'un emprisonnement de trois mois à deux ans et d'une amende de 50 à 600 francs. »

« Art. 320. — S'il n'est résulté du défaut d'adresse ou de précautions que des blessures ou coups, l'emprisonnement sera de six jours à deux mois, et l'amende sera de 16 à 100 francs. »

Au point de vue de la responsabilité, en cas d'accidents de personne, la Compagnie ne saurait se dérober ; elle ne peut qu'avoir recours contre son entrepreneur par une clause spéciale, et c'est ce qu'elle fait toujours. Mais c'est contre elle en principe que se poursuit l'action judiciaire en vertu des articles 1382, 1383 et 1384 du Code civil. Les conventions par lesquelles elles s'affranchissent de toute responsabilité, dit un avis de la Cour de Paris, du 29 mars 1862, ne sont point opposables aux tiers qui n'y ont point été parties.

Par cela seul, dit le même avis, qu'une Compagnie industrielle aurait traité avec un entrepreneur général et que celui-ci aurait sous-traité avec un entrepreneur particulier, on ne saurait justement prétendre que la Compagnie, d'une part, et l'entrepreneur général, de l'autre, soient exonérés de toute responsabilité des fautes et dommages à autrui, commis par le sous-traitant ou par les employés.

Le sous-traitant est le préposé de l'entrepreneur auquel il a loué ses services, et l'entrepreneur est lui-même le préposé de la Compagnie avec laquelle il a traité pour l'exécution des travaux à faire, et tous deux dûment responsables envers la partie lésée des accidents causés par la faute du sous-traitant, sauf la garantie de droit de l'un à l'égard de l'autre.

La Compagnie, en traitant avec un entrepreneur général, et celui-ci, en sous-traitant avec un entrepreneur particulier ne sont, en effet, pas dégagés de l'obligation de surveiller les travaux qu'ils font exécuter et de prendre toutes les précautions nécessaires pour prévenir les imprudences que peuvent commettre les agents par eux employés, alors qu'ils en ont toutes facilités, au moyen du personnel placé sous leurs ordres.

La Cour de cassation dans un arrêt du 23 juin 1859 avait déjà tranché dans le même sens cette délicate question en disant :

« L'article 4 de la loi du 28 pluviôse an VIII, qui attribue aux Conseils de préfecture la connaissance des réclamations des particuliers qui auraient à se plaindre des torts et dommages procédant du fait des entrepreneurs de travaux publics, ne peut s'entendre que des torts et dommages purement civils, et non pas de ceux qui seraient la conséquence d'un délit dont les entrepreneurs ou leurs préposés se seraient rendus coupables, dans le cours des travaux qui leur sont confiés. »

Il s'agissait d'un délit jugé par la Cour d'appel qui a de ce fait été déclarée absolument compétente.

Cette Cour d'appel en 1864 (30 janvier) a rendu le jugement suivant à propos d'un accident survenu par le fait du manque de précautions élémentaires, éclairage la nuit, etc., aux abords de travaux en cours.

« Une Compagnie de chemin de fer est civilement responsable des conséquences d'un accident arrivé pendant l'exécution des travaux de la ligne, lors même que ces travaux auraient été cédés à forfait à un entrepreneur, si l'accident provient de l'inobservation des précautions générales au sujet desquelles la Compagnie a conservé une autorité absolue. Et cela, malgré les conditions générales imposées par la Compagnie à ses entrepreneurs, stipulant la garantie au profit de la Compagnie pour tous les accidents qui seraient le résultat des imprudences desdits entrepreneurs. »

« Sans doute cette stipulation ne constitue pas, de la part de la Compagnie, un engagement direct dont les tiers puissent se prévaloir, mais elle exprime la pensée de la Compagnie elle-même, qui, se réservant la direction, comprenait qu'elle gardait, par suite, la responsabilité. »

Enfin la Cour de cassation (10 novembre 1868) dit encore : « La qualité d'entrepreneur à forfait n'est point essentiellement incompatible avec celle de préposé. La Compagnie des chemins de fer, ayant un droit de surveillance sur l'exécution des travaux, est tenue, par suite, de prendre ou de prescrire les précautions convenables pour assurer la sécurité des ouvriers, aussi bien que celle du public ; elle doit donc répondre de la négligence de son entrepreneur à forfait, comme de la sienne propre. »

En pratique, l'application du droit commun aux accidents de travaux peut fournir les cas les plus variés selon le plus ou moins de responsabilité ou d'imprudence de la victime. Deux cas identiques peuvent donc être jugés très différemment et c'est à la capacité des juges qu'il appartient de trancher selon l'équité les cas nombreux et délicats qui peuvent se présenter.

Terminons en disant qu'il existe actuellement un certain nombre de Compagnies d'assurances qui, moyennant une prime, se substituent aux entrepreneurs sur lesquels retombent presque toujours, en fin de compte, les indemnités à payer. Aussi leur première préoccupation est elle, en général, d'assurer tout leur personnel, au moins tout ce qu'ils ont d'ouvriers fixes, ne laissant de côté que la partie flottante embauchée au jour le jour.

Faux frais de l'entreprise.

353. Tous les faux frais et menues dépenses relatifs à l'entreprise doivent être à la charge de l'entrepreneur.

Tel est par exemple, le tracé de tous les ouvrages, conformément aux plans qui accompagnent l'ordre d'exécution et sous le contrôle des agents de la Compagnie. Mais le concours de ceux-ci, même s'il est direct et nécessité par l'ignorance ou les sollicitations des agents de l'entrepreneur, ne décharge en rien ce dernier de la responsabilité qui lui est attribuée dans les conséquences d'une erreur de tracé.

Cela implique donc pour l'entrepreneur, et à ses frais, un certain nombre d'agents et aides, munis de tous les instruments de géodésie et d'arpentage nécessaires : jalons, piquets, cordeaux, niveaux à bulles d'air, graphomètres, équerres, pantomètres, aires pour le tracé des épures, etc. L'entrepreneur doit trouver la rémunération de toutes ces charges dans les prix du devis acceptés par lui.

En dehors du personnel et des instruments de géodésie ou de mesure, dont il a besoin pour conduire ses travaux, il doit solder les salaires des ouvriers, la fourniture, le transport, le bardage, la préparation, l'emploi, la pose de tous les matériaux et la façon de tous les ouvrages ; il fournit les bornes, repères, piquets, cercles, panneaux, modèles, menus objets, ustensiles, outils et instruments de toutes espèces, ainsi que les paillassons, sacs, fûts, brouettes, tombereaux, équipages, agrès, appareils, machines et objets matériels de toute nature ; il établit les puits, pompes d'alimentation, engins de toutes espèces, planchers, barrières, clôtures, abris, magasins, hangars, ateliers, bureaux, échafaudages, ponts de service et ouvrages provisoires ou accessoires quelconques, le tout sauf les exceptions qui peuvent être formellement stipulées au devis. Généralement l'entrepreneur doit solder, faire, fournir ou établir à ses frais tout ce qui est nécessaire à l'exécution complète et parfaite des travaux compris dans son entreprise, dans les conditions rigoureuses de son marché.

Sont aussi à la charge de l'entrepreneur les indemnités à payer pour établissement de chantiers et de chemins d'accès ou de service, tous les droits de douane et d'octroi sur les matériaux, les frais de pilotes s'il y a lieu, et les contributions qui pourraient aux termes des lois être exigées pour la réparation des chemins vicinaux ou autres, dégradés par le passage des voitures et équipages de toutes espèces.

Enfin il doit être expressément entendu que toutes les dépenses dont le paiement n'est pas formellement stipulé, quelle que soit leur importance, font partie des faux frais à la charge de l'entrepreneur, et que celui-ci n'a droit, dans aucun cas et sous aucun prétexte, à aucune allocation ou indemnité, ni à aucun supplément ou remboursement en dehors des prix fixés pour les ouvrages de toutes espèces ; ces prix, en effet, ont été déterminés en conséquence et comprennent intégralement tous les frais que la Compagnie entend allouer pour l'exécution rigoureuse des ouvrages, frais que la Compagnie a dressés pour satisfaire aux conditions qu'elle impose et pour les procédés et moyens prescrits, sauf les exceptions prévues et explicitement formulées dans les pièces constituant le marché.

Il est formellement entendu que tous les travaux sans exception doivent être exécutés dans les conditions du devis, et moyennant les prix de la série. Il ne doit jamais être donné à l'entrepreneur, à moins de mention contraire écrite, aucun ordre qui ne soit renfermé dans ces conditions. Si l'entrepreneur juge qu'il lui est demandé plus que ne comporte le devis, il doit immédiatement en faire l'observation pour que la question soit de suite examinée et réglée définitivement. Plus tard, aucune réclamation de ce genre ne doit être admise parce que, à moins de stipulations contraires écrites à l'avance, le devis est toujours la règle absolue ; en second lieu, parce que les vérifications contradictoires sont alors beaucoup plus difficiles.

De même, lorsque l'entrepreneur ne pourra faire autrement, il devra lui-même ouvrir des carrières pour se procurer certains matériaux. On sait que la provenance de la plupart des autres matériaux est indiquée au marché.

Quand il aura, par ce fait, à faire des extractions dans les propriétés particulières, il sera tenu de procéder vis-à-vis des propriétaires suivant les formes déterminées par les lois et règlements. Il paiera, sans recours contre la Compagnie, tous les dommages résultant de cette extraction, ainsi que le transport et le dépôt des matériaux et l'occupation des terrains.

Si les matériaux extraits proviennent de bois soumis au régime forestier, il devra se conformer, en outre, aux prescriptions de l'article 145 du Code forestier, ainsi que des articles 172, 173 et 175 de l'Ordonnance du 1er avril 1827 concernant l'exécution de ce Code.

Si l'entrepreneur extrait, pour les besoins de ses travaux, des matériaux d'une carrière qui ne lui appartient pas, il ne peut, sans le consentement du propriétaire, en livrer au commerce les matériaux extraits. Le droit d'exploitation ne lui est en effet conféré que pour l'objet déterminé qui fait l'objet du marché avec la Compagnie.

Cette dernière a le droit d'ailleurs d'exiger la justification du paiement de toutes indemnités pour établissement de chantiers, installations de toutes sortes, chemins de service, etc. A défaut de quoi, toutes ces indemnités seront payées d'office pour le compte de l'entrepreneur.

354. *Régie directe.* — Certains travaux spéciaux, effectués par la Compagnie, peuvent se présenter pendant la période d'exécution, tels que sondages supplémentaires, épuisements, etc. L'entrepreneur devra toujours, s'il en est requis, fournir le personnel et les engins nécessaires à l'ensemble de ces travaux. Les prix de location du matériel et des ouvriers lui seront payés aux prix prévus au marché ou, à défaut, à prix débattus.

Paiement des ouvriers.

355. Le paiement des ouvriers par l'entrepreneur se fait soit mensuellement, soit par quinzaines, à des dates fixées à l'avance par des affiches posées à un paiement pour le suivant. La compagnie doit toujours s'enquérir si ces paiements sont régulièrement faits, car de leur régularité dépend en grande partie le bon esprit du personnel et la bonne marche des travaux d'une entreprise.

Le décret du 26 pluviôse an II confère un privilège aux ouvriers et fournisseurs des entrepreneurs de travaux publics sur les sommes que ces derniers doivent recevoir de l'État. Mais il n'en est pas de même des travaux de chemin de fer exécutés par les Compagnies non aux frais de l'État, aucun fond n'étant ni affecté à leur paiement, ni déposé dans une caisse publique, comme l'exige le décret précité (Cour de cassation, 16 juillet 1860).

Aussi, en cas de retard, dûment constaté, la Compagnie doit-elle toujours réserver une clause l'autorisant à payer d'office et sans délai, si elle le juge nécessaire, les salaires arriérés sur les sommes dues à l'entrepreneur, sans préjudice de l'article 1798 du Code civil. Le seul fait que la Compagnie a dû être obligée de faire tout ou partie de la paie peut autoriser la mise en régie immédiate de l'entrepreneur.

Matériaux employés dans la construction.

356. D'après l'article 18 du cahier des charges, la Compagnie ne doit employer dans l'exécution des ouvrages que des matériaux de bonne qualité ; elle sera tenue de se conformer à toutes les règles de l'art, de manière à obtenir une construction parfaitement solide.

Lorsqu'une Compagnie a déjà des lignes en exploitation, elle les emploie naturellement pour transporter tous les matériaux dont elle a besoin pour construire ses nouvelles lignes. Il ne faudrait pas croire cependant que ce transport ait toujours lieu gratuitement; cela tient à ce que la construction et l'exploitation forment, dans toutes les Compagnies d'une certaine importance, des services absolument distincts ayant chacun leur budget individuel. Des ordres de service, bien précis et assez détaillés règlent alors les conditions de transport des matériaux destinés au chemin de fer lui-même, pour la construction ou l'entretien, ainsi qu'aux imprimés, appareils, mobiliers des gares, etc.

Les tarifs appliqués sont, en général, inférieurs à ceux que le cahier des charges permet de demander au public, mais ils n'en sont pas moins réels, comme l'indiquent les chiffres suivants, généralement adoptés par les grandes Compagnies:

Envoi d'un poids *inférieur* à 100 kilogrammes par les trains de toute nature: *franco*;

Envoi de 100 kilogrammes et au-dessus:

Par les trains de voyageurs ou mixtes (grande vitesse): 0 fr. 10 par tonne et par kilomètre.

Par les trains de marchandises (petite vitesse) : 0 fr. 025 par tonne et par kilomètre ;

Il n'est perçu en sus de la taxe aucun frais accessoire d'enregistrement ni de manutention, lorsque les expéditions sont chargées et déchargées aux frais des services expéditeur et destinataire.

Par exception, les bâches et les agrès de wagon sont transportés *franco*, quelque soit le poids des expéditions.

Quelle que soit la vitesse employée, les transports taxés sont compris dans les écritures de la petite vitesse et sont accompagnés de factures de transport non timbrées.

Par conséquent les envois de moins de 100 kilogrammes facturés pour les trains de voyageurs ou mixtes, pourront aussi figurer dans les écritures de la grande vitesse.

Les chefs de section et chefs de gare, ou leurs représentants, signent les bons de transport. Une liste donnée en double à l'avance indique quels sont les agents autorisés à donner ces signatures.

Ces prix sont, en somme, notablement inférieurs à ceux que l'on prend pour le transport des matériaux de construction. En petite vitesse et dans les conditions les plus économiques, ce tarif ne descend en effet jamais au-dessous de 0 fr. 04 par kilomètre et par tonne.

Comme les travaux se font presque toujours par l'intermédiaire d'un entrepreneur, la Compagnie peut avoir quelquefois intérêt à conserver son plein tarif pour le transport de tous les matériaux destinés à la construction des lignes nouvelles.

Elle peut même imposer à son entrepreneur ce mode de transport à l'exclusion de tout autre, comme le fait par exemple la Compagnie du chemin de fer de Paris-Lyon-Méditerranée, depuis la gare du réseau la plus rapprochée de la carrière ou de l'usine, jusqu'à pied d'œuvre.

La même exigence s'étend à tout le matériel de l'entreprise.

Dans tous les cas, une comptabilité rigoureuse devra être tenue de tous les matériaux que la Compagnie livre à l'entrepreneur et cela dans l'intérêt même de ce dernier. De même, la Compagnie peut être exposée à s'en voir contester la fourniture. Ainsi :

La remise à l'entrepreneur de coussinets, chevilles et coins n'ayant été constatée ni par un reçu signé de lui, comme le prescrivent tous les devis, ni par aucune pièce contradictoirement dressée, l'entrepreneur ne peut être déclaré responsable de la perte de ces objets (Conseil d'État, 28 juin 1855).

Quelquefois, l'entrepreneur découvre dans la contrée des carrières non indiquées dans le devis, dont les matériaux sont de qualité au moins égale, mais dont les distances de transport sont plus faibles. L'autorisation d'exploiter ces carrières est généralement donnée à l'entrepreneur sans aucune diminution sur les prix d'adjudication; les différences ainsi acquises par son flair et ses recherches personnelles viennent logiquement augmenter ses bénéfices.

357. *Réception des matériaux.* — Les matériaux destinés à la construction des ouvrages d'art devant présenter des qualités déterminées, sont soumis à toutes les réceptions que peuvent exiger les ingénieurs de la Compagnie ; toutes les épreuves doivent être faites aux frais de l'entrepreneur qui devra fournir les engins et le personnel nécessaires. Ces réceptions se font soit sur les chantiers, soit au lieu d'extraction, soit dans les usines métallurgiques : les objets reçus sont frappés d'un coup de poinçon ou mieux d'une marque spéciale ; ceux qui sont refusés reçoivent un signe particulier qui en rend la représentation impossible. Ces objets refusés, doivent être d'ailleurs présentés aux ingénieurs à toute réquisition ou rester en vue du chantier jusqu'à complet achèvement des travaux. Si l'entrepreneur était surpris essayant de les employer quand même, la Compagnie aurait le droit de les faire détruire.

Les contestations qui pourraient résulter de ces faits entre l'entrepreneur et le personnel de la Compagnie doivent être jugés en dernier ressort par l'ingénieur en chef.

Prise de possession provisoire de terrains.

358. Avant d'attaquer les travaux, les agents de la Compagnie doivent se répandre dans le pays, voir tous les propriétaires de parcelles traversées par le chemin de fer et obtenir l'autorisation d'occuper ces terrains. On prend ainsi possession, avant le fonctionnement du jury d'expropriation, d'un certain nombre de parcelles acquises à l'amiable et d'autres dont les propriétaires autorisent l'occupation sous réserve des décisions du jury pour le règlement de l'indemnité. Cela permet en général de commencer les travaux bien avant l'expropriation complète, les parcelles ainsi acquises constituant le plus grand nombre de celles à acquérir.

Un état très précis de ces parcelles est remis à l'entrepreneur afin qu'il respecte celles qui font l'objet d'un litige.

Avant d'attaquer une parcelle, on dresse l'état de tout ce qui s'y trouve en tant qu'arbres, récoltes, matériaux de toutes sortes et on l'envoie à l'ingénieur; tous font leurs efforts pour vendre les choses au mieux des intérêts de la Compagnie. Il y a donc lieu d'établir une surveillance suffisante pour empêcher que tout ce qui se trouve ainsi sur les terrains acquis par la Compagnie ne soit enlevé par les maraudeurs ou par les voisins qui ont souvent tendance à supposer que ce qui se trouve dans l'emprise du chemin de fer n'est la propriété de personne et appartient au premier auquel vient l'idée de s'en emparer.

Les travaux doivent commencer par l'exécution des ouvrages d'art qui sont, pour la plupart recouverts par les terrassements ou leur servent de soutènement. Les terrains correspondants sont donc les premiers qu'il faut s'efforcer d'acquérir pour ne pas retarder la construction.

Les terrains à occuper sont livrés à l'entrepreneur soit immédiatement après l'adjudication, soit au fur et à mesure de leur prise de possession.

L'entrepreneur devra faire, en outre, la reconnaissance des emplacements qui peuvent lui être nécessaires en dehors des emprises de la ligne pour établir ses chantiers, afin que la Compagnie en obtienne l'occupation temporaire.

Derniers préparatifs.

359. Le temps qui s'écoule entre l'adjudication et les premiers coups de pioche doit être utilisé du mieux possible, de manière que le personnel de la Compagnie puisse se consacrer tout entier, plus tard, à la direction ou à la surveillance des travaux.

On vérifie les repères et les piquets, on redresse les balises que le vent ou la malveillance ont pu déranger ou incliner, etc. On fera bien d'ailleurs, de faire cette revision et les réfections correspondantes, toutes les fois que l'occasion se présente de faire des opérations sur le terrain ; tel est le cas par exemple du levé des plans spéciaux, du plan parcellaire, du tracé des emprises, etc. Dans tous les cas, les agents doivent toujours signaler à leur chef les parties du tracé dégradées et demandant à être réparées ; on a tout intérêt alors à le faire immédiatement, au lieu d'attendre que le dégât prenne de l'importance, dans lequel cas la réparation devient plus longue, plus pénible et plus coûteuse.

On entretiendra de la même manière les piquets ou les bornes d'emprise, et quelquefois les rigoles, qu'il faut au moins rafraîchir avant le passage du jury, car dans les terres labourables elles sont régulièrement remplies à chaque saison, et dans les prairies ou vergers elles sont bouchées par les feuilles et disloquées par les taupes. Ces travaux servent d'ailleurs pour les entrepreneurs dont la venue suit de peu de temps les tournées du jury d'expropriation, et les précède quelquefois.

Tous les ouvrages, terrassements ou maçonneries, reçoivent un numéro d'ordre et en plus prennent, lorsque cela est possible, le nom du lieu dit le plus voisin. Mais le numéro est une chose utile pour remplacer le lieu dit qui peut être éloigné ou convenir à plusieurs ouvrages à la fois.

La dénomination par le piquetage n'est pas facile à se rappeler, et entraîne à des chiffres inutilement trop élevés.

Organisation du personnel des travaux.

360. L'organisation du personnel pendant la période des travaux est la même que celle des études avec cette différence que le nombre des sections doit être beaucoup plus grand, chacune d'elles étant notablement plus courte, et la longueur d'une section dépendant elle-même de l'importance de ses travaux. Dans aucun cas il ne faut la faire trop longue, pour ne pas faire passer au chef de section son temps entièrement en courses inutiles.

Chaque chef de section aura sous ses ordres un certain nombre de conducteurs ou sous-chefs de section, et des piqueurs ou chefs de districts auxquels il ne faut pas non plus faire faire des courses trop longues pour qu'ils se rendent aux travaux qu'ils ont à surveiller.

On aura donc intérêt à avoir des bureaux de conducteurs détachés, accompagnés de leurs piqueurs et de leurs surveillants. Cette distribution des forces doit être faite aussitôt que possible afin que les agents puissent se mettre en quête de logements et que la Compagnie puisse trouver à louer des bureaux locaux ; cela n'est pas en effet toujours très facile et demande du temps dans les pays souvent peu importants qui servent de centres à une sous-section de travaux. On est même souvent obligé de construire des bureaux provisoires ; le cas se présente, par exemple, fréquemment dans les travaux de tunnels ; ceux-ci traversent des montagnes généralement assez éloignées de toutes localités pouvant loger un aussi nombreux personnel que celui de la Compagnie et de l'entrepreneur réunis.

Chacun de ces bureaux doit être muni de tous les instruments géodésiques et autres qui sont nécessaires à son personnel, et de tous les documents, dessins, calques, circulaires, etc., concernant les travaux à exécuter.

Congés illimités des agents de l'État.

361. D'après les décrets du 13 octobre et du 24 décembre 1851, réorganisant les corps des Ponts et chaussées et des Mines, les ingénieurs et conducteurs ou garde-mines, peuvent obtenir des congés illimités afin de pouvoir s'attacher au service des Compagnies. La seule condition exigée est d'avoir au moins cinq ans de service ; alors l'agent détaché en congé avance régulièrement et hiérarchiquement quoique au service de la Compagnie, et même il a droit à la retraite comme ses camarades restés au corps. Seulement la retenue effectuée dans cette intention n'est pas calculée sur une somme égale au traitement d'activité du grade, mais sur l'ensemble des rétributions que touche le fonctionnaire.

Nous n'hésiterons pas à condamner ce système qui est déplorable à tous les points de vue.

Les traditions de travail du corps des Ponts et chaussées sont surtout administratives et bureaucratiques, même quand il s'agit de travaux à exécuter sur le terrain. Le procédé d'une Compagnie est toujours plus actif, et moins paperassier; il y a là toute la différence qui existe entre un service quelconque de l'État et l'industrie privée. On ne peut obtenir non plus autant de zèle ni autant d'entrain d'un agent qui sent son avenir assuré et qui, en cas d'insuccès, peut simplement rentrer au corps où il n'a pas perdu, même absent, une seule journée de son avancement. L'agent d'une Compagnie, au contraire, a besoin de se tenir constamment en haleine s'il veut avancer, monter en grade, voir augmenter ses appointements, ou même simplement conserver sa place.

Enfin, cette immixtion d'un étranger que les Compagnies, par habileté, placent aux grades les plus élevés, afin de se rendre sympathique la Corporation chargée du contrôle, est un découragement pour les agents attirés qui se voient ainsi enlever les plus belles chances d'avancement. Cela est d'autant plus choquant qu'un ingénieur de Compagnie qui a fait toute sa vie le métier de construire des chemins de fer est beaucoup plus fort dans sa partie qu'un ingénieur des Ponts et chaussées, qui en aura fait beaucoup moins ou peut-être pas du tout, pas plus d'ailleurs souvent que de pont, ni de chaussée. Il y a là une iniquité manifeste, souvent signalée, mais bien dure à faire cesser, étant donnée surtout la complaisance absolument blâmable des grandes Compagnies françaises, qui trouvent là un moyen fort commode d'annuler le contrôle.

Il faudrait au moins exiger la démission des agents qui rentrent au service des Compagnies, comme on le fait pour ceux qui deviennent entrepreneurs ou concessionnaires des travaux publics (Circulaire ministérielle du 10 avril 1861), cela rétablirait un peu l'égalité et en ferait réfléchir plus d'un parmi ceux qui demandent des congés.

Mais nous ne pensons pas que cela diminuerait entièrement le mal, c'est-à-dire la concurrence à armes inégales que font les fonctionnaires de l'État à ceux des Compagnies. Chacun connaît à quel point est développé le sentiment de camaraderie, et quelle franc-maçonnerie fraternelle forment entre eux tous les membres du corps des Ponts et chaussées. Chose fort louable d'ailleurs si elle ne faisait pas souvent commettre bien des injustices. Eh bien ! nous sommes persuadés que les grandes Compagnies (les petites ont toujours montré beaucoup plus d'indépendance) continueraient à cause de cela, à prendre quand même des agents dans les rangs de ces fonctionnaires, toujours pour bénéficier de cette solidarité et arriver à atteindre leur but, qui est et sera toujours de se rendre le contrôle sympathique.

Les Chambres seules pourraient modifier cet état de chose en réorganisant complètement le corps des Ponts et chaussées, et les corps des Ingénieurs de l'État, en général, et leur enlevant le contrôle pour le donner à des conseils supérieurs choisi parmi toutes les compétences. On adopterait un système analogue à celui des Comités techniques actuels et tout le monde y gagnerait : les membres des corps eux-mêmes, ceux-ci s'endormiraient peut-être moins dans un esprit d'admiration mutuelle qui malgré les brillantes exceptions, n'est pas toujours absolument fondé, lorsqu'ils sentiraient à côté d'eux l'aiguillon des compétiteurs d'une autre origine et par lesquels ils n'aimeraient pas à se voir dépassés.

Surveillance des chantiers.

362. Les chantiers de toutes sortes, terrassements ou maçonneries, sont surveillés du matin au soir, par un agent spécial qui arrive en même temps que les ouvriers, ne part qu'avec eux et qu'on appelle un *surveillant*.

L'étendue de son action varie naturellement suivant l'importance du chantier à suivre. Ainsi une tranchée importante peut exiger à elle seule un surveillant, tandis que plusieurs petites peuvent se contenter du même; c'est ce dernier cas le plus général avec les terrassements où le surveillant n'a qu'à compter le nombre d'hommes et de chevaux de toutes catégories employés aux travaux, en même temps que le matériel : brouettes, tombereaux, machines, wagons, etc., correspondants.

Il faut, au contraire, un surveillant, à poste fixe pour chaque ouvrage d'art, même le plus petit, fût-ce une buse de $0^m,30$. Cela tient à ce que, dans ce dernier cas, il faut contrôler sans interruption le dosage des mortiers, dont l'importance est si grande dans les maçonneries.

Ces agents ont en même temps à faire suivre autant que possible les règles de la bonne construction aux ouvriers qui pourraient les oublier ou s'en écarter. On conçoit donc qu'ils doivent avoir une certaine compétence, aussi les choisit-on de préférence parmi les ouvriers du pays ou des tâcherons ayant déjà fait exécuter des terrassements ou des maçonneries.

Il faut en outre qu'ils recueillent sur le terrain tous les renseignements courants, même le temps bon ou mauvais, le nombre d'heures de travail des différentes catégories d'ouvriers, le cube approximatif des terrassements transportés ou des maçonneries exécutées, et enfin toutes les données fournissant jour pour jour une véritable photographie du chantier. C'est au moment le plus inattendu que ces renseignements peuvent rendre des services en cas de discussion avec l'entrepreneur, surtout à l'époque du règlement des comptes. On a ainsi, en outre, des bases précieuses pour établir des prix de revient en cas de besoin.

Ordres à l'entrepreneur.

363. Le chef de section seul correspond avec l'entrepreneur à défaut de l'ingénieur qui n'est pas constamment sur le lieu des travaux. Le conducteur ou autres agents s'en abstiendront complètement à moins d'ordre formel ou de cas d'une extrême urgence; tel serait par exemple celui d'un accident exigeant des mesures immédiates à prendre pour garantir la vie du personnel.

Les conducteurs ayant des bureaux détachés doivent avoir l'autorisation d'écrire à l'entrepreneur, mais ils devront le faire le moins possible. C'est d'ailleurs une règle générale sur les travaux d'écrire le moins que l'on peut: d'abord parce que le temps consacré au bureau est généralement beaucoup plus utilement employé à surveiller les chantiers, ensuite parce que les entrepreneurs, gens fort habiles en la partie, se font d'un grand nombre de lettres des prétextes à réclamations. Le personnel inférieur ne devra donc généralement procéder que par ordre verbal.

De plus, et pour éviter des complications au règlement des comptes, les lettres seront avantageusement remplacées par des ordres clairs et concis, inscrits au jour le jour sur un registre spécial appelé *registre d'ordre* que l'entrepreneur est tenu de venir consulter chaque jour au bureau de la section. Après avoir pris connaissance des ordres inscrits il signe le registre, ce qui équivaut à un reçu.

Vérification des repères par l'entrepreneur.

364. L'adjudication terminée, il est remis à l'entrepreneur, en triple expédition signée de l'ingénieur de la Compagnie, un tableau des repères de nivellement et du profil en long fraîchement vérifiés, comme il a été dit plus haut.

Un délai de quinze jours est généralement laissé à l'entrepreneur pour en faire la vérification; ensuite il en garde une expédition et rend les deux autres signées de lui pour acceptation. S'il y trouve des erreurs, elles sont immédiatement rectifiées contradictoirement et la rectification acceptée de la même manière.

Attaque des travaux.

365. L'ordre ne doit être donné de commencer, à l'entrepreneur, que lorsqu'on possède assez de terrain pour lui permettre de développer ses moyens d'action, c'est-à-dire au moins 500 mètres non interrompus pour les terrassements. Sinon, il en pourrait résulter un mouvement de personnel et de matériel non utilisé et pouvant donner lieu à une demande d'indemnité.

Quant aux ouvrages d'art, il y a lieu généralement de lui indiquer ceux qu'il devra construire les premiers, quoique le plus souvent il soit préférable de le laisser aller à son gré, toute ingérence des agents de la Compagnie pouvant donner lieu à des réclamations ultérieures; la garantie du délai imposé pour l'achèvement peut être considérée comme suffisante avec quelques rappels, si l'on constate du ralentissement à certains moments; mais il est toujours prudent de ne pas donner de conseils sur l'installation de tel ou tel chantier, aux dépens d'un autre, l'entrepreneur cherchant toujours à vous prouver, au moment du réglement des comptes, qu'on lui a fait un tort immense par cette immixtion dans des affaires qui sont purement de son ressort.

L'implantation de tous les ouvrages, quels qu'ils soient, sera faite par l'entrepreneur ; il en sera de même de la pose des piquets limites des profils en travers, c'est-à-dire de l'intersection du plan de leurs talus avec le terrain naturel. Pour les remblais de plus de 1 mètre de hauteur, il indiquera par des pièces de bois disposées convenablement, la limite du pied du talus et son inclinaison. C'est ce qu'on appelle des M. Tout cela est soigneusement vérifié par le personnel de la Compagnie.

Les piquets et balises seront conservés le plus longtemps possible et finalement repérés dans la rigole voisine.

Il peut arriver cependant que la marche des travaux soit suffisamment négligée pour nécessiter l'intervention du personnel de la Compagnie. Il ne faut alors pas hésiter. L'entrepreneur doit exécuter rigoureusement les ordres qui lui sont donnés par l'ingénieur en chef, qui d'ailleurs pourra déléguer en tout temps ses droits en totalité ou en partie, aux agents de tous grades placés sous ses ordres ; l'entrepreneur devra se conformer aux instructions reçues de ces personnes exactement comme si elles émanaient de l'ingénieur en chef.

L'entrepreneur ne doit d'ailleurs entreprendre que les travaux qui lui ont été prescrits et les construire dans l'ordre indiqué, s'il y a lieu. Il doit en outre se conformer aux prescriptions du devis, aux plans, profils, tracés, ordres de service, etc., qui lui sont remis.

Modification des projets par les ingénieurs.

366. Les ingénieurs se réservent toujours le droit de modifier leurs projets en cours d'exécution. L'entrepreneur est tenu d'exécuter ce qui lui est prescrit ; il lui sera tenu compte des changements, soit en plus, soit en moins, au prorata des prix de la série, sans qu'il puisse en aucun cas prétendre à une indemnité à raison des modifications apportées aux quantités d'ouvrage ou de fournitures prévues d'abord. Dans ce cas, il peut solliciter des instructions écrites.

Seuls, les matériaux qui auraient été approvisionnés sur ordre écrit des ingénieurs et en prévision de travaux supprimés seront repris par la Compagnie aux prix de la série.

Il peut même surgir au cours des travaux des ouvrages non prévus ou bien l'obligation d'extraire des matériaux dans des lieux autres que ceux qui ont été désignés au devis. Les prix en seront réglés par assimilation aux ouvrages analogues ou d'après les éléments des prix d'adjudication. Si toute comparaison était impossible, on prendrait pour base les prix du pays. En cas de désaccord, la Compagnie peut se charger à ses frais de ce travail qui reste alors en dehors de l'entreprise.

En résumé, l'entrepreneur est tenu de se conformer aux changements que les ingénieurs croiront devoir faire en cours d'exécution et qui seront toujours accompagnés d'un ordre écrit qu'il a d'ailleurs le droit de solliciter. Mais il n'a jamais le pouvoir de changer par lui-même quoique ce soit aux projets, sans autorisation. L'ingénieur a toujours le droit de refuser un travail de cette espèce exécuté sans ordre et de le faire démolir s'il le juge compromettant pour la solidité de l'ouvrage; sinon, il peut l'accepter, mais sans tenir aucun compte de l'excédant de dépenses qui en résulte.

§ V. — *TERRASSEMENTS*

Examen des déblais à exécuter.

367. On étudie d'abord avec soin le sol aux abords du chemin de fer, de manière à voir s'il ne présente aucune trace d'affaissement ni de glissement. On examine attentivement les plantes qui croissent au-dessus des tranchées et qui peuvent déceler, même s'il n'y a pas d'eau, des parties humides : tels sont les joncs, les plantes marécageuses, etc. On recherche les sources qui prennent naissance plus bas que les tranchées, car les couches imperméables sur lesquelles elles coulent peuvent se prolonger dans les déblais et entraîner les glissements les plus dangereux. Enfin on doit faire, avec autant de soin, la reconnaissance des eaux qui peuvent venir de la région supérieure à la tranchée, remplir celle-ci ou en dégrader les talus ; ces eaux reconnues, on devra évidemment prendre toutes les précautions nécessaires pour en supprimer le mauvais effet.

C'est surtout dans les terrains argileux, glaiseux et, en général, imperméables et pouvant provoquer des glissements, qu'il faudra rechercher avec soin les eaux pouvant suinter des talus et entraîner des mouvements dangereux. On s'appliquera à bien délimiter les lignes de séparation des terrains de diverses natures, en particulier celles qui séparent les terrains perméables de ceux qui ne le sont pas, afin de prévoir tous les travaux de consolidation et de drainage indispensables à la conservation des tranchées.

368. *Classification géologique des déblais.* — M. Burat classe comme suit les terrains suivant leur résistance à l'attaque, et les moyens employés pour les exploiter :

1° *Roches ébouleuses*, c'est-à-dire la terre végétale, les terres sablonneuses ou limoneuses, les sables et les cailloux roulés, les débris de toutes natures non agglomérés. Ces terrains s'enlèvent quelquefois à la pelle seule, mais se désagrègent dans tous les cas facilement à la pioche, et les débris sont ensuite enlevés à la pelle ;

2° *Les roches tendres*, ou roches non scintillantes, ainsi nommées parce qu'elles ne font pas feu au briquet ; elles ne sont donc pas assez dures pour détacher des parcelles d'acier, qui, sous le choc deviennent incandescentes. Telles sont les argiles compactes, ardoises, pierre calcaire ordinaire. Elles peuvent toutes être abattues au pic léger spécial aux roches tendres ;

3° *Les roches traitables.* Ce sont des roches non scintillantes, mais d'une texture compacte et tenace, comme le marbre ; ou des roches scintillantes à texture lâche comme le grès de Fontainebleau.

On les attaque avec les pics lourds à rochers, les masses, les coins, les leviers, les pointerolles qui suffisent dans la plupart des cas. Sinon, on emploie la mine à poudre ou à dynamite ;

4° *Les roches tenaces*, toutes scintillantes, telles que le granit, les roches quartzeuses, les minerais de fer. L'abatage ne peut s'en faire qu'au moyen des explosifs, comme nous le verrons plus loin ;

5° *Les roches récalcitrantes*, telles que les minerais de zinc, d'étain, qu'on rencontre très rarement dans les travaux publics. On n'a à se préoccuper de leur extraction que dans le cas de l'exploitation d'une mine. Bien entendu, les explosifs sont absolument indispensables pour les extraire.

369. *Classification pratique adoptée sur les chantiers.* — On simplifie généralement sur les chantiers cette classification, et on divise les déblais en deux grandes catégories :

Les déblais *ordinaires ou simples ;*

Les déblais *en rocher.*

On fait ensuite plusieurs classes dans chacune de ces catégories. Ainsi, dans la première, on a d'abord les déblais qui peuvent être immédiatement enlevés sans être piochés, et rien qu'en se servant de la *pelle*, de la *bêche* ou du *louchet ;* tels sont, par exemple, les pierrailles, les sables, le gravier, la terre végétale, la vase, la tourbe, quelques marnes, etc. ; puis ceux qui doivent d'abord être désagrégés à la pioche avant d'être enlevés à la pelle, soit en se servant de la tranche, soit en se servant du pic de cette pioche. C'est l'argile compacte ou desséchée, la terre glaise, la marne, les galets agglomérés, le tuf.

Quant aux déblais en rochers, on les

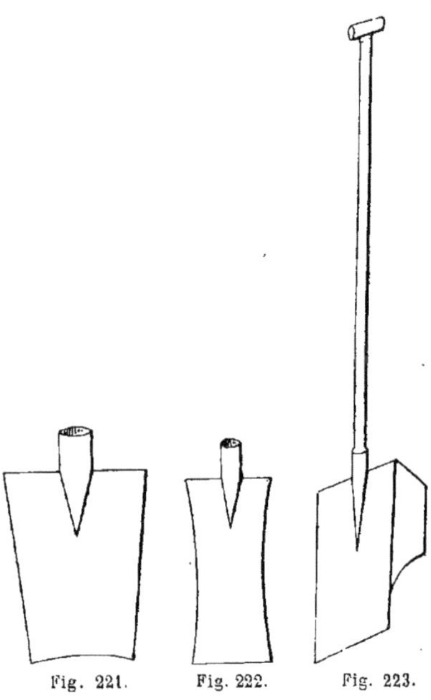

Fig. 221. Fig. 222. Fig. 223.

exploite à la pioche, au pic, à la pointerole, au coin, aux explosifs suivant leur ténacité et leur degré de dureté.

Nous allons d'abord examiner sommairement les principaux procédés ou instruments employés pour déblayer ces différents terrains.

Outils du terrassier.

370. *Bêche et louchet.* — Les terres meubles et facilement pénétrables sont, avons-nous dit, exploitées à la *bêche* (*fig.* 221) ou au *louchet* (*fig.* 222). Le chargement a lieu directement dans les brouettes ou tombereaux.

Il y a deux sortes de louchets, le grand et le petit ; ce dernier est une bêche dont le fer à $0^m,32$ de haut sur $0^m,08$ de large souvent armé sur un de ses côtés d'un *aileron* (*fig.* 223), ou lame de fer également de $0^m,08$ de largeur, faisant avec la première un angle légèrement obtus, et coupant comme le tranchant de la bêche. Cet aileron a l'avantage de découper le morceau de terre à enlever sur deux de ses faces ; et, comme généralement le coup précédent a dégagé le morceau sur ses deux autres faces, il en résulte

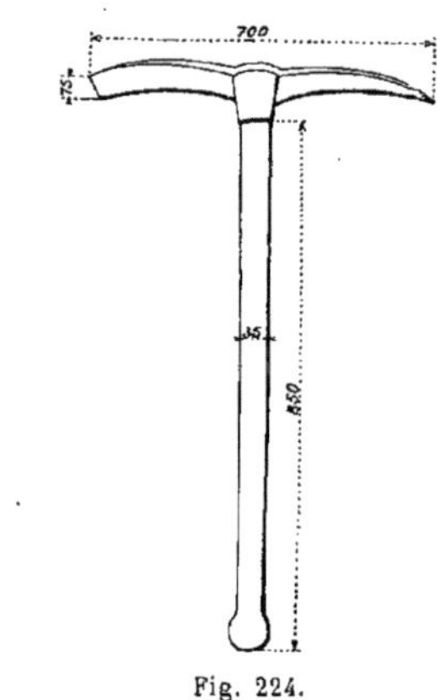

Fig. 224.

que la moindre pesée latérale détache ce morceau en entier.

Quant au grand louchet, qui présente un second aileron symétrique du premier et une véritable cage à claire-voie dans laquelle vient se loger le bloc découpé, il est exclusivement employé pour l'exploitation de la tourbe ; nous ne nous en occuperons donc pas dans ce Traité.

371. *Pioche.* — Les terrains ordinaires : argile compacte, sable, gravier, roche tendre, etc., se déblaient à la *pioche* ou *tournée* (*fig.* 224), ou encore *pioche montoise* ou *piémontoise* ; c'est un morceau de fer plat de $0^m,70$ de longueur totale, terminé d'un bout en forme de *pic*, et de l'autre par une bande plate de $0^m,075$

de largeur et tranchante, en forme d'*herminette*.

Ses deux extrémités sont aciérées sur 5 à 6 centimètres de longueur ; le centre est percé d'un trou à collet permettant l'introduction d'un manche de $0^m,85$ de longueur et de $0^m,035$ de diamètre. Le tout pèse $3^k,75$, et coûte 7 francs, sur lesquels il faut compter un franc pour le manche.

On en fait de plus légers qui ne pèsent que 2,50 à 3 kilogrammes, mais dont le choc est naturellement moins puissant.

372. *Pic.* — Dans les déblais en rocher, la pioche est insuffisante, il faut

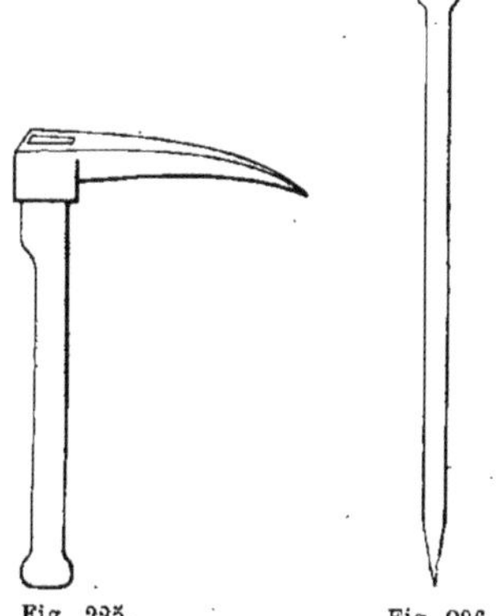

Fig. 225. Fig. 226.

avoir recours au *pic* (*fig.* 225) et à la *pince*, barre de fer aciérée et pointue (*fig.* 226). Dans les rocs modérément durs, on emploie le *double-pic* (*fig.* 227) terminé des deux bouts par une pointe aciérée avec un œil central pour recevoir un manche de $0^m,60$ à $0^m,80$ de longueur, suivant la nature des déblais à fouiller. Ce manche se fait ordinairement en cornouiller, bois qui a l'avantage d'être à la fois dur et souple. Dans le roc plus dur, il vaut mieux faire usage du pic simple à une seule pointe avec manche dans l'œil qui le termine de l'autre côté ; on peut au besoin frapper dessus à coups de marteau et le faire mieux entrer dans le déblai.

De toutes façons, le pic ne sert qu'à pratiquer des saignées dans lesquelles on enfonce par places et à coups de masse (gros marteau carré) des coins en fer qui détachent des blocs de rocher ; on achève de disloquer ces blocs avec la *pince* dont on se sert comme d'un levier en l'arc-boutant sur la partie non encore

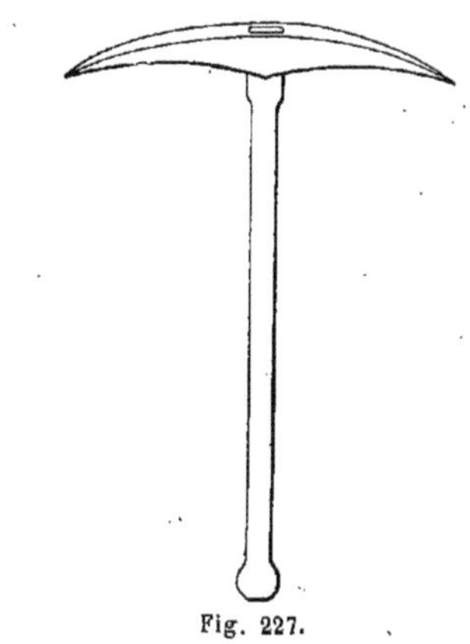

Fig. 227.

entamée. Les coins employés pèsent de $0^k,5$ à 5 kilogrammes, les masses de 5 à 10 kilogrammes.

373. *Pointerolle.* — Il est même préférable, dans le roc dur, d'employer un

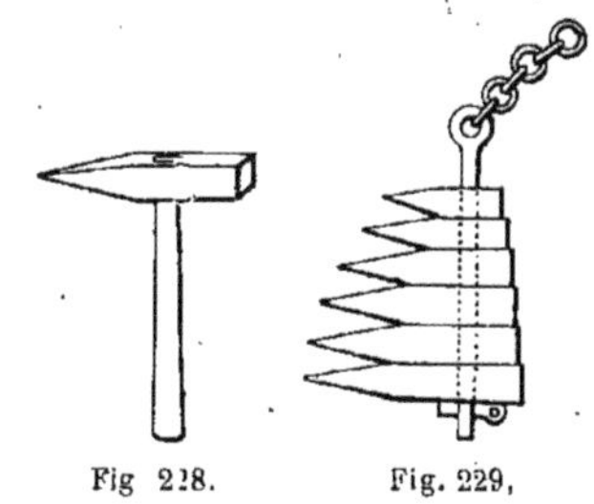

Fig 228. Fig. 229,

petit pic à main appelé *pointerolle* (*fig.* 228) très usité dans les mines. Les pointes des pics, en effet, s'usent toujours très rapidement, et, lorsqu'elles sont émoussées, ou lorsque la partie en acier est usée, il n'y a qu'une ressource, c'est d'envoyer l'outil à la forge pour être rechargé d'une pointe d'acier ; la pointerolle en cas d'accident ou d'usure peut plus facilement se remplacer ou se réparer sur place ; c'est un petit pic à tête, de $0^m,15$ à $0^m,20$ de longueur, avec un manche de $0^m,25$ à $0^m,30$ placé au milieu comme dans un marteau ordinaire; vu ces petites dimensions, le tout peut se faire en acier; dans tous les cas il doit être aciéré en pointe et en tête. Chaque ouvrier possède une trousse de six de ces pointerolles, pouvant s'emmancher sur le même manche, et, quand l'une d'elle vient à s'user il en prend une autre dans la trousse (*fig.* 229).

Pour se servir de la pointerolle, on frappe sur la tête carrée avec une massette pesant 2 kilogrammes.

374. *Pelle.* — Lorsqu'on emploie la pioche ou le pic, le chargement dans les véhicules de transport se fait au moyen

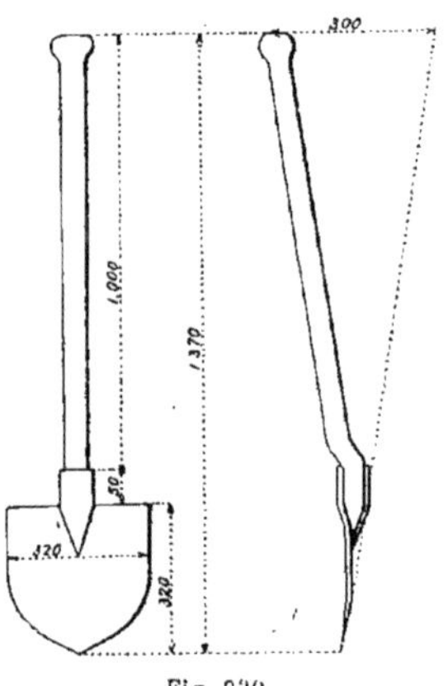

Fig. 230.

de pelles (*fig.* 230). La meilleure pelle est en fer battu de 3 millimètres d'épaisseur aciérée sur $0^m,06$ de longueur ; sa forme n'est pas tout à fait ronde, mais légèrement ogivale, ce qui lui permet de déranger les cailloux qui peuvent se présenter sur son passage et de pénétrer plus facilement dans la terre. Elle est munie d'un manche de 1 mètre de long légèrement recourbé et renflé à l'extrémité libre de façon à tenir mieux la main. Ainsi comprise, elle peut remplacer la bêche et le louchet, et rendre quelquefois le piochage inutile quand les terres ne sont pas trop compactes. La longueur totale, y compris la pelle, est de $1^m,35$ à $1^m,40$. Son poids est généralement de $1^k,25$, et son prix de 3 fr. 50, avec le manche.

Abatage à la mine.

375. Dans les roches très dures ou *tenaces*, telles que le quartz, le granit, etc., l'abatage ne peut se faire qu'avec les explosifs, et il faut simplement percer un certain nombre de trous dans lesquels on logera les cartouches de poudre ou de dynamite. On emploie pour cela le *fleuret.*

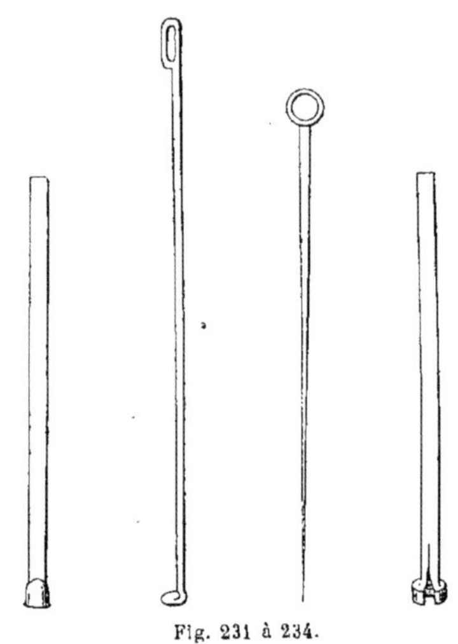
Fig. 231 à 234.

C'est une tige de fer rond de 3 à 4 centimètres de diamètre et de 50 à 75 centimètres de longueur, terminée, d'un bout par une tête plate et de l'autre par un biseau aciéré courbe et allongé (*fig.* 231). La largeur de ce biseau est un peu plus grande que le diamètre de la tige afin que celle-ci puisse tourner librement dans le trou creusé.

On se sert du fleuret en préparant l'amorce de son trou à la pointerolle, puis en frappant sur la tête avec une masse de 2 kilogrammes, et faisant tourner la tige d'une petite fraction de cercle après chaque coup de masse. On verse en même temps de l'eau dans le trou afin d'éviter que la chaleur dégagée par le choc contre la pierre ne détrempe le fleuret. Lorsque la pâte qui en résulte commence à gêner l'action du fleuret, on l'enlève avec une curette (*fig.* 232), ou tringle en fer recourbée à son extrémité en forme de cuiller. Puis, la profondeur voulue une fois atteinte, le trou est asséché et nettoyé au moyen d'un tampon d'étoupe placé dans l'anneau de la curette. Si la cartouche est à poudre, on y plante une *épinglette* de cuivre (*fig.* 233), métal plus mou et moins sujet à donner des étincelles que le fer, et on l'enfonce au fond du trou où on la maintient en tassant, au-dessus d'elle et autour de l'épinglette, de l'argile avec un bourroir (*fig.* 234) ou tige de fer ronde terminée par un disque plat, et présentant latéralement une cannelure dans laquelle vient se loger l'épinglette. Le trou une fois rempli, le mineur retire l'épinglette avec précaution, puis dans le canal qui reste libre au milieu du trou on place une mèche spéciale allant jusque dans la cartouche, et dont on enflamme l'extrémité ; ce sont généralement aujourd'hui des mèches Bickford en corde imprégnée de poudre pénétrant à l'avance dans la cartouche et autour de laquelle on effectue le bourrage. Cette corde doit être assez longue pour qu'enflammée à son extrémité, on ait le temps de se sauver avant que l'explosion ne se produise. Si les mesures ont été bien prises à l'avance, on voit se détacher sous l'effet du coup de mine exactement le bloc prévu. Il est d'ailleurs difficile de donner des règles précises pour la disposition des coups de mine, l'intelligence et l'expérience seront toujours les principaux facteurs de la réussite.

Aujourd'hui, on remplace souvent la poudre par la *dynamite*, mélange de 75 0/0 de nitroglycérine et de 25 0/0 de silice à l'état pulvérulent (en France : *randanite* ; en Allemagne : *kieselgühr*). La matière inerte rend la nitroglycérine, si dangereuse sans cela, maniable et transportable ; son inflammation se fait moins facilement que celle de la poudre ; il faut faire usage de capsules-amorces au fulminate de mercure et, autant que possible, de l'étincelle électrique. L'usage de la dynamite amène une économie d'environ 30 0/0 sur celui de la poudre.

La dynamite ayant pris depuis quelques années une très grande place dans l'exécution des travaux, nous donnerons ici quelques détails sur cet intéressant explosif.

376. *Dynamite.* — Le principe actif de la dynamite est, avons-nous dit, la nitroglycérine. La nitroglycérine fut découverte en 1847, par M. Ascagne Sobrero, dans le laboratoire de Pelouze dont il était le préparateur.

La formule chimique est :

$$C^6H^2\,(AzO^5.Ho)^3.$$

Elle resta sans emploi jusqu'en 1863, époque à laquelle l'ingénieur suédois Nobel trouva le moyen de l'utiliser pratiquement comme explosif. Obtenue en faisant réagir de la glycérine sur un mélange refroidi d'acide azotique et d'acide sulfurique, elle se présente sous la forme d'une huile inodore et incolore de densité 1,6. On l'emploie encore à cet état comme explosif en Norvège et en Amérique, mais, généralement, ailleurs on la transforme en dynamite, plus maniable et moins dangereuse. La nitroglycérine se congèle à 8 degrés et perd alors de sa sensibilité au choc ; c'est dans cet état qu'on la transporte quand on l'emploie directement.

Au contact d'une flamme, elle brûle en se transformant entièrement en gaz : acide carbonique, vapeur d'eau, azote et oxygène libre :

$$C^6H^2(AzO^5Ho)^3 = 6CO^2 + 5HO + 3Az + O.$$

Aucun de ces produits n'est délétère, tandis que la nitroglycérine elle-même est fortement vénéneuse : elle cause des étourdissements et même l'évanouissement complet, des maux de tête, de la congestion. On emploie le café noir comme contre-poison.

On voit donc que ce produit, réputé à bon droit si redoutable, *peut brûler sans faire explosion* ; cette dernière ne s'obtient qu'en chauffant le liquide à 180 degrés. Mais, en revanche, il suffit du moindre choc pour obtenir ce résultat. Dans la pratique, on détermine l'explosion au moyen d'une combinaison des deux éléments, choc et élévation de température. Pour cela on la soumet elle-même à l'action de l'explosion de certaines substances, comme de la poudre vive sans bourrage, ou même de l'air libre sous le choc du fulminate de mercure renfermé dans des capsules-amorces. Par suite de l'explosion, il se forme environ 1 250 volumes de gaz (554 de vapeur d'eau, 469 d'acide carbonique, 236 d'azote, 38 d'oxygène), et l'élévation de température qui en résulte, amène encore une dilatation de ces produits qui leur fait occuper un volume huit fois plus grand, soit environ dix mille fois le volume primitif de la nitroglycérine employée dans le trou de mine.

C'est donc ce liquide que l'on fait absorber par de la silice en poudre très fine, en aussi grande quantité que possible (75 0/0 est le maximum), et l'ensemble a l'allure d'une poudre brun rougeâtre, un peu grasse, c'est la dynamite-type ou dynamite n° 1.

377. D'après sa préparation même, on comprend que le grand danger présenté par la dynamite ait toujours été l'*exsudation*, c'est-à-dire la séparation de la nitroglycérine de son enveloppe inerte. L'huile explosive redevenue libre présente alors les plus grands dangers et peut, nous le savons, faire explosion sous le premier choc.

Aussi Nobel, Trauzl et leurs collaborateurs cherchèrent-ils d'autres absorbants pouvant former avec la nitroglycérine une pâte homogène plus ou moins solide, dont les éléments ne soient pas exposés à se séparer. En même temps, il fallait ne diminuer en rien la puissance de l'explosif, ni sa stabilité chimique.

On a ainsi choisi comme absorbants des matières elles-mêmes explosives, ou des substances inflammables qui contribuent elles-mêmes à la puissance de l'explosion. En dehors de la dynamite n° 1 à 75 0/0 de nitroglycérine, on est arrivé ainsi à fabriquer différents autres types.

La *dynamite n°* 0, ou dynamite à la cellulose de Trauzl, composée de 75 0/0 de nitroglycérine et 25 0/0 de cellulose (matière cellulaire du bois dont le type est le coton), c'est-à-dire dans laquelle la cellulose remplace la matière absorbante ordinaire le *kieselgühr*.

Au point de vue militaire, ce produit présentait un certain avantage, comme le constata la marine française dans des expériences qu'elle fit à Toulon sur ce produit; c'est qu'imbibée de 15 à 20 0/0 d'eau, la dynamite à la cellulose est insensible au choc des balles. Mais, sous le rapport de l'exsudation, on n'avait réalisé aucun progrès; bien au contraire, cette dynamite laissait exsuder la nitroglycérine sous la moindre pression.

Au point de vue industriel, la cellulose dynamite offrait deux inconvénients qui la firent rejeter: le premier venait de sa trop faible densité, le second de la présence de l'oxyde de carbone dans le gaz de l'explosion.

378. En réalité, une solution meilleure, au double point de vue industriel et militaire, fut réalisée dès 1871 par la confection de la dynamite à la cellulose nitrée. Avec 10 à 15 0/0 d'eau, elle détonait encore sous l'effet d'un fulminate énergique, mais devenait insensible au choc des projectiles et au feu. Vu son prix relativement plus élevé, on se borna à l'employer pour la confection des cartouches militaires destinées à faire faire explosion à la dynamite gelée.

La plupart de ces expériences furent faites en Autriche où l'on fit de très grands efforts pour introduire la dynamite dans l'armée, de même qu'autrefois le feld-maréchal Lenk avait immédiatement tenté, mais en vain, d'appliquer le fulmi-coton à l'artillerie.

Le Comité autrichien, en dehors de considérations purement locales, se basa sur les raisons suivantes pour adopter la dynamite dans l'armement :

1° Le prix de la dynamite est inférieur à celui du fulmi-coton ;

2° La consistance pâteuse lui permet de prendre la forme de tous les récipients, tandis que la forme des galettes de fulmi-coton est définitive et ne peut être modifiée.

379. Cependant, on n'avait pas encore, à cette époque, suffisamment observé l'action de l'eau sur la dynamite, les conditions de l'exsudation, l'effet produit par le choc des balles. On ignorait également que le fulmi-coton, même mouillé, peut faire explosion sous l'action d'un fulminate énergique, quoiqu'il soit en cet état insensible au choc des balles, et à l'action du feu.

Ces dernières propriétés donnaient évidemment l'avantage au fulmi-coton Abel sur la dynamite ordinaire; et, si nous insistons sur ces détails, c'est que là est précisément l'origine de la découverte d'une nouvelle dynamite, la dynamite-gomme.

380. On fabrique aussi d'autres types:

La dynamite numéro 2 contenant 50 0/0 de nitroglycérine et 50 0/0 d'un mélange de salpêtre et de cellulose, et nombre d'autres en variant les matières et les proportions employées.

Il est impossible de faire absorber à la silice genre Guhr plus de 75 0/0 de nitroglycérine; néanmoins, ce type est encore le plus puissant des trois, car les absorbants actifs s'en imprègnent encore moins; et le supplément de force qu'ils apportent par eux-même, n'équivaut pas à la nitroglycérine qui leur manque.

Enfin ces dynamites ne sont pas complètement exemptes d'exsudation; celle-ci peut se produire à la longue sous l'effet de la pression, ou du séjour dans l'eau. Aussi Nobel crut-il devoir continuer ses recherches, et c'est ainsi qu'il arriva, en 1875, à la fabrication de la *dynamite-gomme* ou *gélatine explosive*.

M. Nobel cherchait à donner à la dynamite les différentes propriétés fort précieuses du coton-poudre. Il était en même temps préoccupé, en dehors de l'exsudation, d'un autre inconvénient de la dynamite ordinaire, qui consiste à dépenser 7 à 8 parties des 75 0/0 de nitroglycérine qu'elle contient, à échauffer en pure perte l'absorbant inerte qui sert de récipient à l'huile explosive. Nous allons voir comment il y est parvenu.

Nous bornerons là notre étude de la dynamite ordinaire aujourd'hui très connue et dont on peut trouver les éléments dont la plupart des traités spéciaux.

Nous nous étendrons un peu plus sur la dynamite à base de nitrocellulose, qui n'a commencé à prendre sa place dans l'industrie que depuis quelques années, et qui est beaucoup moins connue, quoiqu'elle rende de très grands services.

Dynamite-gomme ou gélatine explosive.

381. C'est en 1877 que M. Nobel termina ses recherches et aboutit à la découverte de ce nouvel explosif qu'il appela la dynamite-gomme ou gélatine explosive.

Il parvint en effet à fabriquer une espèce particulière de fulmicoton, analogue à celui qui s'emploie dans la préparation du collodion photographique; en le dissolvant dans la nitroglycérine, on produit une sorte de gélatine ressemblant, à s'y méprendre, à la pâte de jujube.

La dynamite-gomme est une combinaison chimique, et non un simple mélange de 7 à 8 0/0 de coton-poudre et de 92 0/0 de nitroglycérine; la combinaison s'opère dans certaines conditions spéciales de température et à l'aide de certains dissolvants.

On peut varier l'espèce de nitrocellulose employée, coton-poudre, pyroxiles divers, collodion soluble et, selon l'espèce employée et la quantité utilisée, on obtient à volonté une gomme d'aspect corné, ou bien un sirop, ou une sorte de miel, etc.

M. Nobel constata, en outre, que pour les usages militaires on peut insensibiliser ce corps pour ainsi dire au degré voulu par l'adjonction de certaines substances, comme le camphre, la nitrobenzine, l'acétine, etc. L'expérience a prouvé aujourd'hui que le meilleur corps à employer pour insensibiliser la gélatine est la nitrobenzine (1). Dans la pratique, il est plus facile et plus économique d'employer le camphre, et le produit est rendu complètement maniable par l'addition de 4 0/0 de ce corps qui diminue la sensibilité de la gélatine à peu près dans les mêmes proportions que celle du fulmi-coton est diminuée par l'addition de 15 à 20 0/0 d'eau.

La dynamite-gomme courante non insensibilisée, telle qu'elle est répandue aujourd'hui dans l'industrie, est un corps élastique, généralement transparent, de couleur jaune ambrée; plus lourde que

(1) Paul Barbe : *La Dynamite et l'Électricité.*

l'eau, sa densité est 1,6. On peut la couper comme la pâte de jujube, à laquelle nous la comparions, et la soumettre à une pression de plus de 1, 000 kilogrammes par centimètre carré, sans qu'il y ait la moindre trace d'exsudation. Il en est de même si on la porte à une température de 70 degrés centigrades. A l'air, cet explosif brûle tranquillement, comme la dynamite ordinaire, en crépitant légèrement et sans détoner. En détonant, elle fait entendre un bruit plus clair que la dynamite, et produit moins de fumée. De plus, les gaz produits par l'explosion ne fatiguent pas les ouvriers ; cette propriété est d'autant plus précieuse, que l'emploi du fulmicoton comprimé, par exemple, fatigue beaucoup le personnel à cause de l'oxyde de carbone qu'il dégage en faisant explosion.

Mais la qualité fondamentale de ce nouvel explosif est la sécurité qu'il présente dans son maniement, sécurité qui résulte de ce que, la nitroglycérine étant gélatinisée, toute chance d'exsudation a disparu et la sensibilité au choc est diminuée. La gomme ou ses dérivés sont, par suite, infiniment moins sensibles au choc que la dynamite ordinaire n° 1 à 75 0/0 de nitroglycérine, et à plus forte raison que la nitroglycérine pure. Nous reviendrons plus loin avec détails sur cette propriété ; il nous suffira pour le moment de dire qu'il faut de 3 à 5 kilogrammètres pour amener l'explosion de la gélatine, tandis que la dynamite ordinaire détone sous le choc de 1 kilogrammètre.

Enfin le nouveau produit est inaltérable à l'eau ; il se recouvre simplement à la longue d'une mince pellicule blanche sans que les propriétés de l'explosif soient modifiées en quoi que ce soit.

L'exposition à l'air lui fait perdre cette nuance opaline par suite de l'évaporation de l'eau absorbée.

Cet explosif résiste si bien aux chocs ainsi qu'aux plus fortes pressions, que renfermé dans une boîte en fer blanc il ne fait qu'imparfaitement explosion sous l'action d'une amorce au fulminate de mercure; on retrouve après chaque détonation des morceaux de matières intacts. A l'air libre, il arrive fréquemment qu'une partie seulement de la matière fait explosion, et le reste est simplement projeté ou brûlé. On ne lui fait produire tout son effet qu'en l'employant dans un espace entièrement fermé, tel qu'un trou de mine, par exemple.

C'est en effet là un inconvénient de la gélatine ordinaire, et *a fortiori* de la gélatine insensibilisée ; c'est qu'il faut l'emploi d'un détonateur spécial et très-puissant pour amener son explosion complète ; mais c'est là une question de confection d'amorce, et ce n'est réellement pas un inconvénient dans la pratique. Comme toujours, l'emploi judicieux de l'électricité pour déterminer les explosions, sera plus efficace que celui des mèches ordinaires. Il est au contraire excessivement précieux de pouvoir à volonté diminuer le degré de sensibilité d'un explosif, et c'est à quoi l'on arrive aisément avec la gélatine par un dosage convenable et raisonné de la proportion de nitrobenzine, d'acétine et plus particulièrement de camphre.

Des expériences faites par le Comité militaire autrichien amenèrent à conclure que la gomme surpasse en puissance tous les autres explosifs connus, la nitroglycérine elle-même ; qu'elle réunit en même temps la force à l'insensibilité qu'on voudra lui donner, qu'elle est facilement transportable et ne laisse jamais exsuder la nitroglycérine sous les plus fortes charges.

382. *Effet de la chaleur et du feu.* — Comme nous l'avons déjà dit, la dynamite gomme brûle à l'air sans détoner exactement comme la dynamite ordinaire et le coton-poudre sec (humide, le coton poudre ne brûle pas).

Cependant, comme pour les deux autres explosifs que nous venons de citer, quand le feu est mis à une grande masse, l'explosion finit par se produire au bout d'un certain temps ; mais l'essentiel est que le produit ne soit pas trop inflammable et que l'explosion ne se produise pas trop vite après qu'un point de la masse a été enflammé.

Dans tous les cas, comme la gomme se conserve bien sous l'eau, on peut la renfermer dans des tonneaux pleins d'eau à la façon du *gun-cotton* humide, èt dans cet état elle présente pour le transport et les manutentions des conditions de sécurité bien supérieures à celles de la dynamite ordinaire.

Quant à l'action de la chaleur, ce produit peut être maintenu pendant huit jours à une température de 70 degrés centigrades sans présenter aucune trace de décomposition ni d'exsudation.

En outre, on comprend qu'il était fort intéressant de savoir si le camphre, si précieux pour insensibiliser la gélatine, ne s'en irait pas sous l'effet de cette élévation de température. De nombreuses expériences furent faites dans ce but. En voici une entre autres, qui se présentait dans les conditions les plus favorables à l'évaporation du camphre.

On plaça un échantillon de quelques grammes de gélatine dans un verre de montre qui fut chauffé six à sept heures par jour pendant deux mois. On constata au bout de ce temps l'évaporation de *moitié* du camphre et d'une petite quantité de nitroglycérine; mais grâce à sa structure gélatineuse, le nouvel explosif avait pu garder encore la moitié de son camphre malgré le traitement énergique et prolongé auquel on l'avait soumis.

Cette question, très intéressante, surtout au point de vue des applications militaires, fut encore étudiée de très près par les Autrichiens. Ils voulurent savoir si la puissance et la sécurité que présente la gomme dans son emploi, ne diminuent pas par suite d'un long emmagasinage ou de transports faits en toutes saisons.

Il était donc utile de savoir non seulement si le camphre ne pouvait pas se volatiliser à la longue, mais si dans les magasins ou pendant le transport la nitroglycérine ou le fulmi-coton ne peuvent pas s'altérer.

Or, les conclusions du capitaine Hess sont très nettes :

« Nos expériences, dit-il, ont prouvé « que dans des conditions très mauvaises « la perte du camphre par volatilisation « n'est pas suffisante pour diminuer sen- « siblement l'insensibilité de l'explosif. « On peut, du reste, parer à cet inconvé- « nient en faisant choix d'un emballage « convenable destiné à soustraire le plus « possible cet explosif à l'action de l'air.

« Quoi qu'il en soit, la gélatine, même « sans camphre, résiste infiniment mieux « que la dynamite aux chocs d'un « marteau dynamomètre.

« Pour qu'un explosif à base de nitro- « glycérine se conserve bien, le point « important est qu'il ait été fabriqué avec « soin. C'est ce qui a lieu chez Nobel, et « la preuve, c'est que le Comité militaire « autrichien conserve dans ses magasins « depuis plus de dix ans, de la dynamite « qui ne présente aucune trace d'alté- « ration. »

La gélatine pure, c'est-à-dire privée de camphre, peut faire explosion quand on porte sa température à 240° C. Quand elle contient 4 0/0 de camphre, on peut la porter graduellement à n'importe quelle température sans amener d'explosion ; à un moment donné elle s'enflamme simplement en produisant un certain crépitement et en lançant des étincelles.

383. *Effets du choc.* — Sous l'action d'une balle et même à 25 mètres, la dynamite-gomme ne fait pas explosion.

La dynamite ordinaire, même derrière des planches, détone sous le choc d'une balle tirée à mille pas. La gomme au camphre résiste même quand on l'appuie contre de la tôle. Elle résiste encore au choc du marteau quand on en met une parcelle sur une enclume ; on sait que dans ce cas la dynamite ordinaire et le fulmicoton font immédiatement explosion.

Etant peu sensible au choc, elle l'est également aux vibrations les plus énergiques, et même aux explosions des corps voisins, surtout lorsqu'elle a été insensibilisée. On sait que cela n'a pas lieu pour tous les explosifs, le fulmi-coton, par exemple, qui fait parfaitement explosion *par influence.*

On fit à ce sujet des expériences fort intéressantes et que nous rappellerons rapidement, dans le but d'éventer les torpilles sous-marines qui, comme on sait, sont chargées de fulmicoton. Or, on n'avait qu'à lancer vers leur emplacement d'autres torpilles chargées de dynamite-gomme, qui déterminaient par influence l'explosion des engins de la première ligne, le fulmicoton détonait immédiatement sous l'influence des vibrations dues à l'explosion des torpilles à la gomme. C'est là un résultat très remarquable, et dont on voit déjà le vaste champ d'applications. On peut arriver avec la gomme à découvrir toute une ligne de défenses sous-marines et à la rendre impuissante en déterminant son explosion.

Avec la gomme au camphre, ce résultat est impossible : tout au plus y aura-t-il quelques précautions à prendre vis-à-vis de l'amorce qu'il faut placer au milieu même de la charge de gélatine et dans de petites boîtes spéciales qui la mettent à l'abri des chocs et des explosions produites dans le voisinage.

Cette insensibilité de la gélatine, et surtout de la gélatine au camphre, a constitué une véritable difficulté dans la pratique; on était en présence d'une matière explosive des plus énergiques, et on se trouvait, chose singulière, embarrassé pour lui faire faire explosion. Les capsules fortement chargées de 1 gramme de fulminate de mercure, employées pour faire détoner la dynamite ordinaire se trouvaient ici tout à fait impuissantes. Et cependant ce fulminate, grâce à sa grande densité, à l'instantanéité de son explosion lorsqu'on l'enflamme, et à l'absence presque complète de dissociation des produits, constitue l'une des matières brisantes les plus parfaites que l'on connaisse.

On essaya les cartouches-amorces réglementaires destinées à faire partir la dynamite gelée; ces cartouches composées de 75 0/0 de nitroglycérine et de 25 0/0 de coton poudre haché n'amenèrent pas l'explosion complète de la gomme. Il fallut donc se résoudre à chercher une amorce spéciale. On y parvint en nitrant ce coton spécial à l'état farineux préparé par la méthode Girard ; on appelle *nitrohydrocellulose* le fulmicoton ainsi obtenu. En imprégnant ce coton poudre de nitroglycérine jusqu'à saturation, on obtint une amorce capable de faire produire à l'explosion de la gélatine toute la puissance qu'elle peut développer.

On s'arrêta à un mélange de 60 0/0 de nitroglycérine et de 40 0/0 de nitrohydrocellulose. Ce fulmicoton, à la vérité, retient dans ses pores moins de nitroglycérine que le fulmicoton Abel pulvérisé, mais il n'a aucune tendance à produire de la gélatine en s'unissant à elle.

La composition de l'ancienne amorce (coton poudre Abel 25, et nitroglycérine 75) présentait en effet cet inconvénient que, vu le peu d'uniformité du fulmicoton, une partie s'unit à la nitroglycérine et forme de la gélatine. Il en résulte dans la masse des nœuds qui diminuent l'instantanéité de l'explosion.

On peut arriver ainsi à une densité plus grande que celle de cette ancienne amorce de coton poudre Abel, imprégnée de 75 0/0 de nitroglycérine. Les tubes des amorces militaires ne pouvaient contenir que 15 à 17 grammes de ce dernier produit, tandis qu'ils contiennent de 19 à 20 grammes d'amorce à la nitrohydrocellulose.

Des expériences faites sur les amorces démontrent que la nouvelle avait une force presque double de celle de l'ancienne.

Ainsi, à volume égal, l'amorce nouvelle obtint sur les plaques de 9 millimètres d'épaisseur le même effet que l'ancienne sur les plaques de 5 millimètres. Il est bon de noter cependant que ces amorces perdent sensiblement de leur force quand elles sont gelées.

En résumé, il faut dans tous les cas employer avec la dynamite-gomme une petite cartouche-amorce d'une composition spéciale plus sensible à l'effet de l'impulsion initiale due à la capsule, ou à la nouvelle amorce Nobel, sans quoi l'on s'expose à ne pas avoir détonation complète. Un bon amorçage et un bourrage soigneusement fait avec le bourroir en bois augmentent d'ailleurs beaucoup les effets produits par la gomme.

384. *Action de l'eau.* — L'action de l'eau était également très intéressante à observer, car elle joue un rôle capital au point de vue des transports, surtout militaires, et chacun sait que le fulmicoton Abel comprimé peut absorber de 15 à 20 0/0 d'eau. A cet état, il est maniable et transportable sans danger, et peut facilement encore faire explosion.

Mais, d'un autre côté, le fulmicoton humide laissé dans l'eau s'en imprègne complètement, et son explosion devient impossible, et il est en outre assez difficile de maintenir ce corps au degré d'humidité convenable.

Or, la gélatine, avec ou sans camphre, n'est pas altérée par l'eau. Elle se recouvre simplement, comme nous l'avons dit, par un séjour prolongé dans ce liquide, d'une couche mince, d'apparence laiteuse, sans que son poids ait sensiblement changé. On lui fait reprendre son aspect ordinaire en l'exposant à l'air : on constate seulement alors que la masse a perdu un peu de son poids. L'explosif, d'ailleurs, n'a rien perdu de sa force : c'est là une propriété des plus précieuses quand on songe à la façon dont les explosifs et même la dynamite ordinaire redoutent l'humidité.

On en conclut donc qu'on peut transporter et conserver la dynamite-gomme sous l'eau, ce qui supprime complètement toutes les chances d'incendie. Quant au transport proprement dit, on sait qu'il se fait sans aucun danger d'explosion même sans cette précaution.

385. *Action du froid.* — Malheureusement, pas plus que la dynamite ordinaire, la gélatine n'échappe à l'action du froid. Au-dessous de 7 degrés centigrades, elle durcit, perdant ainsi sa consistance élastique qui est essentielle à son emploi.

Avec ou sans camphre, elle résiste cependant mieux que la nitroglycérine ou la dynamite normale à la gelée; mais son état gélatineux a une telle influence sur son insensibilité explosive qu'elle devient beaucoup plus sensible aux chocs quand elle est gelée. Elle dégèle aussi beaucoup plus facilement que la dynamite et sans trace d'exsudation.

La congélation, dans tous les cas, ne diminue en rien la force de l'explosif, et, quoiqu'elle lui rende un peu de sensibilité, il n'en présente pas moins devant le choc des balles, par exemple, autant de résistance à l'explosion que le gun-cotton humide, et par conséquent beaucoup plus que la dynamite ordinaire.

La méthode générale pour dégeler les dynamites consiste à les chauffer au bain-marie dans des appareils très simples et en ayant bien soin de ne pas défaire les cartouches. On peut encore arriver à dégeler les cartouches en les portant dans la poche, ce qui ne présente aucun danger.

Les appareils pratiques à dégeler toutes les dynamites sont le *seau à dégeler* et la *marmite suédoise*.

Le premier se compose (*fig.* 235) de deux cylindres en zinc concentriques; l'espace annulaire est hermétiquement fermé par un couvercle muni d'un ajutage R par

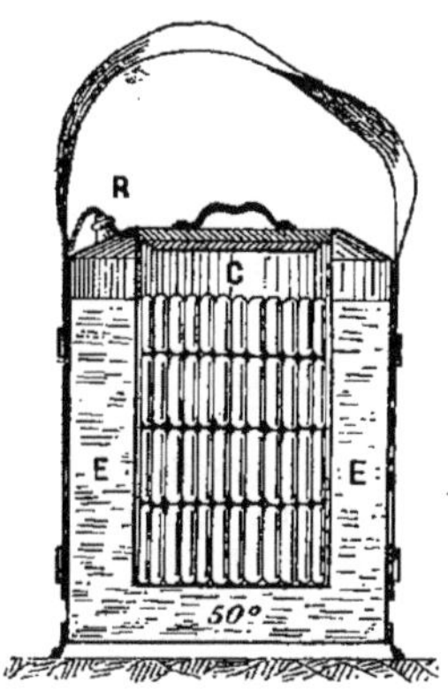

Fig. 235.

lequel on versera dans l'intervalle E de l'eau à 50 degrés. L'eau bouillante est inutile : elle ne présente aucun danger, mais elle peut désagréger les cartouches et les faire exsuder lorsqu'elles renferment de la dynamite ordinaire.

Quant aux cartouches, on les place dans le seau intérieur suspendu C, méthodiquement rangées, on ferme avec un couvercle spécial. Lorsque l'eau se refroidit, on la change; mais on ne doit jamais mettre le seau lui-même sur le feu, car, par suite de négligence ou d'oubli, le métal pourrait être chauffé à nu, ce qui pourrait pour le moins le faire fondre ou amener des accidents. Il est préférable, dans tous les cas, que le seau intérieur ne repose pas sur le fond de l'enveloppe extérieure, et qu'il soit toujours entouré d'eau.

Pour éviter les déperditions de chaleur par rayonnement, on peut envelopper le seau extérieur et le couvercle d'une couverture de laine.

La marmite suédoise présente les mêmes dispositions; mais ses parois extérieures et son couvercle sont munis de liège et de feutre, corps mauvais conducteurs qui empêchent le refroidissement.

Si l'on n'a pas sous la main les appareils spéciaux, on peut se contenter de placer les cartouches dans un seau en zinc que l'on plonge dans un baquet rempli d'eau chaude (*fig.* 236). Pour que la dynamite reste en bon état, il faut avoir soin de la couvrir afin de la prémunir contre le contact de la vapeur d'eau.

Mais, nous le répétons, il ne faut jamais placer le vase contenant la dynamite directement sur un poêle, sur le feu ou sur une chaudière.

Enfin, *en aucun cas il ne faut essayer de dégeler des cartouches amorcées.*

Quand on a une grande quantité de gomme ou de dynamite à dégeler à la fois, et à faire face aux besoins de chantiers importants, on peut, comme l'a fait M. l'ingénieur Rutimann, chargé d'une des plus importantes entreprises du Gothard, construire une guérite en bois, à doubles parois. Entre les deux cloisons on met un garnissage en sciure de bois. Le fond de la guérite est rempli de fumier qu'on renouvelle de temps en temps. Au-dessus se trouvent placées des claies recouvertes d'étoffes sur lesquelles on place les cartouches libres ou en paquets. La chaleur du fumier est généralement suffisante pour dégeler les explosifs. Dans le cas contraire, ce qui n'arrive que par des froids exceptionnels, on noie dans la masse du fumier quelques bouillottes d'eau chaude analogues à celles des chemins de fer.

Une fois par semaine, il faut nettoyer l'intérieur des marmites en zinc servant d'appareils à dégeler; comme ils peuvent toujours recéler quelques parcelles de dynamite, il est bon de les éponger avec de la sciure de bois ou du papier buvard, et de les laver soigneusement avec un mélange d'alcool et d'éther ou de la nitrobenzine. Il ne faut en aucun cas abandonner les cartouches dans le voisinage trop immédiat de foyers, de poêles, de chaudières ou des conduites de vapeur.

386. *Force d'explosion. Comparaison avec d'autres explosifs.* — Le fait saillant que nous devons annoncer en tête de ce chapitre est celui-ci : c'est que la dynamite-gomme est plus puissante non seulement que la dynamite n° 1, mais que la nitroglycérine elle-même. Voici l'explication de ce phénomène surprenant en apparence : on sait que dans l'explosion de la nitroglycérine il reste à l'état libre un équivalent d'oxygène non utilisé ; dans le cas actuel, au contraire, les 7 ou 8 0/0 de coton poudre ne sont certes pas plus forts que la nitroglycérine

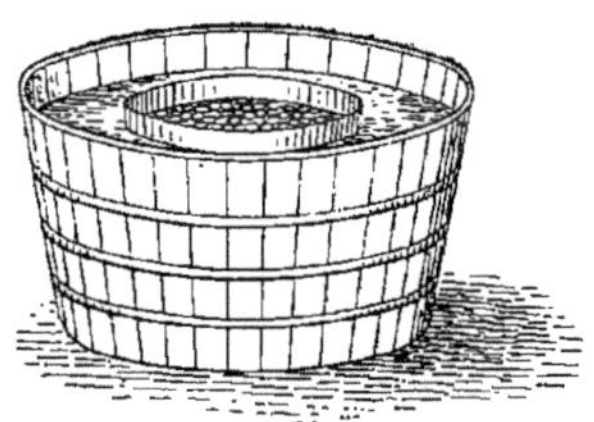

Fig. 236.

dont ils tiennent la place, mais ils fournissent le carbone et l'hydrogène nécessaires pour s'emparer de l'oxygène libre; celui-ci produit alors de la chaleur et, par conséquent, du travail.

La dynamite ordinaire à 75 0/0 de nitroglycérine est loin de représenter les trois quarts de la force de ce liquide, elle en représente à peine la moitié.

On sait, d'après M. Berthelot, que l'effet absolu d'un explosif est généralement proportionnel :

1° A la quantité de gaz développé ;

2° A la quantité de chaleur que ces gaz peuvent recevoir.

La dynamite ne produira donc que les trois quarts des gaz donnés pour un poids égal de nitroglycérine et les trois quarts de la chaleur qu'aurait produite la nitroglycérine pure. En supposant 1 kilogramme de dynamite employé, cette chaleur sera appliquée à échauffer 750 grammes de gaz et 250 grammes de silice ; les gaz ne recevront donc que les trois quarts de la chaleur produite par la dynamite et les trois quarts des trois quarts de celle qu'auraient absorbée les gaz résultant de la combustion d'un kilogramme de nitroglycérine, en admettant, ce qui est sensiblement exact, que le coefficient de la chaleur soit le même pour la silice que pour les gaz comprimés.

La dynamite ne produira donc théoriquement que les $3/4 \times 3/4 \times 3/4$ de l'effet de la nitroglycérine ou 27/64, c'est-à-dire moins de 1/2. La dynamite-gomme paraîtrait donc devoir être deux fois plus forte que la dynamite ordinaire ; en réalité, l'expérience a démontré qu'elle ne produisait que moitié en plus dans les roches de moyenne dureté ; mais dans les roches très dures elle produit un effet utile double.

Cependant la gomme n'est pas aussi brisante que la dynamite et vaut moins qu'elle à l'air libre, à moins qu'on n'ait recours à une amorce puissante ; il faut autant que possible qu'il y ait bourrage ; le plus simple et le plus facilement employé par les mineurs est l'eau.

Or la dynamite à poids égal produit un effet utile double de celui de la poudre ordinaire : on peut donc affirmer que la gomme a sur la dynamite la même supériorité que celle-ci sur la poudre.

Mais en outre de l'effet plus puissant, la gomme procure une économie de main-d'œuvre considérable par le nombre beaucoup moindre de trous qu'il faut percer pour arriver au même résultat.

Pour se rendre compte de l'effet comparatif produit par la dynamite ordinaire, la poudre ou la gomme, nous publions les tableaux suivants qui donnent les résultats obtenus dans le percement des tunnels du Saint-Gothard.

DÉSIGNATION	POUDRE NOIRE	DYNAMITE	GOMME
Nombre des trous	80	24	12 à 16
Profondeur des trous	0,70 à 0,90	1,20 à 1,60	1,20 à 1,50
Diamètre des trous	0,040 à 0,070	0,025	0,020
Poids de la charge pour une volée	34 kil.	16 à 20 kil.	10 à 14 kil.

En représentant par 1 le volume de roches qu'il a fallu broyer au fleuret pour un avancement de galerie d'un mètre fait à la gomme, ce nombre sera 2 pour la dynamite n° 1, et 8 pour la poudre.

Ces résultats peuvent se représenter d'une façon parlante au moyen des figures 237, 238 et 239.

Pour comparer la gomme au coton poudre, remarquons que la densité de ce dernier comprimé étant 1 environ, quand on y ajoute 15 0/0 d'eau son volume reste constant, mais sa densité s'élève à 1,16. A cet état, sa force à poids égal est sensiblement inférieure à celle de la dynamite ordinaire.

La gélatine a donc à poids égal 50 0/0 de force de plus que le fulmicoton humide et à volume égal 70 0/0, sa densité étant 1,60.

Voici un petit tableau dressé par Mac Roberts et qui résume les puissances relatives des explosifs les plus couramment employés, la gomme étant prise pour unité.

Cet expérimentateur a trouvé que, pour produire un même effet, il faut un poids :

1 de dynamite gomme ;
1,10 de nitroglycérine ;
1,50 de dynamite n° 1 ;
2,15 de dynamite n° 2 ou 3 ;
4,50 de poudre noire ordinaire.

On voit d'après ces chiffres quel avantage immense on peut retirer de l'emploi de la dynamite-gomme.

Il faut bien remarquer à côté de cette question de poids employé celle du volume occupé qui est en raison inverse de la densité ; c'est encore une raison permettant de diminuer les trous à forer pour faire usage de l'explosif, et sous ce rapport l'avantage reste encore à la dynamite-gomme.

Voici en effet les densités de ces explosifs :

Poudre ordinaire. .		0,9 à 1
Dynamite . . .	n°2 et 3.	1,45 à 1,55
—	n° 1	1,55 à 1,60
Nitroglycérine . . . Dynamite-gomme		1,58 à 1,60

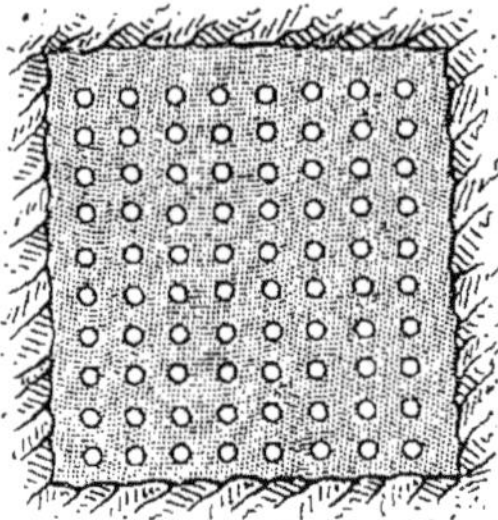

Fig. 237.

On peut donc par l'emploi de la gomme supprimer une partie importante de la main-d'œuvre.

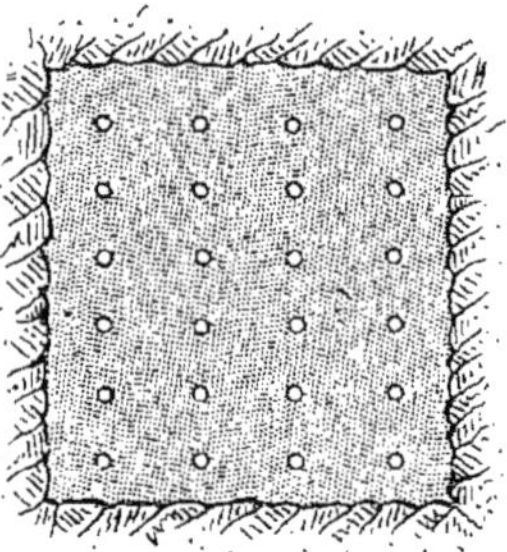

Fig. 238.

La gomme est plus chère que la dynamite, mais il y a tout intérêt à faire ici à l'avance un léger sacrifice qui se trouvera bientôt largement racheté par tous les avantages qu'on retire de l'emploi de l'explosif le plus fort. La gomme coûtant actuellement 8 francs le kilogramme, et la la dynamite 6 francs, et l'effet de la gomme étant de moitié supérieur à celui de la dynamite, il en résulte que les prix d'achat des deux explosifs, indépendamment de l'économie résultant du forage des trous, sont entre eux comme 16 est à 18, c'est-à-dire qu'en somme la gomme est sensiblement meilleur marché.

On a constaté enfin depuis longtemps que l'usage de la dynamite-gomme permettait déjà de réaliser en moyenne sur la dynamite ordinaire une économie de 20 0/0 sur la main-d'œuvre, et de 15 0/0 sur le temps (1).

Dans l'exploitation de certaines roches ou matériaux à ménager comme l'ardoise, la pierre de taille, la houille, où il faut éviter la production de menus, la gomme rend de grands services par la diminution considérable dans le nombre des trous de mine.

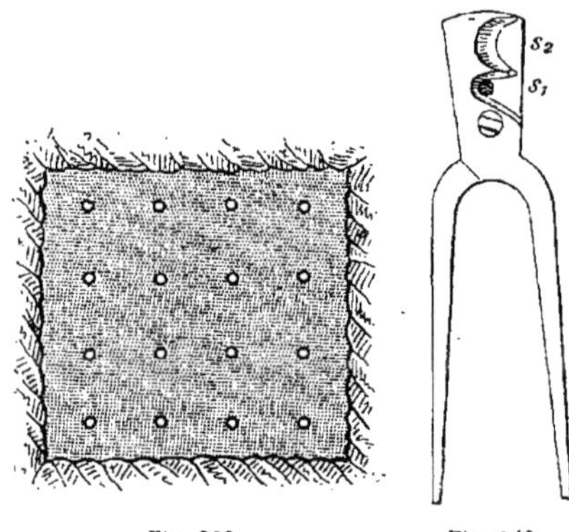

Fig. 239. Fig. 240.

La dynamite ordinaire avait déjà réalisé un progrès très sensible dans cette voie ; ces progrès n'ont fait que s'accentuer par l'emploi de la gomme.

Modes d'emploi des dynamites.

387. La dynamite se livre au commerce en bâtons cylindriques appelés cartouches dont le diamètre est de 20 à 25 millimètres à moins de commande spéciale. Chaque caisse renferme 20 à 25 kilogrammes nets

(1) M. Auguste Moreau. — *Mémoire communiqué à la Société des Ingénieurs civils de France.* — Décembre 1880.

et une instruction précise à l'usage des ouvriers.

La dynamite-gomme est livrée en car-

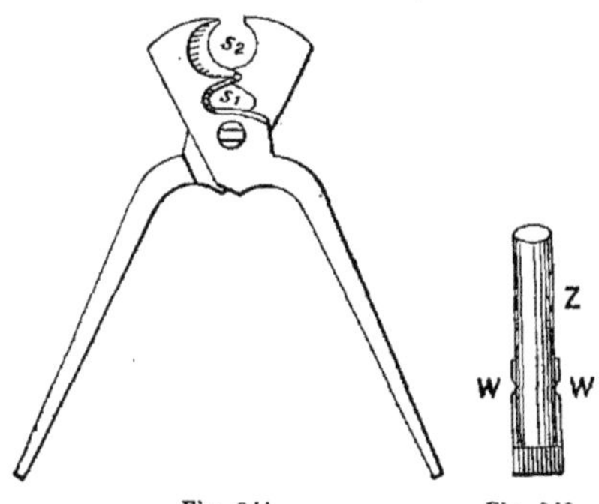

Fig. 241. Fig. 242.

touches de 20 millimètres et de 5 à 6 centimètres de longueur. Chaque caisse renferme 10 à 20 kilogrammes nets, répartis dans des boîtes contenant chacune 2k,5. Chaque boîte contient un nombre de cartouches-amorces suffisant, en outre des capsules au fulminate, qui, comme on le sait, ne suffisent pas pour amener l'explosion de la dynamite gomme. Avec la dynamite ordinaire, la chaleur et le choc produits par l'explosion de fulminate ou de la poudre sont toujours suffisants: on ne se sert donc que de capsules sans passer par l'intermédiaire des cartouches-amorces.

La charge d'un trou de mine nécessite les manipulations suivantes :

On se procure d'abord un couteau et de petites tenailles, ou mieux une petite pince spéciale à sertir les capsules et à couper les mèches (*fig.* 240 et 241), imaginée par M. G. Vian, et qu'on trouve dans le commerce au prix de 3 francs.

A l'aide du cran S_2 de cette pince, on coupe bien nettement une mèche ordinaire de mineur, au bout de laquelle on

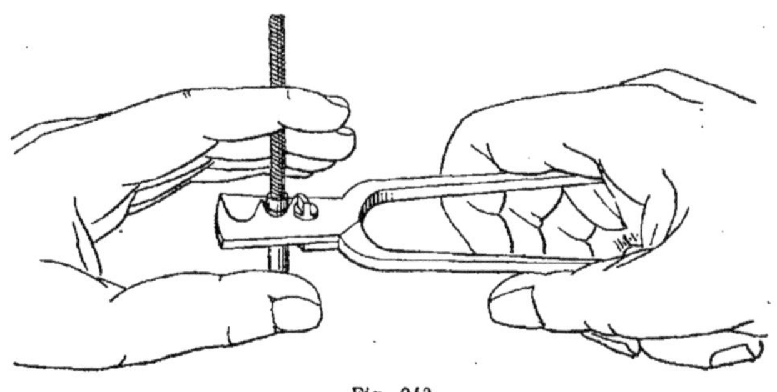

Fig. 243.

fixe la capsule spéciale de telle sorte que la mèche Z pénètre jusqu'au fond de la capsule (*fig.* 242).

Puis avec le cran S_1 de la pince, on serre fortement la partie supérieure de la capsule de façon à la rendre bien solidaire de la mèche intérieure au moyen de la petite rigole annulaire W. Cette précaution est essentielle, car les capsules non serrées ne produisent pas toujours l'explosion de la dynamite (*fig.* 243).

Ensuite on ouvre d'un bout la cartouche de dynamite, ou la cartouche-amorce s'il s'agit de la gomme ; on y enfonce toute la longueur de la capsule munie de la mèche, et on lie très forte-

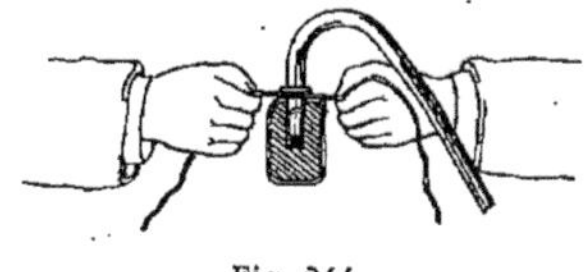

Fig. 244.

ment avec une ficelle le papier de la cartouche rabattue sur la mèche (*fig.* 244).

Avec la gomme on n'enfonce que les

trois quarts de la capsule dans l'intérieur de l'amorce, et l'on continue comme précédemment.

On a eu soin préalablement de placer sans les ouvrir, dans le trou de mine, une ou plusieurs cartouches, suivant la hauteur de charge voulue, et de serrer avec un *bourroir en bois* chaque cartouche séparément. Les cartouches étant pâteuses se laissent comprimer et peuvent remplir exactement le trou de mine, ce qui rend l'action de l'explosif beaucoup plus efficace (*fig.* 245).

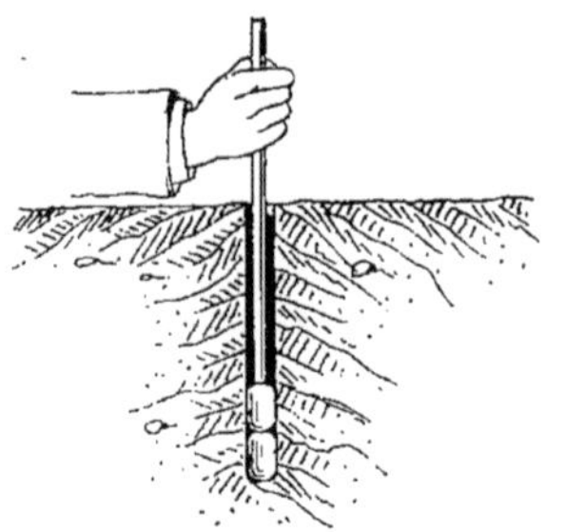

Fig. 245.

Si l'on emploie la gélatine, on place les cartouches de la même manière en les ouvrant du côté qui n'est pas en contact avec le bourroir, et l'on serre toujours chaque cartouche séparément ; les cartouches se collent ensemble et, grâce à l'élasticité de la matière, remplissent également le trou de mine.

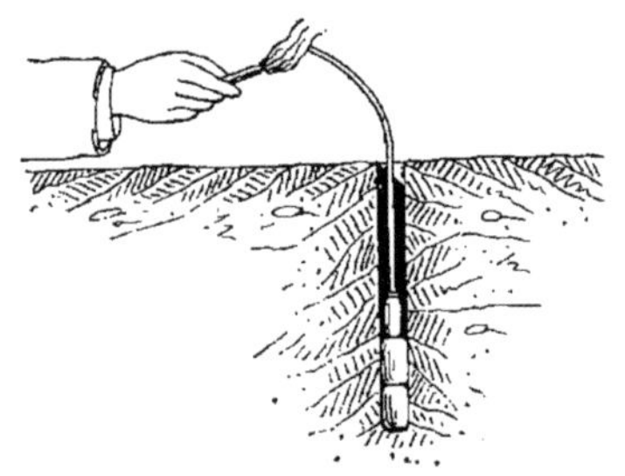

Fig. 246.

On introduit ensuite la cartouche portant mèche et capsule ; celle-ci doit toucher la charge sans trop la serrer afin de ne pas déranger la position de la capsule (*fig.* 246 et 247).

Enfin, on remplit le vide restant dans le trou de mine avec un bourrage soigneusement fait, mais sans marteau, de sable ou d'argile. Si le trou est peu incliné, la dynamite permet le bourrage très commode à l'eau, ce qui n'est pas possible avec la poudre.

Le plus souvent aujourd'hui, on livre la dynamite-gomme en cartouches de 12 centimètres de longueur pesant environ 80 grammes. On prend la quantité de cartouches nécessaire pour constituer la charge, on les coupe toutes en deux par le milieu, ce qui présente deux faces exemptes de papier, et on les fend ensuite dans le sens de la longueur le long d'une génératrice du cylindre et d'un côté seulement.

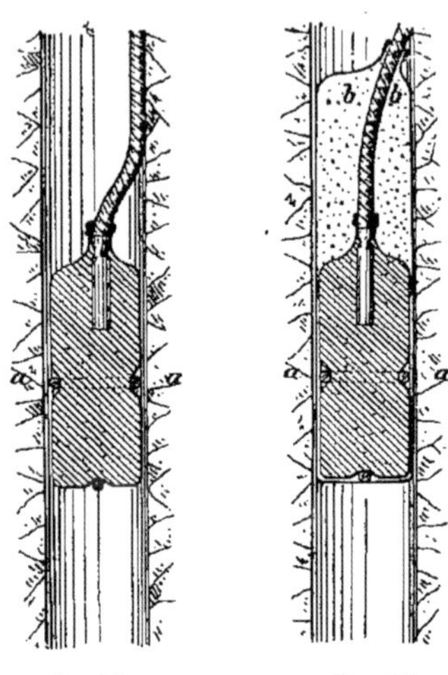

Fig. 247. Fig. 248.

On introduit comme précédemment dans le trou de mine les demi-cartouches les unes après les autres, en ayant soin que la partie coupée soit toujours tournée vers le fond ; on bourre chacune d'elles énergiquement avec le bourroir en bois et de la sorte le bourroir appuie toujours sur le papier qui recouvre l'extrémité non coupée. Il ne faut pas craindre de comprimer fortement et d'écraser chaque demi-cartouche sur la précédente au fur et à mesure qu'on les superpose, car il est absolument indispensable qu'il ne reste pas de vide dans la charge.

On examine souvent le bourroir et on a soin qu'il soit toujours bien propre en l'essuyant avec précaution; cela est surtout indispensable si, en le sortant du trou, on s'apercevait qu'il retire de la dynamite-gomme.

Lorsque toute la charge est mise en place, on ajoute la cartouche-amorce comme précédemment.

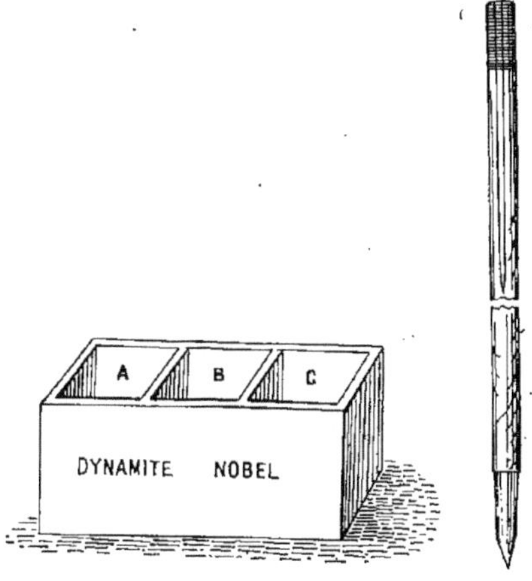

Fig. 249. Fig 250.

Il peut arriver qu'en tirant sur la mèche au bourrage celle-ci sorte de la capsule, ou la capsule de la dynamite : on a alors un *raté*.

Pour obvier à cet inconvénient, un entrepreneur du grand tunnel Gothard, M. Locher, faisait usage de cylindres en papier dans le fond desquels on plaçait la cartouche-amorce ; on achevait de les remplir avec du sable sec *bb*, puis on rabattait le papier sur la mèche, et l'on complétait par une ligature (*fig.* 248). Le sable supérieur vient ainsi tasser la capsule et la mèche qui se trouvent consolidées, et ne risquent plus d'être arrachées par le haut dans les manipulations qu'on peut leur faire subir.

388. *Bourrage.* — La nécessité d'un bon bourrage est une condition fondamentale du succès : c'est à cette seule précaution que l'on doit de voir l'explosif produire son maximum d'effet.

Pour y arriver, il est bon d'avoir toujours sur la main la matière du bourrage appropriée. Pour cela on fera usage d'une caisse à trois compartiments A, B, C (*fig.* 249).

Dans le casier A on mettra du sable compact à grains fins pour le bourrage des coups mouillés.

Le compartiment B renfermera de la terre sèche et fine ou de la brique pilée pour les coups secs.

Enfin dans le dernier C on mettra de la terre grasse destinée à protéger le fulminate de la capsule quand on opère en bourrant à l'eau, ou dans les travaux submergés.

Le bourroir, nous le répétons, doit toujours être en bois et jamais en métal (*fig.* 250).

389. *Précautions à prendre dans les travaux submergés.* — Il est indispensable dans les travaux submergés de ne faire usage que de mèches imperméables, soit goudronnées, ou mieux entourées de gutta-percha. En outre, il ne faut à aucun prix que l'eau puisse mouiller le fulminate de la capsule ; il faut donc garnir soigneusement de glaise ou mieux de poix ou de cire, le joint de cette dernière et de la mèche ; on la plonge ensuite dans la cartouche-amorce, et l'on fait la ligature comme de coutume ; on glisse une à une les cartouches dans le trou plein d'eau en les serrant au bourroir de manière à assurer leur contact, et l'on place la cartouche-amorce la dernière comme d'ordinaire. Cependant, comme les cartouches-amorces ne peuvent résister indéfiniment comme la dynamite-gomme à l'action de l'eau, il est bon de ne les immerger qu'au moment de la mise en feu. Dans tous les cas, la cartouche-amorce ne doit pas rester plongée dans l'eau plus d'un quart d'heure, à moins d'être placée préalablement dans une enveloppe étanche spéciale.

Dans les travaux en eau profonde, où le percement des trous est très difficile, on peut encore obtenir de bons effets en plaçant la charge directement sur le rocher, en enlevant simplement la vase ou le sable qui le recouvre. Puis on immerge l'explosif, et on le fait détoner comme précédemment par l'intermédiaire de la cartouche-amorce et de la capsule.

390. *Ratés.* — Différentes causes peuvent amener des ratés, ce sont :

1° La mauvaise qualité des mèches ;

2° La force insuffisante des capsules ou du serrage des capsules sur la mèche ;

3° Si l'on enfonce trop ou trop peu la capsule dans l'amorce. Il ne faut pas qu'elle y pénètre de plus que sa longueur, mais il est aussi mauvais qu'elle n'y entre pas du tout ;

4° L'insuffisance de la ligature qui relie la capsule à la cartouche-amorce ;

5° Emploi de dynamite gelée.

Lorsqu'un raté se produit, il faut débourrer avec de grandes précautions les trois quarts environ du bourrage ; on introduit alors une cartouche de gélatine, puis une amorce avec capsule et mèche, on bourre et on allume ; la charge supérieure en faisant explosion fait partir celle du fond, quoiqu'elle en soit séparée par un peu de bourrage.

Le mieux pour être à l'abri des ratés est d'employer l'allumage par l'électricité.

Dans tous les cas, il faut attendre largement le temps reconnu nécessaire à la combustion de la mèche entière avant de retourner au trou de mine pour le débourrer ; la mèche peut en effet présenter une solution de continuité intérieure ou être imprégnée d'un corps gras, ce qui retarde sa combustion sans l'éteindre. Le feu se propage alors lentement et le coup part alors qu'on ne s'y attend plus. Tout cela fait perdre un temps précieux et n'est pas exempt de danger.

391. *Allumage par l'électricité.* — Tout cela est évité par l'allumage électrique qui supprime en même temps les gaz irrespirables et insupportables produits par la combustion des mèches. De plus, ce genre d'inflammation permet d'avoir des explosions simultanées, et par conséquent des effets beaucoup plus considérables que ceux qu'on obtient par les coups de mines successifs. Les coups de mine partant ensemble, en effet, se soutiennent et se complètent entre eux au moment de l'explosion, ce qui entraîne une augmentation d'effet utile et la réalisation d'économies importantes. Enfin, on peut produire l'inflammation de la charge en se plaçant à une distance aussi grande que l'on veut de celle-ci.

Fig. 251.

Le matériel pour le sautage à l'électricité se compose :

1° D'un exploseur ;

2° De fils conducteurs ;

3° D'amorces explosives.

392. *Exploseur.* — On conçoit que la production de l'étincelle électrique puisse être obtenue par nombre d'appareils connus. L'indispensable ici était d'en avoir un simple, robuste, pratique, facilement transportable. Ces différents désidérata ont été obtenus par un exploseur fréquemment employé, dû à M. Breguet (*fig.* 251). Il est formé d'un électro-aimant ordinaire NOS, muni de ses deux bobines EE toujours prêtes à donner une étincelle lorsqu'on rapproche les extrémités de leurs fils respectifs. Au moyen d'un verrou X, que l'on n'a qu'à pousser, on empêche l'appareil de fonctionner, et prévient par suite tout départ prématuré

Cet appareil est simple, commode, transportable, car on l'enferme facilement dans une boîte, et on le tient suspendu par une anse *r* fixée à la tablette inférieure. Le petit modèle ne pèse que 7k,50, et coûte 100 francs. Il peut faire partir trois ou quatre amorces. Avec des modèles plus puissants, de 200 à 300 francs, on peut

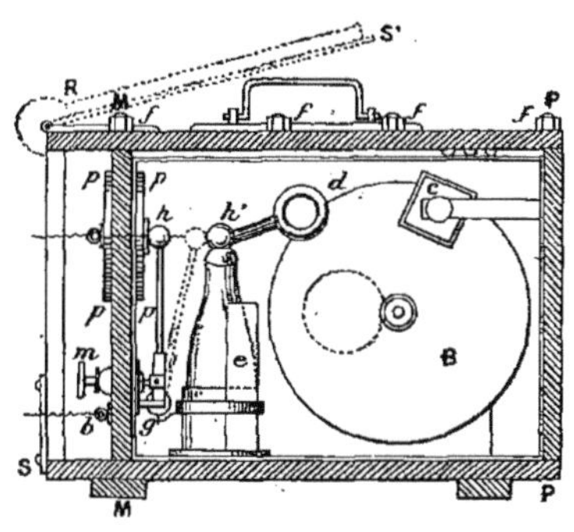

Fig. 252.

avoir huit, dix et jusqu'à quinze départs simultanés.

Pour se servir de l'appareil, on introduit les extrémités des deux fils conducteurs dans les deux bornes, et l'on serre avec les vis qui les surmontent pour bien fixer les fils. Il n'y a d'ailleurs aucune distinction à faire entre les deux fils. On retire ensuite le verrou, et il suffit d'un coup de poing sur le tampon B pour produire l'explosion.

Les bouts des fils conducteurs que l'on introduit sur les vis des bornes devront être naturellement dépouillés de leur matière isolante, et bien nettoyés de manière à assurer un contact parfait entre le métal du conducteur et celui de la borne.

L'inconvénient de cet appareil est d'être toujours chargé d'électricité que l'aimant détermine dans les bobines par induction. Le moindre oubli peut donc amener une explosion prématurée si l'on n'a pas eu soin de pousser le verrou X.

Aussi depuis quelques années lui préfère-t-on un appareil qui a l'avantage de n'être jamais chargé et de produire son électricité au moment même où l'on n'en a pas besoin.

Cet appareil, employé d'une manière générale en Allemagne et en Autriche, a été importé en France par un spécialiste éminent en ces matières, M. G. Vian, déjà cité (actuellement député de Seine-et-Oise) (1).

Il se compose de deux plateaux B en ébonite ou caoutchouc durci, que l'on fait tourner rapidement par l'intermédiaire

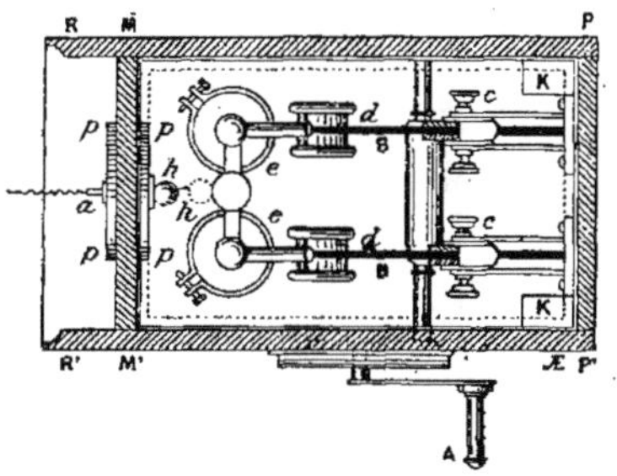

Fig. 253.

d'engrenages mis en mouvement par une manivelle extérieure A (*fig.* 252 et 253).

Comme dans les machines électriques ordinaires, ces disques tournent entre des coussins de friction garnis de peau de chat *cc*; ils se chargent alors d'électricité qui est recueillie par des peignes *dd* isolés par des disques en ébonite, et mis en communication avec les armatures extérieures de condensateurs simples, comme des bouteilles de Leyde. Ces bouteilles sont protégées par des écrans également en ébonite *ee*, placés en avant des armatures extérieures, entre ces armatures et les disques, afin d'empêcher la déperdition de l'électricité.

Les deux armatures des bouteilles de Leyde correspondent à deux boucles mé-

(1) *Emploi simultané des Dynamites et de l'Électricité*, par F. Barbe.

talliques *a* et *b* auxquelles on fixe les fils conducteurs ; ces deux boucles sont reliées elles-mêmes avec la baguette *gh*, dont les extrémités seules sont en métal, séparées par une tige d'ébonite isolante. Cette tige peut osciller autour de l'axe métallique *g* relié à la fois à l'armature extérieure de la bouteille et au fil de retour fixé en *b*. Sous l'action d'un bouton *m*, la tête *h* de la tige s'écarte de la boucle *a* contre laquelle elle était pressée par un ressort à boudin qu'elle entraîne avec elle ; et elle vient en *h'* s'appuyer contre l'armature intérieure de la bouteille ; le courant est alors fermé et le fluide conduit aux amorces par le fil *a*, et de là au fil de retour. Un disque isolant en ébonite *pp* empêche encore toute déperdition.

Tout l'appareil est enfermé dans une boîte en bois de forme rectangulaire, de 0^m,38 de haut et de 0^m,27 sur 0^m,55 de base, divisé en deux compartiments par la cloison MN ; l'un MNPQ toujours fermé contient les appareils producteurs d'électricité ; l'autre MNRS renfermant les armatures extérieures *ab* et le bouton *m* est muni d'un couvercle RS qui peut être rabattu sur le dessus de la boîte en RS'.

Les parois verticales et le fond du premier compartiment sont doublés intérieurement d'une mince feuille de tôle qui supporte les coussins de friction et la bouteille de Leyde ; la paroi supérieure de cette caisse en tôle est formée d'une plaque en ébonite, légèrement bombée et consolidée au pourtour par un cadre en tôle ; le couvercle en bois rapporté par dessus et fixé par les écrous *ff* vient appuyer la plaque d'ébonite par l'intermédiaire de ressorts s'appuyant sur les parois verticales en tôle.

L'axe de la manivelle donnant le mouvement aux disques, ainsi que les tiges qui traversent les parois sont munis de presse-étoupes, de manière à mettre ce compartiment tout à fait à l'abri des influences extérieures et, en particulier, de l'humidité. Des boîtes KK placées dans les deux coins de la caisse renferment du charbon préalablement chauffé au rouge, et formant matière hygrométrique.

393. *Maniement et usage de l'appareil.* — La première chose à faire avant de se servir de cet appareil est de s'assurer à l'avance de son bon fonctionnement.

On commence par essuyer avec soin le disque en ébonite et les deux boutons de cuivre extérieurs au moyen d'un linge bien fin ou d'un morceau de drap très propre. Puis on fixe aux boucles *a* et *b*, au lieu des fils de ligne, des chaînettes en laiton *ar*, *bs* qui aboutissent aux extrémités d'une rangée *rs* de quinze clous de tapissier fixés sur le côté intérieur de la boîte et dont les têtes sont écartées entre elles d'un intervalle de 2 millimètres (*fig.* 254).

On fait alors tourner la manivelle avec une vitesse modérée de deux tours à le seconde, de manière à lui faire faire

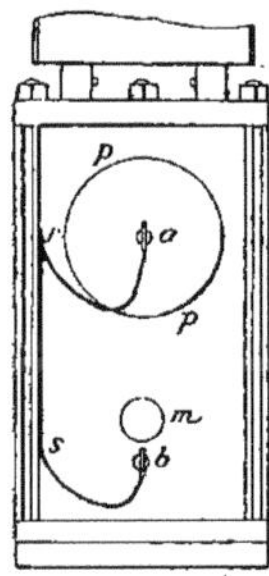

Fig. 254.

de vingt à soixante tours selon les cas. On appuie ensuite sur le bouton *m* pendant une seconde en tournant les derniers tours : les étincelles doivent se produire.

Si les conducteurs ne sont pas exposés à l'humidité, et si les charges sont peu nombreuses, il suffit de vingt à trente tours de manivelle. Quand le terrain est humide, on emploie quarante, cinquante et même soixante tours ; il ne faut d'ailleurs jamais dépasser ce dernier nombre, qui peut être considéré comme la limite de force de l'instrument. Lorsque l'on essaie l'appareil à vide, comme en ce moment, on ne doit jamais avoir besoin de dépasser vingt tours pour produire des étincelles, même lorsque l'ensemble est dérangé et a besoin de réparations.

Pour produire l'étincelle dans les charges, une fois cet essai fait, on n'a qu'à remplacer les chaînettes par les fils conducteurs, et à procéder comme précédemment.

La manivelle de rotation est démontable et ne doit jamais être laissée sur la boîte; l'opérateur *doit toujours l'avoir sur lui;* comme il est impossible de charger l'appareil sans cet outil, on peut en l'emportant avec soi s'éloigner sans crainte et ne pas redouter la curiosité ou la maladresse des agents ou des ouvriers qu'on laisse derrière soi.

394. *Fils conducteurs.* — Les meilleurs conducteurs sont des fils de laiton bien recuit de 1/2 millimètre ou des fils de cuivre recouverts de gutta-percha. Dans les galeries bien sèches ces fils peuvent être à la rigueur en fer recuit; mais le cuivre est toujours préférable, car il s'oxyde beaucoup moins vite et possède une conductibilité six fois plus grande que le fer.

La grosseur du fil est proportionnelle à la distance à laquelle on doit opérer l'allumage. Pour les grands travaux, et quand on veut s'assurer un succès complet, il faut employer des conducteurs isolés, et ne jamais fermer le circuit avec la terre pour économiser un fil de retour. Pour produire en effet, dans ce cas, l'étincelle, on a besoin d'un bien plus grand nombre de tours de manivelle, et il suffit qu'un des fils d'accouplement réunissant ensemble les diverses amorces électriques touche le sol pour que le retour se fasse par ce contact accidentel.

On isole ces fils en employant des isolateurs ayant la forme d'une cloche en verre, en porcelaine ou en caoutchouc vulcanisé, soutenus sur des potelets à la façon des fils télégraphiques.

Les fils de cuivre enduits de gutta-percha peuvent se passer d'isolateurs et fonctionnent parfaitement à l'air libre ou sous l'eau tant que leur enveloppe protectrice n'est pas endommagée. On les pose simplement sur le sol lorsque leur service doit être de courte durée; sinon, on les soutient par un support tous les 100 ou 150 mètres.

Le prix de ces fils livrés à Paris est de 10f,75 le kilogramme. Les fils devant aller jusqu'à 250 mètres ont 0m,002 de diamètre, pèsent 56 grammes et reviennent à 0f,60 le mètre courant. Ceux devant aller à 300 mètres ont un diamètre de 0m,0024; ils pèsent 70 grammes et reviennent à 0f,75 le mètre.

Les conducteurs sont distribués aux mineurs préposés à la charge des trous de mine reliés aux amorces que nous verrons plus loin. Ces fils sont disposés sur des bâtons, ou dans des conduits en papier, enduits de poix, ou encore dans des gaines de chanvre, ou enfin dans une enveloppe de gutta-percha. Ils doivent toujours être assez longs pour sortir en partie du trou de mine, et les bouts surtout devront être nettoyés et décapés avec soin. Les conducteurs en bâtons ne s'emploient que dans les travaux très secs; ceux à enveloppe de papier ou de chanvre, dans les endroits humides; enfin la gutta-percha convient pour les endroits franchement mouillés.

Ces bâtons sont des baguettes de bois d'environ 1 centimètre carré de section dans lesquelles on a pratiqué deux rainures opposées où sont logés les fils métalliques.

Ceux à enveloppes de papier s'appellent encore *conducteurs-rubans.* Les fils sont isolés par du papier très fort enduit de poix, le tout très solidement conditionné.

Le conducteur à gaine de chanvre rigoureusement goudronné est semblable à la mèche ordinaire à poudre et solidement relié à l'amorce électrique.

395. *Assemblage des conducteurs.* — Il faut distinguer le conducteur principal qui ne fait que conduire l'électricité aux charges, et les conducteurs auxiliaires qui pénètrent dans chaque charge en reliant celle-ci au premier. Le premier n'a point à souffrir de l'explosion, et peut reservir indéfiniment, tandis que tous les fils auxiliaires sont perdus par suite de l'explosion même. La réunion des fils auxiliaires aux conducteurs principaux doit se faire avec beaucoup de soin en mettant à nu le métal des deux parts et amenant un contact intime.

Ces divers fils, tels qu'on les trouve dans le commerce, sont suffisamment isolés pour protéger le courant, même en temps de pluie, contre le contact de la terre humide, et pour servir même dans l'eau dans les circonstances ordinaires. Mais, si l'on dénude ces fils dans quelques parties, pour assurer le contact des métaux, il faut rétablir l'enduit isolant en les enduisant de poix, de cire, de goudron, etc.

L'assemblage des divers éléments des fils conducteurs a une grande impor-

Fig. 255.

tance; aussi donnerons-nous encore quelques indications à ce sujet.

Lorsqu'on a affaire à deux fils métalliques que l'on veut relier bout à bout, il faut d'abord les nettoyer avec soin et les décaper à l'eau acidulée de manière à enlever toute trace d'oxyde. On les réunit ensuite en torsades, on coupe et on abat les bouts recourbés des fils qui font ordinairement saillie et l'on serre fortement l'ensemble avec une pince plate (*fig.* 255).

Lorsque les fils sont enduits de gutta-percha, on commence par les mettre à nu aux deux extrémités à assembler, en enlevant avec un couteau l'enduit sur une longueur de 5 centimètres. On assemble ensuite les fils de cuivre par

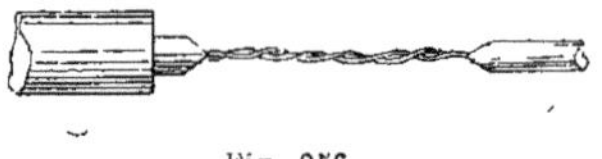

Fig. 256.

torsion comme il a été dit plus haut, et l'on protège le tout au moyen d'une gaine en caoutchouc. Celle-ci posée à l'avance un peu au-delà de l'endroit dégarni de gutta (*fig.* 256) est ensuite glissée de manière à déposer la même région sur l'autre fil et à recouvrir complètement le joint. On complète par des ligatures faites aux deux bouts à l'endroit où l'on est sûr de rencontrer de la gutta-percha (*fig.* 257).

On peut encore recouvrir le joint de feuilles de gutta-percha, qu'on ramollit à la chaleur des doigts, ou d'un enduit de gutta-percha ramollie au voisinage d'un fer rouge. Cet enduit peut d'ailleurs être une substance molle comme du goudron ou de la poix.

On peut enfin revêtir le joint avec des bandes de caoutchouc roulées en spirales (*fig.* 258).

Dans tous les cas, sur ces divers revêtements, il faut toujours tirer la gaine en

Fig. 257.

caoutchouc vue plus haut, les joints devant toujours être faits avec grand soin, car ils ont une très grande importance au point de vue des résultats.

396. *Dispositions et liaisons des charges.* — Les trous de mine une fois chargés, les fils dépassent de plusieurs centimètres; on relie alors par des fils intermédiaires ou d'accouplement chaque charge à la suivante et à la précédente ; l'un des fils de la première charge sera mis en communication avec l'armature *a* de la machine; la dernière de même enverra l'un de ses fils à l'armature de retour *b*; le tout formera donc un cycle complet (*fig.* 259). Il va de soi que tous ces fils doivent être parfaitement isolés.

Fig. 258.

Dans les tranchées de chemins de fer, en particulier, le conducteur principal devra être installé comme suit.

On fixe les conducteurs isolés ou ceux pour lesquels on a employé simplement du fil de fer, suivant les besoins, sur des pieux plantés de 10 en 10 mètres. On interpose entre la première charge et le conducteur principal un conducteur intermédiaire en fil de fer qui ne doit jamais reposer sur rien. On réunit de la même manière le fil de retour du conducteur principal avec la dernière charge, mais alors il importe peu que ce fil intermédiaire repose sur le sol environnant.

Pour opérer dans les puits, on peut faire passer le conducteur principal à travers une petite conduite en bois ou tuyau de ventilation, et on le relie à la façon ordinaire à la première charge.

Le conducteur principal peut être disposé de la même façon dans un tunnel; quand le fil de cuivre recouvert de gutta-percha est posé dans un conduit en bois, il est protégé contre tous les chocs qui pourraient l'endommager.

Dans les puits ou galeries inclinées, on peut laisser les fils conducteurs en partie enroulés sur des bobines, et les dérouler suivant les besoins.

397. *Mise en feu des charges.* — Les charges et les fils bien en place comme il vient d'être dit plus haut, on introduit les extrémités des conducteurs principaux dans les boucles des récepteurs, et on fixe la manivelle à l'appareil; on charge celui-ci en donnant le nombre de tours suffisants et l'on presse sur le bouton *m*, ce qui détermine l'inflammation simultanée de toutes les charges.

Puis on dégage les fils fixés à la machine et l'*on a soin d'enlever la manivelle en la mettant dans sa poche;* on peut alors parcourir le chantier déblayé sans aucun danger et sans se préoccuper des charges qui n'ont pas fait explosion puisqu'elles ne reçoivent plus l'électricité pouvant les faire détoner. On a en outre

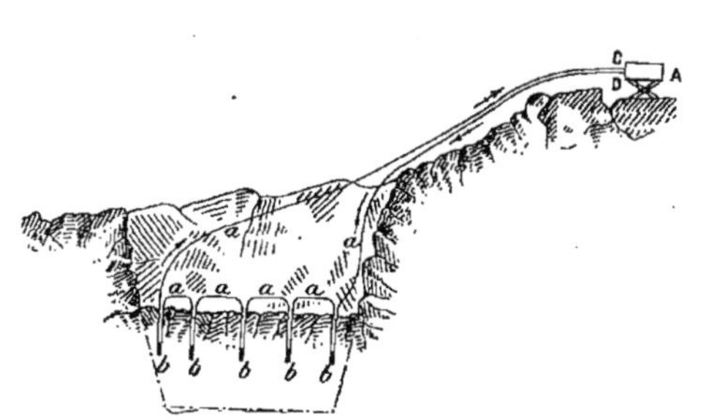

Fig. 259.

Fig. 260.

l'avantage de ne pas être incommodé par les fumées insupportables provenant de la combustion des mèches et des gaz délétères, produits par la distillation de leur enveloppe cotonneuse.

On comprend d'ailleurs que tout réside ici dans la préparation soignée des charges et de leurs amorces; lorsque ce travail est bien fait, on peut être à peu près certain de n'avoir jamais de raté.

398. *Amorce électrique.* — Enfin, nous allons examiner l'amorce spéciale destinée à produire l'inflammation de la capsule.

Cette amorce se compose d'un petit cylindre en mastic isolant dans lequel sont noyées les extrémités des deux fils de cuivre dont les bouts dépassent le mastic, et sont légèrement recourbés en regard l'un de l'autre avec l'écartement de 1/4 de millimètre permettant de faire jaillir convenablement l'étincelle. Les deux bouts plongent d'ailleurs dans une petite cartouche *m* (*fig.* 260) renfermant une matière explosive. Au dessous est placée une capsule renfermant du fulminate de mercure K, le tout est recouvert d'un enduit de poix.

Dès le passage du courant, l'étincelle électrique jaillit et enflamme la matière explosive; celle-ci fait alors partir la capsule.

Dans les travaux sous-marins, on remplace la cartouche en papier par une cartouche à enveloppe métallique.

399. *Règle pour les charges de dyna-*

mite-gomme.— On peut, sans vouloir fixer de règle absolue, se baser pour les charges à employer sur les données suivantes, en tenant compte de la diversité des roches :

1° Donner à chaque coup de mine une résistance trois fois plus grande qu'avec la poudre (avec la dynamite n° 1 ce serait deux fois) ;

2° Le calibre des trous étant plus faible qu'avec la poudre, surtout à ciel ouvert, il suffit en général d'un diamètre de 0,20 à 0,025 et d'un fleuret de 0,016 à 0,023;

3° S'il faut avant tout un travail rapide et beaucoup de déblais, il faut employer de fortes charges, des profondeurs de $4^{m},80$ à 5 mètres, et donner aux trous des diamètres proportionnels aussi réduits que possible. Pour atteindre ce but, dès que le trou est foré, on y fait détoner quelques cartouches sous un faible bourrage de 20 à 25 centimètres de sable ou d'eau. On arrive ainsi très aisément à élargir le fond des trous de mines, et on y peut loger une plus grande quantité d'explosif. Dans le calcaire on peut arriver au même résultat en dissolvant la roche avec l'acide chlorhydrique ;

4° Quand on veut ménager les matériaux, comme dans la pierre de taille, l'ardoise, la houille, il faut des trous étroits et profonds et employer des charges faibles et répétées ;

5° La longueur occupée par la charge doit être : dans les cas les plus défavorables, dans les rochers les plus durs, de 1/3 à 1/4 de la profondeur du trou de mine ; dans les coupes plus faciles avec une ou deux faces libres, de 1/4 à 1/5 ; enfin dans la roche tendre, avec deux faces libres au moins, du 1/6 au 1/8, le calibre du trou étant de 1/4 plus faible qu'avec la poudre.

En terminant, il n'est pas sans intérêt de remarquer que, chaque fois que l'on essaye un explosif nouveau sur un chantier, les ouvriers qui n'ont pas l'habitude de le manier l'acceptent avec répugnance. et ne donnent que de mauvais résultats : l'ingénieur ne doit évidemment pas s'arrêter devant ces préjugés ou ce mauvais vouloir, mais persévérer, le succès étant certainement au bout de ses efforts.

400. *Calcul des charges pour les diverses dynamites.* — On se sert, pour calculer les charges, de la formule empirique :

$$P = \frac{2}{3} cm^3.$$

Avec des faces bien dégagées, la charge peut être réduite à :

$$P = \frac{1}{2} cm^3,$$

dans laquelle P représente le poids de la charge en kilogrammes; m, la ligne de moindre résistance en mètres, et c un coefficient spécial qui varie suivant la nature du terrain et l'espèce de dynamite employée. On peut le déterminer par des expériences préliminaires; dans tous les cas, les chiffres suivants pourront servir de point de départ pour ces nouveaux essais :

En faisant usage de dynamite faible on peut prendre :

Pour les roches peu résistantes, c =	0,36
— le grès tendre	0,45
— le grès dur	0,70
— la vieille maçon. très ferme	1,00

Pour la dynamite n° 1 la valeur de c est beaucoup plus faible et varie moins avec les diverses espèces de matériaux à détruire. Il résulte des expériences de M. Roux, ingénieur en chef des poudres et salpêtres, que pour la dynamite n° 1 c varie seulement de 0,10 à 0,15.

Enfin pour la gomme il suffit de prendre c entre 0,10 et 0,25.

Pour les sondages sous-marins, on emploie les formules suivantes :

Avec la dynamite n° 1 :

$$P = 0^{m3},23 ;$$

Avec la gélatine :

$$P = 0^{m3},14.$$

Pour plus de facilités, nous donnons le tableau ci-dessous qui peut servir de guide pour l'emploi des diverses dynamites. Les résultats en sont dus en grande partie à des travaux faits par les ingénieurs autrichiens et sont extraits de la brochure de M. Barbe citée plus haut.

TABLE DE CHARGE
POUR CARRIERES

Ligne de moindre résistance	Profondeur du trou de mine en mètres	Charge en kilogrammes	OBSERVATIONS	Ligne de moindre résistance	Profondeur du trou de mine en mètres	Charge en kilogrammes	OBSERVATIONS
Pour pierres de moyenne dureté et mines isolées				Pour pierres de moyenne dureté et mines simultanées			
0.50	0.75	0.014	Dynamite n° 1, ou Gélatine Dynamite n° 1.	0.50	0.75	0.070	Distance des mines égale au double de la ligne de moindre résistance Dynamite n° III. ou poudre de sûreté de Nobel.
0.75	1.10	0,149		0.75	1.10	0.236	
1.00	1.50	0.352		1.00	1.50	0.557	
1.25	2.00	0.688		1.25	2.00	1.095	
1.50	2,25	1.188		1.50	2.25	1.887	
1.75	2.60	1.887		1.75	2.60	2.988	
2,00	3.00	2.816		2.00	3.00	4.481	
2.25	3.40	4.010		2.25	3.40	6.367	
2.50	3.75	5.500		2.50	3.75	8.719	
2.75	4.10	7.320		2.75	4.10	11.643	
3.00	4.50	10.504		3 00	4 50	15.892	
Pour pierres très dures, mine isolée				Pour pierres très dures, mines simultanées			
0.50	0.75	0.050	Dynamite n° 1, ou Gélatine Dynamite n° 1.	0.50	0.75	0.080	Distance des mines égale au double de la ligne de moindre résistance. Dynamite n° 1. ou Gélatine Dynamite n° 1
0.75	1.10	0.169		0.75	1.10	0.268	
1.00	1.50	0.400		1.00	1.50	0.632	
1.25	2.00	0.781		1.25	2.00	1.244	
1.50	2.25	1.350		1.50	2.25	2.144	
1.75	2.60	2.144		1.75	2.60	3.396	
2.00	3.00	3.200		2.00	3.00	5.092	
2.25	3.40	4.556		2.25	3.40	7.235	
2.50	3.75	6.250		2.50	3.75	9.908	
2.75	4.10	8.319		2.75	4.10	13.230	
3 00	4.50	10.800		3.00	4 50	17.150	

On sait qu'on appelle *ligne de moindre résistance* la plus courte longueur *m* ou AB (*fig.* 261) qui sépare la charge de la paroi extérieure.

Si l'on a à abattre un mur de soutène-

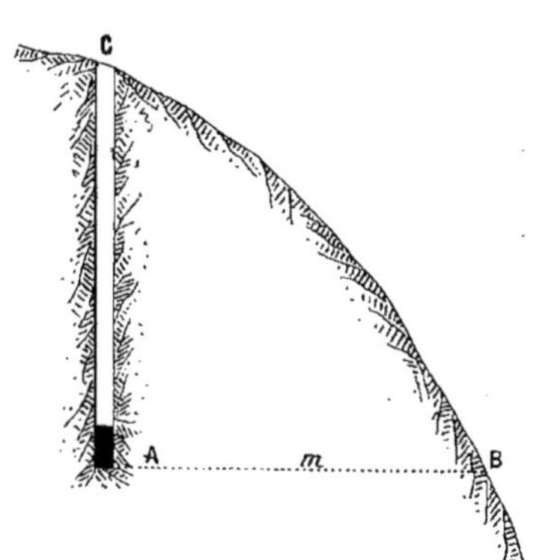

Fig. 261.

ment, on se contente généralement d'employer la dynamite n° 3 composée de 25 0/0 de nitroglycérine et 75 0/0 d'un mélange de salpêtre et de sciure de bois. Elle est

TABLE DE CHARGE
POUR MURS ADOSSÉS A UN TERRE-PLEIN

ÉPAISSEUR du mur en mètres	DISTANCE des mines en mètres	CHARGE en kilogram.	La charge encastrée dans le parement intérieur du mur. Le puits bien bourré.
0.75	1.10	0.743	Dynamite N° III. ou Poudre de sûreté de Nobel
1. »	1.50	1.760	
1.25	1.90	3.438	
1.50	2.25	5.940	
1.75	2.60	9.433	
2. »	3. »	14.080	
2.25	3.40	20.048	
2 50	3.75	27.500	

Fig. 262.

d'un prix sensiblement moins élevé, et suffit parfaitement pour le cas qui nous occupe. Les charges seront alors disposées à la base du mur au moyen d'un puits

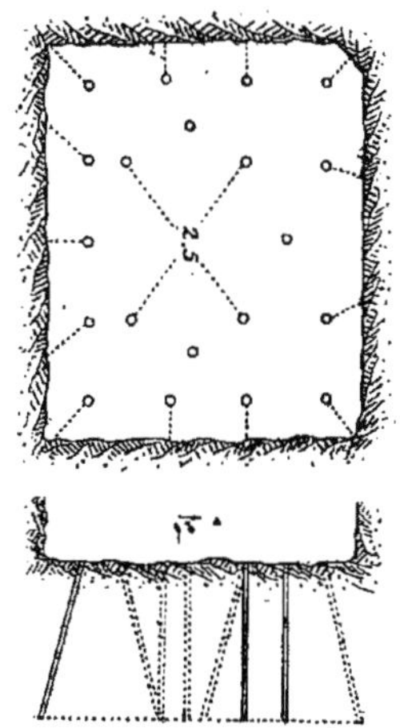
Fig. 263.

creusé dans les terres voisines et d'une chambre dans la maçonnerie A. On remplit ensuite le puits de terre bien pilonnée.

Les charges à employer sont données par le tableau accompagnant la figure 262.

401. *Percement des tunnels et galeries.* — Dans le cas des galeries ou tunnels, on a, comme nous l'avons dit, grand intérêt à faire usage de la gomme.

Voici, par exemple, la manière dont on distribuait les coups de mine dans la galerie d'avancement du grand tunnel du Gothard (*fig.* 263).

Dans l'axe de la galerie, ou même dans la partie basse, on pratique selon les cas une seule mine ou plusieurs mines convergentes. On les charge suivant les règles prescrites plus haut, et on les fait partir simultanément. Un premier vide

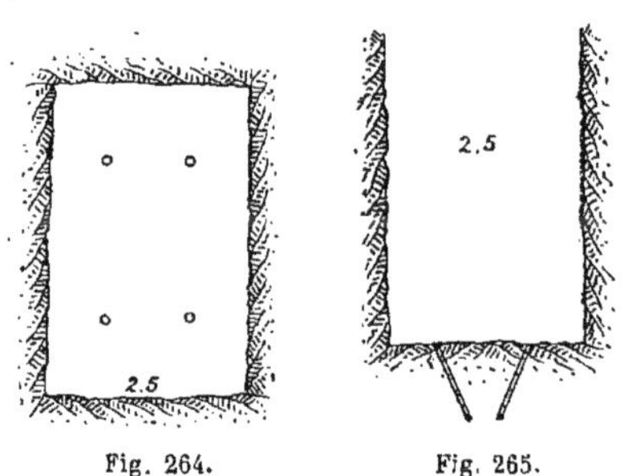

Fig. 264. Fig. 265.

produit, on peut ensuite faire partir, soit simultanément, soit les uns après les autres, tous les autres coups.

En général, dans la roche dure on perce vingt trous, comme l'indique la figure ; dans les roches moins dures on réduit ce nombre à dix-huit et même à seize.

Pour bien conserver le profil de la galerie, les coups de parement sont pris en éventail et horizontaux ; ceux de couronne, en éventail et inclinés de bas en haut ; les relevages, en éventail, et inclinés de haut en bas. Les autres coups doivent être horizontaux et parallèles à l'axe.

On appliquera une méthode analogue au forage des puits. Les figures 264 et 265 représentent la disposition des trous de mine.

Voici encore un autre exemple cité par le professeur Tetmayer, de Zurich, dans sa brochure sur les explosifs modernes. C'est celui des mines de Pfoffensprung ; la galerie de direction qu'il s'agissait de percer avait une section de 6,4 mètres carrés (*fig.* 266).

Dans la roche ordinaire on creuse sept

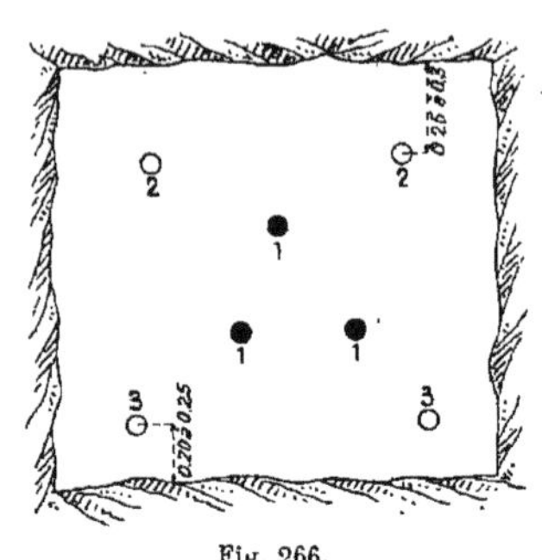

Fig. 266.

trous à la machine perforatrice à rotation de Brandt : trois au centre (n° 1), et un dans chacun des quatre angles à 25 ou 30 centimètres du bord. On faisait partir en même temps les trois coups 1 pour dé-

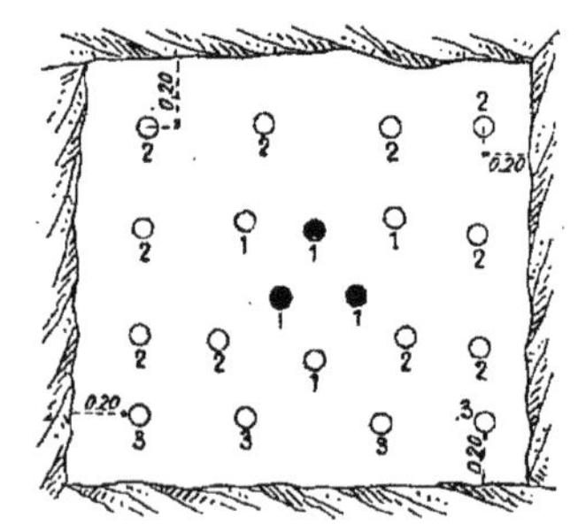

Fig. 267.

bourrer la rainure, puis les coups 2, et enfin les coups 3 les derniers. En tout sept trous.

Dans la roche plus dure et plus compacte, on perçait pour la même section de neuf à douze trous.

Les mines placées dans le centre de la

galerie sont appelées *mines d'attaque* ; elles convergent vers l'axe de l'avancement et sont toujours tirées les premières.

La figure 267 donne la disposition des trous plus nombreux qu'il a fallu, en roche très dure, percer à la machine à percussion. Leurs numéros indiquent toujours l'ordre dans lequel on les a fait partir. Suivant la densité de la pierre, on donnait aux trous de 1m,20 à 1m,40 de profondeur. Les trous de mine sont d'autant moins nombreux, mais d'autant plus profonds, que la roche est plus tendre.

402. *Mur isolé.* — Enfin, et quoique le cas s'en présente plus rarement dans la construction des chemins de fer, on peut avoir à faire sauter un mur isolé, appartenant à une vieille construction. C'est encore un cas où la dynamite n° 3, ou poudre de sûreté, est tout à fait suffisante.

On place la charge en A (*fig.* 268) au pied du mur, et on l'enferme avec un bloquage et un bourrage extérieur en forme de demi-cône aussi énergiquement tassé que possible. Les charges à employer sont indiquées au tableau ci-joint.

TABLE DE CHARGE

POUR MURS DÉTACHÉS

Épaisseur en mètres	Ligne de moindre résistance en mètres	Distance des mines en mètres	Charge en kilogrammes
0,75	0.40	0.60	0.205
1. »	0.50	0.75	0.400
1,25	0.60	0.90	0.691
1.50	0.75	1.10	1.297
1.75	0,85	1.30	2.035
2. »	1,00	1.50	3.200
2.25	1.10	1.70	4.436
2,50	1.25	1.90	6.401

La charge se place en caisses cubiques. Bourrage aussi fort que possible.

A B

Dynamite n° III ou poudre de sûreté de Nobel.

Fig. 268.

Terrains meubles. — Etrésillonnement.

403. Lorsqu'on est obligé de tailler les parois des fouilles à pic, comme dans un puits, certaines fouilles d'ouvrages d'art, etc., il peut arriver que ces terres ne soient pas assez compactes pour rester en place. Il est alors indispensable de les soutenir par des étais pour éviter les éboulements. Si l'on descend à une grande profondeur, cette précaution est utile, même si les terres sont assez fermes.

L'étrésillonnement consiste à revêtir l'intérieur de la fouille de planches, que l'on soutient avec des poteaux horizontaux posés en *arcs-boutants*. Le serrage est obtenu, quand cela est nécessaire, au moyen de coins.

Le plus souvent, pour soulager les arcs-boutants, et faciliter leur serrage, on ne taille pas les fouilles absolument à pic ; on leur donne une légère inclinaison de haut en bas, ce qu'on appelle un fruit de 0m,03 à 0m,05 par mètre.

Dans les grandes fouilles où les terres assez compactes n'exigent pas le talus naturel des terres généralement à 45 degrés, on se dispense de dresser les parois absolument verticales et on supprime les étrésillons ; on donne aux parois de l'excavation une inclinaison plus ou moins grande, et en rapport avec le degré de cohésion du terrain ; c'est généralement de 0m,20 à 0m,50 par mètre d'enfoncement ; puis à chaque hauteur d'un jet de pelle, soit de 1m,60 à 2 mètres, on dispose des redans de 1 mètre à 1m,50 de largeur qui suffisent pour soutenir ce qu'il y a au-dessus d'eux.

Terrains imbibés d'eau, vase, etc.

404. Ce genre de terrassement est le plus désagréable et le plus coûteux à effectuer. Les terres argileuses et grasses, imbibées d'eau, forment une pâte compacte qui adhère fortement à la pelle, ou une boue que l'on ne peut enlever qu'avec des civières ou des seaux. Et cela malgré l'épuisement en enceinte fermée au moyen de pompes, de toute l'eau qui arrive quand même et sans cesse par le fond ; enfin ce travail est des plus malsains pour les ouvriers, ces terres dégageant, en outre de leur humidité, des miasmes spéciaux très préjudiciables à la santé, et dus à la putréfaction des nombreux germes organiques qu'elles renferment.

Le mètre cube de déblai dans ces conditions peut revenir aisément à 10 ou 12 francs, sans compter presque autant, ou au moins 8 à 10 francs de frais d'épuisement. En somme 20 francs le mètre cube, tout compris.

DRAGUES ET EXCAVATEURS.

Dragues. — Dragage sous l'eau.

405. Dans les fondations de certains ouvrages d'art, ponts, etc., on est forcé de déblayer sous l'eau. Lorsque le terrain est composé de sable, gravier, terre friable, et que la fouille est peu importante, on fait usage de la drague à main (*fig.* 269 et 270).

Les dragues sont de grandes pelles en fer munies d'un fond et de deux côtés relevés de 7 à 8 centimètres, le tout formant dans son ensemble une sorte de caisse ouverte sur l'avant. Elle est munie d'un manche perpendiculaire au fond, et généralement assez long pour que de la

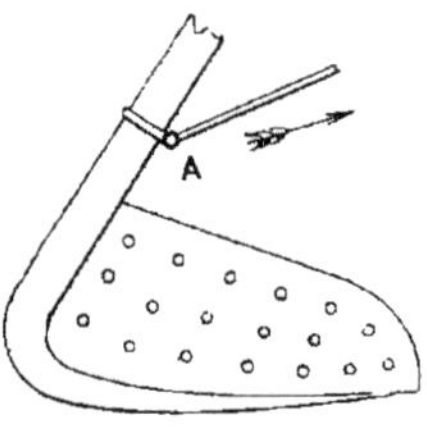

Fig. 269.

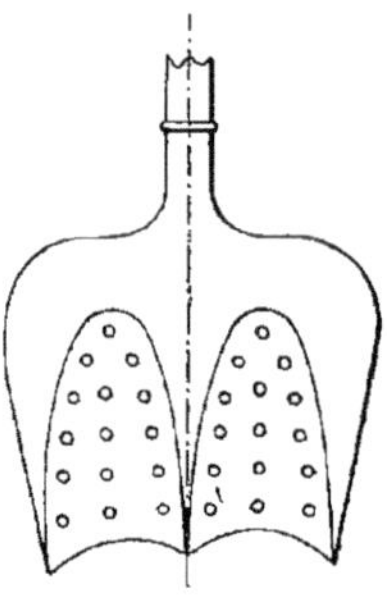

Fig. 270.

surface, on puisse s'en servir sous l'eau, ce qui est sa destination courante. On s'en sert cependant aussi pour fouiller les sables et les terrains meubles à sec. L'avant est muni de dents en acier qui désagrègent la terre à fouiller et facilitent le chargement de la drague.

Le plus souvent, quand la drague est simple, c'est une sorte de trident en fer muni d'un long manche, et dont les dents sont garnies, dans les intervalles et sur les côtés, de tôle percée de trous à la façon des membranes d'une patte de canard. Les dents font nervure pour l'attaque et la résistance, et la tôle retient les matériaux dragués tout en laissant égoutter l'eau à travers les trous. Deux hommes suffisent généralement pour la manier. S'ils ne suffisent pas, ils peuvent s'aider en fixant au manche et près de la drague une corde A que l'un d'eux tire pendant que l'autre maintient le manche (*fig.* 269).

Si l'effort ainsi développé est encore insuffisant, on manœuvre la corde A au moyen d'un petit treuil à main et à manivelle placé sur le bateau.

Quand la fouille à exécuter à la drague et sous l'eau prend de l'importance, on monte la drague sur un bateau spécial appelé *bateau dragueur*, et on la fait mouvoir au moyen d'une machine à vapeur. Elle se compose alors d'un chapelet de godets dragueurs analogues au précédent (*fig.* 271 et 272) et montés sur une chaîne sans fin passant sur deux poulies B et C séparées par des montants qui peuvent s'allonger ou se raccourcir suivant les besoins, de manière que les godets atteignent toujours le fond.

Chaque godet vient ainsi, par un mouvement continu de rotation de la chaîne, râcler le fond, et se remplir ; puis, continuant son mouvement, il se déverse à la partie supérieure dans un chenal latéral D en planches ou en tôle, dans lequel la machine à vapeur qui donne le mouvement à tout l'ensemble envoie un jet d'eau par l'intermédiaire d'une pompe (*fig.* 273).

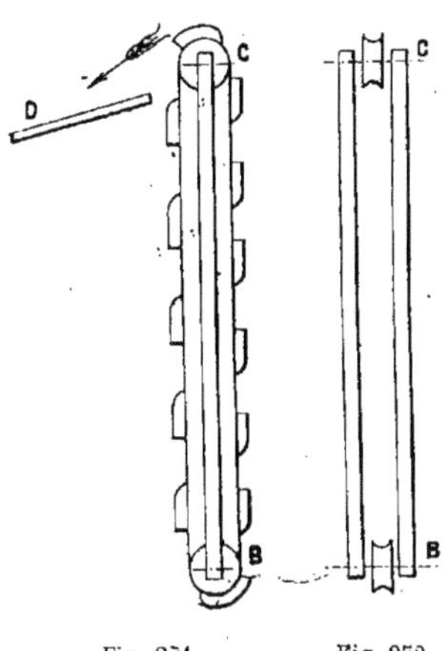

Fig. 271. Fig. 272.

Les déblais sont ainsi entraînés et se déposent en tas sur la berge en E.

406. *Prix de revient du dragage.* — La drague doit être maniée autant que possible par des ouvriers spéciaux ou dragueurs qui produisent beaucoup plus dans le même temps que ceux qui n'en ont pas l'habitude. Ainsi, sous une profondeur d'eau variant de 2m,50 à 4 mètres, deux dragueurs expérimentés, avec la simple drague à main, peuvent extraire ensemble deux bateaux de sable cubant 2m,80 chacun, soit 8m3,60 par journée de dix heures, c'est-à-dire le double de ce que font les manœuvres ordinaires. Ces ouvriers spéciaux se paient de 0,50 à 0,60 l'heure, mais ils fournissent leur bateau et leur drague.

Lorsqu'il est impossible d'amener le bateau dragueur au-dessus de la fouille à effectuer, ou bien si cette dernière est très importante, il faut avoir recours à la drague mécanique qui d'ailleurs diminue considérablement le prix de revient de ce genre de travail. En admettant que la drague ne soit mue que par un simple manège à chevaux (aujourd'hui elles sont toutes facilement mues par la vapeur), avec la même profondeur d'eau de 3 à 4 mètres, le mètre cube de dragage, y compris l'intérêt et l'amortissement de l'appareil, revient de 0,60 à 0,70.

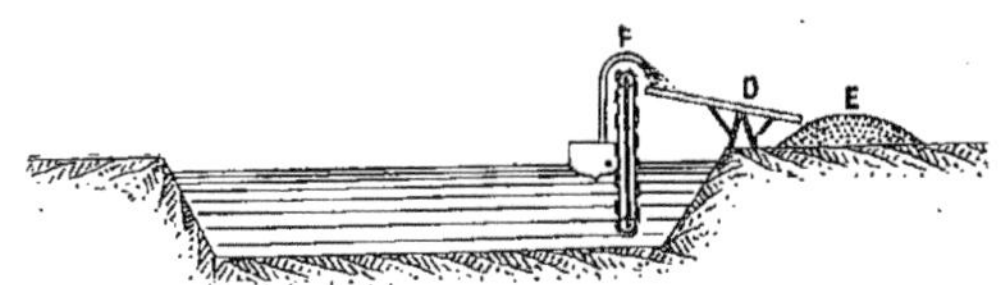

Fig. 273.

Dragues mécaniques.

407. On ne construit plus guère actuellement que les dragues mécaniques. Elles sont toujours placées sur des bateaux dragueurs à fond plat. Un certain nombre de godets dragueurs sont fixés, à des intervalles égaux, sur une chaîne sans fin, à éléments articulés lui permettant de tourner autour de deux tambours extrêmes au lieu des simples poulies précédentes. L'ensemble peut recevoir une inclinaison variable en oscillant autour du tambour supérieur; la suspension a lieu au moyen de cordes ou de chaînes qui peuvent se développer à l'extrémité d'une *flèche* pouvant également prendre diverses inclinaisons, comme dans ces appareils de levage qu'on appelle les *grues*.

La chaîne étant mise en mouvement par une machine à vapeur placée sur le bateau, les godets viennent entamer le sol à fouiller par leur partie tranchante; ils se remplissent de déblais les uns après les autres, et sont remontés, par le mouvement continu de la chaîne, à la partie supérieure où ils déversent alors leur contenu sur le bateau par le fait même de la position renversée qu'ils sont obligés de prendre. Puis ils redescendent à vide, et on les fait fouiller un peu plus loin par un léger mouvement donné au bateau (*fig.* 274).

Ce mouvement est obtenu en long ou en travers au moyen d'une corde ancrée sur le rivage, et qui s'enroule sur un cabestan fixé sur le bateau, et mu par la machine à vapeur de la drague. On peut, par ces deux mouvements combinés, se déplacer comme on le désire, et parcourir tout l'emplacement à fouiller. Il y a lieu seulement de bien maintenir le bateau dans une position parallèle, la proue dirigée du côté de l'amont, pour résister à l'entraînement du courant. Lorsque celui-ci est assez fort pour faire marcher des roues hydrauliques placées sur un ou deux flancs du bateau, ce qu'on nomme des *roues pendantes*, on peut faire économie de la machine à vapeur.

Les bateaux dragueurs sont simples ou doubles.

Dans le système simple, le chapelet est placé au milieu dans le sens de la longueur et passe par une ouverture suffisante pour permettre le fonctionnement de la drague et de son plan incliné.

Lorsqu'au contraire il y a deux dragues (système double), celles-ci sont placées le long de chaque flanc du bateau, parallèlement au bord, et à l'extrémité de celui-ci ;

Fig. 274.

on peut alors draguer aussi près qu'on le désire du rivage. Ce système présente cependant un inconvénient qui l'a fait souvent rejeter : c'est que le travail de chaque drague doit être rigoureusement le même ; sinon, la résistance supplémentaire qui se présente d'un côté peut faire tourner tout l'ensemble, et le bateau a tendance à aller à la dérive.

La distance des deux tambours porte-chaîne est un peu plus faible que la moitié de celle-ci, qui forme alors une courbe, et traîne au fond de la fouille ; cela donne aux godets le temps de se remplir.

408. *Dragues du canal de Suez.* — Les dragues ont surtout fait leurs preuves en grand au canal de Suez. On y avait ajouté de longs couloirs de 70 mètres de développement pour transporter les déblais. Les machines à vapeur motrices avaient une force de 35 à 40 chevaux et le débit de l'appareil était de 1 800 à 2 000 mètres cubes par jour. Les bateaux en fer avaient 33 mètres de long sur 8^{m},26 de large, avec un tirant d'eau de 1^{m},50. L'axe du tambour supérieur était à une hauteur de 14^{m},70 au-dessus de l'eau ; chaque godet avait une capacité de 400 litres.

Les couloirs à section elliptique présentaient une largeur de 1^{m},50 et se trouvaient portés par deux poutres métalliques à treillis reposant vers le tiers de leur longueur sur un échafaudage articulé placé sur un chaland. Tout cet ensemble, solidaire de la drague, contribuait, malgré sa hauteur, à la rendre entièrement stable. Enfin le mouvement des déblais était facilité par une chaîne sans fin munie de palettes, aidée encore dans son fonctionnement par deux pompes rotatives versant l'eau nécessaire pour faciliter l'entraînement des déblais.

409. *Précautions dans les travaux sous l'eau.* — Nous ne nous étendrons pas davantage sur les travaux sous l'eau en général et les dragages en particulier car ils constituent l'exception dans les travaux de chemin de fer.

Nous ferons seulement au sujet de ces travaux une remarque générale : c'est que, lorsqu'on sera forcé de descendre dans l'eau pour exécuter certains ouvrages, le chef de section tiendra à ce que toutes les conditions hygiéniques soient observées pour ménager la santé des ouvriers. Il veillera à ce qu'ils ne restent pas trop longtemps mouillés, et à ce que leur alimentation reçoive quelques compléments solides ou liquides indispensables que les ingénieurs auront soin de prévoir. Généralement on fait distribuer des rations supplémentaires d'eau-de-vie, de vin ou de café.

Excavateurs.

410. Nous nous étendrons un peu plus sur ces appareils, qui ont pris dans ces dernières années une si grande extension, dans l'exécution des grands travaux et que l'on appelle les *excavateurs*.

En principe un excavateur n'est qu'une drague, à cuiller unique ou à chapelet, travaillant à sec et portée par un chariot mû à la vapeur sur des rails, au lieu d'être portée sur un bateau flottant.

Fig. 275.

Les excavateurs effectuent les deux opérations : fouille et charge. Ils se divisent en deux grandes catégories :

Le système *français*, imaginé par M. Couvreux, dans lequel le déblai est enlevé au moyen de godets de volume moyen et fixés sur une chaîne travaillant d'une manière continue (*fig.* 275) ;

Le système *américain* qui n'emploie qu'une seule cuiller de grande dimension, munie d'un grand bras servant de manche, et mû mécaniquement (*fig.* 276).

L'excavateur date de 1858 à 1859 ; le premier brevet pris par M. Couvreux date du 12 mars 1859 ; il appelait cet appareil *Drague à élindes inclinées.* Le problème y était posé et résolu avec une précision telle, que depuis trente ans on n'y a apporté que des modifications de détail, mais les grandes lignes sont restées absolument les mêmes. Ajoutons que le constructeur lyonnais, M. Combe, qui sut mettre à exécution les idées de l'inventeur, doit avoir sa part de gloire dans cette conquête éminemment française. C'est avec cette première machine que l'on parvint à creuser au canal de Suez le seuil sablonneux d'El-guisr.

Voici comment les inventeurs définissaient le principe de ce nouvel engin : « Prendre la matière dans le sens opposé des dragues déjà connues, vider cette matière par une ouverture placée à l'autre extrémité du godet, c'est-à-dire vers la partie inférieure; enfin, au moyen d'une travée ou d'une chaîne sans fin de transport envoyer la matière à la distance exigée. » On voit en somme que les excavateurs, transporteurs, etc., quels qu'ils soient, se retrouvent tout entiers dans ces quelques lignes.

411. Le nouvel appareil fit immédiatement et victorieusement ses preuves dans les chantiers suivants :

De 1860 à 1863, sur la ligne du chemin de fer des Ardennes, entre Sedan et Thionville ;

De 1863 à 1868, au canal de Suez ;

De 1869 à 1875, à Vienne pour les travaux de régularisation du Danube;

De 1876 à 1879, pour les travaux du port d'Anvers;

Enfin sur une grande échelle et avec tous les systèmes connus, au canal de Panama.

L'excavateur Couvreux destiné spécialement aux travaux de chemin de fer, ne pouvait dépasser un certain poids de crainte de fatiguer les voies. Son débit n'excédait pas 100 mètres cubes à l'heure, tandis qu'aujourd'hui on obtient aisément le double, et l'on descend aisément à 6 mètres de profondeur. Les wagons passaient toujours primitivement à côté de l'appareil ; les dimensions actuelles leur permettent quelquefois de passer dessous.

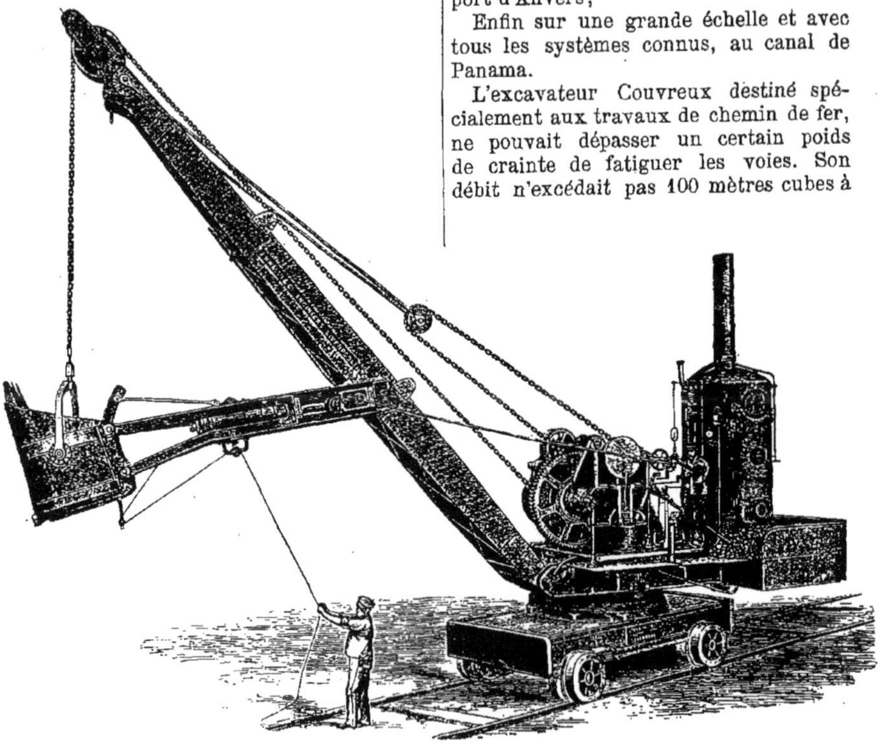

Fig. 276.

Il était principalement construit pour travailler isolément; aujourd'hui, vu le développement de certains chantiers on les emploie par *batteries*, et l'on est arrivé à tirer de chacun d'eux le maximum d'utilisation possible.

Pour cela, on développe méthodiquement, sur la plus large échelle, le nombre des attaques sur toute l'étendue du chantier, et l'on cherche à obtenir dans le plus bref délai possible de nouveaux points d'attaque, au fur et à mesure de l'avancement des travaux. On combine pour cela les excavateurs de décapement qui commencent le travail, et ceux de fouille, qui l'achèvent, en les disposant les uns et les autres à des emplacements convenables et déterminés. On s'arrange de manière qu'un de ces appareils, quel que soit l'accident qui puisse lui arriver, ne reste jamais emprisonné entre d'autres sur les voies, en plaçant chacun d'eux, par exemple, sur la voie de décharge du précédent. On les fait suivre par des conduites d'eau formées de tuyaux flexibles qui les alimentent d'une manière continue. En somme, les excavateurs forment ainsi une chaîne qui s'avance sur le terrain progressivement et simultanément sur toute la longueur d'une tranchée.

Le rendement des excavateurs dépend surtout de la bonne disposition des chantiers. Il serait téméraire de vouloir établir entre différents systèmes et différents chantiers, des comparaisons pouvant amener à conclure de la supériorité d'un appareil sur les autres. On n'a pas jusqu'à ce jour d'éléments d'appréciation suffisamment comparables, de travaux faits pendant le même temps et dans des conditions absolument indentiques, etc. L'avenir seul se chargera de fixer tout cela.

En principe, et d'une façon absolue, le rendement d'un excavateur dépend d'abord, de la nature du sol qu'il attaque, puis du volume des godets, de la vitesse de rotation de la chaîne qui les porte, de leur bonne utilisation, etc.

412. *Précautions contre le renversement.* — Les dragues ordinaires ont peu à redouter des chocs et des pressions verticales, et rien des efforts latéraux, puisque ce sont des corps flottants. Pour l'excavateur terrestre, au contraire, la question de stabilité est des plus importantes d'autant plus que la chaîne à godets, qui est l'organe actif, est le plus souvent latérale et transversale au lieu de se trouver dans l'axe d'équilibre comme dans les dragues ordinaires ; il en résulte donc une tendance permanente au déséquilibre et au renversement, qu'il faut constamment combattre et prévoir sous peine d'accidents d'autant plus désagréables que l'appareil est fort lourd ; il est par suite peu commode à retirer d'une fouille au fond de laquelle il est tombé. Enfin il ne faut pas oublier que l'excavateur a besoin d'être constamment déplacé parallèlement à lui-même, c'est-à-dire *ripé*, puisque son travail consiste précisément à déblayer le terrain même sur lequel il repose, il y a donc là encore des soins spéciaux à apporter, des talus à ne pas faire trop inclinés, sans quoi le poids de l'appareil peut entraîner le glissement de toute la masse au fond de la fouille.

C'est dire en même temps qu'il ne faut pas les faire trop lourds, d'autant plus qu'alors ils sont peu maniables ; cependant leur stabilité est d'autant moindre, qu'on les fait plus légers ; il y a donc un juste milieu à prendre, et des appareils différents à construire suivant les cas.

De toutes façons, il faut que le centre de gravité de l'ensemble soit le plus bas possible, et ne pas craindre de lui donner le poids voulu pour avoir un bon équilibre statique ; en outre, les choses doivent être disposées et calculées de manière que les résultantes de toutes les forces qui peuvent agir sur les différents organes, ou provenir de leurs mouvements, viennent à passer par les axes du châssis. C'est là d'ailleurs l'explication de la similitude générale de forme que prennent tous ces engins, à quelques systèmes qu'ils appartiennent.

Cela fait, notre cadre ne nous permet pas de décrire tous les types d'excavateurs aujourd'hui connus : nous donnerons une étude très sommaire des principaux qui ont notamment fait leurs preuves dans les grands chantiers jusque dans ces dernières années. Le seul que nous exposerons un peu plus complètement sera celui de M. Couvreux puisqu'il a été le précurseur de tous les autres.

413. *Excavateur Couvreux.* — L'excavateur Couvreux n'est en somme qu'une drague à godets fonctionnant à sec ; le bateau est remplacé par un chariot roulant sur rails, mû par une machine à vapeur de quatre chevaux ; une autre machine plus puissante, généralement de la force de dix chevaux, actionne la drague.

La chaîne sans fin qui porte les godets de 170 litres chacun est mise en mouvement par un tourteau à six pans porté par le chariot, et mu par la machine de vingt chevaux à l'aide de deux engrenages qui transforment la vitesse de rotation dans le rapport de 1 à 7 (*fig.* 277).

Le chapelet est soutenu et guidé par une *élinde* garnie de rouleaux, et terminée à sa partie inférieure par un tambour cylindrique mobile de 1 mètre de diamètre. L'ensemble est suspendu, par un palan à chaîne, à une chèvre dont les pieds sont articulés sur le chariot. L'inclinaison de l'élinde peut varier suivant les besoins au moyen d'un treuil à double noix.

Le remplissage des godets a lieu en montant au-dessous de l'élinde, et ils se vident par un déplacement automatique du fond. Pour cela, le godet et le fond sont solidaires de deux maillons différents de la chaîne, de sorte que le mouvement même du tambour supérieur les force à se séparer, laissant un intervalle par lequel les déblais tombent dans un couloir (*fig.* 278). Ce dernier est articulé, et conduit à un wagon placé sur une voie voisine de celle de l'excavateur, et du côté opposé à la fouille. La continuation du mouvement oblige les godets à se refermer rigoureusement.

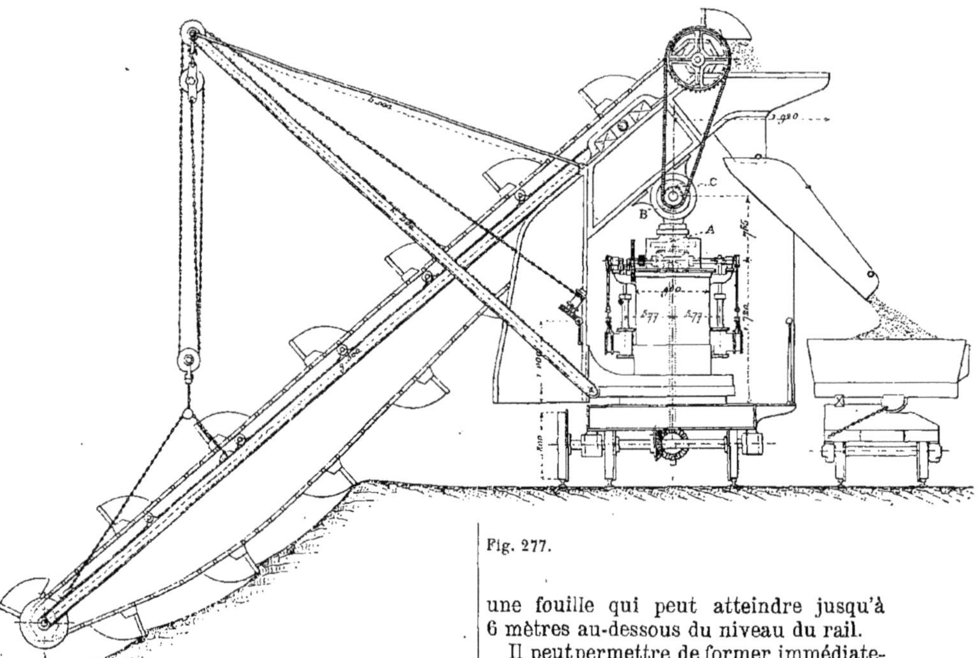

Fig. 277.

L'engin creuse, par conséquent à côté et en contre-bas de la voie qui le supporte, une fouille qui peut atteindre jusqu'à 6 mètres au-dessous du niveau du rail.

Il peut permettre de former immédiatement les remblais latéraux. On remplace alors le couloir par un truc porteur, de longueur et d'inclinaison variables, ce qui permet de porter les déblais à des distances horizontales atteignant 10 mètres, et à des hauteurs de 4 à 5 mètres.

La vitesse ordinaire du tambour supérieur étant de 20 tours par minute, on peut pendant ce temps remplir et vider trente godets, ce qui représente $5^{m3},10$ à l'heure ou 3 672 mètres cubes par journée de douze heures. En réalité, le travail journalier ne dépasse pas 2 mètres cubes à la minute, 120 mètres cubes à l'heure, ou 1 440 mètres cubes par jour, à cause des arrêts accidentels, des repos pour le graissage, des changements de wagons, etc.

Le chariot porteur repose sur trois essieux espacés de 1^{m},50. Une troisième file de rails placée à 0^{m},50 des premières, et du côté de l'élinde, reçoit une roue spéciale, plus petite que les autres et portée par un balancier en prolongement des essieux extrêmes : le chariot repose donc en somme sur dix roues. La stabilité de l'appareil est encore augmentée par une caisse à eau fixée au-dessous du tablier et du côté opposé aux roues supplémentaires.

Ces dernières, ainsi que leurs balanciers, s'enlèvent lorsqu'il s'agit de transporter l'excavateur à de grandes distances en profitant de sa faculté de rouler sur les voies ferrées. On le munit d'ailleurs toujours pour cela, d'un châssis à tampons et à crochet d'attelage permettant de le placer dans un train avec les autres véhicules.

La chaudière est du système tubulaire

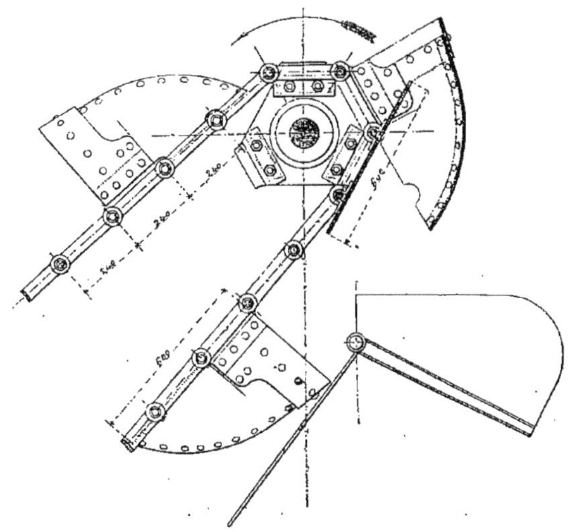

Fig. 278.

horizontal à retour de flammes; sa surface de chauffe est de 40 mètres carrés ; son timbre, 6^{k} et demi.

L'essieu du milieu est actionné par la petite machine à l'aide d'une vis sans fin et de chaînes de galle ; une chaîne analogue trasmet le mouvement de celui-ci à l'essieu d'arrière.

L'appareil entier pèse environ 40 tonnes.

On peut le faire travailler pour déblayer au niveau ou même au-dessus de la voie (travail en décapement). On emploie simplement alors des godets ordinaires qui descendent vides au-dessous de l'élinde et remontent pleins au dessus (*fig.* 279).

Le personnel nécessaire se compose de :

1 mécanicien ;

1 chauffeur ;

2 manœuvres ;

10 hommes pour l'entretien et le ripage des voies.

Le type précédent ne peut d'ailleurs travailler qu'en élargissement sur une voie parallèle à la longueur de la tranchée, et cette installation peut être quelquefois fort difficile.

M. Couvreux a imaginé un autre appareil à *élinde pivotante* qui déblaie en avant et

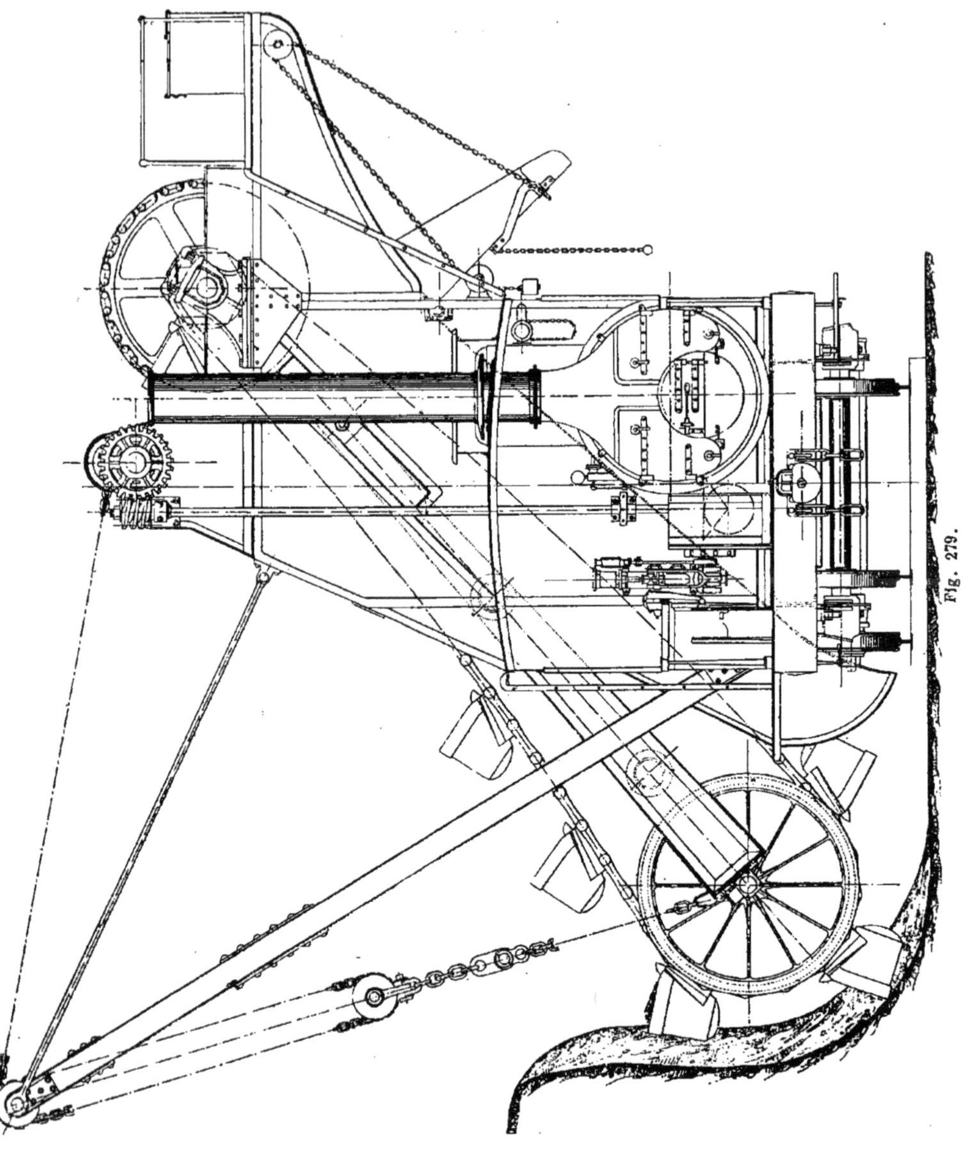

Fig. 279.

peut par suite travailler en cunette. On peut d'ailleurs au besoin combiner les deux appareils, et obtenir d'excellents résultats (*fig.* 280).

Avec ce nouvel engin, les godets attaquent le terrain en montant, suivant une surface circulaire et le chapelet est déplacé lentement par un mouvement de rotation

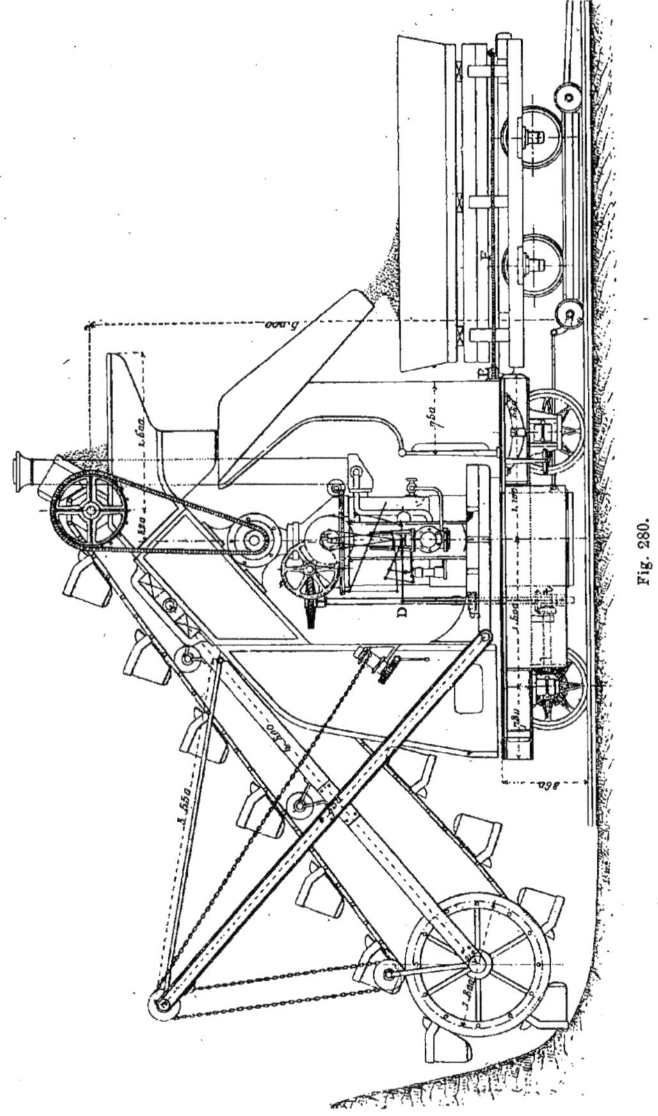

Fig. 280.

autour d'un pivot vertical, ce qui permet, sans déplacement du chariot, de creuser sur toute la largeur de la cunette. Les terres enlevées sont renversées à la partie supérieure par le mouvement naturel de bascule des godets dans un couloir incliné qui les conduit aux wagons.

La dépense totale nécessaire est la suivante :

1° Personnel :	par jour
1 chef ouvrier	10 fr.
1 mécanicien.	6
1 aide-mécanicien . . .	5
1 chef dragueur. . . .	5
1 manœuvre.	3 fr. 50
1 aide au couloir . . .	3 fr. 50
1 aide pour le charbon et l'eau	2
2 hommes pour l'entretien	8
4 ripeurs de voies. . .	14
Total.	57 fr.

2° Matières :	
600 kilog. de houille à 40 francs la tonne.	24 fr.
2 kilog. d'huile à 1 fr. 50.	3
Matières premières pour entretien.	8
Intérêt et amortissement à 25 0/0 par an pour deux cents jours de travail (prix de la machine 20 000 fr.).	25 fr.
Total.	60 fr.

Les deux séries de dépenses sont donc sensiblement les mêmes, et le total est de 117 francs.

En supposant un terrain facile à fouiller, comme le sable qui permet d'extraire 2 mètres cubes à la minute, cela fait 1 200 mètres cubes par jour, et une dépense de 0f,60 par mètre cube. Mais, en général, il sera prudent de ne pas compter sur un rendement de plus de 80 mètres cubes à l'heure.

En outre, les chiffres précédents supposent un travail continu de plusieurs années consécutives; dans le cas contraire, il faudrait augmenter, dans la proportion correspondante, les prix d'amortissement qui seraient beaucoup plus importants.

Les figures 281 et 282 représentent la combinaison des deux systèmes dans la même tranchée. L'excavateur inférieur attaque en butte ou en cunette, et charge

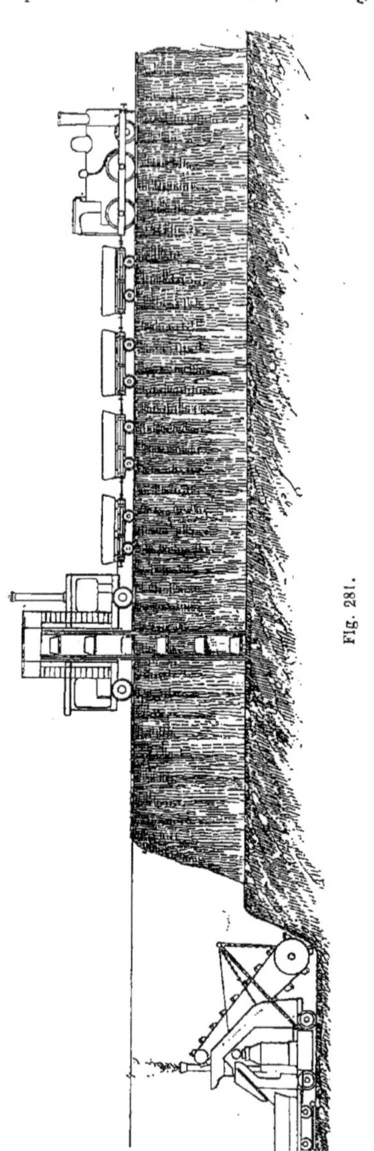

Fig. 281.

derrière lui, tandis que celui du haut

attaque en élargissement ou en fouille, et charge dans des wagons placés sur une voie parallèle.

414. *Chargement des wagons.* — L'excavateur à élinde pivotante est plus difficile à desservir que les autres au moyen

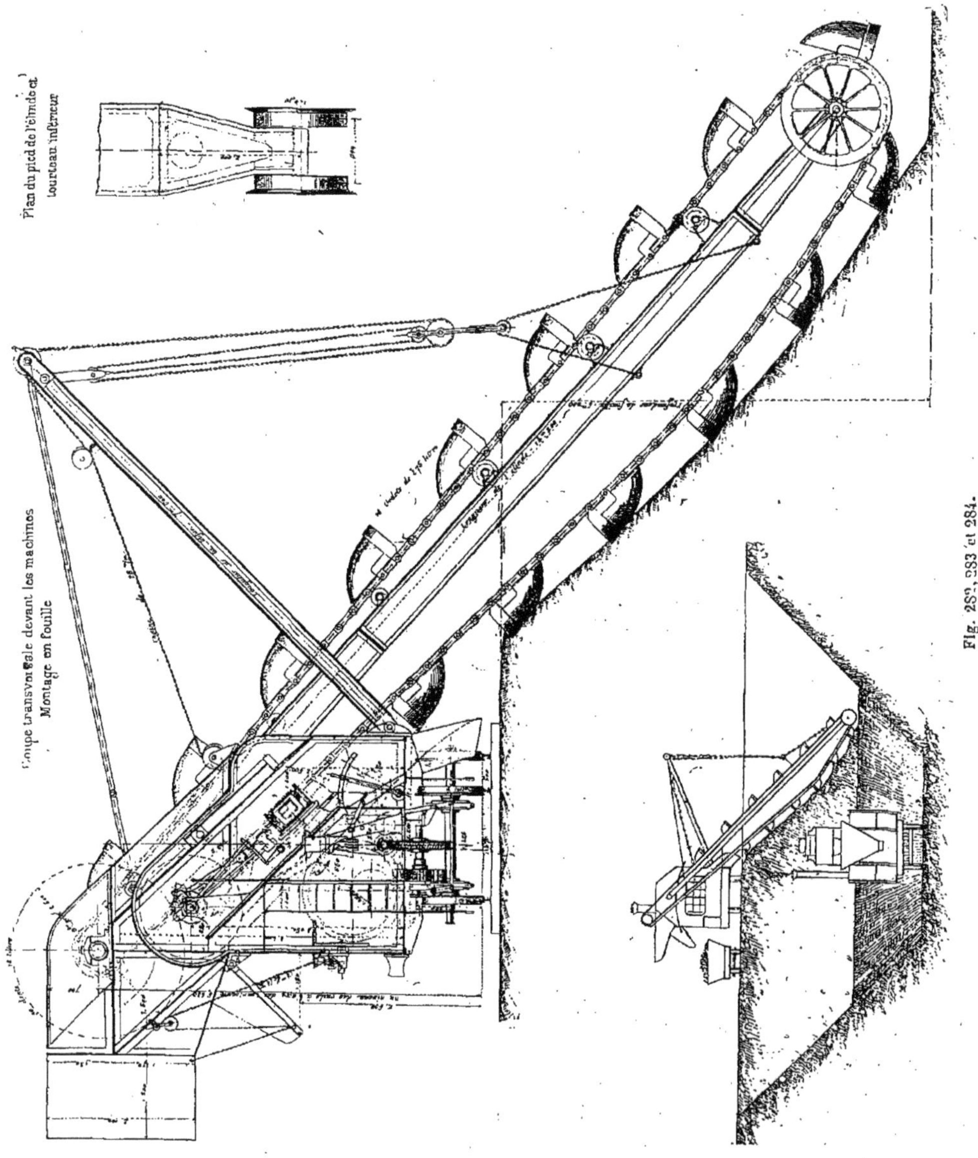

Fig. 282, 283 et 284.

de wagons de chargement; et la plupart des méthodes employées jusqu'à ce jour pour remplacer un wagon plein par un wagon vide nécessitent de longues manœuvres et de grandes pertes de temps, résultant surtout de la complication forcée des voies.

M. Couvreux a imaginé lui-même différents systèmes de disposition de voies pour obvier le plus possible à cet inconvénient. Le mieux est de se servir d'un transporteur de déblais. On dispose un de ces appareils derrière l'excavateur en fixant son tambour moteur à la paroi arrière, et faisant reposer son autre extrémité sur un pont roulant sur deux rails.

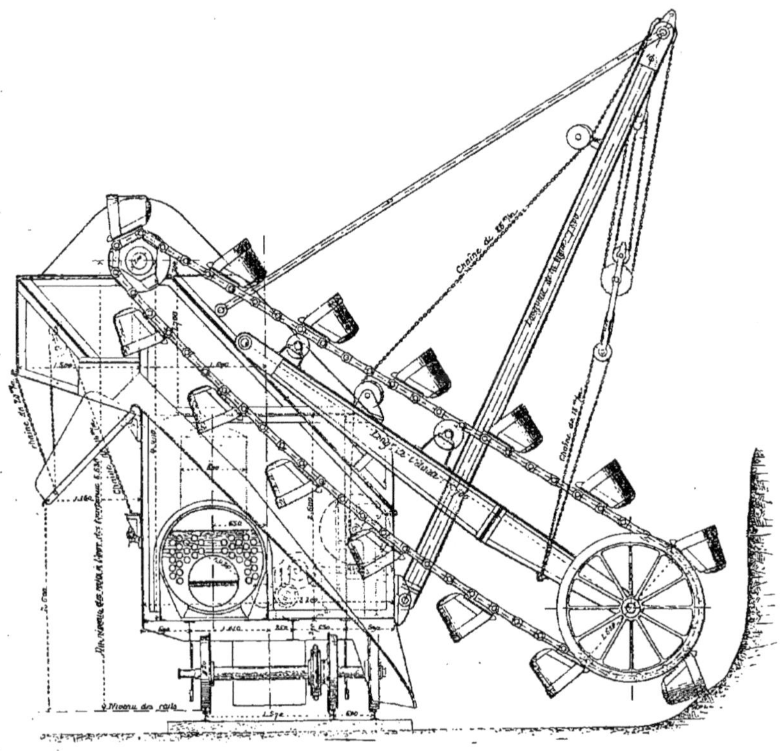

Fig. 285.

Ce transporteur a la longueur d'un train, et une hauteur suffisante pour pouvoir laisser passer les wagons au dessous de lui.

On amène un train entier sous le transporteur ainsi disposé et on le remorque seulement de façon que tous les wagons passent successivement sous le tambour extrême pour recevoir les terres de déblai. On peut ainsi changer un train sans aucune manœuvre ni perte de temps.

415. *Excavateur Weyer et Richemond.* — Ce type présente un châssis analogue à celui du système Couvreux, c'est-à-dire qu'il est porté par deux essieux munis de roues roulant sur des rails, et deux roues supplémentaires disposées du côté de la chaîne assurant la stabilité pendant le fonctionnement.

Un double bâti en tôle porte l'arbre du tambour, autour duquel tourne la chaîne à godets au-dessus d'un couloir inférieur recevant les déblais. Les organes moteurs et accessoires sont disposés autant que possible symétriquement autour de ce bâti central, ou au moins de façon à s'équilibrer. Ce sont :

Un générateur du type de la Société centrale de Pantin, à foyer amovible et à retour de flammes de 40 mètres carrés de surface de chauffe disposé longitudinalement du côté de la fouille à effectuer (*fig.* 283 et *fig.* 284) ;

Les appareils moteurs faisant équilibre à la précédente et placés par suite de l'autre côté, savoir :

1° Une machine inclinée, à deux cylindres jumeaux de cinquante chevaux actionnant la chaîne à godets ;

2° Un moteur vertical à deux cylindres supérieurs du type-pilon de quinze chevaux pour produire les déplacements de l'appareil.

La séparation des deux moteurs, servant l'un au mouvement des godets, et l'autre aux déplacements du châssis, est préférée par ces éminents ingenieurs pour localiser un accident, s'il vient à se produire, tandis que le moteur unique venant à s'arrêter entraine la cessation du fonctionnement de tout l'ensemble.

Cependant bon nombre de constructeurs ne paraissent pas attacher à ce dédoublement une importance bien grande, en se servent d'un moteur unique.

L'élinde est en tôle évidée en trois tronçons permettant de disposer l'excavateur pour le travail soit en fouille, soit en décapement : dans le premier cas, on lui laisse toute sa longueur ; dans le second, on enlève le tronçon intermédiaire (*fig.* 285).

Les godets sont en tôle d'acier d'une capacité de 200 litres pour le travail en décapement, et de 275 litres pour le travail en fouille. Pour pouvoir désagréger les terrains durs, quelques-uns sont armés de griffes.

L'équilibre de l'appareil est troublé par les changements de puissance des moteurs et la consommation de l'eau remplissant au début la chaudière. Cela présente surtout de l'importance avec les types légers ; avec les types lourds, comme celui qui était employé à Panama, ces variations sont beaucoup moins sensibles.

416. *Excavateur J. Boulet et Cie.* — Il repose sur cinq essieux à trois roues (*fig.* 286), la troisième roue repassant toujours sur un rail supplémentaire placé à $0^m,50$ de la voie et du côté de la fouille pour augmenter la stabilité. Comme dans le système Couvreux, le mouvement est donné à la chaîne à godets par un premier moteur à deux cylindres de soixante chevaux ; et un second de dix-huit chevaux, également à deux cylindres, sert à la translation de tout l'appareil.

Une chaudière tubulaire unique alimente ces deux machines : elle a 40 mètres carrés de surface de chauffe, et présente son foyer placé du côté du mécanicien, de telle sorte que ce dernier peut seul surveiller au besoin tout l'appareil, et le mettre en mouvement. L'élinde est composée de tôles assemblées par des cornières et réunies par de solides entretoises.

L'usage de la chaîne de galle a été rejeté pour la commande de l'arbre des tambours ; on l'a remplacé par des engrenages.

Aux essais faits pour le compte de la Compagnie de Panama, cet engin a présenté un débit de 265 mètres cubes à l'heure. Son poids total à vide est de 58 tonnes, ce qui le classe dans le type léger : l'appareil est très bien étudié, et toute la machinerie en est très soignée.

417. *Terrassier Daydé et Pillé.* — Ces constructeurs ont été préoccupés de l'inconvénient de laisser les voies sur le bord de la tranchée, et de la difficulté de riper une masse aussi lourde que celle d'un pareil engin.

Leur appareil se compose de deux plates-formes : l'une inférieure portée sur douze essieux reposant sur deux voies écartées de $4^m,50$; l'autre supérieure reposant sur la première par l'intermédiaire de seize galets à gorge, et ayant un mouvement de translation de $4^m,50$ (*fig.* 287).

La translation est produite par une machine de quinze chevaux du type-pilon

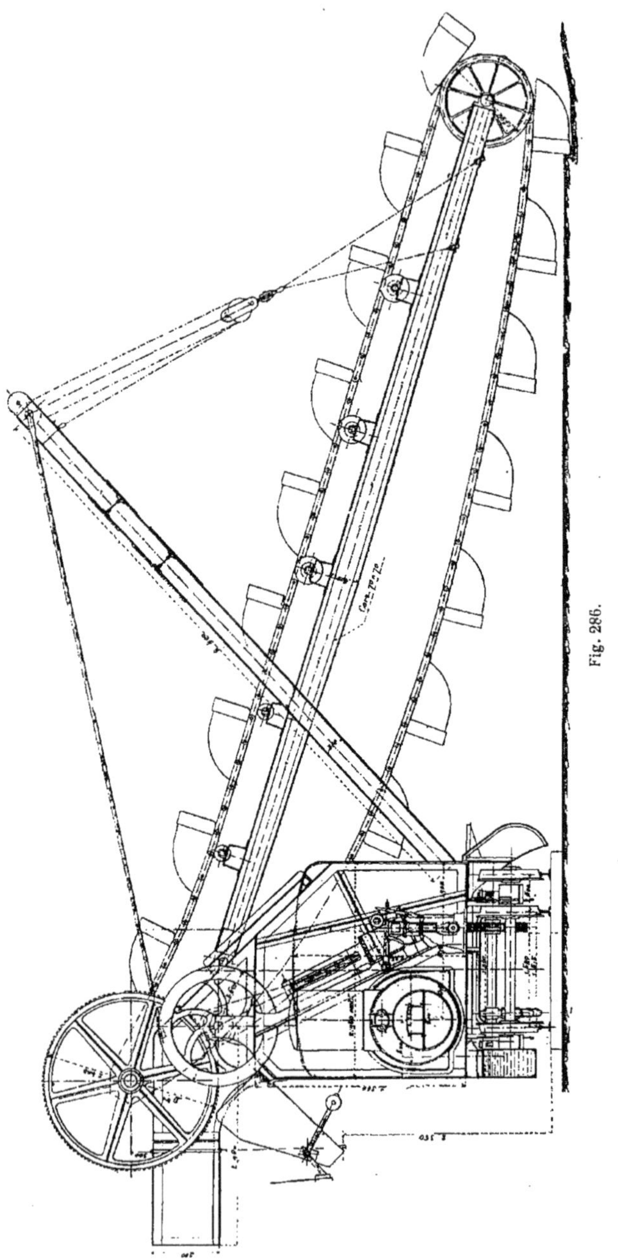

Fig. 286.

portée par la plate-forme inférieure. Cette translation est ici double : elle peut se produire d'abord dans le sens de la longueur, puis dans le sens transversal, c'est-à-dire du ripage, en agissant sur la plate-forme supérieure.

Le chapelet a treize godets dont la contenance est de 300 litres : il est actionné par une seconde machine de cent chevaux, également du type-pilon et à deux cylindres. La commande a lieu par une chaîne de galle qui entraîne le tambour supérieur et le treuil de relevage de l'élinde. La vapeur est fournie aux moteurs par deux chaudières Field de chacune 35 mètres carrés de surface de chauffe.

L'appareil est complété par un transporteur de déblais installé sur la plate-forme supérieure. Un premier petit transporteur reçoit les terres fouillées à leur sortie du déversoir, et les décharge sur la plate-forme sans fin d'un grand transporteur, les déposant en cavalier jusqu'à 55 mètres.

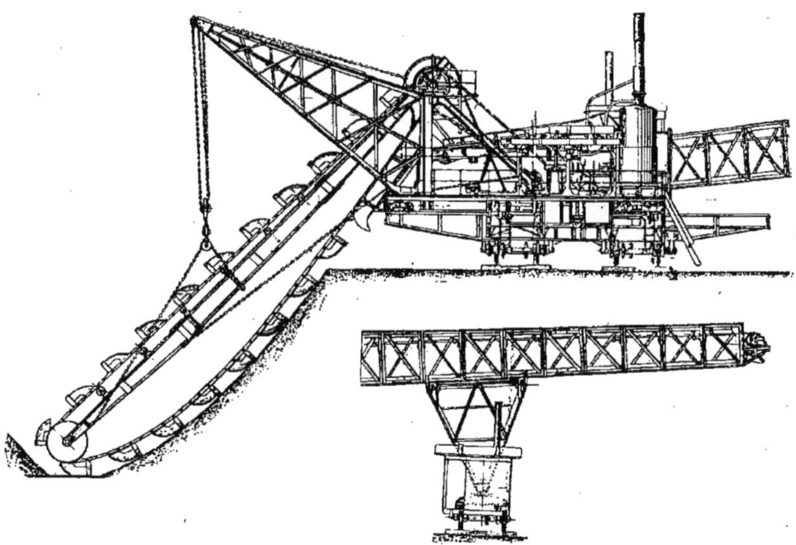

Fig. 287.

Il y a là une innovation précieuse : la suppression du ripage. Le mécanisme plus compliqué qui en résulte est de construction fort soignée; l'ensemble est nécessairement classé dans le type lourd, ce qui ne présente ici aucun inconvénient.

418. *Excavateur Jacquelin et Chèvre.* — Cet excavateur appelé par ses auteurs : *terrassier à vapeur*, a l'avantage de travailler dans la fouille même, et non sur le bord de celle-ci ; cela est certainement un avantage, car il est rare que le terrain naturel aux abords de la poutre soit assez plat pour que l'on puisse sans frais y installer des voies.

Il peut fonctionner aussi bien en avancement qu'en élargissement : sa chaîne à godets est en tôle, et tourne avec une vitesse de 30 centimètres par seconde, chaque godet ayant un volume de 63 litres ; le passage à la minute étant de quinze godets, le rendement est de 60 mètres cubes à l'heure (*fig.* 288).

La machine motrice, la chaudière et l'élinde sont montées sur une même plate-forme mobile autour d'un axe vertical, suivant le type à élinde pivotante (*fig.* 289) ; il en résulte que, quel que soit le travail de l'appareil en long ou en large, l'élinde est ainsi toujours équilibrée, et la longueur du truck réduite à son minimum. Le mouvement en avant de tout l'appareil ne se fait pas au moteur : il s'obtient simplement au moyen d'un treuil à manivelle disposé à cet effet.

Nous avons vu précédemment plusieurs exemples d'excavateurs fort ingénieux, travaillant déjà au niveau de la plate-forme qu'ils déblaient. Ils attaquent le terrain en face, soit en élargissement, soit en avancement, quelquefois des deux manières.

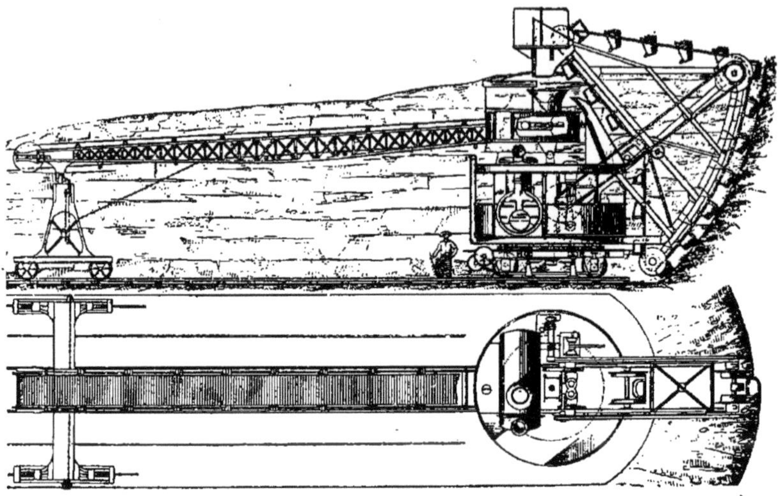

Fig. 288

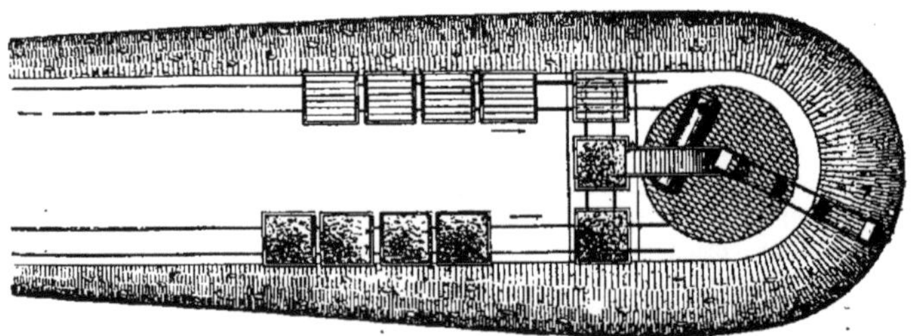

Fig. 289.

Mais tous ces appareils présentent l'inconvénient des godets rivés sur la chaîne : on ne peut leur faire attaquer qu'une faible hauteur sous peine de perdre les déblais en route (*fig.* 290). En pratique, on obvie à cet inconvénient en remplissant les godets par éboulement, ce qui permet, sans relever la chaîne, de déblayer sur une plus grande hauteur ; mais comme on ne peut être absolument maître d'un éboulement, l'élinde se trouve à chaque instant engagée dans les terres, et l'appareil complètement immobilisé.

Aussi MM. Jacquelin et Chèvre eurent-ils la pensée d'employer des godets articulés, ce qui évite les inconvénients précédents, et permet l'emploi de l'excavateur dans des terrains beaucoup plus durs

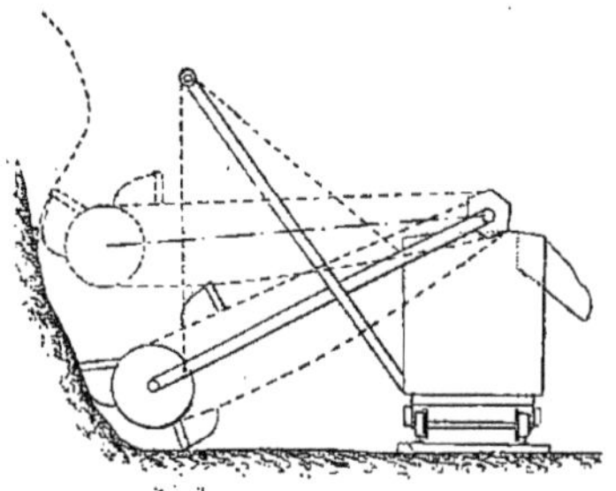

Fig. 290.

que ne le permettent les appareils ordinaires. Avec de semblables godets, on peut déblayer d'un seul coup une tranchée de 10 mètres de hauteur, les conduire bien pleins à la décharge, et en assurer le chargement complet.

Pour cela, les godets, au lieu d'être rivés sur les maillons, sont mobiles autour d'un axe horizontal en acier réunissant les deux chaînes. Ils peuvent, par suite, prendre différentes positions limitées par deux taquets fixés de chaque côté du

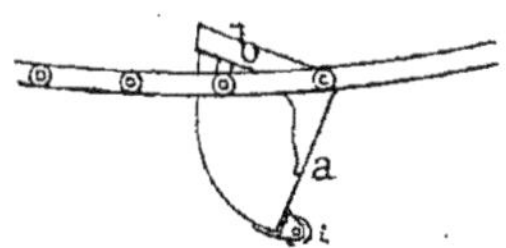

Fig. 291.

godet, et venant reposer à tour de rôle sur deux maillons en cuivre de chaque chaîne (*fig.* 291). Chaque godet est en outre muni à sa partie inférieure d'un galet roulant pendant le travail sur un guidage métallique recourbé; ce dernier est fixé à la partie supérieure à l'axe du tambour mobile de l'élinde au moyen d'un coussinet.

Les godets arrivés à l'extrémité du bec recourbé de ce guidage suivent une ligne sensiblement horizontale, et sont entraînés jusqu'au tambour de décharge qui les relève d'abord pour les renverser ensuite; ils reprennent alors la position du chargement pour regagner le tambour inférieur. Mais, tant qu'ils sont chargés, ils conservent leur ouverture vers le haut, ce qui est très précieux (*fig.* 292).

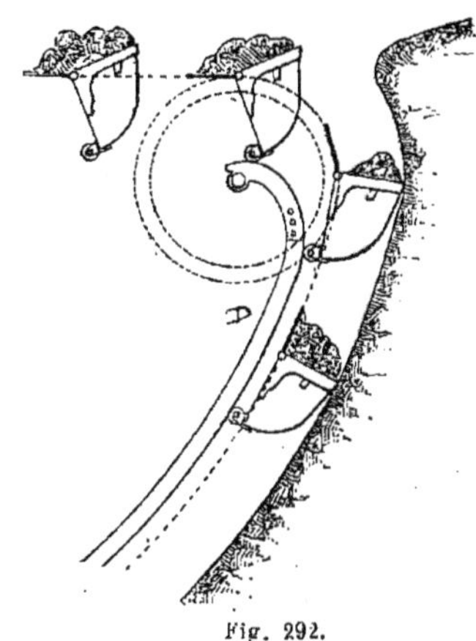

Fig. 292.

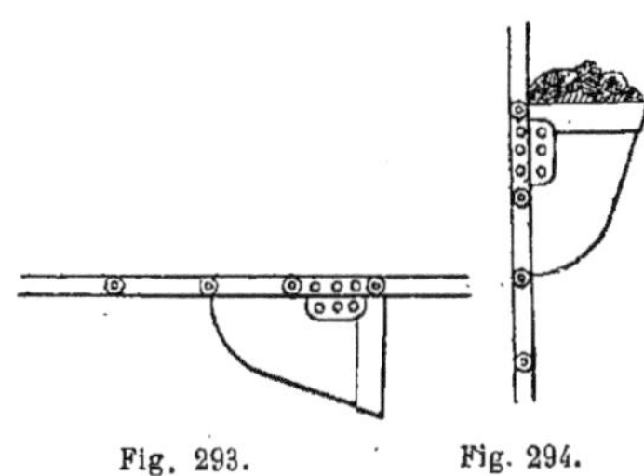

Fig. 293. Fig. 294.

Les inventeurs ont pensé qu'avec un appareil où la progression n'a pas besoin d'être continue, puisqu'elle ne se produit qu'après l'enlèvement d'une passe, et où elle est toujours à peu près constante, il était inutile de conserver un moteur spécial pour effectuer cette partie de la manœuvre. Le moteur de commande de l'avancement est donc supprimé, et le mouvement s'effectue simplement d'une façon régulière, en donnant après chaque passe, le même nombre de tours de manivelle au treuil qui actionne les roues motrices.

Quant à la chaîne à godets, elle présente d'incontestables avantages au double point de vue de l'ajustement général et de la fixation des godets.

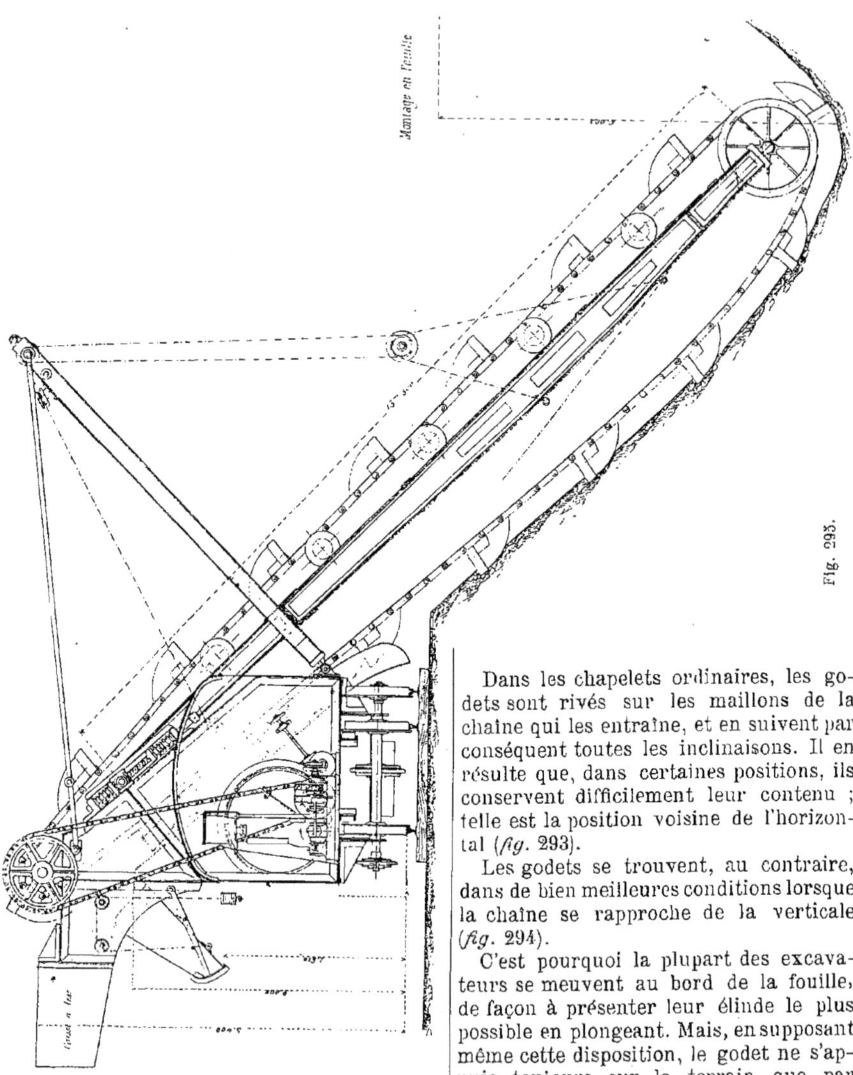

Fig. 293.

Dans les chapelets ordinaires, les godets sont rivés sur les maillons de la chaîne qui les entraîne, et en suivent par conséquent toutes les inclinaisons. Il en résulte que, dans certaines positions, ils conservent difficilement leur contenu ; telle est la position voisine de l'horizontal (*fig.* 293).

Les godets se trouvent, au contraire, dans de bien meilleures conditions lorsque la chaîne se rapproche de la verticale (*fig.* 294).

C'est pourquoi la plupart des excavateurs se meuvent au bord de la fouille, de façon à présenter leur élinde le plus possible en plongeant. Mais, en supposant même cette disposition, le godet ne s'appuie toujours sur le terrain que par suite du poids de l'ensemble des godets et des chaînes qui sont flottants entre les tambours extrêmes ; aussi, à la moindre résistance du terrain, le tranchant du godet glisse à la surface, et ce dernier s'emplit peu ou point. Les chaînes doivent d'ailleurs êtres laissées forcément molles entre les tourteaux, précisément pour que, lorsqu'un obstacle compromettant se rencontre au passage du godet, celui-ci puisse le franchir sans rupture.

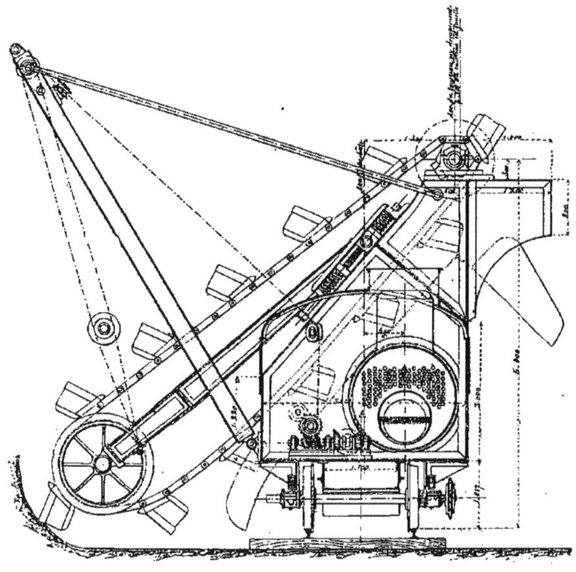

Fig. 296.

Il résulte de ces dispositions que les godets n'attaquent pas le terrain avec toute la rigueur qu'ils pourraient avoir, et au moindre obstacle la chaîne se trouve subitement tendue et détendue, ce qui amène des mouvements brusques qui font vider les godets déjà mal remplis. C'est pourquoi les excavateurs en pratique

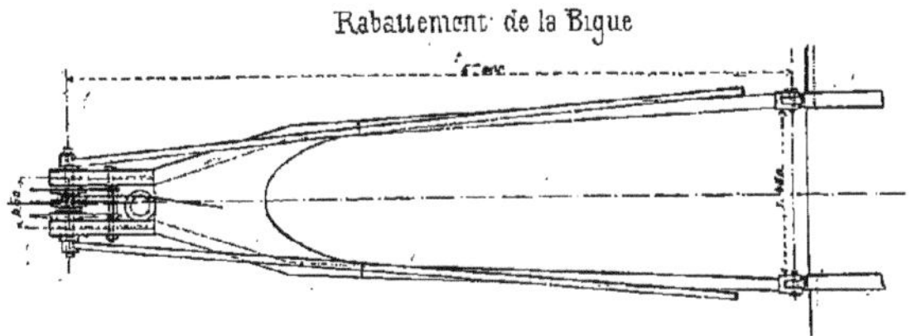

Fig. 297.

ne rendent guère que 50 0/0 de leur effet utile théorique.

Enfin, pour éviter des chocs et des rupture, toutes les commandes se font par courroies.

L'appareil, ultra-léger, ne pèse guère plus de 30 tonnes ; il peut déblayer d'un seul coup des terrains ayant jusqu'à 8 et 10 mètres de hauteur, et, par le déversement en arrière des déblais, permet d'exécuter une tranchée même à simple voie.

419. *Excavateur Henri Satre.* — Les conditions dans lesquelles M. Henri Satre a cherché à établir son appareil sont les suivantes :

1° Reporter autant que possible la charge sur l'arrière, et abaisser le centre de gravité de manière à obtenir une grande stabilité ;

2° Rendre complètement indépendants la charpente en tôle et le mécanisme ;

3° Commander la translation et la chaîne à godets au moyen d'un moteur unique, et cependant obtenir des vitesses indépendantes pour ces deux objets ;

4° Enfin obtenir avec le poids le plus faible possible la puissance maximum.

Cette dernière considération indique que l'appareil doit être classé parmi les légers, et même les plus légers : il pèse à vide 46 tonnes (*fig.* 295, 296 et 297).

Ces différentes conditions ont d'ailleurs été bien remplies. Le moteur unique du type pilon à deux cylindres développe, à la vitesse de cinquante-cinq tours par minute, une puissance de quatre-vingts chevaux : la vapeur lui est fournie par un générateur tubulaire à retour de flammes et foyer amovibles de 50 mètres carrés de surface de chauffe.

Le tambour inférieur est commandé par chaîne de galle, et non par engrenage ; on voit que les constructeurs sont loin d'être d'accord sur ce point. L'élinde est construite en forme de solide d'égale résistance, et se démonte en trois tronçons ; on peut enlever celui du milieu et raccourcir l'élinde quand on veut travailler en décapement ; au contraire on emploie l'élinde entière pour travailler en fouille, comme dans l'excavateur Weyer et Richemond.

Tous les organes mécaniques sont reportés sur un bâti en fonte inférieure qui contribue à donner beaucoup de stabilité.

420. *Excavateur Demange et Marius Satre.* — Ici la préoccupation des inventeurs a été de permettre à l'appareil de franchir les courbes de petit rayon, ce qui est encore très utile sur les chantiers. Ce résultat est obtenu en faisant reposer l'appareil sur trois essieux dont l'un est à déplacement latéral (*fig.* 298).

La chaîne de galle, à laquelle on reproche des allongements subits dans les grands efforts, et par suite des à-coups pour l'appareil, est remplacée par des engrenages, comme dans l'excavateur Boulet.

La progression avec le mouvement de l'élinde, et la commande du chapelet sont obtenues au moyen de deux moteurs distincts placés d'un côté de la chaîne à godets. Ils sont équilibrés par la chaudière placée de l'autre côté de cette chaîne.

421. *Excavateur Gabert frères.* — C'est un excavateur tournant destiné au travail de décapement et en avancement (*fig.* 299).

Le chassis-truck, à deux essieux, supporte, par l'intermédiaire de galets et d'un pivot central, une plaque tournante portant tout le mécanisme d'excavation, savoir : la charpente centrale soutenant l'arbre du tourteau supérieur, l'appareil d'excavation, la chaudière, les machines et le treuil de relevage de l'élinde. Cette dernière est placée dans l'axe du châssis, et peut recevoir dès lors un mouvement latéral d'oscillation.

La force motrice est encore donnée par les machines distinctes : l'une, du type pilon à deux cylindres ne dépasse pas cinq à six chevaux. Elle suffit pour mouvoir la plaque tournante, et pour produire l'avancement de l'excavateur. La seconde, verticale, mais à un seul cylindre, fait soixante tours par minute, et développe soixante chevaux ; elle actionne le chapelet qui porte vingt-un godets de 100 litres chacun, avec un passage de vingt-cinq godets par minute.

L'élinde repose simplement à sa partie supérieure sur l'arbre du tourteau sans être articulée ; par l'interposition de ressorts convenablement tendus, elle peut se soulever et laisser échapper le godet s'il rencontre une trop grande résistance. Le couloir de déversement des déblais est monté sur pivot, et sa partie inférieure est soutenue par un galet de roulement.

On peut facilement avec cet appareil, ouvrir une cunette de 9 mètres de largeur. Son rendement théorique est de

Profil
Position de l'élinde à l'attaque
Position de l'élinde en déversement
Axe du transporteur
Axe des wagons

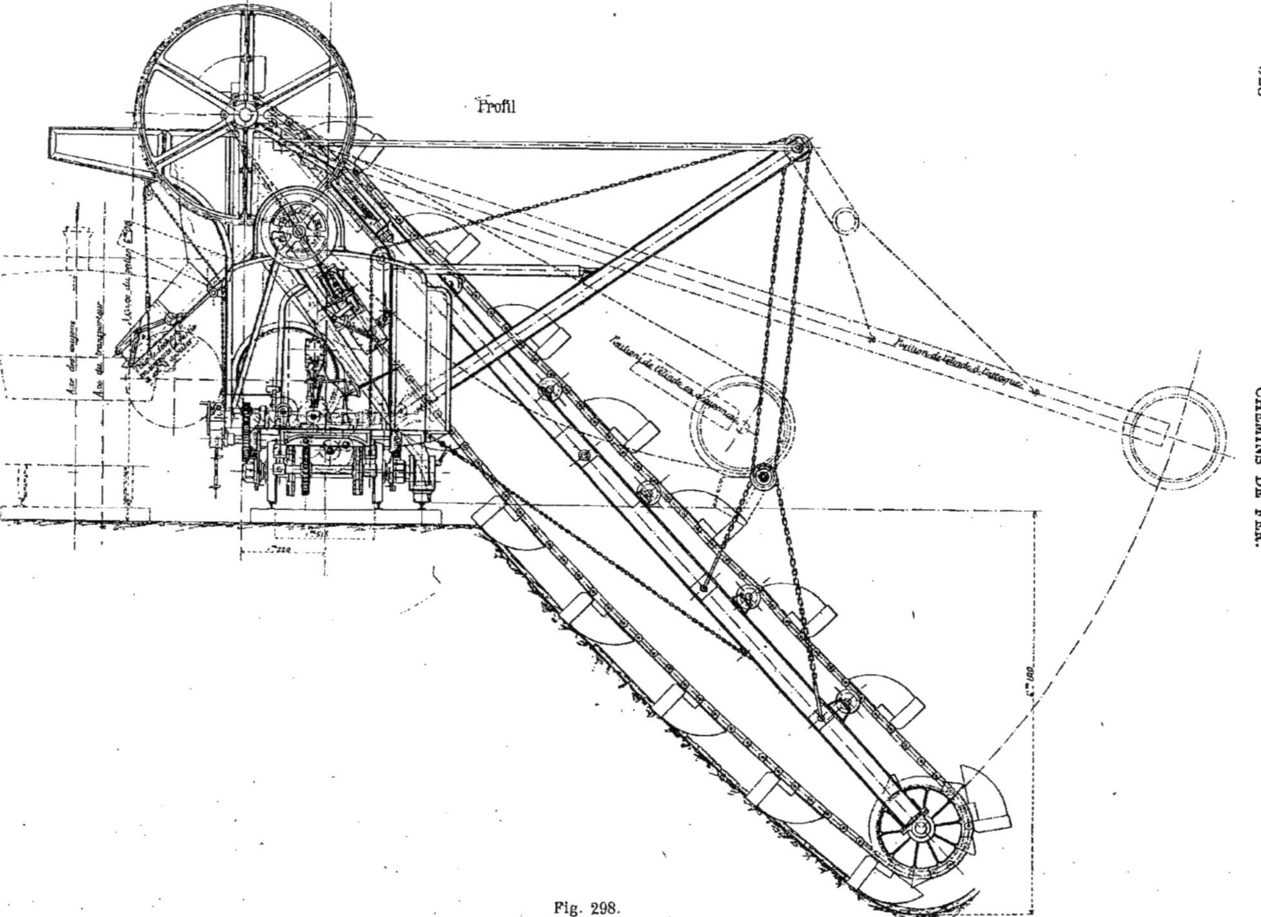

Fig. 298.

1 500 mètres cubes en dix heures. En pratique, et dans de bonnes conditions de travail, on peut aisément compter sur 1 000 mètres cubes, soit 100 par heure. Sa construction est très soignée et très originale.

422. *Excavateur Evrard.* — C'est un excavateur du type léger exclusivement destiné au travail de décapement et avec très peu de porte-à-faux du côté de l'élinde.

Il repose sur un truck à quatre essieux roulant seulement sur deux rails ; les essieux extrêmes sont distants de 4m,50. La suppression de la roue au-dessous de la chaîne à godets, permet de donner à celle-ci une grande inclinaison, et, dans certains cas, peut faciliter beaucoup l'attaque du terrain.

Les moteurs sont encore distincts et au nombre de deux : la translation est produite par une machine pilon de cinq à six chevaux ; l'excavation se fait au moyen d'une seconde machine-pilon à un cylindre, de vingt-cinq chevaux ; les efforts sont ré-

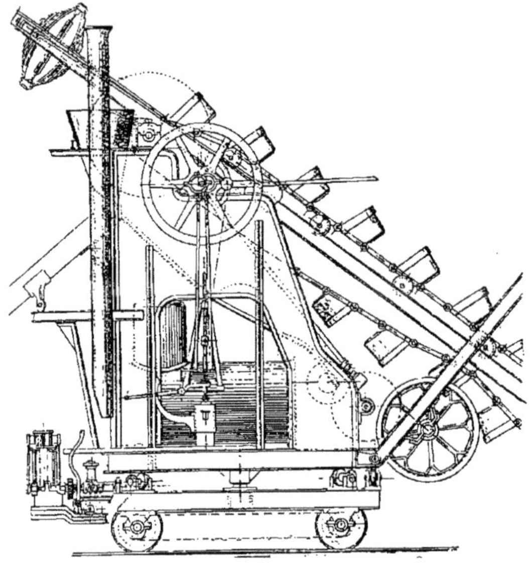

Fig. 299.

gularisés par un fort volant de 1m,80 de diamètre. Elle fait cent cinquante tours par minute et commande le tambour supérieur par l'intermédiaire d'une chaîne de galle. La chaîne comporte douze godets d'une contenance de 160 litres chacun.

Le truck, qui n'a qu'une faible largeur de 2 mètres, porte deux encorbellements sur lesquels se placent le chauffeur et le mécanicien.

En résumé, cet excavateur est très léger et très maniable. Il est précieux pour les travaux d'attaque des tranchées, et pour préparer l'action plus efficace du gros matériel.

423. *Excavateur de la Société franco-belge.* — Il est monté sur un châssis à quatre essieux, et deux essieux supplémentaires portant des roues plus petites roulant sur un troisième rail écarté de 0m,50 de la première voie (*fig.* 300 et 301).

La caractéristique de ce type est que la force motrice est groupée et concentrée. Un seul moteur, du type pilon, de soixante-dix chevaux, actionne le chapelet, l'appareil de translation, et tous les mouvements

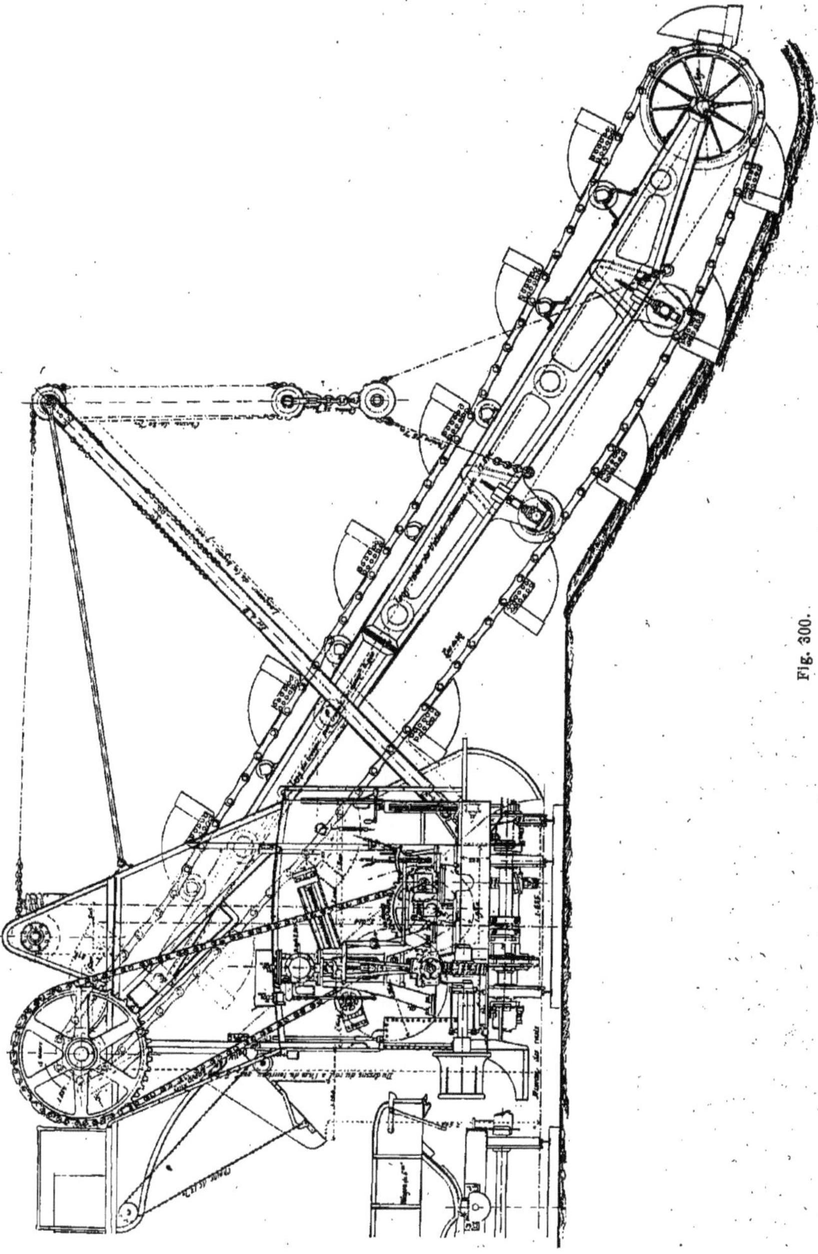

Fig. 300.

accessoires, tels que le relèvement de l'élinde.

La chaudière motrice timbrée à 7 kilogrammes est à foyer amovible et à retour de flammes avec une surface de chauffe de 45 mètres carrés. Une chaîne de galle, système Damoizeau, actionne le tambour supérieur en acier coulé de la chaîne à godets, portant seize godets de 275 litres. L'élinde est en tôle et cornières assez longue pour fouiller à 6 mètres en contre-bas de la voie. Les godets sont débarrassés de la terre et des déblais qui pourraient y adhérer au moyen d'un râcleur fixe en forme de double soc de charrue.

Le relevage de l'élinde se fait à la main du mécanicien au moyen d'un engrenage.

Le rendement de cet appareil varie, suivant les conditions, de 180 à 263 mètres cubes à l'heure.

424. *Excavateur Sagn.* — Cet excavateur employé pour creuser une dériva-

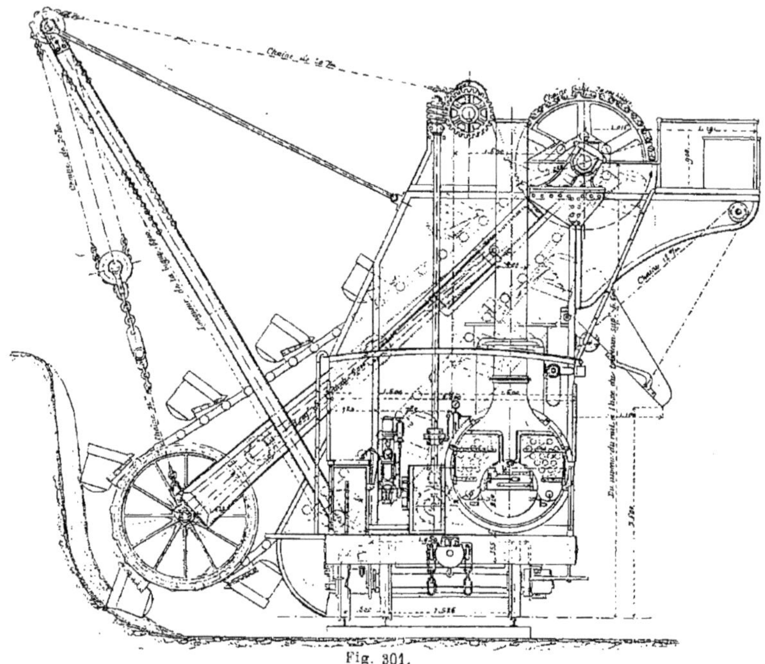

Fig. 301.

tion de la Marne (v. Debauve : *Procédés et Matériaux de construction*) repose sur trois essieux. La chaudière porte sa machine qui est de la force de vingt chevaux ; l'ensemble constitue une locomobile qui peut être employée dans d'autres travaux. L'appareil complet avec chaîne à godets pèse 38 000 kilogr., et coûte 48 000 francs avec les voies.

En admettant deux cent cinquante jours de travail par an, et l'amortissement complet de la dépense en six ans, la dépense journalière se décompose comme suit :

1° *Entretien et amortissement.*

Intérêt à 6 0/0.	11f,52
Amortissement en six ans. . .	21 20
Entretien journalier.	40 »
Huile et graisse.	5 »
Chiffons.	2 50
Eau, 3 mètres cubes.	3 »
Combustible 500 kg. à 0f,40. .	20 »
Total.	103f,22

2° Personnel.

1 Chef dragueur.	8f,50
1 Mécanicien.	8 50
1 Chauffeur.	6 »
1 Garde de nuit chauffeur. . .	5 »
1 Pourvoyeur.	4 »
Imprévus.	10 »
Total.	42f, »

Ce qui représente une dépense totale de 145f,22, c'est-à-dire, pour un débit de

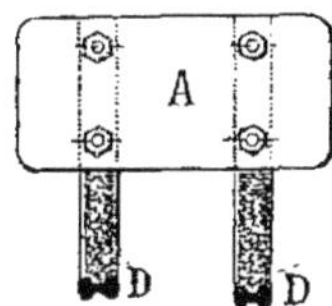

Fig. 302.

600 mètres cubes par jour, 0f,242 par mètre cube.

425. *Excavateur Laferrière.* — Enfin, comme excavateur de petites dimensions,

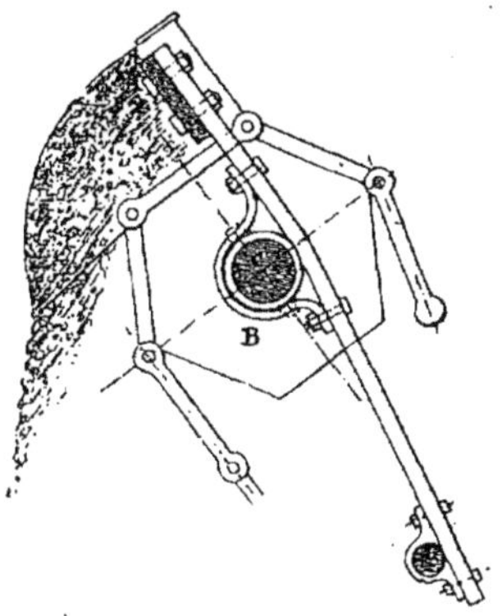

Fig. 303.

on peut citer celui de M. Laferrière, employé sur la ligne de Clermont à Montbrison ; il était actionné par un treuil à deux hommes, et arrivait à donner un rendement de 20 mètres cubes par jour avec une dépense de premier établissement de 800 francs.

Le même entrepreneur a construit des appareils analogues, mus à la vapeur, et employés aux terrassements à sec, aux dragages ou au chargement du ballast.

426. *Excavateur pour argiles collantes.* — Dans les terrains collants le godet Couvreux, même ouvert à l'arrière, ne se vide pas facilement à cause de l'adhérence du déblai à la cuiller, et la plus grande partie du terrain extrait retourne à la fouille.

Dans les travaux de dérivation de la Seine, aux carrières sous Poissy, M. Couvreux se trouva en butte à ces difficultés. Il les surmonta très simplement par l'ad-

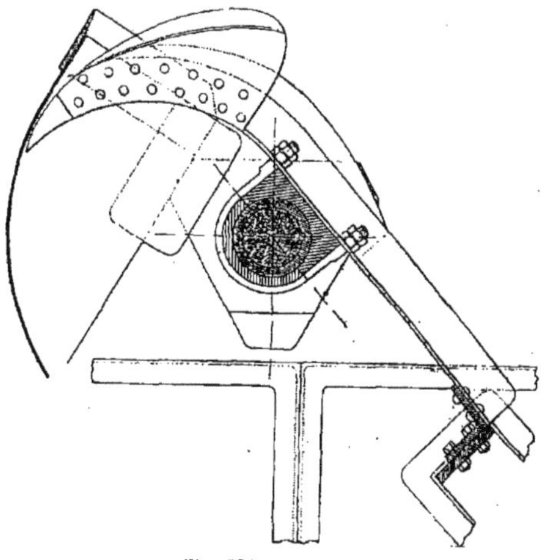
Fig. 301.

dition au tourteau supérieur d'une sorte de pelle A (*fig.* 302) que les ouvriers ont appelé un *rasoir*, et qui force la terre à sortir du godet par le côté opposé toujours ouvert (*fig.* 303).

On prévient l'usure de l'arbre C en fixant le levier de la pelle au moyen de deux demi-colliers B en acier et à brides qui font corps avec l'arbre. Pour donner une idée de l'adhérence de l'argile aux godets, nous rappellerons que des bouts de rails du poids de 30 kilogrammes le mètre courant D, qu'on emploie pour former les leviers de la pelle, se faussent quelquefois, sans cependant qu'il en résulte une interruption dans le travail.

Avec l'excavateur ainsi modifié, le rendement passe de 25 0/0 à 90 0/0. La chaîne marchant à quatre-vingts tours par minute, ce qui correspond au passage de trente-trois godets, le déblai enlevé est de 180 à 200 mètres cubes de terre argilo-sablonneuse ou d'argile plastique à l'heure. Il suffit de huit à dix minutes pour charger un train de quatorze wagons de 2^{m3},25 de capacité.

M. Couvreux a lui-même modifié et perfectionné le système précédent en supprimant la pelle plate dont la résistance est considérable lorsqu'on presse sur les argiles grasses, ce qui amène le gauchissement vu plus haut, des rails D.

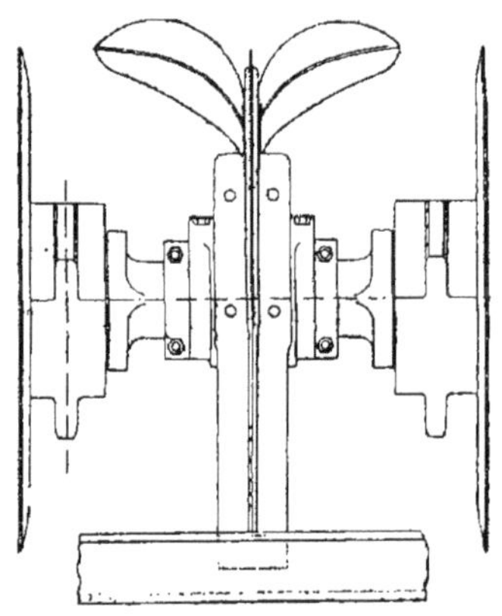

Fig. 305.

Il la remplace par un soc de charrue qui attaque d'abord les argiles par son tranchant, et les expulse par ses ailes à l'autre extrémité du godet dépourvu de fond. Le godet se trouve ainsi vidé avant son passage au tourteau inférieur, ce qui est indispensable pour qu'il ne retourne pas plein à la fouille.

Les figures 304 et 305 représentent les dispositions adoptées.

Ce sont, en somme, deux socs de charrue juxtaposés et fixés à une tige unique. La pointe commune de ces socs est dirigée dans le sens opposé au mouvement des godets dont elle épouse rigoureusement la concavité; elle détache l'argile des parois, et la force à tomber dans le couloir de chargement; le mouvement de la chaîne se continue alors sans interruption puisque les godets sont dépourvus de fond. M. Couvreux a été très satisfait de l'emploi de cet excavateur perfectionné dont il s'est servi sur les chantiers du canal maritime de la Basse-Loire dans des argiles bleues très adhérentes.

Excavateurs Américains.

427. Les Américains ont été beaucoup plus que nous portés à faire usage des engins mécaniques pour leurs travaux, à cause du prix très élevé chez eux de la main-d'œuvre. Ainsi un terrassier rarement payé plus, et souvent moins, de 5 fr. par jour en Europe, n'accepte jamais ce salaire aux Etats-Unis, où la moyenne se rapproche beaucoup plus de 10 francs.

Fig. 306.

Tous les terrassements autres que ceux à la machine reviennent donc aisément au double des nôtres.

Aussi, dans les premiers travaux de chemins de fer en Amérique, se contentait-on de donner aux tranchées la largeur minimum nécessaire au passage des trains. Les remblais peu élevés se faisaient à l'aide d'emprunts latéraux et les déblais se portaient en dépôts de chaque côté de la ligne. Le tout dans la pensée de supprimer les transports. Puis on en vint immédiatement à faire usage de terrassiers mécaniques.

428. *Scrapers.* — On commença par

employer un excavateur rudimentaire qui sert d'ailleurs encore de nos jours dans quelques cas particuliers. Ce n'est que la cuiller de la drague munie d'une anse, et traînée à terre par un ou deux chevaux selon l'effort à développer.

Les Américains ont donné à cet outil le nom de *scraper*, c'est-à-dire grattoir (*fig.* 306, 307 et 308).

Ces godets ont une contenance de 0,15 à 0,25 de mètre cube ; ils peuvent fonctionner dans les terrains meubles, tels que sables, graviers, etc., et dans les terrains durs, préalablement désagrégés

Fig. 307.

Fig. 308.

soit à la pioche, soit à la mine. Mais l'emploi de ce scraper n'est réellement indiqué et avantageux que dans les terrains meubles.

Pour le vider, on n'a qu'à soulever les deux brancards postérieurs, et l'appareil reprend ensuite sa position première.

On a atténué les cahottements qui peuvent se produire pendant le travail, surtout dans les terrains résistants, en interposant des ressorts entre la caisse et les brancards.

Puis on a augmenté leurs dimensions, et l'idée est alors venue de les porter sur

Fig. 309.

roues (*fig.* 309). On peut ainsi avoir plusieurs caisses servant au transport des déblais.

Les caisses roulantes ont leur bord armé de dents, et contiennent jusqu'à 0,75 de mètre cube. Leur traction exige trois chevaux pendant le travail. Elles labourent le sol, et sont relevées à mesure qu'elles se remplissent. Leur rendement est naturellement beaucoup plus grand que celui de la pelle simple.

Ainsi cette dernière, suivant la difficulté du terrain, peut déblayer et transporter 35 à 50 mètres cubes de terre à 60 mètres de distance en une journée de dix heures. Le prix du mètre cube de terrassement effectué par cette méthode revient entre $0^f,50$ et 1 franc pour un transport de 30 à 60 mètres.

Avec la caisse roulante, on peut extraire un cube quotidien de 150 à 225 mètres cubes avec des prix inférieurs de moitié à ceux que coûteraient la pelle et le transport au tombereau pour des distances de transport de 60 à 250 mètres.

Excavateur à cuiller ou du second genre.

429. Ces excavateurs diffèrent des nôtres par un point fondamental : au lieu d'attaquer le terrain d'une manière continue par une série de godets travaillant les uns derrière les autres, ils opèrent au moyen d'une seule grande cuiller à mouvement discontinu et portée par un long bras mis en mouvement par la machine.

Ces appareils dits *terraissers*, dans lesquels un énorme godet unique vient ainsi attaquer les terres, ne sont eux-mêmes que des modifications de la drague, mais de la drague élémentaire. Celle-ci en effet n'était composée que d'un seul godet, type *cuiller de Cette*, muni d'un manche, et c'est elle qui, par la transformation du travail alternatif en travail continu, a donné naissance à toutes les dragues à godets actuelles.

Ils se composent essentiellement d'une grosse cuiller de drague armée de dents montée au bout d'un grand bras, et portée par une grue fixée elle-même sur un wagon-truck roulant sur rails. On amène le wagon à l'endroit voulu, on le cale le plus souvent avec des vérins, et on met la machine en action. La progression sur rail est généralement obtenue par une chaîne de Vaucanson actionnant un essieu du chariot roulant. Une machine à vapeur munie de sa chaudière est placée sur le truck, en arrière de la grue, de manière à produire l'équilibre et la stabilité de l'ensemble. Les déblais extraits sont amenés, par suite du mouvement de la grue, dans des wagons placés sur une voie latérale. La pelle est mue par des chaînes passant sur un treuil actionné par le moteur, puis sur les poulies de la grue et agissant en différents points déterminés : il y en a pour la forcer à s'enfoncer en terre, la soulever, la transporter une fois pleine. On l'amène d'abord au-dessus de l'emplacement à creuser, on la laisse tomber de tout son poids sur la terre où elle s'enfonce grâce surtout aux dents dont elle est munie. Une chaîne la traîne alors et la fait se remplir, les autres l'enlèvent, la grue tourne sur un axe, et la pelle se décharge en basculant dans les wagons prêts à recevoir les déblais.

Cet excavateur a été employé également en France aux chemins de fer du Nord, de l'Ouest, de l'Orléans, etc.

Un excavateur moyen construit sur ces données met une minute pour faire une manœuvre, et déblayer un godet, soit 0,75 de mètre cube. Il exige au maximum six hommes : un mécanicien, un chauffeur, deux dragueurs et deux manœuvres pour le déplacement du chariot. La dépense s'élève à environ 100 francs par jour, tout compris. Le cube extrait étant de 300 à 400 mètres cubes, le prix du mètre cube revient donc à $0^f,25$ ou $0^f,30$ en terrain peu consistant.

Cela posé, nous allons étudier rapidement les principaux types de cette famille les plus employés dans les grands travaux.

430. *Excavateur Dumbar et Ruston.* — On peut citer ce type comme un des meilleurs du genre. Il a été inventé par M. Dumbar, et perfectionné en Angleterre, à Lincoln, par la maison Ruston, Proctor et Cie (*fig.* 310 et 311).

Nous le décrirons avec assez de détails et passerons rapidement sur les autres qui présentent avec lui beaucoup d'analogie.

Il se compose d'un châssis en fer forgé posé sur deux essieux ; ses quatre angles sont munis de consoles dans lesquelles sont logés des vérins permettant de le soulever tout entier et de le caler sur les traverses de la voie, de manière à éviter tout mouvement latéral pendant le travail.

Il est à moteur unique de dix chevaux, à deux cylindres, de $0^m,190$ de diamètre et de $0^m,300$ de course, faisant cent soixante à cent soixante-dix tours par minute; tout cet ensemble ainsi que la chaudière, est à l'arrière du truck ; la commande de l'arbre du tambour principal se fait par engrenages.

La cuiller s'abaisse et se relève contre le terrain au moyen d'une commande mécanique, par l'intermédiaire de chaînes. En outre, le manche qui la porte peut

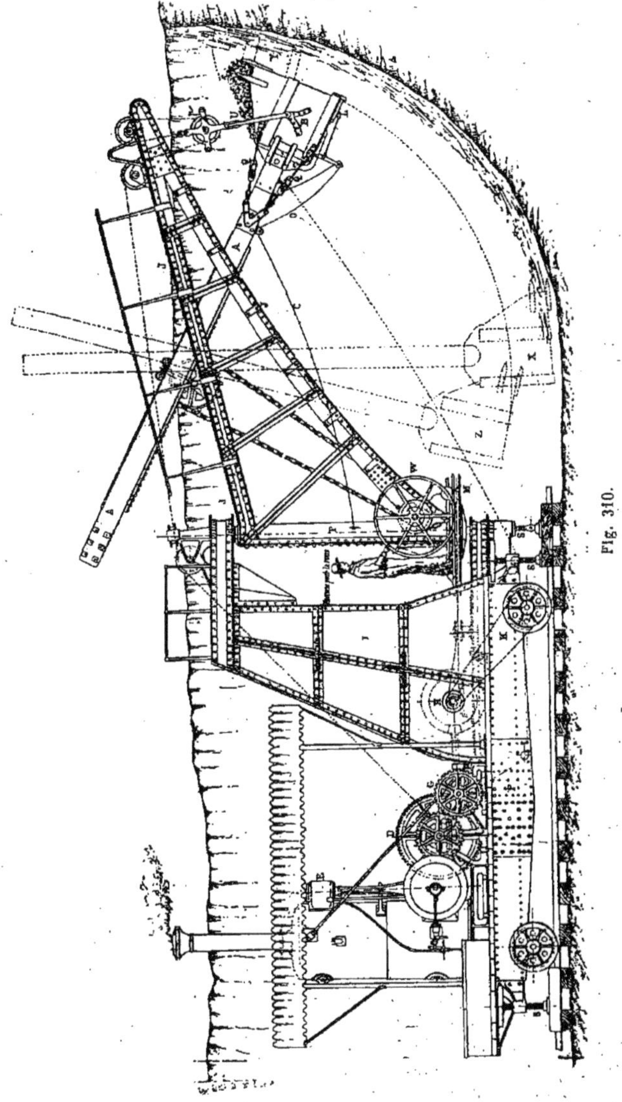
Fig. 310.

s'allonger ou se raccourcir par une commande à la main.

Le godet-cuiller présente un bord tranchant en acier, armé de dents du même métal (*fig*. 312, 313 et 314). La section est semi-elliptique. Les dents sont aisément démontables au moyen de boulons à têtes fraisées, qui servent à les fixer sur le corps de la cuiller. Elles ont en effet souvent besoin d'être remplacées ou au moins aiguisées par suite d'usure; dans tous les cas il faut que l'on puisse les changer à volonté, suivant le degré de densité du terrain qui en exige de plus ou moins fortes.

Le manche A de cette cuillère a la

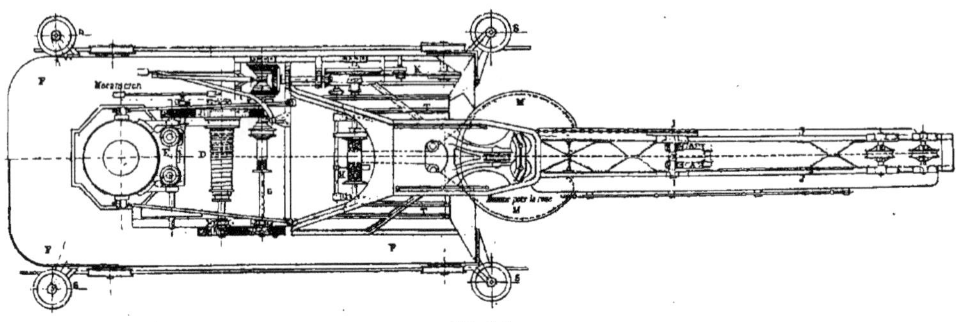

Fig. 311.

forme d'une moise, constituée par deux pièces de chêne fortement boulonnées aux deux extrémités ; la chaîne de relevage passe dans l'intervalle libre que ces deux pièces laissent entre elles. Chaque moise est munie d'une crémaillère qui permet

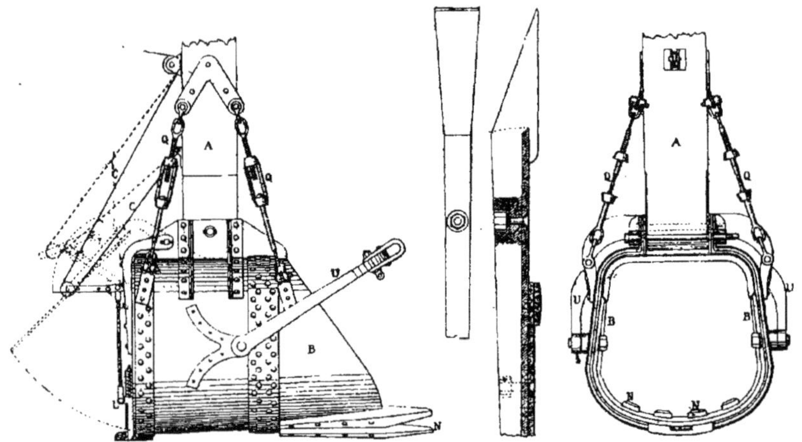

Fig. 312 à 314.

de rappeler le manche au moyen d'un pignon I placé à la partie supérieure de la volée et vers le milieu de sa longueur.

Ce manche pénètre entre deux pièces de tôle faisant corps avec la cuiller et entre lesquelles il peut osciller autour d'un boulon d'articulation servant en même temps à le fixer à ces pièces et à la cuiller elle-même. Cette dernière peut donc à volonté rester dans le prolongement de son manche, ou bien prendre une position inclinée.

Le manche est également relié aux parois de la cuiller par des tendeurs à vis Q. Les tôles du dos portent en outre les charnières L de la porte qui forme le fond du godet. Enfin ce dernier est muni d'oreilles U, sur lesquelles viennent se boulonner les branches d'un étrier, accompagné à sa partie supérieure d'une poulie *p* de relevage. La tige *v* est articulée sur des tourillons disposés au milieu des parois, et oscille autour d'eux de manière à permettre à la cuiller de prendre l'inclinaison voulue lorsqu'elle est pleine, afin de ne pas perdre son contenu avant le déchargement.

Une chaîne dont le bout est fixé à la chape de la poulie *p* se rend par une série de poulies fixées sur la grue et sur le beffroi T, au treuil de manœuvre D, sur lequel elle s'enroule ou se déroule à volonté, faisant en même temps monter ou descendre la cuiller. Ce treuil, par son mouvement, fait donc décrire au godet un arc de cercle dont le centre est l'arbre du tambour I, et dont le rayon est égal à la distance de la cuiller à cet axe.

La décharge de la cuiller se fait en ouvrant le fond; pour cela, celui-ci est terminé du côté opposé aux charnières (placées du côté du manche) par un rebord en biseau dans lequel s'engage un fort verrou L, normalement poussé dans son logement par un ressort à boudin, et maintenant la porte en place. Ce verrou peut être actionné à distance par un mouvement de sonnette dont l'une des branches porte une petite poulie sur laquelle passe une corde *c*; l'un des bouts de cette corde est fixé au manche, et l'autre est à la main du chef dragueur, après avoir passé sur une seconde poulie fixée à ce même manche; ce renvoi permet au second brin de *c* de faire remonter le verrou L à volonté en butant contre le ressort, et dégageant le rebord de la porte. Celle-ci bascule alors en s'ouvrant autour de ses charnières sous l'effet de son propre poids, et revient dans sa position primitive lorsque, pour recommencer le travail, le godet est ramené dans la position verticale *z*.

L'avant du chariot porte solidement boulonné sur sa plate-forme, un beffroi T, formé de deux montants en tôle et cornières, renforcés par des nervures artificielles en fer à T. Ce beffroi présente à sa partie supérieure une poutre transversale qui en réunit les deux flasques et porte le pivot P de la grue porte-godet I ou volée de l'excavateur. Une console inférieure reliée à la traverse du chariot et consolidée par des pieux obliques qui la réunissent également aux longrines, porte la partie inférieure de ce pivot.

La grue d'orientation et de déchargement est, comme le beffroi, construite en tôle et cornières; elle se compose de deux poutres jumelles entre lesquelles se meut le manche de la cuiller; la plate-bande supérieure de ces poutres est droite; mais, pour faciliter les mouvements de la cuiller, la semelle supérieure est courbe.

La cuiller, pour agir suivant les besoins, la profondeur, etc., doit pouvoir s'approcher à volonté du terrain à attaquer; cela s'obtient en allongeant ou raccourcissant la partie utile de son manche: pour cela il suffit de faire tourner à la main la roue W calée sur l'arbre d'un pignon placé au bas de la volée. Le mouvement de ce dernier pignon est transmis à la roue supérieure I à empreintes au moyen d'une chaîne sans fin. L'axe de cette dernière porte un pignon commandant par une double crémaillère le manche A qu'un petit chariot à quatre galets applique vigoureusement contre le pignon moteur. Le manche peut être arrêté dans une position quelconque au moyen d'un frein à pédale; on lui donne aussi la longueur exigée par le travail à effectuer.

Le second mouvement que doit présenter la cuiller est de se relever en attaquant le terrain à déblayer. Nous avons vu plus haut comment cela est obtenu mécaniquement par la manœuvre du treuil D et un système de chaînes et de poulies aboutissant à la poulie *p*.

L'arbre du tambour principal est actionné par la machine au moyen d'engrenages réduisant la vitesse du moteur dans le rapport de 4 à 1. Cet arbre commande, par roues d'engrenages égales, un second arbre G qui porte à son extrémité un débrayage à roues d'angles permettant d'actionner dans un sens ou dans l'autre :

1° L'essieu d'avant du charriot par une chaîne sans fin K qui produit l'avancement de tout l'appareil ;

2° Un tambour H posé sur son arbre, et qui peut en recevoir le mouvement au moment voulu au moyen d'un manchon d'embrayage. C'est lui qui donne à la grue le mouvement de pivotement nécessaire au déchargement des godets par l'intermédiaire d'une chaîne qui s'enroule au-

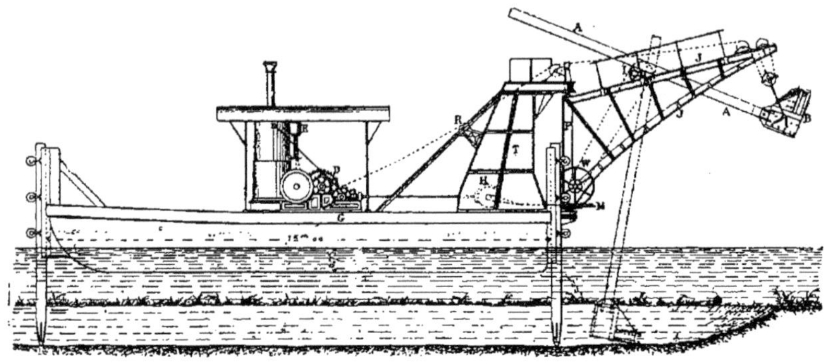

Fig. 315.

tour de la plate-forme portant le conducteur ; la rotation de celle-ci entraîne le mouvement de toute la volée I autour de son pivot P, et par suite de la cuiller qui peut, au moment précis, déverser son contenu dans des wagons prêts à le recevoir.

On voit donc en résumé que, grâce aux

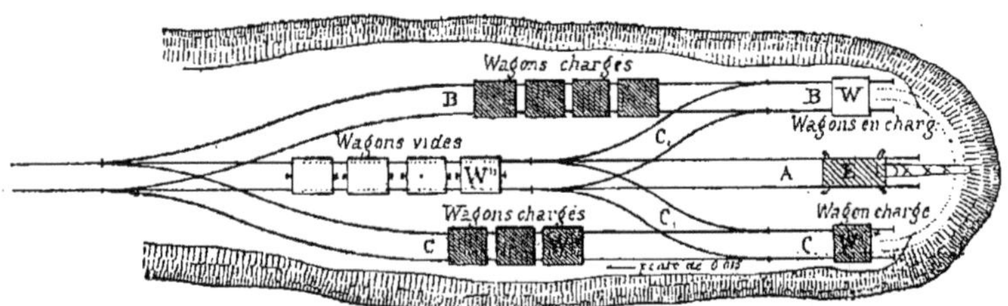

Fig. 316.

dispositions précédentes, on peut obtenir simplement le chargement de la cuiller, son orientation pour le déchargement, le retour à la position d'attaque, et la progression en avant de tout l'appareil.

La cuiller, en somme, est animée des mêmes mouvements que la pelle du terrassier ; aussi l'excavateur se prête-t-il aussi commodément au travail en cunette qu'à celui d'élargissement, et travaille-t-il aussi bien en fouille qu'en décapement. La construction en est simple et robuste, et il suffit de deux hommes sur la machine pour la conduire.

On comprend qu'un semblable appareil puisse tout aussi bien travailler sous l'eau, et c'est en effet ce qui arrive souvent dans le creusement des ports où il est fréquemment employé.

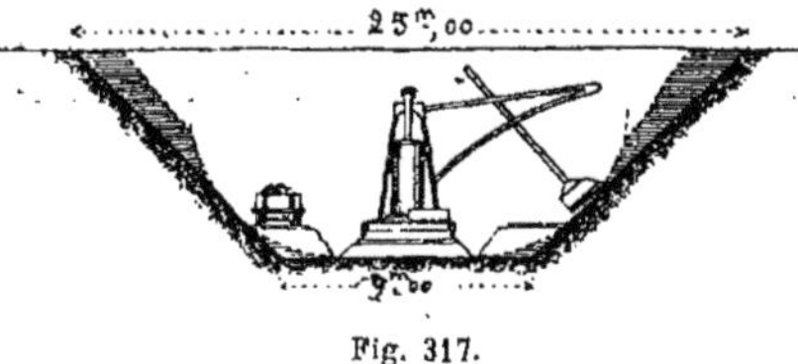

Fig. 317.

Il suffit de remplacer le chariot-truck par un ponton flottant calé par des pieux (*fig.* 315). C'est ainsi qu'il a été avantageusement utilisé dans la construction des ports de Calais, de Melbourne, de Buenos-Ayres; dans l'installation des docks de Victoria, à Londres, de Swansea, de Greenock, de Hull, etc.

La manière de se servir de cet excavateur pour le déblai des tranchées de chemin de fer est représentée par les figures de 316 à 324.

Dans les tranchées à deux voies on le place dans l'axe sur une voie centrale amenant les wagons vides; il décharge alternativement sur deux voies latérales où l'on fait passer les wagons pour les remplir. On les ramène ensuite en arrière des trains de wagons vides au moyen d'un aiguillage C (*fig.* 316 et 317); on peut aller ainsi jusqu'à 7m,50 de profondeur.

Si cette profondeur atteint les grandes

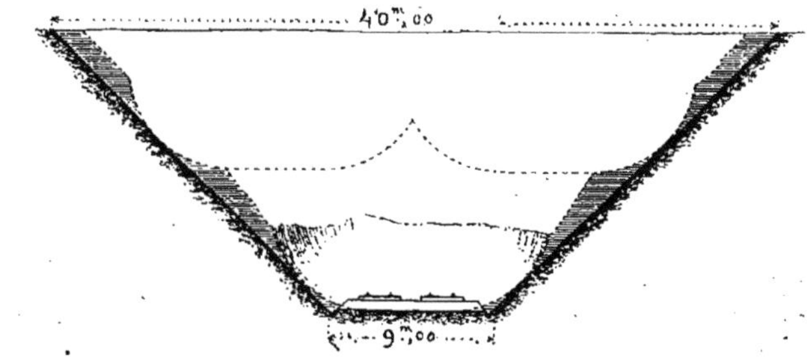

Fig. 318.

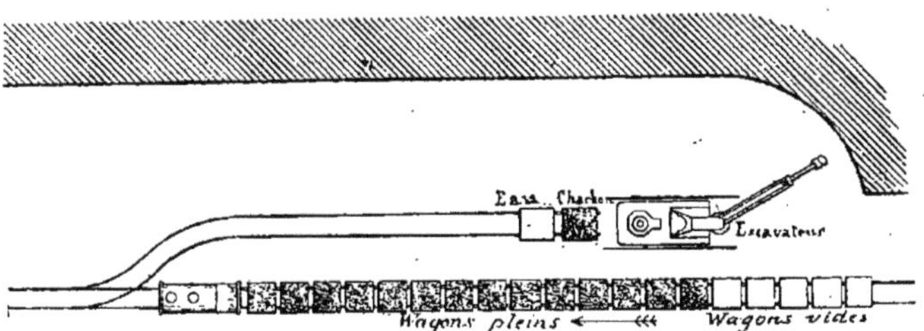

Fig. 319.

dimensions de 15 mètres, on procède par deux attaques successives; on commence par pratiquer une cunette au moyen d'un appareil placé dans l'axe; puis on procède à l'élargissement au moyen de deux autres travaillant d'un seul côté (*fig.* 318, 319 et 320).

Dans les déblais à voie unique (*fig.* 321), l'excavateur se place sur l'un des côtés de la fouille, et la file de wagons sur une voie posée le long de l'autre paroi.

Enfin lorsqu'on l'applique au creusement des canaux de grande largeur (*fig.* 322) ou au dragage des docks (*fig.* 323), on procède par attaques latérales successives après une première cunette, exactement comme pour un étage de tranchée profonde pour chemin de fer.

Fig. 320.

pendant sur ses quatre vérins d'angle. On donne ensuite au manche de la cuiller

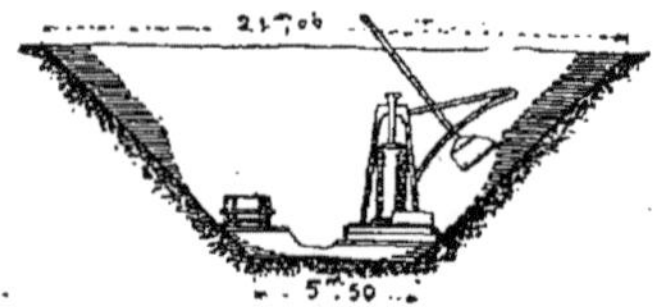

Fig. 321.

Le fonctionnement de cet appareil est facile à comprendre :

On le ramène d'abord à l'extrémité de la voie de service qui aboutit au terrain à attaquer et l'on cale le truck en le suspendant sur ses quatre vérins d'angle. On donne ensuite au manche de la cuiller la longueur voulue en manœuvrant les roues W et I ; on amène ainsi cette cuiller à se placer au pied du talus de la fouille; on fixe invariablement le centre de rotation et l'on fait fonctionner le treuil D.

Fig. 322.

La cuiller est alors tirée de haut en bas par la chaîne fixée à la poulie p ; elle enlève une tranche de terrain en se mouvant peu à peu pour arriver à être horizontale à la fin de sa course.

On communique alors au pivot P le

Fig. 323.

mouvement de rotation nécessaire pour amener la cuiller pleine au-dessus du wagon en charge qui attend sur une voie parallèle à celle du terrassier; puis on tire sur la chaîne C qui fait ouvrir le fond de la cuiller et permet de la vider.

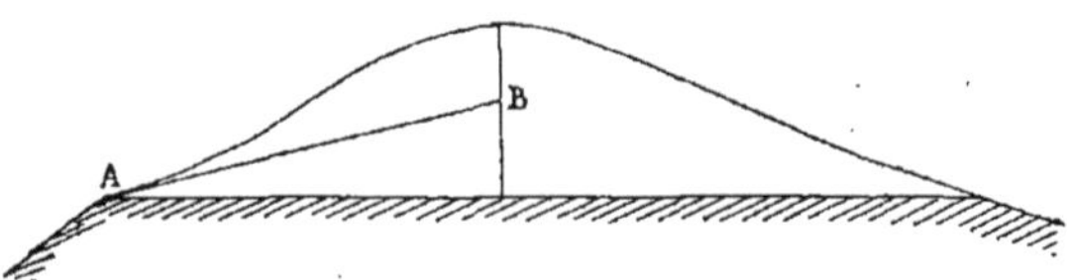

Fig. 324.

On ramène ensuite cette dernière au bas du talus dans sa position primitive et l'on enlève une nouvelle tranche de terrain voisine de la précédente, et ainsi de suite. L'appareil restant à la même place, on peut donc déblayer le terrain sur une épaisseur constante et sur tout l'arc de cercle que permet le mouvement pivotant de la volée.

On enlève ensuite une deuxième épaisseur de terre en dévissant les vérins, ce qui permet au chariot de reposer sur ses roues et d'avancer de la quantité nécessaire.

La disposition la plus rationnelle du chantier, quand on peut l'employer, est celle de la figure 316, dans laquelle l'excavateur occupe la voie centrale A ; de chaque côté, des voies de service reçoivent les wagons chargés et sont reliées à la voie A par un changement triple posé suffisamment en arrière pour qu'on puisse avoir toujours sur la voie principale, une réserve suffisante de wagons vides.

Un autre changement triple posé derrière l'excavateur permet d'amener successivement les wagons à la charge au moyen d'aiguilles.

Il est bon, pour la facilité des manœuvres, de donner une certaine pente dans cette dernière direction afin d'emmener plus facilement les wagons chargés ; quant à la traction des wagons vides, elle a peu à souffrir de la rampe qui en résulte en sens opposé.

Dans tous les cas, on fait passer les wagons en charge alternativement sur une voie et sur l'autre, de manière à éviter toute interruption dans le travail. Un train formé, une locomotive l'emmène et ramène un train de wagons vides.

Pour les tranchées profondes, on les partage en plusieurs étages de 6 à 7 mètres de profondeur au maximum. On peut alors disposer un véritable plan incliné AB avec une forte pente de $0^m,015$ à $0^m,025$ par mètre. Les wagons pleins peuvent alors descendre sous l'action de leur propre poids et être lancés directement à la décharge (*fig.* 324). On économise ainsi des frais de traction.

Les premiers excavateurs construits par MM. Dunbar et Ruston pesaient 12 tonnes et avaient une machine de huit chevaux avec une cuiller de $0^{m3},75$. Ils pouvaient charger, au maximum, cent quatre-vingt à cent quatre-vingt-dix wagons par journée de dix heures. Aujourd'hui, leur poids est de 32 tonnes, la machine de dix chevaux, la capacité de la cuiller de 1 mètre cube. On a aussi sensiblement augmenté la portée de l'orientation et, dans des terrains ordinaires, on arrive à charger journellement deux cent quarante à deux cent cinquante wagons par jour, c'est-à-dire à déblayer 600 mètres cubes ; on est même arrivé quelquefois à 750 mètres cubes.

Cet excavateur donne de bons résultats dans presque tous les terrains et spécialement les terrains secs, durs et compacts. Ainsi, il a été employé avec succès aux approfondissements du port de Calais, tant que les déblais ont pu se faire à sec : il enlevait en moyenne 700 mètres cubes par jour. Mais quand on eut atteint le niveau à partir duquel l'eau de mer envahissait le fond des tranchées, il dut être remplacé par un excavateur continu à chaînes, mieux approprié à l'enlèvement des terres délayées.

Il fonctionne également d'une manière satisfaisante dans les terres mélangées de pierres et de gros galets. Si l'on rencontre des blocs trop volumineux pour être enlevés par la cuiller, on les saisit avec des grappins qui les déposent ensuite dans les wagons en charge.

De très nombreuses applications ont été faites de cet engin qui réalise sur les terrassements une économie minimum de 50 0/0 et atteignant facilement 70 0/0. Il est très répandu en Angleterre et en Amérique où on l'a employé au creusement du canal de Panama, au Great Northern Railway, aux chemins du Lancashire, etc.

Mais il a également rendu des services en France où les terrassements reviennent de $0^f,60$ à $0^f,80$ par mètre cube. Avec l'excavateur qui exige une dépense de 100 à 130 francs par jour et déblaie aisément 600 mètres cubes, ce prix s'abaisse de $0^f,166$ à $0^f,216$, comprenant la fouille et la charge.

Le chemin de fer de Grande Ceinture l'a employé dans la plupart de ses grandes tranchées. A Jouy-en-Josas, près de Versailles, au lieu dit le Pont-Colbert, on enlevait par jour de 700 à 800 mètres cubes de terre ordinaire, et de 400 à 500 mètres cubes d'un terrain argileux mélangé de pierres meulières et de cailloux.

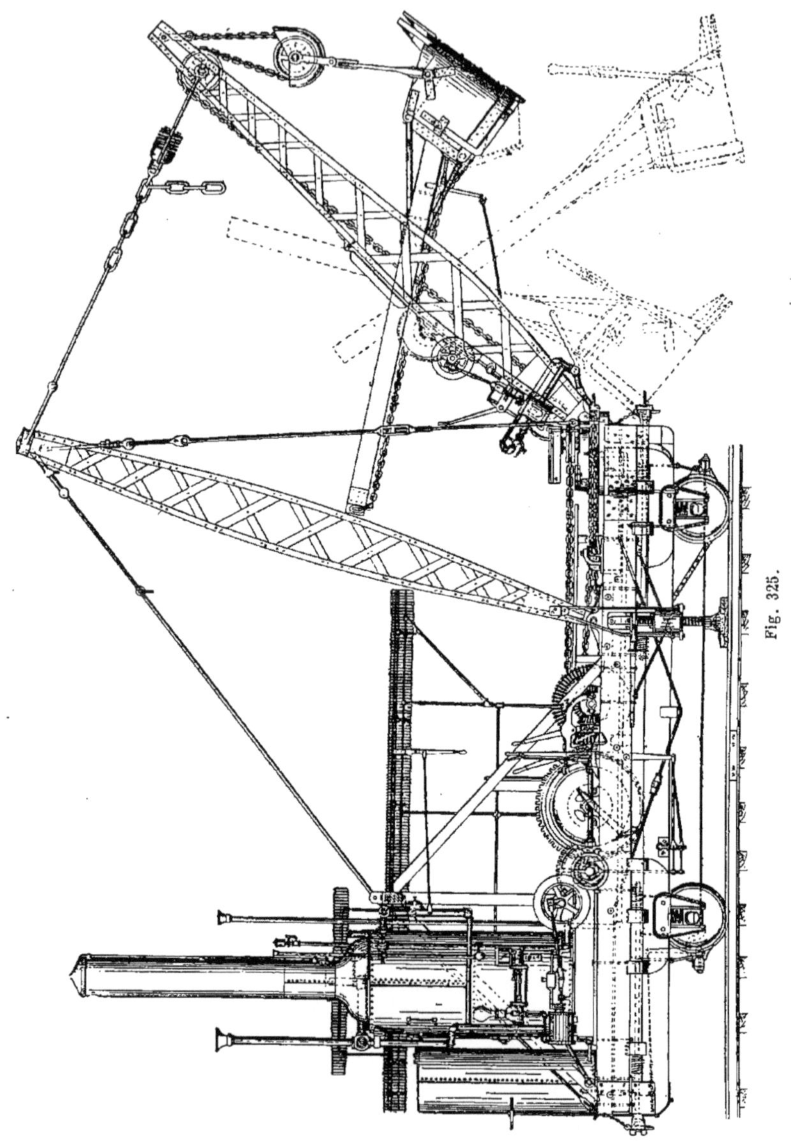

Fig. 325.

Dans la tranchée du canal de l'Est à Sudres, près de Nancy, il enlevait 500 mètres cubes par jour, dans des marnes compactes très dures et réalisait une économie de 50 0/0 sur les moyens ordinaires.

Dans des travaux exécutés à Reims,

avec des terres compactes de dureté moyenne, il enlevait 700 mètres cubes par journée de dix heures.

Il est particulièrement avantageux, comme d'ailleurs tous les excavateurs en général, pour le creusement des grandes tranchées dont le débit journalier est d'au moins 500 à 600 mètres cubes par jour.

431. *Excavateur Osgood.* — Cet excavateur est le plus répandu avec le précédent. Il présente, comme tous les types américains, une énorme cuiller de 1 670 litres qui attaque le talus, l'effondre, et enlève les déblais comme une grande pelle (*fig.* 325).

Il se compose d'un bâti monté sur deux

Fig. 326.

essieux ou mieux sur deux trucks à quatre roues et portant deux machines. La machine principale est à l'arrière, elle commande la levée du godet, la translation de tout l'appareil et le mouvement d'une plaque tournante permettant l'orientation du grand bras qui porte la cuiller décapeuse. Cette machine est à deux cylindres de $0^{m},305$ de diamètre et de $0^{m},360$ de course.

Une seconde machine placée à l'avant commande le bras porte-godet lui-même. Elle est également à deux cylindres de $0^{m},105$ de diamètre et de $0^{m},203$ de course.

Le godet est en acier muni de griffes et de dents qui font nervure en s'étendant jusqu'au fond; il est suspendu à une chaîne; il est poussé contre le terrain ou tiré en arrière par une autre chaîne. Son manche repose sur un tambour monté contre la flèche.

La volée a été supprimée et remplacée par une grande bigue.

La chaudière alimentaire est verticale et tubulaire de $1^{m},350$ de diamètre, a $2^{m},550$ de hauteur avec cent cinquante tubes de 51 millimètres de diamètre et $1^{m},830$ de longueur.

Le poids total de l'appareil est de 60 tonnes. En théorie, son rendement pourrait être de 2 000 mètres cubes dans une journée de dix heures. En pratique, il ne dépasse que rarement 400 mètres cubes.

La figure 326 représente un chantier sur lequel fonctionne l'excavateur Osgood.

Un autre modèle a été construit par la même Société, qui permet de faire tourner tout l'appareil bout pour bout. On peut ainsi le faire fonctionner aussi bien à l'aller qu'au retour, sans avoir à le faire circuler sur des plaques tournantes ou des voies de rebroussement.

Pour cela, l'ensemble est très raccourci et entièrement monté sur un châssis porté par une plaque tournante mobile autour d'un pivot central. Cette plaque est elle-même montée sur un second truck qui roule sur les rails, et qu'on peut caler au moyen de vérins comme d'habitude. Toute la force est alors reportée dans le manche du godet qui présente des proportions beaucoup plus fortes que dans le premier système (*fig.* 327), et se trouve articulé à l'extrémité d'une bielle inférieure, elle-même commandée par des tirants venant de la bigue.

On arrive ainsi, comme précédemment, à produire tous les mouvements fondamentaux et indispensables de l'appareil. Un seul homme suffit pour toutes les manœuvres. Il n'a qu'à pousser les leviers voulus dont le jeu est à portée de sa main.

432. *Excavateur Chaplin de Glascow.* — Le châssis est entièrement en fonte malléable et porté par quatre roues reposant sur des rails à la distance de la voie normale. Le godet a une contenance de 3/4 de mètre cube et se vide par le fond au moyen d'un déclenchement. Ce fond se referme automatiquement quand la volée se porte en avant dans la position normale de travail. Deux hommes suffisent à la conduite de tout l'appareil (*fig.* 328), un mécanicien près de sa machine et un dragueur sur une plate-forme suspendue à la volée près du manche de la cuiller.

Le remplissage du godet, le pivotement de la volée pour amener la cuiller au-dessus des wagons de chargement, et sa

Fig. 327

mise en place, ne demandent pas plus d'une minute.

Cette machine est estimée faire le travail de quarante à soixante hommes ;

voici les économies qu'elle réalise sur le prix du mètre cube extrait par le travail à bras, suivant les terrains fouillés.

	Travail à l'excavateur	Travail à bras
Terre molle.	0,20	0,80
Argile bleue compacte.	0,25	2,40
Sol avec couche de minerais de fer	0,60	1,45

433. *Excavateur Dill.* — Le système Dill est la propriété des ateliers de Bay-City (Etats-Unis).

Le châssis, tout en fer, a 7m,620 de long sur 3m,05 de large; il est porté par trois essieux et recouvert d'un fort plancher en chêne formant plate-forme (*fig.* 329).

A l'avant, comme toujours, la grue tournante porte godet, manœuvrée par des chaînes et un treuil central actionné par une machine à vapeur à deux cylindres en acier de 0,185 de diamètre et de 0,254 de course. Cette machine est fortement boulonnée à une plaque de fondation en fonte fixée au plancher. Elle est pourvue d'un changement de marche qu'on utilise quand on veut déplacer l'appareil.

Fig. 328.

La chaudière, placée à l'arrière, est verticale, du système tubulaire, avec un renflement à la partie supérieure, pour obtenir une plus grande chambre de vapeur. Le foyer et les plaques tubulaires sont en tôle d'acier de 8 millimètres; l'enveloppe est en excellente tôle ordinaire de la même épaisseur. L'intérieur compte cent cinquante tubes de 1,22 de long et 0,05 de diamètre; le timbre est de 10 kilogrammes. L'alimentation se fait au moyen d'un injecteur qui envoie également de l'eau dans des vérins hydrauliques placés à l'avant du châssis pour assurer la stabilité pendant le fonctionnement. La substitution de ces appareils aux crics à crémaillère permet d'économiser une heure et demie par jour.

Le mouvement d'excavation de la cuiller est obtenu au moyen du treuil central sur lequel s'enroule la chaîne qui la guide. Ce treuil est monté sur une plaque en fonte fixée aux poutres transversales du châssis; la commande est faite par un engrenage monté sur l'arbre de la machine. Un petit cylindre à vapeur de 0m,09 de diamètre et de 0m,064 de course sert à l'embrayage et au débrayage; le treuil, en effet, fonctionne ou devient libre suivant la face du piston sur laquelle on fait arriver la vapeur.

La grue est en fer à I; sa projection maximum en avant du truck est de 4m,675; son extrémité peut s'abaisser par suite d'une disposition spéciale, afin de permettre à l'instrument de passer sous les ponts.

La caractéristique de cet excavateur,

c'est que le mouvement d'allongement ou de mise au point est donné à la cuiller au moyen d'un cylindre à vapeur oscillant dont une extrémité est fixée vers le centre

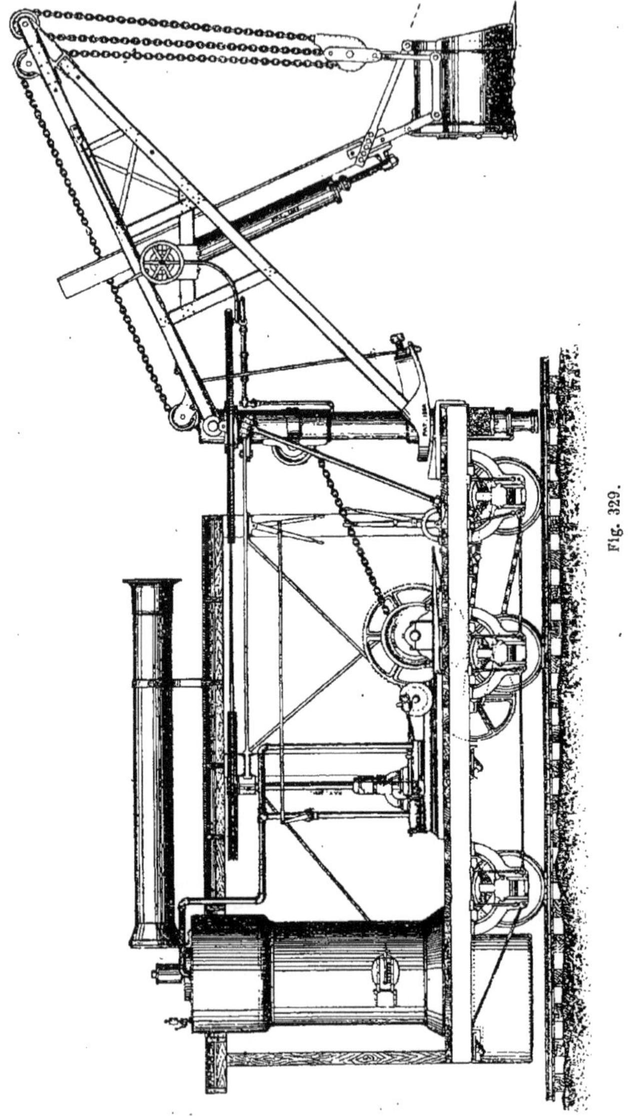

Fig. 329.

de la volée; le manche de la cuiller est solidaire de la tige du piston dont il suit les mouvements; une distribution à la main permet d'envoyer la vapeur de chaque côté du piston, suivant les besoins.

L'orientation de la grue est obtenue au moyen d'un cylindre à vapeur rotatif commandant un arbre vertical sur lequel est montée une poulie de $1^m,54$ de diamètre. Celle-ci transmet le mouvement à une autre grande poulie de $2^m,75$ de diamètre calée sur l'arbre vertical de la grue par l'intermédiaire d'un câble en fils d'acier de $0^m,022$.

Fig. 330.

Le mouvement de progression est transmis au moyen d'engrenages à un arbre placé sous le chariot. Cet arbre actionne l'axe des roues d'avant par l'intermédiaire d'une chaîne de Galle; sur une bonne voie, bien posée, on obtient ainsi une vitesse de 12 à 14 kilomètres à l'heure.

Fig. 331.

On peut, comme dans la plupart de ces

appareils, démonter le godet et l'ensemble fonctionne comme grue roulante. Ce démontage est ici particulièrement facile à cause de la disposition oscillante du cylindre-manche de la cuiller qui se replie et qui est fixé dans la charpente de la grue. On remplace ce godet par un fort crochet et la substitution est faite (*fig.* 330).

La chaudière, la machine et les treuils sont entièrement abrités par une cabine en planches, vitrée.

434. *Excavateur de la Pound Manu-*

Fig. 332.

factury Cy. — Cet engin est construit à Lockport (New-York) (*fig.* 331).

Il est établi de manière à enlever de 50 à 100 mètres cubes de déblai à l'heure; soit aisément de 700 à 800 mètres cubes dans une journée de 10 heures.

La manœuvre exige trois hommes; sa consommation de charbon est de 500 kilo-

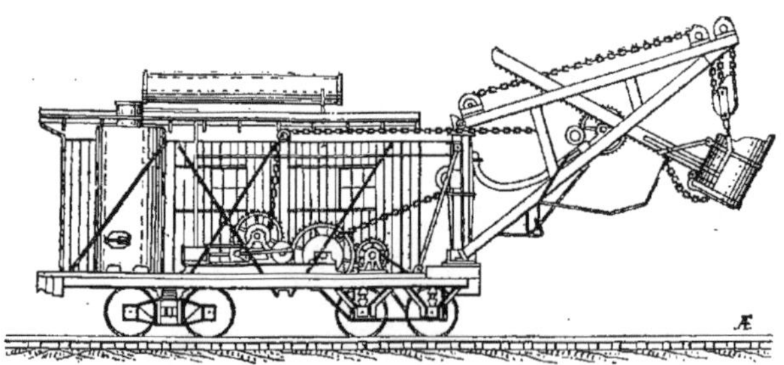

Fig. 333.

grammes par jour. Tout le mécanisme pour soulever, plonger, etc., est des plus robustes et fixé à un solide chariot porté sur quatre roues et calé au moment du travail au moyen de vérins latéraux fixés aux traverses. Le treuil et toute la partie délicate du mécanisme sont recouverts d'une toiture légère : le godet garni de dents s'ouvre par le fond et tourne en même temps que la grue de tête pour être vidé dans les wagons de chargement. La conduite exige deux hommes.

Le chariot est à la voie normale des chemins de fer, de sorte que le transport de tout l'ensemble peut se faire aisément par les voies ferrées établies et qu'on peut

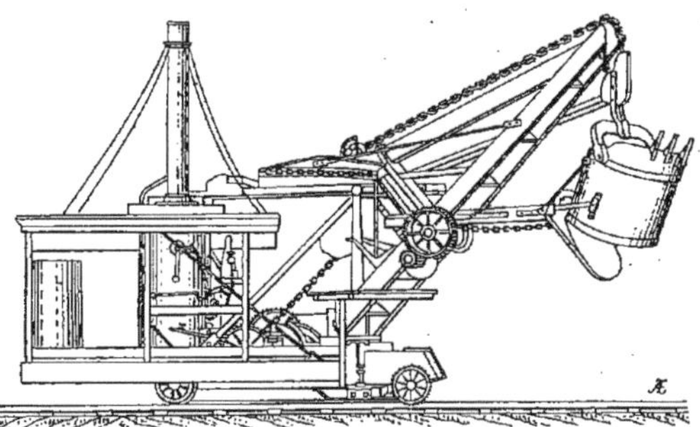

Fig. 334.

Fig. 335.

l'amener facilement par ce moyen sur le chantier. La fonte a partout été remplacée par la tôle de fer et d'acier plus légère et moins sensible aux chocs.

Cet excavateur peut travailler dans les terrains tendres comme dans les terres dures et compactes ; le rendement seul est naturellement différent.

435. *Types divers de la même famille.* — Enfin un grand nombre de maisons américaines ou anglaises ont construit des excavateurs du même type que nous ne pouvons décrire en détail et que les figures feront suffisamment comprendre.

Tel est, l'*excavateur Vilcox Bros et Stock* porté sur deux trucks à quatre roues à la manière des wagons des chemins de fer américains; la grue est en bois consolidée par des ferrures. Le mécanisme est entièrement abrité par une cabine en bois à larges baies ouvertes ou fermées suivant la saison (*fig.* 332). Le manche porte-cuiller peut être allongé ou raccourci au moyen d'une crémaillère engrenant avec un pignon porté par la volée.

L'*excavateur Thompson* de Buyens (Ohio) (*fig.* 333) qui ressemble beaucoup au pré-

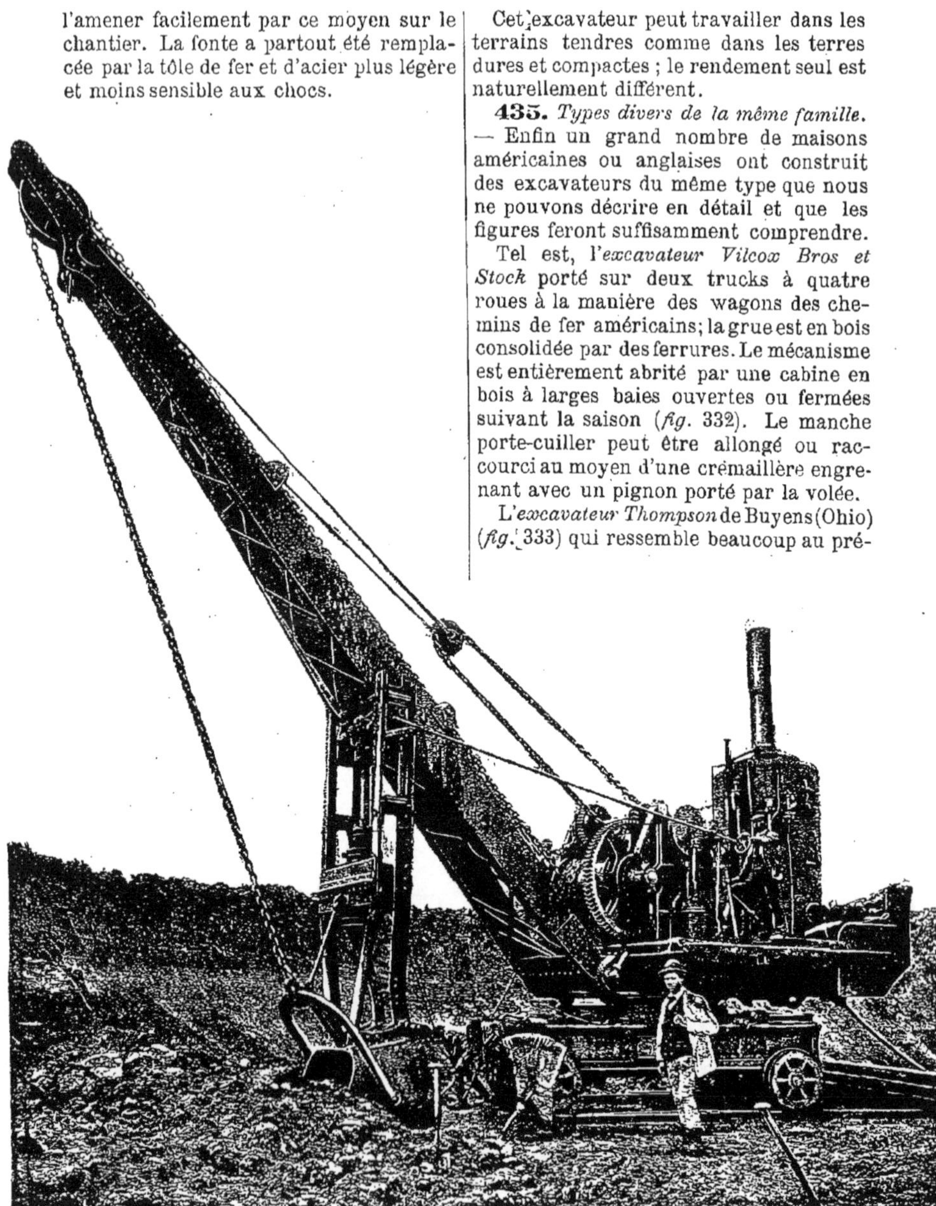

Fig. 336.

cédent sauf dans quelques détails du mécanisme.

L'*excavateur John Souther et C^y* de Boston porté par deux essieux dont l'un placé en avant de la ligne afin d'augmenter la stabilité. La chaudière est presque au centre du chariot, au-dessus de l'autre essieu et l'équilibre de la grue est obtenu au moyen d'un réservoir placé à l'arrière, dans lequel on met la provision d'eau nécessaire au travail (*fig.* 334). Le dragueur se tient sur une plate-forme qui est un peu surélevée.

L'*excavateur Kingsford* analogue au précédent avec chariot à quatre roues et réservoir à l'arrière. Le premier essieu est sous la bigue au lieu d'être à l'avancée. La figure 335 montre une tranchée attaquée par l'excavateur Kingsford.

Excavateurs spéciaux.

436. Il est assez important que les excavateurs soient disposés de manière à pouvoir être utilisés comme grues roulantes dont l'usage est indiqué par toutes sortes de besoins dans les travaux. Il suffit donc, pour l'entrepreneur, de faire une seule dépense au lieu d'avoir deux appareils, en somme, assez analogues comme mécanisme : le tout est de pouvoir faire la transformation aisément par l'adaptation d'un godet-dragueur ou d'une poulie à crochet. Cela se pratique en général, comme nous avons déjà eu l'occasion de le voir précédemment. Mais certains excavateurs ont été spécialement conçus dans cette intention et nous pensons utile d'en donner les exemples suivants :

437. *Excavateur Wilson.* — Cet excavateur est combiné spécialement pour pouvoir transformer à volonté une grue roulante de 10 à 12 tonnes en un excavateur de grande puissance ; il est d'invention et de construction récentes (*fig.* 336).

Il est porté, comme une grue roulante, sur un chariot muni de deux essieux à la largeur normale des voies de chemin de fer. La grue et tout son mécanisme sont fixés sur une plate-forme pouvant tourner autour d'un pivot central faisant corps avec le châssis inférieur au moyen de galets à la façon des plaques tournantes. Les essieux du truck sont assez longs pour pouvoir être munis de roues supplémentaires permettant de faire rouler l'appareil sur la voie de 2 mètres, et d'augmenter sa stabilité quand on le fait travailler sous de très fortes charges.

Pour fonctionner comme excavateur, la grue est munie d'un grand godet de 1 mètre cube et demi, à fond mobile à charnière, garni de quatre dents d'acier comme nous l'avons déjà vu précédemment. Ce godet est porté par un grand bras formé de quatre cornières, constituant un ensemble prismatique fixé à la cuiller par de gros boulons et entretoisé par des fers transversaux à la partie supérieure ; ce bras oscille autour d'un tourillon fixé à la volée.

Un cylindre à action directe commande le mécanisme qui permet de remplir et de décharger le godet en même temps que de le tirer hors du déblai. Lorsqu'il rencontre un corps trop dur, ce cylindre relié à l'anse de la cuiller, peut glisser le long du bras porte-godet, tandis que son piston dont la tige sort par le haut à travers un presse-étoupe resté fixe, articulé à une pièce transversale placée près de la volée. On peut donc ainsi à volonté et selon les besoins, disposer toujours la cuiller au mieux pour l'attaque, enlever des tranches de terrain parfaitement régulières et égales, de $0^m,60$ à $0^m,70$ de profondeur. Le godet peut en effet être maintenu horizontal aussi longtemps qu'on drague au fond de la fouille, en chavirant le cylindre à fond de course. Puis on renverse la vapeur dans le cylindre mobile, qui remonte vers la volée en redressant en même temps le godet, pour lui permettre d'attaquer la paroi du talus. Enfin ce godet est maintenu complètement vertical pendant le pivotement de la grue et le chargement, de manière à ne pas perdre son contenu ; on déboucle ensuite le fond et le godet se vide.

L'appareil peut creuser sur 15 mètres de large et $6^m,50$ de profondeur. Son poids total est de 36 tonnes. Sept de ces appareils ont été employés à creuser le canal maritime de Manchester. Le personnel nécessaire se compose du conducteur de la grue avec son aide, et de quatre hommes dans la fouille pour poser et manier les voies.

438. *Excavateur James Garvie.* — L'excavateur Garvie, est comme le précédent, disposé pour pouvoir servir, au besoin, aux terrassements et au levage des fardeaux. Pour cela, la grue ordinaire (*fig.* 337) peut être, le cas échéant, munie d'une volée supplémentaire courbe, formée de pièces principales réunies au moyen de goussets et que l'on peut monter en une heure. Cette nouvelle volée est formée de deux plaques solidement entretoisées, servant de guidages au godet qui glisse sur elles, par l'intermédiaire de galets. Pour amener le godet à présenter la position voulue dans ces différentes périodes d'attaque, le guidage est horizontal à la partie inférieure, vertical à la partie supérieure, et présente les courbures les mieux indiquées par l'expérience dans toutes ces positions intermédiaires. La décharge se fait toujours par le fond qui peut s'ouvrir en basculant autour d'une charnière.

439. *Excavateur James.* — Il est du

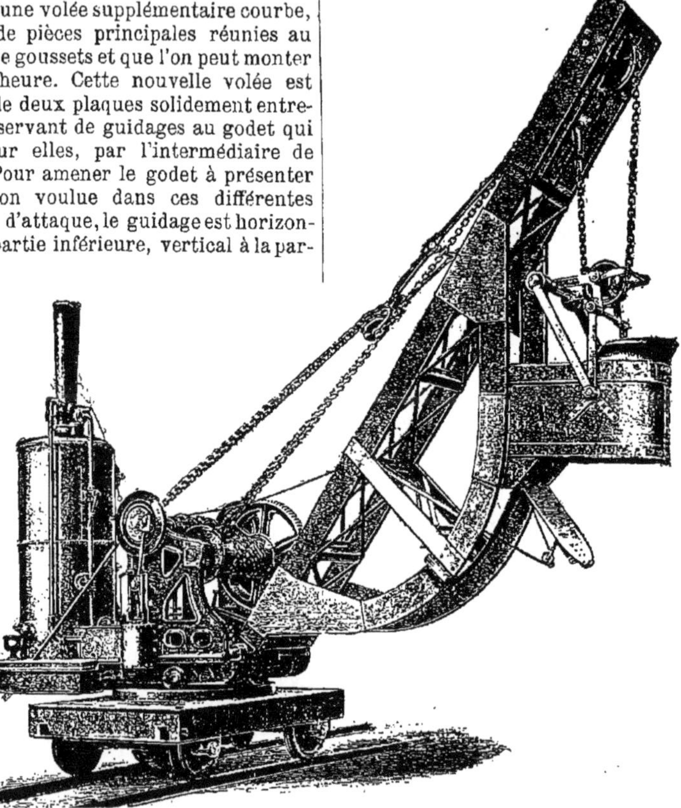

Fig. 337.

type à mécanisme pivotant, par l'intermédiaire de galets sur un chariot inférieur, à trois essieux, que l'on peut caler aux deux extrémités par des vérins inclinés (*fig.* 338).

Mais le point fondamental et particulier de cet appareil est que toutes les manœuvres quelles qu'elles soient s'y font à la vapeur. Le godet est remplacé par un long couloir muni d'un avant-bec garni de dents, qui décape le terrain en s'élevant méthodiquement pendant que le manche-couloir oscille autour d'un pivot fixe placé sur le beffroi à la hauteur fixée comme maximum de course. Cette élévation a lieu sous l'impulsion d'un cylindre à vapeur A dont le piston porte une tige munie de chaînes et de poulies actionnant le bras du godet (*fig.* 339).

Arrivé dans sa position extrême, il pivote; un autre petit cylindre à vapeur B fait basculer l'avant-bec autour d'une articulation du couloir et lui donne une position à 90 degrés avec la première. Les déblais qu'il renferme peuvent donc tomber par l'arrière dans le wagon C disposé pour les recevoir.

Un cylindre D sert au mouvement de

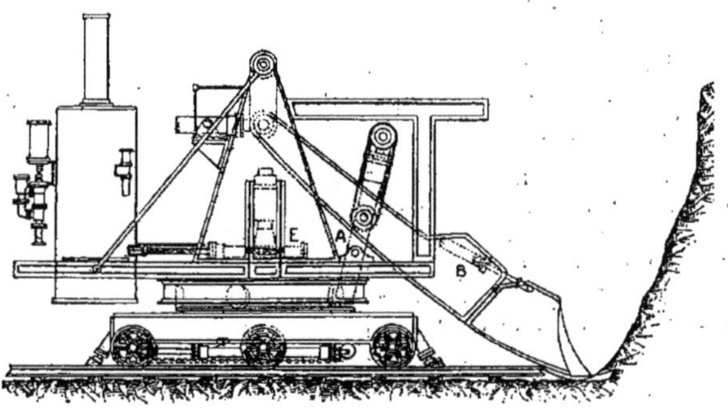

Fig. 338.

progression de tout l'appareil et un autre E à la rotation de la grue, toujours d'après le même principe: des tiges de piston actionnent au moyen de chaînes les essieux ou les poulies nécessaires.

440. *Excavateur de la Southgate En-*

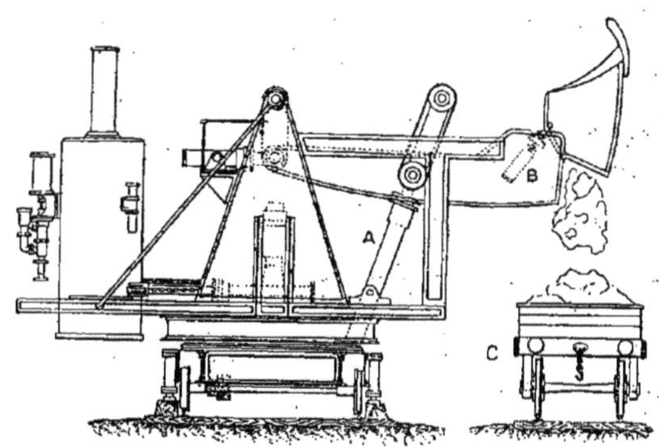

Fig. 339.

gineering C^y à locomotive routière. — Le but poursuivi ici a été de supprimer la voie ferrée exigée par tous les autres systèmes et de laisser libre la locomotive pour un service de traction quelconque lorsque l'excavateur ne fonctionne pas (*fig.* 340).

Nous ne savons si cela réalise un bien réel progrès en dehors de l'utilité de pouvoir dégager la machine que l'on peut faire fonctionner, en effet, ailleurs comme locomobile. Mais dans la plupart des chantiers, pour ne pas dire dans tous, l'emploi de la locomotive sans rails sera impossible et exigera l'établissement d'un plancher presque jointif établi sur son passage.

Nous ne sommes pas bien convaincu que cela soit préférable à l'établissement d'une voie ferrée de chantiers en vieux rails.

Nous donnerons néanmoins les renseignements généraux concernant cette installation pour les personnes que cela pourrait intéresser.

L'ensemble est un terrassier ordinaire à cuiller, volée et beffroi, supporté par un chariot à quatre roues formé de deux longerons en tôle de $2^m,50$ de longueur.

Ceux-ci sont reliés aux deux parois de la boîte à feu d'une locomotive routière au moyen de deux boulons faciles à retirer et permettant de rendre la machine indépendante de l'appareil dragueur proprement dit. Chaque longeron porte, en outre des roues, trois pieds à vis servant au calage de l'appareil au moment du travail. Ces pieds de calage sont placés à environ 30 centimètres au dehors du châssis de manière à en élargir la base; la stabilité est d'ailleurs surtout obtenue pendant l'action, par la plus grande partie du poids de la locomotive qui équilibre le poids de la grue.

Celle-ci peut tourner comme d'ordinaire par l'intermédiaire d'une couronne de galets, sur un socle en fonte boulonné au châssis. Le mouvement de rotation est d'abord transmis par poulies et courroies à un arbre A fixé sur le chariot; de là il est communiqué au moyen d'engrenages placés entre les deux longerons au mécanisme de la grue.

Le godet est comme toujours suspendu à un manche et à une chaîne. Cependant le manche peut être articulé à un point variable de sa longueur afin de permettre les modifications du rayon de rotation de la cuiller. Pour cela, ce manche porte une rainure médiane dans laquelle passe un axe terminé par un pignon. Ce pignon engrène avec une crémaillère disposée sur l'un des bords de la rainure; d'un autre côté, l'axe fixe de la volée porte, entre

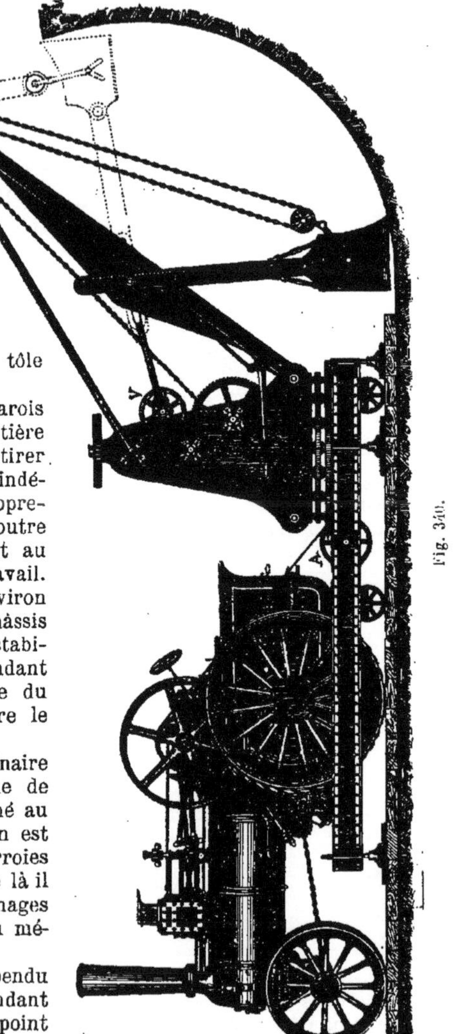

Fig. 340.

les deux plaques, une roue d'angle commandant un pignon dont la tige, perpendiculaire à l'axe, vient aboutir au socle de la grue où elle reçoit un mouvement de rotation par deux pignons d'angle. Enfin l'axe du dernier pignon est muni d'un volant à main V.

Quant au reste de la manœuvre, elle s'opère comme dans tous les appareils analogues.

441. *Excavateur pour tranchées étroites.* — Un excavateur spécial construit en Angleterre peut permettre de fouiller en tranchée très étroite, ce qui est généralement difficile avec les excavateurs et surtout avec le système américain, vu

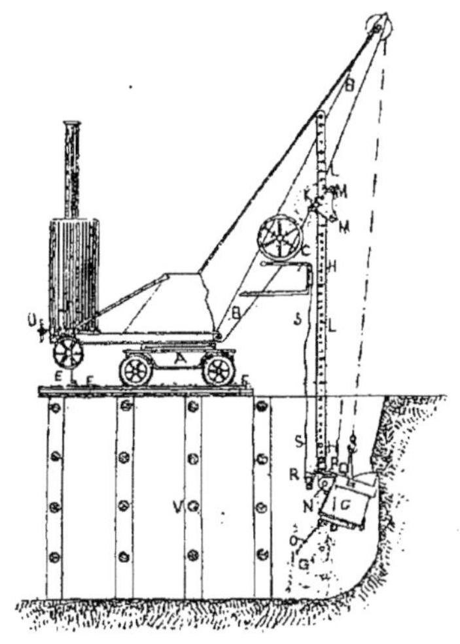

Fig. 341.

l'espace exigé par le mouvement du bras et le développement du mécanisme.

Cet appareil est un type pivotant sur plaque portée par une chaîne A (*fig.* 341). La chaudière est en porte-à-faux à l'opposé de la grue qu'elle équilibre. Le godet est articulé au bout d'un long manche H à double crémaillère L, qui peut être monté ou descendu à peu près verticalement, grâce à un pignon K engrenant les crémaillères L et mis en mouvement par un train d'engrenages terminé extérieurement par un volant à main C. Le manche H est en outre appliqué contre le pignon K par un petit chariot à deux galets M pouvant tourner autour de l'arbre K et l'ensemble est porté par une volée de grue ordinaire B.

L'appareil entier est alors placé en dehors et au-dessus de la fouille, sur un plancher installé au moyen de pieux : sur ce plancher sont fixés les rails F sur lesquels roulent le chariot. Pour pouvoir se servir indéfiniment des mêmes rails quand on avance et éviter la main-d'œuvre nécessaire à leur transport, la chaudière est munie d'un volant à vis D actionnant un tambour E transversal au truck et portant deux chaînes E terminées par des crochets ; on soulève les rails au moyen de ces crochets et, faisant faire un demi-tour complet à l'appareil, on les porte à l'avancement et on les met en place ; on fait ensuite reprendre à l'excavateur sa position primitive pour continuer le travail en tête.

La cuiller, avons-nous dit, est articulée sur son manche au moyen d'un boulon N. Elle est maintenue en place au-delà de ce manche par une chaîne O fixée d'un bout à la cuiller même et de l'autre reliée à un cliquet P tournant sur le manche H. Lorsque la cuiller est au fond de la fouille en G′ le cliquet H est maintenu par la tige H que l'on peut à volonté écarter du haut à l'aide de la corde S. On maintient le godet dans la position G′ jusqu'à ce qu'il arrive au fond de la tranchée à l'aide du cliquet ; puis on écarte ce dernier, ce qui rend la cuiller mobile autour de son articulation N. On la redresse alors à l'aide du moteur jusqu'à ce que l'arrêt Q vienne buter contre le manche H et de manière à la faire attaquer le terrain ; cette attaque a lieu ici dans une position très peu différente de la verticale que l'on règle d'ailleurs à volonté à mesure que le godet monte sous l'action de ses crémaillères.

Lorsque le godet est arrivé au-dessus du sol, on continue à le faire remonter à la hauteur voulue pour permettre le déchargement qui se fait comme d'ordinaire en faisant basculer le fond.

442. *Excavateur pour faire les fossés et rigoles.* — Nous terminerons cette série, aussi complète que possible, par la description sommaire de l'excavateur américain à faire les fossés et rigoles (*fig.* 342).

Il est d'une grande simplicité : c'est en somme un wagon porté sur les deux trucks à quatre roues des chemins de fer américains, et pouvant être remorqué sur une voie par une locomotive ordinaire, ou faire aisément partie d'un train de matériel pour les transports en dehors du travail.

Sur la plate-forme du wagon sont montées quatre grues pivotantes en bois, orientées deux par deux de chaque côté de la voie; une des deux grues de chaque couple est attelée à la partie antérieure et l'autre à la partie postérieure d'une grande cuiller dragueuse à laquelle on peut, par suite, donner toutes les positions possibles en hauteur et largeur. Toutes ces grues sont mues par des treuils à mains, et pourraient, on le conçoit, aussi bien être actionnées par une machine, si l'effort des treuils n'était pas suffisant pour le travail à effectuer et qui consiste à creuser des rigoles ou des fossés parallèles à la voie.

La cuiller est placée à la distance

Fig. 342.

transversale voulue du wagon au moyen de petits treuils roulants que l'on arrête à la position nécessaire sur le tirant de la grue. Le déblai est extrait en donnant à la cuiller la position longitudinale avec inclinaison convenable, et en faisant marcher le wagon vers l'avant ; le déchargement s'opère en orientant les grues et leurs chaînes, de manière à donner au godet la position transversale et à relever le fond plus haut que le bord. Les terres sont alors déposées en cavaliers le long du fossé creusé, ou versées dans des wagons placés sur une voie parallèle.

Une chaîne placée en tête du godet et une autre, ou simplement une corde placée par derrière, permettent le guidage à la main quand il est nécessaire pendant le travail.

Le poids de l'appareil complet, y compris les deux trucks de roulement à quatre roues représentant à eux seuls cinq tonnes, est de vingt tonnes.

Les manœuvres pour creuser un fossé de chaque côté de la voie exigent six hommes ; il faut en outre naturellement une locomotive de traction avec un personnel spécial. La cuiller contient de 1 à $1^{m3},125$.

Cet appareil a été surtout employé à

Chicago dans la construction des chemins de fer; le travail effectué représentait l'équivalent de quarante à soixante-quinze hommes suivant la nature des terrains; le prix du mètre revenait au quart de ce qu'il coûtait avec les ouvriers.

La machine est construite et le brevet exploité par l'*American Railway ditching Cy* de la Crosse (Wisconsin).

Comparaison entre les systèmes français et américains.

443. Les principaux avantages du système à cuiller sont d'abord de n'élever les déblais qu'à la hauteur strictement nécessaire.

Le second, c'est d'agir à une grande distance du chariot ou du bateau dragueur (car l'appareil peut servir aussi bien comme drague), au point précis qu'on a en vue, en se prêtant à toutes sortes de complications de fouilles, notamment à celle de ménager des talus corrects; la cuiller, surtout sous l'eau, peut accéder mieux que la chaîne à godets dans les recoins les plus irréguliers. Les organes sont plus simples, plus robustes, de moindre poids mort, moins sujets à rompre, et moins coûteux d'entretien que les godets, les chaînes à maillons, les tambours, etc. Enfin le fonctionnement de la cuiller est moins aveugle que celui de la chaîne et peut mieux qu'elle recevoir l'impulsion intelligente de ceux qui la conduisent.

Mais, en revanche, on y perd la continuité qui est une chose fort précieuse. Les Américains vantent bien haut la supériorité de leur appareil; elle n'est pas aussi absolue, et l'emploi de l'un ou l'autre système dépend des cas. Ainsi, au Panama, M. Dingler rapporte qu'il se servait d'excavateurs américains pour attaquer les terres meubles, argile mélangée de sable, et du système français dans les terres argileuses un peu fortes.

Observations sur le rendement des excavateurs.

444. Les chiffres de rendement accusés par des expériences directes ne peuvent pas donner une idée exacte du fonctionnement normal de l'appareil sur un chantier. Dans ce dernier cas, en effet, il faut compter avec un grand nombre de circonstances spéciales et inattendues qui viennent dérouter les prévisions et modifier les résultats. Tels sont les ripages de voies difficiles, les arrêts dus à des causes diverses, les accidents, les réparations, etc. On obtient d'ailleurs toujours un chiffre plus faible pour le travail en fouille que pour le travail en décapement. Il faut encore tenir compte de la nature du terrain, de l'emplacement et de la disposition du chantier et des difficultés purement locales.

En évaluant à environ dix hommes le personnel équivalent à un cheval-vapeur, on voit que la plupart des grands excavateurs représentent de cent cinquante à deux cents ouvriers terrassiers. Mais ils ont sur ces derniers la supériorité de leur construction métallique, de leur sobriété, de leur résistance aux intempéries, aux maladies, etc., qualités exceptionnellement précieuses, surtout dans certains climats malsains, comme celui de Panama.

Conclusions.

445. Les excavateurs présentent leur maximum d'effet utile dans l'extraction des sables et graviers; ils sont, par exemple, absolument indiqués pour l'exploitation des ballastières, même lorsque le déblai a lieu en partie sous l'eau.

Mais, dans les autres terrains, surtout sous l'eau, comme dans les alluvions plus ou moins argileuses et mouillées, les parties de sable fin ou d'argile molle s'échappent des godets; la décharge devient aussi assez difficile, le rendement est faible; l'emploi des systèmes spéciaux ne met pas complètement à l'abri de ces inconvénients.

En terrain humide, d'ailleurs, les passes de déblai doivent être longues, afin de ne pas déblayer longtemps à la même place et de laisser aux terres déblayées le temps de s'assécher. Il est non moins indispensable de ne pas décharger toujours les remblais au même endroit, pour le même motif; on s'expose, sans cela, à des glissements par masses, surtout pendant le ripage des voies.

En résumé, pour bien fonctionner dans les terres argilo-sableuses, l'excavateur doit être complètement hors de l'eau, travailler par longueur de 200 à 300 mètres, et faire les décharges sur un terrain étendu, autant que possible relevé de 4 à 5 mètres au-dessus du sol au moyen de terres sèches.

Dans les terres argileuses collantes, l'arbre de l'appareil sera avantageusement muni d'une pelle à curer les godets, suivant le système de M. Couvreux.

Transporteur de déblais.

446. Nous terminerons le chapitre des excavateurs, que nous avons traité assez complètement parce qu'on ne le trouve nulle part jusqu'à ce jour étudié ainsi dans son ensemble, par le *transporteur de déblais*.

La première idée du transport à distance des déblais s'est manifestée au canal de Suez, où l'on employait à cet effet des toiles sans fin de $0^m,50$ de largeur, munies sur les bords et au milieu, d'une courroie en cuir ou en toile métallique: deux tambours extrêmes tendaient cette toile qui recevait son mouvement par simple adhérence, et les deux portions aller et retour du tablier étaient soutenues chacune par une rangée de rouleaux. La longueur était de 22 mètres; le cube transporté, 100 mètres cubes à l'heure.

Le transporteur ainsi composé laissait tomber une grande partie des déblais pendant le trajet, des glissements se produisaient sur les tambours, et la toile s'usait très rapidement. Son moindre défaut était de s'allonger constamment à l'usage.

On commença par border la toile au moyen de deux câbles en saillie qui évitaient la chute en route d'une partie des déblais; mais les autres inconvénients subsistaient (MM. Claparède et Commartin).

MM. Troll et Mercier remplacèrent alors la toile par une succession de plaques de tôle articulées les unes aux autres au moyen de maillons et tournant sur des tambours polygonaux. On évitait ainsi le glissement et l'usure trop rapide de la toile; mais l'ensemble présentait une grande raideur et demandait, par suite, un effort de traction quatre fois plus grand. En outre, la chute des déblais, surtout des sables fins, sur les organes en amenait l'usure rapide; on dut abandonner ce système après quelques semaines d'essais.

M. Hardon, entrepreneur général du canal de Suez, revint au tablier en toile conduit par des chaînes passant sur des roues à noix placées aux deux extrémités de la poutre de guidage. Les maillons des chaînes s'usaient inégalement, et l'engrenage de ces chaînes ne se produisait plus régulièrement; chacune d'elles travaillant alors séparément, elles ne tardaient pas à se rompre.

M. Pirotte employa une toile à voile fixée sur une ossature métallique composée de longs maillons entretoisés par des axes servant d'essieux à des galets roulant sur une poutre; entre deux essieux consécutifs, la toile prenait une certaine flèche formant une poche dans laquelle se logeaient les déblais.

Ces derniers se répandaient, comme précédemment, sur les organes et en amenaient l'usure rapide; en outre, le poids mort était exagéré. On dut encore abandonner le système.

On songea alors à remplacer la toile par des caisses en tôle fixées aux mêmes essieux que précédemment. Cet essai n'eut pas plus de succès que les autres et, à partir de ce moment l'emploi, des transporteurs fut définitivement abandonné au canal de Suez.

En résumé, l'idée si juste de faire servir des toiles sans fin au transport des déblais vint échouer complètement devant les difficultés suivantes:

Usure considérable des organes;

Arrêts fréquents;

Frais de traction élevés.

Il faut encore citer l'accouplement des transmissions de la drague et du transporteur qui empêchait de faire varier la vitesse du tablier avec le rendement de la drague. Cette vitesse variait, d'une manière absolue, de $0^m,50$ à $1^m,20$ par seconde.

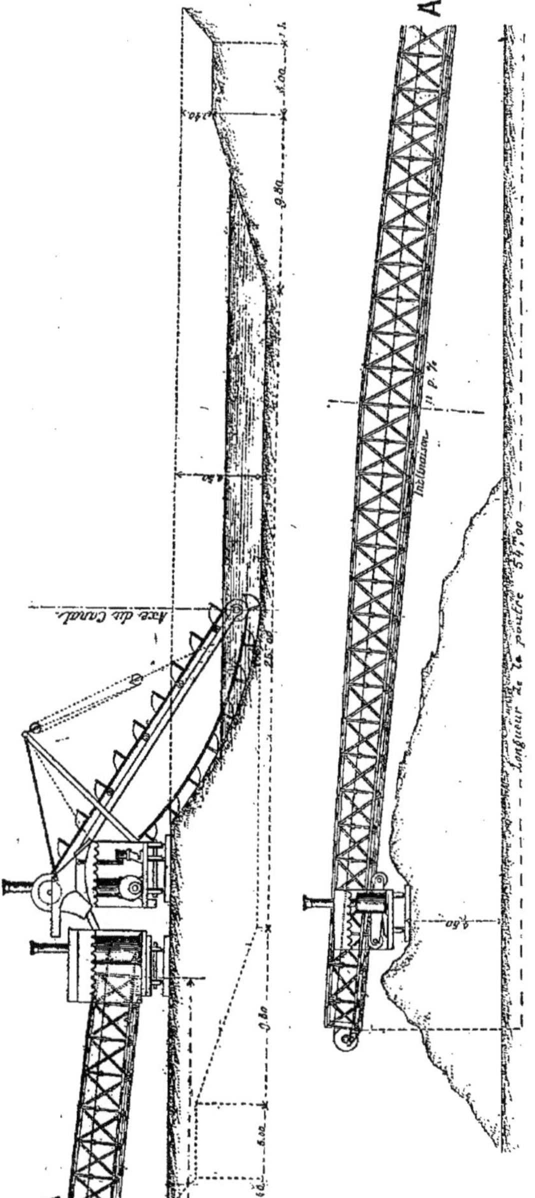

Fig. 343.

447. *Transporteur de la Compagnie nationale de Travaux publics.* — Ces différents inconvénients ont été évités ou combattus au moyen de l'appareil suivant employé particulièrement aux déblais du canal du Havre à Tancarville, et qu'on a pu remarquer à l'Exposition universelle de 1889 sur la berge du quai d'Orsay (*fig.* 343).

L'excavateur à godets est installé, comme d'ordinaire, sur le bord de la fouille; le transporteur est disposé à côté de lui, et le suit dans ses mouvements pour en recevoir les déblais. Il se compose d'une poutre métallique à treillis de 54 mètres de longueur reposant à ses deux extrémités sur des chariots-trucks roulants. Cette poutre porte à chaque bout un tambour sur lequel vient s'enrouler la toile sans fin qui est en caoutchouc et supportée haut et bas par des rouleaux.

Pour lui donner la résistance nécessaire et l'empêcher de laisser tomber les déblais en chemin, cette toile sans fin est consolidée intérieurement par trois plis de toile de coton (*fig.* 344) noyés dans le caoutchouc et bien tendus parallèlement.

L'épaisseur totale est de 8 millimètres ; deux rebords en caoutchouc plein, de 30 centimètres de hauteur sur autant de largeur règnent tout du long de la toile ;

l'ensemble présente une largeur totale de 1 mètre. Avec la longueur de poutre de 54 mètres vue un peu plus haut, la longueur totale de la chaîne est de 116 mètres ; le poids par mètre est d'environ 12 kilogrammes.

Le truck-arrière du transporteur a trois essieux ; il est disposé sur une voie parallèle à celle de l'excavateur ; les terres apportées par les godets tombent dans un couloir qui les conduit au transporteur, et celui-ci les mène à l'endroit voulu, grâce au mouvement continu de la toile.

Le truck antérieur, qui reçoit l'autre extrémité de la poutre, avance également

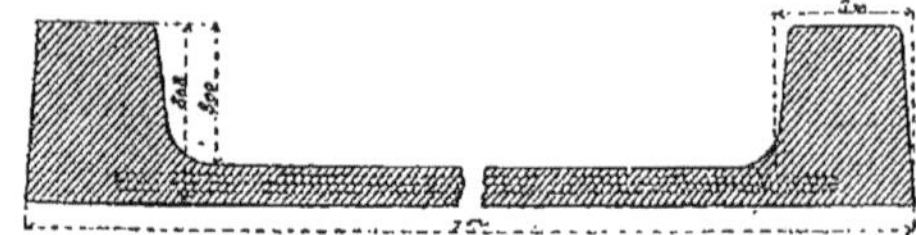

Fig. 344.

sur une voie spéciale placée au déchargement.

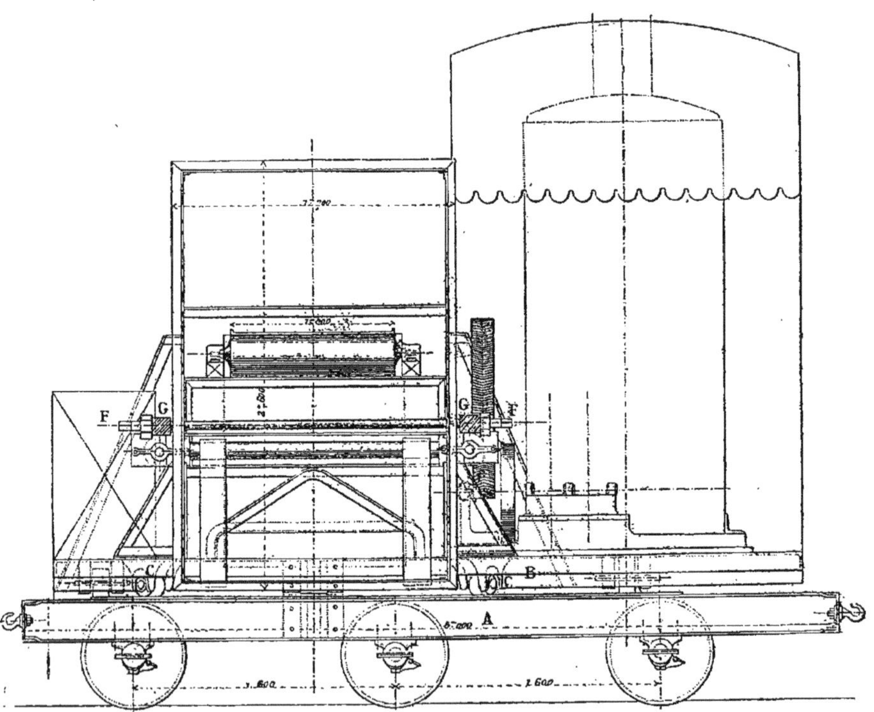

Fig. 345.

Le mouvement est donné à la toile sans fin par une machine spéciale portée par le truck-arrière ; quant au mouvement de déplacement de ce truck, il est obtenu par sa liaison à l'excavateur lui-même.

On peut orienter la poutre comme l'on veut sur le truck-arrière au moyen d'un châssis roulant B porté par des galets C autour d'un pivot central D (*fig.* 345 et 346) et portant la poutre.

La tension du tablier s'obtient en faisant varier la distance entre l'extrémité de la poutre et l'axe du tambour E; ce mouvement est obtenu au moyen de deux manivelles posées sur l'axe F de deux vis sans fin G latérales à la poutre.

Ces vis rappellent deux tiges H arti-

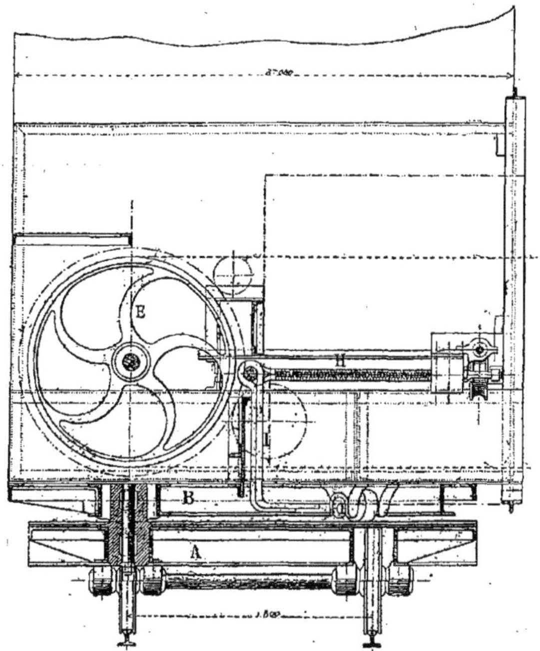

Fig. 346.

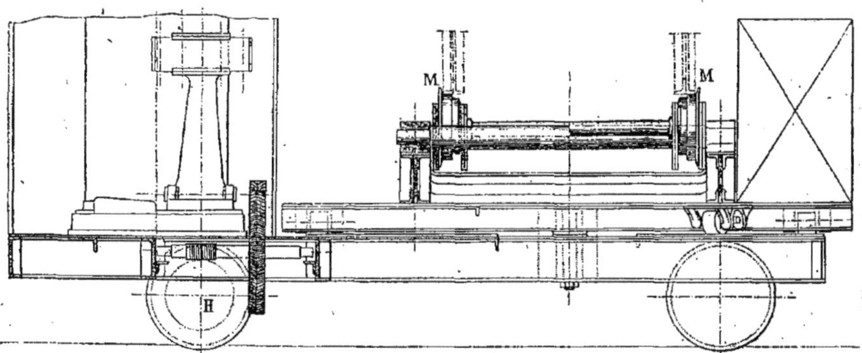

Fig. 347.

culées sur des équerres I formant talon du treillis. On obtient ainsi l'adhérence voulue de la toile sans fin sur le tambour E pour produire son entraînement.

Lorsque cette manœuvre est insuffisante, on rapproche l'extrémité de la poutre du tambour, on rogne un peu le tablier, on le tend en faisant une nouvelle attache, comme cela se fait pour les courroies ordinaires.

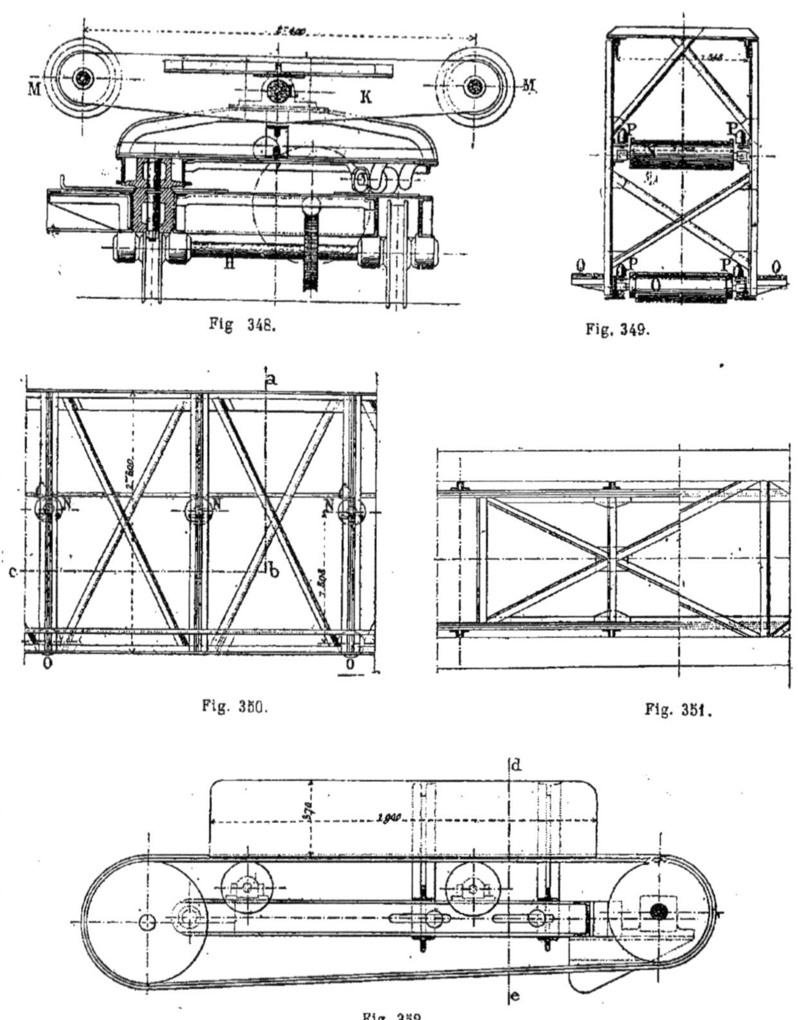

Fig 348.

Fig. 349.

Fig. 350.

Fig. 351.

Fig. 352.

Le châssis du truck-avant est disposé dans son ensemble comme celui du truck-arrière ; une petite machine spéciale, du type pilon, sert à le faire déplacer sur la voie qui le porte. Des engrenages à chevrons et une vis sans fin communiquent le mouvement à l'essieu H (*fig.* 347 et 348).

La poutre repose sur deux galets fous

M situés aux extrémités d'un balancier K mobile autour d'une cheville ouvrière L ; elle peut ainsi prendre toutes les positions voulues, sans cesser d'être supportée par le truck. On a eu soin de tourner

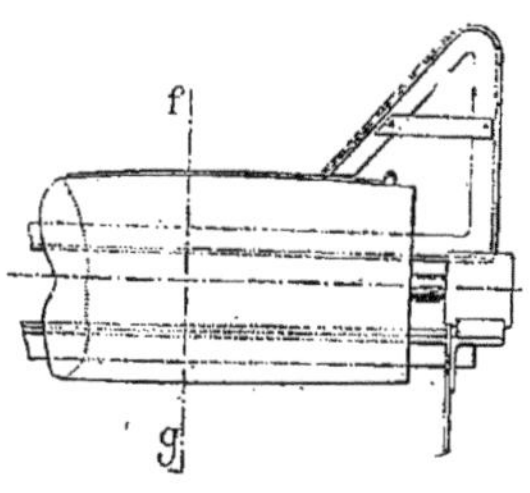

Fig. 353.

les deux galets M à deux diamètres différents sur leur épaisseur ; on évite ainsi que la poutre ne glisse et ne vienne à reposer sur les têtes des rivets du longeron inférieur.

Quant à la poutre, elle présente les dispositions suivantes : les deux brins de la toile sans fin sont supportés par des rouleaux N et O disposés à l'intérieur du treillis et mobiles autour de tourillons fixés sur les fers de la poutre.

Les rouleaux N, qui supportent le brin supérieur portant les déblais, sont espacés de $1^m,50$; ceux sur lesquels circule le brin inférieur O peuvent sans inconvénient être espacés de 3 mètres (*fig.* 349, 350 et 351). Ces derniers portent à chacune de leurs extrémités une partie de diamètre réduit permettant le passage des rebords, tout en laissant la toile s'appuyer de toute sa largeur sur le rouleau. La toile est en outre guidée verticalement par des galets P. Enfin des encorbellements en porte-à-faux Q servent de marchepieds et permettent la circulation facile d'un bout à l'autre de la poutre : de cette façon, on peut aisément pratiquer la surveillance, le graissage et l'entretien de tous les organes.

Enfin les figures 352 et 353 représentent un couloir mobile que l'on emploie quand les déblais à transporter sont consistants

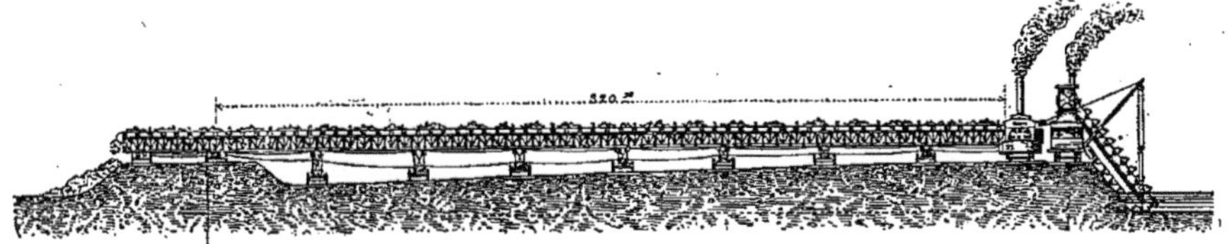

Fig. 354.

et glissent difficilement dans les couloirs fixes ordinaires. Ce couloir mobile, que l'on place au-dessous des godets de l'excavateur, est une toile sans fin assez courte tournant sur deux tambours extrêmes, dont l'un est entraîné par la machine motrice de l'appareil dragueur. Il reçoit les déblais à leur sortie des godets, et va les porter sur le tablier du transporteur.

Les inclinaisons que peut prendre la poutre atteignent jusqu'à 20 et 25 0/0, ce qui permet de transporter les déblais même en montant et peut être souvent fort utile.

Les matières solides, vaseuses et même fluides, sont bien transportées avec ces fortes inclinaisons, grâce à la vitesse du tablier.

On voit que l'on supprime ainsi nombre de locomotives, wagons, etc. En outre, on a la possibilité de transporter les déblais au-delà d'un emplacement inaccessible ou impraticable, marécages, etc., où les intallations ordinaires pourraient être des plus dispendieuses et même impossibles.

On a calculé que l'amortissement du prix du tablier en caoutchouc est inférieur à 1 centime par mètre cube de déblai transporté.

On construit aujourd'hui de ces transporteurs dont la longueur dépasse 120 mètres.

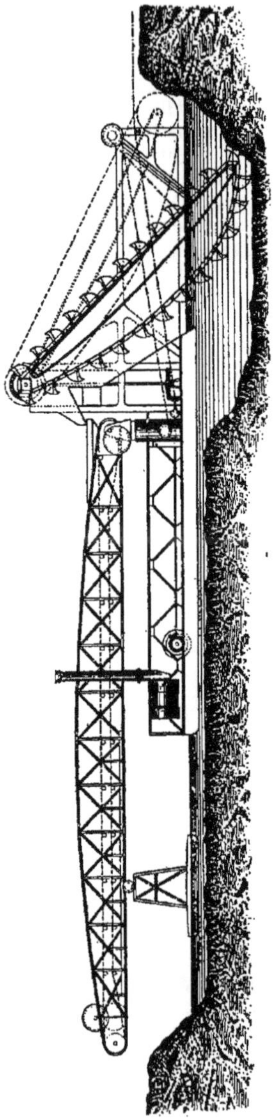

Fig. 355.

La figure 354 montre le transporteur employé dans les travaux de dragage effectués au bec d'Ambèze pour l'amélioration du cours de la Garonne. Les déblais étaient enlevés à une profondeur de 8 mètres et conduits à une distance de 320 mètres. Un certain nombre de

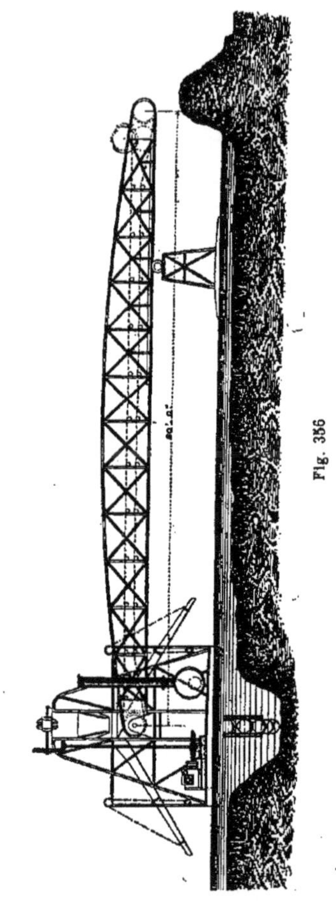

Fig. 356.

supports intermédiaires, roulant sur rails, soutenaient la poutre principale. Leur espacement était de 40 mètres.

Transporteurs flottants.

448. Ces transporteurs prennent aujourd'hui de plus en plus d'importance, et servent également dans les dragages purement marins.

Ainsi les figures 355 et 356 représentent un système de ce genre dans lequel un excavateur à godets envoie des déblais sur un transporteur que l'on peut orienter dans la direction de la chaîne (*fig.* 355) ou perpendiculairement à celle-ci (*fig.* 356). Un ponton intermédiaire portant un pylone surmonté d'un rouleau sert de support flottant remplaçant les supports fixes que nous avons vus plus haut.

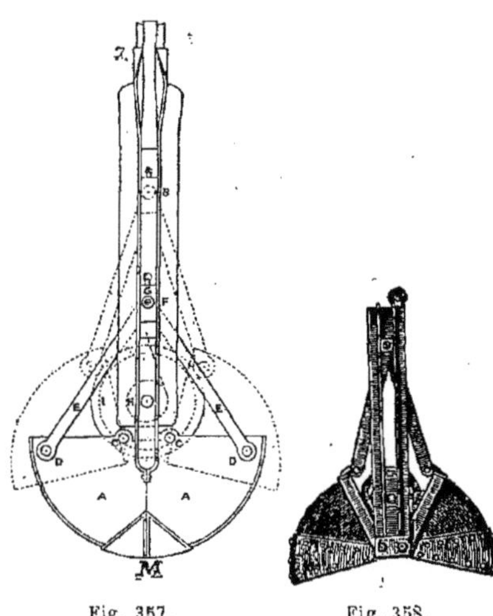

Fig. 357. Fig. 358.

Dragues à mâchoires et à grappins.

449. Enfin, en dehors des dragues à godets et à cuiller, on construit depuis quelques années des dragues à mâchoires, et d'autres à grappins pour enlever les blocs. Nous ne dirons que quelques mots de ces appareils, plus particulièrement employés aux travaux sous l'eau et exceptionnellement dans la construction des chemins de fer. Cependant on peut avoir intérêt à les utiliser dans les fondations de certains ouvrages, comme les ponts.

450. *Drague à mâchoires.* — Le type de ce genre est la drague américaine de MM. Moris et Cuming; ce n'est d'ailleurs qu'une imitation de l'ancienne *drague de Venise* ou *machine à curer de Malte.* Les Américains lui ont donné le nom de *clam-shell.*

C'est un demi-cylindre A formant godet et pouvant s'ouvrir suivant la génératrice médiane M (*fig.* 357) : il se dédouble ainsi en deux quarts de cylindres au moyen d'un mécanisme très simple disposé à cet effet. On descend ces deux quarts de cylindre écartés l'un de l'autre sur le sol (*fig.* 358), et, arrivés au fond, on les rapproche en manœuvrant les chaînes convenables. Les bords des cylindres, souvent armés de dents, comme la plupart des appareils analogues, mordent dans le terrain en se remplissant de déblais. La drague pleine, on la soulève hors de l'eau, et on la fait pivoter de manière à l'amener au-dessus du bateau porteur de déblais, le tout au moyen d'un mouvement de grue ordinaire. Le godet arrivé au point voulu, on déclanche à nouveau le fond, les deux quarts de cylindres se séparent et se débarrassent de leur contenu. Les mouvements de torsion du godet autour de la verticale sont évités au moyen de deux guidages latéraux glissant dans des supports fixes adaptés à la flèche de la grue. Ces guidages ne sont d'ailleurs nullement indispensables. Des treuils à vapeur font mouvoir les chaînes qui actionnent tout le mécanisme, y compris la grue dont la volée peut s'incliner plus ou moins sur la verticale.

On voit que la pénétration de l'outil dans le sol à attaquer est uniquement due à son poids ; ce poids doit donc être proportionnel à la dureté du terrain à creuser. On y arrive au moyen de surcharges appropriées ou en employant plusieurs jeux de poulies permettant de transformer l'effort de traction assurant la fermeture des godets dans la proportion nécessaire.

On comprend que, si la traction opérée sur le câble spécial qui amène la fermeture des mâchoires venait à surpasser le poids de l'outil augmenté de la résistance présentée par le terrain aux tranches coupantes des godets, l'ascension se produirait trop tôt et le chargement serait incomplet ou même nul.

En remplaçant les caisses cylindriques

précédentes par des grappins, on peut faire servir l'appareil à l'enlèvement des blocs de rocher.

La drague à mâchoires présente, comme on le voit, sur l'excavateur à cuiller un certain nombre d'avantages; elle est plus

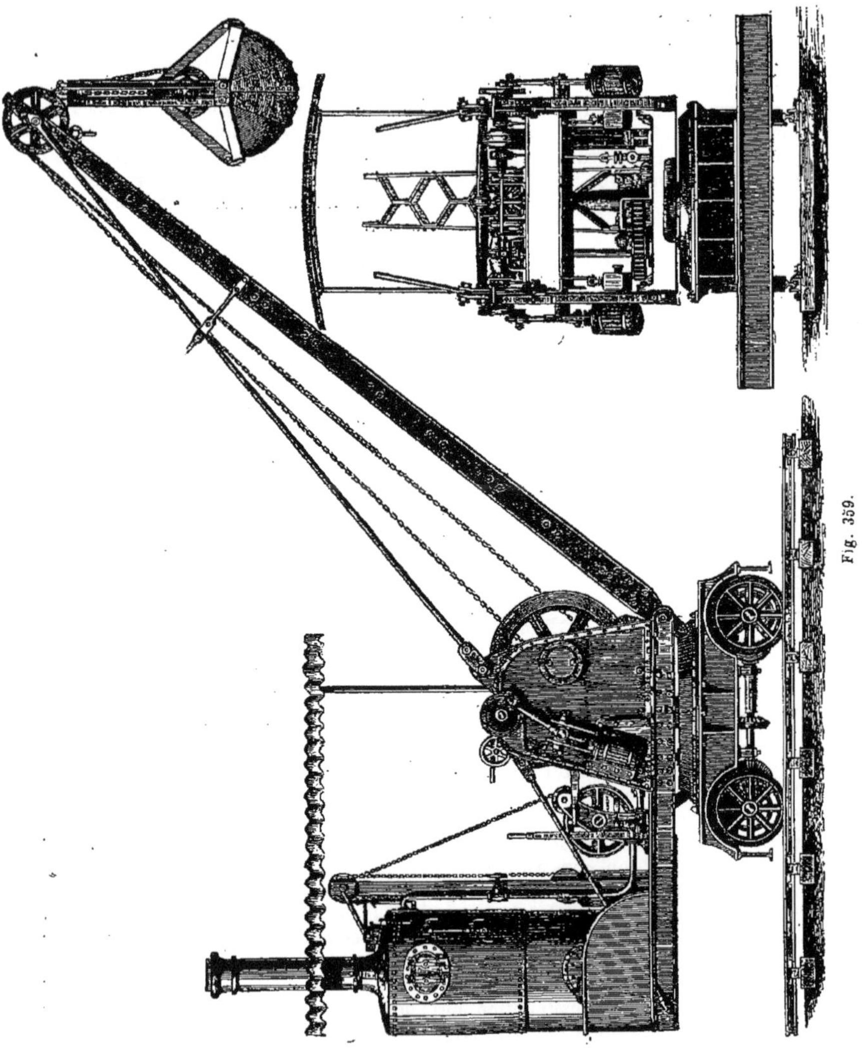

Fig. 359.

simple de manœuvres et de construction, partant son prix est moins élevé; elle peut fonctionner à une profondeur à peu près quelconque, elle permet de travailler dans une eau agitée et, enfin, se prête très bien à l'extraction des blocs.

Dans les terrains durs seulement, la cuiller reprend sa supériorité parce que la désagrégation des terrains est obtenue non seulement par le poids de l'appareil, mais par l'effort de traction ou de pression que l'on peut faire agir sur le manche.

Mais les excavateurs à mâchoires présentent toutes les autres propriétés des dragues à cuiller : travail à distance, pénétration dans tous les coins, fabrication simple et robuste, diminution des ruptures et de l'entretien, mise en action facile à proportionner à la dureté du terrain.

451. *Drague Priestmann.* — Nous citerons encore comme type pratique de cette famille la drague Priestmann, de Londres, (*fig.* 359), qui peut fonctionner soit comme *drague simple*, soit comme *excavateur*, soit comme *grue* ou *élévateur* pour les manutentions de wagons ou de navires.

Fig. 360.

Elle présente pour cela une disposition d'ensemble analogue à la précédente mais avec substitution possible de trois paires de mâchoires différentes :

La première, destinée à l'extraction de la vase, est formée de deux quarts de cylindres à surface pleine avec tranchant acéré.

La seconde présente des mâchoires garnies de dents, de sorte que les crocs de une correspondent aux intervalles de l'autre : elle est destinée à l'enlèvement des sables et graviers (*fig.* 360).

Enfin la troisième n'est composée que de dents terminées en lames et assez rapprochées l'une de l'autre de manière à former dans l'ensemble une grille à claire-voie. Elle sert au dragage des galets et des argiles (*fig.* 361).

La machine motrice est à double cylindre et chaudière verticale disposée de manière à équilibrer la grue et le godet pleins : l'ensemble peut se mouvoir facilement autour d'un pivot vertical et être posé sur un wagon roulant ou sur un bateau.

Fig. 361.

La maison Priestmann fabrique quatre modèles pouvant enlever 170, 340, 440 et 540 mètres cubes de vase, et 80, 170, 230 à 340 mètres cubes d'argile à une hauteur moyenne de 6 mètres au-dessus de la surface de l'eau.

Les ingénieurs anglais affirment que, dans ces conditions, le dragage d'une tonne de matière reviendrait à 0f,20, tandis que les grandes dragues à cuiller demanderaient 1f,50 pour le même travail.

Nous terminerons en donnant les renseignements suivants sur les dragues à mâchoires (Debauve, *Procédés et matériaux de construction*).

Force nominale en chevaux	40	95	100	125
Capacité de la cuiller en mètres cubes	1.10	2.60	2.60	3.75
Poids de la cuiller en kilogrammes	1 000	2.200	2 200	5 400
Prix de revient bateau compris	112 500	155 200	185 000	175 600
Combustible brûlé par journée de dix heures en tonnes	1	1.5	1.5	2
Travail par heure dans la vase moyennement compacte en mètres cubes	75 à 110	190	150 à 300	260

Drague-pompe.

452. D'autres fois les déblais plus ou moins mélangés d'eau sont simplement enlevés par des pompes qui agissent comme pompes aspirantes, foulantes ou des deux modes à la fois.

On possède aujourd'hui, pour désenvaser certains ports, des bateaux pompeurs. Deux tuyaux aspireurs partent un de chaque côté du bateau et sont réunis à leurs extrémités par une crépine horizontale commune qui plonge de 0^m40 à $0^m,50$ dans la couche de vase. Quand celle-ci est suffisamment fluide, on l'aspire telle quelle est, en amenant très peu d'eau par les pompes. On promène en même temps lentement le bateau de manière que le point d'aspiration change continuellement. Sinon, on injecte plus ou moins d'eau pour la ramollir et l'amener au degré de fluidité voulue. La vase pompée est déposée dans le bateau.

Il est à remarquer que la densité de cette vase croit avec le temps par suite du tassement de ses éléments et de l'évaporation de l'eau qu'elle contient.

Fraîchement déposée, le poids du mètre cube est de 1175 kilogrammes; au bout de six mois il est de 1 300 kilogrammes, et au bout de dix-huit mois, de 1 430 kilogrammes.

Le prix moyen du mètre cube de vase extrait et transporté à 1 500 mètres est de $0^f,231$ et de $0^f,478$ avec l'amortissement des appareils.

D'autres systèmes beaucoup plus perfectionnés sont aujourd'hui employés en France et en Amérique.

D'autres dragues dites *dragues-affouilleuses* n'ont pour but que de désagréger le sol, et de mettre en suspension les matières solides entraînées ensuite par le courant. L'étude de ces appareils nous entraînerait trop loin de notre sujet.

Piochage à la charrue.

453. Un essai fait par M. Boutan consistant à l'application de la charrue mue par un manège pour la fouille et la charge des terres n'a pas réussi. Les entrepreneurs emploient néanmoins souvent dans les terres ordinaires la charrue pour défoncer le sol, et remplacer avantageusement le piochage. La fouille et la charge sont ensuite faites comme à l'ordinaire.

Il est incontestable que la plupart des tranchées larges et profondes et des fossés, pourraient être piochés par des charrues défonceuses. Les Américains nous ont précédés depuis longtemps dans cette voie et n'ont eu qu'à s'en louer (Chemin de fer de l'Arkansas).

Un râcloir placé derrière le fer de la charrue peut en même temps rejeter les terres sur le côté, où on les enlève facilement.

Installation des chantiers.

Occupation temporaire.

454. Indépendamment du droit de la Compagnie à exproprier les terrains qui lui sont nécessaires, l'article 22 du Cahier des charges lui confère celui de s'installer à titre provisoire sur tous ceux dont elle a besoin soit pour l'exécution de ses travaux, soit pour l'extraction des matériaux qui lui sont indispensables.

« Art 22. — L'entreprise étant d'utilité publique, la Compagnie est investie pour l'exécution des travaux dépendant de sa concession de tous les droits que les lois et règlements confèrent à l'administration en matière de travaux publics, soit pour l'acquisition des terrains par voie d'expropriation, soit pour l'extraction, le transport et le dépôt des terres, matériaux, etc., et elle demeure en même temps soumise à toutes les obligations qui dérivent, pour l'Administration, de ces lois et règlements. »

Les formalités à suivre sont indispensables à bien connaître si l'on veut s'éviter nombre de déboires et de poursuites.

455. *Dossier d'occupation temporaire.* — Toute occupation temporaire au nom de l'utilité publique devra être accompagnée d'un dossier composé des pièces dont la nomenclature suit :

1° Rapport des ingénieurs de la Compagnie demandant l'autorisation d'occuper temporairement certains terrains ;

2° État indicatif des parcelles à occuper ;

3° Extrait du plan parcellaire au $^1/_{1000}$;

4° Arrêté autorisant l'occupation temporaire des terrains.

5° Un rapport des ingénieurs examinant les indemnités à payer et celles qui sont réglées à l'amiable;

6° Un rapport des mêmes pour la désignation d'un expert.

456. Quant aux formalités à suivre, elles sont réglées par le décret du 8 février 1868 ; nous allons en donner les principaux articles intéressant particulièrement la construction des chemins de fer.

Article premier. — Lorsqu'il y a lieu d'occuper temporairement un terrain, soit pour y extraire des terres ou des matériaux, soit pour tout autre objet relatif à l'exécution des travaux publics, cette occupation est autorisée par un arrêté du Préfet, indiquant le nom de la commune où le terrain est situé, les numéros que les parcelles dont il se compose portent sur le plan cadastral, et le nom du propriétaire.

Cet arrêté vise le devis qui désigne le terrain à occuper, ou le rapport par lequel l'ingénieur en chef chargé de la direction des travaux propose l'occupation.

Un exemplaire du présent règlement est annexé à l'arrêté.

Art. 2. — Le préfet envoie ampliation de son arrêté à l'ingénieur en chef et au maire de la commune.

L'ingénieur en chef en remet une copie certifiée à l'entrepreneur (ici la Compagnie), le maire notifie l'arrêté au propriétaire du terrain ou à son représentant.

Art. 3. — En cas d'arrangement à l'amiable entre le propriétaire et l'entrepreneur, ce dernier est tenu de présenter aux ingénieurs, toutes les fois qu'il en est requis, le consentement écrit du propriétaire, ou le traité qu'il a fait avec lui.

Art. 4. — A défaut de convention amiable, l'entrepreneur, préalablement à toute occupation du terrain désigné, fait au propriétaire, ou, s'il ne demeure pas dans la commune, à son premier locataire ou gérant, une notification par lettre chargée, indiquant le jour où il compte se rendre sur les lieux, ou s'y faire représenter. Il l'invite à désigner un expert pour procéder contradictoirement, avec celui qu'il aura lui-même choisi, à la constatation de l'état des lieux.

En même temps, l'entrepreneur informe par écrit le maire de la commune de la notification faite par lui au propriétaire.

Entre cette notification et la visite des lieux il doit y avoir un intervalle de dix jours au moins.

Art. 5. — Au jour fixé, les deux experts procèdent ensemble à leurs opérations contradictoires. Ils s'attachent à constater l'état des lieux, de manière qu'en rapprochant plus tard cette constatation de celle qui sera faite après l'exécution des travaux, on ait les éléments nécessaires pour évaluer la dépréciation du terrain, ou faire l'estimation des dommages. Ils font eux-mêmes cette estimation si l'entrepreneur et le propriétaire y consentent.

Ils dressent leur procès-verbal en trois expéditions : l'une est remise au propriétaire du terrain, une autre à l'entrepreneur, et la troisième au maire de la commune.

Art. 6. — Si dans le délai fixé par le dernier paragraphe de l'article 4 le propriétaire refuse ou néglige de nommer son expert, le maire en désigne un d'office, pour opérer contradictoirement avec l'expert de l'entrepreneur.

Art. 7. — Immédiatement après les conditions prescrites par les articles précédents, l'entrepreneur peut occuper le terrain et y commencer les travaux autorisés par l'arrêté du Préfet, tous les droits du propriétaire étant réservés en ce qui concerne l'indemnité.

Toutefois, s'il existe sur ce terrain des arbres fruitiers ou de haute futaie qu'il soit nécessaire d'abattre, l'entrepreneur est tenu de les laisser subsister jusqu'à ce que l'estimation en ait été faite dans la forme voulue par la loi.

En cas d'opposition de la part du propriétaire, l'occupation a lieu avec l'assistance du maire ou de son délégué.

Art. 8. — Après l'achèvement des travaux, et s'ils doivent durer plusieurs années, à la fin de chaque campagne, il est fait une constatation de l'état des lieux.

A défaut d'accord entre l'entrepreneur et le propriétaire pour l'évaluation partielle ou totale de l'indemnité, il est procédé conformément à l'article 56 de la loi du 16 septembre 1807.

Art. 9. — Lorsque les travaux sont exécutés directement par l'Administration sans l'intermédiaire d'un entrepreneur, il est procédé comme il a été dit ci-dessus ; mais alors, la notification prescrite dans l'article 4 est faite par les soins de l'ingénieur, et l'expert chargé de constater l'état des lieux, contradictoirement avec celui du propriétaire, est nommé par le Préfet.

Organisation d'un chantier.

457. L'entrepreneur est naturellement chargé de l'installation et de l'organisation de tous ses chantiers et le mieux, sous ce rapport, est de le laisser faire à sa guise. S'il a, en effet, l'expérience que comporte son état, il saura bien de lui-même prendre toutes les mesures nécessaires pour mener le plus rationnellement possible ses travaux à bonne fin.

Cependant, le contraire peut arriver également ; et, comme les fautes commises peuvent entraîner des retards, la suspension, la mise en régie, etc., l'ingénieur fera bien de surveiller de près cette partie du programme de manière à donner ses conseils et, au besoin, ses ordres à ce sujet.

C'est que la bonne organisation d'un chantier a une importance fondamentale sur la marche rapide, sûre et économique des travaux. Il n'y faut rien laisser au hasard de manière à éviter les fausses manœuvres, retours en arrière, déplacements, reprises, en un mot le désordre, conséquences d'une direction insuffisante.

Les matériaux doivent être approvisionnés au fur et à mesure des besoins, de manière à ne pas encombrer, mais à ne jamais manquer. Les chantiers d'approvisionnement doivent être choisis autant que possible de manière que les matériaux puissent être portés à pied-d'œuvre avec le minimum d'effort à développer et de trajet à parcourir. Le mieux, par exemple, sera de disposer ces chantiers à la hauteur ou au-dessus de l'ouvrage à construire, de manière à s'y rendre par une pente continue.

Un chantier doit être uni et découvert, afin que la surveillance puisse s'y faire aisément. Il doit être en terrain sec, assaini par des rigoles ou fossés, et à l'abri des crues ou inondations qui interrompent le travail, et détériorent ou entraînent le matériel.

On doit grouper par catégories les matériaux de même nature, de manière que l'on puisse les utiliser tous au besoin sans qu'ils se nuisent les uns aux autres.

Lorsque les mesures d'ordre sont bien prises sur un chantier et que la méthode préside à tous les classements, on peut en réduire considérablement la surface. Il ne faut pas cependant économiser par trop la place sous peine d'entraîner de la gêne.

C'est ainsi qu'autour de chaque bloc de pierre on devra réserver la place nécessaire, pour en effectuer la taille et le tourner de 90 degrés, ce qu'on appelle lui *donner quartier*. Ces pierres devront, si cela est possible, reposer sur des débris de pierres cassées ou sur une aire battue recouverte de sable ; sans cela elles peuvent s'enfoncer dans la boue et exiger un supplément de main-d'œuvre pour être ultérieurement nettoyées.

Quant aux bois et aux fers, ils ne doivent jamais reposer sur le sol, mais toujours être suspendus sur des madriers afin de laisser l'air circuler sur toutes leurs faces.

On comprend, d'après ce qui précède, que les approvisionnements doivent atteindre une juste mesure qu'il ne faut jamais dépasser et qui est l'un des facteurs les plus influents de la réussite d'une grande entreprise. Car si l'insuffisance peut arrêter tout un chantier, l'encombrement, qui représente d'ailleurs une avance de fonds inutiles, peut gêner toutes les manœuvres. Cela est surtout important à observer lorsqu'on a affaire à plusieurs entrepreneurs différents, comme un maçon et un fabricant de ponts métalliques, par exemple; il est alors de la plus haute importance que l'un ne fasse pas attendre l'autre.

C'est pour favoriser cette manière de faire et éviter à l'entrepreneur des avances de fonds, qui peuvent devenir importantes, que les Compagnies ont pris l'habitude de délivrer des acomptes, jusqu'à concurrence des 4/5 de leurs valeurs, sur les matériaux approvisionnés.

Essais des matériaux.

458. L'essai de tous les matériaux à employer dans un ouvrage doit se faire pendant qu'ils sont approvisionnés. On a alors le stock et le temps nécessaires pour les bien examiner et voir s'ils sont conformes aux exigences du devis.

Si l'on attend plus tard au moment de la mise en œuvre, la rapidité de l'exécution qui attend après les matériaux, peut empêcher les essais de se faire sérieusement et conduire à en accepter de médiocres.

Magasins et ateliers.

459. Les ateliers nécessaires à une grande entreprise sont les suivants :

Un atelier de forge et de serrurerie;
Un atelier de charpente et menuiserie;
Un atelier de pierres de taille;
Un atelier d'essais de matériaux.

Il faut en outre des magasins pour les outils, pièces détachées, pièces de rechange, etc. Ces magasins doivent être naturellement voisins des ateliers correspondants.

Tous doivent être clos et couverts, et leur importance sera proportionnelle aux besoins.

Le mortier et le béton se font toujours à pied-d'œuvre à côté de l'ouvrage où ils doivent être utilisés ; mais il est bon que leur fabrication ait lieu à couvert afin de leur éviter le délavage dû à la pluie ou le dessèchement amené par le soleil. Quant à la chaux, elle doit toujours être enfermée dans un magasin parfaitement clos sur toutes ses faces.

Le plus grand ordre doit régner dans tous ces magasins et ateliers, et toutes les pièces doivent y être méthodiquement classées et inventoriées, de sorte qu'on puisse les trouver du premier coup à chaque besoin. Les portes doivent toutes fermer à clef. Un livre d'entrée et de sortie doit être soigneusement tenu par un garde spécial ou un contremaître responsable, soumis lui-même à un contrôle fréquent du maître.

Le désordre dans ces choses entraîne rapidement le gaspillage, et cause en outre une impression des plus pénibles lorsqu'on parcourt ces chantiers mal tenus où les outils, pièces mécaniques, boulons, etc., sont dispersés de tous côtés, nagent dans la boue, et sont à portée du premier venu mal intentionné.

Tous ces magasins et ateliers seront utilement reliés aux travaux par des voies ferrées portatives. Il serait naïf, dans l'état actuel de l'industrie, d'employer les moyens de transport sur roules ou autres, dont se servaient nos ancêtres faute de mieux.

Constructions provisoires.

460. Lorsqu'on est obligé pour loger le personnel d'ériger des constructions provisoires, il y a naturellement lieu de les faire le plus économiques possible, et en matériaux faciles à revendre : tels sont les briques, les pans de bois, les couvertures en tuile et en carton bitumé. Cependant, lorsque les travaux doivent durer plusieurs années, il faut redouter les constructions trop légères qui exigeraient des frais d'entretien considérables, et quelquefois de grosses réparations.

Objets trouvés dans les fouilles.

461. On rencontre parfois dans les fouilles des objets intéressants ou précieux, tels que fossiles, médailles, monnaies anciennes, tombeaux, objets archéologiques, objets d'art, etc.

Toutes ces trouvailles devront être remises au chef de section qui en donnera reçu à l'entrepreneur en avisant l'ingénieur, et en demeurera responsable jusqu'à ce que ce dernier ait décidé ce qu'il y a lieu d'en faire.

Exécution des terrassements.

462. *Prix des terrassements.* — La base du prix de la main-d'œuvre est le temps passé par les ouvriers à effectuer les différentes opérations, temps qui dépend de la nature du terrain fouillé et du poids des terres extraites.

Le tableau suivant donne les poids des principales natures des terres rencontrées le plus souvent dans les déblais :

En moyenne un mètre cube pèse :

Terre végétale ordinaire	1 200 à 1 400 kil.
Sable fin et sec . .	1 400
Sable fin et humide.	1 500
Terre argileuse . .	1 600
Terre glaise. . . .	1 900
Terre de bruyère .	650
Marne.	1 600

Quant au temps nécessaire pour fouiller un mètre cube de terre, il est peut être assez exactement représenté par les chiffres ci-après :

Temps nécessaire à la fouille d'un mètre cube, en heures :

De terre franche légère. . . .	0^h 80
De terre ordinaire	0 90
De terre végétale mélangée .	0 65
De sable coulant	0 95
De tourbe ou fange.	1 36
D'argile ou glaise.	1 45
De gravier très serré.	1 57

Le tableau suivant donne les quantités de déblai qu'un terrassier de force moyenne peut fouiller et jeter à 4 mètres horizontalement ou à $1^m,60$ verticalement dans une journée de travail de dix heures effectives. Le déblai est supposé effectué en *grande tranchée*, c'est-à-dire que l'homme n'est en rien gêné dans ses mouvements Il faut pour cela que la tranchée ait au moins 20 centimètres d'épaisseur, 2 mètres de largeur au fond, et ne présente aucune banquette ni étais.

NATURE DU TERRAIN	CUBE FOUILLÉ ET CHARGÉ par journée de 10 heures mètres cubes	TEMPS PASSÉ EN HEURES	
		A LA FOUILLE	A LA CHARGE
Terre végétale, alluvions, sable, etc.	7.70	6.25	3.75
Terre marneuse et argileuse moyennement compacte	6.00	6.70	3.30
Terre compacte et dure	5.25	7.10	2.90
Terre crayeuse	4.90	7.00	3.00
Terre très imbibée d'eau	4.25	7.24	2.76
Tuf moyennement dur	2.85	8.40	1.60
Tuf très dur	2.38	8.70	1.30
Roc tendre, gypse exploité au pic et au coin	2.00	8.80	1.20

Dans les terrains ordinaires, terre végétale, alluvions, sable et menu gravier, et en grande tranchée, le temps nécessaire à la fouille est sensiblement égal à une fois et demie celui qu'exige le jet de pelle à $1^m,60$ de hauteur.

C'est ce que montre le tableau suivant applicable aux terrassements effectués à Paris sur la terre végétale ou les terrains rapportés de la surface; il comprend en outre, le temps correspondant au travail en tranchée de moins de 2 mètres de largeur, ou *rigole* ou encore dans les embarras des étais.

Par mètre cube	heures
Fouille en grande tranchée . .	0 80
Fouille en rigole avec embarras d'étais.	0 90
Jet de pelle à une distance horizontale de 4 mètres ou à une hauteur verticale de $1^m,60$ en grande tranchée.	0 50
Jet de pelle en rigole avec étais et banquette.	0 60
Jet de pelle en brouette, caisse ou camion de $1^m,20$ de hauteur maximum	0 40
Jet de pelle en tombereau ou en wagon, ou sur berge, ou sur banquette de 2 mètres de hauteur en grande tranchée.	0 60

En terrain ordinaire et dans une journée normale de dix heures, un ouvrier peut piocher de 8 à 12 mètres cubes. Si la terre avait déjà été fouillée comme lorsqu'on vient à rejeter dans une fouille la terre qu'on en avait déjà extraite, ce chiffre peut monter de 20 à 25 mètres cubes.

Le pelleur peut dans le même temps jeter 15 à 20 mètres cubes dans une brouette ou un tombereau, ou bien à 4 mètres horizontalement ou à $1^m,60$ verticalement.

Avec la pince le piocheur ne produit plus que 2 à 3 mètres cubes de déblais par jour.

Si le piocheur ne se sert que de la bêche, comme dans la terre végétale, le sable, la tourbe, un terrassier peut enlever et jeter à la pelle dans les conditions précédentes une quantité de 15 mètres cubes.

Un bon ouvrier peut dans une journée de dix heures prendre à la pelle et charger :

14 à 38 mètres cubes d'humus et de sable meuble;

11 mètres cubes de terre végétale, gravier de jardin ;

5 à 9 mètres cubes de terre glaise, d'argile faible, de sable ferme, de gravier terreux.

Si la tranchée n'est pas assez large pour que l'on établisse des gradins, le monte-charge mécanique mû par un treuil sera préférable aux échafaudages.

Le chiffre adopté comme base par journée de dix heures, pour le travail moyen d'un pelleur qui charge en brouette ou dans un véhicule de niveau, de la terre ordinaire ameublie, est de 15 mètres cubes. Lorsque le véhicule est élevé, ce chiffre doit être réduit à 12.

Un bon ouvrier peut lancer dix pelletées à la minute, soit six cents à l'heure, de $1^m,60$ à 2 mètres de hauteur ; pour les terres lourdes, on peut réduire ce chiffre à cinq cents.

Le chargement des débris de rocher est beaucoup plus difficile qne celui de la terre : la pelle y pénètre avec difficulté et on en laisse tomber un bon nombre en route.

Lorsque ces matériaux ne dépassent pas $0^m,10$, on a intérêt à substituer à la pelle une fourche à cinq ou six dents : on enlève ensuite à la pelle les menus fragments et la terre qui reste.

Pour les roches lourdes, un terrassier n'en peut guère charger que 6 mètres cubes de niveau et 4 dans les véhicules élevés.

Instruments de transports.

Brouettes.

463. De quelque manière que l'on effectue les terrassements, les moyens de transports sont variés.

Pour les petits déblais où les transports se font à courte distance, ou pour les reprises de terres, on emploie la brouette inventée par Pascal. C'est un coffre en bois muni à l'arrière de deux petits brancards que l'ouvrier prend de chaque main en se plaçant au milieu de leur intervalle. Deux pieds verticaux sont placés sous la caisse pour reposer le tout à terre, et une roue en bois cerclée de fer, ou en fer seul, est à l'avant dans l'axe pour permettre le roulement. Cette roue doit avoir une jante plus ou moins large suivant les terrains, mais le mieux est de la faire rouler sur de vieilles planches toujours faciles à trouver et posées sur le

Fig. 362.

sol; cette faible dépense est largement compensée par la facilité de la manœuvre et par le supplément de travail produit qui en résulte.

Le choix de la brouette à employer n'est pas indifférent. D'abord elle doit être à la fois solide et légère afin de ne pas présenter un poids mort considérable tout en résistant aux chocs et aux manœuvres un peu brutales auxquelles elle est souvent exposée. Le mieux est de

Fig. 363.

faire la caisse en sapin et la carcasse en orme.

La vieille brouette française était fort incommode et peu rationnelle ; on ne doit plus s'en servir actuellement. Les manches un peu trop longs entraînaient une mauvaise répartition de la charge et une tendance au déversement latéral. Les parois complètement verticales rendaient le déchargement difficile à moins de la retourner complètement, ce qui amenait fatigue et perte de temps; enfin, très basse sur roue elle était dure au roulage et difficile à renverser (*fig* 362 et 363).

464. *Brouette anglaise.* — Aujourd'hui on emploie un type courant de brouette anglaise dans lequel ces défauts sont corrigés : les parois en sont inclinées, la roue d'un diamètre plus grand, les brancards plus courts en même temps que plus écartés, ce qui élargit le polygone de suspension et donne de la stabilité. La forme en entonnoir ou en *trémie* permet même le déchargement par l'avant en dressant la brouette verticalement sur sa roue, ce

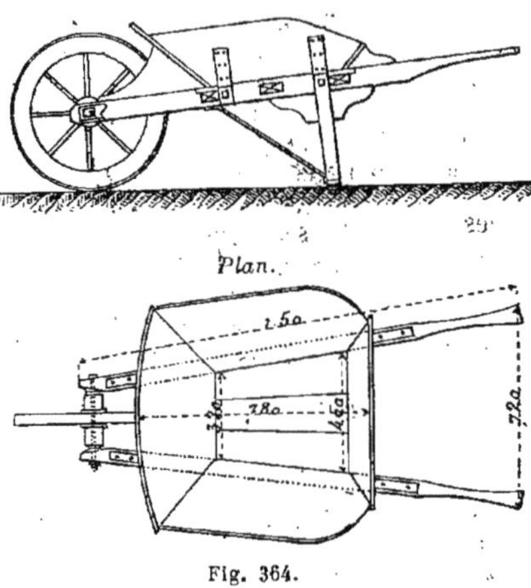

Fig. 364.

qui était impossible avec la paroi rectangulaire sur le fond (*fig.* 364).

La caisse évasée vers le haut est surtout indispensable pour les terrains collants qui s'attachent au bois, comme l'argile, la glaise, etc. La contenance de la brouette est généralement de 3 à 4 centièmes de mètre cube, c'est-à-dire 30 à 40 litres. Son prix est de 15 à 17 francs. La longueur totale de $1^{m},65$ et le diamètre de la roue de $0^{m},50$.

465. *Conditions d'une bonne brouette.* — Il est de toute évidence que la rotation de l'arbre de la roue doit se faire avec la plus grande facilité; il faut donc que l'essieu tourne dans des coussinets métalliques fixés aux brancards, et qu'on aura soin de huiler de temps en temps; le graissage sera surtout utile à renouveler fréquemment dans les terrains légers, sables fins, etc., qui voltigent aisément et dont la poussière vient solidifier la matière lubrifiante et la transformer en un cambouis qui corrode les parties frottantes.

Pour fatiguer le moins possible le porteur il faudrait que le centre de gravité de la charge tombât à l'aplomb de la roue; mais cela donne une brouette à équilibre très instable qui verse au moindre obstacle surmonté ou au moindre balancement. Le polygone de suspension se trouve alors réduit à la longueur de la jante, ce qui est évidemment insuffisant.

Il ne faut pas non plus s'en éloigner trop, car alors la charge retombe pour une grande part sur les bras du rouleur : il y a là un moyen-terme à trouver que les brouettes actuellement employées sur les chantiers de terrassement réalisent très suffisamment.

466. *Brouettes en fer et diverses.* — On fait quelquefois usage de brouettes en fer, mais qui sont beaucoup plus coûteuses que les brouettes en bois et ne peuvent servir qu'au transport des matériaux en poudre : terre, sable, plâtre, chaux, ciment. Elles sont alors complètement fermées, même à l'arrière, afin de ne pas laisser tomber une partie de leur contenu et de permettre l'augmentation du cube transporté. Cette précaution d'ailleurs est souvent prise avec la brouette ordinaire ; une planchette mobile perpendiculaire aux brancards permet de la fermer au besoin à l'arrière et de remplir plus complètement la caisse.

Mais la brouette en fer appliquée au transport des matériaux pierreux, rocheux, mélangés, etc., se détériore rapidement; même appliquée aux transports vus plus haut, elle ne peut convenir sur un chantier de terrassements où elle est exposée à des manutentions brutales et à tous les chocs. Il faut, si l'on veut employer le fer, préparer toujours à la brouette un chemin de roulement spécial, et la faire basculer automatiquement, d'une manière indépendante du caprice de l'ouvrier qui la conduit. En somme cela revient à employer le wagonnet que nous verrons plus loin.

467. *Charge des brouettes.* — On construit également des brouettes destinées spécialement au transport des cailloux, pierrailles, etc. ; leur fond est alors à claire-voie, ce qui permet de laisser échapper les terres qui accompagnent toujours ces matériaux, et l'eau de lavage quand il faut nettoyer ces cailloux, par exemple pour fabriquer du béton.

La charge de la brouette ordinaire à parois verticales est d'environ 60 kilogrammes, ce qui porte son poids total à 80 kilogrammes (son poids vide est de 20 à 22 kilogrammes). La brouette anglaise (poids mort 25 kilogrammes) pèse en charge 100 kilogrammes, et porte une charge utile de 75 kilogrammes. Ces chiffres sont établis en admettant le poids moyen de 1 500 kilogrammes pour le mètre cube de terres ordinaires.

468. *Relai.* — La base du prix du transport à la brouette est que le chemin parcouru par le rouleur doit être de 3 kilomètres à l'heure ou 30 kilomètres par journée de dix heures ; la moitié de cette distance est employée au retour à vide.

Or, dans un chantier bien organisé, il faut que le temps employé à porter la brouette à une certaine distance et à la ramener vide soit égal au temps exigé par le chargement d'une brouette de contenance moyenne. La pratique a démontré que ce chemin était d'environ 65 mètres en terrain horizontal. On se borne cependant au chiffre de 60 mètres afin de tenir compte des pertes de temps inévitables. La moitié de ce chemin ou 30 mètres est ce qu'on appelle un *relai*.

Le chargeur doit toujours avoir une brouette en charge devant lui ; il faudra donc sur le chantier un nombre de brouettes égal au nombre total des chargeurs et rouleurs.

Ce relai doit être évidemment diminué en rampe où l'ascension est plus pénible qu'en palier. On a trouvé qu'en pratique il était bon de ne pas dépasser une rampe de 8 centimètres par mètre. Avec ce chiffre, le rouleur met le même temps à parcourir 30 mètres horizontalement que 20 mètres en palier. Le relai correspondra donc à une élévation de $1^m,60$ au bout des 20 mètres parcourus. A ce moment le rouleur donnera sa brouette pleine à un autre rouleur qui lui retournera en échange la sienne vide, et ainsi de suite.

469. *Formules du transport à la brouette.* — Cette question ayant été étudiée à fond et avec de nombreux exemples dans la deuxième partie du cours de construction (*Géodésie*, M. Oslet), nous nous bornerons ici à donner les formules fondamentales, et nous renverrons le lecteur à cet ouvrage pour les développements que comporte le sujet.

Le prix de revient du transport X d'un mètre cube à la distance D sera donné par la formule :

$$X = \frac{P \times 2D}{L \times C},$$

dans laquelle P représente le prix du transport d'un certain volume C à la distance L.

En admettant une brouette de $\frac{1}{30}$ de mètre cube et un parcours de 30 kilomètres par jour pour le rouleur payé P par jour, le prix du mètre cube transporté à la distance D sera :

$$X = \frac{PD}{500}. \qquad (1)$$

Soit h le nombre de fouilleurs nécessaires pour alimenter un chargeur d'une manière continue pouvant charger N mètres cubes dans une journée de dix heures; le tarif de la journée étant le même P pour ces différents ouvriers, le prix de fouille et de charge d'un mètre cube sera :

$$X = \frac{P(h+1)}{N}.$$

Un terrassier moyen pouvant charger 15 mètres cubes dans sa journée de dix heures, la formule devient :

$$X = \frac{P(h+1)}{15}. \qquad (2)$$

Si R est la distance à laquelle un rouleur peut aller vider sa brouette pour être revenu quand n chargeurs en ont rempli une nouvelle de volume C, et si N est encore le nombre de mètres qu'un ouvrier peut charger par jour (toutes quantités données par la pratique), la distance R sera donnée par la formule :

$$R = \frac{LC}{2nN},$$

qui donnera R ou n les autres quantités étant connues. Avec le relai de 30 mètres, $n = 1$.

Le prix total d'extraction et de transport à la brouette d'un mètre cube de terre sera donc la somme des formules (1) et (2) :

$$\frac{PD}{500} + \frac{P(h+1)}{15} = X + X'$$

$$X + X' = P\,[0{,}002D + 0{,}067\,(h+1)]$$

Le poids de la charge transportée dans la brouette ne doit pas être inférieur à 60 kilogrammes ; il est le plus souvent de 70 kilogrammes, quelquefois 80 et même 100 kilogrammes suivant la force musculaire du rouleur.

Si l'on appelle d la distance moyenne de transport, c'est-à-dire la distance du centre de gravité du déblai à celui du remblai, on peut appliquer au transport seul la formule suivante (Debauve, *Procédés de construction*) :

$$X' = 0{,}006\,d.$$

Camion.

470. Le camion s'emploie peu aujourd'hui sur les travaux ; cependant il est rationnel pour les transports ne dépassant pas une centaine de mètres. Ce n'est en somme qu'un petit tombereau de faible contenance 20/100 ou 1/5 de mètre cube traîné par trois hommes. Il est porté sur un essieu, est muni d'un brancard terminé par une barre transversale à laquelle s'attèlent deux hommes ; le troisième pousse par derrière ou s'attèle en avant avec une bricole. En terrain uni, deux hommes suffisent pour le manœuvrer.

Cherchons d'abord le prix de revient X du transport d'un mètre cube de terre à une distance D exprimée en mètres.

Soit C la contenance du camion, L la distance parcourue (aller et retour), pendant une journée, P le prix de la journée d'ouvrier. Le prix du transport du volume C à la distance L est donc trois P puisqu'il faut trois hommes pour le remorquer. Le prix du transport d'un mètre cube à une distance D sera donc comme pour la brouette :

$$\frac{3P \times 2D}{LC}.$$

Mais il y a, en outre, ici à tenir compte du temps perdu au déchargement qui doit s'ajouter à la durée du parcours. Ce temps est court, car il suffit d'ouvrir l'arrière du camion et de le faire basculer pour le vider. Le tout demande un peu plus d'une minute : exactement 72 secondes ou 0,02 heure pour la contenance normale $C = \frac{1}{5}$ de mètre cube. Ces 0,02 heure se réduiront pour un mètre cube à $\frac{0,02}{C}$ et coûteront :

$$\frac{3P}{10} \times \frac{0,02}{5}.$$

Le prix X cherché sera donc :

$$X = \frac{3P \times 2D}{L \times \frac{1}{5}} + \frac{3P \times 0,02}{10 \times \frac{1}{5}}.$$

Or, le chemin L que l'on peut ainsi parcourir dans une journée attelé au camion est de 30 000 mètres comme pour la brouette, on aura donc :

$$X = \frac{3P \times 2D}{30\,000 \times \frac{1}{5}} + \frac{3P \times 0,02}{10 \times \frac{1}{5}}$$

ou : $$X = \frac{PD}{1\,000} + 0,03P.$$

En négligeant le second terme 0,03 P qui est insignifiant, on voit que ce prix est moitié de celui de la brouette ; en d'autres termes, avec le camion on transporte pour le même prix deux fois plus de terre à la même distance. Cela tient à ce que dans ce dernier, la charge est tout entière sur l'essieu au lieu d'être répartie entre celui-ci et les bras du porteur comme dans la brouette.

Quant au prix d'extraction et de chargement d'un mètre cube de terre, il sera le même que dans le cas de la brouette, savoir :

$$X' = \frac{P(h+1)}{15}.$$

Le prix de revient total sera donc $X + X'$ par mètre cube.

Il va de soi qu'on aura tout intérêt, si on le peut, à faire rouler le camion, au moins plein, sur des planches, le retour à vide seul se faisant sur le sol.

Le coefficient de frottement est en effet :

Sur le sol plus ou moins détrempé.	0,12
Sur un terrain ferme et sec.	0,07
Sur chemin en planches.	0,025

Le camion est aujourd'hui remplacé par le vagonnet, de sorte que nous n'en parlons que pour mémoire. Dans tous les cas, il ne peut être utilisé nulle part ailleurs que sur les chantiers ; il en résulte qu'on est exposé à le voir chômer longtemps en dehors des campagnes de travaux. Les agents des ponts et chaussées seuls peuvent à la rigueur l'utiliser pour l'entretien des routes.

Fig. 365

Aussi cet instrument est-il passé à l'état absolument archéologique, et ne nous en occuperons-nous pas plus longtemps.

Si *d* est la distance des centres de gravité du déblai et du remblai, le prix de revient du transport de 1 mètre cube peut s'évaluer d'après la formule (Debauve) :

$$X = 0,05 + 0,0017\,d.$$

A partir de 135 mètres, le wagonnet est préférable au camion ; le tombereau ne lui est supérieur qu'au-delà de 417 mètres.

Tombereau.

471. En pratique, au-delà de 100 à 150 mètres on fait usage du tombereau (*fig.* 365).

Celui-ci est généralement à un cheval

et présente une contenance de $0^{m3},50$. Quelquefois il est de 1 et même $1^{m3},5$; il lui faut alors deux et trois chevaux. Ce sont d'ailleurs toujours les mêmes chevaux qui font ce travail sans relai; aussi, pendant le temps du chargement, les laisse-t-on reposer, et leur conducteur est employé momentanément à manier la pelle. On comprend immédiatement qu'il est bon d'avoir le nombre de chargeurs nécessaires pour réduire au minimum le temps pendant lequel les chevaux restent inoccupés.

Le déchargement du tombereau se fait en basculant la caisse autour de son essieu. Pour cela, les brancards sont brisés et articulés en avant de la caisse; en retirant simplement une traverse de sa coulisse, formée de deux étriers, et ôtant une planche qui ferme la paroi postérieure, la caisse se renverse vers l'arrière en déchargeant son contenu, le cheval restant toujours entre les brancards. Les choses doivent être disposées de manière que le centre de gravité, qui à vide est sur l'essieu, se trouve en charge un peu en arrière de celui-ci, afin de faciliter le mouvement de bascule.

On comprend d'après cela que la fabrication d'un tombereau doive être très soignée, les matériaux qui le constituent, bois et ferrures, d'excellente qualité et très solides; le garnissage de la caisse seul peut être en sapin afin de réduire le poids mort et le prix. Ce poids mort atteint en effet aisément 400 kilogrammes pour le tombereau à un cheval et son prix 500 francs; le tombereau à deux chevaux pèse généralement à vide 750 à 800 kilogrammes et coûte 800 francs. Ce prix varie donc entre 1 franc à $1^{f},25$ le kilogramme suivant la grandeur de l'appareil.

472. *Rampes possibles.* — La charge utile du tombereau varie naturellement avec la déclivité et la nature du sol. Le tirage en bonne terre ferme sera de 1/40: sur un sol boueux et détrempé 1/30 et même 1/25.

On force quelquefois un peu la rampe parce que les chevaux reviennent à vide, se reposent pendant le chargement et enfin sont capables de donner à certains moments un coup de collier dont l'effort est représenté par leur poids qui est en moyenne de 500 kilogrammes (1).

En terrain horizontal le cheval dont l'effort de traction moyen et renouvelable est de 60 à 70 kilogrammes peut traîner une charge de $\frac{60}{0{,}05} = 1\,200$ kilogrammes, car il n'a à vaincre que le frottement des roues sur la terre dont le coefficient est approximativement de 0,05.

Si l'on peut faire le transport en pente on ne peut évidemment qu'y gagner. Ainsi, avec une pente de 1 centimètre par mètre, le même cheval peut traîner une charge de:

$$\frac{60}{0{,}05 - 0{,}01} = 1\,500 \text{ kilogrammes;}$$

avec une pente de 0,02

$$\frac{60}{0{,}05 - 0{,}02} = 2\,000 \text{ kilogrammes.}$$

Le tombereau pesant à lui seul 800 kilogrammes, le chargement utile peut donc varier en pratique de 1 000 à 1 200 kilogrammes. Il est peu prudent d'employer des pentes plus fortes que 0,02 pour éviter les accidents. Le mètre cube de déblai ordinaire, de terre mélangée de cailloux, pèse en moyenne 1400 kilogrammes le mètre cube, la terre seule 1 200 kilogrammes, les pierres de 1 500 à 1 800 kilogrammes. Le demi-mètre cube que représente la contenance du tombereau pèsera par suite 700 kilogrammes environ. Le cheval pourra donc aisément traîner cette charge sur une pente de 1 à 2 centimètres par mètre. En résumé, il faut faire travailler le cheval en palier ou mieux sur une pente légère, mais ne jamais le faire monter car il ne pourrait rapidement rien transporter d'utile, comme il serait facile de s'en rendre compte en appliquant la formule ci-dessus aux rampes.

(1) Un cheval de cavalerie légère pèse de 380 à 400 kilogrammes; un cheval de cavalerie de ligne, de victoria, de coupé, varie entre 450 et 480 kilogrammes; un cheval de luxe ou de cavalerie de réserve pèse de 500 à 580 kilogrammes; un cheval de trait léger, pour omnibus ou camionnage, par exemple, va de 500 à 700 kilogrammes. Enfin un cheval de gros trait, tel que ceux employés pour tirer les fardiers, pèse 600, 800 et même 900 kilogrammes.

Si l'on est obligé de faire un déblai dont le fond est en rampe DB, on commence par faire mouvoir les tombereaux sur une pente provisoire CB, en attaquant la tranchée seulement jusqu'en CB. On enlève le reste CBD plus tard par charges légères (*fig.* 366).

Enfin, lorsqu'on emploie le tombereau aux grandes distances, le temps du chargement et du déchargement devient de plus en plus négligeable à mesure que la distance augmente, car il reste constant. Donc, à mesure que la distance croît, le prix du transport diminue.

On voit, en résumé, que le maximum de rampe à parcourir avec le tombereau ne peut être de 1/12 ou $0^m,08$ par mètre comme avec la brouette. On ne doit pas dépasser en pratique 1/20 ou $0^m,05$. On admet qu'un parcours de 100 mètres sur

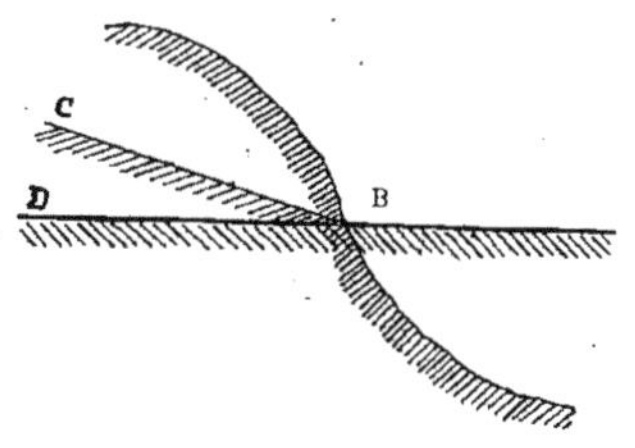

Fig. 366.

ces rampes équivaut à un parcours de 150 mètres en palier.

Le plus souvent sur les grands chantiers de terrassement, il sera, en outre, préférable de laisser le charretier avec ses chevaux, car, n'étant pas terrassier de son métier, il fera, en maugréant, de mauvaise besogne. Pour ne pas perdre de temps il faudra donc le faire marcher continuellement avec son tombereau et lui livrer un véhicule plein au moment où il est de retour avec un tombereau vide.

473. *Formule du tombereau.* — Un ouvrier chargeant 15 mètres cubes par jour en brouette ne peut plus charger que 12 mètres cubes dans un véhicule élevé comme le tombereau.

En outre, il faut se rappeler que l'on ne peut mettre plus de quatre hommes autour d'un tombereau pour qu'ils ne se gênent pas dans leurs mouvements.

Un homme charge un tombereau de *1 mètre cube en cinquante minute et deux tombereaux de* $0^{m3},50$ *en cinquante-deux minutes :* il faut donc à quatre hommes 12,5 minutes et pour chacun des deux tombereaux 6,5 minutes pour le chargement.

En adoptant les mêmes notations que précédemment, et appelant P' le prix de la journée du tombereau attelé avec son conducteur, le prix de revient du mètre cube transporté à une distance D sera :

$$X = \frac{P' \times 2D}{L \times C}.$$

Il y a lieu en outre de tenir compte du temps perdu au chargement et au déchargement. Ce temps pour un tombereau de $0^{m3},50$ est de deux minutes ou 0,033 d'heure et équivaut pour la journée entière à un parcours de 500 à 600 mètres.

Ce temps sera donc de $\frac{0,033}{0,5}$ par mètre cube pendant lequel le tombereau pourrait parcourir une distance d (journée de dix heures) :

$$d = \frac{L \times 0,5}{10} \times \frac{0,033}{0,5}$$

$$d = \frac{L \times 0,033}{10} = 0,033L.$$

Le prix cherché X est donc :

$$X = \frac{P'(2D + d)}{L \times 0,5}.$$

Or le chemin parcouru L pendant la journée de dix heures est toujours 30 kilomètres par jour, l'allure des hommes et des chevaux sur un chantier étant toujours la même. On aura donc :

$$X = \frac{P'(2D + d)}{30\,000 \times 0,5}$$

ou : $$X = \frac{P'D}{7\,500} + P' \times 0,0066.$$

474. *Prix d'extraction et de chargement du mètre cube.* — Pour la brouette et le camion, le prix est :

$$X' = \frac{P(h + 1)}{N},$$

c'est-à-dire : $$X' = \frac{Ph}{N} + \frac{P}{N},$$

N étant le nombre de mètres cubes enlevés par un chargeur par jour, généralement 15 mètres cubes.

Le premier terme qui représente les frais d'entretien ne varie pas avec le tombereau ; mais le second change à cause de l'intervention du conducteur qui vient aider le pelleur pendant le chargement. Or, cet ouvrier a déjà été compté dans le prix P′ vu plus haut du prix de transport.

Ainsi, il faudra réduire le terme $\frac{P}{N}$ dans la même proportion que celle où se trouve le conducteur par rapport aux chargeurs.

Si, par exemple, ils ne sont que deux en tout, on prendra $\frac{1}{2}\frac{P}{N}$. Si le conducteur travaille troisième avec deux autres, on prendra $\frac{2}{3}\frac{P}{N}$, etc.

Dans le premier cas le prix de revient du mètre cube sera donc :

$$X' = \frac{Ph}{N} + \frac{1}{2}\frac{P}{N} = \frac{P}{15}\left(h + \frac{1}{2}\right),$$

dans le second :

$$X' = \frac{Ph}{N} + \frac{2}{3}\frac{P}{N} = \frac{P}{15}\left(h + \frac{2}{3}\right),$$

La dépense totale pour un mètre cube sera toujours la somme des deux dépenses partielles X + X′.

Le prix de transport seul peut, comme pour les engins vus précédemment, être évalué par la formule (Debauve) :

$$X' = 0^{f},30 + 0,0011d.$$

A partir de 125 mètres il est plus économique d'employer des wagons traînés par des chevaux.

Wagonnets.

175. Les tombereaux peuvent être remplacés avec avantage par des wagonnets de faible contenance et roulant sur de petits rails appropriés, généralement réunis entre eux à l'avance par des traverses métalliques sur lesquelles leurs patins sont rivés. Les différents tronçons de la voie droite ou courbe se placent au bout les uns des autres comme des échelles métalliques que l'on n'a qu'à poser sur le sol un peu régularisé. Tout cela étant léger et facile à fausser, l'emploi de petites traverses en bois sous-jacentes, au moins pour consolider le terrain et mieux répartir les charges, ne sera jamais à dédaigner, quoi qu'en affirment certaines personnes : ces rails étaient primitivement en fer du poids de 4 kilogrammes. On les fait aujourd'hui en acier et du poids de 7 à 8 kilogrammes et même 9 kilogrammes le mètre courant.

L'inventeur du système est M. Corbin, imité depuis par MM. Paupier, Suc et surtout Decauville qui en a fait une industrie d'une grande importance, et y a apporté de nombreux perfectionnements de détails.

On livre tout prêts des changements et croisements de voie, des aiguilles élémentaires, des plaques tournantes, etc.

Le wagonnet est en tôle de 5 millimètres d'épaisseur portée par deux tourillons à chaque extrémité et pouvant basculer autour de l'un d'eux en renversant d'une seule fois son contenu. Le tout est suspendu sur deux montants en forme d'A fixés à un châssis également en fer porté par quatre roues (*fig.* 367 et 368). Un tampon central fixe *ou sec*, de forme circulaire pour pouvoir agir dans toutes les directions, et un crochet d'attelage à chaque extrémité complètent l'ensemble. La caisse est évasée pour faciliter le déchargement.

La voie la plus employée aujourd'hui a $0^{m},60$ de largeur et les wagonnets correspondants ont une contenance de $0^{m3},50$. La longueur de la caisse est environ $1^{m},20$, sa hauteur totale $1^{m},15$. Les roues sont en fonte de $0^{m},30$ de diamètre, avec coussinets en bronze et boîtes à huile. Le poids total est de 310 kilogrammes.

Un pareil wagonnet, circulant sur voie portative qui n'est jamais posée horizontalement, présente une résistance à la traction de 11 kilogrammes par tonne. Or son chargement est de 750 kilogrammes, qui ajoutés au poids mort 310 kilogrammes font 1 060 kilogrammes. La résistance à la traction peut donc être évaluée approximativement à 12 kilogrammes.

C'est précisément l'effort continu que peut exercer un ouvrier robuste avec une vitesse de 1 mètre par seconde : ce wagonnet sera donc poussé aisément par un homme. Le chargement se fait aussi facilement qu'en brouette, soit 15 mètres cubes par jour de dix heures ou un wagonnet en douze minutes. Le rouleur pendant ce temps, tout en perdant deux minutes à l'extrémité de sa course, aura parcouru 300 mètres à l'aller et autant au retour soit 600 mètres en tout. Tel est le relai. Un seul ouvrier peut donc transporter par jour 15 mètres cubes à 300 mètres, c'est-à-dire dix fois plus qu'il ne le ferait en brouette.

Aussi le wagonnet poussé par des hommes doit-il remplacer la brouette dans tous les transports à faible distance; et, si la distance augmente, les mêmes wagonnets traînés par des chevaux et groupés de façon à former des trains doivent remplacer le tombereau.

Le cheval marche alors à côté de la petite voie en tirant aisément cinq wagonnets pleins, soit $2^m,50$ à la vitesse minimum de 1 mètre par seconde. L'attelage du cheval doit se faire au moyen d'une chaîne assez longue, 4 à 5 mètres, pour que son obliquité par rapport au train soit insignifiante. On peut atteler plusieurs chevaux et ajouter autant de fois cinq wagonnets, mais cela est moins commode en pratique.

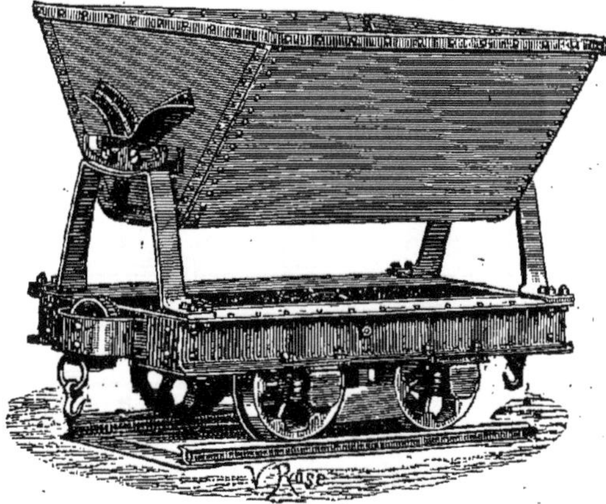

Fig. 367.

Fig. 368.

476. *Formule de transport.* — En admettant que le temps perdu à l'arrivée et au départ soit de cinq minutes ou dix minutes en tout par voyage, correspondant à un parcours de 600 mètres, on fera un voyage à la distance d en $\frac{2d}{60}$ minutes puisque le cheval fait 60 mètres à la minute. Dans une journée de dix heures, le nombre des voyages sera :

$$\frac{600}{\frac{2d}{60} + 10} = \frac{18\,000}{d + 300}$$

et le cube transporté sera de :

$$\frac{18\,000}{d + 300} 2,5,$$

puisqu'à chaque voyage on transporte cinq wagonnets représentant $2^{m3},5$.

La dépense correspondante, cheval conducteur et un homme spécial pour l'entretien de la voie peut être évaluée à 12 francs par jour ; le prix de revient du mètre cube sera donc :

$$\frac{12\,(d + 300)}{18\,000 \times 2.5} = 0,00027d + 0,200$$

Or la formule du transport au tombereau donne au minimum :

$$0,001 + 0,30.$$

Il y a donc grande économie à employer

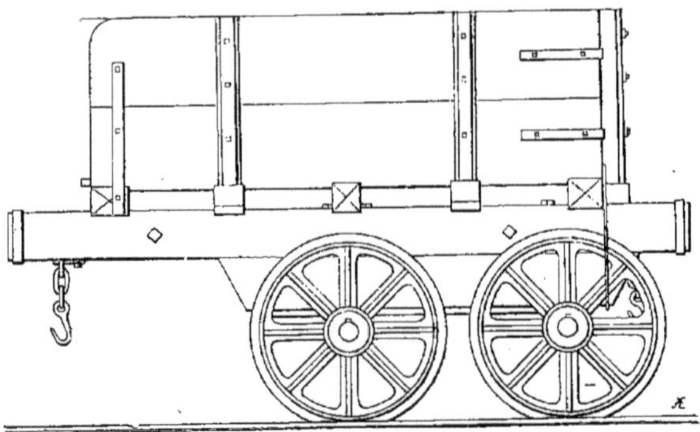

Fig. 369.

le wagonnet, même en tenant compte de l'entretien et de l'amortissement qui ne sont pas entrés dans les formules précédentes. La pratique a démontré que la dépense d'acquisition du matériel pour 1 kilomètre s'élevant environ à 12 000 fr. peut être payée par l'économie réalisée sur l'exécution d'une seule tranchée de 20 000 mètres cubes.

M. Debauve, avec des wagonnets de 0,5 mètre cube et une voie de $0^m,60$, s'arrête à la formule suivante :

$$0,225 + 0,000412\ d + 0,0000002 d^2$$

A partir de 695 mètres, le wagon traîné par des chevaux est supérieur au wagonnet.

En résumé, le grand avantage du

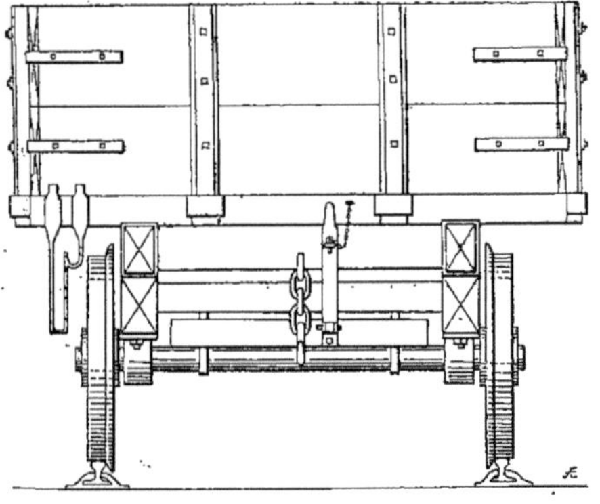

Fig. 370.

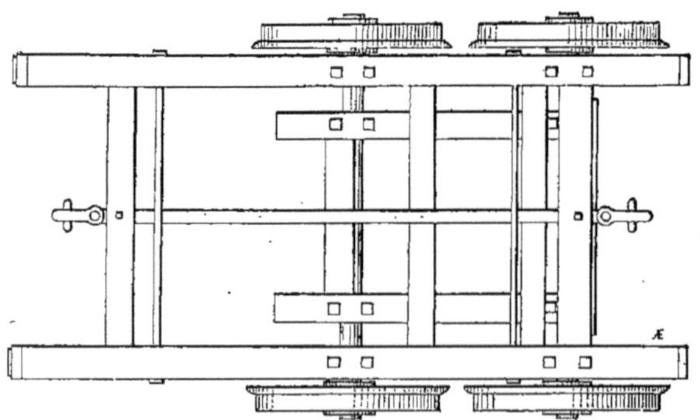

Fig. 371.

wagonnet est de supprimer en grande partie l'effort musculaire de l'homme nécessaire avec la brouette. Il n'y a donc pas à hésiter à l'employer toutes les fois que le cube à extraire est suffisant pour permettre l'amortissement du matériel nécessaire; on aura ainsi rapidement regagné la dépense première indispensable.

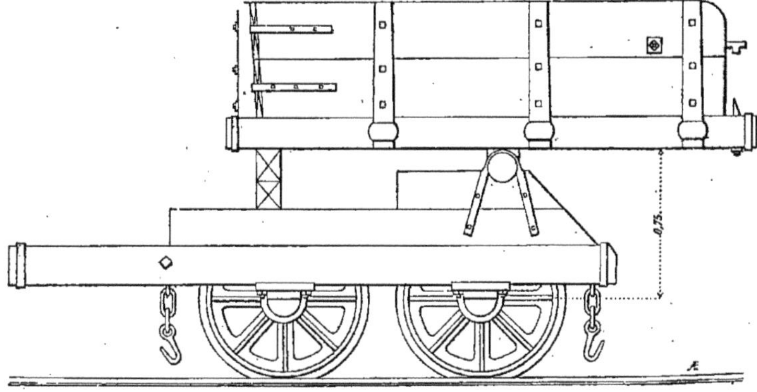

Fig. 372.

C'est d'ailleurs ce qui a lieu de plus en plus, et nous n'avons guère vu dans ces dernières années de chantier de terrassement où l'on emploie la brouette, quelle que soit la distance de transport, à moins que ce ne soit pour des cubes insignifiants.

Quant au camion et au tombereau, ils seront toujours avantageusement remplacés par le wagonnet. Les transports tendent donc en somme à se réduire à deux : le wagonnet jusqu'à 700 mètres et le wagon au-delà.

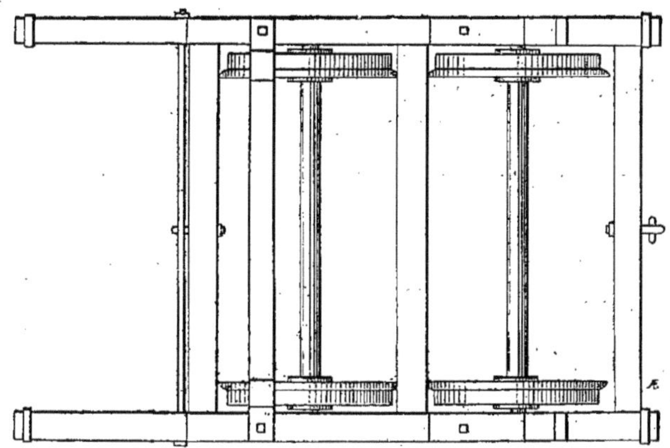

Fig. 373.

Wagons.

477. Le développement pris par la construction des chemins de fer a amené en même temps l'extension du transport par wagons roulant sur de vieux rails, et traînés par des chevaux ou des locomotives suivant la distance à parcourir.

Les wagons sont d'un type primitif en bois consolidé par des ferrures, surtout très résistants à cause des nombreux chocs auxquels ils sont exposés et de la décharge en bascule à laquelle ils doivent tous être soumis.

Il faut pour cette décharge, qu'ils présentent un angle d'inclinaison suffisant pour que toutes les terres tombent à la fois.

Suivant les besoins, les uns basculent à l'arrière (*fig.* 369 à 371 1er type, 372 à 374 2e type), les autres sur le côté (*fig.* 375), selon qu'ils travaillent en avancement ou en élargissement. Pour cela la paroi manque du côté du déchargement, ou mieux, peut elle-même basculer autour de tourillons ou de charnières à la partie inférieure, retenue par un verrou ou un crochet qu'on déclanche au moment voulu. Quelquefois c'est une simple planche qu'on enlève.

Les longerons des châssis qui les supportent se prolongent un peu à l'avant et à l'arrière au moyen de têtes frettées for-

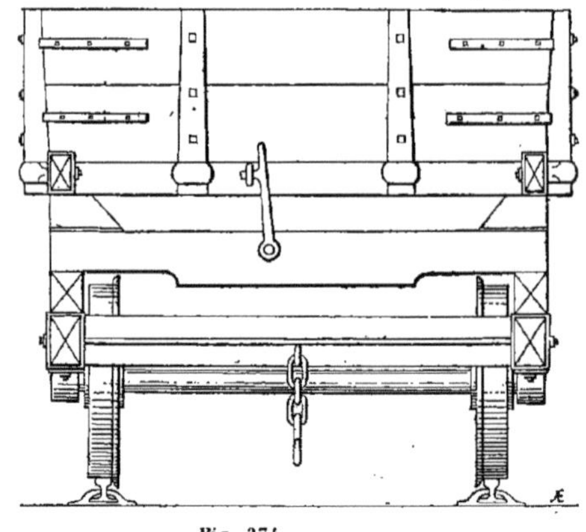

Fig. 374.

mant tampons pour recevoir le choc des wagons voisins quand on en forme des

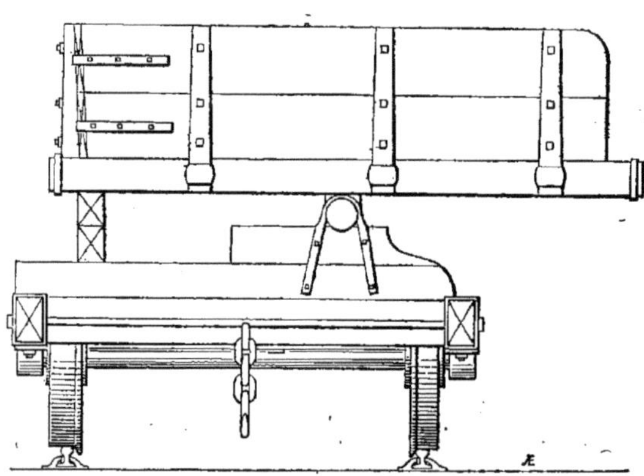

Fig. 375.

trains. Ces longerons sont généralement réunis par des traverses et une croix de Saint-André ; les traverses de tête portent les chaînes et crochets d'attelage.

Sur ce cadre général se trouvent fixées plusieurs pièces de bois supplémentaires ; les unes portent le tourillon autour duquel peut basculer la caisse ; les autres servent d'arrêt à celle-ci à l'état de repos. La caisse est ainsi suspendue à environ 0m,75 au-dessus des deux essieux logés dans des boîtes à graisse élémentaires, munis chacun d'une paire de roues en fer forgé de 0m,60 à

0m,70 de diamètre. On fait quelquefois des roues en fonte, mais à tort, car ce qu'on a le plus à redouter dans les travaux de terrassements ce sont les chocs, et la fonte, même moulée en coquille, se brise avec la plus grande facilité sous le choc, surtout par les grands froids de l'hiver.

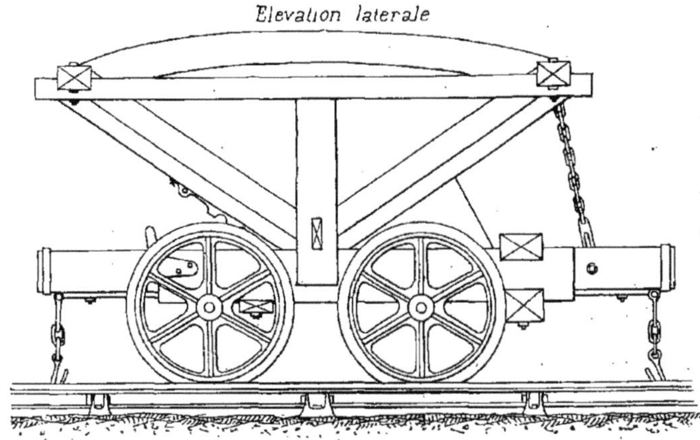

Fig. 376.

Les roues sont calées, comme dans tous les véhicules de chemins de fer, sur des essieux parallèles dont l'écartement ou *empâtement* dépasse rarement 1 mètre.

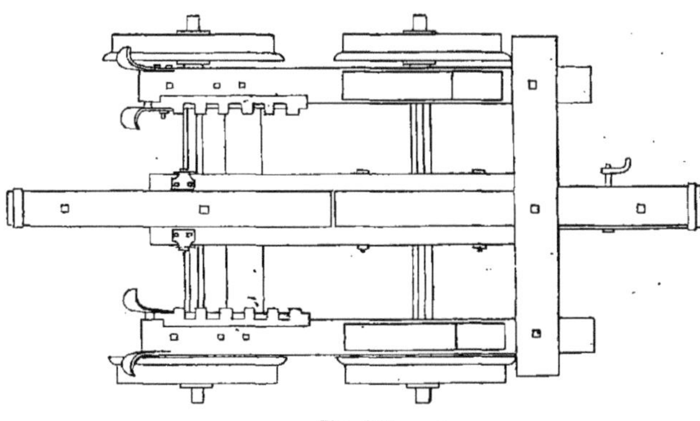

Fig. 377.

Tous les moyens employés pour faciliter le passage en courbe dans les chemins de fer doivent être ici exagérés : conicité des bandages des roues, jeu de la voie, jeu des boîtes à graisse, etc. Cela ne présente que des avantages et aucun inconvénient, car la marche des wagons de terrassements, même remorqués par des locomotives, se fait toujours à une vitesse beaucoup plus faible que celle des trains en exploitation (12 kilomètres à l'heure en moyenne).

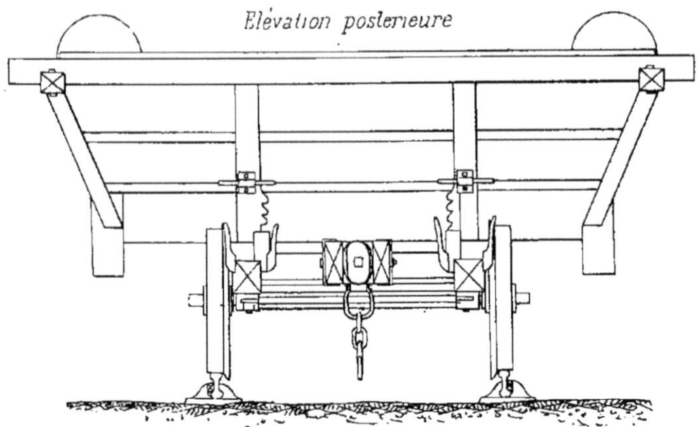

Fig. 378.

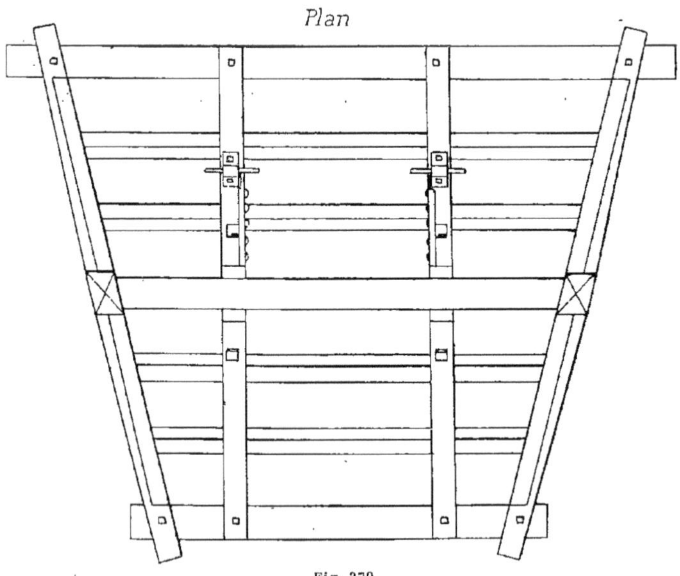

Fig. 379.

Mais le graissage doit être parfaitement fait : ce serait une grave erreur de croire qu'on peut le négliger. Les fusées des essieux ont en effet beaucoup plus à souffrir de l'introduction des poussières que dans l'exploitation courante ;

elles s'usent donc beaucoup plus vite, si la lubrification est insuffisante, sans compter le supplément d'effort de traction qui est nécessaire pour vaincre les frottements correspondants. Ajoutons en même temps, et pour les mêmes motifs, qu'il faudra constamment se préoccuper du bon état d'entretien de la voie.

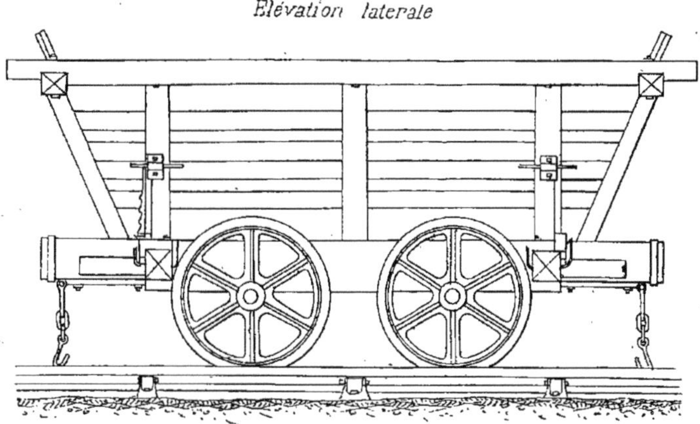

Fig. 380.

Ainsi, dans les wagons de chemins de fer ordinaires, sur une résistance totale de 3 kilogrammes, le frottement de la fusée de l'essieu entre pour 1,5 à 2 kilogrammes. Ce chiffre sera évidemment encore dépassé dans les wagons em-

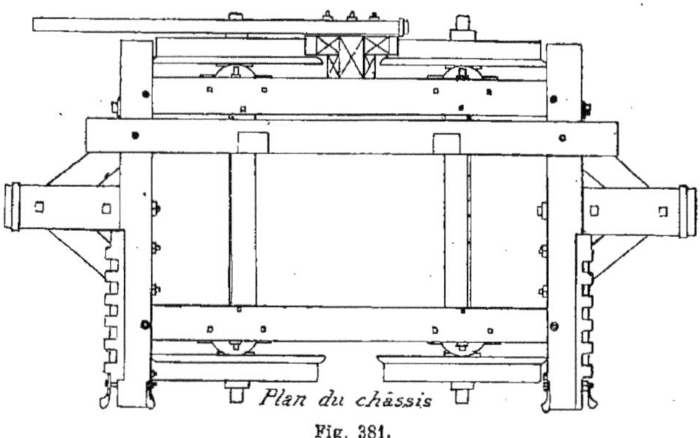

Fig. 381.

ployés sur les chantiers ; on comprend donc l'importance qu'il y a à maintenir un bon graissage.

La section des wagons peut être rectangulaire, circulaire, triangulaire.

Cette dernière forme se prête bien au mouvement de bascule autour du sommet ; mais elle est défectueuse au point de vue de la contenance, car pour une même base et une même hauteur ce triangle a la surface minimum. Les wagons en bois se font généralement de section rectangulaire ou en forme de trapèze.

Quand on les fait en fer, il est plus simple, au point de vue de la fabrication, de leur donner la forme demi-circulaire.

Les figures 376 à 379 représentent un wagon triangulaire à train, à bascule et à crémaillère déchargeant, en avant, employé entre Blaisy et Dijon pour les déblais en rocher.

Les figures 380 à 383 montrent un type analogue employé dans les mêmes travaux, mais déchargeant sur le côté.

478. Le matériel de transport par wagons roulant sur rails peut difficilement être le matériel définitif employé pendant l'exploitation; ce matériel est en effet beaucoup trop lourd pour être installé sur des terres fraîchement remuées; il en résulte des tassements continuels irréguliers, exigeant une grosse dépense de remaniements et d'entretien. De plus le matériel employé dans les terrassements est exposé à de telles avaries qu'il ne peut plus convenir au service courant. L'emploi des rails, traverses et wagons de la voie définitive ne peut être acceptable qu'après l'achèvement de la plate-forme pour la pose du ballast et le transport en

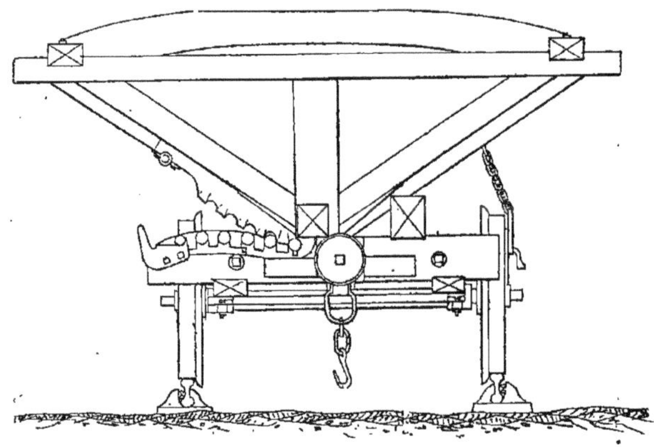

Fig. 382.

avancement du matériel de pose avec tous ses accessoires.

Mais pour les terrassements il faut employer un matériel léger sans être trop fragile, d'une pose et d'un transport faciles. Il faudra donc avoir recours à la voie étroite de 1 mètre entre rails, au maximum. Ce n'est que dans des cas exceptionnels et pour des travaux très importants qu'on pourra conserver la voie normale de $1^{m},50$. Le seul rail à employer est le rail à patins, fixé directement sur traverses au moyen de crampons ou de trifonds. Son poids ne dépassera pas 12 à 15 kilogrammes le mètre courant. Il faut une traverse par mètre et un peu plus dans le voisinage des joints avec une traverse sous chaque joint.

Quoique la pose de cette voie de chantier n'exige certes pas les soins demandés par une voie définitive, il ne faut pas cependant la faire avec trop de négligence. Les déraillements sont alors fréquents et chacun d'eux paralyse souvent le travail du chantier pendant plusieurs heures.

Ces déraillements se produisent surtout aux aiguilles des changements de voie qu'un caillou ou une motte de terre empêche souvent de bien appliquer contre les rails voisins.

On aura toujours intérêt à préposer à la manœuvre de ces appareils, l'ouvrier le plus sérieux : le levier de l'aiguille devra être maintenu dans sa position pendant tout le temps du passage des trains au moyen d'une lourde lentille, ou mieux, par la main même de l'ouvrier spécial.

Les traverses employées sont également beaucoup plus grossières que les traverses définitives. Elles peuvent être d'un bois quelconque, même accompagné d'aubier : elles sont généralement demi-rondes, la partie plate, de $0^m,20$ de largeur autant que possible, étant posée sur le sol et la partie ronde entaillée, pour recevoir le patin du rail. On conserve les plus fortes pour les joints.

479. Chaque wagon doit être muni d'un frein à main que l'on peut actionner

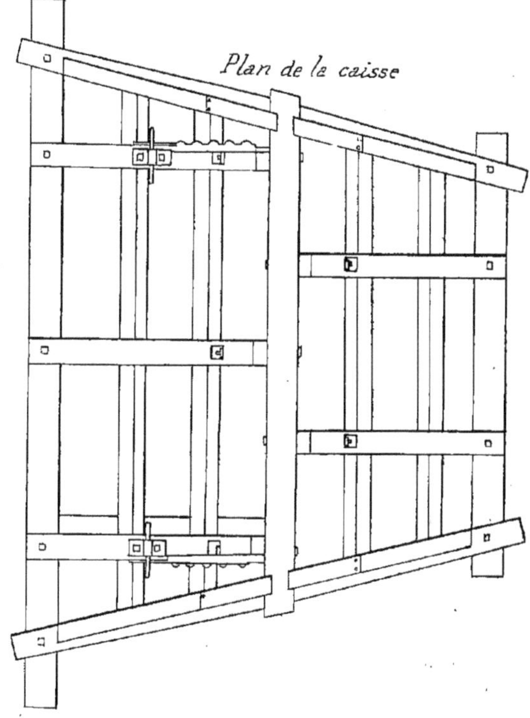

Fig. 383.

en hâte en cas de besoin. Le chargement devant pouvoir en être fait de bas en haut, il est bon que la hauteur ne dépasse pas 2 mètres. Pour permettre aux terres humides de se détacher facilement, l'angle de versement ne doit pas être inférieur à 45 degrés ; la caisse doit s'évaser en plus du côté du déchargement.

La charge n'est pas absolument répartie avec égalité sur les quatre roues ; on laisse une trentaine de kilogrammes de supplément sur l'essieu d'arrière, afin de compenser l'effort de traction sur le crochet d'attelage qui tend à faire basculer le wagon vers l'avant.

Les madriers du fond, qui s'usent beaucoup, sont en bois blanc de peuplier coûtant peu à remplacer ; ils doivent être placés dans le sens où s'effectue le versement. Les deux longerons formant le châssis doivent être d'un assez fort équarrissage. Ils doivent par leurs tampons secs faire une saillie suffisante pour qu'un homme reste sans être atteint entre deux wagons. Il faut pour cela un espace libre de $0^m,40$ à $0^m,50$ au moins.

Pour éviter l'introduction des poussières dans les boîtes à graisse, on garantit extérieurement celles-ci par une bande de grosse toile clouée aux longerons ; on est ainsi surtout à l'abri des terres qui tombent de la caisse pendant le chargement et le déchargement.

Quant à la voie, nous le répétons, on devra considérer comme une dépense indispensable et des plus justifiées la présence d'un ou de plusieurs hommes exclusivement occupés à sa surveillance et à son entretien ; une voie déversée ou inégale, des rails boueux, etc., augmentent sensiblement les frais de traction, l'usure du matériel et les chances d'accidents.

En observant toutes ces recommandations, et en employant des rails saillants, on pourrait arriver à n'obtenir qu'une résistance au roulement de 5 kilogrammes par tonne et en palier ; en pratique, il est plus prudent de compter sur le double, soit 10 kilogrammes, résistance qui augmente ou diminue, comme sur toute voie ferrée, de 1 kilogramme par millimètre de pente ou de rampe.

Ainsi un wagon de $1^{m3},50$ pesant en charge 3 tonnes, exigera un effort de traction de 30 kilogrammes environ, de sorte qu'un cheval pourra en traîner deux en palier et un seul sur une rampe de $0^m,03$ par mètre. Comme les wagons reviennent à vide, on compte d'ordinaire qu'un cheval est nécessaire pour la remorque de trois wagons pleins, et cela d'autant plus que, sur les chantiers bien tenus, la résistance au rendement n'atteint pas les 10 kilogrammes qui nous ont servi de point de départ.

Le wagon le plus employé a une capacité de $1^{m3},5$, il pèse de 550 à 600 kilogrammes.

Les prix des wagons peuvent être calculés d'après le tarif suivant d'une grande maison de Paris, prix qui sont certainement des maxima.

VOIE	CONTENANCE EN MÈTRES CUBES	PRIX DU WAGON		
		VERSANT D'UN SEUL COTÉ	VERSANT DE DEUX COTÉS	VERSANT DE QUATRE COTÉS
		fr.		
1.00	1.50	350	540	625
1.00	2.00	425	680	780
1.50	3.00	725	980	1 000

480. *Chargement et déchargement des wagons.* — Lorsque les wagons se chargent du niveau de la plate-forme, il ne faut pas qu'ils aient une hauteur de plus de $1^m,60$ à 2 mètres, limite du jet de pelle de l'ouvrier en hauteur. Et encore, dans ces conditions, un homme ne pourra charger plus de 12 mètres cubes en une journée de dix heures.

Mais, ce cas est rare, le plus souvent les wagons arrivent dans une cunette et leur chargement se fait du haut : quelquefois même des madriers sont posés sur les caisses et servent de chemins de roulement à des brouettes qui amènent les déblais. Dans ces conditions, le terrassier moyen peut retrouver son chiffre journalier de 15 mètres cubes par jour.

Quant au déchargement, il s'opère par l'avant pour la plus grande partie des wagons; ceux qui se déchargent sur le côté pour le travail en élargissement sont la minorité. Le déchargement de face s'opère de la manière suivante :

D'abord les wagons sont emmenés par trains remorqués par le nombre de chevaux voulus ou par locomotive, de la fouille au chantier de déchargement, où la voie unique jusque-là se divise en deux ou trois tronçons selon les cas. On dételé alors les chevaux ou la machine et on leur fait ramener le train de wagons vides.

Puis les wagons du train sont repris un à un et conduits par un cheval au trot appelé cheval *lanceur*, sur l'une des voies secondaires invariablement terminées par un heurtoir. Ce cheval est attelé sur le côté, et, arrivé en tête des remblais, à la décharge, son conducteur le fait dévier latéralement de manière à laisser le passage libre au wagon, en même temps qu'il

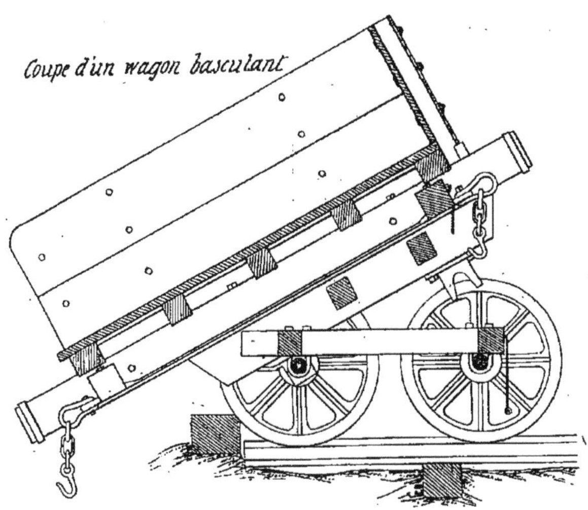

Fig. 384.

décroche le crochet d'attelage; le wagon vient donc buter contre le heurtoir, et comme on a eu soin d'enlever également le crochet qui l'empêche de basculer, il en résulte qu'il n'est maintenu horizontal que

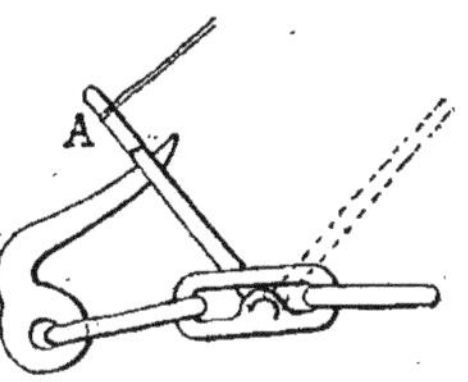

Fig. 385.

par la surcharge de 30 kilogrammes sur l'arrière; arrivé sur le buttoir (*fig.* 384), la vitesse acquise le fait basculer et verser son chargement en avant la porte doit tomber en avant et prolonger le fond de la caisse de manière à éloigner les terres des roues du véhicule. Le buttoir doit être assez élevé car le choc fait toujours basculer un peu le train de roues lui-même, et le wagon tout entier pourrait bien suivre la terre et rouler au remblai, sans cette précaution.

On fait souvent usage, dans ce cas, du crochet anglais (*fig.* 385). Ce crochet fixé à l'extrémité d'une chaîne ordinaire, est normalement retenu par une pièce à fourche A à laquelle est attachée une corde. En tirant cette dernière, la pince A qui empêchait le crochet de tomber ne le retenant plus, il tombe, et l'attelage est dégagé.

On comprend que le mode de déchargement au lançage ne convienne pas aux terres collantes glaiseuses qu'il faudra toujours dégager à la pioche, des caisses des wagons auxquelles elles adhèrent.

Formules de transport de wagon.

481. Les transports par wagons peuvent beaucoup moins que les autres être représentés par une formule fixe à cause des conditions des plus variables dans lesquelles ils fonctionnent. Pendant longtemps on n'a eu à sa disposition que la formule ci-dessous due à M. Oppermann.

En appelant X le prix de revient en francs du transport d'un mètre cube;

I, l'inclinaison moyenne par mètre des voies posées. positive pour les rampes, négative pour les pentes;

D, la distance horizontale en hectomètres qui sépare les centres de gravité du déblai et du remblai;

L, la longueur cumulée, en hectomètres, du déblai et du remblai;

V, le volume total des mètres cubes à extraire;

C, une somme constante égale à 250 fr. pour les voies neuves et à 200 francs pour les voies ayant déjà servi.

On a pour X :

$$X = (0,045 \pm 2I)\,D + \frac{L+8}{V} \times C + 0,25.$$

Aujourd'hui nous possédons des éléments plus précis.

L'étude qui suit et qui nous paraît fort bien faite est extraite de l'ouvrage de M. Debauve (*Procédés de Construction*).

Les wagons peuvent être remorqués par des chevaux ou des locomotives.

Nous examinerons en premier lieu la traction par chevaux.

482. *Prix du transport par wagon à traction de chevaux.* — Il est très difficile, avons-nous dit, de donner une formule générale pour le transport par voie ferrée, car le prix dépend des circonstances locales, et surtout de la disposition des chantiers.

Il dépend aussi du temps accordé pour l'exécution du travail. Si l'on veut aller vite, il faut un matériel plus considérable, des voies de chargement et de déchargement plus nombreuses, des gares d'évitement, quelquefois même une double voie, et la dépense par mètre cube est augmentée d'autant. Les ouvriers sont gênés, les pertes de temps s'accroissent et c'est encore une cause d'augmentation de dépense.

Les calculs suivants s'appliquent donc à des conditions normales et supposent notamment que les transports sont effectués à peu près de niveau, ou du moins que les rampes sont assez courtes et assez faibles pour être franchies à l'aide d'un coup de collier sans renfort d'attelages ou de machines.

Si les transports devaient s'effectuer en rampe, il serait facile de trouver dans chaque cas le rapport dans lequel la charge d'un train serait réduite, et l'on approprierait sans peine les formules au cas considéré.

Le matériel est supposé, en outre, devoir servir d'une manière continue et indéfinie, la dépense première de ce fait ne devant pas être répartie sur un seul travail, car les engins les plus simples seraient alors les plus avantageux.

1° *Loyer du wagon.* — Un wagon ne dure que trois ans et, si l'on tient compte de la valeur de la ferraille lorsqu'il doit être entièrement renouvelé; si l'on admet en outre deux cent cinquante jours de travail par an, l'intérêt et l'amortissement doivent être comptés à $0^f,75$ par journée de travail. L'entretien et le graissage coûtent pareillement $0^f,75$.

Le loyer complet revient donc à $1^f,50$: et c'est une moyenne que l'on peut admettre pour les wagons de $1^{m^3},50$ à 3 mètres cubes de capacité.

2° *Déchargement.* — Il faut six minutes pour lancer un wagon, le décharger et le ramener au garage.

On peut donc avec une voie, décharger dix wagons à l'heure et cent par jour; avec deux ou trois voies, l'embarras et la gêne augmentent, on ne peut pas décharger deux ou trois fois plus de wagons qu'avec une. Ainsi :

1 voie permet de décharger......	100 à 120 wagons
2 voies permettent de décharger	180 à 210
3 voies permettent de décharger.....	240 à 270

Ce qui donnera avec des wagons de 3 mètres cubes un chiffre qui ne peut guère dépasser 700 mètres cubes. Admettons même 650 mètres cubes pour le débit, il faudra :

3 lanceurs (cheval et conducteur à 8 fr.)	24 fr.
9 ouvriers à 3 francs (3 ouvriers par voie).	27
1 aiguilleur à 2 francs.	2
Total :	53

Soit au total 53 francs ou environ $0^f,08$ par mètre cube ; s'il n'y a qu'une voie il ne faudra compter que $0^f,04$ par mètre cube.

Avec les wagons à $1^{m3},50$, les prix au mètre cube seraient doublés ; mais ces petits wagons ne s'emploient guère pour des travaux très importants.

Le lancement peut être fait par les ouvriers même sur une voie unique, et, en somme, on peut admettre par mètre cube le même prix de déchargement.

3° *Chargement.* — Dans les terrassements à la brouette, nous avons vu qu'un homme chargeait 15 mètres cubes par journée de dix heures ; si cet homme est payé 3 francs, la charge d'un mètre cube coûtera $0^f,20$.

Pour les tranchées ouvertes au wagon, il faut à ce prix de $0^f,20$ ajouter une plus-value comprise entre $0^f,05$ pour un petit déblai et $0^f,25$ pour une tranchée importante.

Voici par exemple le détail de la plus-value quand il s'agit d'une tranchée d'un débit journalier de 600 mètres.

	Le mètre cube
Frais d'ouvertures de cunettes.	$0^f,04$
Chevaux pour distribuer les wagons ; aiguilleur-surveillant, $2^f,40$ par jour ; soit.	0 04
Transport à un relai de brouettes du quart au moins des déblais ; un relai coûte $0^c,16$ par mètre cube, d'où une plus-value de	0 04
Les ouvriers étant gênés ne chargent plus que 10 mètres cubes au lieu de 15, ce qui augmente de.	0 10
Total de la plus-value	0 22

Pour une grande tranchée il faut donc compter au moins $0^c,40$ pour la charge d'un mètre cube.

4° *Parc des wagons.* — Soit V le débit journalier de la tranchée, c'est-à-dire le nombre de mètres cubes que l'on extrait journellement et que l'on transporte au moyen de wagons de capacité v. Il faudra donc remplir par jour $\frac{V}{v}$ wagons.

On met quatre hommes au chargement d'un wagon, ils chargent 40 mètres cubes en dix heures ou 4 mètres cubes à l'heure, ou un wagon de capacité v pendant la fraction d'heure $\frac{v}{4}$ ou pendant un nombre de minutes $\frac{60v}{4}$.

Il faudra donc un train toutes les $\frac{60v}{4}$ minutes, ou pendant une journée de six cents minutes $\frac{40}{v}$ trains. Chaque train devra emporter un cube :

$$\frac{V}{\left(\frac{40}{v}\right)} = \frac{Vv}{40}.$$

et sera composé par conséquent de $\frac{V}{40}$ wagons.

Ainsi on aura $\frac{V}{40}$ wagons au chargement et autant au déchargement.

Les chevaux traînent les wagons à la vitesse de 1 mètre par seconde, ou 60 mètres par minute. Si L est la plus grande distance de transport, le parcours sera 2 L, et, comme toutes les $\frac{60v}{4}$ minutes, il doit arriver un train vide au déblai, pour remplacer le train qui part, les trains devront se succéder à une distance égale à $60 \times \frac{60v}{4}$ minutes. Le nombre de trains en marche sera donc :

$$\frac{2L}{\frac{60 \times 600}{4}} = \frac{L}{450v}.$$

et chacun devra comprendra $\frac{V}{40}$ wagons.

On doit compter en outre sur 20 0/0 de wagons de rechange à cause des réparations, ce qui donne pour le nombre total des véhicules :

$$1,2\frac{V}{40}\left[2+\frac{L}{450v}\right]$$

La distance moyenne de transport d est la distance qui sépare le centre de gravité de la tranchée du centre de gravité du remblai ; la plus grande longueur L d'un chantier ne diffère guère du double de la distance d. Si donc on remplace dans l'expression précédente L par $2d$ et que l'on multiplie le résultat par $1^f,50$, la dépense journalière du parc de wagons sera :

$$0^f09\ V\left[1+\frac{d}{450v}\right]$$

pour un débit de V mètres cubes.

5° *Prix de transport.* — On ne peut guère atteler à un train plus de trois chevaux, avec un conducteur, le tout donnant une dépense de 24 francs par jour.

Le train comprendra donc neuf wagons de $1^{m3},50$, ou six wagons de 3 mètres cubes ; ce qui donne dans le premier cas pour la valeur C du chargement $13^{m3},50$, et dans le second 18 mètres cubes.

La longueur moyenne parcourue à chaque voyage est $2d$, et il y a un temps perdu correspondant à 600 mètres ; le convoi fera donc par jour un nombre de voyages égal à :

$$\frac{36000}{2d+600}$$

et transportera C fois ce nombre de mètres cubes pour une dépense P.

D'où pour la valeur de la dépense par mètre cube :

$$\frac{P\,(2d+600)}{C\times 36000}$$

6° *Frais de la voie.* — La dépense de la voie est plus difficile à évaluer. Souvent on a un matériel d'occasion à peu de frais ou un matériel déjà amorti par d'autres opérations.

Les rails coûtent neufs : 200 à 230 francs, la tonne ; se revendent encore 100 francs, lorsqu'il faut les mettre au rebut.

Une voie en rails de 12 à 15 kilogrammes coûtera donc $5^f,28$ ou $6^f,60$ par mètre courant.

Les traverses, si on peut les préparer dans le voisinage, peuvent revenir à très bon marché ; des traverses de $0^m,20$ sur $0^m,12$ et 2 mètres de long cubent $0^{m^3},018$ et peuvent s'obtenir en certains pays à 2 francs et même moins. Mais il est plus prudent de les compter à 3 francs. Il en faut une par mètre courant ; ajoutant $1^f,50$ environ pour la pose de la voie et les fournitures accessoires, on arrive à une dépence totale de 10 francs et de $11^f,50$ par mètre courant en chiffres ronds.

On doit compter le déplacement, l'intérêt et l'amortissement de ce matériel à 25 % par an ce qui donne une dépense de $2^f,50$ ou de 3 francs par mètre courant et par an. Il faut en outre admettre un cantonnier par kilomètre de voie pour l'entretien, ce qui augmente la dépense de 1 franc par mètre courant et la porte à $3^f,50$ et 4 francs.

On n'est pas loin de la vérité en admettant que, pour une longueur L de chantier, la longueur totale des voies est $L+\frac{L}{2}$ ou $3d$, d'où une dépense annuelle de $10^f,5d$ et $12d$ pour deux cent cinquante jours de travail, soit une dépense quotidienne de $0^f,042d$ et $0^f,048d$.

483. *Récapitulation des dépenses.* — En résumé, par mètre cube pour un débit journalier V de 650 mètres, la dépense sera :

Déchargement		$0^f,08$
Plus-value pour chargement		$0^f,20$
Frais du parc de wagons $0^f,09\left(1+\frac{d}{450v}\right)$	avec wagons de 1.50 :	$0,09+0,000135d$
	— de 3 m. :	$0,09+0,000067d$
Transport. — $\frac{P\,(2d+600)}{C\times 36\,000}$	avec wagons de 1.50 :	$0,03+0,0001d$
	— de 3 m. :	$0,022+0,00007d$
Prix de la voie $\frac{0.042}{V}d$ et $\frac{0.048}{V}d$	avec rails de 12 k.	$0,000065d$
	— de 15 k.	$0,000074d$

Le prix de revient du transport de 1 mètre cube à la distance d sera donc :

1° Avec wagons de $1^{m3}5$, et rails de 15 kilogrammes :

$$0^f,40 + 0,0003d;$$

2° Avec wagons de 3 mètres cubes et rails de 15 kilogrammes :

$$0^f,392 + 0,00021d.$$

Rappelons que ces formules, s'appliquent à un débit considérable et à de grandes tranchées.

Si l'on voulait modérer le débit et se contenter par exemple d'une voie, au chargement comme au déchargement, la dépense de déchargement tomberait à $0^f,04$; la plus-value pour chargement à $0^f,10$; la longueur des voies ne serait que de 2,5 d au lieu de $3d$, et la dépense journalière pour la voie avec rail de 15 kilogrammes tomberait à $0^f,04d$.

On pourrait n'avoir à la fois qu'un train en marche, soit six wagons donnant 18 mètres cubes, soit un matériel de vingt-deux wagons coûtant 33 francs par jour. Il y aurait par jour :

$$\frac{36\,000}{2d + 600}$$

voyages, et le cube serait de :

$$\left[\frac{36\,000}{2d + 600} \times 18\right]$$

mètres cubes, sur lequel on devrait répartir la dépense de 33 francs du parc de wagons, ce qui donnerait :

(1) $0^f,0305 + 0,000102d$

par mètre; de même la dépense journalière de la voie, répartie sur le cube transporté, donnerait par mètre cube :

$$0,00000012d^2 + 0,00004d.$$

De sorte que la dépense s'établirait comme suit :

Déchargement. . . . . $0^f,04$

Plus-value pour chargement . . 0 10

Dépense de voie. . . . . . 0 ,00000012d^2 + 0,00004d

Prix du parc de wagons. . . . . 0,0305 + 0,000102d

Dépense de transport. 0,022 + 0,00007d

(2) Total. 0,20+ 0,000212 + 0,000000012d^2

Comparons les formules (1) et (2) dont la première s'applique aux grandes tranchées et à un gros débit journalier, tandis que la seconde vise les petites tranchées pour lesquelles il n'y a à la fois qu'un train de wagons pleins en marche. Cette comparaison conduit aux résultats ci-après, en regard desquels sont placés les résultats de l'application des formules de transport au wagonnet et au tombereau.

DISTANCES MOYENNES	500	1 000	1 500	2 000
	fr.			
Grande tranchée et grand débit.......	0.497	0.602	0.707	0.812
Petite tranchée, débit limité..........	0.336	0.532	0.788	1.104
Transport au wagonnet, voie portative.	0.49	0.84	1.28	1.84
Transport au tombereau..............	0.80	1.40	1.80	2.30

Ce tableau met en évidence l'avantage des engins perfectionnés de transport. Il montre que l'emploi du wagonnet et de la petite voie est avantageux tant que la distance moyenne n'atteint pas 900 mètres à 1 000 mètres. Au delà c'est le wagon qui l'emporte. Il est à remarquer que la formule relative à un débit limité avec un seul train en marche devient inférieure vers 1 250 mètres à la formule à grand débit. C'est qu'en effet, pour de pareilles distances, la voie est mal utilisée, et la dépense y relative grève chaque mètre cube transporté d'une somme trop importante.

Les formules d'ailleurs s'appliquent à des wagons de 3 mètres cubes : c'est la formule 0,40 + 0,0003d qui conviendrait pour des wagons plus petits.

484. *Formules de transport en usage dans les grandes compagnies de chemin de fer.* — Les formules de transport en usage dans les grandes compagnies, formules qui comprennent le bénéfice de l'entrepreneur, paraissent établies en vue de wagons de $1^m,50$. Ce sont les suivantes :

État.	$0^f,55 + 0,0005d$
Ouest (rails et coussinets fournis par la Cie).	$0^f,40 + 0,0004d$
Ouest (rails et coussinets fournis par l'entrepreneur). . . .	$0^f,50 + 0,0004d$
Nord (rampes inférieures à $0^m,006$). .	$0^f,57 + 0,0003d$
Nord (rampes supérieures à $0^m,006$).	$0^f,57 + 0,0006d$

Ces formules, dont les bases ne sont pas connues, ne diffèrent guère de celles que nous avons établies plus haut, si l'on tient compte du bénéfice de l'entrepreneur.

Traction par locomotives.

485. Il va sans dire que, lorsqu'on peut tout d'abord atteindre le niveau de la ligne projetée et se créer à ce niveau une largeur suffisante pour y établir une voie, c'est là un cas exceptionnel de recourir à la voie définitive elle-même ; on emploierait de même les locomotives qui doivent la desservir, et les wagons, aussi grands que possible, dont le volume pourrait atteindre 5 mètres cubes.

Mais, nous le répétons, ce sont là des cas absolument exceptionnels, et, si l'on établit une voie spéciale de terrassements, il faut lui donner aussi des machines spéciales d'un poids et d'une flexibilité en rapport avec la résistance et avec les courbes de cette voie. C'est une erreur de croire que l'on peut confier la traction à des locomotives de rebut, hors d'usage sur les chemins de fer ; le service que l'on demande à ces machines est plus pénible que le service courant de l'exploitation et donne lieu à plus de chocs et à plus d'avaries. Il réclame donc des locomotives solides, appropriées à leur tâche.

D'un autre côté, on construit depuis quelques années de petites locomotives pour les voies très réduites de $0^m,50$ et $0^m,60$. Ces engins légers, qui peuvent donner de bons résultats pour le service des usines ou des exploitations agricoles, nous paraissent absolument impropres à la vie des chantiers, avec tous ses dangers, et, en outre, ne pas répondre aux besoins qui sont surtout de transporter de grosses masses à grandes distances.

La vraie locomotive de terrassements doit être à voie de 1 mètre, alors que celle de la plupart des chemins de fer économiques pourrait être avantageusement à voie de $0^m,75$. Nous ne parlerons pas des voies de largeur intermédiaire, car en pratique la multiplicité des types pourrait être un défaut grave à tous les points de vue ; le moindre serait de s'opposer à la fusion de plusieurs matériels à un moment donné.

Nous avons vu dans les premiers chapitres de ce *Traité* que la puissance de traction de la locomotive est basée sur l'*adhérence*. Si f est le coefficient de frottement de glissement et P la charge transmise aux rails par les roues motrices, cette adhérence est fP. Telle est la limite de l'effort de traction que la locomotive peut développer.

Or le coefficient f est très variable suivant l'état des rails, c'est-à-dire suivant les circonstances atmosphériques ; par un beau temps sec f s'élève jusqu'à $^1/_5$; par un temps de brouillard gras, il peut tomber à $^1/_{13}$; en temps de forte pluie, il est de $^1/_6$ à $^1/_7$. En résumé, on peut compter, avec des voies de terrassement parfois couvertes d'un peu de terres grasses, sur le coefficient de $^1/_8$, sauf à sabler les rails lorsque l'humidité tend à les rendre trop glissants.

Les locomotives de terrassements sont à quatre et six roues ; comme elles sont destinées à circuler à une vitesse maximum de 10 à 12 kilomètres à l'heure, on doit utiliser tout leur poids en vue de l'adhérence et de la traction, c'est-à-dire que tous les essieux sont couplés et toutes les roues sont motrices. L'effort maximum de traction d'une semblable machine sera donc $^1/_8$ de son poids total. On comprend d'ailleurs que ces machines doivent être des machines tenders portant elles-mêmes leurs provisions d'eau et de combustible.

L'effort de la machine sert à se traîner

elle-même et à remorquer son train ; nous avons donné plus haut la résistance au roulement des wagons, 10 kilogrammes par tonne sur voie en palier ; la résistance propre de la machine est un peu plus élevée.

En prenant comme base les expériences des Compagnies de chemins de fer, la résistance d'une machine à quatre roues serait de 16 kilogrammes par tonne et celle d'une machine à six roues de 22 kilogrammes par tonne. Ces chiffres étant d'ailleurs susceptibles, comme celui de 10 kilogrammes afférent aux wagons, d'une diminution de 5 kilogrammes si l'on arrive à obtenir une voie de terrassements dans des conditions d'entretien sensiblement égales à celles qu'on réalise sur les chemins de fer proprement dits. Mais, en pratique, il n'y faut guère compter.

Une voie de terrassement ordinaire ne devrait pas être chargée de plus de 6 à 7 tonnes par essieu, ce qui donne un poids de 12 tonnes environ aux machines à quatre roues et de 20 tonnes aux machines à six roues. Ces machines neuves coûtent environ 2 francs le kilogramme, soit 24 000 francs ou 40 000 francs, suivant le type. On obtient cependant une réduction pour une commande de plusieurs machines.

Les machines de 12 et de 20 tonnes sont susceptibles, avec le coefficient d'adhérence de $^1/_8$, de produire un effort de traction de 1 500 et 2 500 kilogrammes ; elles absorbent, pour se mouvoir elles-mêmes, 192 et 440 kilogrammes ; il reste donc pour la traction utile 1 300 kilogrammes et 2 050 kilogrammes.

Or un wagon de $1^{m3},50$ de capacité exige une traction de 30 kilogrammes, et un wagon de 3 mètres cubes une traction de 55 kilogrammes. Les deux machines de 12 et 20 tonnes peuvent donc remorquer en palier des trains de 43 et 68 wagons de $1^{m3},50$, de 23 et 37 wagons de 3 mètres cubes.

Avec des rampes croissantes, les charges diminuent rapidement, comme le montre le tableau ci-après, qui pourra être utile à consulter dans la pratique :

RAMPE EN MILLIMÈTRES	NOMBRE DE WAGONS DE $1^{m3},5$ TRAINÉS PAR UNE MACHINE		NOMBRE DE WAGONS DE 3 MÈTRES TRAINÉS PAR UNE MACHINE	
	DE 12 TONNES	DE 20 TONNES	DE 12 TONNES	DE 20 TONNES
0	43	68	23	37
5	28	43	15	24
10	19	31	10	17
15	15	23	8	13
20	12	18	6	10
30	8	12	4	6
40	5	8	3	4
50	3	6	2	3

On voit, comme nous le savions déjà, que l'effet utile de la locomotive diminue très vite avec la rampe, et le rendement mécanique du système ne tarde pas à devenir inacceptable. Dès que les rampes atteignent quelques centimètres par mètre, ce n'est plus à la locomotive qu'il faut recourir, mais à des machines fixes et à la traction par câble.

486. *Traction par locomotive.* — Lorsqu'on emploie la locomotive, il va de soi qu'on doit recourir à des wagons de 3 mètres cubes de capacité. De plus on n'applique ce procédé qu'à de grandes tranchées ou à un grand débit quotidien.

Supposons qu'on se serve d'une machine de 20 tonnes coûtant 40 000 francs ; la vitesse sera limitée à 10 ou 12 kilomètres à l'heure, soit 3 mètres à la seconde. Cependant, il est clair que, pour les transports à très longue distance, la partie intermédiaire de voie peut recevoir une assiette plus solide et la vitesse peut y être portée à 20 ou 25 kilomètres. Mais il convient dans les calculs de se baser sur la vitesse minima de 3 mètres par seconde.

Le temps perdu au départ à chaque extrémité des chantiers pour la composition, la décomposition et la manœuvre des trains peut être facilement limité à dix minutes : en tout vingt minutes de perte par voyage.

Si l'on n'est pas pressé par le temps, on peut se contenter de deux trains : l'un au chargement et l'autre en marche ou en déchargement. Le nombre des chargeurs doit être tel qu'ils puissent remplir un train pendant le temps exigé par un parcours, aller et retour, de la distance de transport et pour décharger l'autre train, On n'est en effet pas obligé de mettre quatre hommes au chargement d'un wagon ; on peut n'en mettre que deux, et même donner à cette équipe plusieurs wagons à remplir.

Pour augmenter le débit on peut avoir deux trains au chargement et un en marche et la locomotive fait deux voyages pendant le temps nécessaire au remplissage d'un train ; ce dernier temps doit donc être égal à deux fois la durée du parcours aller et retour, plus deux fois la durée du déchargement, plus une fois la durée du poussement d'un train au chantier de déblai. En tout cas, le chargement doit être réglé de telle sorte que la machine soit utilisée sans arrêt.

Une locomotive de terrassement ne peut guère durer plus de sept ans : ce qui donne 15 0/0 d'amortissement annuel. Avec l'intérêt et l'entretien, on arrive à 20 0/0, chiffre rond suffisant. Les rouleaux à vapeur pour l'entretien des routes font un service aussi dur et ne coûtent pas plus. Toutefois, afin de tenir compte des chômages entre les entreprises, et pour éviter tout mécompte, admettons pour les frais d'amortissement d'intérêt et d'entretien 25 0/0 du prix d'achat ; pour la locomotive de 20 tonnes, c'est 10 000 francs par an ou 40 francs par jour de travail.

Cette locomotive peut se revendre la moitié ou les deux tiers du prix d'achat après un service de deux ou trois ans.

L'effort de traction d'une machine de 20 tonnes étant de 2 500 kilogrammes, et sa vitesse de 3 mètres par seconde de travail est de 7 500 kilogrammètres ; la puissance est donc de 100 chevaux-vapeur, la consommation de charbon de 300 kilogrammes à l'heure, et, comme les temps d'arrêt pour les parcours ordinaires absorbent la moitié de la journée, la dépense de combustible sera de 1 500 kilogrammes.

Avec de petites machines la consommation devrait être portée à 4 et même à 5 kilogrammes par cheval et par heure.

La dépense quotidienne de la machine sera donc :

Un mécanicien à 10 francs par jour.	10 00
Un chauffeur ou aide à 4 francs.	4 00
Deux graisseurs ou garde-frein à 3 francs.	6 00
Un garde de nuit.	4 00
Alimentation d'eau.	1 50
Combustible, 1 500 kilogrammes à 40 francs la tonne. . . .	60 00
Graissage, chiffons, étoupes . .	3 00
Intérêt, amortissement et entretien de la machine. . . .	40 00
Total. . .	128 50

ou 125 francs en chiffres ronds.

La voie doit être plus soigneusement établie et les accessoires sont plus coûteux lorsque la traction se fait par locomotives et il faut compter une dépense annuelle de 5 francs par mètre courant. La distance moyenne de transport étant d et la longueur des voies par suite environ 3 d, la dépense annuelle sera 15 d pour deux cent cinquante jours de travail ou 0f,06 d par jour.

487. *Prix de transport.* — Cela fait, supposons que la voie soit établie en palier ou en rampe ne dépassant pas 5 à 6 millimètres par mètre ; la machine de 20 tonnes remorque alors vingt-trois wagons ou 69 mètres cubes. La vitesse étant de 3 mètres à la seconde, 180 mètres à la minute, et le temps perdu étant de vingt minutes à chaque voyage, ce temps correspond à un parcours de 36 00 mètres. La machine fait 104 000 mètres en dix heures. Le nombre de voyages quotidiens sera donc :

$$\frac{104\,000}{2d + 3\,600}$$

à la distance d, et le cube V sur lequel la dépense est à répartir s'élèvera à :

$$\frac{104\,000 \times 69}{2d + 3\,600}$$

Il y aura vingt-trois wagons en marche et vingt-trois sur chaque chantier, plus 20 0/0 en réserve, soit un parc de quatre-vingt-cinq wagons coûtant par jour $85 \times 1^f,50$ ou 130 francs en chiffres ronds : cette dépense divisée par le cube V donne par mètre :

$$0^f,07 \times 0,\,000036\,d.$$

Le transport proprement dit absorbe 125 francs par jour qui, répartis sur le volume V, donnent par mètre cube :

$$0^f,063 \times 0\,0000\,35\,d.$$

On voit que la dépense du parc de wagons est sensiblement égale à celle de la traction.

Reste celle de la voie qui s'élève à $0^f,06\,d$ par jour et qui, répartie sur le cube V, conduit à la formule :

$$0.00003 + 0,000000017d^2$$

Récapitulation

Déchargement	0,08	
Plus-value pour chargement	0,22	
Parc des wagons	0,07	$+ 0,000036d$
Voie		$0,000030d + 0,000000017d^2$
Traction	0,063	$+ 0,000035d$
(3) Total	0,44	$+ 0,000101d + 0,000000017d^2$

Cette formule (3) qui devrait être majorée d'environ 15 % pour comprendre les frais généraux et le bénéfice de l'entrepreneur ne doit, comme toutes les formules empiriques, être appliquée que dans les limites en vue desquelles elle a été établie.

Nous avons supposé qu'il n'y avait qu'un train en marche à la fois, que la voie n'avait pas de rampes supérieures à $0^m,005$ à $0^m,006$, et que la longueur des voies était égale à trois fois la distance de transport.

Ces hypothèses très admissibles dans la pratique, conduisent à un débit journalier de 1 242 mètres cubes transportés à la distance moyenne de 1 000 mètres, de 897 mètres cubes à 2 000 mètres, de 759 mètres cubes à 3 000 mètres, et de 631 à 3 000 mètres. S'il fallait doubler ces débits déjà très importants, on devrait avoir une seconde machine en marche et ménager un garage d'évitement au milieu du parcours ; les voies seraient mieux utilisées, mais il faudrait en augmenter la longueur et le temps perdu s'accroîtrait aussi, de sorte que le prix de revient resterait à peu près le même.

Il est à remarquer du reste qu'avec deux mécaniciens et des équipes convenablement combinées, on peut obtenir jusqu'à douze heures de travail et arriver à quinze heures en été, d'où une certaine marge pour forcer le débit.

Si l'on cherchait à appliquer la formule (3) à des distances de plus de 4 à 5 kilomètres, elle donnerait des prix de transport beaucoup trop élevés ; c'est qu'en effet elle n'a pas été établie en vue d'aussi fortes distances. D'abord la longueur de voies à établir dans ce cas ne serait plus qu'environ $2d$ et l'utilisation du matériel ne serait pas suffisante avec un seul train en marche ; on n'arriverait à transporter chaque jour qu'un cube beaucoup trop limité, et il conviendrait de considérer plusieurs trains circulant simultanément. On arriverait facilement avec les éléments qui précèdent à établir la formule répondant à cette hypothèse.

La distance pour laquelle la traction par chevaux doit céder la place à la traction par locomotives avec moyennes de 3 mètres cubes, s'obtient en posant que les deux formules du transport au tombereau et du transport à la machine, sont équivalentes et en résolvant l'équation ainsi obtenue :

$$0{,}392 + 0{,}00021d = 0{,}44 + 0{,}000101d + 0{,}000000017d^2.$$

Cette équation du 2e degré a deux racines : la plus petite, qui seule répond à la question, est 440. C'est donc à partir de 440 mètres qu'il faut substituer la machine aux chevaux.

488. *Exemples de formules de transport à la machine.* — Les formules ci-dessous, en usage dans les grandes Compagnies de chemin de fer, représentent à peu près la précédente, en majorant les prix de 15 %, afin de tenir compte des frais généraux et du bénéfice de l'entrepreneur.

Ouest (Rails et coussinets fournis par la Compagnie).	$0^f,40 + 0,0002d$
Ouest (Rails et coussinets fournis par l'entrepreneur)	$0^f,50 + 0,0002d$
Nord (rampes inférieures à $0^m,006$)	$0^f\,72 + 0\,000\,15d$
Nord (rampes supérieures à $0^m,006$)	$0^f,72 + 0,00025d$

489. *Traction en rampe.* — La formule de traction à la machine établie plus haut s'applique à une voie à très faibles rampes. C'est une condition qu'il faut toujours chercher à appliquer dans les terrassements, et l'on peut souvent y arriver. Quelquefois même, l'action de la pesanteur peut être utilisée pour tout ou partie du transport.

Cependant on peut être forcé d'établir des voies en rampe. Les éléments précédents permettent alors d'établir la nouvelle formule du prix de revient.

Supposons une rampe de $0^m,015$, la machine ne peut plus remorquer que treize wagons, soit 39 mètres cubes par train. On a alors :

Déchargement..........................	0,08		
Plus-value pour chargement.............	0,22		
Parc des wagons........................	0,07	$+ 0{,}000036d$	
Voie...................................		$+ 0{,}000054d$	$+ 0{,}00000003d^2$
Traction...............................	0,1125	$+ 0{,}0000625d$	
Total.............	0,49	$+ 0{,}0001525d$	$+ 0{,}00000003d^2$

qui donne, pour les transports à 1 000 et 2 000 mètres, $0^f,68$ et $0^f,92$.

Comparaison et limite d'emploi des divers modes de transports.

490. Quel que soit le système en usage, le prix de revient du transport de 1 mètre à la distance d est donné par une expression de la forme :

$$y = m + nd$$

dans laquelle m et n sont des coefficients numériques. Le coefficient m correspond à l'entretien et à l'amortissement du matériel ; il est d'autant plus élevé que le système de transport est plus perfectionné : il est plus grand pour le wagon à traction de chevaux que pour le tombereau, plus grand pour le wagon à traction de locomotive que pour le wagon à traction de chevaux. En revanche, le coefficient n qui mesure la dépense due à la traction seule est d'autant plus faible que l'engin est plus parfait.

Pour ces motifs, il y a intérêt à recourir à des engins de transports plus perfectionnés à mesure que la distance de transport augmente. Ainsi, lorsque cette distance atteint environ 1 kilomètre, il est bon de substituer la locomotive aux chevaux pour la traction des trains.

Étant connues les formules précédentes qui donnent le prix du transport d'un mètre cube de terre, par les différents systèmes, on peut se rendre compte de la limite pratique utile de chaque mode employé.

Il suffit pour cela d'égaler les deux expressions du prix du mètre cube par deux modes de transports différents et de résoudre l'équation ainsi obtenue par rapport à la distance *d*.

On obtient ainsi le tableau suivant :

MOYEN de TRANSPORT	FORMULE DONNANT EN FRANCS LE PRIX DE REVIENT DU TRANSPORT D'UN MÈTRE CUBE DE TERRE À LA DISTANCE MOYENNE d	LIMITE D'APPLICATION DES FORMULES
Brouette	$0.006d$	12 mètres (camion). 61 mètres (tombereau). 40 mètres (wagonnet)
Camion	$0.05 + 0.0017d$	417 mètr. (tombereau). 135 mètr. (wagonnet).
Tombereau à un cheval	$0.030 + 0.0011d$	123 mètres (wagon à chevaux)
Wagonnet et voie ferrée portative (traction de chevaux)	$0.225 + 0.000412d + 0.0000002d^2$ (Wagonnet de 0,5; voie de 0,60)	Le wagonnet est toujours supérieur au tombereau pour les distances pratiques 695 m. (wagon de 1,5).
Wagon et voie ferrée (traction de chevaux)	$0.40 + 0.0003d$ (wagon de $1^{m3},5$). $0.392 + 0.0(021d$ (wagon de 3 mètres).	440 mètr. (locomotive).
Wagon et voie ferrée (traction de locomotive de 20 tonnes).	$0.44 + 0.000101d + 0.000000017\,d^2$ Wagon de 3 mètres	

Si l'on observe que la formule :

$$y = m + nd$$

est l'équation d'une droite dont l'ordonnée à l'origine est m, on peut résumer le tableau précédent au moyen d'un graphique représenté dans la figure 386, dans lequel les abscisses représentent les distances, et les ordonnées les prix de transports en centimes. On se rend compte ainsi aisément des distances à partir desquelles il devient préférable de substituer un mode de transport à un autre.

Transports des déblais rocheux.

491. On comprend qu'avec les déblais rocheux, dont le foisonnement peut être énorme, les formules précédentes ne puissent plus être employées.

Ainsi, pour les galets et cailloux, il y aura lieu de n'appliquer ces formules que lorsque ces produits sont cassés en fragments de 2 à 6 centimètres comme pour l'entretien des routes.

Le poids du mètre cube est alors, comme celui de la terre, de 1 500 kilogrammes environ, à cause des vides. Mais le chargement est beaucoup plus difficile et exige l'emploi d'une pelle à grille : en même temps un ouvrier ne peut plus guère charger dans sa journée que 7 à 8 mètres cubes au lieu de 15, d'où une plus-value de $0^f,20$ par mètre pour le chargement.

Pour les roches lourdes en gros fragments, forme moellons, un homme ne peut guère en charger que 4 mètres par jour en véhicule élevé, et 6 mètres en véhicule bas : le mètre cube pèse de 1 800 à 2 000 kilogrammes et même davantage ; le foisonnement est très important. On devra donc par des expériences directes se rendre compte du foisonnement et voir à quel volume correspond le poids de 1 500 kilogrammes auxquels seuls nous

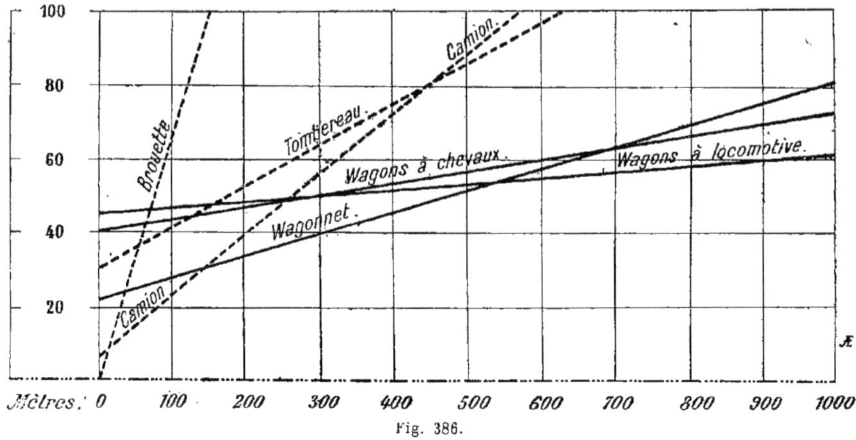

Fig. 386.

pouvons appliquer nos formules courantes de transport.

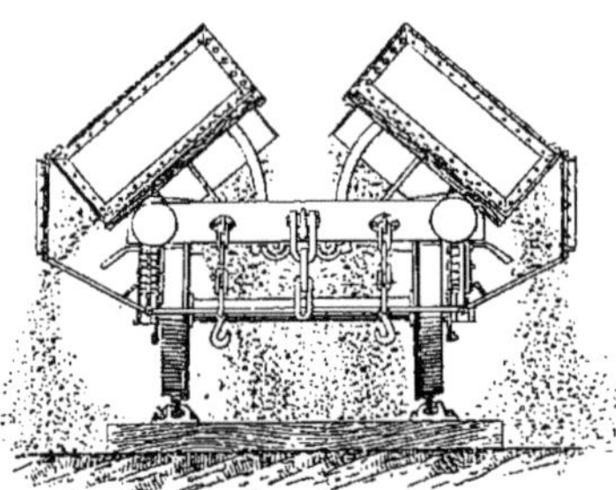

Fig. 387.

A défaut d'expériences préliminaires on peut admettre que les prix de transport de déblais rocheux reviennent au double des autres examinés précédemment.

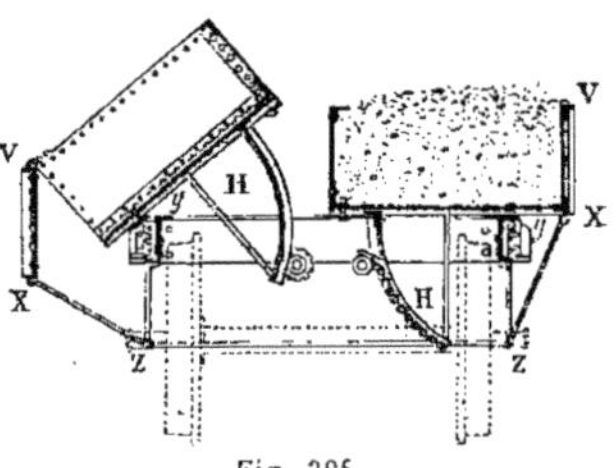

Fig. 388.

Wagons perfectionnés.

492. On construit depuis quelques

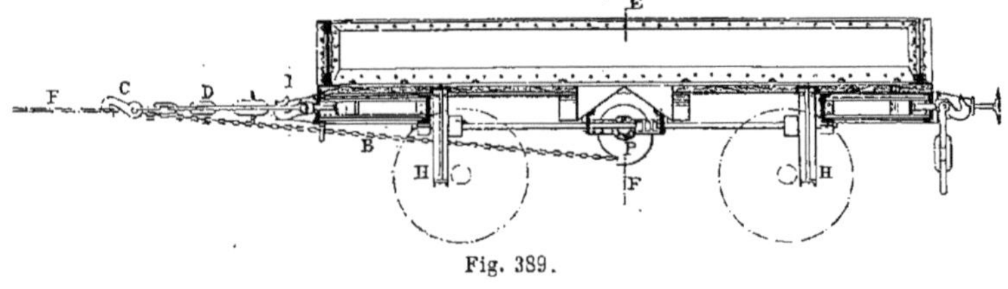

Fig. 389.

années des wagons moins primitifs que ceux que nous avons signalés précédemment.

Quoique les divers systèmes proposés ou employés n'aient pas encore tous la sanction d'une longue pratique, nous signalerons néanmoins à nos lecteurs ceux qui nous ont paru le plus intéressant et qui peuvent leur rendre des services.

493. *Wagons à bascule déchargés par la locomotive.* — Ces wagons, dont le déchargement a lieu d'une manière méthodique et rationnelle à l'abri des secousses ordinaires, peuvent être construits en tôle (*fig.* 387, élévation). La caisse est divisée longitudinalement en deux compartiments indépendants l'un de l'autre et pouvant basculer sur le côté soulevés par des arcs H en fer à U (*fig.* 388, coupe), faisant corps avec eux.

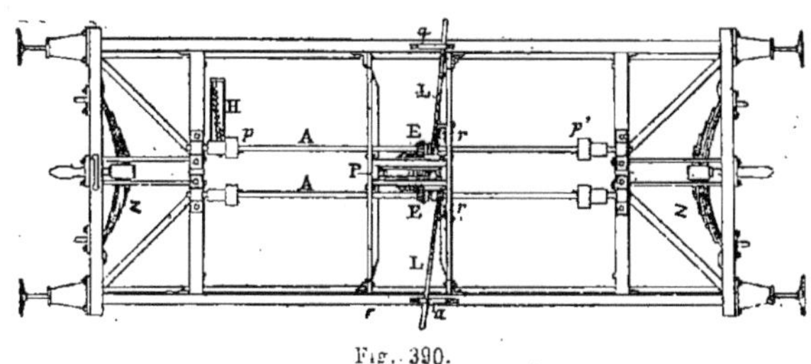

Fig. 390.

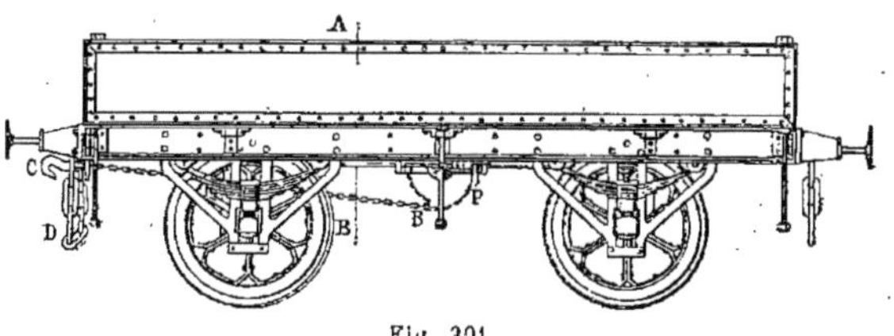

Fig. 391.

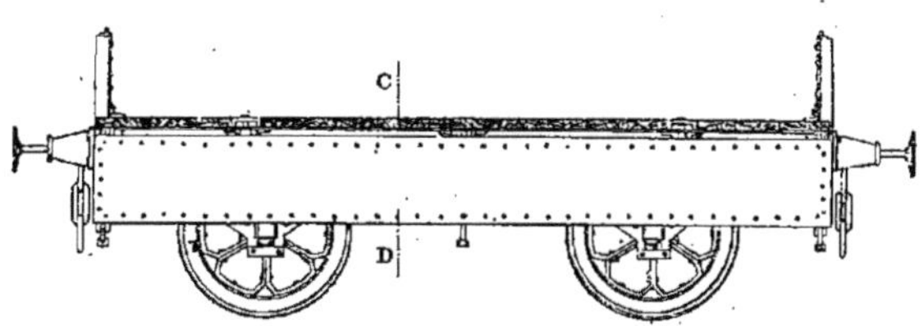

Fig. 392.

Ces arcs H sont mis en mouvement par des chaînes qui s'enroulent sur des poulies *pp'* fixées sur deux arbres A placés sous le châssis (*fig.* 390, plan) et qu'on n'a qu'à faire tourner dans le sens convenable et au moment voulu, au moyen d'une poulie centrale hélicoïdale P (*fig.* 389 coupe longitudinale), qui les commande par l'intermédiaire de deux engrenages d'angle E. Il suffit donc de faire tourner la poulie P pour obtenir le déchargement des deux caisses partielles et c'est ce qui est réalisé au moyen de la locomotive elle-même.

Comme pour tous les wagons de chemins de fer, l'attelage d'un véhicule au suivant est fait par un crochet central I et une chaîne P fixés aux ressorts Z appuyés contre la traverse extrême du châssis ; ce crochet I reçoit normalement la chaîne F du véhicule suivant, également en relation avec un ressort analogue à Z. La chaîne D est alors flottante, quoique accrochée aussi à l'extrémité de F.

Cela posé, la poulie P porte une chaîne B terminée par un crochet C que l'on fixe à la chaîne d attelage F du wagon suivant. Lorsqu'on veut obtenir le déchargement, on n'a qu'à démonter l'attelage entre les deux wagons successifs en décrochant F

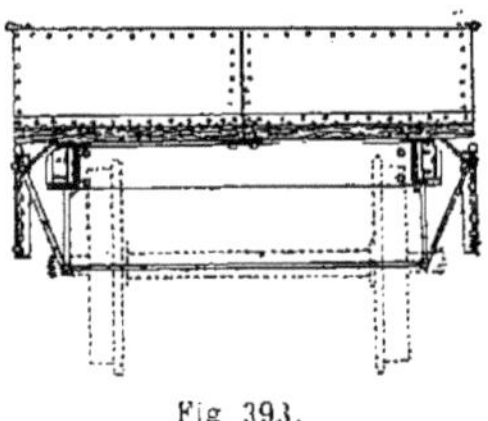

Fig 393.

de I ; les wagons ne sont plus alors reliés entre eux que par l'intermédiaire de la chaîne B. En faisant donc avancer doucement la locomotive, la chaîne F opère son effort de traction sur la chaîne B (*fig.* 391, élévation longitudinale).

Celle-ci fait alors tourner la poulie P et les caisses se soulèvent jusqu'à ce que celle-ci ait opéré un tour complet. A ce moment, la chaîne D se trouve tendue, et le mouvement ne peut plus continuer, l'effort de traction se transmettant aux ressorts Z et non plus à la poulie P.

494. La figure 388 montre que l'on peut au besoin décharger d'un seul côté à la fois, ce qui peut être souvent utile dans les travaux. A cet effet, les engrenages E sont sur les arbres A et des manchons d'embrayage mis en mouvement par des leviers L (*fig.* 390) manœuvrés de l'extérieur, permettent d'embrayer ou de désembrayer à volonté l'engrenage correspondant. L'embrayage est d'ailleurs constamment fermé par un ressort *r*, à moins qu'on ne retienne le levier L au moyen d'un arrêt *a* fixé au longeron du châssis. On peut donc ainsi déterminer le déchargement soit à droite, soit à gauche, soit des deux côtés à la fois.

Chaque paroi mobile VX (*fig.* 388) est fixée à charnière au haut de la caisse et par le bas ou châssis au moyen de trois tiges articulées XZ en trois points différents également espacés ; il en résulte que la figure VXYZ est constamment un parallélogramme dans toutes les positions et que la portière, s'ouvrant par le bas, reste constamment verticale dans tous les mouvements de la caisse. Ces portières s'ouvrent et se ferment ainsi automatiquement ; elles ont en outre l'avantage d'empêcher les matières renfermées dans la caisse d'être projetées trop loin par le mouvement de bascule ; le déchargement a toujours lieu le long du wagon, ce qui permet d'élargir la caisse ; de lui donner une plus grande saillie en dehors de ces tourillons, et en donnant ainsi du contrepoids, de diminuer l'effort nécessaire pour en opérer le soulèvement.

495. Les deux caisses sont fermées au milieu du wagon par des tôles démontables qu'on peut enlever ; le wagon devient

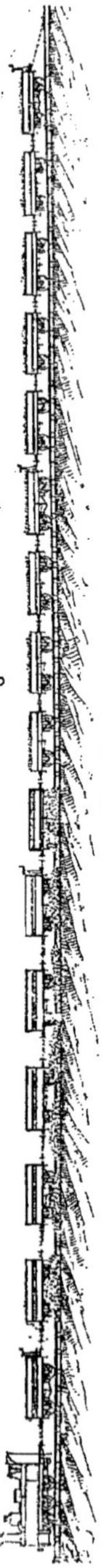

Fig. 394. Vue d'ensemble d'un train de wagons basculants

une plate-forme ordinaire dont les parois mobiles s'ouvrant alors par le haut sont retenues verticales par des crochets de fermeture (*fig.* 392 et 393).

Tout cela peut être particulièrement précieux pour la décharge des trains de ballast : ainsi, lorsqu'un de ces trains est arrivé à pied-d'œuvre, les garde-freins descendent, fixent les crochets des poulies à la chaîne d'attelage du wagon précédent, et amarrent le dernier wagon à la voie (*fig.* 394). On met ensuite de nouveau et doucement la locomotive en marche : le premier wagon qui la suit se décharge sur place et, quand il est vide, il avance de la longueur de sa chaîne d'attelage, pendant que le suivant se décharge à son tour, et ainsi de suite. Le train tout entier, malgré les mouvements successifs de la machine et des wagons, est donc déchargé à la place où il s'est arrêté d'abord.

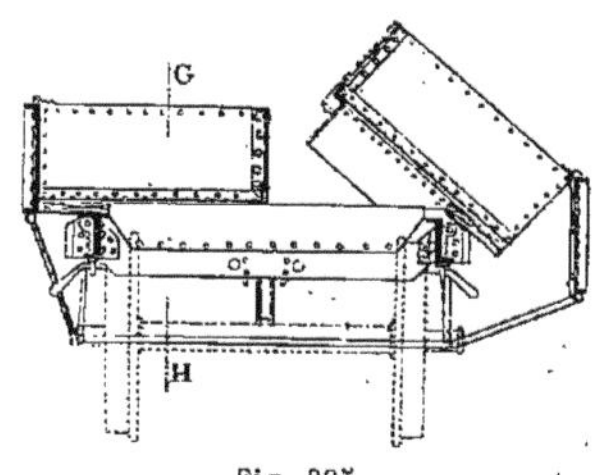

Fig. 395.

Puis la machine refoule en arrière : le poids des caisses en retombant sur les châssis, fait revenir la chaîne B dans sa position primitive ; on raccroche alors les chaînes de traction et le train s'en retourne. On voit qu'il est ainsi déchargé en quelques minutes et exclusivement par son personnel spécial. Un train moyen de seize wagons est en effet accompagné de trois ou quatre garde-freins qui peuvent facilement décrocher les wagons en deux minutes.

La machine opère la décharge du train entier en parcourant environ 20 mètres correspondant à l'enroulement de seize poulies. ce qui demande deux autres minutes ; enfin, en admettant deux dernières minutes pour remettre les chaînes d'attelage, cela fait en tout six minutes, c'est-à-dire un temps insignifiant.

496. Pour les cas où il est utile que la décharge tombe entre les rails, au-dessous du véhicule, on fait usage de wagons présentant en leur milieu une double trappe (*fig.* 387 et 395). Cette trappe se compose de deux parties, l'une fixée à la caisse, l'autre au bâtis. Cette dernière est formée d'un double plan incliné en tôle qui recouvre et protège le mécanisme ; la première se compose d'un trou percé dans la caisse et entouré d'une tôle verticale qui s'applique sur la précédente; quand la caisse se soulève, une partie de la charge tombe dans l'entre-rails. L'ouverture et la fermeture de cette trappe s'opèrent donc encore automatiquement.

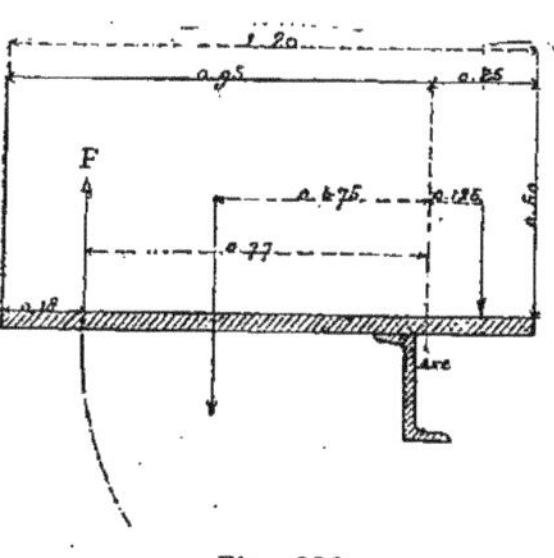

Fig. 396.

497. *Calcul de l'effort de décharge.* — On se rend compte aisément de l'effort à exercer par la locomotive pour décharger le train.

Supposons en effet une des caisses à décharger, celle de droite par exemple, reposant en partie en porte-à-faux sur le longeron, comme il est représenté (*fig.* 396), avec les dimensions de la pratique. Les terres emmagasinées dans la partie en saillie équilibrent une partie de celles qui se trouvent de l'autre côté et qu'il faut soulever. Les poids, de part et d'autre, sont d'ailleurs proportionnels aux surfaces des sections correspondantes de la caisse, c'est-à-dire 0,95 $\times$ 0,50 à gauche et 0,25 $\times$ 0,50 à droite. Or, prenons les moments par rapport au longeron sur lequel se trouve le tourillon de bascule et appelons F l'effort maximum à produire pour soulever la caisse quand elle est horizontale, on aura (*fig.* 396) :

$$F \times 0,77 + (0,25 \times 0,50)\,0,125 = (0,95 \times 0,50)\,0,475.$$

D'où l'on tire :

$$F = 0,273.$$

En admettant pour poids spécifique de de la charge le chiffre de 1 736 correspondant à une charge du wagon de 10 tonnes, on a pour le wagon sans trappe (longueur, 4m,80) :

$$F = 0,273 \times 1\,736 \times 4,80 = 2\,275 \text{ kilogrammes.}$$

Et pour le wagon à trappe (longueur, 4 mètres) :

$F = 0,273 \times 1\,736 \times 4,00 = 1\,896$ kilogrammes.

Pour savoir l'effort exercé par la locomotive il faut transformer ces chiffres dans le rapport des rayons des engrenages et des poulies employés. On aura

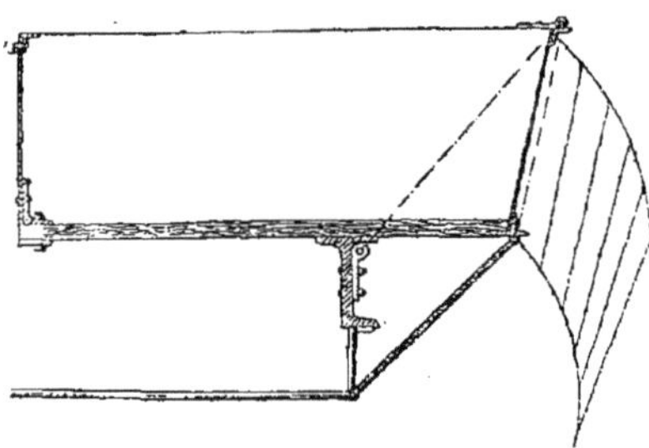

Fig. 397.

ainsi pour le wagon entier dans les deux cas précédents :

$$2\,275 \times 2 \times \frac{1,5}{1} \times \frac{6,5}{24} = 1\,850 \text{ kilog.}$$

$$1\,896 \times 2 \times \frac{1,5}{1} \times \frac{6{,}5}{24} = 1\,540 \text{ kilog.}$$

On pourra d'ailleurs diminuer ce poids à volonté en donnant à la caisse la forme indiquée par la figure 397 ; dans ce dernier cas, quelle que soit la largeur de la caisse, le wagon est toujours déchargé le long de la voie.

Remarquons qu'il faut ajouter au poids précédent le poids du train vide et celui des caisses levées ; quoique ces chiffres soient peu importants, il y a toujours lieu d'en tenir compte. Les caisses levées n'ont d'ailleurs que l'excédent de poids nécessaire pour que chacune puisse ramener la chaîne B dans sa position primitive.

En résumé, l'effort à exercer en palier est faible; dans les déclivités, il faudra disposer le chantier de manière à descendre, et la décharge sera encore plus facile qu'en palier.

498. *Avantages et inconvénients du système.* — Ce système peut en somme s'adapter à tous les wagons existants et être utilisé soit comme wagon basculant, soit comme wagon ordinaire en enlevant simplement quelques boulons. Mais le principal avantage est de supprimer le chantier de décharge, puisque le déchargement peut se faire en quelques minutes par le personnel du train.

Quant aux inconvénients, on ne peut se dissimuler que le wagon en tôle, même dans ce cas particulier, inspire toujours des craintes sérieuses au point de vue de l'entretien aussitôt qu'il prend de grandes dimensions. De plus, l'emploi des engrenages a le double inconvénient de présenter de la fragilité et de s'encrasser rapidement sous l'effet des poussières soulevées qui les corrodent ainsi que leurs tourillons. Ce dernier inconvénient est le plus sérieux, et nous verrons comment la pratique y répond. Quant aux engrenages on peut remarquer que, pendant la marche, ils ne sont pas reliés au train mais simplement portés par le wagon, et pendant la décharge, chacun d'eux ne fait qu'un tour ou un tour et demi, tandis que la locomotive parcourt 1m,20, leur vitesse est donc très faible, ce qui diminue notablement leurs chances de rupture.

Enfin, on ne peut jamais décharger à la fois qu'une demi-caisse d'un même côté, ce qui peut parfois être gênant.

Wagon pneumatique système Buette-Chevalier.

499. Ces wagons, construits par la maison Chevalier, de Grenelle, sont basés sur l'emploi de l'air comprimé qui pourrait d'ailleurs aussi bien être l'air raréfié comme on le fait couramment pour l'emploi des freins continus.

L'emploi de l'air comprimé paraît d'ailleurs préférable et c'est celui qui a été adopté dans le cas actuel (*fig.* 398).

Ce système permet comme le précédent de décharger les wagons un à un ou le train tout entier *d'un seul coup*, ce que ne pouvait réaliser, le wagon précédent.

La caisse peut basculer tout entière d'un côté ou de l'autre du châssis; pour cela elle repose par l'intermédiaire de patins et d'articulations, sur six pistons dont les cylindres oscillants et à simple effet sont repartis en deux séries de chaque côté de l'axe longitudinal du wagon.

Ces cylindres sont portés par les traverses intermédiaires du châssis (*fig.* 399), et l'axe de rotation de la caisse coïncide avec la ligne des têtes de pistons qui devient immobile; celle-ci ne supporte donc aucun effort et ne subit aucun déplacement.

L'air comprimé produit par une pompe placée sur la locomotive est emmagasiné dans un ou plusieurs réservoirs intermédiaires et envoyé dans une conduite générale au moment voulu pour le déchargement.

Pour cela, des tuyaux secondaires branchés sur la conduite principale et munis de robinets à trois voies, envoient l'air comprimé dans la série des cylindres dont on veut faire soulever les pistons. On peut ainsi, l'ouverture des robinets étant réglée, décharger tous les wagons d'un train soit à droite, soit à gauche; on peut encore n'en décharger qu'une partie, l'air comprimé ne faisant que traverser la conduite générale à branchements fermés pour ceux que l'on veut réserver. Lorsque le déchargement est effectué, il suffit de mettre la conduite même en communication avec l'atmosphère, la pression intérieure disparaît alors et les caisses des wagons reviennent à leur position normale sous l'effet de leur propre poids.

500. Lorsque le déchargement doit se faire tout entier d'un seul coup et du même côté, comme cela se présente généralement pour les trains de ballast, par exemple, on supprime les branchements et les robinets spéciaux sous chaque wagon. On emploie simplement deux conduites longitudinales distinctes commandant chacune une série de pistons. Le déversement est alors obtenu par le maniement d'un robinet unique placé sur la locomotive, exactement comme cela se pratique pour l'emploi du frein continu de Westinghouse.

501. Le déchargement de la caisse s'opère au moyen d'une paroi latérale volante qui s'ouvre et se ferme d'elle-même sous l'effet des mouvements d'inclinaison produits par les pistons. Ces portes sont en effet suspendues à leurs parties

Fig. 398.

supérieures à plusieurs supports munis de charnières, et maintenues fermées normalement par des crochets coudés R, munis d'une partie pendante S, qui vient toucher le châssis au moment du déversement et force le crochet à se relever. Au retour, au contraire, lorsque la caisse redevient horizontale, la porte en tombant s'accroche d'elle-même au crochet R.

502. Pour le service spécial des ballastières, les constructeurs ont établi un type différent du précédent et permettant d'obtenir le déchargement entre rails. La caisse est divisée en deux demi-caisses longitudinales et les axes de rotation ne coïncident plus avec les axes de soulèvement. En outre, un seul piston suffit à soulever chaque demi-caisse; car la course et le nombre des pistons sont naturellement réduits en même temps que l'effort nécessaire au déchargement.

La manœuvre de l'air comprimé se fait directement de la locomotive au moyen de conduite générale et sans aucun robinet de manœuvre individuel.

On voit que ce wagon peut être appliqué en exploitation courante aux marchandises de peu de valeur se chargeant en vrac.

Wagon à niveler les déblais.

503. On fait aussi couramment usage en Amérique d'un wagon de terrassement qui permet de niveler les terres une fois déchargées. On supprime ainsi le régalage à la pelle et on obtient un nivellement de plate-forme beaucoup mieux fait.

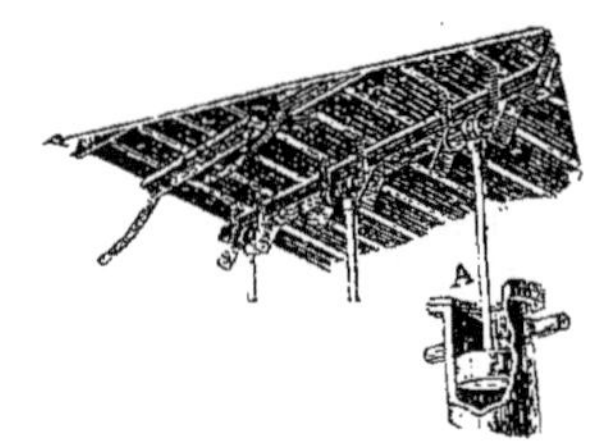

Fig. 399.

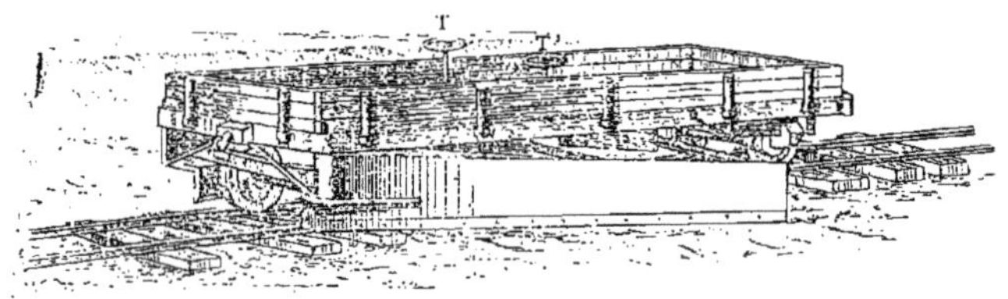

Fig. 400.

Ce n'est en somme qu'un wagon ordinaire auquel on fixe un appareil niveleur (*fig.* 400 et 401), composé de deux panneaux de tôle ou de bois armé de fer A, disposé latéralement en forme d'ailes et pouvant tourner autour d'axes verticaux solidement entretoisés. Deux autres entretoises à crémaillères B permettent de

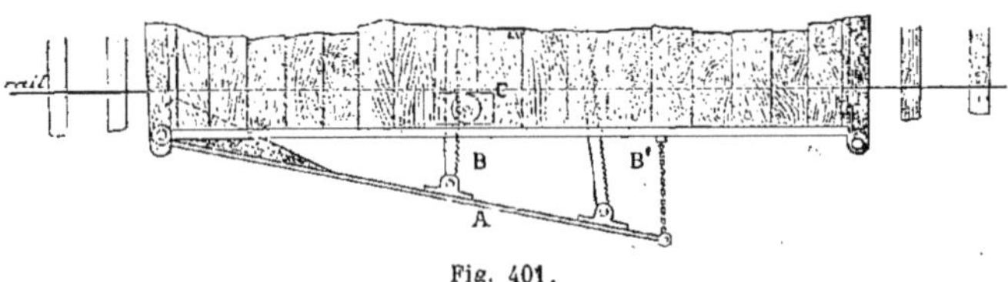

Fig. 401.

donner aux ailes l'écartement voulu, ou même de les rabattre complètement sur les flancs du wagon au repos. Pour cela ces crémaillères engrènent avec des pignons montés sur des arbres verticaux dépassant un peu le plancher du wagon et terminés par des parties carrées qu'on peut manœuvrer extérieurement avec des clefs à douilles et à manivelles. On arrête ces pignons dans la position voulue au moyen du déclic (*fig.* 402). Les deux crémaillères antérieures B qui fatiguent le plus ont chacune un pignon, une roue à rochet et un déclic. Les crémaillères postérieures B′ sont, au contraire, commandées par un pignon unique. On règle ainsi à volonté l'écartement des deux ailes.

Cela posé ce wagon spécial se place en queue du train et, lorsque toutes les terres ont été jetées sur les côtés de la voie, le train de wagons vides est remorqué par la machine, et le wagon niveleur dresse la plate-forme avec une grande rapidité, tout en permettant de réaliser d'importantes économics sur la main-d'œuvre. On sait que c'est une préoccupation justifiée et constante en Amérique.

Le wagon est établi de telle sorte que l'on peut fixer l'appareil niveleur à une extrémité quelconque indifféremment.

504. *Wagon niveleur Carter.* — Un autre type de wagon niveleur plus perfectionné a été imaginé et employé aux États-Unis par M. Carter, chef du matériel de la ligne de Vandalia. La figure 403 montre les râcloirs niveleurs en position pour le travail et fixés aux flancs d'un

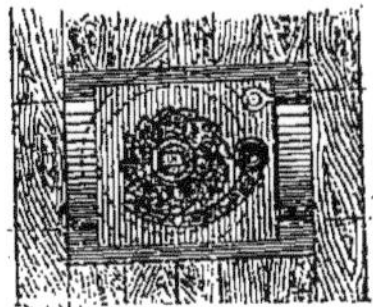

Fig. 402

wagon américain à bogies ; la figure 404 montre les mêmes relevés au repos et permettant le transport du truck sur voie

Fig. 403.

ferrée définitive pour l'amener à pied-d'œuvre. Des entailles latérales ménagées dans la plate-forme permettent le passage et le logement des râcloirs relevés au moyen de chaînes mues par un treuil à main fixé au wagon.

On procède exactement comme avec le précédent en l'attelant en queue du train et le remorquant après déchargement complet des wagons qui le précèdent.

L'envergure de ses ailes est assez grande pour permettre le nivellement immédiat d'une plate-forme complète de chemin de fer de 8 mètres de ballast. Un seul homme suffit pour le surveiller et en effectuer toutes les manœuvres.

Le travail effectué ainsi peut être évalué à celui de quinze à vingt hommes pendant le même temps et présente beaucoup plus de régularité.

Attaque et exécution des tranchées

505. On pourrait croire au premier abord que rien n'est plus simple que d'installer un chantier de terrassement : il y a, au contraire, une très grande habileté à déployer et que l'expérience seule peut donner. Le travail obtenu peut être en effet fort différent suivant la manière dont sont placés les hommes, piocheurs, pelleurs, rouleurs, etc., de manière à ne pas se nuire les uns les autres et à pouvoir librement exécuter tous leurs mouvements. Or les dépenses des terrassements constituant la partie la plus importante du prix de revient d'une entreprise, on comprend l'intérêt qu'il y a à donner à cette organisation la meilleure direction possible.

Revers d'eau.

506. Avant d'attaquer une tranchée, l'entrepreneur, se basant sur les profils qui lui ont été remis, devra tracer sur le terrain, à la pointe de la pioche, de petites rigoles délimitatives des crêtes des talus et des pieds des remblais. Puis, le long de ces rigoles, et dans l'intérieur du déblai, seulement, il creusera un fossé longitudinal régnant sur toute la longueur de la tranchée, dont il disposera les terres en bourrelet à l'extérieur. Ce bourrelet ou *revers d'eau*, dont le talus intérieur sera dressé en prolongement de celui du chemin de fer, est destiné à détourner les

Fig. 404.

eaux de la superficie et à les empêcher de raviner les talus des déblais qui n'ont plus alors qu'à supporter l'action directe de la pluie. Celle-ci suffit très souvent à elle seule pour entraîner des dégradations importantes lorsqu'elle tombe en abondance, pendant les temps d'orage, surtout lorsque cela arrive avant la fin des travaux, alors que l'on n'a pas encore pu prendre les précautions nécessaires, gazonnements, plantations, etc., que l'on prend toujours avant de livrer la ligne à l'exploitation.

Indication des talus.

507. Ces talus bien dressés au moyen de gabarits appelés des M en lattes clouées sur des piquets (*fig.* 405) servent plus tard à l'établissement des talus définitifs de la tranchée.

Des gabarits analogues mais à inclinaison de 1/2 pour 1 sont disposés aux pieds des remblais et indiquent de temps en temps, tous les 10 mètres, par exemple, la limite et l'inclinaison des talus de remblai.

Quand le remblai est peu élevé, le gabarit peut atteindre la plate-forme elle-

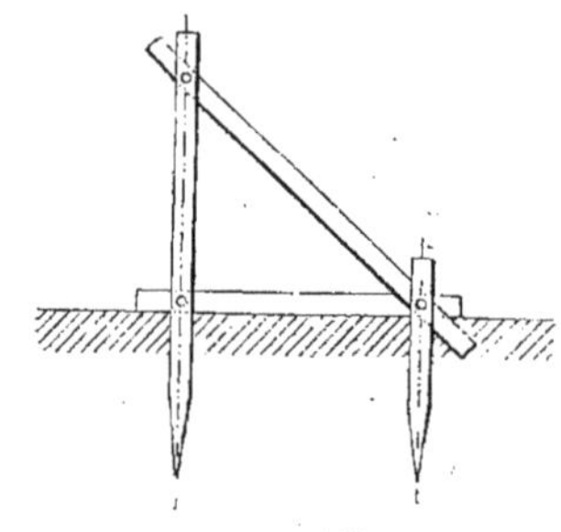

Fig. 405

même au moyen d'une latte horizontale élevée et soutenue par une jambe de force sur le bras oblique (*fig.* 406).

508. Rappelons que les terrassements comprennent toutes les terres à fouiller pour l'exécution du chemin de fer proprement dit, ses abords et ses dépendances, et les besoins des ouvrages d'art. Néanmoins, les travaux en dehors du chemin de fer devront être exécutés avec le même soin que les autres, et conformément aux plans spéciaux remis aux entrepreneurs dans le dossier général. En particulier, les travaux concernant les chemins publics et les cours d'eau devront satisfaire les autorités compétentes.

Mode d'attaque des terres.

509. Les terres les plus fréquentes exigent l'emploi de la pioche; on commence par les défoncer sur une épaisseur de 30 à 40 centimètres appelée *plumée*; puis, à mesure qu'elles sont ameublies, les pelleurs les enlèvent et les chargent dans les véhicules de transport, brouettes, camions, tombereaux ou wagons.

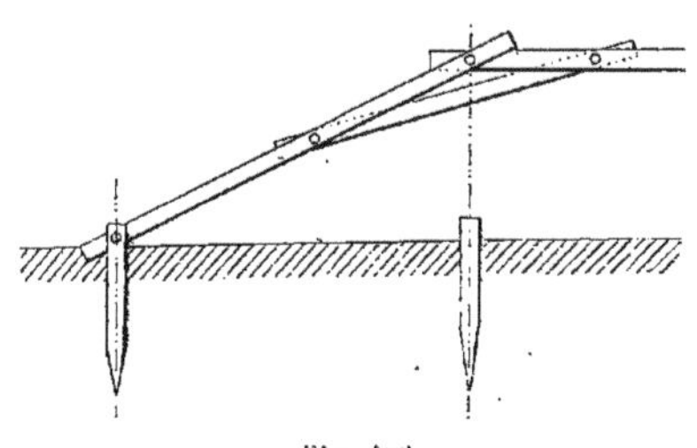

Fig. 406

L'attaque a toujours lieu au point de passage entre le déblai et le remblai, de manière à transporter immédiatement les terres de la fouille dans l'emplacement qu'elles doivent occuper définitivement sans dépôts ni remaniements. C'est dire en même temps que la fouille s'attaque toujours par la partie inférieure, ce qui permet immédiatement d'en dresser le fond sur lequel se font tout de suite tous les roulages. Le plus souvent on ménage une légère pente allant du déblai au remblai afin de faciliter le mouvement des véhicules remplis de terres; on enlève à la fin les terres qu'on a ainsi laissées jusqu'au dernier moment. Cela donne à la vérité une rampe au retour, mais les véhicules, qui sont alors vides, la franchissent aisément.

Dans une tranchée importante on commence toujours par creuser une première saignée ou *cunette* A dont les terres sont jetées de chaque côté en cavaliers; elle permet le passage d'un wagon et, lorsque la tranchée est longue, elle peut, grâce à la pente vue plus haut, se trouver notablement au-dessus de la plate-forme du chemin de fer au bout de quelque temps (*fig.* 407). On élargit ensuite le déblai latéralement en piochant les terres en B ou en C. Ensuite on creuse une nouvelle cunette D dans l'assise inférieure et on continue de la même manière en fouillant en E et en F. Cette méthode est la plus employée. On réserve toujours des plans inclinés pour raccorder les étages supérieurs au fond de la tranchée.

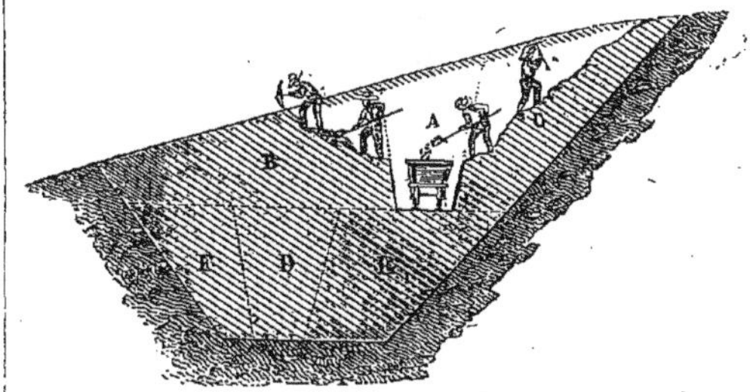

Fig 407.

510. *Abatage à la sape.* — Une autre méthode plus expéditive consiste à procéder par *abatage* ou en *porte-à-faux.* On commence comme précédemment, à ouvrir une cunette; puis on creuse les masses latérales par dessous en y faisant des saignées horizontales ou *havages* de manière à suspendre de gros blocs en porte-à-faux; on n'a plus qu'à détacher ceux-ci au moyen de pinces ou de coins enfoncés à la partie supérieure, à la limite de l'excavation souterraine. Il en résulte l'éboulement de toute la masse correspondante et, presque toujours son ameublissement, suffisant pour qu'on puisse en faire le chargement à la pelle. Dans cette méthode dite par abatage à la *sape*, la chute de la masse de déblai ne doit jamais résulter directement de l'entaille inférieure, car cela présenterait de trop grands dangers pour le personnel; elle doit être déterminée par l'enfoncement de coins ou encore de pieux armés de fer à pattes que l'on plante à coups de masse à la partie supérieure (*fig.* 408).

En outre et pour les mêmes motifs, la masse de déblais à abattre d'un seul coup ne doit jamais avoir plus de 3 mètres de hauteur; dans les tranchées plus profondes on divisera donc la hauteur totale en banquettes successives de 3 mètres.

Enfin, toutes les fois que l'on applique cette méthode, il est indispensable de placer à poste fixe à la partie supérieure du bloc à abattre un ouvrier dont le rôle est uniquement de guetter les moindres fissures qui pourraient se produire sous l'effet du travail de sape inférieur et amener l'éboulement de la masse alors qu'on ne s'y attend pas. Dans ce cas, il avertit immédiatement les ouvriers du bas qui doivent alors se sauver au plus vite.

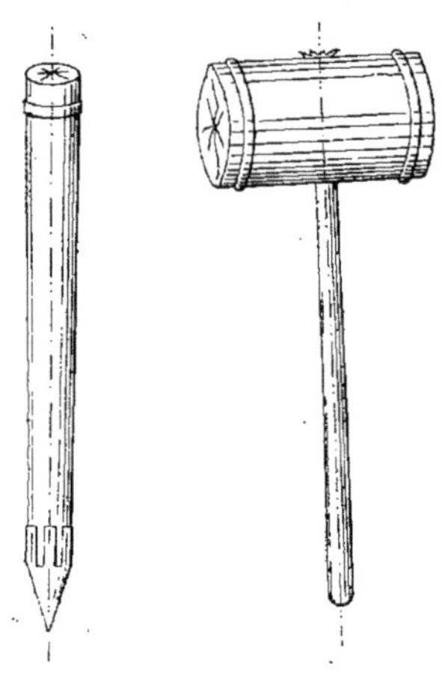

Fig. 408.

On comprend que ce procédé soit beaucoup plus expéditif que le premier car on peut ainsi détacher aisément des blocs atteignant jusqu'à 30 mètres cubes. Mais il est aussi beaucoup plus dangereux et généralement interdit par les Compagnies de chemin de fer soucieuses de sauvegarder la vie des ouvriers.

511. Nous avons vu précédemment quelles sont les quantités de déblais que peut enlever un terrassier de force moyenne, un rouleur, un pelleur, etc., dans une journée de dix heures.

Des expériences fort simples et directes seront toujours ce qu'il y a de mieux pour se rendre compte de ces chiffres si variables concernant la nature des terrains et leur degré de dureté. Il en sera de même du nombre de piocheurs nécessaires pour fournir la terre à un pelleur. On peut s'en rendre compte aisément en faisant piocher un homme pendant un temps déterminé t; on fait en même temps enlever la terre qu'il pioche par un autre ouvrier qui met pour faire ce travail et charger tout le déblai un temps t' évidemment plus court. Il est clair que le nombre de piocheurs nécessaires pour alimenter un pelleur sera inversement proportionnel au temps qu'ils mettent à remuer la même quantité de terre.

En même temps, les chargements sur les wagons de transport doivent se faire dans la fouille même, et l'arrivée presque à pied-d'œuvre des brouettes, tombereaux ou wagons, doit se faire avec méthode de manière à ne gêner en rien le personnel des fouilleurs et chargeurs.

512. Supposons tout d'abord que nous n'ayons à effectuer qu'un déblai sans transport, dont les terres sont déposés en cavalier c'est-à-dire un dépôt sur les bords de la fouille; les seuls instruments employés sont la pioche, la pelle et la brouette nécessairement indispensable. Le problème serait le même d'ailleurs s'il s'agissait de faire un remblai au moyen d'un *emprunt*, c'est-à-dire en prenant les terres sur les deux bords du futur remblai.

On dispose des relais, c'est-à-dire, comme nous l'avons vu précédemment, des longueur de 30 mètres en palier et de 20 mètres avec une rampe maximum de 8 centimètres par mètre. A l'extrémité de chaque relai, les terres sont élevées verticalement de $1^{m},60$, hauteur moyenne du jet de pelle vertical. Ces relais sont disposés dans le sens de la longueur de la fouille, et sont séparés par des paliers horizontaux de $1^m,50$ de largeur.

Cela fait, sur chacun de ces relais on installera un atelier composé, par chaque 2 mètres de largeur de la tranchée, d'un piocheur chargeant lui-même les brouettes si la terre le permet, ou d'un piocheur et d'un chargeur si la terre est plus dure, et d'un rouleur qui emporte la brouette pleine dans les deux cas.

Ainsi, pour une fouille de 8 mètres de largeur, et une terre assez compacte, on disposera de la sorte quatre ateliers élémentaires comprenant en tout quatre fouilleurs, quatre chargeurs et quatre rouleurs. Quant au nombre des brouettes à employer, comme il doit toujours y en avoir une en charge sur chaque atelier particulier, il sera égal pour chacun d'eux à celui des rouleurs plus un. Enfin si le dépôt des terres ne se fait pas immédiatement au bord de la tranchée, il faudra naturellement ajouter le nombre de rouleurs supplémentaires voulu d'après le principe des relais posé plus haut.

La fouille est toujours attaquée au point de passage, et les terres portées à l'extrémité opposée du dépôt; de cette façon la distance du transport et, par suite, le travail de brouetteurs, est à peu près le même.

L'épaisseur de terre enlevée au point de passage étant à peu près nulle, elle augmente progressivement de manière à atteindre le maximum de $1^m,60$ au bout des 20 mètres du relai; on extrait ensuite la terre dans toute la largeur de la fouille en ne réservant que les rampes nécessaires qui ont besoin d'avoir $1^m,50$ de large pour permettre le croisement de deux rouleurs avec leurs brouettes.

On peut encore commencer par creuser les rampes seules, puis ensuite la fouille avec l'épaisseur uniforme de $1^m,60$. On enlève ensuite une seconde couche de $1^m,60$, en continuant les rampes auxquelles on donne les directions les meilleures pour avoir le minimum de mouvements transversaux, dans l'enlèvement de cette seconde couche. On procède de même pour une troisième couche et ainsi de suite jusqu'au fond de la fouille. Il ne reste plus qu'à opérer le déblayage des rampes qu'on a dû naturellement laisser jusqu'au dernier moment.

Le travail peut d'ailleurs être notablement accéléré en disposant des rampes convenables et installant un atelier à tous les 20 mètres de longueur d'une même couche au lieu de charger le même atelier de faire toute la besogne.

Enfin, on peut encore enlever en totalité les tranches successives, en supprimant les rampes en terre et les remplaçant par des tréteaux garnis de planches. En outre, on pourrait employer exactement la même méthode avec des camions ou des tombereaux; seulement les déclivités ne devraient pas alors dépasser 5 à 6 centimètres par mètre.

513. *Formation du dépôt.* — Le dépôt des terres sortant de la fouille se fait d'une manière analogue, ou en procédant par couches successives de $1^m,60$, au moyen de rampes de 8 centimètres. Comme dans le déblai, il faudra réduire au minimum les inévitables retours d'équerres ou transports transversaux qui exigent du travail et de la fatigue en pure perte. On évitera également les élévations en hauteur du cavalier. On peut aussi diviser le travail en ateliers de 20 mètres de longueur en réservant les rampes nécessaires autant que possible sur le bord du remblai.

514. Le mode d'attaque et de conduite des travaux dans une tranchée dépend évidemment du système de transport employé. D'après ce que nous avons vu précédemment, c'est généralement aujourd'hui le wagonnet ou le wagon, suivant l'importance des déblais à exécuter.

Aussi, avec les wagons, faut-il employer un mode d'attaque qui permette d'en charger un grand nombre à la fois. C'est pour cela que l'on va d'abord de l'avant en ouvrant dans l'axe de la tranchée une petite tranchée horizontale provisoire ou cunette, dans laquelle on peut faire circuler un train entier de wagons.

On procède ensuite en élargissement en établissant une seconde voie à côté de la première, et en *ripant* les voies suivant les besoins, c'est-à-dire en faisant glisser au moyen de leviers les rails et les traverses ensemble latéralement. Si la tranchée est profonde (*fig.* 409), on installe en même temps à l'étage au-dessous une nouvelle cunette munie d'une troisième voie, et on opère sur la seconde tranchée comme sur la première, en l'élargissant à son tour, quand l'évidement de la première tranchée le permet, sans crainte pour la stabilité des trains qui y circulent encore ; on continuera par une troisième tranchée et ainsi de suite suivant les besoins. Il ne faut pas donner à ces diverses attaques une hauteur de plus de 3 mètres. Tout cela d'ailleurs ne peut s'appliquer que dans les terres faciles à piocher.

Terres dures, rochers.

515. Dans les terres dures et rocheuses, les talus de la tranchée sont beaucoup plus raides et se rapprochent

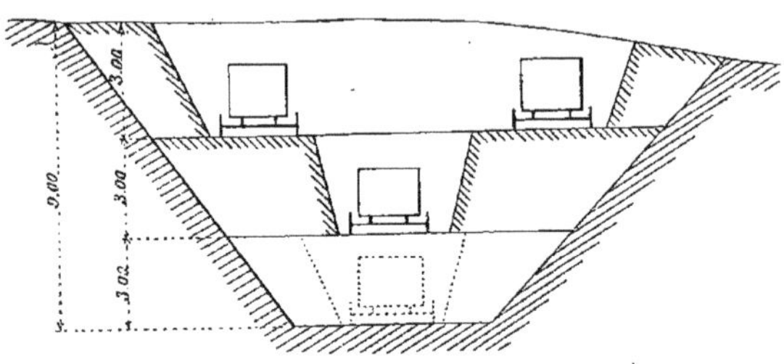

Fig. 409.

autant qu'on le peut de la verticale afin d'éviter des déblais toujours coûteux à effectuer. Il y a alors économie à ouvrir la cunette sur le bord de la tranchée en lui donnant son talus définitif; puis on attaque en élargissement sur toute la hauteur de la cunette (*fig.* 410 et 411).

Si la tranchée est profonde, aussitôt que la première cunette sera assez avancée, on en ouvrira une seconde à l'étage inférieur CDE, et un peu en arrière de la précédente ; enfin d'autres pourront suivre comme EFG, selon les besoins. Cela permettra de gagner beaucoup de temps.

Déblais par entonnoirs.

516. Dans les terrains crayeux ou peu compacts présentant peu de dureté, mais cependant une solidité suffisante pour tolérer des galeries et puits sans boisages exceptionnels, on emploie la méthode des *entonnoirs*.

Cette méthode consiste à remplacer la cunette d'avancement par une galerie souterraine percée au bout de la tranchée ; puis on descend de la partie supérieure et jusqu'à la rencontre de cette galerie, un certain nombre de puits verticaux qu'on élargit ensuite en les transformant en entonnoirs évasés par le haut; les déblais sont recueillis dans des wagons circulant dans la galerie.

On mène d'ailleurs les deux attaques de

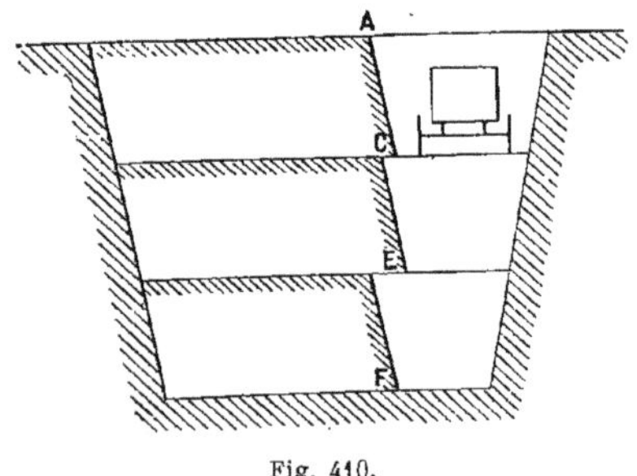

Fig. 410.

front, c'est-à-dire que l'on fonce les puits pendant que l'on creuse la galerie d'avancement ; la largeur du trou de l'entonnoir à la partie inférieure est généralement de 1 mètre ; la galerie, qui doit supporter tout le poids des terres au-dessus d'elle doit être taillée en forme de voûte afin de reporter les charges sur ses piédroits ; le degré de compacité du terrain fouillé indiquera seul s'y a lieu de consolider par des étais. Le plus souvent cette mesure de prudence est obligatoire, et alors on donne à la galerie la forme d'un trapèze qui permet une circulation plus facile que la forme ronde à section égale (*fig.* 412).

Il est indispensable dans ce cas de faire usage de cadres de chêne formés de trois pièces de bois de gros équarrissage (26/26) et espacés d'environ $1^m,50$. Les pièces horizontales supérieures ou chapeaux, supportent des planches longitudinales de $1^m,90 \times 0^m,25 \times 0^m,04$ fortement calées et pouvant servir ultérieurement à l'entretien des wagons. En outre, un blindage analogue est souvent nécessaire sur les côtés. Les différents cadres successifs sont d'ailleurs reliés entre eux par des entre-

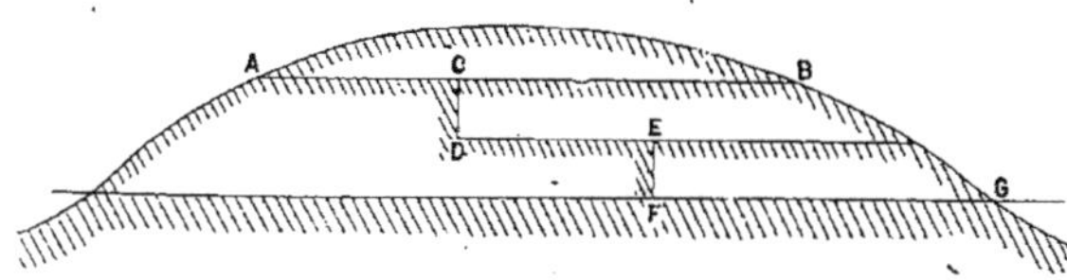

Fig. 411.

toises horizontales fixées sur leurs montants verticaux (*fig.* 412).

La largeur et la hauteur de cette galerie sont assez grandes pour que les trains y circulent aisément. Il faut en largeur à peu près 4 mètres si l'on emploie la voie normale afin de permette au per-

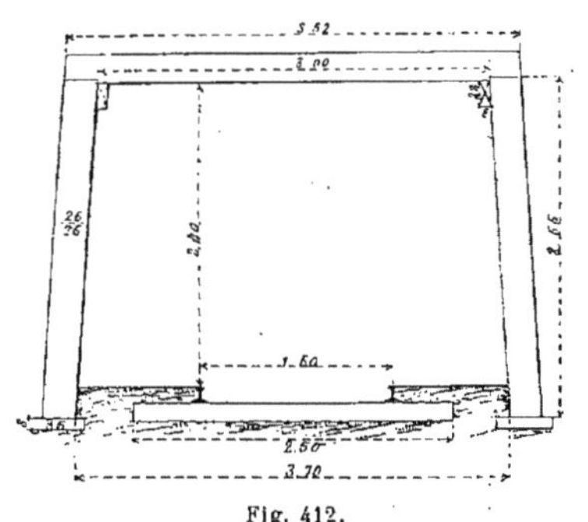

Fig. 412.

sonnel de passer sur les deux côtés sans être heurté par les wagons, et une hauteur voisine de $2^m,50$.

Les puits achevés, on les élargit de la partie supérieure par la méthode à la vérité fort dangereuse, des éboulements, en plaçant des pièces ou des coins en *a*, et détachant des troncs de cônes successifs en *aabb*. La position du point d'attaque *a* varie naturellement avec la nature du terrain. Mais il est imprudent de se tenir à moins d'un mètre du bord du puits, et de toute façon les ouvriers ne doivent travailler qu'attachés par la ceinture à de forts pieux plantés en terre à une distance du puits donnant toute sécurité (*fig.* 413).

Le gros éboulement produit, les ouvriers descendent alors le long de la génératrice *ab*, et adoucissent le talus en projetant les déblais dans le puits et, par suite, dans le wagon placé au-dessous de lui dans la galerie ; cela se pratique jusqu'à ce que, le talus devenu trop doux, les déblais ne peuvent plus tomber sans effort. Les hommes descendent alors en *e* et recommencent comme en *a* à détacher le bloc *eedd*, qui permet l'élargissement ultérieur *fddf* et ainsi de suite jusqu'en ABCD, l'avancement se faisant toujours de bas en haut.

On voit qu'en opérant ainsi sur toute la longueur de la tranchée on peut arriver à déblayer aisément des cubes énormes (*fig.* 413).

Souvent on opère avec deux ou trois entonnoirs seulement en attaquant la tranchée par les deux bouts ; cela permet, à mesure qu'on avance, de réemployer les bois de soutien qui représentent une dépense importante.

Le choses doivent être disposées autant que possible de manière que les trains se rendent à la décharge sous l'effet seul de la pesanteur ; on remonte simplement les wagons vides dans la galerie sur la rampe ménagée à cet effet.

On comprend que dans ce mode d'exécution des déblais, on ait intérêt à déplacer les wagons le moins souvent possible. Aussi est-il avantageux d'employer la voie large de 1^m,50 avec des wagons de grande capacité, 3^{mc},50.

517. Comme exemple de ce travail, nous citerons la tranchée de Chenu sur la ligne de Saumur à Château-du-Loir. La longueur était de 500 mètres, la hauteur maximum 18^m,95, le cube de terre à enlever de 205 900 mètres cubes (*fig.* 415).

Le déblai appartenant au terrain tertiaire (éocène) était formé d'une couche d'argile renfermant un banc de poudingues de 5 mètres de hauteur (fragments de rochers de silex arrondis et agglutinés par un ciment naturel siliceux). Ce banc surmontait une couche d'argile blanche de 9 mètres sillonnée par de petits bancs de sable. Le tout reposait sur un banc de sable.

Vu la grande hauteur de la tranchée, on ne pouvait songer à ouvrir une cunette

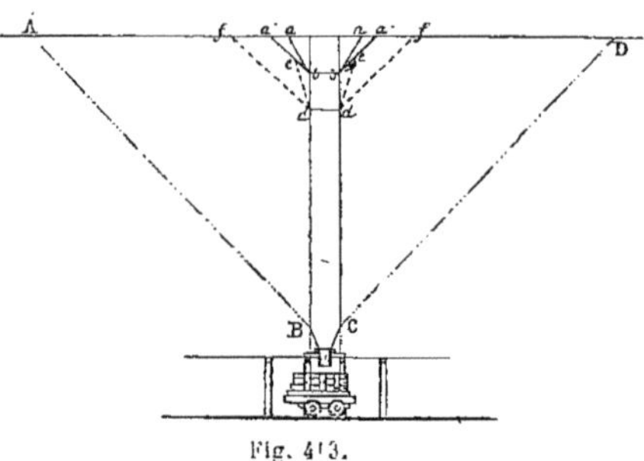

Fig. 413.

unique de crainte des éboulements, ni même à procéder par étages se réunissant au point de passage ; les déclivités eussent été telles qu'il eût fallu établir des plans, auto-moteurs, ce qui était peu pratique.

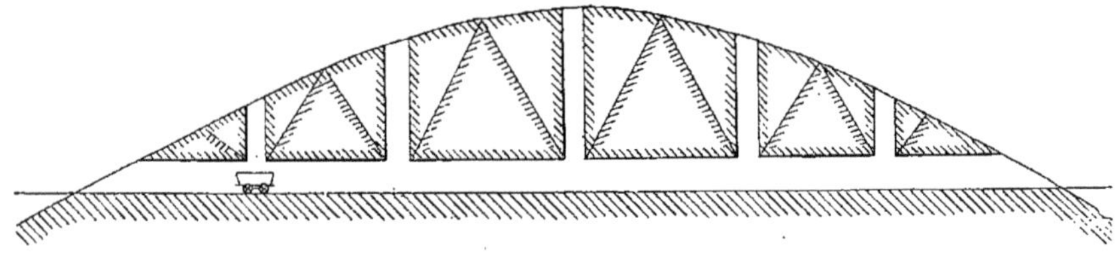
Fig. 414.

On appliqua la méthode des entonnoirs en procédant à l'attaque par les deux extrémités en même temps, et au moyen de deux entonnoirs seulement à la fois.

Les blindages latéraux furent ici évidemment nécessaires (*fig.* 416 et 417). Un homme par entonnoir était occupé à régaler les déblais tombés dans les wagons. Avec les deux entonnoirs précités on arrivait à déblayer par jour un cube de 450 mètres.

Le train de wagons vides était remorqué par trois chevaux qui sont d'ailleurs prisonniers dans la galerie avec leur conducteur pendant toute la durée du chargement. Le profil en long (*fig.* 415) montre que la décharge pouvait se faire ici naturellement par la gravité.

Comme chaque manœuvre de wagon correspond à un arrêt dans l'entonnoir, une fois le banc de silex traversé, l'entrepreneur, M. Brulé, opéra de la manière suivante pour éviter la perte de temps qui en résultait. Il fit établir à la partie inférieure de chaque puits un obturateur obtenu en plaçant sur un plancher en charpente un cylindre en tôle de 0^m,60 de diamètre fermé à la partie inférieure par une portière analogue aux portes à coulisse des bétonnières (*fig.* 418). Pen-

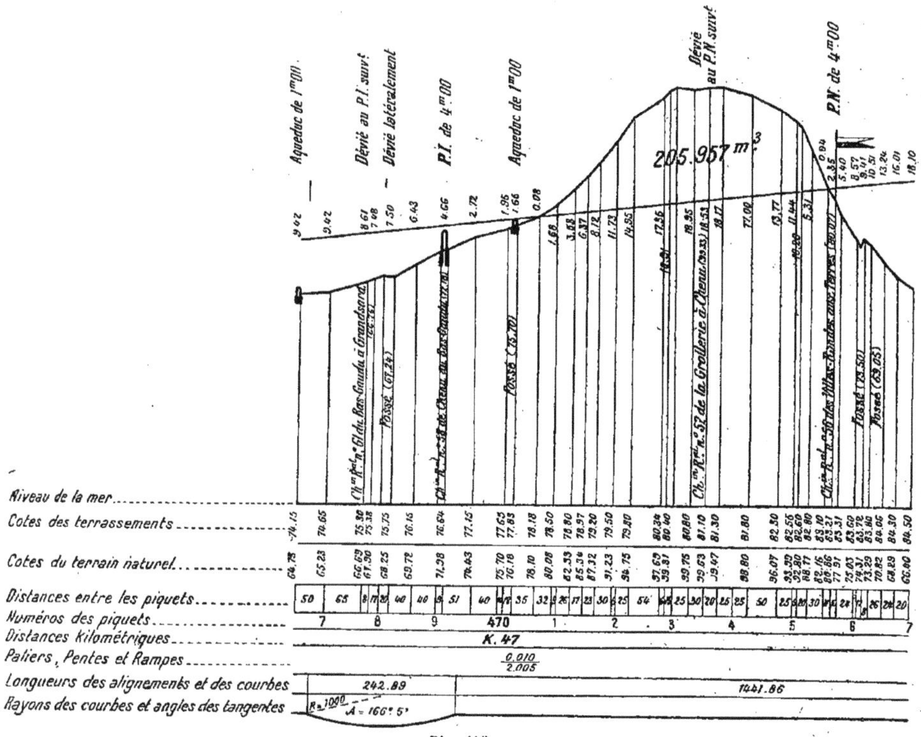

Aqueduc de 1m00
Dévié au P.I. suivt
Dévié latéralement
P.I. de 4m00
Aqueduc de 1m00
Dévié au P.N. suivt
P.N. de 4m00
205.957 m3
Ch. Rl n° 61 du Bas-Gaudu à Grandsard
Fossé (67.24)
Ch. Rl n° 38 de Cheau au Bas-Gaudu
Fossé (75.70)
Ch. Rl n° 52 de la Grollerie à Cheau
Ch. Rl n° 50 des Villes-Rondes aux Pierres
Fossé (73.50)
Fossé (69.05)
Niveau de la mer
Cotes des terrassements
Cotes du terrain naturel
Distances entre les piquets
Numéros des piquets
Distances kilométriques
Paliers, Pentes et Rampes
Longueurs des alignements et des courbes
Rayons des courbes et angles des tangentes
K. 47
0.010
2.005
242.89
1441.86
R = 1000
A = 166° 5'

Fig. 415.

Echelle 1/3.000
Aq. voûté de 1m
0.010
2.005
K. 47
Aq. voûté de 1m00
Ch. d'exploitn
Côté Saumur
P. 470
P. 471
P. 472
P. 474
Côté Chn du Loir
Ch. Rl n° 52 de Cheau à la Grollerie
S
N
O
E

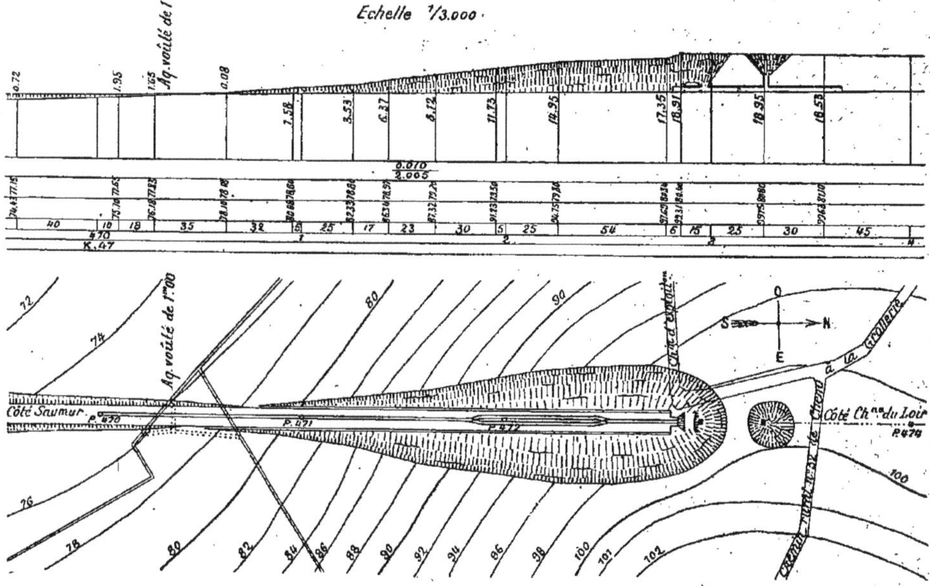

Fig. 416 et 417.

dant la manœuvre, la porte est fermée, et le travail de fouille n'est pas interrompu (René Tattier, *Génie civil*, t. V, n° 8).

Lorsque tous ces entonnoirs sont terminés, leur ensemble forme une cunette d'une grande longueur et à parois inclinées ; il ne reste plus qu'à battre au large en chargeant sur des banquettes réservées à $0^m,50$ au-dessus des wagons.

La dépense de bois y compris la fourniture pour le blindage des puits, ici nécessaire en majeure partie, a été pour une galerie de 365 mètres de. . .	3 907f 40
La main-d'œuvre et les frais d'avancement de galerie reviennent à 30 francs le mètre courant, soit pour 365 mètres	10 950 00
Percement de quatre puits à 100 francs	400 00
Total . . .	15 257f 40

Soit une plus-value de $\frac{15\,257,40}{205\,900} = 0^f,074$ par mètre cube.

Déblais dans les argiles humides glaises, marnes, etc.

518. La première précaution à prendre dans ce cas est d'empêcher les eaux d'envahir le chantier. Pour cela, sur chaque côté de la tranchée, on commence

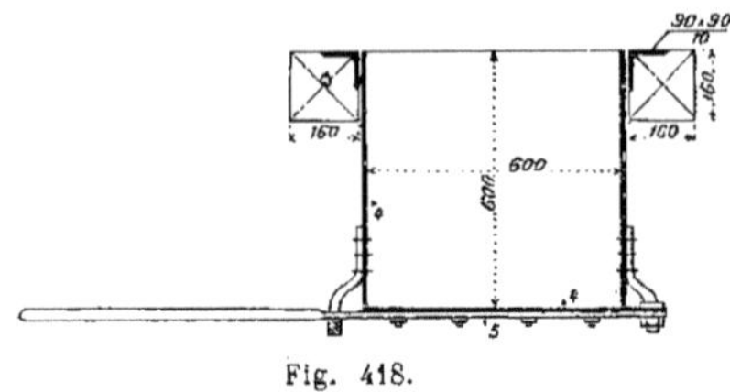
Fig. 418.

par effectuer un déblai en forme de triangle (*fig.* 419), qui servira de chenal pour l'écoulement des eaux. Puis on attaque comme d'ordinaire au moyen d'une cunette centrale à plusieurs étages si c'est nécessaire, en battant ensuite au large. Mais dans chaque tranchée d'élargissement, on a constamment soin de ménager le fossé constant, vu plus haut, dont l'utilité est indispensable jusqu'à la fin.

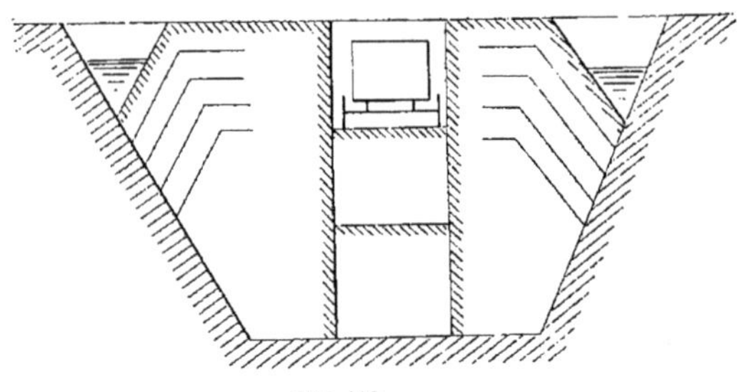
Fig. 419.

Remblais.

519. Les terres extraites des déblais servent à former les remblais à la conditions de tenir compte de ce boursouflement naturel des terres remuées qu'on appelle le *foisonnement*.

Il en résulte que le remblai formé avec les terres provenant d'une fouille déterminée occupe un volume sensiblement plus grand que celui de la fouille ; l'augmentation est d'ailleurs variable suivant la nature du remblai, son ancienneté, la compressibilité du sol, etc.

La terre ordinaire ne donne jamais plus de 5 à 10 0/0 de foisonnement, et les remblais tassent assez vite ; au bout de deux ou trois ans le tassement s'est produit et les terres ont repris leur volume normal.

Il y a lieu naturellement de tenir compte de ces choses dans le mouvement des terres.

Dans les roches le foisonnement est très variable et dépend de la forme que prennent les débris et de la façon dont ils peuvent rentrer les uns dans les vides laissés par les autres.

Les matériaux prismatiques, comme des briques, par exemple, donneront un foisonnement énorme à cause du grand nombre de vides qui resteront entre eux si l'on ne les range pas à la main et qu'on les laisse pêle-mêle tels que les a déposés le déchargement ; le foisonnement peut dans ce cas dépasser 50 0/0.

Quant au tassement ultérieur, il est moins rapide et moins accentué qu'avec la terre meuble, il dépend d'ailleurs du degré de densité des matériaux et s'opère par suite des charges supportées, de la rupture des angles vifs, des infiltrations d'eau, etc.

Ces tassements peuvent entraîner de graves accidents, qu'il est prudent d'éviter. Certains remblais peuvent en effet tasser ainsi de 2 mètres en quatre ou cinq ans.

Il faut alors sans cesse surveiller et remanier la voie.

La plate-forme des terrassements doit se trouver à la fin des travaux aux niveaux indiqués par les profils. Dans tous les remblais où la hauteur des terres apportées ne dépasse pas 1 mètre, on règle le niveau de la plate-forme immédiatement suivant le profil.

Lorsque le remblai a plus d'un mètre de hauteur, il y a lieu de tenir compte du foisonnement et du tassement ultérieurs.

Le plus souvent, et avec des remblais récents, il suffira de surélever de $0^{m},10$ par mètre.

Si les déblais ont été bien calculés de manière à équilibrer les remblais sur le profil en long, et en tenant compte des foisonnements et des tassements des différents terrains, les agents des travaux n'auront pas à se préoccuper de cette question. Ils n'auront qu'à mettre en remblais toutes les terres des déblais, et après tassements, généralement à la fin des travaux, les remblais auront pris leur assiette prévue et normale.

Les remblais doivent s'exécuter immédiatement sur toute leur largeur : si l'on venait après coup à opérer un rechargement sur les talus, on s'exposerait à voir les terres nouvelles se souder mal avec les anciennes, ne pas faire *corps* avec elles ; il en résulterait alors des dislocations et des glissements de portions entières de remblais sous l'effet des trépidations et des charges roulantes dues au passage des trains. De fortes pluies pourraient amener le même résultat : bref, il est indispensable que le remblai tout entier oppose une masse compacte et bien homogène aux efforts qui pourraient avoir pour résultat de le déplacer ou de le déformer.

Il sera donc bon de tenir les remblais plutôt un peu *gras*, c'est-à-dire légèrement en dehors du profil, l'excédent étant facile à enlever à la fin des travaux si les tassements et légers éboulements de surface n'ont pas remis les choses en leur état normal ; une surcharge, au contraire, serait toujours une mauvaise opération.

Pour les mêmes motifs on comprend qu'un bon remblai doit être composé de terres formant bien liaison entre elles et avec le terrain naturel, et en même temps résister aux influences atmosphériques. Comme on est obligé de se servir des terres provenant des déblais pour exécuter les remblais, et que ces terres ne présentent pas toujours les qualités requises, on est souvent forcé de consolider les travaux exécutés ; nous traiterons cette question dans un prochain chapitre.

Comme nous l'avons vu précédemment, si les remblais ont peu de longueur, ils se font à la brouette, au wagonnet ou au tombereau, qui permettent de former le remblai par couches horizontales dont le tassement est favorisé par la circulation ultérieure sur le remblai déjà effectué. Les Compagnies ont soin, à cet effet, d'exiger dans leurs conditions générales, le passage des véhicules sur le remblai et nulle part ailleurs ; les influences atmosphériques et surtout les pluies contribuent encore à produire le tassement rapide tant recherché.

520. *Régalage.* — Le régalage consiste donc à déposer le remblai par couches égales relativement minces, que l'on arrose et que l'on pilonne de façon à produire autant que possible leur tassement à l'avance, pour ne point avoir à le redouter plustard. Il y a lieu de surveiller de très près les ouvriers chargés de ce travail qui n'a aucune valeur quand il n'est pas parfaitement exécuté (*fig.* 420).

La méthode pratique est la suivante : on fait descendre la brouette ou le tombereau (le régalage aux wagons est impossible sans une reprise des terres déchargées, car ils ne peuvent pas suivre les ondulations du sol comme les tombereaux) sur le fond du remblai et sur les couches successives qu'on y dépose; on verse les terres et on les égalise à la pelle, après quoi on les arrose légèrement, ce qui commence à les tasser, et on achève en les pilonnant vigoureusement à la dame, gros pilon en bois muni de frettes en fer et d'un long manche qui permet à l'homme de le manier debout.

En pratique le régalage n'est guère possible que lorsqu'on travaille à la brouette dont on peut ménager le chemin au moyen de planches. C'est plus difficile avec les tombereaux et les chevaux qui circulent mal sur les terres fraîchement déposées et risquent le plus souvent de détruire tout l'effet du pilonnage. En outre, et de toute façon, ce travail est nécessairement coûteux: aussi ne l'emploit-on guère que dans des cas spéciaux, dans le remblai des fouilles de fondation des ouvrages d'art, par exemple.

L'épaisseur des couches doit toujours être faible pour que le régalage soit efficace. Le maximum à notre avis ne doit pas dépasser 0m,30 à 0m,40 pour le tombereau ou le wagonnet, et 0m,20 lorsqu'on emploie la brouette.

Nous trouvons exagéré le maximum de 0m,80 admis par la Compagnie des chemins de fer du Midi.

Quelquefois on établit la plus grosse partie du remblai d'un seul bloc et l'on régale seulement la partie voisine de la plate-forme. C'est ainsi qu'on a procédé au Central suisse où la partie inférieure du remblai, sur une épaisseur de 1m,50, a été régalée par couches de 0m,30.

Les remblais courants se font sur toute la hauteur, quitte à tenir compte du tassement et à s'en méfier. On n'a d'ailleurs, à la fin des travaux, jamais, nous le répétons, à redouter le tassement théorique qui pourrait résulter du foisonnement des terres fouillées. La circulation des véhicules de transport nécessaires à la confection même du remblai produit un premier tassement toujours important surtout lorsque dans les grands déblais, ces transports se font par locomotives.

D'ailleurs l'emploi du wagon ne tolère pas d'autre méthode d'exécution à cause de son mode obligatoire de déchargement et de la grande quantité de terres qu'il apporte à la fois. Le remblai se compose alors de tranches juxtaposées et inclinées sous l'angle du talus naturel des terres; il peut donc se produire ultérieurement des tassements très importants.

On peut à la vérité employer avec les

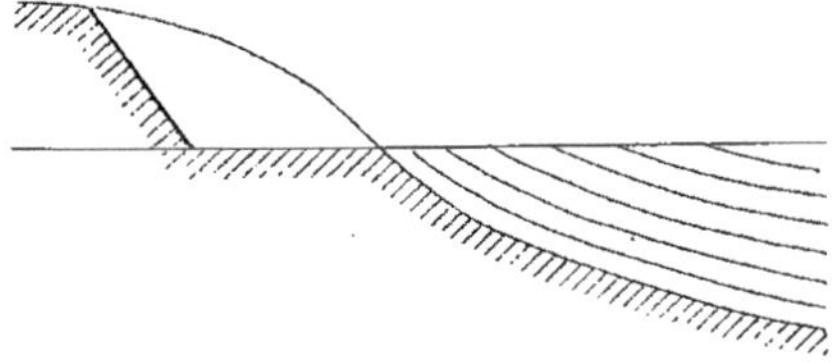

Fig. 420.

wagons, des ponts de décharges en bois ou estacades permettant de mettre la voie à l'abri des déclivités indispensables à suivre quand on ne veut pas effectuer immédiatement le remblai sur toute sa hauteur. On peut ainsi donner aux couches successives une plus grande longueur et, par conséquent, une inclinaison plus faible ; mais on conçoit que ce supplément de frais nécessité par l'installation d'une estacade provisoire en charpente, ne peut se justifier qu'avec des travaux d'une très grande importance.

Dans tous les cas, un remblai ne possède une assiette convenable que lorsqu'il repose sur un sol nettoyé et expurgé avec soin ; il faut donc enlever les souches d'arbres et les haies, les débris végétaux, les racines et en débarrasser également les terres devant composer le remblai. On se contente dans les prairies de labourer le sol à la bêche ou à la charrue, et d'y laisser les gazons retournés ; il faut écarter les blocs de pierre les uns des autres, briser les mottes ou pelottes de terre, principalement pendant les gelées afin de réduire le volume des vides et l'effort du tassement. Le mieux pour parer aux éventualités présentées par ce dernier, est de l'étudier sur place pendant la construction même; on donne alors au remblai la surélévation correspondante au tassement probable de l'ensemble calculé d'après les premières observations.

Les pluies qui surviennent pendant les travaux peuvent aussi déterminer des affaissements et des ravinements, surtout dans les talus. On fera bien, pour éviter ces inconvénients, de ménager une surépaisseur au bord des tranchées et des remblais. Aux approches des ouvrages d'art, et afin d'éviter les remaniements qui pourraient porter préjudice à la solidité des ouvrages, les remblais doivent être autant que possible exécutés sur une longueur double de leur hauteur, à partir des murs extérieurs, avec des terres maigres, graveleuses, perméables. Si cela peut se faire facilement, on les sépare de l'ouvrage par des blocages et des enrochements. Dans ces cas spéciaux les terres doivent toujours être régalées, c'est-à-dire déposées par couches de $0^m,15$ d'épaisseur, pilonnées et arrosées; enfin on doit les déposer en même temps des deux côtés de l'ouvrage pour éviter les poussées inégales.

Quand les remblais reposent sur un terrain présentant une certaine déclivité, on entaille le sol en gradins de $0^m,50$ à 1 mètre de hauteur ; le plan des faces inférieures des gradins perpendiculaire à la surface du sol afin de s'opposer au glissement de la masse rapportée (Goschler, *Entretien et exploitation des chemins de fer*).

Quand une tranchée est ouverte dans un terrain rocheux, solide, peu altérable à l'air, il faut encore sonder avec soin les parois et faire descendre toutes les parties ébranlées qui pourraient se détacher après la mise en exploitation. Si la roche ne peut être taillée à pic, on se contente de former les talus par arrachements en redans ou en échelons.

521. *Inclinaison des talus.* — Nous avons à plusieurs reprises donné les inclinaisons usuelles employées pour les talus des déblais ou remblais. Nous savons que le plus souvent en France, et sauf cas exceptionnels on adopte les talus de 1 sur 1, ou à 45 degrés, pour les tranchées, et de 1/2 sur 1 pour les remblais. Ces chiffres conviennent aux terres fraîches et légères.

Quant aux exceptions, ce sont les suivantes :

Déblais	base	hauteur	angle
Roches non gélives	0	»	90°
— tendres	1	3	71° à 72°
Sables et graviers	1	1 1/2	56° à 57°
Argiles, glaises	1	1/2	26° à 27°

Sur certaines lignes comme celles du Hainaut et des Flandres (Belgique), cette inclinaison varie pour un même terrain avec la profondeur de la tranchée ou la hauteur du remblai. L'inclinaison des talus a été réglée d'après la distance verticale qui sépare la plate-forme de la surface du sol. Ainsi l'inclinaison des talus sera :

De 1 à 4 mètres.	de 1 de base	sur	1 de hauteur	
4 à 8 mètres.	5	—	4	—
8 et au-dessus	3	—	2	—

En Prusse la règle est de donner aux talus des remblais :

En argile ou terre sablonneuse. . . .	1 1/2	sur 1
En argile compacte. .	1	sur 1
En rocher.	1	sur 1 1/4
Remblais établis sur terrains peu résistants.	3 à 4	sur 1.

Pour les déblais, on adopte l'inclinaison la plus forte que peuvent comporter la nature du terrain entamé et la sécurité de la circulation.

En général, l'inclinaison à 45 degrés n'est admissible pour les glaises ou terres ébouleuses que lorsqu'on les abrite sous des revêtements de pierres sèches. Avec la chemise en terre qui est préférable sous tous les rapports il est bon de dresser les talus des tranchées à 1 1/2 au moins sur 1.

On rencontre quelquefois des terrains qui, au premier abord, paraissent devoir se tenir dans une inclinaison très prononcée, mais dont la surface est promptement altérée par les influences atmosphériques. Il y en a aussi n'admettant aucune inclinaison et conduisant à de grands travaux de consolidation : encore arrive-t-il souvent des accidents, des éboulements qui envahissent la voie et occasionnent des frais de réparation beaucoup plus élevés que ceux exigés par les précautions de premier établissement ; chaque cas particulier exige donc un examen préalable des exemples fournis par la localité, une étude attentive de la nature des talus et des dispositions à y appliquer (Goschler).

Dressement de la plate-forme.

522. Le règlement définitif de la plate-forme se fait quelquefois en donnant aux deux crêtes du talus une certaine surélévation pour prévoir le tassement ; celui-ci s'opère en effet un peu plus sur les bords qu'au centre du remblai. Il en résulte une plate-forme en cuvette creuse qui a le grand inconvénient de conserver les eaux en son centre au lieu de les laisser écouler immédiatement.

Nous pensons au contraire qu'il y a lieu, comme cela se pratique d'ailleurs généralement aujourd'hui, de dresser la plate-forme en dos d'âne avec deux pentes assez accentuées de 3 centimètres par mètre allant de l'axe aux crêtes du talus.

En tranchée, une pente de $0^{m},0005$ par mètre sera donnée au plafond des fossés lorsque le profil en long ne sera pas lui-même en pente. Il ne faut pas craindre d'ailleurs de donner à ces fossés la largeur nécessaire, d'autant plus grande, qu'ils doivent recevoir plus d'eau, c'est-à-dire que le déblai est plus profond.

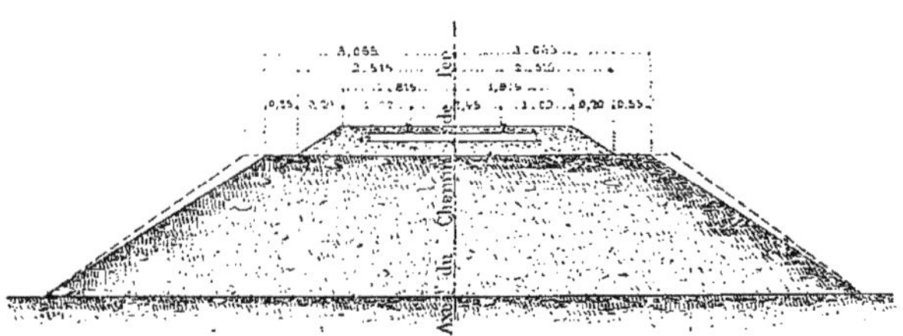

Fig. 421.

Dans les plates-formes en rocher les saillies seront enlevées, les cavités produites par les coups de mine comblées avec des éclats de pierre. Dans les terrains ordinaires on dressera et damera soigneusement les terres afin de prévenir tout mélange entre celles-ci et le ballast. Ce mélange est en effet des plus fâcheux au point de vue de l'entretien de la voie.

Importance des terrassements.

523. La moyenne des lignes départementales restant à construire en France sera à une seule voie ; les déblais y sont en général pour les deux tiers en terrain facile, et un tiers au plus en rocher. La dépense doit varier entre 100 000 et 150 000 francs par kilomètre.

Pour cela les hauteurs des terrassements sur l'axe ne doivent pas dépasser 3 à 4 mètres en moyenne, ce qui correspond pour une seule voie à un volume de 12 à 20 mètres cubes de terre à remuer par mètre courant de voie.

Résumé

524. *Profils usuels.* — Nous résumerons ce dernier chapitre en donnant ci-dessous les profils les plus usuels établis conformément aux prescriptions précédentes.

Nous nous occuperons d'abord des chemins à une voie, les seuls qui restent le plus souvent à construire aujourd'hui.

525. *Remblai.* — La figure 421 représente le remblai dans le cas général (type du Bourbonnais). La plate-forme établie très largement d'après les exigences du cahier des charges présente une cote de 6m,130 entre les crêtes. Dans les remblais élevés et où il y a lieu de prévoir l'effet du tassement, la largeur totale de la plate-forme a été augmentée, en vue de ces tassements, d'une quantité égale au 1/4 de la hauteur du remblai. On n'a rien changé à la largeur de ce dernier à sa base; cet excédent, qui disparaît avec le temps, est indiqué par la ligne pointillée. L'inclinaison maximum des talus est toujours 3 de base pour 2 de hauteur, sauf dans des cas absolument exceptionnels exigeant des mesures de précautions spéciales

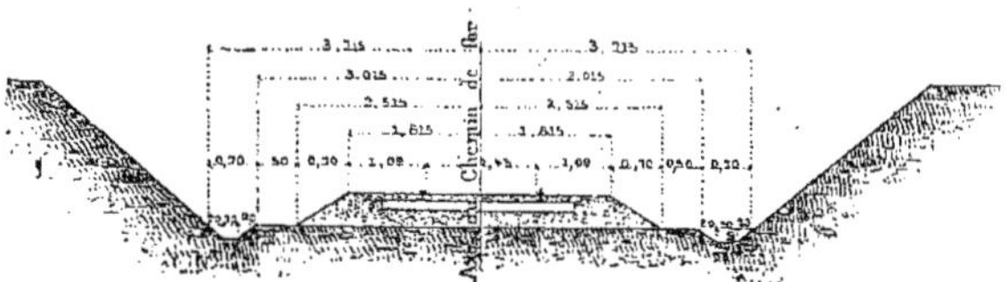

Fig. 422.

526. *Déblais.* — Les déblais dans les terres courantes sont indiqués par les figures 422, 423 et 424. La figure 422 donne le déblai en terrain sec; la plate-forme est accompagnée de deux fossés de petites dimensions (0m,30 au plafond, 0m,20 de profondeur), qui suffisent pour l'écoulement des eaux de pluie.

Fig. 423.

Dans les terrains humides, il peut se présenter deux cas, selon que la quantité d'eau à recueillir dans les fossés est plus ou moins grande. Le profil précédent peut suffire à la rigueur en augmentant les dimensions des fossés lorsque les déclivités ne sont pas trop fortes et que le courant d'eau est modéré dans les fossés.

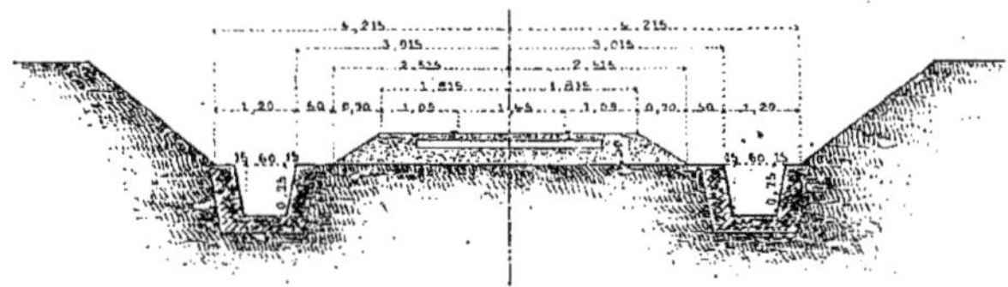

Fig. 424.

Dans le cas contraire il est indispensable de maçonner ces derniers dont les parois, sans cela, seraient rapidement entraînées par les eaux. Un fossé maçonné de 0m,40 au plafond et 0m,35 de profondeur sera alors généralement suffisant (*fig.* 423).

Si le terrain est très humide en même temps que les eaux présentent un fort courant dans les fossés, ceux-ci, tout en restant maçonnés, devront présenter des dimensions plus grandes que précédemment et proportionnées aux besoins. Généralement il suffira de leur donner $0^{m},60$ au plafond avec $0^{m},75$ de profon-

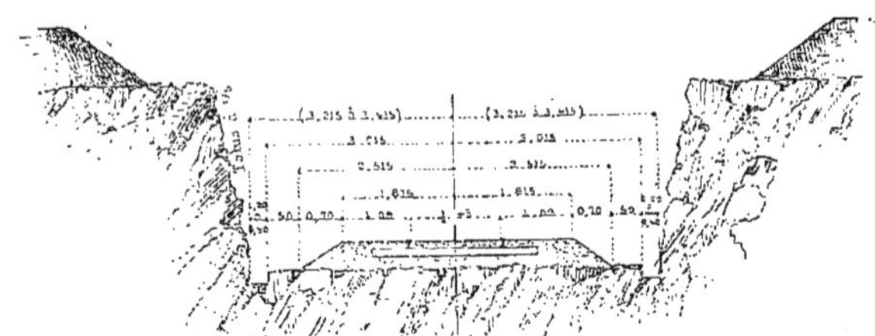

Fig. 425.

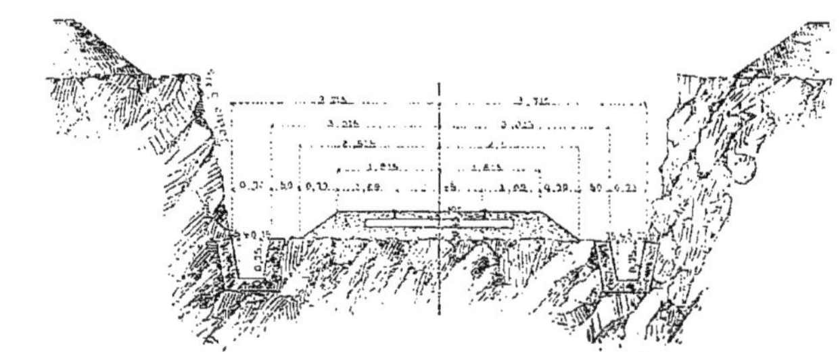

Fig. 426.

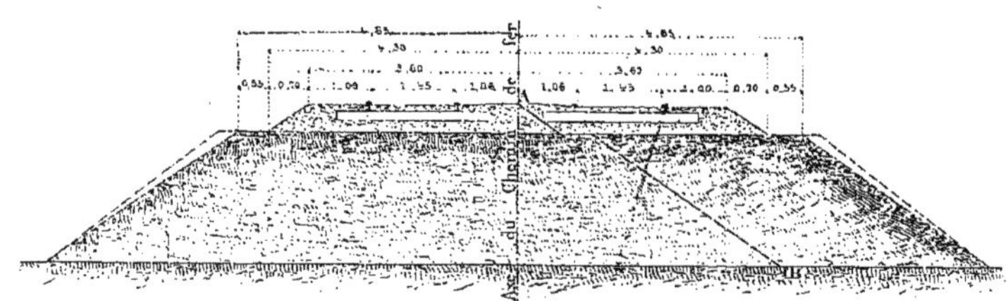

Fig. 427.

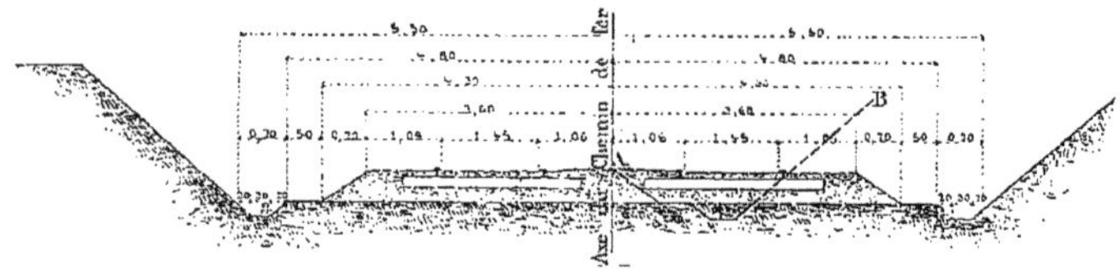

Fig. 428.

deur (*fig.* 424). Leurs parois qui font murs de soutènement pour les terres voisines devront avoir une épaisseur égale au tiers de leur hauteur.

L'inclinaison maximum des talus de déblais a été poussée ici jusqu'à 1 1/4 de base pour 1 de hauteur. Souvent cependant ils n'ont que 1/1 et quelquefois moins dans certains terrains spéciaux.

527. *Déblais en rocher.* — Enfin les

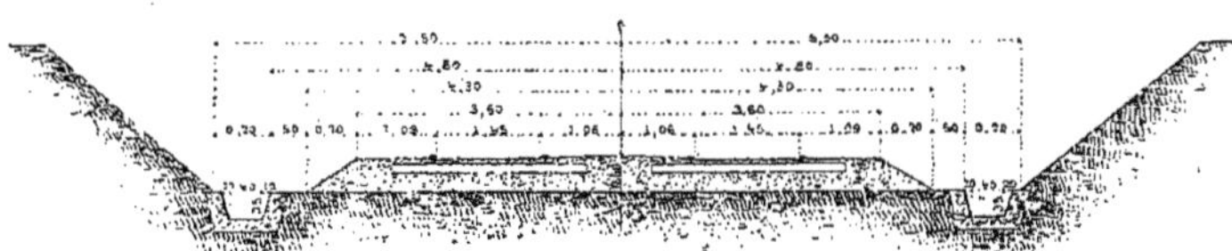

Fig. 429.

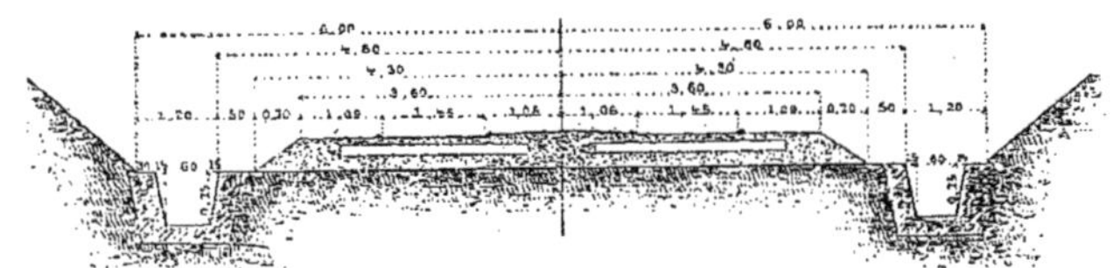

Fig. 430.

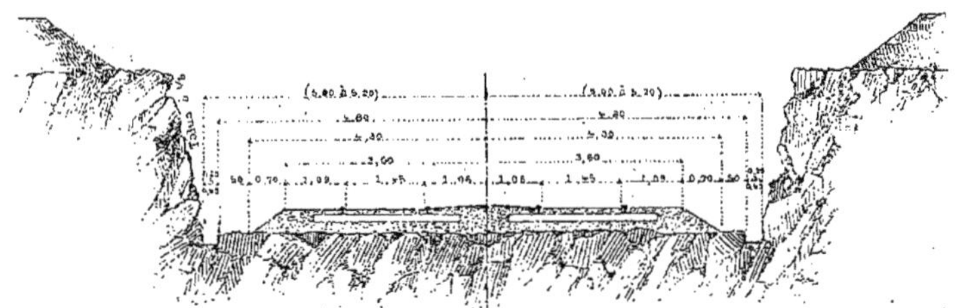

Fig. 431.

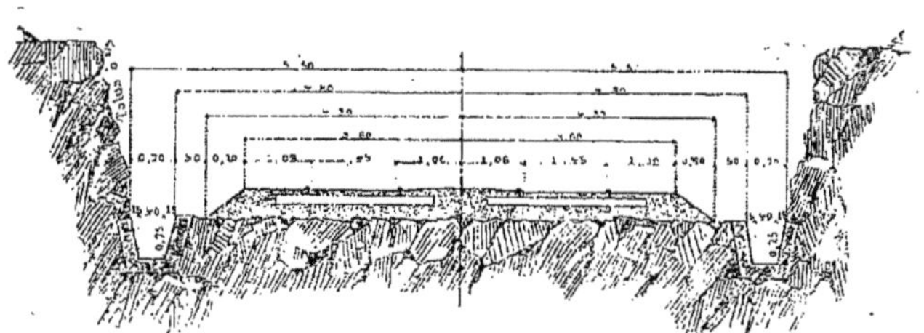

Fig. 432.

figures 425 et 426 représentent les profils des tranchées dans le rocher où les talus peuvent être plus ou moins verticaux selon leur dureté et leur résistance à l'action de désagrégation de l'atmosphère.

Dans les terrains secs ou très peu humides, les fossés seront presque inutiles si les talus sont raides (*fig.* 425); on peut même complètement s'en passer lorsque le sol est crayeux et perméable.

Dans les terrains très humides ou avec un fort courant d'eau dans les fossés, ces derniers devront être plus larges et plus profonds ($0^m,40$ au plafond, $0^m,75$ de profondeur), et même dans certains cas maçonnés comme dans les déblais ordinaires (*fig.* 426).

528. *Lignes à deux voies.* — Les figures 427 à 432 représentent la même série de profils pour les lignes à deux voies dans les principaux terrains que l'on peut rencontrer.

Dans les rares cas où l'on construit encore aujourd'hui à deux voies, les ouvrages d'art seuls sont établis en prévision de la seconde voie ; les terrassements ne sont exécutés immédiatement que pour une seule voie. Les profils de déblais et remblais indiquent par la ligne AB, la position du talus dans ce cas.

Actuellement, d'ailleurs, on ne construit même plus les ouvrages pour deux voies, mais pour une seule, et on les élargit eux-mêmes ensuite dans le cas peu probable où la seconde voie vient à être posée.

La dépense immédiate relative à la seconde voie se borne aux acquisitions de terrains, et c'est encore trop à notre avis, les lignes à deux voies ne pouvant résulter aujourd'hui que de besoins spéciaux, lignes de banlieue, etc., faciles à prévoir à l'avance. Dans tous les autres cas, la ligne à une voie avec gares d'évitement sera suffisante en France.

Travaux de consolidation et d'assainissement

Consolidation des talus.

529. Les talus des tranchées ou des remblais se dégraderaient rapidement s'ils étaient abandonnés à eux-mêmes, aux influences climatériques. Les pluies surtout les pénètrent, les amollissent et les ravinent ; le soleil, qui leur succède, amène à la surface un durcissement suivi de fendillement et de chute des matériaux dans les fossés. Peu de terrains résistent à tout cela, et le plus grand nombre ont besoin d'être prémunis contre ces causes de destruction.

Les travaux de revêtement à effectuer dépendent naturellement des terrains qui constituent le talus. Ils rentrent dans tous les cas dans les quatre grandes divisions suivantes : *semis*, *gazonnements*, *plantations* et *maçonneries*.

530. *Semis.* — Le meilleur moyen de retenir économiquement les talus est d'y créer artificiellement une végétation de plantes à racines profondes formant un réseau qui fixe les terres autour de lui. Cela exige l'apport d'une légère couche de terre végétale posée à la main et pilonnée sur le talus après en avoir désagrégé la surface avec le rateau. L'épaisseur de la terre végétale ainsi rapportée varie suivant que le terrain sous-jacent est plus ou moins impropre à la végétation. Le minimum est, dans tous les cas, de 15 à 20 centimètres.

On sème ensuite à la volée des graines de liserons, de trainasses, de chiendent,

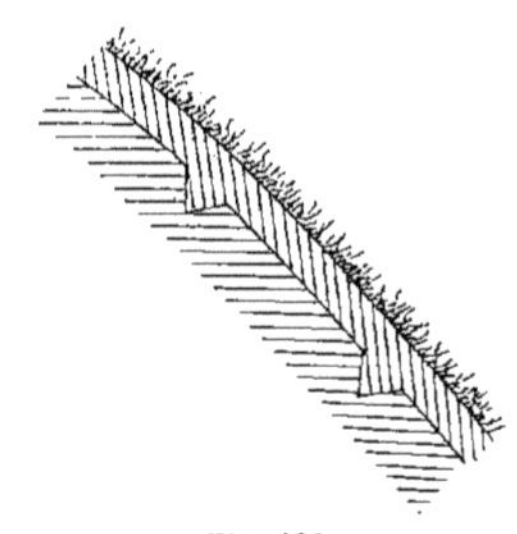

Fig. 433.

de luzerne ou de trèfle ; la quantité des graines à employer doit être suffisante pour que la végétation ultérieure soit vigoureuse et abondante : on a intérêt, dans tous les cas, à ne pas ménager la graine. On recouvre ensuite les semis d'une couche de 2 à 3 centimètres de terre végétale au moyen du rateau ; si la terre est trop légère on la roule ; puis on arrose de temps en temps.

Si la couche de terre végétale est importante, il faut préalablement creuser dans le talus des rainures horizontales formant des redans sur lesquels s'appuie toute la masse. On risquerait sans cela de la voir tomber en entier au pied du talus (*fig.* 433). Le fond de ces redans est incliné vers les terres de manière à y ramener les eaux d'infiltration et à les empêcher de s'écouler en abondance entre le talus et sa chemise.

Les graines les plus employées sont celles de trainasse et de luzerne. Cette dernière a des racines qui pénètrent profondément dans le sol et donnent aux talus une grande solidité; mais elle exige un terrain profond et de bonne qualité. Les racines de trainasse sont moins pénétrantes mais présentent un bien plus grand nombre de ramifications et forment un tissu plus serré en surface.

Souvent aussi, on sème un mélange de ces différentes graines dans des proportions indiquées par les besoins.

Le chiendent s'emploie de préférence lorsque les talus manquent de consistance, sont peu propres à une bonne végétation ou mal exposés. Ses racines peuvent aller jusqu'à $0^m,70$ et même 1 mètre de profondeur: la luzerne a sur lui l'avantage, quand on peut l'employer, de former une récolte dont on peut tirer parti, en la vendant au commerce.

On peut établir comme suit le prix de revient du dressement de talus avec ensemencement (Goschler), à l'entreprise:

Dressement de 100 mètres carrés. Une journée de taluteur.	$4^f,00$	$4^f,60$
Faux frais et bénéfices 15 0/0.	0 60	
Ensemencement, graines.	0 50	2 88
Main-d'œuvre: une 1/2 journée de jardinier	2 00	
Faux frais et bénéfices.	0 38	
Total.		$7^f,48$

Soit par mètre carré: $0^f,075$.

La quantité de graines à employer varie de 20 à 50 kilogrammes à l'hectare suivant l'essence et la nature du terrain.

531. *Entretien.* — Le seul entretien exigé par des talus semés d'herbages consiste à faire des coupes quand les plantes ont acquis un degré de force suffisant, et avant qu'elles ne montent en graine; cette condition doit être scrupuleusement observée.

Chaque coupe ne peut être faite à la faux que dans les parties où les talus ne renfermeront pas d'autres plantations, sinon on devra procéder à la main avec une faucille, afin de ne pas blesser ou trancher les jeunes arbres.

On fera bien en outre de débarrasser le talus des chardons ou autres plantes parasites nuisibles à la végétation, et qui ne présentent pas les mêmes propriétés que les graines semées, au point de vue de la consolidation du talus.

Les herbes doivent être coupées par un temps sec, avec précaution, et non arrachées, ce qui désagrégerait le talus; le séchage du fourrage coupé s'opèrera sur la surface même du talus et non pas sur la voie ou la plate-forme. La dernière coupe doit avoir lieu fin septembre, et le transport des herbes coupées sur les talus, exclusivement à dos d'homme sans jamais employer la brouette.

Le plus souvent les compagnies se déchargent de tous ces travaux accessoires en affermant les surfaces des talus ou des dépendances de la ligne pouvant fournir du fourrage. C'est le locataire qui est alors astreint à prendre toutes les précautions sus-mentionnées au moyen d'un contrat en bonne et due forme qu'il passe avec la compagnie. La coupe a lieu généralement deux fois par an à des époques que le fermier fixe lui-même; toutes coupes successives et partielles sont interdites.

On spécifie bien, dans ce cas, que le concessionnaire ne pourra introduire sur les talus ni autres dépendances du chemin de fer, aucun troupeau ni aucun animal sous quelque prétexte que ce soit. Il lui est formellement interdit en outre de passer sur la plate-forme du chemin de fer ni de la traverser. On ne fait pour lui dans les clôtures aucune autre ouverture que celles présentées par les passages à niveau ou autres points prévus de la ligne.

532. *Gazonnement.* — Les marnes argileuses qui se dessèchent et s'éboulent sous l'effet de l'atmosphère, ont besoin d'une couche protectrice plus puissante, la chemise de 0m,20 n'empêchant pas la désagrégation de leur surface. Il faudra donc les recouvrir préalablement d'une couche de terre végétale plus épaisse de 30 à 40 centimètres. On procèdera à partir du bas du talus, sur lequel on tracera d'ailleurs de nombreux redans horizontaux. On sèmera ensuite.

Mais le mieux est de réduire la couche de terre végétale sous-jacente et de former le revêtement en surface au moyen de couches de gazon découpé à l'avance, et apporté par plaques sur le terrain où il doit être utilisé.

Ces blocs ont la forme de prismes rectangulaires de 0m,25 à 0m,30 de côté et de 0m,06 à 0m,10 d'épaisseur. On choisit de préférence ceux dont les brins sont fins, bien fournis et fauchés court. Il faut les employer le plus tôt possible après leur enlèvement si l'on veut qu'ils reprennent bien une fois en place.

533. *Gazonnement à plat.* — On les place à plat sur le talus, l'herbe en dehors, par bandes horizontales et à joints recoupés, comme ceux de la maçonnerie. On commence par le bas du talus et, pour éviter une descente générale ou un boursouflement sous l'effet du poids des couches supérieures, on les cheville fortement au talus au moyen de piquets longs et minces. On les arrose aussitôt posés, et de temps en temps dans la suite, jusqu'à reprise complète.

Le prix du mètre carré de gazonnement à plat peut s'évaluer comme suit (Goschler, ligne de Wissembourg) :

Enlèvement de gazon, surface retaillée. 1/2 heure de gazonneur à 0f,20. .		0f,10
Charge de 1 mètre cube, 1m,30 à 0f,16	0f,21	0 40
Transport à 60 mètres.	0 19	
Charge en brouette, 1 mètre cube pour 10 mètres carrés		0 04
Pose de gazon, dressement des lits et joints ; 0h,50 à 0f,20		0 10
Fourniture de chevilles.		0 10
Total.		0f,34
Faux frais et bénéfices.		0 05
Ensemble.		0 39
Indemnité éventuelle au propriétaire du gazon.		0 16
Prix du mètre carré.		0f,55

534. *Gazonnement par assises.* — Un gazonnement plus soigné et plus résistant est nécessité par les talus que l'on veut préserver des inondations ou les quarts de cônes des ouvrages d'art. Les blocs de gazon sont alors encore posés par tranches horizontales, mais perpendiculaires à la surface du talus. On croise les joints comme précédemment ; les assises sont bien réglées, damées et arrosées ; on place ici l'herbe en dessous à l'exception de la dernière assise de couronnement où elle est laissée à l'air libre. On fixe les blocs de quatre en quatre dans chaque assise par des piquets de 0m,35 à 0m,40 de longueur sur 8 centimètres de diamètre.

Les surfaces gazonnées, quel que soit le système employé, doivent conserver après le gazonnement leur forme géométrique primitive commandée par les projets. On a soin de les battre au fur et à mesure de l'avancement du travail de manière à faire disparaître tout joint et toute saillie.

On peut évaluer ainsi le prix du mètre carré de gazonnement par assise : (idem).

Enlèvement de 3 mètres carrés de gazon, taille des lits et des joints	$0^{f},30$
Charge et transport en brouette	0 12
Pose des gazons par assises en recouvrant aux deux tiers, dressement des lits, joints, tamponnage $1^{h},10$ à $0^{f},20$.	0 22
Chevilles	0 25
Total.	$0^{f},89$
Faux frais et bénéfices 15 0/0	0 14
Ensemble.	$1^{f},03$
Indemnité éventuelle au propriétaire.	0 48
Prix du mètre carré.	$1^{f},51$

Bien entendu, ces prix peuvent varier d'une région à l'autre; mais les chiffres qui précèdent fourniront toujours une excellente base dans laquelle on n'aura qu'à substituer les prix locaux pour avoir le résultat exact.

Les gazonnements, comme les semis et herbages, doivent être entretenus avec un soin constant et débarrassés des mauvaises herbes qui, les empêchant de prospérer, n'apportent aucun appoint à la consolidation de la surface. On a soin d'ailleurs de restaurer immédiatement les points détériorés ou mal venus en remplaçant les parties défectueuses par des gazons neufs. Le passage du rouleau est une excellente chose après la coupe et à la fin de l'hiver, alors que les gelées peuvent avoir soulevé le sol.

535. *Boisements.* — Les moyens de préservation précédents peuvent être encore impuissants dans certains terrains comme les marnes très friables, les calcaires mélangés de sable, etc. qui peuvent se déliter à une certaine distance de la surface par suite de la sécheresse. Il faut alors recourir au boisement qui permet d'avoir des racines assez fortes et assez profondes pour aider le sol à résister à la sécheresse et le fixer convenablement en y formant un réseau continu.

Ce résultat sera bien obtenu si les arbustes plantés sont très rapprochés les uns des autres et que le boisement constitue un véritable taillis qu'on exploite tous les dix ou douze ans. Les arbustes les plus appropriés à ce genre de besoins sont l'acacia, l'osier, le vernis du Japon, le saule, le bouleau, l'érable; ils présentent en effet des feuilles qui tombent à leur pied et sont rarement chassées plus loin. Pour la même raison les plus désagréables dans le voisinage d'une voie ferrée sont les peupliers et les conifères (pin, sapin, mélèze). Les feuilles du peuplier tombent à demi-desséchées et sont transpostées par le vent sur la voie; elles se fixent aux rails qu'elles entretiennent dans un état constant d'humidité et entraînent le patinage des roues.

Quant aux pins, sapins etc., leurs racines pivotantes offrent peu de résistance aux efforts de renversement du vent sur le cône extérieur. Celui-ci peut donc, surtout en talus, tomber facilement tout entier sur la voie, l'encombrer et occasionner des accidents.

C'est pourquoi il est indispensable, quand on traverse une forêt, de maintenir de chaque côté du chemin de fer, une zone de protection complètement dépourvue d'arbres ou *essartement.* Sinon, on s'exposerait à voir quelquefois un arbre tomber sur un train ; en outre, la locomotive pourrait mettre le feu aux branchages qui arriveraient trop près de sa cheminée.

L'état du sol ne permet pas toujours d'y

effectuer des plantations proprement dites; on peut alors faire usage de plantes buissonnantes, comme le genévrier, l'épine-vinette, l'argousier, l'amélanchier, qui croissent spontanément dans les montagnes et spécialement dans les parties les plus rocailleuses.

En résumé, les plantes doivent être appropriées à la localité, robustes, d'un développement rapide et vigoureux, se prêter à la culture sous forme de taillis et porter des racines nombreuses et traçantes.

L'observation des essences qui croissent le mieux dans le pays sera le meilleur guide à consulter dans le choix des espèces dont on pourra faire usage.

536. A titre de renseignements, nous donnerons encore la liste ci-dessous extraite de l'ouvrage de M. du Breuil (*Manuel d'arboriculture des ingénieurs*).

Sols calcaires.

Cytise des Alpes ;
Erable sycomore ;
Orme champêtre ;
Prunier de Sainte-Lucie ;
Rabinier faux acacia ;
Epine-vinette.

Sols argileux.

Orme champêtre ;
Peuplier tremble ;
— grisard ;
Saule marcault ;
Erable sycomore ;
Noisetier commun ;
Tilleul de Hollande ;
Frêne commun.

Sols siliceux.

Erable sycomore ;
Orme champêtre ;
Peuplier blanc ;
— grisard ;
Prunier de Sainte-Lucie ;
Rabinier, faux acacia ;
Saule marcault ;
Tilleul de Hollande ;
Cytise des Alpes ;
Epine-vinette ;
Hippophaé-rhomnoïde ou argousier.

537. Quant au mode d'exécution de ces boisements, il peut se faire soit par semis, soit par plantation : les deux systèmes ont leurs partisans et il y a lieu de croire qu'ils sont applicables tous deux suivant les cas et la nature des terrains. En pratique, nous pensons que la plantation est généralement préférable sur les talus inclinés ; les semis, en effet, doivent être précédés par un amollissement de la surface du talus ou par le creusement de rigoles qui pourraient, en cas de pluies abondantes, causer de graves détériorations. On pourra donc employer les semis dans les dépôts, emprunts, banquettes, etc., où cela présente moins d'inconvénients.

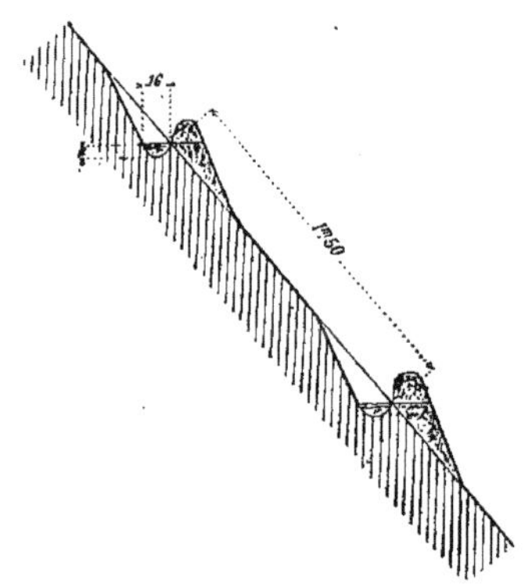

Fig. 434.

538. *Emploi des semis.* — Ces semis se font au commencement de l'année, en janvier dans le Midi, en mars dans le Nord où les saisons sont moins précoces. Par exception, l'orme se plante en mai.

On les fait peu à la volée, procédé réservé pour les herbes, fourrages, etc. ; pour les arbres, on emploie de préférence des rigoles parallèles et horizontales de 16 centimètres de largeur et de 6 de profondeur, distantes entre elles de $1^m,50$. Les semences sont placées au fond de ces saignées qui sont labourées à l'avance. On rebouche ensuite.

Pendant les deux premières années on

fera bien de recouvrir de branchages ou de paille pour préserver les semis de la sécheresse. Tous les ans, vers le milieu de mai, un binage est nécessaire, c'est-à-dire qu'il faut assainir et aérer la surface du sol autour des jeunes plants. Au bout de quatre ou cinq ans, on pratique en février un recépage à $0^m,03$ ou $0^m,04$ au-dessus du sol ; cette opération, en diminuant la partie extérieure de la plante, permet aux racines de prendre un plus grand développement (*fig.* 434).

539. *Emploi des plantations.* — Ce système, avons-nous dit, est le plus employé et doit se pratiquer à la fin de l'automne, à moins que le sol ne soit argileux et compact, et retienne les eaux, dans lequel cas il vaut mieux planter en mars.

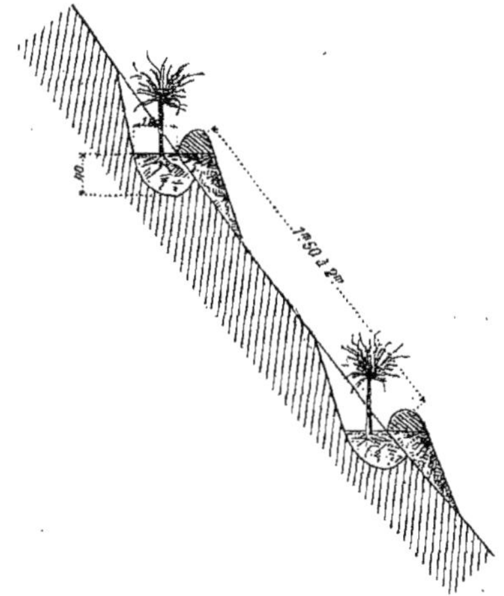

Fig. 435.

Les plants doivent avoir deux ans d'âge, dont un an de repiquage en pépinière. Leur plantation se fait en juin, de deux manières différentes : par *bandes* ou en *potets*.

Dans le premier procédé, on sépare la surface par bandes de $0^m,80$ de largeur et $0^m,40$ de profondeur distantes entre elles de $1^m,50$ à 2 mètres, selon l'inclinaison du talus. On bouleverse sens dessus dessous les terres de la tranchée ainsi produites et l'on garnit le bord de la bande, du côté du pied du talus, d'un bourrelet de cailloux ou de terre destiné à retenir en partie les eaux ; celles-ci ne peuvent alors raviner le talus, et, en outre, arrosent les jeunes plants, qui sont placés en quinconce dans ces bandes à des intervalles de 1 mètre (*fig.* 435).

La méthode des *potets* consiste à ouvrir une série de trous en quinconce de $0^m,40$ de diamètre et $0^m,30$ de profondeur à $0^m,80$ de distance entre eux.

Dans les deux cas, on ajoute de la terre végétale s'il en manque, on fixe le jeune plant, on recouvre les racines et on arrose.

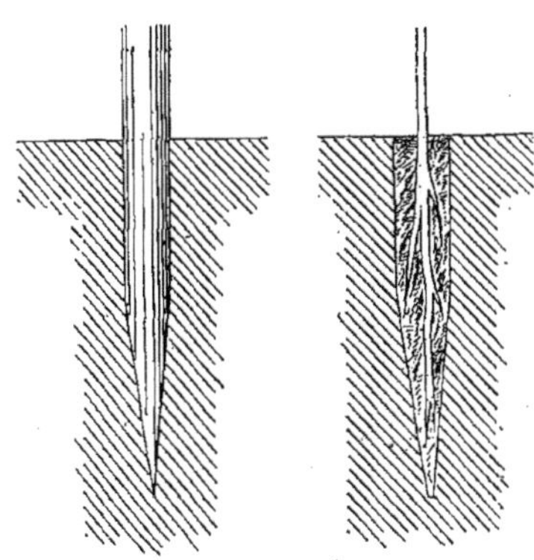

Fig. 436 et 437.

Le plus souvent, en pratique, on se contente aux endroits prévus pour fixer un plant, de creuser un trou dans le talus au moyen d'un fort piquet que l'on retire ensuite. On introduit les racines du jeune plant dans l'excavation, on achève de remplir avec de la bonne terre végétale et l'on arrose (*fig.* 436 et 437).

Comme pour les semis, une bonne couverture placée les deux premières années en mai autour de chaque pied est convenable pour préserver les jeunes plants de la sécheresse. Vers la fin de février de la troisième année, tous les plants sont soumis au recépage comme ceux qui proviennent des semis et traités ultérieurement de la même manière.

Comme bases des prix des plantations, on peut prendre les chiffres suivants établis dans la région du chemin de fer de l'Ouest (Goschler) pour mille plants.

540. *Terrains arides.* — (Acacia, bouleau, pin sylvestre, érable, frêne, prunier de Sainte-Lucie, etc.)

Mille plants de 3 à 5 millimètres de diamètre au collet, fourniture et pose.	25f,50
Remplacement des plants morts, faux frais, outils, avaries.	10f,00
Garantie, entretien et surveillance pendant un an à partir du 1er juin qui suit la plantation. . .	3f,00
Total.	38f,50

541. *Terrains humides, marécageux.* — (Saules et osiers variés, aunes, châtaigniers, charmilles, ormes) :

Main-d'œuvre, pour fouille et plantation.	12f,00
Fourniture de mille plants . .	10f,00
Remplacement, entretien, outils, faux frais et garantie pendant un an, à partir du 1er juin.	10f,00
Total	32f,00

542. *Utilisation des bois.* — L'exploitation de ces bois peut être naturellement très différente d'un endroit à un autre de la même ligne ; elle dépend des essences qui la constituent.

Les arbres ordinaires, autres que les pins et sapins, sont exploités à l'âge de dix ou douze ans sous forme de taillis.

La meilleure époque pour la coupe est la fin de l'hiver, après les grands froids ; la coupe des brindilles doit être faite le plus près possible de la souche et dans une direction inclinée, afin de rejeter l'eau de pluie qui, en séjournant dans la plaie, en amènerait la carie.

Le tamarix s'exploite en taillis tous les six ou huit ans.

Une oseraie est déjà productive dès la seconde année, mais on a avantage à attendre, car elle devient d'année en année plus avantageuse. La coupe des osiers doit se faire en février ou, au plus tard, en mars ; les pousses sont tranchées à $0^m,01$ ou $0^m,02$ du tronc qui devient ainsi une sorte de têtard. Celles de la deuxième année ont déjà $1^m,33$ à 2 mètres de hauteur ; celles de la troisième année de $2^m,50$ à 3 mètres.

On écoule facilement dans l'industrie les produits des oseraies ; mais la Compagnie peut avantageusement les utiliser elle-même sous forme de plants pour repeupler les talus, les haies, etc., et de liens pour faire des fagots.

543. *Clayonnage.* — Il peut arriver que les talus soient si mauvais et si faciles à raviner par les pluies qu'aucune végétation ne puisse s'y fixer d'après les procédés précédents. On procède alors à ce qu'on appelle le *clayonnage*.

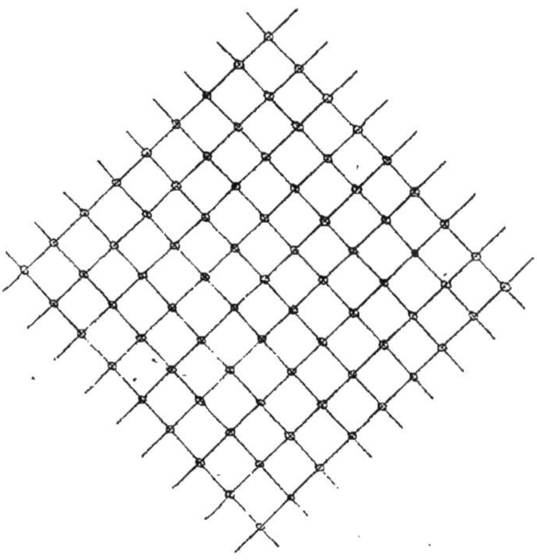

Fig. 438

Pour cela, de mètre en mètre et en quinconce, on plante à coups de masse dans le talus de forts piquets que l'on enfonce de 1 à 2 mètres ; on laisse saillir à l'extérieur la hauteur correspondant à l'épaisseur de terre végétale nécessaire pour les plantations, puis on relie tous ces piquets entre eux par des branches d'osier. On obtient ainsi un vaste réseau que l'on garnit de terre arable et dans lequel on peut procéder aux semis ou boisages reconnus utiles (*fig.* 438).

Perrés et revêtements en maçonnerie.

544. Dans certaines contrées montagneuses la pierre peut être coûteuse et la bonne terre peu abondante; les tranchées sont quelquefois ouvertes dans des terrains meubles ou sableux, résultant de la désagrégation des rochers voisins sous l'action de l'atmosphère ou des eaux, et sujets à s'ébranler facilement; on consolide alors les talus de la manière suivante:

On applique sur la surface entière du talus un revêtement complet ou *perré* en pierres sèches, c'est-à-dire dépourvues de mortier dans les joints. Ou bien on y établit des murs en forme de voûte circulaire (*fig.* 439) ou ogivale (*fig.* **440**), de $0^m,25$ à $0^m,35$ d'épaisseur. On recouvre de terre ou de gazon les parties non garnies de pierres, suivant les méthodes vues précédemment.

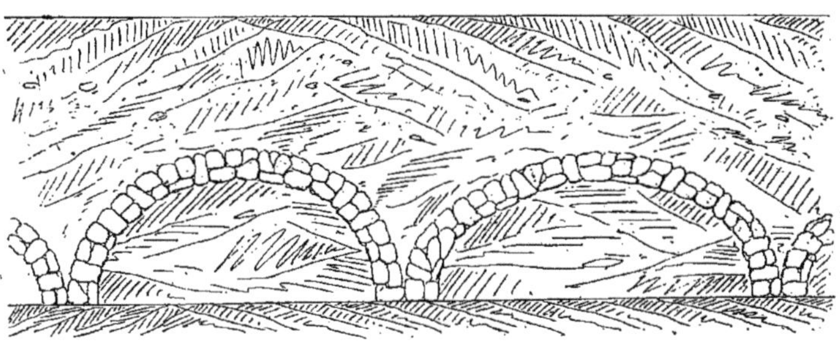
Fig. 439.

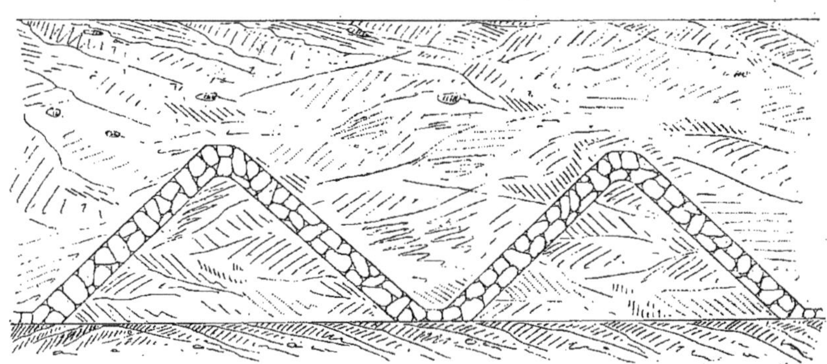
Fig. 440.

Lorsque dans certaines contrées très humides, les fossés et talus sont exposés à des dégradations, on les garnit ainsi de perrés, en même temps que les pieds des talus. D'autres fois le vrai mur en maçonnerie devient nécessaire, comme nous l'avons vu plus haut (*fig.* **423**, **424**, **426**, **429**, 430, **432**), pour les fossés.

Lorsque ces murs sont maçonnés au mortier de chaux hydraulique, il est indispensable de ménager de place en place des ouvertures en formes de meurtrières et qu'on appelle des *barbacanes*. Ces petites fenêtres permettent l'écoulement des eaux, qui sans cela pourraient s'accumuler derrière la maçonnerie et en amener la dislocation et même le renversement. Cette précaution est bonne à prendre même dans les murs des ponts et surtout dans les murs *en retour*, parallèles à l'axe du chemin de fer et que nous verrons plus loin ; certains accidents n'ont pas d'autre cause que la poussée produite par les eaux emmagasinées et emprisonnées sans écoulement derrière ces murs.

Lorsque la hauteur d'un perré dépasse 1m,50, au-dessus de la plate-forme des terrassements, il est plus prudent de faire la maçonnerie au mortier et, si l'on veut, avec moins d'épaisseur. C'est la coutume au chemin de fer de l'Ouest.

Les perrés doivent être montés avec des pierres plates bien dressées sur une face, celle du parement vu, et présentant au moins 0m,21 de queue, c'est-à-dire de profondeur perpendiculaire au talus. Ce dernier étant bien régalé et bien réglé à l'avance, on pose les pierres par lignes aussi horizontales que possible et en recoupant les joints autant que le permet la forme irrégulière des échantillons. On remplit ces joints et les vides restants de débris de pierres et de mousse.

545. *Prix de revient des perrés.* — Voici comment peut se décomposer le prix de revient du mètre cube de perré en maçonnerie de pierre sèche (Goschler).

Ligne de Wissembourg :

Moellons, compris déchets transportés au lieu d'emploi, 1m³,15 à 4f,13.	4f,75
Approche et main-d'œuvre. . .	
Maçon, 6h à 0f,20.	1f,20
Manœuvre 4h à 0f,15.	0f,60
Prix brut.	6f,55
Faux frais, 5 0/0.	0f,32
	6f,87
Bénéfice de l'entrepreneur, 10 0/0	0f,69
Prix d'un mètre cube de maçonnerie sèche	7f,56

Ligne de Saint-Dizier à Gray :

Moellons bruts et déchets, 1m³,10 à 4f,50.	4f,95
Main-d'œuvre, mousse, pierres pour joints :	
1/3 de journée de maçon	1f,33
1/3 de journée de manœuvre . .	1 »
Prix brut.	7f,28
Faux frais et bénéfices, 15 0/0 .	1f,09
Prix du mètre cube. .	8f,37

Sur les chemins prussiens, la dépense est estimée au mètre carré comme suit (épaisseur, 0m,21) :

0m³,21 de moellons à 4f,25. . . .	0f,89
Main-d'œuvre, mousse, outils, etc.	0f,44
Prix brut du mètre carré de perré	1f,33

Ces prix sont aujourd'hui un peu faibles et il y aurait lieu dans les applications, de tenir compte surtout de l'augmentation de la main-d'œuvre.

Applications.

546. Nous allons maintenant donner la marche suivie pour appliquer ces divers moyens de consolidation suivant les terrains rencontrés.

547. *Terrains solides.* — Lorsque les

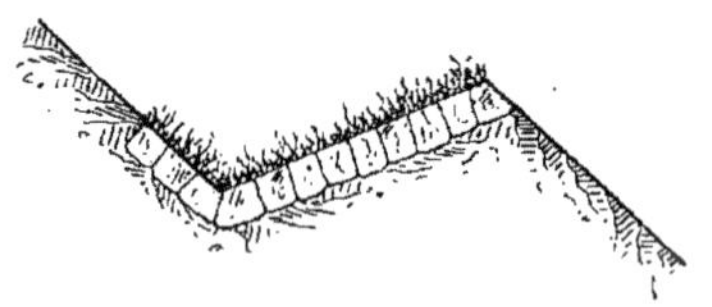

Fig. 441.

talus sont composés de terrains de bonne qualité, on n'a guère à redouter que le ravinement produit par les eaux. Les moyens préventifs consistent en semis ou plantations effectuées comme il a été dit précédemment et en prenant des précautions spéciales pour recueillir et faire écouler les eaux de la surface.

On établit alors, du côté où arrivent les eaux, un fossé de dimensions suffisantes et dont le fond présente une pente longitudinale minimum de 0m,01 par mètre. On conduit ainsi les eaux autant que possible en dehors de la tranchée ; si cela est impossible, on les amène dans les fossés de celle-ci au moyen de cuvettes rampantes que l'on garnit, suivant les besoins, de gazons, de bois et même de maçonnerie.

Lorsque les terres sont perméables, il est prudent de garnir le fond du fossé d'une couche d'argile qui prévient les infiltrations. Sans cela, un fossé accumulant ainsi les eaux sur la crête des talus pourrait devenir un danger de plus et entraîner des éboulements très importants.

Pour les mêmes motifs il faut toujours assurer l'écoulement de l'eau dans ces fossés ou cuvettes; sinon il pourrait se former des flaques beaucoup plus nuisibles que les eaux de pluie naturelles.

548. Quand les talus présentent des banquettes (*fig.* 441) il faut donner à celles-ci une inclinaison vers les terres afin de rejeter les eaux de ce côté. On les recouvre ensuite de gazon posé à plat, ou d'un pavage en moellons. L'écoulement des eaux est obtenu longitudinalement par des pentes minimum de 0m,02 qui les amènent dans les cuvettes rampantes déjà établies pour les fossés de crête.

549. *Terrains argileux ou glaiseux.* — Ces terrains sont imperméables, mais il est indispensable d'assurer l'écoulement des eaux qui, sans cela, transformeraient les terres en bouillie. En outre, sous l'action du soleil et du vent, l'humidité qu'elles renferment s'évapore, et elles se dessèchent en se fendillant. Il en résulte des crevasses par lesquelles elles absorbent ensuite les eaux de pluie, pour se fendre encore plus profondément quand le soleil vient de nouveau les frapper. Rien n'est plus funeste à la solidité des talus que ces alternances qui peuvent diviser profondément les terres et amener des mouvements graves.

En hiver, c'est la gelée qui produit les mêmes effets désastreux ; elle gonfle les surfaces qui se soulèvent et s'écroulent en masse au dégel.

C'est ici le cas de masquer la surface du talus naturel par une chemise en terre légère propre à la végétation et insensible à la gelée. Une épaisseur de 0m,25 à 0m,30 suffit pour préserver le sous-sol des influences atmosphériques, et même de la gelée. On aura soin d'appliquer le revêtement sur redans, comme nous l'avons vu précédemment. On complète par des semis ou des plantations.

Dans tous les cas, cette protection n'est généralement pas suffisante pour le pied des talus sujets à être baignés par l'eau. Il faut établir là un fossé (*fig.* 442), c'est-à-dire que l'on installe sur toute la section du fossé un revêtement en moellons ou en briques sur un lit de pierrailles ou de cailloux formant drain.

550. Certains terrains glaiseux présentent, en outre, de place en place, des couches perméables à l'eau, pouvant donner lieu à des écoulements ou même à des suintements à peine perceptibles. C'est le cas qui donne les accidents les plus graves, car l'eau du banc de suintement agit sur les glaises inférieures, les ramollit, et celles-ci, devenues fluentes et trop faibles pour soutenir le poids des terres au-dessus d'elles, font écrouler des parties considérables de talus.

Ces talus devront être observés avec

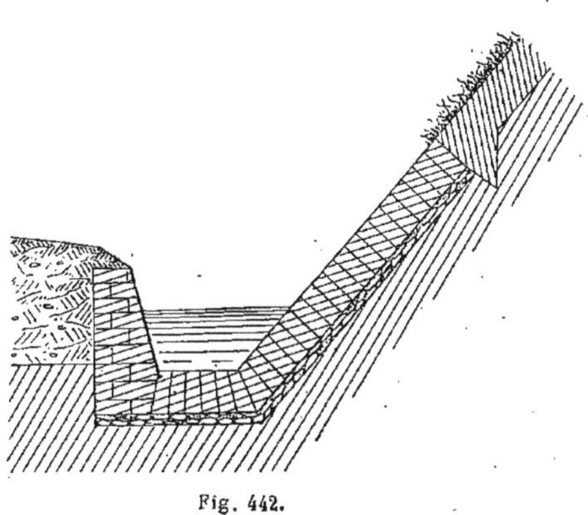

Fig. 442.

le plus grand soin : leur défaut apparent immédiat est le manque d'homogénéité ; il peut en être également de même de la perméabilité de certaines zones ; mais les suintements d'eau sont parfois beaucoup plus difficiles à constater ; il en peut résulter une sécurité apparente et trompeuse.

Ces suintements ne sont en effet pas toujours permanents et en outre ils peuvent être si faibles que l'œil le plus exercé ne puisse les percevoir.

Il est cependant de la plus haute importance de les constater. Le mieux est de faire grande attention pendant l'exécution des fouilles, et, lorsqu'on a découvert des suintements dans certaines couches, on en conclut qu'ils peuvent se présenter dans toutes les couches analogues. Dans le doute il vaut mieux faire l'hypothèse la plus défavorable et prendre un excès de précaution.

551. Voyons maintenant quels sont les moyens préservatifs à employer. En principe, il faut recueillir toutes les eaux pouvant venir de l'intérieur et les empêcher de glisser sur la surface du talus en leur donnant un écoulement facile vers le dehors.

Le mieux est d'exécuter ces travaux à mesure qu'on découvre des bancs de suintements pendant que l'on creuse la tranchée. La dépense nécessaire est alors beaucoup moins élevée, et l'on a l'avantage de ne pas exposer la glaise à être détrempée ; on facilite ainsi le travail du déblai et l'on a de meilleures terres pour le remblai. Enfin, en se préoccupant ainsi dès l'origine de la question d'assainissement, il est presque toujours possible de réserver sur place, à peu de frais, les terres non fluentes nécessaires pour la confection de la chemise à établir au-dessus de la glaise.

552. Supposons d'abord une couche de glaise A surmontée d'une seule couche perméable B ; le plan de séparation des deux couches présentant un lit de suintement dont il faut absolument empêcher les eaux de couler le long du talus (*fig.* 443).

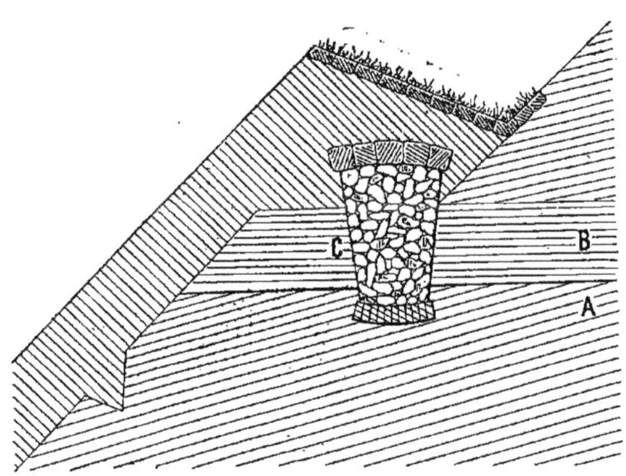

Fig. 443.

Dans la partie perméable B, on ouvre une rigole C parallèle à l'axe du chemin de fer et pénétrant de $0^m,10$ au moins dans la glaise. On donne au fond de cette rigole une largeur de $0^m,25$ à $0^m,30$ et une pente longitudinale minimum de $0^m,01$ en alternant les déclivités toutes les fois que cela est nécessaire. Ce fond est garni d'un petit radier concave en briques de champ hourdées au mortier de chaux hydraulique, puis on achève de remplir la rigole, dont les parois ont une inclinaison ou pente de $0^m,15$, de pierrailles, graviers ou cassous de briques bien purgés de terre déposant à la partie supérieure la couche perméable d'une vingtaine de centimètres. On recouvre le tout de gazon renversé, ou, à défaut, de pierres plates, de briques ou de tuiles afin d'empêcher les terres voisines de se mélanger aux pierrailles du drain.

Si l'on avait à redouter des eaux extrêmement abondantes, il faudrait augmenter les dimensions de ce drain ou mieux, ménager des vides de section suffisante dans la pierrée de remplissage.

Toutes les eaux de suintement s'écoulent ainsi dans cette rigole longitudinale et ne vont pas plus loin.

On les amène à la surface du talus dans des cuvettes maçonnées qui les conduisent aux fossés, au moyen de rigoles transversales analogues établies à tous les points bas de la rigole mère.

Mais, en général, il vaudra mieux établir ces pierrées transversales sur le terrain ferme suivant la pente du talus pour les faire déboucher dans le fossé au pied de ce talus. De la sorte elles peuvent servir à assainir les redans de surface nécessaires à ménager, pour asseoir plus tard la chemise en terre (*fig.* 444).

Une tranchée peut présenter plusieurs suintements partiels analogues au précédent ; tous ces suintements sans exception, doivent être traités d'après la méthode indiquée pour le premier.

Le travail de drainage des eaux exécuté, on fera la chemise en terre et le perré du fossé à la partie inférieure, comme plus haut ; on aura soin, en outre, d'établir des banquettes dans le talus à l'aplomb de toutes les pierrées, pour en rendre la visite plus facile en cas de réparation ou d'accident (*fig.* 443 et 444). Cette banquette sera garnie de gazon comme à l'ordinaire. Les redans qui servent d'amorce et de point d'appui à la chemise en terre doivent être disposés de manière à rejeter autant que possible leurs eaux dans les rigoles transversales, pendant l'exécution des travaux.

On complète le système de protection par des semis et plantations en ayant soin d'éloigner les arbustes des pierrées, afin de mettre ces dernières à l'abri du travail de dislocation des racines. On ne mettra donc au-dessus de celles-ci et dans les clairières que des plantes vivaces ou des graines fourragères.

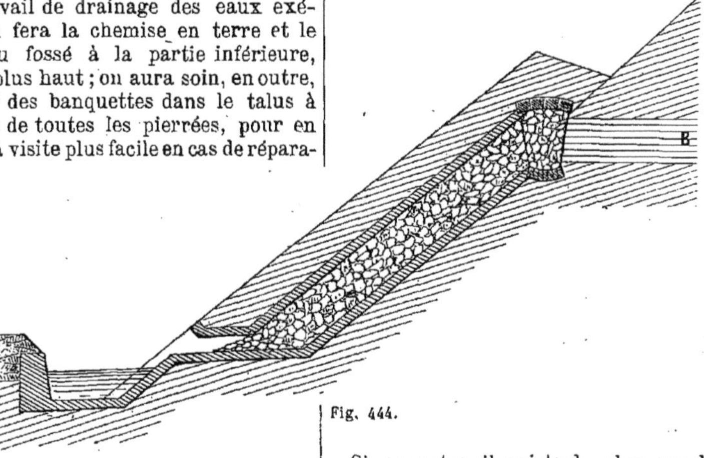

Fig. 444.

Enfin, on devra en même temps assurer les écoulements de surface avec le plus grand soin et les combiner autant que possible de manière que les descentes d'eau soient les mêmes que pour les pierrées longitudinales.

553. Les eaux sortent quelquefois des terres sur de grandes surfaces ; il convient alors de garnir le talus d'une pierrée générale ou sorte de filtre embrassant toute la surface douteuse. On écoule les eaux recueillies dans des pierrées de fond et d'autres transversales identiques à celles que nous avons déjà vues.

Si, en outre, il existe de plus en plus des suintements partiels, ce drain général devra se combiner dans l'exécution avec les pierrées partielles correspondantes.

Le drain général devra être établi comme les rigoles, sur la terre ferme, présenter une épaisseur de $0^m,12$ à $0^m,15$ et être recouvert d'un perré ou d'un revêtement en gazon de $0^m,30$. Cette dernière précaution est indispensable pour que la gelée ne puisse jamais atteindre les eaux.

Le débouché des pierrées devra être naturellement proportionné à l'abondance des eaux à recueillir ; elles devront en outre être établies de manière à ne jamais s'obstruer.

Dans ce cas, les eaux arrêtées dans leur circulation viendront à suinter à la surface et il sera urgent de faire les réparations nécessaires si l'on ne veut voir se produire la dégradation entière du talus.

554. *Éboulement glaiseux sur un chemin en exploitation.* — Lorsque, malgré toutes ces précautions ou par suite de l'oubli de les prendre, un éboulement

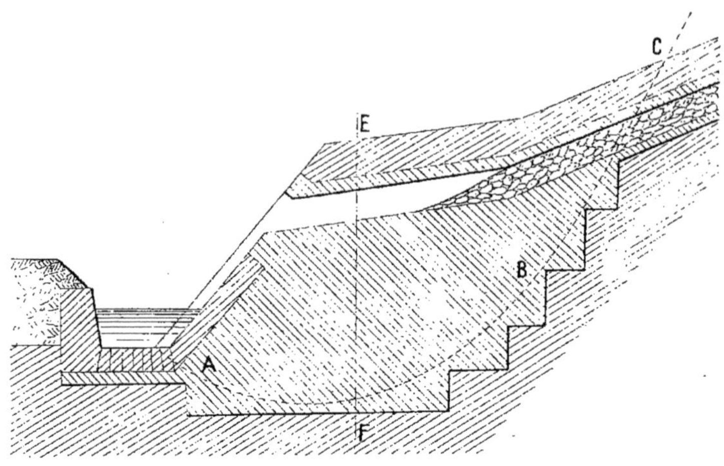

Fig. 445.

glaiseux vient à se produire dans un chemin construit ou en exploitation, il faut pour y remédier s'y prendre de la manière suivante :

En principe, *il est impossible d'assécher complètement des glaises ramollies par les eaux;* il y a tout d'abord un parti radical à prendre, c'est d'enlever toute la masse ramollie ou disloquée qui a été mise en mouvement, même les parties de cette masse qui seraient au fond de la tranchée ; en un mot, on s'astreindra à enlever toutes les terres qui ont participé au mouvement.

Il est clair qu'on ne commencera par là que si l'on n'a pas à redouter de nouveaux éboulements ; sans quoi il faudra d'abord décharger les talus qui, de toutes façons, devront toujours être adoucis. Les terres ainsi enlevées pourront servir, si elles sont de bonne qualité, à faire le pied du remblai ou la chemise de revêtement de la glaise.

En second lieu, on procèdera au travail d'assainissement qu'il faudra mener de front avec l'enlèvement de la masse détrempée et que l'on complètera à mesure

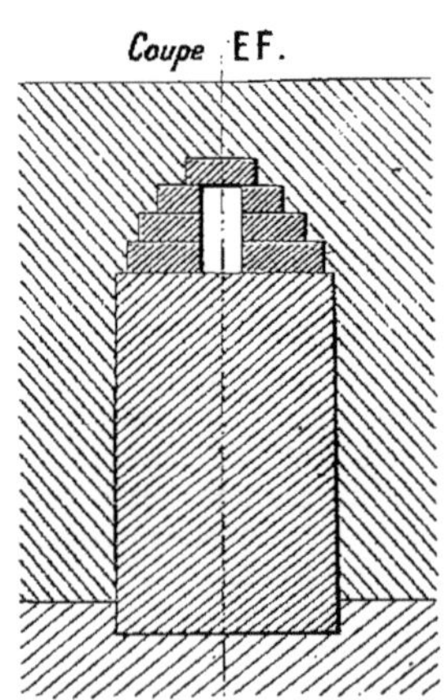

Fig. 446.

de l'enlèvement de cette masse. Il conviendra de régler ce travail de manière à dresser le talus définitif avec des pentes convenables, mais en recouvrant autant que possible les contours de l'éboulement. On établira les profils définitifs, partie en déblai, partie en remblai, afin de trouver dans les terres franches du haut les remblais du bas; ces derniers ne devront pas avoir plus de 1 mètre d'épaisseur.

Les pierrées longitudinales d'assainissement et les pierrées transversales ou rampantes de sortie des eaux sur le terrain vierge mis à nu seront établies d'après la méthode et avec les précautions vues plus haut.

Les pierrées transversales devront être de préférence posées suivant la pente du talus en ayant bien soin de n'en mettre aucune partie en remblai.

Dans le cas où la surface de glissement ABC descend au-dessous du fond de la tranchée, il est nécessaire de surélever les bouches des rigoles transversales afin qu'elles puissent écouler leurs eaux dans les fossés. On installe alors au fond de la partie enlevée, un petit mur établi sur le terrain vierge avec gradins suivant la pente de l'éboulement; il suffit de lui donner une épaisseur de $0^m,50$ (*fig.* 445 et 446).

On rapporte ensuite rapidement et l'on met en place les terres qui doivent régulariser le talus ou servir de chemise à la glaise.

Il ne faut pas craindre de laisser la tranchée élargie dans l'emplacement des éboulements; on rend ainsi le travail économique, plus sûr, et les réparations ultérieures beaucoup plus faciles. Dans tous les cas, ces travaux doivent être conduits avec une très grande célérité pour être couronnés de succès et ne pas coûter trop cher. Enfin ils doivent être surveillés sans relâche et entretenus avec grand soin; ainsi les rigoles de surface devront être maintenues bien propres afin de conserver leur pente, de ne pas s'obstruer et de n'amener ni débordements ni infiltrations.

Les revêtements doivent être garnis de semis ou plantations suivis de près afin d'empêcher les fendillements, crevasses, réductions d'épaisseur qui détruiraient toute leur affinité.

Les pierrées couvertes doivent avoir été construites avec un débouché suffisant et de manière que les terres voisines n'y pénètrent jamais. La moindre obstruction gênant l'écoulement des eaux qu'elles sont destinées à recueillir et à canaliser, celles-ci se répandent au dehors et se manifestent par des infiltrations à la surface. La chemise en terre est particulièrement précieuse sous ce rapport parce que, mieux que toute autre, elle accuse ces infiltrations et permet leur réparation facile; il suffit, en effet, pour cela, de découvrir la pierrée et de changer les parties défectueuses.

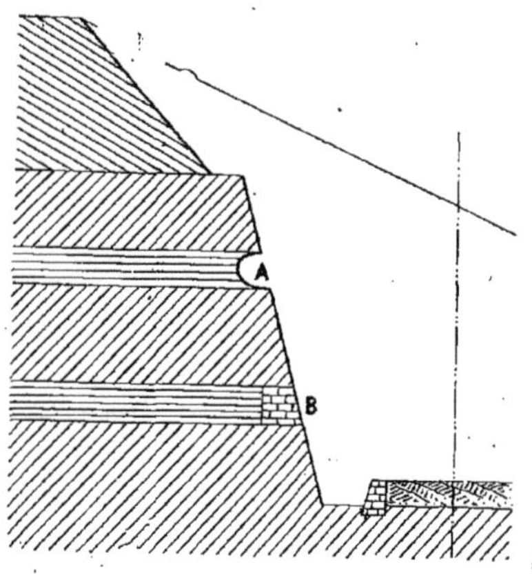

Fig. 447.

En cas de gelée, il faudra avoir soin de casser la glace à la sortie de toutes les rigoles transversales afin qu'elles ne soient jamais obstruées. Sans cela les eaux, retenues à l'intérieur, faute d'issue, pourraient amener les désordres les plus graves.

Une bonne précaution sera de boucher pendant la gelée, les orifices par des tampons de paille.

555. Les consolidations sont quelquefois utiles, même en terrain rocheux.

Ainsi un talus en rocher peut être traversé de place en place par des couches glaiseuses ou des marnes friables AB qui se délitent et se désagrègent à la longue. Il en résulte sur la surface des excavations qui mettent les parties supérieures en porte-à-faux et peuvent entraîner leur chute (*fig.* 447).

Dans ce cas, on devra enlever à l'avance la matière douteuse au moyen d'une fouille suffisante A. Puis on la remplacera par de la maçonnerie de chaux hydraulique B. On sera ainsi complètement à l'abri de toute surprise.

D'autres fois, ce sont des veines de terrain mou qui se présentent d'une façon tout à fait irrégulière à la surface du talus (*fig.* 448).

Comme précédemment, ces veines devront être excavées et remplies de maçonnerie.

556. *Drainage.* — On conçoit qu'au lieu des rigoles empierrées, précédemment indiquées, on puisse faire usage de tuyaux et pratiquer un véritable drainage, comme celui que l'on emploie en agriculture. Ainsi, on peut arriver à assécher un talus en disposant sur sa surface des drains inclinés à pentes variables, suivant l'importance des suintements, et en réunissant leurs eaux dans des collecteurs placés en-dessous des fossés ou de la plateforme.

Au chemin de fer de l'Ouest, par exemple, on a établi des drains longitudinaux avec pentes et contre-pentes afin d'amener les eaux en des points bas où un tuyau spécial les conduit à la surface du talus. Ces tuyaux ont $0^m,03$ de diamètre et sont espacés de 5 mètres environ dans le sens de la hauteur du talus. Les eaux sortent aux

Fig. 448.

points bas, sont reçues par des cuvettes rampantes en gazon ou en maçonnerie. Les talus drainés sont ensuite recouverts de bonne terre et ensemencés ; il est bon cependant de ne pas les planter, la végétation des racines pouvant déranger les tuyaux. Ces derniers se placent généralement au fond de saignées plus ou moins profondes ; on les recouvre de pierrailles lavées, puis de terre végétale. Il est bon, pour éviter leur obstruction, d'en garnir les joints avec de la mousse.

L'assainissement par tuyaux de drainages est bien moins coûteux que celui par pierrées (procédé de Sazilly) qui revient de 2 à 3 francs le mètre carré de talus.

M. Lalanne, inspecteur général des ponts et chaussées, a employé le système de drainage suivant dans la construction de l'Ouest-Suisse. Il perçait dans le talus une série de trous à la tarière, puis dans ces trous il enfonçait des tuyaux de drainage emmanchés à l'avance sur une perche que l'on retirait ensuite. Le résultat fut bon, mais il y a à craindre, avec ce système, que les drains ne soient brisés par quelques mouvements du terrain.

557. Certaines tranchées terminées et qu'on croyait stables sont venues quelquefois à s'ébouler par portions successives, de sorte que la voie était continuellement encombrée par les terres provenant des chutes des talus. On a dû finalement remplacer la tranchée par un véritable tunnel artificiel ou tranchée couverte : aucune autre solution n'étant reconnue possible.

On a donc construit une voûte complète reposant sur deux murs latéraux ou piédroits et on a dû prendre les précautions nécessaires pour mettre cette voûte elle-même à l'abri des éboulements. Pour cela on est venu remplir les espaces libres A entre les talus et les piédroits de la voûte, de débris de roches ; les infiltrations d'eau ont d'ailleurs été prévenues au moyen d'une couche de mortier de ciment ou chape BC qu'on recouvre d'un matelas de branchages. Les éboulements qui viennent à se produire dans la suite sont donc reçus par ce sommier élastique, et la voûte est complètement protégée ainsi que la voie (*fig.* 449).

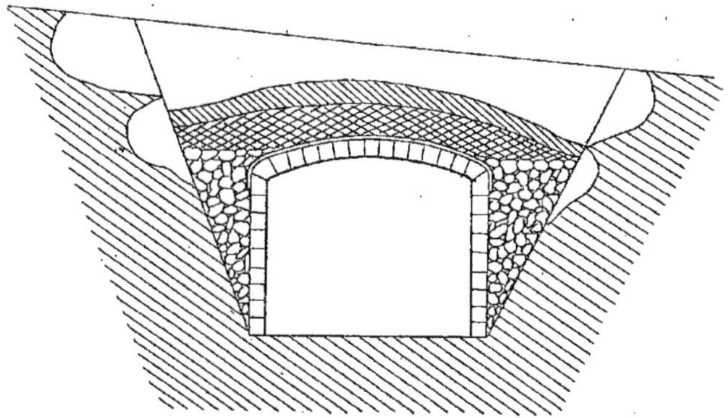

Fig. 449.

Assainissement de la plate-forme.

358. Il arrive encore dans les tranchées humides que l'eau séjournant sur la plate-forme parvient à la détremper ; il en résulte que le ballast s'y enfonce avec la voie qu'il supporte. La besoin d'assainissement est donc des plus impérieux.

Le procédé le plus élémentaire consiste

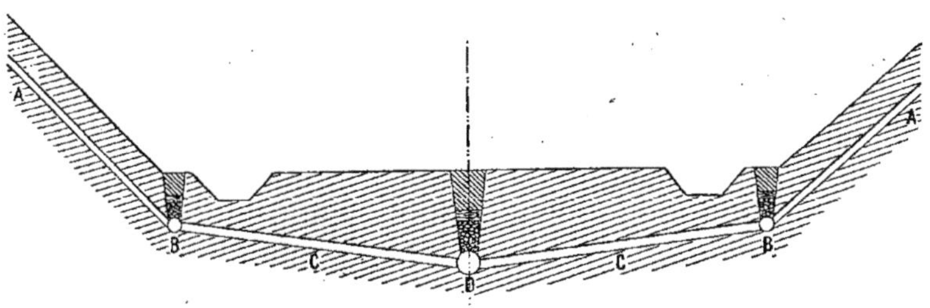

Fig. 450.

à établir des rigoles remplies de pierrailles formant de véritables petits filtres par lesquels les eaux s'écoulent. Ces rigoles partent de l'axe de la plate-forme et se dirigent obliquement dans les fossés où les eaux sont recueillies ; leur pente longitudinale doit être d'au moins 2 centimètres par mètre.

Comme à l'ordinaire, on peut remplacer la pierrée par des tuyaux de drainage placés au fond de rigoles qu'on achève de remplir d'abord avec des pierrailles incompressibles, puis avec des terres pilonnées ; les pierrailles seront encore avantageusement recouvertes de plaques bien jointives de gazon renversé, empêchant tout mélange des terres inférieures avec elles.

Les tuyaux de drainage fréquemment employés de 3 centimètres de diamètre sont trop petits et peuvent aisément s'obstruer, les eaux qu'ils sont appelés à charrier étant souvent boueuses. Il faut leur donner au moins de 5 à 6 centimètres sans regarder à l'excédent de dépense première qui en résulte. Cette précaution est d'autant plus utile que les tuyaux de drains sont naturellement plus faciles à obstruer que les pierrées, sous l'effet des mouvements du sol.

On peut ainsi assainir complètement une tranchée et sa plate-forme (*fig.* 450).

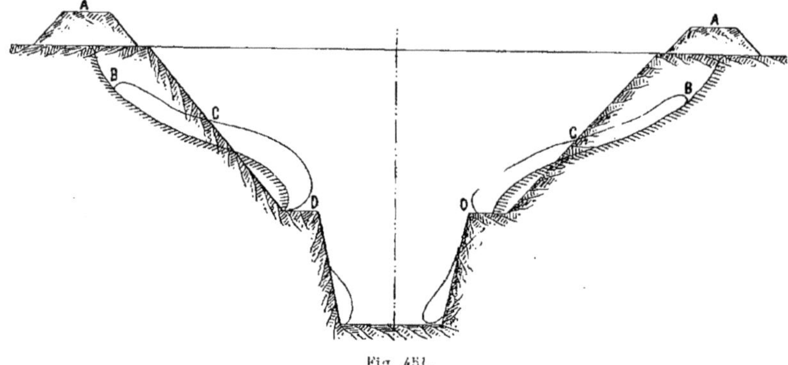

Fig. 451.

Pour cela, des tuyaux de drainage A, posés à 1 mètre environ sous la surface des talus et suivant leur pente, amènent les eaux de ces derniers dans des collecteurs latéraux B placés au fond de rigoles disposées dans des banquettes qui en facilitent la visite. Puis, de temps en temps, tous les 10 mètres, par exemple, ces tuyaux B déversent leurs eaux au moyen de tuyaux d'un diamètre un peu plus fort

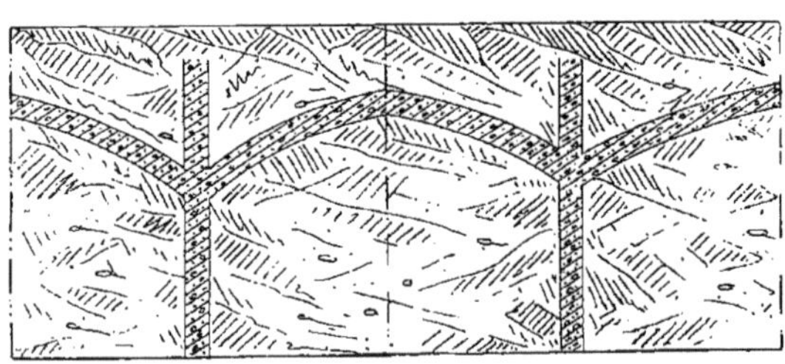

Fig. 452.

C, dans un collecteur unique D placé au fond d'une rigole analogue dans l'axe de la plate-forme. Le collecteur D déverse ensuite ses eaux en dehors de la tranchée.

Exemples divers.

559. *Tranchée de Lantenais* (*Blaisy*). — Cette tranchée, composée de roches à la partie inférieure et d'argile au-dessus, présentait trop de terres pour le remblai suivant. La partie rocheuse et une portion de l'argile seules furent utilisées à ce dernier; le reste de l'argile fut disposé en cavalier A sur les deux côtés (*fig.* 451).

Des suintements se produisirent aux

plans de séparation qui amenèrent le ramollissement du pied de la glaise; le poids des cavaliers aidant, des éboulements se produisirent sur les deux talus en BCD, au bout de deux ans.

On enleva alors toutes les terres éboulées et on assainit le reste au moyen de pierrées perpendiculaires à la tranchée (*fig.* 452) et réunies entre elles par d'autres pierrées longitudinales en forme de voûtes ogivales. Les pierrées transversales étaient espacées de 10 mètres les unes des autres.

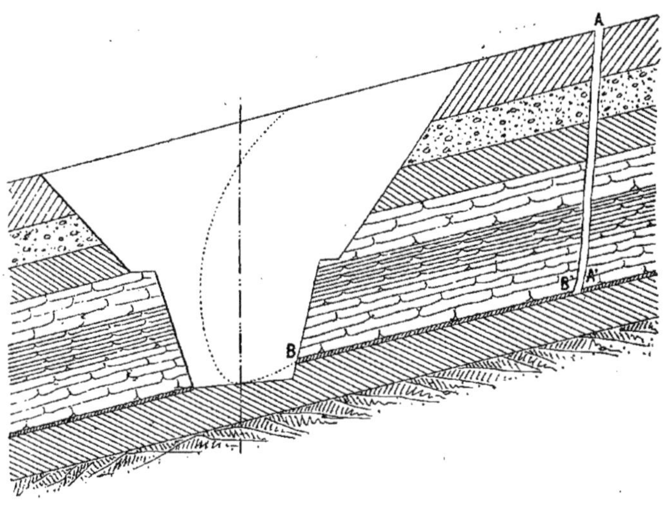

Fig. 453.

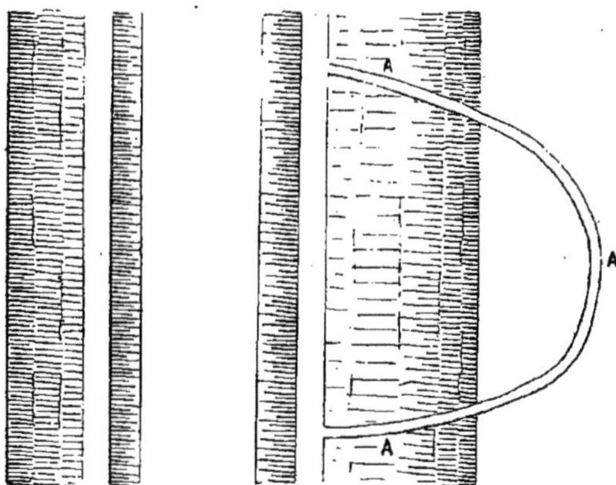

Fig. 454.

Les suintements qui amènent les éboulements sont souvent, avons-nous dit, très peu visibles à l'œil. On pourra les reconnaître plus facilement en examinant la surface du talus au soleil, ou en recouvrant l'endroit suspect de sable fin, de cendres, de brique pilée, etc., qui prennent une teinte plus foncée lorsqu'ils sont imbibés d'eau.

560. *Tranchée de Dol, près de Montbéliard.* — Cette tranchée est ouverte dans le rocher, mais, à la partie inférieure, il existait, entre deux amas de roc, un mince filet d'argile B qui avait passé complètement inaperçu pendant l'exécution des travaux. Ce qui devait arriver se produisit un jour sous la forme d'un glissement qui entraîna dans la tranchée un énorme bloc détaché de AA' (*fig.* 453 et 454).

Comme d'ordinaire, en pareil cas, on dut procéder au déblai entier de la masse éboulée et adoucir les talus.

On établit, de distance en distance, à la partie inférieure, des contreforts en maçonnerie afin d'empêcher le mouvement de se propager; puis on ouvrit, en arrière de l'éboulement, le déblai jusqu'à la couche d'argile, et au-dessous de cette couche on vint creuser, dans le rocher, une rigole annulaire C dont la pente était dirigée vers le fossé; de cette façon, toutes les eaux étaient recueillies par cette rigole, et la glaise ne recevant plus d'humidité s'assécha rapidement; à cet état, elle n'était plus dangereuse (*fig.* 455).

561. *Assainissement général en briques.* — Nous avons vu que, dans certains cas, un assainissement général était nécessaire.

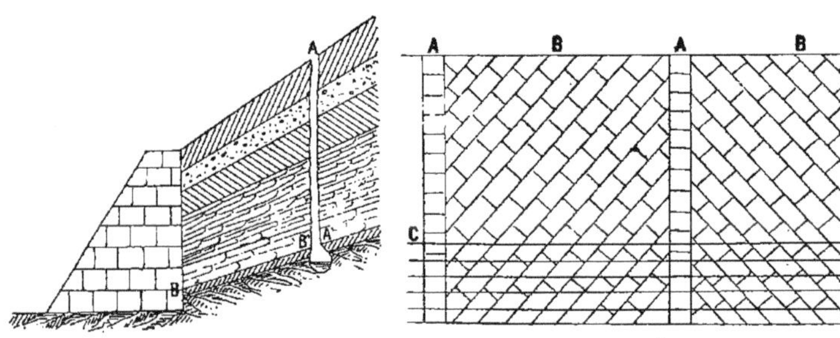

Fig. 455. Fig. 456.

Lorsqu'on n'a pas de moellons à sa disposition, on peut faire le tout en briques de la manière suivante (*fig.* 456) :

On commence par placer de loin en loin, tous les 10 mètres par exemple, des rangées de briques sèches, mises à plat et perpendiculaires à l'axe du chemin de fer, suivant le degré de plus grande pente du talus A. D'autres briques sont également posées à plat sur la surface du talus suivant des lignes obliques B, et l'ensemble forme un drain naturel, amenant d'une façon excellente l'écoulement des eaux. On complète le système de protection en le mettant à l'abri de l'atmosphère au moyen d'une véritable maçonnerie de briques hourdées au mortier de chaux hydraulique et disposées par assises horizontales montant le long du talus C.

562. *Talus alpestres.* — Dans les hautes montagnes, comme les Alpes, on rencontre souvent dans les tranchées d'anciennes moraines de glaciers composées de blocs ou cailloux roulés et d'argile. Lorsqu'on vient à dresser le talus, ces blocs se présentent de place en place sur leur surface en formant des saillies en porte-à-faux, constituant un danger permanent. Les graviers et argiles qui les entourent se désagrègent en effet à la longue, et il en résulte l'éboulement du bloc entier.

On ne peut exploiter ces fragments de roches qu'à la mine, et alors ils se détachent généralement en entier, laissant une excavation profonde à leur ancien emplacement.

Le mieux est de les laisser en place sans y toucher, et de consolider le talus du haut en bas par un revêtement général en maçonnerie se terminant à une murette inférieure qui limite le fossé (*fig*. 457).

563. *Rochers ébouleux*. — On rencontre quelquefois aussi des marnes rocheuses assez dures et qu'on ne peut exploiter qu'à la mine, mais qui s'altèrent et se désagrègent facilement dès qu'elles se trouvent au contact de l'atmosphère.

On est alors obligé de les garnir d'un revêtement général en maçonnerie au mortier, car la raideur du talus ne tolèrerait pas le perré à pierres sèches. L'épaisseur de la maçonnerie doit être de $0^m,35$ à $0^m,50$ suivant la hauteur du talus.

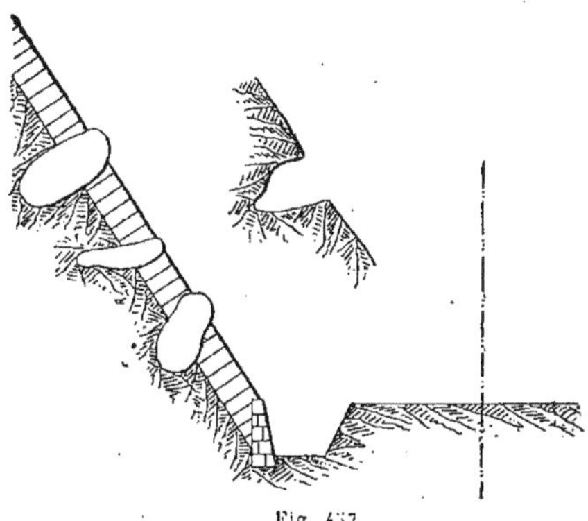

Fig. 457.

La partie inférieure d'un pareil talus est toujours la plus menacée, car elle est baignée pas les eaux du fossé. Aussi on fortifie la maçonnerie des fossés de place en place au moyen de contreforts reliés à leur partie supérieure au moyen d'une petite voûte (*fig*. 458), permettant l'écoulement de l'eau.

564. *Terrains spongieux*. — Certains terrains absorbent les eaux comme une véritable éponge, tel est le cas de la tranchée de Pontarlier, près de Gray. On est alors obligé de construire un véritable mur de soutènement (*fig*. 459), qui retient les terres s'appuyant sur lui.

Afin de ne pas donner au mur la hauteur complète de la tranchée, et par suite, une épaisseur énorme, on a dressé le talus de la partie supérieure avec une pente très douce, 4 de base pour 1 de hauteur par exemple; on a pu ainsi réduire, dans une forte mesure, la dépense tout en arrivant au même résultat.

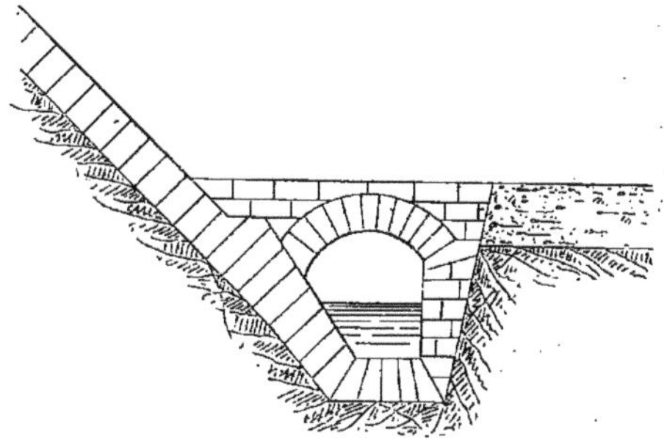

Fig. 458.

Remarquons qu'ici, plus que partout ailleurs, il sera indispensable de ménager l'écoulement des eaux à travers le mur, c'est-à-dire de le percer de place en place de barbacanes.

565. *Soulèvement de la plate-forme*. — Il peut arriver d'autres fois que les talus restent facilement en place, grâce aux procédés de préservation les plus élémentaires. Mais la pression qu'ils exercent sur la plate-forme, une fois la tranchée ouverte, fait soulever la voie (*fig*. 460). Cela se présente surtout lorsque la plate-

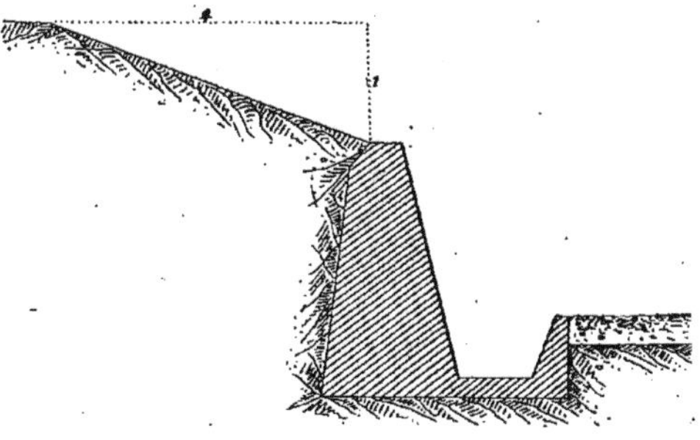

Fig. 459.

forme est glaiseuse ou composée d'un mélange de sable fin et d'argile, qui résiste peu aux pressions latérales, surtout lorsque les eaux qu'elles arrêtent viennent les détremper.

L'assiette de la voie peut donc être compromise; le moins qui puisse arriver, c'est le mélange de ces matières sous-jacentes au ballast, qui perd alors ses qualités et spécialement celle d'être perméable à l'eau.

Dans ce cas, il faut enlever la couche compressible et la remplacer par une pierrée de grosses pierres, un véritable enrochement, servant de drain pour les eaux du ballast. Les eaux ainsi recueillies

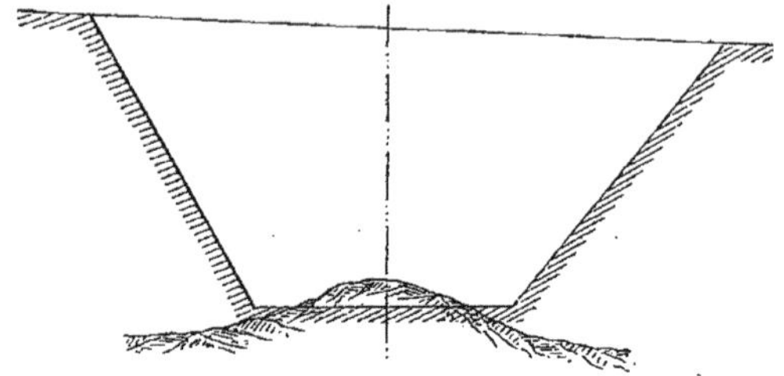

Fig. 460.

sont déversées en dehors de la tranchée (*fig.* 461).

566. *Tranchée à flanc de coteau avec propriété bâtie.* — Des précautions spéciales doivent toujours être prises lorsqu'on ouvre une tranchée sur le flanc d'une colline escarpée au sommet de laquelle se trouvent des habitations.

Le cas s'est présenté près de Lyon, à la tranchée de la Frette ouverte dans un coteau qui domine la Saône. Pendant qu'on exécutait le déblai, des mouvements se produisirent dans la partie supérieure qui compromirent la propriété tout entière; la maison elle-même fut lézardée ; elle est restée inhabitable. En dehors des ac-

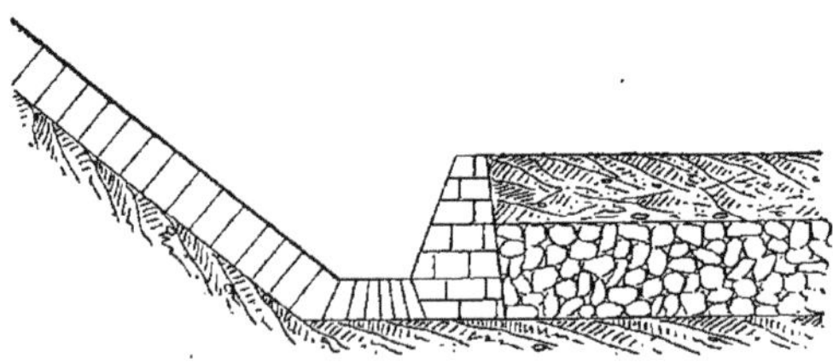

Fig. 461.

cidents graves qui peuvent résulter d'un semblable état de choses, il ne faut pas oublier que la Compagnie est responsable de ces dégâts, et que le chiffre des indemnités à payer de ce fait peut être fort élevé.

On dut alors se résoudre à construire de solides murs de soutènement sur toute la hauteur des talus (*fig.* 462). Comme, en outre, les écoulements d'eau provenant des terres étaient fort importants, on dut établir ces murs, non pas sur toute la longueur de la tranchée, mais par chantiers successifs de 5 mètres de longueur que l'on crut bon d'abord de laisser isolés les uns des autres par des pierrées en pierres sèches de 2 mètres (*fig.* 463), afin de permettre la sortie facile des eaux sur toute la hauteur des talus et de suppléer aux barbacanes des murs.

Mais la poussée des terres était si forte qu'elle chassa en avant toutes ces pierrées ; pour remédier à ce nouvel inconvénient, on dut non seulement achever de maçonner les murs en ces endroits, mais leur donner un supplément d'épaisseur en y établissant des contreforts afin de mieux résister aux efforts des terres qui, par suite des mouvements produits, s'étaient concentrées sur les points faibles (*fig.* 464).

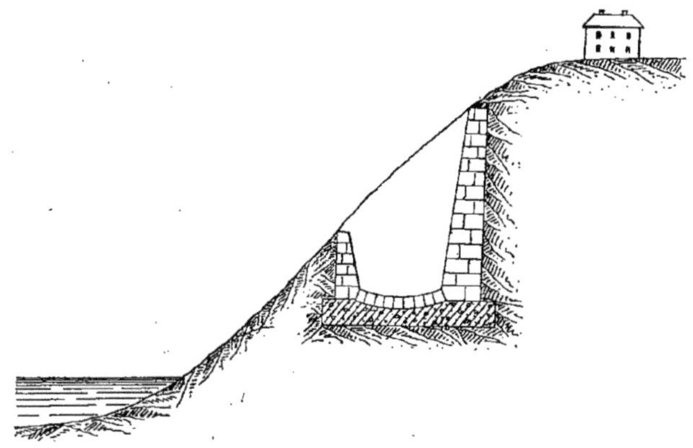

Fig. 462.

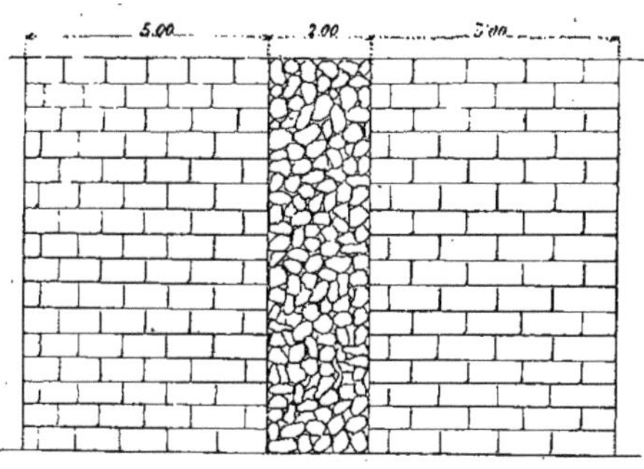

Fig. 463.

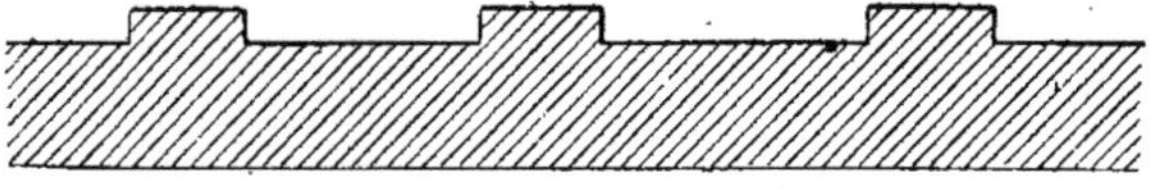

Fig. 464.

Un mur analogue, mais naturellement moins élevé, fut établi du côté de la rivière, et les deux murs furent reliés par un radier en forme de voûte renversée passant sous la voie.

On voit qu'en outre du flair et de l'intelligence, l'ingénieur qui dirige de pareils travaux a besoin d'une grande expérience pour prendre à l'avance les précautions nécessaires et s'éviter les mécomptes et les formidables indemnités que peuvent entraîner ces genres d'accidents.

567. Le cas inverse du précédent peut se présenter, c'est-à-dire que la tranchée étant toujours à flanc de coteau, les habitations peuvent se trouver dans le thalweg et être constamment menacées par les mouvements des terres supérieures dont l'ouverture du déblai a rompu l'équilibre.

C'est ce qui est arrivé par exemple au village de Clerval, près de Besançon. Dans ce cas il n'y a pas à hésiter, et les talus doivent être consolidés par de forts murs de soutènement établis comme plus haut et maintenant fermement toutes les terres du coteau.

Notons que tous ces travaux peuvent en outre coïncider avec l'établissement de grandes pierrées d'assainissement allant chercher les eaux où elles sont dangereuses pour les conduire en dehors de la tranchée.

En résumé, c'est toujours l'eau qui est la cause des éboulements de talus, et dans bien des cas on pourrait prévenir ces sortes d'accidents par un drainage général du sol exécuté une saison d'avance en établissant des galeries, des rigoles, des drains verticaux, s'il y a lieu. Mais on attend toujours, et souvent à tort, l'exécution des travaux pour se préoccuper de cette question, et l'on emploie les moyens de préservation au fur et à mesure de l'avancement des déblais.

Assainissement et consolidation des remblais.

568. *Causes des accidents des remblais.* — Au premier abord, il semble que les remblais doivent être beaucoup moins sujets aux mouvements et aux éboulements que les déblais. Là, en effet, on ne rencontre aucune nappe de suintements, aucune couche aquifère, aucune source. Les eaux naturelles ont toutes un écoulement prévu et ménagé au moyen d'aqueducs, construits avant l'exécution du remblai.

Le seul ennemi à redouter paraît donc être l'atmosphère, contre laquelle nous avons indiqué les moyens préventifs dans les chapitres précédents.

Cependant le remblai peut être installé sur un terrain vaseux qui s'enfonce sous le poids supérieur, et, dans ce cas, il y a peu de moyens de préservation ; il faut se résigner à recharger le remblai à mesure qu'il s'enfonce jusqu'à ce qu'il ait fait coin dans la masse en pénétrant jusqu'au terrain stable.

D'autres fois, le remblai paraît assis sur un terrain solide en apparence, mais qui renferme, dans le sous-sol, des couches aquifères plus ou moins inclinées et compressibles, sans cohésion et de faible adhérence. Des mouvements fort importants peuvent alors se produire sous l'effet des charges supérieures victorieuses de cette adhérence, et la masse se déplace verticalement, ou latéralement, ou des deux manières à la fois.

Il est bon, pour prévenir ce genre d'accidents, de faire une étude approfondie des couches géologiques du sous-sol ; de faire pénétrer assez avant, au-dessous de la plate-forme, le fond des sondages appropriés. Ceux-ci, d'ailleurs, ne doivent pas être exécutés dans la saison sèche, ou bien être examinés et étudiés à nouveau pendant les périodes humides, sans quoi ils peuvent parfaitement ne rien révéler, inspirer confiance et empêcher de prévenir les accidents.

Voilà pour les causes extérieures.

569. Mais, contrairement à l'apparence, les remblais sont parfaitement sujets à des mouvements provenant de causes intérieures. Généralement, en effet, ils sont loin d'être constitués par des matières homogènes déposées par couches horizontales et bien comprimées comme cela se pratique dans le régalage.

Les procédés usuels employés à leur exécution, la décharge des wagons notamment, donnent des masses dépourvues de toute homogénéité et qui, souvent, incorporent des terres détrempées, fluentes, chargées de neiges, etc., toutes causes qui introduisent l'ennemi dans la place.

Et l'on ne peut songer à modifier ce mode d'exécution qui a le grand avantage d'être simple et économique. Mais, en même temps que le remblai avance, les eaux y sont emprisonnées sous toutes les formes; on se trouve alors dans des conditions aussi défavorables que pour les talus de déblais les plus douteux.

Le wagon, en effet, arrive en tête du remblai et y décharge les terres par couches parallèles, inclinées, présentant tout d'abord un talus assez raide (*fig.* 465), et qui ont plutôt tendance à se séparer qu'à se souder. En outre, au premier mauvais temps : pluie, orage, neige, forte gelée, etc., le travail est interrompu et le chantier abandonné; les terres anciennes qui ont subi un premier tassement et l'effet des influences climatériques ont encore moins que les autres tendance à faire liaison avec celles que l'on apporte à la reprise du travail. Il en résulte donc autant de plans de glissements tout indiqués par lesquels les eaux de la surface peuvent s'infiltrer de préférence et augmenter les chances de désagrégation. Ajoutons que le déchargement des wagons sur les côtés donnent des surfaces de glissement analogues, mais encore plus dangereuses.

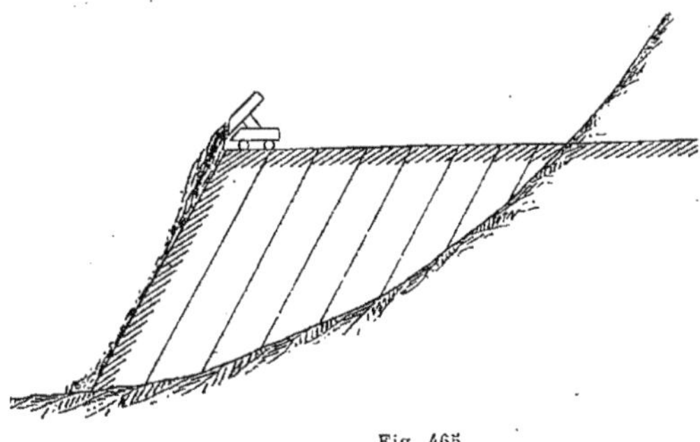

Fig. 465.

En résumé, la plupart des remblais sont dans un état d'équilibre instable, sauf ceux qui sont composés de sable, de gravier ou de rocher.

En outre, on porte constamment au remblai des matières dangereuses que l'on aurait avantage à trier et laisser de côté, comme des couches glaiseuses, de la neige, des terres fluentes, etc. Il est d'ailleurs difficile qu'il en soit autrement, étant donné le mode pratique d'organisation des chantiers. Ces substances, qu'il serait bien préférable de déposer à part en cavalier, constituent, au sein du remblai, des masses hétérogènes, des solutions de continuité qui sont autant de causes d'accidents. Si l'on ajoute à cela que certaines de ces matières, comme la neige, les glaçons, peuvent fondre lentement à l'intérieur des terres, les infiltrations qui en résultent peuvent amener l'éboulement du remblai sur une très grande largeur, et nous en avons vu un exemple dans lequel les neiges, ainsi imprudemment emportées avec les terres, étaient la seule cause de tout le mal.

570. D'autres fois, une couche de terrain perméable, comme du sable, par exemple, peut se trouver emprisonnée entre deux zones d'argile; sous l'effet des pluies le sable absorbe ces eaux, et il en résulte aux surfaces de contact avec l'argile, des plans de glissement tout à fait imprévus pouvant aisément amener la dislocation du remblai.

Un remblai peut encore être formé de mottes agglomérées laissant entre elles des vides importants dans lesquels les eaux s'accumulent en détrempant et fluidifiant la masse faute d'un écoulement facile; son effet dure jusqu'à l'époque, souvent éloignée, où les mottes se brisent et remplissent les vides; alors les eaux expulsées cherchent à se frayer un passage et constituent toujours un très grand danger.

Si l'on verse de l'eau dans un vase renfermant des pierres cassées ou cailloux de 2 à 6 centimètres de diamètre, afin de se rendre compte du volume des vides, on trouve que ce dernier est les 0,46 du volume total: les pleins atteignent donc 0,54. Les mottes d'argile ou de glaise pure déchargées au wagon et non pilonnées doivent laisser entre elles, avec leurs dimensions beaucoup plus fortes, un vide au moins aussi grand.

On se représente alors aisément l'énorme quantité d'eau qui s'introduit dans un remblai en glaise non pilonnée; le ramollissement et les gonflements qui doivent en résulter, et aussi les tassements et les éboulements qui en sont la conséquence forcée, quelle que soit l'inclinaison des talus.

Or nous savons que le pilonnage est une opération à peu près impossible avec les transports au wagon ; mais le fût-elle, que son opportunité serait bien faible avec de la glaise compacte, et elle ne pourrait réellement faire disparaître les vides et donner une masse pleine que si la glaise était bien ramollie et bien fluente ; dans ces conditions, il serait de la dernière imprudence de la porter au remblai.

Enfin, les eaux emprisonnées dans un remblai et ne trouvant pas d'issue suffisante peuvent exercer sur les masses latérales une pression purement *hydrostatique*, à laquelle souvent rien ne peut résister. Certains grands éboulements, inexplicables autrement, sont certainement dus à cette cause.

En dernier lieu, sous l'effet du passage des trains, la plate-forme se creuse et forme bientôt une cuvette d'où les eaux ne peuvent normalement s'écouler que par infiltration, ce qui augmente toutes les chances d'accidents.

En résumé donc on devrait toujours :

1° S'abstenir de porter au remblai les matières douteuses ;

2° Avant d'asseoir un remblai sur un terrain incliné, il faut commencer par disposer la surface de celui-ci en gradins, inégaux qui amèneront à la surface des dépressions et des crevasses ; les parties argileuses en se retirant sous l'effet de la sécheresse amèneront des gerçures, puis, lorsque les pluies surviendront, les eaux s'introduiront dans ces gerçures et crevasses ; elles pénétreront d'autant plus avant dans le corps du remblai que celui-ci renfermera une proportion plus forte de terres perméables ; si alors elles sont arrêtées dans leur trajet par une couche de glaise d'une certaine étendue, elles la ramolliront et entraîneront un éboulement certain dans un temps plus ou moins long.

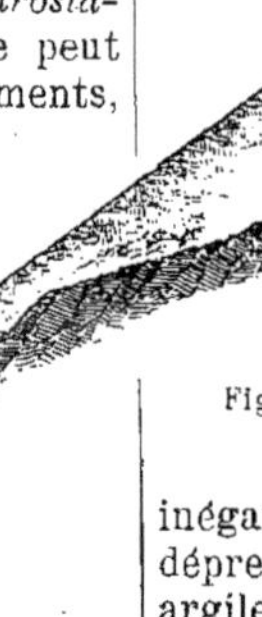

Fig. 466

et commencer le remblai du côté du talus (*fig.* 466) le plus élevé où il repose sur les gradins les plus bas.

Si ces remblais sont entièrement de mauvaise qualité, il faut se résoudre à les former par couches horizontales de 80 centimètres à 1 mètre au plus de hauteur.

L'idée peut venir alors de faire un remblai avec un mélange de glaise et de terre saine en certaines proportions ; on parviendra certainement ainsi à avoir une masse plus pleine, des tassements plus faibles et un meilleur remblai ; mais des éboulements sont toujours à redouter, quelque petite que soit la quantité de glaise employée. En outre, il en résultera des tassements

571. On arrive ainsi à se demander si l'on peut faire des remblais avec des déblais glaiseux ?

La chose est certainement possible à la condition d'empêcher les eaux d'y pénétrer. Pour cela, il suffit de rendre aux terres la compacité qu'elles présentaient à l'état naturel dans le déblai d'où elles proviennent.

On peut y parvenir en exécutant les remblais au tombereau par couches réglées, en forçant les véhicules à circuler sur les couches afin de les tasser. Des remblais de glaise ainsi exécutés, il y a quelques années, au chemin de fer de Lyon, se sont bien comportés sauf quelques éboulements superficiels sans importance. Mais il y a toujours lieu de craindre que cela ne dure pas ; l'entretien de ces remblais en glaise est en effet double de celui des remblais de terre végétale exécutés à la brouette.

Cela prouve surabondamment qu'ils sont loin d'avoir la compacité que présentaient les glaises vierges. Il y a toujours lieu de redouter que, sous l'effet du temps, des eaux et de l'atmosphère, ces remblais ne viennent à être ravinés complètement.

En somme, un remblai de glaise est toujours une chose à éviter. Il ne faut s'y résoudre que lorsque les circonstances locales rendent toute autre solution impossible.

572. *Remblai à noyau de glaise.* — Lorsque la tranchée donne à la fois des terres saines et de la glaise, il est préférable, au lieu de les mélanger aveuglément ou dans telles proportions que l'on voudra, de former la partie centrale seule du remblai avec la glaise (*fig.* 467). Quant aux talus, sur une forte épaisseur à la base et $0^m,30$ à $0^m,50$ au sommet, on les exécute en bonne terre dont la solidité peut paralyser l'action de la poussée des glaises intérieures. On n'aura jamais ainsi d'excellents remblais, mais on peut arriver, ce qui est beaucoup, à éviter les éboulements.

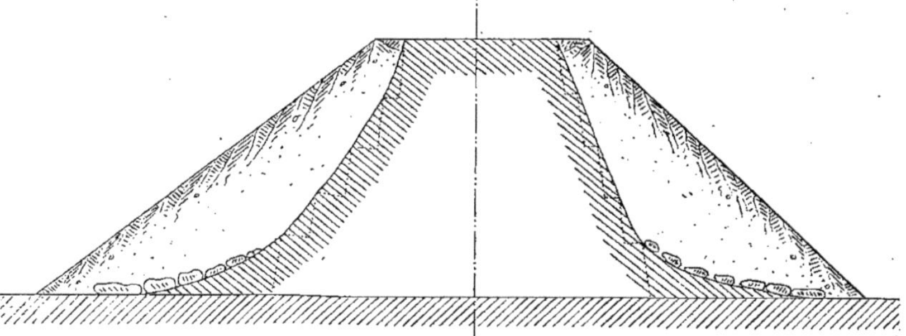

Fig. 467.

On commence par exécuter le noyau de glaise seul en ayant soin de rejeter en dépôt toutes les terres fluentes ou déjà ramollies dans la tranchée ; on pourra ainsi maintenir pendant quelque temps les talus de la glaise sur une inclinaison de $0^m,80$ à 1 mètre de base pour 1 mètre d'hauteur ; à la partie inférieure cependant, par suite de la vitesse acquise par les mottes dans leur chute, le talus se terminera toujours par une courbe tangente au talus et au terrain naturel.

Quand on a ainsi établi le noyau sur une certaine longueur, on se hâte d'y tailler les talus en gradins ; on enlève ensuite et on rejette au large toute la glaise de la couche inférieure, qui se trouve dans la base du prisme latéral, et l'on forme rapidement ce dernier avec les terres saines non mélangées au talus ordinaire de 1 1/2 pour 1.

Il est de toute nécessité de ne pas mener de front avec le noyau la confection des prisme du talus. Car, malgré tous les soins et toute la surveillance possible, on ne pourrait empêcher le mélange des bonnes terres à la glaise, ce qui compromettrait le succès de l'opération tout entière.

D'un autre côté, il est impossible de commencer par les prismes latéraux, car alors il faudrait renoncer pour leur exécution au transport par wagons. En outre, ils exigeraient un talus intérieur qui réduirait notablement le cube utilisé du noyau central glaiseux.

En réalité, ce procédé sera rarement applicable dans la pratique, car les terres d'une tranchée ne se prêteront pas souvent aux exigences d'un pareil remblai.

En outre, on sait la difficuté matérielle que l'on rencontre dans le transport de la glaise lorsque l'on fait usage du wagon.

573. *Remblai sur sol glaiseux.* — Si le sol sur lequel on doit poser un remblai présente des couches alternées, perméables et imperméables, il en résulte aux surfaces de séparations des suintements, véritables sources qui peuvent ne se manifester que pendant l'hiver.

Il faudra alors assainir ces couches par les moyens ordinaires, pierrées, etc., avant d'y amener le remblai; sinon, les eaux s'accumuleraient dans le sous-sol, pour ainsi dire étouffées par les terres rapportées au-dessus d'elles; ce sous-sol ramolli pourrait céder par glissement et par l'effet de la charge supérieure du remblai et s'ébouler en même temps que ce remblai; rien ne serait plus coûteux ni plus difficile que de réparer le mal.

574. *Précautions à prendre avec les remblais argileux.* — Il peut arriver que l'on soit forcé d'employer de la glaise en remblai et généralement les choses ne se prêteront pas convenablement à la confection d'un noyau central, comme il a été exposé plus haut; on diminuera toujours notablement les chances d'accidents en disposant, aux pieds des talus douteux, des banquettes de bonne terre qui pourront empêcher les remblais de se mettre en mouvement.

Il sera de première importance en même temps d'assurer l'écoulement des eaux de pluie ou autres au pied du talus; si donc cet écoulement ne se fait pas naturellement, on n'hésitera pas à ouvrir les fossés latéraux et rigoles nécessaires.

575. *Réparation d'un éboulement de remblai* (*fig.* 468). — Supposons un remblai ABC dont le talus AC s'est éboulé de manière à prendre la forme courbe AEC, alors qu'une masse molle et fluente s'est détachée et répandue en EDNC.

La première idée qui pourra venir pour réparer cet accident, est de se servir de l'éboulement lui-même restant en place et de rapporter de la terre saine par-dessus la masse en mouvement, de manière à reconstituer la portion de remblai éboulée AMED. C'est surtout ce qu'on sera tenté de faire sur une ligne en exploitation pour rétablir la circulation au plus vite. Mais le poids de la terre rapportée amènerait la continuation du mouvement de la masse éboulée; l'opération devrait être poursuivie pendant longtemps, et ne finirait par réussir que lorsque l'on aurait complètement chassé au large la masse glaiseuse EDNCO. Ce serait beaucoup trop long et exigerait une quantité de terres saines beaucoup trop grande.

On est quelquefois ainsi obligé de rapporter des quantités énormes de terre, et l'élargissement inférieur peut augmenter du simple au quadruple. Aussi ne peut-on considérer ce remède que comme médiocre et, dans tous les cas, comme provisoire.

Les terres saines, pierres, graviers, sables, etc., ainsi rapportées sur l'argile qui a donné lieu au mouvement, sont en général perméables à l'eau et constituent des filtres naturels dont la base a son assise sur la glaise.

Celle-ci se ramollit donc à la longue et amène de nouveaux éboulements, de sorte qu'on n'a fait que reculer le mal; mais celui-ci revient inévitablement. Cela prouve encore, en principe, qu'il ne faut jamais mélanger des terres de diverses natures dans un remblai: il est préférable de n'avoir qu'une seule sorte de terre, fût-elle mauvaise.

Les seuls remèdes efficaces sont les pierrées d'assainissement et les *pierrées transversales;* les pierrées longitudinales, en effet, sont toujours à éviter dans un remblai, parce qu'elles constituent dans les terres des solutions de continuité qui en rompent l'équilibre et peuvent entraîner des mouvements.

Quant à la réparation immédiate, elle se fera de la manière suivante:

Il faut d'abord commencer par enlever

complètement du profil du talus les terres fluentes éboulées, en les retroussant en dehors du pied du talus en LKHGFC. Puis on comble par de bonnes terres le vide AEOCD qu'elles laissent à découvert. L'éboulement doit être enlevé au vif jusqu'à la surface de glissement MEOC que l'on taille ensuite en gradins servant d'amorces aux terres saines rapportées. L'essentiel est de ne laisser aucun vestige de glaise entre le sous-sol et les terres rapportées au-delà d'un point O, pris à une distance horizontale BO du sommet A du talus, égale à $0^{m},80$ à une fois la hauteur de ce talus. La plus petite couche de glaise oubliée et restant ainsi interposée entre le talus et le terrain naturel pourrait donner lieu à de nouveaux glissements. On donne aux terres rapportées un talus de 1 1/2 de base pour 1 de hauteur.

Lorsqu'on a laissé au centre d'un remblai un massif glaiseux, les redans, à la surface de ce dernier, sont non seulement utiles pour l'amorce du bon terrain des talus, mais pour permettre l'écoulement des eaux. A cet effet, on donne à ces redans, outre l'inclinaison transversale vers l'axe de la voie, une pente longitudinale vers le centre de l'éboulement. De cette façon, tous ces redans, formant rigoles naturelles pour recueillir les eaux, viennent converger en une ligne unique où l'on établit une pierrée transversale sans radier suivant la pente du talus glaiseux.

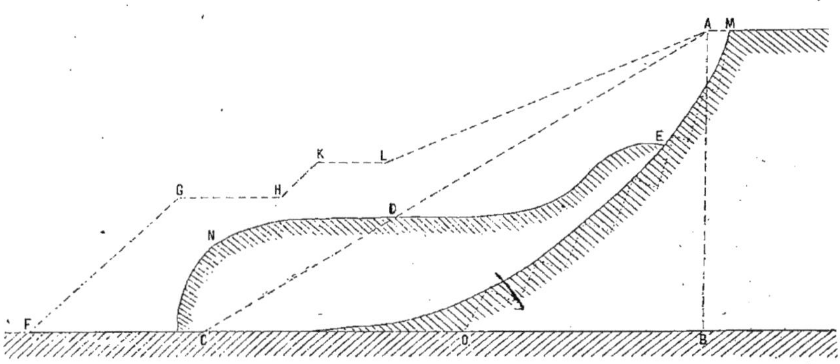

Fig. 468.

On prolonge cette pierrée sur le sol naturel jusqu'en dehors du pied du remblai.

576. Le procédé de réparation d'un éboulement de remblai exposé précédemment présente deux inconvénients graves : il est très coûteux par suite de la grande quantité de terres saines et du remaniement général de terres qu'il exige; puis il est fort difficile à appliquer sur une ligne en exploitation, car il exige, en général, l'interruption de la circulation sur au moins une voie et souvent les deux.

On préfère donc quelquefois, pour éviter cet inconvénient, soutenir l'éboulement à sa base, au moyen d'un mur de soutènement ou d'une bonne banquette en terre saine FGH ; puis on adoucit et régularise le talus en rapportant de la terre saine dans la partie inférieure suivant HKL (*fig.* 468).

Il sera seulement très important de donner au mur ou à la banquette des dimensions telles que l'on soit sûrement à l'abri des mouvements ultérieurs résultant de la pression des terres éboulées sur ces soutiens, lorsqu'elles seront rechargées par le haut de terres saines. Des dimensions exagérées peuvent entraîner à une dépense inutilement élevée. D'un autre côté, il faut se garder de les donner trop faibles, car il pourrait y avoir entraînement et tout serait à recommencer.

Mais, de toutes façons, ce procédé a le

grand inconvénient de laisser l'ennemi dans la place, et le premier est préférable toutes les fois que des considérations spéciales ne le rendent pas impossible à appliquer.

577. *Éboulement de la Négresse.* — Le remblai de la Négresse (Debauve, *Procédés de construction*), sur la ligne de Bayonne à Irun, est établi sur le flanc d'un coteau abrupt à 24 mètres de hauteur au-dessus des eaux d'un petit lac. Ce remblai avait 4 mètres de hauteur et

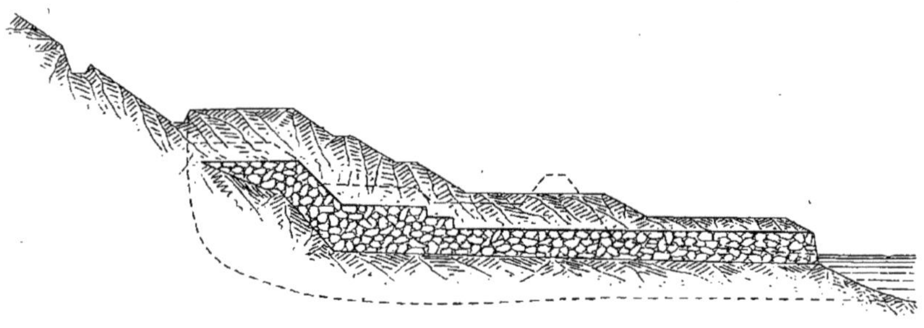

Fig. 469.

120 mètres de long ; il était à peu près terminé lorsqu'il se mit à glisser vers le lac (*fig.* 469).

Pour arrêter le mouvement, on eut l'idée d'établir, entre le remblai et le lac, un remblai auxiliaire, mais le mouvement continua quand même, car c'était le coteau lui-même qui descendait tout entier. Un an plus tard, le remblai s'était abaissé de 3 mètres, et une maison sise au-dessous du chemin de fer avait été entraînée et détruite.

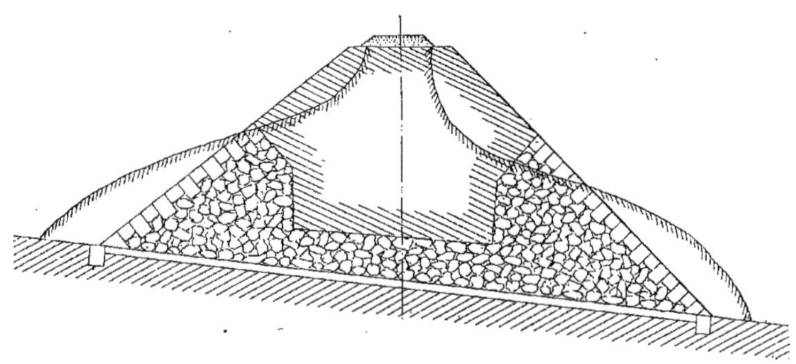

Fig. 470.

On établit alors, quoiqu'un peu tard, deux puissantes pierrées divisant en trois parties la masse éboulée, distantes de $31^{m},50$, commençant en amont de l'axe du chemin de fer et aboutissant au niveau du lac. Ces pierrées avaient une section de 6 mètres carrés à l'amont, et de 3 mètres seulement à l'aval. Elles étaient réunies en tête par de petites pierrées parallèles à l'axe de la voie.

Les remblais ont été rétablis sur la masse ainsi drainée et sont restés depuis parfaitement fixes. La dépense a été de 225 francs par mètre courant pour une longueur d'environ 100 mètres.

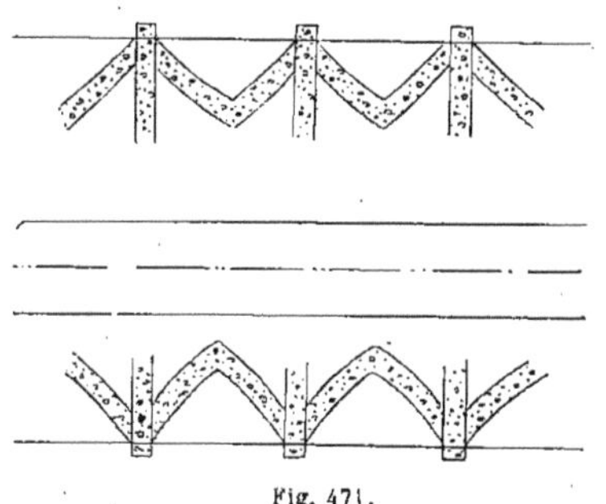

Fig. 471.

578. *Arceaux du chemin de fer de Lyon.* — Au chemin de fer de Lyon, les procédés de consolidation d'un talus éboulé sont les mêmes en déblai et en remblai : ce sont des pierrées équidistantes réunies par des arceaux (*fig.* 470).

Les pierrées dans le remblai ne s'arrêtent pas à la couche de glissement, mais pénètrent jusqu'au terrain solide, sans quoi, dans ces terrains instables, elles seraient rapidement disloquées, et l'on perdrait tout le bénéfice de l'opération.

Les éboulements peuvent se produire en même temps sur les deux talus d'un remblai ; on établit alors les pierrées des deux côtés, vis-à-vis les unes des autres, et on les réunit par une pierrée transversale de 2 mètres de hauteur que l'on établit comme une galerie de mine, s'il s'agit d'un remblai élevé (*fig.* 470 et 471).

On applique encore le même procédé aux sections qui sont en déblai d'un côté, et en remblai de l'autre. On peut quelquelois éloigner les pierrées de 20 mètres les unes des autres, et parfois même les arceaux deviennent inutiles.

Les réparations d'un talus en remblai

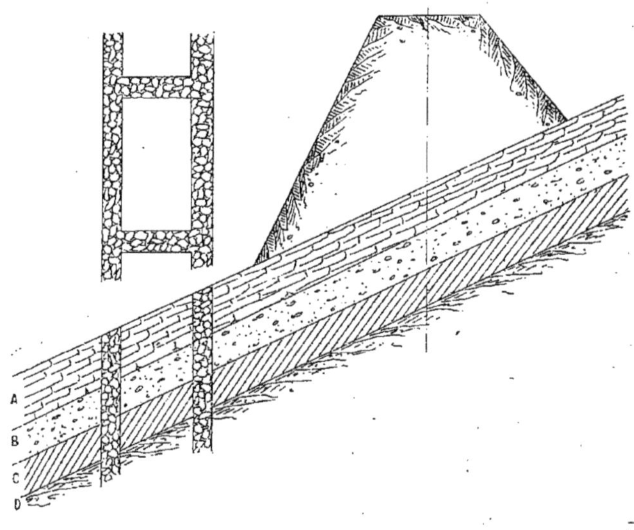

Fig. 472.

de 5 à 6 mètres de hauteur reviennent, par ces procédés, à 135 francs par mètre courant, et quand les éboulements sont à craindre sur les deux faces, la dépense s'élève à 500 francs.

579. *Remblai du val Fleury.* — Au va

Fleury, sur la ligne de Paris à Versailles, le remblai élevé qui précède le viaduc est assis sur un terrain incliné composé d'une couche calcaire A, une couche de sable aquifère B, et enfin une assise d'argile C reposant sur de la craie D. Au plan de séparation du sable aquifère et de l'argile se trouvait donc un plan de glissement (*fig.* 472), et ce remblai se mit à descendre dans la vallée.

Pour remédier à ce mouvement, on établit un puissant drainage vertical à l'aval du remblai, composé de deux pierrées longitudinales descendues jusqu'à la craie et à une profondeur de 12 à 15 mètres, distantes entre elles de 10 mètres et reliées par des pierrées transversales. Les eaux recueillies par les pierrées se rendent à un puits absorbant creusé profondément dans la craie. Ces travaux exécutés, ce remblai est toujours resté parfaitement en place.

580. *Remblai sur sol incliné.* — Le remblai peut, comme nous l'avons vu précédemment, avoir ses talus presque parallèles au terrain qui l'environne, et exiger un redan extérieur pour empêcher les terres de glisser indéfiniment.

Il peut en outre être installé tout entier lui-même sur un terrain incliné; c'est ce

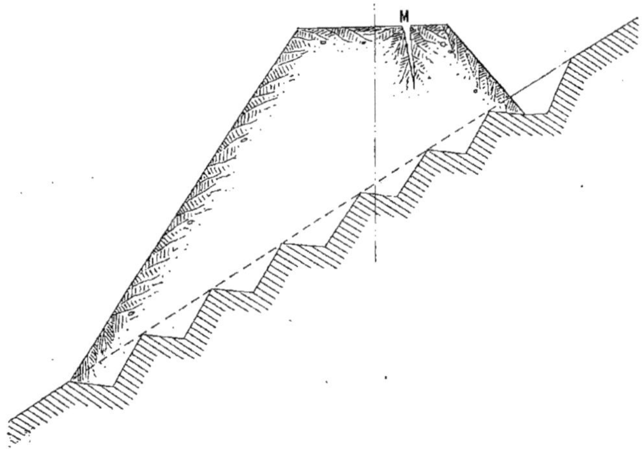

Fig. 473.

qui arrive lorsqu'il est à flanc de coteau. Le remblai a alors tendance à glisser le long de la pente, et cette tendance est accentuée par la présence des eaux qui s'accumulent au pied de cette digue artificielle, quelques précautions que l'on prenne pour amener leur écoulement.

On dispose alors à l'avance, sur le terrain naturel, une série de redans à fond incliné vers le coteau, et qui retiennent comme autant de marches d'escalier les terres du remblai inférieur. En outre, comme des infiltrations peuvent toujours se produire, les eaux s'écoulent dans le fond de ces rigoles longitudinales auxquelles on donne une certaine pente, et sont recueillies s'il y a lieu, dans des aqueducs ou des pierrées transversales (*fig.* 473).

Le mouvement qui se produit le plus fréquemment dans ces remblais à flanc de coteau est une fente en M à cause du tassement des terres rapportées qui est beaucoup plus grand à l'aval qu'à l'amont. Les eaux s'introduisant dans la masse par cette fissure peuvent arriver à la détremper et cela présentera d'autant plus de danger, que le sous-sol sera plus imperméable.

Il y a donc lieu de toute façon de surveiller de très près ces sortes de remblais, et dans tous les cas de les protéger à l'amont par un fossé qui recueille les eaux du coteau, et les conduise aux points bas où sont ménagés les ouvrages d'art spécialement destinés à leur écoulement.

581. *Remblais voisins des ouvrages d'art.* — Les remblais dans le voisinage des ponts ou aqueducs présentent souvent des fissures qu'il faut surveiller et s'empresser de fermer si l'on ne veut les voir livrer passage en abondance aux eaux pluviales.

Cela provient de ce que, pour le moindre ouvrage d'art, on est obligé de prendre toutes les précautions nécessaires afin d'obtenir des fondations solides : massifs de béton, pieux battus, etc. Pour le remblai, on conçoit qu'il est impossible d'en faire autant, car cela deviendrait trop coûteux. Si donc le sol naturel cède sous le poids des terres, tandis que l'ouvrage fondé d'après les règles de l'art ne s'enfonce pas, il en résulte les fissures précitées.

582. *Remblais des chemins de fer hollandais.* — Le terrain de la Hollande est généralement vaseux ou tourbeux et s'enfonce naturellement sous le moindre poids de remblai, les terres du sous-sol refluant latéralement au dehors. Pour parer à cet inconvénient, on essaya d'abord de déposer les terres rapportées dans des coffres en fascines maintenant latéralement les terres et répartissant la pression uniformément sur toute la base ; mais les résultats de cette manière de faire ne furent point satisfaisants : les voies étaient peu stables, à cause des perpétuels tassements du sous-sol.

On dut alors se résoudre à enlever le terrain mou, vase ou tourbe, à la drague, et à le remplacer par du sable venant des dunes du bord de la mer, jusqu'à la profondeur où l'on rencontre le terrain compact. Il faut dire que le remblai en bonnes terres, sable ou autres, effectué sur le terrain mou naturel, comportait plus d'inconvenients qu'ailleurs ; les boursouflements latéraux qui en résultaient, et qui généralement gênent peu les riverains, bouchaient ici les canaux voisins, les rigoles d'assainissement et de drainage : toutes choses jouant un très grand rôle dans les terrains hollandais conquis sur la mer et connus sous le nom de *polders*.

Quand le fond est non vaseux, mais tourbeux, on a encore obtenu de bons résultats en interposant entre la tourbe et le remblai une plate-forme en fascines convexes, formant une sorte de voûte, et en élevant le remblai de manière à ne pas aplatir cette plate-forme, c'est-à-dire en construisant tout d'abord les parties latérales de ce remblai. La tourbe se comprime ainsi sous la voûte de fascines sans pouvoir s'échapper, et reflue latéralement comme elle le ferait avec une plate-forme horizontale ; le tassement s'opère avec régularité, et le massif finit par

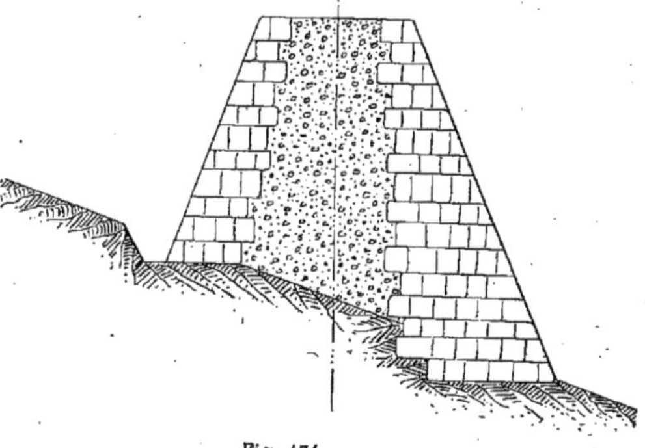

Fig. 474.

atteindre la stabilité. Pour une hauteur de remblai de 1 à 2 mètres, surmontant une couche de tourbe de 4 à 5 mètres, le tassement a été de $1^{m},50$ au maximum, et les fossés d'écoulement de la ligne n'ont pas été obstrués.

Pour la gare centrale d'Amsterdam, établie sur les vases fluentes de l'Y, il a fallu draguer ces vases sur plusieurs mètres de profondeur, et leur substituer du sable des dunes amené par les bateaux. Le cube de sable a dépassé 2 millions de mètres.

Au pourtour des remblais, la vase est draguée plus profondément que dans la partie centrale, et par suite, le sable rapporté pénètre plus profondément ; il forme ainsi une sorte de mur de garde de 40 mètres d'épaisseur, qui empêche ce noyau de vase conservé dans la partie centrale de s'échapper latéralement (Debauve, *Procédés de construction*).

583. *Remblais rocheux.* — On a intérêt, lorsque le remblai est composé de débris rocheux, à construire, sur les deux parements des talus, de véritables murs en pierres sèches, en posant les fragments de roche sur leur lit et par assises horizontales. Un talus de 1/2 est ainsi suffisant, tandis que, si l'on jetait les éclats pêle-mêle, ils prendraient le talus naturel à 3/2, et l'on n'aurait aucune économie. On ne jette ainsi les matériaux sans précaution que dans l'intervalle entre ces deux murs.

L'économie qu'on peut réaliser en cube extrait est, en général, bien supérieure à la dépense exigée par le supplément de main d'œuvre nécessaire (*fig.* 474).

584. *Remblai de la ligne de Busigny à Hirson.* — Sur la ligne de Busigny à Hirson, le remblai de la Tatouillette traversé un ancien étang transformé en prairie (Debauve, *Procédés de construction*).

L'emplacement avait été préalablement drainé à 2 mètres de profondeur par des pierrées en briquaillons; mais, quand le remblai s'éleva, le sous-sol ne tarda pas à s'affaisser, puis à glisser; on tenta d'arrêter le mouvement en construisant à la droite du remblai, c'est-à-dire dans le sens de la pente du sol naturel, un mur en moellons secs, constituant une vaste pierrée d'assainissement, et coiffant un système de pieux enfoncés à 5 mètres dans le sol et fortement bernés. Ces pieux furent renversés avec le mur (*fig.* 475).

Il existait un plan de glissement qu'on n'avait pas soupçonné à 2 mètres au-dessus de la craie marneuse. Le sol se déchira sous le poids du remblai qui s'enfonça de plusieurs mètres, et on ne parvint à consolider la masse que par les dispositions suivantes :

1° On ouvrit à l'aval du remblai, c'est-à-dire sur sa droite, une fouille blindée, pénétrant jusqu'au plan de glissement dans la craie marneuse ;

2° Transversalement à la masse on établit quatre éperons maçonnés en chaux hydraulique de 25 mètres de longueur, pénétrant jusqu'au terrain solide,

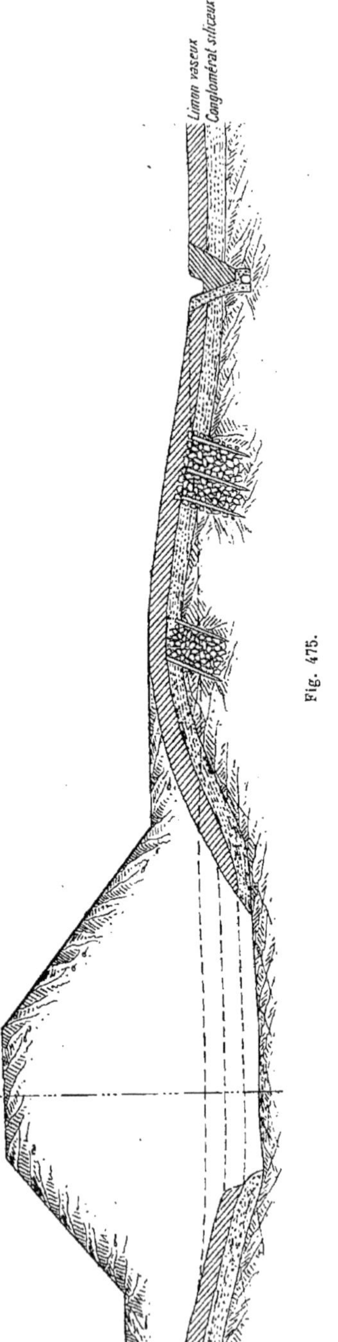

Fig. 475.

et précédés d'un filtre en pierre sèche : les eaux étaient recueillies par un dallot construit dans le corps de l'éperon, et sur ce dallot était ménagé un puits de visite (*fig.* 476) ;

3° Sur la gauche du remblai a été établie une autre pierrée de captation.

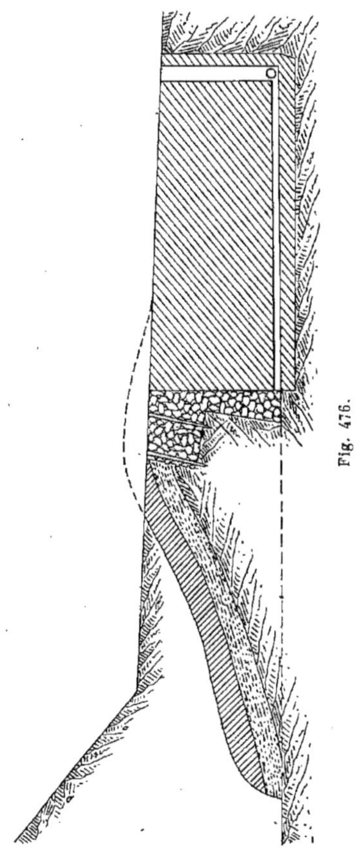

Fig. 476.

Les travaux ont réussi et ont coûté 102 500 francs pour une longueur de 200 mètres, soit 512 francs au mètre courant.

Le mal a été certainement aggravé par le drainage préliminaire qui n'était pas assez profond ; lorsque les mouvements commencèrent, ce drainage fut boule-

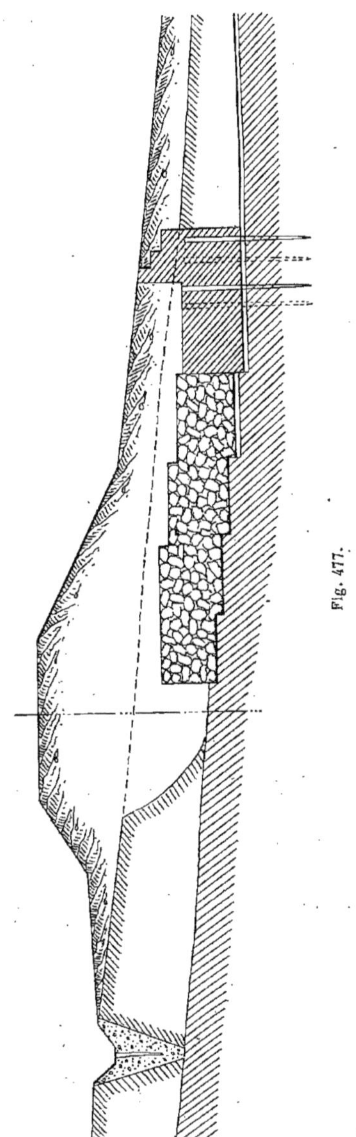

Fig. 477.

versé, les pierrées d'amont n'eurent plus

d'écoulement, et leurs eaux se répandirent dans le massif du remblai.

Avec des sondages préparatoires plus complets on eût peut-être deviné le mal, et établi immédiatement des pierrées profondes ; mais il était difficile de soupçonner l'existence d'un plan de glissement sous la craie marneuse.

585. *Remblai de Quiquengrogne.* — Ce remblai, qui appartient à la même ligne que le précédent, fut exécuté en deux couches avec de bonnes terres choisies, et donna lieu néanmoins à des accidents analogues ; il fut traité par les mêmes procédés ; mais, le mal étant plus grand, il fut nécessaire d'établir à l'aval du remblai un mur construit en maçonnerie de chaux hydraulique de $4^{m},20$ de longueur

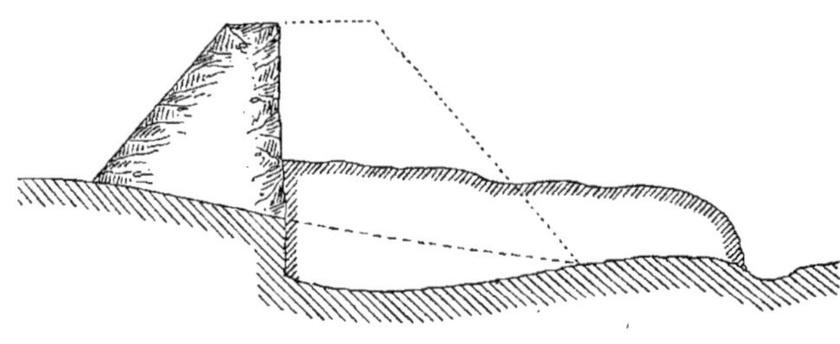

Fig. 478.

sur 5 de hauteur, posé sur trois lignes de pieux. De ce mur partaient des éperons d'abord maçonnés, puis à pierres sèches, éperons fondés sur le sol solide et pénétrant jusque vers l'axe du remblai. L'espacement de ces éperons, d'environ 2 mètres de large, variait de 9 mètres à 16 mètres d'axe en axe. Il furent reliés entre eux par des pierrées transversales, et c'était une excellente précaution à observer ; elle avait été prise déjà au remblai de la Tatouillette. Le prix du mètre courant de consolidation s'est élevé à 840 francs (*fig.* 477).

Il faut noter, dit l'ingénieur M. Menche de Loisne, que les accidents et leur intensité ont été indépendants de la hauteur du remblai et que, dès lors, il n'est pas exact de poser comme règle absolue que, passé une certaine hauteur, il convient de remplacer les remblais par des viaducs. Ainsi le remblai de Quiquengrogne, qui a 18 mètres sur le thalweg, n'a subi en ce point aucune déformation, et les accidents ne se sont produits que sous une charge de terre variant de 4 à 9 mètres ; l'intensité maximum correspond à une charge de 4 à 6 mètres. La substitution des viaducs aux remblais n'eût donc pas été une solution, car on n'eût jamais songé à prolonger l'ouvrage jusqu'au point où la hauteur du terrassement devenait si faible. Si l'on eût suivi un errement qui tend à se répandre, le trésor eût eu tout à la fois à supporter les dépenses de construction d'un long viaduc

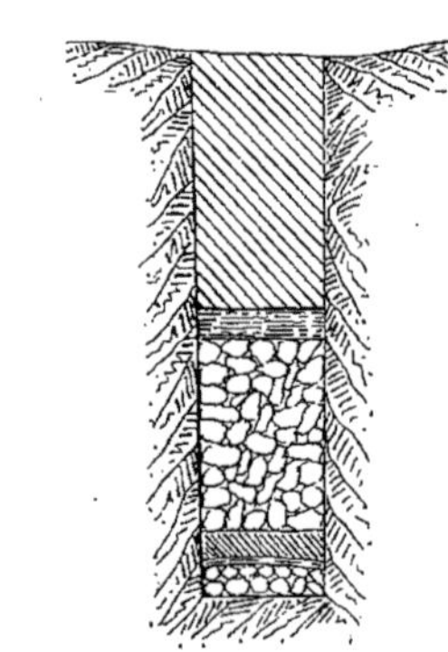

Fig. 479.

du coût de 145 francs le mètre carré de surface en profil en long, et celles de la consolidation du remblai aux abords qui eût fait précisément l'imprévu dans l'espèce.

586. *Eboulement sur la ligne de Linz à*

Budweiss. — M. Hein, dans son ouvrage sur les terrassements, cite un exemple d'éboulement qui s'est produit dans des conditions analogues aux précédentes. (*fig.* 478 et 479).

D'après les résultats de sondages effectués par un temps sec, on croyait établir le remblai sur un fond de sable moyen bien sain. Or il se trouva que ce prétendu sable à grains moyens n'était autre qu'un granit décomposé, dont les grains de quartz étaient mélangés de feldspaths ou d'argile pure ; aussi, les travaux étant effectués par un temps très humide, le sous-sol devint absolument fluent, le remblai se rompit et s'enfonça. La moitié d'amont

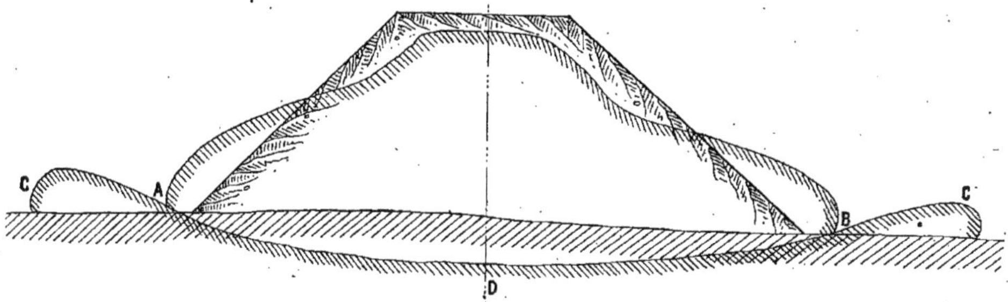

Fig. 480.

se maintint parce que le terrain naturel, refoulé en amont et ne trouvant pas d'issue, lui fit contrepoids ; la moitié d'aval s'affaissa de plus de 3 mètres. Pour assainir la masse entière, il fallait évidemment donner un écoulement à l'eau qui imprégnait le sol granitique si résistant à sec. A cet effet on établit en contre-bas du terrain naturel, dans une direction en écharpe par rapport au remblai éboulé, une rigole armée à sa base de tuyaux de drainage. Les tuyaux étaient recouverts d'abord de quelques branchages, puis d'une couche d'environ $0^m,30$ d'argile gros-

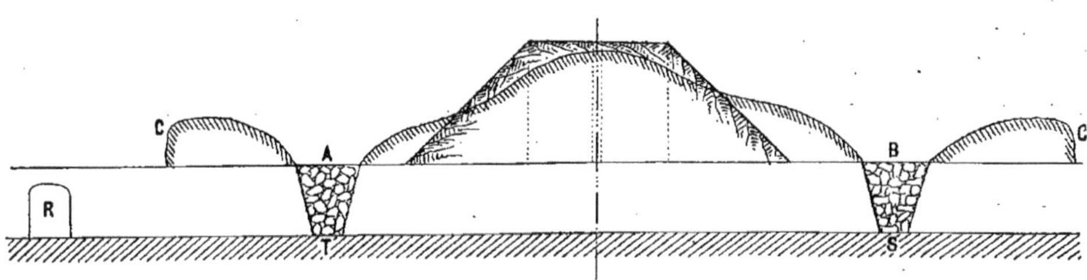

Fig. 481.

sière; au-dessus une pierrée dont la hauteur était de 1 mètre, lorsque la saignée se trouvait sur le terrain solide et qui s'élevait sur toute la hauteur de l'éboulis, là où elle le traversait; enfin par dessus des gazons renversés et de la bonne terre.

De plus, la masse amollie de l'éboulement fut assainie par quelques pierrées transversales poussées vers l'axe de la voie, et le remblai put être établi solide.

587. *Remblai de Rochefort.* — Ce remblai, de 20 mètres de hauteur, est composé de terres de natures diverses où dominent les débris rocheux mélangés de glaise. Comme nous l'avons dit précédemment, ce mélange constitue toujours un grand danger, et les conséquences ne tardèrent pas à s'en faire sentir.

La partie supérieure du remblai commença à s'affaisser par les angles supérieurs avec foirades latérales, puis le terrain naturel s'enfonça lui-même en D sous l'effet du poids qu'il portait : il en résulta des boursouflements extérieurs C. La circulation devint rapidement impossible, et il fallut se mettre d'urgence à faire les réparations nécessaires (*fig.* 480).

La première chose à faire, comme dans tous les cas analogues, était de livrer aux eaux un écoulement facile (*fig.* 481).

On commença par creuser trois fossés parallèles au remblai en B, A et au-delà de C en R, de manière que ce dernier fût un peu au-dessous des deux autres, et que B eût son plafond un peu plus élevé que celui de A : le tout pour assurer une pente régulière vers le fossé R que l'on creusa le premier ; ensuite on le remplit de pierrailles, et l'on recouvrit de terre à la façon des pierrées d'assainissement ordinaires.

On ouvrit alors un large fossé RT en contre-bas du terrain naturel ; le plafond de ce dernier étant en pente et un peu au-dessous de l'enfoncement D. On le remplit de pierrailles. C'est alors qu'on creusa le fossé parallèle au remblai A, au fond duquel on installa encore une pierrée recevant les eaux du remblai.

De la même manière, on établit au fond du fossé B en S, une pierrée recevant les eaux du versant opposé, le fond de S étant, avons-nous dit, légèrement plus haut que celui de T, de manière à présenter, de S jusqu'en R, une pente régulière.

Cela posé, à partir des deux fossés de pied S et T, on vint creuser des pierrées transversales au remblai ; elles furent montées et avancées jusqu'à se rejoindre et embrasser le remblai entier sur toute sa hauteur. On se représentera l'importance de ce travail quand on saura que ces pierrées transversales étaient établies de 15 en 15 mètres sur les 500 mètres de longueur du remblai.

On construit ces pierrées par galeries successives en commençant par le bas, et laissant à la partie inférieure un petit aqueduc posé à l'avance dans cette première galerie, et qui entraîne au dehors les eaux d'écoulement. Au-dessus de cette première galerie, on en creuse une autre où l'on procède de la même manière, et ainsi de suite jusqu'au moment où l'on se trouve à ciel ouvert (*fig.* 482).

588. *Remblai de Falaise.* — Ce remblai, de 12 mètres de hauteur, sur la ligne du Mans à Mézidon, est assis sur un sol très incliné, moitié glaiseux, moitié graveleux.

On commit l'imprudence de ne pas tailler à l'avance ce terrain naturel en gradins, comme nous l'avons recommandé plus haut en pareil cas. Un aqueduc qui traversait le remblai fut rapidement compromis et s'écroula ; les eaux, ne trouvant plus leur écoulement naturel, vinrent détremper le pied du remblai, et augmenter les chances d'accidents déjà indiquées par la pente raide du terrain naturel. Un éboulement général en résulta bientôt, comme l'indique la figure 483.

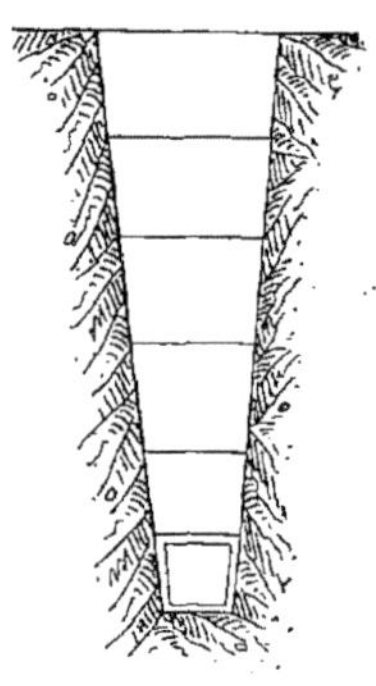

Fig. 482.

On dut s'empresser alors de creuser en amont un fossé A parallèle à l'axe du chemin de fer, et destiné à récolter les eaux venant du terrain supérieur.

On reconstruisit ensuite l'aqueduc écroulé qui recueillait les eaux de ce fossé. Puis on mit en dépôt les terres éboulées, et, au pied de l'éboulement, on vint creuser une fouille de 10 mètres de largeur disposée en gradins ; on y apporta les terres mises en dépôt en les plaçant par couches successives pilonnées ; enfin, on reconstitua le talus du remblai en le divisant par des banquettes inclinées afin de ménager un écoulement facile et surtout rapide aux eaux de pluie. On planta partout sur les talus des osiers qui prirent

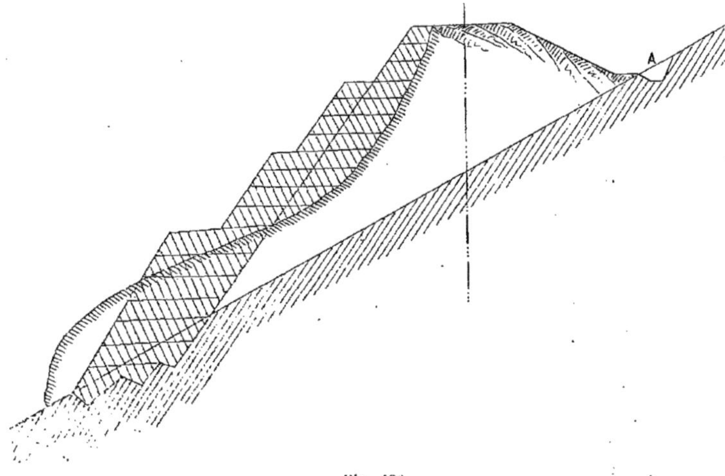

Fig. 483

arpidement racine, et l'on n'eut plus jamais à s'occuper de ce remblai en dehors de l'entretien normal et courant.

Tous ces travaux furent exécutés sans interrompre la circulation des trains en rapportant constamment à la partie supérieure le ballast nécessaire pour combler le vide laissé par les terres éboulées.

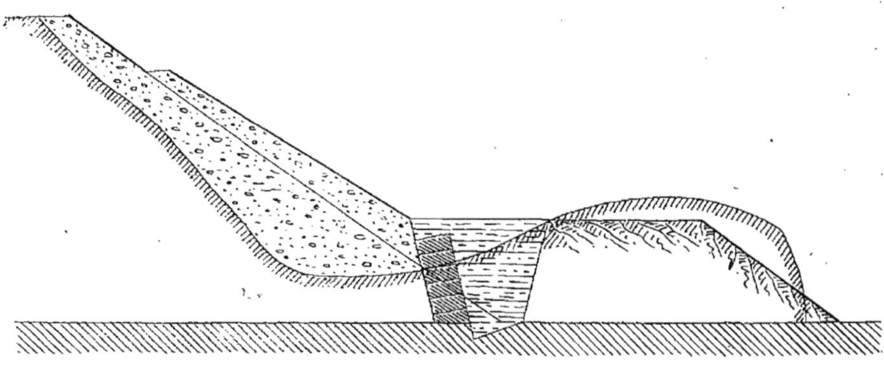

Fig. 484.

589. *Remblai de Villiers.* — Ce remblai, de 8 mètres de hauteur moyenne, et appartenant à la ligne de Paris (à Mulhouse, s'éboula à la suite de plusieurs jours de pluie sur une longueur d'environ 160 mètres. Le pied du talus, qui se trouvait établi primitivement à 18 mètres de l'axe du chemin de fer, se trouva transporté en certains points jusqu'à 35 mètres. (Goschler).

On laissa l'éboulement en place, mais on pratiqua, au pied de l'ancien talus, une petite tranchée au fond de laquelle on établit une murette en pierres sèches, formant filtre et débouchant dans des rigoles transversales ; la tranchée fut remplie de terres pilonnées, et la surface du talus rétablie au moyen de ballast rapporté (*fig.* 484).

590. Voici le devis de ces travaux de consolidation et de réparation :

Terrassements.

Déblais de terre marneuse à deux jets de pelle avec transport à 10 mètres, pour la tranchée longitudinale 1 600 mètres cubes à 0 fr., 80.	1 280 00
Déblai à un jet de pelle pour rigoles transversales 288 mètres cubes à $0^{f},70$	201 60
Déblai de terre pour règlement de profil, avec transport à 50 mètres, 380 mètres cubes $0^{f},60$	228 00
Déblai de fossé 42 mètres cubes à $0^{f},30$.	12 60
Remblai, pilonnage, reprise etc., 1 615 mètres cubes à $0^{f},40$.	646 00
Règlement des talus 750 mètres carrés à $0^{f},15$	112 50
Total des terrassements.	2 481 50

Maçonnerie à sec.

Perrés formant filtre, joints remplis de ballast et main-d'œuvre, $246^{m^3},40$ à $6^{f},00$. . . .	1 478 40
Perrés des rigoles transversales $42^{m},50$ à $6^{f},00$.	255 00
Total de la maçonnerie.	1 733 40
Fournitures de bourrées, 80 mètres cubes à $0^{f},15$.	12 00
Dépenses imprévues.	373 60
Dépense totale.	4 600 00

591. *Remblai de la Mein-Weser-Bahn.* — Voici un exemple du danger qu'il y a à faire des levées formées d'argile qui subissent souvent des affaissements, par suite de l'introduction dans la masse du remblai, des eaux du sol sur lequel il repose.

Sur la ligne du Mein-Weser, on dut, par la force des choses, exécuter deux forts remblais sans interruption par un temps de pluie ; des glissements survinrent immédiatement pendant le cours des travaux, et sans qu'il fût possible de relever les masses éboulées : on dut se contenter de les recouvrir de nouveaux remblais formés presque exclusivement de sable.

Il en résulta ce fait regrettable, que le pied de talus fut composé exclusivement d'argile servant de support au sable supérieur de remplissage (*fig.* 485). Cette argile empêchait l'assèchement des dernières portions mises en remblai, et il fallut prendre des précautions supplémentaires spéciales.

On assainit les talus au moyen d'un drainage complet. Dès que l'on fut à peu près certain que les grands mouvements étaient arrêtés, on pratiqua des saignées inclinées, partant du pied du talus, et poussées jusqu'au noyau central du remblai. Ces saignées garnies au fond d'un tuyau, les joints enveloppés de mousse, furent comblées avec les déblais qui en provenaient.

En cours d'exécution, il se produisit des tassements qui vinrent annuler l'effet des premiers drainages. Pour rendre aux saignées leur efficacité, on recouvrit les tuyaux de pierrées de $0^{m},50$ à $0^{m},75$ de largeur sur $1^{m},25$ à $1^{m},30$ de hauteur (*fig.* 486).

Les drains ainsi établis donnèrent des quantités d'eau considérables ; leur espacement était très variable et dépendait des besoins locaux, mais leur longueur était le plus souvent très importante et atteignait jusqu'à 45 mètres. Dans les endroits difficiles à assécher, à cause de la nature du terrain, la distance entre deux drains consécutifs ne dépassait pas 5 mètres. Lorsqu'au contraire la masse renfermait du sable, les saignées pouvaient sans inconvénient être écartées de 15 mètres les unes des autres.

Ce cas, fort analogue au précédent, doit entraîner une dépense certainement moindre par suite de la manière dont il a été traité.

592. *Remblai de Sourbourg.* — Ce remblai appartient à la ligne de Wissembourg (Goschler), et présente un exemple de l'assèchement par drainage du talus et consolidation par contrefort.

D'une hauteur moyenne de 4 mètres

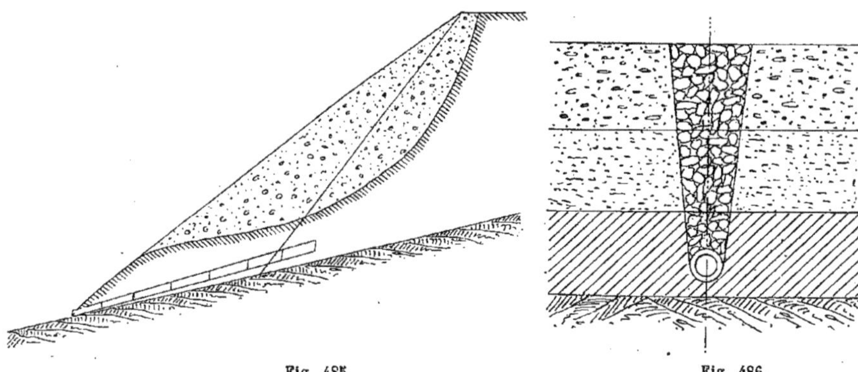

Fig. 485. Fig. 486.

et construit avec des terres argileuses gelées, il repose sur un sol de prairie très humide.

Quelque temps après la mise en exploitation, la glaise vint à se délayer sous l'action de l'eau provenant de la fonte des glaces enfermées dans le remblai ; des gerçures se produisirent dans la plate-forme, et laissèrent pénétrer dans la masse les eaux de pluie qui ne firent qu'aggraver la situation. Le talus s'affaissa d'un côté, la partie éboulée atteignant l'extrémité des traverses (*fig.* 487).

Pour y apporter remède, on pratiqua des tranchées perpendiculaires à l'axe de la ligne sur une profondeur de 1 à 2 mètres, selon les circonstances ; on plaça au fond deux fascines remplies de gravier

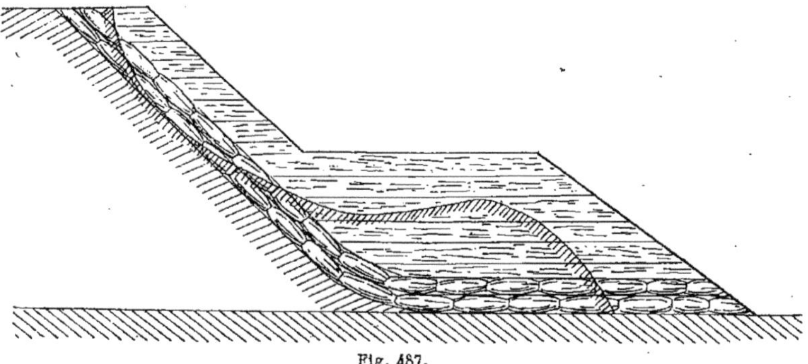

Fig. 487.

l'une à côté de l'autre, puis une troisième fascine sur les deux premières ; le tout fut recouvert de terres pilonnées par tranches horizontales (*fig.* 488).

Ces travaux d'assainissement terminés, on releva les parties éboulées et l'on garnit le pied du talus d'un cavalier de 2 mètres de hauteur et de 3 mètres de largeur sous lequel passait le prolongement des saignées d'assèchement.

On assécha ainsi 4 600 mètres de talus pour la somme de 8 063f,90, ce qui met le mètre carré à 1f,75.

593. *Remblai des Tourbières.* — Ce remblai, qui est situé sur la même ligne que le précédent, doit son nom à une couche de tourbe sensiblement horizontale de 1 mètre à 1m,80 d'épaisseur, sur lequel il est posé.

Le terrain naturel présentait donc, comme dans toutes les tourbières, des parties pleines voisines d'autres où l'on avait fait des excavations à pic pour extraire la tourbe au louchet.

Le remblai a une longueur de 2000 mètres et une hauteur variable de 3 mètres à 6m,45. Il se trouve par suite à chaque instant sur la limite des excavations précédentes qui, quoique remblayées, présentaient avec les terres voisines des différences importantes dans la résistance à la base d'appui (*fig.* 489).

Ces différences se traduisirent immédiatement par des affaissements de talus facilités encore par la nature du remblai qui

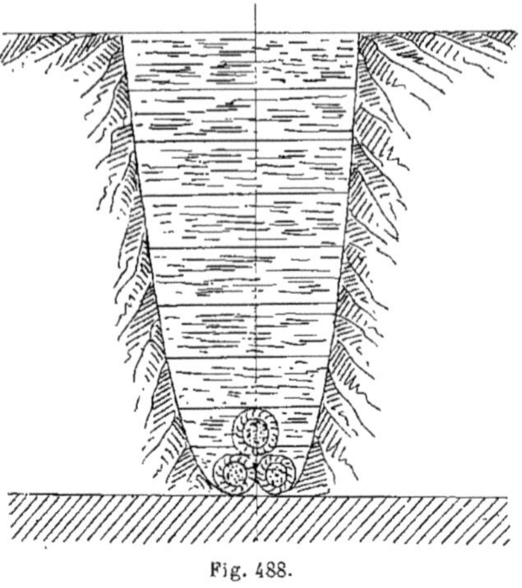

Fig. 488.

était sablonneux, et absorbait en abondance l'humidité du sol.

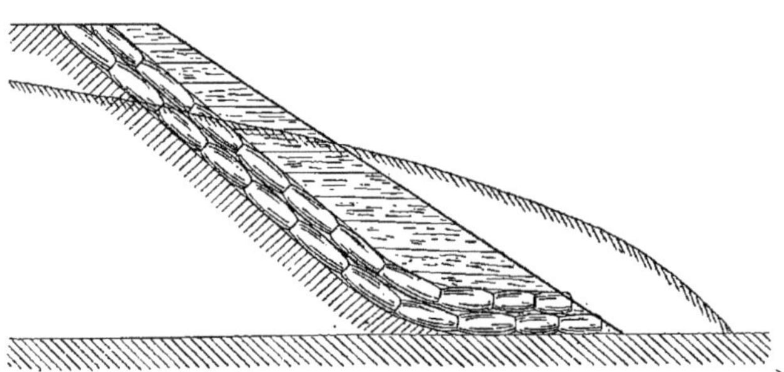

Fig. 489.

On traita ces éboulements par des drainages analogues à ceux du remblai de Sourbourg, mais sans addition de contreforts. C'est-à-dire que l'on fit simplement usage de fascines remplies de gravier formant drains, et recouvertes de terres pilonnées.

La dépense totale a été de 4 240f,45. La surface correspondante du talus assaini se décompose comme suit :

1° Surfaces de talus relevés, pilonnés sur 2 mètres d'épaisseur, et drainés.	3 562m²
2° Surface de talus drainés sans relevage..	1 000
Surface totale.	4 562m²

Ce qui met le mètre carré à 0f,93.

594. *Chambres d'emprunt, fossés latéraux*, etc. — Lorsqu'une ligne est installée en terrain humide ou submersible et que le remblai nécessaire a été établi au moyen de chambres d'emprunt, il reste le long du talus des excavations toujours remplies d'eau qui nécessitent certaines précautions.

Il est d'abord indispensable de construire les remblais en matériaux bien dépourvus d'argile et surtout de glaise ; en outre, les talus doivent être garnis de fossés en pierre sèche ou de gazonnements jusqu'au niveau des plus hautes eaux connues.

Dans le cas où des eaux d'inondations enlèvent complètement les remblais formant barrage, il vaut mieux remplacer tout de suite le remblai par un viaduc. Il serait beaucoup plus imprudent et moins efficace de réparer et d'entretenir le remblai. On courrait toujours le risque d'avoir des accidents et des interruptions de service excessivement désagréables sur une ligne en exploitation.

Le curage des chambres d'emprunt et l'évacuation des eaux qu'elles renferment sont encore des choses indispensables au point de vue de la salubrité. Sinon les miasmes qui s'en dégagent constituent un danger pour la santé publique.

Si la Compagnie n'a pas pris les mesures nécessaires en pareil cas, et que les habitants voisins aient eu à souffrir des épidémies qui peuvent en résulter, le préjudice correspondant est considéré comme

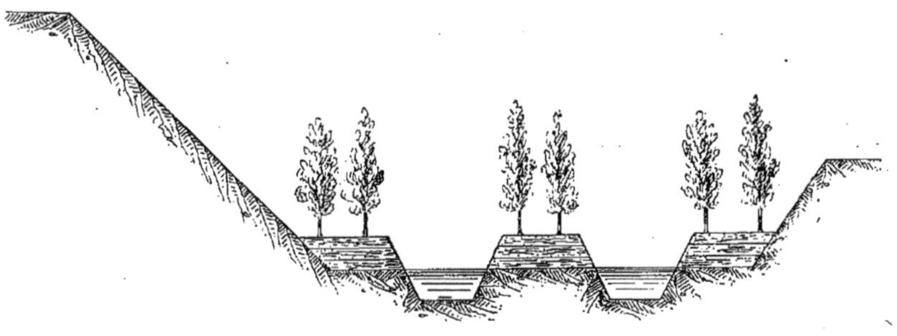

Fig. 490.

dommage direct et matériel, et donne droit à une indemnité (Conseil d'État, 19 mars 1855 et 4 avril 1861).

Les mesures à prendre sont d'ailleurs fort simples. On peut par exemple creuser des fossés longitudinaux de 1 mètre de largeur environ. Les terres qui en proviennent sont employées à dresser des banquettes (*fig.* 490) également de 1 mètre de large s'élevant de 0^{m},60 au dessus du niveau des eaux.

Ces dernières se concentrent alors dans ces fossés, et laissent à sec la plus grande partie du fond de la chambre d'emprunt. On complète en couvrant les banquettes de plantations choisies de préférence parmi les arbustes qui recherchent l'humidité.

On exécute ce travail en été ; l'automne suivant, on procède au boisement dont la nature varie suivant la nature du terrain.

Ainsi, dans les terrains *médiocres*, on peut planter :

L'aune ;
Le bouleau ;
Le platane ;
Le saule Marsault ;
Le saule blanc ;
Le tilleul de Hollande.

Les deux derniers cependant ne peuvent se développer dans l'argile compacte.

Il n'est point besoin de couvertures dans ces terrains où la sécheresse est inconnue. Un binage au mois de mai suffit pendant les deux premières années. Le récépage s'exécute comme à l'ordinaire.

Les terrains *fertiles* peuvent être traités comme les précédents, mais on en tirera un meilleur parti en y plantant de l'*osier*.

Les plates-bandes étant exécutées pendant l'été comme précédemment, on effectue alors la plantation fin février suivant. Les espèces de saule à employer sont :

Saule osier ou osier jaune ;

Saule viminal ou osier blanc ;

Saule hélice ;

Saule pourpre ou osier rouge.

On coupe des boutures de 0m,66 de longueur et de 0m,025 de diamètre. On les enfonce en terre aux deux tiers de leur longueur à l'aide d'un plantoir, à 0m,25 du bord, sur deux rangées parallèles, et à 1 mètre les unes des autres en quinconce. On coupe les brindilles au bout de la première année afin de donner de la force aux jets des années suivantes.

Les frais d'entretien des oseraies sont peu importants : quelques binages pendant les premières années, et l'arrachage des plantes grimpantes qui s'enrouleraient sur les jeunes tiges et les rendraient cassantes.

Lorsque ces chambres d'emprunt sont établies dans le voisinage de la mer dont elles reçoivent les infiltrations d'eaux salées, toute végétation y devient impossible, sauf celle du *tamarix gallica* qui se plante en bouture comme l'osier.

Enfin ces chambres peuvent être très profondes, recevoir beaucoup d'eau ; on en forme alors de véritables étangs que l'on peut louer pour la pêche. Il faut cependant se réserver la faculté de les vider immédiatement par un temps de sécheresse.

Entretien des talus et des ouvrages d'assainissement.

595. Les travaux de consolidation et d'assainissement exécutés doivent être entretenus avec grand soin, surtout pendant les premières années de leur existence. Les anciens talus eux-mêmes ne sont pas à l'abri de tout accident, de dégel succédant à de fortes gelées, etc. ; il faudra donc constamment surveiller les travaux, surtout pendant la mauvaise saison, et s'assurer avant tout que les écoulements d'eau fonctionnent toujours normalement. Ils constituent, en effet, comme nous le savons, la clef de toute protection.

On aura soin surtout pendant les gelées de boucher, comme nous l'avons déjà dit, les orifices des conduits d'écoulement : barbacanes, etc., par des tampons de paille que l'on enlève aussitôt le dégel arrivé. S'il se forme quand même de la glace, il faut naturellement la casser pour dégager tous les orifices.

Les talus doivent de temps en temps être examinés ; on doit constamment boucher les crevasses qui résultent du tassement ou de la sécheresse, surtout celles qui se manifestent dans les revêtements en terre ; on remplacera les gazons morts ou disloqués, on nettoiera les banquettes en y assurant le libre écoulement des eaux.

Il faut redouter au plus haut degré la neige qui fond sur le talus et imbibe la masse ; le soleil ne réussit qu'avec une grande lenteur à produire ensuite l'assainissement. Tandis qu'une surface dont on a balayé la neige reste dure au dégel, et le moindre rayon de soleil l'assèche complètement ; au contraire, si la neige n'a pas été enlevée, lorsqu'elle vient à fondre, elle transforme la surface du talus en cloaque. Le mieux est donc, si on le peut, de débarrasser les talus de la neige qui les recouvre et qu'on pousse dans les fossés ; on évitera ainsi des dégradations superficielles et même de graves accidents.

596. *Emploi de la troupe.* — Lorsque des éboulements surviennent et encombrent les voies, les compagnies sont autorisées à demander le concours des troupes pour les employer aux travaux de déblaiement qu'il y a lieu de faire d'urgence. Il en est de même en cas d'inondation ou d'encombrement par les neiges. La circulaire ministérielle du 31 janvier 1854 définit les conditions dans lesquelles ce concours aura lieu. Les compagnies doivent donner à leurs agents les ordres les plus formels pour qu'on assure à l'avance les moyens de transport à l'aller et au retour, ainsi que la nourriture et tout ce qui peut être nécessaire à ces troupes pendant la durée de leur travail.

La rémunération des soldats employés à ces travaux a été fixée par une autre circulaire ministérielle du 23 mars 1855; celle-ci complète la première et prescrit que les compagnies sont tenues uniformément :

1° A pourvoir, à leurs frais, au transport, au logement et à la nourriture des détachements mis à leur disposition;

2° A allouer aux militaires composant ces détachements une indemnité journalière fixée à 1f,25 par sous-officier, 1 franc par caporal, et 0f,90 par homme.

597. *Dommages aux riverains, indemnités.* — Ajoutons qu'une compagnie de chemins de fer qui a négligé de consolider les talus d'une tranchée, doit indemniser un propriétaire de l'éboulement des terres riveraines qui en a été la conséquence, ainsi que de la dépréciation causée à l'immeuble par la crainte de nouveaux éboulements (Conseil d'Etat, 1860).

De même, le dommage résultant pour une propriété de ce que, par suite des dépôts de déblais d'un chemin de fer sur des terrains voisins de cette propriété, le sous-sol a subi une pression qui a déterminé dans le sol de cette propriété des glissements et des déformations est un dommage direct et matériel (*idem*).

Le remblai occasionnant un tassement est un préjudice qui rentre dans la catégorie des dommages directs. Ainsi l'a décidé la Cour de Paris, le 27 janvier 1855, sur la demande d'un propriétaire ayant pour objet la réparation du préjudice causé à son habitation et aux bâtiments en dépendant, par la pression et le tassement de remblai nécessaire pour l'exécution d'une voie ferrée.

Le dommage résultant pour une maison de ce que l'établissement d'un chemin de fer, à 6 mètres seulement de distance, a eu pour effet de la rendre humide, est un dommage direct et matériel à raison duquel une indemnité est due au propriétaire (Conseil d'Etat, 3 juillet 1861).

Les lézardes causées aux constructions riveraines par le passage des trains constitue un dommage direct susceptible de réparation. L'affaire est du ressort du Conseil de Préfecture lorsque l'éboulement est produit par un vice dans l'établissement même du chemin de fer (Conseil d'Etat, 21 mars 1861).

Résumé.

598. D'après toutes les enquêtes officielles auxquelles a donné lieu l'exploitation des chemins de fer français, les éboulements proviennent presque toujours de terres glaiseuses et argileuses rencontrées dans les travaux; des masses considérables ont été quelquefois mises en mouvement par la présence d'une veine glaiseuse d'un centimètre seulement d'épaisseur. De même, quelquefois, c'est le terrain naturel gras et argileux qui a cédé et glissé sous la charge des remblais.

En général, ces éboulements n'ont pas entraîné d'accidents.

En résumé, c'est toujours l'action des eaux, qu'elles proviennent des sources, des pluies ou des cours d'eaux, qui est la cause prédominante des difficultés que les ingénieurs éprouvent à maintenir en bon état une ligne de chemin de fer. Les frais d'entretien de la ligne dépendent, en grande partie, des soins que l'on apporte à cette question. On doit veiller constamment à ce que tous les cours d'eau, fossés, etc., en contact avec les travaux soient débarrassés de tous les obstacles qui pourraient les obstruer tels que glaçons, plantes, dépôts, corps flottants, etc.

Les agents de la Compagnie doivent en outre se tenir au courant des décisions administratives prises par les maires des communes traversées pour faire exécuter le curage des fossés et cours d'eau. Le chemin de fer est, en effet, imposé proportionnellement au développement des cours d'eau sur son domaine. Le mieux est de faire exécuter les travaux de ce genre dépendant de l'administration du chemin de fer, par des ouvriers attachés au service de la voie. Dans tous les cas, on devra bien prendre toutes les précautions nécessaires, attachements contradictoires, etc., pour éviter les réclamations de paiement faites ultérieurement, à une époque où il n'est plus possible de contrôler les dépenses effectuées.

599. *Conclusion.* — On voit, en somme, qu'il sera très important de faire à l'avance une bonne étude géologique et surtout hydrologique des terrains, en examinant les sondages et les cartes que l'on pourra se procurer, effectuant des sondages supplémentaires même éloignés de la ligne, si c'est indispensable. Ces sondages doivent être exécutés dans la saison humide, ou sinon, examinés avec soin ultérieurement pendant cette saison. Le supplément de dépenses qui résultera de ces excès de précautions sera le plus souvent largement compensé par les nombreux inconvénients ou accidents évités par la suite.

Remblai exécuté par l'entraînement des eaux.

600. Avant de terminer le chapitre des terrassements, nous signalerons un procédé d'exécution des remblais bon à employer quand les terres s'y prêtent, et que l'on peut amener une dérivation facile des eaux voisines sur le chantier. Cela se présentera surtout aux colonies, par exemple, où l'on est plus à l'aise au point de vue des ménagements à garder vis-à-vis des propriétés.

Ce procédé, connu depuis longtemps, vient d'être mis en pratique sur une grande échelle à Java et à Sumatra, par M. l'ingénieur Post, dans la construction des chemins de fer néerlandais à voie de $1^{m},067$ (*Revue générale des Chemins de fer*, juillet 1891). On a appliqué la propriété que possède l'eau courante d'entraîner la terre et de la déposer à l'endroit où une cause quelconque diminue sa vitesse. C'est ainsi que se forment les deltas aux embouchures des fleuves. L'eau est amenée par des petits canaux parfois d'une longueur de plusieurs kilomètres. Les ouvriers piochent le déblai, et grâce aux fortes pentes, l'eau l'entraîne à de très grandes distances. A l'emplacement où l'on désire établir le remblai, on construit des barrages en bambous qui laissent passer l'eau et les vases fluides, tandis qu'ils amènent dans le courant une diminution suffisante de vitesse pour faire déposer les terres solides, les graviers, sables, etc. En superposant ces barrages, qui ont chacun de 1 mètre à $1^{m},50$ de hauteur, on est ainsi arrivé à exécuter des massifs de 18 mètres. Ces remblais, qui ont été ainsi lavés pendant l'exécution, et ne sont plus composés que de matières solides, sont très résistants, et l'on peut les parcourir à pied et à cheval même pendant l'exécution.

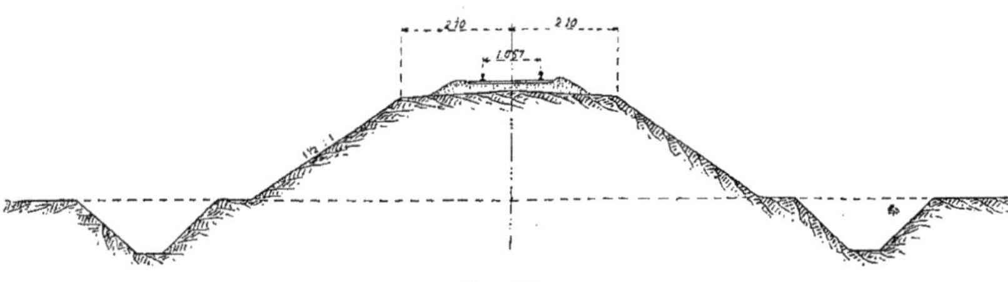

Fig. 491.

Il y a naturellement un déchet de matériaux qui atteint de 25 à 30 0/0 Le cas le plus avantageux pour l'application de cette méthode, étant donnée une matière sablonneuse qui s'y prête, est celui où l'on établit un remblai avec les terres provenant d'une tranchée située à peu de distance, surtout si le cube du déblai surpasse de 30 0/0 celui du remblai. Dans ces conditions les transports sont pour ainsi dire supprimés et l'on obtient de grandes économies.

601. Cette ligne d'ailleurs présente un assez grand nombre de particularités intéressantes au point de vue des terrassements, et nous croyons utile d'en signaler quelques-unes. Généralement installée sur un terrain très accidenté, elle a eu à traverser des gorges étroites, des collines

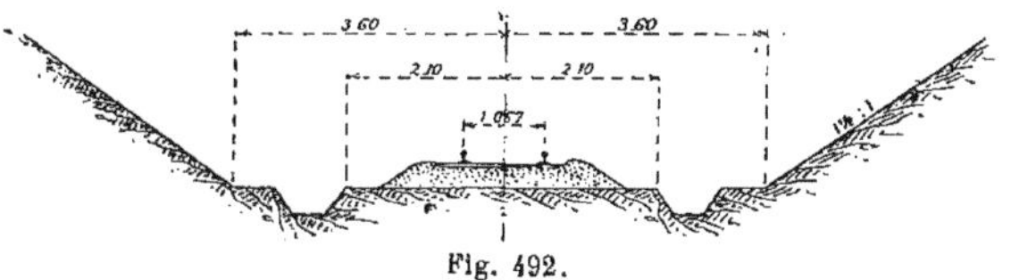

Fig. 492.

escarpées, des terrains submergés; les remblais étaient souvent de mauvaise

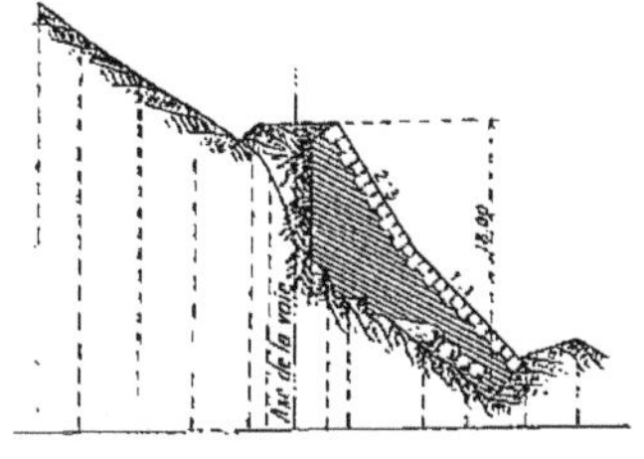

Fig. 493.

nature, et le sol peu résistant. Aussi a-t-on dû consolider et assainir fréquemment les talus (*fig.* 491 à 501).

Certains murs de soutènement en pierres sèches atteignent 18 mètres de hauteur (*fig.* 493) avec talus de 1/1 dans la partie inférieure, et de 2/3 en crête.

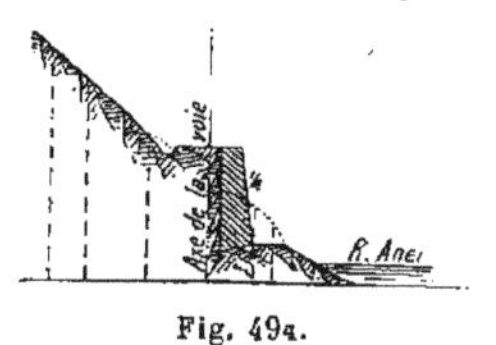

Fig. 494.

La rivière Aneï (*fig.* 494) a été évitée au moyen d'un mur de soutènement bien drainé en maçonnerie au mortier avec fruit de 1/6.

Quelquefois un simple mur en pierres

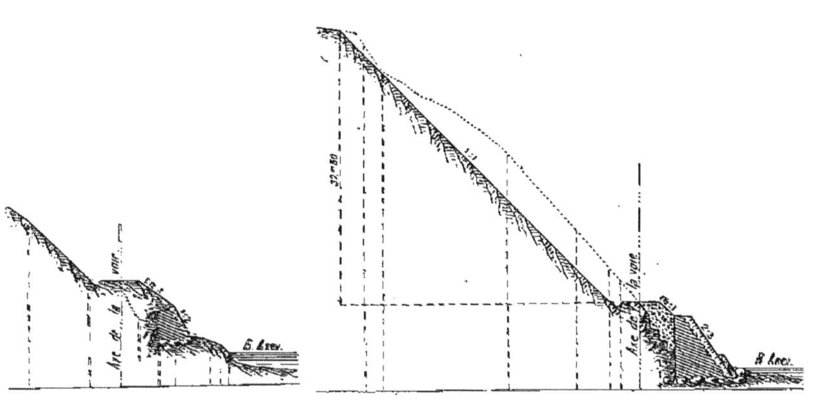

Fig. 495. Fig. 496.

sèches, avec inclinaison de 1 sur 2 a suffi pour maintenir le pied du talus et le garantir contre les eaux de l'Aneï (*fig.* 495).

En certains endroits, sur la ligne de

Kandong-Ampat à Kampong-Tengah, la tranchée a atteint une profondeur de $32^m,50$ (*fig.* 496). Lorsque le pied du mur ne pouvait être reculé en dehors de la

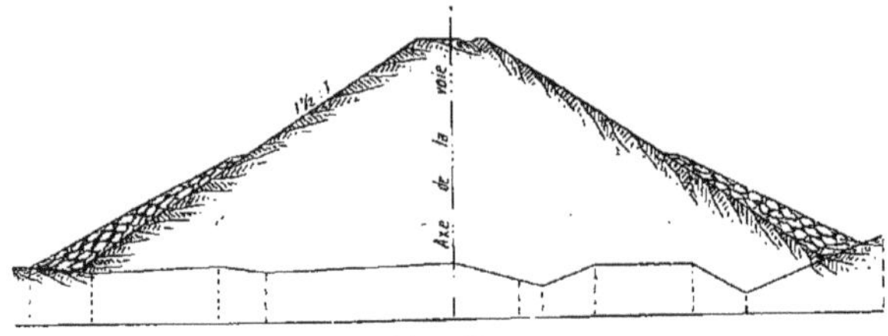

Fig. 497.

rivière, on l'a muni d'un revêtement en maçonnerie au mortier, résistant mieux aux eaux torrentielles de cette rivière.

Sur la ligne de Kampong-Tengah à Padang-Pandjang, on rencontre des remblais de 19 mètres de hauteur maintenus

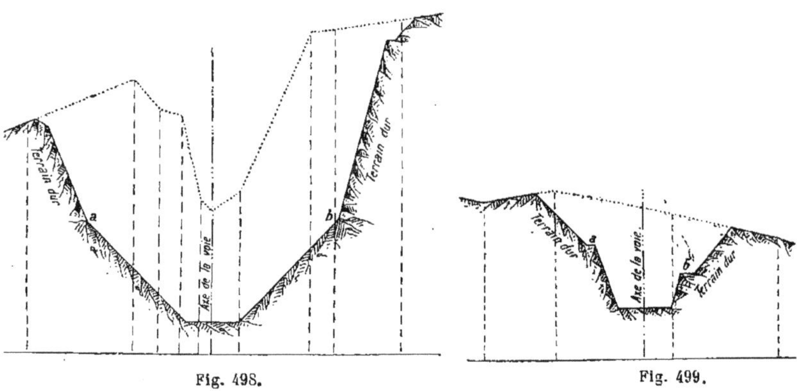

Fig. 498. Fig. 499.

par des enrochements déposés à leur pied (*fig.* 497).

En plusieurs points, pour éviter des courbes trop raides ou des ouvrages d'art

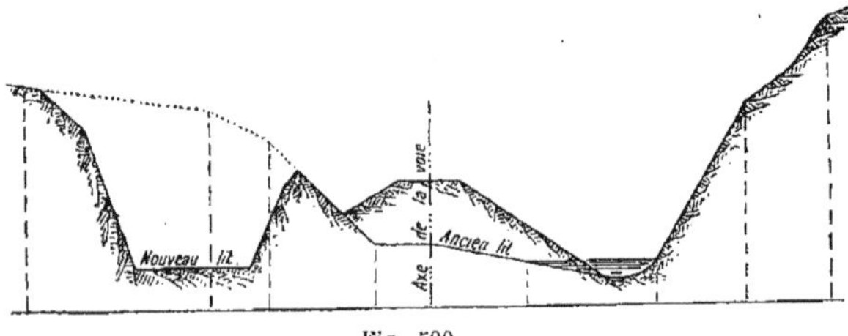

Fig. 500.

dispendieux, on a cru préférable de dévier la rivière (*fig.* 500). Le chemin de fer est établi en remblai dans l'ancien lit ; le nouveau lit a été pratiqué à la dynamite dans les roches volcaniques, qui sont, comme on le sait, dominantes dans les îles de la Sonde.

Une chaussée *ef* bordant le lac de Singkarah a dû être déplacée et transportée en *cd* sur plusieurs kilomètres de longueur. En outre, au sommet du coteau, des exploitations de rizières exigent la submersion et peuvent entraîner l'éboulement des talus par infiltration ou amollissement des surfaces. Ces dangers furent conjurés par l'établissement d'un fossé de crête à forte pente (*fig.* 501).

Obligations de grande voirie.

602. Lorsqu'une route ou un chemin public est attaqué par les travaux du chemin de fer, il y a lieu de se conformer aux lois et règlements spéciaux du 20 septembre 1858 applicables aux chemins de fer.

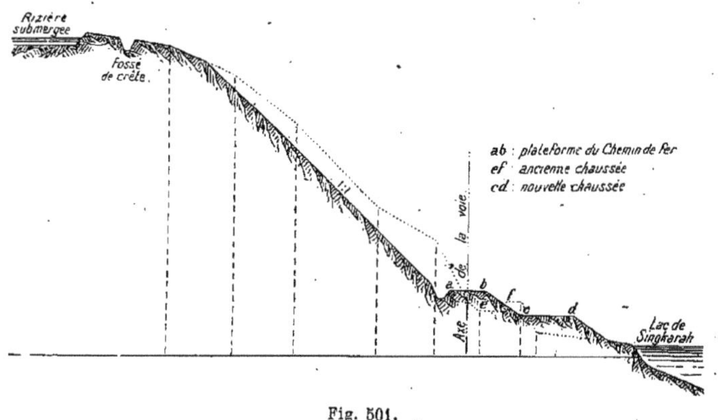

Fig. 501.

Rappelons en effet que toutes les autorisations des travaux touchant la grande voirie, et qui doivent être demandées au préfet ou au sous-préfet, ne sont accordées que pour un an, à partir de la date des arrêtés.

Elles sont périmées de plein droit si l'on n'en a pas fait usage avant l'expiration de ce délai (art. 1 et 35).

Aussitôt après l'achèvement de leurs travaux, les permissionnaires sont tenus d'enlever tous les dépôts de matériaux, terres, décombres, graviers et immondices, de réparer immédiatement tous les dommages qui auraient pu être causés à la route ou à ses dépendances, et de rétablir dans leur état primitif les fossés, talus, accotements, chaussées ou trottoirs qui auraient été endommagés (art. 37).

L'entretien des travaux d'attaque d'une route sont pendant un an à la charge du permissionnaire (art. 28).

§ VI. — *OUVRAGES D'ART.*

603. Nous allons maintenant passer à l'étude des ouvrages d'art.

Citons d'abord les articles du cahier des charges type donnant les règles générales à suivre pour la construction de ces ouvrages.

Art. 18. — La Compagnie n'emploiera, dans l'exécution des ouvrages, que des matériaux de bonne qualité ; elle sera tenue de se conformer à toutes les règles de l'art., de manière à obtenir une construction parfaitement solide.

Tous les aqueducs, ponceaux, ponts et viaducs à construire à la rencontre des divers cours d'eau et des chemins publics ou particuliers seront en maçonnerie ou en fer, sauf les cas d'exception qui pourront être admis pour l'Administration.

ART. 27. — La Compagnie exécutera les travaux par des moyens et des agents de son choix, mais en restant soumise au contrôle et à la surveillance de l'Administration.

Ce contrôle et cette surveillance auront pour objet d'empêcher la Compagnie de s'écarter des dispositions prescrites par le présent cahier des charges, et de celles qui résulteront des projets approuvés.

Fig. 502.

Classification des ouvrages d'art.

604. Les ouvrages d'art qui peuvent se présenter dans la construction d'un chemin de fer peuvent se classer en diverses catégories, suivant leur importance et leur destination.

1° *Ouvrages destinés à assurer l'écoulement des eaux.*

a. Petits ouvrages. — Ils sont situés sous la voie ferrée. Ce sont des buses en maçonnerie ou en métal, dallots, aque-

Chemin latéral de 4.00 de largeur
Aqueduc de 0.60
A
B
899
900
901
902 903 904 905
906
907
908
Monsoult
Amiens
Echelle de 0.002 pour mètre
Rails 82.10
Terrassements ... 81.60
Echelle de 0.005 pour mètre
Extrados
Intrados
Longueur entre les têtes
Longueur en élévation
Longueur en fondation
Pente de 0.02 sur
Palier
Radier
Pente de 0.00 sur 18.70
Droite 6.00
C. 3.00 R. s. 4.80
Pente de 0.0028 sur 17.50
Droite s. 6.00
C. 2.50 R. s. 4.00
C. 3. R. s. 3.00
2.09
18.66
16.37
19.66
17.37
8.41
16.40
10.00
7.25
Fig. 505.

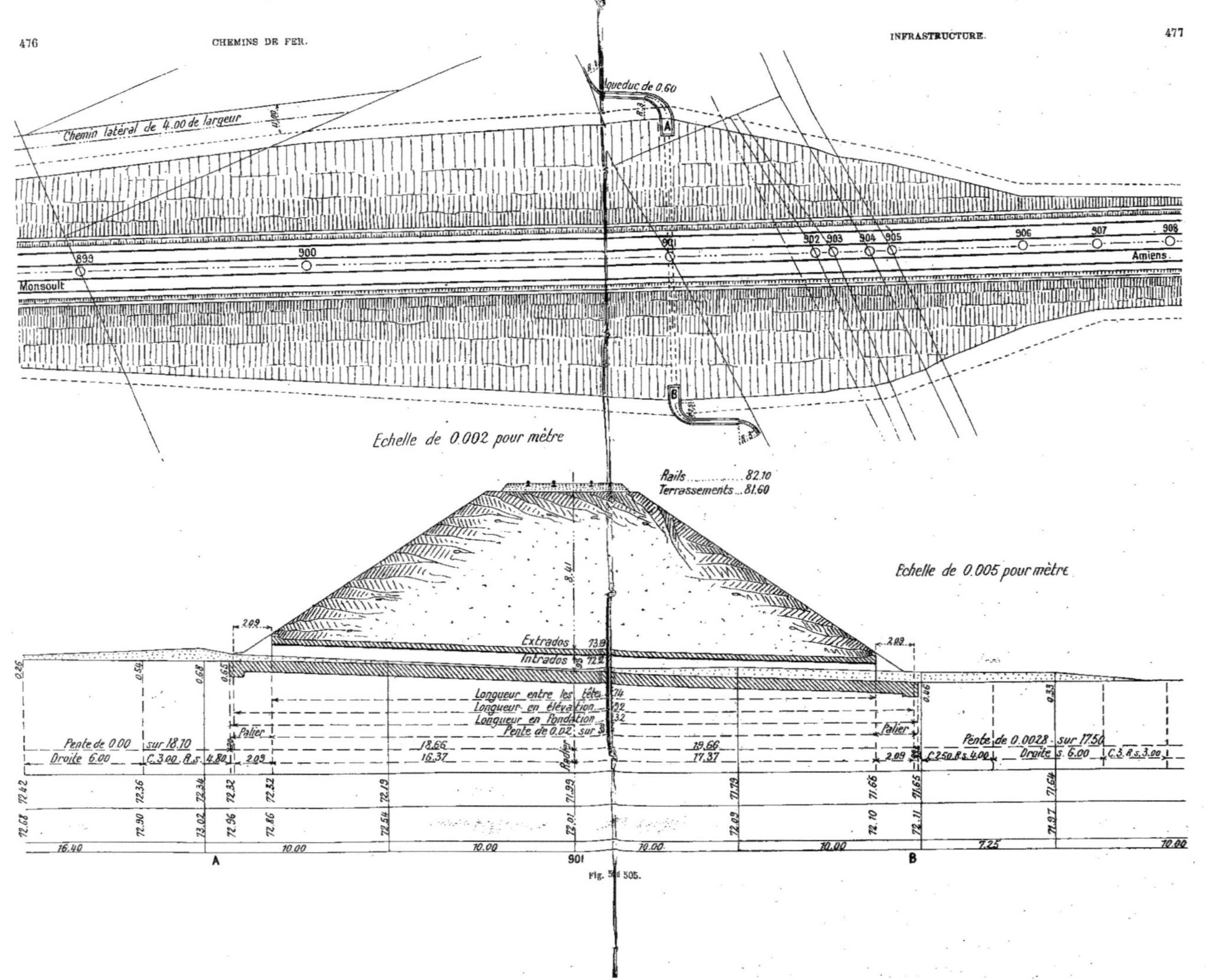

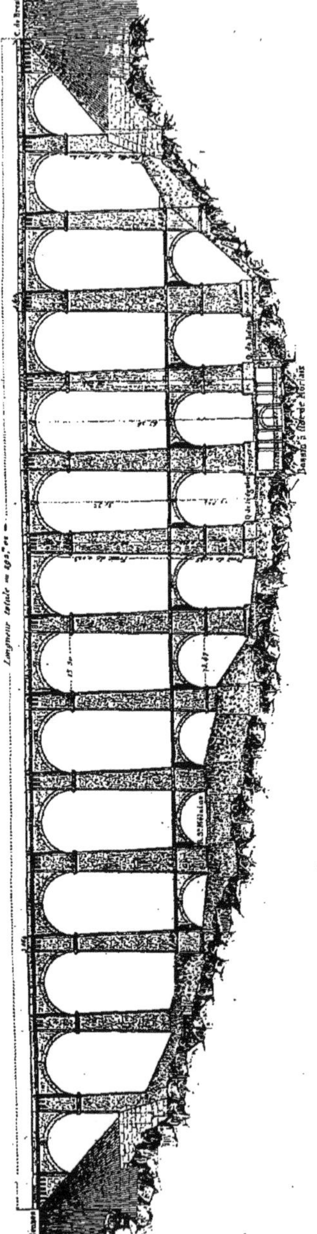

Fig. 503.

ducs divers, à bavette, à puisard, etc., siphons, ponceaux. Leurs dimensions dépendent de la hauteur des remblais et de la quantité d'eau à laquelle ils doivent livrer passage.

b. Ouvrages importants. — Ponts et ponceaux sur cours d'eau, rivières, fleuves ; estacades, etc.

2° *Ouvrages destinés à maintenir les voies de communication existantes.*

a. Passages inférieurs. — Ces ouvrages ainsi nommés, parce qu'ils sont tous situés sous la voie, se font en maçonnerie voûtée ou à culées, et en maçonnerie avec tablier métallique ; leur largeur, comme nous l'avons déjà vu précédemment, dépend de la route à laquelle ils livrent passage, et varie de 5 à 8 mètres entre saillies extrêmes des piédroits ; le minimum de hauteur sous poutre est de $4^m,30$, et sous clef de 5 mètres ; le développement de leurs murs annexes dépend de la hauteur du remblai.

b. Passages supérieurs. — Ceux-ci permettent au contraire le passage des routes et chemins au-dessus du chemin de fer ; la hauteur sous poutre ou sous voûte est de $4^m,80$ au-dessus du rail. La largeur entre parapets dépend comme précédemment, et d'après les mêmes règles, de l'importance de la route traversée.

c. Viaducs. — Cette dénomination est spécialement affectée dans la pratique aux grands ouvrages destinés à permettre au chemin de fer de franchir une vallée large et profonde en remplacement d'un remblai (*fig.* 502, viaduc de Saint-Léger à Saint-Germain-en-Laye) (1).

On voit qu'on ne peut confondre un viaduc avec un pont destiné exclusivement à franchir un cours d'eau.

Comme une vallée, surtout une vallée importante, est rarement exempte d'eau dans son thalweg, le viaduc est en même temps souvent un pont sur une partie de sa longueur. Quelquefois le viaduc sert à la traversée du chemin de fer, au-dessus des maisons d'une ville comme à Morlaix (*fig.* 503), par exemple. En somme, le via-

(1) *Les chemins de fer*, par MM. Lefèvre et Cerbelaud.

duc permet toujours le passage du chemin de fer sur un long parcours et une grande surface de profil sans le secours des terrassements.

3° *Travaux souterrains.* — Ce sont les tunnels, les galeries voûtées, les tranchées couvertes, puits, galeries, niches, refuges, que les nécessités locales obligent à établir et qui se rencontrent surtout en terrain montagneux ou accidenté. Et les accidents peuvent être aussi bien artificiels que naturels : ainsi un grand nombre de voies ferrées pénètrent en souterrain dans les grandes villes, précisément pour éviter les expropriations coûteuses qu'aurait entraînées l'installation de la ligne au milieu des propriétés bâties de la surface.

4° *Ouvrages divers.* — Ce sont les murs de soutènement, revêtements, perrés, cassis, caniveaux, murettes, fossés maçon-

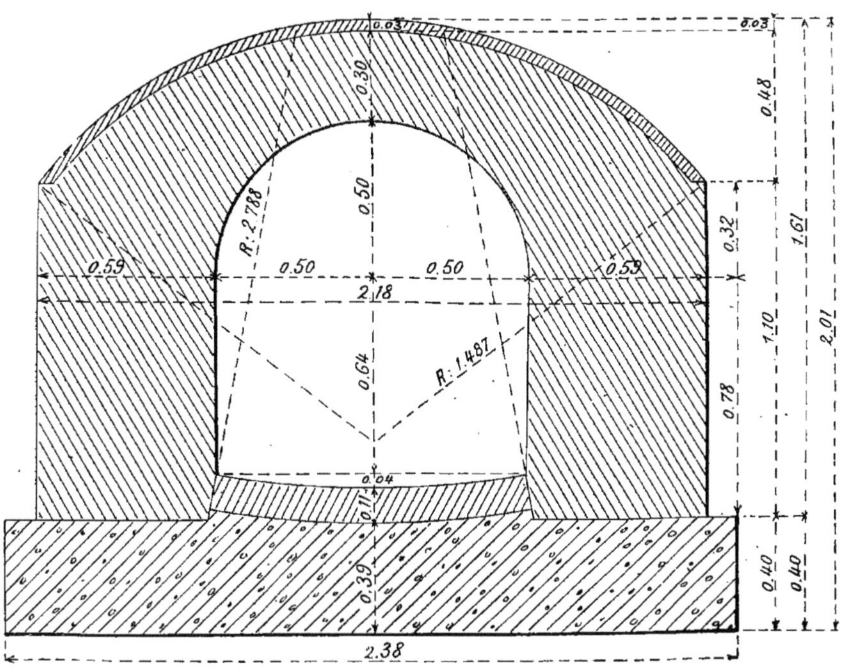

Fig. 506.

nés, etc., que l'on rencontre dans la voie courante.

Puis un certain nombre d'autres qui ne se voient guère que dans les gares, en dehors des bâtiments proprement dits des stations. Tels sont : les réservoirs, bassins, puits, murs de quais, trottoirs, etc.

Projets des ouvrages d'art.

605. Le dossier d'un projet d'ouvrage d'art comprend en général :

1° Un plan d'ensemble à l'échelle de 2 millimètres pour mètre indiquant la position kilométrique de l'ouvrage sur l'axe du chemin de fer et le terrain aux abords avec les déviations ou dérivations correspondantes (*fig.* 504). Le tout étudié dans le cabinet d'après le plan coté relevé sur place par les agents des études définitives ;

2° Une coupe de l'ouvrage sur l'axe longitudinal avec profil en long coté de l'ouvrage et des dérivations annexes (*fig.* 505). Ce profil nécessite une échelle un peu plus grande que le précédent : on adopte généralement 5 millimètres pour mètre ;

3° Une coupe transversale suivant l'axe ou du moins dans la région indépendante des têtes qui présentent toujours des dispositions spéciales (*fig.* 506) ;

4° Les élévations des têtes ou des culées. Une seule suffit quand elles sont identiques (*fig.* 507) ;

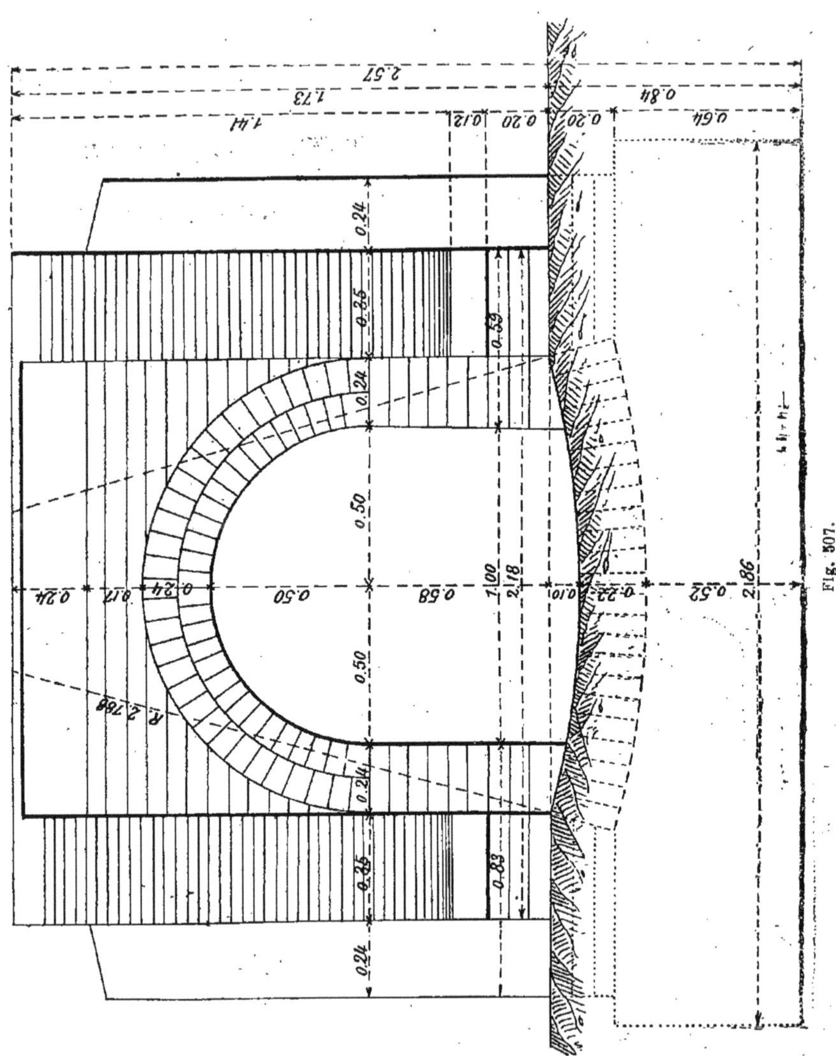

Fig. 507.

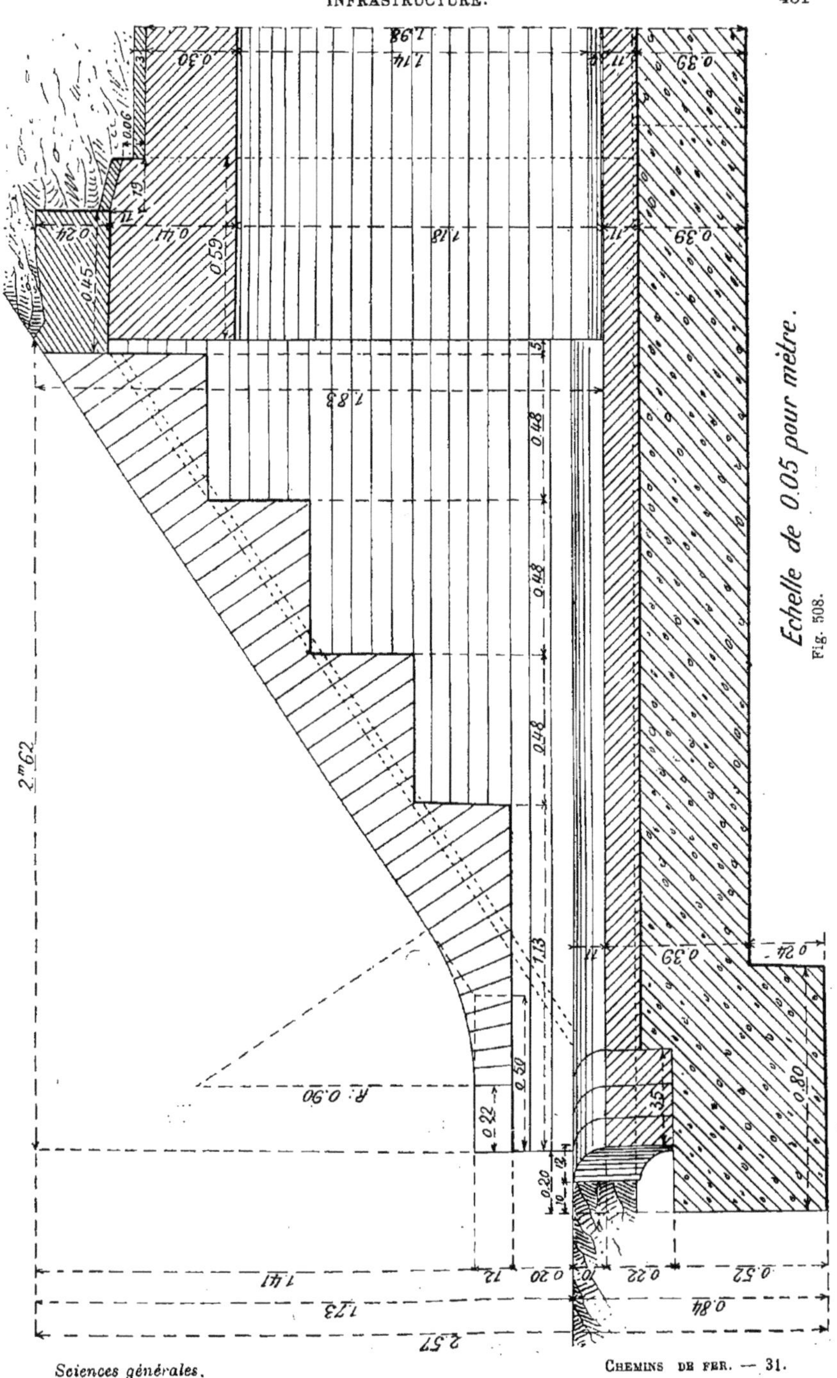

Fig. 508.

Echelle de 0.05 pour mètre.

5° Une coupe longitudinale de l'ouvrage montrant la coupe de la partie courante du tablier, et l'élévation ou la coupe de la tête ou de la culée, selon qu'on a affaire à un aqueduc ou à un pont (*fig.* 508);

6° Un plan montrant l'ouvrage vu par dessus sur une moitié, et sur l'autre, la coupe des murs au niveau des fondations (*fig.* 509).

Ces quatre dernières parties, vu leur importance et l'utilité directe qu'elles présentent au point de vue de l'exécution, se font à l'échelle de 5 centimètres pour mètre.

Il va de soi que, dans les ouvrages un peu spéciaux et devant s'adapter d'une manière plus particulière aux conditions locales, on multiplie, suivant les besoins, le nombre des vues et des coupes nécessaires. Il est en effet de toute nécessité que les agents sur le terrain possèdent bien tous les éléments qui leur sont indispensables pour exécuter l'ouvrage conformément aux désirs de l'ingénieur, et suivant le projet. Il faut donc pour cela que ce dernier, sans rien présenter d'inutile, fournisse bien au personnel d'exécution toutes les données voulues.

Nous ne nous étendrons pas sur l'étude de tous ces ouvrages qui a déjà été faite d'une façon magistrale dans le *Traité des Ponts* de M. Chaix. Nous nous bornerons aux considérations générales et prâtiques qui sont plus spécialement du ressort du constructeur de chemins de fer. Pour les détails et l'étude de chaque ouvrage en particulier, nous ne pouvons que renvoyer au consciencieux travail précité.

Implantation des ouvrages.

606. Les projets exécutés pendant la période des études doivent donner rigoureusement la position des ouvrages à établir repérés par rapport à l'axe de la voie ferrée.

Le plus souvent les ouvrages, ponts, aqueducs, bâtiments, etc., ont eux-mêmes des axes de symétrie; sinon ils présentent quelque grande ligne principale que l'on a rattachée le plus exactement possible:

1° Par un angle;

2° Par une distance autant que possible calculée, et non pas seulement mesurée directement à l'échelle sur le plan.

Ce dernier moyen est le meilleur à employer lorsqu'il est applicable sur le terrain.

L'implantation de l'ouvrage consiste à reporter sur le sol d'abord l'axe et les différentes lignes du périmètre extérieur afin de pouvoir exécuter la fouille correspondante; puis les indications voulues pour monter les murs, ménager les baies, etc., en un mot pousser le travail jusqu'à achèvement complet, conformément au projet.

Pour cela, on reproduit sur le terrain, au moyen des instruments de géodésie, les angles et les chaînages qui permettent de repérer l'axe ou la grande ligne précitée. Puis on se sert de celle-ci comme d'une nouvelle base par rapport à laquelle on opère pour les lignes secondaires. Il faut toujours vérifier les angles plusieurs fois, en mesurant autant que possible l'angle supplémentaire, et les contrôler en outre par des mesures directes à la chaîne. Les lignes ainsi établies sur le terrain sont tracées au moyen de piquets anologues à ceux de l'axe du chemin de fer, mais de dimension plus faible.

Il est inutile de dire que les instruments employés doivent être fréquemment vérifiés et étalonnés suivant les méthodes vues précédemment, sans quoi les résultats pourraient être entachés d'erreur; ce qui est beaucoup plus grave pour les ouvrages d'art que pour les terrassements. La chaîne en particulier devra être vérifiée sur une règle-étalon installée au plus près.

Lorsque l'on a fréquemment à porter la même dimension, il est avantageux de couper d'avance une règle graduée qui la représente.

Les piquets limitant sur le terrain le périmètre du polygone à excaver portent latéralement une entaille sur laquelle on indique la profondeur à laquelle il faut descendre et qui est donnée par le projet: c'est la différence entre la cote du terrain naturel et la plate-forme inférieure de fondation de l'ouvrage. On fera bien, avant de fixer ces chiffres, de refaire le nivellement du terrain naturel aux points

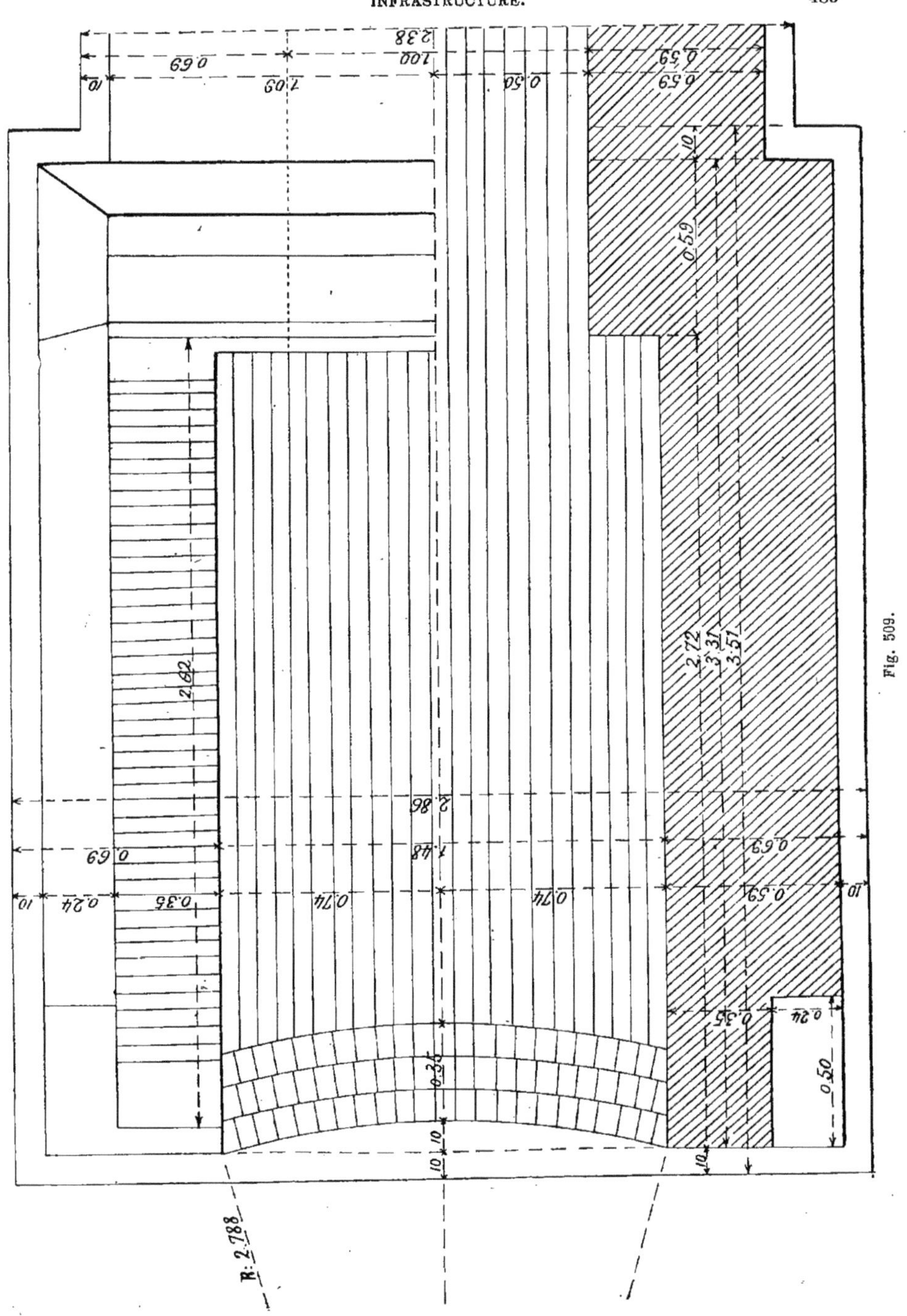

Fig. 509.

intéressants, de manière à avoir en ces points les cotes exactes de profondeur. Ces cotes, en effet, ont été calculées sur le plan coté primitif par différences et interpolations, et peuvent présenter des erreurs sensibles par rapport à la réalité; d'autres fois, le terrain naturel a pu subir quelques modifications, et l'on s'exposerait encore à des mécomptes en se fiant absolument aux cotes inscrites sur le projet. En nivelant à nouveau les points limitatifs du polygone d'implantation, on est à l'abri de toute surprise. Ce nivellement doit faire l'objet d'un attachement spécial que l'on fait signer à l'entrepreneur, comme toutes les pièces comportant des modifications à l'état de choses représenté par les pièces de l'adjudication.

On a soin d'ailleurs de fixer les grandes lignes de l'implantation par des piquets plus forts que les autres, et disposés autant que possible de manière à ce qu'ils ne disparaissent pas avec les travaux et qu'ils puissent au besoin être facilement retrouvés.

607. Quand l'ouvrage est important, on ne se contente plus de simples piquets. Ainsi, quand le chemin de fer traverse une rivière, il est de toute nécessité de représenter l'axe par des balises en fer analogues à celles que nous avons vues précédemment dans l'exécution des tunnels; seulement la charpente qui les supporte, au lieu d'être posée sur le sol comme dans les études, est solidement fixée en terre sur des pieux battus. Généralement ces balises sont placées au centre de trois pieux rendus solidaires par des moises.

Lorsque le pont présente une grande longueur, on place ces balises non seulement sur les deux rives, mais on en fixe encore un certain nombre au milieu du cours d'eau. Ce sont ces dernières qui permettent l'implantation facile des piles intermédiaires.

Pour cela on représente l'axe du pont au moyen d'un cordeau, ou mieux d'un fil de fer jeté d'une balise à l'autre, et tendu autant que possible au moyen de contrepoids qui en diminuent la flèche. On mesure alors les distances voulues sur un fil en circulant au-dessous en bateau, ou, si elles sont peu nombreuses, en les fixant à l'avance à l'aise sur la rive. On peut ensuite facilement rapporter les axes des piles à cet axe principal, les fixer au moyen de balises analogues aux premières réunies elles-mêmes par un fil de fer, et préciser toutes les dimensions au moyen de règles verticales et de fils à plomb qui tombent des cordeaux horizontaux.

Les hauteurs verticales sont toujours mesurées au moyen de ces règles et de ces fils à plomb ou mieux du niveau à lunette.

Les axes d'une grande longueur, comme ceux des souterrains par exemple, exigent toujours l'emploi de la lunette. On fixe pour cela en un point déterminé de cet axe, une lunette d'alignement fortement maçonnée dans un massif bien inébranlable, et de manière que le plan vertical décrit par l'axe optique coupe le terrain suivant l'axe demandé. On vérifie la verticalité et l'immuabilité de ce plan de l'axe au moyen de repères fixes placés sur la montagne. Quant à la vérification de la direction intérieure, elle se fait en cessant le travail de temps en temps afin de laisser disparaître la fumée produite par les explosifs. Puis on allume, dans l'axe du tunnel, une lumière très vive, celle qui est produite, par exemple, par un foyer électrique ou par la combustion d'un fil de magnésium. On voit alors si cette lumière se présente bien dans l'axe optique de la lunette.

Ces opérations d'implantation doivent être faites avec le plus grand soin et de la manière la plus rigoureuse.

608. *Opération de l'implantation.* — Voyons maintenant comment on fixe la première ligne, c'est-à-dire généralement l'axe de l'ouvrage.

Il arrive fréquemment au moment de l'implantation d'un ouvrage d'art, que les piquets voisins de son emplacement et auxquels on espérait le rattacher sont arrachés ou déplacés. Dans tous les cas, comme les travaux s'exécutent le plus souvent une bonne année après que les piquets ont été plantés, il y a toujours lieu de vérifier l'emplacement de ces derniers qui pourraient, sans cela, induire en erreur et ramener les ouvrages à se trouver notablement en dehors de leur vraie position.

Le mieux sera donc d'avoir recours aux balises les plus rapprochées, de vérifier l'alignement intéressé avec le théodolite et de rétablir par un coup de chaîne les piquets qui peuvent avoir été dérangés, spécialement dans le voisinage de l'ouvrage à implanter. On profitera d'ailleurs de ce chaînage pour mettre en place exactement le point de rencontre de l'ouvrage droit ou biais qu'il s'agit de construire avec l'axe du chemin de fer.

609. *Ouvrages droits.* — Si l'ouvrage est droit, c'est-à-dire présente un axe perpendiculairement au chemin de fer, un coup d'équerre au point ainsi fixé donnera cet axe que l'on arrêtera au moyen de deux piquets surmontés d'une pointe, l'un à l'amont, l'autre à l'aval. Une corde tendue d'une pointe à l'autre permettra de représenter l'axe en réalité pendant l'exécution. Une corde analogue reliant des pointes fixées sur les piquets du profil en long fournira l'axe du chemin de fer, ce qui peut être précieux pour retrouver cet axe au fond de la fouille quand celle-ci est exécutée.

Si l'ouvrage est biais, on détermine le point de rencontre de son axe et de la ligne, comme il a été dit plus haut. Puis au point ainsi précisé on place un instrument destiné à mesurer les angles, le goniomètre par exemple, qui suffit généralement, et l'on mesure l'angle des deux axes fixé à l'avance sur le projet ; le plus souvent, d'ailleurs, cet angle est déterminé en outre par une ou plusieurs longueurs que l'on peut chaîner sur le terrain, ce qu'il ne faut jamais négliger de faire comme vérification.

610. *Ouvrages droits en courbe.* — Lorsque l'axe du chemin de fer est en courbe, le problème est un peu moins facile à résoudre et peut se présenter comme précédemment, sous une double face :

1° L'ouvrage est droit ;

2° Il est en biais.

Premier cas. — L'axe de l'ouvrage est dirigé suivant le rayon de la courbe.

Le point de rencontre de cet axe et du profil en long sera précisé, comme précédemment, par un chaînage sur la courbe qui partira du point de contact, si cela est nécessaire ; ce dernier pourra même être vérifié en chaînant à nouveau la distance qui le sépare du sommet d'angle sur l'alignement droit (*fig.* 510).

Cela posé, l'axe de l'ouvrage, qui est dirigé suivant le rayon, s'obtiendra en chaînant de part et d'autre du point ainsi fixé, des longueurs égales, dont les extrémités B et C assez éloignées, seront les deux points extrêmes d'une corde de la courbe. En élevant à l'équerre une perpendiculaire ADO, au milieu D de cette corde,

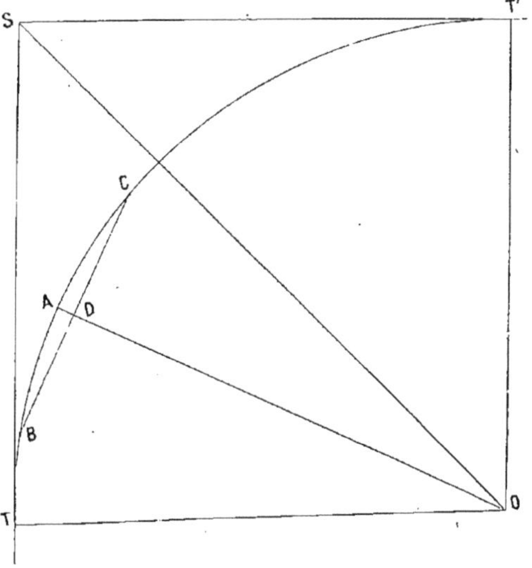

Fig. 510.

on obtiendra le rayon cherché AO, c'est-à-dire l'axe de l'ouvrage.

Si l'ouvrage a besoin d'être fixé avant le tracé de la courbe, et que celle-ci soit venue à disparaître pour un motif quelconque, on peut procéder de la manière suivante :

Les seules données sont alors le sommet d'angle S (*fig.* 511), qui reste en place, indiqué par une balise, le rayon R de la courbe, et tous les éléments de celle-ci donnés par les calculs établis pendant les études.

Le piquet, qui rattache le centre de

l'ouvrage au chaînage général, donnera les arcs AT et AT′ qui permettront de calculer les angles au centre correspondants α et α'. Ainsi l'angle α sera obtenu par la relation simple :

$$\frac{\alpha}{360} = \frac{AT}{2\pi R},$$

d'où
$$\alpha = \frac{180 \times AT}{\pi R}.$$

Cet angle étant connu, on en déduit l'abscisse et l'ordonnée du point A par une méthode identique à celle que nous avons employée dans le tracé des courbes.

Ainsi l'abscisse $x =$ TM ou la corde AN sera donnée par le triangle rectangle ONA :

$$x = R \sin \alpha.$$

Quant à l'ordonnée AM = NT, c'est la différence entre le rayon et la distance ON.

Or
$$ON = R \cos \alpha :$$
donc
$$y = R - R \cos \alpha$$
$$y = R\,(1 - \cos \alpha).$$

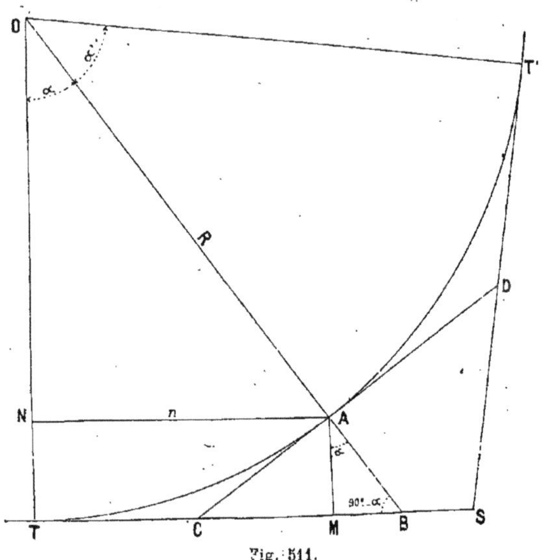

Fig. 511.

En mettant les choses au pis, c'est-à-dire que le point de contact T ou T′ ait disparu, on partira du sommet d'angle S ou d'un sommet analogue déterminé par une sous-tangente. On a en effet :

$$SM = ST - TM$$
$$SM = T - R \sin \alpha$$

La distance tangentielle T est donnée par le calcul de la courbe ; on en déduira donc aisément SM sans même qu'il soit nécessaire de connaître le point T.

Le point A déterminé, on continuera comme dans le cas précédent.

Mais il sera alors plus rigoureux de déterminer le point B, où le rayon, c'est-à-dire l'axe de l'ouvrage, rencontre la tangente ; on aura ainsi immédiatement l'axe cherché en AB.

On a en effet :

$$MB = TB - TM$$

Or :
$$TB = R \operatorname{tg} \alpha$$
$$TM = R \sin \alpha$$

donc :
$$MB = R\,(\operatorname{tg} \alpha - \sin \alpha)$$

Comme vérification on calculera et chaînera sur le terrain la distance AB.

$$AB = OB - OA ;$$

mais :
$$OB = \frac{R}{\cos \alpha}$$

$$OA = R$$

donc : $$AB = \frac{R}{\cos\alpha} - R.$$

On vérifiera en même temps avec les instruments les angles $ABT = 90 - \alpha$, et $BAM = \alpha$.

La tangente CAD, qui peut être souvent utile s'obtiendra en menant en A une perpendiculaire à AB.

Lorsque le point A est très près du point de contact T, il peut être assez inexactement fixé par son abscisse et son ordonnée, toutes dimensions alors très courtes. On se contente, dans ce cas, de mettre en place le point B, d'après les calculs vus plus haut, puis en B on fait avec la tangente un angle égal à $90 - \alpha$ qui détermine la direction cherchée AB. On vérifie le point A par un chaînage direct sur la courbe.

611. Deuxième cas. *L'ouvrage est biais sur courbe.* — Ici, l'axe de l'ouvrage n'est plus dirigé suivant le rayon, mais il fait avec ce rayon un certain angle qu'on appelle le biais.

Il en résulte qu'il fait l'angle complémentaire avec la tangente, et c'est cette dernière qu'il importe d'installer la première.

Pour cela on commencera, comme dans le cas précédent, en fixant le point A, centre de l'ouvrage, au moyen du coup de chaîne SD et de l'ordonnée AD, avec toutes les vérifications indiquées plus haut (*fig.* 512).

Le point A étant connu, on cherche le point B où la tangente BAC rencontre la tangente initiale ST.

Pour cela on calcule AB et BD.

$$AB = AO \operatorname{tg} AOB$$

$$AB = R \operatorname{tg} \frac{\alpha}{2}.$$

Quant à BD, on a :

$$BD = \sqrt{\overline{AB}^2 - \overline{AD}^2}$$

$$= \sqrt{R^2 \operatorname{tg}^2 \frac{\alpha}{2} - R^2 (1 - \cos\alpha)^2}$$

$$= R \sqrt{\operatorname{tg}^2 \frac{\alpha}{2} - (1 - \cos\alpha)^2}.$$

Ces deux chaînages se complètent, se contrôlent et fixent le point B, c'est-à-dire la tangente AB.

Il reste alors au point A à faire avec BAC un angle égal à $90 - \beta$, β étant l'angle du biais, ou à son supplément, selon qu'on s'oriente vers C ou vers B. On obtient ainsi l'axe de l'ouvrage GAH.

On fera bien de vérifier en chaînant la distance SF, du sommet S au point de rencontre de l'axe ainsi déterminé avec la tangente initiale.

Or, on a :

$$SF = FD - SD.$$

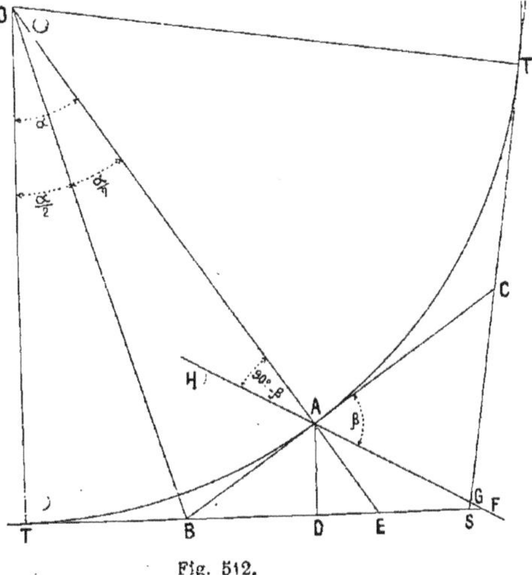

Fig. 512.

mais : $$SD = T - R \sin\alpha$$

et :

$$FD = AD.\operatorname{tg} DAF$$

$$= R(1 - \cos\alpha).\operatorname{tg}(90 - \beta + \alpha).$$

Une seconde vérification utile consistera à mesurer AF. Or :

$$AF = \frac{AD}{\cos AFD} = \frac{R(1 - \cos\alpha)}{\cos(\beta - \alpha)}.$$

On pourrait d'ailleurs encore calculer simplement d'autres lignes et s'en servir de contrôle au besoin.

§ VII. — *ÉTUDE SOMMAIRE DES MATÉRIAUX ET DE LEUR EMPLOI*

612. Nous ne pouvons faire ici une étude spéciale des matériaux à employer dans la construction des maçonneries, charpentes, etc.; le lecteur pourra se reporter, pour cela, au traité si complet des *Matériaux de construction* de M. Oslet. Nous nous bornerons à indiquer les conditions à exiger des principaux d'entre eux, lorsqu'on les emploie sur de grands chantiers, comme ceux d'une ligne de chemin de fer.

Chaux.

613. Nous commencerons par la chaux, dont la qualité et le traitement ont une importance capitale dans la bonne exécution des travaux.

Quelle que soit son espèce, la chaux doit être cuite à point, et pure de cendres et de tous corps étrangers.

Elle peut être amenée sur les chantiers, éteinte, en sacs fermés et plombés ou, ce qui est préférable, vive, en fragments consistants, sans mélange de parties ayant déjà subi un commencement d'extinction.

L'entrepreneur, qui est chargé de son transport de la gare à pied-d'œuvre, doit prendre, dans cette opération, toutes les précautions nécessaires pour qu'elle soit tenue constamment à l'abri de l'humidité, de la pluie, et préservée entièrement de toute avarie pendant le voyage. Il peut être exigé, d'ailleurs, des certificats d'origine pour chaque voiture ou pour chaque bateau de chaux moyennement hydraulique ou très hydraulique.

A son arrivée, elle doit être mise à couvert dans des magasins ou abris bien clos et bien garantis de l'humidité du sol, et y rester jusqu'au moment de l'extinction.

Les magasins doivent être divisés en un certain nombre de compartiments permettant de bien séparer, les unes des autres, les différentes quantités de chaux qui doivent être soumises aux essais dont il sera question plus loin.

614. *Extinction de la chaux.* — L'extinction de ces fragments de chaux vive peut se faire par plusieurs procédés :

1° *Procédé dit ordinaire.* — On met les pierres de chaux dans des bassins imperméables revêtus de planches, placés sous des hangars couverts, bien abrités et à portée des lieux d'emploi où doivent se fabriquer le mortier et le béton. La chaux vive est répandue dans les bassins sur une hauteur de 40 centimètres. On verse ensuite l'eau proportionnellement aux besoins, en ayant soin de la diriger particulièrement sur les parties où la chaux fuse à sec, et de n'employer que la quantité d'eau strictement nécessaire pour former une pâte ferme. On brasse la matière pour ramener à la surface les parties efflorescentes et fusant à sec, et l'on arrose ces parties, toujours sans dépasser la proportion d'eau voulue.

Enfin l'opération, qui doit être conduite d'une manière continue, avec soin et célérité, ne sera terminée qu'alors que la pâte sera liante et bien homogène.

La chaux ne doit être employée que vingt-quatre heures après son extinction et lorsqu'elle est complètement refroidie. On ne doit, en outre, éteindre à la fois, que la quantité nécessaire à la consommation de deux jours au plus.

Si ce mode d'extinction ne donne pas de bons résultats, on peut prescrire d'employer la méthode des bassins superposés communiquant par une grille dont les barreaux ne sont pas écartés de plus de 6 millimètres, et cela sans aucun supplément accordé à l'entrepreneur qui doit en être averti d'avance dans ses clauses et conditions générales.

Ou bien on emploie l'une des méthodes suivantes :

615. 2° *Extinction par aspersion.* — On étend sur une aire bien dressée et bien battue placée encore sous des hangars fermés de toutes parts, la chaux à éteindre, par quantités de 3 hectolitres environ ; on l'arrose avec précaution, puis on la relève en tas pour concentrer la chaleur, après quoi on la laisse reposer pendant quelques instants.

On répète cette opération jusqu'à ce que le dégagement de chaleur se ralentisse et que la chaux se convertisse en poudre; puis on la réunit une dernière fois en tas, que l'on recouvre de sable ou d'un paillasson fait exprès, suivant les prescriptions de l'ingénieur, et qui doit avoir la forme d'un cône pouvant épouser exactement la forme du tas afin de concentrer la chaleur.

La chaux doit rester au moins pendant vingt-quatre heures dans cet état; puis on la passe à travers un crible à toile métallique présentant trente-six mailles par centimètre carré, pour en séparer les impuretés : incuits, biscuits, rigaux, corps étrangers, etc.

Lorsque la chaux ne doit pas être employée immédiatement après le tamisage, on la conserve dans des tonneaux ou des caisses spéciales, bien à l'abri de l'humidité et de la pluie. Mais on aura toujours intérêt à l'employer fraîchement éteinte de vingt-quatre heures car, même bien abritée, elle s'humidifie et se carbonate toujours à l'air avec le temps, et perd de ses propriétés.

616. 3° *Extinction par immersion.* — L'extinction par immersion exige la création d'ateliers spéciaux que l'entrepreneur peut être tenu d'installer sur les points qui lui seront indiqués par les ingénieurs. L'usage est d'en avoir un tous les 20 kilomètres sur le parcours du chemin de fer.

En ces points convenablement choisis, l'entrepreneur fait installer des hangars bien clos et bien couverts, dont l'aire est construite avec toutes les précautions voulues pour la préserver de l'humidité du sol. Chacun de ces ateliers doit être muni de tous les outils et instruments ou appareils nécessaires pour livrer, par jour, au besoin, 10 mètres cubes de chaux éteinte.

On apporte la chaux à l'état de roche vive; immédiatement après le déchargement, on la réduit en morceaux de la grosseur d'un œuf, que l'on jette dans un panier à claire-voie, généralement en fer. On plonge ce panier rempli de ces fragments de chaux dans un bassin plein d'eau ou dans un puits ; on laisse immerger pendant quelques secondes, jusqu'à ce qu'on remarque un dégagement de bulles à la surface de l'eau.

On retire alors la chaux, on la laisse égoutter, puis on la dépose dans des encaissements convenablement disposés à l'intérieur du hangar où elle est recouverte de paillassons, afin que la chaleur puisse se concentrer. Le fond de ces encaissements est constitué par un plancher formé de madriers cloués sur des gîtes élevés d'au moins 20 centimètres au-dessus du sol.

On laisse la chaux reposer dans ces encaissements, au minimum, pendant huit jours ; puis on l'en retire au moment de l'envoi sur les chantiers, et on la passe dans un blutoir à toile métallique présentant soixante-quatre mailles par centimètre carré, afin de séparer les incuits, les biscuits et les rigaux mal éteints que l'on rejette. Enfin, on enferme la chaux dans des fûts ou dans des sacs pour la transporter à pied-d'œuvre.

617. Remarques. — Quel que soit le procédé employé pour éteindre la chaux, on ne devra faire usage, pour cette extinction, que d'eau claire, la plus pure que l'on puisse trouver dans un rayon de 500 mètres.

Les grappiers qui se sont refusés à passer à travers les mailles des tamis peuvent néanmoins être admis dans la chaux sous la triple condition suivante :

1° Qu'ils auront été exposés pendant quinze jours au moins à un nouveau délitement;

2° Qu'ils auront été broyés et ensuite blutés au travers de la toile métallique précédente ;

3° Qu'ils auront été mélangés intimement avec la chaux blutée, et de façon qu'il n'y ait jamais plus d'un quart de grappiers dans ce mélange.

618. *Chaux éteinte dans les usines.* — Lorsqu'on accepte l'emploi sur le chantier de chaux éteinte à l'usine et arrivant généralement en poudre par sacs, il y a lieu de choisir des maisons très honorablement connues et d'exiger à l'arrivée sur le chantier des sacs plombés à la marque de fabrique. Néanmoins on est ainsi beaucoup plus exposé à la fraude sous toutes ses formes et beaucoup moins sûr du produit qu'on emploie.

Le mieux dans ce cas serait d'avoir un agent réceptionnaire à l'usine même, qui suivrait la chaux depuis sa sortie du four jusqu'au chargement en wagon ou en voiture. Chaque expédition de chaux, faite au plus tard, dans les trois mois de sa fabrication, est alors suivie d'une lettre de voiture signée de l'agent de la Compagnie, constatant sa provenance, sa qualité et sa quantité.

Arrivée sur les chantiers, cette chaux doit être employée le plus tôt possible, et, à défaut, emmagasinée avec les mêmes précautions qu'à l'usine et comme il a été indiqué plus haut.

619. *Réception de la chaux.* — Le personnel des travaux doit suivre avec grand soin toutes les opérations concernant le traitement des chaux. Toutes celles qui ne satisfont pas aux qualités de fabrication précédentes, qui auraient été trop mouillées ou souillées, soit à l'usine, soit dans les magasins de la ligne, soit dans les transports, ou qui n'auraient pas satisfait aux essais réglementaires, doivent être rejetées au moment même où leurs défauts auront été constatés.

Elles seront séparées des chaux admises de manière à éviter toute confusion, et l'entrepreneur sera tenu de les enlever de ses magasins ou dépôts. Si un stock de chaux donne lieu successivement à un trop grand nombre de rebuts, l'ingénieur peut exiger qu'il soit refusé en entier et, si l'entrepreneur l'emploie quand même, jeté au remblai.

Quant aux ciments, ils proviennent toujours directement des établissements où on les fabrique, ce que l'entrepreneur sera tenu de justifier par la présentation de ses factures. Les ciments doivent être surtout bien purs, de la qualité correspondant à la marque et surtout bien préservés de l'humidité jusqu'au moment de l'emploi.

Ici plus que jamais, en dehors des factures, on devra exiger des sacs plombés à la marque de l'usine choisie.

620. *Essais des chaux.* — On ne fait d'essais sur les chantiers que pour les chaux moyennement ou très hydrauliques. Mais ces essais doivent être assez multipliés, et l'ingénieur en précise le nombre et la durée. On procède pour cela de la manière suivante :

On choisit dans les approvisionnements, des échantillons de chaux vive présentant les caractères physiques moyens des fournitures à employer. Ces échantillons sont éteints par aspersion ou immersion au choix de l'ingénieur, puis mélangés par portions égales. Ce mélange, ou une partie de ce mélange, est alors réduit en pâte ferme, telle qu'une boule de 6 centimètres de diamètre se maintienne dans la paume de la main sans se déprimer sensiblement. Puis on tasse la boule dans un vase en frappant sur le sol, et on place le tout immédiatement dans l'eau.

Dans ces conditions, la prise devra avoir lieu :

1° Pour la chaux moyennement hydraulique, dans un délai de douze jours au plus ;

2° Pour la chaux très hydraulique, dans un délai maximum de quatre jours.

On reconnaît qu'une chaux fait prise quand elle peut supporter, sans dépression apparente, une aiguille d'un millimètre carré de section chargée d'un poids de 300 grammes. Cette aiguille est appelée *aiguille de Vicat*, du nom de son inventeur.

Pavage et choix des pavés.

621. Les pavés employés sont généralement en grès ; ils doivent toujours être extraits des bancs les plus durs et les plus résistants des carrières, complètement exempts de cette matière tendre qu'on rencontre aux plans de séparation des lits et qu'on appelle le *bousin*, ne contenir ni couche intérieure de substance étrangère ou *fil*, ni poche remplie de matière terreuse ou *moie* ; en un mot, ils doivent être bien homogènes dans toute leur masse.

On fait généralement usage de pavés de trois échantillons différents, de forme cubique, et présentant comme arête 22, 17 ou 14 centimètres. Une tolérance d'un centimètre en plus ou en moins est accordée sur deux dimensions, pourvu toutefois qu'il y ait compensation entre les pavés de plus forte et de plus faible dimension.

Outre ces cubes, on emploie également, pour obtenir certains croisements de joints obligatoires, sans avoir recours à des demi-pavés trop faibles et qui s'useraient trop vite, des *boutisses* qui ont la forme de parallélipipèdes rectangles. Le cas se présente, par exemple, dans le voisinage des bordures de trottoirs.

Ces boutisses ont les mêmes dimensions transversales que les pavés qu'elles accompagnent, mais leur longueur est celle d'un pavé et demi, et elles sont comptées pour un pavé et demi dans l'évaluation de la dépense.

Quel que soit le type, pavés ou boutisses de tout échantillon doivent être bien équarris et dressés sur toutes leurs faces, de manière à ne présenter aucune bosse ou aucun de ces creux appelés *flaches*, de plus d'un centimètre sur la tête, et à ne pas donner lieu à des joints présentant en un point quelconque plus de 15 millimètres de largeur.

On ne doit pas admettre de pavés qui seraient démaigris sur le pourtour de manière que les dimensions de la face inférieure soient réduites de plus du dixième de la hauteur d'échantillon.

Les pavés neufs doivent donc toujours être soumis à une réception provisoire avant l'emploi. A cet effet, on les étale tous sur le sol placés bien régulièrement et en laissant entre eux assez d'intervalle pour qu'ils puissent facilement être examinés sur toutes leurs faces. Cette réception doit être faite contradictoirement en présence d'un agent de l'entreprise. Tout pavé reçu est marqué d'un point de peinture noire à l'huile placé sur sa plus belle face; tout pavé refusé reçoit une croix formée de deux raies de peinture rouge à l'huile placées également sur sa plus belle face. Bien entendu tous ces frais de réception et de marquetage doivent être prévus à la série et sont aux frais de l'entrepreneur.

On peut aussi quelquefois faire usage de vieux pavés provenant de chaussées démolies, mais en ayant soin de mettre de côté les pavés de rebut.

On considère ordinairement comme pavés de rebut ceux qui, usés, arrondis, épaufrés ou écornés, ne peuvent plus recevoir une forme cubique régulière en les réduisant de $0^m,13$ de côté en tous sens.

Les autres pavés peuvent être réemployés, soit tels qu'on les retire des chaussées, et sans subir aucune préparation avant l'emploi, soit après avoir été entaillés.

Quant aux pavés retaillés, ils peuvent avoir des dimensions quelconque dans les trois sens, mais ils doivent être équarris et dressés sur toutes les faces de manière à remplir rigoureusement toutes les conditions de forme exigées pour les pavés neufs.

On aura bien soin, dans tous les cas, d'éviter la confusion entre les pavés retaillés et les pavés neufs.

622. *Exécution du pavage.* — Nous compléterons les renseignements sur les pavés par quelques instructions sur la manière d'exécuter un bon pavage.

Aussitôt que l'encaissement qui doit recevoir le pavage a été convenablement préparé suivant les pentes et les bombements fixés (le bombement au milieu est généralement $^1/_{50}$ de la largeur de la chaussée), on répand dans cet encaissement le sable destiné à la forme. On régale ce sable en une couche bien régulière qui, après avoir été comprimée à la dame, présente une épaisseur de 12 centimètres.

Sur cette couche on pose les pavés par rangées droites et normales à l'axe de la chaussée ou du ruisseau. Ils sont d'une largeur uniforme en partie droite. Mais dans les parties courbes, cette largeur varie de manière que chaque rangée soit comprise entre deux rayons de courbures partant du centre et écartés du côté du plus grand développement, de la plus grande largeur des pavés employés. Il ne faut pas cependant que le rétrécissement qui en résulte du côté du plus petit développement amène à employer des pavés présentant une largeur au-dessous du minimum qu'on s'est fixé. Ces pavés, trop étroits et taillés en biseau, ne résisteraient pas à l'usage ; dans ce cas c'est cette largeur minimum qui doit servir de guide.

Les pavés sont toujours posés à joints alternés d'une rangée à l'autre, suivant le principe de la *découpe* universellement adopté dans toute maçonnerie. De la sorte ils sont en liaison de la moitié de leur parement d'un rang à l'autre, d'une façon bien jointive en bout et en rive de telle façon que la largeur des joints n'excède pas 15 millimètres. On interdira absolument le répandage du sable dans ces joints, pas plus qu'à la surface, avant que les agents de la Compagnie ne soient venus faire la réception de la surface pavée.

Au fur et à mesure de la pose des pavés, un ouvrier dresse les parties construites en les battant avec un gros pilon en bois fretté et muni de deux longues anses latérales qui le rendent plus maniable. C'est ce qu'on appelle une *dame* ou *hie* ; son poids doit être de 25 à 30 kilogrammes. Le battage à la hie doit se faire en la laissant tomber de 50 centimètres et jusqu'à ce que la percussion ne produise plus aucun tassement.

Cette opération amène naturellement des bosses, des flaches, des pavés écornés ou fendus, etc., inconvénients qui se seraient produits plus tard à l'usage. Il va de soi que l'entrepreneur doit faire immédiatement toutes les réparations nécessaires, de manière à réserver à la chaussée son allure normale et son bombement. Ce dernier pourra être aisément contrôlé au niveau ou plus simplement avec des patrons ou *cerces* préparés à l'avance.

Lorsque le pavage est effectué sur une certaine surface, le personnel de la Compagnie en fait la vérification ; lorsqu'on en a reconnu la bonne exécution, on laisse répandre à la surface le sable nécessaire pour bien garnir les joints ; où on facilitera son entraînement en versant de l'eau sur la couche déposée.

On vérifie encore le remplissage de ces joints et l'on autorise alors le répandage en surface d'une nouvelle couche de sable de 15 à 20 millimètres d'épaisseur.

623. Toutes les fois qu'il y aura lieu d'exécuter des chaussées au moyen de pavés vieux non retaillés, ces pavés devront être épincés et ébarbés à la pose, autant que de besoin. A cet effet, les ateliers de pavage devront être composés de manière qu'il y ait toujours, pour trois paveurs, au moins un piqueur de grès.

Le pavage terminé, l'entrepreneur doit faire disparaître avec soin du chantier tous les déchets, pavés de rebut, recoupes, etc., et mettre en ordre les matériaux à réserver pour l'entretien. Il rétablit et règle en même temps les accotements et donne la dernière main à l'œuvre de manière que l'ensemble du travail soit bien conforme aux profils.

624. Dans les carrefours, ou sur les points spécialement désignés, les pavés doivent être posés en diagonale, ce qu'on appelle en croix de Malte, à moins que les deux voies qui se croisent ne soient d'importance très différente ; dans ce cas on continue à faire les rangs normalement à l'axe de la route la plus fréquentée.

Lorsqu'à la rencontre d'un passage à niveau une chaussée pavée est traversée obliquement par les voies, chaque rangée de pavés atteinte par elles sera terminée par une boutisse coupée obliquement, de manière à s'appuyer avec précision contre le rail.

Les pavés posés sur les traverses ou contre les rails et les coussinets de la voie ferrée, à la rencontre des passages à niveau, seront épincés, refendus et démaigris, de manière à obtenir une bonne assiette du pavage, des arêtes bien droites et des joints dont la largeur n'excède pas celle des joints ordinaires.

625. Dans les démolitions de pavages, on commence par nettoyer la surface, puis on arrache les pavés, et les boutisses et on en fait trois parts qui sont déposées et empilées distinctement sur les accotements.

La première part comprend les pavés bien conservés, propres à être réemployés soit dans l'état où ils se trouvent, soit en les épinçant légèrement ou en les ébarbant au moment de la pose.

La deuxième comprend les pavés qui

peuvent resservir après avoir été retaillés.

La troisième ne comprend que les pavés de rebut. Les agents de la Compagnie doivent surveiller ce triage et bien préciser le réemploi des pavés ainsi extraits.

626. On appelle *relevé à bout* la réfection d'une chaussée sur une partie de sa longueur. Il faut distinguer les relevés à bout de chaussée neuve et refaite à neuf et les relevés à bout de vieille chaussée.

Dans les deux cas on commence par nettoyer la chaussée bien au vif en la débarrassant de la poussière, de la terre ou de la boue dont elle est recouverte, afin qu'aucune matière étrangère ne tombe dans la forme mise à nu et ne se mélange avec le sable. On démonte ensuite le pavage, en faisant pour les vieilles chaussées le triage conformément aux règles précitées. Puis la forme de sable est bien nettoyée et piochée à vif. Lorsque la forme est vieille, on la rafraîchit en la recouvrant de sable neuf sur 4 à 5 centimètres d'épaisseur. Enfin on refait le pavage suivant les procédés et dans les conditions indiquées précédemment.

627. Les pavages se font dans certains cas à bain de mortier. Ils reposeront toujours sur une forme de sable de 10 centimètres d'épaisseur. La façon des encaissements et la conduite des terres qui en proviennent jusqu'à 30 mètres de distance au besoin font partie de la main-d'œuvre du pavage proprement dit.

Toutes les prescriptions précédentes s'appliquent ensuite à ce genre de pavage. Seulement la forme devra être exécutée avec plus de soin, être bien assise et pilonnée, et les pavés, au lieu de reposer directement sur le sable, sont établis sur une couche de mortier de chaux hydraulique de 2 centimètres d'épaisseur, et garnis de mortier dans les joints, suivant les règles ordinaires applicables aux ouvrages en maçonnerie.

628. On emploie, ainsi que nous l'avons dit, dans les pavages à construire à neuf et les relevés à bout de vieilles chaussées, des pavés neufs et des pavés vieux non retaillés ou retaillés suivant les ordres qui sont donnés. Il peut même être prescrit d'employer sur le même point des pavés neufs de plusieurs échantillons et des pavés vieux.

Mais dans aucun cas des pavés différents, sous quelque rapport que ce soit, et particulièrement des pavés neufs ou des pavés vieux, ne doivent être mêlés ensemble. Ils doivent au contraire former des zones distinctes, circonscrites dans des limites régulières, bien déterminées et faciles à reconnaître.

En particulier, les pavés vieux doivent toujours être employés de manière à réunir ceux d'une même dimension dans autant de rangées consécutives qu'il sera nécessaire. En cas de mélange des pavés de valeurs différentes, on appliquera toujours à la partie présentant ce mélange le prix des pavés les moins chers.

629. *Entretien des pavages.* — L'entretien des pavages exécuté par la Compagnie devra être fait par l'entrepreneur de manière que les parties de chaussées exécutées soient toujours en bon état et ne se trouvent sous aucun rapport inférieures aux parties de ces chaussées entretenues par les services publics dont elles dépendent.

Les travaux nécessaires pour cela consistent en relevés à bout, relevés de flaches, repiquages ordinaires, que l'entrepreneur doit faire exécuter autant de fois qu'il est nécessaire jusqu'à l'expiration du délai de garantie, de manière à rétablir le profil des chaussées, en se conformant d'ailleurs aux indications des ingénieurs de la Compagnie ou des services chargés de l'entretien des voies de communications.

Le sable nécessaire pour l'entretien des pavages est fourni, sur ordre écrit, par l'entrepreneur au compte de la Compagnie, et fait l'objet, après sa fourniture et son emmétrage, d'un procès-verbal régulier de réception.

Les pavés de remplacement sont fournis au compte de l'entrepreneur pour les pavés neufs à remplacer, et au compte de la Compagnie pour les pavés vieux.

Bordures de trottoirs.

630. Comme annexe du pavage et des pavés, nous dirons un mot des bordures de trottoirs, qui se font en grès, en pierre ou en granit. Les bordures en grès ont en général 17 centimètres de largeur, 35 de hauteur, et au moins 50 centimètres de longueur. Elles sont façonnées de manière qu'une règle, appliquée sur l'une ou l'autre des faces apparentes, ne laisse pas entre elles et le parement de la pierre, des jours de plus d'un centimètre. Les joints sont taillés, et leur largeur, mesurée sur les arêtes, ne doit pas dépasser 1 centimètre.

Ces bordures, qui sont placées au bord des trottoirs, suivent les alignements et courbes du projet, ainsi que les pentes prescrites.

Les bordures en grès se posent sur une couche de sable de 30 centimètres de largeur et de 10 centimètres d'épaisseur, bien arrosée et bien pilonnée. Elles sont assurées au marteau et consolidées au moyen de cales et de matériaux de démolition.

On fait également usage de bordures en pierre de taille. Elles sont également établies sur une couche de sable de 30 centimètres de largeur et de 10 centimètres d'épaisseur, bien arrosée et bien pilonnée. Mais elles sont posées sur une couche de mortier de chaux hydraulique de 2 centimètres d'épaisseur. Les joints, qui doivent être bien serrés, sont également garnis de mortier.

Dans tous les cas, les matériaux rapportés contre les bordures doivent être bien pilonnés, mais avec précaution, de manière à ne pas entraîner l'ébranlement de celles-ci.

Les bordures de trottoirs des villes et des passages très fréquentés se font en granit. Ce n'est qu'exceptionnellement que ce cas se présente dans les travaux de chemins de fer, à cause du prix élevé de ces bordures.

Bornes, chasse-roues.

631. Les bornes et chasse-roues sont traités comme de la maçonnerie de pierre de taille : on les pose sur une couche de sable de 15 centimètres d'épaisseur, bien arrosée et bien pilonnée, scellés verticalement dans le sol, en remplissant l'intervalle entre les parois de la fouille et la culasse au moyen de recoupes ou autres débris de chantier que l'on pilonne fortement.

Quand on les place entre des pavés, il faut les y encastrer régulièrement. On a soin de faire en sorte que la culasse ne soit jamais en contact avec les maçonneries et qu'il y ait toujours une couche de sable interposée, soit horizontalement, soit verticalement.

Matériaux pour empierrement et béton.

632. Les matériaux pour empierrement seront des cailloux ou des pierres cassées de la nature la plus dure de celles qu'on pourra trouver dans la localité. On aura même souvent intérêt à les faire venir de loin si l'on ne trouve pas la dureté voulue sur place; on aura rapidement recouvré, en frais d'entretien, la dépense supplémentaire qui pourrait en résulter.

Ces cailloux doivent être triés ou cassés avant d'être rendus à pied-d'œuvre, de manière à ne présenter aucun élément dont les dimensions soient supérieures à 6 centimètres ou inférieures à 2 centimètres. Cette vérification se fait, pour les morceaux douteux, au moyen d'anneaux dans lesquels on les fait passer et qui présentent les dimensions précédentes. En outre, ils doivent être bien complètement purgés de terre ou de toute autre matière étrangère.

Le caillou ou la pierre cassée employés pour la fabrication du béton doit remplir exactement les mêmes conditions que ci-dessus. Mais ici, la propreté doit être excessive, et le mieux est d'avoir des brouettes à claire-voie permettant le lavage à grande eau du caillou employé.

On peut employer également, pour le béton, des cassons de briques. On choisit alors de préférence les déchets de briques les plus cuites et les plus résistantes que l'on réduit, par le cassage, en fragments anguleux de 2 à 6 centimètres, comme précédemment. Ces cassons, comme les cailloux, doivent être d'une extrême propreté.

Exécution des déviations de routes et chemins empierrés.

633. Les surfaces des routes et des chemins à empierrer étant réglées dans le sens de l'axe suivant les profils longitudinaux adoptés, et dans le sens transversal suivant les projets dressés par les ingénieurs, l'entrepreneur exécute, dans l'emplacement de la chaussée, les déblais nécessaires pour préparer l'encaissement ; il les régale au besoin sur les accotements de manière à donner exactement au profil transversal la forme voulue.

Dans les parties en déblai, la plateforme peut être exécutée immédiatement suivant le profil définitif de l'encaissement, mais, dans les parties en remblai, on la règle d'abord suivant une surface horizontale, et, lorsque le tassement est opéré, on dresse la surface suivant le profil prescrit.

Après vérification de l'encaissement, les matériaux sont répandus avec soin et réglés de manière que la chaussée présente à la surface des formes bien régulières, sans bosses ni dépressions et parfaitement conformes au profil prescrit. Les chaussées ont de 15 à 30 centimètres d'épaisseur suivant leur importance.

Afin de rendre la circulation plus facile et la soudure des matériaux plus prompte, on répand sur les parties empierrées une couche de 2 centimètres de matière d'agrégation.

Lorsque les cailloux de l'empierrement sont siliceux, il est bon que la matière agrégeante soit calcaire ou marneuse. On emploiera avantageusement dans ce cas la craie concassée bien pure, c'est-à-dire exempte de parties terreuses.

Les empierrements sont exécutés avec les matériaux de l'espèce indiquée par l'ingénieur; il pourra même être prescrit de les former de plusieurs couches de matériaux de différentes espèces. L'épaisseur des empierrements est également fixée par l'ingénieur suivant l'importance du chemin, et cette épaisseur doit être maintenue par les soins et aux frais de l'entrepreneur jusqu'au moment de la réception définitive, les séries de prix prévoyant pour tassement et usure une addition au cube répondant à l'épaisseur des empierrements.

L'entrepreneur est également tenu d'opérer la démolition des chaussées empierrées et de chemins ou parties de chemins à abandonner.

Cette opération doit être faite de manière à retirer tous les vieux matériaux susceptibles d'être réemployés, et à les séparer des débris qui sont jetés à la pelle dans les accotements, ou mis en réserve suivant les instructions données. Ces matériaux sont ensuite passés à la claie et mis en depôt en tas réguliers. L'emmétrage, lorsqu'il est prescit, est payé comme celui des matériaux neufs.

L'entretien des empierrements pendant le délai de garantie doit être exécuté conformément aux prescriptions de l'ingénieur. Les frais correspondants sont à la charge de l'entrepreneur et comprennent, outre la main-d'œuvre, la fourniture des matériaux nécessaires pour maintenir les chaussées en bon état.

Dans le cas où les matériaux d'empierrement sont eux mêmes calcaires, il peut se présenter deux cas :

1° La partie inférieure de la chaussée est seule composée de calcaire concassé, surmontée d'une couche de cailloux siliceux plus résistants. Le calcaire doit. dans ce cas, être toujours cassé aux carrières en dehors de l'encaissement qui doit le recevoir. Il doit être réduit en fragments dont la grosseur ne dépassera pas 10 à 12 centimètres ;

2° Lorsque la craie est employée seule à la surface du chemin, il est préférable de l'amener dans l'encaissement telle qu'elle a été extraite, et de lui faire subir sur place un cassage fait avec tout le soin nécessaire pour réduire les gros fragments à la dimension indiquée plus haut.

Il est bon alors d'ajouter sur la partie empierrée une couche de sable de 2 centimètres d'épaisseur et même de gravier, bien exempt de matières terreuses. Dans le bon gravier, il ne doit pas y avoir plus d'un tiers de sable pour deux de cailloutis non susceptibles de passer dans un anneau de 15 millimètres de diamètre. Lors de l'emploi on devra, comme toujours, concasser les fragments non susceptibles de passer dans un anneau de 6 centimètres.

Les débris de vieilles chaussées ou les déchets provenant du criblage des matériaux neufs, constitueront encore d'excellents matériaux d'agrégation. L'ingénieur pourra toujours exiger qu'ils soient appliqués à cet usage.

La liaison complète sera toujours obtenue d'ailleurs d'une façon plus certaine par l'emploi du rouleau compresseur.

Les matériaux d'empierrements sont généralement emmétrés sur l'un des accotements dressé et réglé à l'avance en un seul cordon de 50 centimètres de hauteur. La section de ce cordon est un trapèze, et le volume total du solide avec ses talus, est ce qu'on appelle un *ponton*. Cette forme est également celle des fossés, des tombereaux, etc. Les bases supérieure et inférieure sont deux rectangles parallèles, et les faces latérales quatre trapèzes.

Si nous appelons h la hauteur de ce solide, c'est-à-dire la distance des plans des deux bases parallèles ; a et b, les dimensions de l'un des rectangles ; a' et b', celles de l'autre ; le volume d'un pareil solide, somme de deux troncs de prismes triangulaires, peut se mettre sous la forme symétrique suivante, très commode dans la pratique :

$$V = \frac{bh}{6}(2a + a') + \frac{b'h}{6}(2a' + a).$$

Si l'une des dimensions de la base supérieure vient à disparaître et que le tas de matériaux ait la forme d'une pile de boulets rectangulaires, on a dans la formule précédente $b' = 0$ et il vient :

$$V = \frac{bh}{6}(2a + a').$$

Sable.

634. Le sable, quel que soit sa provenance, doit être bien pur et exempt de terre ou de toute autre matière étrangère.

On emploie de préférence pour les pavages le plus pur possible. Toutefois il ne doit présenter aucun fragment de plus d'un centimètre de grosseur pour la forme, et de plus de 4 millimètres pour les joints et la couverture.

On choisira également le plus gros sable pour le béton, sans toutefois que ses fragments puissent excéder 1 centimètre de diamètre.

Le sable des mortiers à employer dans les maçonneries de moellon brut doit être de même à gros grains ; cependant il n'en devra pas renfermer de plus de 4 millimètres de grosseur.

Le sable des mortiers préparé pour la pose de la brique, des moellons de parements et de pierre de taille, devra être assez fin pour passer dans un tamis à toile métallique de vingt-cinq à trente-six mailles par centimètre carré, suivant les prescriptions de l'ingénieur.

Enfin le sable à employer avec du ciment sera chaque fois de la grosseur prescrite par l'ingénieur et toujours bien lavé.

Le mieux pour être sûr d'obtenir ces conditions est d'exiger que le sable soit passé à la claie, au crible ou au tamis, selon la finesse qu'on veut obtenir. Le sable le plus fin sera toujours employé à la confection des chapes et des rejointoiements.

Le sable provient du lit des rivières ou de carrières en plaine. Le premier est préférable quand on peut se le procurer facilement.

Moellons.

635. Les moellons employés peuvent être *bruts* ou *travaillés*. Les moellons bruts peuvent être *ordinaires* ou de *choix*. Les premiers sont simplement bien dépourvus au vif de leurs bousins, exempts de toute partie tendre et de toute matière étrangère. Ils doivent être bien gisants, présenter des arêtes et des angles aussi vifs que possible et avoir un volume minimum de 8 décimètres cubes.

Ceux de choix doivent être non gélifs et de la nature la plus dure et la plus résistante de ceux qui sont désignés à la série de prix. Il doivent en outre remplir exactement les autres conditions du moellon brut ordinaire, sauf qu'ils devront cuber au moins 50 décimètres cubes toutes les fois que cette condition sera exigée.

Quant aux moellons travaillés, ils peuvent être *ébauchés*, *semillés* ou *piqués*.

Les moellons ébauchés destinés à former les parements d'assise réglée les moins soignés sont préparés en carrière. La longueur du parement doit être égale au moins à une fois et demie la hauteur d'assise et ne jamais être inférieure à 25 centimètres.

La queue doit être au moins égale à une fois et quart la hauteur d'assise et ne jamais être inférieure à 25 centimètres pour les carreaux, c'est-à-dire les moellons ayant le parement plus grand que la queue. Elle sera égale à au moins deux fois la hauteur d'assise et ne sera jamais moindre que 30 centimètres pour les boutisses, c'est-à-dire les moellons dont la queue est plus grande que le parement.

Ces moellons doivent satisfaire d'ailleurs aux conditions du moellon brut de choix. Ils devront être de plus bien pleins, sans fil ni moie dans la masse, sans cavité en parement.

Les moellons semillés ne se distinguent pas avant la taille des moellons précédents et doivent remplir les mêmes conditions, sinon qu'ils doivent être mieux choisis encore.

Les moellons piqués sont destinés à former les parements d'assise réglée les plus soignés. Il doivent remplir les conditions de qualité et de choix du moellon ébauché ; ils sont préparés en carrière.

La longueur du parement doit être au moins égale à une fois et demie la hauteur d'assise et ne sera jamais inférieure à 30 centimètres.

La queue doit être au moins égale à une fois et demie la hauteur d'assise et ne jamais être inférieure à 30 centimètres pour les carreaux. Elle doit être au moins égale à deux fois et demie la hauteur d'assise et ne jamais être moindre que 50 centimètres pour les boutisses.

Pierre de taille.

636. La pierre de taille doit être extraite des meilleurs bancs des carrières et pendant la belle saison afin de pouvoir évaporer son eau de carrière.

Elle doit être parfaitement unie, d'un grain égal et homogène, dure, sonore, non gelive, sans fils ni moies, et sans cavités en parements.

Les dimensions de la pierre de taille seront celles qui seront indiquées sur les projets d'ouvrages d'art. Néanmoins, dans les assises courantes, en général, la longueur minimum du parement sera égale à une fois au moins la hauteur d'assise, et la queue aura au moins la même longueur pour les carreaux et 25 centimètres en plus pour les boutisses.

Les blocs qui sont employés à la partie supérieure des maçonneries pour bahuts, plinthes, tablettes, couronnements quelconques, etc., doivent avoir au moins 1 mètre de longueur et même $1^{m},30$ toutes les fois que cela sera exigé.

Pour assurer la bonne exécution de la taille et éviter les épaufrures ou écornures qui pourraient provenir des transports, la pierre doit être simplement ébauchée et pannelée à la carrière et n'être taillée d'une manière définitive que rendue à pied-d'œuvre.

Mortiers.

637. Le mortier est un mélange de sable et de chaux ou de ciment fait en certaines proportions avec de l'eau et qui sert à relier les matériaux entre eux.

Le dosage de ces mortiers se fait dans les proportions indiquées au devis, et varie suivant les besoins : le mélange le plus employé est d'un tiers de chaux pour deux tiers de sable, en volume. Les prix des mortiers sont naturellement établis d'après les dosages et les prix élémentaires des matériaux qui les composent. Le mesurage de ces matières doit toujours être fait en présence d'un surveillant qui ne quitte pas le chantier tant que durent les heures de travail. Le plus pratique dans ce cas est de faire usage de brouettes à coffres faites exprès, d'une capacité déterminée, que l'entrepreneur est tenu d'avoir sur chaque atelier de maçonnerie en nombre suffisant.

La chaux éteinte en pâte est jaugée, non pas telle qu'on l'extrait des bassins en fragments découpés par la bêche, mais après avoir été bien tassée et ramenée à l'état compact.

La chaux en poudre doit toujours être tassée au moment du mesurage. Ce tassement doit être fait de manière qu'en ajoutant à la chaux la quantité d'eau nécessaire pour la transformer en pâte ferme de la consistance fixée pour la chaux éteinte en pâte, son volume ne se réduise pas de plus du tiers. Lorsque les agents de la Compagnie pourront supposer que cette condition n'est pas rigoureusement observée, ils auront toujours le droit de prescrire que le dosage de la chaux n'ait lieu qu'après sa transformation en pâte, aux frais de l'entrepreneur, et conformément aux instructions qui lui seront données.

638. *Fabrication des mortiers.* — Les mortiers seront fabriqués soit à bras, soit au malaxeur, soit au manège.

Dans le premier cas, le mélange des matières sera opéré sur une aire dure et plane, maçonnée ou en charpente. Dans les autres cas, l'entrepreneur ne peut faire usage que d'appareils dont l'emploi a été autorisé par l'ingénieur.

La chaux éteinte en pâte par le procédé ordinaire ne doit être mélangée avec le sable qu'après avoir été préalablement malaxée, soit avec le rabot, soit avec les roues du manège, et lorsqu'on en a retiré les incuits, biscuits et rigaux, qui doivent être immédiatement remplacés par un volume égal de bonne chaux.

Quand le mortier est fabriqué au rabot ou au manège, on met immédiatement sur l'aire ou dans l'auge, toute la quantité de chaux à employer pour une broyée et le sable est ensuite ajouté par petites quantités.

Lorsqu'au contraire on fait usage du malaxeur, la chaux et le sable sont toujours introduits simultanément dans le tonneau par petites quantités et dans les proportions voulues, après avoir subi toutefois, pour plus de sûreté, un mesurage préalable.

Quel que soit le procédé de fabrication employé, les matières doivent être triturées jusqu'à ce que le mélange soit parfait et que l'on ne puisse plus distinguer à l'œil aucune partie de sable, chaux, ciment, etc. Il ne faut jamais ajouter que la quantité d'eau rigoureusement nécessaire.

Lorsqu'au contraire les pluies auront rendu le sable trop humide pour qu'on puisse obtenir un mortier assez dur, l'entrepreneur y introduira, à ses frais, avant de terminer la broyée, la quantité de chaux en poudre nécessaire pour le raffermir.

Dans tous les cas, les mortiers doivent présenter une consistance telle qu'une boule de 7 centimètres de diamètre se soutienne sur une surface horizontale sans se déprimer de plus d'un centimètre. Ceux qui sont plus mous au moment de l'emploi doivent être rejetés. C'est dire que les mortiers doivent être de préférence fabriqués à couvert sous un hangar ou sous une toile supportée par quatre perches ; on les garantira toujours ainsi du soleil et de la pluie.

L'ingénieur peut exiger, lorsqu'il le croit nécessaire, que le mortier destiné à la pose de la pierre de taille et du moellon piqué soit préparé à part, par petites quantités, avec les matières et suivant les procédés qu'il prescrira.

Enfin le mortier à employer pour le rejointoiement sera toujours fait dans des auges, par petites quantités, gâché très ferme et parfaitement trituré avec de petits pilons.

L'entrepreneur peut être tenu de préparer les matières pour la pierre de taille, le moellon piqué et les rejointoiements, avec de la chaux en poudre même quand l'emploi de cette sorte de chaux ne serait pas prévu à la série. Il pourra être également tenu de substituer des cendres de houille ou du ciment de briques à une partie du sable du mortier des rejointoiements.

On ne doit jamais employer que du mortier fabriqué dans la même journée et jamais du mortier de la veille qui sera impitoyablement jeté au remblai.

Lorsque du mortier aura été mouillé par la pluie sur les chantiers, il ne pourra être employé sans avoir été broyé à nouveau avec de la chaux en poudre ajoutée en quantité suffisante pour le ramener à la consistance convenable.

La fabrication des mortiers étant une des choses les plus importantes de la construction des ouvrages d'art, l'entrepreneur devra se conformer rigoureusesement et minutieusement à toutes les instructions qu'il recevra à ce sujet.

Quand le mortier sera au ciment, l'ingénieur fixera le dosage et la consistance à donner selon les saisons. Le gâchage sera toujours fait à la truelle, à l'abri de la pluie et du soleil, au fur et à mesure de l'emploi et avec toutes les précautions nécessaires.

Des ouvriers spéciaux agréés par l'ingénieur seront toujours indispensables, car le succès de l'emploi du mortier de ciment dépend surtout des manipulations qu'il subit et, par conséquent, des ouvriers qui le préparent.

Les mortiers de chaux hydraulique sont quelquefois additionnés d'une petite quantité de ciment pour améliorer leur qualité ou hâter leur prise.

Lorsqu'on emploie la chaux éteinte en poudre, il peut être préférable de ne pas se fier au volume, mais de fixer le poids de chaux à employer. Une proportion courante est de 330 kilogrammes de chaux éteinte blutée pour 900 décimètres cubes de sable, sans autre addition d'eau que celle rigoureusement nécessaire pour mettre en mouvement le malaxeur qui est ici l'instrument à préférer.

Inutile de dire que l'emploi du rabot ne doit être toléré que sur les chantiers de peu d'importance.

Lorsqu'on emploie la chaux en pâte ferme, les proportions sont d'au moins une partie de chaux pour deux de sable en volume, et dans ce cas on peut employer de préférence le manège ordinaire à roues verticales tournées par des chevaux et se mouvant dans une auge circulaire.

Béton.

639. Nous rappellerons que le béton est un mélange de mortier de chaux hydraulique et de cailloux. Si le béton doit être employé à sec, il doit contenir en valeur au moins 5 de mortier pour 10 de cailloux ; le plus souvent même on emploie 5 contre 9 ce qui remplit mieux les vides laissés par les pierres. Si le béton doit être employé sous l'eau, il lui faut un peu plus de mortier, soit 6 contre 10 de cailloux.

Les cailloux de 2 à 6 centimètres de diamètre, comme pour l'empierrement des chaussées, doivent être employés excessivement propres et bien exempts de terre. Ils devront donc être lavés à grande eau au moment même de l'emploi, dans des brouettes à claire-voie, de manière que toutes les faces en soient nettes et humides. On les mélange ensuite au mortier, dans la proportion arrêtée, mais sans aucune addition d'eau, après le lavage précité.

Ce mélange doit être fait avec tout le soin nécessaire pour obtenir une masse bien homogène et dont tous les matériaux, même les plus petits, soient bien enveloppés de mortier. Il s'exécute généralement à la griffe accompagnée de la pelle et du rabot, sur des aires en planches, pour les petits ouvrages n'exigeant qu'une faible quantité de béton. Lorsque, au contraire, il en faut de grandes quantités, on emploie la machine à coffre ou le couloir. La chute verticale des matériaux doit être d'au moins 6 mètres pour obtenir un mélange suffisant.

Cette fabrication doit se faire, comme celle du mortier, et pour les mêmes raisons, à l'abri de la pluie et du soleil. On devra le préserver de cette influence jusqu'au moment de l'emploi qui doit avoir lieu dans la journée même de la fabrication. Le mieux, d'ailleurs, est de l'employer aussitôt fabriqué ; sinon il faut avoir soin de le remanier à la pelle au moment de l'emploi, car généralement il a commencé à durcir.

640. *Mise en place du béton.* — Le fond de la fouille où doit être déposé le béton doit être nettoyé avec soin, soit au balai, soit à la drague, ou de toute autre manière; l'essentiel est que le terrain reçoive le béton bien à vif.

Quand le béton est employé à sec, on le descend en place de manière à l'y faire arriver tel qu'il a été préparé ; on ne doit jamais tolérer qu'il soit jeté à la pelle dans des coulottes en planches, du haut de la fouille dans le fond. Ce système, en effet, produit la séparation des éléments qu'on a mélangés avec si grand soin.

On l'étend ensuite par couches de 40 centimètres d'épaisseur au maximum que l'on pilonne avec soin au fur et à mesure du répandage, de manière à en faire sortir immédiatement l'excès d'eau et à bien agglomérer les cailloux et le mortier. Le pilonnage doit se faire de manière qu'il soit impossible de voir à la surface aucune pierre qui ne soit bien empâtée dans la masse.

Lorsqu'on devra couler un massif d'une forte épaisseur et que, par suite, il sera composé de plusieurs couches, chacune de celles-ci sera nettoyée et balayée avant la pose de la suivante, puis on l'arrosera si elle a commencé à durcir.

Si le béton doit être coulé sous l'eau, on emploiera à cet effet des caisses qui généralement s'ouvrent par le fond à la façon des dragues à coffres, vues précédemment.

On le coule ainsi jusqu'à son niveau de pose par couches de 40 centimètres à 1 mètre d'épaisseur, avec toutes les précautions nécessaires pour empêcher les matières de se délayer et de se séparer en arrivant au fond; si cette séparation se produit quand même et que la chaux vienne à former avec l'eau ce qu'on appelle de la *laitance*, celle-ci devra être enlevée avec soin, soit au moyen d'une pompe, soit de toute autre manière; il serait en effet fort imprudent de laisser cette laitance se déposer par lits entre les différentes couches de béton et y constituer des solutions de continuité qui détruiraient toute l'homogénéité de la matière en empêchant la soudure des couches successives les unes aux autres.

Le coulage sous l'eau demande encore plus de précautions qu'en terre ferme. Avant de commencer ce coulage, le fond de la fouille doit être nettoyé avec soin à l'aide de la dague et du balai. A mesure que chaque couche est posée, on l'étend en produisant à la surface une légère pression sans choc à l'aide d'une dame plate, et, avant la mise en place d'une deuxième couche, on enlève doucement au balai le dépôt de laitance qui recouvre la première. Le béton doit être coulé de préférence par bandes perpendiculaires à la longueur; la partie inférieure de la fouille doit être disposée de manière que la laitance qui serait poussée en avant par le versement puisse s'échapper aisément entre les pièces de vannage.

Maçonnerie.

641. *Maçonnerie de briques.* — Les briques peuvent s'employer à sec ou à bain de mortier.

Les briques à sec s'emploient dans les perrés, certains radiers et revêtements de différentes épaisseurs. Ces ouvrages doivent être faits d'ailleurs dans les mêmes conditions que ceux à bain de mortier, sauf les prescriptions relatives à l'emploi de ce dernier dont il n'y a naturellement pas lieu de tenir compte.

On posera les briques par rangées régulieres, normales au parement, qu'on mènera de front dans l'épaisseur de la maçonnerie.

Les briques posées au mortier doivent être, immédiatement avant l'emploi, plongées dans un baquet plein d'eau, où elles resteront jusqu'à ce que la surface cesse de bouillonner; elles seront posées par assises horizontales à joints recouverts et à bain soufflant de mortier du sable fin; elles seront mises en place à joints croisés et en double liaison, appuyées avec la main et frappées du manche de la truelle jusqu'à ce que le mortier reflue de toutes parts.

L'épaisseur des joints ne doit pas atteindre 1 centimètre; le mieux sera de ne leur donner que 6 à 7 millimètres.

Les briques défectueuses, trop tendres ou mal cuites, pourront se fendre ou se couper pendant ces manipulations, et seront rigoureusement mises au rebut, en ayant soin de renouveler le mortier avant de les remplacer. On pourra cependant les tolérer à l'intérieur des massifs: dans ce cas, la brique devra être néanmoins relevée et reposée avec mortier neuf qu'on fera refluer dans la cassure comme dans les joints ordinaires.

On choisira les briques les mieux cuites, les plus saines et les plus régulières pour les parements qui devront être exécutés avec soin suivant les formes prescrites par le projet, et présenter des surfaces bien nettes et bien régulières.

642. *Appareil de brique.* — Dans les voûtes, rampants, etc., les briques devront être posées suivant un dessin spécial prévu au projet et qu'on appelle l'*appareil*.

Il y a lieu de soigner tout particulièrement ces parties de maçonnerie.

Pour se conformer à certaines dispositions de ces appareils, comme celle des rampants, des murs en ailes, etc., on sera obligé de tailler la brique : elle devra alors être coupée avec la scie, ou dressée à la grosse lime, de manière à obtenir des coupes d'une grande précision et d'une netteté au moins comparable à celle des surfaces courantes de la brique moulée.

Dans le cas où l'entrepreneur ne ferait pas exécuter ce travail spécial avec tout le soin désirable, l'ingénieur devra toujours se réserver la faculté de le faire exécuter par des maçons de son choix, payés à la journée au prix qu'il fixera, et aux frais de l'entrepreneur. Il faut bien stipuler dans le cahier des charges que celui-ci n'aura droit, pour ce motif, à aucune augmentation ni indemnité, quand même la façon reviendrait à un prix plus élevé que celui qui lui est alloué, attendu qu'il s'agit d'un travail exceptionnel qui doit être considéré comme tel et a été ainsi prévu à la série, dans la fixation des prix des ouvrages en briques.

643. *Maçonnerie de pierre sèche.* — La maçonnerie de pierre sèche s'exécute en moellons bruts ordinaires, avec parement en moellons bruts non gélifs, ou en moellons ébauchés.

Dans tous les cas, les moellons doivent être posés sur leurs lits de carrière, normalement aux surfaces à revêtir, dans toute l'épaisseur de la maçonnerie, en menant de front le remplissage et le parement, de manière à former entre eux une excellente liaison.

Les moellons bruts ou ébauchés à employer dans les parements seront traités et mis en œuvre comme ceux des maçonneries à bain de mortier que nous verrons plus bas. Toutes les conditions préscrites pour ces dernières leur sont donc applicable, sauf en ce qui concerne l'emploi du mortier dont il n'y a pas lieu de tenir compte ici.

Les coussinets au pied des perrés et des revêtements, et leurs couronnements, doivent être formés de moellons posés de champ et en *hérisson*, c'est-à-dire perpendiculairement à la ligne de descente, suivant les dimensions prescrites, et sans que cela puisse donner lieu à aucune augmentation de prix.

Après leur achèvement, les maçonneries devront présenter, d'après les projets, des surfaces planes ou courbes bien régulières sans flaches ni bosses, et des arêtes convenablement dressées.

L'emploi des cales en parement et jusqu'à une profondeur de 15 centimètres est interdit.

Il devra être également sévèrement défendu de répandre de la terre à la surface de ces maçonneries.

644. *Maçonnerie de moellons bruts.* — Cette maçonnerie s'exécute en moellons bruts ordinaires avec mortier; sauf exception, elle est généralement réservée aux massifs intérieurs de remplissage.

Les moellons doivent être arrosés préalablement et posés sur leur lit de carrière à bain soufflant de mortier, puis tassés fortement au maillet de manière à remplir les interstices entre les moellons voisins et à former avec eux une bonne liaison.

Le mortier doit être largement employé. Toutefois, pour obtenir des ouvrages plus solides, on garnira les interstices des pierres, qui peuvent être nombreux, à cause de la forme irrégulière des moellons, d'éclats de pierres chassés dans le mortier. Ces éclats de garnissage devront être assez durs pour ne pas s'écraser sous le marteau.

Toute pierre qui ne serait pas solidement assise, ou qui s'appuierait sur les pierres voisines sans l'interposition d'une couche de mortier, sera relevée et reposée avec soin.

On évitera, dans la maçonnerie de moellons bruts, d'araser les assises, et l'on posera pour cela les moellons à joints interrompus dans tous les sens autant que possible, tout en observant les conditions précédentes.

Avant de passer d'une assise à l'autre ou de joindre latéralement de la maçonnerie nouvelle à la maçonnerie déjà faite, on nettoiera bien toutes les surfaces, on les balaiera au besoin et on les arrosera légèrement, de manière qu'elles soient humides dans toute leur étendue, sans qu'il y reste cependant de flaques d'eau.

Les pierres destinées à former le parement intérieur seront grossièrement préparées au marteau de manière à permettre un dressement exact des maçonneries. Les lits et joints seront crépis à la truelle, et à pierre vue au fur et à mesure de l'exécution. Cette préparation et ce crépissage ne doivent entraîner aucune augmentation de prix.

Lorsqu'il sera prescrit à l'entrepreneur de ménager des barbacanes de petites dimensions dans l'intérieur des murs, il les exécutera en moellons de choix, équarris comme il vient d'être dit pour les parements intérieurs, sans augmentation de prix et sans réduction dans le cube de la maçonnerie.

La maçonnerie de remplissage des voûtes sera faite en moellons de choix, de manière à prolonger jusqu'à l'extrados les assises des moellons de parement.

A cet effet, on terminera chaque assise sur toute l'épaisseur de la voûte, aussitôt qu'on aura posé les moellons de parement correspondants.

645. *Maçonnerie de parement à joints incertains « opus incertum ».* — On exécute cette maçonnerie avec du moellon brut ordinaire non gélif.

Les moellons sont épincés ou tétués autant qu'il est nécessaire pour leur donner une bonne assiette et pour amener un dressement exact des maçonneries. Pour cela, ils seront préparés, soit avec la hachette, soit avec la tête ou la pointe du marteau, sur les lits et les joints, et sur la face, pour leur donner plus d'assiette et pour que le parement suive bien l'alignement du cordeau sans sujétion de régularité des joints et des assises.

Toutefois on se contentera de placer autant que possible les plus beaux blocs en parement, et d'en assurer la fixité en juxtaposant ceux qui sont conformés de manière à s'agencer parfaitement entre eux, en s'assujétissant de manière à observer rigoureusement les formes prescrites pour les parements. Cependant le parement de chaque pierre ne devra présenter sous une règle droite, aucune irrégularité de plus de 2 centimètres, et les joints en seront retournés d'équerre au parement sur 10 centimètres au moins de longueur. On ne tolèrera l'emploi d'aucun éclat de pierre en parement pour garnir les joints qui ne devront avoir nulle part plus de 15 millimètres d'épaisseur. Il ne devra en outre y avoir aucun vide de plus de 4 centimètres de largeur maximum à la rencontre de plusieurs joints.

Les moellons doivent avoir au moins 10 centimètres de hauteur, 20 centimètres de largeur et de 25 à 30 centimètres de queue moyenne. Ils seront reliés aux massifs de maçonnerie par des boutisses de 45 centimètres de longueur uniformément réparties au nombre de quatre par mètre carré et placées de manière que le plus gros bout soit en queue.

L'équarrissage de ces moellons devra être opéré de façon que la largeur d'aucun joint ne soit de plus de 2 centimètres et demi jusqu'à une profondeur de 10 centimètres en dedans du plan de parement, et que les lits soient pleins, sans démaigrissement, sur au moins 20 centimètres de queue.

La pose des moellons tétués ou épincés sera faite sur le lit de carrière à bain soufflant de mortier; ils seront frappés au marteau jusqu'à ce qu'ils soient solidement assis. Ils seront fixés à joints incertains, c'est-à-dire de façon que trois moellons contigus n'aient jamais leurs côtés en ligne droite.

646. *Maçonnerie de parement en moellons ébauchés.* — Dans cette sorte de maçonnerie, les moellons une fois à pied-d'œuvre sont repris sous toutes leurs faces, dans la mesure nécessaire pour remplir les conditions suivantes :

La tête sera dressée en parement à la grosse pointe, de manière à ne présenter sous une règle droite aucune irrégularité de plus de 2 centimètres de profondeur. Les arêtes du parement seront bien pleines, droites et perpendiculaires les unes aux autres.

Les joints seront retournés d'équerre au parement en suivant les coupes prescrites sans démaigrissement sur une étendue de 15 centimètres au moins pour les lits, et de 10 centimètres au moins pour les joints montants.

Les moellons ainsi préparés seront prélablement arrosés puis posés à bain soufflant de mortier, sur leur lit de carrière et par assises réglées, suivant les dispositions de l'appareil. Ils seront frappés au maillet de bois jusqu'à ce qu'ils soient solidement assis et bien serrés les uns contre les autres. Ils seront en outre garnis en queue avec de minces éclats de pierre enfoncés à plein mortier.

On aura soin de liaisonner le parement aux maçonneries de remplissage au moyen de boutisses séparées les unes des autres par quatre moellons ordinaires dans chaque assise, et disposées de manière à se trouver, aussi exactement que possible, dans le milieu de l'intervalle compris entre les boutisses de deux assises immédiatement voisines.

Dans l'exécution de la maçonnerie de moellons ébauchés, un nombre entier d'assises de moellons rachètera toujours exactement la hauteur des assises d'appareil, afin d'éviter toute espèce de redan en parement.

Les moellons d'une même assise auront rigoureusement la même hauteur, mais on admettra des différences entre les hauteurs de deux assises consécutives, pourvu que ces différences ne soient pas de plus du quart de la hauteur de la plus petite assise.

Les joints verticaux des assises successives seront à recouvrement, les uns sur les autres, de 10 centimètres au moins. L'épaisseur des lits et joints ne dépassera pas 15 millimètres.

647. *Maçonnerie de parement en moellons smillés.* — Les moellons smillés diffèrent des précédents en ce que le parement sera repris à la fine pointe et établi suivant les formes planes ou courbes que devront affecter les maçonneries, de manière à ne présenter, sous des règles droites ou des cerces courbes placées suivant la directrice et les génératrices du parement, aucune irrégularité de plus de 1 centimètre. Les arêtes seront d'ailleurs bien droites et nettes, et disposées à angle droit, les unes sur les autres, en suivant les formes exceptionnelles qui pourront être prescrites.

Les règles à observer pour l'établissement de la maçonnerie de parement en moellon smillé sont les mêmes que pour les moellons ébauchés, sauf que l'épaisseur des lits et joints ne dépassera pas 12 millimètres.

648. *Maçonnerie de parement en moellons piqués.* — La maçonnerie de moellons piqués peut être employée non seulement pour parements, mais aussi pour assises courantes et chaînes d'angle. Toutefois, dans ce dernier cas, l'exécution n'en est obligatoire pour l'entrepreneur que lorsqu'il n'y a ni évidement ni refouillement. La maçonnerie de moellon piqué participe donc à la fois de la maçonnerie de moellon smillé et de la maçonnerie de pierre de taille.

Les moellons piqués sont taillés à la fine pointe, et relevés, sur le bord du parement, dressé à la grosse boucharde, d'une ciselure de 2 centimètres de largeur. Une autre ciselure sur les lits et joints régularisera les arêtes. Les parements devront être sans flaches, et les lits et joints parfaitement dressés et dégauchis. Les arêtes seront parfaitement vives, droites, et d'équerre les unes autres, ou affecteront, avec précision, les formes de l'appareil. Les joints seront retournés d'équerre au parement, en suivant les coupes prescrites et sans démaigrissement, sur une largeur de 20 centimètres pour les lits, et de 15 centimètres au moins pour les joints.

Comme les précédents, les moellons piqués seront posés sur leur lit de carrière à bain soufflant de mortier et frappés au maillet jusqu'à ce qu'ils soient solidement assis. Ils seront appareillés par carreaux et boutisses, dont la longueur en parement sera à peu près double de la hauteur.

Chaque assise de moellons sera parfaitement dérasée avant la pose de l'assise suivante. Les joints n'auront pas plus de 8 millimètres d'épaisseur et les moellons d'une assise recouvriront de 15 centimètres au moins les joints verticaux de l'assise précédente.

La hauteur d'assise des moellons de parement pourra varier entre 15 et 25 centimètres sans transition brusque, d'une assise à l'autre.

Les lits devront toujours être en prolongement de la maçonnerie de pierre de taille voisine, de sorte que deux ou plusieurs assises de moellons correspondent exactement à une assise de pierre de taille.

Le parement vu de la maçonnerie de moellons d'appareil sera établi légèrement en retraite sur celui de la pierre de taille; la saillie de cette dernière est généralement de 2 centimètres.

Dans les chaînes d'angles, les moellons auront dans les deux sens les dimensions prescrites, pourvu qu'elles n'excèdent pas 30 centimètres sur 50, c'est-à-dire les longueurs de queue minima indiquées pour les carreaux et les boutisses de moellon piqué.

649. *Maçonnerie de pierre de taille.* — La pierre de taille devra toujours être posée sur son lit de carrière. Elle pourra être posée sur cales à manches, mais ces cales devront être retirées immédiatement après le fichage qui se fera au moyen de la fiche à dents, de manière à faire refluer le mortier de toutes parts. Il faut bien surveiller ce travail et exiger impérieusement l'enlèvement des cales que les ouvriers ont toujours tendance à laisser pour se faciliter le travail; un moyen de contrôle consiste à leur donner un certain nombre de cales en plomb qu'ils doivent représenter le soir au contremaître; mais la surveillance est toujours indispensable. Toute pierre épaufrée lors de l'enlèvement des cales doit être immédiatement enlevée et retaillée ou remplacée selon l'importance des dégâts.

La maçonnerie de pierres de taille doit être exécutée par assises régulières de hauteur à peu près égale conformément aux détails d'appareil remis à l'entrepreneur.

Dans les assises courantes, pour lesquelles aucune prescription spéciale n'aura été donnée par les ingénieurs, les pierres seront appareillées par carreaux et boutisses de dimensions classiques; la longueur minimum du parement égale à une fois et demie au moins la hauteur d'assise, la queue au moins la même longueur pour les carreaux et 25 centimètres en plus pour les boutisses. Les joints montants devront avoir un mouvement d'au moins 20 centimètres. Tous ces joints seront également fichés au moyen de la fiche à dents; l'épaisseur des lits et des joints ne devra pas dépasser 8 millimètres.

Les lits et les joints doivent d'ailleurs être parfaitement dégauchis et taillés dans toute leur étendue suivant l'appareil indiqué par les projets; on ne tolèrera pas de démaigrissement de face à queue, dans toute la largeur des lits, et sur 30 centimètres de profondeur au moins pour les joints; le mieux est de prévoir à la série des prix qui dispensent de tenir compte des refouillements, abatages arrondis, refends, etc., qu'on peut être appelé à exécuter dans certains cas spéciaux.

La pierre de taille une fois posée sera battue au refus d'une hie en bois pesant 10 kilogrammes. Cette opération réduit l'épaisseur des joints horizontaux à 6 ou 7 millimètres et fait refluer une certaine quantité de mortier dans les joints verticaux. On achèvera alors de remplir les joints en y faisant pénétrer le mortier à l'aide de la fiche à dents, comme il a déjà été dit, et non par le coulage qui doit être formellement interdit. Les pierres dérangées après la pose doivent être relevées et remises en place sur nouveau mortier.

Après la pose, chaque assise doit être parfaitement dérasée, puis nettoyée, balayée et arrosée avant de recevoir la couche de mortier qui servira à la pose de l'assise suivante. On ne tolèrera pas de dérasement sur le tas, de plus de 5 millimètres d'épaisseur.

On aura soin dans les bardages et la pose, de ne jamais appuyer la pierre qu'à environ 30 centimètres du parement, et de se servir de valets et de paillassons pour prévenir toute écornure dans les arêtes.

Les couronnements des ponts avec arche en maçonnerie ne doivent être mis en place qu'après le décintrement de la voûte.

Les parements vus des pierres de taille doivent être taillés à l'avance à la fine pointe et à la boucharde ou layés si les ingénieurs le réclament, et entourés d'une ciselure bien fine de 20 millimètres de largeur uniforme. Il seront bien pleins, sans flaches ni balèvres, et les arêtes en seront bien nettes et bien vives, sans épaufrures ni écornures.

650. *Ragréement, rejointoiement des pierres de taille.* — Après l'achèvement de chaque ouvrage, les parements vus de pierre de taille seront ragréés avec soin ; les joints seront refouillés au crochet sur au moins 3 centimètres de profondeur et remplis, après nettoyage et arrosage, d'un mortier fait avec du sable fin. Ce mortier sera refoulé avec force sans bavures et, quand il aura pris une consistance suffisante, la surface des joints sera frottée et lissée vigoureusement au fer rond.

L'entrepreneur pourra éviter le refouillement nécessaire au rejointoiement, en réservant à la pose de la pierre un vide de 3 centimètres dans l'intérieur des joints, au moyen de règles en fer calibrées; mais, dans ce cas, on laissera le mortier dans le joint prendre une certaine consistance avant d'enlever lesdites règles qui devront rester tout à fait libres malgré le battage de la pierre à la hie, et après l'enlèvement des règles on battra de nouveau la pierre avec la hie. Après la construction, les joints ainsi réservés seront nettoyés, arrosés, remplis de mortier, frottés et lissés. L'opération du rejointoiement aura d'ailleurs lieu exclusivement aux époques fixées par les ingénieurs. Ce travail d'ailleurs est le même pour la brique si ce n'est que, dans ce cas, le mortier de rejointoiement est le plus souvent coloré.

651. *Maçonnerie de libages.* — La pierre de taille employée comme libages dans les fondations, ou comme coussinets dans l'intérieur des massifs de maçonnerie, sera simplement taillée à la grosse pointe sur les parements. Quant aux lits et aux joints, ils seront préparés comme ceux de la pierre de taille, et la pose en sera faite de même ; mais les lits et joints pourront avoir 1 centimètre de largeur. Ils seront simplement rejointoyés à la truelle au fur et à mesure de l'exécution des maçonneries.

652. *Maçonnerie de ciment.* — Les maçonneries au mortier de ciment seront exécutées suivant les mêmes principes que les maçonneries au mortier de chaux hydraulique; seulement les moellons doivent être convenablement humectés au moment de la pose, et on évitera de leur faire faire aucun mouvement après les avoir mis une première fois en place. Les joints et vides seront parfaitement garnis avant que la prise ait commencé. Toute augée ou portion d'augée qui aurait acquis trop de consistance avant l'emploi, c'est-à-dire qui aurait déjà commencé à faire prise, doit être rejetée. Ce travail d'ailleurs, nous le répétons, doit être confié à des ouvriers spéciaux très exercés, agréés par l'ingénieur.

Chapes et enduits.

653. Le mortier des chapes, qui se fait le plus souvent au ciment, sera exécuté dans les proportions indiquées et avec l'épaisseur prescrite par l'ingénieur.

Les chapes ne doivent être appliquées sur les voûtes qu'après décintrement et tassement complet. On aura soin, avant d'employer le mortier, de dégrader complètement les joints de la maçonnerie, de nettoyer sa surface au moyen d'un balai en fil de fer et d'un lavage à grande eau. Après l'avoir épongée, et avant qu'elle ait perdu toute humidité, on étendra la couche de mortier sur l'épaisseur totale; on la tassera fortement et, quand le mortier aura pris assez de consistance pour résister à la pression du doigt, on la lissera à plusieurs reprises avec la truelle, en faisant disparaître les gerçures à mesure qu'elles se manifestent.

Cette opération faite, on recouvrira la chape de paillassons pour la tenir à l'abri des fortes pluies ou de l'action du soleil.

Quand elle sera durcie, on l'examinera soigneusement, et l'entrepreneur devra en démolir et en rétablir, à ses frais, toutes les parties gercées, fendues, etc.

Le recouvrement des chapes se fera toujours avec du sablon ou, à défaut, avec de la bonne terre bien ameublie, et ne pourra avoir lieu qu'après toutes les reprises nécessaires et lorsque l'ingénieur aura reconnu qu'elles se trouvent dans de bonnes conditions.

§ VIII. — *EXÉCUTION DES OUVRAGES D'ART*

Mise au courant des projets.

654. A mesure que les ouvrages s'exécutent dans une section, le conducteur, se basant sur les attachements relevés, doit modifier les projets primitifs, en corrigeant les dessins, de manière à les rendre conformes à l'exécution.

Les changements de ce genre ne se présentent guère que dans les fondations, car l'élévation est toujours facile à faire conforme au projet. On inscrira donc sur les coupes les divers terrains rencontrés dans la fouille avec la disposition exacte des maçonneries constituant le sous-œuvre des ouvrages d'art. On y reportera également les sondages faits à l'avance. De la sorte, on aura des dessins tout prêts pour le décompte définitif et l'atlas qui doit être livré à la fin des travaux au ministère des Travaux Publics (art. 13 du règlement du 28 juillet 1852).

Exécution des maçonneries.

655. La surveillance des maçonneries est la chose la plus délicate et la plus importante des travaux. Elle doit être confiée, beaucoup plus que celle des terrassements, à des hommes du métier, à d'anciens maçons qui aient les connaissances pratiques voulues et l'autorité suffisante sur le personnel des travaux.

Les parements vus devront être particulièrement soignés et les briques de premier choix seules admises pour leur confection. Les briques de second choix ou cassées n'étant tolérées qu'au remplissage dans les massifs.

La chaux devra toujours arriver sur le chantier en sacs plombés venant directement de l'usine quand elle arrivera éteinte. Mais on se conformera aux règles de l'art pour l'éteindre sur place. Le sable devra être pur et bien lavé.

On n'emploiera que la quantité d'eau strictement nécessaire pour faire le mortier. On refusera impitoyablement le mortier desséché ou délavé par la pluie. C'est-à-dire que tout mortier ordinaire à la chaux sera rejeté, s'il n'a pas été employé six heures après la fabrication, et ce délai sera réduit à deux heures pour le mortier de ciment. Encore, avec certains ciments, y a-t-il lieu de les employer séance tenante si l'on veut avoir de bons résultats. Il en sera de même du mortier gelé. Quant au mortier délavé par la pluie, il pourra resservir, à la condition d'être broyé à nouveau avec de la chaux en quantité suffisante pour que la consistance du mélange soit convenable. On opèrera de même quand la pluie aura trop mouillé le sable employé.

En cas de gelée, d'ailleurs, les agents de la Compagnie doivent exiger de l'entrepreneur qu'il fasse recouvrir les maçonneries de paillassons.

On devra veiller à ce que le mortier remplisse bien exactement les vides entre les pierres ; il faut que la quantité mise entre celles-ci soit suffisante pour que ces matériaux ne soient jamais en contact direct, et que le mortier reflue de toutes parts.

Enfin, pour les rejointoiements, les joints devront être dégradés à une profondeur suffisante pour que le nouveau mortier, spécial ou coloré, que l'on met dans les joints, fasse corps avec l'ancien. Le nouveau mortier devra en outre faire corps avec l'ensemble des maçonneries et pour cela être convenablement introduit et pressé dans les joints préalablement creusés et dégradés.

Quant aux matériaux proprement dits, on rejettera tous ceux qui seraient trop tendres, de mauvaise qualité, ou présentant des défauts, fils, moies, etc., que l'on reconnaît surtout au choc du marteau beaucoup mieux qu'à la vue. Dans tous les cas, les pierres ou moellons devront être complètement débarrassés de la couche tendre et friable qui les entoure dans le voisinage des lits et qu'on appelle le *bousin;* en un mot, ils devront être parfaitement *ébousinés.*

Les briques devront être de bonne qualité, d'après les indications données précédemment. On veillera seulement à ce qu'il n'en soit pas employé de cassées en proportion plus forte que n'en permet le devis.

Le conducteur et le chef de section doivent s'assurer en personne, et très fréquemment, que toutes ces prescriptions sont rigoureusement observées ; cela est d'autant plus indispensable que le surveillant le plus honnête du monde, en contact permanent, tous les jours et du matin au soir, avec le personnel de l'entreprise, peut voir, à la longue, et pour ainsi dire malgré lui, son autorité s'émousser et ses instructions ne plus être suivies à la lettre comme elles devraient l'être.

656. En cours de construction, le personnel surveillant doit constamment vérifier toutes les dimensions des maçonneries afin de contrôler si tout est bien conforme au projet et faire rectifier les erreurs s'il s'en commet. Aucune modification ne doit être apportée au projet sans ordre, et la plus stricte rigueur devra être apportée à l'observation de cette consigne. Les entrepreneurs honnêtes sont certes nombreux, mais la tendance naturelle qu'ils ont à fournir ce qui ne leur est pas demandé dans la pensée d'augmenter leurs bénéfices exige qu'ils soient constamment tenus en main et jamais abandonnés à eux-mêmes. Nous ne parlons que pour mémoire, bien entendu, de ceux qui fraudent aussitôt qu'on a le dos tourné. Le mieux pour éviter tous ces inconvénients est donc d'avoir des surveillants sûrs et compétents qui arrivent le matin en même temps que les ouvriers et ne quittent le chantier que le soir avec eux. Ces surveillants doivent être eux-mêmes tenus en haleine par de fréquentes tournées des chefs de districts, conducteurs, chefs de section, qui doivent passer sur le terrain tous les jours à des heures différentes.

657. *Élévation des murs.* — Pour construire un mur, on commencera par planter en dehors des piquets de fouilles généralement placés aux angles de celles-ci, des planchettes perpendiculaires à la plus grande dimension du mur : ces planchettes sont clouées sur des piquets fixés en terre à un endroit quelconque, rapproché de la fouille, mais cependant assez loin pour rester en dehors de celle-ci, y compris ses talus. Quand la fouille est trop profonde, c'est au fond que l'on prend ces dispositions au lieu de rester à la surface. Dans tous les cas, on fixe deux planchettes analogues, une à chaque extrémité du mur à construire.

Sur ces planchettes parallèles à l'épaisseur du mur, on entaille des encoches donnant rigoureusement comme position et comme dimension cette épaisseur, et l'on tend des cordeaux d'une planchette à l'autre et d'une entaille à l'entaille correspondante sur la planchette symétrique : le mur se trouve ainsi délimité complètement et exactement par les plans verticaux passant par les cordeaux. En réalité, dans la pratique et pour ne pas gêner les mouvements des ouvriers, on tend ces cordeaux à 1 centimètre du parement du mur, et l'ouvrier qui le sait en tient compte en plaçant les matériaux au moyen d'un fil à plomb qui tombe de ces cordeaux. Généralement aussi d'autres cordeaux analogues sont tendus de place en place à mesure que le travail monte ; ainsi l'ouvrier, après avoir descendu la fouille, avec ou sans talus suivant les terrains, à l'aplomb de ses cordeaux, en tend un nouveau, parallèle au premier, à $0^{m},25$ ou $0^{m},30$ du sol. Puis, à mesure qu'il s'élève, il en établit d'autres de mètre en mètre.

Les murs verticaux peuvent être munis d'une petite inclinaison ou fruit de 2 millimètres par mètre qui augmente leur stabilité et évite les surplombs en cas d'irrégularité dans le montage du parement ou dans l'enduit s'il y en a. D'autres murs, comme ceux de soutènement, portent naturellement un ou deux parements à fruit assez important, de plusieurs centimètres par mètre. Ces points sont faciles à réserver avec les cordeaux précédents, car on sait, à toutes les hauteurs, à quelle distance on doit se tenir de ce cordeau.

Aqueducs.

658. Les aqueducs destinés à assurer l'écoulement des eaux doivent avoir des ouvertures proportionnées à la quantité d'eau qu'ils sont appelés à débiter. Nous avons déjà signalé, dans le chapitre des études, l'utilité qu'il y a à ne pas les faire trop petits afin qu'un homme ou un apprenti puisse y pénétrer pour les nettoyer.

L'ouverture minimum dans ce cas doit être de $0^m,60$. Cependant les Compagnies font souvent usage de buses de $0^m,30$, surtout sur les petites lignes ; l'inconvénient est d'ailleurs moindre qu'on ne pourrait le supposer au premier abord ; ces petits ouvrages ne se trouvent en effet que sous de faibles remblais et le plus souvent accompagnent des lignes à une voie ; leur longueur n'est donc jamais bien importante, et le nettoyage peut se faire de l'orifice avec un racloir emmanché au bout d'une perche plus ou moins longue.

Mais il n'en serait pas de même pour les réparations essentielles : il faudrait absolument dans ce cas découvrir l'ouvrage, ce qui pourrait entraîner des inconvénients plus sérieux. Néanmoins ces réparations ne se présentent qu'assez rarement, à la suite d'inondations ou de grandes crues par exemple. Or, si ces éventualités sont à redouter, elles sont généralement connues à l'avance et l'on a eu alors tout le loisir d'installer un aqueduc de dimensions voulues pour y faire face.

Nous concluons donc qu'il n'y a pas lieu de proscrire les aqueducs même les plus petits, à la seule condition de n'en faire usage qu'avec discernement, et là où ils peuvent être placés sans inconvénient. Si, par suite d'un esprit d'économie exagéré et mal compris, on procédait autrement, on pourrait certainement avoir à s'en repentir.

Si l'on a à redouter dans un aqueduc une grande quantité de terres entassées, provenant de terrains voisins, terres labourées, etc., il peut être quelquefois prudent de le précéder d'un puisard dans lequel s'arrêtent les matières en suspension, au moins en grande partie.

Ce puisard, placé un peu en contre-bas du radier, aura naturellement des dimensions proportionnées aux besoins, et pourra le plus souvent être exécuté en pierres sèches. Il sera surtout indiqué avec les aqueducs de petite ouverture, les grands n'en ayant pas besoin. La profondeur minimum sera de $0^m,50$, la longueur et la largeur, celles de l'ouverture de l'aqueduc, ou un peu plus dans le cas de très petits ouvrages. L'épaisseur des murs sera de $0^m,25$ à $0^m,30$.

Ces puisards peuvent être surtout utiles aux abords des villes et de certaines usines, tanneries, abattoirs, etc., les eaux à recueillir arrivant alors constamment chargées d'impuretés de toutes sortes.

Dans tous les cas il faut se prémunir contre les atterrissements qui peuvent se former aux bouches d'un aqueduc et l'obstruer.

Ainsi, lorsque le radier présente une forte pente, il faut continuer celle-ci sur une certaine longueur en dehors de l'ouvrage pour éviter la formation d'une barre qui obstruerait rapidement la bouche d'arrêt. Dans tous les cas, le nettoyage de ces bouches est toujours une chose indispensable.

Si le terrain d'amont est très incliné vers l'aqueduc, comme cela se présente en pays de montagne, le fossé qui recevra les eaux sera avantageusement taillé en gradins horizontaux ou même dirigés vers le flanc de la colline comme les redans des talus. On diminuera ainsi, par ces cascades successives, la vitesse de chute des eaux et l'on pourra conserver une grande quantité des terres entraînées avant l'aqueduc. Au besoin on pourra perreyer ces gradins si l'on redoute de les voir bientôt céder sous l'effet d'érosion des eaux.

Précautions contre le tassement.

659. Les aqueducs sous remblais tassent toujours sous l'effet de la charge des terres supérieures, et il n'est pas rare de voir la voûte présenter dans sa partie centrale une véritable bosse plus ou moins importante, suivant que l'aqueduc est plus ou moins long et le remblai plus ou moins élevé. Cet effet est fort disgracieux et peut devenir dangereux; il doit être évité; on y arrive de la manière suivante :

On fait subir à la voûte un surhaussement variant de $0^m,03$ à $0^m,10$ suivant les cas, et représentant à peu près, en pratique, la quantité dont l'affaissement fera ultérieurement baisser la clef. Ce surhaussement peut être pris soit sur la voûte seule, soit sur les piédroits, soit par moitié sur chacun de ces éléments.

Le moyen le plus commode est incontestablement de gagner le surhaussement tout entier sur les piédroits en inclinant leurs assises, ou mieux en rachetant tout le surhaussement sur les assises des naissances. Cela est surtout facile avec la maçonnerie à joints incertains.

Ce procédé ne peut suffire dans les ouvrages dont l'ouverture dépasse 2 mètres, et où le surhaussement est aisément de $0^m,10$ au milieu de la longueur.

Cette différence regagnée entièrement sur le piédroit produirait un mauvais effet sur l'œil; on répartit alors la chose en deux: moitié sur la voûte, moitié sur les piédroits.

Construction des voûtes.

660. Les piédroits étant montés, on construit la voûte en posant à l'avance, appuyée sur des poteaux, une charpente ou *cintre* qui en représente la forme intérieure ou intrados. Cette charpente est constituée par une succession de segments en bois ou *vaux*, reliés par des contrefiches, poinçons, entrait, etc., suivant la dimension du cintre. Ces cintres sont placés à distance variant avec les dimensions de l'ouvrage et reliés entre eux par des pièces de bois longitudinales appelées couchis. Pour les petits aqueducs, deux ou trois vaux et leurs couchis reliés ensemble à l'avance d'une manière invariable constituent un tambour sur lequel on monte la maçonnerie de la voûte.

Cela posé, les précautions recommandées dans les chemins de fer pour l'édification des voûtes sont les suivantes :

Les cintres étant posés sur leurs poteaux, la voûte se monte symétriquement à partir des piédroits, c'est-à-dire des *reins*, de manière à charger également les cintres; on monte ainsi régulièrement jusqu'au sommet de la voûte où une dernière pierre, la *clef*, doit être posée.

Avant de commencer le montage de la voûte, on tracera toujours sur les couchis la ligne d'intersection des têtes avec l'intrados, et des lignes de joints continues en nombre suffisant pour qu'elles ne soient pas espacées de plus de 50 centimètres. Si la voûte est biaise, l'entrepreneur fera recouvrir les couchis d'un enduit en plâtre sur lequel on tracera, avec soin, tous les détails de l'appareil en douelle.

Les matériaux employés dans les voûtes doivent toujours être les meilleurs de ceux que l'on a à sa disposition, la voûte constituant toujours la partie la plus délicate d'un ouvrage d'art. Les pierres seront posées par anneaux successifs et normalement à la courbe intérieure ou *douelle*. Il sera bon qu'un certain nombre de pierres d'un rouleau pénètre dans le rouleau supérieur afin d'obtenir un *liaisonnement* général de la voûte. On s'exposerait, sans cela, à voir un jour l'écroulement d'un rouleau, ainsi indépendant, tout entier, et la voûte restante devenue trop faible s'écrouler à son tour.

Les petites voûtes se font naturellement d'un seul rouleau.

Dans les voûtes revêtues en moellons ébauchés, smillés ou piqués, on emploiera en parement les moellons les plus longs possible, c'est-à-dire présentant une longue *queue;* ils seront taillés avec soin suivant la coupe prévue.

La maçonnerie de remplissage complétant l'épaisseur de la voûte doit être faite avec les moellons les mieux gisants, les plus épais et les plus longs en queue, en réservant toujours les plus beaux pour la clef et les contre-clefs. Ils doivent toujours être posés en bonne liaison, serrés fortement, les joints bien garnis de mortier; si l'irrégularité des formes des échantillons entraîne l'irrégularité des joints, on garnira ces derniers bien soigneusement d'éclats de pierre dure, surtout vers l'intrados.

Quand il ne reste plus à poser que les clefs et les deux voussoirs voisins ou contre-clefs, on part des têtes, et, si la voûte est longue, de quelques points intermédiaires pour fermer la voûte; puis, lorsque les tronçons de voûte ainsi achevés arrivent presque à se toucher, et que l'on ne peut plus travailler de côté, on achève de remplir les vides restants en y chassant fortement, dans un bain de mortier gâché ferme, des matériaux préparés aux dimensions reconnues nécessaires.

Dans les voûtes un peu importantes, l'entrepreneur est tenu de charger à ses frais le sommet des cintres si l'ingénieur juge cette précaution utile pour éviter la déformation.

Dans les ouvrages à voûte surbaissée, il faut employer, dans les culées, surtout au niveau des naissances, de gros moellons qu'on dispose en liaison verticale pour s'opposer au glissement des maçonneries.

661. *Voûtes en briques.* — Dans certaines régions dépourvues de pierres, comme le Nord, on construit exclusivement en briques. Dans ce cas, le nombre des rangées d'une voûte doit toujours être impair de manière que l'on retrouve encore, au sommet, une rangée unique formant clef. Les joints de l'intrados ne doivent pas avoir plus de 6 à 7 millimètres; sans cela, comme les briques sont posées suivant le rayon, et, dans tous les cas, normalement à la courbe, le joint, à l'autre extrémité, aurait une trop grande largeur.

Dans cet ordre d'idées, les voûtes en briques se construisent d'un seul rouleau sur une épaisseur égale à celle de la clef, toutes les fois qu'il n'en résultera pas une épaisseur de joints de plus de 15 millimètres à l'extrados.

Si cela est impossible à réaliser, on les construit par rouleaux successifs d'une demi-brique, d'une brique, d'une brique et demie, ou de deux briques, de manière à se conformer à la prescription précédente concernant l'épaisseur des joints.

Dans l'exécution des rouleaux donnant lieu à des joints de plus de 12 millimètres d'épaisseur à l'extrados, il faut garnir ces joints avec des débris d'ardoise chassés à coup de plat de truelle en plein mortier. Aujourd'hui, on emploie fréquemment, pour éviter cette rupture, des briques évasées, moulées à la forme voulue.

Il est, encore ici, très utile de liaisonner entre eux les différents rouleaux d'une même voûte. Il est donc préférable de construire ces rouleaux en demi-briques; puis de plan en plan, et en prenant les dispositions exigées par le goût et la satisfaction du coup d'œil, de remplacer une demi-brique du rouleau inférieur par une brique entière pénétrant dans le rouleau immédiatement au dessus.

Lorsque la voûte comporte plusieurs rouleaux, ceux-ci doivent naturellement être établis les uns après les autres; dans ce cas tout rouleau enveloppant ne doit pas rester plus de deux ou trois rangées en arrière du rouleau enveloppé afin d'éviter que les maçons ne marchent sur les maçonneries.

Au moment de terminer une voûte, on doit éviter de souder les rouleaux dans toute leur longueur les uns après les autres. On formera, au contraire, la voûte sur toute son épaisseur, en commençant par les têtes et en procédant ensuite par zones transversales perpendiculaires aux génératrices et en ayant soin de réserver des retraites suffisantes pour bien liaisonner la maçonnerie.

Dans les voûtes en briques avec têtes en pierres, les dimensions relatives des matériaux doivent être calculées de manière que chaque voussoir de tête corresponde sur la souche d'extrados à un nombre exact de rangées de briques; on taillera, s'il y a lieu, les briques à la truelle ou à la hie, de manière à remplir exactement et avec serrage l'intervalle des boutisses.

662. *Décintrage des voûtes.* — Les grandes voûtes ne doivent être décintrées qus sur un ordre écrit de l'ingénieur. Ce travail, toujours délicat, devra être confié à des charpentiers intelligents, expérimentés et en nombre suffisant, toutes conditions qui ne sont pas toujours strictement observées par les entrepreneurs. L'ingénieur fera bien d'y tenir la main.

Le décintrage doit se faire dans tous les cas avec précaution, en abaissant peu à peu toutes les formes, et en prenant bien garde qu'aucune des parties de la voûte ne soit décintrée complètement tandis que d'autres parties seraient encore soutenues. De ces différences d'appuis pourraient résulter des déséquilibres très compromettants pour la stabilité de la voûte.

Nous ne nous arrêterons pas sur les méthodes pratiques employées pour faciliter le décintrage : cônes, verins, boîtes à sable, verins hydrauliques, etc. Mais nous insisterons sur l'utilité qu'il y a à ne faire manœuvrer tous ces appareils que par des ouvriers expérimentés et en nombre suffisant, de manière à produire le décintrage partout à la fois, et à ne pas avoir à craindre les tassements inégaux si redoutables en pareil cas.

663. *Chapes en béton.* — Pour empêcher la filtration des eaux à travers les voûtes, on les recouvre de chapes au mortier de ciment comme nous l'avons vu plus haut. Ces chapes dans les grands ouvrages atteignent jusqu'à 9 centimètres d'épaisseur et sont exécutées par couches de 3 centimètres. Une excellente chape peut être obtenue en gâchant avec peu d'eau, 7 dixièmes de sable très pur et bien lavé, 2 dixièmes de chaux hydraulique et un dixième de ciment.

Mais le plus souvent les voûtes sont recouvertes d'une chape en béton dont l'épaisseur va en diminuant des piédroits à la clef de manière à ramener les eaux au centre de la voûte au moyen d'une double pente. Là ces eaux s'écoulent au dehors, généralement sur le sol inférieur par l'intermédiaire de gargouilles en fonte scellées verticalement au sommet de la voûte et recouvertes de crépines destinées à retenir les matériaux solides qui pourraient être entraînés.

Le caillou employé dans la confection du béton de remplissage des voûtes doit être un peu plus petit que celui des empierrements ou du béton de fondation. Il doit pouvoir passer en tous sens dans un anneau de 3 centimètres. Comme d'ordinaire, ce caillou doit être exceptionnellement lavé et purgé de matières étrangères. Les proportions du mélange avec le mortier doivent être celles du béton coulé sous l'eau.

Dans tous les cas, on appliquera ce béton en le comprimant fortement avec la truelle et, lorqu'il aura pris une consistance suffisante, on le battra à coups répétés, de manière à en faire ressortir l'eau et les parties les plus tenues pour former glacis à la surface. On aura soin, au préalable, de bien nettoyer l'extrados de la voûte, à l'aide d'un balai, et en y jetant plusieurs seaux d'eau. Après l'avoir épongée, et avant qu'elle ait perdu toute humidité, on y appliquera le mortier et le béton.

Le plus souvent, la couche de béton ainsi répandue est elle-même recouverte d'une chape au ciment qui complète le travail de protection et d'écoulement des eaux. Dans le cas d'un garnissage en béton, on ne met aucune chape directement sur la voûte.

Épaulement des ouvrages d'art.

664. Les ouvrages d'art, avons-nous dit précédemment, doivent être construits les premiers, afin que les terrassements puissent les recouvrir ou les rejoindre naturellement et sans qu'on ait besoin de faire des remaniements de terres.

Certaines précautions sont alors indispensables, particulièrement quand on aborde un aqueduc complètement enfoui sous un remblai. L'arrivée de ce dernier, par la méthode ordinaire du débarquement en wagon, amènerait infailliblement le renversement de l'ouvrage par suite de la poussée oblique produite par les terres des remblais apportées d'un seul côté. En outre, les maçonneries, et particulièrement la chape protectrice en ciment qui les enveloppe, seraient rapidement détériorées par le choc des matériaux du remblai, tombant souvent d'une grande hauteur. Pour toutes ces raisons, il est nécessaire de recouvrir à l'avance l'ouvrage de terres régalées avec soin, et en outre, de l'épauler du côté opposé à l'arrivée du remblai, au moyen d'un petit remblai spécial déposé au moyen de brouettes roulant sur des madriers. Quand l'aqueduc est un peu élevé, on pose ces madriers sur des chevalets volants de manière à constituer un petit pont de service. On effectue alors un roulage de terres empruntées au remblai lui-même et que l'on transporte de l'autre côté de l'ouvrage de manière à avoir, comme nous l'avons dit, une charge qui lui permette de résister à la poussée venant en sens inverse.

Quant à l'épaisseur des terres à déposer sur la chape, elle doit être environ d'un dixième de la hauteur du remblai.

Dans certaines Compagnies, on prend des précautions excessives; on donne à l'avance à l'épaulement des formes géométriques déterminées. Tout cela évidemment ne peut pas nuire, mais le plus généralement constitue une œuvre inutile. Un bon remblai présentant toute la largeur de la décharge et une épaisseur double de la maçonnerie totale de l'aqueduc est suffisant s'il recouvre la chape d'une épaisseur égale au dixième de la hauteur du remblai, comme nous l'avons dit plus haut.

§ IX. — *RÈGLEMENT DES DÉPENSES*

Règles générales.

665. Les dépenses sont réglées d'après des mesurages ou métrés exécutés sur les choses à estimer, et auxquels on applique les prix de la série annexée au marché, déduction faite des rabais.

Les principes suivants sont ceux adoptés par les grandes Compagnies françaises.

Terrassements.

666. La dépense à solder à l'entrepreneur a généralement son principal facteur dans les terrassements. Le métré doit donc en être fait avec grand soin, en même temps que l'évaluation des distances moyennes de transports et par catégories de déblais.

Les sondages exécutés à l'avance et rectifiés ou complétés, s'il y a lieu, pendant le cours de l'exécution, permettent de tracer sur les profils en long et en travers des lignes séparatrices des diverses sortes de déblais rencontrés. C'est surtout sur les profils en travers que cette division demande à être faite avec le plus de soin, car c'est de l'évaluation de leur surface que dépendra l'estimation des cubes effectués.

Les lignes ainsi tracées et le plus souvent, sauf indication nettement différentes parallèles à l'indication du terrain, divisent ainsi la surface du profil en travers en un certain nombre de zones distinctes, ayant le plus souvent la forme de trapèzes, et qui représentent les différents matériaux que l'on a eu à extraire. On évalue avec soin toutes ces surfaces partielles.

Le volume s'obtient en multipliant cette surface par la distance applicable, comme nous le verrons plus loin, et on obtient le volume du cube correspondant pour chaque sorte de déblais. En opérant ainsi pour tous les profils en travers, on a le cube total du remblai extrait d'une tranchée donnée :

On a, comme nous le savons, généralement trois sortes de déblais :

Les déblais à la pioche;

Les déblais au pic;

Les déblais à la mine.

On peut d'ailleurs, suivant les besoins, augmenter les chapitres de cette classification et subdiviser les trois classes précédentes en se basant sur les roches géologiques rencontrées, qui peuvent présenter plus ou moins de difficulté à l'extraction.

Mais il est préférable, autant que possible, de ne pas multiplier à l'excès ces divisions qui n'amènent pas beaucoup plus d'exactitude, et entraînent à des complications énormes dans les calculs.

Le tableau à dresser pour l'installation de ce métré comprendra donc les colonnes suivantes :

DÉSIGNATION des TRANCHÉES	CUBE PARTIEL			CUBE TOTAL des TRANCHÉES	OBSERVATIONS
	À LA PIOCHE	AU PIC	À LA MINE		

De temps en temps et à leur place indiquée par le piquet correspondant du profil en long, on rencontre des déviations et dérivations qu'on évalue de la même manière et qu'on intercale dans ce tableau aux endroits voulus.

667. *Calcul des surfaces de talus.* — Les semis, gazonnements, plantations, etc. s'évaluent à la surface de talus entre profils en travers.

On dressera pour cela un tableau comme ci-dessous :

NUMÉROS des PROFILS	HAUTEUR du talus A GAUCHE	HAUTEUR du talus A DROITE	HAUTEUR totale de talus PAR PROFILS	DISTANCE entre profils ou au point DE PASSAGE	SURFACES PARTIELLES	SURFACES totales par TRANCHÉES	SURFACE totale PAR REMBLAI	OBSERVATIONS

On voit aisément que la hauteur totale de la colonne 4 multipliée par la distance entre profils donnera la surface totale de talus cherchée.

Il y aura en outre quelquefois des subdivisions dans les talus d'une même tranchée, comme dans un déblai en rocher à la partie inférieure, et en terre au-dessus. Il y aura donc lieu d'établir les calculs en conséquence.

On n'oubliera pas non plus les talus des déviations et dérivations qui ont pu être ensemencés.

De toutes façons et même sans plantations, ces talus doivent être évalués pour estimer la dépense relative au règlement de leur surface.

668. On lève d'ailleurs, comme nous l'avons déjà répété à plusieurs reprises, des profils spéciaux avant et après l'exécution, quand le travail est impossible à définir à l'avance, ou quand il y a force majeure pour empêcher de l'exécuter dans les formes ou dimensions prescrites.

Les profils ainsi établis doivent être soumis à l'acceptation de l'entrepreneur avec ou sans les métrés et calculs des distances correspondantes, dans les formes prescrites par le cahier des charges et les conditions générales de l'entreprise.

Dans tous les cas, le chef de section, pour simplifier la besogne à l'époque du règlement des comptes, a le droit de requérir constamment, pendant la période des travaux, l'entrepreneur d'assister à la levée des profils qu'il croira nécessaires et même de lui demander de signer tous les soirs le carnet d'attachement de l'agent de la Compagnie qui est chargé des opérations. Quand ces profils ont été levés dans ces conditions, il n'est accordé lors de la notification que cinq jours pour en relever les erreurs de rapport. Dans le cas contraire, ce délai est porté à vingt jours.

L'entrepreneur doit toujours s'interdire de mettre la main à l'œuvre avant d'avoir accepté les profils nécessaires pour estimer son travail ; il doit être bien nettement stipulé que, faute par lui de l'avoir fait, les agents de la Compagnie resteront libres d'appliquer à cette estimation les documents généraux ou spéciaux qu'ils auront eux-mêmes recueillis.

La coutume pour les terrassements de toute nature, pour l'extraction comme pour le transport, pour le chemin de fer proprement dit comme pour les abords et dépendances, etc., est de les compter au volume du déblai, sans tenir compte du foisonnement ni du déchet dans l'emploi en remblai.

Les calculs de remblais sont néanmoins effectués, mais simplement pour contrôler l'emploi des terres et apprécier leurs distances de transport, ou quand il y aura impossibilité de faire autrement.

Ainsi, même quand il s'agira de dépôts à reprendre, le cube sera évalué d'après celui des déblais qui auront servi à faire le dépôt. Si cette manière de procéder n'est pas possible, et dans tous les cas où l'ingénieur le jugera convenable, la cubature sera faite directement d'après les dimensions du dépôt.

669. *Méthode d'évaluation des cubes de*

terre (1). — Les déblais ou remblais sont divisés en profils en long et en travers, soit qu'ils constituent la ligne courante, soit qu'ils représentent des chemins d'accès, déviations, etc.

Puis on calcule géométriquement les surfaces des profils en travers installés comme nous savons, partout où des accidents sensibles se présentent dans la surface du terrain.

Le cube s'obtient ensuite par une méthode approximative, mais suffisamment exacte et qui consiste à multiplier les surfaces de chaque profil par la demi-somme des distances qui séparent ce profil de ses deux voisins, c'est-à-dire celui qui le précède et celui qui le suit. On supposera toujours un profil nul à chaque point de passage du déblai au remblai.

Dans certains cas particuliers, comme en ces points de passages, dans certaines fouilles d'ouvrages, chambres d'emprunt, etc., la méthode précédente ne présenterait pas de garanties suffisantes en raison de l'irrégularité des formes. Le calcul des terrassements se fait alors par des décompositions géométriques directes en solides connus et faciles à évaluer : parallélipipèdes, prismes, pyramides, troncs de prismes triangulaires, etc.

Les ingénieurs préciseront dans chaque cas le choix de la méthode à appliquer.

670. Les terrassements au jet de pelle ne sont généralement admis en compte que pour les travaux de peu d'importance, en dehors du chemin de fer. Dans ce cas, le nombre entier ou fractionnaire de jets à la pelle sera déterminé en moyenne par atelier, soit en divisant par 4 la distance horizontale en mètres des centres de gravité du déblai et du remblai, soit en divisant par $1^m,60$ la différence de niveau entre ces mêmes centres, selon les cas. Pour les déplacements de bas en haut, il est de tradition d'appliquer celui de ces deux résultats qui est le plus élevé.

On applique le premier de ces deux résultats à tous les déplacements faits de bas en haut suivant une inclinaison de moins d'un dixième. Pour chaque dixième d'inclinaison en sus la portée du jet de pelle est augmentée de 40 centimètres, de manière qu'à l'inclinaison de 45 degrés, corresponde un jet de pelle de $1^m,60$ de distance horizontale. Au-dessus de cette inclinaison, les terres sont censées descendre naturellement, et il n'est compté, suivant les cas, que la décharge ou les jets de pelle sur les plans supérieurs ou inférieurs moins inclinés.

671. *Terrassements avec transports.* — Les transports à la brouette, au camion, au tombereau, au wagonnet ou au wagon, des déblais du chemin de fer à employer en remblai, sont payés à raison de la distance horizontale des centres de gravité du déblai et du remblai, sans égard pour la distance verticale des mêmes points.

Mais, pour les fouilles d'ouvrages d'art, les dépôts ou emprunts, les fossés, chemins latéraux, les abords des ouvrages d'art, etc., effectués à la brouette, au camion, au tombereau ou au wagonnet, on emploie les règles suivantes.

Le cube des déblais du chemin de fer à employer dans la zone des profils auxquels ils correspondent, est généralement compté pour un transport à la brouette de 20 mètres en moyenne.

Dans tous les autres cas, on comptera comme suit les distances de transports :

1° S'il s'agit de transports effectués horizontalement ou en pente du déblai au remblai, on comptera la distance horizontale des centres de gravité du déblai et du remblai ;

2° S'il s'agit au contraire de transports faits en montant du déblai au remblai, la distance à compter sera :

a. Pour les transports à la brouette, la distance horizontale des centres de gravité, plus douze fois leur distance verticale ;

b. Pour les transports au camion, la distance horizontale des centres de gravité, plus cent fois leur distance verticale;

c. Pour les transports au tombereau ou au wagonnet traîné par des chevaux, la distance horizontale des centres de gravité, plus vingt fois leur distance verticale.

(1) Voir la méthode rigoureuse et diverses méthodes approchées, tableaux, etc., dans le *Traité de Géodésie*, de M. Oslet.

Dans les prix de transport fixés à la série on devra comprendre, pour s'éviter des complications ultérieures, la fourniture des planches de roulage. Cela se présente surtout avec l'emploi de la brouette.

672. *Transport au wagon.* — Les prix établis à la série étant une moyenne applicable à l'ensemble des ateliers, les transports au wagon sont toujours payés à raison de la distance horizontale des centres de gravité sans égard pour leur distance verticale. Cependant, il est fait à cette règle les exceptions ci-après :

Lorsqu'on a des emprunts à exécuter en contre-bas des remblais, ou des dépôts latéraux aux déblais, ou lorsqu'il est prescrit de transporter les déblais en remblais en passant par un point en contre-bas du niveau auquel ils doivent être déchargés; la différence de niveau entre le fond de l'emprunt ou le point bas, et la plate-forme des terrassements du chemin de fer, est toujours censée rachetée au moyen de voies en rampe d'un centimètre par mètre.

On compte alors comme distance de transport la distance horizontale des centres de gravité, augmentée de cent cinquante fois la différence de niveau entre le sommet de la rampe et son pied.

Ce sommet de la rampe est toujours déterminé par les agents qui établissent le décompte dans le sens le plus favorable aux intérêts de la Compagnie, quelles que soient d'ailleurs les dispositions prises en pratique par l'entrepreneur.

Tous les frais de terrassements pour l'établissement des rampes sont à la charge de ce dernier, dans les cas d'emprunt ou de dépôt ; dans les autres cas ils sont à la charge de la Compagnie.

Le prix de transport au wagon comprend :

Les prix relatifs aux matériaux de la voie. Les uns sont généralement fournis par la Compagnie, les autres par l'entrepreneur.

Les premiers sont les rails, traverses, coussinets et tirefonds. Les frais correspondants consistent en leur nettoyage et les dépenses à faire pour les amener à pied-d'œuvre, les transporter et les ranger en bon ordre, après l'achèvement des travaux, dans les lieux de dépôts fixés par l'ingénieur, de kilomètre en kilomètre; pour payer ceux qui seraient perdus ou brisés.

Pour les frais inhérents aux matériaux fournis par l'entrepreneur, ce sont :

1° Les moins-values des objets de toutes natures nécessaires pour compléter les voies, et notamment les coins, changements et croisements de voies, etc., dont la fourniture reste à la charge de l'entrepreneur et devra être faite dans la proportion des matériaux prêtés par la Compagnie;

2° Les frais d'entretien des voies provisoires et les ripages ou remaniements de voies, quelle que soit la largeur des ateliers ;

3° Les frais d'entretien et de graissage des wagons, leur dépérissement pendant la durée des travaux, et l'intérêt pendant cette même durée du capital qu'ils représentent;

4° Le prix de l'ouverture des cunettes à établir dans les tranchées et de l'approche en brouette des déblais à charger dans les wagons;

5° Le prix de la traction, y compris le temps perdu au chargement, au déchargement et dans les évitements, et eu égard aux manœuvres spéciales des ateliers de chargement et de déchargement;

6° Le prix de déchargement des wagons.

L'entrepreneur reçoit en outre des allocations éventuelles ou variables, que l'on règle comme suit :

Ainsi une prime est généralement accordée par la série pour chaque wagon neuf d'une capacité de $2^{m},50$ au moins, mesuré ras, que l'entrepreneur aura fourni par ordre sur les chantiers. Cette prime d'ailleurs n'est due qu'à la condition que le wagon ait été livré dans les délais prescrits, et maintenu en service effectif jusqu'à la fin des travaux compris dans l'entreprise, ou qu'on peut être amené à y ajouter. Il doit donc rester entendu que, si l'entrepreneur vient à quitter le travail, en dehors des cas prévus au cahier des clauses et conditions générales, la prime en question ne lui sera pas acquise.

L'indemnité est généralement réduite aux 4/5 pour les wagons qui ont déjà servi, mais qui ont été réparés à neuf et agréés par l'ingénieur. Si les wagons ne cubent pas 2m,50, on pourra ne pas les admettre, et, s'ils sont admis, l'indemnité est diminuée dans la proportion de la différence des capacités.

673. *Emploi des locomotives.* — L'entrepreneur est toujours libre d'employer le mode de traction qui lui plaira, quelle que soit la distance de transport. Mais la Compagnie, dans son règlement de comptes, a le droit de faire le choix qui convient le mieux à ses intérêts. Ainsi, dans les tranchées pour lesquelles une partie du cube des déblais dépassant 50 000 mètres devra être transportée à une distance supérieure à 1 000 mètres, l'entrepreneur sera toujours censé avoir fait à la machine la traction de tout le cube transporté à plus de 1 000 mètres; toutefois, s'il n'existe pas de chaussée pavée ou empierrée à moins d'un kilomètre des voies provisoires qui peuvent amener la machine au chantier, la Compagnie renonce au bénéfice de cette combinaison, à moins qu'elle ne prenne à sa charge la partie des frais de transport par terre de la machine, qui excèderait 4 000 francs.

L'entrepreneur peut d'ailleurs se pourvoir directement des machines nécessaires, ou demander à la Compagnie de lui en louer, auquel cas cette dernière fournit les mécaniciens et chauffeurs en même temps que les machines.

Dans tous les cas, l'entrepreneur a à sa charge la solde de ces mécaniciens et chauffeurs, la construction et l'entretien des abris et des appareils d'alimentation provisoire, la fourniture du coke, de l'huile, des chiffons et autres accessoires.

Il reste chargé du petit entretien des machines qui lui sont louées par la Compagnie, et responsable des avaries qui résulteraient du mauvais état de la voie et de tout défaut dans l'organisation et la marche du service. Les réparations seront toujours faites aux frais de l'entrepreneur, mais par les ouvriers de la Compagnie.

En cas de détérioration notable, l'entrepreneur doit demander sans délai le remplacement de la machine; il n'est pas admis à réclamer contre l'état initial de cette machine parce qu'il a dû la vérifier avant de l'accepter. Il n'est pas admis davantage à réclamer des frais de remplacement ou aucune indemnité pour perte occasionnée par ce remplacement. S'il a demandé de préférence un système de machines à voyageurs mixtes ou à marchandises, il subira sans réclamations les conséquences normales de son choix.

L'entrepreneur est naturellement chargé de la police et de la surveillance de la voie sur laquelle circulent ses trains. Si l'emploi d'une certaine quantité de ballast est nécessaire pour assurer la circulation, la fourniture en est également à sa charge, tous les frais quels qu'ils soient qu'entraîne ce mode de transport étant implicitement compris dans les prix portés à la série.

Ces prix sont d'ailleurs établis en supposant l'emploi, soit de wagons appartenant à l'entrepreneur, soit de wagons appartenant à la Compagnie, celle-ci devant toujours se réserver la faculté de fournir ou de ne pas fournir les wagons. Si elle en fournit, l'entrepreneur est chargé de leur entretien, et responsable de leur conservation dans les mêmes conditions que pour les machines.

674. *Déchargement par appontements.* — Quand les ingénieurs ont fixé le déchargement des wagons par appontements, l'entrepreneur a droit au prix fixé par la série, et en outre à la moitié de la valeur des appontements, valeur calculée d'après les prix de la série, mais en considérant les wagons de support comme des wagons ordinaires.

On stipulera toutefois que l'entrepreneur perdra tous ses droits au paiement de la moitié des frais d'échafaudages, aussi bien qu'à l'allocation du prix supplémentaire de déchargement, s'il ne parvient pas à décharger en moyenne, dans le chantier où il aura été établi un appontement, 15 000 mètres cubes au moins par mois, depuis l'époque où il aura reçu l'ordre d'établir l'appontement jusqu'à la fin des déblais de la tranchée à laquelle cet ordre s'applique.

La Compagnie peut d'ailleurs toujours

demander à l'entrepreneur de transporter un appontement d'un lieu de décharge dans un autre; mais alors, elle doit lui payer, à titre de dédommagement, un nouveau quart de la valeur de l'appontement, non compris cependant celle des wagons de support.

675. *Indemnités de transport et de remaniement des voies.* — Il est enfin alloué à l'entrepreneur, par certains articles spéciaux de la série, une indemnité unique qui le couvre des frais de transport des matériaux prêtés par la Compagnie, soit au moment de la livraison qui lui en est faite à l'une des gares en exploitation, soit au moment de la remise qui doit en être faite à la Compagnie, et aussi des frais de transport des matériaux appartenant à l'entreprise, de la pose, du déplacement et du remaniement des voies provisoires de toutes espèces, changements et croisements des voies etc. Cette indemnité varie avec l'organisation de chaque atelier.

Le cas le plus général est celui d'un atelier à une voie et à un étage. L'entrepreneur n'a jamais droit, à moins d'un ordre écrit prescrivant une organisation différente, à un autre prix que celui qui s'y rapporte. Ce prix comprend les suppléments de voie au chargement et au déchargement et les garages intermédiaires, de manière à permettre un débit de 10 000 mètres cubes, par mois.

Le prix de l'exploitation à deux voies ne devra être payé que quand il aura été prescrit par écrit, et si le débit des terrassements est de 12 500 mètres cubes au moins par mois, depuis l'époque où l'entrepreneur a reçu l'ordre de poser la seconde voie jusqu'à l'achèvement des déblais de la tranchée.

Les longueurs à introduire dans les formules de transport sont alors, dans les deux cas, la distance de la limite extrême du déblai à la limite extrême du remblai. Si plusieurs ateliers en arrivent à se souder bout à bout, le prix du travail est calculé d'après l'étendue de l'atelier final, et dans les conditions de son exploitation. Mais on tiendra compte à l'entrepreneur, s'il y a lieu, des suppléments qu'il pourrait être juste de lui accorder relativement aux sections parallèles exploitées par ordre, dans des conditions plus complexes que les ateliers d'ensemble.

Lorsque, par suite d'ordre écrit de l'ingénieur, l'entrepreneur aura conduit une tranchée ou un remblai par étages simultanés, on doit considérer l'exploitation de chaque étage comme distincte, et on appliquera les prix des ateliers à un seul étage. Mais on ne comptera jamais qu'une fois les longueurs communes à plusieurs étages.

Enfin, lorsque, toujours par ordre écrit de l'ingénieur, l'entrepreneur aura conduit une tranchée ou un remblai par étages successifs à une ou deux voies, on allouera à l'entrepreneur l'un ou l'autre des prix ci-dessus, pour la distance comprise entre le point de chargement et le point de déchargement les plus éloignés, et les longueurs particulières des étages non comprises dans cette distance seront l'objet de l'application de l'une ou de l'autre des formules de la série applicable à l'espèce. De la sorte on ne comptera jamais que pour un seul étage les parties communes à plusieurs étages. Ces bases seront appliquées quelle que soit la largeur du déblai ou du remblai.

676. *Classification des déblais. — Reprise, travaux accessoires.* — La classification des déblais arrêtée à la série de prix ne devra jamais être modifiée. Elle peut seulement être complétée par la rencontre des terrains imprévus que l'entrepreneur devra faire constater avec soin par attachement contradictoire. Faute par lui d'avoir pris cette précaution, les difficultés ultérieures qui pourraient se présenter seront toujours résolues dans le sens des documents recueillis par la Compagnie.

Les menus travaux de terrassements pour chemin d'accès ou latéraux, consolidations de remblais, assèchement de terrains, réparations d'éboulements, fossés, cours d'eau, etc., ne seront exécutés que sur ordre écrit, et seront payés au prix ordinaire de la série, sans plus-value pour sujétion spéciale.

Les déblais exécutés dans des terres déjà fouillées une première fois, mais qui sont restées en dépôt pendant un mois au moins par ordre, sont comptés au prix spécial des remaniements en reprise.

Les dépenses de toutes natures à faire pour écouler ou détourner les eaux dans les tranchées ou les remblais seront à la charge de l'entrepreneur ; il en sera de même pour les emprunts.

Cependant les terrassements ou rigoles qui sont nécessaires en dehors des limites des emprunts sont à la charge de la Compagnie. Ces travaux sont exécutés par l'entrepreneur au prix de la série et réglés sur profil ou sur attachements contradictoires. S'il y a lieu à épuisement dans les chambres d'emprunt, l'entrepreneur devra faire à ses frais les rigoles nécessaires pour conduire les eaux au point où seront établies les machines d'épuisements. Les épuisements seront faits dans les conditions exposées ci-dessous.

677. Dans tous les cas, les déblais faits jusqu'à 20 centimètres en contre-bas du niveau des eaux sont considérés comme déblais ordinaires : l'entrepreneur ne peut réclamer pour cela ni plus-value ni travail spécial.

On ne paiera les prix des dragages que pour les déblais devant être faits sous une hauteur d'eau de plus de 20 centimètres au-dessous du niveau auquel l'eau aura pu être abaissée, soit par des rigolages exécutés par l'entrepreneur, soit par des épuisements que la Compagnie aurait jugé convenable de faire.

678. *Epuisements.* — Les épuisements à faire pour maintenir à sec le fond des fouilles, ou pour abaisser le niveau des eaux sont généralement exécutés à prix débattus avec l'entrepreneur ou par voie de régie, sous la direction et la surveillance immédiate des agents de la Compagnie.

Les pompes, vis d'Archimède ou autres engins propres à élever les eaux sont le plus souvent fournis directement par la Compagnie et entretenus à ses frais ; les ouvriers peuvent être demandés en tout ou en partie à l'entrepreneur qui est tenu d'en donner immédiatement le nombre réclamé, même aux dépens de ses ateliers ; il ne doit fournir que des hommes robustes et propres à ce genre de travail. Les agents de la Compagnie ont toujours le droit de refuser ceux qui ne paraîtraient pas remplir ces conditions, et de les faire remplacer par d'autres qu'ils désignent eux-mêmes.

On devra prendre attachement des journées d'épuisement faites par les ouvriers de l'entreprise, et on en dresse à la fin de chaque mois un rôle dont le montant est payé intégralement à l'entrepreneur, dans le courant du mois suivant, d'après les prix résultant des états d'émargement de l'entrepreneur.

Il est en outre alloué à ce dernier un supplément d'un quarantième sur le susdit montant, pour peines et soins et avances de fonds à payer par anticipation.

Dans tous les cas il doit être entendu que la Compagnie restera toujours libre de faire exécuter les épuisements par des ouvriers de son choix, payés directement par elle, sans que l'entrepreneur puisse jamais se prévaloir de cette mesure pour refuser les ouvriers qui lui seraient demandés.

Au moment de faire entreprendre les épuisements, comme durant leur cours, l'ingénieur prescrit le nombre d'ouvriers de toutes espèces, terrassiers, dragueurs, maçons et manœuvres, qui doivent être employés dans les fouilles.

Si le nombre d'ouvriers prescrit n'est pas complet, le chef de section des travaux dresse, en présence de deux témoins qui signent avec lui, le procès-verbal de cette circonstance, en ayant soin de mentionner le nombre d'ouvriers de chaque espèce présents à l'atelier.

A partir de ce moment l'entrepreneur supportera une partie des frais d'épuisement proportionnellement à la quantité d'ouvriers manquant sur les chantiers, jusqu'au moment où il aura justifié au travail du nombre d'ouvriers prescrit.

Pour réduire autant que possible les frais d'épuisements, l'entrepreneur doit élever en même temps, de la manière qui lui est indiquée en cours d'exécution, toutes les parties des ouvrages compris dans la même excavation, et doit même y entretenir pendant la nuit, si l'ingénieur l'exige, le même nombre d'ouvriers que pendant le jour et à la seule charge par la Compagnie de lui payer une indemnité généralement fixée à 1f,50 par ouvrier et par nuit de travail.

679. *Régalages, pilonnages, dressement*

et revêtement des talus. — Le régalage et le pilonnage des terres seront évalués au mètre cube de déblai toutes les fois que cela sera possible, et, dans le cas contraire, au mètre cube de remblai. L'ingénieur de la Compagnie procèdera de la manière qui lui paraîtra la plus appropriée aux intérêts de la Compagnie.

La confection des talus et le dressement de leurs surfaces sont comptés au mètre superficiel, aussi bien au déblai qu'au remblai.

Le dressement de la plate-forme du chemin de fer, dont la largeur est arrêtée à l'avance et constante, est payé au mètre courant, au prix arrêté à la série.

Les talus de roche, quoique n'étant pas dressés, sont généralement payés au même prix que les talus de déblais ordinaires, pour tenir compte du nettoyage et de l'enlèvement des parties ébranlées.

Pour les plates-formes de rocher, on ne fait pas de prix spécial de règlement, mais, en sus du prix ordinaire, l'entrepreneur reçoit par mètre courant de tranchée en rocher, le prix de fouille et charge d'un mètre cube de cette roche.

Pour les gares, ainsi que pour les emprunts ou dépôts, pour lesquels un règlement serait prescrit par écrit, il est fait application des prix de règlement de plates-formes établis pour la voie courante, en les augmentant proportionnellement aux largeurs.

Les revêtements de talus avec de la terre végétale pilonnée, les gazonnements et les semis se comptent au mètre superficiel.

Les prix spéciaux pour le répandage de terre végétale ainsi que pour les gazonnements sont installés de manière à comprendre implicitement un bardage d'extraction et un bardage d'emploi à 50 mètres de distance chacun. Quand l'emploi des terres ou gazons devra être fait à une distance moyenne de plus de 100 mètres du lieu d'extraction, le transport, pour l'excédent de parcours, sera payé comme pour les déblais ordinaires à raison de $^1/_{10}$ de mètre cube par mètre carré de gazonnement à plat, et de $^1/_3$ par mètre carré de gazonnement à queue.

Les prix spéciaux de gazonnements et recouvrements de terre doivent comprendre aussi toutes mains-d'œuvre et manutentions, fournitures et indemnités accessoires, relatives à l'exécution du travail.

Cependant la Compagnie reste chargée des indemnités de terrains pour les superficies fouillées ou dégazonnées dans les limites fixées par les ingénieurs.

Pavages, empierrements, bordures, etc.

680. Les pavages de toutes sortes sont comptés au mètre superficiel chacun selon son espèce, pour fournitures, façon et entretien. Toutefois, si le nombre des pavés employés est inférieur à celui indiqué à la série, le prix du mètre carré doit être réduit en conséquence.

Le sable fourni pour l'entretien des pavages est payé au mètre cube.

Les pavés fournis pendant l'entretien, en remplacement des pavés vieux seulement, sont payés à la pièce.

681. Les empierrements sont également évalués au mètre superficiel, chacun selon son espèce.

Néanmoins, les quantités de matériaux employés doivent être constatées avant l'emploi, à titre de renseignement, par un emmétrage régulier, en cordon longitudinal, ayant les dimensions prescrites par les ordres de service de l'ingénieur de la Compagnie.

Elles doivent être en outre contrôlées, après l'emploi, par des sondages faits dans les chaussées exécutées au moment de la réception définitive. Ces sondages servent seuls de base au décompte des empierrements et toutes les fois que l'épaisseur moyenne constatée est trouvée moindre que l'épaisseur prescrite, l'ingénieur a le droit, à son choix, de le faire compléter par l'entrepreneur, ou de réduire le prix d'application du mètre carré en proportion de la différence obtenue.

En général, cependant, on accorde une tolérance de $^1/_5$ pour la craie dont le tassement n'est pas uniforme.

682. Les bordures en grès sont payées au mètre courant, d'après les prix fixés à la série, suivant leurs dimensions transversales.

Les bordures en pierres de taille de toutes formes et les bornes sont payées, soit pour le cube, soit pour les parements vus, comme la maçonnerie de pierre de taille, moyennant quoi l'entrepreneur est tenu de les mettre en place sans aucune allocation supplémentaire, même pour la fourniture du sable de fondation.

Matériaux divers pour les maçonneries.

683. Les matériaux destinés à la confection des maçonneries, et qui seront fournis sans être employés devront être mesurés, savoir :

Le sable, les menus matériaux pour béton, le moellon brut ordinaire et le moellon brut de choix, sur emmétrage fait dans les formes prescrites par l'ingénieur ; on évitera les vides dans l'emmétrage des moellons.

La chaux est mesurée dans des caisses fournies par l'entrepreneur et ayant la capacité fixée par l'ingénieur ; elle doit être tassée par de fortes secousses imprimées aux caisses ; le mesurage est payé au prix de l'emmétrage.

Les moellons de parement sont mesurés après rangement des moellons les uns sur les autres de manière à former des sortes de murs à parement bien plein. On mesure ce parement et on constate le cube après vérification de la queue des blocs.

La pierre de taille est évaluée d'après ses dimensions géométriques, relevées bloc par bloc.

Les emmétrages effectués par l'entrepreneur lui sont payés à un prix fixé à la série ; mais la Compagnie doit toujours rester libre de les faire en régie si elle le préfère.

Maçonneries diverses.

684. Les maçonneries sont toujours évaluées au mètre cube tout vide déduit.

Le béton est mesuré après l'emploi, d'après les dimensions prescrites pour la fouille ou l'enceinte qu'il remplit.

Si, par suite de circonstances exceptionnelles, on devait prévoir l'impossibilité de se rendre compte par ce moyen du cube réel mis en œuvre, le béton est mesuré d'avance au moyen de caisses de contenance déterminée ; le mesurage doit avoir lieu dans ce cas sans aucune augmentation de prix.

685. Les enrochements et blocages établis hors de l'eau ou sous moins de 50 centimètres d'eau, sont mesurés en place.

Le cube des enrochements exécutés sous plus de 50 centimètres d'eau est mesuré par l'emmétrage préalable.

686. La maçonnerie de briques à sec ou avec mortier est toujours payée au mètre cube, quelle que soit son épaisseur, en déduisant, outre les vides, le volume des matériaux de nature différente engagés dans la masse.

687. La maçonnerie de moellon brut à sec et avec mortier, et la maçonnerie des parements à joints incertains, qui est payée le même prix que la maçonnerie de moellons bruts, sont mesurées de la même manière que la maçonnerie de briques.

On applique en outre le prix spécial de la série à chaque mètre carré de parement vu.

688. Les maçonneries de parement en moellon ébauché, en moellon smillé ou en moellon piqué, sont également comptées au mètre cube, en déduisant le volume de tous les vides et des matériaux étrangers engagés dans leur masse.

Le cube des différentes maçonneries de cette espèce est déterminé d'après la surface du parement vu, en admettant, boutisses comprises, en raison des dimensions prescrites, une épaisseur réduite d'appareil, savoir :

1° D'un tiers de mètre ($0^m,333$) pour la maçonnerie de parement en moellon ébauché ou en moellon smillé ;

2° De deux cinquièmes de mètre ($0^m,40$) pour la maçonnerie de parement en moellon piqué ;

De manière que 3 mètres carrés de parement, tous vides ou matériaux d'espèce différente déduits, représentent un mètre cube de maçonnerie dans le premier cas, et que 5 mètres carrés de parement représentent 2 mètres cubes de maçonnerie dans le second.

On appliquera, en outre, comme précédemment, à chaque mètre carré de parement dûment vu, le prix correspondant de la série.

689. La maçonnerie de pierre de taille est également évaluée au mètre cube, d'après les formes réelles de la maçonnerie en œuvre, sans tenir aucun compte des déchets d'abatage résultant de l'appareil adopté, mais en comptant les évidements et les refouillements comme s'ils étaient pleins. De la sorte, à part les évidements et refouillements, toute partie de pierre enlevée pour arriver à la taille des parements, lits et joints, suivant les formes prescrites, sera considérée comme un simple déchet auquel on a eu suffisamment égard dans la composition des prix de la série.

On entend par abatage tout volume de pierre enlevé pour former des pans coupés ou des surfaces courbes, convexes, ou pour obtenir une coupe biaise ou un angle saillant.

Toute partie de pierre enlevée pour former une surface courbe, concave, ou un angle rentrant entre deux faces conservées de la même pierre, est censée constituer un évidement.

Enfin, on comprend sous le nom de refouillements toutes les parties de pierre enlevées dans le même bloc, entre trois ou un plus grand nombre de faces conservées.

On suppose toujours, lors de l'estimation des évidements ou refouillements, que la pierre a été préalablement réduite au plus petit cube possible, au moyen d'abatages convenables.

Les parements vus de pierre de taille, sont en outre payés à part au mètre superficiel.

690. *Parements vus.* — Tous les parements vus pour lesquels une allocation spéciale est accordée à l'entrepreneur sont évalués au mètre carré de surface.

On ne compte pas comme parements vus les surfaces masquées par les terres, sauf une bande horizontale de 30 centimètres de largeur le long des talus, et que l'on devra exécuter avec le même fini que le reste du parement.

En ce qui concerne la pierre de taille, il doit être établi une distinction entre les parements ordinaires et les parements de sujétion.

On ne considère comme parements de sujétion que ceux des refouillements, ceux des évidements et ceux qui forment des surfaces courbes, concaves ou convexes de moins de 30 centimètres de rayon.

691. Les prix alloués par mètre carré de parement vu comprennent, outre la préparation des matériaux, notamment dans leurs lits et joints, le ragréage et le rejointoiement ainsi que la plus-value de sujétion dans l'emploi, quand elle ne fait pas partie du prix de main-d'œuvre des maçonneries.

692. Enfin les chapes et enduits en mortier sont comptés au mètre carré par application du prix de la série. Les chapes en béton, quand il est prescrit d'en exécuter, sont payées au mètre cube.

Les enduits en plâtre sur couchis ou sur terre pour voûtes, sont payés au mètre carré, en déterminant leur superficie d'après le développement de la courbe du cintre prise dans un plan normal à l'axe de la voûte et d'après la longueur des génératrices de la douelle mesurée entre les plans des têtes, sans tenir compte d'aucun excédent. Les enduits sur terre sont payés 1/4 en sus de ceux sur couchis pour tenir compte de la sujétion des règlements et du décintrement.

Si l'on n'exige pas d'enduit, cette même sujétion est payée moyennant 1/4 du prix de l'enduit en plâtre sur couchis.

693. *Montage et descente des matériaux.* — On ne paie à l'entrepreneur le montage des matériaux que lorsqu'ils ont été élevés à plus de 8 mètres au-dessus du sol, et la descente qu'à partir de la même limite et lorsqu'elle a nécessité des appareils spéciaux.

Jusqu'à 8 mètres, le déplacement vertical des matériaux est toujours censé opéré dans les conditions ordinaires et fait, par conséquent, partie du bardage courant et de la main-d'œuvre obligatoire des maçonneries, dont les prix ont été fixés en conséquence.

Dès que le déplacement vertical à faire subir aux matériaux pour les mettre en place dépasse 8 mètres, le levage est censé exécuté au moyen d'appareils spéciaux établis sur échafaudage. Il est toujours payé au mètre cube et intégralement, c'est-à-dire en prenant la hauteur totale du montage, mesurée pour chaque bloc ou assise, depuis le niveau du sol au-dessous de l'appareil de levage jusqu'au niveau du lit inférieur de l'assise ou du bloc mis en place.

Ouvrages en charpente.

694. Tous les ouvrages en bois sont évalués au mètre cube.

Les dimensions des pièces, relevées de manière à avoir leurs longueurs et leurs sections, sont mesurées au centimètre, en négligeant toute fraction au-dessous de 5 millimètres, et en forçant la cote, c'est-à-dire en comptant pour un centimètre cube toute fraction de 5 millimètres et au dessus.

Les longueurs doivent être prises en ajoutant aux longueurs apparentes ou utiles celles des assemblages, comptés tels qu'ils ont été prévus au projet, et non tels que l'entrepreneur peut les avoir exécutés, pour sa commodité personnelle, et malgré l'autorisation qu'il en aura reçue.

Les sections seront évaluées, pour les bois en grume, au moyen du périmètre supposé circulaire, mesuré au ruban au milieu de la longueur ou, en général, dans la partie moyenne ; pour les bois équarris de toute espèce, délardés, feuillurés, on prendra les dimensions du plus petit rectangle qui pourra être circonscrit à la pièce, également en son milieu ou dans sa partie moyenne.

Quand les pièces présentent, vers la partie moyenne, des accidents ou des déformations naturelles, les dimensions de la section sont toujours mesurées en dehors de ces points ; on peut même, dans ce cas, prendre la moyenne de deux sections placées à égale distance de la partie intéressante, si cela est nécessaire pour arriver à l'exactitude.

Pour les bois convexes dans le sens de leur longueur, on prend la section au point du plus grand renflement ; pour les bois concaves, la section moyenne du plus petit prisme quadrangulaire enveloppant.

Il n'est rien réduit pour les parties de bois enlevées et évidées pour les assemblages.

Toutes ces règles s'appliquent aussi bien aux ouvrages provisoires qu'aux ouvrages définitifs ou permanents.

Mais il est bien entendu que, par ouvrages temporaires, on n'entend que ceux qui ne font pas partie des faux frais de l'entreprise, et sont prescrits par ordre écrit des ingénieurs, avec projet à l'appui. Tels sont, par exemple, les batardeaux, les cintres des voûtes et les ponts provisoires nécessaires pour le maintien des voies de communication, en attendant l'activement des ouvrages d'art qui les traversent.

Au contraire, les ponts de service nécessaires seulement pour le passage des ouvriers et des matériaux de l'entreprise, les appareils de levage des matériaux, les étais, barrières, planchers, hangars, magasins, bâtis pour installation d'engins ou appareils quelconques, et généralement tous les ouvrages temporaires, sont implicitement compris dans la série, et restent à la charge de l'entrepreneur.

Pour les bois en grume, notamment pour les pieux de fondations, les dimensions en seront prises avant l'emploi. On tolèrera un excédent de 1/10 sur les dimensions prescrites au projet, à cause de la difficulté qu'il y a à avoir les dimensions rigoureusement demandées avec ces sortes de bois.

Ponts et charpentes métalliques. Ferronnerie.

695. Tous les fers, fontes, etc., composant les ouvrages métalliques ou accessoires, sont payés au poids et classés en diverses catégories dont les prix diffèrent.

Les pièces de fer ou de fonte devront donc avoir non seulement les dimensions indiquées au projet, mais le poids correspondant à 1/20 près en plus ou en moins. On admet pour le poids du mètre cube de fer 7 800 kilogrammes, et pour la fonte 7 200 kilogrammes. Si les pièces présentent un poids supérieur à la limite de tolérance ci-dessus, elles seront acceptées sans que l'entrepreneur ait le droit de toucher l'excédent qui ne lui a pas été commandé; dans le cas inverse, ces pièces seront refusées.

Les boulons, chaînettes, tire-fonds, gros clous, etc., sont comme le reste, payés au poids, mais on devra en outre avoir bien soin d'en vérifier le nombre, sinon pour la totalité, au moins pour une partie importante de la fourniture. On pourra d'ailleurs ensuite estimer le poids à porter en compte par le nombre des pièces effectivement mises en place.

Seules les vis à bois sont payées à la pièce suivant leurs dimensions.

Les prix de la série comprennent la fourniture et la pose pour les fers fournis par l'entrepreneur, et la pose seule pour ceux qui sont fournis par la Compagnie; ils comportent le perçage, l'entaillage, l'ajustage, etc., et, en général, toutes les manutentions et opérations nécessaires pour les mettre complètement en œuvre.

Pour les ferrures de charpentes, seront donc comprises toutes les préparations à faire subir aux bois sur lesquels elles doivent s'adapter; ces bois seront donc eux-mêmes classés sans avoir égard à la main-d'œuvre relative à la pose des fers et fontes.

Après chaque emploi de ferrures fournies par l'entrepreneur, il lui est alloué, à titre de dépréciation, poses et déposes, pour les ferrures des charpentes temporaires, le tiers de la valeur portée à la série pour les ferrures de même espèce, selon leur classement, à l'exception des clous et pointes de toutes espèces, qui sont toujours censés faire partie des faux poids et par conséquent ne doivent pas faire l'objet d'une tarification spéciale.

Peinture. Goudronnage.

696. La peinture et le goudronnage sont toujours évalués au mètre superficiel et par couches, ou un prix ferme pour un nombre de couches déterminé.

Dans certains cas, la peinture à l'huile est comptée, soit au mètre carré, soit au mètre linéaire, soit à la pièce, suivant les cas prévus à la série.

§ X. — *SURVEILLANCE ET MARCHE DES TRAVAUX.*

Rapport hebdomadaire.

697. Les travaux suivis et surveillés par le personnel, comme il a été expliqué déjà précédemment, font l'objet d'un rapport hebdomadaire destiné à renseigner exactement l'ingénieur, et d'un décompte mensuel permettant de rembourser à l'entrepreneur une partie des avances qu'il a faites.

Ce rapport hebdomadaire, dressé sur des imprimés spéciaux et dont le libellé varie peu avec les Compagnies, comporte une feuille pour chaque travail, tranchée ou ouvrage d'art, et un rapport récapitulatif du chef de section. Ce dernier donne le cube prévu, le cube effectué pendant la semaine, le cube restant à faire et le cube total quand le travail est terminé; en outre, le nombre moyen d'ouvriers, de chevaux et de wagons par jour de travail.

Pour les terrassements, ce sont les cubes de l'avant-métré qui doivent être inscrits dans la colonne du cube total prévu. Quand un lot commence en effet, on n'a d'autre guide que cet avant-métré; c'est lui qu'il faut suivre, en portant dans la première colonne ayant généralement pour titre: *désignation des chantiers*, tous les déblais, tranchées, emprunts, déviations, que comporte le dit avant-métré.

Les enquêtes amènent quelquefois des modifications; là où il n'y avait pas de déviation, il s'en produit une, ou inversement, une déviation disparaît qui avait été prévue, un ouvrage change de nature, c'est un passage inférieur ou supérieur au lieu d'un passage à niveau, etc.

On ne cesse pas d'indiquer pour mémoire la déviation supprimée en lui affectant le cube de l'avant-métré dans la colonne du cube prévu; mais on indique, en outre, les déviations nouvelles, également avec leurs cubes.

Le rapport se maintient ainsi jusqu'à ce que le travail soit assez avancé pour qu'on puisse calculer exactement le cube réel d'une tranchée ou d'une déviation. Alors, et alors seulement, le *cube réel* remplace le cube prévu.

Le même principe s'applique aux ouvrages d'art. Tant qu'un ouvrage n'est pas attaqué ou bien se trouve en cours d'exécution en un point d'avancement tel qu'on ne pourra pas en donner le cube exact, ce sera le cube de l'avant-métré qui sera porté dans la colonne du cube prévu, pour les briques, moellons, pierres de taille, béton, etc. On remplacera ces chiffres par le *cube réel*, aussitôt que l'ouvrage sera terminé ou assez avancé pour qu'on puisse estimer ce cube.

698. *Profil d'avancement.* — Au rapport hebdomadaire est toujours joint un profil en long à petite échelle sur lequel le chef de section indique par des tirets le degré d'avancement des travaux exécutés, ouvrages d'art ou terrassements. Après en avoir pris connaissance, l'ingénieur en fait reporter à son bureau les données sur un profil identique qu'il conserve, puis il le retourne à la section. C'est pourquoi cette pièce prend souvent le nom de *profil voyageur*.

699. *Inventaire des sections.* — Chaque bureau détaché devant être muni de son mobilier et de ses instruments, l'agent qui en est le chef devra dresser et remettre à l'ingénieur un inventaire complet de l'ensemble. Cet inventaire devra être dressé en double expédition, vérifié par le chef de section, et signé de l'agent qui prend les objets en charge. Tous les ans, à époque fixe, dans les premiers jours de janvier, par exemple, cet inventaire est contrôlé et modifié. On y ajoute les nouveaux objets qui ont pu devenir indispensables, et on y supprime ceux qui ont été usés ou perdus, en justifiant ces disparitions. Tout cela se fait toujours en double exemplaire, adressé à l'ingénieur qui en garde un, et renvoie l'autre à l'agent intéressé.

Il est formellement interdit de prêter à qui que ce soit les instruments de la Compagnie ; c'est le meilleur moyen d'éviter bien des désagréments.

Précautions à prendre sur les travaux.

700. Quoique tous les accidents soient le plus souvent l'objet d'une indemnité due par l'entrepreneur, il va de soi qu'il y a lieu de les éviter à tout prix. Le personnel de la Compagnie veillera sans cesse à ce que toutes les précautions soient prises par l'entrepreneur pour les prévenir, aussi bien pour les ouvriers que pour les travaux. L'ingénieur et ses agents prescriront donc les mesures qui leur paraîtront nécessaires, et s'assureront qu'elles ont été exécutées ; nous signalerons entre autres :

La défense absolue de faire des maçonneries pendant la gelée, les mortiers gelés ne tenant pas ;

L'interdiction de ne jamais enterrer de glace ni de neige dans les remblais ; cette eau gelée venant ensuite à fondre peut entraîner, comme nous le savons, la chute du remblai tout entier ;

D'empêcher les fouilles en porte-à-faux ;

D'exiger que les galeries d'attaque ou *cunettes* où passent les tombereaux ou les wagons, soient assez larges pour que ces véhicules ou les chevaux qui les remorquent n'atteignent pas les ouvriers voisins ;

D'interdire l'emploi d'échafaudages trop faibles ou de cordages usés par un long service ;

De faire bien assurer toutes les précautions ordonnées pour l'emploi des mines, particulièrement de ne jamais employer d'instruments, bourroirs, etc., en fer ; que l'allumage ne se fasse qu'après un avertissement crié à très haute voix ou annoncé à la trompe, et après s'être assuré que tous les ouvriers se sont retirés dans des abris sûrs ou à une distance minimum de 80 mètres.

Lorsqu'il fera très froid et que les travaux devront continuer quand même, l'ingénieur pourra exiger de l'entrepreneur qu'il fasse faire du feu pour réchauffer les ouvriers.

Clôtures.

701. Le chemin de fer doit être sur tout son parcours muni de clôtures en conformité de l'article 20 du Cahier des charges-type, emprunté lui-même à l'article 4 de la loi du 15 juillet 1845 ; l'Administration devant déterminer « pour chaque ligne, le mode de cette clôture et pour ceux des chemins qui n'y ont pas été assujettis l'époque à laquelle elle devra être effectuée ».

Les clôtures généralement adoptées par les Compagnies et approuvées par l'Administration sont des haies vives ou des treillages en échalas et fil de fer. Dans l'intérêt de la viabilité, et pour prévenir autant que possible d'une part, les actes de malveillance et, d'autre part, l'invasion des bestiaux sur la voie, il eût peut-être été convenable d'adopter des clôtures véritablement défensives, telles que les palissades en charpente d'environ 1m,35 de hauteur, établies aux abords des gares importantes. Mais la pratique a démontré que le service et la sécurité de l'exploitation ne motivaient nullement la forte dépense qu'aurait entraînée la confection de semblables barrières ou de tout autre système équivalent, et l'on y a naturellement renoncé.

Certains propriétaires riverains, qui désiraient s'affranchir avant tout de la garde de leurs animaux, ont seuls présenté des réclamations à cet égard ; mais ces réclamations ont toujours été repoussées par le Conseil d'État, en arguant que la clôture adoptée avait été approuvée et jugée suffisante par le Contrôle.

L'article 61 de l'ordonnance du 15 novembre 1846 défend en effet à toute personne étrangère au chemin de fer d'y introduire des chevaux, bestiaux ou animaux d'aucune espèce. La contravention est passible d'une amende de 16 à 3 000 fr. et même d'une amende double et de trois jours à un mois de prison en cas de récidive.

Mais il est clair que le plus généralement, les bestiaux ne sont pas introduits, mais qu'on les a laissés s'introduire sur la voie ferrée. Il a donc été définitivement résolu à la suite des avis divergents exprimés par divers tribunaux, que, lorsque l'introduction des animaux n'a pas été *volontaire* de la part des prévenus, il n'y avait pas lieu à poursuite correctionnelle en vertu des articles précités. Ces faits sont considérés comme rentrant sous les applications des règlements de grande voirie. Nous rappellerons à ce sujet l'article 2 de la loi du 15 juillet 1845, qui est fondamental :

Art. 2. — Sont applicables aux chemins de fer, les lois et règlements sur la grande voirie, qui ont pour objet d'amener la conservation des fossés, talus, levées et ouvrages d'art dépendant des routes, et d'interdire sur toute leur étendue le passage des bestiaux et les dépôts de terre et autres objets quelconques.

Il y a d'ailleurs très peu d'exemples de déraillements causés par les bestiaux, les animaux seuls sont ordinairement tamponnés par la machine et projetés hors de la voie en assez pitoyable état.

Les propriétaires, qui, comme nous l'avons dit plus haut, sont seuls répréhensibles et doivent guider leurs bestiaux, sont considérés comme suffisamment punis par la perte qu'ils subissent et qu'ils doivent supporter entièrement. Les tribunaux en ont toujours décidé ainsi.

Quant aux accidents de personnes occasionnés par des bestiaux qui se seraient introduits sur la voie, ils sont encore plus rares, et nous ne pourrions pas en citer un exemple. Dans tous les cas, la responsabilité civile en cette matière est tout à fait une question de droit commun à apprécier par l'autorité judiciaire, en vertu de l'article 1385 du Code civil ainsi conçu :

« Le propriétaire d'un animal, ou celui qui s'en sert pendant qu'il est à son usage, est responsable du dommage que l'animal a causé, soit que l'animal fût sous sa garde, soit qu'il se fût égaré ou échappé. »

Il n'est pas sans intérêt de faire remarquer que les propriétaires riverains, qui considèrent comme une servitude l'obligation de garder leurs bestiaux, sont en mesure, au moment des expropriations, de réclamer au besoin soit une indemnité pour établir eux-mêmes une clôture défensive, soit tout autre dédommagement.

702. *Divers systèmes de clôtures sèches.* — On a employé divers systèmes de clôtures : clôture en treillage à la mécanique s'appuyant sur des poteaux espacés de 1m,20 à 1m,30; clôture en échalas fixés sur des lisses fixées elles-mêmes à des poteaux comme ci-dessus ; clôture à deux ou trois lisses fixées sur des poteaux ; clôture en fils de fer (quatre ou six fils) fixés sur des poteaux et munis de tendeurs.

Toutes ces clôtures ont environ $1^{m},20$ de hauteur et sont généralement destinées à être remplacées par des haies vives.

La durée de ces clôtures sèches (châtaignier ou acacia) est d'environ dix ans. Leur prix varie de $0^{f},75$ à 2 francs le mètre courant, selon l'importance des pièces de bois qui les composent. La dépense annuelle d'entretien est de $0^{f},15$ par mètre courant de voie.

703. *Clôtures en haies vives.* — Les haies vives qui doivent remplacer généralement les clôtures sèches sont plantées à $0^{m},50$ en-deçà des clôtures. Elles sont souvent établies et entretenues par des entrepreneurs spéciaux ; leur prix n'est guère inférieur à celui des clôtures sèches.

Elles se composent quelquefois de haies vives composées de brins de marsaulx garnis d'échalas plantés en terre et réunis par une lisse. Sur d'autres points elles constituent de véritables plantations. Le plus souvent, aujourd'hui, ces haies sont composées d'aubépines, qui réussissent très bien, même dans les terrains de vallées : en dix ans, quand le treillage est pourri et tombe en ruines, elles ont généralement acquis un développement considérable.

Ces haies doivent être échenillées à chaque printemps, et les insectes, avec leurs toiles, brûlés aussitôt après l'opération avec les précautions voulues pour prévenir tout accident (circulaires du 19 décembre 1848 et du 14 mars 1849).

704. *Dégradations de clôtures.* — Le dommage causé aux clôtures rentre dans la juridiction administrative, surtout quand la contravention est involontaire et doit être imputée à une simple négligence. Les anciens règlements de grande voirie sont alors applicables. Ainsi l'article 40, titre II, de la loi des 2 septembre-6 octobre 1791 prévoit le cas où les riverains endommageraient les chemins publics *de quelque manière que ce soit*, ce qui semble comprendre implicitement la dégradation de la clôture par le fait de bestiaux mal gardés par exemple. La peine encourue, en outre de la réparation du dommage, est une amende de 3 à 24 livres.

Lorsque la contravention est le résultat d'un fait volontaire, le délinquant doit être poursuivi en vertu de l'article 456 du Code pénal, ainsi conçu :

Quiconque aura en tout ou en partie détruit des clôtures, de quelques matériaux qu'elles soient faites, coupé ou arraché des haies vives ou sèches, sera puni d'un emprisonnement qui ne pourra être au-dessous d'un mois, ni excéder une année, et une amende égale au quart des restitutions et des dommages-intérêts, qui dans aucun cas ne pourra être au-dessous de 50 centimes.

705. *Escalade des clôtures.* — Les clôtures telles qu'elles ont été établies ne sont pas faciles à franchir et il y a quelque danger à le faire. Elles opposent donc un obstacle suffisant aux individus qui n'auraient d'autre but que de raccourcir le trajet à effectuer pour sortir de la gare. A ce point de vue, elles empêchent les accidents ; de plus, elles peuvent jusqu'à un certain point former obstacle à un acte de malveillance. Les clôtures en treillage à la mécanique et en échalas sont considérées comme les plus défensives parce qu'il faut les couper pour pénétrer sur la voie. Il n'en est pas de même de celles en fil de fer ou à lisses qui livrent facilement passage tout en opposant plus de résistance à l'introduction des bestiaux.

Le fait d'escalade de clôtures suivi d'introduction et de circulation irrégulière dans l'enceinte du chemin de fer constitue une infraction à l'article 61 de l'ordonnance du 15 novembre 1846. L'amende encourue varie de 16 francs à 3 000 francs.

L'escalade a lieu quelquefois en sens contraire, quand un voyageur, par exemple, pour éviter le contrôle des billets, quitte l'enceinte du chemin de fer en franchissant la haie. Dans ce cas, il y a circulation irrégulière et interdite sur la voie, puisque ce voyageur ne suit pas l'itinéraire prescrit.

Le tribunal de Mâcon, le 8 février 1851, a condamné pour ce motif deux voyageurs à 1 franc d'amende.

Terminons en faisant remarquer que les chemins de fer d'intérêt local sont dispensés de toute clôture.

Réception des travaux.

706. Les travaux achevés sont reçus par le service de contrôle d'après les règles formulées au Cahier des charges dans les articles suivants :

Art. 28. — A mesure que les travaux seront terminés sur les parties de chemins de fer susceptibles d'être livrées utilement à la circulation, il sera procédé, sur la demande de la Compagnie, à la reconnaissance et, s'il y a lieu, à la réception provisoire de ces travaux par un ou plusieurs commissaires que l'Administration désignera. Sur le vu du procès-verbal de cette reconnaissance, l'Administration autorisera, s'il y a lieu, la mise en exploitation des parties dont il s'agit. Après cette autorisation, la Compagnie pourra mettre lesdites parties en service et y percevoir les taxes prévues. Toutefois, ces réceptions partielles ne deviendront définitives que par la réception générale et définitive du chemin de fer.

Art. 29. — Après l'achèvement total des travaux, dans le délai qui sera fixé par l'Administration, la Compagnie fera faire à ses frais un bornage contradictoire et un plan cadastral du chemin de fer et de ses dépendances. Elle fera dresser également à ses frais et contradictoirement avec l'Administration un état descriptif de tous les ouvrages d'art qui ont été exécutés ; ledit état accompagné d'un atlas contenant les dessins cotés de tous lesdits ouvrages.

Une expédition dûment certifiée des procès-verbaux de bornage, du plan cadastral, de l'état descriptif et de l'atlas sera dressée aux frais de la Compagnie et déposée dans les archives du Ministère.

Les terrains acquis par la Compagnie postérieurement au bornage général, en vue de satisfaire aux besoins de l'exploitation, et qui, par cela même, deviendront partie intégrante du chemin de fer, donnent lieu, au fur et à mesure de leur acquisition à des bornages supplémentaire, et seront ajoutés sur le plan cadastral ; addition, sera également faite sur l'atlas de tous les ouvrages d'art exécutés postérieurement à sa rédaction.

Cette réception officielle est naturellement précédée d'une réception des travaux de l'entrepreneur par la Compagnie elle-même.

707. *Réception provisoire des travaux. — Nettoyage des chantiers.* — Aussitôt l'achèvement des travaux, il doit être procédé à une réception provisoire par l'ingénieur en chef ou son représentant, en présence de l'entrepreneur. Celui-ci doit être dûment convoqué par écrit; procès-verbal sera dressé de cette réception, et l'absence de l'entrepreneur y sera mentionnée si elle se produit.

La Compagnie peut, d'ailleurs, si elle le juge utile, procéder, au courant même des travaux, à la réception partielle des ouvrages achevés.

Aussitôt après l'achèvement de chaque ouvrage, l'entrepreneur doit, à ses frais, enlever les échafaudages, ponts de service et autres ouvrages temporaires, faire enlever tous les matériaux rebutés ou en excès, et les décombres qui seraient déposés sur les voies de communication et entraveraient la circulation ou obstrueraient les cours d'eau.

Il doit en outre, dans le délai de trois mois comptés de la réception provisoire, faire place nette sur les terrains de la Compagnie et sur ceux qu'il aurait été autorisé à occuper temporairement. Sinon il y sera pourvu d'office et à ses frais.

L'entrepreneur restant garant de la bonne exécution et chargé de l'entretien jusqu'à la réception définitive, il aura des cantonniers en nombre suffisant et les matériaux nécessaires pour entretenir les terrassements, pavages et empierrements, pour en maintenir les profils et renouveler les parties usées par le roulage.

708. *Réception définitive.* — Après l'expiration du délai de garantie, on procède à la réception définitive.

Cette réception se fait dans les mêmes formes que la réception provisoire à dater de laquelle court le délai de garantie.

Ce délai, nous le rappelons, est généralement fixé dans le marché. Sinon on adopte, le plus souvent, huit mois pour les terrassements, les chemins empierrés et les voies ferrées, et dix-huit mois pour tous les ouvrages d'art. Ce sont des maximums que la Compagnie aura toujours le droit de réduire si bon lui semble. Pendant tout ce temps, l'entrepreneur sera responsable de ses ouvrages et sera tenu de les entretenir à ses frais.

Si, au moment de la réception définitive, il est reconnu que certains ouvrages ne se présentent pas dans des conditions satisfaisantes, le délai de garantie est prolongé jusqu'à ce que l'entrepreneur ait effectué les réparations nécessaires. Ou bien la Compagnie fait exécuter elle-même ces travaux d'office, aux frais et pour le compte de l'entrepreneur.

Les travaux dépendant de l'Administration publique, comme les routes, chemins, cours d'eau ouverts, déviés ou modifiés par suite de l'exécution du chemin de fer, devront d'abord être reçus par les fonctionnaires chargés de ces services. Ensuite, la Compagnie en fait elle-même la réception définitive.

Après l'expiration du délai de garantie, l'entrepreneur ne peut plus se prévaloir des autorisations administratives qui lui auront été données pour l'occupation temporaire des terrains sur lesquels il aura établi ses chantiers, magasins, etc.

Décomptes provisoires et définitifs. — Attachements.

709. Tous les mois, un décompte sommaire des travaux exécutés est arrêté dans chaque section et le montant en est versé à l'entrepreneur à l'exception de la retenue de garantie, généralement fixée au dixième du montant du décompte. Un dernier décompte ou *décompte définitif*, établi alors avec la plus grande exactitude, lui restitue le solde dû à l'expiration des travaux.

Le règlement des comptes se fera en appliquant les prix du marché aux quantités résultant des métrés et attachements authentiques dûment signés par les deux parties.

Les ouvrages seront évalués conformément aux règles de la géométrie, en suivant la valeur légale des poids et mesures, d'après leur nature, leurs formes, leurs dimensions ou leur poids réel en œuvre, en n'admettant toutefois que ce qui a été fixé par les projets des ingénieurs ; si l'entrepreneur a de son chef et sans ordres fait des additions, il ne lui en sera tenu aucun compte ; on lui retiendra au contraire toutes les diminutions, en admettant qu'elles ne compromettent pas la solidité de l'ouvrage, dans lequel cas il peut être obligé de démolir pour reconstruire aux dimensions du projet.

L'entrepreneur ne peut, dans aucun cas, invoquer en sa faveur, les us et coutumes de la région pour les métrés et pesages.

Tous les prix de la série accompagnant le marché comprennent implicitement ou explicitement les frais, les faux frais et le bénéfice. L'entrepreneur ne pourra donc et à aucune époque revenir sur ce prix, sous prétexte d'erreur ou d'omission dans la composition des sous-détails. Il a dû d'ailleurs s'en rendre compte à l'avance et vérifier avant de soumissionner les bases de tous les prix adoptés.

Le dernier dixième ne sera payé à l'entrepreneur qu'après la réception définitive de tous ses travaux. Si la Compagnie juge à propos de faire des réceptions partielles, la retenue de garantie sera réduite s'il y a lieu, de manière à ne pas dépasser le dixième des travaux terminés et non encore reçus.

La Compagnie peut exiger, avant paiement, que l'entrepreneur justifie de l'accomplissement de ses obligations, entre autres qu'il a bien réglé les frais d'indemnités qu'il peut devoir pour occupation temporaire.

710. *Métré.* — Le métré consiste à évaluer tous les éléments pouvant servir de base au règlement des dépenses par application du tarif.

Les travaux sont payés suivant leur nature et comme nous l'avons vu dans les chapitres précédents :

Au *mètre linéaire*, comme les bordures de trottoir, rejointoiements ;

Au *mètre superficiel*, comme les parements, peintures, etc. ;

Au *cube*, comme la maçonnerie courante ;

Au *poids*, comme les ouvrages en fer.

Il y a donc lieu de mesurer sur place pendant l'exécution toutes les dimensions en longueur, largeur et épaisseur, pouvant donner lieu à une surface ou à un cube. En outre, des pesées après vérifications des dimensions prescrites, et les pièces achevées, rivées, etc., serviront à évaluer les fers et fontes, ou autres matériaux qui se paient au poids.

Tous ces métrés doivent se faire contradictoirement avec l'entrepreneur ou un agent accrédité par lui ; on pourra cependant éviter de mesurer les quantités qui n'auront subi aucune modification et seront établies rigoureusement d'après les données du projet. On devra, dans ce cas, faire quand même signer à l'entrepreneur un attachement indiquant que l'ouvrage ou portion d'ouvrage est *conforme au projet*.

Toutes ces évaluations sont faites sur des bases arrêtées pendant la période d'exécution, ce qu'on appelle, nous le savons, des *attachements*.

Attachements.

711. Le mot d'*attachement* provient probablement de ce fait que, une fois relevé et signé, il lie l'une à l'autre les deux parties qui en ont fait le relevé contradictoire, la Compagnie et l'Entrepreneur.

Les attachements ont surtout pour but de recueillir les données propres à déterminer les changements en plus ou en moins apportés suivant les besoins aux projets, les ouvrages imprévus, ou qui par nature ne peuvent à l'avance recevoir des dimensions invariables, comme les fondations d'ouvrage par exemple, enfin toutes les journées d'ouvriers et fournitures faites pour travaux en régie.

Ces attachements sont relevés conformément à une instruction qui se trouve en tête du carnet où on en consigne les éléments. Ils sont accompagnés de plans, profils et croquis cotés toutes les fois que cela est nécessaire. Les employés de la Compagnie les relèvent de leur propre mouvement ou sur la demande des commis de l'entreprise.

Les carnets doivent rester autant que possible dans le bureau du chef de section qui fera bien dans tous les cas d'en avoir toujours une copie en double, car, s'il venait à être perdu, cela serait de la dernière gravité pour le règlement des décomptes définitifs, et l'on se trouverait dans un grand embarras.

L'entrepreneur devra donc passer ou envoyer un commis tous les jours pour en prendre connaissance et en signer les feuillets : de la sorte il sera toujours au courant de la manière dont les attachements sont tenus, il pourra noter les omissions, contrôler les retards, et faire le nécessaire au besoin pour faire cesser ces irrégularités si elles se présentent. Il ne doit pas hésiter, s'il le faut, à en appeler à l'ingénieur de la négligence des agents à bien tenir au courant leur carnet. Un délai de dix jours lui est accordé pour faire toutes réclamations à ce sujet concernant les attachements mal ou point relevés. A défaut de cette réclamation présentée en temps opportun par pièces dûment écrites, les attachements seront censés acceptés par l'entrepreneur, quand bien même il ne les aurait pas signés, soit personnellement, soit par l'intermédiaire d'un de ses commis. En cas d'insuffisance des carnets, il sera procédé au règlement de compte, sur les bases arrêtées en dernier ressort par l'ingénieur en chef de la Compagnie. Tout ce qui est porté au carnet d'attachement n'est pas de droit admis au règlement, il n'y a que les documents concernant des travaux dus par le marché. En un mot l'inscription sur le carnet ne constitue pas titre pour l'entrepreneur ; mais aucune réclamation de ce dernier n'est admise que si elle a été l'objet d'une constatation sur le carnet à l'époque où la vérification pouvait en être faite sur place sans difficulté.

Il est inutile d'insister sur l'utilité de ces attachements. Ainsi, pour les ouvrages d'art, indépendamment des plans dressés pendant la période des études et complétés par le projet correspondant, il est d'usage, avant d'attaquer un ouvrage, une déviation, etc., de faire un nivellement du terrain, soit par plan coté, soit par profils, suivant les cas.

Pour les grands terrassements du corps même du chemin de fer, cela ne se fait pas, et on se base sur les profils en long et en travers, délivrés à l'entrepreneur lors de l'attaque des travaux. Mais pour tous les travaux de détail ce nivellement fait contradictoirement avec l'entrepreneur au moment de l'attaque est indispensable : il doit être ensuite relevé avec soin soit sur un carnet spécial, soit sur une feuille de papier à dessin, et signé de l'entrepreneur qui en accepte les cotes après vérification s'il le désire. On a ainsi une base excellente et à l'abri de toute discussion ultérieure, pour estimer le cube de la fouille ou des remblais exécutés, en ayant soin de faire la même opération lorsque ce travail est terminé. C'est en cela que consiste essentiellement l'attachement relevé.

Une série d'attachements bien tenus constitue le bagage le plus précieux au moment du règlement des comptes, et l'on peut dire que c'est le critérium de la bonne marche d'une section ; il ne faut pas craindre d'en relever et sous tous les prétextes : ce sont les plus inutiles en apparence, à l'origine, qui rendent quelquefois le plus de services au dernier moment.

C'est le plus souvent le surveillant des travaux qui relève les attachements : il doit donc savoir lire, écrire, compter et faire un croquis élémentaire.

Le chef de district relève ce que le surveillant n'a pas été en état de prendre, et tous sont consignés sur un carnet spécial dit *carnet d'attachements*, où les renseignements présentent une double forme : sur une page, sont les chiffres devant fournir les quantités à évaluer, et sur la page en regard les croquis explicatifs, s'il y a lieu.

Chaque attachement est signé du conducteur ou du chef de district qui l'a relevé, contresigné par le chef de section et encore signé par l'entrepreneur pour acceptation. Souvent l'entrepreneur signe *avec réserve*, se ménageant ainsi des réclamations possibles pour l'avenir, et détruisant par ces simples mots toute la valeur de sa signature. Il ne faut jamais accepter cette manière de faire et exiger de l'entrepreneur une contre-vérification contradictoire *immédiate*, s'il oppose la moindre objection. Cette vérification pourrait, en effet, sans cela, être fort difficile, plus tard, lorsque les travaux sont terminés.

Les attachements devront être pris en aussi grand nombre que possible, même quand les ouvrages sont exécutés suivant les projets, et n'ont subi aucune modification. Il n'en coûte pas beaucoup de faire signer une ligne rappelant que l'ouvrage est conforme au projet, et cela peut éviter bien des difficultés inattendues.

En dehors de cela, on y relèvera naturellement tout ce que ne pouvaient prévoir les projets primitifs : les terrains sont indiqués par les sondages, aussi bien dans les tranchées que dans les fouilles d'ouvrages d'art; les anciens travaux rencontrés dans les fouilles, les quantités de matériaux employés à la confection des mortiers, bétons, etc., avec leur provenance, (fouilles de la ligne, carrières, etc.), le nivellement des emprunts, des dépôts, avant et après l'exécution des déviations, dérivations, etc.

Le carnet d'attachements où les renseignements sont ainsi inscrits au jour le jour, sans aucun autre ordre que l'ordre chronologique, est un des documents les plus précieux pour l'avenir, et celui pour lequel l'ingénieur et le chef de section doivent exiger le plus de soins des agents.

Ce carnet renfermera également le nombre de sacs de chaux et de brouettes de sable ainsi que la quantité d'eau employée à la fabrication des mortiers.

Si le sable est lavé, on notera encore la quantité de sable qui a subi cette opération et le nombre d'heures employées.

On notera enfin avec soin les fournitures de chaux faites à l'entrepreneur, et les épreuves auxquelles elles ont été soumises, ainsi que les mortiers qu'on a fabriqués, etc. etc.

712. *Décomptes mensuels.* — Nous avons dit que la coutume est de dresser, le 25 de chaque mois, un état estimatif des travaux exécutés, afin de verser à l'entrepreneur un acompte sur les sommes totales qui doivent lui revenir.

L'entrepreneur pourra demander la rectification d'un de ces décomptes lorsqu'il constatera qu'il est trop faible de plus du dixième de la valeur des travaux exécutés.

Dans tous les cas, ces décomptes mensuels ne sont que *provisoires*, et rien de ce qu'ils comportent ne peut valoir titre pour le décompte définitif où tous les articles sont examinés à nouveau à fond et sans tenir compte de la manière exacte ou non dont ils ont pu figurer sur le décompte mensuel.

Les paiements d'acomptes suivront à date fixe le dépôt des décomptes provisoires, sauf retenue pour la garantie et la caisse de secours, comme il a été dit précédemment. Ce payement a généralement lieu le 15 du mois suivant et après que l'entrepreneur justifie qu'il a fait sa dernière paye.

Il est accordé également des acomptes sur les matériaux approvisionnés par ordre sur les chantiers, mais seulement suivant les compagnies, jusqu'à concurrence des trois ou quatre cinquièmes de leur valeur, déterminée par une réception provisoire. Il faut avoir soin dans les instructions mensuelles d'estimer autant que possible au-dessous de la réalité les travaux faits, les méthodes approximatives que l'on emploie pour l'autorisation des ordres exécutés donnant toujours des résultats majorés. L'entrepreneur n'y perdra rien d'ailleurs, puisque le règlement définitif rétablira toujours normalement les choses. Il faut seulement ne pas réduire trop, afin de ne pas priver l'entrepreneur des sommes dont il peut avoir besoin, et qui, dans tous les cas, portent intérêt.

On peut se rendre un compte suffisamment approché de ces résultats en consultant le mouvement de terre préparé à l'avance et voyant à quel profil en travers on s'est arrêté, à quel point en sont les déviations, dérivations extérieures, etc. Quelques mesures relevées sur place dans les endroits douteux compléteront ces renseignements au besoin.

On peut encore compter le nombre de brouettes, tombereaux ou wagons, dont la contenance est connue, sortis de chaque tranchée ; les rapports hebdomadaires doivent les donner exactement, et on en conclura les cubes correspondant, en tenant compte du foisonnement connu, ce cube se payant toujours à l'entrepreneur au volume de la fouille. Mais ce moyen est très imparfait ; on fera bien de ne l'employer que pour contrôler l'autre, car des erreurs peuvent se glisser aisément dans les comptages, et les véhicules, quels qu'ils soient, ne sont jamais bien également chargés.

713. *Décompte définitif.* — Les travaux terminés, on établira les métrés et estimations conduisant à l'évaluation de la somme à payer conformément au marché. On fera bien même, si l'on peut en trouver le temps, de dresser le décompte définitif de tout ouvrage terminé, lorsque tout le personnel a encore les choses fraîches dans la mémoire. On y gagne ainsi en rapidité et en facilité ; il ne faut cependant pas que la surveillance courante puisse en souffrir.

Le décompte une fois établi, l'entrepreneur est appelé à en prendre connaissance ainsi que de toutes les pièces qui ont servi à sa rédaction. Il peut même prendre copie de tout ou partie du dossier, mais au bureau de l'ingénieur ou du chef de section, et sans déplacement.

Il a un délai de vingt jours pour examiner toutes les pièces et faire par écrit ses observations, s'il y a lieu ; passé ce délai, le décompte sera censé accepté par lui, quand bien même il ne l'aurait pas signé, ou signé avec réserve, mais sans spécifier le motif des réserves ni formuler le chiffre de ses prétentions.

Après l'accomplissement de ces formalités, le décompte partiel ou total est adressé à l'ingénieur en chef, qui doit se réserver le droit d'y faire toutes les rectifications qu'il jugera convenables. Ces rectifications sont présentées à l'entrepreneur qui devra produire ses observations, s'il y a lieu, dans les mêmes formes et délais que plus haut, et sans pouvoir opposer à la Compagnie aucune fin de non recevoir, basée sur le premier travail.

Le solde du décompte définitif sera payé, comme les estimations mensuelles, dans le mois qui suit l'acceptation du règlement et du décompte, si la réception définitive a été prononcée ; sinon, dans le mois qui suivra cette réception.

Si la Compagnie est en retard dans ses payements, il est tenu compte à l'entrepreneur de l'intérêt des sommes dues au taux de 3 0/0 l'an, avec faculté pour la Compagnie de déposer à la caisse des Dépôts et Consignations les sommes qu'elle reconnaîtrait devoir.

Travaux sur les lignes en exploitation.

714. Les travaux sur les lignes en exploitation demandent des précautions spéciales pour ne pas interrompre la circulation des trains, et pour éviter les accidents au personnel d'exécution.

La première chose à faire est de donner aux entrepreneurs, tâcherons, ouvriers, les heures des passages des trains, avec consigne absolue d'évacuer la voie ou de se tenir suffisamment à l'écart au moment d'un de ces passages.

Le travail sera en outre forcément gêné par la difficulté d'introduire des chevaux ou des voitures en dedans des clôtures du chemin de fer, d'intercepter ou d'encombrer, même momentanément, les voies de l'exploitation. On aura donc beaucoup moins ses aises pour déposer les matériaux, faire circuler les wagons de terrassements sur les voies, etc. Cependant, cette interdiction absolue sera quelquefois difficile à ne pas lever, au moins temporairement ; ce à quoi l'on devra tenir la main, c'est que rien de pareil ne se produise sans un ordre spécial et *écrit* de l'ingénieur.

Dans l'exécution des travaux n'interceptant pas les voies, il ne devra jamais être déposé sur celles-ci, ou à proximité, des brouettes, madriers, outils, matériaux, pouvant les obstruer ou être atteints par les marchepieds des voitures ou par les bielles et cendriers de la machine.

Pour assurer l'exécution de cette prescription, ainsi que de toutes les autres faisant l'objet de ce chapitre, les entrepreneurs doivent désigner et accréditer, auprès du chef de section, pour chaque chantier, un surveillant sachant lire et écrire, chargé en leur absence de la responsabilité du chantier et de l'exécution des ordres des agents de la Compagnie.

Si, par une cause quelconque, et après autorisation, les voies sont obstruées, les surveillants de l'entrepreneur doivent se mettre à la disposition du surveillant de la Compagnie pour prévenir immédiatement les brigadiers, gardes ou poseurs les plus voisins, afin que ceux-ci puissent faire aux trains les signaux d'arrêt réglementaires.

En cas d'absence, sur le chantier, du surveillant de la Compagnie, ou d'impossibilité de prévenir immédiatement les gardes et poseurs voisins, les agents de l'Entreprise doivent faire eux-mêmes lesdits signaux. Ils doivent donc étudier les règlements des signaux de la Compagnie, de manière à pouvoir les appliquer immédiatement en cas d'urgence.

Ce règlement leur sera remis par le chef de section ainsi que les drapeaux et lanternes nécessaires, le tout contre reçu et à charge de les rendre en bon état à la fin des travaux.

Pour se rendre au travail, les ouvriers peuvent suivre la plate-forme du chemin de fer en se tenant toujours sur les accotements ; dès qu'un train est en vue, ils devront s'éloigner du rail d'au moins 1m,50, et ne reprendre leur marche que lorsque le train sera entièrement passé. Les mêmes précautions seront prises sur les chantiers, et, en outre, si pour reprendre le travail il faut traverser une voie, on s'assurera bien qu'on peut le faire sans danger d'être surpris par un train venant sur cette voie.

On devra toujours éviter de traverser un tunnel, un pont ou une rivière au moment du passage d'un train.

C'est dire en même temps que tout homme rencontré sur la voie en état d'ivresse est particulièrement exposé et doit être expulsé. C'est ici plus que jamais que l'entrepreneur doit être sévère avec son personnel et se soumettre lui-même rigoureusement aux ordres qui lui sont donnés par les agents de la Compagnie.

Enfin, les ouvriers sont souvent amenés sur le lieu du travail par les trains de la Compagnie. Ils sont donc munis de cartes et de permis de circulation gratuits et soumis aux règlements généraux s'appliquant aux voyageurs en chemin de fer. Toute infraction doit entraîner immédiatement le retrait immédiat des cartes et permis, sans préjudice des peines prévues par les règlements.

715. *Autorisation administrative pour les travaux sur les lignes en exploitation.* — Il ne faut pas confondre les travaux sur les lignes en exploitation avec les travaux d'entretien. Ces derniers, en effet, peuvent se faire sans aucune autorisation spéciale au fur et à mesure des besoins et sans qu'il y ait à produire des projets ni à remplir aucune formalité. Il y a cependant une exception à cette règle; c'est le cas où l'exécution pourrait amener des dispositions nouvelles dans la marche des trains ou dans le service général de l'exploitation. Il y a lieu alors de prévenir l'Administration centrale et l'ingénieur en chef du contrôle assez à temps pour que les mesures proposées par la Compagnie puissent être examinées et modifiées ou complétées s'il y a lieu (circulaire ministérielle du 18 janvier 1854).

Quant aux travaux de grosse réparation ou de reconstruction, lorsqu'ils doivent se faire sans aucun changement aux ouvrages primitifs, il suffit que la Compagnie prévienne l'ingénieur en chef du contrôle au moins une huitaine avant le jour où elle compte mettre la main à l'œuvre, pour que ce fonctionnaire soit mis à même d'organiser en temps utile le service de surveillance de ces travaux; le délai peut d'ailleurs être réduit en cas d'urgence.

Mais dans le cas où il s'agit d'effectuer des ouvrages *nouveaux* présentant des changements à l'état de choses existant, il est indispensable que la Compagnie produise, dans la forme ordinaire, les projets de ces travaux, pour qu'il y soit statué par l'Administration après examen.

La Compagnie ne peut, jusqu'à la notification de la décision à intervenir, entreprendre les travaux projetés, et tout commencement d'exécution autre que l'approvisionnement des matériaux constituerait une contravention à la loi du 15 juillet 1845 et aux règlements sur la matière.

Il en serait de même si les travaux de grosse réparation étaient entrepris avant d'en avoir informé en temps utile l'ingénieur en chef du contrôle, ainsi qu'il est dit ci-dessus (circulaire du 11 mai 1855).

Travaux mixtes.

716. Lorsque les travaux concédés se trouvent dans une zone fortifiée, le concessionnaire est considéré comme entrepreneur de travaux ordinaires militaires. Il opère alors sous la direction du génie, tout en restant exclusivement chargé de ce qui concerne les moyens d'exécution tant en personnel qu'en matériel.

Ces travaux doivent être faits en se conformant exactement aux projets adoptés et suivant les clauses et conditions stipulées. Nulle modification ne peut être apportée aux dispositions arrêtées, qu'autant qu'elle a été admise par la Commission mixte dans les formes ordinaires, et qui en fait l'objet d'une adhésion directe.

Les officiers et ingénieurs dont les services sont intéressés à l'exécution des travaux mixtes confiés à un autre service, compagnie, etc., ont le droit de s'assurer qu'on ne s'écarte en aucune manière des dispositions et conditions adoptées. S'ils reconnaissent quelques changements, ils les signalent aux officiers, aux ingénieurs, ou autres fonctionnaires chargés de la direction des travaux; et, s'il n'est pas tenu compte de leurs observations, ils constatent ou font constater les faits par procès-verbal (décret du 16 mai 1853 et circulaire ministérielle du 23 décembre 1860).

Défauts de construction.

717. Tous les ouvrages ou fragments d'ouvrages présentant des matériaux de mauvaise qualité ou des fautes contre les règles de l'art doivent être démolis et reconstruits aux frais de l'entrepreneur.

Si l'ingénieur a quelques raisons de croire à l'existence de quelque défaut non apparent, il peut ordonner la démolition de tout ou partie de l'ouvrage présumé défectueux. Mais il va de soi que ces frais seront alors imputables à la partie qui sera dans son tort.

De toutes façons, l'entrepreneur devra exécuter la démolition dans les vingt-quatre heures de l'ordre reçu. Passé ce délai, son silence serait considéré comme un acquiescement des reproches à lui adressés.

Si l'entrepreneur se refuse à exécuter les ordres ainsi reçus, la Compagnie a le droit de procéder immédiatement en régie à ses frais ; sauf restitution si le soupçon est reconnu mal fondé.

Il ne s'agit ici que des défauts de construction ou de malfaçon immédiatement reconnus ou soupçonnés. En dehors de cela, après la réception provisoire des travaux, l'entrepreneur reste responsable, pendant un certain délai et même jusqu'à la réception définitive ; il doit remplacer tous les matériaux et refaire tous les ouvrages qui seraient reconnus défectueux, ou qui viendraient à s'altérer sous l'influence des variations atmosphériques ou pour toute autre cause quelconque.

Il entretiendra en outre en bon état tous les travaux, et fera disparaître toutes les dégradations qui pourraient survenir.

Il va de soi enfin que les ouvrages ou fragments d'ouvrages démolis pour malfaçon ou fraudes de l'entrepreneur sont à reconstruire entièrement à ses frais.

Réclamations de l'entrepreneur.

718. Pendant tout le courant des travaux, le personnel entier devra s'ingénier à prévoir tout ce qui peut amener plus tard une réclamation de l'entrepreneur, en avertir le chef, spécialement l'ingénieur afin qu'il se trouve armé au moment définitif des comptes.

Cette époque arrivée, et le décompte une fois entre les mains de l'entrepreneur, celui-ci devra indiquer ses réclamations dans le plus bref délai possible à l'ingénieur, qui devra les examiner et y répondre immédiatement. En cas de désacord, l'ingénieur en chef tranche le différend, et, si l'entrepreneur n'accepte pas son jugement il peut avoir recours aux tribunaux.

Le mieux est de résoudre au courant des travaux toutes les difficultés pouvant donner lieu à réclamation, et c'est pour cela que le personnel de la Compagnie a tout intérêt à les provoquer. Et cela d'autant plus que l'intérêt de l'entrepreneur est au contraire d'attendre le plus tard possible afin de rendre les rectifications et les discussions plus difficiles. En s'y prenant ainsi habilement, on peut arriver à annihiler presque toutes les réclamations au règlement final des comptes.

Contestation.

719. Les contestations qui peuvent s'élever entre les Compagnies et leurs entrepreneurs sont du ressort de la juridiction commerciale (Conseil d'État du 1er mars 1866).

Un traité pour la construction d'un chemin de fer passé avec l'État, mais repris et continué par une compagnie, appartient également à la *juridiction commerciale* et non au Conseil de préfecture (Tribunal de commerce de la Seine, 11 avril 1866).

Mais l'interprétation des droits de marchés d'un entrepreneur de travaux publics approuvés par décision préfectorale appartient exclusivement à l'autorité administrative (Cour de Paris, 9 mars 1853).

Il en est de même des contestations qui s'élèvent sur les indemnités dues aux propriétaires par les entrepreneurs, pour l'extraction ou l'enlèvement, opérés dans les terrains indiqués par les marchés, de matériaux destinés à l'entretien des chemins publics.

Nous rappellerons en outre que les conditions de droit commun applicables à tous les entrepreneurs sont renfermées dans les articles 1787 à 1793 du Code civil. Il y est traité des stipulations des devis et marchés, de la responsabilité des traitants, des malfaçons, des excédents de dépenses, etc.

Les conventions entre les Compagnies et leurs entrepreneurs, auxquels l'Administration reste étrangère, ont en effet un caractère particulier et commercial qui les fait rentrer dans les attributions des tribunaux ordinaires et, notamment, des tribunaux de commerce. Cela est d'ailleurs généralement précisé dans les clauses et conditions générales imposées par les Compagnies à leurs entrepreneurs.

Un arrêt de la Cour de Paris du

30 juin 1865 dit nettement que « l'article 4 de la loi du 28 pluviose an VIII qui attribue à l'autorité administrative juridiction en matière de travaux publics, ne s'applique qu'aux contestations engagées entre les entrepreneurs de ces travaux et l'Administration elle-même ; cette juridiction ne s'étend pas aux discussions élevées entre les entrepreneurs et les concessionnaires de travaux ».

Au contraire, l'appréciation des dommages causés aux propriétaires riverains par les travaux publics régulièrement autorisés rentre dans les attributions du Conseil de préfecture aux termes du même article 4 de la loi précitée. Ce principe s'applique d'ailleurs aux modifications ultérieures que le concessionnaire croirait devoir apporter dans les travaux, comme le lui permet le cahier des charges, après autorisation ; les Compagnies restant responsables, dans ce cas, des entrepreneurs qu'elles se sont substitués.

Voici en effet ce que dit à ce sujet la Cour de cassation (9 août 1865) : « Les compagnies de chemins de fer ont le droit de faire des modifications aux projets primitifs des travaux, pourvu qu'elles soient autorisées par l'Administration supérieure. Les travaux exécutés par suite des modifications ainsi autorisées constituent des travaux publics aussi bien que ceux qui étaient prévus par les projets primitifs. En conséquence, c'est aux conseils de préfecture et non aux tribunaux ordinaires qu'il appartient de statuer sur les demandes d'indemnités pour dommages causés aux propriétés par les travaux exécutés en suite de modifications autorisées.

Suspension ou cessation des travaux. — Résiliation du contrat.

720. L'entrepreneur aura le droit de demander la résiliation de son marché quand la Compagnie ordonnera la suspension des travaux pour plus d'une année, et cela avant comme après un commencement d'exécution.

Si cet ordre est donné pour moins d'une année, l'entrepreneur n'a qu'à s'y conformer sans aucune réclamation ; il est évident d'ailleurs que cela ne peut se présenter que dans des conditions exceptionnelles, comme l'hiver, par les fortes gelées. Les maçonneries peuvent alors être interrompues pendant un temps plus ou moins long. Dans ce cas, les travaux doivent être immédiatement suspendus, et l'entrepreneur doit prendre les précautions voulues pour la conservation des parties faites. On a généralement pour coutume, en cas de gelée faible, de recouvrir les maçonneries de paillassons. Si les gelées sont fortes et persistantes, on commence par déposer une couche de paille de 10 centimètres d'épaisseur en saillie sur les parements, et qu'on recouvre d'une couche de terre damée sur 15 centimètres: le tout à la charge de l'entrepreneur, ainsi que les frais de découvrement, de grattage et de nettoyage nécessaires, au moment de la reprise des travaux, pour obtenir une bonne liaison entre les anciennes et les nouvelles maçonneries.

Lorsque les travaux seront suspendus pour plus d'un an et qu'il y aura eu commencement d'exécution, l'entrepreneur peut exiger la réception immédiate des matériaux approvisionnés à pied-d'œuvre des ouvrages exécutés, et la réception définitive de ceux-ci après le délai de garantie.

En cas de décès de l'entrepreneur, le marché est résilié de plein droit. La Compagnie est libre cependant d'accepter les offres des héritiers ou créanciers pour continuer les travaux.

Tous les cas qui donnent à la Compagnie le droit de mettre une partie des travaux en régie entraînent par eux-mêmes la résiliation du marché, sans sommation ni mise en demeure préalable, à la volonté de la Compagnie, et sans réciprocité.

Dans le cas de résiliation, résultant de la cessation de la construction sur ordre de la Compagnie, celle-ci est tenue de faire acquisition des outils et équipages nécessaires à l'achèvement des travaux existant sur le chantier, si l'entrepreneur en fait la demande. Les prix seront débattus de gré à gré, à dire d'expert. Ne sont cependant pas comprises dans cette mesure les bêtes de trait ou de somme qui auraient été employées dans les travaux.

Si la résiliation vient du fait de l'entrepreneur parce qu'il a sous-traité sans autorisation, a omis de payer ses ouvriers, s'est fait mettre en régie ou en faillite, ou encore qu'il est décédé, la Compagnie sera seulement tenue de reprendre le matériel.

Dans tous les cas de résiliation, l'entrepreneur est tenu d'évacuer les chantiers, magasins et emplacements utiles à l'entreprise dans le délai fixé par la Compagnie.

Les matériaux approvisionnés par ordre ou déposés sur les chantiers seront repris par la Compagnie aux prix de la série s'ils remplissent les conditions du marché. Les matériaux qui ne seraient pas déposés sur les chantiers ne sont pas portés en compte à l'entrepreneur.

En cas de difficultés, la question est le plus souvent tranchée par des experts nommés par les parties.

721. *Cas de force majeure.* — Les cas de force majeure seuls pourront faire allouer une indemnité à l'entrepreneur en cas d'avarie ou d'accident, ou un délai en cas de retard. Il devra signaler ces cas dans les dix jours sous peine de voir sa demande considérée comme non avenue; il pourrait, en effet, devenir bien difficile de contrôler la cause et l'importance des dommages.

Les cas de force majeure susceptibles d'arrêter pour un temps assez long les travaux sont généralement les crues subites des rivières, ou les inondations. Le fait doit être immédiatement constaté par le chef de section qui en avise l'ingénieur dans un rapport spécial, il devra mentionner d'une manière détaillée les matériaux et objets perdus, ainsi que les précautions et moyens pris par l'entrepreneur pour éviter les dégâts. L'ingénieur donnera ensuite, suivant que de raison, une attestation à l'entrepreneur ; dans tous les cas, les agrès et matériaux nécessaires aux travaux devront toujours être placés de manière à prévoir ces crues et à ne pas pouvoir être entraînés par les eaux s'il arrivait une crue subite.

Certaines Compagnies refusent d'admettre les crues de rivières ou canaux comme cas de force majeure. Le plus grand nombre n'acceptent pas non plus comme tels les incendies, chômages et les intempéries des saisons.

Régie au compte de l'entrepreneur.

722. Dans certains cas la Compagnie peut se trouver obligée de reprendre à l'entrepreneur la direction et l'exécution des travaux. Cela se présente par exemple lorsque la marche des choses montre nettement que les délais prescrits pour l'achèvement seront dépassés ; ou bien encore si, malgré les avertissements, l'entrepreneur ne se conforme pas aux prescriptions de son marché, s'il refuse d'exécuter les ordres écrits de l'ingénieur ou de ses représentants, etc. C'est ce qu'on appelle mettre les travaux en *régie*.

La Compagnie donne un délai de dix jours à l'entrepreneur pour exécuter ses engagements. Si, à l'expiration de ce délai, il n'a pas été tenu compte de cette mise en demeure, la Compagnie a, par le seul fait de l'échéance du délai, le droit d'ordonner l'établissement d'une régie partielle ou totale aux frais de l'entrepreneur, qui ne pourra s'y opposer, sauf à se pourvoir comme bon lui semblera.

Le plus souvent, dans ce cas, la Compagnie fait usage de tout ou partie du matériel de l'entreprise qui est à pied-d'œuvre, mais elle n'y est nullement obligée; cette réserve peut être précieuse dans certains cas, lorsque, par exemple, le mauvais état ou l'insuffisance du matériel est précisément la cause de la mise en régie.

Lorsqu'on se sert du matériel de l'entrepreneur, la première chose à faire est de dresser, contradictoirement avec celui-ci, un inventaire complet et une estimation des outils et instruments ainsi retenus.

Puis la Compagnie reprend les travaux directement pour le compte de l'entrepreneur qui est autorisé à les suivre, sans cependant pouvoir jamais en entraver la marche.

Si cette opération amène une diminution dans les dépenses prévues, le bénéfice en reste acquis à la Compagnie, sans que l'entrepreneur puisse en réclamer la moindre partie. Si, au contraire, il en résultait des excédents de frais, ceux-ci seraient prélevés sur les sommes qui pourraient être dues à l'entrepreneur, sans préjudice des droits à exercer en cas d'insuffisance.

De même la régie partielle peut être déclarée immédiatement pour certains travaux que l'ingénieur en chef a signalés comme urgents, et qui ne seraient pas suivis d'exécution dans les vingt-quatre heures. Ces travaux seront alors distraits de l'entreprise et feront, après exécution, l'objet d'un métré immédiat rectifié par l'ingénieur et visé par l'ingénieur en chef; aussitôt visé, ce métré doit être signifié à l'entrepreneur.

723. *Travaux en régie directe.* — En dehors de la régie précédente, les travaux peuvent être effectués en régie directe, c'est-à-dire exécutés directement par la Compagnie, sans le concours d'aucun entrepreneur. Les travaux en régie directe doivent être l'objet d'attachements spéciaux et très soigneusement tenus par les surveillants; les conducteurs et chefs de districts doivent à l'avance dater et signer ces feuilles pour éviter qu'on ne remplace par une autre la feuille tenue sur le chantier.

Tous les ouvriers employés sont indiqués par leurs noms, prénoms et profession spéciale. Ils figurent sur la feuille jour par jour avec le nombre d'heures qu'ils ont effectivement été occupés à chaque ouvrage, et le prix de l'heure convenu. Chaque soir, le surveillant totalise au bas de la colonne correspondante le chiffre des journées de travail; les fractions de journées sont indiquées en heures, et les prix généralement arrêtés pour une journée de dix heures pour la commodité des calculs. Si la journée est de douze heures, ce qui a lieu souvent sur les chantiers, on modifie les prix en conséquence.

Au bout de chaque période de travail, chaque quinzaine par exemple, ou à la fin des travaux, s'ils durent moins de quinze jours, on fait le total des heures et journées de chaque ouvrier et de la somme qui doit lui être payée conformément à ce qui est convenu.

Le conducteur doit vérifier fréquemment ces feuilles et les viser en les datant et les signant. A la fin de la période admise, il vérifie tous les calculs et présente au chef de section un état très exact des travaux vérifiés et exécutés. Ce dernier le transmet à l'ingénieur après l'avoir contrôlé et visé.

Clauses diverses.

724. Il arrive quelquefois que les fouilles amènent la découverte d'objets précieux ou du moins d'échantillons géologiques intéressants: la Compagnie s'en réserve la propriété exclusive. L'entrepreneur a droit cependant à une indemnité lorsqu'il aura eu à prendre des soins spéciaux pour l'enlèvement de ces objets.

Quand on rencontrera d'anciens ouvrages qu'il y aura lieu de démolir, les matériaux seront déplacés avec soin, et l'on en fera un triage de manière à en réemployer la plus grande quantité possible. Dans ce cas, comme d'ailleurs quand on se servira de matériaux neufs appartenant à la Compagnie, l'entrepreneur ne sera payé que des frais de main-d'œuvre et d'emploi.

Recherche du ballast. — Occupation temporaire.

725. Avant l'achèvement des travaux, on a dû, comme nous l'avons déjà dit précédemment, se préoccuper de la recherche du ballast de manière à trouver une carrière déjà exploitée qui le fournisse à proximité de la ligne.

Si une telle carrière n'existe pas, une étude géologique de la contrée permet de trouver l'emplacement d'une ballastière et la Compagnie, au nom de l'utilité publique, et aussi des lois et règlements sur la matière, procède à l'*occupation temporaire* des terrains nécessaires. Elle a déjà pu d'ailleurs, pendant le courant des travaux, être amenée à procéder de la même façon pour un certain nombre de parcelles nécessaires provisoirement à l'installation de dépôts, emprunts, chantiers, etc. Le décret du 8 février 1868 a spécifié en détail les formalités à suivre au sujet des occupations temporaires de terrain. L'autorisation est rendue par un arrêté du préfet, qui envoie ampliation de son arrêté à l'ingénieur en chef du département et au maire de la commune. L'ingénieur en chef en remet une copie certifiée au représentant de la Compagnie ou à l'entrepreneur, selon les cas, et le maire notifie l'arrêté au propriétaire du terrain ou à ses ayants droit.

Avant toute occupation, un état contradictoire des lieux, de la contenance, de la nature des récoltes, doit être fait ; l'estimation de l'indemnité à payer s'ensuit soit à l'amiable, soit à dire d'experts.

Néanmoins, immédiatement après constatation, l'entrepreneur peut occuper le terrain et y commencer les travaux autorisés par l'arrêté du préfet, tous les droits du propriétaire étant réservés en ce qui concerne l'indemnité. Toutefois, s'il existe sur le terrain des arbres fruitiers ou de hautes futaies qu'il soit nécessaire d'abattre, on devra les laisser subsister jusqu'à ce que l'estimation en ait été faite dans les formes voulues par la loi.

En cas d'opposition de la part du propriétaire, l'occupation a lieu avec l'assistance du maire ou de son délégué.

Après l'achèvement des travaux et, s'ils doivent durer plusieurs campagnes, à la fin de chaque année, il est fait une nouvelle constatation de l'état des lieux.

A défaut d'accord entre l'occupant et le propriétaire, pour l'évaluation partielle ou totale de l'indemnité, il est procédé conformément à l'article 56 de la loi du 16 septembre 1807.

Quelquefois, les entrepreneurs, pour leurs besoins personnels, trouvent utile de fouiller ou d'occuper des terrains d'une manière temporaire ou même permanente. L'autorisation régulière de l'Administration n'existant pas dans ce cas, l'occupation n'est jamais tolérée sans avoir préalablement demandé et obtenu l'adhésion du propriétaire. L'Administration reste d'ailleurs alors complètement étrangère au règlement de l'indemnité de dommages, et, à défaut d'accord amiable, l'affaire est du ressort des tribunaux civils. Le Conseil de préfecture, juge ordinaire en ces matières, n'a plus ici aucune compétence, comme l'a parfaitement précisé un avis du Conseil d'État du 23 mai 1861.

Dans aucun cas, le Conseil de préfecture n'est compétent pour régler l'indemnité réclamée par un propriétaire dont le terrain a été fouillé par un entrepreneur pour en extraire des matériaux, lorsque ce travail résulte de conventions privées sans autorisation administrative (Conseil d'État, 10 mai 1860). L'indemnité correspondante doit être fixée par les tribunaux.

De même, quand le droit d'occupation a été limité par l'arrêté d'autorisation à l'exécution d'une entreprise déterminée, le Conseil de préfecture n'est pas compétent pour régler les indemnités que l'entrepreneur a employées dans une autre entreprise de même nature (Conseil d'État, 1er mai 1862).

Une conduite d'eau destinée à alimenter une gare et y amenant les eaux d'une source voisine exige l'expropriation des terrains qu'elle traverse, et non une occupation temporaire (décret ministériel du 3 février 1887). La question doit donc être réglée d'après le titre 1er de la loi du 3 mai 1841.

Les dégâts ou emprunts de terre que la Compagnie est obligée de faire sur les terrains voisins pour l'établissement de la plate-forme sont au contraire considérés comme occupation purement temporaire; le terrain pouvant être rendu après coup au propriétaire. Le Conseil de préfecture devient alors compétent pour apprécier le dégât commis et l'indemnité à allouer dans les formes ordinaires. L'exploitation d'une carrière, d'une voie ferrée spéciale pour l'exploiter, quelle que soit sa durée, est toujours une expropriation temporaire, et les propriétaires sont sont seuls fondés pour en demander la transformation en expropriation définitive (arrêt du Conseil d'Etat du 7 janvier 1864).

Carrières, minières.

726. A propos des carrières, signalons que l'indemnité à payer pour extraction des matériaux n'est due que dans le cas où l'on s'emparerait d'une carrière *déjà en exploitation* (loi du 16 septembre 1807, art. 55).

La définition des carrières, minières, etc., est précisée par la loi du 21 août 1810 sur les mines. On considère une carrière comme étant en *exploitation* lorsqu'après avoir été ouverte et exploitée par un entrepreneur elle a été *depuis plusieurs années* remise au propriétaire qui *pouvait en disposer* comme d'une carrière en exploitation (Conseil d'État, 16 mai 1860).

Si la Compagnie extrait ses matériaux à côté d'une carrière ouverte par un propriétaire et sur son terrain, elle doit payer le prix des matériaux extraits comme ayant occupé une carrière déjà en exploitation, même si elle a laissé un intervalle plein de quelques mètres entre son attaque et l'ancienne carrière (Conseil d'Etat, 8 mars 1866). Si, inversement, le propriétaire continue, après la Compagnie, l'extraction des matériaux en conservant la carrière, il n'en est pas de même, et la Compagnie n'est tenue qu'à l'indemnité d'occupation temporaire (*idem*).

Enfin un propriétaire de carrière ne peut réclamer en même temps la valeur des matériaux extraits, calculée sur le prix-courant des matériaux extraits en carrière, et une indemnité pour la destruction des récoltes rendue nécessaire pour la mise en exploitation de la carrière (C. de cassation, 1er mai 1862). L'intérêt de l'indemnité attribuée à un propriétaire de carrière pour le prix de matériaux extraits ne court qu'à partir du jour de la demande présentée devant le Conseil de préfecture ou devant le Conseil d'État (*idem*).

727. *Tourbières.* — Le mode d'exploitation des tourbières est régi par l'article 3 de la loi du 15 juillet 1845 en ce qui concerne leur servitude vis-à-vis du chemin de fer, considéré comme faisant partie de la grande voirie. Pour la distance à laquelle on devra limiter cette exploitation aux abords du chemin de fer, on appliquera l'article 6 de la même loi combinée avec la loi du 21 avril 1810 sur les mines qui, en donnant l'autorisation, fixe toujours les limites générales de la concession (art. 58).

D'ailleurs, comme l'exploitation des mines, carrières, tourbières, etc, est soumise au contrôle des ingénieurs de l'État, ces derniers peuvent toujours faire prendre les mesures nécessaires à la sécurité des voies de communication et en particulier des chemins de fer, en se basant sur les règlements de grande voirie.

Indemnités en général.

728. Nous terminerons par quelques mots sur la manière dont se règlent les indemnités de toute nature provoquées par l'établissement d'un chemin de fer. Le plus souvent ces indemnités se règlent à l'amiable.

A défaut d'entente au sujet des dommages causés par les études ou les travaux du chemin de fer, le tribunal compétent est le Conseil de préfecture, qui, d'ailleurs, ne *peut jamais statuer qu'après expertise* (Conseil d'Etat, 15 décembre 1857); il y a lieu de nommer trois experts : un pour chaque partie intéressée, et un tiers est chargé de conclure si les deux premiers ne peuvent tomber d'accord. Un des experts est nommé par la Compagnie concessionnaire, l'autre par le propriétaire intéressé, et en cas de désaccord le tiers expert est nommé par le préfet : c'est le plus souvent, mais non forcément, l'Ingénieur en chef du département, mais quelquefois un simple conducteur des ponts et chaussées.

Les grandes Compagnies ont généralement un service spécial appelé *Contentieux* qui est chargé de toutes les questions d'expropriations et de dommages ou indemnités à régler, en même temps que de mener à bonne fin, au mieux des intérêts des actionnaires, tout ce qui peut être sujet à chicane. Les Compagnies de moindre importance et qui ne peuvent supporter les frais d'un pareil service chargent, suivant les besoins de leurs affaires, les hommes de lois les plus honorablement connus de la région.

L'indemnité accordée pour la perte des récoltes est toujours délivrée sans intérêts comme l'a sanctionné un arrêté du Conseil de préfecture de l'Ain.

§ XI. — *FRAIS DE PREMIER ÉTABLISSEMENT D'UN CHEMIN DE FER*

Acquisition de terrains et terrassements.

729. La surface occupée par kilomètre est en moyenne de $3^h,4$, se décomposant comme suit, d'après une moyenne établie sur les 4063 kilomètres exploités en 1853 :

Voie courante	0^h9	26 0/0
Gares, stations, bâtiments divers, cours	0 3	9
Talus, fossés, perrés, banquettes	1 7	50
Chemins d'accès, déviations, dérivations, etc., en dehors des clôtures	0 4	12
Excédents pouvant être revendus	0 1	3
Totaux	3^h4	100 0/0

En résumé 85 0/0 de la surface achetée pour l'établissement d'une voie ferrée sont réellement occupés par le chemin de fer, les 15 0/0 restant sont en dehors.

Les chiffres suivants donnent en particulier les surfaces occupées par les gares qui constituent généralement une partie importante de la dépense, surtout quand elles sont placées aux abords des grandes villes. Pour ces dernières, entre autres, les chiffres ci-dessous représentent les surfaces acquises à l'origine, surfaces qui se sont accrues sensiblement depuis cette époque.

Gare du Nord à Paris	Gare de voyageurs	7^h90	42^h70
	Ateliers de La Chapelle	14	
	Gare des Marchandises	20 80	
Gare de l'Ouest à Paris	Gare des voyageurs	12 50	53^h89
	Ateliers des Batignolles	12 68	
	Gare des Marchandises	28 71	
Gare de l'Est à Paris	Gare des Voyageurs	5 60	40^h10
	Ateliers de la Villette	14 50	
	Gare des Marchandises	20 00	

Grandes gares intermédiaires	8 à 12
Grandes gares à embranchement	6 à 7
Grandes gares de banlieues	0 10 à 0 40
Gares intermédiaires de 1re classe	3 à 6. 5
— 2 —	2. 5
— 3 —	1. 5 à 2
— 4 —	0. 5 à 1

La dépense d'acquisition des terrains est généralement en France de 30 000 francs par kilomètre, ce qui correspond à 9 000 francs l'hectare. Mais, en dehors de cette moyenne, des variations importantes peuvent se présenter comme l'indique le tableau suivant représentant le coût kilométrique des principales grandes lignes.

Paris à Vincennes	225 000 fr.
— Versailles (rive gauche)	177 000
— Saint-Germain	106 000
— Lyon	80 000
— Au Havre	72 000
— Orléans	69 000
Est	54 000
Nord	47 000
Andrézieux à Roanne	18 000

Le prix du terrain est naturellement fort élevé dans les grandes villes et leurs banlieues. Ainsi l'hectare s'est payé 91 000 francs, à l'origine, à La Chapelle, 190 000 francs à la Villette, 830 000 francs dans Paris. Tous ces prix seraient aujourd'hui encore majorés.

En Angleterre où le sol appartient à un nombre relativement restreint de gros propriétaires, le terrain s'est payé naturellement plus cher qu'en France ; le prix a varié à l'origine entre 15 000 et 20 000 francs l'hectare.

En Allemagne, au contraire, le prix de l'hectare a coûté entre 2 000 et 4 000 francs.

En Amérique les terrains ont été le plus souvent, au début, cédés gratuitement ou conquis sur les Indiens, en revanche les prix de main-d'œuvre y sont beaucoup plus élevés qu'en Europe où ils atteignent les chiffres suivants :

La journée d'un ouvrier terrassier a été payée :

En France, en moyenne	2 à 3 fr.
Chemins Badois	$1^f,18$ à $1^f,58$
Berlin à Stettin	1,50
Chemin Rhénans	1,50
Dusseldorf à Eberfeld	1,25
Nuremberg à Furtt	0,72 à 1,07
Haute Silésie	0,75

Cube de terres remuées. — Le tableau

ci-dessous donne le cube de terres remuées pour quelques lignes, pour la longueur totale, par kilomètre et par mètre courant.

DÉNOMINATIONS	LONGUEUR en KILOMÈTRES	CUBE TOTAL des TERRASSEMENTS	CUBE par KILOMÈTRE	CUBE par MÈTRE COURANT
Orléans à Tours	115	3 120 000	27 130	27,130
Amiens à Lille et Valenciennes	162	4 822 000	29 765	29 76
Paris à Amiens	148	5 200 000	35 135	35 13
Dijon à Châlons	68	2 563 754	37 702	37 70
Orléans à Vierzon	81	3 438 571	42 451	42 45
Paris à Aisy	235	10 282 324	43 754	43 75
Rouen au Havre	91	4 895 338	53 795	53 79
Lille à la frontière belge	15	1 101 000	73 400	73 40

Le prix des terrassements a été de 1f,48 par mètre cube sur les lignes d'Orléans à Vierzon et Dijon à Châlons ; 1f,23 sur celles d'Orléans à Tours ; 1f,44 sur celles de Lille à Valenciennes et la frontière belge.

Prix des terrassements d'un certain nombre de lignes à deux voies.

DÉNOMINATIONS	PRIX des TERRASSEMENTS par kilomètre fr.	PRIX TOTAL DU KILOMÈTRE de ligne fr.
1° — Lignes françaises		
Lille à la frontière belge	105 094	484 000
Dijon à Châlons	63 670	»
Orléans à Vierzon	63 500	»
Paris à Orléans	62 000	368 500
Montpellier à Nimes	35 119	288 000
Orléans à Tours	33 184	»
2° — Lignes étrangères		
Lignes belges	57 000	244 713
Bavarois-Saxon	36 000	144 455
Badois	32 545	182 407
Munich-Augsbourg	31 0[illegible]0	139 661
Berlin à Postdam	18 600	194 032
Berlin à Anhalt	18 200	109 253
Nord (Empereur Ferdinand)	18 000	121 075
Berlin à Stettin	16 200	97 150
Berlin à Francfort	12 000	116 495

La dernière colonne représente le coût kilométrique total, y compris même le matériel roulant.

La dépense totale de l'infrastructure est en général telle, que les terrassements en représentent les trois cinquièmes. Ainsi, pour une dépense de 100 000 francs par kilomètre, les terrassements entreront pour 60 000 francs, et les ouvrages d'art pour 40 000 francs, sauf exception.

On remarque sur les tableaux précédents une différence importante entre les prix de terrassement sur les chemins de fer français et sur les lignes étrangères ; elle est due, en grande partie, aux différences des prix de la main-d'œuvre.

Prix des ouvrages d'art.

730. Les ouvrages d'art de petite et de moyenne importance s'évaluent généralement au mètre courant. Les grands ouvrages, comme les viaducs, s'estiment à leur surface en élévation.

Dans ce dernier cas, la dépense est en effet, sensiblement proportionnelle à la hauteur de l'ouvrage, ce qui n'aurait pas lieu pour un remblai dont la largeur augmente notablement avec la hauteur ; dans ce cas, la dépense serait plutôt proportionnelle au cube qu'au carré des dimensions homologues des vides semblables.

Ces prix varient naturellement suivant les localités, mais, en général, en France, on peut se baser sur les chiffres suivants :

Aqueducs de 0m,60 d'ouverture : le mètre

courant revient de 40 à 50 francs ; les deux têtes en plus, ensemble de 250 à 300 francs suivant leur complication et leur ornementation.

Aqueducs de 1 mètre : le mètre courant de 50 à 60 francs; les têtes de 400 à 500 francs.

Aqueducs de $1^m,50$ le mètre courant, de 80 à 90 francs ; les têtes de 750 à 800 francs.

Ponceau de 2 mètres : le mètre de 110 à 120 francs, et les têtes 1 250 à 1 300 francs.

Ponceau de $2^m,50$: le mètre 150 à 160 francs ; les têtes 1 750 à 1 800 francs.

Ponceau de 4 mètres : le mètre 430 à 450 francs ; les têtes 3 500 à 3 600 francs.

Pont en arc de cercle sur le chemin de fer de $8^m,40$ d'ouverture, parapet en briques, plinthes et têtes en pierre de taille et moellon piqué de 30 000 à 35 000 francs.

Pour les ouvrages de dimensions exceptionnelles un certain nombre d'exemples fixeront mieux les idées.

Le pont de Saint-Gall sur la ligne du Cantal (ligne à une voie), de $4^m,50$ de largeur entre les têtes, a coûté 41 000 francs.

Le grand pont à deux voies sur la Sarthe au Mans a coûté 210 francs le mètre carré de projection horizontale.

Le grand pont de Plessis-les-Tours à deux voies et de 438 mètres de longueur est revenu à 1 345 000 francs, soit 3 070 fr. le mètre courant.

Le grand pont sur la Bidassoa à la frontière d'Espagne, qui est très orné, a coûté 3 200 francs le mètre courant.

Le grand pont de Saint-Pierre-de-Gaubert sur la Garonne, de construction très simple et pour deux voies, a coûté 2 700 francs le mètre courant.

Quant aux viaducs en vallée, les trois suivants ont 30 mètres de hauteur :

Le viaduc de la Feige est revenu à 119 francs le mètre carré d'élévation ;

Le viaduc des Sapins, à 137 francs ;

Le viaduc de la Fure, à 116 francs.

Le grand viaduc de l'Aulne, d'une hauteur de 50 mètres au-dessus du thalweg, a coûté 154 francs le mètre carré en élévation.

En général, et cela se comprend du reste, la dépense d'un viaduc et mesurée au mètre superficiel d'élévation augmente avec la hauteur ; les parties inférieures, ayant, en effet, plus de poids à supporter augmentent d'épaisseur. Cette dépense s'accroît à peu près de 1/100 par mètre de hauteur, en supposant que la forme à un étage soit conservée. L'augmentation s'accroît beaucoup plus vite si l'on passe à la forme à étages superposés.

Donnons encore quelques chiffres.

Le viaduc de l'Aulne a une hauteur de $49^m,30$; il est revenu à 154 francs le mètre superficiel (maçonnerie à 44 francs le mètre cube).

Celui de Châteaulin, de $24^m,20$, est revenu à 112 francs (maçonnerie à 32 francs).

Le viaduc de Daoulas, de $37^m,50$, est revenu à 140 francs (maçonnerie à 40 francs).

Tous ces prix comprennent les fondations qui ne sont guère susceptibles d'une évaluation moyenne. En circonstances ordinaires, les fondations ne doivent pas augmenter le prix du mètre carré d'élévation de plus de 5 à 20 francs.

En passant de la double voie à la voie unique (largeur entre parapets $4^m,50$ au lieu de 8 mètres), la dépense est naturellement loin de diminuer dans le même rapport. On estime, en général, que la réduction est de 1/4.

Pour les ouvrages établis à la traversée des routes et chemins, et construits dans des conditions normales, on peut adopter les chiffres suivants pour prix du travail entier :

Routes nationales. de	20 000 à 25 000 fr.
Routes départementales	18 000 à 20 000 fr.
Chemins de grande communication.	15 000 à 17 000 fr.
Chemins vicinaux ordinaires et ruraux . . .	13 000 à 15 000 fr.

Les ouvrages métalliques reviennent légèrement plus chers que les autres, mais sont fréquemment employés à cause des services spéciaux qu'ils rendent quand on est gêné par la hauteur. En outre, on les fabrique entièrement à l'usine, et ils arrivent sur le chantier par grands tronçons qu'il reste à assembler et à lancer sur place : cela peut encore présenter souvent de grands avantages.

D'après M. de Nordling, on peut résumer dans les formules suivantes les prix du mètre carré en élévation des viaducs en maçonnerie :

Si h est la hauteur au-dessus du thalweg :

Viaducs à une voie, le prix est $30 + 3h$

Viaducs à deux voies . . . . $50 + 3h$

Pour les viaducs métalliques, à piles en métal en palées on a plutôt pour coutume de les évaluer au mètre courant.

La hauteur étant toujours h, on a :

Viaducs à une voie :

$$P = 1\,350 + h\left(34 + \frac{h}{4}\right)$$

Viaducs à deux voies :

$$P = 2\,170 + h\left(34 + \frac{h}{4}\right).$$

731. *Tunnels.* — Notre cadre ne vous permet pas de donner les développements nécessaires à la construction des tunnels ; et cela d'autant plus qu'ils sont étudiés à fond dans le *Traité des Ponts* de M. Chaix. Nous nous bornerons à donner le prix des principaux tunnels connus :

1° Tunnels à deux voies. Le prix par mètre courant revient à :

Tunnel de Crozé, 227 mètres, à 1 340 fr. le mètre :

Tunnel du Bas-Rhin, 815 francs le mètre ;

Tunnel de Vierzy, 1 200 francs le mètre ;

Tunnel d'Ivry, 1 600 francs le mètre.

Tunnel à une voie du Lioran (ligne de Murat), 1 958 mètres à 923 francs.

Nous donnerons encore les prix des tunnels suivants construits sur routes ou canaux :

Tunnel de Chalifert (canal de Meaux) : 290 mètres à 1 830 francs ;

Tunnel de la route du Lioran : 1 400 mètres à 955 francs ;

Tunnel de Saint-Cloud : 505 mètres à 2 180 francs.

Tunnel de Pouilly (canal de Bourgogne) : 3 330 mètres à 2 000 francs.

Tunnel du Riqueval (canal de Saint-Quentin) : 5 675 mètres à 700 francs ;

En résumé, le prix moyen du mètre courant de tunnel à deux voies est de 1 000 à 1 200 francs.

2° Dans un tunnel à une voie, la diminution peut osciller entre le 1/4 et le 1/5 du tunnel à deux voies. Rarement au dessous.

Prix de l'infrastructure.

732. La dépense d'infrastructure est forcément assez variable car elle dépend d'abord du prix des terrains qui peuvent passer de valeurs insignifiantes dans certaines landes, à des chiffres fantastiques aux abords des grandes villes. Puis il y a les accidents matériels à surmonter qui ne sont guère comparables dans une plaine et en régions alpestres par exemple.

Dans les chemins de fer à deux voies et considérés comme d'exécution facile, le prix de l'infrastructure ne peut tomber au-dessous 100 à 120 000 francs le kilomètre, se décomposant comme suit :

Acquisition de terrains	20 000
Terrassements et ouvrages d'art.	70 000
Frais d'études	10 000
Total	100 000 fr.

Sur les chemins de difficulté moyenne, cette dépense varie de 120 000 à 150 000 fr., dans lesquels le terrain entre pour une proportion de 15 à 25 0/0 : les terrassements et ouvrages d'art pour 70 à 75 0/0, et les frais d'études pour 5 à 10 0/0.

Enfin sur les lignes très accidentées et difficiles à établir, ou aux abords des grandes villes, où les expropriations sont coûteuses, la dépense peut s'élever beaucoup plus, et atteindre 250, 300 et même 400 000 francs le kilomètre. Les terrassements y prennent alors une importance plus grande, et leur proportion atteint généralement 80 0/0.

Pour les lignes à simple voie, de construction facile, la dépense d'infrastructure varie de 80 000 à 120 000 francs. On peut prendre comme moyenne, ou plutôt comme minimum 100 000 francs car il est fort rare que l'on puisse tomber au dessous à moins d'employer la voie étroite, ce que nous ne supposons pas en ce moment.

Sur les lignes difficiles, ce chiffre peut aisément s'élever à 200, 250 et quelquefois 300 000 francs, quoique ce dernier cas soit fort rare.

Prix moyen des matériaux en France.

733. Nous ne pouvons terminer ce

chapitre sans donner un tableau résumé des principaux prix des matériaux de l'infrastructure ; ces prix sont évidemment des moyennes aussi éloignées des prix des grandes villes que des régions déshéritées où la main-d'œuvre est exceptionnellement basse.

Briques, le mille....	35f
Maçonnerie de briques	35f
Chaux hydraulique, le mètre cube.........	35f
Ciment en fabrique le mètre cube	35f à 40f
Maçonnerie de pierres de taille, le mètre cube.	90f à 100f
Maçonnerie de libage et moellons, le mètre cube.................	15f
Passages à niveau (abords et passage)....	800f
Barrière de passage à niveau, roulante en fer.	1 100f
Barrière de passage à niveau, roulante, en bois	800f
Passages pour piéton la paire..............	100f
Passerelles pour piéton, suivant le système.	3 500f à 7 000f
Peinture à l'huile à trois couches, le mètre carré	1f à 1f,25
Perrés, le mètre superficiel.................	15f à 30f
Terrains, par hectare	6000f
Terrassements avec transport, le mètre cube	2f,25
Dragages...........	2f,75
Fouilles des ouvrages d'art en terrain ordinaire et transport, jusqu'à 2 mètres de profondeur	1f,60
Fouilles des ouvrages d'art en terrain ordinaire et transport, de 2 mètres à 6 mètres de profondeur	2f,30
Fouilles des ouvrages d'art en terrain ordinaire et transport, audessous de 6 mètres de profondeur..........	2f,75
Remaniement des remblais sans pilonnage, le mètre cube.........	0f,65
Pilonnage par courbes de 0,20 le mètre cube..	0f,20
Dressement de talus dans le roc le mètre carré	0f,20
Dressement de talus en terrain ordinaire...	0f,04
Sable, gravier, le mètre cube...........	6f à 8f,00
Pierre cassée ou cailloux pour empierrement	8f,00
Moellons bruts, le mètre cube	6f,50
Moellons de choix, le mètre cube	10f,00
Pavage le mètre carré	12f,00
Bordures en grès, le mètre linéaire droit...	7f,00
Bordures en grès, le mètre linéaire courbe..	8f,00
Bordure en granit, le mètre linéaire droit...	12f,00
Bordure en granit le mètre linéaire courbe..	16f,00
Béton, le mètre cube.	22f,00
Mortier (1/3 chaux hydraulique)..........	20f à 25f
Enrochement, le mètre cube...........	6f à 8f
Empierrements, le mètre cube cailloux ordinaires................	9f à 11f
Empierrements, le mètre cube porphyre cassé................	30f à 35f
Chape au Portland de 0,09, le mètre carré...	4f à 5f
Chape au Portland de 0,06, le mètre carré...	3f à 3f,50
Buse de 0,30 en ciment, le mètre linéaire.	10f
Buse de 0,60 en ciment, le mètre linéaire.	20f
Parements vus de moellons épincés, le mètre carré	3f à 3f,50
Parements vus de moellons smillés, le mètre carré	4f à 5f

Parements vus de moellons piqués, le mètre carré.......... 8f à 8f,50

Parements vus de pierres de taille, le mètre carré........ 6f à 8f

Rejointoiement de moellons ou briques, le mètre carré.......... 1f

Rejointoiement de pierres de taille, le mètre carré 0f,50

Charpente en chêne ou sapin pour cintres ou travaux provisoires, le mètre cube :

Premier emploi ..... 50f à 55f

Chaque emploi après le premier............ 20f à 25f

Charpente sans assemblages, premier emploi. 40f à 45f

Charpente sans assemblages, deuxième emploi et suivants........... 15f à 20f

Bois en grume pour pieux, chêne, le mètre cube................ 80f

Bois en grume pour pieux, sapin, le mètre cube................ 65f

Chêne sans flache ni aubier pour moises, madriers, etc............ 100f

Sapin sans flache, ni aubier pour moises, madriers, etc............ 75f

Chêne assemblé mis en place............. 130f

Sapin assemblé mis en place............. 105f

Battage de pieux y compris fourniture et pose des frettes :

Premier mètre d'enfoncement........... 10f à 11f

Chacun des mètres suivants 5f

Battage de palplanche compris fourniture et pose des frettes et des moises, le mètre linéaire :

Premier mètre...... 8f à 9f

Pour les mètres suivants................ 1f,50 à 2f

Cintres et échafaudages réglés au mètre courant de voûte des aqueducs ou des ponts :

De	0m,50 à 1m,00	d'ouverture.	4f,50
—	1m,00 à 2m,00	—	8f
—	2m,00 à 3m,00	—	11f
—	3m,00 à 4m,00	—	18f
—	4m,00 à 5m,00	—	22f
—	5m,00 à 6m,00	—	31f
—	6m,00 à 7m,00	—	41f
—	7m,00 à 8m,00	—	50f
—	8m,00 à 9m,00	—	55f
—	9m,00 à 10m,00	—	65f

Ces prix sont réduits de moitié pour les emplois autres que le premier.

Ballast.

734. Nous avons déjà précédemment donné quelques indications sommaires sur le ballast ; nous entrerons aujourd'hui dans un peu plus de détails sur la recherche et la composition du ballast, nous réservant de traiter de sa mise en œuvre, dans le prochain volume concernant la superstructure.

La recherche des approvisionnements de ballast doit se faire dès que le tracé du chemin de fer est arrêté. Ce doit être là, en effet, une des premières préoccupations de l'ingénieur, car ce produit doit, non seulement avoir les qualités voulues, mais se trouver en gisement suffisant à proximité de la ligne, et accessible au matériel de transport.

En Europe, on attribue au ballastage une très grande importance pour divers motifs que nous allons examiner. Il n'en est pas de même en Amérique où, sur les lignes nouvelles, on trouve souvent les traverses simplement posées sur le sol naturel. Plus tard on bourre la voie, et on établit 15 à 30 centimètres de ballast sous les traverses, mais sur une largeur relativement faible, de manière à ne pas enterrer les têtes de ces dernières. Nous n'hésitons pas à dire que cette manière de faire doit être absolument condamnée, même sur les lignes les plus élémentaires.

735. *Objet du ballast.* — L'usage du ballast, c'est-à-dire le besoin de donner de l'élasticité à la voie, s'explique par la nécessité de ménager le matériel, les ouvrages d'art, et d'éviter les secousses supportées par les voyageurs. Il est certain sans cela qu'une voie dure posée sur de la maçonnerie, par exemple, serait bien préférable au point de vue de la traction.

D'un autre côté, si les traverses étaient posées sur le terrain mou des terrassements, elles ne tarderaient pas sous le poids des charges à s'y enfoncer, et cela d'une façon très inégale ; la voie ne présenterait aucune stabilité ni aucune sécurité, et en outre les traverses seraient rapidement pourries.

On a toujours intérêt à choisir le meilleur ballast possible ; toute économie sur ce chapitre est une erreur qui se paie chèrement dans la suite par l'aggravation importante des frais d'entretien de toutes les parties du matériel.

En principe, il faut encore que le ballast ait une solidité suffisante pour n'être pas déplacé par les mouvements et les trépidations des traverses, tout en laissant cependant à celles-ci une certaine latitude dans leurs mouvements.

Le ballast sert d'assiette aux rails par l'intermédiaire des traverses qu'il doit maintenir dans une position invariable ; pour être bon, il doit être perméable à l'eau et se prêter en tout temps au bourrage ; les éléments doivent en être mobiles afin de donner de la flexibilité à la voie, et de la douceur aux mouvements des trains. Le sable mélangé de cailloux constitue le meilleur ballast.

Malheureusement, on n'a pas toujours à sa disposition le ballast type rêvé, et l'on est souvent obligé de se contenter d'à peu près ; c'est ainsi que l'on emploie le sable de rivière ou de mine, la pierre cassée, les cassons de briques, les laitiers de hauts fourneaux, les mâchefers, la craie concassée, etc. Le prix de ces matériaux revient de 2 à 8 francs le mètre cube suivant leur nature et leur provenance.

Le ballast répartit la pression de la roue sur le terrassement inférieur en étendant cette pression sur une surface sensiblement plus grande que celle de la traverse qui la lui transmet. Cette dernière a généralement 24 centimètres de largeur. La dimension de plate-forme intéressée par l'intermédiaire du ballast peut être évaluée approximativement à 50 ou 60 centimètres (*fig.* 513). D'après les cotes en usage dans les grandes compagnies de chemins de fer, le rail ayant environ 13 centimètres de hauteur, et la traverse 16, il reste sous cette dernière une épaisseur de ballast de 21 centimètres qu'il est prudent de ne pas réduire, à moins que la ligne n'ait un trafic restreint, de faible poids et de faible importance, ou des trains à petite vitesse. Sur les grandes lignes où circulent des express et des trains très chargés, il y a lieu de veiller à son maintien et même de l'augmenter si la pression supérieure vient à s'accroître.

736. *Différentes natures de ballast.* — Le gros gravier dragué en rivière constitue le ballast-type, surtout si les grains n'en sont pas trop arrondis. Celui des carrières est souvent mélangé d'argile, ce qui n'est pas un inconvénient s'il y en a peu. Les éléments ne coulent pas et l'ensemble prend une certaine adhérence sur lui-même, surtout grâce aux matériaux un peu terreux qu'il renferme. Cependant l'agglomération ne doit pas être absolue, et il faut qu'il reste encore des interstices pour permettre l'écoulement des eaux. Cette légère agglomération fait souvent préférer le gravier de carrière à celui de rivière.

Les galets constituent un très mauvais ballast car ils roulent trop facilement les uns sur les autres, sous l'effet des trépidations dues au passage des trains; il ne faut les employer que cassés et ils peuvent alors rendre de réels services. Le gravier trop gros a les mêmes inconvénients que les galets, et en outre ne peut pas être cassé: il est donc à éviter.

Le sable fin se tasse bien sous la traverse et répartit la pression sur une plus grande surface inférieure. Mais il ne s'agglutine pas assez, il retient trop facilement l'eau quand il est bien tassé, et cela présente de grands inconvénients dans la saison humide; en revanche, l'été, il voltige et s'élève en poussière au passage des trains; il en résulte une atmosphère désagréable pour les voyageurs, l'encrassement des coussins des voitures et surtout l'usure rapide des parties délicates, bielles, excentriques, essieux, etc., de la locomotive et du matériel roulant. La poussière de sable soulevée pénètre en effet dans toutes les parties frottantes, les fait gripper et en amène la destruction; quelquefois même il peut en résulter des ruptures.

La pierre cassée constitue également un très bon ballast, car, grâce à ses angles vifs, elle se déplace peu. On casse la pierre à la massette ou au moyen de broyeurs et de concasseurs qui sont actuellement très répandus dans l'industrie. C'est le ballast le plus employé sur les plateaux où l'on manque généralement de gravier, celui-ci ne se rencontrant que dans le fond des vallées.

La pierre doit être dure et non gélive. Le maximum de grosseur que l'on peut tolérer aux fragments est 6 centimètres comme pour les empierrements de chaussées. En revanche on peut admettre une certaine proportion de déchets au-dessous des 2 centimètres classiques des empierrements. Ces menus facilitent en effet l'agglomération, et présentent un autre avantage, c'est de rendre la voie moins sonore.

Le défaut de la voie ballastée en pierres cassées est en effet de présenter entre ses

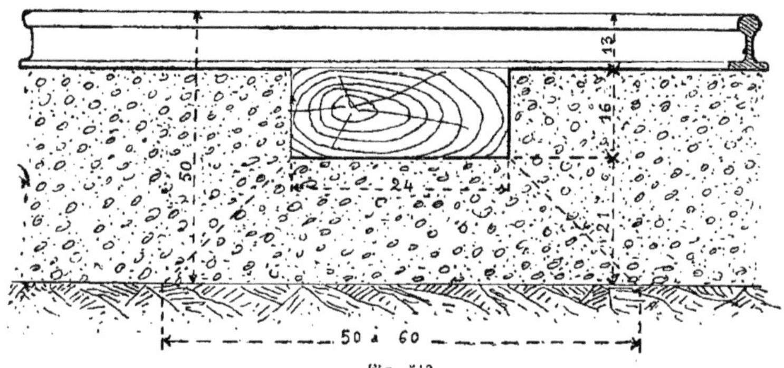

Fig. 513.

éléments un grand nombre d'intervalles constituant autant de petites cavernes faisant écho au moment du passage des trains. On peut également y remédier en mélangeant aux cailloux un peu de gravier si l'on en a sous la main.

Les cassons de briques donnent un assez bon ballast, à condition que les briques primitives aient été bien cuites. Des briques trop tendres donnent trop de poussière l'été, et se réduisent en bouillie l'hiver.

La craie concassée doit être évitée autant que possible; elle présente, en les exagérant, les défauts de la brique trop tendre.

Enfin les laitiers et scories des hauts fourneaux concassés donnent un excellent ballast à cause de la forme anguleuse de leurs éléments et de leur dureté. Mais ils présentent l'inconvénient assez sérieux de couper les chaussures du personnel de la voie; en outre, ils donnent souvent lieu, sous l'effet des pluies, à des décompositions chimiques, entraînant des échauffements pouvant atteindre 60 degrés et excessivement préjudiciables aux traverses.

Le mâchefer constitue également un très bon ballast, très perméable et d'un bourrage facile. Ces résidus de la combustion des houilles sont naturellement employés dans les pays miniers et industriels comme la Belgique où l'on rencontre plusieurs lignes du Borinage qui en sont ballastées.

Dans le même ordre d'idées, on emploie également les cendrées provenant du démontage des fours à zinc, et composées de mâchefers, de débris de creusets, etc

En Angleterre, on a même quelquefois employé de la mauvaise houille en guise de ballast ; cela fournit un assez bon ballast, mais qui a, comme les laitiers, l'inconvénient de s'échauffer à l'air par suite de l'oxydation des sulfures que le charbon contient presque toujours ; la température développée par la réaction chimique peut aller jusqu'à la combustion lente de la houille, et en même temps, des traverses. Ce genre de ballast n'est donc pas à recommander. Dans nos climats, dans tous les cas, il constituerait une fantaisie trop coûteuse.

Il serait à désirer que l'emploi des laitiers, scories, etc., des usines minières et métallurgiques vînt à se généraliser dans les centres industriels. Les exploitations sont en effet rapidement encombrées par des amas considérables, véritables montagnes de débris pierreux qui portent généralement le nom de *terris*. Des surfaces importantes de terrains sont nécessaires à acheter pour y déposer ces résidus, et viennent grever en pure perte les dépenses d'extraction.

On a fait quelquefois usage d'un mélange de sable et de pierre cassée : cela ne vaut rien. Le sable qui ne fait que remplir les vides de la pierre cassée n'a pas grande utilité, et en outre il forme avec le caillou une sorte de béton qui cimente les traverses et leur enlève toute flexibilité. Lorsque, par économie, on est forcé de faire usage ainsi de deux matériaux de nature et de qualité différentes, il est préférable de les séparer le plus possible.

737. *Observations générales.* — Le ballast étant le plus souvent déposé en deux couches, lorsque le ballast de bonne qualité est rare, ces deux couches peuvent être, à la rigueur, composées de matériaux différents.

Ainsi, on peut établir la couche inférieure en matériaux de moins bonne qualité, du sable fin, des pierres gélives, etc., qu'il serait sans cela impossible d'employer et qu'on recouvre de sable plus gros, de pierres dures, etc. Cette manière de faire a été appliquée en particulier au chemin de fer du Nord où la première couche a été quelquefois établie en craie tout à fait gélive, surmontée d'une couche de gros sable. On a ainsi obtenu d'assez bons résultats, la craie s'étant trouvée de la sorte à l'abri de la gelée.

Dans certains cas, on a obtenu un ballast suffisant, tout en économisant les matériaux de choix, en couvrant d'abord la plate-forme d'un blocage de $0^m,15$ à $0^m,20$ d'épaisseur, puis d'une couche de pierres cassées mélangée d'environ un tiers de sable. Mais le mélange de deux substances différentes est toujours à redouter.

Quand on emploie les pierres cassées, il les faut dures, mais cependant sans exagération ; les pierres trop dures altèrent les traverses et se prêtent moins bien à la formation des couches.

Il en est d'ailleurs du ballast comme de tous les autres matériaux : il doit être d'autant meilleur qu'il est soumis à des alternances climatériques plus fréquentes et plus variées. Ainsi, quand le dégel survient à la suite d'une gelée prolongée qui a empêché le bourrage des traverses, celles-ci présentent des porte-à-faux et dansent. Il en résulte alors le relâchement des tirefonds, crampons, chevillettes, etc. les reliant aux rails ou aux coussinets.

738. *Circulation des trains de ballast.* — Les ballastières sont le plus souvent situées à une certaine distance des travaux, et les trains de ballast sont généralement obligés d'emprunter les voies déjà en exploitation pour gagner les chantiers. Ces trains, tout à fait provisoires et exceptionnels, ne sont pas compris, comme ceux de voyageurs et de marchandises, dans les graphiques généraux que nous verrons plus tard au chapitre *Exploitation*. L'administration a accoutumé les Compagnies à les considérer comme trains extraordinaires n'ayant besoin pour circuler d'aucune autorisation ministérielle spéciale.

La circulation de ces trains, qui viennent encombrer momentanément des lignes quelquefois déjà très chargées, n'en offre pas moins une grande importance au point de vue de la sécurité et demande des précautions toutes particulières.

Dans ce cas, les ingénieurs de la voie, de concert avec les ingénieurs de l'exploitation, du matériel et de la traction, dressent un ordre de service spécial qu'ils portent à la connaissance de tout leur personnel. Ce réglement doit indiquer :

1° Les stations ou poteaux kilométriques entre lesquels les trains ont à circuler sur les voies principales;

2° Les points de garage pour les machines et les wagons ;

3° Les heures-limites du travail journalier ;

4° Les heures et la durée des repos à donner aux mécaniciens et conducteurs.

Enfin un certain nombre de conditions spéciales qui paraissent très bien résumées dans les articles suivants extraits d'un règlement de la Compagnie de Paris-Lyon-Méditerranée, approuvé par le ministre le 5 septembre 1864. Ce règlement a été dressé pour la circulation, sur les lignes à double voie, des trains de ballastage, de matériaux de la voie et de matériel télégraphique, organisés isolément avec une seule machine, ce qui est le cas le plus ordinaire. Voir les articles les plus utiles à observer en pareil cas.

739. *Règlement spécial pour les trains de ballast.* — Art. 9. — Un conducteur-chef de l'exploitation est attaché à chaque service de ballastage.

Aucun train de ballast ne peut circuler s'il n'est accompagné de cet agent.

Le conducteur-chef est chargé de diriger en dehors des gares et des sablières le mouvement de son train sur les voies principales, conformément aux prescriptions des règlements généraux et de l'ordre de service spécial réglant le service de ballastage auquel il est attaché.

Dans les gares, le conducteur-chef est sous les ordres du chef de gare avec lequel il doit se mettre immédiatement en rapport à son arrivée. Il lui prescrit les mouvements que son train doit exécuter, et donne le signal du départ.

En dehors des gares, le conducteur-chef a l'initiative et la responsabilité de la conduite du train sur les voies principales. Il a par suite autorité sur le mécanicien, le chauffeur et tous les agents de la voie attachés au service de son train ou chargé de l'exécution des signaux et de la manœuvre des aiguilles, en ce qui touche le mouvement des trains sur les voies principales.

Les conducteurs-chefs du train de ballast sont d'ailleurs placés sous les ordres des chefs de section de la voie, pour ce qui concerne la désignation des matériaux à transporter, et des points de chargement et de déchargement ainsi que pour les manœuvres à exécuter sur les voies de carrières ou sablières.

Art. 10. — Le conducteur chef doit toujours être pourvu d'une montre bien réglée, du tableau et du tracé graphique de la marche des trains, et des appareils (drapeau, lanterne et pétards) nécessaires pour faire les signaux.

Il se place sur la machine.

Art. 15. — La vitesse des trains de ballast ne doit pas dépasser 36 kilomètres à l'heure lorsque la machine est attelée en tête, et 24 lorsqu'elle pousse un train devant elle.

Art. 16. — Les mécaniciens des trains de ballast doivent, en approchant des gares, fermer le régulateur de leur machine, et ralentir la marche, de manière à pouvoir s'arrêter au besoin.

Art. 17. — Pendant toute la durée du stationnement du train de ballast sur les voies principales dans les gares, les signaux destinés à protéger ces trains sont faits par les soins et sous la responsabilité des chefs de gare.

Art. 19. — En dehors des gares, le conducteur-chef pourvoit, sous sa responsabilité, aux signaux à faire pour protéger son train dans les conditions réglementaires, pendant les stationnements prévus ou non prévus, et pendant les manœuvres. Le service de la voie met en effet à sa disposition le nombre d'agents nécessaires. A défaut d'agents spéciaux, il fait faire les signaux par les agents chargés du service des freins.

Art. 20. — Lorsqu'un train de ballast change de voie, les deux voies principales doivent être couvertes, et dans tous les cas le mouvement ne doit pas commencer avant que la voie sur laquelle va passer le train ne soit couverte à la distance réglementaire.

Art. 21. — Lorsque l'ordre de service spécial n'indique pas d'itinéraire fixe, le conducteur-chef règle lui-même la marche de son train, en se conformant rigoureusement aux prescriptions suivantes :

« Les trains de ballast ne doivent pas suivre les trains de voyageurs à moins de dix à quinze minutes d'intervalle, et les trains de marchandise à moins de quinze minutes.

Il doivent atteindre les points de garage quinze minutes au moins, et être garés dix minutes au moins, avant le passage des trains de toute nature qui les suivent.

En conséquence, un train de ballast, dont la marche n'a pas été tracée d'avance par l'ordre de service spécial, ne doit quitter un point de garage qu'après qu'il s'est écoulé, depuis le passage du train précédent, un intervalle de dix ou quinze minutes, suivant la nature de ce train, et qu'en outre le conducteur-chef s'est assuré que, dans les conditions de vitesse que comporte la charge de ces trains, et les limites fixées par l'article 15 ci-dessus, il atteindra un autre point de garage, quinze minutes au moins avant le passage du train suivant.

740. *Freins, aiguilles, etc.* — En ce qui concerne les freins, et le nombre des garde-freins, les trains de ballast et de matériaux sont assimilés aux trains de marchandises que nous verrons plus loin. Un wagon à frein doit toujours être placé à l'arrière du train de matériaux avec un agent pour les manœuvres, et pour faire les signaux.

Les voies des travaux sont reliées aux voies courantes par un changement et des aiguilles. Avant que le train ne s'engage dans un changement de voie, le conducteur-chef s'assurera que les aiguilles sont bien dans la position voulue ; il s'assurera également, après le passage du train, que les aiguilles sont bien remises à leur place.

Si le changement n'est pas gardé par un aiguilleur spécial, l'aiguille sera cadenassée, et la clef du cadenas sera remise et restera entre les mains du chef de train, qui en est responsable, ainsi que de la manœuvre des aiguilles.

En cas de détresse, de rupture d'attelage ou d'accident quelconque, on devra se conformer aux règles indiquées pour les trains du service ordinaire de l'exploitation.

Les recommandations à faire aux ouvriers doivent être d'ailleurs ici spécialement rigoureuses ; le personnel des travaux n'a pas, en effet, comme celui de l'exploitation, l'expérience des trains en marche, et possède, en outre, des habitudes d'indépendance et de libre allure qu'il faut sévèrement réprimer sous peine de voir se produire chaque jour les plus graves accidents. C'est ainsi qu'on veillera particulièrement à ce que personne ne monte sur les wagons ou n'en descende avant l'arrêt complet du train, ne saute d'un wagon à l'autre, surtout pendant la marche, etc.

741. *Voie unique.* — Lorsque la ligne en exploitation est à une seule voie, la circulation des trains a lieu naturellement dans les deux sens. Il est seulement interdit de faire croiser sur la voie unique les trains de ballast avec les trains courants de l'exploitation. Les ordres de service désigneront d'une façon bien précise les stations dans lesquelles seront garés les premiers, et il doit être formellement interdit d'opérer ces garages ailleurs. On n'apportera d'exception à cette règle qu'en cas d'accident.

Un train de ballast ou de matériaux ne peut franchir une gare sans l'autorisation du chef de station et après que celui-ci a télégraphié à la gare suivante pour s'assurer que la voie est libre, et l'aviser de l'expédition du train. En cas de dérangement des appareils télégraphiques, la circulation des trains de ballast doit être absolument interdite.

FIN DU PREMIER VOLUME

TABLE DES MATIÈRES

Tours. — Imprimerie DESLIS Frères, rue Gambetta, 6.

www.ingramcontent.com/pod-product-compliance
Ingram Content Group UK Ltd.
Pitfield, Milton Keynes, MK11 3LW, UK
UKHW020308200726
13857UKWH00001B/116

9 782012 932005